FORTSCHRITTE DER BOTANIK

BEGRÜNDET VON FRITZ VON WETTSTEIN

UNTER ZUSAMMENARBEIT
MIT ZAHLREICHEN FACHGENOSSEN
UND MIT DER
DEUTSCHEN BOTANISCHEN GESELLSCHAFT

HERAUSGEGEBEN VON

ERWIN BÜNNING
TÜBINGEN

ERNST GÄUMANN
ZÜRICH

DREIUNDZWANZIGSTER BAND
BERICHT ÜBER DAS JAHR 1960

MIT 25 ABBILDUNGEN

SPRINGER-VERLAG BERLIN HEIDELBERG GMBH

ISBN 978-3-642-94811-4   ISBN 978-3-642-94810-7 (eBook)
DOI 10.1007/978-3-642-94810-7

Ursprünglich erschienen bei Springer-Verlag · Berlin Heidelberg 1961

Softcover reprint of the hardcover 1st edition 1961

Brühlsche Universitätsdruckerei Gießen

Inhaltsverzeichnis

---

[1] Der Beitrag folgt in Band XXIV.

---

[1] Der Beitrag folgt in Band XXIV.

Der Beitrag folgt in Band XXIV.

Die Abschnitte A und B sind von E. GÄUMANN und die Abschnitte C und D von E. BÜNNING und der Abschnitt E von E. BÜNNING und E. GÄUMANN redigiert.

FORTSCHRITTE DER BOTANIK

BAND XXIII

A. Anatomie und Morphologie

1. Morphologie und Entwicklungsgeschichte der Zelle

Von Lothar Geitler, Wien

Bakterien und Spirochäten. Eine sehr wertvolle Zusammenfassung, welche vor allem der sonst stark vernachlässigten Morphologie gerecht wird, liegt aus erster Hand von Robinow vor. Ein reiches photographisches, in diesem Fall hervorragend anschauliches Bildermaterial unterstützt wirksam den aufschlußreichen Text. Die Zellwand ist ein wohldefiniertes Gebilde von bestimmter, komplizierter Feinstruktur mit wichtigen Funktionen. Ihrer Zellwand beraubte Protoplasten können längere Zeit leben und wachsen, sind aber unfähig, sich zu teilen. Die Zellteilung erfolgt, im Leben verfolgbar, zentripetal (Bildserie Abb. 6). Innerhalb der Zellwand ist elektronenoptisch eine Plasmamembran deutlich nachweisbar (gute Abbildungen des „Plasmalemmas", auch von Cyanophyceen, gibt neuerdings wieder Hagedorn). Die Geißeln, die unverkennbar dem Protoplasten entspringen, sind die Bewegungsorganellen (schöne Abbildungsserien belegen ihr allmähliches Wachstum an den Tochterzellen); die Annahme Pijpers, derzufolge sie sich nur passiv verhalten und die Zellen sich durch Kontraktionen bewegen, wird begründet abgelehnt.

Was sich zur Frage des Bakterien„kerns" sagen läßt, hat Robinow schon früher klar und erschöpfend dargelegt: die Bakterienzellen enthalten Äquivalente von Kernen, aber keine Kerne; es handelt sich um analoge, nicht um homologe Bildungen (vgl. die ausführliche Darstellung Fortschr. Bot. **19**, 2; s. auch **20**, 1). Diesmal gebraucht Robinow "for the sake of simplicity" meist den Ausdruck "nucleus", allerdings mit dem ausdrücklichen Hinweis, daß er das Wort entgegen seiner besseren Einsicht verwendet und daß es "will only be employed as a convenient piece of laboratory jargon", — kapituliert also vor der Mehrheit (deren falsche Terminologie weniger der Ausdruck eines Jargons als von Unwissenheit sein dürfte).

Die lange Zeit bezweifelte sexuelle Fortpflanzung bzw. ihr Analogon kann nun als gesichert gelten. „Konjugation" ist nachgewiesen bei *Escherichia coli, Pseudomonas, Vibrio* und zwischen *Escherichia coli* und *Shigella*. Sie beginnt mit der Berührung zweier Zellen, setzt sich fort in der Herstellung einer plasmatischen Verbindung, durch welche Übertritt eines Teils des Chromatinbestandes, und zwar eines sehr kleinen,

von einer Zelle in die andere erfolgt, und endigt mit der Trennung der
Partner. Es handelt sich also nicht um eine Konjugation wie bei den
Ciliaten, in welchem Fall wechselseitiger Austausch von Kernen stattfindet. In der „Zygote", d. h. in der aufnehmenden Zelle, laufen dann
Austauschvorgänge zwischen väterlichen und mütterlichen Chromatin-
körpern ab. Wie und in welcher Gestalt der Übertritt geschieht, ist noch
nicht bekannt; sicher ist nur, daß es sich um eine lineare Struktur handeln muß, in der die Gene hintereinander liegen.

Von besonderem Interesse sind die Mitteilungen über die Morphologie
der Spirochäten. Nachdem bis vor kurzem geglaubt wurde, daß die alten
Angaben über das Vorhandensein eines Achsenstabes und das Fehlen
von Geißeln irrig wären, läßt sich nun, wohl endgültig und auf Grund
überzeugender Abbildungsbelege, das Gegenteil behaupten. *Leptospira*
besitzt einen geraden, aber biegsamen Achsenstab, der zusammen mit
dem schraubig gewundenen Plasmakörper von einer Zellmembran umgeben ist. Bei anderen Spirochäten ist der Achsenstab durch ein Bündel
von Fibrillen ersetzt. Angaben über das Vorhandensein von Geißeln
beruhen offenbar auf der Beobachtung geschädigter Zellen, in denen
einzelne dieser Fibrillen verrutscht waren und für Geißeln gehalten werden konnten. Die Spirochäten besitzen also eine nur ihnen eigentümliche
Organisation und lassen sich bloß aus praktischen Gründen gemeinsam
mit den Bakterien behandeln.

Protisten. Der flächige Thallus von *Prasiola* besitzt dorsiventralen
Bau insofern, als alle seine Zellen gleichsinnig polarisiert sind: am einen
Zellpol liegt der Kern, am anderen der Chromatophor, die Polaritätsachse
steht senkrecht auf der Fläche des Thallus; diesen Bau besitzen schon
die einreihigen fadenförmigen Keimlinge (FRIEDMANN). Der Chromatophor ist an sich dreidimensional-sternförmig und enthält ein zentrales
Pyrenoid, wird aber in den Gameten seitenständig und entsprechend
umgeformt. Solche Verformungen gibt es auch in den vegetativen Zellen
mancher Protococcalen [GEITLER (5)]. Auf die wichtigen entwicklungsgeschichtlichen Befunde FRIEDMANNs — *Prasiola* erweist sich als Diplont,
der unter Meiose haploide Abschnitte (= plurilokuläre Gametangien?)
hervorbringt — ist hier nicht einzugehen. Einige morphologische Bau-
eigentümlichkeiten der Gameten, nur durch Photos undeutlich belegt,
beschrieben FRIEDMANN u. MANTON.

Durch Colchizinbehandlung erhaltene diploide Pflanzen von *Oedogo-
nium cardiaceum* besitzen erwartungsgemäß vergrößerte Zellen [HA-
SITSCHKA-JENSCHKE (1)]. Die Mittelwerte der Zellvolumina haploider
und diploider Keimlinge verhalten sich wie 1 : 4,6, die ihrer Kerne wie
1 : 4,0, die Anzahl der Pyrenoide steigt fast auf das Doppelte, die einzelnen Pyrenoide vergrößern sich etwas, die Breite der Bänder des
Chromatophors bleibt gleich (die Dicke des Chromatophors läßt sich
nicht exakt bestimmen). Die diploiden Pflanzen erweisen sich unter
gewissen Kulturbedingungen und auch im Konkurrenzversuch als lebens-
kräftiger als die haploiden, verhalten sich also anders, als man es von
experimentell hergestellten Polyploiden mit Gigaswuchs gewohnt ist.
Tetraploide Pflanzen, gewonnen durch Colchizinbehandlung diploider,

scheinen eine verringerte Vitalität zu besitzen; jedenfalls konnten höchstens 8 zellige Fäden erzielt werden.

Bei Coleochäten und bei *Chaetotheke reptans* findet sich die merkwürdige Erscheinung, daß der Chromatophor, der in den gewöhnlichen vegetativen Thalluszellen eine streng dorsal liegende Platte ist, in bestimmten Zellen — vor allen in den Haarzellen, weniger auffallend in jungen Sporangien, jungen Oogonien und Keimlingen — hohlzylinderförmig eingerollt ist. Dies hängt damit zusammen, daß er sich in diesen Zellen in dauernder, spontaner und meist sehr lebhafter Rotation (in den Haarzellen) oder in Oscillation (in den anderen genannten Zellen) befindet. Die unmittelbare Ursache ist eine bisher ohne Analogie dastehende Art der Plasmabewegung, die hauptsächlich, d. h. mit maximaler Geschwindigkeit, den Chromatophor ergreift [GEITLER (1, 2, 4); über physiologische Einzelheiten ist an dieser Stelle nicht zu berichten]. Die Oscillation (Pendelbewegung) ist von der Rotation nicht grundsätzlich verschieden, sondern beruht auf der gleichen Art von Bewegung, die aber intermittierend mit periodischem Richtungswechsel abläuft. Die Zellen bzw. ihre Protoplasten unterscheiden sich von gewöhnlichen Thalluszellen auch durch andere morphologische Merkmale. Die Zoosporen sind dadurch bemerkenswert, daß sie leicht dorsiventral gebaut sind (die Geißeln sitzen seitlich) und daß sie zahlreiche kontraktile Vacuolen enthalten — beides bei Chlorophyceen ungewöhnlich. Bei *Chaetosphaeridium*, dessen erwachsene vegetative Zellen gleich wie die Haarzellen von *Coleochaete* und *Chaetotheke* gebaut sind, oszilliert der Chromatophor dauernd in allen Zellen außer in den eben entstandenen Tochterzellen [GEITLER (3)]; Rotation kommt überhaupt nicht vor.

In den Hyphen von *Polystictus* ist der Kern „geschnäbelt", d. h. länglich-birnförmig und „polarisiert". Einer Stelle der Kernwand liegt der Nucleolus an; da sich, auch elektronenoptisch, keine strukturelle Verbindung beobachten läßt, ist bloße Adhäsion anzunehmen [GIRBARDT (1, 2)]. Diese Stelle, an welcher der Nucleolus in der Telophase auch entsteht, bezeichnet GIRBARDT als „Aktivitätszentrum"; es soll bei der Bewegung der Kerne in den wachsenden Hyphen eine wesentliche Rolle spielen, doch ist eine aktive Bewegung des Kerns noch nicht bewiesen. Geschnäbelte Kerne, die sich in den Hyphen vermutlich bewegen, werden auch für *Helminthosporium* angegeben (KNOX-DAVIES u. DICKSON).

Da immer wieder Mitteilungen über angeblich abweichende, „primitive" Mitosen ohne Chromosomen bei Protisten, im besonderen bei Pilzen erscheinen, sei auf die neuen einwandfreien Untersuchungen über die Mitose von *Neurospora* hingewiesen, die ein ganz normales Verhalten ergeben (SOMERS, WAGNER u. HSU; hier werden auch die irrigen Meinungen z. B. von BAKERSPIGEL widerlegt). Ähnliches ergibt sich für *Helminthosporium* (KNOX-DAVIES u. DICKSON) und auch wieder für die so oft mißverstandene Mitose von *Saccharomyces* (YUASA).

Die Chromosomen der Desmidiaceen besitzen offenbar kein lokalisiertes, sondern ein sog. diffuses Centromer (Fortschr. Bot. 22, 2). Dafür spricht das parallele Auseinanderweichen der Chromatiden in der Anaphase, ihre völlige Trennung der Länge nach in der Prophase, das Fehlen einer primären Einschnürung und ihre "sticky"-Beschaffenheit, — Merkmale, die sich auch im klassischen Fall von *Luzula* und bei *Spirogyra* finden (KING). Im übrigen treten viele Desmidiaceen in Kultur in Klonen mit sehr verschiedenen Chromosomenzahlen auf, so *Netrium digitus* mit $n = 122$, $172-182$ und 592.

Differenzierung und Teilung der Zellen. Die Zelldifferenzierung in Vielzellern und vor allem die Differenzierung ihrer Zellorganellen auf morphologischer Grundlage mit Hilfe des Elektronenmikroskops zu verfolgen, unternimmt HOHL. Es werden miteinander verglichen das primäre Meristem, das Cambium, Rindenparenchym und -kollenchym, Mark, Blattmesophyll, die Blattepidermis, die Siebröhren und ihre Geleitzellen von *Datura stramonium*. Das Grundplasma zeigt keine merklichen Veränderungen gegenüber dem im Meristem hinsichtlich Dichte und Reichtum an Mikrosomen. Das endoplasmatische Reticulum, jenes System von Doppellamellen, das nach der Ansicht vieler Untersucher mit der — ebenfalls doppelten — Kernmembran zusammenhängt (vgl. Fortschr. Bot. **22**, 52, 53, 152), ist maximal im Meristem entwickelt, wird mit fortschreitender Differenzierung vereinfacht und anscheinend degenerativ verändert; am wenigsten geschieht dies in den Phloëmgeleitzellen, in welchen auch eine starke Vermehrung der Mitochondrien stattfindet. Die stärksten Verschiedenheiten zeigen sich in der Ausbildung der Plastiden, die auf verschiedenen Entwicklungszuständen stehen bleiben bzw. diese ausgestalten. Eine Diskussion über ihre de novo-Entstehung im Anschluß an Befunde MÜHLETHALERs u. FREY-WYSSLINGs ist nicht ernst zu nehmen. — Die Entwicklung der Proplastiden zu Chloroplasten bei der Tomate untersucht eingehend lichtmikroskopisch HAGEMANN, die der Plastiden von *Arum* und *Elodea* DANGEARD, wobei er wieder bestätigt, daß das Primärgranum kein konstanter Bestandteil ist; das gleiche findet EYMÉ, der besonders Heterotrophe untersucht.

Die einzelnen Phasen der morphologischen Veränderungen im Protoplasten der Zellen isolierter Moosblättchen *(Splachnum)*, die sich entdifferenzieren, verfolgen MACNUTT u. MALTZAHN und gelangen im wesentlichen zu den gleichen Ergebnissen wie frühere Beobachter. Die Chloroplasten werden kleiner, aber zahlreicher, Kern und Nucleolus werden größer, was auf Plasmasynthese hindeutet; charakteristisch für die Entdifferenzierung ist das Auftreten einer Systrophe, wobei die Polarität verlorengeht; bei der Redifferenzierung bilden sich neue Polaritätsachsen, und in der Folge läuft eine Zellteilung ab.

In den Makrosporangien von *Isoëtes coromandelina* ist die II. meiotische Mitose unterdrückt, es werden daher in einer Makrosporenmutterzelle nur zwei Kerne gebildet. Trotzdem läuft die Vierteilung ab, und es entstehen vier tetraedrische Sporen, von denen zwei kernlos sind (VERMA). Die Tetradenbildung erfolgt also unabhängig von der Kernteilung. Bis zu einem gewissen Grad vergleichbar ist das altbekannte Verhalten bei der Sporenbildung von Lebermoosen, bei welchen die Vierteilung des Protoplasten beginnt, bevor der Kern sich teilt, also die Zellteilung ebenfalls von der Kernteilung unabhängig ist.

Karottenpflanzen, die aus Explantaten des sekundären Phloëms der Wurzel gezogen werden, besitzen in allen ihren Teilen, wie die Mutterpflanzen, nur diploide Zellen, obwohl in einem Zwischenstadium der Gewebekultur, das aus frei in der Flüssigkeit suspendierten Zellen besteht, poly- und aneuploide Kerne sowie zahlreiche Mitoseanomalien vorkommen; es ist noch unbekannt, ob eine Selektion der diploiden Zellen stattfindet (was wahrscheinlicher ist) oder ob Regulationsvorgänge ablaufen (MITRA, MAPES u. STEWARD).

Die Differenzierungsvorgänge an einer einzelnen freilebenden, kompliziert gebauten Zelle wie die von *Micrasterias* mechanisch zu verstehen, versucht weiterhin KALLIO. Es lassen sich „morphologische Einheiten" (Endlappen, zwei Seitenlappen), denen „cytoplasmatische Einheiten" zugrunde liegen, und bestimmte morphologische Achsen annehmen, ihre Wirksamkeit zusammen mit der Wirkung des Kerns läßt sich an künstlich erzeugten oder spontan entstandenen abnormen Zellen mit veränderter Morphologie bis zu einem gewissen Grad analysieren. Im Unterschied zur normalen „biradiaten" Zelle sind auch „uniradiate" und „aradiate" Zellen lebens- und teilungsfähig; den ersteren fehlen die Seitenlappen einer Längshälfte, den letzteren alle Seitenlappen, und es ist nur der Endlappen vorhanden. Kernlose, diploide, aneuploide, zweikernige, doppelte Zellen u. a. m. zeigen bestimmte gesetzmäßige morphologische Eigentümlichkeiten. Im ganzen ist zu schließen, daß die „cytoplasmatischen Einheiten" weitgehend unabhängig vom Kern und voneinander sind; der Kern scheint nur die Ausgestaltung der Lappen zu beeinflussen, aber nicht über ihr Vorhandensein oder Fehlen zu entscheiden: kernlose normal biradiate Zellen ergänzen biradiate Halbzellen, uniradiate bilden uniradiate, aus triradiaten entstehen triradiate, aber in allen Fällen sind die Lappen nicht normal differenziert-zerteilt. Das — auch hinsichtlich der morphologischen Veränderungen bei Polyploidie — reiche Tatsachenmaterial läßt sich kaum in Kürze und ohne sehr umfangreiche Bildbelege verständlich machen.

Plasmodesmen. Nachdem es nunmehr als sicher gelten kann, daß die Plasmodesmen wirklich plasmatischer Natur sind, bleiben noch manche entwicklungsgeschichtliche Probleme aufklärungsbedürftig. Elektronenoptische Untersuchungen sprechen im Einklang mit den Befunden anderer Autoren dafür, daß schon in den jungen Querwänden des Meristems von Anfang an Plasmodesmen gebildet werden (KRUHL für das Rindenparenchym von *Viscum*; hier die Literatur der letzten Jahre). In den *Längs*wänden des Rippenmeristems, die unter Streckung wachsen, wobei die Anzahl der Plasmodesmen steigt, scheinen nicht sekundär neue Plasmodesmen zu entstehen, sondern die alten sich zu „teilen", genauer sich zu verzweigen. Daß die Plasmodesmen nicht nur plasmatische Gebilde sind, sondern sogar ein Plasmalemma besitzen, glaubt HOHL zeigen zu können. Die plasmatische Beschaffenheit der Ektodesmen in den Außenwänden (Fortschr. Bot. **22**, 10) hält er nicht für gesichert.

Siebröhren. Licht- und elektronenoptisch läßt sich für *Passiflora* zeigen, daß die Siebröhrenglieder einen wohldifferenzierten Protoplasten mit Plastiden und Mitochondrien besitzen (SCHUMACHER u. KOLLMANN;

Kollmann). Der plasmatische Wandbelag ist nur 0,1—0,3 μ dick. Die Plastiden besitzen eine stark vereinfachte Feinstruktur, während die Mitochondrien den üblichen komplizierten Bau zeigen, was auf ihre normale Lebensfunktion schließen läßt. Die Siebporen sind von einer Vielheit feinster Plasmafäden durchzogen, die zu einem Strang zusammenschließen. Ein Zellkern fehlt, doch ist ein Körper vorhanden, der, wie schon früher von Esau, als freier Nucleolus angesehen werden kann. Nach diesem Nachweis eines hochorganisierten Protoplasten ist es unwahrscheinlich, daß die Siebröhren am Stofftransport nur passiv beteiligt sind. Auch vergleichend physiologische Beobachtungen, z. T. schon von Esau angestellt, deuten darauf hin, daß es sich um einen lebenden, aber nicht um einen prämortalen Protoplasten handelt. Zu etwas anderen Vorstellungen gelangt allerdings Hohl für *Datura:* das Siebröhrenplasma besitzt zwar ein Plasmalemma, aber weder Mikrosomen noch einen Tonoplasten, und Mitochondrien kommen nur ausnahmsweise vor; es zeigt im übrigen eine auffallende, spezifische Lamellenstruktur.

Nucleolus. Durch Weiterkreuzung der Nachkommen des Artbastards *Chironomus tentans* × *pallidivittatus*, der in 2 Chromosomenpaaren an 3 nicht homologen Stellen (Nucleolenbildungsorten) 3 Nucleolen bildet, lassen sich planmäßig Tiere mit nur 2, 1 oder keinem Nucleolenbildungsort erhalten (Beermann). Solche mit 2 oder 1 Nucleolus sind normal entwicklungs- und lebensfähig, aber nucleolenlose stellen die Entwicklung auf einem bestimmten embryonalen Stadium ein. Der Nucleolus erweist sich also als lebensnotwendig. Absterben von Embryonen mit nucleolenlosen Kernen erfolgt auch beim Krallenfrosch *Xenopus* (Elsdale, Fischberg u. Smith). Die Versuche mit *Chironomus* sind besonders sorgfältig und unter Ausschaltung falscher Interpretationsmöglichkeiten angestellt. Der Grund für das Aussetzen der Entwicklung liegt nicht in einer Hemmung der Mitosen, denn diese gehen weiter, sondern ist auf stoffwechselphysiologischem Gebiet zu suchen, wobei an die Synthese einer bestimmten Art von RNS zu denken ist, die in die Proteinsynthese eingreift (ausführliche Diskussion bei Beermann, a. a. O.). Daß der Nucleolenbildungsort nicht nur ein zusammengesetztes Gebilde ist — was auch in anderen Fällen morphologisch belegt ist —, sondern daß unter Umständen auch seine Teile normal funktionieren können, ergeben Versuche mit röntgenbestrahlten Tieren: zwei — ungleich große — Bruchstücke können, eingeführt in ein Genom ohne Nucleolenbildungsort, jedes für sich einen normalen Nucleolenbildungsort ersetzen und normale Entwicklung bewirken.

Terminale Nucleolen kommen auch bei *Rhoeo* [Carniel (2)] und bei Lebermoosen vor (Lewis u. Benson-Evans). Bei *Rhoeo* sind im diploiden Satz 4 nucleolenbildende Chromosomen vorhanden, 2 bilden je einen großen, die beiden anderen je einen kleinen Nucleolus; die Größe des Nucleolus hängt von der „Wertigkeit" des SAT-Chromosoms ab. Im wesentlichen das gleiche ergibt sich für hexaploiden Weizen bzw. Aneuploide mit zusätzlichen oder fehlenden SAT-Chromosomen. Allerdings ist auch, wie schon früher bekannt, das gesamte chromosomale Milieu von

Einfluß auf die Ausbildung der Nucleolarsubstanz (LONGWELL u. SVIHLA). — Während der Mitose persistierende oder verlangsamt oder unvollkommen sich auflösende Nucleolen finden sich auch bei *Psilotum* (FABBRI) und bekanntlich auch bei vielen Protisten (am auffallendsten wohl bei Cladophoraceen; neuerdings ebenfalls für *Sordaria* von DOGUET festgestellt).

Chromosomen und Heterochromatin. Nach besonderer Fixierung und Färbung lassen sich in den Chromosomen mittlerer Teilungsstadien, also im maximal kondensierten Zustand, distinkt gefärbte Querzonen sichtbar machen (Fortschr. Bot. **18**, 4). Eingehendere neue Untersuchungen mit Hilfe der Behandlung fixierter Chromosomen mit Desoxyribonuclease ergeben nun mit großer Wahrscheinlichkeit, daß es sich um ein differentes Verhalten von Eu- und Heterochromatin handelt: das Heterochromatin bleibt feulgenpositiv, das Euchromatin verschwindet (YAMASAKI). Ein Unterschied ist in mittleren Mitosestadien sonst bekanntlich nicht sichtbar, und ein solcher konnte bisher nur durch die verschiedene Reaktion von Eu- und Heterochromatin bei Kältebehandlung hervorgerufen werden. Daß die DNS im Heterochromatin durch DNase nicht zerstört wird, ist unerwartet und zunächst unerklärlich; hypothetisch läßt sich etwa annehmen, daß die DNS im Heterochromatin in einer Weise gebunden ist, die ihre Verdaulichkeit verhindert. — Nach LIMA DE FARIAs Untersuchungen mit Tritium-markiertem Thymidin und mit Hilfe von DNS-Photometrie an Spermatocyten einer Heuschrecke und an Keimlingen von *Secale* wird die DNS im Heterochromatin später als im Euchromatin synthetisiert; außerdem enthält das Heterochromatin pro Volumeinheit mehr DNS als das Euchromatin.

Praktisch wichtig für die Identifizierung bestimmter Chromosomen ist der Nachweis (SASAKI), daß bei verschiedener Präparationstechnik nicht nur, wie bekannt, die Größe, sondern auch die charakteristische Morphologie der Chromosomen verändert wird: stark kontrahierte Chromosomen zeigen ein anderes Längenverhältnis ihrer Arme als schwächer kontrahierte und längere Chromosomen verkürzen sich (bei Colchizinbehandlung) stärker als kürzere. — In Fortsetzung früherer Untersuchungen (Fortschr. Bot. **22**, 6) glaubt TATUNO erneut zeigen zu können, daß mit fortschreitender phylogenetischer Entwicklung das Heterochromatin im Chromosomensatz zunimmt.

B-(akzessorische) Chromosomen. Die Zahl der bekannten Pflanzen, die neben dem Normal-Chromosomensatz B-Chromosomen führen (vgl. die früheren Berichte), steigt weiter an. Aus umfangreichen, auf breiter Basis durchgeführten Untersuchungen an *Achillea*-Arten bzw. Kleinarten und ihren experimentell hergestellten Bastarden ergeben sich neue Einblicke und Vermutungen [EHRENDORFER (1, 2)]. B-Chromosomen treten vor allem auf in Diploiden, seltener in Tetraploiden und fehlen in Hexa- und Oktoploiden. Die Entstehung typischer B-Chromosomen auf komplizierten Umwegen über chromosomale Aberrationen verschiedener Beschaffenheit läßt sich wahrscheinlich machen, verschiedene Zwischenformen sind nachweisbar. Im übrigen ist auch bei *Achillea* für die typischen B-Chromosomen ihre geringe Größe, ihre Heterochromasie und der Verlust der Paarungsfähigkeit mit den Standard-Chromosomen charakteristisch. Bemerkenswert ist ein Selbstregulierungsvorgang, der die Anzahl der B-Chromosomen in den Populationen auf einer gewissen Höhe erhält: bei geringer Anzahl erfolgt Vermehrung, bei höherer Verminderung, was durch entsprechende cytologische Abläufe in den Individuen, je nachdem sie viele oder wenige B-Chromosomen enthalten, bewirkt wird[1].

Bei *Xanthisma texanum* kommen B-Chromosomen nur im Sproß vor, weil sie schon bei der Entstehung der Wurzel am Embryo eliminiert werden (Fortschr. Bot. **18**, 6). Neue Untersuchungen bestätigen dies im wesentlichen und ergeben eine hohe Konstanz im Blütenbereich (WITKUS, FERSCHL u. BERGER). In Stecklngen wird die Anzahl der Mutterpflanzen beibehalten, doch stellt sich in den Wurzeln eine gewisse Variation ein. Alle B-Chromosomen erwiesen sich untereinander als homolog. B-Chromosomen wurden ferner neu festgestellt oder eingehender untersucht bei *Crepis capillaris* — die nur $2n = 6$ Chromosomen besitzt — (RUTISHAUSER), bei *Crepis pannonica* (FRÖST), *Clarkia elegans* (MOORING) und *Allium pulchellum* (TSCHERMAK-WOESS u. SCHIMAN). Gemeinsamkeiten hinsichtlich der chromatischen Ausbildung der B-Chromosomen (total, partiell oder gar nicht heterochromatisch) bestehen nicht. Allgemein gültige Gesichtspunkte über ihre genetische Bedeutung lassen sich nicht gewinnen, vielleicht gibt es sie gar nicht.

Meiose. Die für *Lilium* und *Fritillaria* festgestellte Tatsache, daß die Chiasmafrequenz in Makrosporenmutterzellen höher als in den Mikrosporenmutterzellen ist (Fortschr. Bot. **21**, 5), zeigt sich auch bei *Rhoeo*, die bekanntlich eine Komplexheterocygote mit Ringbildung ist [CARNIEL 1960 (1); über die cytologische Grundlage der ihr eigentümlichen Sterilität vgl. CARNIEL 1960 (3)]. Ebenso verhält sich *Endymion non-scriptus* (WILSON). Bei dieser Pflanze beginnt die Meiose in beiderlei Mutterzellen gleichzeitig, so daß durch Außenfaktoren (Temperatur!) zu verschiedenen Zeiten evtl. hervorgerufene, das Ergebnis verfälschende Unterschiede ausgeschaltet sind; bei anderen Pflanzen bedarf es eines entsprechend großen Untersuchungsmaterials, um die Ergebnisse zu sichern. Weitere Pflanzen außer den hier genannten sind auf die in Frage stehende Erscheinung hin noch nicht untersucht. — Eine erschöpfende Darstellung der Morphologie, Genese und genetischen Bedeutung der Inversionen samt ihren Folgen gibt PANITZ. Hier wird u. a. auch wieder darauf hingewiesen, daß aus dem Auftreten einer Chromatidenbrücke in der Anaphase nicht mit Sicherheit auf das Vorhandensein einer Inversion als Ursache geschlossen werden kann.

Herabregulierung polyploider Chromosomenzahlen. Die ± regelmäßige Herabregulierung der Chromosomenzahl in polyploiden, experimentell hergestellten Blütenpflanzen (Fortschr. Bot. **21**, 7; **22**, 4) wurde weiter eingehend analysiert (GOTTSCHALK; GOTTSCHALK u. HEIDE). In Pollenmutterzellen, aber auch im sporogenen Gewebe künstlicher tetra- und

---

[1] Cytogenetische und phylogenetische Fragen können hier nicht behandelt werden, doch sei auf die eingehende Zusammenfassung über die mögliche Bedeutung der B-Chromosomen in gewissen Fällen hingewiesen.

oktoploider Tomatenpflanzen konnte wiederholt eine offenbar gesetzmäßig verlaufende Herabregulierung der Chromosomenzahl auf $2n$ bzw.
$4n$ beobachtet werden. Der Vorgang ist zu regelmäßig, um als bloß zufällige Teilungsanomalie angesehen werden zu können. Es lassen sich in
einzelnen Fällen Teilungsbilder beobachten, die dafür sprechen, daß
keine zufällige Aufsplitterung in beliebige Chromosomengruppen erfolgt,
sondern daß tatsächlich ganze Genome auseinandersortiert werden. Die
Mechanik des Vorgangs ist allerdings noch nicht sicher bekannt; nach
der Meinung des Autors spielt vielleicht die Bildung tripolarer Spindeln
eine Rolle.

Endomitose. PATAU und DAS möchten die Begriffe diploid, tetraploid
... polyploid in der Beschreibung der somatischen Dauergewebe von
Angiospermen, deren Kerne sich nicht mehr mitotisch teilen, ausgemerzt
wissen und sie durch die entsprechenden Werte von DNS-Mengen ersetzen. Auch verwerfen sie den Begriff der Endomitose in seiner allgemeinen Fassung, weil sie eine solche Wortzusammensetzung nur für
Fälle gelten lassen wollen, in denen eine mitotische Pro-, Meta- usw.
-phase auftritt. Sie übersehen, daß in den Stadien, die sie als „Interphase" bezeichnen (obwohl gar keine Mitose mehr erfolgt), in Wirklichkeit eine Endopro-, Endometaphase usw. abläuft und daß es eine Endo-
interphase gibt. Wie die Autoren richtig feststellen, kann zwar ein Kern
mit der 4fachen Grundmenge von DNS sowohl eine diploide als auch
eine tetraploide Mitose eingehen, was den Anschein erweckt — und mit
diesem argumentieren die Autoren —, als ließe er sich gleich gut für
diploid wie für tetraploid halten. Dies kommt aber nur daher, daß man
ihm nicht ohne weiteres ansieht, ob er diploid ist und die *präanaphasische*
DNS-Verdoppelung vor seiner nächsten — dann diploiden — Mitose
schon erfahren hat, oder ob er (endo)tetraploid ist und sich in *Post-
telophase*, also noch vor der DNS-Verdoppelung auf das 8fache, welche
die Voraussetzung für eine nächste, und zwar tetraploide, Mitose ist,
befindet. Es handelt sich um zwei entwicklungsgeschichtlich ganz verschiedene Zustände, die grundsätzlich auch morphologisch unterscheidbar sind (verhältnismäßig leicht in bestimmten Chromozentrenkernen,
HUSKINS u. STEINITZ sowie DOLEŽAL u. TSCHERMAK-WOESS für *Rhoeo*,
vgl. Fortschr. Bot. **17**, 11), — und wären sie es nicht, bliebe der Unterschied dennoch bestehen. Aus diesem schon lange bekannten, aber un-
verstandenen Sachverhalt (vgl. z. B. auch TSCHERMAK-WOESS) ergibt
sich kein brauchbares Argument dafür, daß die Begriffe diploid und
tetraploid in dem behandelten Zusammenhang überflüssig, ja sinnlos
wären. Außerdem gehen, von den Autoren nicht beachtet, gerade in die
ruhenden Dauergewebe nach den bisherigen Erfahrungen nur post-
telophasische diploide Kerne ein, so daß eine Verwechslung mit prä-
prophasischen ausgeschlossen ist.

Durch die Aufgabe des präzisen Begriffs der Endomitose erscheint
dem Ref. das Verständnis der allgemeinen Zusammenhänge verrammelt,
die zwischen den entsprechenden Vorgängen bei Angiospermen, den Protisten und den Tieren, im besonderen der Riesenchromosomenbildung
bei den Dipteren, bestehen. Es handelt sich hierbei nicht um einen Streit

um Worte, sondern um den Gewinn oder den Verlust einer Einsicht (analog wie im Fall des „nucleus" der Bakterien; vgl. S. 1). Das gleiche gilt für die oft unterbleibende Unterscheidung polynemer, d. h. primär vielstrangiger, und polytäner, sekundär gebündelter Chromosomen (Fortschr. Bot. **20**, 8, auch **18**, 5; **19**, 10). Die noch immer manchmal geäußerten Zweifel an der Auffassung, daß die sog. Riesenchromosomen der Dipteren aus parallel vereinigten, endomitotisch entstandenen Chromosomen bestehen, werden durch die Analyse des Baus der Nährzellkerne von *Calliphora* eindeutig, und hoffentlich endgültig, behoben (BIER). Diese Kerne zeigen einen Formwechsel zwischen ± lockerer Bündelung und engster „Paarung" der Einzelelemente, dessen Kenntnis auch für das Verständnis der pflanzlichen Riesenchromosomen wichtig ist, weil bei diesen analoge, z. T. noch weiter gehende Veränderungen des Zusammenhalts auftreten (Fortschr. Bot. **22**, 7). Besonders bemerkenswert ist die Feststellung BIERs, daß weitgehend getrennte oder ganz getrennt erscheinende Einzelelemente sich sekundär zu eng „gepaarten" Riesenchromosomen vereinigen können. Hier handelt es sich um einen sehr klaren Fall von Polytänie, im Unterschied zur Polynemie, dem Vielfachbau mitotischer Chromosomen[1].

Entgegen der nach den bisherigen Untersuchungen naheliegenden, aber andererseits doch unwahrscheinlichen Annahme, daß die Characeen keine endomitotische Polyploidisierung erfahren und zur Gänze haploid bleiben, ließ sich nun für *Chara*-Arten teils unmittelbar, teils durch Strukturanalyse und Volumenmessung der Kerne zeigen, daß in der Rhizoidenregion 32-Ploidie erreicht wird, daß nur das 1. Internodium haploid, das 2. aber schon diploid und das 3. tetraploid wird; im 4. erfolgt Kernfragmentation, die weitere Feststellungen unmöglich macht [HASITSCHKA-JENSCHKE (2)]. In Verbindungszellen und im Basilarknoten erfolgen manchmal spontan diploide Mitosen, die e. P. kann also, wie bei vielen Angiospermen, schon vor Abschluß des Teilungswachstums einsetzen.

Besonders auffallend ist die Angabe, daß der Kern der Dasycladacee *Batophora*, die wie *Acetabularia* einkernig ist, nicht diploid, sondern hochpolyploid, und zwar endopolyploid ist (PUISEUX-DAO). Bisher wurde dies bestritten, allerdings ohne ganz zwingende Beweise. Die neuen Befunde, die nur sehr kurz mitgeteilt werden, bedürfen allerdings ebenfalls der genauen Prüfung; die Abbildungen, die Endomitosen darstellen sollen, wirken nicht durchaus überzeugend.

Für Leguminosen bestätigen BERGER, WITKUS u. McMAHON die — von ihnen ignorierten — alten Angaben DOLEŽALs, HOLZERs, CZEIKAs und anderer, daß das Auftreten von e. P. bis zu einem gewissen Grad systematisch gebunden ist. — Tetraploide Mitosen, die durch 2,4-D im Stamm von *Solanum tuberosum* ausgelöst werden (McMAHON, WITKUS u. BERGER) zeigen manchmal Anomalien, wie abweichend spiralisierte

---

[1] Die Beziehungen der Endomitose zur Amitose behandelt, nur für die Tiere und den Menschen, BUCHER. Das Wesen der Amitose bleibt noch immer problematisch — soweit es sich nicht überhaupt um verkannte Mitosehemmungen, vor allem Restititionskernbildungen und Kernfragmentationen handelt.

Chromosomen, und verspätete Einordnung der Chromosomen in den Spindeläquator, was auch sonst schon bekannt ist; die erschwerte Einordnung ist nach Meinung des Ref. wahrscheinlich nur eine Folge der erhöhten Chromosomenzahl; sie findet sich zwar nicht in den diploiden Mitosen von *Solanum*, wohl aber z. B. in den diploiden Metaphasen von *Sparmannia* mit ihrer hohen Chromosomenzahl. — Weitere neue Beispiele von Haaren mit 32- oder 64-ploiden Zellen sind die Samenhaare von *Epilobium* (ESCHENBECHER) und die Antherenhaare von *Cucumis sativus* (TURALA); im letzteren Fall ist das Haar zweizellig, die untere Zelle wird hochpolyploid, während die obere, wie in ähnlichen Haaren anderer Cucurbitaceen, diploid bleibt.

Verschiedenes. In der Exine der Pollenkörner von Gramineen lassen sich elektronenoptisch Poren nachweisen, die zunächst von Plasma erfüllt erscheinen, so daß eine Art von Verbindung zwischen Pollenprotoplasten und Tapetum gegeben ist (ROWLEY, MÜHLETHALER u. FREY-WYSSLING). — Entgegen der auf STRASBURGERs Untersuchungen beruhenden Ansicht, daß bei der Rhodophycee *Bornetia* das Membranwachstum durch Apposition und Dehnung ohne Intussuszeption erfolgt, findet KINZEL nach sorgfältiger Überprüfung, daß in Wirklichkeit Apposition und Intussuszeption zusammenwirken, *Bornetia* also keinen Ausnahmefall bildet. — Durch Ultrazentrifugierung der Eier von *Coccophora* (Fucacee) vor und nach der Befruchtung in verschiedenen Richtungen zeigt NAKAZAWA, daß für den *Ort*, an dem die Rhizoiden der Keimpflanze entstehen, plasmatisches — vermutlich in der Rindenschicht lokalisiertes — Material verantwortlich ist, das sich nicht verlagern läßt, während für die tatsächliche *Bildung* der Rhizoiden (an dem einmal gegebenen Pol) verlagerbare plasmatische Substanzen notwendig sind; durch Zentrifugierung in entsprechender Richtung lassen sich diese Substanzen vom Rhizoidenpol weg verlagern, wonach die Bildung der Rhizoiden unterbleibt.

Literatur

BEERMANN, W.: Chromosoma **11**, 263 (1960). — BERGER, C. A., E. R. WITKUS and R. McMAHON: Bull. Torrey Bot. Cl. **85**, 405 (1958). — BIER, K.: Chromosoma **11**, 335 (1960). — BUCHER, O.: Protistologia VI E 1 (1959).

CARNIEL, K.: (1) Österr. Bot. Z. **107**, 241 (1960). — (2) Österr. Bot. Z. **107**, 403 (1960). — (3) Chromosoma **11**, 456 (1960).

DANGEARD, P.: Le Botaniste, Ser. **48**, 1 (1959/60). — DOGUET, G.: Rev. Cyt. Biol. végét. **22**, 109 (1960).

EHRENDORFER, F.: (1) Chromosoma **11**, 523 (1960). — (2) Z. Vererbgsl. **91**, 400 (1960). — ELSDALE, T. R., M. FISCHBERG and S. SMITH: Exp. Cell Res. **14**, 642 (1958). — ESCHENBECHER, F.: Planta **54**, 314 (1960). — EYMÉ, J.: Le Botaniste, Ser. **48**, 59 (1959/60).

FABBRI, F.: Caryologia **13**, 297 (1960). — FRIEDMANN, I.: Ann. of Bot. **23**, 571 (1959). — FRIEDMANN, I., u. IRENE MANTON: Nova Hedwigia **1**, 333 (1960). — FRÖST, S.: Hereditas **46**, 497 (1960).

GEITLER, L.: (1) Österr. Bot. Z. **107**, 45 (1960). — (2) Planta **55**, 115 (1960). — (3) Österr. Bot. Z. **107**, 265 (1960). — (4) Österr. Bot. Z. **107**, 409 (1960). — (5) Schweiz. Z. Hydrol. **22**, 131 (1960). — GIRBARDT, M.: (1) Verh. 4. Int. Kongr. Elektronenmikroskopie **2**, 248 (1960). — (2) Planta **55**, 365 (1960). — GOTTSCHALK, W.: Z. Bot. **48**, 104. — GOTTSCHALK, W., u. N. HEIDE: Z. Vererbgsl. **91**, 27 (1960).

HAGEDORN, H.: Ber. dtsch. Bot. Ges. **73**, 211 (1960). — HAGEMANN, R.: Biol. Zbl. **79**, 393 (1960). — HASITSCHKA-JENSCHKE, GERTRUDE: (1) Österr. Bot. Z. **107**,

194 (1960). — (2) Österr. Bot. Z. 107, 228 (1960). — HOHL, H. R.: Ber. schweiz. Bot. Ges. 70, 395 (1960).

KALLIO, P.: Ann. Ac. Sci. Fenn., Ser. A, Biol. 44, 5 (1959). — Nature (London) 187, 164 (1960). — KING, G. C.: New Phytologist 59, 65 (1960). — KINZEL, H.: Botanica marina 1, 74 (1960). — KNOX-DAVIES, P. S., and J. G. DICKSON: Am. J. Bot. 47, 328 (1960). — KOLLMANN, R.: (1) Planta 54, 611 (1960). — (2) Planta 55, 67 (1960). — KRUHL, RETA: Planta 55, 598 (1960).

LEWIS, K. R., i K. BENSON-EVANS: Phyton (Argentina) 14, 21 (1960). — LIMA DE FARIA, A.: J. Biophys. Biochem. Cytol. 6, 457 (1959). — LONGWELL, ARLENE, and G. SVIHLA: Exp. Cell. Res. 20, 294 (1960).

MACNUTT, MARY M., and K. E. MALTZAHN: Canad. J. Bot. 38, 895 (1960). — MCMAHON, R., E. R. WITKUS and C. A. BERGER: Caryologia 12, 398 (1960). — MITRA, J., MARION O. MAPES and C. STEWARD: Am. J. Bot. 47, 357 (1960). — MÜHLETHALER, K., and A. FREY-WYSSLING: J. biophys. Biochem. Cytol. 6, 507 (1959). — MOORING, J. S.: Am. J. Bot. 47, 847 (1960).

NAKAZAWA, S.: Bot. Mag. Tokyo 73, 447 (1960).

PANITZ, R.: Ergebn. Biol. 22, 137 (1960). — PATAU, K., u. N. K. DAS: Chromosoma 11, 553 (1961). — PUISEUX-DAO, SIMONE: C. R. Acad. Sci. (Paris), 1139 (1959).

ROBINOW, C. F.: The Cell 4, 45 (1960). — ROWLEY, J. R., K. MÜHLETHALER and A. FREY-WYSSLING: J. Biophys. Biochem. Cytol. 6, 537 (1959). — RUTISHAUSER, A.: Festschr. FREY-WYSSLING (Beih. Schweiz. Forstver. Nr. 30) 93 (1960).

SCHUMACHER, W., u. R. KOLLMANN: Ber. dtsch. Bot. Ges. 72, 176 (1959). — SOMERS, CAROLYN E., R. P. WAGNER and T. S. HSU: Genetics 45, 801 (1960). — SUSAKI, M.: Chromosoma 11, 514 (1961).

TATUNO, S.: Cytologia 25, 214 (1960). — TSCHERMAK-WOESS, ELISABETH: Chromosoma 10, 497 (1959). — TSCHERMAK-WOESS, ELISABETH, u. HELENE SCHIMAN: Österr. Bot. Z. 107, 212 (1960). — TURALA, KRYSTINA: Acta Biol. Cracov. Ser. Bot. 3, 1 (1960).

VERMA, S. C.: Caryologia 13, 274 (1960).

WILSON, J. Y.: Chromosoma 11, 433 (1960). — WITKUS, E. R., SR. J. B. FERSCHL and C. A. BERGER: Bull. Torrey Bot. Cl. 86, 300 (1959).

YAMASAKI, NORIKO: Chromosoma 11, 479 (1961). — YUASA, A.: Bot. Mag. Tokyo 73, 474 (1960).

2. Morphologie einschließlich Anatomie

Von Wilhelm Troll und Hans Weber, Mainz

Mit 4 Abbildungen

Vorbemerkung: Der diesjährige Bericht berücksichtigt nur Arbeiten, die sich auf die Vegetationsorgane, insbesondere auf Sproß und Wurzel, beziehen. Die übrigen Abschnitte gelangen im folgenden Band zur Darstellung.

I. Sproßbildung und Sproßbau

1. Scheitelmeristeme und Blattanlegung

In einer zusammenfassenden Darstellung „Grundzüge der Histogenese der höheren Pflanzen" vermittelt von Guttenberg (1) einen Überblick über die Ergebnisse, die in den zahlreichen Studien über die Differenzierung der Scheitelmeristeme angiospermer Pflanzen erzielt worden sind. Im wesentlichen ist dabei die bis 1957 vorliegende Literatur erfaßt. Unter anderem wird in diesem Band die auf Buder zurückgehende Tunica-Corpus-Konzeption eingehend behandelt, die bis in die neueste Zeit hinein immer wieder diskutiert worden ist und zu der auch in diesen Berichten wiederholt Stellung genommen wurde (vgl. Fortschr. Bot. **17**, 16; **21**, 12). Jüngst hat Jentsch die schon viel studierten Sproßvegetationspunkte von *Myriophyllum* und von *Hippuris* erneut beschrieben. Im ersten Fall liegt eine zweischichtige Tunica vor, bei *Hippuris* dagegen sind 4—6 Mantellagen zu beobachten. Offensichtlich besteht hier eine Abhängigkeit vom Erstarkungsgrad des Scheitels in dem Sinne, daß bei zunehmendem Erstarkungswachstum die Zahl der Tunicaschichten vermehrt wird, wie dies auch von verschiedenen anderen Beispielen her schon bekannt ist. So weist z. B. Kaufman (1) neuerdings darauf hin, daß Embryo und Keimling von *Oryza sativa* eine einschichtige Tunica besitzen, wogegen ältere Pflanzen zwei Tunica-Lagen zeigen (vgl. auch Fortschr. Bot. **16**, 19). Der in Fortschr. Bot. **16**, 18 kommentierte fragwürdige Befund, daß bei *Saccharum officinarum* ein völlig ungeschichteter Vegetationspunkt vorliege, ist jetzt von Thielke (1, 2) an verschiedenen Klonen von *Saccharum spontaneum* überprüft worden. Dabei ergab sich, daß der Sproßscheitel in allen Fällen den Aufbau zeigt, der auch sonst für Gramineen charakteristisch ist, d. h. es liegt eine Gliederung in ein Corpus und in eine zumindest einschichtige Tunica vor. Ungeschichtete Scheitel scheint es demnach im Bereich der Angiospermae kaum zu geben. Solche sind dagegen bei den Gymnospermen die Regel, wenngleich auch unter diesen Arten bekannt sind, deren Vegetationspunkte über eine deutlich ausgebildete Tunica verfügen, wie etwa in den Gattungen *Araucaria*, *Sciadopitys*, *Gnetum* und *Ephedra*, denen als weitere Beispiele JACKMAN in seinen Studien an neuseeländischen Gymnospermen noch *Agathis australis* und früher schon STERLING *Agathis lanceolata* hinzugefügt haben (vgl. Fortschr. Bot. **22**, 15).

Im übrigen ist die Zahl neuerer Arbeiten, die Angaben über die Tunica-Corpus-Gliederung bringen, beträchtlich. Sie beziehen sich u. a. auf *Veronica*-Arten, deren Vegetationspunkte sämtlich eine zweischichtige Tunica aufweisen (HAMANN). Gleiches gilt für *Clematis* (TEPFER), für die Anonacee *Polyalthia* (RAMJI) sowie für die von BARNARD studierten Liliaceen *Bulbine* und *Stypandra*. Einschichtig ist die Tunica an den auffallend großen Sproßscheiteln von *Bombax* (JOHNSON u. TOLBERT), wogegen für die Vegetationspunkte von *Hebe* (Scrophulariaceae) eine dreischichtige Mantellage angegeben wird (HAMANN), welch letzteres nach SHAH auch für die Vitacee *Cayratia carnosa* zutrifft. Insgesamt bringen diese Mitteilungen freilich kaum neue Gesichtspunkte. Dies gilt auch für mannigfache Studien über die sonstige histologische Zonierung der Sproßscheitelmeristeme.

In engem Zusammenhang mit diesen Beobachtungen steht die Frage nach der Ausgliederung der Blattprimordien. Sie wird vorwiegend durch periklinale Teilungen in der subepidermalen Zellschicht eingeleitet, und zwar in einem Bereich des Vegetationspunktes, der heute allgemein als Flankenmeristem bezeichnet wird und der dem von PLANTEFOL postulierten „anneau initial" entspricht. Namentlich am Beispiel von *Peperomia*-Arten hat jetzt HAGEMANN gezeigt, daß das Flankenmeristem nach jeder Blattausgliederung verbraucht und danach aus der Initialzone des Sproßscheitels ergänzt bzw. neu angelegt wird. Im übrigen erscheint das Flankenmeristem bei *Peperomia* nicht als geschlossene ringförmige Zone, sondern es differenziert sich jeweils nur in dem Bereich, in dem später ein Blatt entsteht. Wenn in anderen Fällen eine ringförmige Meristemzone vorliegt, soll diese nach HAGEMANN auf eine „Verschmelzung der der Blattausgliederung vorausgehenden teilungsaktiven Meristeme" zurückzuführen sein. Ein nachweisbarer „Initialring" fehlt z. B. in den Vegetationspunkten verschiedener Wasserpflanzen, wie *Helodea*, *Hippuris*, *Ceratophyllum* und *Callitriche*. Wenn aber LANCE-NOUGARÈDE u. LOISEAU deshalb die Blätter dieser Arten als bloße Emergenzen auffassen möchten, so zeugt das von der übertriebenen Bedeutung, die diese Autoren den Plantefolschen Postulaten zumessen. Beachtenswert und zur Nachprüfung an weiteren Objekten anregend sind die von BARTELS (1, 2) an Keimlingen von *Epilobium hirsutum* erzielten Befunde. Danach soll die äußerste Sproßspitze ein dreischichtiges Scheitelmeristem besitzen, das in den einzelnen Lagen jeweils über einige „Zentralzellen" verfügt, deren Deszendenten sämtliche Gewebe der Sproßachse und der Blattorgane sowie der Seitentriebe aufbauen. Eine Auseinandersetzung mit der neueren Literatur vermißt man in diesen Arbeiten, doch sprechen die Ergebnisse durchaus gegen die Annahme eines «méristème d'attente» für den vegetativen Sproßscheitel, wie sie von PLANTEFOL und von BUVAT gefordert und wie sie neuerdings wieder von POUX *(Triticum vulgare)*, CATESSON *(Acer pseudoplatanus)* und LANCE-NOUGARÈDE *(Veronica teucrium)* cytologisch zu begründen versucht wird (vgl. Fortschr. Bot. **21**, 12).

Am Beispiel von *Oryza sativa* verfolgt KAUFMAN (2) u. a. die Differenzierung von Knoten und Internodien des zukünftigen Halmes. Deren Anfänge sind bereits in der Sproßspitze unterhalb des 3. Blattprimordiums sichtbar, und zwar insofern, als das spätere Internodium durch ein sehr ausgeprägtes Rippenmeristem charakterisiert wird. Vom Bereich der 6. Blattanlage ab (vom Sproßscheitel her gesehen) erlischt im allgemeinen die Teilungsfähigkeit der Zellen, die nunmehr in das Streckungswachstum eintreten.

Von der Sproßscheitelzelle von *Polypodium vaccinifolium* wird berichtet, daß sie nur sehr selten Mitosen zeige. Wenn aber HOCQUETTE u. LALOUX sie deshalb zu einer bloßen, sich lediglich durch besondere Größe auszeichnenden Epidermiszelle degradieren wollen, so ist dies kaum berechtigt. Ihre dominierende Stellung im Apikalmeristem der meisten leptosporangiaten Farne steht nach zahlreichen Untersuchungen (z. B. KAPLAN, WARDLAW, WETTER) außer Frage.

Daß der Sproßvegetationspunkt der Blütenpflanzen beim Übergang von der vegetativen in die reproduktive Phase vielfach einem ausgeprägten Formwechsel unterliegt, ist schon wiederholt geschildert worden. Häufig beobachtet man dabei, daß der ursprünglich flache oder nur wenig gewölbte Scheitel unter Vergrößerung deutlich kegelförmige Gestalt annimmt. Dies gilt z. B. auch für die Magnoliacee *Michelia fuscata*, für die TUCKER weiter mitteilt, daß während der Ausgliederung der 32—40 Staubblattprimordien Durchmesser und Höhe des Vegetationspunktes ständig zunehmen, wogegen im Verlauf der Anlegung der 36—50 Karpelle die Ausmaße wieder geringer werden. Von besonderem Interesse ist der Nachweis, daß hier neben diesem allgemeinen Formwechsel sich auch noch während der Differenzierung der einzelnen Blütenorgane ein Plastochronformwechsel vollzieht, wie er bisher nur für den vegetativen Bereich beschrieben worden ist. Weitere Beispiele für die Gestaltsänderung des Vegetationspunktes beim Übergang zur Inflorescenz- bzw. Blütenbildung bringen STEIN u. STEIN (*Kalanchoe*), BONNAND (*Nicotiana tabacum*), LANCE u. RONDET (*Primula malacoides*) sowie CHABOT-JACQUETY (*Rumex obtusifolius*) und POUX (*Triticum vulgare*).

2. Embryo und Keimpflanze

Über die Entwicklung des Embryos von *Nerium oleander* liegt eine interessante Studie von MAHLBERG vor. Von den sich dabei in der Spätphase abspielenden Differenzierungsprozessen bleiben meristematische Zellgruppen am apikalen Pol des Embryos sowie an dessen dem Suspensor genäherten Ende ausgenommen. Diese entsprechen den späteren zentralen Zellzonen im Sproßvegetationspunkt und in der Wurzelspitze. Die Anlegung und Weiterentwicklung der Kotyledonen erfolgt ganz ähnlich wie die der späteren Laubblätter. Sie wird durch periklinale Teilungen in der subepidermalen Zellschicht eingeleitet. Gerade dieser letzte Befund ist wichtig zur Beurteilung der Ausführungen von BROWN (1, 2), der glaubt, den Kotyledonen jede Homologie mit den späteren Laubblättern absprechen zu müssen. Insbesondere am Beispiel des Grasembryos lehnt er alle Homologisierungsversuche ab und verzichtet damit im Grunde auf jede Deutungsmöglichkeit. So leichtfertig freilich sollte man ein Objekt, um dessen Verständnis seit MALPIGHI (1687) gerungen wird, nicht abtun. Man vergleiche hierzu unsere Ausführungen in Fortschr. Bot. **20**, 14. Neue embryologische Untersuchungen an verschiedenen Monokotylen, wie *Triglochin*, *Arum* und *Typha*, die auf VON GUTTEN-BERG (2) und dessen Schüler zurückgehen, sind insbesondere im Hinblick auf die Entwicklung der Primärwurzel wichtig. Sie sollen deshalb im Abschnitt II noch berücksichtigt werden.

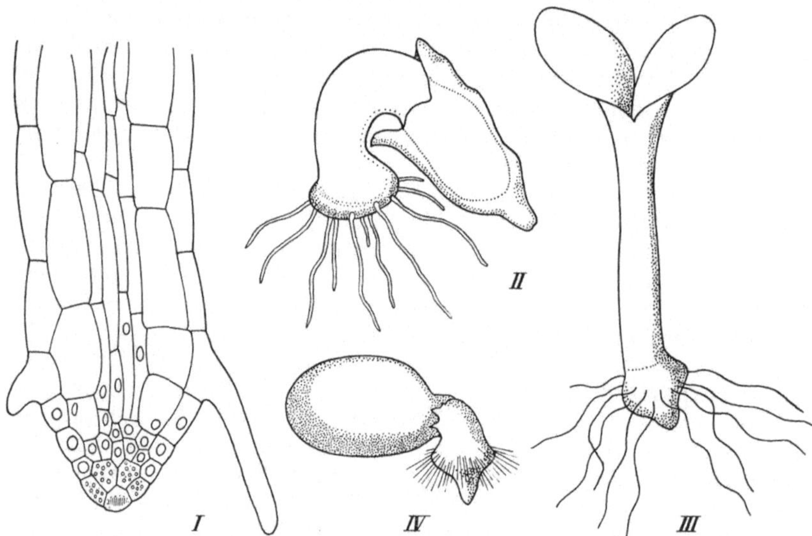

Abb. 1. I *Drosera capensis*. Basaler Teil der Keimachse mit beginnender Saughaarbildung. Nach HACCIUS u. TROLL. II—III *Streptocarpus grandis*. Keimungsstadien mit Saughaarbildung an der Basis des Hypokotyls (Nach TRONCHET u. JAVAUX). IV *Impatiens balsamina*. Keimender Samen mit Myzotrichen am Wurzelhals. Orig.

Extrem reduziert ist die Primärwurzel an Keimlingen von *Drosera*- und *Cuscuta*-Arten. Eine genauere embryologisch-anatomische Analyse solcher Fälle durch HACCIUS u. TROLL ergab, daß bei *Drosera* (Abb. 1, I) lediglich ein aus wenigen Hypophysenabkömmlingen bestehender Keimabschluß gebildet wird, während bei den untersuchten *Cuscuta*-Arten selbst dieser fehlt, so daß nach Absterben des Suspensors eine „offene" Abbruchstelle zurückbleibt. Die Haft- und Nährfunktion der total ablastierten Primär-wurzel wird in beiden Fällen von der Keimachse übernommen, die in ihrem basalen Abschnitt epidermale Saughaare ausbildet. TROLL schlägt vor, derartige einzellige und cuticulalose Haarbildungen an Sproß- sowie an Blattepidermen „Myzotrichen" zu nennen. Um Myzotrichen handelt es sich zweifellos auch bei jenen Trichomen, die an der verbreiterten Basis des Hypokotyls von *Streptocarpus*-Sämlingen auftreten (Abb. 1, II—III). Die Entwicklung der Primärwurzel ist in den abgebildeten Keimungs-stadien lediglich verzögert. Die Radicula wächst erst aus, wenn der junge Keimling mit Hilfe der Saughaare des „Wurzelhalses" fest mit dem Sub-strat verbunden ist (TRONCHET u. JAVAUX). Überhaupt scheint die Bildung solcher Myzotrichenkränze an der Hypokotylbasis von Keimpflanzen weit verbreitet zu sein. Genauer verfolgt wurde ihre Entstehung bisher nur an *Nuphar*-Keimlingen (VON GUTTENBERG u. MÜLLER-SCHRÖDER; Fortschr. Bot. **21**, 13). Man findet sie u. a. auch an den Sämlingen von *Impatiens*-Arten (Abb. 1, IV), noch ausgeprägter aber bei verschiedenen, zuletzt von BARANOV (Fortschr. Bot. **21**, 14) studierten Myrtaceen, wie *Myrtus, Melaleuca, Callistemon* und anderen.

BUGNON greift die schon von IRMISCH beobachtete Erscheinung auf, daß am Epikotyl der Keimpflanzen von *Gymnocladus canadensis* und *Juglans regia* in der Mediane der Kotyledonen sich in zwei gegenüberliegenden Reihen je 5—11 Knospen befinden. Wie IRMISCH feststellen konnte und wie es jüngst TROLL in seiner „Einführung in die Pflanzenmorphologie" klar dargestellt hat, handelt es sich dabei um einen Fall absteigender Beiknospenbildung, wobei die einzelnen Knospen durch das Streckungswachstum des Epikotyls voneinander entfernt werden. Wenn BUGNON trotzdem glaubt, daß hier Achselprodukte distich gestellter rudimentärer Blattorgane vorliegen, so übersieht er, daß das vermeintliche Tragblatt das erste schuppenförmige Blattorgan der Knospe selbst ist, das freilich unter Hinterlassung einer Narbe bald verloren geht. An frühere Untersuchungen von HACCIUS u. REH (Fortschr. Bot. **20**, 16), die hinsichtlich der anatomischen Verhältnisse im Übergangsbereich vom Wurzel- zum Sproßbau bei einer größeren Zahl von Umbelliferen-Keimlingen zur Aufstellung einer Reihe verschiedener Typen führten, schließen Beobachtungen von TAMAMSHIAN u. DENISOVA an. Danach wäre trotz einiger Differenzen *Carapodium platycarpum* zum *Laserpitium*-Typ zu stellen, während *Echinophora trichophylla* eine Mittelstellung zwischen dem *Coriandrum*- und dem *Eryngium*-Typ einnimmt.

3. Blattstellung

Einen seltenen Fall der Blattstellung verkörpert die „schiefe Dekussation", über die TROLL in seiner „Vergleichenden Morphologie" (Bd. I, 1; S. 355) eingehend berichtet hat. Seitdem sind nur wenige neue Beispiele dafür bekannt geworden (Fortschr. Bot. **17**, 26). Jetzt schildern RAUH u. WEBERLING in der hochandinen Valerianacee *Stangea henrici* eine Pflanze, deren Beblätterung mit schiefer Wirtelstellung beginnt, die aber später infolge allmählicher Auflösung der Wirtel in Spirodekussation und schließlich, im blühenden Bereich, in Dispersion übergeht, wobei Spiralstellungen mit „höheren Divergenzen" zustandekommen.

Auf dem Boden der Plantefolschen Theorie (théorie des hélices foliaires multiples) fußen die umfangreichen Untersuchungen von LOISEAU über die Blattstellung verschiedener *Impatiens*-Arten. Während z. B. *I. parviflora* und *I. biflora* stets 2 „Blattschrauben" aufweisen, können es bei *I. roylei* bis zu 7 sein. Ausgangspunkt dieser Schraubenlinien sind die von PLANTEFOL postulierten Blattbildungszentren, deren Zahl u. a. von der Größe des Vegetationspunktes abhängen soll. Weitere Blattstellungsstudien aus der französischen Schule liegen für *Juniperus*

(Sébastian) und für *Sarothamnus* (Vescovi) vor. Da zu den Plantefolschen Konzeptionen schon wiederholt in diesen Berichten kritisch Stellung genommen wurde, mögen diese Hinweise genügen.

4. Leitgewebe

Ein wertvolles Nachschlagewerk stellt die von Greguss (2) bearbeitete „Holzanatomie der europäischen Laubhölzer und Sträucher" dar, worin in Text und Bild der Bau des Holzes von 303 Arten beschrieben ist. Daß es oft recht schwierig, wenn nicht gar unmöglich ist, die verschiedenen Species ein und derselben Gattung durch holzanatomische Untersuchungen zu identifizieren, zeigen neue Ausführungen von Lyr u. Bergmann am Beispiel von 7 *Salix*-Arten. Für eine Reihe von Laubbäumen hat Braun die Verbindung der Achselknospen mit dem Holz der Mutterachse studiert und dabei vor allem die Vorgänge beachtet, die sich im Verlauf des sekundären Dickenwachstums abspielen. Bierhorst (2) versucht eine Klassifizierung der Gefäßelemente nach ihrer Wandstruktur und berücksichtigt dabei zur Hauptsache Pteridophyten und Gymnospermen. Für *Pinus pinaster* konnte nachgewiesen werden, daß mit zunehmendem Alter des Kambiums längere Tracheiden gebildet werden. Die im ersten Jahr entstandenen Elemente zeigten eine Länge von etwa 1 mm, nach 50—60 jähriger Kambiumtätigkeit dagegen wurden im Neuzuwachs 5 mm lange Tracheiden gemessen (David, Lapraz u. Bost). Bei *Thuja occidentalis* zeigte sich, daß einer Zunahme der Jahresringbreite eine Verminderung der Länge der Kambiumzellen und damit eine Verkürzung der Tracheiden einhergeht [Bannan (2)]. Daß bei Gymnospermen bereits vereinzelt Tracheen bzw. tracheenähnliche Gefäße auftreten können, fand Greguss (1) für *Cycas* und *Zamia*. Sie kommen dadurch zustande, daß zwei Tracheiden durch einfache Perforation miteinander verschmelzen. Perforierte Tracheiden fanden sich außerdem bei *Thuja occidentalis* [Bannan (1)]. Über den Bau des Holzes von Araucariaceen bringt Kisliuk einige neue Beobachtungen. Lebedenko weist auf Unterschiede im Bau von Jugendholz und von späterem Holz verschiedener Betulaceen und Fagaceen hin.

Mit der Anatomie der Stammrinde von verschieden alten Douglasien (*Pseudotsuga menziesii*) beschäftigen sich Grillos u. Smith, wobei sie besonders auf die Aktivität des Kambiums eingehen und dessen Deszendenten beschreiben. Die Siebelemente bleiben hier teilweise zwei Vegetationsperioden hindurch funktionstüchtig. Für *Mercurialis annua* und *M. perennis* schildert Gaertner die Entwicklung der Siebröhren. Fußend auf früheren Untersuchungen von Resch (Fortschr. Bot. 21, 17) findet sie u. a., daß hinsichtlich der Kombination von Siebröhrengliedern und Geleitzellen zwar verschiedene Möglichkeiten existieren, daß vorwiegend jedoch einem Siebröhrenelement eine gleichlange, ungeteilte Geleitzelle zugeordnet ist. Resch selbst hat seine Studien inzwischen auf die Wurzel ausgedehnt. Dabei ergab sich, daß die Siebröhrenprimanen im Protophloem der Wurzeln von *Lepidium*, *Sinapis* und *Cucurbita* zum Teil echte Geleitzellen besitzen. Überwiegend werden sie jedoch von stark hyperchromatischen Siebparenchymzellen flankiert. Bei monokotylen Pflanzen, wie *Rhoeo discolor* und *Tradescantia albiflora*, lassen sich keine Geleitzellen für die Siebröhrenprimanen der Wurzel nachweisen. Intraxyläres Phloem wird für Hypokotyl und Wurzeln von *Cucumis*-Arten angegeben; es soll sich erst spät, zur Blütezeit, aus parenchymatischen Zellen entwickeln (DUCHAIGNE u. CHAISEMARTIN).

Die Entwicklung des Leitgewebes in Keimpflanzen von *Pteridium aquilinum* von der Protostele über die Siphonostele zu den Meristelen des Rhizoms hat im einzelnen GOTTLIEB beschrieben; PENON bringt einige Angaben über das Leitgewebe in den Brutknospen von *Asplenium dimorphum var. bulbiferum*.

5. Wuchsformen und Sproßerneuerung

Dänischen Botanikern, insbesondere WARMING und RAUNKIAER, verdanken wir wesentliche Erkenntnisse über die Wuchsformen der Pflanzen, die z. T. schon durch eindrucksvolle Abbildungen belegt worden sind. An diese Tradition knüpft im Grunde ein von HAGERUP und PETERSSON besorgter Atlas an, der in annähernd 5000 Strichzeichnungen eine Darstellung der in Nordeuropa verbreiteten höheren Pflanzen vermittelt. Eine eingehende morphologisch-anatomische Analyse der Wuchsformen von verschiedenen Fumariaceen, vor allem von *Corydalis*-Arten, hat RYBERG (1,2) vorgelegt. Besondere Aufmerksamkeit widmet er dabei der Entwicklung der unterirdischen Organe und der Erneuerungsweise von *Corydalis nobilis, C. cava* und *C. solida*. Während die erstgenannte Art über eine ausdauernde rübenartige Primärwurzel verfügt, die im Alter Zerklüftungserscheinungen zeigt, sind *C. cava* und *C. solida* bekanntlich mit eigentümlichen Knollen versehen, die zur Hauptsache aus dem Hypokotyl hervorgehen. Deren Anatomie wird ausführlich erläutert. Mit der jährlichen Erneuerung der Knolle von *Corydalis solida* beschäftigt sich auch BERSILLON. Alle diese Untersuchungen knüpfen an die älteren Arbeiten insbesondere von IRMISCH und von JOST an, deren einwandfreie Ergebnisse sie vollauf bestätigen.

Recht wenig genau sind wir bis heute über die Wuchsformen der Gräser unterrichtet. Daß bei ihnen weitgehend sympodiale Sproßerneuerung vorliegt, steht wohl außer Zweifel. Darauf deuten auch einige Angaben von SUVOROVA über die Bestockungsverhältnisse hin, die jedoch einer Nachprüfung bedürften. Sympodiale Systeme schildert weiter MÜHLBERG für *Melica uniflora*. Interessant ist sein Hinweis auf die basale Anschwellung der unteren Halminternodien, in deren Bereich die Markhöhle fehlt. Durch Auflagerung von Reservecellulose zeigen die Markzellen verdickte Wände, was an die Anatomie der sog. Speicherinternodien an den Halmen von *Molinia coerulea* erinnert. Im Zusammenhang mit experimentellen Untersuchungen an *Arrhenatherum elatius*, die u. a. zeigen, daß für diese Art das Schossen allein durch Langtag ausgelöst wird, bringt BOMMER einige Angaben über die Entwicklung von vegetativen und von blühenden Trieben.

Sympodial erfolgt auch die Erneuerung der Zwiebel von *Allium*-Arten, wie dies MANN in Fortführung seiner Studien an Vertretern der mediterranen Sektion Molium beschreibt (Fortschr. Bot. **22**, 26). In der Blattfolge dieser Zwiebeln gehen den Laubblättern Speicherorgane von Niederblattcharakter voraus.

Hinweise auf Wuchsformen finden sich ferner bei einigen russischen Autoren, so für eine Reihe von krautigen Papilionaceen (LIUBARSKY) und für *Calluna vulgaris* (ROTOV). SCHALYT (1) bringt eine zusammenfassende Betrachtung über die vegetative Fortpflanzung bei Spermatophyten.

Für den Adlerfarn *(Pteridium aquilinum)* ist es seit langem bekannt und wiederholt bestätigt worden, daß er über blattlose Langtriebe verfügt, die seitliche Kurztriebe hervorbringen, denen allein die Wedel ansitzen (Fortschr. Bot. **21**, 16). DASANAYAKE behauptet jetzt, daß auch die Langtriebe Blätter erzeugen, die allerdings rekauleszent auf die Seitenäste verschoben werden sollen. Da aber genauere entwicklungsgeschichtliche Beweise fehlen, muß diese Aussage in Frage gestellt bleiben.

Recht interessant ist ein neuer Deutungsversuch, den MERKER (1, 2) für die kriechenden Triebe der Rhyniaceen vorgelegt hat. Seit ihrer ersten Beschreibung durch KIDSTON u. LANG werden diese als gabelig verzweigte Rhizome des Sporophyten betrachtet, während der Gametophyt als unbekannt gilt. MERKER glaubt nun aus den verschiedensten Indizien schließen zu können, ,,daß die horizontale Basis der Urlandpflanzen kein Rhizom sein kann, sondern das vermißte Prothallium darstellt, das dank seiner weitgehenden Beständigkeit dem völlig wurzellosen Sporophyten als Brutpflegeorgan und als Halt im Boden diente.'' Was die Entwicklung von Prothallien rezenter Pteridophyten anlangt, so sind verschiedene Mitteilungen zu nennen, die sich auf *Azolla filiculoides* (BONNET), *Elaphoglossum* und *Rhipidopteris* sowie einige Osmundaceen (STOKEY u. ATKINSON (1, 2)] und schließlich auf *Botrychium virginianum* und *B. dissectum* beziehen [BIERHORST (1)]. Über die Protonemata von Laubmoosen haben ALLSOPP u. MITRA gearbeitet. Alle diese Untersuchungen sind reich an Details, die im einzelnen nicht referiert werden können.

6. Weitere Arbeiten zur Sproßanatomie

Hier sei vor allem auf die von METCALFE bearbeitete "Anatomy of the Monocotyledons" hingewiesen, deren umfangreicher erster Band, der allein den Gramineen gewidmet ist, jetzt erscheinen konnte. Er führt das von SOLEREDER u. F. J. MEYER begründete Werk ,,Systematische Anatomie der Monokotyledonen'' fort und bietet eine übersichtliche Zusammenstellung des bis heute erarbeiteten Wissens über den Bau der Vegetationsorgane der Gräser. In seiner Anlage entspricht das Buch der 1950 erschienenen, von METCALFE u. CHALK herausgegebenen "Anatomy of the Dicotyledons" (Fortschr. Bot. **13**, 29). Im übrigen sind die vorliegenden Beiträge zur Sproßanatomie äußerst heterogen. So finden sich Angaben über den Bau der Rinden von verschiedenen, der Cupressaceen-Gattung *Callitris* angehörenden Arten (BAMBER) und von *Humbertia madagascariensis* (VON JAZEWITSCH). Bei letzterer handelt es sich um eine Art, deren systematische Stellung (Personatae oder Tubiflorae) noch ungeklärt ist. MARMEY bringt anatomische Details von 13 marokkanischen *Marrubium*-Arten, während BINET die peripheren und die weniger der Sonne exponierten inneren Zweige der strauchigen, in der Sahara heimischen Composite *Launaea arborescens* miteinander vergleicht. Die äußeren Äste zeichnen sich vor allem durch reichliches Sklerenchymvorkommen in der Rinde aus, zeigen aber weniger Milchröhren. An exponierten Standorten wachsende Exemplare von *Hymenanthera alpina* (Violaceae) neigen stark zur Verdornung ihrer Triebenden. Die Dornbildung wird dabei nach ARNOLD durch eine starke Phellogentätigkeit eingeleitet, die schließlich den gesamten Sproßscheitel erfaßt, der sein Längenwachstum damit einstellt. Gleichzeitig verholzen die zentralen Gewebe, wie dies ähnlich auch bei der von WEBER (Fortschr. Bot. **17**, 35) studierten Bildung der Wurzeldornen von *Mauritia armata* zu beobachten ist. Einige Angaben liegen ferner über den Bau des Achsenkörpers der Rubiacee *Morinda citrifolia* vor (YOUNGKEN, JENKINS u. BUTLER).

Bei der Überwallung von längsgestreckten Wunden an Holzgewächsen ergibt sich u. a. die Frage, wie die von den Rändern her vordringenden beiden Überwallungswülste sich trotz der sie abschließenden toten Korkschichten nach dem Aufeinandertreffen vereinigen können. ZASCHE beantwortet sie dahin, daß das Korkgewebe rein mechanisch durch zunehmenden Druck zur Seite gepreßt wird. Auf diese Weise kommen die darunterliegenden lebenden Elemente miteinander in Berührung und können nun verschmelzen. Die Verwachsungserscheinungen werden im einzelnen am Beispiel von *Corylus colurna* sorgfältig beschrieben. HOMÈS berichtet eingehend über die Wachstumsprozesse, die zur Vereinigung von Pfropfpartnern bei *Gossypium hirsutum* führen.

Was die Form der Einzelzellen anlangt, so hat darüber MACIOR eine ausführliche Studie veröffentlicht, die auch einen Überblick über die bisherige Literatur zu diesen Fragen gewährt und die damit an die Arbeiten von LEWIS, MATZKE u. a. anknüpft, von denen in Fortschr. Bot. **13**, 30 die Rede war. MACIOR selbst befaßt sich näher mit parenchymatischen Zellen aus dem Mark von *Impatiens* und *Coleus*, aus dem Blattgewebe von *Rhoeo*, *Begonia* und *Kleinia* sowie aus der Wurzelrinde von *Asparagus*, deren Gestaltung im einzelnen beschrieben und verglichen wird. Daß die Protoplasten der Zellen in den Geweben höherer Pflanzen durch Plasmodesmen miteinander verbunden sind, ist seit TANGL (1879) bekannt. Näheren Einblick in deren Feinbau hat jedoch erst die jüngste Zeit erbracht. Recht beachtenswert und anregend ist in dieser Hinsicht eine von SCHUMACHER veranlaßte elektronenmikroskopische Studie, die KRULL über die Entwicklung dieser Plasmabrücken im Rindenparenchym von *Viscum album* durchgeführt hat. In Übereinstimmung mit den Befunden anderer Autoren sind Plasmodesmen schon in den Wänden jüngster meristematischer Zellen zu beobachten. In neu gebildeten Quermembranen werden sie vermutlich im Laufe der Zellteilung primär angelegt. In Längsmembranen jedoch, die lediglich einem Streckungswachstum unterworfen sind, werden sie nach KRULL durch Teilung vermehrt. „Dabei entstehen bisher noch nie beobachtete verzweigte Plasmodesmen, bei denen von einer zentralen Plasmamasse in der Mitte der Wand, dem Mittelknoten der Lichtmikroskopie, nach beiden Seiten mehrere Fäden ausstrahlen" (Abb. 2). Was von STRASBURGER (1901) als „ungeheuerliche Vorstellung" verworfen oder noch von MEEUSE (Handbuch der Protoplasmaforschung, 1957) für unmöglich gehalten wurde, wäre damit, wenigstens für *Viscum*, nachgewiesen. Im übrigen wurde für eine Rindenzelle dieser Pflanze die Zahl von 6000—24000 Plasmodesmen errechnet.

Schließlich seien die „Öl-Idioblasten" erwähnt, die sich sowohl in den Achsenorganen als auch in Blättern und Wurzeln von *Houttuynia* (Saururaceae) befinden. Im Stengel sind es epidermal gelegene Zellen, die im adulten Zustand eine vermutlich in einem Ölbeutel entstandene Ölkugel aufweisen. Von dieser ausgehend durchzieht ein starres plasmatisches Netzwerk den übrigen Zellraum (A. ZIEGLER). Ganz ähnlich bieten sich die epidermalen Ölzellen der Dipsacacee *Morina longifolia* dar. Hier aber soll die Ölkugel durch das Zusammenfließen vieler kleiner Öltröpfchen zustande kommen. Ein gestielter, mit der Membran verbundener Ölbeutel, wie er bei *Houttuynia* und zahlreichen anderen Arten vorliegt, fehlt also in diesen Zellen (BANCHER u. HÖLZL). Im übrigen hat neuerdings KISSER eine wertvolle Übersicht über die Anatomie der Exkretzellen bzw. Ölbehälter sowie über die Vorstellungen verfaßt, die wir heute über die Abscheidung von ätherischen Ölen besitzen.

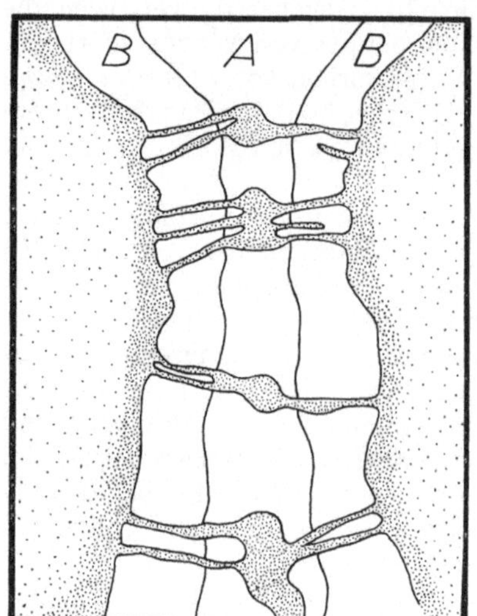

Abb. 2. Plasmodesmenverzweigung in der Längswand einer Rindenzelle von *Viscum album*. *A* Primärwand; *B* sekundäre Verdickungsschichten der Zellwand. (Nach KRULL)

II. Wurzel

1. Wurzelvegetationspunkt

Von den embryologischen Studien, die VON GUTTENBERG (2) u. Mitarb. an *Triglochin maritimum, Arum maculatum* und *Typha latifolia* durchgeführt haben und in denen der Entwicklung der Primärwurzelanlage besondere Aufmerksamkeit gewidmet wird, seien diejenigen an der erstgenannten Art hervorgehoben. Wie aus Abb. 3 hervorgeht, kommt es bei *Triglochin* nicht zur Ausbildung einer eigentlichen Radicula, wenigstens nicht an der gewohnten Stelle. Statt ihrer wölbt sich seitlich ein Gewebeblock vor, der sich als Anlage einer ersten (exogenen) Wurzel erweist. Diese drängt den Suspensor zur Seite und nimmt auf späteren Stadien terminale Stellung ein. Es dürfte sich hier um einen Fall extremer Reduktion der Primärwurzel bei Monokotylen handeln, von dem bisher nicht mit Sicherheit bekannt ist, ob er sich bei anderen Arten dieses Verwandtschaftsbereiches in jener Form wiederholt. Im ganzen schlie-

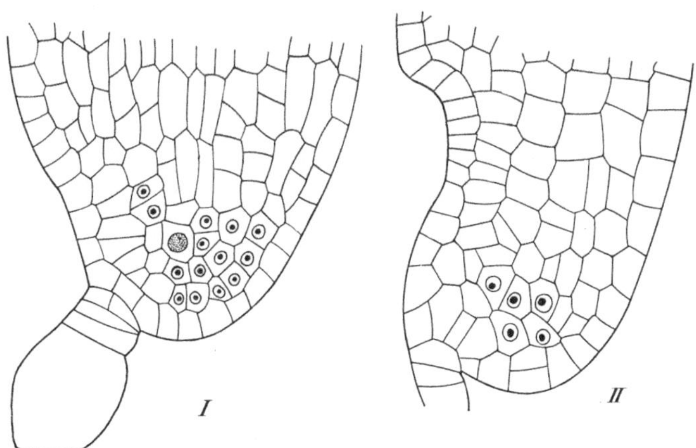

Abb. 3. *Triglochin maritimum*. I—II Basaler Teil des Embryos mit Anlage der ersten Wurzel. Die Hypophyse wird zur Seite gedrängt. [Nach VON GUTTENBERG (2)]

ßen sich diese Untersuchungen an die Arbeiten an, die in Fortschr. Bot. 21, 20 referiert worden sind.

Was die Genese der einzelnen Meristeme in der Wurzelspitze anlangt, so sind die Auffassungen darüber heute keineswegs einheitlich. In der Tat scheinen die Wurzeln verschiedener Pflanzen und diese wieder nach ihrem jeweiligen Entwicklungszustand sich verschieden zu verhalten. Die Ergebnisse der diesbezüglichen neueren Arbeiten, die auch in diesen Berichten laufend gewürdigt worden sind, hat jetzt CLOWES (3) in einem Sammelreferat kritisch besprochen. Immerhin zeichnet sich mehr und mehr die Erkenntnis ab, daß in der Spitze zahlreicher Angiospermen-Wurzeln ein wenig aktiver oder überhaupt ruhender Zellkomplex vorliegt von annähernd halbkugeliger Gestalt, an dessen Peripherie erst sich das Teilungsgeschehen abspielt (Abb. 4). Im Gegensatz zu den um-

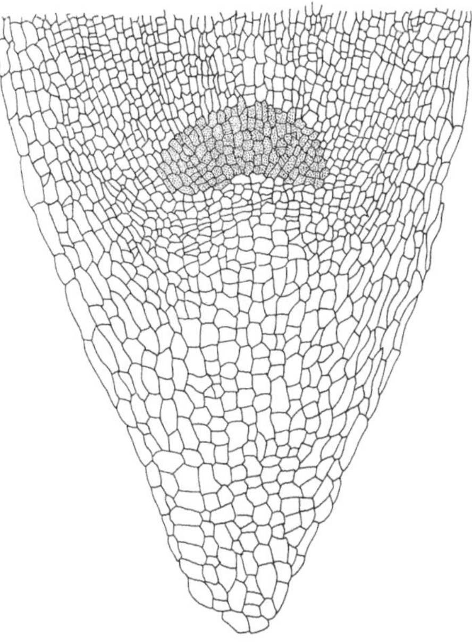

Abb. 4. *Vicia faba*. Längsschnitt durch eine Wurzelspitze, die Lage des „ruhenden Zentrums" (punktiert) zeigend. [Nach CLOWES (3)]

gebenden meristematischen Bezirken wird das „ruhende Zentrum" z. B. unter der Einwirkung von Röntgenstrahlen viel weniger geschädigt. In einem solchen Fall kann es nach der Schädigung der Wurzelspitze jedoch wieder mitotisch wirksam werden und ein neues Meristem bilden. CLOWES (1—3) möchte deshalb in der genannten Zellzone, die übrigens in der ruhenden Wurzelspitze des Embryos und in jungen Seitenwurzeln noch nicht nachweisbar ist, eine Zellreserve sehen, die bei Bedarf in Funktion tritt.

An Tomatenwurzeln zeigte HEIMSCH, daß das Dickenwachstum im Bereich der Wurzelspitze vorwiegend auf einer Vermehrung der Rindenzellen beruht, die in der innersten Rindenschicht durch periklinale Teilungen erfolgt. Für *Oryza sativa* wurden die Ontogenese der sproßbürtigen Wurzeln [KAUFMAN (2)] sowie die Teilungstätigkeit in deren Spitzenmeristem (SHIMABUKU) untersucht.

2. Radikation und Wurzelsysteme

In einem vorzüglich ausgestatteten „Wurzelatlas" vermittelt KUT-SCHERA ein recht genaues Bild über die Radikation von nahezu 200 heimischen Kulturpflanzen und Ackerunkräutern. In mühevoller Arbeit sind die Wurzelsysteme bis zu den feinsten Verästelungen freigelegt und am Standort maßstabgerecht aufgezeichnet worden. In jeder der zahlreichen Skizzen ist dazu das Bodenprofil angegeben, so daß die Wurzelausbreitung in den einzelnen Horizonten klar erkennbar ist. Die wertvollen Arbeiten von WEAVER u. a. auf diesem Gebiet werden mit diesem Werk sinnvoll ergänzt und weitergeführt. Zur Methodik derartiger Untersuchungen liegt auch ein neuer Bericht von SCHALYT (2) vor. Genaue Angaben über die Wurzelsysteme von Eichen *(Quercus robur* und *Qu. petraea)*, die auf verschiedenen Böden gewachsen sind, bringt JENÍK (1, 2), wobei u. a. die letzten Verzweigungen besonders beachtet werden. Auch über die Wurzelsysteme von verschiedenen *Betula*-Arten (VOROBJEVA) sowie von *Pinus silvestris* (VOMPERSKY) liegen neuere Beobachtungen vor. STEU-BING berichtet über die Ausbreitung der Wurzeln von Heckengehölzen. Alle diese Arbeiten enthalten zahlreiche Details, auf die nicht näher eingegangen werden kann.

Bei der Klärung der Wuchsverhältnisse von *Cochliostema* (Commelinaceae) geht TROLL auf die Radikation dieser Zisternenrosetten bildenden Pflanze ein. Die kräftigen sproßbürtigen Wurzeln, die sich im Substrat distal reich verzweigen, bilden aber ebenfalls in ihrem proximalen Bereich in größerer Zahl Seitenwurzeln. Diese jedoch streben nicht dem Substrat zu, sondern wachsen vielmehr in die Blattnischen hinein, und zwar zu einer Zeit, wo jene noch spaltenartig eng sind. Bei der starken Verzweigung, die sie aufweisen, erscheint die Wurzelmasse deshalb wie gepreßt, was auffallend an das von TROLL schon früher untersuchte Verhalten von *Asplenium nidus* erinnert, zumal die Wurzeläste bei der ausgiebigen Behaarung, die ihnen eigen ist, dicht ineinander verfilzt sind. Von vielen australischen Proteaceen ist es bekannt, daß ihre lang wachsenden Seitenwurzeln erster Ordnung eigentümliche büschelig angeordnete Kurzwurzeln tragen. Diese proteoiden Würzelchen, wie PURNELL sie nennt, besitzen einfachen primären Bau. Sie sind nicht verpilzt. In ihrer Funktion entsprechen sie zweifellos den Kurzwurzeln mancher anderen Holzgewächse. Um Kurzwurzeln handelt es sich auch bei den halbkugeligen oder knäuelig verzweigten „Wurzelknöllchen“, die bei *Ceanothus*-Arten (Rhamnaceae) auftreten. Diese jedoch werden von Mikroorganismen bewohnt, die nach FURMAN vielleicht der Gattung *Streptomyces* zuzuordnen sind.

Wiederholt wurde im Verlauf der letzten Jahre über Wurzelverwachsungen bei Waldbäumen berichtet. In 15- bis 71 jährigen amerikanischen Beständen von *Pinus strobus* konnten jetzt BORMANN u. GRAHAM im wesentlichen das bestätigen, was zuvor YLI-VAKKURI (Fortschr. Bot. **17**, 34) für *Pinus silvestris* aus finnischen Wäldern mitgeteilt hatte. Mittels im einzelnen beschriebener Methoden fanden sie z. B., daß von 84 Bäumen eines Bestandes 41 durch Wurzelverwachsungen mit anderen Individuen verbunden waren. Die Zahl der Wurzelverbindungen zwischen benachbarten Stämmen schwankt. Von hier aus ergibt sich die wichtige Frage, inwieweit der einzelne Baum seine Individualität behält bzw. in welchem Umfang er mit seinen Nachbarn eine physiologische Einheit bildet.

Schließlich sei auf einige interessante Angaben hingewiesen, die die Biologie von *Panax ginseng* betreffen. Die jährliche Zunahme der Wurzelmasse dieser langlebigen Pflanze ist äußerst gering; sie beträgt nach GRUSHVITZKY zwischen dem 10. und 19. Lebensjahr jährlich im Durchschnitt 1,6 g, zwischen dem 80. und 100. Jahr nur 1,1 g.

3. Weitere Arbeiten zur Wurzelanatomie

In Fortführung ihrer Wurzelstudien an Alpenpflanzen (Fortschr. Bot. **17**, 33) geht LUHAN außer auf *Ranunculus hybridus* und *R. brevifolius* (3) vor allem auf die Compositen ein (1, 2). Die primär diarchen Wurzeln der letzteren gehen in fast allen Fällen zu sekundärem Dickenwachstum über und sind fast immer verpilzt. Im übrigen werden zahlreiche Details mitgeteilt, die sich auf die allgemein verbreitete Korkbildung, auf das Vorhandensein von Harzkanälen bei den tubulifloren Formen, auf die Beschaffenheit von Rhizodermis und Endodermis u. a. m. beziehen. Diarch sind auch die Primärwurzeln von *Humulus lupulus*, deren Verzweigung und sekundäres Dickenwachstum MILLER schildert. Ähnlich wie in den Wurzeln von *Brassica napus* (SÖDING 1924) können auch in den Rüben des Rettichs *(Raphanus sativus)* im Verlauf der sekundären Verdickung kleine zentral gelegene lysigene Hohlräume auftreten. Diese werden jedoch nach WATANABE durch eine innere, von den benachbarten Parenchymzellen ausgehenden Kallusbildung rasch wieder geschlossen. Über die Ursachen dieser Erscheinungen ist nichts Näheres bekannt. Bei Studien über die Entwicklung eines Velamens an den Wurzeln verschiedener Orchideen (MULAY, DESHPANDE u. WILLIAMS) und Liliaceen (MULAY u. DESHPANDE) zeigte sich, daß auch terrestrische Formen ein solches, aus dem Protoderm hervorgehendes Hautgewebe ausbilden können, doch ist dieses im Vergleich zu epiphytischen Arten in seiner

Schichtenzahl deutlich reduziert. Bei den daraufhin untersuchten Liliaceen ist es deutlich einschichtig. Gegenstand anatomischer Untersuchungen sind schließlich wieder *Rauwolfia*-Arten, so *R. macrophylla* (Paris, Dillemann, Chaumelle) und *R. obscura* (Roland).

4. Sproßbildung an Wurzeln

Nachdem es Torrey gelungen war, an isolierten, in Kultur befindlichen Wurzeln von *Convolvulus arvensis* Sproßbildung zu erzielen, beobachtete jetzt Seeliger das gleiche Phänomen an kultivierten *Robinia*-Wurzeln. In beiden Fällen werden die Sprosse, ebenso wie die Seitenwurzeln, im Perizykel, also endogen, angelegt. Die Wurzeln von *Robinia* ergrünen übrigens stark im Licht, wobei die Chloroplasten vorzugsweise in den parenchymatischen Zellen des Zentralzylinders sichtbar werden. Die Wurzelsprosse von *Linaria vulgaris* sollen nach Bakshi u. Coupland ihren Ursprung im Rindengewebe des Mutterorgans nehmen, was zu früheren Befunden von Rauh (1937) in Gegensatz steht, der rein endogene Bildung festgestellt hatte. Erwähnt sei in diesem Zusammenhang auch die Entstehung von Sprossen aus den Haustorien von Keimpflanzen von *Cuscuta gronovii*. Wenn die Sämlinge so von der Wirtspflanze (experimentiert wurde mit *Impatiens*-Arten) entfernt werden, daß allein die Haustorien in deren Gewebe verbleiben, so bilden die Saugorgane eine kallose Wucherung, aus deren Innerem ein neuer *Cuscuta*-Sproß hervorwächst, der sich normal weiterentwickelt (Truscott).

Literatur

Allsopp, A., and G. C. Mitra: Ann. Bot., N. S. **22**, 95—115 (1958). — Arnold, B. C.: Phytomorphology **9**, 367—371 (1959).

Bakshi, T. S., and R. T. Coupland: Canad. J. Bot. **38**, 243—249 (1960). — Bamber, R. K.: Proc. Linnean Soc. N. S. Wales **84**, 375—381 (1960). — Bancher, E., u. J. Hölzl: Flora (Jena) **147**, 186—206 (1959). — Bannan, M. W.: (1) New Phytologist **57**, 132 (1958); — (2) Canad. J. Bot. **38**, 177—183 (1960). — Barnard, C.: Austral. J. Bot. **8**, 213—225 (1960). — Bartels, F.: (1) Flora (Jena) **149**, 206—224 (1960); (2) **149**, 225—242 (1960). — Bersillon, G.: Rev. gén. Bot. **66**, 469—488 (1959). — Bierhorst, D. W.: (1) Amer. J. Bot. **45**, 1—9 (1958); — (2) Phytomorphology **10**, 249—305 (1960). — Binet, P.: Rev. gén. Bot. **67**, 33—46 (1960). — Bommer, D.: Naturwiss. **47**, 71 (1960). — Bonnand, J.: Rev. cytol. Biol. vég. **20**, 186—228 (1959). — Bonnet, A. L.-M.: Rev. cytol. Biol. vég. **18**, 1—88 (1957). — Bormann, F. H., and B. F. Graham: Ecology **40**, 677—691 (1959). — Braun, H. J.: Ber. dtsch. bot. Ges. **73**, 258—264 (1960). — Brown, W. V.: (1) Bull. Torrey bot. Club **86**, 13—16 (1959); — (2) Phytomorphology **10**, 215—223 (1960). — Bugnon, F.: Bull. Soc. Bot. Fr. **106**, 459—465 (1960).

Catesson, A.: C. R. Acad. Sci. (Paris) **250**, 1709—1711 (1960). — Chabot-Jacquety, Y.: C. R. Acad. Sci. (Paris) **250**, 1540—1542 (1960). — Clowes, F. A. L.: (1) New Phytologist **57**, 85—88 (1958); — (2) Ann. Bot., N. S. **23** 205—210 (1959); — (3) Biol. Rev. **34**, 501—529 (1959).

Dasanayake, M. D.: Ann. Bot., N. S. **24**, 317—328 (1960). — David, R., G. Lapraz et J. Bost: C. R. Soc. Biol. (Paris) **153**, 1560—1562 (1960). — Duchaigne, A., et Cl. Chaisemartin: Bull. Soc. Bot. Fr. **106**, 119—123 (1959).

Furman, Th. E.: Amer. J. Bot. **46**, 698—703 (1959).

Gaertner, H.: Z. Bot. **48**, 398—414 (1960). — Gottlieb, J. E.: Phytomorphology **9**, 91—105 (1959). — Greguss, P.: (1) Acta Biol. (Szeged.), N. S. **4**, 143—147 (1958); — (2) Holzanatomie der europäischen Laubhölzer und Sträucher. 2. Aufl.

Budapest: Akadémiai Kiadó 1959. — GRILLOS, ST. J., and F. H. SMITH: Forest Sci. **5**, 377—388 (1959). — GRUSHVITZKY, J. V.: Bot. Ž. **44**, 1694—1703 (1959). Russisch mit engl. Zus.fass. — GUTTENBERG, H. VON: (1) Grundzüge der Histogenese höherer Pflanzen. I. Die Angiospermen. In „Handbuch der Pflanzenanatomie" 2. Aufl. Bd. VIII, Teil 3, Abt. Spezieller Teil. Berlin-Nicolassee 1960; — (2) Flora (Jena) **149**, 243—281 (1960).

HACCIUS, B., u. W. TROLL: Beitr. Biol. Pflanzen **36**, 139—157 (1961). — HAGEMANN, W.: Österr. bot. Z. **107**, 366—402 (1960). — HAGERUP, O., and V. PETERSSON: A botanical atlas. I. Angiosperms. Copenhagen: Ejnar Munksgaard 1959. — HAMANN, U.: Ber. dtsch. bot. Ges. **73**, 395—409 (1960). — HEIMSCH, CH.: Amer. J. Bot. **47**, 195—201 (1960). — HOCQUETTE, M., et L. LALOUX: C. R. Acad. Sci. (Paris) **250**, 744—745 (1960). — HOMÈS, J. L. A.: Bull. Soc. Roy. Bot. Belg. **92**, 11—32 (1960).

JACKMAN, V. H.: Phytomorphology **10**, 145—157 (1960). — JAZEWITSCH, W. VON: J. Agric. trop. Bot. Appl. **6**, 609—615 (1959). — JENÍK, J.: (1) Rozpravy Čs. akad. věd., řada mat.-přir. věd. **67**, 1—85 (1957). Tschechisch, mit deutscher Zus.fass.; — (2) Phyton (Graz) **8**, 1—9 (1959). — JENTSCH, R.: Flora (Jena)**149**, 307—319 (1960). — JOHNSON, M. A., and R. J. TOLBERT: Bull. Torrey bot. Club **87**, 173—186 (1960).

KAUFMAN, P. B.: (1) Phytomorphology **9**, 228—242 (1959); (2) **9**, 382—404 (1959). — KISLIUK, J. M.: Bot. Ž. **44**, 1624—1631 (1959). Russisch. — KISSER, J. G.: Handbuch der Pflanzenphysiologie X, 91—131 (1958). — KRULL, R.: Planta **55**, 598—629 (1960). — KUTSCHERA, L.: Wurzelatlas mitteleuropäischer Ackerunkräuter und Kulturpflanzen. Frankfurt a. M.: DLG-Verlag 1960.

LANCE, A., et P. RONDET: C. R. Acad. Sci. (Paris) **249**, 745—747 (1959). — LANCE-NOUGARÈDE, A.: C. R. Acad. Sci. (Paris) **250**, 2748—2750 (1960). — LANCE-NOUGARÈDE, A., et J.-E. LOISEAU: C. R. Acad. Sci. (Paris) **250**, 4438—4440 (1960). — LEBEDENKO, L. A.: Dokl. Akad. Nauk SSSR **127**, 213—216 (1959). Russisch. — LIUBARSKY, E. L.: Bot. Z. **44**, 1753—1756 (1959). Russisch. — LOISEAU, J.-E.: Ann. Sci. Natur. Bot. (Paris), Sèr. 11, T. 20, 1—214 (1959). — LUHAN, M.: (1) Ber. dtsch. bot. Ges. **72**, 262—267 (1959); — (2) Sitz.-ber. österr. Akad. Wiss., math.-naturw. Kl., Abt. I, Bd. **168**, 607—641 (1959); — (3) Ber. dtsch. bot. Ges. **73**, 477—480 (1960). — LYR, H., u. J. H. BERGMANN: Ber. dtsch. bot. Ges. **73**, 265—276 (1960).

MACIOR, L. W.: Bull. Torrey bot. Club **87**, 99—138 (1960). — MAHLBERG, P. G.: Phytomorphology **10**, 118—131 (1960). — MANN, L. K.: Amer. J. Bot. **47**, 765—771 (1960). — MARMEY, F.: Traveaux Inst. scient. chérifien (Rabat). Sér. Bot., Nr. 14, 1—93 (1958). — MERKER, H.: (1) Bot. Not. (Lund) **111**, 608—618 (1958); (2) **112**, 441—452 (1959). — METCALFE, C. R.: Anatomy of the Monocotyledons. I. Gramineae. Oxford: Clarendon Press 1960. — MILLER, R. H.: Amer. J. Bot. **46**, 269 bis 277 (1959). — MÜHLBERG, H.: Wiss. Z. Univ. Halle. Math.-naturw. **9**, 379—382 (1960). — MULAY, B. N., and B. D. DESHPANDE: J. Indian Bot. Soc. **38**, 383—390 (1959). — MULAY, B. N., B. D. DESHPANDE and H. B. WILLIAMS: J. Indian Bot. Soc. **37**, 123—127 (1958).

PARIS, R., G. DILLEMANN et P. CHAUMELLE: Ann. Pharmac. Franc. **15**, 360 bis 367 (1957). — PENON, G.: C. R. Acad. Sci. (Paris) **249**, 153—155 (1959). — POUX, N.: C. R. Acad. Sci. (Paris) **250**, 1099—1101 (1960). — PURNELL, H. M.: Aust. J. Bot. **8**, 38—50 (1960).

RAMJI, M. V.: Proc. Indian Acad. Sci. B, **51**, 227—241 (1960).— RAUH, W., u. F. WEBERLING: Abh. Akad. Wiss. u. Lit. Mainz, Math.-naturw. Kl. **1959**, 797—839. — RESCH, A.: Z. Bot. **49**, 82—95 (1961). — ROLAND, M.: J. Pharmac. Belg., N. S. **14**, 221—226 (1959). — ROTOV, R. A.: Bjull. Mosk. Obsc. Ispyt. Prir. Otd. Biol. **65**, 91—94 (1960). — RYBERG, M.: (1) Acta Horti Bergiani **19**, Nr. 3, 15—119 (1959); (2) **19**, Nr. 4, 121—248 (1960).

SCHALYT, M. S.: (1) Abh. Akad. Wiss. d. SSSR (Komarow-Inst.) **1960**, 163—205. Russisch; (2) **1960**, 369—447. Russisch. — SÉBASTIAN, C.: Bull. Soc. Sci. Natur. Phys. Maroc. **38**, 187—194 (1959). — SEELIGER, I.: Flora (Jena) **148**, 119—124 (1959). — SHAH, J. J.: Phytomorphology **10**, 157—173 (1960). — SHIMABUKU, K.-I.: Bot. Mag. Tokyo **73**, 22—28 (1960). — STEIN, D. B., and O. L. STEIN: Amer. J. Bot. **47**, 132—140 (1960). — STEUBING, L.: Z. Acker- u. Pflanzenbau **110**, 332 bis 241 (1960). — STOKEY, A. G., and L. R. ATKINSON: (1) Phytomorphology 6, 19—41 (1956); (2) 7, 275—292 (1957). — SUVOROVA, T. N.: Bot. Ž. 44, 1291—1298 (1959). Russisch.

TAMASHIAN, S. G., u. G. A. DENISOVA: Bot. Ž. 44, 433—446 (1959). Russisch. — TEPFER, S. S.: Amer. J. Bot. 47, 655—664 (1960). — THIELKE, CH.: (1) Naturw. 46, 478—479 (1959); — (2) Ber. dtsch. bot. Ges. 73, 147—154 (1960). — TORREY, J. G.: Plant Physiology 33, 258 (1958). — TROLL, W.: Jahrb. Akad. Wiss. u. Lit. Mainz 1959, 112—128. — TRONCHET, A., J. TRONCHET et M. JAVAUX: Ann. Sci. Univ. Besançon. 2. Sér., Bot. 15, 3—11 (1960). — TRUSCOTT, F. H.: Amer. J. Bot. 45, 169—177 (1958). — TUCKER, SH. C.: Amer. J. Bot. 47, 266—277 (1960).

VESCOVI, P.: C. R. Acad. Sci. (Paris) 248, 2625—2627 (1959). — VOMPERSKY, S. E.: Bot. Ž. 44, 79—87 (1959). Russisch. — VOROBJEVA, T. J.: Bjull. Mosk. Obšč. Ispyt. Prir. Otd. Biol. 64, Nr. 3, 63—73 (1959). Russisch.

WATANABE, K.: Bot. Mag. Tokyo 72, 409—412 (1959).

YOUNKGEN, H. W., H. J. JENKINS and C. L. BUTLER: J. Amer. Pharmac. Ass. Sci. Ed. 49, 271—273 (1960).

ZASCHE, H.: Z. Bot. 48, 304—329 (1960). — ZIEGLER, A.: Protoplasma (Wien) 51, 539—562 (1960).

3. Entwicklungsgeschichte und Fortpflanzung

Von KURT STEFFEN, Braunschweig

Der Beitrag folgt in Band XXIV

4. Submikroskopische Morphologie

Von Kurt Mühlethaler, Zürich

1. Allgemeines

Die Diskussion über die Frage nach der Entstehung der verschiedenen Cytoplasmaorganelle, wie z. B. Mitochondrien, Plastiden usw., ist durch die neueren elektronenmikroskopischen Untersuchungen wieder sehr aktuell geworden. Nach der von Meyer und Schimper begründeten Individualitäts- und Kontinuitätstheorie sollen die Plastiden und Mitochondrien ausschließlich durch Teilung an die nachfolgenden Generationen weitergegeben werden. Die in den früheren Berichten (vgl. Fortschr. Bot. 21, 52) referierten Arbeiten haben aber ergeben, daß die Plastiden während der Zelldifferenzierung eine komplizierte Metamorphose durchmachen. Die kleinsten im Elektronenmikroskop sichtbaren Körper, die wir als Plastideninitialen bezeichneten, weisen keine morphologische Ähnlichkeit mit den ausgewachsenen Chloroplasten auf und können daher nicht durch einfache Teilung aus funktionsfähigen Plastiden entstanden sein. Im Gegensatz zu den älteren Anschauungen muß man heute annehmen, daß sie aus submikroskopischen elementaren Duplikanten hervorgehen, die befähigt sind, die Bildung dieser Plasmaorganelle zu induzieren. Diese Annahme entspricht der von Strugger postulierten Auffassung, daß alle im Lichtmikroskop sichtbaren plasmatischen Strukturen aus Elementarduplikanten, die er als Steuerungszentren bezeichnete, entstehen. Die von Correns, Renner und Michaelis gefundenen Vererbungseigenschaften sind nur verständlich, wenn diese Plastideninitialen die im Sinne der Meyer-Schimperschen Theorie geforderte Kontinuität besitzen. Zur Begründung dieser Anschauung können auch die von Pringsheim u. Pringsheim veröffentlichten Untersuchungen an *Euglena*-Zellen herangezogen werden. In Kulturen, die bei erhöhter Temperatur wachsen, läuft die Zellteilung in schnellerer Folge ab als die Plastidenteilung. Dadurch entstehen nach einiger Zeit plastidenfreie Individuen, in denen unter normalen Kulturbedingungen keine Neubildung dieser Elemente mehr erfolgt, obwohl die Gene, welche die Entwicklung der normalen Plastidenstruktur gewährleisten, im Genom noch vorhanden sein sollten. Die zur Bildung notwendigen „Starter" müssen daher extrachromosomaler Natur sein, wie das Menke in seinem Modell der Plastidenmutation postuliert.

Zu ähnlichen Befunden führten auch die Untersuchungen an Mitochondrien. Sie ergaben, daß diese Körper ebenfalls aus submikroskopischen Anlagen ("Microbodies") entstehen (Rouiller). Verschiedene

Autoren haben die Ansicht geäußert, die Mitochondrieninitialen würden aus dem Plasmalemma abgeschnürt. Bei Untersuchungen über den Vorgang der Pinocytose (vgl. Fortschr. Bot. **22**, 155) an der Amöbe *Chaos chaos (Pelomyxa carolinensis)* fanden HOLTER u. MARSHALL, daß sich die Vacuolen mit dem aufgenommenen, fluoresceinmarkierten γ-Globulin während der Zentrifugation gleich verhalten wie Mitochondrien. BRANDT veröffentlichte Fluorescenzaufnahmen, in denen die Pinocytosebläschen eine mit den Mitochondrien identische Tubuli-Struktur aufweisen. In den Hefezellen von *Blastomyces dermatitidis* sollen diese Organelle nach elektronenmikroskopischen Befunden von EDWARDS u. EDWARDS aus verschiedenen Plasmamembranen, vor allem aus dem endoplasmatischen Reticulum (ER) und dem Plasmalemma entstehen. Ähnliche Ergebnisse haben DEMPSEY, BERNHARD u. ROUILLER, LANCE sowie HOFFMANN u. GRIGG veröffentlicht. Von GIESBRECHT sowie FITZ-JAMES stammen sehr eindrückliche Bilder über die Bildung der Mitochondrienäquivalente der Bakterien (z. B. *B. cereus, B. megaterium*). Diese als „Tubulikörper" oder „Mesosomen" bezeichneten Körper entstehen *de novo* durch Invagination der Cytoplasmamembran. Trotzdem ein so klarer Nachweis über eine ähnliche Entstehung der Mitochondrien und Plastiden bei höher entwickelten Organismen noch fehlt, deuten diese Befunde doch darauf hin, daß den Cytoplasmamembranen eine wichtige Rolle in der Morphogenese der Zellorganelle zukommen dürfte.

2. Cytoplasmamembranen

Zusammenfassende Arbeiten über die neueren Befunde an den verschiedenen Cytoplasmaelementen haben FREY-WYSSLING sowie HOHL veröffentlicht. Wie aus dem vorangehenden Bericht bereits hervorgeht, werden heute große Anstrengungen unternommen, um einen besseren Einblick in die Funktionen und die gegenseitige Abhängigkeit der verschiedenen Membransysteme (ER, Golgi-Körper, Plasmalemma) zu gewinnen. Es darf heute als gesichert gelten, daß z. B. die Kernmembran eine Bildung des ER darstellt. Ihr Auf- und Abbau während der Mitose konnte von PORTER u. MACHADO in den Wurzelzellen von *Allium cepa* verfolgt werden. In der späten Prophase beginnt die Kernmembran zu zerfallen, und die Bruchstücke vermischen sich um den Spindelkörper herum mit den übrigen Elementen des ER. Während der Metaphase erfolgt eine Konzentration dieser Membranen in den polaren Zonen. In der Anaphase wandern sie zwischen die Chromosomen ein und schließen sich während der Telophase wieder zu einer den Kern umgebenden Membran zusammen.

Die Trennung der beiden Tochterzellen erfolgt durch zahlreiche in der Zellplatte liegende Bläschen, die als Phragmosomen bezeichnet werden. An den Stellen, wo das ER durchzieht, unterbleibt die Trennung, was zur Bildung von Plasmodesmen führt. Eine Bestätigung dieser Befunde erfolgte durch WHALEY, MOLLENHAUER u. LEECH. Die auf Grund elektronenmikroskopischer Bilder vermutete Variabilität des ER konnte, mit Hilfe des Phasenkontrastmikroskopes, zum erstenmal von FAWCETT u. SUSUMU sowie von ROSE u. POMERAT in lebenden Zellen verschiedener

Gewebekulturen mit Zeitrafferaufnahmen studiert werden. Starke Veränderungen in der Form des ER ergaben sich schon nach zwei Minuten. Die Ausbildung dieses Kavernensystems kann, wie WRISCHER nachwies, auch durch Sauerstoffmangel beeinflußt werden. Bringt man pflanzliches Gewebe (Vegetationskegel von *Elodea canadensis* oder Wurzelspitzen von *Sinapis alba*) einige Stunden in eine CO_2- oder N_2-Atmosphäre, so zeigen die Zellen nach dieser Behandlung ein auffallend stark entwickeltes ER. Führt man dem Material wieder Sauerstoff zu, so verschwindet das Reticulum wieder. Nach Beobachtungen von BUTTROSE, FREY-WYSSLING u. MÜHLETHALER entstehen in den ER-Kavernen der Endospermzellen von Gerste, die bei schwacher Lichtintensität kultiviert werden, zahlreiche $0,5—0,8\ \mu$ große homogene Körper. Kontrollpflanzen, die Tageslicht erhielten, zeigten ein völlig normales ER. Die Versuche ergaben, daß dieses Membransystem auch gegenüber physiologischen Einflüssen sehr labil ist. Eine Isolierung durch Differentialzentrifugation aus dem Zellhomogenat, wie sie für biochemische Analysen notwendig ist, bewirkt ebenfalls einen sofortigen Zerfall der Membranen. Nach einer Versen-Behandlung findet man im $50\,000 \times$ g-Sediment alle Bruchstücke zu großen Blasen aufgequollen (SZARKOWSKI, BUTTROSE, MÜHLETHALER u. FREY-WYSSLING). Die an der Membranoberfläche sitzenden Ribosomen lösen sich ab und können erst mit $105\,000 \times$ g abzentrifugiert werden. Die Teilchen dieses Ribosomensedimentes weisen einen mittleren Durchmesser von 125 Å auf. Nach HUXLEY u. ZUBAY zeigen die aus *Escherichia coli* isolierten Ribosomen eine reguläre polyedrische Form. Je nach der Konzentration der freien Magnesiumionen beträgt der Sedimentationskoeffizient 100 s, 70 s, 50 s oder 30 s. Diese vier verschiedenen Teilchen können sich gegenseitig zu größeren Partikeln zusammenlagern.

Ebenso interessant wie das ER sind die Golgi-Körper, die vor allem in den meristematischen Zellen in großer Zahl überall vorkommen. Morphologische Studien darüber sind von WHALEY, MOLLENHAUER u. KEPHARD, von WHALEY, KEPHARD u. MOLLENHAUER, von HRŠEL, JURÁKOVÁ u. BENEŠ sowie von MANTON veröffentlicht worden. Aus diesen Untersuchungen geht hervor, daß die am Lamellenrand abgeschnürten Vacuolen je nach der Art der Zellen und in Abhängigkeit von deren physiologischen Zustand in ihrer Zahl stark variieren. Die Bildung erreicht während der Mitose ein Maximum. In den nekrotischen Zellen der Wurzelhaube fehlen die Vacuolen, während die Golgi-Cysternen gleichzeitig stark hypertrophiert erscheinen. Die Ansichten über die Bedeutung dieser Vacuolen gehen immer noch stark auseinander. Die einen Autoren vertreten die Meinung, daß diese Ausscheidungen verschiedene Stoffwechselprodukte enthalten, während andere vermuten, sie würden später durch Fusion das ER aufbauen. Eine Abklärung dieser Frage war bisher nicht möglich.

3. Chloroplasten

Die Entwicklung und Feinstruktur ausgewachsener Plastiden wurde in den folgenden, bisher noch nicht untersuchten Pflanzen erforscht: *Pisum sativum* (GEROLA sowie GEROLA, CRISTOFORI u. DASSÙ),

Selaginella helvetica (GEROLA, DASSU u. CRISTOFORI), *Agave americana var. variegata* und *Allium fistulosum* (UEDA u. WADA), *Liriope platyphylla* (MURAKAMI u. UEDA), *Lupinus albus* (CRAWLEY), *Lycopersicon esculentum* (HAGEMANN), *Ficus elastica* (FALK), ferner in verschiedenen Algen [HEITZ (1, 2), LEFORT] und Bakterien (DREWS). Die in früheren Bänden der „Fortschritte" beschriebene Lichtabhängigkeit der Plastiden-metamorphose und der Lamellenstruktur der funktionsfähigen Chloroplasten ist auch in den erwähnten Studien bestätigt worden. Beobachtungen an Blaualgen ergaben, daß diese primitiven Vertreter des Pflanzenreiches noch keine vom Grundplasma durch eine Membran abgegrenzten Plastiden besitzen (LEFORT). Die pigmenthaltigen Lamellen sind ähnlich dem ER im Cytoplasma suspendiert. Dieses als Chromatoplasma bezeichnete System entwickelt sich offenbar durch ein Sprossungswachstum, indem an bereits vorhandenen Lamellen seitlich neue Vesikel auswachsen [MÜHLETHALER (2)]. Die gleiche Lamellenbildung findet man auch bei einigen *Euglena*-Arten (FREY-WYSSLING u. MÜHLETHALER). Sehr oft liegen hier 2 bis 3 Lamellenschichten gruppenweise aufeinander und sind vom nächsten Schichtenpaket durch eine breitere Matrixzone getrennt. Da die einzelne Schicht als ein in sich geschlossener, flach gepreßter Vesikel anzusehen ist, sind im Querschnitt immer drei Zonen, eine helle zentrale Zone und die beiden begrenzenden osmophilen Membranen, zu erkennen [MÜHLETHALER (2, 3), SCHIDLOVSKY]. Berühren sich die Membranen benachbarter Vesikel, so erscheinen sie doppelt so dick wie die an die Matrix grenzende einfache Außenmembran der Randlamellen. Dieser Effekt tritt auch in den granahaltigen Chloroplasten auf und ist schon von STEINMANN u. SJÖSTRAND richtig erkannt und beschrieben worden. Die von HEITZ (2) vertretene Ansicht, daß die Plastiden dünnere und dickere Lamellen besitzen („Dünn-Dick-Muster"), trifft daher nicht zu.

Mit Hilfe der Röntgenkleinwinkelstreuung haben KRATKY u. Mitarb. sowie KREUTZ u. MENKE die Dicke der Proteidlamellen in gefriergetrockneten Chloroplasten untersucht. Die Analyse der Streukurven führte für lipidhaltige und lipidfreie Plastiden zu einer Lamellendicke von 48 Å. Die Proteidschichten und Lipide sind so verteilt, daß sie als getrennte Phasen unabhängig voneinander streuen. Die in vivo bestehende Anordnung ist so labil, daß schon bei Wasserentzug Entmischungen eintreten. Das Verhältnis von Chloroplasteneiweiß zum Gesamtprotein der Blattzelle ist von HEBER ermittelt worden. Berechnungen auf Grund von Protein- und Chlorophyllbestimmungen ergaben einen Chloroplastenanteil am Gesamtprotein von 25—35% bei Isolierung der Plastiden aus wäßrigen Medien, von 60% bei Isolierung aus nicht-wäßrigen Medien. Die Aminosäuresequenz der lamellaren Strukturproteide hat WEBER in den Chloroplasten von *Spinacia oleracea* und *Antirrhinum majus* analysiert. Bei den bis jetzt untersuchten Pflanzen bestehen auffallend ähnliche Verhältnisse, obwohl es sich um systematisch weit auseinander liegende Arten handelt.

Weitere Resultate über die Lichtabhängigkeit der Lamellenbildung haben v. WETTSTEIN u. KAHN veröffentlicht. Sechs Tage nach dem Auskeimen im Dunkeln enthalten die Primärblätter von *Phaseolus vulgaris* ausschließlich stärkehaltige Proplastiden mit beginnender Vesikelbildung. Nach 8—12 Tagen sind die durch Invagination der inneren Membranschicht entstandenen Bläschen entweder zu primären Schichten geordnet oder an einer oder mehreren Stellen im Stroma angehäuft. Zwischen dem 14. und 18. Tag der Etiolierung beginnt sich ein kristallgitterartiger Prolamellarkörper zu bilden. Diese Struktur bleibt bei längerem Verdunkeln unverändert erhalten, bis das Blatt verwelkt. Nach 16 tägiger Etiolierung kann die Lamellenbildung durch eine kurze Belichtung von 2 min mit 7500 f. c. induziert werden. Bei Pflanzen dagegen, die 33 Tage im Dunkeln gewachsen waren, mußte 20—24 Std. mit 240 f.c. belichtet werden, bis sie ergrünten.

4. Zellwand

Nach Untersuchungen von ARONSON u. PRESTON (1, 2, 3) zeigen die Pilzzellwände der Phycomyceten eine ähnliche Struktur wie die Grünalgen. In den Hyphen besteht die Membran aus zwei Schichten, wobei die Chitinmikrofibrillen in der Außenschicht gestreut, in der später ausgeschiedenen Innenschicht aber parallel zur Längsachse verlaufen. Die Fibrillendurchmesser schwanken zwischen 150—250 Å.

Interessante Befunde an Zellwänden und Gallerthüllen einiger *Desmidiaceen* haben DRAWERT u. METZNER-KÜSTER sowie DRAWERT u. MIX veröffentlicht. Die Membranen von *Micrasterias rotata, Euastrum oblongum, Cosmarium spec.* und *Hyalotheca dissiliens* zeigen eine Streutextur. *Closterium moniliferum* dagegen besitzt eine ausgesprochene Paralleltextur, wobei die Fibrillen in der inneren Schicht in der Richtung der Längsachse, in der Außenlamelle jedoch senkrecht dazu verlaufen. Die Zellwände aller untersuchten Arten sind von 130 bis 200 mμ großen Poren durchsetzt. In diesen Öffnungen steckt ein als Porenapparat bezeichnetes Gebilde, aus dem die einzelnen Gallertprismen herauswachsen. Bei *Micrasterias rotata* erweitert sich ein röhrenförmiger „Porenfaden" nach außen zu einem becherförmigen „Endknöpfchen", das an seiner Peripherie zur „Prismengallerte" verquillt. Nach innen wird der Porenkanal des Porenfadens durch die „Porenzwiebel" abgeschlossen. Letztere hat die Gestalt eines Polsternagels, der mit seinem Stift in den Porenkanal ragt. Bei den Gallertprismen handelt es sich also nicht um ein Ausscheidungsprodukt durch den Porenapparat hindurch, sondern um die stärker hydrolisierte periphere Schicht des Endknöpfchens, die in dem Gallerthof der Porenzwiebel ihr Gegenstück nach innen besitzt.

Weitere elektronenmikroskopische Arbeiten haben SCOTT, SJAHOLM u. BOWLER über die primären Xylem-Elemente von *Ricinus communis*, BANCHER, HÖLZL u. KLIMA über die Cuticula der Zwiebelschuppen, FALK u. SITTE vom Caspary-Streifen von *Clivia nobilis* und *Acorus calamus*, ROELOFSEN u. SPIT von Strohfasern, ROELOFSEN u. SALOME von Wurzelhaaren von *Trianea bogotensis* und BRADLEY, ROWLEY, SITTE sowie STIX über verschiedene Sporen- und Pollenmembranen veröffentlicht.

Einen wertvollen Beitrag über die Plasmodesmenentwicklung hat
KRULL publiziert. Im Rindenparenchym von *Viscum album* entstehen
diese Zellverbindungen während des Teilungswachstums auf zwei verschiedenen Wegen. In den Quermembranen werden sie, wie bereits
PORTER u. MACHADO zeigten, im Verlauf der Zellteilung primär angelegt.
In den Längswänden, die eine starke Streuung durchmachen, vermehren
sie sich sekundär durch Teilung. Auf diese Weise entstehen verzweigte
Plasmodesmen, bei denen von einer zentralen Plasmamasse in der Mitte
der Wand (Mittelknoten) nach beiden Seiten mehrere Fäden ausstrahlen.
Eine ausgewachsene Zelle mit einer Oberfläche von etwa 10000 μ^2 besitzt
ungefähr 6000 bis 24000 Plasmodesmen. Im Schnitt läßt sich häufig eine
submikroskopische Röhrchenstruktur erkennen, die vom durchziehenden
Kanal des ER gebildet wird (BUVAT).

Über den Mechanismus des Flächenwachstums liegen neue Befunde
an Zellwänden von *Nitella* und *Bryopsis* vor [GREEN (1, 2)]. In der
innersten Schicht dieser zylinderförmigen Zellen sind die Mikrofibrillen
hauptsächlich senkrecht zur Längsachse orientiert, während in den
älteren nach außen folgenden Lamellen eine zunehmende Streuung gegen
die Achsenrichtung zu erfolgt. Die Hypothese, daß die quer orientierte
Anlagerung der neugebildeten Mikrofibrillen eine Folge der in dieser
Richtung wirkenden Kräfte ist, lehnen GREEN u. CHEN ab. Ihre Versuche
ergaben, daß die Cellulosestränge unabhängig von der Druckrichtung
immer senkrecht zur Wachstumsbewegung orientiert werden. Die Dicke
dieser Fibrillen schwankt im allgemeinen zwischen 100—300 Å. Innerhalb
der verschiedenen Zellwandlamellen treten aber oft recht bedeutende
Abweichungen von diesen Werten auf. Mit Hilfe der Negativ-Kontrast-
Methode (Auftrocknen der Zellwände mit Phosphor-Wolfram-Säure auf
dem Objektträger) läßt sich nachweisen, daß die Mikrofibrillen durch
Verbänderung aus 35 Å dünnen Elementarfibrillen entstehen [MÜHLE-
THALER (1)]. Die Wachstumsgeschwindigkeit der Mikrofibrillen von
Acetobacter xylinum ist von COLVIN u. BEER gemessen worden. Auf eine
Bakterienzelle bezogen ergab sich der Wert von 0,1 μ pro Minute. Diese
Wachstumsrate entspricht einer Anlagerung von ungefähr 1000 Glucose-
molekel pro Sekunde.

Wie die besprochene Literatur zeigt, untersuchte man bisher im
Elektronenmikroskop fast ausschließlich nur die Cellulose. Das rührt
daher, daß die übrigen Wandsubstanzen, z. B. Pektin, Lignin und Hemicellulosen, amorph erscheinen und voneinander nicht unterscheidbar sind.
Durch selektive Anlagerung von Schwermetallen müßte es aber möglich
sein, diese Substanzen auch im Elektronenmikroskop zu studieren. Die
Kontrastierung von Pektin mit der von GEE, REEVE u. MCCREADY gefundenen Eisenhydroxamat-Methode kann als erster Versuch in dieser
Richtung gelten (ALBERSHEIM, MÜHLETHALER u. FREY-WYSSLING).

Literatur

ALBERSHEIM, P., K. MÜHLETHALER and A. FREY-WYSSLING: J. biophys.
biochem. Cytol. **8**, 501—506 (1960). — ARONSON, J. M., and R. D. PRESTON: (1) J.
biophys. biochem. Cytol. **8**, 247—256 (1960); — (2) Nature (London) **186**, 95—96
(1960); — (3) Proc. roy. Soc. **152 B**, 346—352 (1960).

BANCHER, E., J. HÖLZL u. J. KLIMA: Protoplasma 52, 247—259 (1960). — BERNHARD, W., and CH. ROUILLER: J. biophys. biochem. Cytol. 2, Suppl. 73—78 (1956). — BRADLEY, D. E.: Grana Palynologica 2, 3—8 (1960). — BRANDT, P. W.: Exp. Cell Res. 15, 300—313 (1958). — BUTTROSE, M. S., A. FREY-WYSSLING and K. MÜHLETHALER: J. Ultrastr. Res. 4, 258—263 (1960). — BUVAT, R.: C. R. Acad. Sci. (Paris) 250, 170—172 (1960).

COLVIN, J. R., and M. BEER: Can. J. Microbiol. 6, 631—637 (1960). — CORRENS, C., u. F. v. WETTSTEIN: Nicht mendelnde Vererbung. Hb. der Vererbungswiss., S. 159. Berlin 1937. — CRAWLEY, J. C. W.: Proc. Europ. Reg. Conf. on EM, Delft 1960.

DEMPSEY, E. W.: J. biophys. biochem. Cytol. 2, 305—310 (1956). — DRAWERT, H., u. I. METZNER-KÜSTER: Planta (Berlin) 56, 213—228 (1961). — DRAWERT, H., u. M. MIX: Planta (Berlin) 56, 237—261 (1961). — DREWS, G.: Arch. Mikrobiol. 36, 99—108 (1960).

EDWARDS, G. A., and M. R. EDWARDS: Amer. J. Bot. 47, 622—632 (1960).

FALK, H.: Planta (Berlin) 55, 525—532 (1960). — FALK, H., u. P. SITTE: Proc. Europ. Reg. Conf. on EM, Delft 1960. — FAWCETT, D. W., and I. SUSUMU: J. biophys. biochem. Cytol. 4, 135—142 (1958). — FITZ-JAMES, PH. C.: J. biophys. biochem. Cytol. 8, 507—528 (1960). — FREY-WYSSLING, A.: Nova Acta Leopold. 22, 5—33 (1960). — FREY-WYSSLING, A., u. K. MÜHLETHALER: Schweiz. Z. Hydrologie 22, 122—130 (1960).

GEE, M., R. M. REEVE and R. M. MCCREADY: Agricult. and Food Chem. 7, 34—38 (1959). — GEROLA, F. M.: Nuovo Bot. Italiano 67, 506—508 (1959). — GEROLA, F. M., F. CRISTOFORI e G. DASSÙ: Caryologia (Firenze) 13, 164—197 (1960). — GEROLA, F. M., G. DASSÙ e F. CRISTOFORI: Accad. nazl. Lincei 28, 73—79 (1960). — GEY, G. O., P. SHAPRAS and E. BORYSKO: Ann. N. Y. Acad. Sci. 58, 1089—1095 (1954). — GIESBRECHT, P.: Zbl. Bakt. Stuttgart 179, 538—582 (1960). — GREEN, P. B.: (1) Amer. J. Bot. 47, 476—481 (1960); — (2) J. biophys. biochem. Cytol. 7, 289—296 (1960). — GREEN, P. B., and J. C. W. CHEN: Z. wiss. Mikroskopie 64, 482—488 (1960).

HAGEMANN, R.: Biol. Zbl. 79, 393—411 (1960). — HEBER, U.: Z. Naturforsch. 15 b, 95—99, 100—109 (1960). — HEITZ, E.: (1) Experientia (Basel) 16, 265—270 (1960); — (2) Z. Zellforsch. 53, 444—448 (1961). — HOFFMANN, H., and G. W. GRIGG: Exp. Cell Res. 15, 118—131 (1958). — HOHL, H. R.: Ber. Schweiz. Bot. Ges. 70, 395—439 (1960). — HOLTER, H.: Int. Rev. Cytol. 8, 481—504 (1959). — HOLTER, H., and J. M. MARSHALL: C. R. Lab. Carlsberg, Sér. chim. 29, 7—27 (1954). — HRŠEL, I., I. JURÁKOVÁ and K. BENEŠ: Biol. Plant. (Praha) 2, 252—268 (1960). — HUXLEY, H. E., and G. ZUBAY: J. Mol. Biol. 2, 10—18 (1960).

KRATKY, O., W. MENKE, A. SEKORA, B. PALETTA u. M. BISCHOF: Z. Naturforsch. 14 b, 307—311 (1959). — KREUTZ, W., u. W. MENKE: Z. Naturforsch. 15 b, 402—410, 483—487 (1960). — KRULL, R.: Planta (Berlin) 55, 598—629 (1960).

LANCE, A.: Ann. Sci. Nat. Bot. 11, 165—202 (1958). — LEFORT, M.: C. R. Acad. Sci. (Paris) 251, 3041—3048 (1960).

MANTON, I.: J. biophys. biochem. Cytol. 8, 221—231 (1960). — MENKE, W.: Z. Vererbungsl. 91, 152—157 (1960). — MEYER, A.: Das Chlorophyllkorn in chemischer, morphologischer und biologischer Beziehung. Leipzig 1883. — MICHAELIS, P.: Planta (Berlin) 51, 600—634, 722—756 (1958). — MÜHLETHALER, K.: (1) Beih. zu den Z. Schweiz. Forstvereins 30, 55—64 (1960) „Festschrift Prof. FREY-WYSSLING"; (2) Z. wiss. Mikr. 64, 444—452 (1960). — (3) Dtsch. med. Wschr. 85, 1063—1065, 1057—1059 (1960). — MURAKAMI, S., and R. UEDA: Cytologia 25, 59—68 (1960).

PORTER, K. R., and R. D. MACHADO: J. biophys. biochem. Cytol. 7, 167—180 (1960). — PRINGSHEIM, E. G., and O. PRINGSHEIM: New Phytologist 51, 65—76 (1952).

RENNER, O.: Ber. math.-phys. Kl. Sächs. Akad. Wiss. Leipzig 86, 241—266 (1934). — ROELOFSEN, P. A., and M. M. SALOME: Proc. Europ. Reg. Conf. on EM, Delft 1960. — ROELOFSEN, P. A., and B. J. SPIT: Proc. Europ. Reg. Conf. on EM, Delft 1960. — ROSE, G. G., and C. M. POMERAT: J. biophys. biochem. Cytol. 8, 423—430 (1960). — ROUILLER, CH.: Int. Rev. Cytol. 9, 227—282 (1960). — ROWLEY, J. R.: Grana Palynologica 2, 9—15 (1960).

SCHIDLOVSKY, G.: Proc. Europ. Reg. Conf. on EM, Delft 1960. — SCHIMPER, A. F. W.: Bot. Ztg. **41**, 105, 121, 137, 153 (1883). — SCOTT, F. M., V. SJAHOLM and E. BOWLER: Amer. J. Bot. **47**, 162—173 (1960). — SITTE, P.: Grana Palynologica **2**, 16—40 (1960). — STEINMANN, E., and F. S. SJÖSTRAND: Exp. Cell Res. **8**, 15—23 (1953). — STIX, E.: Grana Palynologica **2**, 41—114 (1960). — STRUGGER, S.: Protoplasma **43**, 120—173 (1954). — SZARKOWSKI, J. W., M. S. BUTTROSE, K. MÜHLETHALER and A. FREY-WYSSLING: J. Ultrastr. Res. **4**, 222—230 (1960).

UEDA, R., and M. WADA: Bot. Magazine (Tokyo) **72**, 349—358 (1959).

WEBER, P.: Z. Naturforsch. **14 b**, 691—692 (1959). — WETTSTEIN, D. VON, and A. KAHN: Proc. Europ. Reg. Conf. on EM, Delft 1960. — WHALEY, W. G., J. E. KEPHART and H. H. MOLLENHAUER: Amer. J. Bot. **46**, 743—751 (1959). — WHALEY, W. G., H. H. MOLLENHAUER and J. E. KEPHART: J. biophys. biochem. Cytol. **5**, 501—506 (1959). — WHALEY, W. G., H. H. MOLLENHAUER and J. H. LEECH: J. biophys. biochem. Cytol. **8**, 233—245 (1960). — WRISCHER, M.: Naturwissenschaften **47**, 521—522 (1960).

B. Systemlehre und Pflanzengeographie

5a. Systematik und Phylogenie der Algen

Von Bruno Schussnig, Jena

Allgemeines. Das von Chadefaud in seinem Handbuch entworfene System der Algen weist mehrere begrüßenswerte Neuerungen auf. Andererseits sind darin auch Änderungen enthalten, die etwas eigenwillig anmuten. Um die Gesamtkonzeption zu veranschaulichen, möge hier das Originalschema wiedergegeben werden:

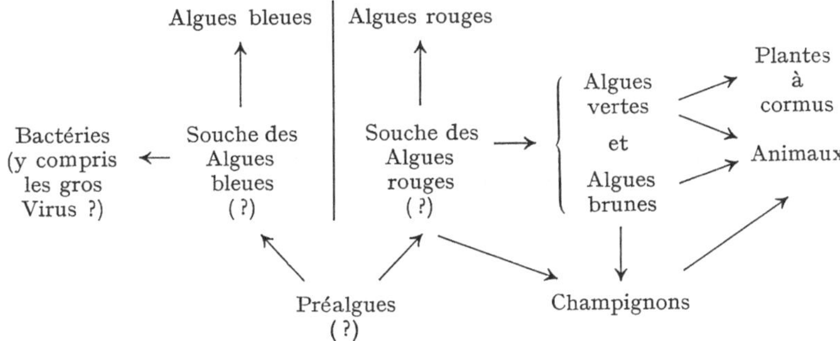

In dem Werk sind die neuesten Ergebnisse berücksichtigt, und es ist daher als Nachschlagewerk unentbehrlich.

Schussnig beschreibt im zweiten Band seines Handbuches den Weg zu einer vergleichend-entwicklungsgeschichtlichen Analyse der Formbildung und Fortpflanzung und strebt damit eine möglichst objektive Grundlage auch für Fragen der natürlichen Systematik an. Im Gegensatz zu Chadefaud, der ein Anhänger der Neotenie ist, stellt Verf. an den Anfang seiner evolutionistischen Betrachtungen den Gestaltungsraum der Flagellaten, von deren Cystenstadien sich die Grundorgane der Fortpflanzung der Thallophyten (Gonidangien und Gametangien) historisch ableiten lassen.

Laut dem International Code of Botanical Nomenclature (Lanjouw, 1956) sind bestimmte Namensänderungen und Wortendungen auch für die Algen vorgeschrieben, die Fott in seiner „Algenkunde" (1959) durchgeführt hat. So müssen nach ihm u. a. die *Conjugatae* DE Bary jetzt *Conjugatophyceae*, die *Desmokontae* von Pascher *Desmophyceae*, die *Gymnodinieae* Schütt *Gymnodiniineae*, die *Blastodiniales* von Schiller

Blastodiniineae, die *Siphoneae* WARMING *Bryopsidales,* die *Rhizodiniales*
PASCHER *Dinamoebidiales,* die *Dinocapsales* PASCHER *Gloeodiniales* und
die *Silicoflagellatae* BORGERT *Dictyochineae* heißen.

Beachtenswert ist die Fottsche Definition des Pflanzenstammes
(Phylum, Divisio), der ,,eine natürliche Pflanzengruppe monophyleti-
schen Ursprunges" ist, ,,die durch bestimmte gestaltliche und physiologische Merkmale sowie durch einen in den Grundzügen übereinstimmenden Stoffwechsel charakterisiert ist… Die Stämme sind untereinander nicht verwandt und hängen entwicklungsgeschichtlich nicht zusammen"… ,,Demnach wären die Grünpflanzen *(Chlorophyta)* in mehrere Klassen zu teilen, von denen die drei ersten den Algen *(Chlorophyceae, Conjugatophyceae* und *Charophyceae)* und die anderen den
Telompflanzen im Sinne von TACHTADZIAN (1950) *(Psilopsida, Bryo-
sida, Lycopsida, Tmesopsida, Sphenopsida* und *Pteropsida)* angehören."
Diese etwas ungewöhnliche Gruppierung geht auf den Grundgedanken zurück, den FOTT in folgende Worte kleidet: ,,Es ist eine allgemein an-
erkannte Tatsache, daß die höheren Pflanzen von den Grünalgen abzuleiten sind, wenn auch zwischen den höchstorganisierten Algen und den
niedrigsten Telompflanzen eine große Lücke klafft." Das ist es eben!

Chrysomonadina. An vier Arten von *Kephyriopsis,* und zwar *K. cincta*
SCHILLER, *K. entzii* (CONRAD) FOTT, *K. conica* SCHILLER und *K. poculum*
(CONRAD) comb. nov. weist KRISTIANSEN eine hologame Kopulation
nach. Mit den bereits von LACKEY (1938), SKUJA (1950, 1956), MACK
(1951, 1953) und FOTT (1953, 1959) festgestellten Fällen sind es gegenwärtig 13, die sich auf 5 Gattungen *(Kephyrion, Kephyriopsis, Steno-
calyx, Dinobryon, Chrysolykos)* beziehen. Diese Zahl, die zweifellos in
Zukunft noch vermehrt werden wird, gestattet nunmehr für die systematische Charakterisierung der Chrysomonaden das Vorhandensein einer
hologamen Kopulation, als Organisationsmerkmal, aufzunehmen.

Es darf jedoch nicht verschwiegen werden, daß es HOVASSE und
JOYON bei ihrer musterhaften Untersuchung über die Morphologie,
Cytologie und Entwicklungsgeschichte von *Hydrurus foetidus* bisher nicht
gelungen ist, einen Sexualakt festzustellen, was jedoch, auch nach Meinung der beiden Autoren, nicht unbedingt heißen soll, daß er wirklich
fehlt. Aus den vielen, hochinteressanten Befunden mögen hier nur einige
wenige, soweit sie für den Systematiker von Interesse sind, heraus-
gelesen werden. Da sind vorerst palmellartige, prostrate Stadien zu erwähnen, die habituell eine weitgehende Ähnlichkeit mit *Phaeodermatium*
HANSGIRG aufweisen, so daß die Verf., trotz den Angaben von PASCHER
und von GEITLER, dazu neigen, die Validität von *Phaeodermatium rivu-
lare* anzuzweifeln. Was die Plastiden anbelangt, lassen sich mit den üblichen Reagentien nur Fett in situ nachweisen, während lösliche und
kondensierte Kohlenhydrate damit nicht erfaßt werden können. Das
Chrysamylum (Leucosin) findet sich nur in Vacuolen eingeschlossen,
wobei angenommen wird, daß der Transport von der Plastide in die
Chrysamylon-Vacuole über das Ergastoplasma geschieht. Bei *Chryso-
chromulina chiton* liegen, nach MANTON et al., die Leucosinvacuolen in
Kontakt mit der Plastide.

Von besonderem Interesse ist die Feinstruktur des Pyrenoids, welches fast die Hälfte des Plastidenvolumens einnimmt. Verglichen mit den Pyrenoiden von *Chlamydomonas* und den *Volvocales*, ist das hiesige Pyrenoid reicher an Lamellen und ähnelt mehr dem von LEYON beschriebenen Typus von *Closterium*. Lebendbeobachtungen am Pyrenoid von *Hydrurus* zeigen, daß es die gleiche Farbe wie die Plastiden hat, d. h. nach den Verff., daß es Chlorophyll enthält. Während die Lamellen der Plastiden schon mit dem Lichtmikroskop erkennbar sind, sind diejenigen des Pyrenoids undeutlicher zu sehen. Der Vergleich mit einem Granum kommt nicht in Frage. Die pulsierende Vacuole ist komplizierter organisiert als bei *Chlamydomonas*, und sie wird von den Kanälchen des Ergastoplasma, ähnlich wie bei Ciliaten, gespeist.

Tetrasporales. Die Gattung *Collinsiella* SETCHELL et GARDNER (1903), mit den drei typischen Arten *C. tuberculata* SETCHELL et GARDNER, *C. japonica* (YENDO) PRINTZ und *C. cava* (YENDO) PRINTZ, ist Gegenstand einer von CHICHARA im Freien und im Laboratorium durchgeführten entwicklungsgeschichtlichen Untersuchung, aus welcher ein Kernphasenwechsel zwischen dem gallertartigen Thallus des Gametophyten und der diploiden Gamocyste hervorgeht. In letzterer geht die Reduktionsteilung vor sich, in deren Folge eine größere Anzahl von sexuell dimorphen Gonidien entstehen, die durch einen Entleerungsschlauch entlassen werden. Daraus gehen über eine prostrate Keimscheibe die diöcischen Gametophyten hervor. Die Kopulation ist isogam. Der Umstand, daß die Zellen innerhalb des Gallertthallus an der Spitze von verzweigten Gallertstielen sitzen, veranlaßte YENDO (1903), die Gattung *Collinsiella* mit *Ecballocystis* zu vereinigen, mit nahen Beziehungen zu *Prasinocladus* und *Chlorangium*. Dieser Anschauung schlossen sich auch WILLE (1907) und OLTMANNS (1922) an. Obwohl in der Form und Organisation die Stiele von *Collinsiella* äußerlich an die von *Prasinocladus* erinnern, stellt CHICHARA jedoch einen Unterschied in der chemischen Natur des Stielsystems fest, indem bei der ersteren Zusatz von Chlorzinkjod eine Cellulose-Reaktion gibt, bei der letzteren dagegen nicht. Außerdem unterscheiden sich die Zellen von *Prasinocladus* von denen von *Collinsiella* dadurch, daß die ersteren, wie CHADEFAUD (1950, 1954) nachwies, am Geißelpol eine grubenartige Vertiefung besitzen, an deren Grunde die vier Geißeln entspringen, während die Zellen der letzteren, wie *Chlamydomonas*, vorne eine Papille haben, wo die zwei Geißeln inseriert sind. Und schließlich sind die Geißeln von *Collinsiella* nach Phytomonadinen-Art akronematisch (Peitschentypus), während die Geißeln von *Prasinocladus* stumpf enden (vgl. diese Berichte, Bd. XVII, 1955). CHICHARA hat daher sicher recht, wenn er *Collinsiella* dem Verwandtschaftsbereich der *Tetrasporales* zurechnet.

Chlorophyceae. Aus der an entwicklungsgeschichtlichen, cytologischen und elektronenmikroskopischen Details so reichen Untersuchung von FRIEDMANN und MANTON über *Prasiola stipitata* SUHR stechen für den Systematiker zunächst zwei Befunde hervor, nämlich der radiate (sternförmige) Chromatophor in den Gonidien und vegetativen Thalluszellen

und das Vorhandensein einer extrem anisogamen (oogamen) Befruchtung
zwischen weiblichen Aplanogameten und zweigeißeligen Androgameten.
Da ein ähnlicher Befruchtungsvorgang auch für *Prasiola japonica* YA-
TABE nach UDA und FUJIYAMA sichergestellt zu sein scheint, kann die
Oogamie als ein charakteristisches Merkmal der Gattung *Prasiola* gelten.
Berücksichtigt man auch noch den radiären Plastidenbau, so wird man
CHADEFAUD (s. o.) zustimmen können, der die Gattungen *Prasinococcus*,
Prasiolopsis (beide einzellig), *Prasiola* und höchstwahrscheinlich auch
Feldmannodora (= *Blidingia*) in die Ordnung der *Prasiolales* vereinigt.
Der konvergente Habitus der thallösen Prasiolalen zu gewissen Ulvalen
dürfte meines Erachtens nicht der Ausdruck einer näheren Verwandt-
schaft zwischen diesen beiden Ordnungen sein. Es erschiene mir oppor-
tuner, die *Prasiolales* aus dem Bereich der *Ulotrichales-Chaetophorales-
Ulvales* loszulösen. Und noch eine Bemerkung zur Begeißelung. Die
Androgameten von *Prasiola stipitata* besitzen zwei isomorphe und akro-
nematische Geißeln. Bei der sexuellen Verschmelzung mit den geißel-
losen Gynogameten übernehmen diese nur eine Geißel des männlichen
Gameten, wodurch sie eine Zeitlang umherschwärmen können. Eigenartigerweise wird diese Geißel an dem der Fortbewegungsrichtung entgegengesetzten Pol inseriert. Die Planozygote erscheint somit opistho-
kont, eine Begeißelung also, die, abgesehen von der grünen *Pedino-
monas*, nur für *Chytridiales* (mit gewissen Ausnahmen), *Blastocladiales*,
Monoblepharidales unter den wasserbewohnenden Pilzen typusgebunden
ist. Die Verf. knüpfen daran eine Betrachtung darüber an, ob die apikale
bzw. antiapikale Geißelinsertion einen fundamentalen Unterschied
vorstellt, oder ob sie nur von der Bewegungsrichtung und von der Geißel-
zahl einer schwärmenden Zelle determiniert wird. Gewiß, die Bewegungsrichtung sowohl bei freilebenden Flagellaten als auch bei Schwärmern
von Algen (und Pilzen) kann unter bestimmten Umständen eine Umkehr
von 180° erfahren. Das hat kürzlich TÄUMER sogar bei den zweigeißeligen
Schwärmzellen von *Rhopalocystis oleifera* nachgewiesen. Im Falle von
Prasiola stipitata handelt es sich um eine Eingeißeligkeit, die nicht dem
Typus der Chlorophyceen entspricht, sondern um einen Sonderfall,
der mit dem spezifischen Mechanismus der Gametenkopulation zusammenhängt. Daß die Geißel hinten inseriert und die nach der Befruchtung,
also sekundär, beweglich gewordene Zygote vorwärts schiebt, stellt
einen bewegungsmechanischen Sondervorgang dar, der gewissermaßen
mit dem „Ziehen" oder „Schieben" eines Karrens auf steilem Wege
vergleichbar ist. Streng genommen kann im gegebenen Falle nicht von
einer „opisthokonten" Begeißelung gesprochen werden, denn diese stellt
ein erblich fixiertes Merkmal dar, welches nach wie vor phylogenetisch
auswertbar ist.

Zum Unterschied von CHADEFAUD reiht PAPENFUSS *Feldmannodora*,
obwohl er den sternförmigen Chromatophor als charakteristisches Merkmal dieser Gattung hervorhebt, in die Ordnung der *Ulvales* ein. Diese
Ordnung wurde 1902 von BLACKMAN und TANSLEY aufgestellt und um-
faßte ursprünglich die Gattungen *Ulva* L., *Letterstedtia* ARESCH., *Monostroma* THUR., *Enteromorpha* LINK, *Percursaria* BORY und *Capsosiphon*

GOBI. Später kamen noch die Gattungen *Blidingia* KYLIN, *Rhizenteron* P. DANGEARD, *Lobata* CHAPMAN, *Gemina* CHAPMAN und *Feldmannodora* CHADEFAUD hinzu. In seiner kritischen Revision faßte PAPENFUSS diese Gattungen, mit Ausnahme von *Lobata* und *Gemina*, die er mit *Ulva* bzw. *Enteromorpha* wiedervereinigt, in die beiden Familien der *Ulvaceae* LAMOUROUX orth. mut. DUMORTIER (1822) und der *Monostromaceae* KUNIEDA ex SUNESON (1947) zusammen und rechnet sie zur Ordnung der *Ulotrichales* BORZI (1895). Die Aufstellung einer selbständigen Ordnung der *Ulvales* durch BLAKMAN und TANSLEY fand lange Zeit Anerkennung, um so mehr, als in neuerer Zeit bei mehreren Arten von *Ulva* und *Enteromorpha* ein isomorpher Generationswechsel nachgewiesen wurde. PAPENFUSS meint aber, daß ein solcher auch bei Ulotrichalen *(Fritschiella, Draparnaldiopsis)* festgestellt worden ist. Außerdem meint er, daß ein parenchymatöser Thallus auch bei *Fritschiella* bzw. Ansätze dazu auch bei *Stigeoclonium variabile* und *Draparnaldia glomerata* bekannt ist und daß die Keimpflanzen von *Ulva* und *Enteromorpha* einreihig-fadenförmig, wie übrigens auch die Seitenäste von *Enteromorpha*, sind. Darin wird eine Ähnlichkeit mit einer haplonematischen *Ulothrix* erblickt. Der „parenchymatöse" Thallusbau bei Chaetophoraceen und Ulvaceen ist morphogenetisch auf den Typus des Stichonemas (vgl. SCHUSSNIG 1938, 1954) zurückzuführen, so daß, wenn man gerade will, an eine nähere Beziehung zwischen diesen beiden Familien (bzw. Ordnungen) denken könnte. Dagegen besteht mit der haplonematischen *Ulothrix* kein näherer Zusammenhang. Das Schema des in einer bestimmten systematischen Einheit ausgeprägten Generationswechsels berechtigt weder zu Trennungen noch zu Zusammenziehungen, da der Generationswechsel unabhängig vom jeweiligen Taxon, einen autonomen Werdegang durchläuft. Er kann nur zusammen mit allen übrigen Merkmalen zur Charakterisierung einer bestimmten systematischen Einheit herangezogen werden. So betrachtet, scheint es nicht unberechtigt zu sein, die Ulvaceen als selbständige Ordnung der *Ulvales* gelten zu lassen.

Ein praktisch isomorpher Generationswechsel wurde übrigens von KORNMANN auch für die in Muschelschalen lebende *Eugomontia sacculata* nov. gen., nov. spec. experimentell festgestellt, die er, wohl mit Recht, zu den prostraten Chaetophoraceen rechnet. Aus der klaren und überzeugenden Darstellung des Verf. geht die interessante Tatsache hervor, daß die Gonidangien (Zoosporangien) nur an den endolithischen Fadensystemen, in den Muschelkalk versenkt, entstehen, während die Gametangien nur an den aus dem Substrat herauswachsenden Fadensystemen entstehen. Die Kopulation ist anisogam. BORNET und FLAHAULT, die 1889 die in ihrer systematischen Stellung etwas unsichere Gattung *Gomontia* aufgestellt hatten, ist beim Rohmaterial eine Verwechslung mit dem ebenfalls endolithisch wachsenden *Codiolum polyrhizum* unterlaufen. Da jedoch diese Form einzellig ist und den Sporophyten zu einem ganz anderen Gametophyten (KORNMANN, 1959) vorstellt, sah sich Verf. veranlaßt, die neue Gattung *Eugomontia* aufzustellen. Damit ist die systematische Frage des ursprünglich heterogenen Formenkomplexes eindeutig geklärt.

Für Fragen der Artsystematik ist die experimentelle Untersuchung von HUSTEDE über den Generationswechsel zwischen *Derbesia neglecta* BERTHOLD und der getrenntgeschlechtlichen *Bryopsis halymeniae* BERTHOLD von weittragender Bedeutung. Nachdem KORNMANN (1938) den ontogenetischen Zusammenhang zwischen *Derbesia marina* und *Halicystis ovalis* und FELDMANN (1950) den analogen Zyklus von *Derbesia tenuissima* und *Halicystis parvula* nachgewiesen hatten, liegt die besondere Bedeutung des Hustedeschen Befundes darin, daß eine ontogenetische Bindung zwischen zwei Formen festgestellt ist, die auch habituell ähnlich sind und schon von BERTHOLD verwechselt wurden. *Derbesia neglecta* stellt somit einen komplexen Arttypus dar, so daß *Bryopsis halymeniae* ihren selbständigen Artcharakter einbüßen muß.

CHICHARA stellt für *Cladophora writhiana* HARVEY den isomorphen Generationswechsel nach dem Schema von *Cladophora suhriana* usw. fest (Sporophyt mit viergeißeligen Gonidien, diöcischer Gametophyt und zweigeißeligen Isogameten). Für die Systematik bemerkenswert sind einige weitere Beobachtungen. Die Keimung der Zygoten und Gonidien geschieht nach dem erekten bipolaren Typus, wobei der einkernige Keimling eine keulenförmige Gestalt, ähnlich der primären Blase der Keimpflanzen bei den Siphonocladalen annimmt. Auch die Bildung sekundärer Rhizoidschläuche aus den unteren Zellen der erwachsenen Pflanze, welche eine polysiphone Rinde an der Basis erzeugen, erinnert an das gleichartige Verhalten bei den septierten coenoblastischen Algen, wie *Microdictyon* und *Anadyomene*. Ferner entspringen am basiskopen Ende benachbarter Zellen intracuticulär kurze, rhizoidartige Fortsätze, die Verf. mit den Trabeculae von *Valonia trabeculata* zu vergleichen geneigt ist. Schließlich stellt er an der Basis des Tragsprosses von *Cladophora writhiana* und *Cl. rugulosa* ringförmige Konstriktionen fest, wie sie ebenfalls bei Gliedern der Siphonocladaceen häufig sind. Daraus folgert CHICHARA, daß die Gattung *Cladophora* in den Verwandtschaftskreis der *Siphonocladales* gehört. An sich ist diese Schlußfolgerung nicht neu, sie erscheint mir aber deswegen wichtig, weil in neuerer Zeit, dem Beispiel von FRITSCH folgend, die Cladophoraceen vielfach zu den *Ulotrichales* gerechnet werden, was aber aus verschiedenen Gründen unrichtig ist.

Desmidiaceen. Von der Desmidiaceen-Flora Japans gab HIRANO die siebente (letzte) Folge heraus, welche die Gattungen *Cosmocladium*, CORDA, *Spondylosium* BRÉB, *Hyalotheca* EHRENB., *Gymnozyga* EHRENB., *Desmidium* Ag., *Sphaerozosma* CORDA, *Onchyonema* WALL. enthält. Es folgt am Schluß eine zusammenfassende Darstellung über Verbreitungsfaktoren und Flosristik.

Ectocarpales. Jeder, der eine Ahnung von der Artsystematik bei den Ectocarpaceen hat, wird die Sorgfalt, mit der KORNMANN den Typus von *Spongonema tomentosum* (HUDS.) KÜTZ. (*Ectocarpus tomentosus* [HUDS.] LYNGB., die weitere Synonymie siehe in der Originalarbeit) entwirrt hat, dankbar begrüßen. Vorliegende Art findet man das ganze Jahr vor, doch nur vom April bis Juni tritt sie mit ihrem charakteristischen Habitus auf. In den übrigen Monaten ist sie auf kurze, rasenförmige Überzüge beschränkt, die sowohl Gonidangien als auch Angiothomen (plurilokuläre Sporangien) tragen. Diese „Prostadien", wie sie Verf. nennt und wohl den Plethysmothalli von SAUVAGEAU entsprechen, wurden früher als selbständige Arten, wie *Ectocarpus luteolus* SAUV., *E. minimus* NÄG., *E. terminalis* KÜTZ. beschrieben. Es kann wohl gesagt werden, daß die vorliegende Arbeit klassischen Charakter hat.

Bangiales. Auf experimentellem Wege gelang es KORNMANN nachzuweisen, daß die frühere Gattung *Conchocelis (rosea)* tatsächlich, wie dies schon Miss DREWS grundsätzlich festgestellt hatte, in den Entwicklungskreis der Gattung *Porphyra (umbilicalis)* gehört. Erstere Form trägt die Monosporangien. Leider gelang es auch dem Verf. noch nicht, die Bedeutung der Karposporen zu klären und diese zur Auskeimung zu bringen. Es bleibt somit noch offen, ob es sich hier um einen echten Generationswechsel handelt. Jedenfalls kann jetzt schon gesagt werden, daß *Porphyra umbilicalis*, systematisch gesehen, eine komplexe Art vorstellt. *Conchocelis*, als selbständige Gattung, hat keine Berechtigung mehr.

Literatur

CHADEFAUD, M.: Traité de Botanique, Tome 1: Les Végétaux non vasculaires (Cryptogamie), I—XV, 1—1017, Paris: Masson et Cie. 1960. — CHIHARA, M.: J. Jap. Bot. 35, No. 1, 1—11 (1960); Sci. Rep. Tokyo Kyoiku Daigaku, Sect. B, No. 140, 181—198 (1960).

FOTT, B.: Preslia 32, 142—154 (1960). — FRIEDMANN, I.: Nova Hedwigia 1, Heft 3 u. 4, 333—462 (1960).

HIRANO, M.: Contr. Biol. Lab. Kyoto Univ., No. 11, 387—474 (1960). — HOVASSE, R., et L. JOYON: Rev. Algol., N. S., 5, No. 1, 66—83 (1960).

KORNMANN, P.: Helgol. wiss. Meeresunters. 7, Heft 2, 59—71 (1960); 7, Heft 3, 93—113 (1960); 7, Heft 4, 189—193 (1960). — KRISTIANSEN, J.: Bot. Tidskr. 56, 128—131 (1960).

PAPENFUSS, G. F.: J. Linn. Soc. (Bot.) 56, 303—318 (1960).

SCHUSSNIG, B.: Handbuch der Protophytenkunde, Bd. 2, I—X, 1—1144. Jena: VEB Gustav Fischer Verlag 1960.

5b. Systematik und Stammesgeschichte der Pilze

Von Heinz Kern, Zürich

I. Archimyceten und Phycomyceten

Die Monographie der wasserbewohnenden Phycomyceten von
Sparrow ist in zweiter, neu bearbeiteter Auflage erschienen.Die systematische Anordnung auf Grund der Zoosporenbegeißelung, der Entwick-
lungshöhe des Vegetationskörpers und der Fortpflanzungstypen ist im
wesentlichen dieselbe geblieben. Ungefähr die Hälfte des Buches ist den
mannigfaltigen Formen der Chytridiales [unter Einschluß der holo-
karpen, also auf der Stufe der Archimyceten (Fortschr. Bot. **13**, 91)
stehenden Olpidiaceen, Synchytriaceen und Achlyogetonaceen] gewidmet. Die Blastocladiales umfassen neben den bekannten Vertretern
(*Allomyces* u. a.) auch die noch schlecht untersuchten Gattungen
Coelomomyces (obligate Parasiten in Insekten mit nacktem, vielkernigem
Vegetationskörper), *Catenaria* und *Catenomyces* (Parasiten oder Saprophyten in Nematoden, Wasserpilzen u. a.; Vegetationskörper vorwiegend
polyzentrisch, septiert). Als dritte Reihe schließen sich die ebenfalls durch
Zoosporen mit einer nachgeschleppten Geißel charakterisierten Monoblepharidales an. Die Formen mit einer apikalen Geißel faßt der
Autor in der Reihe der Hyphochytriales [entsprechend den Aniso-
chytridiales von Karling (1); Fortschr. Bot. **13**, 92] zusammen. Unter
den Phycomyceten mit zweigeißeligen Zoosporen bilden die Plasmodiophorales (Zoosporen mit zwei apikal inserierten, ungleich langen
Geißeln) eine Gruppe für sich; die Formen, deren Zoosporen zwei gleichlange Geißeln (eine Flimmer- und eine Peitschengeißel) tragen, werden in
die Reihen der Saprolegniales, Leptomitales, Lagenidiales
(*Lagenidium, Olpidiopsis* u. a.) und Peronosporales aufgeteilt. Von
denjenigen Gruppen, die schon von andren Autoren monographisch
bearbeitet wurden oder die nur wenige Wasserbewohner umfassen
(*Pythium*, Saprolegniaceen, *Physoderma*, Plasmodiophorales u. a.) werden neue Arten der letzten Jahre nachgetragen oder die im Wasser
lebenden Vertreter aufgeführt.

Verschiedene Arbeiten befassen sich mit der chemischen Zusammensetzung der Zellwände der Phycomyceten. Die Zellwände von
Allomyces macrogynus (Em.) Em. et W. enthalten neben dem schon
wiederholt nachgewiesenen Chitin, dessen Anteil relativ hoch ist und
mit dem Alter zunimmt (15—25% des Myzeltrockengewichtes) auch
Protein und ein Glucan (Aronson u. Machlis); die Wände der unter
den gewählten Bedingungen während 60—70 Std. gewachsenen Mycelien

bestanden zu rund 60% aus Chitin, zu 15% aus Glucan und zu 10% aus Protein. Chitin bildet von Anfang an den Hauptbestandteil der Zellwand; die Zoosporen einer *Allomyces*-Art zeigten 24 Std. nach dem Ausschlüpfen eine Wand aus Chitin-Mikrofibrillen, die in amorphes Material eingebettet waren [ARONSON u. PRESTON (1)]. — Durch Röntgenanalyse konnten in den Zellwänden einer *Rhizidiomyces*-Art (also einer eukarpen, monozentrischen Form mit einer apikalen Geißel) Chitin und Cellulose nebeneinander nachgewiesen werden (FULLER u. BARSHAD; FULLER); der gleichlautende mikrochemische Befund von NABEL, der wie entsprechende Angaben für andere Pilze umstritten war, konnte damit bestätigt werden. Andere apikal begeißelte Phycomyceten scheinen in den Zellwänden nur Chitin zu enthalten (SPARROW); bevor auf einen grundsätzlichen Unterschied im Zellwandchemismus von Hyphochytriales und Chytridiales geschlossen werden kann, müssen wohl noch weitere Vertreter aus beiden Reihen mit modernen Methoden untersucht werden. — Die mikrochemischen Befunde an den Zellwänden der Monoblepharidales sind nicht einheitlich; in einzelnen Untersuchungen wurde Chitin, in anderen Cellulose gefunden. Die Zellwände von *Monoblepharella mexicana* Shanor enthalten auf Grund der Röntgenanalyse Chitin [ARONSON u. PRESTON (2)]. Falls dies auch für andere Monoblepharidales zutrifft, besitzen alle bis jetzt untersuchten Phycomyceten mit einer nachgeschleppten Geißel einheitlich Chitin-Zellwände; Cellulose allein käme lediglich bei den Oomyceten (Saprolegniales usw. nach SPARROW) vor.

Synchytriaceen. *Synchytrium macrosporum* Karling wurde ursprünglich von *Xanthium strumarium* Ell. aus Texas beschrieben; es ist durch große, leuchtend gelbe Dauersporen und große, vielzellige Gallen ausgezeichnet; ein asexueller Cyclus wird nicht durchlaufen. Freilandbeobachtungen ließen vermuten, daß diese Art auch auf anderen Pflanzen vorkomme; da ihre Dauersporen — im Unterschied zu vielen anderen Arten dieser Gattung — leicht und regelmäßig keimen, untersuchte KARLING (2) das Wirtsspektrum eines von *Ricinus communis* L. isolierten Stammes in umfangreichen Infektionsversuchen. Von 811 infizierten Arten wurden 707 (aus über 500 Gattungen) und etwa 140 Familien der Blütenpflanzen befallen; Befallsgrad und Ausbildung der Gallen variierten von Wirt zu Wirt beträchtlich, und auf einzelnen Arten ging der Parasit bald nach gelungener Infektion und beginnender Gallenbildung zugrunde. Keine Infektionen kamen auf Algen, Pilzen, Moosen und Farnen zustande. *Synchytrium macrosporum* besitzt somit ein für einen obligaten Parasiten außerordentlich weites Wirtsspektrum; in denjenigen Familien, von denen zahlreiche Arten infiziert wurden, kam fast durchwegs auf allen oder fast allen Arten ein Befall zustande (z. B. auf 89 von 91 infizierten Leguminosen). Das Verhältnis dieser Art zu *Synchytrium aureum* Schroet. (mit demselben Entwicklungscyclus und einem ebenfalls sehr weiten Wirtsspektrum) und zu weiteren Arten muß in ergänzenden Versuchen geprüft werden; bemerkenswert ist vorläufig, daß einzelne der für *Synchytrium aureum* angegebenen Wirtspflanzen von *Synchytrium macrosporum* nicht befallen wurden.

Olpidiaceen. SAHTIYANCI, GAERTNER u. FUCHS kultivierten *Olpidium brassicae* (Wor.) Dang. in Objektträgerkulturen auf Wurzeln von Kohlkeimlingen und fanden eine beträchtliche Variationsbreite für Form und Größe der Zoosporangien und für die Zahl der Entleerungshälse (1—12). Auf Grund des letzteren Merkmals wäre die Art eher der Gattung *Pleotrachelus* einzufügen; SPARROWs Zweifel an den Gattungsgrenzen in diesem Bereich werden dadurch bestärkt.

Zygomyceten. Unter den vom *Mucor*-Typus abzuleitenden Zygomyceten mit modifizierter asexueller Fortpflanzung (Fortschr. Bot. **22**, 61) sind einige Gattungen neu oder ergänzend beschrieben worden, so *Radiomyces* EMBREE (dazu auch BENJAMIN) und *Pirella* (HESSELTINE), ferner einige tropische Gattungen (BOEDIJN).

II. Ascomyceten

Endomycetales. Aus praktischen Gründen schlägt BARNETT vor, die Systematik der Hefen und hefeartigen Pilze (WINDISCH u. LASKOWSKI) vor allem auf die biochemischen Leistungen aufzubauen, die oft schwer festzustellende Ascosporenbildung zu vernachlässigen und damit die Methodik der Bestimmung zu vereinfachen; das dabei entstehende System wäre bewußt künstlich. ROBERTS u. THORNE betonen demgegenüber die Notwendigkeit, zur Erfassung verwandtschaftlicher Beziehungen möglichst viele morphologische, entwicklungsgeschichtliche und physiologische Merkmale heranzuziehen. Auch serologische Methoden können angewandt werden; bei zahlreichen hefeartigen Pilzen wurden gruppen- und zum Teil auch artspezifische Reaktionen gefunden, die sich (trotz technischer Schwierigkeiten in der Herstellung guter Antiseren u. a.) zur Abgrenzung kritischer Formen verwenden lassen (SEELIGER). Es verhält sich beispielsweise *Candida pseudotropicalis* (Cast.) Basg. serologisch gleich wie ihre mutmaßliche Hauptfruchtform *Saccharomyces fragilis* Jörg. In diesem Zusammenhang sei kurz auf die Arbeiten von TEMPEL mit *Fusarium*-Stämmen hingewiesen; neben zahlreichen unspezifischen Reaktionen erhielt der Verfasser einzelne für die geprüften Stämme spezifische Kaninchenseren.

Plectascales. Beiträge zur Kenntnis einzelner Gattungen: *Emericellopsis* (DURRELL); *Ceratocystis* (syn. *Ophiostoma*; KÄÄRIK); *Onygena* (TUBAKI).

Höhere Ascomyceten. Die Scheidung der Pyrenomyceten in ascoloculare und ascohymeniale (bzw. bitunicate und unitunicate) Formen wird mit der Erweiterung unserer Kenntnisse noch manche Differenzierung erfahren. Im letzten Bericht (Fortschr. Bot. **22**, 62) wurde auf einige *Nectria*-ähnliche Pilze hingewiesen, die in der Fruchtkörperentwicklung dem ascohymenialen Schema folgen, aber wider Erwarten typisch doppelwandige Asci aufweisen. Das von DOGUET (1) untersuchte *Melogramma spiniferum* (Wallr.) de Not. nimmt ebenfalls eine besondere Stellung ein. Die Fruchtkörper entwickeln sich ascohymenial. In der Ascuswand lassen sich deutlich zwei Schichten unterscheiden, die sich mit Janusgrün oder Kongorot verschieden anfärben; im Ascusscheitel findet sich ein Ring, der sich — wie im Ascus der Diaporthales — mit Janusgrün oder Kongorot intensiv, mit Jod dagegen nicht färbt. Bei der Sporenausschleuderung reißt die äußere Wandschicht, die innere streckt sich, platzt schließlich und entläßt die Sporen. Die Asci entsprechen demnach im Mechanismus der Sporenausschleuderung ("jack in the box"), aber nicht im Bau ihres Scheitels dem bitunicaten Schema. — Ähnliche Verhältnisse beschreibt DOGUET (2) für *Epichloe typhina* (Pers.) Tul. aus der Reihe der Clavicipitales, den bekannten Erstickungsschimmel der Gräser. Die Fruchtkörper entwickeln sich auch hier ascohymenial. Aus den Stielzellen des Ascogons (und wohl auch aus den sie umgebenden Stromazellen) wachsen Hyphen nach oben und bilden die Perithecienwand; wandständige Paraphysen und Periphysen wachsen in die Perithecienhöhlung hinein. Im reifen Zustand sitzen die zahlreichen Perithecien dicht gedrängt dem Stroma auf. Die Asci wachsen (ohne grundständige Paraphysen) von der Basis des Peritheciums nach oben. Im Ascusscheitel ist ein stark lichtbrechender, nicht amyloider Ring vorhanden, der sich wohl mit Janusgrün, aber nicht mit Kongorot färben läßt. Mit beiden Farbstoffen lassen sich deutlich zwei Wandschichten unterscheiden; es besteht Grund zur Annahme, daß auch hier die Sporen nach Art und Weise der bitunicaten Asci ausgeschleudert werden, doch steht die Bestätigung noch aus. Beide Beispiele zeigen einmal mehr die Notwendigkeit weiterer Einzeluntersuchungen in verschiedenen Pyrenomycetengruppen als Grundlagen für eine spätere Synthese. Dasselbe gilt offenbar auch für die Ostropales im Sinne von NANNFELDT (*Stictis, Vibrissea* u. a.), deren Asci nach den Beobachtungen von BELLEMERE nicht einheitlich gebaut sind.

III. Basidiomyceten

Hymenomyceten und Gastromyceten. Die engen Beziehungen zwischen einzelnen Gruppen der Hymenomyceten und Gastromyceten wurden in den letzten Jahren vor allem am Beispiel der „asterosporen Reihe" (*Russula, Lactarius — Arcangeliella, Macowanites — Hydnangium* u. a.; Fortschr. Bot. **21**, 78; HEIM) verfolgt. Einige weitere, zum Teil nach Aufteilung der alten Gattung *Secotium* aufgestellte Gastromycetengattungen stehen anderen Hymenomycetengruppen nahe. Beziehungen zwischen den Röhrlingen (*Boletus* und Verwandte) und der Gastromycetengattung *Rhizopogon* [Fortschr. Bot. **13**, 98; SMITH u. SINGER (1)] vermitteln die Gattungen *Gastroboletus* Lohwag (ähnlich einem Röhrling, aber Sporen nicht abgeschleudert; Hymenophor unregelmäßiger), *Chamonixia* Rolland (Fruchtkörper unregelmäßig-kugelig, mit kurzem oder nur angedeutetem Stiel; Columella kurz-abgestutzt oder verästelt, Glebakammern röhrig; Fleisch einiger Arten wie bei manchen Röhrlingen sich blau verfärbend; Sporen rostbraun, gestreift, ähnlich *Boletellus*) und *Truncocolumella* Zeller (syn. *Dodgea* Malençon; ähnlich *Chamonixia*, aber Sporen glatt wie bei *Rhizopogon*). — Die mit dem früheren *Secotium nubigenum* Harkn. aus dem Westen der Vereinigten Staaten als Typus begründete Gattung *Nivatogastrium* SINGER u. SMITH (1) steht in manchen Merkmalen der Hyphen, Cystidien und Sporen der Hymenomycetengattung *Pholiota* nahe. In analoger Weise erinnert *Setchelliogaster* SINGER u. SMITH (2) an *Bolbitius* und seine Verwandten, *Brauniellula* SMITH u. SINGER (2) an *Gomphidius* und *Neosecotium* SINGER u. SMITH (3) an Agaricaceen s. str. (z. B. *Macrolepiota*). Ein zusammenhängendes Schema läßt sich zur Zeit noch nicht aufstellen, und die Fragen der Entwicklungsrichtungen, der Beziehungen zwischen den skizzierten Verwandtschaftsgruppen usw. bleiben noch weitgehend umstritten (SINGER).

Gattungsbearbeitungen usw.: *Stereum* u. a. (BOIDIN; LENTZ); resupinate Thelephoraceen (*Tomentella* u. a.; SVRČEK); *Merulius* (HARMSEN); Polyporaceen (Übersicht der Gattungsnamen; DONK); *Tricholomopsis* (SMITH); *Lactarius* (HESLER u. SMITH).

Literatur

ARONSON, J. M., and L. MACHLIS: Amer. J. Bot. **46**, 292—300 (1959). — ARONSON, J. M., and R. D. PRESTON: (1) Nature (Lond.) **186**, 95—96 (1960); — (2) Proc. Roy. Soc. B, **152**, 346—352 (1960).

BARNETT, J. A.: Nature (Lond.) **186**, 449—451 (1960); **189**, 76 (1961). — BELLEMÈRE, A.: C. R. Acad. Sci. (Paris) **251**, 2569—2571 (1960); Bull. Soc. myc. France **76**, 69—82 (1960). — BENJAMIN, R. K.: Aliso **4**, 523—530 (1960). — BOEDIJN, K. B.: Sydowia **12**, 321—362 (1958). — BOIDIN, J.: Rev. Mycol. **24**, 197—225 (1959).

DOGUET, G.: (1) C. R. Acad. Sci. (Paris) **249**, 2605—2607 (1959); Rev. Mycol. **25**, 13—37 (1960); — (2) Bull. Soc. myc. France **76**, 171—203 (1960). — DONK, M. A.: Persoonia **1**, 173—302 (1960). — DURRELL, L. W.: Mycologia (N. Y.) **51**, 31—43 (1959).

EMBREE, R. W.: Amer. J. Bot. **46**, 25—30 (1959).

FULLER, M. S.: Amer. J. Bot. **47**, 838—842 (1960). — FULLER, M. S., and I. BARSHAD: Amer. J. Bot. **47**, 105—109 (1960).

HARMSEN, L.: Friesia **6**, 233—277 (1960). — HEIM, R.: Rev. Mycol. **24**, 93—102 (1959). — HESLER, L. R., and A. H. SMITH: Brittonia **12**, 306—350 (1960). — HESSELTINE, C. W.: Amer. J. Bot. **47**, 225—230 (1960).

KÄÄRIK, A.: Symb. bot. Upsal. **16**, Nr. 3, 1—168 (1960). — KARLING, J. S.: (1) Amer. J. Bot. **30**, 637—648 (1943); — (2) Sydowia **14**, 138—169 (1960).

LENTZ, P. L.: Sydowia **14**, 116—135 (1960).

NABEL, K.: Arch. Mikrobiol. **10**, 515—541 (1939). — NANNFELDT, J. A.: Nova Acta Regiae Soc. Sci. Upsaliensis, Ser. IV, **8**, Nr. 2, 1—368 (1932).

ROBERTS, C., and R. S. W. THORNE: Nature (Lond.) **188**, 872—873 (1960).

SAHTIYANCI, S., A. GAERTNER u. W. H. FUCHS: Arch. Mikrobiol. **35**, 379—383 (1960). — SEELIGER, H. P. R.: Trans. Brit. myc. Soc. **43**, 543—555 (1960). — SINGER, R.: Sydowia **12**, 1—43 (1958). — SINGER, R., and A. H. SMITH: (1) Brittonia **11**, 224—228 (1959); — (2) Madroño **15**, 73—79 (1959); — (3) **15**, 152—158 (1960). — SMITH, A. H.: Brittonia **12**, 41—70 (1960). — SMITH, A. H., and R. SINGER: (1) Brittonia **11**, 205—223 (1959); — (2) Mycologia (N. Y.) **50**, 927—938 (1958). — SPARROW, F. K.: Aquatic Phycomycetes. 2. Aufl. Ann Arbor 1960. 1187 S.; s. a. Mycologia (N. Y.) **50**, 797—813 (1958). — SVRČEK, M.: Sydowia **14**, 170—245 (1960).

TEMPEL, A.: Meded. Landbouwhog. Wageningen **59**, 1—60 (1959). — TUBAKI, K.: Bull. Natl. Sci. Museum (Tokyo) **5**, 36—43 (1960).

WINDISCH, S., u. W. LASKOWSKI: in „Die Hefen", S. 23—208. Nürnberg 1960.

5c. Systematik der Flechten

Bericht über die Jahre 1959 und 1960

Von Josef Poelt, München

Eingangs sei diesmal wieder auf die laufenden Zusammenfassungen der gesamten lichenologischen Literatur durch Culberson in The „Bryologist" hingewiesen.

Allgemeiner Teil

Morphologie. Für die discocarpen Lichenen hat Moser-Rohrhofer einige recht bemerkenswerte Tatbestände festgelegt: zwischen den Fruchtkörpern lichenisierter und nichtlichenisierter Ascomyceten bestehen keine wesentlichen Unterschiede. Der sog. „Margo thallinus" der Flechtenapothecien, der in der Lichenologie gewöhnlich als differentes Organ dem „Margo proprius" gegenübergestellt wird, ist diesem homolog (was Ref. an eigenen unveröffentlichten Untersuchungen nur bestätigen kann). Unterschiedlich ist lediglich das Vorhandensein bzw. Fehlen von Algen innerhalb der Frucht (Aus dieser Sicht lassen sich auch die zahlreichen Übergänge zwischen den „Excipulumsgattungen" *Lecanora* und *Lecidea, Blastenia* und *Caloplaca* usw. zwanglos verstehen).

Für die pyrenocarpen Flechten scheint uns eine Studie Doppelbaurs sehr bedeutsam zu sein, die sich besonders mit den einer exakten Analyse bisher so wenig zugänglichen Endolithen beschäftigt. Sie kommt zu einer Reihe bemerkenswerter Ergebnisse für die Entwicklungsgeschichte (vgl. Fortschr. Bot. 22, 1960). Für die Systematik bedeutsam ist z. B. die Beurteilung von Thallusmerkmalen: kaum brauchbar als taxonomisches Merkmal, da modifikativ zu sehr veränderlich, Thallusdicke und die sog. Ölzellen, unbrauchbar der Prothallus, mit Vorsicht zu benützen die Dicke der Algenschicht, die Maximalgrößen der Algen sowie die Zellen der Ölhyphen. In der Entwicklung der Früchte lassen sich mehrere Typen unterscheiden, deren Differenzen in der Ausbildung von Excipulum, Involucrellum und Ostiolum liegen. Verf. betont mehrfach, daß für die Bestimmung und Gliederung der Endolithen auf jeden Fall die Optimalzustände der Perithecien benützt werden müssen, da andernfalls die Fehlermöglichkeiten zu groß seien. Die erarbeiteten Daten stützen taxonomisch die von Servit loc. div. dargestellten Gliederungen (vgl. Fortschritte Bot. 17, 228; die *Microglaenaceae* wären hier zu korrigieren; ihre Paraphysen zeichnen sich im Gegensatz zu den *Verrucariaceae* durch ihre Dauerhaftigkeit aus). Der Autor weist auf die Notwendigkeit weiterer Untersuchungen hin, um zu sicheren Aussagen über die verwandtschaftlichen Beziehungen zu kommen.

Daß Isidien innerhalb einer Gattung von konstitutionell verschiedener Art sein können, belegt LINDAHL anhand der Gattung *Peltigera:* bei den Isidien von *P. lepidophora* löst sich der Zusammenhang zwischen Gonidienschicht und Isidienalgen und schließlich auch zwischen Isidie und Thallus selbständig, so daß die Isidien von sich aus frei werden; die Wundisidien von *P. praetextata* dagegen verlieren nie den Zusammenhang mit den entsprechenden Thallusschichten und werden erst durch Abbrechen frei [ein ähnlicher Fall liegt auch bei *Umbilicaria pustulata* und der nahe verwandten *U. brigantium* vor; vgl. TAVARES (1)].

Nicht unerwähnt dürfen hier die zwar hauptsächlich soziologisch orientierten Untersuchungen von FREY (1) über die Entwicklung der Flechtenvegetation im Schweizer Nationalpark bleiben, die sich über einen Zeitraum von bis zu 34 Jahren erstrecken. Die aus den jahrzehntelangen Messungen und Überprüfungen erarbeiteten Daten geben sehr deutlich die konstitutionell äußerst unterschiedlichen Wachstumswerte der verschiedenen Flechten wieder.

Flechtenchemie. Die Kenntnis der Flechtenstoffe ist ein integrierender Bestandteil der systematischen Lichenologie geworden. HALE bringt z. B. bei allen Beschreibungen die jeweils identifizierten Flechtenstoffe bei *Parmelia,* VERSEGHY verwendet sie für die Unterscheidung der *Ochrolechia*-Arten, und CULBERSON u. CULBERSON weisen nach, daß der Gehalt an Flechtenstoffen bei *Umbilicaria papulosa* auch in verschiedenen Altersstufen mit geringen Schwankungen gleich bleibt und deshalb als bedeutungsvolles taxonomisches Merkmal benutzt werden kann.

Flechtenalgen und Symbiose. Zur Kenntnis der Flechtenalgen steuern AHMADJIAN (1) und GEITLER Beiträge bei. AHMADJIAN gliedert die Flechtenalgengattung *Trebouxia* in zwei Gruppen, deren eine in Strauchflechten zu finden ist, während die Vertreter der anderen in Blatt- und Krustenflechtengattungen auftreten. Manche morphologisch gleichen Algen dürften physiologisch verschieden sein. In einigen Fällen kommt dieselbe Alge in ganz verschiedenen Flechten vor, womit also die anderwärts betonte hohe Spezifität der Phycobionten widerlegt wäre. (Da bei parasitischen Pilzen raffinierte Spezifität neben Polyphagie auftreten kann, wird man auch hier beiderlei Verhältnisse nebeneinander für möglich halten dürfen.) GEITLER betont — anhand eigener neuer Befunde — die große Mannigfaltigkeit der Flechtenalgen und die Notwendigkeit genauer Methoden zu ihrer Unterscheidung.

AHMADJIAN (2) gelang es auch, Pilz und Alge von *Lecanora dispersa* in vitro zu einer allerdings nicht sehr weit entwickelten Synthese zu bringen, die immerhin die algenfreien Kontrollkulturen des Pilzes an Lebensdauer bedeutend übertraf. TOMASELLI unternahm ebenfalls verschiedenerlei Syntheseversuche. Es glückte ihm nicht, zwischen freilebenden Pilzen und aus Flechten isolierte Algen, und umgekehrt, Thallus-ähnliche Bildungen zu erzeugen, wohl aber konnte er Synthesen zusammengehöriger Symbionten erreichen, die sogar Andeutungen von Thallusbildungen ergaben mit Hüllen um die Algengruppen und Differenzierung von Rinde und Mark. — Wie leicht das symbiontische Verhältnis zwischen den beiden Partnern gestört werden kann, zeigten die

Versuche von Scott, die zwar mehr in den Rahmen der Physiologie gehören (u. a. konnte der Autor Flechtenthalli zu gutem Wachstum mit
Flächen- und Trockengewichtszunahme auf synthetischem Substrat
bringen), dem Taxonomen aber zeigen, daß das Überangebot eines der
drei Hauptfaktoren Nährstoffe — Feuchtigkeit — Licht — leicht zur
Zerstörung der Symbiose und damit auch zu morphologischen Veränderungen an der Flechte führen kann. (Hier tangiert auch das Problem
der Stadtflechten bzw. der Flechtenwüsten in unseren Großstädten, das
Mägdefrau übersichtlich dargestellt hat). — Ahmadijan u. Henriksson glückte eine Synthese zweier in der Natur nicht zusammengehöriger
Partner: der Flechtenpilz von *Collema tenax* (normalerweise mit *Nostoc*
in Symbiose) bildete auf den grünen Algen von *Physcia stellaris* Haustorien und tötete sie schließlich ab, dies auch auf Optimalnährböden, die
das Wachstum beider Partner für sich ermöglicht hätten.

Auf Grund seiner Erfahrungen kommt Ahmadjian (3) nun auch zu
einer überraschenden, aber einleuchtenden Theorie der Flechtensymbiose
überhaupt. Der Autor hebt zunächst die Seltenheit freilebender *Trebouxia*,
Formen, also der häufigsten Flechtenalgen, in der Natur hervor, gleichzeitig aber auch die ganz allgemein an Algenüberzügen, z. B. an Rinden
anzutreffenden unvollkommenen Lichenisierungen verschiedenster Algen.
Experimente zeigten weiter, daß die Flechtenpilze offenbar kein posi-
tives Auswahlvermögen für die Algen besitzen, sondern wahllos alle
möglichen Algen, dann aber auch Moosprotonemata und sogar anorgani-
sche Partikel umhüllen. Die meisten Algen sind diesen Angriffen der
Flechtenpilzhyphen unterlegen und sterben nach einiger Zeit ab. *Trebouxia*-Formen, die in kleinen, lichenisierten, von Thallusfragmenten,
Isidien und Soredien stammenden Gruppen auch auf Rinden weit verbreitet sind, sind nun aber wegen ihres niedrigen Lichtoptimums und
langsamen Wachstums prädestiniert, von Flechtenpilzen als Symbiosepartner aufgenommen zu werden und die Symbiose erfolgreich zu überdauern. Die Symbiose kommt also nicht durch aktive Auslese der geeigneten Algenform durch den Pilz zustande (die sich etwa in einem chemo-
tropischen Wachstum der Pilzhyphen äußern könnte), sondern ist das
Ergebnis einer ökologischen Auslese aus dem „Algenangebot", bei der
die Gattung *Trebouxia* die meisten Chancen hat zu überleben und damit
Symbiosepartner zu werden.

Systematischer Teil

Zum erstenmal wird von berufener Seite her versucht, eine Grob-
gliederung der Flechten(pilze) anhand der Merkmale zu versuchen, die
sich in den letzten Jahren als die bedeutungsvollsten erwiesen haben:
nämlich der Ascusöffnungsstrukturen. Chadefaud (in Chadeffaud u.
Emberger) gruppiert die lichenisierten Ascomyceten in folgender Weise,
wobei er den notwendigerweise provisorischen Charakter der Anordnung
betont:

A. Discolichens Lecanoriens

1. Lecanorales. Struktur des Schlauches „archaeascé", d. h. mit api-
caler Reuse und amyloidem Ring ausgestattet, was als ursprünglichste

Form betrachtet wird. Daneben kommen aber auch mannigfache Abänderungen vor. — Hierher wären außer den eigentlichen discocarpen
Flechten nur wenige nicht lichenisierte Ascomyceten zu stellen.

B. Discolichens Léotiens

besitzen keinen amyloiden Ring, dafür aber einen apicalen Pfropfen,
hierher die

2. Graphidales, mit lirellinen Apothecien, und die

3. Leotiales, d. h. die *Baeomycetaceae* im Rahmen der Flechten, mit
Baeomyces, Gymnoderma usw.

C. Discolichens Caliciens

die bisherigen *Coniocarpineae*, deren Asci bald zerfallen und ein Mazae-
dium bilden.

4. Caliciales.

D. Pyrenolichens Dothidéens

Pyrenocarpe Flechten mit bitunicaten Asci und Reusenstrukturen
an den Ascusporten.

5. Arthopyreniales. Ascoloculare Gruppe mit Pseudoparaphysen.

6. Verrucariales. Fraglich ascohymeniale Formen mit echten Paraphysen, die Charaktere von *Ascoloculares* und *Ascohymeniales* verbinden.

E. Pyrenolichens Sphaeriacéens

Pyrenocarpe Flechten mit Ringstrukturen in der Ascuspforte; hierher
nur die kleine Gruppe der

7. Trypetheliales, mit kleinem Ring; wohl den *Sordariales* verwandte
tropische Flechten.

In dem Chadefaudschen Versuch fällt besonders auf, daß die früher
so strenge Koordinierung von Merkmalen im Bau von Ascuswand, Ascus-
öffnung und Hymeniumbildung bei *Ascohymeniales* auf der einen, *Ascoloculares* auf der anderen Seite verlassen und z. B. mit den *Verrucariales*
eine intermediäre Gruppe geschaffen wurde.

Die Schwierigkeiten der heutigen Flechtensystematik, die u. a. daran
krankt, daß die Systematik der nichtlichenisierten Pilze noch an vielen
Stellen unklar ist, zeigt die von STEINER beschriebene neue Gattung
Maronella in treffender Weise. Nach ZAHLBRUCKNERs System wäre dieser
Flechte wegen ihrer deutlichen Apothecien mit Lagerrand, der Grün-
algen-Symbionten und der vielsporigen Schläuche sowie des krustigen
Lagers ein Platz bei den *Acarosporaceae* einzureihen, wo sie etwa neben
Maronea zu stehen käme. In Wirklichkeit ist der Pilz der *Maronella*
keine Lecanorale, gehört also nicht der Hauptmasse der discocarpen
Flechtenpilze an, sondern ist zu den bitunicaten *Ascoloculares* zu stellen.
Die entsprechende Gruppe (die etwa den *Dothiorales* bei den nichtlicheni-
sierten Pilzen entspräche), wurde aber bei den Flechten nocht nicht her-
ausgearbeitet. Es bleibt vorderhand nur der Ausweg, die Flechte der

Bestimmungsmöglichkeiten wegen vorderhand künstlich den *Acarosporaceae* anzugliedern. — Weitere Untersuchungen über dieses Gebiet scheinen dringend erforderlich.

Leider sehr wenig Förderung geschieht der Flechtensystematik durch Choisy (1—4), der fortfährt, seine Ideen in allerhand kuriosen Einteilungsschemata niederzulegen, die glücklicherweise größtenteils nomenklatorisch ungültig sind. Im einzelnen seinen Gedanken, in denen mancher richtige Kern stecken mag, nachzuspüren, würde zu viel Platz erfordern. Auf jeden Fall sind viele seiner Folgerungen absurd. Er vereinigt z. B. *Nephroma* und *Nephromopsis*, obwohl die Hymeniumentstehung auf der Thallusunterseite bei beiden sicher nur ein analoger Vorgang ist und genügend Merkmale zur Trennung in verschiedene Familien vorhanden sind, zieht desgleichen *Caloplaca* und *Xanthoria* (unter dem Namen Blasteniospora) zusammen, stellt aber den nahe verwandten *Teloschistes* in eine andere Familie (*Borreraceae*, mit *Anaptychia* und *Coccocarpia*).

Verrucariaceae. S[1] für die *Verrucaria-* und *Involucrothele*-Arten mit J$^+$ blauendem Thallus: Nowak. — Über die Doppelbaurschen Studien vgl. oben.

Microglaenaceae. S *Microglaena:* Vězda (1).

Dermatocarpaceae. Entwicklungsgeschichte von *Dermatocarpon minatum:* Doppelbaur (2).

Pyrenulaceae. S für *Belonia* und die nur durch andere Algen verschiedene (und deswegen zu den *Verrucariaceae* gestellte) *Gongylia:* Vězda (2); *Belonia russula* ist eine auf kalkhaltige Schiefer und Kieselkalke beschränkte und deshalb nur selten gefundene Art.

Coniocarpineae. von Neuseeland: Murray (1).

Diploschistaceae. S der *Diploschistes scruposus*-Gruppe: Vezda (1).

Collemataceae. S für *Leptogium* sect. *Mallotium* in Japan: Asahina (1).

Peltigeraceae. von Neuseeland: Murray (2).

Acarosporaceae. *Maronella laricina* nov. gen. et sp.: Steiner; über die im zentralen Tirol an Lärchenstämmen vorkommende Flechte wurde bereits oben berichtet.

Pannariaceae. Die tropische *Coccocarpia parmelioides* in Portugal und Marokko: Tavares.

Nephromataceae. *Nephroma* in Nord- und Mittelamerika: Wetmore.

Lecideaceae. Die Kieselkalkflechte *Rhizocarpon atroflavescens* in der Tschechoslowakei: Černohorsky.

Cladoniaceae. *Cladonia rappii* kommt in Mitteleuropa weit verbreitet vor und variiert parallel zur hauptsächlich chemisch verschiedenen *Cl. verticillata:* Schade (1). — *Cladonia* sect. *Pynothelia* und Sect. *Cocciferae* in Sachsen: Schade (2). — B *Cladonia* sect. *Cocciferae* und *Unciales:* Pišut. — B *Cladonia* sect. *Cladina* in Nordamerika: Ahti. — *Cladonia* in Japan, Liste: Sato. — Cladonien von Neuseeland: Martin (75 sp., S).

Stereocaulaceae. *Stereocaulon* in der Schweiz: Frey (2), auf den britischen Inseln: Kershaw.

Parmeliaceae. der Schweiz: Frey (2); von Afrika (mit vielen neuen Arten), S: Dodge; *Hypogymnia* und *Omphalodium* werden dabei von *Parmelia* abgetrennt. — *Parmeliaceae* in „Flora Polska", eingehende Arbeit: Motyka (1). — *Parmelia-caperata*-Gruppe in der UdSSR: Rassadina (1). — B *Hypogymnia* und *Parmelia* der östl. Sowjetunion: Rassadina (2). — B *Parmelia* in Nord- und Tropisch-Amerika: Hale (1) u. (2). — B *Cetraria* in der Steiermark: Schittengruber. — B *Cetraria* in der UdSSR: Oxner u. Rassadina.

Usneaceae. Die Bearbeitung der *U.* in Rabenh. Kryptogamenflora liegt nun vollständig vor: Keissler, wurde aber leider weitgehend kompilatorisch zusammengetragen. — *Agrestia cyphellata* nov. gen. et sp.: Thomson (1); die kleinstrauchige, in Trockenrasen in Kanada aufgefundene Flechte besitzt Cyphellen und zweisporige Schläuche. — Bartflechten von Baden-Württemberg (*Usnea* und *Alectoria*), S: Bertsch. — *Alectoria* in Großbritannien: Wade (1). — *Usnea* im Gebiet von

---

[1] Erklärung der Abkürzungen: B = Beiträge; Fl. = Flechten; S = Schlüssel.

Moskau: GOLUBKOVA. — B *Usnea* in Chile: HERRE. — *Usnea* in Großbritannien: TALLIS. — *Usnea* im Virunga-Gebiet (Zentralfrika): MOTYKA (2).

Teloschistaceae. S der *T.* einschließlich der *Caloplacaceae* in der Provence: CLAUZADE u. RONDON. — *T.* in Neuseeland: MURRAY (3).

Physciaceae. *Physcia* und *Anaptachia* in Großbritannien: WADE (2). — *Anaptachia* in Japan: KUROKAWA (1—3).

Basidiolichenes

Die in den Alpen in Höhen zwischen 2300 nnd 2650 m gefundene Clavariacee *Clavulinopsis septentrionalis* ist offenbar obligat mit einer Grünalge vergesellschaftet; sie umhüllt die Algenpakete mit ineinandergeschachtelten Hyphenhüllen und muß als Basidiolichene betrachtet werden: POELT (1).

Für das Reich der immer noch sehr ungenügend bekannten Flechtenparasiten gibt SANTESSON Beiträge, aus denen wieder die Zugehörigkeit der meisten Arten zu flechtenbildenden Pilzgruppen hervorgeht. — GRUMMANN stellt die bisher bekannten Cecidien auf Flechten zusammen und dürfte damit einen wichtigen Impetus für die stärkere Beachtung dieser Bildungen gegeben haben, die schon allerhand systematischen Unfug angestellt haben.

Floren, Floristik

Europa. Mitteleuropa: B Flechtenflora der Schweiz, Großflechten: FREY. — Fl. des Siebengebirges: KLEMENT (1), der Eifel (Nachtrag): MÜLLER. — B bs. für alpine Fl.: POELT (2). — Fl. der slowakischen Karpaten, B: VĚZDA (3), B polnische Tatra: TOBOLEWSKI. — Fl. der östlichen polnischen Karpaten: GLANC u. TOBOLEWSKI.

Westeuropa: B discocarpe Fl. der Britischen Inseln: JAMES, desgl. Pyrenocarpe: SWINSCOW, desgl. Neufunde: LAUNDON. — B. Fl. von Irland: MITCHELL. — Flechten der Umgebung von Lautaret und Galibier (französ. Hochalpen): CLAUZADE u. RONDON (1). — Fl. von Massane (S-Frankreich): CLAUZADE u. RONDON (2). — B Fl. von Spanien: TAVARES (2).

SO-Europa: B Fl.flora von Bulgarien: ZELEZOWA. — Fl. des Olymps: SZATALA (1).

Makaronesien. B TAVARES (2).

Asien. B Türkei: SZATALA (2). — Fl. von Aserbaidschan: BARKHALOV. — Großfl. vom Cho Oyu, Himalaja: AWASTHI. — B Flechten von Japan: ASAHINA (1), (2) u. (3).

Afrika. Fl. von Tibesti: FAUREL u. SCHOTTER.

Nordamerika. Fl. flora der USA, Neudruck: FINK. — Fl. der Königin-Charlotte-Inseln: WEBER u. SHUSHAN. — Liste der Fl. von Kanada und USA: HALE u. CULBERSON. — Fl. von Grönland und dem kanadischen Archipel: THOMSON (2), von N.-Ellesmereland: THOMSON (3).

Südamerika. Flechtenvegetation der patagonischen Nationalparke: LAMB.

Literatur

AHMADJIAN, V.: (1) Am. J. Bot. 47, 677—683 (1960); — (2) Mycologia 51, 56—60 (1959); — (3) Bryologist 63, 250—254 (1960). — AHMADJIAN, V, and E. HENRIKSSON: Science 130, 1251 (1959). — AHTI, T.: Arch. Soc. Vanamo 14, 129—134 (1960). — ASAHINA, Y.: (1) J. Japan. Bot. 33, 323—326 (1958); (2) 34, 65—66 (1959); 34, 215—230 (1959); 34, 289—292 (1959); 34, 347—350 (1959); 35, 97—102 (1960); — (3) Bull. Nat. Sci. Mus. 45, 364—381 (1959). — AWASTHI, D.: Proc. Ind. Acad. Sci. Sect. B 51, 169—180 (1960).

Barkhalov, S.: Trudy Bot. Akad. Nauk Azerbaidschan SSR 20, 33—36 (1957).
— Bertsch, K.: Jahresh. Ver. Vaterl. Naturkunde Württemberg 115, 243—253
(1960).

Černohorsky, Z.: Preslia 32, 258—261 (1960). — Chadefaud, M.: Les végétaux non vasculaires, in M. Chadefaud et L. Emberger: Traité de Botanique
Systematique. Paris 1960. — Choisy, M.: (1) Bull. Soc. Bot. Fr. Mem. 105, 41—52
(1959); — (2) Bull. Soc. Mycol. France 75, 38—71 (1959); (3) 76, 136—162 (1960);
— (4) Bull. Mens. Soc. Linn. Lyon 29, 112—120, 123—131 (1960). — Clauzade, G.,
et Y. Rondon: (1) Bull. Soc. Linn. Provence 22, 18—35 (1959); — (2) Rev. Byolog.
28, 361—399 (1959); — (3) Vive et Milieu 11, 437—464 (1960). — Culberson, C.,
and W. Culberson: Lloydia 21. 189—192 (1959).

Dodge, C. W.: Ann. Missouri Bot. Gard. 46, 39—193 (1959). — Doppelbaur,
H.: (1) Planta (Berlin) 53, 246—292 (1959); — (2) Nova Hedwigia 2, 279—285
(1960). — Duncan, V.: A guide to the study of lichens 1959.

Faurel, L., et G. Schotter: Lichens p. 67—79 in Quezel, Mission botanique
au Tibesti. Univ. Alg. Inst. Rech. Sahariennes. — Fink, B.: The Lichen flora of the
United States. Ann Arbor 1935, Faksimile-Ausgabe 1960. — Frey, E.: (1) Die
Flechtenflora und -vegetation des Nationalparks im Unterengadin II. Ergebn.
wiss. Untersuch. schweiz. Nationalpark. VI N. F. (1959); — (2) Ber. Schweiz.
Bot. Ges. 69, 156—245 (1959).

Geitler, L.: Schweiz. Z. Hydrologie 22, 131—135 (1960). — Glanc, K., i Z.
Tobolewski: Poznanskie Towarzystwo Przyjaciol Nauk 21, 4, 1—108 (1960). —
Golubkova, N.: Bot. Materialli (Leningrad) 12, 4—11 (1959). — Grummann, V. J.:
Bot. Jahrb. 80, 101—144 (1960).

Hale, M.: (1) Contrib. U. S. Nat. Herbarium 36, 3—40 (1960); — (2) Bryologist
62, 123—132 (1959). — Hale, M., and W. Culberson: Bryologist 63, 137—172
(1960). — Herre, A.: Rev. Bryolog. 29 ,1—3 (1960).

James, P. W.: Lichenologist 1, 145—168 (1960).

Keissler, K. v.: Usneaceae. Rabenh. Ktyptog.flora 9, 5. Abt. 4. Tl., abgeschlossen 1960 (755 S.). — Kershaw, K.: Lichenologist 1, 184—203 (1960). — Klement, O.: Decheniana Beih. 7, 5—56 (1959). — Kurokawa, S.: (1) J. Japan. Bot.
34, 117—124 (1959); (2) 34 174—184 (1959); (3) 35, 91—94 (1960).

Lamb, M.: An. Parques Nac. (Buenos Aires) 7, 188 Seiten (1958). — Laundon,
J.: Lichenologist 1, 158—168 (1960). — Lindahl, P.: Sv. Bot. Tidskr. 54, 565—570
(1960).

Mägdefrau, K.: Naturw. Rundschau H. 6, 210—214 (1960). — Martin,
W.: Trans. Roy. Soc. New Zealand 85, 603—632 (1958). — Mitchell, M.:
Irish Naturalists J. 13, 13—16 (1959). — Moser-Rohrhofer, M.: Österr. Bot.
Z. 107, 249—264 (1960). — Motyka, J.: (1) Porosty (Lichenes) 5 (Parmeliaceae),
in Flora Polska Warschau 1960. — (2) Ann. Un. Marie Curie-Sklodowska Lublin 11i
103—150 (1959). — Müller, Th.: Decheniana 111, 177—198 (1959). — Murray, J.:
(1) Trans. Roy. Soc. New Zealand 88, 177—195 (1960); (2) 88, 381—399 (1960);
(3) 88, 197—210 (1960).

Nowak, J.: Fragmenta florist. et geobot. 5, 155—163 (1959).

Oxner, A.: et K. Rassadina: Bot. Materialii (Leningrad) 13, 5—14 (1960).

Pisut, I.: Preslia 31, 273—276 (1959). — Poelt, J.: (1) Planta (Berlin) 52,
600—605 (1959); — (2) Mitt. Bot. Staatssamml. München 3, 568—584 (1960).

Rassadina, K.: Sporovije Rartenija 12, 5—17 (1959); — (2) Bot. Materialii
(Leningrad) 13, 20—25 (1960).

Santesson, R.: Sv. Bot. Tidskr. 54, 499—522 (1960). — Sato, M.: Misc. Bryol.
et Lichenol. 19, 11—12 20, 9—12; 21, 7—12 (1959). — Schade, A.: (1) Nova Hedwigia 2, 407—423 (1960); — (2) Abh. u. Ber. Naturkundemuseum Görlitz 36,
37—140 (1959). — Schittengruber, K.: Mitt. Naturwiss. — Verein Steiermark 90,
113—121 (1960). — Scott, G.: New Phytologist 59, 374—381 (1960). — Steiner,
M.: Österr. Bot. Z. 106, 440—455 (1959). — Swinscow, T.: Lichenologist 1, 169
bis 178 (1960); — Szatala, Ö.: (1) Ann. Hist. Nat. Mus. Nat. Hung. 51, 121—144
(1959); — (2) Sydowia 14, 312—325 (1960).

Tallis, J.: Lichenologist 1, 49—83 (1959). — Tavares, C. D. N.: (1) Revista
Faculd. Ciencias Lisboa 2. Ser. 3, 365—378 (1954); — (2) Portugaliae Acta Biolog.
7, 1—10 (1960); — (3) Revista Faculs. Ciencias Lisboa S. Ser. 7, 53—74 (1959);

— (4) Bol. Soc. Broteriana **32**, 225—236 (1958). — THOMSON, J.: (1) Bryologist **63**, 246—250 (1960); — (2) **63**, 181—188 (1960); (3) Nat. Museum Canada Bull. **164**, 109—122 (1959). — TOBOLEWSKI, Z. (1) Poznanskiego Towarzystwo Pryj. Nauk **21**, 1—19 (1959); (2) **21**, 1—31 (1960). — TOMASELLI, R.: Atti Inst. Bot. Univ. Laborat. Crittogam. Pavia Ser. **5**, **15**, 134 (1958). .

VERSEGHY, K.: Ann. Hist. Nat. Mus. Nat. Hung. **51**, 145—159 (1959). — VĔZDA, A.: (1) Biológia (Bratislava) **14**, 86—101 (1959); — (2) Prirodovedny Casopis Sleszky **20**, 241—253 (1959); — (3) Biológia (Bratislava) **15**, 168—182 (1960).

WADE, A.: (1) Lichenologist **1**, 89—97 (1959); (2) **1**, 125—144 (1960). — WEBER, W., and S. SHUSHAN: Sv. Bot. Tidskr. **53**, 299—306 (1959). — WETMORE, C.: Michigan State Univ. Publ. Mus. biol. Ser. **1**, 373—452 (1960).

ZELEZOVA, B.: Izv. Bot. Inst. BAN **7**, 351—357 (1960).

5d. Systematik der Moose

Von JOSEF POELT, München

Der Beitrag folgt in Band XXIV

5e. Systematik der Farnpflanzen

Bericht über die Jahre 1959 und 1960

Von Josef Poelt, München

Allgemeiner Teil

Wie vielfach auch heute noch makroskopisch-morphologische Merkmale zu neuen systematischen Einsichten führen können, zeigte Holttum (1) bei der Gattung *Dryopteris* sens. ampl.; hier bildet die Rhachisrinne ein wichtiges, übersehenes Charakteristikum: bei *Dryopteris* sens. str. laufen die Rinnen der Fiederchen in die Rinne der Hauptrhachis durch, bei *Thelypteris* sind sie kurz vor der Hauptrhachis unterbrochen, bei *Tectaria* fehlen sie überhaupt — womit die durchlaufende Trennung dieser Gruppen erneut bestätigt wäre.

Wilson (1) benützt den Aufbau der Sporangien zur Prüfung des Verhältnisses der *Polypodiales*-Familien: hier unterscheiden sich z. B. die *Grammitidaceae* durch ihre einzellreihigen Sporangien von den *Polypodiaceae*. Das vieldiskutierte *Loxogramme* steht dagegen auch nach dem Sporangienbau ziemlich selbständig; das gleiche gilt für die neuseeländische *Anarthropteris* [Wilson (2)], in deren Sporangienstielen interkalare Längsteilungen auftreten. Unklar bleibt dagegen nach Wilson (1) vorerst die phyletische und systematische Bedeutung der sog. Paraphysen.

In einem grundsätzlichen Artikel setzt sich Brown mit der Bedeutung der Sporen in der Farntaxonomie auseinander. Er betont die Wichtigkeit der Sporenmerkmale für die Gliederung und hält die Angaben, wonach bei manchen Farnen neben tetraedrischen auch bilaterale Sporen vorkämen (oder umgekehrt) für durch Fremdsporen hervorgerufene Irrtümer, räumt aber ein, daß sich beide Typen u. U. in der nämlichen Gattung fänden. Marengo bezweifelt die Sache dagegen etwas, billigt aber z. B. den *Pteridales* eine eventuelle durchgehende Charakterisierung durch trilete Sporen zu. — Crane kann für amerikanische *Dryopteris*-Arten einen Schlüssel nach den Merkmalen des Perispors geben und beweist dadurch den Wert dieser Eigenschaften.

Den Gametophyten widmeten sich z. B. wieder Stokey und Stone. Die Trennung von *Polypodiaceae* und *Grammitidaceae* läßt sich nach Stone auch durch Gametophytenmerkmale unterbauen. Stokey (1) konnte denn auch für *Polypodium pectinatum* und *P. plumula* die fragliche Zugehörigkeit eindeutig zugunsten der *Polypodiaceae* entscheiden. Bei primitiven Pterophyten (Filices) sind die Prothallien nach dem gleichen Autor (2) haarlos; dagegen finden sich bei den als primitiv geltenden

Gleicheniaceae und *Schizaeaceae* Haare. Allerdings seien die Behaarungsverhältnisse der Gametophyten im allgemeinen viel zu wenig bekannt, um systematisch verwandt zu werden. Die Verschiedenheiten lassen aber auf systematische Brauchbarkeit schließen.

Ungarische Autoren beschäftigen sich mit dem anatomischen Bau der Blätter. MAROTI (1) konnte bei den *Pteropsida* mehrere Epidermistypen ausmachen, die systematisch verwertbar sind, und zwar insgesamt fünf, bei den *Polypodiales* davon zwei; zwischen den Typen finden sich allerdings Übergänge. Bei den *Marattiaceae* [MAROTI (2)] stützen die Epidermisstrukturen die Chingsche Unterteilung in vier Familien. Am stärksten weicht *Christensenia* durch ihre oberflächlich fast an *Marchantiales*-Atemsporen erinnernde Spaltöffnungsapparate ab, bei denen die Schließzellen durchgehend dünnwandig sind und häufig zugrunde gehen. Bei den Schachtelhalmen konnte KEDVES neben dem phaneroporen und dem cryptoporen Typus eine intermediäre Ausbildungsform feststellen, deretwegen er eine Unterteilung des Genus in drei Sektionen befürwortet.

Die Cytologie ist in den letzten Jahren ein unabdingbarer Bestandteil der Farntaxonomie geworden. Die einzelnen Ergebnisse stellen kaum mehr grundsätzlich Neues dar, sondern zeugen für das Wirken gleicher Vorgänge bei den verschiedensten Gruppen. In der Mehrzahl der Fälle bietet die Cytologie tiefe Einsichten in die Taxonomie und löst manche bisherige systematische Rätsel in eleganter Weise. Für Einzelergebnisse muß auf den systematischen Teil verwiesen werden. An dieser Stelle aber sei etwa die Meyersche Zusammenschau der Chromosomenzahlen der mitteleuropäischen *Asplenium*-Arten hervorgehoben, deren letzte Beiträge [MEYER (1, 2)] jetzt vorliegen; die Übersicht über die *Asplenium*-Hybriden desselben Verfassers (3) sei ebenfalls hier erwähnt. — Für *Dryopteris* steuert WALKER (1) wieder bemerkenswerte Befunde bei: In Nordamerika finden sich diploide Basaltypen, mehrere tetraploide Sippen, die hexaploide *Dr. clintoniana* sowie eine Reihe von 2x-, 3x- und 4x-Bastarden. — Fast unverständlich wirkt die starre Chromosomenzahl $n = 108$ bei allen bisher untersuchten *Equisetum*-Arten (MEHRA u. BIR); man hätte diesen uralten Pteridophyten, deren heutiger Cytotyp doch irgendwie abgeleitet sein muß, stark wechselnde Zahlen zugetraut.

CHIARUGI hat sich die Mühe gemacht, die Chromosomenzahlen der Pteridophyten tabellarisch zusammenzustellen.

Kurz hingewiesen sei auf die Mykorrhiza-Untersuchungen von FONTANA, der bei allen untersuchten Arten Phycomyceten als Symbionten fand — z. B. auch bei *Equisetum maximum* — dagegen bei *Phyllitis* auf ein septiertes Endophytenmycel stieß.

Systematischer Teil

B = Beiträge; Pt = Pteridophyten; S = Schlüssel

Es sei in diesem Rahmen zunächst auf die Bearbeitungen der Farnphylogenie durch MÄGDEFRAU und ZIMMERMANN hingewiesen. MÄGDEFRAU hält sich dabei kurz. ZIMMERMANN bringt überwiegend die altgewohnten Gliederungen. An seiner Bearbeitung ist die Gegenüberstellung *Filices* (einschließlich *Marattiales*) : *Ophioglossopsida* hervorzuheben.

Von wesentlicher Bedeutung scheint uns die Überschau über Geschichte und derzeitigen Stand der Farnsystematik zu sein, die PICHI-SERMOLLI in den "Vistas in Botany" gegeben hat. Sie ist zugleich Erläuterung seines im letzten Bericht bereits behandelten Systems [PICHI-SERMOLLI (2)], das damit unter bestmöglicher Berücksichtigung der Literatur verständlich gemacht wird. Im einzelnen muß auf die Arbeit selber verwiesen werden, deren bemerkenswertester Zug die Zusammenfassung der neueren Anschauungen zur Gruppierung der leptosporangiaten Filices ist. Uns scheinen die Ordnungen und Familien gut umrissen, wenngleich vorerst auch noch nicht entsprechend definiert. (Möglicherweise wird es in der Zukunft zu einer weiteren Erhöhung der Zahl der Familien kommen, da noch Gattungen existieren, die sich nicht eingliedern lassen.) Freilich muß man sich — nach Meinung des Ref. — andrerseits darüber im klaren sein, daß durch die Rangerhöhungen der Sippen höheren Grads das Problem der Einteilung der Leptosporangiaten zunächst nur auf ein anderes Niveau gehoben wurde. Der Eindruck einer uferlos in die Breite gehenden Variation und vielfachen Vernetzung wird weiterhin bleiben. Auf jeden Fall wird aber die neue Gliederung einer intensiveren Beschäftigung mit den systematischen Fragen sehr dienlich sein, da sie schärfere Begriffsbestimmungen und bessere Schlüssel erfordert.

Wie sehr sich System und — teils abhängig davon, teils aber auch eigengesetzlich — Nomenklatur der Farne in den letzten Jahren geändert haben, zeigt ein Blick auf die Übersichten der Filices von Belgien, die LAWALREE 1950 bzw. 1961 gegeben hat (wobei nach HOLTTUM (1) bereits wieder das Genus *Gymnocarpium* zu den Aspidiaceen zu versetzen wäre]. Es hat nach den stürmischen Veränderungen nun aber doch den Anschein, als ob sich der derzeitige Stand wenigstens für die besser untersuchten Gruppen einigermaßen festigen würde.

Lycopodiales

Lycopodiaceae. Nach NINAN finden sich bei *Lycopodium* sens. ampl. die Chromosomengrundzahlen 11, 12, 13, 17. Bei einigen Arten treten hohe Diploidiegrade auf; bei *L. (Huperzia) lucidulum* ist diese $(2n = 405)$ mit Bulbillenbildung gekoppelt. — Arktische Formen von *Lycopodium (Huperzia) selago*: TOLMATCHEV.

Isoetaccac. Einen geschichtlichen Abriß unserer Kenntnis der Gattung vermittelt FUCHS. — Die Unterschiede im Stammbau zwischen *Isoetes* und *Stylites* sind vor allem quantitativer Natur. Bei *Stylites* ist das Längenwachstum, bei *Isoetes* das Dickenwachstum gefördert. Allerdings läßt sich aus diesen rein typologischen Ableitungen nichts über die phyletischen Beziehungen zwischen Stylites und *Isoetes* aussagen: RAUH u. FALK (umfangreiche Arbeit mit ausführlicher Bebilderung).

Equisetales

Equisetaceae. Neben dem cryptoporen und dem phaneroporen Spaltöffnungstyp findet sich bei *Equisetum* eine intermediäre Form, die Veranlassung geben sollte, eine dritte Sektion auszugliedern: KEDVES. — Chromosomenzahlen von *Equisetum* in den Niederlanden: BIR (1); alle Arten zeigen $n = 108$; *E. trachyodon* mit $n = 216$ ist eine sterile Hybride mit unregelmäßiger Meiose, die sich ähnlich wie *E. litorale*. *E. moorei* und *E. laevigatum* vegetativ stark vermehrt. Mit der letztgenannten amerikanischen Form kreuzt *E. hyemale* v. *affine*: HAUKE. — Die indischen Arten *E. diffusum* (mit Knollen), *debile* und *ramosissimum* v. *altissimum* haben ebenfalls $n = 108$: MEHRA u. BIR.

Ophioglossales

Ophioglossaceae. Die Familie erfreut sich weiterhin regen Interesses. NINAN faßte die cytologischen Daten zusammen: niederste Zahl bei *Ophioglossum* selbst $n = 120$, bei *Botrychium* $n = 45$; *Helminthostachys* $n = 94$; die Basiszahl dürfte wohl 45 sein, so daß *Botrychium* als ursprünglichste Gruppe anzusprechen wäre. Nach dem Gametophytenbau wäre umgekehrt *Ophioglossum* am primitivsten, das im Blattbau wieder gegenüber *Botrychium* deutlich abgeleitet erscheint. Die Untergattungen von *Botrychium* sind cytologisch gleich und sollten deshalb nicht generisch verselbständigt werden — was umgekehrt NISHIDA tut, der eine Übersicht über die japanischen *Sceptridium*-Arten gibt. — Ebenfalls dem Subgenus *Sceptridium* widmet sich WAGNER (1); zur Kennzeichnung der verschiedenen Sippen benützt er u. a. phaenologische Daten, Färbungen von Blättern und Sporangien, die zusammen mit den anderen Merkmalen die freilich nahe verwandten Sippen der Gruppe in Nordamerika zu unterscheiden erlauben. Grundsätzlich stellt WAGNER (2) dazu fest, daß man Sippen, die auf große Strecken unabhängig voneinander vorkämen, als Arten bezeichnen müsse. Außer für eine Streichung unwesentlicher Formen als systematische Einheiten tritt er besonders dafür ein, die trotz vieler Gegenstimmen auch heute noch geübte Methode aufzugeben, hybridogene Zwischenformen einem Stammelter unterzuordnen. — An anderer Stelle bringt derselbe Verf. (3) einen Schlüssel für die besagte Gruppe.

Marattiales

Marattiaceae. Über die Epidermisstrukturen [MAROTI (2) vgl. oben.

Archangiopteridaceae. Revision von *Archangiopteris*, die zusammen mit *Macroglossum* die Familie bildet: CHING (1).

Schizaeales

Schizaeaceae. B zu *Lygodium*: ALSTON u. HOLTTUM.

Pteridales

Die *Pteris quadriaurita*-Gruppe ist in Ceylon ein Komplex von sexuellen und apogamen Arten sowie Hybriden; zur Unterscheidung sind Charaktere der Sporen und der Fiederchen wichtig: WALKER (2). — Die Sammelart *Pityrogramma triangularis* setzt sich aus verschiedenen Arten, nicht geographischen Rassen zusammen; die einzelnen Sippen kommen auf größere Strecken nebeneinander vor. Zwischenformen dürften durch Introgression entstanden sein. Die namengebende Art selbst hat diploide und polypoide Formen: ALT u. GRANT. — *Adiantum* in China (34 Arten, dazu 3 Arten von *Hewardia*): CHING (2). — *Adiantum* in Costa-Rica (28 sp.): SCAMMAN. — *Ceratopteris thalictroides* hat $n = 78$, bei anderen Sippen der Gattung finden sich die Zahlen $n = 40, 76-78, 120-130$, also wohl viele Cytotypen JAVALGEKAR. — *Paesia* in Malaya: HOLTTUM (3).

Dicksoniales

Dennstaedtia in Amerika: TRYON. — B *Schizoloma*: HOLTTUM (2).

Hymenophyllales

Die Gametophyten der *Hymenophyllaceae* kombinieren offenbar primitive Züge mit abgeleiteten, die aus der Anpassung an die gewöhnlich feuchten und schattigen Standorte entstanden sein dürften: STONE bzw. ATKINSON. — *Hymenophyllaceae* von Südargentinien und Südchile; 25 sp.: Diem u. Lichtenstein. — B für den Fernen Osten: Iwatsuki (1). — S der H von Victoria (Australien): Stone.

Aspidiales

Die rasche Aufteilung der früher als *Aspidium* geführten, dann in einige große Gattungen geteilten, heute auf verschiedene Familien aufgegliederten Verwandtschaft unserer heimischen Waldfarne hat zu Schwierigkeiten und Unklarheiten geführt, die zu lösen zahlreiche Forscher beteiligt waren. Auf die Einführung bisher nicht beachteter morphologischer Merkmale durch Holttum (1) wurde schon oben hingewiesen. Ihre Berücksichtigung erlaubte es dem genannten Verfasser, einen Schlüssel für die lange Zeit unter *Dryopteris* zusammengefaßter Gattungen nach vegetativen Merkmalen zu geben, der die Differenzen zwischen den heute unterschiedenen *Aspidiaceae*, *Athyriaceae* und *Thelypteridaceae* deutlich hervortreten läßt. Auch Karpovicz kommt in einer Studie über die Arten Polens zum Ergebnis, daß die Merkmale von Sporophyten und Gametophyten die Unterscheidung von *Dryopteris* und *Thelypteris* notwendig machen. Abbiatti stellt verschiedener morphologisch-anatomischer Befunde wegen auch die polystichoiden Farne den Thelypteroiden und Dryopteroiden als eigene Einheit gegenüber.

Dryopteris spinulosa-Gruppe in Nordamerika: Walker (1); — Schlüssel amerikanischer *Dryopteris*-Arten nach Perispor-Merkmalen: Crane. — *Dryopteris* subgen. *Pycnopteris* (= *Microchlaena* Ching): Tagawa u. Iwatsuki. — *Ruhmora* ist monotypisch, könnte zu den *Davalliaceae* gehören; die *Polystichum aristatum*-Gruppe (mit *P. standishii)* ist als eigene Gattung *Byrsopteris* herauszustellen; *Polystichopsis* ist rein amerikanisch: Morton (1). — Cytotaxonomie der *Polystichum*-Arten Mitteleuropas: Meyer (4). — *Ctenitopsis* sollte zu *Tectaria* gestellt werden; *Parathyrium* [Holttum (3)] ist syn. zu *Dryoathyrium*. — *Gymnocarpium* gehört verwandtschaftlich in die Nähe von *Dryopteris*, während das gewöhnlich benachbart aufgeführte *G. phegopteris* = *Dryopteris ph.* zu den *Thelypteridaceae* versetzt werden muß: Holttum (1). — Neue Kombinationen bei *Thelypteris:* Morton (2) bzw. Proctor. — *Cyrtomidictyum:* Ching (3). — Kritik von *Bolbitis:* Iwatsuki (2). — *Abacopteris* auf Taiwan: Iwatsuki (3).

Gametophyt von *Athyrium eculentum:* Nayar. — Nach Mehra u. Bir (2) sind die Gattungen *Athyrium* und *Diplazium* nebeneinander aufrechtzuerhalten, wofür u. a. die Chromosomengrundzahl spricht: bei *Athyrium* einheitlich 40, bei *Diplazium* $n = 41$. Von *Athyrium* fand man bisher diploide Formen im Himalaja, Europa und Nordamerika, tetraploide im Himalaja und auf Ceylon, während hexaploide Formen bisher nur auf der genannten Insel festgestellt werden konnten. Von den sikkimesischen Arten ist eine einzige apogam, 3 tetraploid, die restlichen von insgesamt 36 diploid: Bir (2).

Lomariopsidaceae. *Elaphoglossum* des madegassischen Florengebietes, S, 39 sp.: Tardieu-Blot (1). — *Paraleptochilus* hat $n = 36$, bei 2 *Elaphoglossum*-Arten fand sich dagegen $n = 82$: Bir.

Aspleniaceae. Das reliktische *Asplenium lepidum* ist überraschenderweise tetraploid: $2 n = 144$ [Meyer (1)]; bei *A. adiantum-nigrum* finden sich diploide und tetraploide Rassen, das nahe verwandte *A. onopteris* ist diploid, nicht aber etwa die diploide Form der erstgenannten Art; beide sind gute, auch phaenologisch geschiedene Arten; sie bilden sterile Bastarde. Das in der Provence endemische *A. jahandiezii* hat $2 n = 72$ und kann deshalb unter den gegebenen Umständen nicht hybridogen sein. Dagegen dürfte *A. foresiense* wohl einer Kreuzung des calciphilen *A. fontanum* mit dem acidiphilen *A. obovatum* sein Bestehen verdanken: Mfyer (2). — Lovis bespricht die 3 Cytotypen von *A. trichomanes*, von denen Bir im Kulutal (Himalaja) nur die tetraploide findet. — *A. cheilosorum* ist eine triploide apogame Form des Himalaja: Mehra u. Bir (3). — Prothallien der *Aspleniaceae:* Momose.

Blechnales

Kritik des *Blechnum auriculatum*-Komplexes: Kunkel. — Die Chromosomenzahlen sprechen bei *Blechnum* für Heterogenität der Gattung; *Woodwardia* und
Lorinseria weichen auch in cytologischer Sicht ab: Mehra u. Bir (1); die vieldiskutierte Gattung *Stenochlaena*, die von Ching zu den *Aspidiaceae* gestellt worden war,
von Holttum zu den *Acrostichaceae*, von Alston zu den *Polypodiaceae*, von denen
sie durch Stelarstruktur, Sporen- und Gametophytenmerkmalen abweicht, dürfte
wohl zu den *Blechnaceae* in Beziehung gebracht werden — was Wilson (1) wegen
des Sporangienbaus wiederum für fraglich hält. — Die kultivierten *Blechnum*-Arten:
Joe. — Blechnaceen von Madagaskar und den Komoren: Tardieu-Blot (6).

Polypodiales

Das Hauptproblem dieser Ordnung war in der Berichtszeit die Unter-
bauung der verschiedenen vorgeschlagenen Familien, besonders der
Grammitidaceae.

Wilson erachtet nach Sporenmerkmalen die *Vittariaceae, Dipteri-
daceae* und *Cheiropleuriaceae*, nicht aber die *Platyceraceae* Chings als
genügend gekennzeichnet. Die *Grammitidaceae* unterscheiden sich durch
ihre einzellreihigen Sporangienstiele gut von den *Polypodiaceae*; *Loxogramme* könnte nach dem Sporangienbau eine eigene Familie bilden;
einige kritische Arten kann der Verf. (3) eindeutig nach diesen Merkmalen zuordnen. Unklar bleibt die Stellung von *Anarthropteris*: Wilson
(2). — *Polypodiaceae* und *Grammitidaceae* von Ceylon: Sledge.

Polypodiaceae. *Platycerium* in Madagaskar: Tardieu-Blot (2). — Das hexaploide *Polypodium vulgare* ssp. *prionodes* greift in der Schweiz weit über das seines
einen Elters ssp. *serratum* hinaus und vermittelt in den Merkmalen gut zu ssp. *vulgare:* Villaret. — *P.* von Madagaskar und den Komoren: Tardieu-Blot (6).

Grammitidaceae. Die Ähnlichkeiten der Gametophyten der *G.* mit den Prothallien der *Hymenophyllaceae* sind nicht signifikant. Der Gametophyt der *Gr.* ist
spezialisiert; Verwandtschaften zu Gattungen in anderen Familien lassen sich nicht
erkennen: Stokey u. Atkinson. — *Grammitis* des madegassischen Florengebietes:
Tardieu-Blot (3). — *Xiphopteris* und *Ctenopteris* von Madagaskar und den Maskarenen: Tardieu-Blot (4).

Plagiogyriales

Plagiogyria auf dem asiatischen Kontinent, 33 sp., 2 Sectionen: Ching (4).

Floren, Floristik

Als nachahmenswertes Beispiel sei hier eine Studie von Morton (3)
hervorgehoben: eine Übersicht aller Farnfloren und Farnbearbeitungen
in Blütenpflanzenfloren in den Staaten der USA. Eine ähnliche Zusammenschau sollte für Europa noch geschaffen werden.

Europa. Übersicht der mitteleuropäischen Farne mit guten Lichtbildtafeln.
Eberle. — Nomenklatur von *Pleurosorus pozoi* und *Gymnogramme totta:* Morton
(4). — B Norwegische Farne: Brøgger.

Asien. B Pteridophytenflora von Hainan: Ching (5). — Chromosomenzahlen
japanischer Farne: Kurata.

Afrika. Farne der Maskarenen und Seychellen: Tardieu-Blot (5). — Farne
von West-Tropisch-Afrika: Alston.

Nordamerika. Die endemischen Pteridophyten der Californischen Florenprovinz: HOWELL. — B für Niederländisch-Westindien: KRAMER. — Farne aus Costa-Rica: MEYER (5). — B Zentral- und Südamerika: TRYON (2).

Südamerika. Pt. der Machris-Brazilian-Expediton: MORTON (4) — Ökologie peruanischer Farne: TRYON (3). — Katalog der Farne und Blütenpflanzen von Bolivien: FOSTER. — B Pteridophyten von Rio Grande do Sul: SEHNEM. — Neue Pt. des Nationalparks Nahuel Huapi, Argentinien: DIEM.

Australien und Ozeanien. B Pt. von Australien und Neukaledonien: TINDALE. — Pt. Tasmaniens: WAKEFIELD. — B Neue Hebriden und Salomonen: STONE u. LANE.

Literatur

ABBIATTI, D.: Rev. Museo de la Plata 9, 1—18 (1958). — ALSTON, A.: The ferns and fern-allies of West Tropical Africa. London 1959. — ALSTON, A., and R. HOLTTUM: Reinwardtia 5, 11—22 (1959). — ALT, K., and V. GRANT: Brittonia 12, 153 bis 175 (1960). — ATKINSON, L.: Phytomorphology 10, 26—36 (1960).

BIR, S.: (1) Acta Bot. Neerlandica 9, 224—234 (1960); — (2) Proc. 47th Ind. Sc. Congr. Part 3 Sect. Botany 375—376 (1960); — (3) J. Indian Bot. Soc. 38, 528—537 (1959); — (4) Proc. 47th Ind. Sci. Congr. Part 3, Botany 377 (1960). — BROWN, A.: Am. Fern. J. 50, 6—13 (1960). — BROGGER, A.: Blyttia 2, 33—48 (1960).

CHIARUGI, A.: Caryologia 13, 27—150 (1960). — CHING, R.: (1) Acta Phytotax. Sin. 7, 201—224 (1958); (2) 6, 301—354 (1957); (3) 6, 255—266 (1957); (4) 7, 105 bis 154 (1958); (5) 8, 125—171 (1959). — CHOWDHURY, N.: Japan. J. Bot. 17, 101—119 (1959). — CRANE, F.: Am. Fern. J. 50, 270—275 (1960).

DIEM, J.: Darwiniana 12, 67—74 (1960). — DIEM, J., y J. DE LICHTENSTEIN: Darwiniana 11, 611—760 (1959).

EBERLE, G.: Farne im Herzen Europas. Frankfurt 1959.

FONTANA, A.: Allionia 5, 27—66 (1959). — FORSTER, R.: Contr. Gray Herb. 184, 1—223 (1958). — FUCHS, H.: Verh. Naturf. Ges. Basel 70, 205—232 (1959).

HAUKE, R.: Am. Fern. J. 50, 185—193 (1961). — HOLTTUM, R.: (1) The gardens Bull. Singapore 17, 361—367 (1960); — (2) Am. Fern J. 50, 109—112 (1960); — (3) Kew Bull. 13, 447—455 (1959). — HOWELL, J.: Am. Fern J. 50, 15—25 (1960).

IWATSUKI, K.: (1) Acta Phytotax. Geobot. (Kyoto) 17, 161—166 (1958); (2) 18, 44—59 (1959); (3) 18, 1—13 (1959).

JAVALGEKAR, S.: Bot. Gaz. 122, 45—50 (1960). — JOE, B.: Baileya 8, 103—117 (1960).

KARPOVICZ, W.: Acta Soc. Bot. Poloniae 29, 175—189 (1960). — KEDVES, M.: Acta biol. (Szeged) 4, 149—155 (1958). — KRAMER, K.: Acta Bot. Neerland. 9, 297 bis 301 (1960). — KUNKEL, G.: Ber. Schweiz. bot. Ges. 69, 297—322 (1959). — KURATA, S.: J. Jap. Bot. 35, 269—272 (1960).

LAWALRÉE, A.: Pteridophytes, in Flore Général de Belgique, Brüssel 1950; — (2) Les Naturalistes Belges 42, 79—82 (1961). — LOVIS, J.: Proc. Linn. Soc. London 17, 130 (1960).

MÄGDEFRAU, K.: Die Geschichte der Pflanzen. S. 302—339. In G. HEBERER: Die Evolution der Organismen. Stuttgart 1959. — MARENGO, N.: Bull. Torrey Bot. Club 86, 259 (1959). — MAROTI, J.: Acta biol. (Szeged) 4, 157—163 (1958). — (2) Acta biol. (Szeged) 6, 71—89 (1960). — MEHRA, P., and S. BIR: (1) Am. Fern J. 49, 86—92 (1959); (2) 50, 276—296 (1960); — (3) Cytologia 25, 17—27 (1960); — (4) Proc. Nat. Inst. Sc. India 24, 47—53 (1958). — MEYER, D.: (1) Ber. dtsch. bot. Ges. 72, 37—48 (1959); (2) 73, 386—397 (1961); — (3) Am. Fern J. 50, 138—145 (1960); — (4) Willdenowia 2, 336—342 (1960); (5) 2, 208—213 (1959). — MOMOSR, S. J: J. Jap. Bot. 35, 315—320 (1960). — MORTON, C.: (1) Am. Fern J. 50, 145—155 (1960); (2) 49, 113—117 (1959); (3) 50, 169—178 (1961); — 49, Bull. Soc. Bot. Fr. 106, 231—234 (1959); — (5) Contrib. Sci. Nr. 35, 1—7 (1960).

NAYAR, B.: Am. Fern J. 50, 194—203 (1960). — NINAN, C.: (1) Proc. Nat. Inst. Sc. India B 24, 54—66 (1958); — (2) Cytologia 23, 291—316 (1958). — NISHIDA, M.: Am. Fern J. 50, 127—132 (1960)

PICHI-SERMOLLI, R.: (1) In W. TURRILL: Vistas in Botany, p. 421—493 (1959); (2) Uppsala Univ. Årskskr. 6, 70—90 (1958). — PROCTOR, G.: Rhodora 61, 305—306 (1959).

Rauh, W., u. H. Falk: Sitz.-Ber. Heidelberg. Akad. Wiss. **1959**, 2. Abh. 87—160.
Scammann, E.: Contrib. Gray Herb. **187**, 1—22 (1960). — Sehnehm, A.:
Pesquisas **3**, 495—576 (1959). — Sledge, W.: Bull. Brit. Mus. Nat. Hist., Botany
2, 5, 133—158 (1959). — Stokey, A.: Am. Fern J. **49**, 142—146 (1959). — Stokey,
A., and L. Atkinson: Phytomorphology **8**, 391—403 (1958). — Stone, I.: Austr. J.
Bot. **6**, 183—203 (1958). — Stone, B., and I. Lane: Bot. Not. (Lund) **112**, 372—376
(1959).

Tagawa, M., and K. Iwatsuki: Am. Fern J. **50**, 98—104 (1960). — Tardieu-
Blot, Mme: (1) Notulae Syst. (Paris) **15**, 425—443 (1958); (2) **15**, 417—420 (1958);
(3) **15**, 421—425 (1958); (4) **15**, 443—447 (1958); (5) **16**, 151—201 (1960); (6) Flora
de Madagaskar et des Comores **5**. Paris 1960. — Tindale, M.: Am. Fern J. **5**,
117—124 (1960). — Tolmatchev, A.: Notulae Syst. Komar. **20**, 35—44 (1960). —
Tryon, R.: (1) Contr. Gray Herb. **187**, 23—53 (1960); — (2) Rhodora **62**, 1—10
(1960); — (3) Am. Fern J. **50**, 46—55 (1960); — (4) bei P. Munz and D. Keck:
A California Flora. University of California Press 1959.

Wagner, W.: (1) Bull. Torrey Bot. Club **87**, 303—325 (1960); — (2) Am. Fern
J. **50**, 32—45 (1960); (3) 97—103 (1959). — Wakefield, N.: Papers Proc. Roy. Soc.
Tasmania **91**, 57—162 (1957). — Walker, I.: (1) Am. Fern J. **49**, 104—112 (1959);
— (2) Kew Bull. **14**, 321—332 (1960). — Wilson, K.: (1) Contr. Gray Herb. **185**,
97—127 (1959); (2) **187**, 53—59 (1960); — (3) Am. Fern J. **49**, 147—151 (1959).
Villaret, P.: Bull. Soc. Vaud. Sci. Nat. **67**, 323—331 (1960).
Zimmermann, W.: Die Phylogenie der Pflanzen. 777 S. Stuttgart 1959.

5f. Systematik der Spermatophyta

Bericht über die Jahre 1959 und 1960

Von Hermann Merxmüller, München

Allgemeiner Teil

1. Taxonomie und Phylogenetik

Zur Zweihundertjahrfeier der Royal Botanic Gardens Kew veröffentlicht Turrill einen Sammelband "Vistas in Botany", der ein wahres Kompendium moderner Systematik in ihren verschiedensten Aspekten bildet. Vor allem Lams Beitrag "Taxonomy, General Principles and Angiosperms" durchleuchtet Prinzipien und Begriffe, Material und Methoden in so eleganter Form, wie die Gesamtsituation der Systematik seit langem nicht mehr dargelegt wurde. Der „statischen" Taxonomie, die sich im wesentlichen der Klassifizierung widmet, wird die „dynamische" gegenübergestellt, die den historischen, also den phylogenetischen Zusammenhang einbezieht. Wesentliche Abschnitte behandeln Homologie und Analogie, "lines and levels", Phylogenie und Pseudophylogenie, Symbole und Stammbäume, Monorheitrie und Polyrheitrie, Gattungs- und Artbegriff. Als wahre Einheit wird der Lebenszyklus einer Sippe betrachtet, der bei den meisten Objekten noch viel zu schlecht bekannt ist. In der „Stufenfolge der Charaktere" erscheinen nur folgende Ableitungen gesichert: von funktioneller Freiheit zu eingeschränkter, von voller Umweltsabhängigkeit zu verminderter, von unscharfen Grenzen zu scharfen, von Variation zu Konstanz, von geringer zu strenger Spezialisierung, von einer Vielzahl von Organen und Funktionen zu geringer Zahl und endlich von freien Organen zu verwachsenen. Als wesentliche zukünftige Forschungsgebiete betrachtet Lam die Details der Lebenszyklen in allen Angiospermengruppen, Ähnlichkeit und Unterschiede der doppelten Befruchtung und der Endospermentwicklung, Embryologie, Blütenanatomie und -ontogenie, die Beziehungen zwischen genetischen Faktoren und Merkmalen, die Chemie der Gene, Chemie und Physiologie der Morphogenese, Chemie und Genetik der Terata und das Studium induzierter Mutationen. Letztlich müsse allerdings die Klassifizierung rezenter Gruppen doch auf intuitiven Urteilen beruhen (die freilich Ergebnis sehr sublimierter Erfahrung seien); Bemühungen um größere Objektivität seien mehr der Erkenntnis von Organisationshöhen als der Aufklärung von Entwicklungslinien dienlich. Eine Besserung dieser Situation kann hier nur von neuen Beiträgen der Paläobotanik erwartet werden; ohne sie wird die Phylogenie etwa der Angiospermen, die LAM mit Recht für eine keineswegs gut bekannte Gruppe hält, ein "abominable mystery" bleiben.

Auch SPORNE sieht den Schlüssel zu diesem abscheulichen Geheimnis in der Hand der Paläontologen. Nur Pteridophyten und Gymnospermen scheinen ihm fossil ausreichend genug repräsentiert, daß man aus ihnen Merkmals-Phylogenien aufzubauen versuchen kann; zu einer phylogenetischen Klassifizierung reicht die Fossilkenntnis dagegen bestenfalls bei den Coniferen aus. Bei den *Cycadophytina* und *Ginkgopsida*, erst recht aber bei den Angiospermen, kann hiervon keine Rede sein. Gegenüber der sehr präzisen Aussage ZIMMERMANNs, daß die Angiospermenahnen in den Formenkreis der frühmesozoischen *Cycadopsida* gehören, schließt sich auch MELCHIOR (2) der Ansicht an, daß der Ursprung der Angiospermen bislang völlig unbekannt sei. MELVILLE (3) vertritt dagegen die schon manchmal diskutierte Auffassung, daß uns solche Ahnen fossil längst vorliegen, aber falsch gedeutet sind. Auf Grund einer eingehenden Untersuchung der Leitbündelversorgung kreiert er eine „Gonophyll-Theorie", nach der sich die Angiospermenblüte aus eigenen Grundorganen, Gonophyllen, zusammensetzt, nämlich aus Blättern, die auf ihrer Mittelrippe oder auf dem Blattstiel einen dichotomen, fertilen Ast tragen. Solche Strukturen glaubt er bei gewissen Coenopteriden, vor allem aber bei den jüngst von PLUMSTEAD beschriebenen Glossopteriden (hier sogar schon bisexuelle Gonophylle) eindeutig repräsentiert. Eingeschlechtige Andro- bzw. Gynophylle sind für ihn etwa die männliche Pappelblüte mit Braktee und Perianth, ein Perigon-Staubblatt-Komplex von *Ricinus*, die Hülse von *Faba* und der Balg der *Ranunculaceae*; zwitterige Gonophylle sieht er (immer wieder aus der Innervation begründet) in einzelnen Blütenblatt-Staubblatt-Karpell-Abschnitten von *Magnolia*. So elegant diese Theorie manche neuralgischen Punkte der klassischen Auffassungen umgeht, so kritisch wird man ihr im Hinblick auf Folgerungen gegenüberstehen, die z. B. *Ranunculus* und *Magnolia* als fundamental verschieden, *Magnolia* und *Gnetum* dagegen als eng benachbart bezeichnen.

Hinsichtlich der Großgliederung der Spermatophyta scheint man sich in den amerikanischen Lehrbüchern immer mehr auf das System TIPPOs von 1942 zu einigen, das, um einmal einen Klappentext zu zitieren, als "more logical from a phylogenetic point of view and also easier for the student to learn" betrachtet wird (COULTERs "The Story of the Plant Kingdom" und ähnlich in der empfehlenswerten "Comparative Morphology" von FOSTER u. GIFFORD). Die uns hier interessierenden Gruppen gehören demnach dem Phylum *Tracheophyta* und dem Subphylum *Pteropsida* an; die Klasse *Gymnospermae* gliedert sich in die Unterklassen *Cycadophytae* und *Coniferophytae* (diese mit *Ginkgo* und *Gnetales*), die Klasse *Angiospermae* in die Unterklassen *Dicotyledoneae* und *Monocotyledoneae*. Dagegen hat sich jetzt auch ZIMMERMANN entschlossen, die Gymnospermen nur mehr als Organisationsstufe zu betrachten und dementsprechend innerhalb der Abteilung *Pterophyta* gleichberechtigt die drei Unterabteilungen *Pterophytina, Coniferophytina* (mit *Trichopityales, Ginkgopsida, Cordaitopsida* und *Coniferae*) und *Cycadophytina* (mit den Klassen *Pteridospermae, Cycadopsida, Chlamydo-*

spermae und *Angiospermae*) nebeneinanderzustellen. Auch in dem grundlegenden Werk dieses Autors (Neubearbeitung seiner „Phylogenie der Pflanzen") ist charakteristischerweise die Bearbeitung der *Coniferophytina* am besten fundiert, während der Entwicklung der *Angiospermae*, selbst in ihrer rein merkmalsphyletischen Betrachtung, zahlreiche Hilfskonstruktionen zugrunde gelegt werden. So instruktiv und eindrucksvoll hier die Organphylogenie dargestellt ist, so karg bleibt die Aussage über die Sippenphylogenie — und während in allen anderen Gruppen die schöne Darstellung nach Zeit und Repräsentation gegliederter Stammbäume einen förmlichen Leitfaden bildet, ist hierauf bei den Angiospermen wohlweislich verzichtet.

Auf die ständigen Vorwürfe ZIMMERMANNs gegen die „Stufenleitervorstellungen" und die „Alluvialphylogenetik" der Systematiker darf doch einmal entgegnet werden, daß in der Überprüfung von 23 Ordnungen auf 160 Merkmale zur „Bearbeitung der abgestuften Angiospermenverwandtschaft" keine phylogenetischere Methode erblickt werden kann — und daß es dem Referenten nichts sagt, wenn die Ablehnung einer Verwandtschaft der *Umbellales* und *Rubiales* als unphylogenetisch bezeichnet wird, weil hier „so unverkennbare phylogenetische Zusammenhänge" existieren (vgl. hierzu die Darstellung der Rubiaceen-Verwandtschaft bei WAGENITZ (1)].

Ebenfalls der Merkmalsphylogenie ist der größere Teil von TAKHTAJANs glücklicherweise in Deutsch erschienener „Evolution der Angiospermen" gewidmet. Von methodischem Interesse ist hier die klare Trennung der adaptativen Evolution in Progression (führt zu höheren Kategorien und Beherrschung großer Lebensräume), Spezialisation (bildet niedrigere Kategorien unter Anpassung an engere ökologische Gegebenheiten) und Regression (Rückbildung hochentwickelter Merkmalskomplexe unter extremen Lebensbedingungen). Als Heterobathmie wird das ungleiche Evolutionsniveau verschiedener Merkmalskorrelationen bezeichnet; sie ist bei primitiven Gruppen vorherrschend und nimmt gegen die heutigen Endpunkte hin ab (so daß die Verwandtschaftsverhältnisse „alter" Gruppen viel schwerer zu beurteilen sind als die der modernen). Große Bedeutung wird auch der phylogenetisch fixierten Abkürzung der Entwicklung, also der Neotenie, beigemessen, für die als Musterbeispiele die Gametophyten-Evolution der Kormophyten sowie der Übergang von holziger zu krautiger Lebensform (Einstellung der Sekundärholzbildung) gelten können. Nach ZIMMERMANN stellt ja auch die Angiospermenblüte eine Neotenie-Bildung dar. Als Einzelheit sei aus diesem Bereich der evolutiven Morphologie noch hervorgehoben, daß TAKHTAJAN mit aller Entschiedenheit für die appendiculäre, also phyllomatische Natur der Peri- und Epigynie eintritt und eine Achsenbeteiligung nur bei *Santalales*, *Ficoidaceae* und *Cactaceae* für erwiesen hält.

Im sippenphylogenetischen Teil des Buches bietet TAKHTAJAN ein recht modernes und in vieler Hinsicht überzeugendes Angiospermensystem. Wie HUTCHINSON bevorzugt er engere, kleinere Ordnungen und Familien, faßt aber im Gegensatz zu diesem Autor die Ordnungen zu „Überordnungen" zusammen, deren Umfang vielfach den Englerschen Reihen entspricht. Auf diese Weise gliedert er die Dicotylen in

13 Überordnungen, 61 Ordnungen und 359 Familien, die Monocotylen in 5 Überordnungen, 21 Ordnungen und 76 Familien; Reihenfolge und Besonderheiten seien kurz erläutert: *Polycarpicae* (mit *Papaverales!*), *Amentiferae* (beginnend mit *Trochodendrales* und *Hamamelidales*), *Centrospermae* (mit *Polygonales* und *Plumbaginales*), *Cistiflorae* (mit *Capparidales* und *Salicales*), *Heteromerae* (= pentazyklische Sympetale), *Columniferae* (mit *Euphorbiales* und *Thymelaeales*), *Rosiflorae*, *Myrtiflorae*, *Pinnatae* (= *Terebinthales* und *Gruinales* WETTSTEINS), *Umbelliflorae*, *Disciflorae* (mit *Santalales* und *Proteales*), *Tubiflorae* (mit *Gentianales* und *Rubiales*), *Campanulatae; Helobiae*, *Liliiflorae* (mit besonders starker Aufspaltung bis zu *Alliaceae*, *Aloeaceae* und *Agavaceae*), *Junciflorae*, *Farinosae*, *Spadiciflorae*. Die Abweichungen gegenüber dem im letzten Bericht wiedergegebenen System CRONQUISTs sind also nicht allzu groß, was doch für eine gewisse Annäherung der modernen Auffassungen spricht. Ausgezeichnet und in dieser Form in der neueren Literatur einmalig sind die Auseinandersetzungen über die Zuteilung jeder einzelnen Familie.

Von der eben zitierten Annäherung ist freilich bei HUTCHINSONs Neubearbeitung der "Families of Flowering Plants" nur wenig zu verspüren. Auch hier wird zwar auf die veraltete Trennung in *Apetalae*, *Choripetalae* und *Sympetalae* verzichtet; zugrunde gelegt ist aber die vom Autor schon vor zehn Jahren dargestellte basale Trennung der Angiospermen in einen holzigen („Lignosae") und einen krautigen Ast („Herbaceae"), die schon mit der Sonderung von *Magnoliales* und *Ranales* eingeleitet ist. Dieser Grundgedanke ist zweifellos für manche Gruppen und Entwicklungsrichtungen wohl fundiert, auch stimuliert er neue Ideen; andererseits zwingt er aber den Autor zur Annahme von „Parallelentwicklungen" aus völlig verschiedenen Verwandtschaftskreisen, wobei dann etwa *Bignoniales* und *Personatae*, *Capparidales* und „*Cruciales*", *Araliales* und *Umbellales*, *Cunoniales* und *Saxifragales* durch ganze Welten getrennt sein sollen. Auch in diesem System ist die Aufspaltung der Familien sehr weit getrieben (342 dicotyle und 69 monocotyle); alle diese Familien sind geschlüsselt und für jede ist mindestens ein Vertreter abgebildet, was das Buch zu einem hervorragenden Nachschlagewerk gerade für die kleineren und schlechter bekannten Familien macht.

Es ist noch die Frage anzuschneiden, ob in dieser offenkundigen Tendenz, den Umfang der Ordnungen und Familien zu verkleinern und dadurch homogenere Gruppen zu schaffen, ein wirklicher Vorteil liegt. Sinnvoll ist die Abgliederung eines heterogenen Teiles wohl stets, wenn damit eine neue Zuordnung verbunden werden kann — und es scheint dem Referenten außer Zweifel zu stehen, daß manche natürlicheren Zusammenhänge erst im Gefolge solcher Aufsplitterungen erkannt worden sind. Dagegen fürchtet MELCHIOR (2), daß eine zu große Zahl von Reihen die Übersichtlichkeit erschwert und die Zusammenhänge verwischt; er schlägt deshalb vor, in der Art ENGLERs die Reihen in Unterreihen (und wohl auch die Familien in Unterfamilien, Ref.) aufzugliedern und bei diesen Untereinheiten einzuräumen, daß es sich bei ihnen um nur in loserem Zusammenhang stehende Parallelentwicklungen handeln mag.

Im Anhang mag noch ein weiteres Lehrbuch Erwähnung finden, PORTERs "Taxonomy of Flowering Plants", das, für Anfängerkurse bestimmt, ebenso durch hervorragende Abbildungen und besonders Diagramme wie durch seine sonst geradezu bestürzend konservative Haltung bemerkenswert ist; und es mag, nachdem hier soviel von Evolution gesprochen wurde, auf einen Aufsatz BREMEKAMPs (2) verwiesen werden, der der Evolutionslehre nicht einmal den Ehrentitel einer „Theorie" zubilligen will, da ihre Erklärung des natürlichen Systems infolge des Mangels an Information (z. B. von seiten der Genetik im Hinblick auf die Entstehung supragenerischer Gruppen) nicht verifiziert werden kann — und da die sog. phylogenetische Klassifikation auf genau denselben Wegen entwickelt würde wie die natürlichen Systeme der vor-evolutionistischen Periode.

Organisationsstufe der Gymnospermen. Die Diskussion um diese Gruppen ist ziemlich ruhig geworden, was vor allem für die *Coniferophytina* gilt, deren Evolution seit FLORINs grundlegenden Arbeiten in ihren Grundzügen als gesichert gelten darf. So weichen die neueren Darstellungen, etwa TURRILLs Diskussion der Arbeiten und Ansichten, der durchgehend auf Fossilien gestützte, durch hervorragende Abbildungen und Schemata bemerkenswerte Abschnitt in ZIMMERMANNs Buch, PANTs Classification of Gymnospermous Plants und die taxonomische Behandlung in ENGLERs Syllabus nur mehr in einigen Punkten voneinander ab; sie betreffen u. a. die Stellung der *Ginkgopsida* (*Coniferophytina*, *Cycadophytina* oder eigene Gruppe), die Bewertung der *Taxopsida* (Ordnung oder Klasse) sowie die Zusammengehörigkeit, Einreihung und Wertung der *Chlamydospermae*.

Hinsichtlich der mutmaßlichen Vorfahren der gymnospermen Formen festigt sich der Eindruck, daß sie nicht im Bereich der (nahezu durchgehend isosporen) *Filicopsida* zu suchen sind. PICHI-SERMOLLI scheidet deshalb (in TURRILL) alle heterosporen Altfarne, wie *Archaeopteris* und *Protopteridium* aus dieser Klasse aus, da hier keinerlei Ableitungsmöglichkeiten zu den echten Farnen, dagegen klare Beziehungen zu den Pteridospermen bestünden. Noch weiter geht BECK, der die Zusammengehörigkeit von *Archaeopteris* mit dem spermatophytenähnlichen Holz von *Callixylon* klären konnte; er begründet auf den devonischen *Aneurophytales*, *Protopityales* und *Pityales* eine neue Klasse der *Progymnospermopsida*, die, obzwar noch ohne Samenbildung, Beziehungen sowohl zu Pteridospermen als zu Cordaiten zeigen und vielleicht als gemeinsame Grundgruppe der beiden gymnospermen Hauptlinien angesehen werden dürfen. Bei KRÄUSEL festigt sich die Meinung, daß die (von MELVILLE als Vorläufer der Angiospermen betrachteten) Glossopteriden besser als taxonomisch gleichwertige Gruppe neben die uns viel länger vertrauten Pteridospermen zu stellen seien.

Die Untersuchung von Coniferenzapfen der rheinischen Braunkohle zeigt, daß die *Taxodiaceae* und *Tetraclinis* den rezenten Arten sehr nahe stehen, also bereits damals erstarrt waren, während *Cupressus* und die *Pinaceae* der rezenten Verwandtschaft nicht entsprechen, also damals in viele Äste aufgespalten waren, die heute teilweise ausgestorben sind (SCHLOEMER-JÄGER). Das Problem der merkwürdigen Trennung der südhemisphärischen *Athrotaxis* von den übrigen, sonst ausschließlich nordhemisphärischen *Taxodiaceae* bleibt ungeklärt, da sich nach FLORINs (2) Untersuchungen auch das gesamte fossile Material gleichartig verhält.

FLORIN (1) betont erneut die völlige Sonderstellung der *Taxopsida*, die u. a. durch die Abwesenheit weiblicher Zapfen, die Lage der Samenanlage, die Natur des Integuments, den Arillus, die Morphologie der männlichen Strobili und der Mikrosporophylle sowie die Struktur der Blattepidermis gegeben ist. Allerdings weicht die neukaledonische Gattung *Austrotaxus* ziemlich ab und bleibt in ihrer systematischen Stellung ungesichert. Die *Cephalotaxaceae* sind, wie schon PILGER betonte, zwar sicher den *Coniferae* zuzurechnen, stehen aber verwandtschaftlich völlig isoliert; auch von den *Podocarpaceae* sind sie durch allzu zahlreiche, gravierende Unterschiede getrennt. Die *Podocarpaceae* selbst zeigen ungewohnte Vielfalt und stellen möglicherweise noch ein heterogenes Gemisch dar; jedoch sind hier erst noch zahlreiche morphologische Probleme zu klären. FLORIN neigt der Ansicht zu, daß auch in dieser Familie (also ähnlich wie oft für *Taxus* angenommen) die Mikrosporophylle aus Zweigsystemen mit terminalen Sporangien entstanden sind.

2. Systematische Kategorien

In einer sehr gedankenreichen Arbeit über den Artbegriff, seine Entwicklung und experimentelle Klarlegung gibt LAMPRECHT eine neue, rein genetische Definition, die ihm objektiver als alle bisherigen erscheint: „Zu einer Art gehören sämtliche Biotypen, die Träger der gleichen Allele von interspezifischen Genen sind." Die Schranken echter Arten seien unüberbrückbar. Die vorliegende Vielfalt der Erscheinungen erzwingt allerdings auch hier wieder zusätzliche Termini, wie Addospecies, Superspecies, Mixtospecies. — Gegen den von VAN STEENIS (letzter Bericht) postulierten "Linnean Standard" des Artbegriffs wendet sich BREMEKAMP (1) mit aller Schärfe. Für LINNÉ sei die Art wohl nur eine vorgegebene „Gruppe von Individuen" gewesen, „die nicht weiter untergeteilt werden kann". Jedenfalls sei die Unterscheidung von Linneon und Jordanon von vornherein schief, da ersterem eine rein morphologische, letzterem eine rein genetische Konzeption zugrunde liege; die immer gebräuchlichere Gleichsetzung mit „leicht erkennbaren" bzw. „schwer erkennbaren" Sippen sei völlig abwegig.

Die infraspezifische Differenzierung geht nach HESLOP-HARRISON grundsätzlich von Gamodemen, also von Populationen frei kreuzender Individuen, aus und vollzieht sich auf den Wegen der ökologischen Adaptation und der geographischen Variation. Bemerkenswert ist sein nunmehriges Eingeständnis, daß sich keines der neuen biosystematischen Einteilungssysteme als geeignet erwiesen hat, für nomenklatorische Zwecke die morphologisch begründeten Kategorien der Taxonomen zu ersetzen. Dies gilt zumindest für alle Fälle diskontinuierlicher Variation, während für die kontinuierliche wohl der Terminus "cline" Verwendung finden muß. BÖCHER (2) glaubt freilich, daß klar begrenzte Ökotypen Ausnahmefälle sind und zumeist keine direkte Antwort auf die heutige Umwelt darstellen. So seien etwa die niederen Dünenformen von *Solidago virgaurea* in Dänemark spätglazialer Herkunft („glaziale Selektion"), während die hohen Normalformen erst später eingewandert sind.

HEYWOOD (2) findet, daß der Systematiker nicht nur den Genökotypen ("ecotypes") Beachtung schenken sollte, die durch Umweltselektion von Biotypen unter Elimination ungeeigneter entstanden sind, sondern auch den Phänökotypen ("ecads"), deren Genkomplexe eine Toleranz besitzen, die sowohl den alten als auch den neuen, spezialisierteren, Standort deckt. Das schon von TURESSON geschilderte, häufige räumliche Nebeneinander beider Typen führt er darauf zurück, daß Phänökotypen zunächst eine neu entstandene ökologische Nische füllen, während die Herausbildung von Genökotypen nachhinkt. Schwierigkeiten für die taxonomische Bewertung der Ökotypen ergeben sich nicht nur daraus, daß sie oft mehr durch physiologische als durch morphologische Unterschiede ausgezeichnet sind, sondern auch durch den unterschiedlichen Grad ihrer Spezialisierung. Wie im rein morphologischen Bereich wird man auch hier oft innerhalb einer Art einige stark spezialisierte, stenözische Typen einem breiteren Rest-Ökotypus gegenüberzustellen haben.

Die Frage der taxonomischen Sippenbewertung durchzieht wie ein roter Faden die von HEYWOOD (3) redigierten "Problems of Taxonomy and Distribution in the European Flora". Die endemischen Vikaristen der iberischen Halbinsel gliedert der Autor (4) in drei Gruppen, unter denen die „makroendemischen Vikarianten", nämlich klar geschiedene Linneonten, trotz ihrer Vikarianz als Arten bewertet werden sollten (z. B. *Ptilotrichum*-Arten Südostspaniens und der Pyrenäen). Besonders typisch für die mediterrane Gebirgsflora sind aber die „mikroendemischen Vikarianten", die in geringer, aber konstanter morphologischer Differenzierung über die einzelnen isolierten Gebirgszüge aufgesplittert sind. Hier bietet sich vorläufig der Aggregats-Begriff an (z. B. *Centaurea* agg. *tenuifolia*), unter dem die einzelnen Vikaristen binomial, also eigentlich auch noch als Arten, zusammengefaßt werden. Nur für die "Wettsteinian subspecies", also für nahe Verwandte mit deutlicher geographischer und morphologischer Überlappung soll die Kategorie der Unterart gelten (Beispiele von *Acer* und *Quercus* beiderseits der Pyrenäen). Dies deckt sich weitgehend mit der Sicht RECHINGERs (3) für die polymorphen Formenkreise der Ostmediterraneis, bei denen er auch den Subspecies-Begriff auf Sippen beschränkt, die merkmals- und arealmäßig so eng zusammenhängen, daß im Überlappungsbereich durch das gehäufte Auftreten von Zwischenformen eine Festlegung oft nur mittels Populationsanalysen gelingt *(Teucrium chamaedrys, Stachys cretica)*. Hingegen sollte jeder Sippe, die sich von anderen durch eine Mehrzahl korrelierter Merkmale konstant unterscheidet, Artrang zuerkannt werden; dies gilt gerade auch für die bekannten „Inselsippen" der Agäis, etwa aus den Gattungen *Phlomis, Amaracus* und *Inula*. MERXMÜLLER (2) wendet sich im Fall der alpinen Vikaristen vor allem gegen ihre so völlig unterschiedliche Behandlung, die entsprechende Sippen etwa bei *Minuaria* als Subspecies, bei *Heracleum* und *Delphinium* als Varietäten, bei *Auricula* und *Aretia* aber als Arten einstuft. Die Bemühungen, hierdurch entweder eine verschieden starke morphologische Differenzierung auszudrücken oder aber mutmaßliche phylogenetische Zusammenhänge auch nomenklatorisch aufzuzeigen, hält er für abwegig. Auch für diese Sippen wird der Artrang vorgezogen, vor allem wegen der Gefahren eines „falschen Lumping", des irrtümlichen Zusammenziehens nicht eng verwandter

Taxa unter einem gemeinsamen Artnamen, das die systematischen und chorologischen Beziehungen verdunkelt, statt sie zu erhellen *(Viola, Oxytropis)*.

Eine ausgedehnte Diskussion gilt weiters den Chromosomenrassen. Löve (2) nimmt den extremen Standpunkt ein, daß einer jeden Artrang zuzuteilen sei, da die Chromosomen keineswegs mit irgendeinem morphologischen Merkmal vergleichbar seien, sondern ja im Gegenteil diese Merkmale bestimmen. Dem Einwand der erwiesenen Ununterscheidbarkeit mancher Chromosomenrassen begegnet er mit dem amüsanten Hinweis auf *Anthoxanthum odoratum* (4x) und *A. alpinum* (2x), die von den meisten Taxonomen nicht auseinandergehalten werden, wohl aber von *Puccinia sardonensis*. Demgegenüber ist Heywood (5) der Meinung, daß der Polyploidie in taxonomischen Klassifizierungen eine andere Bedeutung beizumessen ist als in speziell genetischen oder experimentellen; taxonomisch könne niemals ein einzelner Charakter, also auch nicht eine abweichende Chromosomenzahl, per se den Artcharakter begründen. „Kryptische" (d. h. morphologisch ununterscheidbare) Polyploide sollten vermerkt, aber nicht in eine Kategorie eingereiht werden, während für semikryptische oder sich überlappende Glieder ein infraspezifischer Rang angemessen erscheint. Selbst allopolyploide Sippen sollten dann nur als Unterarten behandelt werden, wenn sie lediglich die morphologische Lücke zwischen den Elternsippen füllen. Die taxonomische Bedeutung der Polyplodie liegt darin, auf eine mögliche morphologische Diskontinuität aufmerksam zu machen, nicht aber sie a priori zu postulieren.

Ähnlich ist die Auffassung Rothmalers (2), wonach genetische und cytologische Charaktere wie alle anderen der Definierung eines Taxons dienen, jedoch nicht seinen taxonomischen Status fixieren.

Die taxonomische Behandlung der apomiktischen, speziell der agamospermen Gruppen wird nach Valentine durch die sehr unterschiedlichen Verhältnisse in den einzelnen Gattungen erschwert, wobei nicht nur die verschiedene Größe der Gruppen, der Grad ihrer Aufsplitterung, fakultative oder obligatorische Apomixis, sondern auch unsere sehr ungleiche Kenntnis eine Rolle spielen. Wesentlich ist jedenfalls die Kenntnis der Mechanismen und der evolutionären Möglichkeiten; so verhält sich etwa die *Rubus-fruticosus*-Gruppe, bei der durch Bastardierung ständig neue Populationen erzeugt werden, grundlegend anders als die *Alchemilla-vulgaris*-Gruppe, bei der Hybriden überhaupt unbekannt sind. Der Vorschlag Löves (1), solche Apomikten innerhalb einer Sammelart als „Agamospecies" den sexuell normalen Subspecies gleichzustellen, erscheint nicht nur wegen unserer vielfach unzureichenden Kenntnis undurchführbar, sondern auch wegen des häufigen Auftretens fakultativer Agamospermie. Valentine und Pawłowski plädieren deshalb für die ausschließliche Benutzung der gebräuchlichen Kategorien, eventuell wieder unter Heranziehung des Aggregat-Begriffs, der sich gerade in den angelsächsischen Ländern offensichtlich steigender Beliebtheit erfreut. Für die Behandlung übermäßig stark aufgesplitterter Gruppen in Florenwerken wird von Merxmüller [in Heywood (3)] vorgeschlagen, die

Mikrospecies von *Taraxacum* zu Sektionen, die Mikro-Subspecies von *Hieracium* zu Greges zusammenzufassen und diese Komplexe wie Arten bzw. Unterarten zu behandeln.

3. Morphologie und Anatomie

Unleugbar stellen die Formenreihen der verschiedenen Organe, im Verlauf der Entwicklung einer Art und beim Vergleich verwandter Sippen, taxonomisch wichtige, wenn auch leider oft vernachlässigte, Merkmale dar. Besonders schön wird dies von MEUSEL u. KÖHLER an *Carlina* vorgeführt, wo sich die Blattfiedern von *C. acaulis* den Fiederlappen von *vulgaris*, den größeren Zähnen von *longifolia* und schließlich den Zähnen von *salicifolia* als homolog erweisen. Sehr merkwürdig sind die aus Mittelborste, Seitenzipfeln und basaler Manschette bestehenden Spreublätter, die zusammen mit zusätzlichen blattartigen Bildungen untereinander verwachsende Hüllen um die Einzelblüten bilden; es ist zumindest überlegenswert, ob hier nicht homologe Bildungen zu den Einzelköpfchen-Hüllen der *Echinops*-Syncephalien vorliegen. Mit seinen an *Ulmus* erarbeiteten Methoden zur geometrisch-rechnerischen Erfassung der Blattform vergleicht MELVILLE (1) Bastardblätter mit denen der Elternarten und prüft die Abweichungen vom theoretisch kalkulierten Mittelwert. Zu große Blattbreiten bei einem *Rhododendron*-Bastard werden dabei als „positive“, zu kurze Seitenlappen einer *Ribes*-Hybride als „negative Heterosis“ gedeutet; bei *Prunus* findet offensichtlich entlang der Blattachse eine graduelle Abstufung vom einen zum andern parens hin statt. Die vom theoretischen Wert stark abweichende Blattform von *Forsythia* × *intermedia* macht wahrscheinlich, daß das Blatt der ganzblätterigen Formen dem Endblättchen der dreiteiligen homolog ist. Bei Eichenbastarden treten eigenartige Deletionen von Spreitenteilen auf, wie sie früher schon bei *Arctotis*-Hybriden (WARREN) und bestimmten Buchenmischlingen (KLASTERSKY) beschrieben wurden. MELVILLE (2) erklärt dies anhand der Diffusion-reaction-theory TURINGs durch Interferenzen sich überlagernder (bei den Eltern spezifisch verschiedener) Wellen wuchsfördernder und wuchshemmender Substanzen.

Den Nebenblättern der *Myrtales* widmet WEBERLING (2) eine zusammenfassende Studie. Die allermeisten Familien haben sich jetzt als stipulat erwiesen, wenn auch fast stets nur Rudimentärstipeln in Erscheinung treten (neuerdings auch für einige *Combretaceae* nachgewiesen); nur die *Melastomataceae* fallen aus der Reihe, da ihre gelegentlichen stipelähnlichen Bildungen nicht als Homologe betrachtet werden können. Das sog. biogenetische Grundgesetz wendet NEUBAUER auf *Citrus* und auf die *Bignoniaceae* an und schließt aus dem Studium der Erstlingsblätter, daß die Vorfahren der ersteren geteilte, die der letzteren ungeteilte Blätter hatten. Weitreichende Konsequenzen mag die Feststellung LEINFELLNERs (2) zeitigen, daß die Tepalen der Liliaceen *Dipidax* und *Ornithoglossum* peltat-diplophyllen bzw. peltat-schlauchförmigen Bau besitzen, der sich etwa mit dem der Nektarblätter von *Ranunculus* vergleichen läßt. Die Annahme einer staminalen Herkunft des dann nur sekundären Perianths der Liliifloren ist damit zu diskutieren.

Mehrere Untersuchungen gelten der morphologischen Natur der Zentralplacenta. BOCQUET (1) findet bei *Melandrium* den schon bei einigen *Caryophyllaceae* beschriebenen Zentralstrang, meint aber doch, daß hier die Placenta „fast gänzlich" karpellären Ursprungs sei. Hingegen glaubt MOELIONO bei histogenetischen Studien an *Stellaria* im Zellmuster eine Grenze zwischen Placentarsäule und Karpellrand festgestellt zu haben; die axiale Placenta ist nach ihm eine aus zwei Tunikaschichten gebildete direkte Verlängerung des Stiels. Die Karpelle würden wie epeltate Blätter gebildet; es sei daher verlockend, sie mit HAGERUP, LAM, EMBERGER und FAGERLIND als Pseudokarpelle oder aber mit ZIMMERMANN die ganze Blüte als Syntelomkomplex zu betrachten. Bei den *Primulaceae* sollen nach PANKOW sowohl die Entstehung aus verschiedenartigen Zellschichten als auch die räumlich und zeitlich getrennte Anlage eine morphologische Zusammengehörigkeit von Placenta und Fruchtknotenwandung unwahrscheinlich machen; die Placenta sei ein einheitliches Organ, bei dem Verwachsungen zumindest histogenetisch nicht nachweisbar seien. LEONHARDT endlich hält die Placentation der *Lentibulariaceae* nach der Pseudanthientheorie a priori für primitiver als die der *Scrophulariaceae* und erklärt die ersteren daher kurzerhand wieder für Centrospermen-Deszendenten.

Einen schönen Überblick über Geschichte, Leistungen und Aufgaben der vergleichenden Anatomie gibt METCALFE (in TURRILL), ohne allerdings wesentlich neue Beispiele zu bringen. Trotz seines großen Dikotylenwerkes und des baldigen Abschlusses der ersten Bände des Monokotylenteils erblickt er die größte Behinderung des Anatomen nach wie vor in der unzureichenden Kenntnis zahlloser Fakten, die ihn in die Lage eines an einem kärglichen Herbar arbeitenden Taxonomen versetzt. Für VAN STEENIS (1) untersucht METCALFE eine fälschlich als Cunoniacee beschriebene Staphylaeacee holzanatomisch und findet größere Ähnlichkeiten zwischen diesen beiden Familien als zwischen den S. und den *Sapindaceae*; eine engere Verbindung zwischen *Cunoniales* und *Sapindales* gewinnt dadurch an Wahrscheinlichkeit. Die anatomischen Befunde TOMLINSONs (1, 2) bei den *Musaceae* passen ausgezeichnet zu der kürzlich veröffentlichten taxonomischen Gliederung von LANE.

Während sich die *Juglandaceae* holzanatomisch zumindest bis zu den Gattungen schlüsseln lassen (MÜLLER-STOLL u. MÄDEL), ist eine Reihe von *Salix*-Arten holzanatomisch ununterscheidbar (LYR u. BERGMANN). Auf die „Holzanatomie der europäischen Laubhölzer und Sträucher" von GREGUSS kann hier nur hingewiesen werden.

Die Gefäßbündelverteilung in Lamiaceen-Blüten wird von HILLSON studiert. Nach der Lage der dorsalen Karpellbündel und der laminalen oder marginalen Insertion der Ovula ordnet er die untersuchten Gruppen in eine Reihenfolge, die von den gewohnten Gliederungen nicht allzu wesentlich abweicht. Von größerem Interesse ist die vergleichende Untersuchung der Haarformen von *Rhododendron*, die erstaunliche taxonomische Relevanz besitzen (SEITHE). Jede Untergattungsgruppe ist hier durch das gleichzeitige Vorkommen einer sezernierenden und einer nichtsezernierenden Haarart ausgezeichnet (was möglicherweise mit einer Genomverdoppelung von $n = 6$ auf 13 an der Gattungsbasis zusammenhängt); so sind bei der „Untergattungsgruppe" *Rhododendron* Drüsenschuppen und Zotten, bei *Azalea* Köpfchendrüsen und Zotten, bei *Hymenanthes* Drüsen und Flocken kombiniert. Als Ursprungsgebiet werden Ostchina und Japan, als ursprünglicher die laubwerfenden Arten betrachtet.

4. Palynologie und Embryologie

Trotz einiger Übergänge bei *Magnoliales, Nymphaeaceae* und *Chloranthaceae* ist ERDTMAN von der scharfen Trennung zweier pollenmorphologischer Gruppen bei den Angiospermen überzeugt; Monocotyle und monocotyloide Dicotyle besitzen anatremen oder zonotremen Pollen mit transversen colpi, typische Dicotyle dagegen zonotremen mit Poren oder longitudinalen colpi oder pantotremen Pollen. *Canellaceae* und *Calycanthaceae* gehören eindeutig zu der ersten Gruppe, so daß HUTCHINSONs Zuteilung der ersteren zu den *Magnoliales* richtig, der letzteren zu den *Rosales* falsch erscheint. In der zweiten Gruppe ist eine ungleichmäßige Aperturengröße als primitives Merkmal anzusehen; sie findet sich u. a. bei *Cercidiphyllum, Hamamelidaceae, Fagaceae* und *Juglans*. Abgeleitet sind dagegen sowohl die Reduktion als auch die Vermehrung der Aperturen; so zeigt *Solanum* den Übergang von 3-colporat zu 2-colporat (ähnlich auch *Tropaeolum*), während bei *Impatiens* die Aperturenzahl auf sechs steigt. Die Pollencharaktere sprechen übrigens für eine deutliche Verwandtschaft der *Tropaeolaceae* und *Balsaminaceae*.

Immer mehr zeigt sich, daß die Struktur der Pollenwand erheblich komplizierter ist als man ursprünglich dachte; damit dürften von einer genaueren Untersuchung des Sporoderms noch wesentliche systematische Aufschlüsse zu erwarten sein. Zur Verständigung ist hier leider wieder die Einführung neuer Termini für die einzelnen Schichten unumgänglich; TOMSOVIC trennt jetzt Intine (mit Euintine und Exintine), Exine (mit Nexine, Mesexine und Sexine) und Perine, die Sexine dann noch einmal in Basosexine, Endosexine und Ektosexine. Nach ERDTMAN sind bei den *Asteraceae* und bei den *Acanthaceae* stets zweischichtige Nexinen vorhanden; bei manchen *Haloragidaceae* und *Sapindaceae* ist die Nexine in mehrere Lamellen gegliedert. STIX findet bei 225 Asteraceen-Arten 45 gut unterscheidbare Pollentypen, deren Sporodermschichten sie homologisiert. Vor allem die Exine-Stratifikation erweist sich als ausgezeichnetes, weitgehend gruppenkonstantes Merkmal, das die Neueinordnung mancher bislang schlecht untergebrachter Gattungen erlaubt. Die *Arctotideae* einerseits, die *Inuleae* andererseits sind jederzeit von *Mutisieae* und *Cynareae* klar zu trennen; das gleiche gilt für die *Anthemideae* gegenüber *Calenduleae* und *Astereae* sowie für die *Inulinae* und *Buphthalminae* gegenüber den anderen Subtriben der *Inuleae*. TARNAVSCHI u. MITROIU behaupten sogar, 173 meist heimische Compositenarten nach ihren Pollenmerkmalen bis auf die Art identifizieren zu können.

Auch bei den *Caesalpiniaceae* lassen sich die Triben pollenmorphologisch charakterisieren (FASBENDER); so besitzen die *Sclerolobieae* einen, die *Cynometreae* zwei, die *Amherstieae* vier gut umschriebene "basic types," die auch hier die Umordnung einiger Gattungen anregen und zudem noch gewisse Beziehungen zur geographischen Verbreitung erkennen lassen. Auch diese sonst so konstanten Merkmale weichen jedoch an einer Stelle auf: bei *Eperua* ist innerhalb der Gattung die morphologische Spannweite der Pollenform größer als bei allen drei genannten Triben zusammen. Bei *Ephedra* finden sich zwei Ecktypen und zwei intermediäre Pollengruppen, die nur teilweise mit STAPFs Anordnung zusammengehen (STEEVES u. BARGHOORN); immerhin sind einzelne Sektionen durch das ausschließliche Vorkommen eines Typs gekennzeichnet und auch bestimmte geographische Anordnungen erkennbar. VINOKUROVA fordert aus pollenmorphologischen Gründen die Abtrennung der *Moringaceae* von den *Dipsacaceae*, CHANG KIN-TAN die der *Altingiaceae* (*Liquidambar* und *Altingia*) von den *Hamamelidaceae*.

Als sehr einheitlich erweisen sich in ihrer Pollenstruktur die *Primulaceae* (Gattungen unterscheidbar), sauber nach Triben differenziert die *Boraginaceae*, klar getrennt die *Pyrolaceae* und *Ericaceae* (TARNAVSCHI u. RADULESCU). Bei 28 Gattungen der *Papaveraceae* werden zehn verschiedene Pollentypen gefunden (SAGDULLAJEVA); weitere Studien gelten den *Salicaceae* (RISCH) und *Lamiaceae* (WATERMAN).

Die Struktur des männlichen Angiospermen-Gametophyten steht nach den Untersuchungen RUDENKOs in guter Übereinstimmung mit den modernen systematischen Gliederungen; die Ordnungen GROSSHEIMs sind fast durchgängig durch das ausschließliche Vorkommen entweder des zwei- oder aber des dreizelligen Typs ausgezeichnet. Der zweizellige Typ herrscht bei den als ursprünglicher betrachteten Ordnungen absolut vor und wird daher für primitiv gehalten.

Die *Santalales* bilden, wohl zusammen mit den *Balanophorales*, nach den embryologischen Untersuchungen FAGERLINDs eine recht natürliche systematische Einheit. Das sog. zentrale, erekte, undifferenzierte „Ovulum" von *Exocarpus* stellt in Wirklichkeit eine Zentralplacenta ohne Ovulardifferenzierung dar; die angeblichen Gymnospermen-Ähnlichkeiten sind teils illusorisch, teils eindeutig reduktiv. Innerhalb der *Euphorbiaceae* (KAPIL) sind *Acalypha* und *Chrozophora* embryologisch so verschieden, (u. a. tetrasporer bzw. monosporer Embryosack), daß keinerlei engere Verwandtschaft in Betracht gezogen werden kann. JOHRI u. SINGH untersuchen Embryologie und Morphologie der *Nelsonieae* (speziell an *Elytraria*) und finden zwar wesentliche Abweichungen, aber doch generelle Übereinstimmung mit den *Acanthaceae*, die BREMEKAMPs Versetzung zu den *Scrophulariaceae* nicht unterstützt. *Mida*, bislang zu den *Osyrideae* gerechnet, steht embryologisch *Santalum* so nahe, daß sie wohl den *Santaleae* zuzuweisen ist (BHATNAGAR). Die Abtrennung der *Paeoniaceae* von den *Ranunculaceae* ist auch embryologisch zu fordern (KORTJUM).

Eine prächtige Zusammenstellung über die Phylogenie der Endospermtypen verdanken wir WUNDERLICH. Als Ausgangspunkt werden krassinuzellate, bitegmische Samenanlagen mit Deckzellen und cellulärem Endosperm betrachtet, wie sie noch bei einigen *Polycarpicae* zu finden sind. In einer Entwicklungsrichtung bleiben die Samenanlagen lange krassinuzellat und gehen dabei sehr frühzeitig zu nucleärem Endosperm über, während das eine Integument und die Deckzellen erst später schwinden; in der anderen Richtung wird rasch ein tenuinuzellater, deckzellenloser und meist unitegmischer Zustand erreicht, während hier das Endosperm sehr lange cellulär bleibt und erst spät ins nucleäre übergeht. Die Endospermhaustorien des cellulären Endosperms (viele Sympetalen) werden als besondere Variante auf dem Weg zum „Nucleär-Werden" betrachtet. Im systematischen Teil berichtet die Autorin über das Verhalten der Samenanlagen und des Endosperms in 277 Angiospermenfamilien. Campylotrope Samenanlagen können nach Ausweis der Innervation auf zwei verschiedenen Wegen entstehen; BOCQUET (2) unterscheidet daher scharf zwischen Orthocampylotropie (z. B. *Caryophyllaceae*) und Anacampylotropie (z. B. *Fabaceae*).

Mit aller Entschiedenheit weist BROWN einige moderne Deutungen des Grasembryos zurück. Wenn überhaupt eine Gleichsetzung dieser Sonderstrukturen erlaubt sei, müßten Coleoptile, Scutellum und Mesokotyl dem Keimblatt zugewiesen, der Epiblast als Auswuchs der Coleorrhiza betrachtet werden. Dem Referenten mag hier die Anmerkung erlaubt sein, daß er mit dem Autor zumindest darin übereinstimmt, daß die Annahme eines zweiten Keimblatts bei Gräsern taxonomisch absurd erscheint.

5. Phytochemie

BATE-SMITH gibt in TURRILLs "Vistas in Botany" einen Überblick über die pflanzliche Biochemie, von dem hier nur einiges aus dem Abschnitt über die Beziehungen zwischen Phytochemie und Taxonomie referiert sein soll. Für besonders bedeutsam hält er die Studien der Erdtman-Schule über die phenolischen Bestandteile der *Coniferae*, die u. a. wesentliche Aussagen über Homo- oder Heterogenität der einzelnen Gattungen, weiters über die chemische Abgrenzbarkeit der *Pinaceae* und *Cupressaceae* sowie sogar der einzelnen *Pinus*-Subgenera ergaben. Ähnlich wiesen HASEGAWAs *Prunus*-Studien eine klare Korrelation zwischen den Flavongerüsten und der Sektionsgliederung nach. Weitere Erwähnung finden LAWRENCEs und REZNIKs Forschungen an den Stickstoff-Anthocyanen der Centrospermen sowie HEGNAUERs vergleichende Alkaloid-Arbeiten, von denen sich besonders die Phenylisochinolin-Alkaloide als taxonomisch relevant erwiesen *(Ranales, Rhoeadales, Rutaceae!)*. Auch die Verteilung der Acetylen-Fettsäuren bei Compositen und Umbelliferen, der Cyclopropen-Fettsäuren bei *Sterculiaceae* und *Malvaceae* und schließlich der Chaulmugrasäuren bei den *Flacourtiaceae* läßt sich nach BATE-SMITH zu der Gruppengliederung in Beziehung setzen. Aus den neueren Arbeiten von GIBBS referiert der Autor besonders die Untersuchung von elf Dikotylenfamilien auf die Anwesenheit von Catecholtanninen, Leucoanthocyanen, Blausäureglycosiden, Ca-Oxalat-Raphiden und Syringin, die u. a. enge Beziehungen zwischen *Loganiaceae, Rubiaceae* und *Caprifoliaceae* (*!*) ergaben. Die Leucoanthocyane bilden im übrigen ein prächtiges gemeinsames Merkmal der Mehrzahl der Pteridophyten und Gymnospermen (einschließlich *Ginkgo*) sowie der ursprünglicheren Dicotylen, wo ihre Gegenwart an Familien mit einem niedrigen Sporneschen Advancement Index gebunden zu sein scheint.

Über die Bitterstoffe der *Cucurbitaceae* gibt REHM nun eine zusammenfassende Darstellung, aus der vor allem auf den Kontrast zwischen der geringfügigen, nur von wenigen Genen gesteuerten, chemischen Differenzierung und ihrer taxonomischen Bedeutung hingewiesen sei. Die häufigeren Cucurbitacine lassen sich vielfach zur Gattungscharakterisierung verwenden (Beispiele im letzten Bericht), die selteneren können zur Unterscheidung von manchmal sogar morphologisch schwer abgrenzbaren Arten dienen *(Cucumis: hookeri*-Gruppe nur A, *sativus* nur C, F bei *dinteri*, M bei *asper)*. Selbst die quantitative Verteilung erweist sich, etwa bei Wassermelone und Koloquinte, als signifikant. Bei *Cucurbita*-Keimpflanzen sowohl der Wild- als auch der Kultursippen findet sich eine offensichtlich evolutionäre Abfolge von Cucurbitacin B über B + E zu ausschließlich E, die Rückschlüsse auf die Stammarten der Nutzformen erlaubt. SCHARAPOVs Verzeichnis von 1600 ölhaltigen Pflanzen, in dem nach der Verteilung auf die einzelnen Familien auch phylogenetische Schlüsse gezogen werden, bekam der Referent bislang noch nicht zu Gesicht.

Durch ihre phenolischen Bestandteile unterscheiden sich auch einzelne Gattungsgruppen der *Dipterocarpaceae* (BATE-SMITH u. WHITMORE); enger zusammen gehören *Dipterocarpus* und *Dryobalanops*, die durch den gemeinsamen Besitz von Myricetin, sowie *Shorea*, *Vatica*, *Hopea* und *Balanocarpus*, die durch Kaffeesäure ausgezeichnet sind. *Gaillardia* läßt sich nach den Anthocyan-Komplexen ihrer Zungen- und Röhrenblüten in vier Gruppen gliedern, die den morphologisch begründeten Subgenera entsprechen. (STOUTAMIRE). BACON findet in Wurzelextrakten von *Campanula rapunculus* verschiedene nichtreduzierende Oligosaccharide, die sich von denen aus Compositenwurzeln papierchromatographisch nicht unterscheiden lassen; er betrachtet dies als Verwandtschaftsindiz. Umgekehrt lassen sich bei zwei *Baptisia*-Arten chromatographisch mindestens je drei verschiedene Komponenten feststellen, die sich im Bastard zu sechs verschiedenen Mustern rekombinieren (ALSTON u. TURNER); zudem findet sich bei der Hybride gelegentlich ein weiterer Stoff, der den Eltern fehlt, aber für eine dritte *Baptisia* charakteristisch ist. Ob man mit den Autoren hoffen darf, daß eines Tages für jede Art ein solches „biochemisches Profil" die Standardbeschreibung ergänzen wird, sei dahingestellt.

Daß auch die Fähigkeit zur Blausäurebildung sippengliedernd sein kann, wurde vor einigen Jahren von NORDHAGEN an *Cystopteris* demonstriert; DILLEMANN führt nun das gleiche für die morphologisch ähnlichen *Ribes*-Arten *odoratum* (+) und *aureum* (—) vor. In Rückkreuzungen zwischen *Linaria striata* (+) und *L. vulgaris* (—) läßt sich das Blausäuremerkmal introgressiv in die zweite Art einbauen. Bei *Trifolium repens* sind die südeuropäischen Herkünfte durchschnittlich stärker blausäurebildend als die nördlicheren (JAMINET). Bei *Rheum* kultivierte SCHRATZ (2) dreihundert Samenproben aus botanischen Gärten; die § *Palmata* (Rhaponticin fehlend, jedoch stets mit vier Anthrachinonen) war durch die polymorphen, aber anscheinend wenig bastardierenden *R. palmatum* und *officinale* vertreten, während sich in der § *Rhapontica* (Rhaponticin +, 2—4 Anthrachinone) alle Pflanzen als stark heterozygot, auch im Anthrachinon-Komplex, erwiesen und reine Arten in den Gärten überhaupt zu fehlen scheinen. Erwähnt sei noch, daß beim Pharmakognostenkongreß in Kopenhagen ein eigenes Kolloquium der infraspezifischen Differenzierung gewidmet war; auch die Drogen-Stammpflanzen sind vielfach in chemisch so unterschiedliche Kleinsippen aufgespalten, daß die Pharmakopöen wohl eines Tages von ihrem allzu breiten Artbegriff abgehen müssen. SCHRATZ (1) fordert hierbei in seinem Grundsatzreferat mit Recht eine erhebliche Intensivierung der Zusammenarbeit mit den Taxonomen.

6. Experimentelle Systematik und Cytotaxonomie

VASSILCZENKO weist darauf hin, daß sich die experimentelle Systematik niemals von der allgemeinen („deskriptiven") Taxonomie lösen darf. Wesentliche Forschungsaufgaben liegen derzeit bei folgenden Gebieten: Überprüfung der Konstanz taxonomischer Charaktere unter verschiedenen Umweltsbedingungen und des Polymorphismus verschiedener geographischer Herkünfte bei uniformer Kultur; experimentelle Modifizierung; vergleichende Untersuchung natürlicher und künstlicher Bastarde; komparative Morphologie der Jugendformen; Auftreten von Neotenien bei höheren Pflanzen; experimentelle Teratologie zum besseren Verständnis der Morphogenese; schließlich Ökologie und Cytogenetik, die beide als „biologische Taxonomie" Informationen zum besseren Verständnis der Phylogenie liefern. Auch STEBBINS betont in seinem blendend geschriebenen Aufsatz "Genes, Chromosomes and Evolution" (in TURRILL) das Zusammenspiel von Taxonomie, Genetik, Entwicklungsgeschichte, Floristik und Paläontologie, das dem Studium der Evolution zugrunde gelegt werden muß. Aus den zahllosen Hinweisen und Beispielen können hier nur ganz wenige herausgegriffen werden, so im genetischen Kapitel die Feststellung, daß weitgehend gleichen morphologischen Charakteren verschiedener Sippen durchaus differente genetische Systeme zugrunde liegen können. So wird die Ausbildung eines federigen oder borstigen Pappus bei *Layia (Asteraceae)* durch zwei Allelpaare gelenkt, die innerhalb ein und derselben Population vertreten sein können; bei *Scorzonera* und *Tragopogon (Cichoriaceae)* liegt dagegen dem federigen Pappus ein völlig stabiles, polygenes System zugrunde. Im morphogenetischen Kapitel verweist STEBBINS auf Makro-Rekombinationen von Gen-Systemen, die die scheinbar so fixierte Zahl der Blütenorgane ändern; die Stabilisierung solcher Rekombinationen kann nicht nur durch introgressive Hybridisation oder Allopolyploidie (prächtige Beispiele!) bewirkt werden, sondern auch durch das Auftreten neuer, spezifischer Pollinatoren. Zu den wenigen bislang bekannten Fällen „drastischer" Mutation (symmetrische/zygomorphe Blüte bei *Antirrhinum*, zusammengesetztes/einfaches Blatt bei *Pisum*) fügt er das Beispiel des Akelei-Spornes, dessen Abwesenheit bei *Semiaquilegia ecalcarata* durch ein rezessives Gen bedingt ist (vgl. PRAŽMO).

Die Zusammenfassung aller gewonnenen Daten führt zu einer synthetischen Taxonomie, einer „harmonischen Gliederung der Kategorien", wie sie CHENNAVEERAIAH für *Aegilops* erreicht zu haben glaubt.

Morphologische, geographische, cytologische und genetische Daten führen hier zu drei wohlbegründeten Gruppen *(Triticum, Aegilops* und *Amblyopyrum)*, deren Glieder ihre Entstehung allen möglichen Formen gradueller und abrupter Artbildung verdanken. *Amblyopyrum* besitzt im übrigen das B-Genom des Weizens, kann also ebenso als Donor betrachtet werden, wie die bislang dafür herangezogene *Aegilops speltoides*. Leider unvollendet blieben die schönen Studien Björkmans an *Agrostis* und verwandten Gruppen, die viele Ansätze zu ähnlich tiefer Einsicht in das Evolutionsgeschehen zeigen. Umgekehrt läßt die synthetische Betrachtung von *Datura* (Avery, Satina u. Rietsema) bei aller großartigen Anhäufung cytogenetischer und entwicklungsgeschichtlicher Information eine endgültige taxonomische Auswertung vermissen. Eine ganze Familie, die *Polemoniaceae*, sucht V. Grant als „Modell der Evolution in einer Gruppe höherer Pflanzen"zu behandeln, wobei allerdings der solide Unterbau des mikroevolutionären Geschehens vernachlässigt ist und dadurch das Modell recht spekulative Züge aufweist. Originell sind die Schaubilder der Entwicklungsrichtungen, die neben morphologischen Details des Blatt- und Blütenbereichs auch Lebensform, Embryo, Chromosomenzahl, Chromosomengröße und Sitz des Centromers mit einbegreifen.

Die größere Zahl mittlerweile gewonnener Daten ermöglicht nun innerhalb gewisser Gattungen auch Vorstellungen über die Evolution der Chromosomenzahlen. So bringt Böcher (3) ein sehr eindrucksvolles Schema für *Campanula*, deren Basis von $n = 16$ nicht nur eine Polyploidreihe über 32 und 48 zu 112 hervorbrachte, sondern durch aneuploide Vorgänge auch neue Basen von 15, 18 und 17 entstehen ließ, von denen die letztgenannte wieder polyploid über 34 und 68 bis zu 102 progredierte. Eher noch verwickelter gestaltet sich das Schema bei *Anemone* [Böcher (1)], wo mehrmaliger Chromosomenverlust nicht nur zu den von der Achterreihe abweichenden Zahlen 30 und 39 führte, sondern auch zu Siebenerreihen von 14 bis 42. Böcher weist aber sehr nachdrücklich darauf hin, daß solche Schemata keineswegs mit der Evolution der Sippen gleichgesetzt werden dürfen, daß z. B. die reduzierte Zahl 7 bei *Anemone* als Ableitung nahezu in jeder Sektion der Gattung unabhängig erreicht worden ist. Leider wird so kluge Vorsicht nicht überall geübt. So wird man bei den *Astereae* Raven, Solbrig, Kyhos u. Snow gerne folgen, wenn sie die dort weitverbreitete und gerade auch bei den als primitiv betrachteten holzigen Sippen auftretende Zahl 9 als Basiszahl betrachten; ob aber die in der *Haplopappus*-Verwandtschaft verbreitete Zahl 5 beim Fehlen aller Zwischenglieder einfach durch Chromosomenreduktion (analog zu *Crepis*) erklärt werden und das Auftreten der Basiszahl 9 auch bei den *Cichoriaceae* als Beweis für die Monophylie der Gesamt-Compositen gedeutet werden darf, erscheint doch fraglich. Gleiches gilt für den „Chromosomen-Stammbaum" der *Caesalpiniaceae* und *Fabaceae* [Turner u. Fearing (1)], wo im wesentlichen wegen zahlenmäßiger Übereinstimmungen recht neuartige Verwandtschaftsbeziehungen postuliert werden.

Demnach sollen die *Phaseoleae* und *Dalbergieae* mit einem Teil der *Galegeae* und *Hedysareae* eine durch n =10, 11 ausgezeichnete Gruppe bilden und in engen Beziehungen zu den Caesalpinien-Triben *Sclerolobieae, Swartzieae* und Teilen der *Amherstieae* und *Cynometreae* stehen; die übrigen *Fabaceae (Sophoreae* und *Podalyrieae* mit n = 9 und der *Galegeae*-Komplex mit n = 8—5) werden direkt von den *Swartzieae* hergeleitet. Demgegenüber sollen die übrigen *Caesalpiniaceae* zwei völlig isolierte alte Linien, nämlich *Bauhinieae-Cassieae* (n = 7) und *Caesalpinieae-Amherstieae* (n = 12, 14) bilden. Alles andere als überzeugend wirkt es endlich, wenn SHARMA u. BHATTACHARYYA auf Grund von 17 gezählten Arten die Verwandtschaftsverhältnisse der *Apiaceae* diskutieren und ausgerechnet *Ptychotis* als ursprünglich betrachten, oder wenn gar PIZZOLONGO auf Grund einiger weniger Zahlen die *Hamamelidaceae* (n = 12), *Liquidambaraceae* (n = 16) und *Platanaceae* (n = 21) an hypothetische Sechser-, Siebener- und Achteräste der *Rosales* aufhängt und schließlich noch eine Beziehung zwischen *Eucommiaceae* und *Pomoideae* konstruiert, die sich ausschließlich auf n = 17 stützt.

Sehr nutzbringend erweisen sich hingegen solche aneuploide Reihen, wenn sie in säuberlicher Verbindung mit anderen Merkmalskategorien zur klareren Abgrenzung im generischen oder subgenerischen Bereich verwendet werden. So sind die morphologischen Unterschiede der *Rudbeckia*-Verwandtschaft (PERDUE) eindeutig differenten Chromosomenzahlen und Karyogrammen zugeordnet, so daß die Gliederung in *Rudbeckia* subg. *Rudbeckia* (19) und subg. *Macrocline* (18) sowie in *Dracopsis* (16), *Ratibida* (13, 14) und *Echinacea* (11) gerechtfertigt erscheint. SOLBRIG (4) benützt eine ähnliche Reihe von 9 bis 4, um die erst 1950 von SHINNERS unter *Xanthocephalum* zusammengefaßten Astereengattungen *Gutierrezia, Gymnosperma, Amphiachyris, Amphipappus* und *Greeneella* wieder säuberlich zu trennen. Bei *Cassia* (Grundzahl 7) trat nach IRWIN u. TURNER aneuploider Chromosomenverlust auf verschiedenen Polyploidiestufen auf, während die § *Chamaecrista* (n = 8) einen aneuploiden Gewinn zeigt; sie fügt sich im übrigen jedoch gut der Gattung ein. Manchmal scheint Aneuploidie mit einer Änderung der Lebensform korreliert zu sein, wie dies früher schon bei *Crepis* und *Coronilla* gefunden wurde. So unterscheidet sich bei *Koeleria* [LARSEN (4)] das annuelle subg. *Lophochloa* durch die bei Gräsern überhaupt seltene, reduzierte Grundzahl 6 von dem perennen subg. *Airochloa* (n = 7); ähnlich sind nach H. LEWIS bei der Labiate *Trichostema* zwei divergente aneuploide Reihen (mit n = 19 bzw. *n* = 7) durch krautig-einjähriges Wachstum von den strauchig-ausdauernden Sektionen mit der wohl ursprünglichen Grundzahl 10 geschieden.

Die Evolution von Polyploid-Komplexen wird von STEBBINS u. ZOHARY in vier Stufen gegliedert, wobei weitverbreitete Diploide und lokalisierte Tetraploide am Anfang stehen, dann die Diploiden reliktisch, die Tetraploiden expansiv werden, bis schließlich die Diploiden aussterben und durch Bastardierung der Tetraploiden interfertile Hochpolyploide entstehen; in der Endphase liegt dann ein ziemlich einheitlicher Hochpolyploidenkomplex vor. EHRENDORFER (2, 3) gliedert für die *Achillea-millefolium*-Gruppe ähnlich, jedoch unter starker Betonung der von ihm schon für *Galium* nachgewiesenen Hauptphasen der Differenzierung und Hybridisierung sowie unter Heranziehung ökologischer Daten. Auf der diploiden Stufe führt die vorherrschende Differenzierung zu einem basalen Satz divergenter, diskontinuierlicher Sippen, die sich in ,,ökologischer

Radiation" an randliche Biozönosen anpassen, um endlich in Relikt-
gesellschaften konserviert zu werden. Auf der polyploiden Stufe brechen
dagegen die Sterilitätsbarrieren zusammen (Pufferung durch Verviel-
fachung der Genome), so daß die nun vorherrschende Hybridisierung
zur Konvergenz, zu kontinuierlichen Sippen führt; diese Vorgänge beginnen meist in labilen, konkurrenzarmen Biozönosen und begleiten dann
expansiv die Sukzessionsserien bis zu den Klimaxkomplexen.

Ein Musterbeispiel für das Vorherrschen allopolyploider Prozesse bei
der Gattungsevolution bildet *Nicotiana* (GOODSPEAD u. THOMPSON), wo
schon die „präsubgenerischen Aggregate" amphidiploid aus alten sechs-
paarigen cestroiden bzw. petunioiden Komplexen entstanden sein sollen;
dieselben Vorgänge haben sich bei der Entstehung der 24-paarigen Gruppen wiederholt. Auf jeder Polyploidiestufe setzen dann wieder Änderungen der Chromosomenorganisation und Genkonstitution sowie introgressive Hybridisierung ein. Ähnlich komplex erweisen sich die Zusammenhänge in der Gattung *Brassica*, in der aus den drei verschiedenen
Grundgenomen von *B. nigra* ($n = 8$), *B. oleracea* (9) und *B. campestris*
(10) amphidiploid unter anderen *B. carinata* (17), *B. juncea* (18) und
B. napus (19) entstanden. Von den von OLSSON untersuchten weiteren
Arten gehören der Chinakohl und andere Verwandte zum Formenkreis
campestris, *B. napella* zu *napus*; die letztgenannte Sippe wurde ebenso
wie *juncea* nunmehr auch synthetisiert.

In zwei weiteren Polyploidreihen wurden die bislang vermißten, zugehörigen Diploiden aufgefunden. In der Siebenerserie der *Sanguisorba*-
Verwandtschaft waren nur Tetra-, Hexa- und Oktoploide bekannt; selbst
die monotypischen, isolierten, holzigen Nachbargattungen erwiesen sich
alle als tetraploid. LARSEN (2) findet in *S. annua*, die oft als eigene Gattung *Poteridium* betrachtet wird, die erste Diploide. Ähnlich verhält es
sich mit *Pinguicula hirtiflora* ($n = 16$), die nun als strikt mediterrane
Diploide der tetraploiden *grandiflora*-Gruppe der süd- und mitteleuropäischen Gebirge und der überaus weit, bis Lappland, verbreiteten oktoploiden *vulgaris*-Gruppe gegenübersteht (HONSELL). Im *Chrysanthemum-
alpinum*-Komplex (CONTANDRIOPOULOS u. FAVARGER) sind die korsische,
zwei westalpine und eine karpatisch-illyrische Sippe diploid, während
zwei weitere, darunter eine ostalpine, allopolyploid entstanden sind.
KNABEN behandelt einzelne Glieder der *Papaver-radicatum*-Gruppe, die
den arktischen Parallelkomplex (4—12x) zu dem asiatischen *nudicaule*-
Komplex (2—8x) und dem ausschließlich diploiden *alpinum*-Komplex
Mittel- und Südeuropas bildet. Die diploiden Formen von *Dactylis*
(STEBBINS u. ZOHARY) gliedern sich zwischen Kanaren und Himalaya
in elf engverbreitete, geographisch isolierte Sippen auf, die morphologisch nur schwach geschieden sind. Nahezu das gesamte Areal ist dazu
von Tetraploiden erfüllt, die zwar jeweils aus verschiedenen Diploiden-
Paaren entstanden zu sein scheinen, aber durch introgressive Bastardierung morphologisch so verschwommen sind, daß sie sich vorläufig
jeder taxonomischen Analyse widersetzen. Auch bei *Tradescantia ohiensis*
treten heute in Michigan die Diploiden nur mehr als disjunkte Einzel-
populationen in der Tetraploidenmasse auf, was ebenfalls als reliktisches
Verhalten in geänderter Umwelt gedeutet wird (DEAN).

Einige weitere in der Berichtszeit behandelte Polyploidkomplexe seien kurz vermerkt, so *Triglochin maritimum*, das in Europa $n = 6-24$, in Japan und Kanada von $24-60$, im östl. Nordamerika 72 zählt (LÖVE u. LÖVE). In der Schweiz und ihren Grenzgebieten findet FAVARGER vier verschiedene Chromosomenrassen von *Leucanthemum* ($2x-8x$). Die amerikanischen Glieder von *Primula* § *Farinosae* sind ganz parallel zu den eurasiatischen von $2x$ bis $8x$ aufgegliedert (VOGELMANN); nur die 14-ploide *P. stricta* besiedelt den Norden beider Erdteile gemeinsam.

Weitere schöne Beispiele bilden *Agrostis* (BJÖRKMAN), *Trisetum spicatum* [BÖCHER (4)] sowie *Gutierrezia* [SOLBRIG (1)], bei der sekundär die stärkst reduzierte Grundzahl 4 verdoppelt wird. *Empetrum* ist in seiner diözisch-diploiden Sippe in der Schweiz auf den Zentraljura beschränkt, während die zwitterig-tetraploide die Alpen und den Südjura besiedelt (FAVARGER, RICHARD u. DUCKERT); die letztere wird überdies von D. LÖVE wegen der genannten Eigenschaften mit rotfrüchtigen nordamerikanischen Sippen zu einer Art vereinigt und scharf von *E. nigrum* und den südamerikanischen Sippen getrennt. Bei *Scrophularia* werden in Europa die niedersten Zahlen gefunden, während im westlichen Nordamerika taxonomisch fast unentwirrbare Hochpolyploide erscheinen. Völlig unübersichtlich sind vorläufig auch die Verhältnisse der *Campanula-rotundifolia*-Gruppe, für die BÖCHER (3) von seinem ausgezeichneten Beitrag hofft, er könne so etwas wie die Ouvertüre zu einem neuen Drama der Evolution bilden. Ähnlich wie hier finden sich bei der heute ausschließlich tetraploiden, typischen Untergattung von *Xanthium* praktisch keine Sterilitätsbarrieren, so daß LÖVE u. DANSEREAU die ganzen Sippen in eine einzige Art zusammenfassen, auf je eine altweltliche und neuweltliche Subspecies verteilen und alles noch weiterhin Unterscheidbare als Varietäten, Formen und Notomorphen anhängen. Der Referent ist über die Wiedereinführung solcher hierarchischer Superstrukturen alles andere als erfreut — auch wenn sie nunmehr „biosystematisch" begründet werden.

Narcissus romieuxii wird von A. FERNANDES (1, 2) als Amphidiploide aus *N. bulbocodium* und dem eben von ihm in seiner Struktur aufgeklärten *N. cantabricus* erkannt; ähnliche Klärung erfahren einige *Clarkia*- (RAVEN u. LEWIS) und *Iris*-Arten (LENZ). Die Kultursippen der Luzerne wurden teils durch Autopolyploidie, teils durch Segmentallopolyploidie gebildet (SINSKAYA u. MALLEYEVA), während unter den *Avena*-Arten fast alle Diploiden denselben Karyotyp besitzen, die Polyploiden dagegen durch ein oder zwei Fremdgenome angereichert sind (RAJHATHY u. MORRISON). Die Beziehungen zwischen Polyploidie und Apomixis werden durch weitere Beispiele erhellt: *Aphanes microcarpa* und *floribunda*, beide diploid und amphimiktisch (mit schwacher Tendenz zu Apomixis), werden von HELMQVIST als mutmaßliche Ahnen der hexaploiden, meist fakultativ apomiktischen *A. arvensis* betrachtet. Ähnlich finden TURESSON u. TURESSON bei *Hieracium* § *Pilosellina* die amphimiktischen Formen einer Art oder Hybride stets mit niedrigeren Chromosomenzahlen ausgestattet als die entsprechenden amphiapomiktischen. Bei *Taraxacum* (FÜRNKRANZ) erweisen sich die cytogenetischen Verhältnisse in Mitteleuropa weit komplizierter als im Norden, wo offenbar meist Vollapomixis erreicht ist. Einige wenige Beiträge zur „Tischler-Regel" stammen von LARSEN (3) und D. M. MOORE (2): während auf den Kanaren die erwartet niedrigen Polyploidenwerte gefunden wurden, wurde auf den Macquarie Islands, also bei einer ersten Zählung im antarktischen Bereich, ein beachtlich hoher Wert (über 61,5%) ermittelt. Der Frequenz von Polyploiden in den verschiedenen Vegetationstypen geht PIGNATTI in einer interessanten Studie nach.

Der Häufigkeit von Hybridbildungen widmet KNOBLOCH eine originelle Untersuchung: unter den bislang bekannten 15000 Spermatophytenbastarden finden sich 2500 Orchideen (natürlich ohne die etwa 30000 künstlichen), 2100 Compositen und 1860 Rosaceen. Durch introgressive Hybridisation wird in England wie in Portugal *Viola lactea* mit *riviniana*-Genen angereichert und dadurch ihre ökologische Amplitude erweitert [D. M. MOORE (1)]; da *lactea* hierdurch kaum morphologisch verändert wird, wird eine Konservierung der sonst durch Umweltänderungen stark gefährdeten Art erzielt. Auf Introgression führt KRAUSE die auffallende Tatsache zurück, daß die geographischen Ecktypen von *Pulsatilla halleri* (Westalpen und Krim) einander weit ähnlicher sind als die dazwischenliegenden Formen, die dem Areal von *P. grandis* nahekommen. Auch *Lactuca sativa* dürfte nicht aus der allerdings sehr nahe verwandten *L. serriola* herausgezüchtet sein, sondern mindestens einige Gene von *L. saligna* oder nahe verwandten ägyptischen Arten besitzen (LINDQVIST). Von GRIFFITHS werden für *Terminalia* aus 115 beschriebenen Arten nur 28 anerkannt, die zum Teil starker Introgression unterliegen; KARPATI geht für *Sorbus* den umgekehrten Weg und gliedert das ganze introgredierte Material in zahllose „Transitusse", die der Schönheit dieser Wortbildung entsprechen.

7. Biometrie und graphische Darstellung

Das Streben, eine möglichst große Zahl von Merkmalen mit ausreichender Exaktheit zu erfassen und gleichzeitig zu betrachten, erzwingt vielfach neue Methoden der Messung und Darstellung. In Polen wird hierfür zunehmend eine vom mathematischen Institut der Universität entwickelte „Breslauer Taxonomie" verwendet, wobei die Gesamtdifferenz zwischen verschiedenen Individuen oder auch Sippen mathematisch ermittelt und in einer verästelten geometrischen Figur aufgetragen wird („Dendrit-Methode"). Sowohl die meßbaren als die qualitativen Daten werden als Werte zwischen 0 und 1 ausgedrückt, daraus für jedes Objektpaar ein Ähnlichkeitskoeffizient berechnet und schließlich die jeweils höchsten Koeffizienten durch Linienabschnitte verbunden, deren Länge der Gesamtdifferenz entspricht. KOWAL u. KUŽNIEWSKI demonstrieren diese Methode am Beispiel der Gattungen *Atriplex* und *Chenopodium*; für die mathematische Behandlung muß auf die Originalveröffentlichung [FLOREK, LUKASZEWICZ, PERKAL, STEINHAUS u. ZUBRICKI in Przeglad Antropologicny 5 (1952)] zurückgegriffen werden. Zur Behandlung der Variationsbreite und Bastardbildung mitteleuropäischer Birkensippen charakterisiert NATHO die Individuen, Populationen und Sippen durch „Morphogramme", die die Hybridindices ANDERSONs und die Polygone DAVIDSONs zu Koordinaten-Diagrammen kombinieren. Dabei werden etwa für die Individuen einer Baumbirken-Population 16 Merkmale in einer Viererskala bewertet und aus ihnen die Hybridindexwerte errechnet; die Häufigkeit dieser Werte innerhalb der Gesamtpopulation wird in Blockdiagrammen dargestellt, die dann in ihren Eckgipfeln die reinen Arten, im Mittelblock die Bastarde repräsentieren. In dem genannten

Beispiel ergibt sich schließlich, daß *B. pendula* durch einen Indexwert von 61—62 (mit Abweichungen von 47—64), *B. pubescens* durch etwa 4 (Abweichungen von 1—16) ausgezeichnet sind; die dazwischenliegenden Werte, die etwa 30% des Materials betragen, sind eindeutige Bastarde.

Schwierigkeiten bereitet bei solchen Berechnungen oft das Finden einer günstigen Formel, die so komplexe Eigenschaften wie Habitus, Blattform u. a. in brauchbare mathematische Werte bringt. So kennzeichnet PRITCHARD die Wuchsform englischer *Gentianella*-Arten durch 1 + log aus dem Quotienten der durchschnittlichen Internodienlänge und der Länge des terminalen Internodiums, die Blattform durch die hundertfache Differenz der Blattbreite im unteren und oberen Viertel, geteilt durch die doppelte Blattlänge. PERDUE legt die Chromosomenformen der *Rudbeckia*-Verwandtschaft durch den Quotienten aus der Länge jedes Chromosoms und der Durchschnittslänge aller Chromosomen, also die relative Chromosomenlänge, und durch das Längenverhältnis des langen zum kurzen Arm, also die Lage der Einschnürung, fest. Auf MELVILLEs Methoden der Blattmessung wurde schon an anderer Stelle (S. 73) hingewiesen.

Eine gewisse Gefahr dieser Methoden liegt in ihrer Aufwendigkeit, die doch manchmal nicht durch entsprechende Erfolge gerechtfertigt wird, zumal man ja nicht glauben darf, daß hierdurch jegliche Subjektivität (vor allem in der Bewertung der Merkmale) ausgeschaltet sei. So geben die „Streuungsfelder" der Blattproportionen, Blütenstandswerte und Köpfchengrößen in WENDELBERGERs (3) *Artemisia*-Arbeit zweifellos einen gewissen Überblick über Merkmalsamplituden und manche Korrelationen, ohne daß hier nach Meinung des Referenten ein wesentlicher taxonomischer Aussagewert aufscheint. Ähnlich steht es mit einer Arbeit CLAUSENs über die *Sedum*-Arten des transmexikanischen Vulkangürtels, die als „Versuch einer Vorführung taxonomischer Methoden" Unmengen von Statistiken und Messungen bringt; HEISER würdigt dies in seiner an sich freundlichen Rezension [Bull. Torr. Bot. Cl. **87**, 228 (1960)] mit dem lakonischen Schlußsatz: "Was it worth it?"

Fast zur Mode geworden ist in der Berichtszeit eine andere Art graphischer Darstellung, nämlich die von WAGNER und HARDIN eingeführten Spezialisations-Diagramme, bei denen das Fortschreiten der Spezialisierung innerhalb bestimmter natürlicher Gruppen errechnet und aufgezeichnet wird; die entsprechenden Spezialisierungs-Indices werden dabei meist auf konzentrischen Kreisen angetragen. Subjektiv bleibt dabei natürlich die Bewertung der Verwandtschaftsverhältnisse und letztlich auch die Entscheidung, welche Merkmale als primitiv oder abgeleitet betrachtet werden. Immerhin entstehen dabei recht eindrucksvolle Bilder, die doch gewisse Schlüsse erlauben. So ergibt sich etwa aus ILTIS' (2) Schaubild von *Cleome* § *Physostemon*, daß in dieser Sektion alle primitiveren Taxa annuell und ± mexikanisch sind, während die stark spezialisierten ausdauern und entweder Südamerika oder Westindien besiedeln. STERN zeigt in einem ähnlichen Diagramm unter Verwendung von elf Merkmalsprogressionen, wie sich bei *Dicentra* aus dem primitiven, caulescenten subg. *Chrysocapnos* divergierend die beiden abgeleiteten Untergattungen *Dicentra* (scapos) und *Dactylicapnos* (kletternd) entwickelt haben. DRESSLER u. DODSON legen für die *Orchidaceae* ein ähnliches Diagramm vor, das relative Verwandtschaft und Spezialisierung koppelt. Eine andere Methode verwendet schließlich NEVLING für seine diagrammatische Darstellung der amerikanischen Thymelaeaceen-Gattungen; sie werden in einem in Oktanten geteilten Kreis vereinigt, dessen Radien jeweils ein Merkmalspaar trennen. Aus diesem keineswegs komplizierten Schema läßt sich u. a. schließen, daß Haplostemonie und seitliche Anheftung des Griffels erst nach der Herausbildung vierteiliger Kelche entwickelt wurden.

Spezieller Teil

8. Taxonomische Ergebnisse im Familienrahmen

Poaceae: Als Standardwerke haben BORS Bearbeitung der Gräser von Burma, Ceylon, Indien und Pakistan sowie HUBBARDS Neudruck der britischen Gräser zu gelten. — Cytologie, Blatt- und Embryoanatomie sprechen für einen gemeinsamen Vorfahren der *Oryzeae, Ehrharteae* und *Centrotheceae* [DE WET (1)]. *Lasiochloa, Plagiochloa* und *Urochloa* kombinieren panicoide Epidermis mit festucoider Anatomie des Blattinnern und können vielleicht als primitive *Danthonieae* betrachtet werden; *Lintonia, Entoplocamia, Tetrachne* und *Fingerhuthia* sind im wesentlichen chloridoid-eragrostoid (in der Embryoanatomie eher bambusoid) und wahrscheinlich reliktische Überreste eines alten chlor.-eragr. Stocks. Im übrigen erweist sich auch die Halmanatomie mit den blattanatomischen Daten korreliert [DE WET (1, 3)]. — Auch *Calamovilfa*, bisher als Agrostidee betrachtet und in die Nachbarschaft der festucoiden *Calamagrostis* gestellt, ist chloridoid-eragrostoid und mit *Sporobolus* nahe verwandt (REEDER u. ELLINGTON). — Die bislang reichlich unklare Gattung *Phaenosperma* ist nach anatomischen und morphologischen Befunden als monogenerische trib. *Phaenospermeae* neben die *Stipeae* einzureihen [CONERT (1)]. — *Danthonia mexicana* (jetzt: *Metcalfia*) hat Beziehungen zu *Pseudodanthonia* und gehört damit nicht zu den *Danthonieae*, sondern zu den *Aveneae* [CONERT (3)]. — *Cleistogenes* (jetzt *Kengia*, PACKER) und *Neyraudia* sind keine *Arundineae*, sondern *Eragrosteae*; mit Recht wendet sich CONERT (2) gegen TATEOKAS falsche Einreihung von *N.* auf Grund eines einzigen anatomischen Merkmals. — KENG u. KIOU stellen sich sogar auf den Standpunkt, daß die Ährchenmorphologie weit wichtiger als die Blattanatomie sei. Sie betrachten die *Eragrosteae* als intermediär zwischen *Festuceae* und *Chlorideae*. — Nach bestimmten Oberflächenstrukturen der fertilen Blüte (BLAKE) gehören *Panicum* subg. *Paurochaetium* zu *Setaria*, subg. *Urochloides* zu *Brachiaria, P. meyerianum* zu *Eriochloa*; *Paspalidium, Entolasia* und *Ottochloa* müssen als Gattungen aufrecht erhalten werden. — Cytologie und Verwandtschaftsdiagramm der *Sorgheae* werden von CELARIER für acht Gattungen dargestellt. — Eine nomenklatorische Übersicht aller Weizen-, Hafer- und Roggensippen bringt BOWDEN (3), wobei alle Gersten als Rassen oder Cultivars von *H. vulgare* angesehen werden. — SKALICKY u. JIRÁSEK belegen die ausdauernden Quecken der *cristatum*-Gruppe mit dem Namen *Kratzmannia* OPIZ.

Cyperaceae: Durch eingehende Untersuchungen, auch der Leitbündelverhältnisse, kann SCHULTZE-MOTEL (1) MATTFELDS Angaben bestätigen, wonach bei *Dulichium* die drei adaxialen hypogynen Borsten über den Stamina sitzen und demnach ebenso wie die fünf abaxialen, unten verbundenen, als Tragblatt zu deuten sind; auch die drei hypogynen Borsten von *Micropapyrus* werden vom Autor ähnlich interpretiert. Beide Gattungen werden daher als primitive Gruppen der *Scirpoideae* angesehen, *Dulichium* zu einer eigenen Tribus *Dulichieae* erhoben [SCHULTZE-MOTEL (2)]. Die Annahme (der der Autor weitgehend zuneigt), daß alle zwitterigen Cyperaceenblüten Synanthien seien, würde mit sich bringen, daß die *Juncaceae* als mit den *Cyperaceae* überhaupt nicht verwandt oder als von diesen abgeleitet gelten müßten. — Ein ungewohnt weitgehendes „Lumping" nimmt KOYAMA (1) bei der Gattung *Scirpus* vor, in die er nicht nur *Blysmus* und *Trichophorum*, sondern auch *Eriophorum* und *Fuirena* einbezieht. Ausgangspunkt seien die Formen mit 6 nadeligen hypogynen Borsten, die in der einen Evolutionslinie verlängert und vermehrt werden *(Desmoschoenus, Micranthi, Oxycaryum, Trichophorum, Scirpus,*

Baeothryon, Lachnophorum, Japonici, Vaginati = Eriophorum), in der anderen dagegen verkürzt und reduziert *(Eleogiton, Actaeogeton, Isolepis, Holoschoenus, Bolboschoenus* sowie entfernter, *Blysmus* und *Vaginaria = Fuirena)*. — **Arecaceae:** In McCurrachs "Palms of the World" werden 235 Gattungen in alphabetischer Reihenfolge dargestellt. — **Araceae:** Das bisher zu den *Philodendrinae* gerechnete *Philonotion* wird als neuweltliche Sektion der malesischen Gattung *Schismatoglottis* betrachtet (Bunting). — **Centrolepidaceae:** Hamann gibt erstmals Chromosomenzahlen für die Familie (2 n = 20 und 46/48); die Grundzahl 10 ist bei Gräsern, *Juncus, Carex,* nicht aber bei den *Ericocaulaceae,* bekannt.

Liliaceae: Die taxonomische Stellung von *Scoliopus* bleibt auch nach den Untersuchungen Bergs unklar; die Ähnlichkeit mit den *Parideae* bzw. *Trilliaceae* beruht wohl konvergent auf Habitat und Myrmekochorie. — *Brachycyrtis* ist nach Buxbaum (2) nicht von *Tricyrtis* zu trennen; die Sippe weicht in allen Merkmalen von den *Liliaceae* in Buxbaums Fassung ab und gehört am ehesten in die Nähe von *Kreysigia* und *Schelhammera.* — Bei *Kniphofia* wurden bislang nur diploide, interfertile Arten festgestellt [DE WET (2)]; es herrscht also graduelle Artbildung mit Isolationsmechanismen der Blütezeit und der geographischen Verbreitung. Ähnliches gilt nach Riley (1, 2) für *Gasteria* und *Aloe* (alle Polyploidangaben beziehen sich bei *Aloe* auf eine einzige Sippe); bei *Haworthia* ist dagegen Polyploidie weiter verbreitet, vielleicht aber nur im Zusammenhang mit der Jahrhunderte alten Kultur dieser Sippen [Riley (3)]. — **Amaryllidaceae:** Die Inflorescenz von *Allium* § *Moly* besteht aus etwa 7 helicoiden Cymen, von denen vier peripher stehen und von der aus vier vereinigten Brakteen gebildeten Spatha umgeben werden (Mann). — *Milula* muß trotz der ährenartigen Infloreszenz und entgegen der Meinung Hutchinsons vor allem wegen der spathaähnlichen Braktee in die Verwandtschaft von *Allium* gestellt werden (Stearn). — **Musaceae:** Nach den anatomischen Untersuchungen Tomlinsons (1, 2) sind *Orchidantha* als *Lowiaceae, Heliconia* als *Mus.-Heliconioideae* getrennt zu halten; *Ravenala, Phenakospermum* und *Strelitzia* gehören eng zusammen und können nicht mit den *Musoideae* vereinigt werden. Dies stimmt weitgehend mit der Klassifizierung Lanes überein, während Hutchinsons *Strelitziaceae* (mit *Heliconia*) als unhaltbar, Nakais Aufsplitterung in fünf Familien als zu weitgehend betrachtet werden.

Orchidaceae: Unter dem Namen "The Orchids" hat Withner einen Sammelband veröffentlicht, in dem Schweinfurth mit manchen Verbesserungen gegenüber Schlechter bis zu den Subtriben schlüsselt und die Genera einordnet; eine Liste der Chromosomenzahlen bringt Duncan. Die übrigen Kapitel behandeln entwicklungsgeschichtliche, cytologische, genetische, physiologische und phytopathologische Themen. — Nach relativer Verwandtschaft und Spezialisierungsgrad gliedern Dressler u. Dodson in 5 Triben, die primitiven *Cypripedieae* und *Apostasieae,* in die neu abgegrenzten *Epidendreae* (noch primitiv bis sehr spezialisiert) und *Neottieae* (mäßig spezialisiert) sowie in die stärkst spezialisierten *Orchideae*; die über 80 Subtriben Schlechters werden auf 40 reduziert. Ähnliche Prinzipien verfolgt Garay mit 5 Unterfamilien der *Apostasioideae, Cypripedioideae, Neottioideae, Ophrydoideae* und *Kerosphaeroideae.* — Bei *Epipactis gigantea* findet Vermeulen einen klebrigen Diskus in der Nähe eines jeden der drei Narbenlappen; er folgert daraus einen wesentlichen Unterschied in der Entwicklung des Rostellums, das bei den *Neottieae* in Verbindung mit dem medianen Narbenlappen gebildet wird, während bei den *Ophrydeae* ein Band die Disci der Seitenlappen verbindet und sich zum Rostellum verselbständigt. — *Arpophyllum* und *Meiracyllium* zeigen einige primitive Charaktere, wie acht Pollinien, und werden daher als Überlebende des alten Stocks betrachtet, aus dem sich die *Pleurothallidinae* entwickelt haben (Dressler). — *Deroemera* ist wieder mit *Holothrix, Rhipidiglossum* mit *Diaphananthe* zu vereinigen (Summerhayes); *Cyrtoglossis* wird in *Mormolyca* einbezogen (Garay u. Wirth). — Ein großartiger Einblick in Bau und Funktion der Blüten kapländischer *Ophrydeae* ist Vogel zu verdanken.

Batidaceae: Gegen die übliche Zuteilung zu den *Centrospermae* sprechen nach Eckardt die beiden transversalen Karpelle, die Rudimentärstipeln, die endospermlosen und mit geradem Embryo ausgestatteten Samen; diese Merkmale legen ebenso wie die diagonalen Petalen der männlichen Blüten, die falschen Scheidewände, Parakarpie und parietale Plazentation eine Verwandtschaft mit den *Rhoeadales* (vielleicht besser: *Capparidales*, Ref.) nahe. — **Betulaceae:** Die Variabilität von Frucht- und Schuppenform der europäischen Birken wird von BIALOBRZESKA u. TRUCHANOWICZOWNA eingehend studiert und gut belegt. Die schöne Arbeit NATHOS über die mitteleuropäischen Birkensippen und vor allem -bastarde ist im Abschnitt „Biometrie" dargestellt. — **Proteaceae:** HABER findet in den Blüten der australischen Sippen vielfach alternierende Schuppen, Drüsen oder Disci, die er als Kronwirtel deutet. Die ursprünglichste Inflorescenz sei rispig gewesen und die Samen hätten eine Entwicklung von anatrop über amphitrop zu orthotrop genommen. — BEARD leitet in einer lesenswerten Studie die kapländischen *P.* von einer tropisch-montanen Flora des Gondwanalandes ab. — **Santalaceae:** Die *Anthoboleae* erweisen sich durch Holzanatomie, Grundplan der Blüte, Fehlen der Poststaminalhaare, Ovarbau und Fruchtentwicklung als recht einheitlich, während die Pollenform nicht ganz so konstant, Achsen, Blätter und Inflorescenzen ungemein plastisch sind (STAUFFER); sie sind zweifellos echte *S.*, jedoch im Zentralsäule-Samenanlagen-Komplex extrem abgeleitet und den *Loranthaceae* genähert. Zu den *Opiliaceae* bestehen keine direkten Beziehungen. Zu damit nahezu übereinstimmenden Ergebnissen, vor allem in Hinblick auf *Exocarpus*, kommen FAGERLIND (vgl. Abschnitt Embryologie) und MANASI RAM (1). *Omphacomeria*, bisher zu den *Osyrideae* gerechnet, gehört zu den *Anthoboleae* und ist an *Exocarpus* anzuschließen (STAUFFER). — *Leptomeria* [MANASI RAM (2)] und *Mida* (BHATNAGAR) stehen vor allem embryologisch *Santalum* nahe und sollten von den *Osyrideae* zu den *Santaleae* versetzt werden. — **Aristolochiaceae:** Das Perianth von *Aristolochia* betrachtet LORCH als erstes Blatt eines Seitensprosses. — HUBER trennt von *Aristolochia* s. str. die u. a. durch dreizähliges Perianth ausgezeichneten Gattungen *Pararistolochia*, *Isotrema* und *Endodeca* ab. Den schon früher diskutierten Ähnlichkeiten mit den *Rafflesiaceae* (einreihige, oft verwachsene Hülle, meist unterständiger Fruchtknoten, extrorse Antheren, Perforation der Tracheen) fügt der Autor noch das Narbenband der *A.* (ringförmige Narbe der *R.*), den bei *Isotrema* und *Endodeca* zwischen Röhre und Limbus eingeschobenen Ringwulst (Diaphragma der *R.*) und die Konnektivfortsätze der *A.* (Diskusfortsätze der *R.*) hinzu.

Chenopodiaceae: Nach der Dendritmethode (vgl. Abschnitt „Biometrie") untersuchen KOWAL u. KUZNIEWSKI 31 Arten und kommen zu dem in Anbetracht der riesigen Sippenzahl wohl etwas voreiligen Schluß, daß *Atriplex* in zwei Untergattungen (im Umfang von *Dichospermum* und *Teutliopsis*), *Chenopodium* in vier Sektionen zu gliedern sei; *Obione* (= *Halimione*) *pedunculata* sei von *Atriplex-Teutliopsis* nicht zu trennen. — **Ficoidaceae:** Den Mesembryanthemen widmet IHLENFELDT mehrere Darstellungen, wobei besonders das auf die Fruchtstrukturen begründete System SCHWANTES' mit dem sich auf Zahl und Form der Nektarien stützenden von RAPPA und CAMARRONE verglichen wird [IHLENFELDT (4)]. SCHWANTES hat offensichtlich die natürlichere Gliederung gefunden; auch die erst in den letzten Jahren herangezogenen Samenmerkmale fügen sich in allen bisher geprüften Fällen gut in sein System ein [IHLENFELDT (2)]. Die Samentaschen sind allerdings nicht völlig homolog und wurden in mehreren Entwicklungslinien ausgebildet [IHLENFELDT (1)]. Insgesamt scheint die Gruppe von strauchigen, wenig sukkulenten Formen ihren Ausgang genommen zu haben, wobei *Aridaria* die Grundgruppe der *Aptenioideae* (Ableitung zu unterständigem Fruchtknoten und Einjährigkeit), die *Delosperma*-Verwandtschaft die der *Ruschioideae* bilden dürfte (Ableitungen: Fächerdecken, Samentaschen, Einjährigkeit; große Blüten, vermehrte Karpelle, Bruchfrucht). — Eine schöne Progression führt FRIEDRICH (1) in der von ihm neu aufgestellten subtrib. *Stoeberiinae* vor, wo die Entwicklung von Stoeberien mit wenigen großen Blüten, reichsamigen Kapseln und samenbesetzten Placentarhöckern zu solchen mit vielen kleinen Blüten, wenigsamigen Kapseln und freien Placentarhöckern führt; *Ruschianthemum* mit Spaltfrüchten und 1—2samigen Fächern schließt die Reihe ab. — Die erst kürzlich von LEISTNER beschriebene, durch die Oligomerie des Gynäzeums stark herausfallende *Caryotophora* stellt eine von den *Aptenioideae* ausgehende, den *Hymenogynoideae* parallele, aber ganz andersartig spezialisierte Entwicklungslinie dar und wird daher als neue subfam. *Caryotophoroideae* betrachtet [IHLENFELDT (3)]. — ADAMSON schließt *Aizoanthemum* und *Gunniopsis* wieder als Subgenera in *Aizoon* ein. — **Caryophyllaceae:** NOVAK deutet *Cerastium alsinifolium* als „historische Serpentinomorphose" eines eiszeitlichen, dem

C. alpinum nahestehenden Typs. — BAEHNI u. BOCQUET schließen sich für die Schweizer Flora der Überführung von *Viscaria* zu *Lychnis* sowie von *Melandryum* und *Heliosperma* zu *Silene* an.

Ranunculaceae: PRAZMO erhielt bei der Kreuzung von *Semiaquilegia ecalcarata* mit *Aquilegia vulgaris* teilweise fertile Hybriden, während sie mit *Isopyrum* steril blieben. Spornlosigkeit ist nur durch ein recessives Gen bedingt, so daß die Spornbildung der Akeleien wahrscheinlich durch einen einzigen Mutationsschritt entstanden ist. — Merkmalsanalysen an mecklenburgischen Populationen von *Pulsatilla pratensis* (DETTMANN) zeigen, daß bei den beiden Varietäten *nigricans* und *pratensis* trotz beginnender morphologischer (Blütenfarbe, Involukrum, Behaarung) und ökologischer (warme, kalkreiche : saure, sandige Böden) Sonderung nur clinale Variation herrscht („Diachoren" ROTHMALERs); da var. *pratensis* nur die früher eisbedeckten Gebiete besiedelt, scheint sie erst postglazial entstanden zu sein. — **Magnoliaceae:** Sehr genaue Untersuchungen CANRIGHTs an den Karpellen der *M.* (vor allem ihrer Leitbündelversorgung) sprechen für eine enge Verwandtschaft mit *Annonaceae, Degeneriaceae* und *Himantandraceae*; unter den *M.* haben *Elmerrillia* und *Manglietia* die primitivsten, *Liriodendron* die fortschrittlichsten Karpelle. — **Lauraceae:** Die bislang in *Persea* einbezogenen *Alseodaphne* und *Nothaphoebe* sollten wieder als eigene Gattungen behandelt werden [KOSTERMANS (5)]. — **Fumariaceae:** Eine Trennung von *Corydaleae* und *Fumarieae* erscheint unnötig, ebenso die Gliederung von *Corydalis* in Untergattungen (vielleicht mit Ausnahme von *Stylotome*, also der *lutea*-Gruppe). Nach der Narbe lassen sich *Corydalis*, die Gruppe der südafrikanischen und die der mediterranen Gattungen unterscheiden, nach dem Pollen *Corydalis, Fumaria + Rupicapnos* und *Platycapnos*, nach den Blüten die mediterrane Gruppe (ähnlich auch *Corydalis-Stylotome*), die afrikanische Gruppe und die „echten" *Corydalis*. Insgesamt hat die Entwicklung der Familie von bilateralen Blüten *(Dicentra)* zu zygomorphen und Kapseln *(Corydalis)* und schließlich zu Nüssen *(Fumaria)* geführt (RYBERG). — Über die Evolution von *Dicentra* vgl. Abschnitt Biometrie. — **Brassicaceae:** Aus teratologischen Befunden leitet YEN die Behauptung ab, daß die Schote von *Brassica napella* aus sechs Karpellen besteht, die ursprünglich in gleicher Höhe entspringen, aber einen äußeren Quirl aus vier sterilen, einen inneren aus zwei fertilen Fruchtblättern bilden.

Pittosporaceae: *Pittosporum* zählt heute 199 Arten, von denen 182 in relativ engen Gebieten endemisch, nur 17 weiter verbreitet sind [CUFODONTIS (2)]. — **Hamamelidaceae:** *Liquidambar* und *Altingia* weichen morphologisch und in Pollenmerkmalen (CHANG KIN-TAN) sowie in der Chromosomenzahl (PIZZOLONGO) von den echten *H.* so stark ab, daß ihre Behandlung als eigene Familie (**Altingiaceae** bzw. *Liquidambaraceae*) gerechtfertigt erscheint. — **Rosaceae:** In seiner Bearbeitung von *Sorbus* für Ungarn unterscheidet KARPATI acht, in zahllose Formen aufgesplitterte Arten, die durch 44 hybridogene Sippen ("Transitus") und mehrere Primärbastarde (in „Notomorphe" gegliedert) verbunden sind. — **Caesalpiniaceae:** Über den „Chromosomen-Stammbaum" von TURNER u. FEARING (1) wurde im Abschnitt Cytologie berichtet. — Nach Blütenmorphologie und Pollenmerkmalen gehören *Dicymbe, Maniltoa* und *Neochevalieriodendron* zu den *Amherstieae, Hylodendron* zu den *Cynometreae, Tachigalia* zu den *Sclerolobieae* (FASBENDER). — *Chamaecrista* sollte von *Cassia* nicht generisch getrennt werden (IRWIN u. TURNER). — **Fabaceae:** *Lotus* ist von *Dorycnium* nur durch die deutlich rostrate Carina und die relativ kurzen, nicht bis zur Spitze zusammenhängenden Alae zu trennen; die drei strauchigen, meist zu *Dorycnium* gestellten Sippen der Kanaren werden als neue Untergattung *Canaria* zu *Lotus* gestellt [J. B. GILLETT (1)]. Nicht erwähnt wird *Tetragonolobus*, der in dem von CALLEN auf Griffelmerkmalen begründeten System eines der vier Subgenera von *Lotus* bildet. — Auf die interessante Arbeit von DUVIGNEAUD u. TIMPERMAN über die metallresistenten *Crotalaria*-Sippen Katangas kann hier nur verwiesen werden. — Aus Neuguinea beschreibt VAN STEENIS (3) eine höchst merkwürdige Gattung *Papilionopsis* mit nebenblattlosen „Phyllodien" und rispigen Blütenständen, die sich schlecht in das gewohnte Bild der *Fabaceae* fügt.

Simaroubaceae: *Nothospondias*, als Anacardiacee beschrieben, wird zu den *Simaroubioideae* gezogen [VAN DER VEKEN (1)]. — **Burseraceae:** Eine völlige Neugliederung von *Commiphora* trennt die subg. *Opobalsamum* und *Commiphora* (mit 5 Sektionen); die Evolution scheint hier von gefiederten zu einfachen Blättern, rispenartigen zu reduzierten Cymen, kaum gelapptem zu 8- und 4lappigem Diskus und schließlich von einem kurzbecherigen Pseudoarillus zu einem vierarmigen oder das Endokarp ganz umhüllenden vorangeschritten zu sein (WILD). — **Meliaceae:** *Rhetinosperma* ist zu *Chisocheton* zu ziehen (SMITH). — Als neue Familie **Ptaeroxylaceae** werden *Ptaeroxylon* und *Cedrelopsis* von den *Meliaceae* abgetrennt (LEROY). — **Polygalaceae:** Während bei den europäischen *Polygala*-Arten bislang nur die Grundzahlen 8 und 7 bekannt waren, besitzen einige südafrikanische die von *Chamaebuxus* bekannte Zahl 19 [LARSEN (1)]. — **Euphorbiaceae:** *Excoecaria* und *Spirostachys* erscheinen in Kontinentalafrika sehr homogen und von der Sammelgattung *Sapium* genügend getrennt, um als eigene Gattungen belassen zu werden [LÉONARD (5)]. — *Deutzianthus* ist in die erweiterte trib. *Joannesieae, Oligoceras* zu den *Cluytieae* zu stellen; *Gatnaia* gehört zu *Baccaurea, Kunstlerodendron* zu *Chondrostylis* und *Mallotus* [AIRY SHAW (2)], *Heterocalyx* zu *Agrostistachys* [AIRY SHAW (3)]. — Das als Santalacee beschriebene *Calyptosepalum* ist eine Art von *Drypetes* [VAN STEENIS (4)]. — Zur embryologischen Trennung von *Chrozophoreae* und *Acalypheae* vgl. Abschnitt „Embryologie". — **Cyrillaceae:** Alle anatomischen, morphologischen und palynologischen Befunde sprechen für eine Eingliederung dieser Familie in die *Ericales*, nicht in die *Celastrales* (THOMAS). — **Staphylaeaceae:** Die Zugehörigkeit der als Cunoniaceen beschriebenen Gattungen *Ochranthe* und *Kaernbachia* zu *Turpinia* verstärkt ebenso wie anatomische Daten die Argumente für gewisse Beziehungen der *S.* zu den *Cunoniales* [VAN STEENIS (1)]. — **Vitaceae:** Der bereits von ALSTON 1931 vorgeschlagenen Behandlung von *Cissus* § *Cyphostemma* ist bisher niemand gefolgt; DESCOINGS fügt wesentliche weitere Gründe (vor allem Samenmerkmale) für eine Trennung hinzu und kombiniert alle Arten um. Auch nach SHETTY sind die Karyogramme von *Cyphostemma* und *Cayratia* so verschieden von dem von *Cissus*, daß eine generische Bewertung fundiert ist.

KOSTERMANS (2) befürwortet die Trennung der apokarpen **Sterculiaceae** und der synkarpen **Buettneriaceae.** Die besprochenen Gattungen der *S.* lassen sich gut nach Fruchtcharakteren unterscheiden; *Argyrodendron* und *Tarrieta* sind in *Heritiera* einzubeziehen. — Die Kronblätter der *B.* sind in Nagel und Platte gegliedert, wobei jedoch der Nagel ungewöhnlicherweise ontogenetisch vorauseilt; die Querlamellen des Nagels sind den Hohlschuppen der *Boraginaceae* homolog [LEINFELLNER (1)]. — **Canellaceae:** Die von der Engler-Schule bisher unter den *Parietales* behandelte Familie wird in dem neuen Band der „Natürlichen Pflanzenfamilien" bei den *Polycarpicae* nachgetragen [MELCHIOR (1)]. — **Begoniaceae:** *Hillebrandia* hat nach den Befunden GAUTHIERs einen halbunterständigen, einfächerigen, aber fünflappigen Fruchtknoten mit parietaler Plazentation; die oberen Karpellteile sind frei. Er glaubt deshalb, daß bei der Evolution der *B.* die Fächerung des Fruchtknotens erst sekundär und simultan mit der Unterständigkeit erreicht wurde. — **Cactaceae:** Auf das rasche Fortschreiten der Gesamtdarstellung BACKEBERGs ist im Abschnitt „Monographien" verwiesen. — *Facheiroa, Thrixanthocereus* und *Vatricania* sind von *Epostoa* nicht generisch zu trennen; trotz der Cephalien handelt es sich um eine recht alte Gruppe, bei der die Sproßnatur des Rezeptakels noch deutlich ausgeprägt ist [BUXBAUM (1)]. — *Roseocactus* kann nur als Untergattung von *Ariocarpus* gelten (ANDERSON). — **Oliniaceae:** Die als Apocynacee beschriebene Gattung *Tephea* gehört zu *Olinia* [CUFODONTIS (3)]. — **Myrtaceae:** Die Blütenmorphologie von *Eucalyptus* (vor allem die verschiedenartige Natur des Operculums) ist immer noch ungenügend geklärt und die taxonomische Behandlung daher ungesichert (CARR u. CARR). Die Möglichkeit einer Polyphylie ist nicht auszuschließen; so dürfte sich *Monocalyptus* völlig unabhängig entwickelt haben.

Sapotaceae: Wie kaum in einer anderen Familie wechseln hier Lumping und Splitting, verbunden mit ständigen Umstellungen. Während MEEUSE *Zeyherella* und *Boivinella* nun zu *Pouteria* zieht, stellen HEINE u. HEMSLEY die Gattungen zu *Bequaertiodendron*, wobei sie unter dem seit 1850 bekannten *B. magalismontanum* 28 Synonyme aus 9 verschiedenen Gattungen verzeichnen. — **Oleaceae:** Auch hier werden von FUKAREK 37 Arten unter *Fraxinus angustifolia* vereinigt, was allerdings bei Soo u. SIMON auf heftige Kritik stößt. — **Polemoniaceae:** Nach dem Spezialisationsdiagramm von GRANT sind hier die *Cobaeeae* und *Cantueae* als primitiv und isoliert zu betrachten, während sich in gewisser Nachbarschaft der ebenfalls primitiven *Bonplandieae* die fortgeschritteneren *Gilieae* und *Polemonieae* entwickelt haben (vgl. S. 80). — **Wellstediaceae:** MERXMÜLLER (3) tritt für die Abtrennung dieses durch zweifächerige Kapseln mit hängendem Ovulum von *Heliotropiaceae* und *Boraginaceae* klar geschiedenen Taxons ein; die der Welwitschienflora POPOVS zugehörige Familie ist nur in den Merkmalen der Tetramerie und der Ovula-Reduktion abgeleitet, sonst aber ein primitiver Nebenast der Prae-Boraginaceen. — **Verbenaceae:** *Hadongia*, als Bignoniacee beschrieben, gehört zu *Citharexylum* (VIDAL). — **Lamiaceae:** *Acrocephalus* wird von DUVIGNEAUD u. PLANCKE auf die asiatischen Arten beschränkt, die afrikanischen werden zu einer neuen Gattung *Haumaniastrum* vereinigt.

Scrophulariaceae: Die Alveolenbildung erfolgt bei den Samen von *Verbascum*, *Celsia*, *Scrophularia* und *Sutera* nach demselben Typ [HARTL (1); da auch sonst im Samenbau von *Verbascum* und *Scrophularia* keine Unterschiede bestehen, wird die Trennung von *Pseudosolanoideae* und *Antirrhinoideae* als unnatürlich betrachtet. — Bei *Phygelius* besitzt die Placenta beiderseits der Medianen eine sterile Fläche, die mit den Placentationsverhältnissen der *Bignoniaceae* in Verbindung gebracht werden kann [HARTL (2)]. — In der Revision WERNERs werden die 36 Arten IVANINAs auf 21 Arten von *Digitalis* und *Isoplexis* reduziert; die übrigen Formen werden als Ergebnis introgressiver Hybridisation betrachtet. — KUNZ weist auf die häufige Unschärfe der sog. saisonpolymorphen Differenzierung bei *Rhinanthus* hin; die allzu hartnäckige Berücksichtigung dieses Merkmals läßt taxonomisch wichtigere übersehen. — **Lentibulariaceae:** Um die *L.* als Centrospermen-Abkömmlinge deuten zu können, homologisiert LEONHARDT die Kronblätter mit je zwei benachbarten Pseudostaminodien der *Amaranthaceae*, da ja die episepale Stellung der beiden Stamina erklärt werden muß (vgl. auch S. 74). — **Acanthaceae:** Die *Nelsonioideae* sollten nach den embryologischen und morphologischen Untersuchungen von JOHRI u. SINGH trotz gewisser Abweichungen bei den *A.* verbleiben und nicht nach BREMEKAMPS Vorschlag zu den *Scrophulariaceae* verbracht werden. — Innerhalb der *Ruellioideae* werden *Lepidagathis*, *Teliostachya*, *Barleriola*, *Neuracanthus* und *Calacanthus* zur neuen trib. *Lepidagathideae*, *Borneacanthus* und wahrscheinlich *Hulemacanthus* zur neuen trib. *Borneacantheae* zusammengefaßt. Bei zwei neuen Arten von *Filetia* wird erstmals unter den *A.* Inulin festgestellt [BREMEKAMP (3)].

Rubiaceae: In einer wichtigen Arbeit betont WAGENITZ erneut die Zusammengehörigkeit der *Loganiaceae* und *R.*, die ihm sogar enger erscheint als die der *R.* mit den üblicherweise in ihre Nachbarschaft gestellten Familien. Er geht daher von der gewohnten Folge *Contortae/Rubiales* ab und gliedert neu in *Gentianales (Loganiaceae, Rubiaceae; Apocynaceae, Asclepiadaceae; Gentianaceae, Menyanthaceae)* und *Dipsacales (Caprifoliaceae, Adoxaceae, Valerianaceae, Dipsacaceae)*. Dabei werden die *Gentianales* durch Vorherrschen von Holzpflanzen, meist einfache und ganzrandige, oft stipulate Blätter, radiäre Blüten mit oft gedrehter Knospenlage, isomeres Andröceum, ober- bis unterständiges Ovar mit 2 fertilen Karpellen, meist nucleäres Endosperm, häufiges intraxyläres Phloem, häufige Kolleteren am Blattgrund und verbreitete Alkaloide gekennzeichnet; die *Dipsacales* zeigen verstärkte Ableitung zu krautigem Wuchs, oft gezähnte bis fiederschnittige, estipulate Blätter, nie gedrehte Knospenlage, Ableitung zu Zygomorphie und Oligomerie, unterständiges Ovar mit 5—2, oft teilweise sterilen Karpellen, celluläres Endosperm und oft drüsige Behaarung, während intraxyläres Phloem, Kolleteren und Alkaloide fehlen. — Auf eine Parallelevolution macht SCHNELL aufmerksam: die westafrikanischen Arten von *Cephaelis* (köpfchenartige, involukrate Inflorescenzen) zeigen deutliche Beziehungen zu *Psychotria* (rispige Inflorescenzen) § *Bracteatae*, während die *Cephaelis*-Arten anderer Gebiete offensichtlich mit anderen *Psychotria*-Gruppen verwandt sind; *Cephaelis* sei daher ein „horizontales" Genus, das parallele Entwicklungstendenzen von *Psychotria* zusammenfaßt. Eine ähnliche Tendenz innerhalb der *R.* stellt auch das sporadische Auftreten eines ungleich großen bis petaloiden Kelchblattes dar. — Die bacteriophilen *Psychotria*-Arten Madagaskars sind gleicherweise direkt aus anderen madagassischen Sippen, nicht aus bacteriophilen des afrikanischen Kontinents entstanden [BREMEKAMP (4)]. — *Tapinopentas* muß zu *Otomeria* gestellt werden, *Octodon* zu *Borreria* (HEPPER). — **Valerianaceae:** *Astrephia*, manchmal zu einer eigenen Subtribus erhoben, ist mit *Valeriana* engst verwandt und kaum generisch zu trennen [WEBERLING (1)]. — Die merkwürdigen köpfchenartigen

Inflorescenzen von *Stangea* entstehen durch eine apikale Verdickung der Inflorescenzachse und rasch über den ganzen Scheitel fortschreitende Anlegung der Primordien; da sich auch „überzählige" Hochblätter finden, die dem Außenkelch der *Dipsacaceae* vergleichbar sind, sehen RAUH u. WEBERLING in dieser Gattung ein klares Indiz für die enge Verwandtschaft der beiden genannten Familien. — Für eine Abtrennung der **Morinaceae** von den **Dipsacaceae** spricht sich besonders aus pollenmorphologischen Gründen VINOKUROVA aus. — **Lobeliaceae:** Eine Phylogenie von 21 *Lobelia*-Arten Nordamerikas sucht BOWDEN (1) nachzuzeichnen.

Asteraceae: Die schöne Arbeit von STIX (vgl. auch S. 75) stellt nun auch pollenmorphologisch die enge Zusammengehörigkeit von *Inulinae* und *Buphthalminae*, von *Heliantheae* und *Helenieae*, von *Anthemidinae* und *Chrysantheminae* fest; *Platycarpha* und *Gundelia*, die bisherigen *Gundeliinae* der *Arctotideae*, gehören zu den *Mutisieae* bzw. *Cynareae*, *Gongrothamnus* zu den *Vernonieae*, *Ursinia*, *Osmites* und *Osmitopsis* zu den *Anthemideae*, wie dies schon früher von MERXMÜLLER aus morphologischen Gründen gefordert wurde. Merkwürdig ist die Pollenähnlichkeit der durch gelbe Zungenblüten von den *Vernonieae* weit verschiedenen Gattungen *Liabum* und *Eremothamnus* mit dieser Tribus. — Die „Chromosomenevolution" der *Asterinae* behandelt HUZIWARA. — Von den drei in Südamerika vertretenen *Erigeron*-Sektionen *Erigeron*, *Leptostelma* und *Oritrophium* wird die dritte von SOLBRIG (2) zu der bislang auf Neuseeland, Tasmanien und Australien beschränkten Gattung *Celmisia* übertragen. — Die Einbeziehung von *Chrysopsis* in *Heterotheca* wird von WAGENKNECHT gutgeheißen, dagegen sollte *Croptilon* (= *Isopappus)* abgetrennt bleiben. — SMOLJANINOVA begründet auf dem merkwürdigen *Symphyllocarpus* eine den *Filagininae* benachbarte subtrib. *Symphyllocarpinae*. — Die portugiesischen *Chrysanthemineae* werden von HEYWOOD (1) nach Achänenform, Keimblattlage und Harzkanälen auf die Gattungen *Chrysanthemum* (mit *Pinardia*), *Leucanthemum* (mit *Glossopappus* und *Kremeria*), *Tanacetum* (mit *Pyrethrum*) und *Prolongoa* (mit *Hymenostemma*) verteilt. — Die bislang meist mit *Artemisia laciniata* verwechselte *A. oelandica* zeigt enge Beziehungen zur pannonischen *A. pancicii* und vor allem zur asiatischen *A. macrobotrys* und stellt ein interessantes Relikt dar [WENDELBERGER (1)]. — *Cacalia* ist von LINNÉ eindeutig durch tetramere Kronen charakterisiert und daher auf *C. alpina* (= *Adenostyles*) zu typifizieren (CUATRECASAS); für die *C.-hastata*-Gruppe ist der Name *Hasteola* aufzunehmen [POJARKOVA (2)]. — ROESSLER betrachtet in seiner Revision der *Gorteriinae* die vielgestaltige Gattung *Berkheya* als Grundgruppe (Zungenblüten stets noch mit Staminodien); von ihr leiten sich durch Reduktionen *Cullumia*, durch disseminationsbiologische Spezialisierungen *Didelta*, *Heterorhachis* und *Cuspidia*, durch Hüllenverwachsung *Gorteria*, *Hirpicium* und *Gazania* ab. *Berkheyopsis* wird mit *Hirpicium* vereinigt. — *Chuquiraga*, *Doniophyton*, *Dasyphyllum*, *Fulcaldea*, *Schlechtendahlia*, *Barnadesia* und *Huarpea* werden von CABRERA zu einer subtrib. *Barnadesiinae* zusammengefaßt, die vielleicht Beziehungen zu den *Vernonieae* oder *Cynareae* hat; in *Dasyphyllum* werden *Flotovia*, *Chuquiraga* § *Erinesa* und *Piptocarpha* Hk. & Arn. einbezogen. — **Cichoriaceae:** *Sonchus* wird von BOULOS auf die Arten mit breiten Köpfchen, zahlreichen Blüten, voll fertilen Achänen und aus Haaren und Borsten gemischtem Pappus eingeschränkt und von *Launaea* abgeleitet.

9. Monographische und cytotaxonomische Arbeiten

Zamiaceae: Australien: JOHNSON, L. A. S. — Podocarpaceae: *Podocarpus* § *Microcarpus:* GRAY.

Pandanaceae: *Pandanus*, Schlüssel f. §§: ST. JOHN. — Sparganiaceae: *Sparganium*, südöstl. USA: BEAL. — Juncaginaceae: *Triglochin-maritimus*-Komplex, cyt.: LÖVE & LÖVE. — Hydrocharitaceae: *Halophila:* DEN HARTOG. — Poaceae: Burma, Ceylon, Indien, Pakistan: BOR. *Aegilops*, cyt. u. Enum.: CHENNAVEERAIAH. *Aveneae (Helictotrichon, Arrhenatherum, Koeleria, Gaudinia)*, Spanien: PAUNERO. *Avena*, cyt.: RAJHATHY u. MORRISON. *Bambuseae*, cyt.: JANAKI AMAL. *Bromus-mollis*-Gruppe, Dänemark: WIINSTEDT. *Cleistogenes:* CONERT. *Dactylis*, dipl.: STEBBINS u. ZOHARY. *Festuca* §§ *Leucopoa, Breviaristatae, Pseudoscariosae, Pseudatropis, Xanthochloa:* KRIVOTULENKO. *Festuca-ovina*-Gruppe, Mitteldeutschland: STOHR. *Festuca-ovina*-Gruppe, Dänemark: WIINSTEDT. *Helictotri-*

chon, Tschechoslowakei: HOLUB. *Hierochloe*, Fernöstl. Inseln: KAWANO. *Hordeum*, cyt.: MORRISON, I. W. *Neyraudia:* CONERT (2). *Poa* § *Stoloniferae*, Belgien: LEBAILLY. *Sesleria*, Italien: UJHELYI (2). *Sesleria*, cyt.: UJHELYI (1). *Sorgheae*, cyt. u. Schlüssel: CELARIER. *Trisetum*, cyt. MORRISON, M. E. S. *Trisetum-spicatum*-Komplex: HULTÉN (1). *Triticum*, China kult.: JAKUBZINER. — Cyperaceae: Rio Grande do Sul: RAMBO (2). *Carex*, Spanien: VICIOSO. *Carex*, Indochina u. Thailand: RAYMOND (1). *Carex* § *Boernera:* EGOROVA (1). *Carex* § *Fulvellae*, Skandinavien: PALMGREN. *Carex* subgen. *Vignea*, URSS: EGOROVA (2). *Epischoenus:* LEVYNS. *Gahnia*, Thailand u. Indochina: RAYMOND (2). *Scirpus* sens. latiss., Japan: KOYAMA. *Scirpus*, Hawaii: KOYAMA u. STONE. — Arecaceae: Amerika: DAHLGREN, B. E. — Xyridaceae: *Xyris*, Florida: KRAL (2). — Eriocaulaceae: Enum.: MOLDENKE (3). *Eriocaulon*, Neuguinea: VAN ROYEN (1). — Commelinaceae: *Buforrestia:* BRENAN. — Liliaceae: *Aloe*, Chrom. Nr.: RILEY (2). *Gagea*, Enum.: UPHOF (2). *Gasteria*, cyt.: RILEY (1). *Haworthia*, Chrom. Nr.: RILEY (3), *Kniphofia*, cyt.: DE WET (2). — Haemodoraceae: *Conostylis:* GREEN. — Amaryllidaceae: *Allium* u. *Milula*, Himalaya: STEARN. *Lycoris*, Japan: KOYAMA (2). — Iridaceae: *Anapalina*, LEWIS, G. J. (4). *Babiana*, LEWIS, G. J. (1). *Hexaglottis:* LEWIS, G. J. (2). *Iris-pumila*-Gruppe, cyt.: RANDOLPH u. MITRA. *Tritoniopsis:* LEWIS, G. J. (3). — Musaceae: *Musa* u. *Ensete*, Enum.: SIMMONDS. — Zingiberaceae: Manila: STEINER. — Marantaceae: *Haumania*, EVRARD u. BAMPS. — Orchidaceae: Peru: SCHWEINFURTH. Rio Grande do Sul: PABST. Thailand: SEIDENFADEN u. SMITINAND. *Cyrtorchis* u. *Diaphananthe:* SUMMERHAYES. *Dactylorchis* (hier *Dactylorhiza* genannt), Enum.: SOO (2). *Lepanthes*, Mexico: SCHULTES u. DILLON. *Ophrys*, Enum. allg. u. Ungarn: SOO (1).

Piperaceae: Mikronesien: YUNCKER (2). — Salicaceae: *Salix*, N.W.-Amerika: RAUP. — Juglandaceae: *Alfaroa* u. *Engelhardtia*, neuweltl. Arten: MANNING (1). *Juglans*, Südamerika u. Westindien: MANNING (2). — Fagaceae: *Quercus*, Mexico: MARTINEZ. — Moraceae: *Artocarpus*, Mikronesien: FOSBERG (1). *Artocarpus, Hulletia, Parartocarpus, Prainea:* JARRETT. *Ficus*, Asien u. Australasien: CORNER. *Musanga:* HAUMAN u. LÉONARD. — Loranthaceae: *Viscum*, Madagaskar: BALLE. — Santalaceae: *Anthoboleae:* STAUFFER. — Polygonaceae: *Coccoloba*, Argentinien: BUCHINGER u. SANCHEZ. *Coccoloba*, Mittel- u. Südamerika: HOWARD. *Fagopyrum* u. *Polygonum*, cyt.: DOIDA. *Polygonum-aviculare*-Gruppe: SCHOLZ (1). *Polygonum-aviculare*-Gruppe, Deutschl. Schlüssel: SCHOLZ (2). — Chenopodiaceae: *Salicornia*, England: BALL u. TUTIN. *Salicornia*, Deutschland: KÖNIG. — Amaranthaceae: Santa Catarina: SMITH u. DOWNS (2). Nevada: REED. *Achyropsis* u. *Pandiaka*, Afrika: CAVACO (2). *Amaranthus*, cyt.: GRANT, W. F.- Nyctaginaceae: Santa Catarina: REITZ. Nevada: REED. Nordafrika u. Sahara: QUÉZEL u. SINTÈS. — Ficoidaceae: *Acrosanthes* u. *Aizoon:* ADAMSON. *Machairophyllum:* BOLUS. *Trianthema*, Argentinien: HUNZIGER u. COCUCCI. — Molluginaceae: *Psammotropha:* ADAMSON. — Portulacaceae: *Montia*, Belgien: LAWALRÉE. — Caryophyllaceae: Dänemark: PEDERSEN. Santa Catarina: SMITH u. DOWNS (2). *Dianthus*, Zentral- u. Südafrika: HOOPER. *Honkenya:* POBEDIMOVA. *Moehringia-bavarica*-Gruppe: SAUER. *Silene*, Himalaya: NASIR.

Ranunculaceae: Ostafrika: PIOVANO. *Aconitum* § *Lycoctonum*, Frankreich: D'ALLEIZETTE. *Anemone*, cyt.: BÖCHER (1), HEIMBURGER *Ranunculus*, cyt. Polen: TOMASZEWSKI. *Ranunculus* sect. *Thora:* MAYER. — Menispermaceae: Congo: TROUPIN (1). *Cyclea*, Malesien: FORMAN. — Annonaceae: FRIES in MELCHIOR (1). *Asimia* (incl. *Pityothamnus*) u. *Deeringothamnus:* KRAL (1). — Eupomatiaceae: UPHOF in MELCHIOR (1). — Myristicaceae: UPHOF in MELCHIOR (1). — Papaveraceae: *Argemone*, Nordamerika u. Westindien: OWNBEY. — Fumariaceae: *Dicentra:* STERN. — Brassicaceae: *Hesperis*, URSS: TZVELEV (1). *Synthlipsis:* ROLLINS. — Capparidaceae: New Mexico: ILTIS (1). *Capparis*, Mediterraneis u. Nahost: ZOHARY. *Cleome* § *Physostemon:* ILTIS (2). *Cleome*, in Amerika adventive altweltliche Arten: ILTIS (3). — Crassulaceae: *Crassula*, Südwestafrika: FRIEDRICH (2). *Crassula-perforata*-Gruppe: HIGGINS. *Echeveria*, consp. ser.: WALTHER. — Saxifragaceae: *Heucheria-cylindrica*-Komplex: CALDER u. SAVILLE (1). *Saxifraga* § *Trachyphyllum*, Nordamerika: CALDER u. SAVILLE (2). *Saxifraga-flagellaris*-Komplex: TOLMATCHEV. — Pittosporaceae: *Pittosporum*, Afrika, Makaronesien,

Arabien: CUFODONTIS (2). — Cunoniaceae: *Aistopetalum, Calycomis, Cerato-petalum, Gillbeea:* HOOGLAND. — Rosaceae: *Alchemilla,* Europa, Enum.: WALTERS. *Alchemilla,* Belgien: SOUGNEZ u. LAWALRÉE. *Dryas:* HULTÉN (2). *Potentilla* subgen. *Fragariastrum* ser. *Crassinerviae:* PAWLOWSKI (1). *Sanguisorba,* cyt.: LARSEN (2). *Sorbus,* Mitteleuropa: DÜLL. *Sorbus,* Ungarn: KARPATI. — Caesalpiniaceae: Chrom. Nr.: TURNER u. FEARING (2). *Cassia,* cyt.: IRWIN u. TURNER. — Mimo-saceae: Chrom. Nr.: TURNER u. FEARING (2). *Serianthes:* FOSBERG (2). — Fabaceae: Chrom. Nr.: TURNER u. FEARING (2). Texas: TURNER. *Abrus:* BRETELER. *Aeschynomene,* Malesien: RUDD. *Aspalathus* (mit flachen Blättern): DAHLGREN, R. *Astragalus* §§ *Hymenostegis, Acanthophace, Campylanthus, Alopecias:* RECHINGER, DULFER u. PATZAK. *Colutea,* Indien: ALI. *Craibia:* GILLETT, J. B. (2). *Lotus,* Afrika südl. d. Sahara: GILLETT, J. B. (1). *Medicago,* Arten Linnés: HEYN. *Melilotus,* cyt.: SHASTRY, SMITH u. COOPER. *Oxytropis,* arkt. Gruppen: JURTZEV. *Platysepalum:* GILLETT, J. B. (3). *Vicia,* USA: HERMANN.

Oxalidaceae: *Oxalis,* acaulescente Arten, kult.: INGRAM (1). — Rutaceae: Santa Catarina: COWAN. cyt.: DESAI. — Simaroubaceae: cyt.: DESAI. — Bur-seraceae: *Canarium:* LEENHOUTS. *Commiphora,* Enum.: WILD. — Polygalaceae: *Polygala,* cyt.: LARSEN (1). — Euphorbiaceae: Santa Catarina: SMITH u. DOWNS (1). *Andrachne:* POJARKOVA (1). *Argomuellera:* LÉONARD (6). *Cephalomappa:* AIRY SHAW (2). *Cleistanthus,* kont. Afrika: LÉONARD (7). *Croton,* Texas: JOHNSTON, M. C. *Excoecaria,* Enum. f. kont. Afrika: LÉONARD (5). *Koilodepas:* AIRY SHAW (2). *Leptopus:* POJARKOVA (1). *Phyllanthodendron* §§ *Phyllanthodendron* u. *Arachnodes:* AIRY SHAW (3). *Ptychopyxis:* AIRY SHAW (2). *Pycnocoma:* LÉONARD (6). *Sapium,* Enum. f. kont. Afrika: LÉONARD (5). *Suregada* (= *Gelonium*), kont. Afrika: LÉO-NARD (1). — Callitrichaceae: *Callitriche,* Neuseeland u. Australien: MASON. — Empetraceae: *Empetrum,* Nordamerika: LÖVE, D. — Anacardiaceae: *Astronium:* BERNARDI. — Cyrillaceae: THOMAS. — Celastraceae: *Euonymus:* LEONOVA. *Euonymus-europaea*-Komplex, URSS: KLOKOV. *Maytenus,* Enum. Süd-afrika: MARAIS. — Hippocastanaceae: *Aesculus,* Alte Welt: HARDIN. — Vitaceae: cyt. SHETTY. *Cissus* u. *Rhoicissus,* kult.: LAWRENCE (1). *Cyphostemma,* Enum.: DESCOINGS. — Tiliaceae: *Diplodiscus:* KOSTERMANS (3). — Bomba-caceae: *Coelostegia:* SOEGENG REKSODIHARDJO (2). *Durio:* KOSTERMANS (1). — Sterculiaceae: *Heritiera:* KOSTERMANS (2). — Theaceae: *Camellia:* SEALY. — Guttiferae sens. lat.: Äquatorialafrika: PELLEGRIN. — Clusiaceae: *Clusia* § *Polythecandra:* MAGUIRE. — Canellaceae: MELCHIOR u. SCHULTZE-MOTEL in MELCHIOR (1). — Samydaceae: China: WAN-CHANG KO. — Passifloraceae: *Passiflora,* kult: LAWRENCE (5). — Loasaceae: *Eucnide:* WATERFALL (2). — Cactaceae: *Austrocactinae, Austrocereinae, Boreocereae, Hylocereae:* BACKEBERG. *Borzicactus:* KIMNACH. *Neodawsonia:* BRAVO u. MACDOUGALL. — Oliniaceae: *Olinia,* Enum.: CUFODONTIS (3). — Thymelaeaceae: *Daphnopsis:* NEVLING. — Rhizophoraceae: *Rhizophora:* DING HOU. — Combretaceae: *Terminalia,* Afrika: GRIFFITHS. — Myrtaceae: *Syzygium,* Zentr.- u. Ostafrika: AMSHOFF. — Onagraceae: Angola: FERNANDES u. FERNANDES. *Burragea, Epilobium* (Nord-amerika südl. d. USA), *Hauya, Xylonagra:* MUNZ (2). *Epilobium-alsinifolium-*Gruppe: TRALAU. — Trapaceae: Angola: FERNANDES u. FERNANDES. — Aralia-ceae: kult. Gattungen: LAWRENCE (3). — Apiaceae: Japan: HIROE u. CONSTANCE. Chrom. Nr.: BELL u. CONSTANCE. cyt.: SHARMA u. BHATTACHARYYA. *Elaeoselinum,* Marokko: VEVILLET.

Clethraceae: *Clethra,* China: HU, SH. (2). — Ericaceae: *Agapetes,* kont. Asien: AIRY SHAW (1). *Agapetes,* Malesien: SLEUMER (2). *Leucothoe:* SLEUMER (1). *Rhododendron,* Malesien: SLEUMER (3). — Epacridaceae: *Acrotriche:* PATERSON. — Primulaceae: *Anagallis,* Sardinien: MARTINOLI. *Lysimachia,* kult.: INGRAM (4). *Primula* § *Farinosae,* Amerika cyt.: VOGELMANN. — Sapotaceae: Südafrika: MEEUSE. *Bequaertiodendron:* HEINE u. HEMSLEY. *Cassidispermum* u. *Chelonesper-mum:* VAN ROYEN (2). *Eberhardtia, Madhuca* u. *Mastichodendron,* Malesien: VAN ROYEN (4). *Palaquium,* Malesien: VAN ROYEN (5). — Oleaceae: *Jasminum,* China: KOBUSKI. — Buddleiaceae: *Buddleia,* cyt.: MOORE, R. J. — Gentianaceae: *Bartonia:* GILLETT, J. M. *Gentianella,* England: PRITCHARD. *Gentianella,* Japan: SATAKE. *Obolaria:* GILLETT, J. M. — Apocynaceae: Rio Grande do Sul: RAMBO (1). *Carissa* (incl. *Acoanthera*), kult.: LAWRENCE (2). — Asclepiadaceae: Rio

Grande do Sul: RAMBO (1). — Convolvulaceae: Argentinien u. Uruguay: O'DONNELL. *Ipomoea* § *Quamoclit*, Amerika: O'DONNEL. — Polemoniaceae: GRANT, V. Kult., Gattungsschlüssel: INGRAM (2). *Gilia, Ipomopsis* u. *Linanthus,* kult.: INGRAM (3). — Hydrophyllaceae: Chrom. Nr.: CAVE u. CONSTANCE. *Phacelia-franclinii*-Gruppe: GILLETT, G. W.: — Boraginaceae: *Echium,* URSS: KLOTZ. *Myosotis-silvatica*-Gruppe: TRALAU. *Omphalodes,* kult.: INGRAM (5). — Verbenaceae: Enum.: MOLDENKE (3). *Citharexylum:* MOLDENKE (1). *Diostea, Hierobotana, Parodianthus* u. *Stylodon:* MOLDENKE (5). *Pseudocarpidium:* MOLDENKE (2). — Avicenniaceae: Enum.: MOLDENKE (3). *Avicennia:* MOLDENKE (4). — Stilbaceae: Enum.: MOLDENKE (3). — Symphoremaceae: Enum.: MOLDENKE (3). — Lamiaceae: *Ballota:* PATZAK. *Haumaniastrum,* baumförmige Arten, Katanga: DUVIGNEAUD u. PLANCKE. *Orthosiphon,* Malesien: VAN DER SLEESEN. *Satureja* § *Acinos,* Portugal: FERNANDES, R. *Thymus,* Mitteleuropa: MACHULE. *Trichostema,* cyt..: LEWIS, H. — Solanaceae: *Atropa:* PASCHER. *Datura:* AVERY, SATINA u. RIETSEMA. *Dunalia:* HUNZIKER. *Mandragora,* Italien: MAUGINI. *Nicotiana,* cyt.: GOODSPEAD u. THOMPSON. *Solanum,* kult.: LAWRENCE (4). *Solanum,* argent. Wildkartoffeln der §§ *Acaulia* u. *Alticola:* BRÜCHER. — Scrophulariaceae: Nevada: EDWIN. cyt.: SHAW. *Digitalis* u. *Isoplexis:* WERNER. *Paulownia:* HU, SH. (1). *Verbascum,* Griechenland: HUBER-MORATH u. RECHINGER. — Bignoniaceae: Rio Grande do Sul: RAMBO (3). *Adenocalymma,* Argentinien: FABRIS. *Neosepicaea:* VAN STEENIS (2). — Pedaliaceae: *Sesamum,* Südwestafrika: MERXMÜLLER (1). — Plantaginaceae: *Plantago,* Polen cyt.: CZAPSKA.

Rubiaceae: Afghanistan: EHRENDORFER (1). *Gaertnera,* Congo: PETIT. *Galium-multiflorum*-Komplex: DEMPSTER. *Houstonia-purpurea*-Gruppe: TERRELL. — Cucurbitaceae: Indien: CHAKRAVARTY. *Peponium,* Madagaskar: KERAUDREN. *Wilbrandia:* MARTINEZ CROVETTO. — Lobeliaceae: *Lobelia,* cyt.: BOWDEN (2). — Asteraceae: *Artemisia* § *Heterophyllae:* WENDELBERGER (3). *Artemisia* § *Heterophyllae,* Mitteleuropa: WENDELBERGER (2). *Blumea:* RANDERIA. *Cacalia,* Florida: KRAL u. GODFREY. *Cancrinia:* POLJAKOV. *Carduus* § *Platycephali:* ARÈNES (2). *Centaurea* § *Cynaropsis,* Vorderasien: WAGENITZ (2). *Centaurea* sub § *Phrygiae,* Frankreich: ARÈNES (1). *Centaurea* § div.: TZVELEV (2). *Chartolepis:* CZEREPANOV (2). *Cheirolepis:* CZEREPANOV (2). *Chrysanthemineae,* Portugal: HEYWOOD (1). *Chrysanthemum,* cyt.: TANAKA. *Dasyphyllum:* CABRERA. *Gnaphalium,* URSS: KIRPICZNIKOV (1). *Gorteriinae:* ROESSLER. *Gutierrezia,* cyt.: SOLBRIG (1). *Hasteola:* POJARKOVA (2). *Helichrysum,* URSS: KIRPICZNIKOV (2). *Heterotheca* § *Heterotheca:* WAGENKNECHT. *Hymenoxys,* kult.: DRESS. *Inula,* Kaukasus: AWETISJAN. *Leuzea:* SOSKOV. *Liatris,* kult. DRESS. *Lyrolepis:* NORDENSTAM. *Omalotheca,* URSS: KIRPICZNIKOV (1). *Raoulia:* SOLBRIG (3). *Rhaponticum:* SOSKOV. *Senecio-lautus*-Komplex, Neuseeland, auch cyt.: ORNDUFF. *Solidago,* cyt.: BEAUDRY u. CHABOT. *Sosnovskya:* CZEREPANOV (2). *Stevia,* Mexico: MATUDA. *Synchaeta,* URSS: KIRPICZNIKOV (1). *Tomanthea:* CZEREPANOV (2). *Trichanthera:* POLJAKOV. *Xanthium,* Amerika: LÖVE u. DANSEREAU. *Zoegea:* CZEREPANOV (1). — Cichoriaceae: *Hieracium* § *Hololeia,* Rumänien: NYÁRÁDY (1). *Hieracium* § *Pilosellina:* TURESSON u. TURESSON. *Scorzonera,* cyt.: SOSNOVETZ. *Sonchus,* Enum.: BOULOS. *Taraxacum,* cyt.: FÜRNKRANZ. *Taraxacum,* alpine Arten: VAN SOEST.

10. Neue Gattungen

Poaceae: *Diandrochloa* (auf *Eragrostis namaquensis*): DE WINTER. *Eragrostiella* (aff. *Eragrostis*): KENG u. LIOU. *Kengia* (= *Cleistogenes*): PACKER. *Metcalfia* (auf *Danthonia mexicana*): CONERT (3). *Sclerodactylon* (aff. *Eragrostis*): KENG u. LIOU. — Commelinaceae: *Separotheca* (aff. *Setcreasia*): WATERFALL (1). *Stanfieldiella* (aff. *Buforrestia*): BRENAN). — Burmanniaceae: *Mamorea* (aff. *Triscyphus*): RAMON DE LA SOTA. — Ficoidaceae: *Ruschianthemum* (auf *Mesembryanthemum gigas*): FRIEDRICH (1). — Menispermaceae: *Sarcolophium* (aff. *Kolobopetalum*): TROUPIN (2). — Brassicaceae: *Acachmena* (= *Syreniopsis*): FUCHS (3). *Gorodkovia* (aff. *Ermania*): BOTSCHANTZEV u. KARAVAEV. *Syreniopsis* (auf *Cheiranthus cuspidatus*): FUCHS (1). *Uranodactylus (Lepidiinae):* GILLI (2). *Zederbauera* (auf

Syrenia lycaonica u. *Erysimum echinellum*): FUCHS (2). — Fabaceae: *Ammopiptanthus* (auf *Piptanthus mongolicus*): CHENG SZE-HSU. *Papilionopsis:* VAN STEENIS (3). — Rutaceae: *Coombea* (aff. *Medicosma*): VAN ROYEN (3). *Evodiella* (aff. *Acronychia*): VAN DER LINDEN. — Euphorbiaceae: *Droceloncia* (auf *Pycnocoma rigidifolia*): LÉONARD (6). *Duvigneaudia* (auf *Sebastiana inopinata*): LÉONARD (4). *Tapoides* (? *Clutieae*): AIRY SHAW (3). — Sapindaceae: *Blighiopsis (Cupanieae)*: VAN DER VEKEN (2). — Tiliaceae: *Jarandersonia* (aff. *Diplodiscus*): KOSTERMANS (4). — Bombacaceae: *Kostermansia* (aff. *Durio*): SOEGENG REKSODIHARDJO (1). — Theaceae: *Yunnanea:* HU, H.-H. — Thymelaeaceae: *Deltaria* (aff. *Microsemma* u. *Solmsia*): VAN STEENIS (1). — Apiaceae: *Buniella* (auf *Carum chaerophylloides*): SCHISCHKIN (3). *Pinacantha, Spongiosyndesmus* (aff. *Pastinacopsis*), *Tricholaser* (aff. *Laser*): GILLI (1). — Sapotaceae: *Aubregrinia*, nom. nov.: HEINE. *Austromimusops* (auf *Mimusops marginata*): MEEUSE. *Neolemonniera*, nom. nov.: HEINE. — Verbenaceae: *Xeroaloysia* (auf *Aloysia ovalifolia*): TRONCOSO. — Lamiaceae: *Haumaniastrum* (aff. *Acrocephalus*): DUVIGNEAUD u. PLANCKE. — Scrophulariaceae: *Staurogynopsis* (aff. *Staurogyne*): MANGENOT u. AKÉASSI. — Acanthaceae: *Borneacanthus* (aff. ? *Hulemacanthus*), *Cosmianthemum* (aff. *Pseuderanthemum*): BREMEKAMP (3). *Lundellia:* LEONARD, E. C. — Rubiaceae: *Mericocalyx* (aff. *Otiophora*): BAMPS. *Homollea, Homolliella, Peponidium, Pseudopeponidium, Schizenterospermum, Thouarsia:* ARÈNES (3). — Asteraceae: *Glossanthis* (auf *Chrysanthemum aulieatense*): POLJAKOV. *Kemulariella* (aff. *Aster*): SCHISCHKIN (2). *Lepidolopsis* (auf *Crossostephium turcestanicum*): POLJAKOV. *Microlophopsis* (auf *Centaurea plumosa*): CZEREPANOV (2). *Nikitinia* (auf *Jurinea leptoclada*): ILJIN (1). *Paracacalia* (aff. *Paragynoxis*): CUATRECASAS. *Plumosipappus* (auf *Phaeopappus macrocephalus*): CZEREPANOV (2). *Schumeria* (auf *Centaurea cerinthifolia*): ILJIN (2).

11. Floren

Das Streben nach einer synthetischen Taxonomie, einer Omega-Systematik, erweckt das Bedürfnis, auch in Florenwerken eine möglichst große Zahl von Informationen anzusammeln; HEGIs bekannte Flora ist dabei durchaus als Vorläufer anzusehen. Als Musterbeispiel einer solchen „biologischen Flora" können die seit Jahren im Journal of Ecology veröffentlichten Einzeldarstellungen der "Biological Flora of the British Isles" betrachtet werden, von der in der Berichtszeit die Bearbeitungen von *Quercus, Dactylis, Hornungia, Cynosurus, Agrostis setacea, Tuberaria, Nardus, Calluna* und *Draba muralis* erschienen sind. Für eine geplante Flora der südöstlichen Vereinigten Staaten werden biologische Familienbearbeitungen vorausgeschickt, die zwar gewöhnlich nur bis zu den Gattungen gehen, aber die Aufmerksamkeit auf alle Aspekte und Probleme taxonomischer, morphologischer, ökologischer, cytologischer und physiologischer Natur zu lenken suchen. Bislang wurden *Empetraceae, Diapensiales* und *Ebenales* (WOOD u. CHANNELL), *Nymphaeaceae, Ceratophyllaceae, Theaceae, Sarraceniaceae* und *Droseraceae* (WOOD), *Oleaceae* (WILSON u. WOOD), *Arales, Hydrophyllaceae, Polemoniaceae, Myrtaceae* und *Convolvulaceae* (WILSON) sowie *Primulales* und *Plumbaginaceae* (CHANNELL u. WOOD) herausgegeben. Für die nordamerikanischen Rosen hat W. H. LEWIS (1, 2) eine vergleichbare Arbeit begonnen, in der u. a. jeder meßbare Charakter statistisch, jeder qualitative prozentual festgelegt ist. Verhältnismäßig reich sind auch die Informationen, die in ROTHMALERs (1) neuer Reihe „Karten zur Pflanzengeographie Mecklenburgs" enthalten sind.

Eine interessante Übersicht über die seit 1945 in Deutschland erschienenen 37 Landes-, Provinz- und Lokalfloren ist SUKOPP zu verdanken.

Freilich findet sich darunter kaum ein Werk, das die eben geschilderten Tendenzen aufwiese; SUKOPP bedauert darüber hinaus mit Recht den Mangel an ausführlichen Beschreibungen und die geringe Beachtung infraspezifischer und kritischer Taxa. Methodische Fortschritte sind höchstens in bezug auf soziologische und ökologische Daten erkennbar — und auch dies nur in einzelnen Lokalfloren, deren besondere Bedeutung für diese Informationen auch von RECHINGER (1) betont wird. Besonders bedauerlich erscheint die Reduktion der einstigen Mannigfaltigkeit an Deutschlandfloren auf die beiden bekannten kleinen Schulfloren.

Sehr erfreulich ist dagegen das Erscheinen einiger Kulturpflanzen-Kataloge, von denen MANSFELDs letztes Buch wohl für geraume Zeit als Standardwerk gelten wird. Für 1430 landwirtschaftlich oder gärtnerisch genutzte Arten werden hier die korrekten Namen, Synonymie, Volksnamen, Verbreitung, Anbaugebiete, Nutzung und Anwendung, infraspezifische Taxa und Wildsippen verzeichnet. Über 6000 Nutzpflanzen enthält UPHOFs (1) ähnlich aufgebautes "Dictionary of Economic Plants", in alphabetischer Folge der wissenschaftlichen und englischsprachigen Namen; hier sind auch die forstwirtschaftlich genützten sowie die wichtigeren Gift- und Heilpflanzen beigefügt, leider aber die nomenklatorischen Aspekte ziemlich vernachlässigt. PARODI lieferte eine Enzyklopädie aller in Argentinien kultivierten Gewächse.

Vor der Zusammenstellung der in der Berichtzeit erschienenen Floren darf noch darauf hingewiesen werden, in welchem Ausmaß die floristisch-taxonomische Arbeit zumindest in einigen Gebieten voranschreitet. Am eindrucksvollsten ist wohl der Bericht von DES ABBAYES et al., in dem die geradezu unglaublichen Fortschritte der botanischen Erforschung Madagaskars in den letzten sieben Jahren für jede Gruppe des Pflanzenreichs einzeln dargestellt werden. Einen gewissen Eindruck mag auch LÉONARDs (3) Mitteilung vermitteln, wonach seit 1953 aus Afrika südlich der Sahara jährlich durchschnittlich 23 neue Gattungen und 430 neue Arten beschrieben wurden.

Europa. Dänemark: *Papaveraceae, Fumariaceae, Nymphaeaceae, Ceratophyllaceae, Elatinaceae, Halorrhagidaceae, Hippuridaceae, Lythraceae:* [LARSEN u. PEDERSEN: Bot. Tidsskr. 56, 37—86 (1960)]. — Belgien: *Rosaceae:* [ROBYNS: Flore générale de Belgique 3 (3), 307—440. Bruxelles 1960]. — Mitteleuropa: [FITSCHEN: Gehölzflora. 5. Aufl. 391 S. Heidelberg 1959]. — Österreich: [JANCHEN: Catalogus Florae Austriae, I (Farne u. Blütenpfl.), 3, 441—710 (1959); 4, 711—999 (1960), Abschluß]. — Südalpen: [PITSCHMANN u. REISIGL: Bilderflora der Südalpen. 278 S., Stuttgart 1959]. — Oberitalien: [ZENARI: Flora escursionista, Lavori di Bot. 21, 1—790 (1959)]. — Polen: *Papilionaceae — Araliaceae:* [SZAFER i PAWLOWSKI: Flora Polska 8. 428 S. Warschau 1959]. — Rumänien: *Plumbaginaceae — Scrophulariaceae:* [NYÁRÁDY: Flora R.P.R. 7, 660 S. Bucuresti 1960]. Europäisches Rußland: *Droseraceae — Diapensiaceae:* [Flora Murmanskoj Oblasti 4, 393 S. Moskau 1959] — Weißrußland: *Compositae:* [SCHISCHKIN u. TOMIN: Flora B.S.S.R. 5, 1—263 (1958), Abschluß].

Asien. URSS: *Compositae: Ageratum — Tagetes; Hieracium:* [SCHISCHKIN: Flora URSS 25, 630 S, Moskau 1959; 30, 732 S. Moskau 1960]. — Kaukasus: [GULISAŠVILI: Dendroflora Kawkaza 1, 406 S. Tbilisi 1959]. — Usbekistan: *Geraniaceae — Umbelliferae:* [VVEDENSKY: Flora Uzbekistanica 4, 509 S. Taschkent 1960]. — Mittelsibirien: *Sympetalae* u. *Monochlamydeae:* [POPOW: Flora Srednej Sibiri 2, 559—917 (1959)]. — Syrien, Libanon und angrenzende türk. Gebiete:

[RECHINGER: Rel. Samuelssonianae 6, Ark. f. Bot. **5** (1), 1—488 (1960)]. — Afghanistan: [KITAMURA: Res. Kyoto Univ. Sc. Exp. Karakorum II, 1—486 (1960)].

Polynesien. Tonga: [YUNCKER: Plants of Tonga, Berenice P. Bishop Mus. Bull. **220**, 1—283 (1959)].

Afrika. Übersicht über die eben erschienenen, im Erscheinen begriffenen oder in Angriff genommenen Einzelfloren Afrikas: [LÉONARD: Mem. Soc. Brot. **13**, 97—99 (1958)]. — Kanarische Inseln: [SVENTENIUS: Additamentum ad Floram Canariensem. 93 S. Madrid (Nat. Span. Inst. Agr. Inv.) 1960]. — Nordafrika: *Amaryllidaceae — Orchidaceae:* [MAIRE: Flore de l'Afrique du Nord, 6, 1—397, Paris 1959]. — Äthiopien: *Malvaceae — Asclepiadaceae:* [CUFODONTIS: Enum. Pl. Aeth. Sperm., Bull. Jard. Bot. Bruxelles **29**, Suppl. 533—652 (1959); 653—708 (1960)]. — Oubanghi-Chari: *Cochlospermaceae, Menispermaceae, Samydaceae, Annonaceae:* [TISSERANT: Flore Oubanghi-Chari, Not. Syst. **15**, 298—321; mit SILLANS: 321—354 (1959)]. — Elfenbeinküste: [AUBRÉVILLE: La flore forestière de la Côte d'Ivoire, éd. 2, Bde. 3 1036 S., Cent. Tech. For. Trop., Nogent 1959]. — Congo: *Buxaceae — Leeaceae:* [Flore du Congo Belge et du Ruanda Urundi 9, 597 S. Brüssel 1960]. — Ostafrika: [HUBBARD and MILNE-REDHEAD: Flora of Tropical East Africa, 1959/60: *Alismataceae* (CARTER), *Butomaceae* (CARTER), *Droseraceae* (LAUNDON), *Rosaceae* (GRAHAM), *Mimosaceae* (BRENAN), *Loganiaceae* (BRUCE u. LEWIS)]. — Angola: [CAVACO: Flora von Lunda, Diamang (Lisboa), Publ. Cult. **42**, 1—229 (1959)]. — Sambesigebiet: *Ranunculaceae — Polygalaceae:* [EXELL u. WILD: Flora Zambesiaca I (1), 336 S. London 1960]. — Südafrika: [MARTIN and NOEL: Flora of Albany and Bathurst, 128 S. Grahamstown 1960]. — Madagaskar: [HUMBERT: Flore de Madagascar; 131, *Sterculiaceae* (ARÈNES, 1959); 80: *Monimiaceae* (CAVACO, 1959), 189: *Asteraceae* I (HUMBERT, 1960)].

Nordamerika. Canada: [MOSS: Flora of Alberta, 546 S. Toronto 1959]. — Nordwestl. USA: [HITCHCOCK, CRONQUIST, OWNBEY and THOMPSON: Vascular Plants of the Pacific Northwest, 4 (*Ericaceae — Campanulaceae*), 510 S. Washington 1959; Abschluß d. 5 bänd. Werkes]. — Californien: [MUNZ: A California Flora, 1681 S. Berkeley and Los Angeles 1959]. — Illinois: [MOHLENBROCK and VOIGT: A Flora of Southern Illinois, 390 S. S'Ill. Univ. Press 1959]. — Iowa: [DAVIDSON: Flora SE-Iowa, Univ. Iowa Stud. Nat. Hist. **20**, 1—102 (1959)].

Mittel- und Südamerika. Panama: *Onagraceae — Cornaceae:* [WOODSON u. SCHERY: Flora of Panama, Ann. Missouri Bot. Gard. **46**, 195—256 (1959)]; *Chloranthaceae-Proteaceae:* [WOODSON, SCHERY et al.: Ann. Missouri Bot. Gard. **47** (2), 81—203 (1960)]. — Peru: *Halorrhagidaceae — Convolvulaceae* [MACBRIDE: Flora of Peru, Field Mus. Publ. Bot. **13** (5), 1—536 (1959)]; *Palmae:* [MACBRIDE: Bot. Ser. Field Mus. **13** (I/2), 321—418 (1960)]; Katalog der Blütenpfl. u. Farne: [FORSTER: Contr. Gray Herb. **184**, 1—223 (1958)].

Literatur

ADAMSON, R. S.: J. S. Afric. Bot. **25**, 23—68 (1959). — AIRY SHAW, H. K.: (1) Kew Bull. **13** (3), 468—514 (1959); (2) **14** (3), 353—397 (1960); (3) **14** (3), 469 bis 475 (1960). — ALI, S.: Bot. Not. **112** (4), 489—494 (1959). — D'ALLEIZETTE, CH.: Bull. Soc. Bot. France **106** (9), 476—484 (1959). — ALSTON, R. E., and B. L. TURNER: Nature (Lond.) **184**, 285—286 (1959). — AMSHOFF, G. J. H.: Acta Bot. Neerl. **9**, 404—410 (1960). — ANDERSON, E. F.: Am. J. Bot. **47**, 582—589 (1960). — ARÈNES, J.: (1) Not. Syst. **15**, 376—390 (1959); (2) **15**, 390—410 (1959); (3) **16**, 6—41 (1960). — AVERY, A. G., S. SATINA, and J. RIETSEMA: Blakeslee: The Genus Datura, 329 S. New York 1959. — AWETISJAN, W. J.: Arb. Bot. Inst. Akad. Arm. S.S.R. **11**, 3—72 (1958).

BACKEBERG, C.: Die Cactaceae, II—IV *(Cereoideae* bis *Boreocereae)*, 639—2629. Jena 1960. — BACON, J. S. D.: Nature (Lond.) **184**, 1957 (1959). — BAEHNI, C., et G. BOCQUET: Acta Soc. Helv. Sci. Nat. 139e Sess. ann., 156—158 (1959). — BALL, P. W., and T. G. TUTIN: Watsonia **4** (4), 193—205 (1959). — BALLE, S.: Lejeunia Mém. **11**, 1—151 (1960). — BAMPS, P.: Bull. Jard. Bot. Bruxelles **29**, 147—150 (1959). — BATE-SMITH, E., and T. WHITMORE: Nature (Lond.) **184**, 795—796 (1959). — BEAL, E. O.: Brittonia **12** (3), 176—181 (1960). — BEARD, J. S.: J. S. Afric. Bot. **25**, 231—235 (1959). — BEAUDRY, J. R., and D. L. CHABOT: Canad. J. Bot.

37, 209—228 (1959). — Beck, C. B.: Brittonia 12 (4), 351—368 (1960). — Bell, C. R., and L. Constance: Am. J. Bot. 47, 24—31 (1960). — Berg, R. Y.: Skr. Norske Vid. Akad. Oslo 1. Math.-Nat. Kl. 1959 (4), 1—56 (1959). — Bernardi, A. L.: Bol. Soc. Venez. Ci. Nat. 20, 348—359 (1959). — Bhatnagar, S. P.: Phytomorphology 10 (2), 198—207 (1960). — Białobrzeska, M., i J. Truchanowiczowna: Monogr. Bot. 9 (2), 1—92 (1960). — Biological Flora of the British Isles: J. Ecol. 47, 169, 223, 241, 511, 697 (1959); 48, 243, 255, 455, 737 (1960). — Björkman, S. O.: Symb. Bot. Upsal. 17 (1), 1—112 (1960). — Blake, S. T.: Proc. R. Soc. Queensland 70 (3), 15—19 (1959). — Böcher, T. W.: (1) Bot. Not. 112 (3), 353—362 (1959); — (2) Planta Med. 8 (3), 224—225 (1960). — (3) Biol. Skr. Dan. Vid. Selsk. 11 (4): 1—69 (1960); (4) Bot. Tidsskr. 55: 23—29 (1959). — Bocquet, G.: (1) Phytomorphology 9 (3), 217—221 (1959); (2) 9 (3), 222—227 (1959). — Bolus, H. M. L.: J. S. Afric. Bot. 26, 155—164 (1960). — Bor, N. L. The Grasses of Burma, Ceylon, India and Pakistan (excl. *Bambuseae*) 767 S. Oxford 1960. — Botschantzev, V., i M. Karavaev: Not. Syst. (Komarovii) 19, 109—113 (1959). — Boulos, L.: Bot. Not. 113 (4), 400—420 (1960). — Bowden, W. M.: (1) Bull. Torr. Bot. Cl. 86 (2), 94—108 (1959); — (2) Canad. J. Genet. Cytol. 1, 49—64 (1959); — (3) Canad. J. Bot. 37, 657—684 (1959). — Bravo, H. H., and Th. Macdougall: Anal. Inst. Biol. Mex. 29, 73—87 (1958). — Bremekamp, C. E. B.: (1) Proc. Konikl. Nederl. Akad. Wet. Ser. C, 62 (2), 91—110 (1959); (2) 62 (5), 461—471 (1959); — (3) Blumea 10 (1), 151—175 (1960); — (4) Notul. Syst. 16 (1—2), 41—54 (1960). — Brenan, J. P. M.: Kew Bull. 14 (2), 280—286 (1960). — Breteler, F. J.: Blumea 10 (2), 607—624 (1960). — Brown, W. V.: Bull. Torr. Bot. Cl. 86 (1), 13—16 (1959). — Brücher, H.: Züchter 29, 149—156, 257—264 (1959). — Buchinger, M., y E. Sanchez: Bol. Soc. Arg. Bot. 7, 251—255 (1959). — Bunting, G. S.: Ann. Missouri Bot. Gard. 47 (1), 69—71 (1960). — Buxbaum, F.: (1) Österr. bot. Z. 106, 138—158 (1959); — (2) Beitrg. Biol. Pfl. 35, 55—75 (1960).

Cabrera, A. L.: Rev. Mus. La Plata Secc. Bot. 9, 21—100 (1959). — Calder, J. A., and D. B. O. Saville: (1) Brittonia 11 (2), 49—67 (1959); (2) 11 (4), 228—249 (1959). — Callen, E. O.: Canad. J. Bot. 37, 157—165 (1959). — Canright, J. F.: Am. J. Bot. 47, 145—155 (1960). — Carr, D. J., and S. G. M. Carr: Nature (Lond.) 184, 1549—1552 (1959). — Cavaco, A.: (2) Not. Syst. 16, 81—106 (1960). — Cave, M. S., and L. Constance: Univ. Calif. Publ. Bot. 30 (3), 233—258 (1959). — Celarier, R. P.: Cytologia 24, 285—303 (1959). — Channell, R. B., and C. E. Wood: J. Arn. Arb. 40 (3), 268—288 (1959); 40 (4), 391—397 (1959). — Chakravarty, H. L.: Rec. Bot. Surv. Ind. 17, 1—234 (1959). — Chang Kin-Tan: Bot. J. 44, (10), 1375—1380 (1959). — Cheng Sze-Hsu: Bot. J. 44 (10), 1381—1386 (1959). — Chennaveeraiah, M. S.: Act. Hort. Gotoburg. 23, 85—178 (1960). — Clausen, R. T.: Sedum of the Trans-Mexican Volcanic Belt: An Exposition of Taxonomic Methods, 380 S. New York 1959. — Conert, H. J.: (1) Bot. Jb. 78 (2), 195—207 (1959); (2) 78 (2), 208—245 (1959); — (3) Willdenowia 2 (3), 417—419 (1960). — Contandriopoulos, J., et C. Favarger: Rev. Gen. de Bot. 66, 1—17 (1959). — Corner, E. J. H.: The Garden's Bull. Singapore 17 (3), 368—485 (1960). — Coulter, M. C.: The Story of the Plant Kingdom, Neue Aufl. v. H. J. Dittmer, 326 S. Chicago 1959. — Cowan, R. S.: Sellowia 12, 79—98 (1960). — Cuatrecasas, J.: Brittonia 12 (3), 182—195 (1960). — Cufodontis, G.: (2) Bol. Soc. Brot. 34, 159—177 (1960); — (3) Österr. bot. Z. 107 (1), 106—112 (1960). — Czapska, D.: Act. Soc. Bot. Polon. 28 (1), 129—142 (1959). — Czerepanov, S.: (1) Not. Syst. (Komarovii) 19, 442—457 (1959); (2) 20, 456—489 (1960).

Dahlgren, B. E.: Publ. Field Mus. Bot. 14, 1—412 (1959). — Dahlgren, R.: Opera Bot. (Lund.) 4, 1—393 (1960). — Dean, D. S.: Am. Midl. Nat. 61, 204—209 (1959). — Dempster, L. T.: Brittonia 11 (3), 105—122 (1959). — des Abbayes, H., et al.: Bull. Soc. Bot. France 106 (1—2), 35—97 (1959). — Desai, S.: Cytologia 25, 28—35 (1960). — Descoings, B.: Not. Syst. 16, 113—125 (1960). — Dettmann, V.: Feddes Rep. 62 (1), 4—18 (1959). — Dillemann, G.: Planta medica 8 (3), 263—274 (1960). — Ding Hou: Blumea 10 (2), 625—634 (1960). — Doida, Y.: The Bot. Mag. Tokyo 73 (867), 337—340 (1960). — Dress, W. J.: Baileya 7 (1), 23—32 (1959); 8 (2), 69—74 (1960). — Dressler, R. L.: Brittonia 12 (3), 222—224 (1960). — Dressler, R. L. and C. H. Dodson: Ann. Missouri Bot. Gard. 47, 25—68 (1960). — Düll, R.: Unsere Ebereschen und ihre Bastarde. 122 S. Wittenberg 1959.

— Duvigneaud, P., et J. Plancke: Biol. Jaarb. 27, 214—257 (1959). — Duvigneaud, P., et J. Timperman: Bull. Soc. Roy. Bot. Belg. 91, 135—176 (1959).

Eckardt, Th.: Ber. dtsch. bot. Ges. 72, 411—418 (1960). — Edwin, G.: Contr. tow. flor. Nevada 47, 1—47 (1959). — Egorova, T.: (1) Not. Syst. (Komarovii) 19, 50—73 (1959); (2) 20, 440—456 (1960). — Ehrendorfer, F.: (1) Biol. Skr. Dan. Vid. Selsk. 10 (3), 117—146 (1958); — (2) Naturw. Rdsch. 9. 335—342 (1959); — (3) Cold Spring Harbor Symp. on Quant. Biol. 24, 141—152 (1960). — Erdtman, G.: Bot. Not. 113 (1), 41—45 (1960). — Evrard, C., et P. Bamps: Bull. Jard. Bot. Bruxelles 29, 367—376 (1959).

Fabris, H. A.: Notas del Museo (La Plata) 19, Bot. 93, 261—265 (1959). — Fagerlind, F.: Sv. Bot. Tidskr. 53 (3), 257—282 (1959). — Fasbender, M. V.: Lloydia 22 (2), 107—162 (1959). — Favarger, C.: Ber. Schweiz. bot. Ges. 69, 26—46 (1959). — Favarger, C., J. L. Richard u. M. M. Duckert: Ber. Schweiz. bot. Ges. 69, 249—260 (1959). — Fernandes, A.: (1) Bol. Soc. Brot. 33, 47—60 (1959); (2) 33, 103—117 (1959). — Fernandes, R.: Bol. Soc. Brot. 33, 119—143 (1959). — Fernandes, R., y A. Fernandes: Garcia de Orta 7 (3), 483—499 (1959). — Florin, R.: (1) Act. Hort. Berg. 17 (11), 403—411 (1958); — (2) Senck. leth. 41 (1—6), 199—207 (1960). — Forman, L. L.: Kew Bull. 14 (1), 68—78 (1960). — Fosberg, F. R.: (1) Brittonia 12 (2), 101—112 (1960); — (2) Reinwardtia 5 (3), 293—317 (1960). — Foster, A. S., and E. M. Gifford: Comparative Morphology of Vascular Plants, 555 S. San Francisco 1959. — Friedrich, H.-Chr.: (1) Mitt. Bot. Staatss. München 3, 554—567 (1960); (2) 3, 585—599 (1960). — Fuchs, H. P.: (1) Act. Bot. Acad. Hung. 5 (1—2), 39—55 (1959); — (2) Phyton 8 (1—2), 160—170 (1959); — (3) Taxon 9 (2), 54—55 (1960). — Fukarek, P.: Glasnik (Sarajevo) 14, 133—258 (1960). — Fürnkranz, D.: Österr. bot. Z. 107, 310—350 (1960).

Garay, L. A.: Bot. Mus. Leafl. 19, 57—96 (1960). — Garay, L. A., and M. Wirth: Canad. J. Bot. 37, 479—490 (1959). — Gauthier, R.: Phytomorphology 9 (1), 72—87 (1959). — Gillett, G. W.: Rhodora 62, 205—222 (1960). — Gillett, J. B.: (1) Kew Bull. 13 (3), 361—381 (1959); (2) 14 (2), 189—197 (1960); (3) 14 (3), 464—467 (1960). — Gillett, J. M.: Rhodora 61, 35—42 (1959). — Gilli, A.: (1) Feddes Rep. 61 (3), 193—209 (1959); (2) 61 (3), 209—211 (1959). — Goodspead, T. H., and M. C. Thompson: The Bot. Rev. 25, 385—416 (1959). — Grant, V.: Natural history of the phlox family Vol. 1 Syst. Bot. Den Haag 1959. — Grant, W. F.: Canad. J. Bot. 37, 413—447; 1063—1070 (1959). — Gray, N. E.: J. Arn. Arb. 41 (1), 36—39 (1960). — Green, J. W.: Proc. Linn. Soc. N. S. W. 84, 194—206 (1959). — Greguss, P.: Holzanatomie der europäischen Laubhölzer und Sträucher, 2. ed. 330 S. Budapest 1959. — Griffiths, M. E.: J. Linn. Soc. Lond. Bot. 55 (364), 818—907 (1959).

Haber, J. M.: Phytomorphology 9 (4), 325—357 (1960). — Hamann, U.: Naturwissenschaften 47 (15), 360 (1960). — Hardin, J. W.: Brittonia 12 (1), 26—38 (1960). — Hartl, D.: (1) Beitr. Biol. Pfl. 35 (1), 95—110 (1959); — (2) Bot. Jb. 78 (2), 246—252 (1959). — den Hartog, C.: Act. Bot. Neerl. 8, 484—489 (1959). — Hauman, L.: et J. Léonard: Bull. Agr. Congo Belge 51 (1), 61—74 (1960). — Heimburger, M.: Canad. J. Bot. 37, 587—612 (1959). — Heine, H.: Kew Bull. 14 (2), 301—303 (1960). — Heine, H., and J. H. Hemsley: Kew Bull. 14 (2), 304—309 (1960). — Helmqvist, H.: Bot. Not. 112 (1), 17—64 (1959). — Hepper, F. N.: Kew Bull. 14 (2), 253—261 (1960). — Hermann, F. J.: Agric. Handb. (Washington) 168, 1—84 (1960). — Heslop-Harrison, J.: Planta Med. 8 (3), 208—218 (1960). — Heyn, C. C.: Bull. Res. Counc. Israel 7 D, 157—174 (1959). — Heywood, V. H.: (1) Agron. Lusit. 20 (3), 205—216 (1959); — (2) Syst. Ass. Publ. 3, 87—112 (1959); — (3) Feddes Rep. 63 (2), 107—228 (1960); (4) 63 (2), 160—168 (1960); (5) 63 (2), 179—192 (1960). — Higgins, V.: J. S. Afric. Bot. 25, 83—92 (1959). — Hillson, Ch. J.: Am. J. Bot. 46, 451—459 (1959). — Hiroe, M., and L. Constance: Univ. Calif. Publ. Bot. 30 (1), 1—144 (1958). — Holub, J.: Preslia 31 (1), 4—12 (1959). — Honsell, E.: (1) Ann. di Bot. 26 (2), 1—12 (1959); — (2) „Annali" Fac. Agr. Univ. Napoli (Portici) ser. 3, 26, 3—6 (1960/61). — Hoogland, R. D.: Austr. J. Bot. 8 (3), 318—341 (1960). — Hooper, Sh. S.: Hook. Ic. Pl. 5. ser. 7 (1), 1—60 (1959). — Howard, R. A.: J. Arn. Arb. 40 (1), 68—93 (1959); (2) 176—203 (1959); (3) 205—220 (1959); 41, (1) 40—46 (1960); (2), 213—229 (1960), (3), 231—258 (1960), (4), 357—390 (1960). — Hu, H.-H.: Am. Camellia Yearbook

1959, 95—98. — Hu, Sh.: (1) Quart. J. Taiwan Mus. 12, 1—54 (1959); — (2) J. Arn. Arb. 41 (2), 164—190 (1960). — Hubbard, C. E.: Grasses, 428 S. Neudruck. Harmondsworth 1959. — Huber, H.: Mitt. Bot. Staatss. München 3, 531—553 (1960). — Huber-Morath, A., u. K. H. Rechinger: Mitt. Thür. bot. Ges. 2 (1), 42—55 (1960). — Hultén, E.: (1) Sv. Bot. Tidskr. 53 (2), 203—228 (1959); (2) 53 (4), 507—542 (1959). — Hunziker, A. T.: Bot. Acad. Nac. Ci. (Córdoba) 41 (2), 211—244 (1960). — Hunziker, A. T., y A. E. Cocucci: Bot. Acad. Nac. Ci. (Córdoba) 41, 17—28 (1959). — Hutchinson, J.: The Families of Flowering Plants, ed. 2, 2 Bde., 792 S. Oxford 1959. — Huziwara, Y.: Evolution 13, 188—193 (1959).

Ihlenfeldt, H.-D.: (1) Ber. dtsch. bot. Ges. 72 (8), 333—342 (1959); — (2) Kakt. u. a. Sukk. 10 (5), 67—72, (6), 84—89 (1959); — (3) Z. Bot. 47 (6), 490—504 (1959); — (4) Feddes Rep. 63 (1), 1—104 (1960). — Iljin, M.: (1) Not. Syst. (Komarovii) 20, 356—358 (1960); (2) 20, 363—369 (1960). — Iltis, H. H.: (1) Southw. Nat. 3, 133—144 (1958); — (2) Brittonia 11 (3), 123—162 (1959); (3) 12 (4), 279—294 (1960). — Ingram, J. (1) Baileya 7 (1), 11—22 (1959); (2) 7 (3), 81—86 (1959); (3) 7 (4), 121—127 (1959); 8 (1), 5—9 (1960); 8 (2), 41—47 (1960); (4) 8 (3), 84—97 (1960); (5) 8 (4), 136—141 (1960). — Irwin, H. S., and B. L. Turner: Am. J. Bot. 47, 309—318 (1960).

Jakubziner, M. M.: Bot. J. 44, 1425—1436 (1959). — Jaminet, F.: Planta med. 8 (3), 275—281 (1960). — Janaki Amal, E. K.: Bull. Bot. Surv. India 1, 78 bis 84 (1959). — Jarrett, F. M.: J. Arn. Arb. 40, 1—37, 113—155, 298—326, 327—368 (1959); 41, 73—109, 320—340 (1960). — Johnson, L. A. S.: Proc. Linn. Soc. N. S. W. 84, 64—117 (1959). — Johnston, M. C.: Southw. Nat. 3, 175—203 (1958). — Johri, B. M., and H. Singh: Bot. Not. 112 (2), 225—251 (1959). — Jurtzev, B.: Not. Syst. (Komarovii) 19, 233—273 (1959).

Kapil, R. N.: Phytomorphology 10 (2), 174—184 (1960). — Kárpáti, Z.: Feddes Rep. 62 (2—3), 71—331 (1960). — Kawano, S.: J. Jap. Bot. 34, 11—17 (1959). — Keng, P. C., and L. Liou: Act. Bot. Sin. 9 (1), 48—75 (1960). — Keraudren, M.: Not. Syst. 16, 140—149 (1960). — Kimnach, M.: Cact. Succ. J. 32, 8—13, 57—60, 92—94 (1960). — Kirpicznikov, M.: (1) Not. Syst. (Komarovii) 20, 296—313 (1960); (2) 20, 314—336 (1960). — Klokov, M.: Not. Syst. (Komarovii) 19, 274—314 (1959). — Klotz, G.: Wiss. Z. Univ. Halle, Math.-nat. 9 (3), 363—378 (1960). — Knaben, G.: Opera Bot. (Lund) 2 (3), 1—74 (1959). — Knobloch, I. W.: Bull. Torr. Bot. Cl. 86 (5), 296—299 (1959). — Kobuski, C. E.: J. Arn. Arb. 40 (4), 385—390 (1959). — König, D.: Mitt. Flor.-soz. Arb. Gem. N. F. 8, 5—58 (1960). — Kortjum, E. L.: Ukr. Bot. J. 16, 32—43 (1959). — Kostermans, A. J. G. H.: (1) Reinwardtia 4 (3), 357—460 (1958); (2) 4 (4), 465—583 (1959); (3) 5 (3), 255—265 (1960); (4) 5 (3) 319—321 (1960); (5) 5 (3), 341—369 (1960). — Kowal, T., i E. Kuzniewski: Act. Soc. Bot. Polon. 28, 249—262 (1959). — Koyama, T.: (1) J. Fac. Sci. Univ. Tokyo III, 7 (6), 271—366 (1958); — (2) Baileya 7 (1), 1—6 (1959). — Koyama, T., and B. C. Stone: Bot. Mag. Tokyo 73, (865—866), 288—294 (1960). — Kräusel, R.: Ber. dtsch. bot. Ges. 73, 289—295 (1960). — Kral, R.: (1) Brittonia 12 (4), 233—277 (1960); — (2) Rhodora 62, 295—318 (1960). — Kral, R., and R. K. Godfrey: Quart. J. Fla. Acad. 21, 193—206 (1958). — Krause, K.: Bot. Jb. 78 (1), 1—68 (1958). — Krivotulenko, V.: Not. Syst. (Komarovii) 20, 48—69 (1960). — Kunz, H.: Phyton 8 (3—4), 243—258 (1959).

Lamprecht, H.: Agr. Hort. Gen. 17, 103—264 (1959). — Larsen, K.: (1) Bot. Not. 112 (3), 369—371 (1959); — (2) Nature (Lond.) 184, 743 (1959); — (3) Biol. Skr. Dan. Vid. Selsk. 11 (3), 1—60 (1960); — (4) Hereditas 46, 312—318 (1960). — Lawalrée, A.: Bull. Jard. Bot. Bruxelles 30 (1), 97—104 (1960). — Lawrence, G. H. M.: (1) Baileya 7 (2) 45—54 (1959); (2) 7 (3), 87—89 (1959); (3) 7 (4), 133 bis 139 (1959); (4) 8 (1), 20—35 (1960); (5) 8 (4), 121—132 (1960). — Lebailly, G.: Bull. Jard. Bot. Bruxelles 30, 5—14 (1960). — Leenhouts, P. W.: Blumea 9 (2), 275—476 (1959). — Leinfellner, W.: (1) Österr. bot. Z. 107 (2), 153—176 (1960); (2) 107 (5), 445—455 (1960), 474—486 (1960). — Lenz, L. W.: Aliso 4, 237—309 (1959). — Leonard, E. C.: Wrightia 2, 1—3 (1959). — Léonard, J.: (1) Bull. Jard. Bot. Bruxelles 28 (4), 443—450 (1958); — (3) Mem. Soc. Brot. 13, 101—102 (1958); — (4) Bull. Jard. Bot. Bruxelles 29 (1), 15—21 (1959); (5) 29 (2), 133—146 (1959); — (6) Bull. Soc. Roy. Bot. Belg. 91, (2), 267—282 (1959); — (7) Bull. Jard. Bot. Bruxelles 30 (4), 421—461 (1960). — Leonhardt, R.: Österr. bot. Z. 106, 456—463

(1959). — Leonova, G.: Bot. J. 45, 750—753 (1960). — Leroy, J. F.: J. d'Agr. Trop. Bot. Appl. 7 (9—10), 455—456 (1960). — Levyns, M. R.: J. S. Afric. Bot. 25, 69—82 (1959). — Lewis, G. J.: (1) J. S. Afric. Bot. Suppl. Vol. 3, 1—149 (1959); (2) 25, 215—230 (1959); (3) 25, 319—356 (1959); (4) 26, 51—72 (1960). — Lewis, H.: Brittonia 12 (2), 93—97 (1960). — Lewis, W. H.: (1)Brittonia 11 (1), 1—24 (1959); — (2) Southw. Nat. 3, 145—153, 154—174 (1958). — Linden, B. L. van der: Nova Guinea 10, 143—148 (1959). — Lindqvist, K.: Studies in Wild and Cultivated Lettuce 8 S. Lund 1960 [Diss.; cfr. et Hereditas 46, (1960)]: — Lorch, J. W.: Evolution 13 (3), 415—416 (1959). — Löve, A.: (1) Feddes Rep. 63 (2), 136—148 (1960); (2) 63 (2), 192—202 (1960). — Löve, A., and D. Löve: Nat. Canad. 85, 156—165 (1958). — Löve, D.: Rhodora 62, 265—292 (1960). — Löve, D., and P. Dansereau: Canad. J. Bot. 37, 173—208 (1959). — Lyr, H., u. J. H. Bergmann: Ber. dtsch. bot. Ges. 73, 265—276 (1960).

Machule, M.: Mitt. Thür. bot. Ges. 2 (1), 176—207 (1960). — Maguire, B.: Northw. Sci. 33, 129—134 (1959). — Manasi Ram: (1) Phytomorphology 9 (1), 4—19 (1959); (2) 9 (1), 20—33 (1959). — Mangenot, G., et L. Aké Assi: Bull. Jard. Bot. Bruxelles 29, 27—36 (1959). — Mann, L. K.: Am. J. Bot. 46, 730—739 (1959). — Manning, W. E.: (1) Bull. Torr. Bot. Cl. 86 (3), 190—198 (1959); — (2) Brittonia 12 (1), 1—25 (1960). — Mansfeld, R.: Kulturpflanze, Beih. 2, 1—659 (1959). — Marais, W.: Bothalia 7 (2), 381—386 (1960). — Martinez, M.: An. Inst. Biol. Méx. 29, 89—105 (1959). — Martinez Crovetto, R.: Darwiniana 12 (1), 17—42 (1960). — Martinoli, G.: Webbia 15 (1), 1—45 (1959). — Mason, R.: Austr. J. Bot. 7, 295—327 (1959). — Matuda, E.: Bol. Soc. Bot. Mex. 23, 55—83 (1958). — Maugini, E.: N. Giorn. Bot. Ital. 66, 34—60 (1959). — Mayer, E.: Slov. Akad. Cl. IV, Razprave V, 25—43 (1959). — McCurrach, J. C.: Palms of the World 290 S. New York 1960. — Meeuse, A. D. J.: Bothalia 7 (2), 317—379 (1960). — Melchior, H.: (1) Die Nat. Pfl. Fam. Bd. 17a II 229 S. Berlin 1959. — (2) Ber. dtsch. bot. Ges. 72 (8)—(10) (1960). — Melville, R.: (1) Kew Bull. 14, (1), 87—102 (1960). (2) 14 (2), 161—177 (1960); — (3) Nature (Lond.) 188 (No. 4744), 14—18 (1960). — Merxmüller, H.: (1) Mitt. Bot. Staatss. München 3, 1—13 (1959); — (2) Feddes Rep. 63 (2), 155—158 (1960). — Merxmüller, H., u. Mitarb. (3) Mitt. Bot. Staatss. München 3, 602—622 (1960). — Meusel, H., u. E. Köhler: Bot. Jb. 79 (2), 192—207 (1960). — Moeliono, B. M.: Acta Bot. Neerl. 8, 292—303 (1959). — Moldenke, H. N.: (1) Phytologia 6 (8), 448—505 (1959); 7 (1), 7—48 (1959); 7 (2), 49—72, 73—76 (1959); — (2) Phytologia 7 (2), 91—104 (1959); 7 (3), 112—118 (1960); — (3) A résumé of the *Verbenaceae, Avicenniaceae, Stilbaceae, Symphoremaceae* u. *Eriocaulaceae*, Yonkers, N. Y. 495 S. (1959); — (4) Phytologia 7 (3), 123—168 (1960); 7 (4), 179—232 (1960); 7 (5), 259—292 (1960); — (5) Phytologia 7 (5), 244—248, 293—299, 300—303, 304—320 (1960). — Moore, D. M.: (1) Evolution 13 (3), 318—332 (1959); — (2) Bot. Not. 113, (2), 185—191 (1960). — Moore, R. J.: Am. J. Bot. 47, 511—517 (1960). — Morrison, J. W.: Canad. J. Bot. 37, 527—538 (1959). — Morrison, M. E. S.: Canad. J. Genet. and Cytol. 1, 84—88 (1959). — Müller-Stoll, W. R., u. E. Mädel: Senck. leth. 41 (1/6), 255 bis 295 (1960). — Munz, P. A.: (2) Aliso 4, 485—490, 492—499, 499—500, 501—502 (1960).

Natho, G.: Feddes Rep. 61 (3), 211—273 (1959). — Neubauer, H. F.: 1. Österr. bot. Z. 106 (6), 556—565 (1959); — 2. Ber. dtsch. bot. Ges. 72 (7), 299—307 (1959); — 3. Flora 148, 434—468 (1960). — Nevling, L. J.: Ann. Missouri Bot. Gard. 46, 257—358 (1959). — Nordenstam, B.: Bot. Not. (Lund) 113 (4), 451—457 (1960).— Novák, F. A.: Preslia 32 (1), 1—8 (1960). — Nasir, E.: Biologia 5 (1), 63—73 (1959). — Nyárády, E. I.: (1) Com. Ac. R.P.R. 10, 225—229 (1960).

O'Donnell, C. A.: Lilloa 29, 19—86, 87—348, 349—376 (1959). — Olsson, G.: Studies on some Plant Breeding Problems in *Brassica* and *Sinapis*. 13 S. Lund 1960 [Diss.; cfr. et Hereditas 46 (1960)]. — Ornduff, R.: Trans. Roy. Soc. New Zealand 88, 63—77 (1960). — Ownbey, G. B.: Mem. Torr. Cl. 21, 1—159 (1958).

Pabst, G. F. J.: Sellowia 10, 141—160 (1959). — Packer, J. G.: Bot. Not. 113 (3), 289—294 (1960). — Palmgren, A.: Soc. pro Faun. et Fl. Fenn., Flora Fennica II. 165 S. 1959. — Pankow, H.: Ber. dtsch. bot. Ges. 72, 111—122 (1959). — Pant, D.: The Palaeobotanist 6, 65—70 (1959). — Parodi, L. R.: Enciclopedia

Argentina de Agricultura y Jardineria Vol. 1; Descripsión de las Plantas Cultivadas 931 S. Buenos Aires 1959. — PASCHER, A.: Flora 148, 84—109 (1959). — PATERSON, B. R.: Proc. Linn. Soc. 85 (1), 75—93 (1960). — PATZAK, A.: Ann. Nat. Hist. Mus. Wien 63, 33—81 (1959). — PAUNERO, E.: An. Inst. Bot. Cavanilles 17 (1), 257—375 (1959). — PAWLOWSKI, B.: (1) Fragm. Flor. et Geobot. 5 (3), 399—407 (1959); — (2) Feddes Rep. 63 (2), 132—134 (1960). — PEDERSEN, A.: Bot. Tidsskr. 55 (3), 159—267 (1959). — PELLEGRIN, F.: Bull. Soc. Bot. France 106 (5—6), 216—230 (1959). — PERDUE, R. E.: Contr. Gray Herb. 185, 129—162 (1959). — PETIT, E.: Bull. Jard. Bot. Bruxelles 29, 37—54 (1959). — PIGNATTI, S.: Atti dell' Ist. Veneto 118 (Cl. sci. mat. nat.), 75—98 (1960). — PIOVANO, G.: Webbia 15 (2), 589—596 (1960). — PIZZOLONGO, P.: Ann. di Bot. 26 (1), 1—17 (1958). — POBEDIMOVA, E.: Not. Syst. (Komarovii) 20, 142—162 (1960). — POJARKOVA, A.: (1) Not. Syst. (Komarovii) 20, 251—274 (1960); (2) 20, 370—391 (1960). — POLJAKOV, P.: Not. Syst. (Komarovii) 19, 366—379 (1959). — PORTER, C. L.: Taxonomy of Flowering Plants, 452 S. San Francisco and London 1959. — PRAZMO, W.: Act. Soc. Bot. Polon. 29 (1), 57—78 (1960). — PRITCHARD, N. M.: Watsonia 4 (4), 169—192 (1959).

QUÉZEL, P., et S. SINTÈS: B. Soc. Hist. Nat. Afr. Nord 50, 222—256 (1959).

RAJHATHY, T., and J. W. MORRISON: Canad. J. Bot. 37, 331—337 (1959). — RAMBO, B.: (1) Iheringia 1, 1—57 (1958), 3, 1—23 (1959); — (2) Pesquisas 3, 353—454 (1959); — (3) Iheringia 6, 1—26 (1960). — RAMON DE LA SOTA: E.: Darwiniana 12 (1), 43—47 (1960). — RANDOLPH, L. F., and J. MITRA: Am. J. Bot. 46, 49—57 (1959). — RANDERIA, A. J.: Blumea 10 (1), 176—317 (1960). — RAUH, W., u. F. WEBERLING: Abh. Akad. Wiss. u. Lit., Math.-Nat. Kl. Nr. 10, 799—839 (1959). — RAUP, H. M.: Contr. Gray Herb. 185, 1—95 (1959). — RAVEN, P. H., and H. LEWIS: Brittonia 11 (4), 193—204 (1959). — RAVEN, P. H., O. T. SOLBRIG, D. W. KYHOS and R. SNOW: Am. J. Bot. 47, 124—132 (1960). — RAYMOND, M.: (1) Mém. Jard. Bot. Montréal 53, 1—125 (1959); — (2) Nat. Canad. 86, 73—76 (1959). — RECHINGER, K. H.: (1) Jb. Oberösterr. Musealverein 104, 201—266 (1959); — (3) Feddes Rep. 63, (2), 168—173 (1960). — RECHINGER, K. H., H. DULFER u. A. PATZAK: Sitz.-Ber. Österr. Akad. Wiss. Math.-nat. Kl., Abt. I, 168, 2. Heft, 95—182 (1959). — REED, C. F.: Contr. tow. flor. Nevada 46, 1—16 (1959), 48, 1—53 (1960). — REEDER, J. R., and M. A. ELLINGTON: Brittonia 12 (1), 71—77 (1960). — REHM, S.: Ergebn. Biol. 22, 108—136 (1960). — REITZ, P. R.: Sellowia 12, 159—175 (1960). — RILEY, H. P.: (1) Cytologia 24, 438—446 (1959); — (2) J. S. Afric. Bot. 25, 237—246 (1959); (3) 26, 139—148 (1960). — RISCH, C.: Willdenowia 2 (3), 402—409 (1960). — ROESSLER, H.: Mitt. Bot. Staatss. München 3, 71—500 (1959). — ROLLINS, R. C.: Rhodora 61, 253—264 (1959). — ROTHMALER, W.: (1) Wiss. Z. Univ. Greifswald 9 (math.-nat. Reihe 2/3), 149—175 (1959/60); — (2) Feddes Rep. 63 (2), 176—179 (1960). — ROYEN, P. van: (1) Nova Guinea 10 (1), 21—44 (1959).; (2) 10 (1), 131—142 (1959); (3) 10 (2), 9—12 (1960); — (4) Blumea 10 (1), 1—125 (1960); (5) 10 (2), 431—606 (1960). — RUDD, V. E.: Reinwardtia 5 (1). 23—26 (1959). — RUDENKO, F. E.: Bot. J. 44 (10), 1467—1475 (1959). — RYBERG, M.: Act. Hort. Berg. 19 (4), 121—248 (1960).

SAGDULLAJEVA, A. L.: The Probl. Bot. 4, 11—50 (1959). — SATAKE, Y.: Bull. Nat. Sci. Mus. Tokyo 43, 269—277 (1959). — SAUER, W.: Phyton 8 (3—4), 267—283 (1959). — SCHARAPOV, N. I. S.: Acad. Sci. U.S.S.R. Press. 440 S. Moskau 1959. — SCHISCHKIN, B. K.: (2) Flora U.R.R.S. 25, 630 S. Moskau 1959; 30, 732 S. Moskau 1960. — (3) Not. Syst. (Komarovii) 20, 279—281 (1960). — SCHLOEMER-JÄGER, A.: Senck. leth. 41 (1/6), 209—253 (1960). — SCHNELL, R.: Bull. Jard. Bot. Bruxelles 30, 357—374 (1960). — SCHOLZ, H.: (1) Ber. dtsch. bot. Ges. 71, 427—434 (1958), 72, 63—72 (1959); — (2) Verh. Bot. Ver. Prov. Brandenburg 98—100, 180—182 (1960). — SCHRATZ, E.: (1) Planta med. 8 (3), 283—296 (1960); (2) 8 (3), 301—321 (1960). — SCHULTES, R. E., and G. W. DILLON: Rhodora 61, 1—20 (1959). — SCHULTZE-MOTEL, W.: (1) Bot. Jb. 78 (2), 129—170 (1959); — (2) Willdenowia 2 (2), 170—175 (1959). — SCHWEINFURTH, CH.: Fieldiana: Bot. 30 (3), 533—786 (1960). — SEALY, J. R.: A revision of the genus Camellia. 239 S. London 1958. — SEIDENFADEN, G., and T. SMITINAND: The Orchids of Thailand 1 u. 2 (1). 184 S. Bangkok 1959. — SEITHE, A.: Bot. Jb. 79 (3), 297—393 (1960). — SHARMA, A. K., and N. K. BHATTACHARYYA: Genetica 30, 1—62 (1959). — SHASTRY, S. V. S., W. K. SMITH and D. C. COOPER: Am. J. Bot. 47, 613—621 (1960). — SHAW, R. J.:

Utah Acad. Sci. Art and Lett. Proc. 36, 184—185 (1959). — SHETTY, B. V.: Bibliogr. Genet. 18, 167—272 (1959). — SIMMONDS, N. W.: Kew Bull. 14, (2), 198—215 (1960). — SINSKAYA, H. N., and Z. P. MALEYEVA: Bot. J. 44, 1103—1113 (1959). — SKALICKY, V., i V. JIRÁSEK: Preslia 31 (1), 48—50 (1959).— SLEESEN, E. VAN DER: Reinwardtia 5 (1), 37—43 (1959). — SLEUMER, H.: (1) Bot. Jb. 78 (4), 435—480 (1959); — (2) Nova Guinea 10 (1), 1—7 (1960); — (3) Reinwardtia 5 (2), 45—231 (1960). — SMITH, L. S.: Proc. R. Soc. Queensland 70 (5), 27—32 (1959). — SMITH, L. B., and R. J. DOWNS: (1) Sellowia 11, 155—231 (1959); (2) 12, 99—120, 121—134 (1960). — SMOLJANINOVA, L.: Not. Syst. (Komarovii) 20, 282—288 (1960). — SOEGENG REKSODIHARDJO, W. (1) Reinwardtia 5 (1), 1—9 (1959); (2) 5 (3), 269 bis 291 (1960). — SOEST, J. L. VAN: Act. Bot. Neerl. 8, 77—138 (1959). — SOLBRIG, O. T.: (1) Contr. Gray Herb 187, 1—63 (1960); — (2) Contr. Gray Herb. 187, 65—86 (1960); — (3) J. Arn. Arb. 41 (3), 259—269 (1960); — (4) Rhodora 62, 43—54 (1960). — SOO, R.: (1) Act. Bot. Acad. Sc. Hung. 5, 437—471 (1959); — (2) Ann. Univ. Sc. Budap. sect. Biol. 3, 335—358 (1960). — SOO, R., and T. SIMON: Act. Bot. Acad. Sc. Hung. 6 (1—2), 143—154 (1960). — SOSKOV, G.: Not. Syst. (Komarovii) 19, 396—408 (1959). — SOSNOVETZ, A. A.: Bot. J. 45 (12), 1813—1814 (1960). — SOUGNEZ, N., et A. LAWALRÉE: Bull. Jard. Bot. Bruxelles 29, 389—424 (1959). — SPORNE, K. R.: Am. J. Bot. 46, 385—394 (1959). — STAUFFER, H. U.: Mitt. Bot. Mus. Univ. Zürich 213, 1—260 (1959). — STEARN, W. T.: Bull. Brit. Mus. Bot. 2 (6), 161—191 (1960). — STEBBINS, G. L., and D. ZOHARY: Univ. Calif. Publ. Bot. 31 (1), 1—40 (1959). — STEENIS, C. G. G. J. VAN: (1) Nova Guinea 10 (2), 207—212 (1959); (2) 10 (3), 14—16 (1960); (3) 10 (3), 17—19 (1960); — (4) Blumea 10 (1), 140 (1960). — STEEVES, M. W., and E. S. BARGHOORN: J. Arn. Arb. 40 (3), 221—259 (1959). — STEINER, M. L.: Philip. J. Sci. 88, 1—39 (1959). — STERN, K R.: Brittonia 13 (1), 1—57 (1961). — STIX, E.: Grana Palynologica 2 (2), 39—114 (1960). — ST. JOHN, H.: Pacific Sci. 14 (3), 224—241 (1960). — STOHR, G.: Wiss. Z. Univ. Halle, Math.-Nat. 9 (3), 393—414 (1960). — STOUTAMIRE, W. P.: Pap. Mich. Acad. Sci. 45, 35—39 (1959). — SUKOPP, H.: Willdenowia 2 (4), 563—583 (1960). — SUMMERHAYES, V. S.: Kew Bull. 14 (1), 126—157 (1960).

TAKHTAJAN, A.: Die Evolution der Angiospermen. 344 S. Jena 1959. — TANAKA, R.: J. Sci. Hiroshima Univ. 9 (1), 1—57 (1959). — TARNAVSCHI, I. T., i D. RADULESCU: Com. Ac. R. P. R. 10, 111—115 (1960); — Studii și cerc. Biol. 12, 73—93, 165—171 (1960). — TARNAVSCHI, I. T., i N. MITROIU: Studii și Cerc. Biol. 11, 214—263 (1959). — TERRELL, E. E : Rhodora 61, 157—180 (1959), 188—207 (1959). — THOMAS, J. L.: Contr. Gray Herb. 186, 1—114 (1960). — TOLMATCHEV, A.: Not. Syst. (Komarovii) 19, 156—187 (1959). — TOMASZEWSKI, A.: Act. Soc. Bot. Polon. 28 (4), 695—704 (1959). — TOMLINSON, P. B.: (1) J. Linn. Soc. London Bot. 55 (364), 779—809 (1959); — (2) J. Arn. Arb. 41 (3), 287—297 (1960). — TOMSOVIC, P.: Preslia 32, 163—173 (1960). — TRALAU, H.: Phyton 8 (1—2), 74—92 (1959). — TRONCOSO, N. S.: Darwiniana 12 (1), 48—57 (1960). — TROUPIN, G.: (1) Bull. Jard. Bot. Bruxelles 29, 213—226 (1959); (2) 30, 29—34 (1960). — TURESSON, G., and B. TURESSON: Hereditas 46, 717—736 (1960). — TURNER, B. L.: The Legumes of Texas. 284 S. Austin 1959. — TURNER, B. L., and O. S. FEARING: (1) Am. J. Bot. 46, 49—57 (1959); (2) 47, 603—608 (1960). — TURRILL, W. B.: Vistas in Botany, 547 S. London 1959. — TZVELEV, N.: (1) Not. Syst. (Komarovii) 19, 114—153 (1959); (2) 19, 409—441 (1959).

UJHELYI, J.: (1) Feddes Rep. 62 (1), 59—70 (1959); — (2) Webbia 14 (2), 597—614 (1959). — UPHOF, J. C. TH.: (1) Dictionary of Economic Plants, 400 S. Weinheim 1959; — (2) Plant Life 14, 132 (1958), 15, 151—161 (1959).

VALENTINE, D. H.: Feddes Rep. 63 (2), 119—127 (1960). — VAN DER VEKEN, P.: (1) Bull. Jard. Bot. Bruxelles 30, 105—109 (1960); — (2) 30, 413—420 (1960). — VASSILCZENKO, I. T.: Bot. J. 45 (11), 1585—1599 (1960). — VERMEULEN, P.: Acta Bot. Neerl. 8, 338—355 (1959). — VEUILLET, J. M.: Trav. I. S. C. bot. 18, 18—64 (1959). — VICIOSO, C.: Bol. Inst. Forest. de Investig. Madrid 79, 1—205 (1960). — VIDAL, J.: Bull. Soc. Bot. France 106 (7—8), 352 (1959). — VINOKUROVA, L. V.: Probl. Bot. 4, 51—67 (1959). — VOGEL, S.: Abh. Math.-Nat. Kl. Akad. Mainz 1959 (6), 271—401 (1959), (7), 407—532 (1959). — VOGELMANN, H. W.: Rhodora 62, 31—42 (1960).

Wagenitz, G.: (1) Bot. Jb. **79** (1), 17—35 (1959); — (2) Willdenowia **2** (4), 469—494 (1960). — Wagenknecht, B. L.: Rhodora **62**, 61—76, 97—107 (1960). — Walters, S. M.: Feddes Rep. **63** (2), 127—130 (1960). — Walther, E.: Leafl. West. Bot. **9**, 1—4 (1959). — Wan-Chang Ko: Acta Bot. Sin. **8** (1), 46—50 (1959). — Waterfall, U. T.: (1) Rhodora **61**, 136—139 (1959); (2) **61**, 231—242 (1959). — Waterman, A. H.: Webbia **15** (2), 399—415 (1960). — Weberling, F.: (1) Bot. Jb. **79** (3), 394—404 (1960); — (2) Flora **149**, 189—205 (1960). — Wendelberger, G.: (1) Bot. Jb. **78** (3), 253—334 (1959); — (2) Verh. Zool. Bot. Ges. Wien **98/99**, 57—95 (1959); — (3) Bibl. Bot. **125**, 1—193 (1960). — Werner, K.: Bot. Jb. **79** (2), 218—254 (1960). — Wet, J. M. J. de: (1) Am. J. Bot. **47**, 44—49 (1960); — (2) Bothalia **7** (2), 295—297 (1960); (3) **7** (2), 299—301, 303—310, 311—316 (1960). — Wiinstedt, K.: Bot. Tidskr. **55** (1), 42—46 (1959). — Wild, H.: Bol. Soc. Brot. **33**, 67—95 (1959). — Wilson, K. A.: J. Arn. Arb. **41** (1), 47—72 (1960), (2), 197—212 (1960), (3), 270—278, 298—317, (1960). — Wilson, A., and C. E. Wood: J. Arn. Arb. **40** (4), 369—385 (1959). — Winter, B. de: Bothalia **7** (2), 387—390 (1960). — Withner, C. L.: The Orchids, 648 S New York 1959. — Wood, C. E.: J. Arn. Arb. **40** (1), 94—112 (1959), (4), 413—419 (1959); **41** (2), 152—163 (1960); — Wood, C. E., and R. B. Channell: J. Arb. Arb. **40** (2), 161—171 (1959); **41** (1), 1—35 (1960). — Wunderlich, R.: Österr. bot. Z. **106**, 203—293 (1959).

Yen, C.: Acta Bot. Sin. **8** (4), 271—277 (1959). — Yuncker, T. G.: (2) Occ. Pap. Bernice P. Bishop Mus. **22** (8), 83—108 (1959).

Zimmermann, W.: Die Phylogenie der Pflanzen, 2. Aufl. 777 S. Stuttgart 1959. — Zohary, M.: Bull. Res. Counc. Israel **8**, D; 49—64 (1960).

6. Paläobotanik

Bericht über die Jahre 1959 und 1960

Von KARL MÄGDEFRAU, Tübingen

Mit 3 Abbildungen

Entsprechend der Zielsetzung der „Fortschritte der Botanik" werden im folgenden nur solche Veröffentlichungen berücksichtigt, die zu einer Vertiefung unserer
Kenntnis geführt haben. Eine vollständige Literaturzusammenstellung für die
Jahre 1957—1959 bringt BOUREAUs "World report on palaeobotany". Ferner sei
auf die Referate im „Zentralblatt für Geologie und Paläontologie", Sect. D (verfaßt von R. KRÄUSEL) und in den "Biological Abstracts", Sect. D (verfaßt von
S. MAMAY), bezüglich der fossilen Pollenkörner und Sporen auf die Bibliographien
von CAMPO und von ERDTMAN (2) verwiesen.

I. Allgemeines

Da seit SEWARD kein Paläobotaniker sich an die Herausgabe eines
Handbuchs gewagt hat (das „Handbuch der Paläobotanik" von HIRMER
ist leider ein Torso geblieben), so ist das auf vier Bände berechnete Werk
von NEMEJC besonders zu begrüßen. Der erste reich illustrierte Band
umfaßt Schizophyten, Algen, Pilze und Flechten. Leider ist das Werk
tschechisch geschrieben und daher nur einem äußerst begrenzten Kreis
von Botanikern nutzbar. — Die "Principles of Palaeobotany" von DAR-
RAH liegen in zweiter, erweiterter Auflage vor; Morphologie und Histologie der fossilen Pflanzen treten etwas zurück, dafür wird geologischen
Fragen Raum gewährt. Das Buch richtet sich vor allem an „Nichtspezia-
listen". Die „Vegetationsbilder der Vorzeit" von MÄGDEFRAU (1) sind in
3. Auflage erschienen. Das Werk „Tiere der Urzeit" von AUGUSTA u.
BURIAN verdient die Aufmerksamkeit des Botanikers wegen der darin
enthaltenen vorzüglichen Landschaftsbilder aus Devon, Carbon, Mesozoicum und Tertiär. Die altbewährte „Einführung in die Erdgeschichte"
von WAGNER, die in dritter Auflage erschienen ist, behandelt auch die
fossilen Floren der einzelnen Formationen und sei zur Orientierung über
paläobotanisch-geologische Grenzfragen besonders empfohlen.

Von der Abteilung „Filicales, Pteridospermae, Cycadales" des „Fossilium Catalogus" (JONGMANS u. DIJKSTRA) sind in rascher Folge 11 Lieferungen erschienen, welche die Gattungen *Callistophyton* bis *Mariopteris*
umfassen. — MENENDEZ (2) hat eine Bibliographie der auf Argentinien
und seine Nachbarstaaten bezüglichen paläobotanischen Veröffentlichungen zusammengestellt (etwa 550 Nummern von 1827 bis 1957). —
Die „Synopsis der Gattungen der Sporae dispersae" von POTONIÉ (1)
liegt jetzt abgeschlossen vor.

Hinsichtlich der Entstehung von Kohlenlagern erscheint das gegenwärtige Vorkommen von Torfablagerungen in den Tropen von besonderer Bedeutung [STRAKA (1)]. — Auf Madagaskar wurden neuerdings von STRAKA (2) Torflager bis zu einer Mächtigkeit von 10,5 m erbohrt. — Daß das Ausgangsmaterial für die Entstehung des Erdöls in allererster Linie im Plankton zu sehen ist, darf jetzt als feststehend angesehen werden (KREJCI-GRAF).

Methodik. SCHOPF (1) weist mit Recht darauf hin, daß sich die Beschreibung einer neuen Art nicht auf die Beschreibung eines „Holotyps" beschränken darf, da dieser niemals die gesamte Charakteristik eines Taxons zu erfassen gestattet. POTONIÉ (2) warnt vor einer zu starken Einschränkung des Umfangs von Form-Gattungen fossiler Sporen und gibt Hinweise für die Auswertung von Flözprofilen für die Sporenstratigraphie. — ERDTMAN (1) macht Angaben über die Anwendung des UV-Lichtes für die Mikrophotographie von Pollenkörnern; BERGLUND, ERDTMAN u. PRAGLOWSKI besprechen den Einfluß, den der Brechungsindex des Einbettungsmittels auf die Photographie von Pollenkörnern ausübt. WIENERT (1, 2) beschreibt eine einfache Einrichtung zur Stereophotographie sowie die Anwendung von Ringbeleuchtung und Farbfiltern bei der Photographie paläobotanischer Objekte. SCHOPF (2) legt eine einfache Methode zur Einbettung von Mikrofossilien zwischen zwei Deckgläsern dar, die eine Betrachtung der Objekte von beiden Seiten gestattet. MARTINI (5) hat zur Untersuchung der winzigen Coccolithen mit Erfolg das Polarisationsmikroskop angewandt. — Die „Holzanatomie der europäischen Laubhölzer" von GREGUSS (1), jetzt 303 Arten umfassend, bildet eine ausgezeichnete Grundlage zur Bestimmung fossiler Laubhölzer aus jüngeren Formationen (vgl. Fortschr. Bot. 14, 100f.).

Zu dem Terminus „Cuticularanalyse" erscheint ein kritischer Hinweis vonnöten. Wenn man aus einem Sediment alle darin vorhandenen Cuticeln herausschwemmt, maceriert und statistisch auswertet [vgl. z. B. DABER (3), KILPPER (2), BENDA], ist es berechtigt — analog zu „Pollenanalyse" — von „Cuticularanalyse" zu sprechen. Wenn man aber von einer fossilen Pflanze den Bau der Epidermis untersucht [vgl. z. B. KRÄUSEL u. WEYLAND (1), JÄHNICHEN (1)], so ist es ebenso verfehlt, hier von „Cuticularanalyse" zu reden wie im Falle der Untersuchung von Mikrosporen einer bestimmten Species von „Pollenanalyse" oder der Erforschung der Holzstruktur einer Art von „Holzanalyse" zu sprechen.

II. Fossile Pflanzensippen und Stammesgeschichte

1. Allgemeines. Die „Phylogenie der Pflanzen" von W. ZIMMERMANN, deren Neuauflage beträchtlich erweitert wurde, legt in erster Linie die Fossilfunde zugrunde und stellt vor allem für die Pteridophyten und Gymnospermen ein vorzügliches Nachschlagwerk dar.

Die Strukturen der Tracheidenwände paläozoischer Gefäßpflanzen (außer Equisetinen) hat HENES an ausgewählten Beispielen untersucht und die Entwicklungstendenzen der Tüpfelbildung aufgezeigt. Ähnliche Untersuchungen an rezenten Pteridophyten und Gymnospermen hat BIERHORST durchgeführt.

2. Thallophyta. Umfangreiche Übersichten über die fossilen Algen des Devons und des Gotlandiums, mit zahlreichen Abbildungen und Verbreitungskarten, haben JOHNSON u. KONISHI (1, 2) gegeben. MASLOV (1) hat den fossilen Kalkalgen der UdSSR ein umfangreiches Werk gewidmet. HENBEST beschreibt eine eigenartige Lebensgemeinschaft von Algen und Foraminiferen aus einem obercarbonischen Kalk von Oklahoma. Die Zusammenstellungen und Kartierungen von Organismengemeinschaften der großen Bahama-Bank (NEWELL u. Mitarb.) sind auch von paläobiologischem Interesse.

a) Cyanophyceae. Blaualgen sind aus älteren Formationen bereits mehrfach angegeben worden, aber die Deutung dieser Funde hält der Kritik meist nicht Stand. Auch die ordovizische *Gloeocapsomorpha*, die den estländischen Kuckersit bildet, ist wohl trotz ihrem Namen keine Cyanophycee; auch der Vergleich mit *Botryococcus* befriedigt nach EISENACK (2) nicht ganz. Die von CROFT und GEORGE in dem berühmten mitteldevonischen Psilophyten-Hornstein von Rhynie (Schottland) entdeckten, vorzüglich erhaltenen Algen stellen hingegen eindeutig Cyanophyceen dar; von den drei Gattungen *Langiella*, *Kidstoniella* und *Rhyniella* sind die beiden erstgenannten den Stigonemataceen zuzurechnen.

b) Peridineae. Eine Zusammenstellung der fossilen vom Jura ab bekannten Peridineen [EISENACK (1)] ergibt 26 Gattungen, von denen nur 6 heute noch leben; die Erforschung dieser Algengruppe blieb bisher so gut wie ausschließlich auf Mittel- und Westeuropa sowie Australien beschränkt. Eine neue Dinoflagellatengruppe *(Bulbodinium)* entdeckte WETZEL im baltischen Geschiebefeuerstein. Aus dem nordwestdeutschen Neokom beschreibt GOCHT eine Anzahl neuer Arten, die sich durch vorzügliche Erhaltung auszeichnen. ALBERTI (1, 2) und MAIER machen neue Formen aus Oberkreide und Tertiär bekannt. Von besonderer methodischer Bedeutung ist die Arbeit von KLEMENT über Peridineen und Hystrichosphaerideen aus dem Oberjura Südwestdeutschlands, da hier erstmals variationsstatistische Untersuchungen durchgeführt worden sind und ein sehr umfangreiches Literaturverzeichnis beigegeben ist.

c) Coccolithineae. Die in Abb. 5 dargestellten Discoasteriden (sternförmige, 3- bis 8strahlige Kalkskeletelemente von rund 10 m Durchmesser; vgl. Fortschr. Bot. **14**, 102) hat man neuerdings als Außenskeletteile an lebenden Flagellaten im Mittelmeer gefunden (LECAL). Aus kretazischen und tertiären Sedimenten sind im Laufe der letzten Jahre zahlreiche neue Arten beschrieben worden [MARTINI (1, 3, 8)], die auch als Leitfossilien von Bedeutung sind, wie MARTINI (2, 4, 6, 7) am Beispiel des Alttertiärs gezeigt hat. Eine große Schwierigkeit liegt darin, daß diese winzigen Gebilde leicht aus älteren in jüngere Gesteine unversehrt umgelagert werden können [MARTINI (6, 8)].

d) Dasycladaceae. Den Bau der ordovizischen Gattung *Mastopora* haben OSGOOD u. FISCHER geklärt. Von der etwa 3 cm langen und 2 mm dicken Zentralzelle gehen die Seitenzellen ab, deren becherförmig erweiterte Enden, ähnlich wie bei *Cyclocrinus*, einen „Rindenpanzer" bilden. Auch Gametocysten wurden nachgewiesen. — Die neuen Gattungen *Amicus* und *Catena* aus dem russischen Unterdevon [MASLOV (1)] sowie

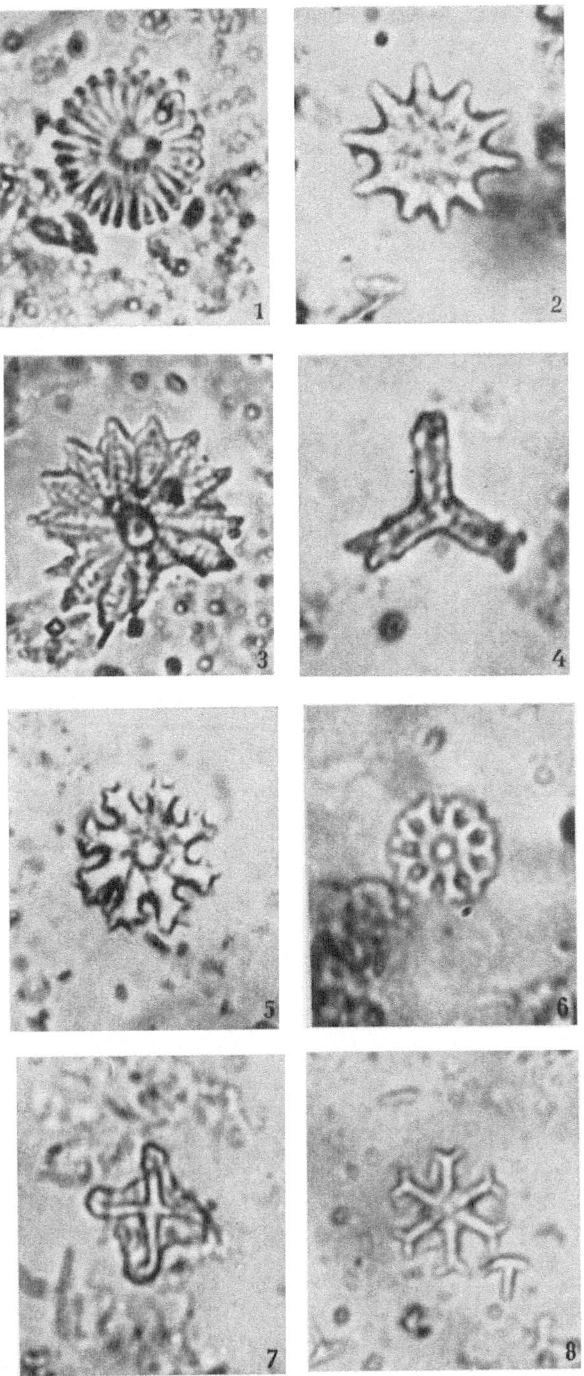

Abb. 5. Discoasteriden aus dem Alttertiär von SW-Frankreich (1, 2, 3, 5) und NW-Deutschland (4, 6, 7) sowie aus dem Miocän des nördlichen Atlantik (8). $^{1500}/_1$. Aus MARTINI

Zeapora aus dem Mitteldevon von Graz (H. FLÜGEL) schließen die auffällige Lücke im Devon. — Neue Dasycladaceen machen bekannt: ENDO aus dem Perm des Hida-Massivs in Japan (von *Physoporella* wird die Gattung *Clavaphysoporella* abgetrennt wegen engerer, etwas aufsteigender Wirteläste), MASLOV (2) aus dem Jura der Krim und REZAK aus dem Perm von Saudi-Arabien.

e) Codiaceae. Unter den von MASLOV (1) aus dem russischen Palaeozoicum beschriebenen Formen ist besonders die devonische Gattung *Lancicula* mit ihrem eigenartigen Etagenbau bemerkenswert.

f) Charophyceae. HORN AF RANTZIEN (1, 3) — 1960 bei paläobotanischer Geländearbeit tödlich verunglückt — hat die Oogonien bzw. Zygoten und deren Umhüllung bei den sieben rezenten Characeen-Gattungen in sehr sorgfältiger Weise untersucht und abgebildet und damit eine sichere Grundlage für die taxonomische Wertung der Merkmale der fossilen Gyrogonite geschaffen (bezüglich der Terminologie vgl. Fortschr. Bot. **14**, 105 und **19**, 111). Eine weitere, umfangreiche Abhandlung hat HORN AF RANTZIEN (2) den 17 tertiären Characeen-Gattungen gewidmet, welche — da nur die Gyrogonite begründet — lediglich Organ-Gattungen darstellen, deren Klassifikation in erster Linie auf der Apikalstruktur der Gyrogonite beruht; dasselbe gilt für die fossilen Characeen-Arten. GRAMBAST (3) sowie HORN AF RANTZIEN (2) geben Tabellen über die zeitliche Verbreitung der Characeen-Gattungen im Tertiär. Wenn wir mit GRAMBAST (2) die Charophyceen-Gattungen vom Devon bis zur Gegenwart überblicken, so lassen sich gewisse Entwicklungstendenzen erkennen: Die Windungsrichtung der Hüllzellen der Oogonien wird vom Carbon ab einheitlich, die Zahl der Hüllschläuche wird reduziert und fixiert, ein Verschluß des Apikalporus bildet sich aus.

g) Rhodophyceae. Die Solenoporaceen des Palaeozoicums hat JOHNSON unter Beigabe guter Abbildungen und Verbreitungskarten zusammengestellt; vgl. hierzu auch MASLOV (1). Über die triadischen Solenoporen unterrichtet eine Arbeit von E. FLÜGEL (2), der auch auf die Schwierigkeiten der Gattungs- und Artunterscheidung innerhalb dieser merkmalsarmen Familie hinweist. Aus verschiedenen Formationen der UdSSR beschreibt MASLOV (1) zahlreiche neue Formen kalkabscheidender Rhodophyceen.

h) Algae incertae sedis. Die früher mit dem Namen *Stromactinia* belegten und als Hydrozoen angesehenen Gebilde aus der Trias (Karnische Stufe) von Veszprém in Ungarn gehört nach E. FLÜGEL (1) zu *Sphaerocodium* (vgl. Fortschr. Bot. **14**, 106f.). — In welche Algenklasse das von MAMAY in obercarbonischen, marinen Kalken von Oklahoma gefundene *Litostroma* gehört, ist ungewiß. — BHARADWAJ u. VENKATACHALA beschreiben eine neue *Protosalvinia*-Art, in deren Sporenhöhle nur eine Sporentetrade liegt. — BAXTER (3) wies *Sporocarpon* erstmals in nordamerikanischem Obercarbon nach.

i) Ascomycetes. RAO fand im Tertiär von Indien mehrere *Microthyriacites*-Arten (vgl. Fortschr. Bot. **17**, 260). Über Pilzsclerotien s. u. Abschn. II 1d, II 2c und II 3!

3. Bryophyta. Ein Überblick über die Fossilgeschichte der Moose (SAVICZ-LJUBITZKAJA u. ABRAMOV) zeigt, daß vor allem im letzten Jahrzehnt viele wichtige Neufunde dazugekommen sind. (Bei den von KOZLOWSKI aus dem Ordovizium von Polen beschriebenen Moosen handelt es sich nach Ansicht des Ref., dem auch die Originalpräparate vorgelegen haben, um rezente, wahrscheinlich in Capillarklüfte des Gesteins eingedrungene Wurzeln). — Ob die als *Ricciosporites tuberculatus* beschriebenen Sporen wirklich zu Riccia gehören, erscheint jetzt LUNDBLAD (4) wieder zweifelhaft. Die unterdevonische *Sporogonites exuberans* (bestehend aus einem Thallus, aus dem sich langgestielte Sporangien in dichter Stellung erheben), steht nach ANDREWS (1) den Bryophyten näher als den Psilophyten. Das von DABER als *Eogaspesia* benannte Fossil dürfte mit *Sporogonites* identisch sein. — Die von ABRAMOVA u. ABRAMOV aus dem Pliocän von Abchasien (Kaukasus) beschriebenen Laubmoose sind durchweg mit lebenden Arten identisch.

Als eine der bedeutendsten paläobotanischen Überraschungen der letzten Jahre darf man die Entdeckung von Laubmoosen im Perm des Angaralandes durch NEUBURG (2) ansprechen. Einer früheren kurzen Mitteilung ist jetzt die ausführliche Beschreibung unter Beigabe von 78 Tafeln gefolgt. Die Funde stammen aus kohleführenden Perm-Schichten des Kusnetz-Beckens (vorwiegend Ober-Perm). Die Moose liegen in Abdrücken mit macerationsfähigen Kohlehäutchen vor, welche das Zellnetz vorzüglich erkennen lassen (Abb. 6). Die neuen Gattungen *Intia*, *Salairia*, *Uskatia*, *Polyssaievia*, *Bajdaievia* und *Bachtia* gehören zu den Bryales. Die Blätter, welche in mehr oder weniger dichter Stellung an Achsen ansitzen, sind einschichtig, von einer kräftigen Mittelrippe durchzogen und am Rand gesäumt. Bei *Polyssaievia* ist eine eigentümliche Netznervatur angedeutet (Abb. 6, 6); diese Nerven gehen von der dicken Mittelrippe ab und bestehen aus 1—3 Reihen schmalerer Zellen (etwa der Rippe im Blatt des heutigen *Diplophyllum* albicans vergleichbar). Die Gattungen *Junjagia*, *Vorcutannularia* und *Protosphagum* faßt NEUBURG zu der neuen Ordnung „Protosphagnales" zusammen; das Zellnetz zeigt hier dieselbe Differenzierung in zweierlei Zellsorten in gleicher Musterbildung wie beim heutigen *Sphagnum*; die Ähnlichkeit geht sogar soweit, daß bei *Protosphagnum* (Abb. 6) die Hyalinzellen in derselben Weise septiert sind wie bei manchen heutigen *Sphagnum*-Arten (z. B. *Sph. plumulosum*). Ein bedeutender Unterschied gegenüber *Sphagnum* liegt aber darin, daß die Blätter der Protosphagnales von einer kräftigen Mittelrippe durchzogen werden; auch sind die Blätter um ein Mehrfaches größer als bei den heutigen Sphagna.

4. Pteridophyta. ANDREWS (2) vertritt die Auffassung, daß sich die Lycopodiinen, Equisetinen und Filicinen unabhängig voneinander entwickelt haben und daß die Psilophytinen nicht als Ausgangsgruppe für die Evolution der Gefäßpflanzen angesehen werden können.

a) Psilophytinae. Wie früher (Fortschr. Bot. **21**, 134f.) berichtet, hat MERKER die Auffassung entwickelt, daß das „Rhizom" (besser: „Kriechteil") von *Rhynia* deren Gametophyten darstellt. MERKER hat eine große Zahl von Schliffen geprüft und eine Reihe von Beobachtungen gemacht,

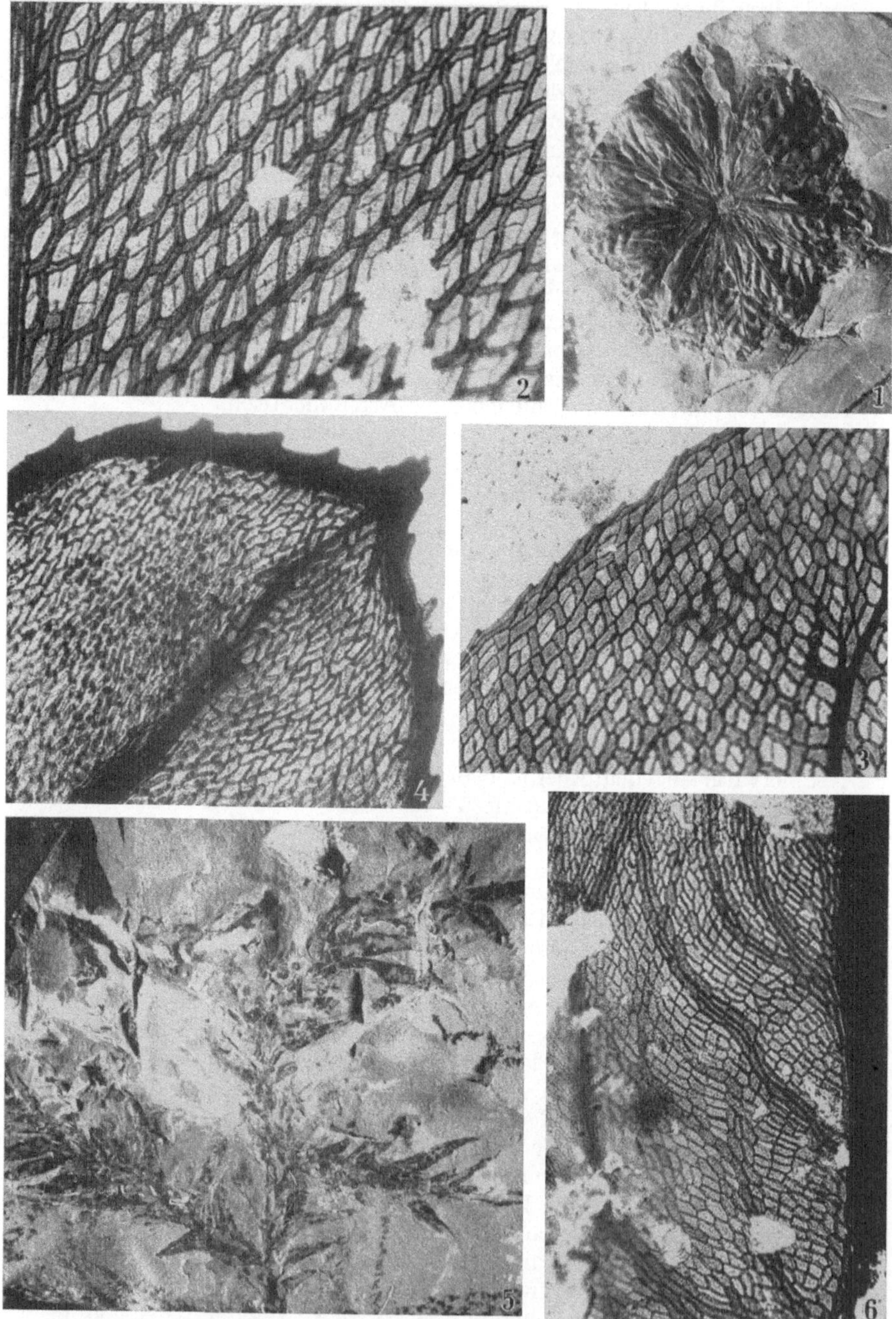

Abb. 6. Laubmoose aus dem Perm des Angaralandes. 1. Vorcutannularia plicata ($^4/_3$). 2.—3. Protosphagnum nervatum ($^{100}/_1$). 4. Intia vermicularis ($^{100}/_1$). 5. Uskatia conferta ($^4/_1$). 6. Polyssaievia spinulifolia ($^{100}/_1$).
Aus NEUBURG (2)

die diese Ansicht stützen, aber keine, die ihr widersprechen würde.
Die Psilophyten würden danach in der Organisation ihres Gametophyten
zwischen Moosen und eusporangiaten Formen stehen. — Wenn auch die
Entstehung der Landflora, d. h. der Gefäßpflanzen, in das Silur, vielleicht
sogar ins Cambrium verlegt werden muß, so bleibt doch, wie STEWART
ausführt, die mitteldevonische Gattung *Rhynia* nach wie vor die primi-
tivste Gefäßpflanze, die wir kennen.

b) Lycopodiinae. Zu den früheren Arbeiten von KRÄUSEL u. WEY-
LAND über devonische Lycopodiinen bringt BANKS nach nordamerikani-
schem Material einige Ergänzungen (u. a. eine Rekonstruktion von
Colpodexylon). — Von *Eleutherophyllum Waldenburgense*, einer im Namur
A von Mittel- und Osteuropa vorkommenden krautigen Lycopodiine aus
der Verwandtschaft von *Drepanophycus*, haben W. u. R. REMY (1) die
Sporen isoliert: 30—45μ, rundlich, Tetradenmarke undeutlich. Wie bei
Drepanophycus sind Blätter und Sporophylle gleich, und die Sporangien
stehen frei auf dem Sporophyll, aber Blätter wie Sporophylle besitzen eine
polsterartig verdickte Basis. Eine weitere Art, *Eleutherophyllum drepano-
phyciforme*, machen W. u. R. REMY (2) aus dem Namur A von Nieder-
schlesien bekannt; sie unterscheidet sich von der erstgenannten Species
vor allem durch das Fehlen des Blattpolsters. Im Obercarbon von Kansas
fand ARNOLD einen *Lepidodendron*-Sproß *(L. schizostelicum)*, dessen
Xylem von auffälligen, markstrahlähnlichen Gewebestreifen durchsetzt
ist. Ein Gewebe, das eindeutig als Phloem anzusprechen wäre, läßt sich
nicht feststellen. Damit erhält die Auffassung von SEWARD, daß das
Cambium von *Lepidodendron* kein Sekundärphloem gebildet hat, eine
Stütze. — Vorzüglich erhaltene Sprosse von *Sigillaria approximata* aus
dem Obercarbon von Illinois [DELEVORYAS (1)] zeigen den Ursprung
der Blattspuren aus der Peripherie des Primärxylems und ihren Verlauf
durch das Sekundärxylem. Im Periderm lassen sich concentrische Sekret-
zonen und radial verlaufende Parichnosstränge erkennen. LEMOIGNE
gibt einige Ergänzungen zu RENAULTs grundlegender Beschreibung der
Histologie des Sigillaria-Blattes. — Die in der Unteren Trias von RYBINSK
(Wolga) von NEUBURG (4) gefundene *Pleuromeia rossica* bringt eine
wesentliche Ergänzung unserer Kenntnis dieser sonderbaren Lycopodiine. In den endständigen Zapfen stehen unten Mega-, oben Mikrosporophylle. Die Sporangien sitzen zwar auf der Oberseite der Sporophylle, wölben sich aber nach der Unterseite stark vor. Dies dürfte auch
für *Pleuromeia Sternbergi* (vgl. MÄGDEFRAU, Paläobiologie der Pflanzen,
3. Aufl., S. 208) gelten; die bisher angenommene abaxiale Stellung der
Sporangien ist wohl durch die auffällige Wölbung der Unterseite vorgetäuscht. Die trileten Megasporen sind etwas kleiner als bei Pleuromeia Sternbergi, die Mikrosporen hingegen ein wenig größer. Letztere
zeigen ebenfalls eine Tetradenmarke, doch tritt nach Aufbrechen des
Perispors ein dünnwandiger ovaler, mit einigen Längsfalten versehener
Körper aus, der den früher von MÄGDEFRAU abgebildeten Mikrosporen
von *Pleuromeia Sternbergi* gleicht. — In einem *Selaginellites*-Zapfen des
schottischen Obercarbons stellte CHALONER (1) als Megasporen die Spo-
renspecies *Setosisporites hirsutus* und als Mikrosporen solche vom *Denso-*

sporites-Typ fest. Die Häufigkeit dieser Sporen in gewissen Kohleschichten läßt erkennen, daß *Selaginellites* stellenweise einen wesentlichen Anteil an der „Krautschicht" des Steinkohlenwaldes hatte. — Mikrosporen vom *Densosporites*-Typ wurden jedoch von Bharadwaj auch in einem *Porostrobus*-Zapfen gefunden, der lepidodendroide wie auch sigillarioide Merkmale aufweist. In einem *Lepidostrobophyllum* wies Baxter (1) Cystosporites varius als Megasporen nach.

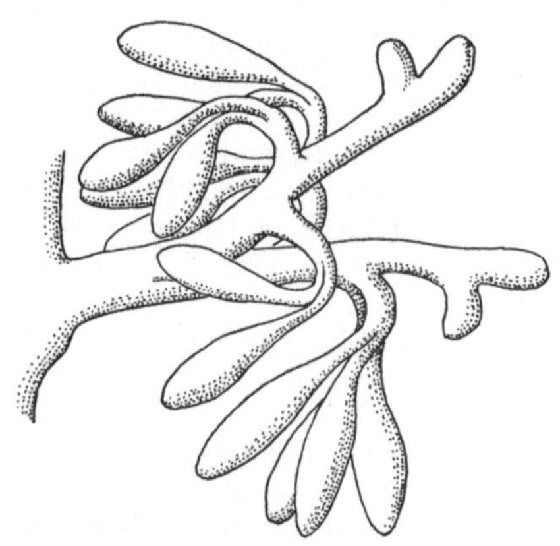

Abb. 7. Calamophyton bicephalum. Sporangiophor. Mitteldevon, Belgien. 10/₁. Nach Leclerq u. Andrews

c) *Equisetinae (Articulatae)*. Bei *Calamophyton bicephalum* aus dem Mitteldevon von Belgien sind nach den Untersuchungen von Leclerq u. Andrews sowohl die Blätter wie die Sporophylle dreidimensional verzweigt (Abb. 7); letztere tragen zwölf hängende cylindrische Sporangien. Die Gesamthöhe der Pflanze, die im Habitus *Calamophyton primaevum* ähnelt (vgl. Mägdefrau, Paläobiologie, 3. Aufl., Abb. 61 a); dürfte etwa einen halben Meter betragen haben.

Die Sporen von *Cingularia typica*, von deren vegetativen Teilen wir so gut wie keine Kenntnis haben, sind nach R. Remy (1) rundlich-oval (etwa 70 : 50μ), mit deutlicher Y-Marke und von einem warzig-netzigen Perispor umgeben. Der Umstand, daß echte Calamitensporen kein Perispor besitzen (wohl aber manche Sphenophyllen), unterstreicht die isolierte systematische Stellung von *Cingularia*. —

Die von Mendenez (1) aus der Obertrias Argentiniens beschriebene *Equisetites quindecimdentata* war wohl eine krautige Form mit nur wenige Zentimeter dicken Sproßachsen und sonderbar gestalteten Blattscheidenzähnen; die Sporangiophore trugen je 12 Sporangien.

Ein *Bowmanites*-Zapfen (Obercarbon, Zwickau), der sich durch ansitzende Blättchen als zu *Sphenophyllum* gehörig erweist, enthält nach R. Remy (8) auffälligerweise keine trileten Sporen mit Exospor, sondern monolete Sporen ohne Exospor. — Bei einer von Mamay im Obercarbon von Kansas gefundenen *Bowmanites*-Art (B. Moorei) nur im Quirl drei Sporophylle; an jedem ist nur der mittlere der drei Loben fertil und trägt zwei Sporangien. — Bei *Sphenophyllum cuneifolium* treten, wie Macerationspräparate erkennen lassen (Radforth and Walton), die kräftigen Leitbündel in die Blattzähne ein, was den Gedanken an Hydathoden wie beim rezenten *Equisetum* nahelegt. — Srivastava weist auf das auffallend reichlich vorhandene Parenchym im Xylem von *Sphenophyllum* hin, und zwar sowohl im Stengel wie in der Wurzel. Das Vorkommen von Luftwurzeln deutet Srivastava als Folge einer kriechenden Lebensweise der Sphenophyllen.

Zu dem einst von Williamson eingehend untersuchten *Spheno-phyllum plurifoliatum* bringt Snigirewskaja histologische Ergänzungen (Sproßgipfel, Sekundärwurzeln, Tracheidenbau).

d) Filicinae. Eine überraschende Entdeckung glückte Beck (2): er fand im Oberdevon von Pennsylvania ein *Callixylon*-Stämmchen, an dem mehrere *Archaeopteris*-Wedel ansitzen. Damit ist die völlig unvermutete Zusammengehörigkeit der bis 28 Fuß langen *Callixylon*-Stämme mit der von Arnold als heterosporer Form erkannten *Archaeopteris* erwiesen (vgl. Fortschr. Bot. **10**, 86). Die im Oberdevon weltweit verbreiteten Archaeopteriden waren demnach Baumfarne. Auffallend erscheint nur die Tatsache, daß die Tüpfelung der *Callixylon*-Tracheiden eine Vorstufe des araucarioiden Typs darstellt (Henes). Ref. hält es jedoch untunlich, aus *Archaeopteris, Aneurophyton, Eospermatopteris, Protopitys* u. a. eine neue Klasse „Progymnospermophyta“ zu bilden, da hierbei vergleichend-morphologische Systematik in unglücklicher Weise mit phylogenetischer Spekulation verbunden wird. Die „Progymnospermophyta“ sind wohl ebenso überflüssig wie einst Embergers „Praephanerogamen“ (Fortschr. Bot. **14**, 128). — Bei *Ankyropteris* zeigen die aufeinanderfolgenden Verzweigungsordnungen eine Verkleinerung und Vereinfachung, was Eggert (1) als Ausdruck eines begrenzten Sproßwachstums ansieht. Der von Beck (1) aus dem Untercarbon von Indiana beschriebene *Stenokoleos* gehört wohl in die weitere Verwandtschaft von *Ankyropteris.* — Von der systematisch recht isoliert stehenden Gattung *Tubicaulis* fand Eggert (2) im Obercarbon von Illinois eine neue Art *(T. Stewartii)*; aus dem Vergleich der insgesamt sechs bekannten Species zeigt sich, daß *T. Stewartii* und *T. multiscalariformis* unter Beibehaltung einer primitiveren Tüpfelform (mehrreihige Leitertüpfelung, Fortschr. Bot. **15**, 90) Xylemparenchym entwickelt haben, während andere Arten letzteres nicht gebildet haben, aber zur Bildung runder Hoftüpfel fortgeschritten sind.

Anläßlich einer Untersuchung der nordamerikanischen *Psaronius*-Arten hat Morgan das Stelärsystem von *Ps. Bicklei* rekonstruiert, die Veränderung der Wedelstellung von der Basis zur Spitze des Stammes dargelegt und den Verlauf der Adventivwurzeln verfolgt; die Bedeutung des Wurzelmantels sieht Morgan nicht nur in einer mechanischen Verstärkung des Stammes, sondern auch darin, daß die höheren Stammteile direkt mit Wasser versorgt werden, da der relativ schwache Xylemteil am Grunde des Stammes nicht in der Lage sei, die Gesamtmenge des benötigten Wassers nach oben zu leiten. — *Itopsidema*, ein Farnstamm aus der Ober-Trias von Arizona, gehört nach Daugherty zu den Osmunddaceen.

Aus den oberen Gondwana-Schichten Indiens bildet Vishnu-Mittre (2) Sporangien vom Schizaeaceen-, Cyatheaceen- und Gleicheniaceen-Typ ab; *Solenostelopteris* vergleicht er mit Schizaeaceen-Rhizomen.

5. Gymnospermae. Eine von Pant (1) vorgeschlagene Klassifikation der Gymnospermen weicht von der üblichen vor allem dadurch ab, daß *Ephedra* als eigene Ordnung bzw. Klasse zu den Coniferophyta gestellt wird. — Daß sich die einzelnen Ordnungen der Gymnospermen auch durch submikroskopische Merkmale unterscheiden, geht aus den Untersuchungen von Eicke über die Feinstruktur der Hoftüpfel hervor. — Das Werk von Gaussen über die rezenten und fossilen Gymnospermen wird nach längerer Unterbrechung fortgesetzt; Lieferung 6 enthält die allgemeinen Abschnitte über die Pinoideen sowie die Systematik der Gattung *Pinus* (mit Liste der fossilen Arten nebst zahlreichen Zapfenabbildungen).

a) Pteridospermales. Durch geschickte Präparation (Peel-Methode, vorsichtiges Zerkleinern des "Coal ball" und Maceration), gelang es Leisman, den Bau der Fiedern von *Callipteridium Sullivanti* aufzuklären: obere Epidermis aus kleinen, rechteckigen Zellen bestehend, darunter großzellige Hypodermis-Schicht; Mesophyll zu einem Drittel aus mehrschichtigen Palisadenparenchym, zu zwei Drittel aus Schwammparenchym (mit kleinen Intercellularen) bestehend; untere Epidermis mit Stomata, Papillen und mehrzelligen, einfachen Haaren. Die Blattstiele besitzen typischen *Myeloxylon*-Bau. — Eine Sproßspitze von *Heterangium* läßt nach Delevoryas (2) eine 2/5-Blattstellung erkennen.

Dictyothalamus aus dem Rotliegenden von Böhmen hat sich nach W. u. R. Remy (3) als Mikrosporophyll erwiesen und ist offenbar mit *Schuetzia* verwandt, mit der es auch im Bau der Mikrosporen (mit Luftsack) übereinstimmt. — Spindelförmige, terminal stehende, büschelig angeordnete Mikrosporangien aus dem Obercarbon (Namur A) von Waldenburg werden von W. u. R. Remy (5) als *Zimmermannitheca* beschrieben; äußerlich sieht sie *Simplotheca* (Fortschr. Bot. **19**, 115) sehr ähnlich, doch hat diese monosaccate, *Zimmermannitheca* aber trilete Sporen. Bei *Geminitheca scotica* aus dem Untercarbon von Schottland stehen sowohl die länglichen Mikrosporangien wie auch die weiblichen Organe (je zwei *Calathospermum*-ähnliche Samen in der Cupula) in paarweiser Anordnung (Smith). — Das ebenfalls aus dem schottischen Untercarbon stammende *Eosperma oxroadense* ist ein flacher Samen vom *Lagenostoma*-Typ mit guterhaltener Megasporenmembran (Barnard). — An *Callospermion*, einem sehr kleinen Pteridospermen-Samen aus dem Obercarbon von Illinois (Eggert u. Delevoryas) lassen sich drei Integumentschichten unterscheiden. —

Die Zugehörigkeit der verschiedenen Glossopteriden-Fruktifikationen zu bestimmten Belaubungstypen wird von Plumstead (1) an Hand weiterer Funde und neuer Arten dargelegt. „*Scutum*", „*Hirsutum*", „*Cistella*" und „*Pluma*" gehören zu *Glossopteris*-Arten, „*Ottokaria*" zu *Gangamopteris*, die „*Lanceolatus*"-Arten gehören teils zu *Glosopteris*, teils zu *Palaeovittaria*. Die Prüfung umfangreichen Materials durch Plumstead (2) ergab, daß wir uns *Glossopteris* als laubabwerfendes Holzgewächs von baumartigem Habitus vorstellen müssen, dessen Blätter und Sporophylle an Kurztrieben büschelig beisammenstanden; demnach trifft die Sewardsche Rekonstruktion von *Glossopteris* (wiedergegeben in Mägdefrau, Paläobiologie, 3. Aufl., Abb. 142d) bereits das Richtige. — Die Untersuchung der Epidermen mehrerer *Glossopteris*-Arten durch Pant (3) ergab durchweg haplocheile Stomata, die von Papillen oder Nebenzellen überdeckt werden. Unter Aufstellung neuer Organgattungen und -arten beschreiben Pant (2) aus der Gondwanaformation von Tanganyika und PANT u. NAUTIYAL aus den unteren Gondwanaschichten Indiens Sporangien und Samen; sie fanden sich zwar in Schichten, die reichlich *Glossopteris*-Blätter führen, aber nicht in organischem Zusammenhang damit.

HARRIS (1) macerierte zahlreiche *Caytonia*-Samen und stellte fest, daß der Nucellus vollständig cutinisiert ist, nicht aber die Megasporenmembran; ein solches Verhalten kennen wir von keiner lebenden Gymnosperme, sondern nur von Angiospermen (vgl. Fortschr. Bot. **17**, 272).

b) Cycadales. Aus dem Unteren Keuper von Süd-Thüringen macht ROSELT außer einigen Cycadeenstämmen einen männlichen Cycadeenzapfen bekannt, wohl das älteste bisher bekannte Fossil dieser Art. — Die früher unter dem Namen *Ontheodendron Florini* beschriebenen Fossilien aus dem Jura Indiens deuten RAO u. BOSE als Cycadeen-Stämme. — Ob die von BOSE im indischen Jura gefundenen, einfach gefiederten Wedel *(Morrisia)* zu Cycadeen oder zu Bennettiteen gehören, ist vorläufig unentschieden. *Ptiloctenia* aus dem Jura des Kaukasus [DELLE (2)] (große, doppelt gefiederte Blätter mit haplocheilen Stomata) sind hingegen eindeutig Cycadeen, ebenso die aus dem Dogger von Yorkshire von THOMAS u. HARRIS beschriebenen männlichen Zapfen *(Androstrobus prisma)*, die mit *Pseudoctenis* zusammengehören. Nach denselben Autoren ist *Beania* als weiblicher *Nilssonia*-Zapfen anzusprechen.

Nipaniophyllum, das als Beblätterung von *Pentoxylon* angesehen wird, besitzt nach VISHNU-MITTRE (1) Stomata vom haplocheilen Typ. Demnach gehören die Pentoxyleen nicht zu den Bennettitales, sondern zu den Cycadales.

c) Bennettitales. Ein *Cycadeoidea*-Stamm aus der Unterkreide der Karpaten ist insofern bemerkenswert, als offenbar durch Insektenschaden „Gummi"-Sekretion bewirkt wurde und die Spitzen der Blütenknospen beschädigt sind (REYMANOWNA). — *Monanthesia* aus der Oberkreide von New Mexiko unterscheidet sich nach DELEVORYAS (3) von *Cycadeoidea* durch die Leitbündelversorgung. Die Zapfen, welche in der Achsel eines Blattes stehen, werden von einem Bündel versorgt, das aus der Fusion zweier Rindenbündel hervorgeht, die von zwei Blattbündeln abgehen. — Die von WARD (1900) aufgestellte Gattung *Cycadella* wird von DELEVORYAS (4) mit *Cycadeoidea* vereinigt.

d) Cordaitales. Ein *Cordaites*-Holz aus dem Obercarbon von Illinois (COHEN u. DELEVORYAS) ist ausgezeichnet durch großzelliges Begleitparenchym im endarchen Primärxylem, uniseriate Markstrahlen von nur 1—2 Zellen Höhe und nur 1- bis 2reihige Tüpfelung der Tracheiden des Sekundärxylems. — Ein *Cordaites*-Stamm aus dem Obercarbon von Kansas zeigt je ein Zweigpaar in der Blattachsel; möglicherweise handelt es sich hier um Blütenstände [BAXTER (2)].

e) Coniferales. Die vorzüglich erhaltene Kupferschiefer-Flora des Niederrhein-Gebietes (s. u. Abschn. III 1 d) hat bezüglich der Coniferen dank der sorgfältigen Untersuchung durch SCHWEITZER (1) bedeutsame Ergebnisse gebracht. Die Nadeln der stark heterophyllen *Voltzia Liebeana* sind unterseits gewölbt, oberseits flach und zeigen im Quer- und Längsschliff ein aus Kurztracheiden bestehendes Transfusionsgewebe, ein 2 bis

3schichtiges Schwammparenchym. ein 1- bis 3schichtiges, schmalzelliges Palisadenparenchym, eine mehrschichtige Hypodermis. Die von einem Nebenzellkranz umgebenen, eingesenkten Stomata stehen in Reihen auf Ober- und Unterseite; jede Nebenzelle trägt eine in den Vorhof hineinragende Papille. Die Gattung *Ullmannia*, von welcher WEIGELT die Arten *U. frumentaria* und *selaginoides* als „*Archaeopodocarpus Germanicus*" abgespalten hatte (vgl. „Paläobiologie d. Pfl.", 3. Aufl., S. 185ff.), wird im alten Umfang beibehalten, da sie im anatomischen Bau und in ihrer Epidermisstruktur (Stomata monozyklisch mit 5—8 Nebenzellen) übereinstimmen und sich darin von den übrigen Zechstein-Coniferen unterscheiden. Die männlichen Zapfen tragen rhombisch-schildförmige Sporophylle, an deren unterer Hälfte wie bei *Araucaria* mindestens acht schlauchförmige, freie Pollensäcke ansitzen. Die bisaccaten Pollenkörner (SCHWEITZER u. POTONIÉ) liegen in verschiedenen Entwicklungsstadien vor, die, wenn sie isoliert gefunden würden, vier verschiedenen Sporen-„Gattungen" zugeordnet werden müßten. Die dritte Coniferengattung des Zechsteins, *Quadrocladus*, ist durch monozyklische Stomata mit einem Kranz von 4(—5) Nebenzellen charakterisiert und liegt in zwei Arten vor; leider kennen wir weder die männlichen noch die weiblichen Zapfen.

Die meisten männlichen und weiblichen Zapfenreste aus der Rajmahal-Serie (= Rhät) stellt VISHNU-MITTRE (3) zu den Podocarpaceen.

Neuere Angaben über das Vorkommen von *Athrotaxis* auch auf der nördlichen Hemisphäre hat FLORIN nachgeprüft und durchweg als unzureichend beurteilt. Ein von MENENDEZ (3) im argentinischen Jura gefundener, gut erhaltener männlicher Coniferenzapfen gehört vielleicht zu *Athrotaxis* (oder zu *Proaraucaria*).

Die Cupressaceen, deren bisher älteste Funde aus der Kreide stammen, haben CHALONER u. LORCH jetzt im unteren Jura von Israel nachgewiesen.

OGURA beschreibt thyllenähnliche Strukturen in zwei mesozoischen *Araucarioxylon*-Arten. Die systematische Stellung von *Xenoxylon* (ebenfalls mit Thyllen) aus dem chinesischen Lias bleibt nach WATARI noch unklar. Ein vorzüglich erhaltenes *Juniperoxylon* aus dem Eocän des Pariser Beckens zeigt teilweise araucarioide Anordnung der Hoftüpfel [GRAMBAST (1)].

6. Angiospermae. AXELROD (1, 4) bemüht sich, weitere Beweise beizubringen für seine Auffassung, daß die Angiospermen sich bereits im älteren Mesozoicum in tropischen Gebirgen entwickelten und zu Beginn der Kreidezeit in die Tiefländer höherer Breiten einwanderten (vgl. Fortschritte Bot. **15**, 97). Die Entstehung der Angiospermen verlegt AXELROD, wie früher bereits THOMAS, in das jüngste Palaeozoicum. Für diese Zeit nimmt er ein unausgeglichenes Klima ("more extreme than those of succeeding periods") als Evolutionsfaktor an und postuliert ausgedehnte Inselgebiete im Atlantik bis ins Mesozoicum hinein; er fordert pollenanalytische Untersuchung der Sedimente auf den heutigen atlantischen Inseln. Durch Vergleich zahlreicher Florenfundpunkte zeigt AXELROD, daß die Verdrängung der Gymnospermen durch die Angiospermen von niederen nach höheren Breiten erfolgte: Auf der nördlichen Halbkugel

35—40° N in Neokom, 40—55° N im Apt, 60—80° im Alb. Da die primitiven Gruppen sowohl der Pteridophyten wie der Gymnospermen ausgestorben sind, ist es höchst unwahrscheinlich, daß primitive Angiospermen heute noch leben (die Magnoliales dürften ein Seitenzweig der Evolution sein).

Im Gegensatz zu AXELROD nimmt HARRIS (2) in derselben Frage eine sehr zurückhaltende Stellung ein und spricht von einer „ununterbrochenen Reihe von Mißerfolgen", so daß man heute darüber nicht mehr weiß als zu DARWINs Zeiten. Wir kennen keine·einzige, wirklich eindeutige, präkretazische Angiosperme; von all den Fossilien, die dafür gehalten worden sind, ist bei schärferer Prüfung nichts mehr übrig geblieben.

Eine neue Theorie der Angiospermenblüte hat MELVILLE entwickelt, indem er einen epiphyllen Zweig als Grundeinheit ansieht, aus der sich Andröceum und Gynäceum aufbauen, wobei er sich u. a. auf die (noch ungeklärten) *Glossopteris*-Fruktifikationen und auf die rezenten Chailletiaceen beruft.

Die von KORIBA u. MIKI in der Oberkreide von Japan entdeckte *Archeozostera* vermittelt zwischen Araceen und Zosteraceen.

Vgl. auch Abschn. III 2c und III 3!

III. Fossile Floren

1. Paläozoicum. Das mit vorzüglichen Abbildungen ausgestattete Buch „Pflanzenfossilien" von W. u. R. REMY (7) behandelt die fossilen Pflanzen des mitteldeutschen Raumes vom Unterdevon bis zum Rotliegenden und ergänzt damit die frühere Publikation von GOTHAN u. REMY „Steinkohlenpflanzen" (1957), in welcher die Flora des paralischen rheinisch-westfälischen Beckens in gleicher Weise dargestellt ist. Das Schwergewicht liegt bei beiden Bänden auf den Abdrücken, während strukturbietende Reste nur beiläufig erwähnt werden.

a) *Devon.* AXELROD (3) möchte die Psilophyten-Flora ins Präcambrium zurückverlegen und hält die devonischen Psilophyten nicht für die ersten Landpflanzen, sondern nur für persistente Formen, die sich in günstigen Lebensräumen so lange gehalten haben.

An der Basis einer bisher als oberdevonisch angesehenen Schichtfolge in Arizona fanden TEICHERT u. SCHOPF eine artenreiche Psilophytenflora, die offenbar in einer Lagune zur Einbettung kamen. Zwischen den (nach der Flora als mitteldevonisch anzusprechenden) Pflanzenschichten und der hangenden, durch marine Fossilien als Oberdevon gekennzeichneten Schichtfolge ist sonderbarerweise keine Diskordanz erkennbar. — Die von CHALONER (2) aus dem Oberdevon der Ellesmere-Insel beschriebenen Megasporen (wohl von Lepidophyten) sind auffallend kleiner als der Durchschnitt der carbonischen Megasporen.

Aus dem niederrheinischen Mitteldevon machen KRÄUSEL u. WEYLAND (2) je eine neue Art von *Horneophyton, Svalbardia* und *Platyphyllum* bekannt. — Die Grauwacken der Selkemulde im Harz stuft STEINER auf Grund von Cyclostigma-Funden ins Oberdevon (bis unterstes Untercarbon) ein. — VOLK gelang der erste Pflanzenfund *(Protopteridium)* in den Nereitenschiefern des Thüringer Waldes.

Die Devonschichten des Ssajan- und Altaigebirges sind reich an Pflanzenfundstellen (Unterdevon bis unteres Untercarbon), welche ANANIEV unter Beigabe zahlreicher Abbildungen beschreibt. Wenn auch mehrere endemische Arten zu verzeichnen sind (z. B. *Protohyenia, Jenisseiphyton* und eine *Archaeopteris* mit randständigen Sporangien), so tritt doch die weltweite Verbreitung mancher Formen auffällig hervor.

b) *Untercarbon* (Mississippian). Die Flora von Doberlug südlich Berlin (vgl. Fortschr. Bot. 14, 141 und 15, 99) hat DABER (1) unter Verwendung reichlichen.

neuen Materials einer sorgfältigen Revision unterzogen. Vor allem wird hier erstmals eine Gemeinschaft flözfremder Arten festgestellt, die aus Arten der Gattungen *Triphyllopteris, Sphenopteridium, Cardiopteris, Cardiopteridium, Rhodea* u. a. besteht, während die Flözbildner-Gemeinschaft sich aus *Lepidodendron, Lepidobothrodendron* n. g., *Stipidopteris* und *Sphenophyllum* zusammensetzt. Innerhalb der Doberluger, in das Mittel-Visé einzustufenden Schichtenfolge läßt sich keine scharfe Untergliederung auf paläobotanischer Grundlage durchführen.

Im Minusinsk-Becken am Jenissei wurden *Lepidodendropsis* und *Sublepidodendron* gefunden (Ananiev u. Graizer, Ananiev u. Mikhailova). Staplin behandelt die Sporen des Untercarbons von Alberta (Canada), Winslow die Megasporen des Unter- und Obercarbons von Illinois.

c) *Obercarbon.* Torfdolomite ("coal balls"), die in beträchtlicher Menge im Obercarbon der zentralen USA vorkommen, sind jetzt auch im Westfal C von New-Brunswick (Canada) entdeckt worden; wenn auch unbestimmbarer Pflanzendetritus darin bei weitem vorherrscht, so konnte Baxter (4) doch folgende Genera feststellen: verschiedene Lepidophyten, *Psaronius, Botryopteris, Sphenophyllum* und *Cardiocarpus.*

Piérart (1) (2) hat die Megasporen aus dem oberen Westfal C des nördlichen Belgien in einer mit vorzüglichen Abbildungen ausgestatteten Abhandlung beschrieben und stratigraphisch ausgewertet.

Von Gothans „Steinkohlenflora der westlichen paralischen Reviere Deutschlands" ist Lieferung 6 erschienen, in welcher die Calamiten behandelt werden (Gothan, Leggewie u. Schonefeld). Die Flora des Namur A im Raum nordöstlich Wuppertal haben Leggewie u. Schonefeld bearbeitet. — Eine Tiefbohrung bei Emden in Ostfriesland (Trusheim) hat in 3600 m Tiefe flözführendes Obercarbon erreicht. Auf Grund der Begleitflora und der Sporen wurde Westfal D und C festgestellt. Es wurden etwa 700 m obercarbonische Sedimente mit 90 Kohleflözen durchhörtert.

Im Saargebiet führt Guthörl (1, 3) seine stratigraphisch-tektonischen Untersuchungen auf paläobotanischer Grundlage weiter und gibt einen Überblick über die Geschichte der paläontologischen Erforschung des Saarcarbons [Guthörl (2)].

W. u. R. Remy (1) stellen die Pflanzen des Stefan im Gebiet von Plötz-Löbejun zusammen, und zwar nach den drei Flözen getrennt. Doubinger u. Remy behandeln die Odontopteriden dieses Gebiets. *Sphenophyllum saxonicum* aus dem Zwickauer Obercarbon wird von *Sph. longifolium* abgetrennt [W. u. R. Remy (3, 4)].

Die Carbonflora der Schweiz hat Jongmans einer Gesamtbearbeitung unterzogen (die letzte Beschreibung der Schweizer Carbonpflanzen von Oswald Heer stammt aus dem Jahre 1877). Hierzu wurden nicht nur alle in Museen liegenden Materialien verwendet, sondern auch umfangreiche eigene Aufsammlungen (Zusammen mit E. Ritter) an vielen Fundstellen durchgeführt. Insgesamt liegen etwa hundert Arten vor, die auf 58 Tafeln wiedergegeben werden. Die meisten Einzelfloren gehören in Westfal D und Stefan, einige wenige in tieferes Westfal.

Aus Nordwest-Spanien bearbeitete Wagner (1, 2) die Pectopteriden stefanischen Alters.

Die Carbonflora von Zonguldak (Türkei) gehört nach Egemen in das untere bis mittlere Westfal.

d) *Perm.* Die Kuseler Schichten in der Pfalz (Rhein) schließen sich nach Bhardwaj u. Venkatachala in ihrem Sporengehalt unmittelbar an die Ottweiler Schichten (Oberstes Stefan) an, während mit den Lebacher Schichten (im Hangenden der Kuseler Sch.) das Vorherrschen des Coniferenpollens einsetzt. Die mikrofloristische Grenze Carbon/Perm würde also zwischen Kuseler und Lebacher Schichten liegen.

Aus dem Unter-Rotliegenden des Thüringer Waldes kamen mehrere neue Pflanzenformen zutage. W. u. R. Remy (2, 6): *Odontopteris Gimmi* (mit neuropterisch aussehenden Fiedern), *Manebachia polysporangiata* (fiederige Pteridophyllen-Fruktifikation), *Paracalamostachys heterospora* (Calamitenzapfen mit ausgeprägter Heterosporie), *Dicranophyllum Hallei* (mit sehr langen Blättern) und *Dictyothalamus Schrollianus* (bisher nur aus Böhmen und Schlesien bekannt). Fischschuppen im Vitrit der Steinkohlen von Stockheim und Manebach lassen auf allochthone Entstehung der Kohle schließen [Hoehne (1)].

Der von Schweitzer (1) untersuchten Coniferen des niederrheinischen Zechsteins wurde bereits oben (Abschn. II 5 e) gedacht. Es wurden außerdem *Neocalamites, Callipteris, Sphenobaiera* untersucht sowie die Sphenopteriden des Zechsteins [Schweitzer (2)] einer Revision unterzogen. — *Bubnoffphycus* aus dem Zechsteinkalk von Eisleben wird von Daber (2) als Algen-Phylloid gedeutet. — Die früheren Angaben von Walther, Brauch, Korn und Mägdefrau über *Stromaria Schubarthi*, den Hauptriffbildner der thüringischen Zechsteinriffe, werden von Hecht bestätigt. *Tubulites articulatus* (oft massenhaft vorkommende Röhrchen im Plattendolomit des oberen Zechsteins) wird von Hecht als Kalkalge angesehen.

Die Baumstämme im Perm des Mecsek-Gebirges in Ungarn bestimmte Simoncsics überwiegend als *Dadoxylon Schrollianum* (vgl. Fortschr. Bot. 21, 142).

Aus permocarbonischen Kohlen der Tschechoslowakei wurden von Malán Pilzsklerotien in großer Formenmannigfaltigkeit nachgewiesen.

Die permische Flora des Petschora-Beckens enthält nach Neuburg (3) zahlreiche baumförmige Lycopodiinen, die dem europäischen Perm fehlen (*Viateschlavia, Paichoia, Tundrodendron*) sowie Ginkyoalen (*Baiera, Rhipodopsis, Phylladoderma*).

Die von Neuburg (2) im Perm Sibiriens entdeckten Laubmoose wurden bereits in Abschn. II, 3 behandelt.

Asama hat den Gigantopteridaceen (*Gigantopteris, Emplectopteris, Emplectopteridium* und verwandten Gattungen) aus dem ostasiatischen Perm eine eingehende Studie gewidmet.

e) *Gondwana-Formation.* Hoffmann u. Hoehne (2) geben erstmals eine eingehende petrographische Beschreibung sämtlicher Gondwana-Kohlen (Australien, Indien, Afrika und Südbrasilien). — Über *Glossopteris* s. o. Abschn. II 5a.

Die *Glossopteris*-Flora von Belgisch-Kongo wurde von Hoeg u. Bose einer Gesamtbearbeitung unterzogen (Abdrücke, Cuticeln und Sporen). Piérart (3) behandelt Sporen aus der Kohle von Katanga, Leschik aus Südafrika und Pant (2) aus Ostafrika.

2. Mesozoicum. Das pflanzenführende, terrestrische Mesozoicum Japans, das die deutschen Geologiebücher fast völlig übergehen und dessen Schichtenfolge nur mit lokalen Bezeichnungen benannt wird, versucht Takahasi mit den europäischen Formationen zu parallelisieren.

a) *Trias.* Der Fund eines Stückes von *Dadoxylon keuperianum* bei Furth (Bayer. Wald) ist ein erneuter Beweis dafür, daß die Keupersedimente weit über das Alte Gebirge nach Osten gereicht haben müssen [Mägdefrau (3)]. — Lundblad (1) hat die Ginkyoacee *Pseudotorella* im Rhät von Bjuw (Südschweden) nachgewiesen. — Neuburg (1) beschreibt einige Farne aus den kohleführenden Triasschichten des Beckens von Petschorsk.

b) *Jura.* In den pflanzenreichen untersten Liasschichten von Franken wies Jung 13 Formen von Megasporen nach, die sämtlich zu Lycopodiinen gehören dürften (von diesen wurden bisher im fränkischen Lias noch keine Großreste gefunden). Enge Beziehungen der Megasporenflora Frankens zu derjenigen anderer europäischer Fundpunkte sowie Grönlands deuten ebenso wie die Großreste auf eine auffällige Einheitlichkeit der Vegetation dieses Raumes zur Liaszeit hin. Kräusel beendete seine Bearbeitung der Liasflora von Sassendorf bei Bamberg mit der Behandlung der Gymnospermen. — Aus dem schwäbischen Lias beschreibt Müller-Stoll einen gefelderten Gymnospermen-Markkörper sowie große, wohl zu Cycadeen oder Ginkyoaceen gehörige Samen (ähnliche Gebilde machte Mägdefrau 1956 aus dem mittleren Keuper von Haßfurt in Franken bekannt).

Ihre Untersuchungen der schwäbischen Rhät-Lias-Flora Schwedens (Fortschr. Bot. 14, 145) setzt Lundblad (2, 3) mit der Behandlung der Ginkyoaceen fort und bespricht den stratigraphischen Wert von Gymnospermen-Cutceln dieser Flora.

Die Neubearbeitung der durch Zigno berühmt gewordenen Flora der Venetianischen Alpen (Fortschr. Bot. 19, 120) hat Wesley weitergeführt und die Gattungen *Desmiophyllum, Pityophyllum* und *Sphenozamites* behandelt.

Delle (1) beschreibt die Ginkyoaceen des Tkvarcheli-Kohlenbeckens in Transkaukasien (*Ginkyo, Baiera, Sphenobaiera, Czekanowskia*).

Die Kohlenlager von Kootenay in Britisch-Columbia, deren Sporomorphen Rouse untersucht hat, gehören wohl in den obersten Jura.

Die liasischen Floren der Jwamuro-Schichten [KIMURA (1)] und der Kuruma-Schichten [KIMURA (2)] in Mittel-Honshu (Japan) haben eine auffallende Ähnlichkeit mit der europäischen Lias-Flora, besitzen aber viele *Cladophlebis*-Arten. Die Tetori-Flora [KIMURA (4)] aus dem Gebiet von Tukui (Mittel-Honshu) ist wohl auch liasischen Alters. Eine Zusammenstellung der pflanzenführenden Juraschichten Japans [KIMURA (3)] erleichtert das Zurechtfinden in den zahlreichen lokalen Schichtbezeichnungen der Japaner.

c) *Kreide.* In Bohrproben aus dem nordostdeutschen Wealden fand DABER (3) eine große Mannigfaltigkeit von Cuticeln; danach muß die Bennettiteen-Flora des Wealden viel reichhaltiger (10 Cuticel-Typen!) gewesen sein, als es nach den Großresten den Anschein hat. — Die Wealden-Flora von Ortigosa (Portugal), die DEPAPE u. DOUBINGER untersucht haben, ist artenarm und liegt in ungünstigem Erhaltungszustand vor, läßt aber wenigstens eine einigermaßen sichere Alterseinstufung der Fundschichten zu. — Über die Sedimentationsbedingungen im westeuropäischen Wealden hat ALLEN eingehende Untersuchungen angestellt. — Zwei charakteristische Wealdenfarne, *Weichselia* und *Onychiopsis*, in den obersten Gondwanaschichten (Jabalpur-Serie) Indiens bezeugen deren unterkretazisches Alter (BOSE u. DEV). — DEPAPE gibt eine gedrängte Übersicht über die französischen Kreide-Floren.

Die Gattung *Phytocrene*, heute im tropischen Asien und Afrika lebend und fossil vom Eocän (Californien) ab bekannt, haben SCOTT u. BARGHOORN in der Kreide von New York auf Grund einer Frucht nachgewiesen. — MÄDEL (2) beschreibt eine Anzahl Monimiaceen-Hölzer aus der Oberkreide Südafrikas, SÜSS ein Monimiaceenholz aus der Oberkreide von Braunschweig.

In den von HOFFMANN u. HOEHNE (1) untersuchten kretazischen Steinkohlen sind Pilz-Sklerotien recht häufig.

Nach VOIGT sprechen gewisse Anzeichen dafür, daß die "Hardgrounds" (frühdiagenetisch verhärtete Kalkbänke) der europäischen Oberkreide eine reiche Algenvegetation getragen haben.

Die Unterkreide-Flora des westsibirischen Tieflandes enthält nach TESLENKO Farne, Cycadophyten und Coniferen, aber noch keine Angiospermen; letztere finden sich aber im Fernen Osten und in Kasachstan (in Westsibirien erst im Cenoman), so daß auf eine Ausbreitung der Angiospermen von den südostasiatischen Gebirgen geschlossen werden kann.

3. Känozoicum (Tertiär)

Nordeuropa. Aus der Sporenanalyse tertiärer Sedimente von Island ergibt sich nach PFLUG eine weitgehende Übereinstimmung der isländischen Mikrofloren mit denen Spitzbergens, eine geringere mit denen Mitteleuropas; ob die auffällige Ähnlichkeit mit den alttertiären Mikrofloren Japans vielleicht faziell bedingt ist, können erst weitere Untersuchungen lehren.

Westeuropa. Im Alttertiär von Berkshire stellte ERDTMAN (3) drei neue Pollengenera fest: *Milfordia* (Restionacee?), *Aglaoreidia* (Monokotyle unbekannter Stellung) und *Lymingtonia* (Nyctaginacee). — DEPAPE u. GRANGEON geben eine Übersicht über die Miocänfloren von Frankreich. — Die von GRANGEON (2) bearbeitete Flora von Limagne (Auvergne) ist oligocänen Alters. — Die von GRANGEON (1) in einer umfangreichen Abhandlung dargestellte Flora des Massivs von Coiron (Ardèche) gehört in das obere Miocän; die sonderbare Mischung tropischer, mediterraner und temperierter Elemente läßt sich wohl nur durch das Vorhandensein verschiedener Höhenstufen erklären. Das Klima muß damals nicht nur wärmer, sondern auch feuchter gewesen sein als heute im gleichen Gebiet.

Mitteleuropa. WEYLAND (1, 2) sowie KRÄUSEL u. WEYLAND (1) setzen ihre früheren Epidernis-Untersuchungen von Blättern aus der rheinischen Braunkohle fort. KILPPER (2) und BENDA haben Studien zur Facies und Bildungsgeschichte der rheinischen Braunkohle auf Grund cuticularanalytischer Untersuchungen durchgeführt, über deren Ergebnisse WEYLAND (3) zusammenfassend berichtet. Eine Pliozänflora von Frimmersdorf (nordwestlich von Köln) wurde von KILPPER (1) untersucht; ihre klimatischen Ansprüche deuten auf eine mittlere Jahrestemperatur von etwa 15° hin. ALTEHENGER berichtet über floristisch belegte Klimaschwankungen innerhalb des pliocänen Braunkohlenflözes von Wallesen am Ith (südlich Hannover). — Die Nachprüfung der Coniferenzapfen aus dem niederrheinischen

Tertiär durch SCHLOEMER-JÄGER (2) ergab insgesamt 11 Arten; für *Metasequoia* fehlt aber vorläufig noch jeder sichere Hinweis [SCHLOEMER-JÄGER (1)]. MÖHN entdeckte eine Mückengalle an einem *Sequoia*-Zapfen aus der niederrheinischen Braunkohle. KRUMBIEGEL gibt eine Übersicht über Flora, Fauna und Lebensverhältnisse der Geiseltal-Braunkohle bei Halle (Saale). — In der Braunkohle der Lausitz fand MAI die Früchte von *Tsuga, Mallotus, Homalanthus, Passiflora, Potamogeton* und *Andromeda*.

An fossilen Hölzern aus dem mitteleuropäischen Tertiär wurden beschrieben: Lauraceen- und Meliaceen-Hölzer aus dem Miocän des Randecker Maars in der schwäbischen Alb [SÜSS u. MÄDEL; MÄDEL (3)], ein Taxodiaceenholz mit Insektenspuren (ROSELT u. FEUSTEL), verschiedene Laubhölzer *(Fraxinus, Platanus, Acer, Morus)* aus dem bayerischen Miocän (SELMEIER).

Eine gründliche Untersuchung des Sporeninhalts der Braunkohle des Geiseltals bei Halle durch KRUTZSCH (1) ergab 186 Arten. RAUKOPF führte eine Pollenanalyse der Tertiärkohlen von Mecklenburg, Berlin und der Lausitz durch. KRUTZSCH (2, 3) beschreibt mehrere neue Formgattungen von Sporen bzw. Pollenkörner und erörtert einige Fragen zur Pollenanalyse der Braunkohlen der Lausitz. WEYLAND, BERENDT u. PETERS beschäftigen sich mit verschiedenen problematischen Mikrofossilien der Braunkohle.

Vor hundert Jahren vollendete OSWALD HEER seine „Flora tertiaria Helvetiae", eines der bedeutendsten Werke der paläobotanischen Literatur überhaupt [MÄGDEFRAU (2)].

Südeuropa. WEYLAND, PFLUG u. MUELLER setzen ihre früheren Pollenuntersuchungen der pliocänen Braunkohle von Ptolemais in Nordgriechenland fort.

Osteuropa. In Weiterführung früherer Untersuchungen über die Lauraceen von Bilin (Böhmen) (Fortschr. Bot. 19, 121) bearbeitete JÄHNICHEN (1) die Gattungen *Litsea, Benzoin, Persea* und *Cinnamonum* unter besonderer Berücksichtigung der Epidermisstruktur.

Einen Markstein in der Erforschung der ungarischen Tertiärflora bedeutet die „Flora der sarmatischen Stufe in Ungarn" von ANDREÁNSKY (1). Diesem Werk liegen rund 15 000 Abdrücke von Blättern und Früchten sowie 1000 verkieselte Hölzer von etwa 50 Fundstellen zugrunde. Die Zahl der Arten beläuft sich auf 550 (darunter 70 neue), die sämtlich in sauberen Zeichnungen und Photographien dargestellt werden; stets werden Lebensform, Gesellschaftszugehörigkeit und klimatische Ansprüche der nächstverwandten rezenten Species angegeben. Eine Florengeschichte des Miocäns in Ungarn zu rekonstruieren, ist das Endziel des Werkes. Für die einzelnen Zeitabschnitte vom Torton bis zum Pannon werden auf Grund sorgfältiger Florenanalyse Durchschnittstemperatur, Temperaturschwankung und Niederschlagsmenge erschlossen. Die Sarmatflora Ungarns lag wohl außerhalb der klimatischen Grenzen der Lorbeerwälder und hatte etwa mediterranen Charakter; der anfangs noch vorhandene tropische Anteil tritt rasch zurück, während das ostasiatische und nordamerikanische Element sich verstärkt. — Eine kleinere Abhandlung von ANDREÁNSKY (2) ist der ungarischen Oligocänflora gewidmet, in welcher das tropische Element vorherrscht, aber andererseits die Gattungen *Acer* und *Ulmus* bereits vertreten sind. — RÁSKY (q) behandelt eine artenreiche Flora aus dem Oberoligocän Nordungarns, während ANDREÁNSKY (3) und RÁSKY (2) Pflanzenreste aus dem ungarischen Eocän beschreiben. — MÜLLER-STOLL u. MÄDEL (1, 2) haben die Betulaceen- und Juglandaceen-Hölzer aus dem Tertiär des pannonischen Beckens untersucht. GREGUSS (3) stellte unter den Ligniten von Várpalota überwiegend *Sequoia* fest, während *Taxodium* völlig fehlt. — SIMONCSICS (1, 2) hat Sporen- und Pollenanalysen der miocänen Braunkohle von Salgótarján (NO-Ungarn) durchgeführt.

GIYULESCU u. NICORICI behandeln eine Sarmatflora von Fizes (Rumänien). GIYULESCU bezweifelt die Gattungszugehörigkeit der im europäischen Miocän häufigen *Ficus tiliaefolia*, vermag aber nicht anzugeben, in welches Genus diese Art tatsächlich gehört.

CZECZOTT, SKIRGIELLO u. ZALEWSKA haben mit der Bearbeitung einer jungtertiären Flora von Turow in Polen begonnen.

Takhtajan gibt eine Übersicht über die Palmen des russischen Tertiärs. Greguss (2) beschreibt einen Sequoia-Stamm aus dem Untereocän des Wolgabeckens.

Süd-Asien. Im Mio-Pliocän von Israel fanden Lorch u. Fahn zwei Leguminosenhölzer ohne Jahresringe.

Prakash beschreibt zwei Palmenhölzer aus der indischen Intertrappean-Flora. Ramanujam (1, 2) untersuchte ein Palmenholz von Madras sowie verschiedene andere Kieselhölzer aus dem Tertiär Süd-Indien, unter denen Leguminosen und Dipterocarpaceen vorherrschen. — Potonié (3) behandelt die Sporen einer Eocän-Kohle aus Burma.

Ost-Asien. Aus einer Zusammenstellung der fossilen Gymnospermen Japans (Miki) ergeben sich insgesamt 56 Arten, von denen über die Hälfte heute noch in Japan leben. Tanai (1) gibt eine stratigraphisch-regionale Übersicht der Tertiärkohlen des nördlichen Honshu. Tanai u. Onoe beschreiben die fossile Flora des miocänen Kohlefeldes von Joban (südlich Sendai), Tanai u. Suzuki die Miocänflora von SW-Hokkaido. Tanai (2) berichtet über fossile *Fagus*-Blätter auf variationsstatistischer Grundlage. — Mädel (1) beschreibt erstmals ein fossiles *Nyssa*-Holz (von Hokkaido). — Hoehne (2) wies Pilzsklerotien in oligocäner Kohle von Japan nach. Pollenanalysen japanischer Braunkohle wurden durchgeführt von Shimada, Sohma ,Sohma u. Jimbo sowie Sohma, Jimbo u. Shimada.

Nordamerika. Dorf (1) zeigt an einer Reihe von Karten die Verschiebung der Klimazonen Nordamerikas von Eocän bis zur Gegenwart. Axelrod (2) legt die erdgeschichtliche Entwicklung der Wälder von *Sequoia gigantea* in der Sierra Nevada dar. Becker (2, 1) beschreibt die alttertiäre Flora von SW-Montana sowie ein Mahonia-Blatt. Axelrod u. Ting haben Pollenanalysen im Pliocän am Osthang der Sierra Nevada durchgeführt. Dorf (2) schildert die fossilen Wälder des Yellowstone-Parks. Die Miocänfloren des Columbia-Plateaus (Oregon) wurden von Chaney u. Axelrod auf Grund eines ungewöhnlich reichhaltigen Materials (rund 15000 Stücke!) eingehend bearbeitet und ökologisch ausgewertet; teils herrschten *Taxodium*-Sumpfwälder vor, während in besser entwässerten Tälern *Glyptostrobus*-Wälder wuchsen.

Südamerika. Boureau u. Salard beschreiben *Nothofagus*-Holz aus dem Tertiär von Patogonien.

Literatur

Abramova, A. L., i. J. J. Abramov: Acta Inst. bot. Komarov. Acad. Sc. S.S.S.R., Ser. II, **12**, 301—359 (1959). — Alberti, G.: Mitt. geol. Staatsinst. Hamburg **28**, 91—92 (1959); (2) **28**, 93—105 (1959). — Allen, P.: Phil. Trans. Roy. Soc. London, Ser. B (Biol. Sci.) **242**, 283—346 (1959). — Altehenger, A.: Paläontographica (Stuttgart) B, **106**, 11—70 (1960). — Ananiev, A. R.: Die wichtigsten Fundstellen devonischer Floren im Gebiete des Sajan-Altai-Gebirges. Tomsk 1959. (Russisch). — Ananiev, A. R., i. M. J. Graizer: Dokl. Akad. Nauk S.S.S.R. **116**, 997—1000 (1957). — Ananiev, A. R., u. J. V. Mikhailova: Dokl. Akad. Nauk S.S.S.R. **123**, 1081—1084 (1958). — Andreánsky, G.: (1) Die Flora der sarmatischen Stufe in Ungarn. Budapest 1959; — (2) Acta bot. Acad. Sc. hungar. **5**, 1—37 (1959); — (3) Foldtani Közlöny **89**, 302—307 (1959). — Andrews, H. N.: (1) Palaeobotanist **7**, 85—89 (1958). — (2) Cold Spring Harbor Symposia Quant. Biol. **24**, 217—234 (1960). — Arnold, Ch. A.: Contrib. Mus. Palaeontol. Univ. Michigan **15**, 249—267 (1960). — Asama, K.: Sci. Rep. Tohoku Univ., Sendai, 2. Ser. (Geol.) **31**, 1—72 (1959). — Augusta, J., u. Z. Burian: Tiere der Urzeit. Prag und Jena 1956. — Axelrod, D. J.: (1) Science **130**, 203—207 (1959); — (2) Evolution **13**, 9—23 (1959); (3) **13**, 264—275 (1959); — (4) Evolution after Darwin **1**, 227—305. Chicago 1960. — Axelrod, D. J., and W. S. Ting: Univ. Calif. Publ. geol. Sci. **39**, 1—118 (1960).

Banks, H. P.: Senckenberg. leth. **41**, 59—88 (1960). — Barnard, P. D. W.: Ann. Bot., N. S. **23**, 285—296 (1959). — Baxter, R. W.: (1) Trans. Kansas Acad. Sci. **62**, 47—52 (1959); — (2) Amer. J. Bot. **46**, 163—169 (1959); — (3) Phytomorphology **10**, 19—25 (1960); — (4) Canad. J. Bot. **38**, 697—699 (1960). — Beck, Ch.: (1) Amer. J. Bot. **47**, 115—124 (1960); — (2) Brittonia **12**, 351—368 (1960). — Becker, H. F.: (1) Contr. Mus. Paleontol. Univ. Michigan **15**, 33—38 (1959); —

(2) Palaeontographica (Stuttgart) B, **107**, 83—126 (1960). — BENDA, L.: N. Jb. Geol. Paläontol., Abh., **109**, 225—260 (1960). — BERGLUND, B., G. ERDTMAN u. J. PRAGLOWSKI: Svensk bot. Tidskr. **53**, 462—468 (1959). — BHARADWAJ, D. C.: Palaeobotanist 7, 67—75 (1958). — BHARADWAJ, D. C., and B. S. VENKATACHALA: (1) Palaeobotanist 6, 1—11 (1957). — (2) Senckenberg. leth. **41**, 27—35 (1960). — BIERHORST, D. W.: Phytomorphology **10**, 249—305 (1960). — BOSE, M. N.: Palaeobotanist 7, 21—25 (1958). — BOSE, M. N., and S. DEV: Nature (Lond.) **183**, 130—131 (1959). — BOUGHEY, A. S.: Nature (Lond.) **184**, 1200—1201 (1959). — BOUREAU, E.: World report on palaeobotany. Regnum vegetabile **19**. Utrecht 1960. — BOUREAU, E., et M. SALARD: Senckenberg. leth. **41**, 297—315 (1960).

CAMPO, M. VAN: Informations bibliographiques. Pollen et Spores 1, 81—140, 311—329; 2, 133—158 (1959/60). — CHALONER, W. G.: (1) Palaeontology **1**, 245—253 (1958); (2) 1, 321—332 (1959). — CHALONER, W. G., and J. LORCH: Palaeontology 2, 236—242 (1960). — CHANEY, R. W., and D. J. AXELROD: Carnegie Instit. Washington, Publ. **617** (1959). — COHEN, L. M., and TH. DELEVORYAS: Amer. J. Bot. **46**, 545—549 (1959). — CROFT, W. N., and E. A. GEORGE: Bull. Brit. Mus. (Nat. Hist.), Geol. 3, 339—353 (1959). — CZECZOTT, H., A. SKIRGIELLO i. Z. ZALEWSKA: Prace Muzeum Ziemi Nr. 3. Warschau 1959.

DABER, R.: (1) Geologie Beih. **26** (1959); — (2) Geologie 9, 814—817 (1960); (3) 9, 591—637 (1960); — (4) 9, 418—425 (1960). — DARRAH, W. C.: Principles of Paleobotany. 2. ed. New York 1960. — DAUGHERTY, L. H.: Amer. J. Bot. **47**, 771—777 (1960). — DELEVORYAS, TH.: (1) Amer. J. Bot. **44**, 654—660 (1957); (2) **45**, 84—89 (1958); (3) **46**, 657—666 (1959); (4) **47**, 778—786 (1960). — DELLE, G. V.: (1) Bot. J. (Moskau) **44**, 87—91 (1959); (2) **44**, 819—822 (1959). — DEPAPE, G.: 84. Cong. Soc. sav. 61—94 (1959). — DEPAPE, G., et P. GRANGEON: 83. Congr. Soc. sav., Miocène, 153—170 (1958). — DEPAPE, G., et J. DOUBINGER: Anales Esc. técn. Péritos Agricol. Especial. agropecuar. Serv. tecn. Agricult. **14**, 15—76 (1959). — DORF, E.: (1) Amer. Scientist **48**, 341—364 (1960); — (2) Billings geol. Soc., 11. ann. Field Confer., 253—260 (1960). — DOUBINGER, J., u. W. REMY: Abh. dtach. Akad. Wiss. Berlin, Kl. Chem., Geol., Biol. Nr. 5, 6—14 (1958).

EGEMEN, M. R.: Rev. Facult. Sci. Univ. Istanbul, Ser. B, **24**, 1—24 (1959). — EGGERT, D. A. (1): Amer. J. Bot. **46**, 510—520 (1959); (2) **46**, 594—602 (1959). — EGGERT, D. D., and TH. DELEVORYAS: Phytomorphology **10**, 131—138 (1960). — EICKE, R.: Z. Bot. **46**, 5—15 (1958). — EISENACK, A.: (1) Arch. Protistenk. **104**, 43—50 (1959); — (2) Senckenberg. leth. **41**, 13—26 (1960). — ENDO, R.: Trans. Proc. paleontol. Soc. Japan, N. S. **31**, 265—269 (1958). — ERDTMAN, G.: (1) Grana palynol. 2, 36—39 (1959); (2) **2**, 87—102 (1959); (3) — Bot. Notiser **113**, 46—48 (1960).

FLORIN, R.: Senckenb. leth. **41**, 199—207 (1960). — FLÜGEL, E.: (1) Sitzber. österr. Akad. Wiss., math.-nat. Kl., 36—46 (1959); — (2) N. Jb. Geol. Paläontol., Mh., 339—354 (1960); 145—152 (1959).

GAUSSEN, H.: Les Gymnospermes actuelles et fossiles, Fasc. VI, Chap. 11. Toulouse 1960. — GIVULESCU, R.: N. Jb. Geol. Paläontol., Mh. 437—442 (1959). — GIVULESCU, R., u. E. NICORICI: N. Jb. Geol. Paläontol. **110**, 180—185 (1960). — GOCHT, H.: Palänotol. Z. **33**, 50—89 (1959). — GOTHAN, W., u. W. REMY: Steinkohlenpflanzen. Essen 1957. — GOTHAN. W., W. LEGGEWIE u. W. SCHONEFELD: Beih. geol. Jb. **36** (1959). — GRAMBAST, L.: (1) Arch. Mus. nation. Hist. nat., 7. Sér., 3, 3—24 (1955); — (2) C. r. sénc. Acad. Sci. **249**, 557—559 (1959); — (3) Extension chronologique des genres chez les Charoideae. Paris 1959. — GRANGEON, P.: (1) Mém. Soc. Hist. nat. Auvergne 6 (1958); — (2) Rev. Sci. nat. Auvergne **24**, 43—100 (1958). — GREGUSS, P.: (1) Holzanatomie der europäischen Laubhölzer und Sträucher. 2. Aufl. Budapest 1959; — (2) Akad. Nauk S.S.S.R., palaeontol. J. **134**—137 (1959); — (3) Acta Univers. szeged. 5, 1—16 (1959). — GUTHÖRL, P.: (1) Glückauf **94**, 1552—1569 (1958); — (2) Bergfreiheit **24**, 111—129 (1959); — (3) Bergbau 12, 98—109 (1960).

HARRIS, T. M.: (1) Palaeobotanist 7, 93—106 (1958); — (2) Advancement of Sci. Nr. 67 (1960). — HECHT, G.: Freiberger Forschungsh. C **89**, 125—176 (1960). — HENBEST, L. G.: Contrib. Cushman Found. foraminif. Res. 9, 104—111 (1958). — HENES, E.: Fossile Wandstrukturen. Handb. d. Pflanzenanatomie, 2. Aufl., 3, V. Berlin 1959. — HØEG, O. A., and M. N. BOSE: Ann. Mus. roy. Congo belge,

Sci. geol. **32** (1960). — Hoehne, K.: (1) Geologie **6**, 528—540 (1957); — (2) Chemie der Erde **19**, 296—307 (1958). — Hoffmann, H., u. K. Hoehne: (1) Brennstoff-Chem. **40**, 129—136, 219—227 (1959); (2) **41**, 5—11, 70—79, 142—150, 204—208, 235—243 (1960). — Horn af Rantzien, H.: (1) Ark. Bot., Ser. II, **4**, 167—322 (1959). — (2) Acta Univ. stockholm., Contr. Geol., **4**, 45—197 (1959); (3) **5**, 1—17 (1959).

Jähnichen, H.: (1) Jb. staatl. Mus. Mineral. Geol. Dresden, 60—95 (1958); — (2) Geologie **8**, 758—777 (1960). — Johnson, J. H.: Quart. Colorado Scholl Mines **55**, Nr. 3 (1960). — Johnson, J. H., and K. Konishi: (1) Quart. Colorado School Mines **53**, Nr. 2 (1958); (2) **54**, Nr. 1 (1959). — Jongmans, W. J., et S. J. Dijkstra: Fossilium Catalogus II (Plantae), pars 34—44 (1958—1960). — Jongmans, W. J.: Beitr. Geol. Karte Schweiz, N. F. **108** (1960). — Jung, W.: Palaeontographica (Stuttgart) B, **107**, 127—170 (1960).

Kilpper, K.: (1) Fortschr. Geol. Rheinld.-Westfalen **4**, 55—68 (1959); — (2) N. Jb. Geol., Paläontol., Abh. **109**, 261—308 (1960). — Kimura, T. (1) Bull. Senior High School, Tokyo Univ. Educat., **3**, 1—58 (1959); (2) **3**, 61—82 (1959); (3) **3**, 85—103 (1959); (4) **3**, 104—120 (1959). — Klement, K. W.: Palaeontographica (Stuttgart) A, **114**, 1—104 (1960). — Koriba, K., and S. Miki: Palaeobotanist **7**, 107—110 (1958). — Kozlowski, R., i. P. Greguss: Acta palaeontol. polon. **4**, 1—9 (1959). — Kräusel, R.: Senckenberg. leth. **40**, 97—136 (1959). — Kräusel, R., u. H. Weyland: (1) Palaeontographica (Stuttgart) B, **105**, 101—124 (1959); (2) B, **107**, 65—82 (1960). — Krejci-Graf, K.: (1) Erdöl und Kohle **12**, 706—712, 805—815 (1959); (2) **13**, 836—845 (1960). — Krumbiegel, G.: Die tertiäre Pflanzen- und Tierwelt der Braunkohle des Geiseltales. Wittenberg 1959. — Krutzsch, W.: (1) Geologie, Beih. **21/22**, (1959); — (2) Palaeontographica (Stuttgart) B, **105**, 125—157 (1959); — (3) Freiberger Forschungsh. C **50**, 42—62 (1959).

Lecal, J.: Arch. Zool. expérim. **89**, 51—55 (1952). — Leclerq, S., and H. N. Andrews: Ann. Missouri bot. Garden **47**, 1—23 (1960). — Leggewie, W., u. W. Schonefeld: Palaeontographica (Stuttgart) B, **106**, 141—155 (1960). — Leisman, G. A.: Amer. J. Bot. **47**, 281—287 (1960). — Lemoigne, Y.: C. R. Acad. Sci. (Paris) **248**, 1557—1559 (1959). — Leschik, G.: Senckenberg. leth. **40**, 51—95 (1959). — Lorch, J., and A. Fahn: Bull. Res. Counc. Israel, Sect. D (Bot.) **7**, 65—70 (1959). — Lundblad, B.: (1) Geol. Fören. Stockholm Förjandl. **79**, 759—765 (1958); — (2) Stockholm Contr. Geol. 3, 83—102 (1959); — (3) Kgl. svenska Vetensch.-akad. Handl., 4. Ser. **6**, Nr. 2 (1959); — (4) Grana palynol. **2**, 1—10 (1959).

Mädel, E.: (1) Senckenberg. leth. **40**, 211—222 (1959); (2) **41**, 331—491 (1960); (3) **41**, 393—421 (1960). — Mägdefrau, K.: (1) Vegetationsbilder der Vorzeit. 3. Aufl. Jena 1959; — (2) Naturw. Mschr. ,,Aus der Heimat" **67**, 142—149 (1959); — (3) Geol. Bl. NO-Bayern **10**, 119—121 (1960). — Mai, D.: Paläontol. Z. **34**, 73—90 (1960). — Maier, D.: N. Jb. Geol. Paläontol., Abh. **107**, 278—340 (1959). — Malan, O.: Freiberger Forschungsh. C **50**, 117—142 (1959). — Mamay, S.: (1) Amer. J. Bot. **46**, 283—292 (1959); (2) **46**, 530—536 (1959). — Martini, F.: (1) Senckenberg. leth. **39**, 353—388 (1958); (2) **40**, 137—157 (1959); (3) **40**, 415—421 (1959); — (4) Erdöl u. Kohle **12**, 137—140 (1959); — (5) Photographie u. Wissenschaft **9**, 31—33 (1960); — (6) Umschau 394—397 (1960); — (7) Erdölzschr. Heft 8 (1960); — (8) Notizbl. hess. Landesamt Bodenforsch. **88**, 65—87 (1960). — Maslov, W. P.: (1) Akad. Nauk S.S.S.R., Trudy Inst. Geol. Nauk, Bip. **160** (1956); — (2) Dokl. Akad. Nauk S.S.S R. **121**, 354—357 (1958). — Melville, R.: Nature (Lond.) **188**, 14—18 (1960). — Menendez, C. A.: (1) Rev. Asoc. geol. argent. **13**, 5—14 (1958); — (2) Acta geol. Lilloana 2, 291—332 (1958); — (3) Ameghiniana 2, 11—17 (1960). — Merker, H.: Bot. Notiser **112**, 441—452 (1959). — Miki, S.: J. Inst. Polytechn., Osaka City Univ., Ser. D 9, 125—152 (1958). — Morgan, J.: Illinois biol. Monogr. Nr. 27 (1959). — Möhn, E.: Senckenberg. leth. **41**, 513—522 (1960). — Müller-Stoll, W.: Senckenberg. leth. **41**, 163—197 (1960). — Müller-Stoll, W., u. E. Mädel: (1) Senckenberg. leth. **40**, 159—209 (1959); (2) **41**, 255—295 (1960).

Nemejc, F.: Paleobotanika 1 (tschechisch). Prag 1959. — Neuburg, M. F.: (1) Dokl. Akad. Nauk S.S.S.R. **127**, 681—684 (1959); — (2) Akad. Nauk S.S.S.R. Trudy geol. Inst. **19** (1960); (3) **43**, 1—64 (1960); (4) **43**, 65—94 (1960). — Newell, N. D., J. Imbrie and E. G. Purdy: Bull. amer. Mus. nat. Hist. New York **117**, 177—228 (1959).

OGURA, Y.: J. Fac. Sci., Univ. Tokyo, Sect. III, Bot., 7, 501—509 (1960). — OSGOOD, R. G., and A. G. FISCHER: J. Paentol 34, 896—902 (1960). PANT, D. D. (1) Palaeobotanist 6, 65—70 (1957). — (2) Vijn. Parish. Anusandh. Patrika 1, 231—244 (1958); — (3) Bull. Brit. Mus. (Nat. Hist.), Geol. 3, 127—175 (1958). — PANT, D. D., and D. D. NAUTIJAL: Palaeontographica B, 107, 41—64 (1960). — PFLUG, H. D.: N. Jb. Geol. Paläontol., Abh., 107, 141—172 (1959). — PIÉRART, P.: (1) Ass. Étude Paléontol. stratigr. houill., Publ. 30 (1958); — (2) Bull. Soc. belge Geol. Paléontol. Hydrol. 67, 50—78 (1958); — (3) Acad. Roy. Sci. colon., Cl. Sci. nat. médic., Mém. (8°), N. S. 8, Fasc. 4 (1959). — PLUMSTEAD, E. P.: (1) Trans. geol. Soc. South Africa 61, 51—76 (1958); (2) 61, 81—94 (1958). — POTONIÉ, R.: (1) Beih. geol. Jahrb. 39 (1960). — (2) Paläontol. Z. 34, 17—26 (1960); — (3) Senckenberg. leth. 41, 451—481 (1960). — POTONIÉ, R., u. H.-J. SCHWEITZER: Paläontol. Z. 34, 27—39 (1960). — PRAKASH, U : Palaeobotanist 7, 136—142 (1958).

RADFORTH, N. W., and J. WALTON: Senckenberg. leth. 41, 101—119 (1960). — RAMANUJAM, C. G. K.: (1) J. ind. bot. Soc. 37, 128—137 (1958); — (2) Palaeonto graphica (Stuttgart) B, 106, 99—140 (1960). — RAUKOPF, K.: Abh. dtsch. Akad. Wiss. Berlin, Kl. Chem., Geol., Biol. Jg. 1958 Nr. 8 (1958). — RAO, A. R.: Palaeobotanist 7, 43—46 (1958). — RAO, A. R., and M. N. BOSE: Palaeobotanist 7, 29—31 (1958). — RASKY, KL.: (1) J. Paeontol. 33, 453—461 (1959). — (2) Senckenberg. leth. 41, 423—449 (1960). — REMY, R.: (1) Monatsber. dtsch. Akad. Wiss. Berlin 1, 257—261 (1959); (2) 2, 122—125 (1960). — REMY, W., u. R.: (1) Z. angew. Geol. 4, 522—524 (1958); — (2) Sitzber. dtsch. Akad. Wiss. Berlin, Kl. Chem., Geol., Biol., Jg. 1958, Nr. 3 (1958). — (3) Abh. dtsch. Akad. Wiss. Berlin, Kl. Chem., Geol., Biol. 1958, Nr. 5, 1—6 (1958); — (4) Monatsber. dtsch. Akad. Wiss. Berlin 1, 57—67 (1959); (5) 1, 767—776 (1959); — (6) Sitzber. dtsch. Akad. Wiss. Berlin, Kl. Chem., Geol., Biol. 1959, Nr. 2 (1959); — (7) Pflanzenfossilien. Berlin: Akademie-Verlag 1959; — (8) Senckenberg. leth. 41, 89—100 (1960); — (9) Monatsber. dtsch. Akad. Wiss. Berlin 2, 54—62 (1960). — REYMANÓWNA, M.: Polska Akad. Inst. Bot. 1, Nr. 2 (1960). — REZAK, R.: J. Paleontol. 33, 531—539 (1959). — ROSELT, G.: Senckenberg. leth. 41, 121—137 (1960). — ROSELT, G., u. H. FEUSTEL: Geologie 9, 84—101 (1960). — ROUSE, G.: Micropaleontology 5, 303—324 (1959).

SAVICZ-LJUBLIZKAJA, L. J., i. J. J. ABRAMOV: Revue bryol. lichenol. 28, 330—342 (1959). — SCHLOEMER-JÄGER, A.: (1) Palaeontographica B 105,, 158—159 (1959); — (2) Senckenberg. leth. 41, 209—253 (1960). — SCHOPF, J M.: (1) Science 131, 1043 (1960); — (2) Micropaleontology 6, 237—240 (1960). — SCHWEITZER, H.-J.: (1) Fortschr. Geol. Nordrhein-Westfalen 6 (1960); — (2) Senckenberg. leth. 41, 37—57 (1960). — SCOTT, R. A., and E. S. BARGHOORN: Palaeobotanist 6, 25—28 (1958). — SELMEIER, A.: Ber. naturf. Ges. Augsburg 10, 23—30 (1959). — SHIMADA, M.: Ecol. Rev. 15, 31—33 (1959). — SIMONCSICS, P.: (1) Földtani Közlöny 89, 71—84 (1959); — (2) Acta Univ. szeged. Acta biol. 5, 181—194 (1959). — SMITH, D. L.: Ann. Bot., N. S. 23, 477—491 (1959). — SNIGIREWSKAJA, N. S.: Akad. Nauk S.S.S R. Palaeont. J. 109—122 (1959). — SOHMA, K.: Ecol. Rev. 15, 9—12 (1959). — SOHMA, K., and T. JIMBO: Ecol. Rev. 15, 1—4 (1959). — SOHMA, K., T. JIMBO and M. SHIMADA: Ecol. Rev. 15, 5—7 (1959). — STAPLIN, F. L.: Palaeontographica (Stuttgart) B, 107, 1—40 (1960). — STEINER, W.: Geologie 8, 884—899 (1959). — STEWART, W. N.: Plant Sci. Bull. 6, Nr. 5, 1—5 (1960). — STOCKMANS, F., et Y. WILLIERES: Senckenberg. leth. 41, 1—11 (1960). — STRAKA, H.: (1) Erdkunde 14, 58—63 (1960); (2) 14, 81—98 (1960). — SÜSS, H.: Senckenberg. leth. 41, 317—330 (1960); — SÜSS, H., u. E. MÄDEL: Geologie 7, 80—99 (958).

TAKAHASHI, E.: Palaeobotanist 7, 155—159 (1958). —- TAKHTAJAN, A.: Akad. Nauk U.S.S.R. Bot. J. 43, 1661—1674 (1958). — TANAI, T. (1) Fac. Sci. Hokkaido Univ., Ser. IV, Geol. Mineral. 10, 209—233 (1959); — (2) Trans. Proc. palaeontol. Soc. Japan, N. S. 37, 193—200 (1960). — TANAI, T., and T. ONOE: Bull. geol. Surv. Japan 10, 261—286 (1959). — TANAI, T., and M. SUZUKI: J. Fac. Sci. Hokkaido Univ., Ser. IV, Geol. Mineral. 10, 551—570 (1960). — TEICHERT, C., and J. M. SCHOPF: J. Geol. 66, 208—217 (1958). — TESLENKO, Y. V.: Dokl. Akad. Nauk S.S.S.R. 121, 905—907 (1958). — THOMAS, H. H., and T. M. HARRIS: Senckenberg. leth. 41, 139—161 (1960). — TRUSHEIM, F.: Erdöl-Z. 273—278 (1959).

Vishnu-Mittre: (1) Palaeobotanist **6**, 31—46 (1957); (2) **7**, 47—66 (1958); (3) **6**, 82—112 (1957). — Voigt, E.: Paläontol. Z. **33**, 129—147 (1959). — Volk, M.: Geol. Bl. NO-Bayern **10**, 91—92 (1960).

Wagner, R. H.: (1) Mededel. geol. Stichting, N. S., Nr. **12**, 5—23 (1959); (2) Nr. **12**, 25—30 (1959). — Wagner, G.: Einführung in die Erdgeschichte. 3. Aufl. Öhringen 1960. — Watari, S.: J. Fac. Sci., Univ. Tokyo, Sect. III, Bot. **7**, 511—521 (1960). — Wesley, A.: Mem. Ist. Geol. Mineral. Univ. Padova **21**, 1—57 (1958). — Wetzel, O.: Schr. naturwiss. Ver. Schleswig-Holstein **31**, 81—86 (1960). — Weyland, H.: (1) Freiberger Forschungsh. C **50**, 9—21 (1959). — (2) Palaeontographica (Stuttgart) B, **106**, 1—10 (1959); — (3) N. Jahrb. Geol. Paläontol., Abh. **109**, 213—224 (1960). — Weyland, H., W. Berendt u. J. Peters: Senckenberg. leth. **41**, 489—511 (1960). — Weyland, H., H. D. Pflug u. H. Mueller: Palaeontographica B, **106**, 71—98 (1960). — Wienert, H. W.: (1) Contr. Mus. Paleontol., Univ. Michigan **15**, 121—124 (1960); (2) **15**, 125—132 (1960). — Winslow, M. R.: Illinois State geol. Survey Bull. **86** (1959).

Zimmermann, W.: Die Phylogenie der Pflanzen. 2. Aufl. Stuttgart 1960.

7. Systematische und genetische Pflanzengeographie

a) Areal- und Florenkunde

Von Helmut Gams, Innsbruck

1. Allgemeine Arealkunde und Biogeographie

Eine sehr originelle Geschichte des Lebens auf der Erde von seinen ersten Anfängen an hat der französische Geologe und Pedologe Cayeux verfaßt, der bereits 1943—1956 die quantitative Entfaltung der Lebewelt zu bestimmen versucht und 1953 in der populären Reihe „Que sais-je" eine kleine „Biogéographie mondiale" veröffentlicht hat. Sein neues Buch enthält mehrere Karten und viele Statistiken über die mutmaßliche Zahl von Pflanzen- und Tierarten zu verschiedenen Zeiten in Funktion der untersuchten Zeitabschnitte, Flächen und verschiedenster Milieufaktoren, wie Temperatur, Salzgehalt usw. Die letzten Abschnitte behandeln die Acceleration der tierischen und psychischen Entwicklung und die Theorien der Evolution.

Über die bereits angezeigte Panbiogeographie von Croizat, die neben einer Fülle tiergeographischen Materials auch Nachträge zu seiner Pflanzengeographie, z. B. betr. *Carex* und *Chrysosplenium*, enthält, gibt Corner das bezeichnende Urteil ab, daß er sie „weder anpreisen noch verdammen wolle, daß sie aber der wichtigste bisher erschienene Beitrag zur Pflanzen- und Tierverbreitung" sei. Wie mir Croizat mitteilt, läßt er seinen beiden dicken Handbüchern noch ebenfalls umfangreiche „Principia botanica" und außerdem Kurzfassungen seiner Biogeographie und der Principia folgen.

Recht umstritten ist auch die Pflanzengeographie von Dansereau.

Als wichtigste Grundlagen der allgemeinen Arealkunde müssen die Arealkartensammlungen hervorgehoben werden. Meusel hat seine noch in den Kriegsjahren 1943/44 unter schwersten Verhältnissen erschienene „Vergleichende Arealkunde" gänzlich umgearbeitet, den Text von der früher auch auf Arealtypen angewendeten idealistischen Morphologie befreit und die in 2 Bänden erscheinenden Arealkarten nicht mehr nach Arealformen, sondern systematisch angeordnet, was die Benützbarkeit wesentlich erhöht.

Die bisher genauesten Arealkarten eines ganzen Staates werden in Norwegen nach Vorbereitung durch Holmboe (1943) von Faegri, der den 1. Band bearbeitet hat, Gjaerevoll und den Autoren der letzten norwegischen Floren, Lid und Nordhagen, im Maßstab 1 : 800000 veröffentlicht. Der Berichterstatter bedauert, daß nicht auch diese Karten in systematischer Folge, sondern innerhalb recht grob gefaßter Arealtypen (im 1. Band 156 „Küstenpflanzen", die neben den ozeanischen Arten auch adventive binnenländischer Herkunft umfassen), nur in alphabetischer Folge gebracht werden und nicht, wie in HULTENs Atlanten, die Staatsgrenzen überschreiten.

Auch in Japan ist mit der Herausgabe von Arealkarten für Flechten (von SATO), Moosen und Blütenpflanzen begonnen worden, für diese von HARA und KANAI, von denen seit 1958 Lieferungen zu 100 Karten mit kurzem Text erscheinen.

2. Floren, Ikonographien und Bibliographien

Unter Hinweis auf die internationalen Referatenblätter, wie „Taxon" und Sectio A der „Excerpta Botanica" kann ich mich auf wichtigere Neuerscheinungen beschränken.

Thallophytenfloren. Von der russischen Kryptogamenflora ist auf den 1952 erschienenen 1. Conjugatenband ein 2. ebenfalls von KOSSINSKAJA gefolgt, in dem ähnlich wie im 1. ein Teil der Desmidiaceen mit 87 Tafeln und Puk dargestellt ist. Von der ebenfalls russischen Kryptogamenflora von Kasachstan enthält Band 3 die Erysiphaceen. Von weiteren Pilzfloren seien die der Faeröer von MÖLLER genannt, deren 1. schon 1945 erschienener Teil die Basidiomyceten, wogegen der 1958 erschienene 2. die Myxomyceten, Phycomyceten, Ascomyceten einschließlich Imperfekten und Nachträge zum 1. bringt; weiter ein 2. Beitrag zur Pilzflora von Venezuela von dem Norweger JÖRSTAD mit den Uredinales und ein neuer Band des großen Tafelwerks „Pilze Mitteleuropas" mit der von M. MOSER neu bearbeiteten Gattung *Phlegmacium*, von der 166 Arten mit 32 Farbtafeln in ähnlicher Weise behandelt werden, wie in den vorangegangenen Monographien *Russula* und *Lactarius*.

Von den bisher 10 noch immer unvollständigen Flechtenbänden der Rabenhorstschen Kryptogamenflora (zusammen Bd. IX) liegt nunmehr als „Teil 4 der Abt. 5" die Neubearbeitung der Usneaceen vom Redakteur KEISSLER selbst abgeschlossen vor. Durch Zusammenziehung vieler der vom *Usnea*-Monographen MOTYKA unterschiedenen „Arten" reduziert er die Zahl der in Europa vertretenen auf 45 einigermaßen sichere mit vielen Unter- und Abarten und 7 unsichere. Den Abschluß bilden *Thamnolia* und *Siphula* mit je einer Art, deren Zugehörigkeit zu den Usneaceen auch der Bearbeiter bezweifelt, und 19 Autotypietafeln. Von SATOs Katalog der Flechten Japans ist eine 2. Auflage im Erscheinen.

Bryophytenfloren. An Stelle von STEPHANIs „Species Hepaticarum" tritt ein neuer, ebenfalls in Genf redigierter Index Hepaticarum von BONNER. Die 1. Lieferung enthält die Gattung *Plagiochila*. In einer neuen, mit 86 gezeichneten Tafeln und 8 nach Photographien gut illustrierten Moosbestimmungsflora für die Tschechoslowakei hat DUDA die Hepaticae und PILOUS die Musci sehr sorgfältig bearbeitet. Noch schönere und größere Zeichnungen von Leber- und Laubmoosen, sowie von Pteridophyten und Coniferen enthält der 2. Band des Botanischen Atlas der Dänen HAGERUP und PETERSSON. Von der mit einfacheren Zeichnungen illustrierten Laubmoosflora von Fennoskandien von ELSA NYHOLM enthält Lieferung 4 den Schluß der Akrokarpen (Meeseaceae, Bartramiaceae, Orthotrichaceae usw. und *Schistostega*) und 10 pleurokarpe Familien, die in viel weiterem Sinn als von FLEISCHER und BROTHERUS als „Hypnobryales" zusammengefaßt werden. Die Monographie der auf die 3 Gattungen *Fontinalis*, *Brachelyma* und *Dichelyma* reduzierten Fam. Fontinalaceae von WINONA WELCH enthält genaue Angaben der Gesamtverbreitung und 35 Figuren.

Pteridophytenfloren. Eine japanische von TAGAWA enthält 72 Farbtafeln; die 1. Pteridophytenlieferung der Flora Malesiana die Gleicheniaceae und Schizaeaceae von HOLTTUM und Isoetes von ALSTON, der auch die westafrikanischen Pteridophyten (mit cytologischem Beitrag von I. MANTON) bearbeitet hat. Eine Pteridophytenflora von Iowa liegt von COPPERRIDA vor.

Spermatophytenfloren. Eine Bibliographie der neueren europäischen Floren wurde für die Arbeitstagung zur Flora europaea in Genua im Mai 1961 vorbereitet. Bibliographien zur Flora einzelner europäischer Staaten liegen für Großbritannien von D. SIMPSON, für Deutschland (nur für 1945—1959) von SUKOPP, eine besonders vielseitige für die Tschechoslowakei (einschließlich Nachbargebiete und Vegetationskunde, bis 1952) von K. DOMIN (1953) und FUTAK vor. Eine Bibliographie der Flora Malesiana gibt LEENHOUTS.

Von der 2. Auflage von HEGIs Illustrierter Flora von Mitteleuropa, deren neue Bände mindestens den doppelten Umfang der 13-bändigen 1. Auflage ergeben, sind die von AELLEN (Basel) für Bd. III, 2 bearbeiteten Chenopodiaceen abgeschlossen, die von MARKGRAF (jetzt Zürich) für Bd. IV, 1 bearbeiteten Cruciferen vor dem Abschluß. H. HUBER (Würzburg) hat mit der Bearbeitung der in eine größere Zahl von Familien zerlegten Rosifloren für Bd. IV, 2 und H. P. FUCHS (jetzt Haag) mit der Bearbeitung mehrerer Sympetalenfamilien begonnen. Von THOMMENs Atlas zur Schweizer Flora hat BECHERER eine 3., vermehrte Auflage besorgt. Der Redakteur der Flora europaea, HEYWOOD (Liverpool), gibt auch einen neuen Katalog der Gefäßpflanzen Spaniens heraus, dessen 1. Lief. die Pteridophyten, Gymnospermen, Ranales und Rhoeadales enthält. Von dem von ROLES gezeichneten Atlas zur Britischen Flora von CLAPHAM u. Mitarb. liegt Bd. 2 (Rosaceae bis *Polemonium*), von dem britischen Tafelwerk von ST. ROSS-CRAIG Lief. XIV (*Adoxa* bis Dipsacaceen) und XV (28 Tafeln Compositen vor. Ein kleinerer Atlas zur Britischen Flora von LEWIS enthält 163 Zeichnungen, ein anderer von B. NICHOLSON 96 Farbtafeln.

Auf den mit Bd. II (Bryophyten bis Coniferen) abgeschlossenen dänischen Atlas sei nochmals hingewiesen, desgleichen auf den auch besonders schön gezeichneten Atlas zur Flora Polens, dessen Lief. VI, 1 den Großteil der Amentifloren von NOWOTARSKI u. MADALSKI und VII, 2 einen Teil der Centrospermen von KOVAL enthalten.

Von der großen polnischen Flora von SZAFER und PAWLOWSKI reicht Bd. VIII von den Papilionaceen bis zu den Araliaceen und Bd. IX enthält die Umbelliferen. Von PAWLOWSKIs Tatraflora liegt erst Bd. I

9*

(Pteridophyten bis Umbelliferen) vor. Eine Flora der Bäreninsel von
RÖNNING verzeichnet 60 Gefäßpflanzen (darunter 2 für die Insel neue
Alsinoideen). Der XXX. und vorläufig letzte Band der von KOMAROV
begründeten Flora der USSR, von der noch 4 Compositenbände aus-
stehen, enthält die von dem Esten ÜXIP neu bearbeitete Gattung
Hieracium. Die von SCHISCHKIN und TOMIN redigierte Flora Weißruß-
lands ist mit Bd. 5 (Compositen) abgeschlossen. An weiteren russischen
Floren sind 2 dendrologische zu nennen: Bd. I der von GULISASCHWILI
redigierten Dendroflora des Kaukasus (132 Tafeln von Gymnospermen
und Monokotylen) und ein Bestimmungsschlüssel für die Laubhölzer der
Ukraine im unbelaubten Zustand von NOVIKOV, außerdem der 2. Band
von POPOVs Flora von Mittelsibirien, der gemäß seiner ungewöhnlichen
Anordnung von *Pirola* bis *Ceratophyllum* reicht.

Von dem Japaner KITAMURA liegen ein wichtiger Beitrag zur Flora
Afghanistans (als Ergebnis der Karakorum-Hindukusch-Expedition der
Universität Kyoto) und (zusammen mit OKAMOTO) eine Dendrologie
Japans mit 451 Farbphotos auf 68 Tafeln vor. Über den Fortgang der
Flora Malesiana und die Feier zum Abschluß des 1. Jahrzehnts ihrer
Bearbeitung berichtet JACOBS. Die letzte Lieferung (Bd. I, 6) enthält
die Thymelaeaceae von DING HOU, Staphyleaceae von VAN DER LINDEN,
Capparidaceae und Juglandaceae von JACOBS und Campanulaceae von
MOELIONO u. TUYN.

Von neuen Floren für Afrika seien der VI. und letzte Band der von
MAIRE begründeten Flora von Nordafrika mit den Monokotylen und
Nachträgen, eine 2. Auflage der 3bändigen Waldflora der Elfenbeinküste
von AUBREVILLE mit 369 Tafeln, Bd. IX der Congoflora von ROBIJNS
mit 12 weiteren Dialypetalenfamilien, Bd. I einer Flora Zambesiaca von
EXELL u. WILD (Gymnospermen bis Polygalaceae), weitere Lieferungen
der Flora von Trop. Ostafrika von BRUCE und LEVIS und eine erste
Compositenlieferung von HUMBERTs großer Flora von Madagaskar
genannt.

Aus Nordamerika sind eine Flora von Alaska und angrenzenden
Teilen Kanadas von ANDERSON, der 4. und letzte Band der reich illustrierten Flora der Pazifischen Staaten von ABRAMS u. FERRIS (Bignoniaceae
bis Compositae) und die 2. Auflage der Arizona-Flora von KEARNEY u.
PEEBLES (mit Nachträgen von HOWELL, McCLINTOCK u. a., zusammen
3438 Arten von Gefäßpflanzen) zu nennen; aus Mittelamerika Lief. 13 bis
16 der Panama-Flora von ANGELY und aus Südamerika weitere Lieferungen der Peru-Flora von MACBRIDE. Eine in 13 mikrophotographisch
reproduzierten Bänden erscheinende illustrierte Flora des Bismarck-
Archipels von dem Missionar PEEKEL verzeichnet ungefähr 1200 Arten
von Gefäßpflanzen; eine Flora von Tonga von YUNCKER außer solchen
auch Archegoniaten und Thallophyten.

3. Arealkunde im Dienst der Systematik und Karten einzelner Gattungen und Arten

Thallophyten. Puk einer größeren Zahl von Desmidiaceen in USSR
gibt KOSSINSKAJA. — Mit der Kartierung mitteldeutscher Basidio-

myceten (besonders Boletales und Agaricales) und größerer Discomyceten hat Gröger begonnen, mit einer solchen von Pilzkrankheiten das Mykologische Institut des Commonwealth in Kew, das etwa 400 Karten herausgegeben hat, zu denen jährlich etwa 24 neue kommen. Die Verbreitung einzelner phytopathogener Pilze haben auch die Internationale Kastanienkommission (*Endothia parasitica, Phytophthora cinnamomi* u. *cambivora*), Klinkowski u. Schmiedeknecht *(Peronospora tabacina)* und McLeod (Puk von *Beauveria* und *Tritirachium* in Kanada) dargestellt.

Verbreitungskarten japanischer Flechten veröffentlicht Sato seit 1956. Der 4. Teil (1959) bringt solche von 9 *Cetraria*-Arten. Puk für *Cetraria chrysantha* und die neue *C. saviczii* geben Oxner u. Rassadina.

Bryophyten. Neue Lebermooskarten geben Persson u. Imam für die ganze Gattung *Riella*, Ladyshenskaya für die altweltliche *Riccia crustata* und die verwandte amerikanische *R. albida*, Peciar für *Metzgeria fruticulosa* an ihrer Ostgrenze in den Karpaten, Grolle (2) für *Barbilophozia floerkei*, die in der Arktis viel weniger verbreitet ist als *B. hatcheri* und um die Antarktis fehlt, und (1) die südhemisphärische *Clasmatocolea vermicularis*, Proctor für *Barbilophozia kunzeana* und *Marchesinia mackaii* auf den Brit. Inseln, Pocs (2) für *Solenostoma schiffneri* und Bonner für 5 *Madotheca*-Arten in der Westschweiz (Puk). Laubmooskarten geben Proctor für 5 Arten der Britischen Inseln (Puk), Kuc für die osteuropäische *Tortula velenovskyi*, Abramova für die arktische *Bryobrittonia pellucida* und Pocs (3) für den merkwürdig disjunkt verbreiteten *Leptodon smithii*.

Pteridophyten. Puk für 53 Arten in Iowa gibt Copperrida, eine Puk für *Lycopodium selago* ssp. *arcticum* und Urk für die Nordgrenze dieser Art Tolmatschov, Karten der heutigen Verbreitung von *Trichomanes radicans, Pteris longifolia* und *Cyclosorus acuminatus*, die im transkaukasischen Tertiär gefunden worden sind, Fataliev, für die als südliche Unterarten von *Polypodium vulgare* bewerteten *P. serratum* und *prionodes* in den West- und Südalpen Villaret, für *Dryopteris borreri* und ihren Bastard mit *D. filix mas* in Bayern Poelt.

Coniferen. Für zahlreiche Gattungen und Arten der Südhemisphäre und der Tropen bringt Bader neue Urk, für einige Arten in der Türkei Karlberg, für *Sciadopitys* in Japan Maekawa.

Monokotylen. Die britische Verbreitung stellen Prime, Buckle u. Lovis für *Arum italicum* und *neglectum*, Willis u. Davies für *Juncus subulatus* in Puk dar. Von *Carex brevicollis* bringt Holub nochmals Flk des Gesamtareals und Puk für Č. S. R. Die Verbreitung einiger als Futtergräser der ostafrikanischen Wildherden wichtigen Gramineen und einer *Kyllingia* hat M. Grzimek in der Serengeti kurz vor seinem frühen Tod (1959) kartiert. Einige wenige Karten für südamerikanische Orchideen enthalten die Beiträge Schweinfurths aus Peru und von Dunstergille und Garay aus Venezuela.

Dikotylen. Für *Salix alba* und ihre asiatischen Verwandten *S. excelsa* und *kangensis* bringt Skvortzov Puk, Urk für mehrere Chenopodiaceen, besonders *Atriplex*-Arten Aellen in Hegis Flora, für die Gattung

Engelhardia JACOBS (2), für die südafrikanischen Ficoidaceae-Mesembryanthemoideae HERRE u. FRIEDRICH, für 15 malesische Capparidaceen JACOBS (2), für 3 *Helleborus*-Arten in Ungarn LACZA, für mehrere *Draba*-Arten und andere Cruciferen MARKGRAF bei HEGI, für *Draba muralis* auf den Britischen Inseln RATCLIFFE. Rosaceen-Karten geben GORTSCHAKOVSKY für *Dasiphora (Potentilla) fruticosa* (mit Puk für den Ural), PAWLOWSKI für die *Potentillae crassinerviae*, SOKOLOVSKAYA für die diploide *Sieversia pentapetala* und die tetraploide *Neosieversia glacialis*, SOUGNEZ u. LAWALREE für 6 *Alchemillen* in Belgien. Neue Papilionaceen-karten von FENAROLI u. SELLA für die südalpine subsp. *proteus* des *Chamaecytisus hirsutus* und *Ch. purpureus*, von BERTOLANI-MARCHETTI (1) für *Genista (Cytisanthus) radiata*, von GILLET für 4 afrikanische *Lotus*- und 2 *Indigofera*-Arten, von POCS (1) für *Vicia oroboides*. Weitere Dialypetalenkarten von LEONOVA für die ganze Gattung *Evonymus*, von DING HOU für 5 Thymelaeaceengattungen in Malaia, von SINGH für *Mangifera* und MARTINOWSKY für *Linum austriacum*. Sympetalenkarten: Flk von GIMINGHAM für *Calluna* besonders in Großbritannien, von VERDCOURT Puk für *Ipomoea plebeja* ssp. *africana*, von STEARN Puk für *Avicennia germinans* auf Jamaica, von PATZAK Urk für alle 31 Arten der Gattung *Ballota*, für eine *Wahlenbergia*- und 5 *Lobelia*-Arten in Malaya MOELIONO u. TUYN, von DESOLE für die endemisch-tyrrhenische Composite *Nananthea perpusilla*, von BERTOLANI-MARCHETTI (2) für *Cirsium canum*, von WAGENITZ für 2 vorderasiatische *Centaurea*-Arten und von PERRING für zumeist hybride *Arctium*-Formen der Britischen Inseln.

4. Arealkarten im Dienst der regionalen Pflanzengeographie und Vegetationskunde

Zahlreiche einschlägige Arbeiten sind in den Excerpta botanica sowohl in Sect. A unter Chorologie wie in Sect. B (besonders TÜXENs Bibliographie der Verbreitungs- und Arealkarten von Pflanzengesellschaften) angeführt. Viele weitere Puk aus Ostdeutschland stellen MEUSEL in seiner 9. Reihe aus Mitteldeutschland (22 Wasser-, Moor- und Waldpflanzen), MÜLLER-STOLL u. KRAUSCH in ihrer 3. Reihe aus Brandenburg (21 Xerophyten), W. FISCHER (89 Arten in der Priegnitz) und ROTHMALER (16 Arten in Mecklenburg) zusammen; mehrere Pommern durchziehende Arealgrenzen, besonders Ostgrenzen SULMA, die Verbreitung von 10 Arten auf südfinnischen Außenschären SKULT, die Verbreitung von 20 Niedermoorpflanzen in Estland (zumeist nach LIPPMAA 1935) TRASS. In Frankreich setzt GUILLAUME seine Untersuchungen über die Ausbreitung mediterraner und submediterraner Blütenpflanzen mit weiteren Urk fort, wobei er die submediterrane Gruppe weiter als bisher üblich faßt, indem er sie in folgende 3 Untergruppen gliedert: die propemediterrane (u. a. *Quercus coccifera*), semimediterrane (u. a. *Spartium* und *Erica arborea*) und latemediterrane (u. a. *Quercus ilex*), alle mit weiterer Untergliederung und Vergleichung mit Isothermen und Isohyeten. Die schon von RECHINGER gründlich untersuchte Flora der Ägäis haben auch die Schweden RUNEMARK, SNOGERUP und NORDENSTAM durchforscht und 80 für die Cykladen neue Arten gefunden (Puk für *Allium luteolum*, 4 Compositen und 4 weitere Dikotylen). Wie Vinogradov, Golitzyn u. Doronin zeigen, sind die bekannten Endemiten der Kreidehügel am Don weiter verbreitet, als bisher bekannt war. In Puk von Golitzyn ist die Verbreitung von 10 für die Kreide-Föhrenheiden bezeichnenden Arten und 8 weiteren einer neu abgegrenzten präalpinen Gruppe dargestellt.

Aus Asien sei das reichillustrierte Werk über die Wälder Vorderindiens von Puri hervorgehoben, aus dem tropischen Afrika das ebenfalls umfangreiche von Lebrun über die Besiedlung der Lavafelder am Kivusee mit eingehender, allerdings nicht durch Arealkarten belegter Analyse der Flora, weiter die bereits erwähnten Erhebungen von B. und M. Grzimek über die Verbreitung der Futtergräser in der Serengeti und eine kürzere Untersuchung von Boughey über die Herkunft der afrikanischen Flora.

5. Arealgeschichte auf paläogeographischer und paläontologischer Grundlage

Einige einschlägige Werke, wie die von Croizat, Meusel, Bader und Lindroth, sind bereits im 1. und 3. Kapitel angeführt, viele weitere in den paläobotanischen Berichten von Mägdefrau, Firbas und Frenzel; doch sei auch hier auf die arealgeschichtlich besonders wichtigen Rekonstruktionen Frenzels für die Vegetationsverteilung in ganz Eurasien während der Höhepunkte der letzten Eiszeit und der postglazialen Wärmezeit aufmerksam gemacht. Sehr überraschend und weiterer Prüfung bedürftig ist die Angabe des französischen Forstmeisters Jacquiot, daß Holz von *Sequoia* in einer nach C^{14}-Datierung ungefähr 17 000 Jahre alten jungpaläolithischen Kulturschicht der Höhle von Lascaux und außerdem in der Schieferkohle von Arjuxaux in den Landes gefunden worden sei. Eine weitere Arbeit von Gritschuk über den Beginn des Quartärs in Rußland enthält zahlreiche Urk der vergleichsweise herangezogenen heutigen Verbreitung der Gattungen *Picea, Tsuga, Magnolia, Castanea, Celtis, Pterocarya, Carya* und weiterer Laubhölzer, von denen sich viele zu Beginn des Pleistozäns besonders rasch ausgebreitet haben.

6. Arealgeschichte auf cytogenetischer Grundlage

Sokolovskaya u. Strelkova stellen die Ergebnisse der russischen Karyologen über den Anteil der Polyploiden in der Flora der Arktis, Hyparktis, in der borealen Zone und auf einigen Südgebirgen zusammen. Den gleichen Anteil der Polyploiden wie die Ostarktis (86%) hat auch der Pamir, dagegen der Altai 79 und der Kaukasus nach allerdings noch zu wenigen Bestimmungen nur 55%. Die Tetraploiden machen in der Ostarktis und im Altai 37, im Pamir 30, im Kaukasus 48% der untersuchten Arten aus, die Hexaploiden in der Arktis 24, im Altai 34, im Kaukasus 6%, Okto- und Dekaploide in der Arktis 24, im Altai 8, im Pamir 6%.

Die karyologische Untersuchung des Portugiesen Fernandes an iberischen Narzissen hat u. a. ergeben, daß die beiden Unterarten des

Narcissus romieuxii allotetraploide Abkömmlinge von *N. bulbocodium* und *cantabricus* sind und ihrer heutigen Verbreitung nach schon vor der Öffnung der Straße von Gibraltar entstanden sein dürften. In Großbritannien haben WATSON die Verbreitung der diploiden und tetraploiden *Festucae Ovinae*, MCNAUGHTON u. HARPER „sympatrische" Populationen von *Papaver dubium* und *lecoquii* und den Einfluß von Verbreitungsschranken auf diese untersucht. Das Werk von RUGGLES-GATES über die Taxonomie und Genetik von *Oenothera* enthält 2 Karten, die russische Arbeit von AFANASJEWA und MESCHKOWA über die Cytotaxonomie von *Veronica* Urk des Gesamtareals von 19 Arten aus 6 Sektionen, die alle bei einer zwischen 7 und 9 (nur diese in Sect. *Beccabunga*) schwankenden Grundzahl sowohl diploide wie tetraploide und z. T. auch hexaploide Arten enthalten, deren Areale Schlüsse für die Ausbreitungsgeschichte ergeben. Von den Wiener Cytotaxonomen setzt EHRENDORFER seine an den Gattungen *Galium* und *Achillea* ausgeführten Untersuchungen nunmehr auch an Dipsacaceen, besonders *Knautia* fort, wobei sich wiederum die Ursprünglichkeit von auf kleinere Refugien beschränkten Sippen ergibt, während FÜRNKRANZ *Taraxacum*-Kleinarten um Wien untersucht hat. In Kanada hat BEAUDRY mit Mitarbeitern 42 Sippen von *Solidago* karyologisch analysiert und dabei neben vielen diploiden und tetraploiden auch aneuploide gefunden.

Literatur

ABRAMOVA, A. L.: Not. syst. cryptog. **13**, 294—305 (1960). — ABRAMS, L., and R. FERRIS: Ill. Flora Pacif. Coast **4**, 732 (1960). — AELLEN, P.: Hegis Flora Ill. **2**, 533—692 (1960/61). — AFANASJEWA, N. G., u. L. Z. MESCKOWA: Bot. J. **46**, 247—259 (1961). — ALSTON, A. H. G.: (1) Fl. Trop. East Afr. Suppl. 195 p. (1959); - (2) Fl. Males. II. Ser. 1, 64 (1960). — ANDERSON, J. P.: Fl. of Alas.a, 543 p. Iowa 1959. — ANGELY, J.: Fl. Panama **13/14** S. (1959); **15/16**, 111 S. (1960). — AUBREVILLE, A.: Fl. forest. Côte d'Ivoire, 1036 p. Nogent 1959.

BADER, F. J. W.: (1) Erdkunde **14**, 303—308 (1960); — (2) Decheniana **113**, 71—97 (1960); — (3) N. Acta Leopold. **23**, 544 S. (1961). — BEAUDRY, J. R.: Canad. J. Bot. **36**, 663—670 (1958); **37**, 209—228 (1959). — BERTOLANI-MARCHETTI, D.: (1) Webbia **15**, 425—432 (1960); (2) **15**, 643—656 (1960). — BONNER, C.: (1) Bull. Soc. vaud. sci. nat. **67**, 307—314 (1960); — (2) Index Hepatic. 1, 208 S. (1961). — BOUGHEY, A. S.: Origin of the Afr. flora. 48 p. London 1958. — BRUCE, E. A., and J. LEWIS: Fl. of Trop. East Afr. London 1960.

CAMPO, M. VAN, et R. COQUE: Pollen et Spores **2**, 275—284 (1960). — CARTER, S.: Fl. Trop. East Afr. London 1960. — CAYEUX, A.: Trente millions de siècles de vie, 320 p. Paris 1960. — (Intern.) Chestnut Comm. Report, 56 p. (1959). — COPPERRIDA, T. S.: Pteridoph. of Iowa, 66 p. Iowa 1959. — CORNER, E. J. H.: New Phytol. **58**, 237—238 (1959). — CROIZAT, L.: Principia Botanica (1961).

DANSEREAU, P.: Biogeography. New York 1957. — DESOLE, L.: Webbia **15**, 111—139 (1959). — DING HOU: Fl. Males. I 6, 1—48 (1961). — DOMIN, K., and J. FUTAK: Bibliogr. Fl. C. S. R. 883 S. Bratislava 1960. — DUDA, J. s. PILOUS. — DUNSTERGILLE, C. C. K., and L. A. GARAY: Venez. Orchids 1, 448 p. (1959).

EXELL, A. W., and H. WILD: Fl. Zambesiaca 1, 336 (1960).

FAEGRI, K., O. GJAEREVOLL, J. LID and R. NORDHAGEN: Maps distrib. Norweg. vasc. plants 1, 134 p. + 54 pl. (1960). — FATALIEV, R. A.: Bot. J. **45**, 1213—1218 (1960). — FENAROLI, L., e A. SELLA: Studi Biellesi 1, 26 S. (1961). — FERNANDES, A.: Biol. Soc. Broter. **33**, 47—60, 103—117 (1959). — FISCHER, W.: Wiss. Z. Pädag. Hochsch. Potsdam **5**, 49—84 (1959). — FRENZEL, B.: Abh. Akad. Mainz **1959**, 935—1099; **1960**, 290—455. — FÜRNKRANZ, D.: Österr. Bot. Z. **107**, 310—350 (1960).

GILLET, J. B.: Kew Bull. **13**, 361—381 (1959); **14**, 290—295 (1960). — GIMING-HAM, C. H.: J. Ecol. **48**, 455—483 (1960). — GORTSCHAKOVSKY, P. L.: Zap. Sverdlovsk. Otd. Bot. **1**, 3—22 (1960). — GRITSCHUK, W. P.: Tr. Inst. Geogr. An. **77**, 5—90 (1959). — GRÖGER, F.: Mykol. Mitt. Bl. **4**, 8—17 (1960). — GROLLE, R.: (1) Rev. bryol. et lich. **29**, 68—91 (1960); — (2) N. Hedwigia **2**, 555—568 (1960). — GRZIMEK, M., u. B.: Z. Säugetierk. **25**, 1—61 (1960). — GUILLAUME, A.: Bull. Soc. Bot. Franc. **107**, 273—290 (1961). — GULISASCHWILI, V., u. Mitarbeiter: Dendroflora Kavkasa **1**, 406 S. 1959.

HAGERUP, O., u. V. PETERSSON: Bot. Atlas **2**, 299 S. (1960). — HARA, H., and H. KANAI: Maps of Jap. Pl. **1**, 14 p., 100 pl. (1958); **2**, 96 p., 100 pl. (1969). — HEYWOOD, V. H.: Catal. plant. vasc. Hispaniae **1**, 1—60 (1961). — HERRE, H., u. H. CH. FRIEDRICH: Mitt. Bot. Staatssamml. München **3**, 44—70 (1959) u. Forts. — HOLUB, J.: Orchona Prirody **15**, 139—145 (1960). — HOLTTUM, R. E.: Fl. Males. II. Ser. **1**, 23 p. (1960). — HUMBERT, H.: Fl. Madagasc. **189**, 338 (1960).

JACOBS, M.: (1) Taxon **10**, 13—16 (1961); — (2) Fl. Males. I **6**, 61—105, 143—154 (1961). — JACQUIOT, C.: Bull. Soc. Bot. Franc. **107**, 15—17 (1960). — JÖRSTAD, I.: Fungi Venezol. **2**, 46—60 (1960).

KARLBERG, S.: Acta Horti Gotoburg. **23**, 41—69 (1960). — KEARNEY, TH., R. PEEBLES u. a.: Arizona Flora Suppl. 1068 p. Berkeley 1960. — KEISSLER, K.: Rabenh. Kryptogamenfl. IX 5. Abt. 4. Tl. 755 S. (1958—1960). — KITAMURA, S.: (1) Res. Exp. Karakorum-Hindukush 1955, 486 p. Kyoto 1960; — (2) mit OKAMOTO, S.: Jap. Holzpfl., 306 S. Osaka 1960. — KLINKOWSKI, M., u. M. SCHMIEDEKNECHT: Nachr. Dtsch. Pflanzenschutzdienst (Stuttgart) **14**, 61—74 (1960). — KOSSINSKAJA, E. K.: Fl. plant. cryptog. URSS **5**, 706 S. (1960). — KOWAL, T.: Atlas Fl. Polsk. VII 2 (1960). — KUC, M.: Rev. vryol. et lich. **29**, 92—96 (1960).

LACZA, J.: Ann. hist. nat. Mus. Hungar. **51**, 201—209 (1959). — LADYSHENSKAJA, K. J.: Not. syst. Inst. crypt. **13**, 274—281 (1960). — LEBRUN, J.: Explor. Parc Nat. Albert, Mission Lebrun **2**, 352 p. (1960). — LEENHOUTS, P. W.: Blumea 1961. — LEONOWA, T. G.: Bot. J. **45**, 750—758 (1960). — LEWIS, P.: Brit. wild flowers, 376 p. London 1958. — LINDROTH, C. H.: Bot. Notiser **113**, 129—140 (1960).

MACBRIDE, J. F.: Fl. of Peru, Field Mus. Bot. **13** (1959/60). — MACLEOD: Canad. J. Bot. **32**, 818—890 (1954). — MACNAUGHTON, I. H., and J. D. HARPER: New Phytol. **59**, 27—41, 129—137 (1960). — MACVAUGH: Fl. Peru Field Mus. Bot. **13**, 569—818 (1958). — MAEKAWA, F.: J. Jap. Bot. **32**, 65—68 (1957). — MAIRE, R.: Fl. Afr. **6**, 397 p. (1959). — MARKGRAF, F.: Hegis Fl. IV 1, 1—320 (1958—1961). — MARTINOVSKY, J.: Ochrona Przirody **15**, 161—167 (1960). — MEUSEL, H.: (1) Wiss. Z. Univ. Halle **9**, 165—223 (1960); — (2) . . . Arealkunde . . . Halle 1961. — MOELIONO, B., and P. TUYN: Fl. Males. I **6**, 107—141 (1961). — MÖLLER, F. H.: Fungi of the Faeröes **2**, 288 p. (1958). — MOSER, M.: Pilze Mitteleuropas **4**, 405 S., 32 Taf. (1961). — MÜLLER-STOLL, W. R., u. H. D. KRAUSCH: Wiss. Z. Pädag. Hochsch. Potsdam **5**, 85—128 (1960); — Mycol. Inst. Distrib. Maps of Plant Dieseases (Kew).

NICHOLSON, B., S. ARY and M. GREGORY: Wild Flowers, 240 p. Oxford 1960. — NOVIKOV, A. L.: Bestimmungsschl. f. Laubhölzer, 315 S. Kiew 1959. — NOWOTARSKI, A., u. J. MADALSKI: Atlas Fl. Polsk. VI 1 (1959). — NYHOLM, E.: Moss Fl. Fennosc. **4**, 287—408 (1960/61).

OXNER, A. N., and K. A. RASSADINA: Not. syst. Inst. cryptog. **13**, 5—20 (1960). PATZAK, A.: Ann. Naturhist. Mus. Wien **63**, 33—81 (1959). — PAWLOWSKI, B.: (1) Flora Tatra, 672 S. Kraków 1956; — (2) PAWLOWSKI, B., u. W. SZAFER: Fl. Polska **8**, 428 S. (1959); **9**, 137 S. (1960); — (3) Fragm. Flor. et Geobot. **5**, 399—407 (1959). — PECIAR, V.: Biologia Bratisl. **15**, 125—128 (1960). — PEEKEL, G.: Ill. Fl. d. Bismarck-Archip., etwa 1300 S. Leiden 1960/61. — PERRING, F.: Proc. Bot. Soc. Bit. Isl. **4**, 33—37 (1960). — PERSSON, H., et M. IMAM: Rev. bryol. et lich. **29**, 1—9 (1960). — PILOUS, Z., u. J. DUDA: Klič. mechorost. ČSR, 579 S. Prag 1960. — Pocs, T.: (1) Acta bot. Acad. sci. hung. **6**, 75—105 (1960); — (2) Ann. hist. nat. Mus. hung. **52**, 163—168 (1960); (3) **52**, 169—174 (1960). — POELT, J.: Amer. Fern J. **50**, 114—117 (1960). — POPOV, M. G.: Fl. Sredn. Sibir. **1**, 555 S. (1957); **2**, 559—918 (1959). — PRIME, C. T., O. BUCKLE and J. D. LOVIS: Proc. Bot. Soc. Brit. Isl. **4**, 26—32 (1960). — PROCTOR, M. C. F.: Field Stud. **1**, 25 p. (1960). — PURI, G. S.: Indian Forest Ecol., 755 p. New Delhi 1960.

RATCLIFFE, D.: J. Ecol. **48**, 737—744 (1960). — ROBIJNS, W.: Fl. Congo Belge **9**, 597 p. (1960). — RÖNNING, O.: Acta borealia A, **15**, 1—62 (1959). — ROLES, S. J.: Atlas Brit. Fl. **2**, 119 p. Fig. 553—1012 (1960). — ROSS-CRAIG, S.: Drawings Brit. plants **14**, 39 pl. u. **15**, 28 pl. (1960). — ROTHMALER, W.: Wiss. Z. Univ. Greifswald **9**, 149—175 (1960). — RUGGLES-GATES, R.: Monogr. Biol. **7**, 115 p. (1958). — RUNE-MARK, H., S. SNOGERUP u. B. NORDENSTAM: Bot. Notiser **113**, 421—450 (Lund 1960).

SATO, M.: (1) Bull. Fac. Ibaraki Univ. **6** (1956); **9**, 39—51 (1959); — (2) Misc. vryol. et lichenol. **19—21**, 7—10 (1959). — SCHISCHKIN, B., u. M. TOMIN: Fl. Bjeloross. **5**, 263 S. (1958). — SCHWEINFURTH, C.: Field Mus. Nat. Hist. Bot. **30**, 260 p. (1958). — SIMPSON, D.: Bibliogr. Brit. Flora, 429 p. Bournemouth 1960. — SINGH, L. B.: The Mango, 438 p. London-New York 1960. — SKULT, H.: Acta Soc. F. et Fl. fenn. **76**, 1—101 (1960). — SKVORTZOV, A.: Not. syst. Inst. Komarov **20**, 68—89 (1960). — SOKOLOVSKAYA, A. P. (1) mit O. STRELKOVA: Bot. J. **45**, 369—381 (1960); (2) **46**, 234—236 (1961). — SOUGNEZ, N., et A. LAWALREE: Bull. Jard. Bot. Bruxelles **29**, 389—423 (1959). — STEARN, W. T.: Kew Bull. **13**, 33—37 (1959). — STEENIS, VAN: Fl. Males. I **6**, 154 p. (1961). — SUKOPP, H.: Willdenowia **2**, 563—583 (1960). — SULMA, T.: Acta biol. et med. Soc. Sci. Gdansk **3**, 19—73 (1959).

TAGAWA, M.: Jap. Pteridoph. 270 p. Osaka 1959. — THOMMEN, E.: Atlas der Schweizer Flora, 3. Aufl. von A. BECHERER, 303 S. Basel 1961. — TOLMATSCHOV, A.: Not. syst. Inst. Komarov **20**, 35—44 (1960). — TRASS, H.: Schr. Univ. Tartu **93**, 35—95 (1960).

ÜXIP (JUXIP), A. J. in KOMAROV: Flora URSS **30**, 732 S. (1960).

VERDCOURT, B.: Notes East Afr. Herb. **6**, 185—198; **7**, 199—217; **8**, 218—220 (1959). — VILLARET, P.: Bull. Soc. vaud. sci. nat. **67**, 323—332 (1960). — VINO-GRADOV, N. P., S. V. GOLITZYN u. U. A. DORONIN: Bot. J. **45**, 524—532 (1960).

WAGENITZ, G.: Willdenowia **2**, 469—494 (1960). — WATSON, P. J.: New Phytol. **57**, 11—18 (1958). — WELCH, W.: Monograph of Fontinalaceae, 357 p. (1960). — WILLIS, A. J., and E. W. DAVIES: Watsonia **4**, 211—217 (1960).

YUNCKER, T. G.: Plants of Tonga, 283 p. Honolulu 1959.

b) Floren- und Vegetationsgeschichte seit dem Ende des Tertiärs

Bericht über die Jahre 1959 und 1960*

Von Franz Firbas, Göttingen und Burkhard Frenzel,
Weihenstephan b. Freising/Obb.

Von größeren zusammenfassenden Darstellungen seien zwei auf
Grund von ungefähr 1900 meist russischen Veröffentlichungen verfaßte
Abhandlungen von B. Frenzel (1) über die ,,Vegetations- und Land-
schaftszonen Nord-Eurasiens während der letzten Eiszeit und der postglazialen Wärmezeit'' genannt. Von ihnen behandelt die erste die allgemeinen
Grundlagen mit Karten der Schneegrenzhöhen, der Grenzen der Vereisung, der Lößgebiete und der Grenzen des fossilen Bodenfrostes. Die
zweite enthält und erläutert dann die Karten der würmeiszeitlichen und
der postglazial-wärmezeitlichen Vegetation.

6. Eiszeitalter und Nacheiszeit außerhalb Europas

Nordamerika. In dem immer eisfrei gebliebenen Gebiet am Nordfuß der Brooks
Range in Alaska, nahe Umiat, folgte nach Livingstone im Postglazial auf eine
Tundrenzeit, in die das C^{14}-Datum 8125 $\pm$ 250 v. h. fällt, eine Strauchbirkenzeit
(Beginn vor etwa 7500, Ende vor 5900 Jahren, also etwa dem mittleren Teil der
postglazialen Wärmezeit in Europa entsprechend), darauf eine Straucherlenzeit.
Auf 17 C^{14}-Daten aus den nördlichen Teilen des pazifischen Küstengebiets Nord-
amerikas kann sich Heusser (3) stützen, der schon früher (2) einen sehr nützlichen
Überblick über die pleistozäne und holozäne Vegetationsgeschichte von Alaska und
Yukon gegeben und im übrigen Arbeiten aus den kanadischen Rocky Mountains
veröffentlicht hat (1). Über die Erforschung der pleistozänen Florengeschichte
Kaliforniens vgl. Templeton.

In einem Überblick über die wahrscheinliche Entwicklung der Flora und
Vegetation des Manitoba-Gebiets geht D. Löve auch auf die Geschichte der Prärien
und das geringe Alter der heutigen Coniferen-,,Taiga'' ein. Fossile Reste von *Bison
occidentalis* aus St. Paul, Minnesota, sind nach J. Rowley wohl jünger als 8000
Jahre.

Eine Reihe wertvoller Arbeiten aus Kanada hat wiederum Terasmaë
veröffentlicht, so (1) über ein Interglazial oder Interstadial der Banks-
Insel mit relativ viel Pollen von anspruchsvollen Laubbäumen und von

---

* Der Bericht muß sich leider wiederum auf einige Teilgebiete beschränken,
und zwar diesmal auf die im vergangenen Jahr nicht behandelten Teile ,,Eiszeit-
alter und Nacheiszeit außerhalb Europas'' und ,,Untersuchungen über Kulturpflanzen und Siedlungsgeschichte''. Erfaßt sind vorwiegend Arbeiten von 1959 und
1960, dazu einige wenige ältere. Die Arbeiten in russischer Sprache wurden wieder
von B. Frenzel besprochen.

Ephedra, die heute erst im südlichen Teil der Rocky Mountains vorkommt; über ein Interglazial — wohl das letzte, Sangamon —, bei Toronto (5), wo auf eine Laubmischwaldzeit mit *Quercus, Tilia, Ulmus, Fagus, Carya* und auch mit *Liquidambar*, der dem Gebiet heute fehlt, eine *Pinus-Picea*-Zeit folgt. Jünger sind in den James Bay Lowlands unter der Moräne des Wisconsin-Maximums liegende interstadiale Ablagerungen ("Missinaibi beds"), die 55000—64000 Jahre alt sein dürften [T. a. HUGHES (1), über den Eisrückzug hier T. a. H. 2]. Dann betreffen Arbeiten (T. 2, 3, 4) die postglazialen Moore, die sich im Gebiet des St. Lorenz-Stroms und der James Bay (vgl. F. XI, S. 162) auf dem Boden der ehemaligen Champlian-See seit 7000 v. Chr. gebildet haben.

Über das Alter (20 C¹⁴-Daten) der pollenanalytisch erfaßten Vegetationsperioden im östlichen Nordamerika berichtete DEEVEY nach eigenen Untersuchungen und solchen von LEOPOLD u. a. Die Parallelen zu Europa sind besonders im Spätglazial sehr groß, im Postglazial fehlen noch viele wünschenswerte Datierungen. OGDEN (2) fand in einem ombrogenen Hochmoor in Neuschottland mehrere Rekurrenzflächen. Auf der Insel Marthas Vineyard hat der gleiche Verf. (1) die spätglaziale Entwicklung gut erfaßt. Es sind 3 stadiale Kälteperioden nachweisbar, u. a. mit Pollen der heute an die arktische Tundra gebundenen *Armeria sibirica*. Im Innern Massachusetts bildete sich hinter dem zurückschmelzenden Eis vor dem Valders-Stadium nur noch eine schmale, zunächst fast baumlose Zone, die rasch vom Wald erobert wurde. In der Two Creeks-Zeit (also Allerödzeit) herrschten hier schon Mischwälder von *Picea* und Falllaubbäumen. Im Postglazial werden 3 Zonen unterschieden: a) Vorherrschaft von *Quercus* und *Tsuga*; b) mit *Quercus, Pinus, Carya*; c) mit *Betula, Quercus* und *Castanea*. Diese ist wohl subatlantisch (BRYAN-DAVIS).

14 Pollendiagramme aus dem Staat New York beginnen nach Cox in seinem südlichen Teil mit hohen Werten von *Pinus* [*banksiana* (?)], *Picea* und *Abies*, es folgt ein *Pinus*-Maximum [*strobus* (?), *resinosa* (?)], dann eine *Tsuga*-Hartholzzeit mit einem *Fagus*-Maximum, schließlich steigt *Picea* wieder an. Im nördlichen Teil ähnelt die Waldentwicklung der von POTZGER aus Quebeck beschriebenen.

D. G. FREY macht auf die wahrscheinliche Zugehörigkeit großer offenbar interstadialer Pollenschwankungen in spätglazialen Ablagerungen Indianas zum Two Creeks-Interstadial aufmerksam.

Südamerika. Leider nur ganz kurz besprochen werden kann hier eine hochinteressante Arbeit von VAN DER HAMMEN u. GONZALEZ (1) über pleistozäne und holozäne Seeablagerungen auf der 2560 m hoch gelegenen ,,Sabana de Bogota'' in Kolumbien. Es konnten hier aus 266 m mächtigen Sedimenten die obersten 32 m untersucht und in ihnen über 70 Pollentypen erkannt und verfolgt werden. Danach wurden die Tropen im glazial-interglazialen (pluvial-interpluvialen) Klimawechsel neben den Niederschlagsschwankungen auch von den Temperaturschwankungen in ähnlicher Weise betroffen wie die borealen Vereisungsgebiete. Im Würm war das Jahresmittel der Temperatur etwa um 8° tiefer als heute, die Baumgrenze nach unten um 1300 m verschoben, die Schneegrenze um einen noch größeren Betrag. Die Richtigkeit der Zuordnung zu der Gliederung des europäisch-alpinen Quartärs wird durch

C^{14}-Bestimmungen gestützt. Sie geht vorläufig bis zum ersten Maximum der Riß-Eiszeit zurück (Drenthe-Stadium; vgl. dazu noch MAARLEVELD u. VAN DER HAMMEN). VAN DER HAMMEN u. GONZALEZ (2) haben auch Seeablagerungen und Torfe in dem zwischen 3200 und 3900 m hoch gelegenen Páramo de Palacio in der kolumbianischen Ost-Cordillere untersucht. Die Klimaentwicklung dürfte hier ebenfalls im Spätglazial und Postglazial mit der europäischen parallelisierbar sein. Das Temperatur-Plus (Jahresmittel) wird für die postglaziale Wärmezeit ähnlich wie bei uns zu 2—3° C errechnet.

Über Untersuchungen des Spätglazials der Laguna de San Rafael in Chile berichtet C. J. HEUSSER (4), über plio-pleistozäne Diatomeenerden bei Bogota VAN DER HAMMEN u. PARADA. Auf den südatlantischen Inseln Tristan da Cunha und Gough ließen pollenanalytische Untersuchungen der Moore während der letzten 5000 Jahre (C^{14}!) keine sicher nachweisbaren Klimaschwankungen erkennen [HAFSTEN (3, 2)].

Nord- und Mittelasien. Der Vegetationswandel an der Grenze Tertiär/Quartär wurde in Sibirien verschiedentlich untersucht.

Die bisher ältesten quartären Sedimente im N-Teil der westsibirischen Tiefebene weisen bei Nyda und bei Samburg am Pur eine Mischpollenflora tertiärer und quartärer Elemente bei besonders starker Beteiligung der Fichte auf (SOKOLOV). Wahrscheinlich ebenfalls aus dem ältesten Pleistozän stammt eine Makrofossilienflora vom Oberlauf der Kurejka (Putoran-Bergland): *Larix* cf. *sibirica*, *Alnus fruticosa*, *Betula nana*, *Salix* cf. *reticulata*, *S.* cf. *lapponum*, *Dryas octopetala* u. a. Hier herrschte demnach die Waldtundra (POLKIN u. STRELKOV). Weiter im S. schloß sich am Mittellauf der unteren Tunguska (7. und 8. Terrasse) Nadelwald aus *Pinus*, *Picea*, aber auch *Tsuga* an (CEJTLIN). Diese Wälder erstreckten sich auch in das Flußgebiet vom Wiljuij und vom Oberlauf des Olenek, wo die Pollenflora der betreffenden Flußterrassen (*Elephas meridionalis*-Horizont an der Marcha) von *Pinus*, *Picea*, *Larix*, *Betula* und *Alnus* beherrscht wurde [GITERMAN (1); PUMINOV]. Gleichzeitig gediehen am Arga-Sale (Oberlaufgebiet des Olenek) jedoch schon Steppen (etwa 30% NBP), in denen *Artemisia* bis zu 76% vertreten war (PUMINOV). Artenreiche Nadelwälder aus verschiedenen *Pinus*-, *Picea*- und *Larix*-Arten kennzeichneten ebenfalls die frühquartäre Vegetation am W-Rand des Werchojansker Gebirges (RAVSKIJ u. ALEKSEEV, STRELKOV), sowie am N-Ufer des Ochotskischen Meeres (hier auch noch zwei *Tsuga*-Arten, *Pseudotsuga* und *Corylus*; VASKOVSKIJ); in der zentralen Senke Kamtschatkas stockten schließlich Wälder aus *Picea*, *Abies* (!), *Pinus pumila*, *Larix*, *Betula*, *Alnus*, *Salix* (GANEŠIN u. ČEMEKOV). In der nördlichen Zone bildeten somit zu Beginn des Pleistozäns artenreiche Nadelwälder die herrschende Vegetation. Im Süden traten zu ihnen jedoch auch verschiedene Laubhölzer. So gediehen im Sichota Alin neben den vorherrschenden Pinaceen: *Betulaceae*, *Juglandaceae*, *Ulmaceae*, *Fagaceae*, *Tiliaceae* und wenig *Taxodiaceae*. Am Oberlauf der Zeja kamen damals noch *Tsuga* und *Tilia* vor (GANEŠIN u. ČEMEKOV; NIKOLSKAJA), und durch *Elephas meridionalis* sowie *Alces latifrons* gekennzeichnete Sedimente am Unterlauf des Aldan enthalten überwiegend Pollen von *Picea*, *Pinus*, *Tsuga* und *Abies*, daneben aber auch häufig *Betula*, *Alnus*, *Juglandaceae*, sowie vereinzelt *Ulmus*, *Quercus*, *Carpinus*, *Corylus* (VANGENGEJM; RAVSKIJ und ALEKSEEV; ČEBOTAREVA, KUPRINA und CHOREVA). *Tilia*, *Quercus* und *Ulmus* gediehen auch am Mittellauf der Lena zwischen den vorherrschenden Nadelwäldern [GITERMAN (1)] und leiteten damit zu den edleren Laubwäldern SW-Baikaliens über, wo *Tilia*, *Ulmus*, *Ilex*, vielleicht auch *Carya* damals noch neben den sonst überwiegenden Nadelhölzern Bestände bildeten. Hier hatten jedoch auch schon, ähnlich wie am Oberlauf des Olenek, *Artemisia*-Chenopodiaceen-*Ephedra*-Steppen von Teilen des einstigen Berglandes Besitz ergriffen [GRIČUK; RAVSKIJ; vgl. auch FRENZEL (2)]. Auch in den nordwestlichen Vorbergen des Altai [MATVEEVA (1)] sowie am Irtysch bei Pavlodar [MATVEEVA (2)] war die Waldsteppe aus Nadelhölzern, *Tilia*, *Corylus* und *Ulmus* auf das ehemalige Waldland vorgestoßen. — Evolution der Vegetation des S-Teiles West-Sibiriens seit dem Beginn

des Tertiärs: Zaklinskaja (1). — In Nordchina wurde während des Villafranchien
der alte rote Löß gebildet (Obručev). Insgesamt war somit die nordasiatische Vege-
tation gegenüber den Verhältnissen des Tertiärs verarmt. Dieser Vorgang erreichte
sein erstes Maximum während der bisher ältesten Eiszeit Jakutiens („Tobacinsker
Eiszeit", Vaskovskij) sowie West-Tuwas und des Ost-Altais (Ravskij und
Alekseev), während der in Baikalien Kältesteppen und lichte Haine aus Birke und
Kiefer [Gričuk], im Wiljuij-Gebiet aber *Artemisia*-Steppen [Giterman (1);
Vangengejm] herrschten.

Im ältesten Interglazial stockten in NO-Jakutien Wälder aus *Tsuga*, verschiedenen *Picea*-, *Pinus*- und *Larix*-Arten, *Alnus*, *Betula*, *Salix* und *Corylus*
(Vaskovskij). Ihnen entsprachen in SW-Baikalien Wälder aus *Picea*, *Pinus
sibirica*, *P. Strobus*, *Quercus* cf. *dentata*, *Quercus* sp., *Corylus*, *Ulmus* und *Osmunda*
[Gričuk]. Die anschließende Kaltzeit führte in Baikalien zu einer erneuten Ausdehnung des Steppenareals, in NO-Jakutien wahrscheinlich zu einer Gebirgs-
vergletscherung. Ob diese Vereisung der Elster-Eiszeit entspricht, ist unklar. Wahrscheinlich während der Elster-Eiszeit, deren Moränen im NO-Teil der westsibirischen Tiefebene erbohrt wurden (Sokolov, Lavrušin), gediehen in der Wiljuij-
Senke, vermutlich aber auch im Janatal, ausgedehnte Gras-*Artemisia*-Steppen
[Giterman (1); Vangengejm; Giterman und Kuprina). Ob im Tarimbecken das
Altpleistozän wesentlich feuchter als heute gewesen ist (Selivanov), dürfte noch
sehr unsicher sein. Angaben über eine altpleistozäne Steppen- oder Halbwüsten-
fauna in Süd-Grusinien macht Vekua.

In Sedimenten des Holstein-Interglazials wurden im N-Teil der westsibirischen Tiefebene bei Salemal, Nyda und Samburg besonders zahlreiche *Alnus*-,
Pinus- und *Betula*-Pollen sowie anscheinend recht viel Holz gefunden (Sokolov;
Lazukov und Sokolova), das bei Ust-Jenisseijskij-Port im wesentlichen von *Larix*
stammt (Egorova). In der Wiljuij-Senke herrschten jedoch ausgedehnte Steppen
[Giterman (1); Vangengejm], und am Mittellauf der Lena waren in den Wäldern
aus *Picea* (bis 55%), *Abies* (bis 20%) und *Pinus* (20—80%) auch *Ulmus* und *Tilia*
verbreitet [Čebotareva, Kuprina und Choreva; Vangengejm; Giterman (1)].
In den westlichen Vorbergen des Altai wurde die anfängliche Waldsteppe aus
Picea, *Pinus silvestris*, *P. sibirica*, *Larix*, *Betula* und *Hippophaë* von Fichten- und
Pinus sibirica-Wäldern abgelöst. Hinweise auf damalige Lindenvorkommen sind
dort bisher nicht bekannt geworden [Matveeva (1)]. Sehr wahrscheinlich aus dem-
selben Interglazial stammen Pollenfloren mit *Picea*, *Abies*, einigen *Quercus*- und
Pinus-Arten, *Ilex*, vielleicht auch *Tsuga* (?) im Sichota Alin (Ganešin und Čeme-
kov) und im Südteil des Ochotskischen Meeres [Žuze und Koreneva; vgl. auch
Žuze (1)]. — Hypothetische Erörterungen über die Bedeutung des Mindel-Riß-
Interglazials für die heutige Vegetationszonierung in Kaukasien macht Maruašvili.

In der Rißeiszeit gedieh südlich des Eisrandes am Unterlauf des Jenisseij eine
waldlose Steppen- und Tundrenvegetation aus *Artemisia*, *Gramineae*, Kräutern,
Betula nana, Sphagnen und *Bryales* [Koreneva, Archipov (2)], die nach Osten in
die Gebirgstundren im NW- und N-Teil des mittelsibirischen Berglandes überleitete
(Cejtlin; Ravskij und Alekseev). Im Wiljuijbecken und am Unterlauf des Aldan
vergrößerte sich damals das Areal der Kältesteppen, die unter 70—71° n. Br. von
Waldtundren umgeben waren [Vangengejm; Trofimov, Giterman (1)]. *Artemisia*-
Kältesteppen, allerdings fast ohne *Chenopodiaceae*, und Tundren überzogen die
Ufer des Baikal-Sees [Lamakin (1)] und nahmen in SW-Baikalien weite Flächen ein
[Gričuk]. Dieser Vegetationstyp bedeckte ebenfalls die westlichen Vorberge des
Altai [Matveeva (1)]. Der Vorstoß der saale-eiszeitlichen Tundren nach Süden,
deren NBP im Janatal 85—97% der Gesamtpollenmenge ausmachen (Giterman u.
Kuprina), läßt sich deutlich in den Meeresbodensedimenten des S-Teiles des
Ochotskischen Meeres erkennen (Žuze u. Koreneva): Sie sind bei 47° 26′ n. Br.
150° 16′ ö. L. sehr reich an Sporen, und zwar 45—60% *Bryales*; unter den BP bis 62%
Betula, besonders strauchige Formen; *Picea* und *Abies* zusammen weniger als 5%,
EMW weniger als 1—2%. Damals herrschte in der Amur-Zeja-Senke die typische
Nadelwaldtaiga (Ganešin u. Čemekov), und im Ussurital war an die Stelle des Wal-
des eine *Artemisia*-Steppe mit einzelnen *Larix-Betula*-Hainen getreten (Nikols-
kaja).

Das Saale-Warthe-Interstadial, zu dem der Salemal-Horizont, der Messov-Samburg-Horizont und das Odincov-„Interglazial" gerechnet werden, führte zwischen Gorki und Salechard am Ob zur Ausdehnung der Waldtundra bzw. der nördlichen Nadelwaldzone [Golubeva (1, 2); Gubonina]; eine ähnliche Waldtundra gedieh damals am Unterlauf des Jenisseij und des Turuchan [Lavrušin; Sokolov; Koreneva; Archipov (2)], und sie soll sogar bis auf die Taimyrhalbinsel vorgestoßen sein (Dibner). Möglicherweise stammt aus diesem Interstadial die Pollenflora einer *Picea-Pinus sibirica*-Taiga mit einzelnen Tannen bei Surguticha am Mittellauf des Jenisseij (Alešinskaja, Archipov und Lavrušin). Nach Verbickaja gedieh während des Odincov-„Interglazials" im S-Ural eine reiche Waldvegetation aus *Alnus, Betula, Salix, Populus, Ulmus, Picea, Tilia* und *Quercus*. Da die entsprechenden Horizonte jedoch ebenso wie die hangenden Sedimente Reste von *Elephas trogontherii* enthalten, könnte es sich auch um eine holstein-interglaziale Flora handeln. Die Warthe-(Taz-)Vereisung führte zu einem erneuten Vorstoß der Tundren nach Süden und der Kältesteppen nach Norden. So werden vom Unterlauf des Ob warthestadiale *Betula nana*-Tundren und *Artemisia*-Chenopodiaceen-Steppen beschrieben [Gubonina; Golubeva (1, 2)], an deren Stelle am Unterlauf des Jenisseij und am Turuchan in stärkerem Maße kräuterreiche Tundren traten [Koreneva; Archipov (2)]. Ebenfalls warthestadiale Tundren und Steppen erwähnte Lamakin (1) vom Baikalsee.

Mit der sibirischen Vegetation des Eem-(Kazancev-)Interglazials befassen sich erneut mehrere Arbeiten. Während des damaligen Klimaoptimums war, ähnlich wie in der postglazialen Wärmezeit, die Taiga weit nach N auf den heutigen Tundrenbereich vorgestoßen. Ausführliche Angaben hierüber verdanken wir für die westsibirische Tiefebene Lazukov u. Sokolova, Zagorskaja (1), Gubonina, Golubeva (1, 2), Sokolov, Koreneva, Archipov (2), Lavrušin; für das Anabar-Massiv Kirjušina [hier angeblich sogar mit *Corylus* (!)] und für NO-Jakutien Zolnikov und Vaskovskij. Die Flachlandstundren waren damals anscheinend weitgehend vom Festland verdrängt worden. Bedauerlicherweise ist das so interessante, aber stratigraphisch unklare Vorkommen von Resten einer Waldtundravegetation der Neusibirischen Inseln trotz einer monographischen Darstellung der Quartärgeschichte dieser Inselgruppe [Zagorskaja (2)] nicht erneut bearbeitet worden. Wie die Bodensedimente im S-Teil des Ochotskischen Meeres lehren (Žuze u. Koreneva), waren damals im Fernen Osten Fichten-Tannenwälder, aber auch der EMW und aus verschiedenen Kiefern gebildete Waldarten weit nach N vorgestoßen. Gehölze aus *Tilia, Ulmus, Quercus* und *Corylus* hatten während des Eem-Interglazials anscheinend von Osten kommend (anspruchsvolle Waldsteppen-vegetation aus *Tilia, Quercus* und *Corylus* neben vorherrschender Birke im Ussuri-tal; Nikolskaja) auch den S-Teil Baikaliens erreicht [Gričuk] und scheinen von hier aus mit dem rezenten Lindenvorkommen in den nordwestlichen Vorbergen des Altai in Verbindung gestanden zu haben (Karte bei Gerasimov; hier aber Eem irrtümlich gleich letzte Eiszeit gesetzt!). Die Lindenhaine im Altai können jedoch nicht sehr ausgedehnt gewesen sein, denn sie lassen sich in den Waldsteppen-spektren aus *Picea* und *Pinus* (ganz wenig *Betula*) in den westlichen Vorbergen des Altai nicht nachweisen [Matveeva (1)]. Am Oberlauf des Jenisseij (52° 40' n. Br., 95° 30' ö. L.) kann die Vegetationsgeschichte vom Spätglazial der Saale-Eiszeit bis über das Klimaoptimum des Eem-Interglazials hinaus verfolgt werden: anfänglich BP (= Baumpollen) 10%, NBP (= Nichtbaumpollen) etwa 40%; später BP 60—90%: zuerst *Pinus sibirica*-Phase, dann ausgeprägte *Picea*-Phase (bis 60%) mit *Abies*, anschließend erneut *Pinus sibirica*-Phase (bis mehr als 90%) mit *Abies* und *Picea*. Aber selbst zur Zeit der stärksten Bewaldung gediehen an den Hängen *Ephedra*-Steppen [Matveeva (3)]. Auch in lokalklimatisch besonders trockenen Gebieten Baikaliens (z. B. Barguzintal östlich des Baikalsees) waren damals ausgedehnte Steppen (vorherrschend *Artemisia*) ausgebildet [Lamakin (1)]. Das eiszeitliche Steppengebiet im Einzugsbereich des Wiljuij scheint jedoch mindestens zeitweise vom Walde eingeengt gewesen zu sein (Puminov). Angaben über das letzteiszeitlich vergletscherte Gebiet Sibiriens verdanken wir Gerasimov, Zemcov u. Šackij, Cejtlin und Archipov (1) (NW-Teil Mittelsibiriens und im Westen angrenzender Bereich); Maksimov (Dsungarischer Alatau); Koržuev (1, 3) und Kornilov (Südsibirien); Vaskovskij (NO-Jakutien) und Čemekov (Südsibirien und Ferner Osten). Interessante Einblicke in seine Vegetationsgeschichte während der letzten Eiszeit geben die Arbeiten von GRIČUK, KORENEVA, ARCHIPOV (2) und GITERMAN (1). Hiernach war diese Eiszeit in zwei Tundren- bzw. Steppenphasen geteilt [SW-Baikalien und Oberlauf der unteren Tunguska; GRIČUK, GITERMAN (1)], getrennt voneinander durch einen kurzen Waldvorstoß. Mindestens die zweite Kältezeit scheint von ausgedehnten Gras- und Kräutersteppen-Gesellschaften eingeleitet worden zu sein und in eine Phase der *Artemisia* (bis 78%)-Steppen eingemündet zu haben [KORENEVA, ARCHIPOV (2), GITERMAN (1); vgl. für Osteuropa dieselbe Erscheinung bei FRENZEL (2)]. Letzteiszeitliche „Tundren-Steppen" werden außerdem (z. T. sehr ausführlich) beschrieben vom Unterlauf des Ob [GOLUBEVA (1, 2); z. T. auch LAZUKOV und SOKOLOVA], vom Turuchan (LAVRUŠIN), dem Mittellauf der unteren Tunguska (CEJTLIN), NO-Jakutien (VASKOVSKIJ; auch GITERMAN und KUPRINA ?), Baikalien [LAMAKIN (1), RAVSKIJ und ALEKSEEV, RAVSKIJ, VOSKRESENSKIJ], den westlichen Vorbergen des Altai [hier zusammen mit Waldsteppenelementen: zuerst *Picea*, *Pinus* und *Betula*, dann fast allein *Betula*; MATVEEVA (1)] sowie vom Mittel- und S-Ural (VERBICKAJA). Chenopodiaceensteppen herrschten damals am Irtysch bei Pavlodar [MATVEEVA (2)]. Zum mittelsibirischen Waldrefugium [u. a. KORŽUEV (2)] vermittelte am Oberlauf des Olenek und Anabar die Waldtundra (PUMINOV), deren Areal sich an den Ufern des Ochotskischen Meeres außerordentlich vergrößert hatte (ŽUZE u. KORENEVA). Es ist sehr bemerkenswert, daß es MATVEEVA (3) zum ersten Male gelungen ist, einen letzteiszeitlichen Fichtenwaldvorstoß auch nach S in die heutige Waldsteppen- und Steppenregion West-Tuwas nachzuweisen: Am Južnyj Targalyk, der in den Ubsu-Nur mündet, stockten damals weite Wälder (BP 60—90%) aus *Picea* (20—30%) und *Pinus sibirica* (70 bis 80%). — Über die letzteiszeitliche (?) Vergletscherung Abchasiens vgl. MGELADZE; über rezente Besiedelung eisfrei werdenden Geländes durch den Wald und die Bedeutung dieses Vorganges für die Waldgeschichte seit der letzten Eiszeit in Kaukasien: GULISAŠVILI. Über angeblich letzteiszeitliche Reliktpflanzen und -gesellschaften im Ural und in Dagestan vgl. CHOCHRJAKOV, LVOV.

Einen breiten Raum in der Diskussion der letzteiszeitlichen Vegetationsgeschichte N-Sibiriens nimmt die Erörterung des „Karginsker Interstadials" ein, das durch ein wärmeres Klima und einen weiten Waldvorstoß nach N über die heutigen Verbreitungsgrenzen hinaus gekennzeichnet gewesen sein soll [Unterlauf des Ob: GOLUBEVA (1, 2); Gyda-Halbinsel: SOKOLOV; Anabar-Massiv: KIRJUŠINA]. Nach anderen paläobotanischen Arbeiten trennte zwar ein Interstadial das maximale Zyrjankastadium von dem abschließenden Sartanstadium, das verschiedentlich dem Saipaussälkä-Vorstoß gleichgesetzt wird; aber während dieses Interstadials herrschten auch damals in N-Sibirien im heutigen Waldland Tundren [LAVRUŠIN, KORENEVA, ARCHIPOV (2)], so daß das „warme" Karginsker-Interstadial auf Verwechselungen mit älteren oder jüngeren Sedimenten beruhen dürfte. Die allerödzeitliche Vegetation im NW-Teil der Taimyr-Halbinsel behandeln POPOV (1), ZAKLINSKAJA (2), ŽUZE (2) (letzterer die Diatomeenflora). Während des Sartanvorstoßes gedieh der Fichten- und Lärchenwald im NW-Teil des mittelsibirischen Berglandes bereits in der Nähe der Gletscher (POLKIN u. STRELKOV), an der Mündung der unteren Tunguska war jedoch noch eine *Artemisia* cf. *borealis* (bis 77%)-Steppe mit Chenopodiaceen und *Ephedra* vorhanden, daneben aber auch Tundrengesellschaften [KORENEVA, ARCHIPOV (2)].

Über die nacheiszeitlich-wärmezeitliche Vegetation verschiedener Bereiche Sibiriens liegen zahlreiche Berichte vor: POPOV (2) (Karte der wärmezeitlichen Vegetationszonierung im N-Teil der westsibirischen Tiefebene); LAZUKOV und SOKOLOVA, sowie GOLUBEVA (1, 2): Unterlauf des Ob; LAVRUŠIN, KORENEVA, ARCHIPOV (2): Jenisseij-Mündung; DIBNER: Lärchenwaldvorstoß bis zum Hafner-Fjord auf der Taimyr-Halbinsel (76° 50′ n. Br.); PUMINOV: Oberlauf des Olenek; GITERMAN (1) Oberlauf der unteren Tunguska, Mittellauf der Lena, Unterlauf des Wiljuij; GITERMAN (2): Vorstoß der Waldtundra aus *Pinus silvestris*, *P. sibirica*, *Betula alba*, *Picea*, *Larix* bis in das Lenadelta; GITERMAN u. KUPRINA: Nördliche Lärchenwaldtaiga im Jenatal; ŽUZE u. KORENEVA: Ufer des Ochotskischen Meeres; GANEŠIN u. ČEMEKOV sowie NIKOLSKAJA: Ferner Osten. Wahrscheinlich ebenfalls aus der postglazialen Wärmezeit datieren Horizonte, die in 2 Seen der Olchon-Insel (Baikalsee) die Pollenflora eines *Pinus sibirica-Picea-Abies*-Waldes enthalten, der später von

Waldsteppengesellschaften abgelöst wurde, die auch heute noch dort herrschen. LAMAKIN (2) stellte diesen Horizont allerdings auf Grund klimatologischer Erwägungen in die (letzte) Eiszeit, doch spiegeln die mitgeteilten Zähltabellen den für Baikalien typischen postglazialen Vegetationswechsel wider. In der postglazialen Wärmezeit war auf den Bergen des östlichen Altai noch oberhalb der heutigen Waldgrenze im damaligen Waldland Moorwachstum möglich [MATVEEVA (3)], während gleichzeitig in den westlichen Vorbergen des Altai Kiefernwälder weit verbreitet waren [MATVEEVA (1)] und in den Galeriewäldern der Waldsteppen bei Pavlodar am Irtysch neben *Betula* (60—72%) und *Pinus* (16—25%) *Alnus, Picea, Ulmus, Carpinus* (2%) und *Corylus* (?) gediehen [MATVEEVA (2)]. Nach MIRIMANJAN wies die postglaziale Vegetation Transkaukasiens in der weiteren Umgebung des Sevan-Sees ausgedehnte Wälder aus *Quercus, Prunus, Malus, Picea, Fagus, Carpinus, Ulmus* und hochstämmigem *Juniperus* auf (Pollenanalyse, Archivstudien und Geländebegehungen). Die heutigen Gebirgssteppen dieses Gebietes sind erst eine Folge der Tätigkeit des Menschen. Mitteilungen über die wärmezeitliche Wasser- und Sumpfvegetation am SO-Ufer des Kaspischen Meeres (etwa 75 km östlich von Krasnovodsk) macht SAMSONOV.

Japan. Nach MIKI sind in Japan seit dem Pliozän ausgestorben die Gymnospermen: *Cunninghamia, Glyptostrobus, Ginkgo, Keteleeria, Metasequoia, Pseudolarix, Sequoia, Taiwania.* Seit dem Pliozän erhalten, aber im Rückzug: *Chamaecyparis pisifera, Picea bicolor, P. maximowiczii.* Seit dem Pliozän in Ausbreitung begriffen: *Chamaecyparis obtusa, Pinus densiflora, Torreya nucifera.* In den pleistozänen Kaltzeiten besaßen ausgedehntere Areale *Picea jezoensis, Pinus coraiana, Abies veitchii, Larix leptolepis.* Eine nachinterglaziale Ausbreitung läßt sich für *Podocarpus* feststellen. Die seit dem Pliozän in Ausbreitung begriffenen Arten stehen im allgemeinen in morphologischer Progression. Die Temperaturdepression während der Eiszeiten läßt sich im Jahresmittel auf 7,4 ± 2,0°C errechnen.

Verlandungsmoore der Hyotan-Seen im Shiga-Hochland, Prf. Nagano, in 1760 m Höhe lassen nach TSUKADA (1) in den Pollendiagrammen eine ältere Zeit immergrüner Laubwälder mit *Quercus, Fagus, Ulmus, Pterocarya* und danach in allmählichem Übergang das Auftreten und die Ausbreitung subalpiner Coniferenwälder von *Tsuga, Abies, Picea* (auch von *Betula*) erkennen: wohl ein Ausdruck der postglazialen Wärmezeit, in der die Waldstufen 300—500 m höher lagen als heute. Zwei Glazialfloren aus demselben Gebiet (Mindel, Würm ?) stammen offenbar auch aus einer *Picea*-Waldstufe und weisen auf eine Temperaturdepression von mindestens 6,6° im Jahresmittel hin (SAITO, MIZUKAMI u. TSUKADA). Ähnliche Ergebnisse erhielt TSUKADA (2) auch im nördlichen Teil der japanischen Nordalpen. Hier konnte auch der jährliche Torfzuwachs zu 0,18—0,53 mm bestimmt werden.

Die postglazialen Klimaschwankungen werden von TSUKADA (3) auch noch an anderer Stelle erörtert. Getreidebau pollenanalytisch nachzuweisen ist NAKAMURA in jungen Mooren der Anami-Inseln gelungen. Während dieser Zeit hat dort die Fagacee *Shiia* ständig an Boden verloren. Pollen von *Alnus* und *Tsuga* kommt vor, obwohl diese Gattungen dort heute fehlen. Nachzutragen sind Pollenanalysen eines pleistozänen Torfes aus dem Bezirk Shizuoka (u. a. mit *Taxodium*) von SHIMADA und die Untersuchung Coniferen-reicher Schichten aus dem gleichen Bezirk durch SOHMA. KOKAWA hat morphometrische Untersuchungen fossiler und rezenter *Menyanthes*-Samen aus Japan durchgeführt und kritisch ausgewertet.

Neuseeland. 3 Deckenmooren (blanket bogs) der Auckland-Inseln fehlt nach MOAR (1) in dem bis über 7 m mächtigen Torf ebenso wie in der heutigen von der Cyperacee *Oreobolus* beherrschten Vegetation *Sphagnum*. Die Pollendiagramme ergeben 3 Perioden: I waldlos, vorherrschend Pollen krautiger Pflanzen, II Waldzeit mit sehr viel *Metrosideros*, III ähnlich I. Ein Vergleich mit Neuseeland und den Snares-Islands läßt annehmen, daß die Torfe sich erst seit Beginn der telokratischen Periode zu bilden begonnen haben. Die Waldzeit soll einer wärmeren Periode zwischen dem 7. und 14. Jahrhundert entsprechen.

MOAR (2) berichtet auch über ein etwa 1000 Jahre altes Torflager bei Christchurch sowie (3) über Torflager von der Antipoden-Insel südöstlich Neuseeland, die keine wesentlichen Pollenveränderungen im Laufe ihrer Bildungszeit erkennen lassen.

Afrika und Vorderasien. SITTLER hat zwei Pollenfloren aus Sumpfgebieten Marokkos untersucht. Die ältere stammt von einer semiariden Gehölzflora, die jüngere von einer semiariden Steppenflora, die Abfolge dürfte auf einen Klimawandel zurückgehen.

BUTZER hat den vor- und frühgeschichtlichen Landschaftswandel der Sahara am Beispiel der Naturlandschaft Ägyptens während der vorgeschichtlichen und der dynastischen Zeit vorwiegend nach geologischen und faunistischen Befunden, z. T. auch nach fossilen Wurzelhölzern aus dem Bereich der heutigen Vollwüste studiert. Er erschließt eine Subpluvial-Periode etwa zwischen 5000—2350 v. Chr. LORCH fand in bis 120 m mächtigen Sedimenten, z. T. auch Torfen des Sees Hula in Jordanien einen befriedigenden Pollengehalt. Seine Auswertung steht in Aussicht.

R. F. FLINT (1, 2) verdankt man eine Zusammenfassung der Belege für pleistozäne Klimaänderungen in Ost- und Südafrika. V. ZINDEREN-BAKKER (1) berichtet über pollenführende Horizonte bei Florisbad nordwestlich Bloemfontein. Sie sollen sehr verschiedenes Alter haben. An anderer Stelle (2) gibt er seinen 6. Bericht über die Palynologie in Afrika.

7. Paläobotanische Untersuchungen über Kulturpflanzen und Siedlungsgeschichte

Hier sind zu besprechen a) Arbeiten, die sich auf fossile, meist verkohlte Reste von Kulturpflanzen und Unkräutern stützen, und b) vorwiegend pollenanalytische Untersuchungen über die Verbreitung der menschlichen Besiedlung in vor- und frühgeschichtlicher Zeit und ihre Verknüpfung mit der Vegetationsgeschichte.

a) Große Mengen verkohlter Getreide wurden in Speichern aus dem 3. und 4. Jahrhundert n. Chr. bei Kablow in der Mark Brandenburg gefunden, und zwar nach SCHIEMANN (3) vorherrschend *Hordeum distichum*, *Secale cereale*, *Panicum miliaceum*, spärlich eine Nacktgerste, *Triticum dicoccum*, außerdem *Arrhenaterum elatius*. Bei den Getreiden lassen sich offenbar schon auf einzelne Speicher beschränkte „Sorten" nachweisen. SCHIEMANN (4) verdankt man auch die Bearbeitung zahlreicher Abdrücke von Samen und Früchten der von ST. FLORIN bearbeiteten frühneolithischen Siedlungen von Mogetorp, Ö. Vra und Brokvarn im Mälargebiet, Schweden. Als Getreide herrschen vor *Hordeum vulgare nudum*, *Triticum dicoccum*, spärlich sind *Tr. monococcum*, *Tr. aestivocompactum*. Für das schwedische Neolithikum neu ist der Nachweis von *Vicia faba*. Der Nachweis von *Vitis silvestris*-Samen ist gesichert, offenbar ein Ausdruck der postglazialen Wärmezeit, so wie der Fund einer Frucht von *Acer campestre*. Von HJELMQUIST (1) untersuchte Abdrücke aus dem Frühneolithikum von Vätterryd in Schweden gehören zu *Triticum aestivum*, *monococcum* und/oder *dicoccum*. Unter einigen verkohlten Getreideresten aus der Eisenzeit Schwedens herrscht besonders in der älteren Eisenzeit bespelzte Gerste, seltener sind Nacktgerste, Roggen, Weizen, Emmer, Spelz (Dinkel) und Hafer. Die ältesten Roggenfunde stammen aus Västergötland [um 120 v. Chr. nach C^{14}-Dat.; HJELMQUIST (2)].

Aus dem 1567 verbrannten Bischofssitz von Hamarhus in Norwegen bestimmte KN. JESSEN reichlich *Hordeum vulgare*, dazu *Avena sativa, Secale cereale* u. a., z. B. *Marrubium vulgare, Galium valantia.* LÜDIs Versuch einer kritischen Darstellung des Pfahlbauproblems ist nachzutragen. Eine sehr reiche Fossilflora aus der bronzezeitlichen Fundschicht von Valeggio südlich vom Gardasee bearbeitete M. VILLARET V. ROCHOW. Nachgewiesen wurden an Getreiden *Hordeum vulgare, Triticum mono-* und *dicoccum, Panicum miliaceum* und *Setaria italica*, als Wildobst sehr zahlreich *Ficus carica, Vitis silvestris, Cornus mas* u. a., viele sommerannuelle Unkräuter heutiger Hackfruchtkulturen und Arten der Zwergbinsengesellschaften (Nanocyperion) wie *Schoenoplectus supinus, Ranunculus sardous.* Von den oft sehr reichlichen Samen von *Chenopodium album* meint HELBAEK (1), daß sie damals als Nahrung wohl in großen Mengen auf Brachen gesammelt werden konnten. SZAFER (2) erinnert daran, daß *Secale cereale* und *Triticum spelta* schon 1920 von KOZLOWSKA in bandkeramischen Schichten bei Oicóv (Krakau) und *Triticum spelta* auch im Neolithikum von Ksiaznice (Kr. Pinczów) 1934 von ZABLOCKI gefunden worden ist (das Alter der Funde von Oicóv wurde von MATLAKÓWNA bezweifelt, vgl. auch NETOLITZKY 1934). — SEITZ (1, 2) macht nähere Angaben über die C^{14}-Datierung der Bandkeramik von Wittislingen (östliche Schwäbische Alb): um 4150 v. Chr. Über die bis 8000 v. Chr. zurückreichenden frühneolithischen Siedlungen von Jarmo im Irak und von Jericho in Jordanien berichtet KURTH, vgl. auch BUTZER. — K. BERTSCH (1) unterrichtet nochmals über die wilden Walnüsse, *Juglans regia* ssp. *germanica*, im Bodenseegebiet. BERTSCHs Sammlungen fossiler Steinkerne und seine eigenen Funde von *Prunus insititia* und *domestica* und deren heute noch in warmen Laubmischwäldern vorkommende Primitivrassen hat WERNECK bearbeitet. Alle Übergänge seit dem späten Neolithikum bis zur Gegenwart sollen eine bäuerliche Obstkultur im Rhein- und Donauraum belegen. Über die Wildformen der Kirschpflaume *(Prunus divaricata)* in Südwestdeutschland vgl. K. BERTSCH (2). Er (3) hält auch ein Vorkommen von *Castanea sativa* bei Ravensburg für natürlich, für den Rest eines bronzezeitlichen Vorkommens nördlich des Bodensees. Dem widersprechen freilich die neuen Pollenuntersuchungen aus der Schweiz (vgl. ZOLLER u. a.). In den Wintervorräten eines fossilen Hamsterbaus bei Mielnik am Bug in Zentralpolen fand SZAFER (1) viel *Triticum* und *Panicum miliaceum* und wenig *Secale,* dazu viel archäophytische Unkräuter (aus dem Beginn der Nachwärmezeit?).

Ein Bericht von SCHIEMANN (1) über die Forschungsstelle für Geschichte der Kulturpflanzen in Berlin-Dahlem sei nachgetragen, ebenso ein solcher von SCHIEMANN (2) über die Entdeckung von *Triticum dicoccoides* durch AARONSOHN vor 50 Jahren. Über die Ergebnisse der Grabungen auf der Wurt Feddersen-Wierde bei Bremerhaven vgl. HAARNAGEL und Fortschr. Bot. 21, 168.

b) In einer eingehenden Untersuchung eines nordirischen Hochmoors bei Fallahogy, das sich im frühen Boreal zu bilden begann, verfolgte A. G. SMITH die neolithische Landnahme in zwei Perioden mit dem *Ulmus*-Abfall, der Ausbreitung von *Plantago* usw. In einem nordirischen Basaltgebiet (Parkmore) hat auch MORRISON die neolithische Erstbesiedlung pollenanalytisch untersucht. Sie war nicht mit einem gleichzeitigen Rückgang aller Eichenmischwaldarten verbunden, sondern nur mit einem solchen von *Ulmus.* U. HAFSTEN (1) hat einen Überblick über die Geschichte des Ackerbaus im Oslofjord und im Gebiet von Mjosa gegeben: Eindringen des Ackerbaus an der Wende VII/VIII; Brandrodung sowohl für die Gewinnung von Ackerland wie von Weideland.

Troels-Smith (2) hat in sehr sorgfältiger Weise nochmals die Belege zusammengestellt und kritisch erörtert, die in der Schweiz wie in Dänemark auf eine Verwendung des Laubes von *Ulmus, Hedera* und *Viscum* als Viehfutter schon in neolithischer Zeit schließen lassen. Schon mit dem frühesten Nachweis von Ackerbau und Viehweide fallen ihre Kurven in den Pollendiagrammen. Aus historischer Zeit gibt es viele Belege für die Verfütterung dieser Arten. Die gleichzeitige Wirkung von Klimaänderungen auf sie soll damit nicht geleugnet werden.

Einen ersten Bericht über eingehende Untersuchungen der urgeschichtlichen Landschaft um einen bronzezeitlichen Begräbnisplatz und eine Siedlung bei Dragby n. Uppsala verdankt man M. und St. Florin. Die ersten Getreidepollen wurden um 1000 v. Chr. festgestellt, insgesamt die Gattungstypen von *Triticum, Hordeum, Secale* und *Avena* unterschieden. Während der Siedlungszeit wird der Pollen von *Juniperus* ungewöhnlich häufig (um 20 %). M. Fries (1, 2) hat in Västergötland heute bewaldete Podsolböden, auf denen früher vermutlich Äcker lagen, pollenanalytisch untersucht. Durch hohe Getreidewerte, vorwiegend *Secale*, auch noch im Untergrund (C-Horizont), wurde diese Vermutung bestätigt. Alter: späte Eisenzeit oder jünger, aber noch vor der Ausbreitung von *Centaurea cyanus*. Zu ähnlichen Ergebnissen ist in Schweden in der heute waldarmen Kulturlandschaft Östergötlands auch Helmfried gekommen. Das Pollendiagramm umfaßt nur das Subatlanticum mit sehr hohen Getreidewerten. *Triticum, Hordeum, Avena* und besonders *Secale* werden getrennt gezählt. Die *Secale*-Kurve beginnt um 120 ± 110 v. Chr. (C^{14}). Zeitweise sehr hohe *Juniperus*-Anteile sind hier wohl ebenfalls auf Beweidung zurückzuführen. Die entscheidenden Waldrodungen dürften in der Wikingerzeit bis ins frühe Mittelalter erfolgt sein, die größte Baumarmut im 17. und 18. Jahrhundert bestanden haben. — Über Holz-Artefakte im Aamosen berichtet Troels-Smith (1). Holzknollen von *Ulmus* weisen auf das Schneiteln der *Ulmus*-Triebe in der späten Erteböllezeit (C^{14}: 2820 ± 80 v. Chr.) hin. Ein Vortrag von Iversen (1, 2) unterrichtet weitere Kreise über den Verlauf der neolithischen Brandrodungen in Dänemark.

Die schon in den Anfängen der Pollenanalyse untersuchten Moore im Gebiet des bronzezeitlichen Kupferbergbaus am Mitterberg in Salzburg (1500—1570 m ü. M., nahe der heutigen Waldgrenze) hat Sitte-Lürzer unter besonderer Beachtung der Nichtbaumpollen nochmals bearbeitet. Eigenartige *Juniperus* cf. *nana*-Gipfel in den Pollendiagrammen werden auf kurze Phasen kälteren Klimas (Rückgang der Waldgrenze, besonders zu Beginn und gegen Ende der späten Wärmezeit) zurückgeführt. Sie mögen das vorzeitige Ende des Bergbaus verursacht haben.

Literatur

Alešinskaja, Z. V., S. A. Archipov u. Ju. A. Lavrušin: In: Markov, K. K., u. A. I. Popov: s. im Folgenden 335—342 (1959). — Archipov, S. A.: (1) Trudy Geol. Inst.-a, Akad. Nauk S. S. S. R. 32, 97—114 (1959); (2) 30, 171 S. (1960). Bertsch, K.: (1) Vorzeit am Bodensee 33—40 (1953); — (2) Veröff. Württ. Landesst. f. Natursch. u. Landschaftspfl. 26, 165—171 (1958); 26, 172—177 (1958). - Bryan, Davis, M.: Amer. J. Sci. 256, 540—570 (1958). — Butzer, K. W.: Abh. Akad. Wiss. u. Lit. Mainz, Math. Nat. Kl. N. 2, 44—122 (1959).

ČEBOTAREVA, N. S., N. P. KUPRINA u. I. M. CHOREVA: In: MARKOV, K. K., u. A. I. POPOV: s. i. Folg. 498—509 (1959). — CEJTLIN, S. M.: Trudy geol. Inst.-a, Akad. Nauk S. S. S. R. 32, 115—121 (1959). — ČEMEKOV, JU. F.: Doklady Akad. Nauk S. S. S. R. 127, 423—426 (1959). — CHOCHRJAKOV, A. P.: Botan. Žurn. 44, 1727—1730 (1959). — COX, D. D.: N. Y. State Museum Sci. Service 377, 5—52 (1959).

DEEVEY, E. S.: Veröff. Geobot. Inst. Rübel Zürich 34, 30—37 (1958). — DIBNER, V. D.: In: SAKS, V. N., u. S. A. STRELKOV s. i. Folg. 96—112 (1959).

EGOROVA, I. S.: In: SAKS, V. N., u. S. A. STRELKOV s. i. Folg. 81—95 (1959).

FLINT, R. F.: (1) Bull. Geol. Soc. Amer. 70, 343—374 (1959); — (2) Geol. Mag. 96/4, 265—284 (1959). — FLORIN, M. B.: Publ. Inst. Quat. Geol. Univ. Uppsala 16, Oct. Ser., 87—121 (1960). — FRENZEL, B.: (1) Abh. Akad. Wiss. u. Lit. Mainz, Math. Nat. Kl. 13, 937—1099 (1959); 6, 291—453 (1960); — (2) Eiszeitalter u. Gegenwart 11, 211—218 (1960). — FREY, D. G.: Investig. Indiana Lakes a. Streams 5/4, 131—139 (1959). — FRIES, M.: (1) Sv. bot. Tidskr. 53, 479—491 (1959); — (2) Ann. Ac. Reg. Sc. Upsaliensis 39—52 (1960).

GANEŠIN, G. S., u. JU. F. ČEMEKOV: Meždunarodn. geol. kongr., XXI Sessija, Doklady sovetsk. geol., engl. Zus., 173—182 (1960). — GERASIMOV, I. P.: Strukturelle Züge des Reliefs der Erdoberfläche im Bereich der UdSSR und ihre Entstehung. Akad. Nauk S. S. S. R. 100 S. (1959). — GITERMAN, R. E.: (1) Trudy geol. Inst.-a, Akad. Nauk S. S. S. R. 31, 64—84 (1960); — (2) Separat ohne Herkunftsangabe! — GITERMAN, R. E., u. N. P. KUPRINA: Doklady Akad. Nauk S. S. S. R. 130, 1302—1305 (1960). — GOLUBEVA, L. V.: (1) Izvestija Akad. Nauk S. S. S. R. Ser. geol. 1958, Nr. 2, 44—54 (1958); — (2) Trudy geol. Inst.-a, Akad. Nauk S. S. S.R. 31, 5—41 (1960). — GRIČUK, V. P.: In: MARKOV, K. K., u. A. I. POPOV: s. i. Folg. 442—497 (1959). — GUBONINA, Z. P.:Trudy Inst.-a Geogr., Akad. Nauk S. S. S. R. 77; Materialy po geomorf. i paleogeogr. S. S. S. R. 21, 91—112 (1959). — GULISAŠVILI, .V Z.: Botan. Žurn. 45,1249—1258 (1960).

HAFSTEN, U.: (1) Viking (Oslo) 51—74 (1957/58); — (2) Naturen H. 5, 311—315 (1958); — (3) Årb. Univ. Bergen (Oslo) Mat. Nat. Ser. 20, 48 S. (1960). — HAMMEN, TH. VAN DER, u. E. GONZALEZ: (1) Leid. Geol. Med. 25, 261—315 (1960); — (2) Geol. en Mijnbouw 39, 737—746 (1960). — HAMMEN, TH. VAN DER, u. A. PARADA: Univ. Ind. Santander, Bol. de Geol. 2, 2—25 (1958). — HELBAEK, H.: Ber. Geobot. Inst. Rübel Zürich 31, 16—19 (1960). — HELMFRIED, ST.: Geogr. Ann. 244 bis 265 (1958). — HEUSSER, C. J.: (1) Ecol. Monogr. 26, 263—302 (1956); — (2) Biol. Colloqu. Proceedings (Oregon) 18, 62—72 (1957); — (3) Amer. J. Sci., Radiocarbon Suppl. 1, 29—34 (1959); — (4) Geograph. Rev. 50, 555—577 (1960). — HJELMQUIST, H.: (1) Medd. Lunds Univ. hist. Museum 103—106 (1958); — (2) Bot. Notiser 113, 141—160 (1960).

IVERSEN, J.: (1) Sci. American 194, 35—41 (1956); — (2) Mitt. Naturf. Ges. Bern N. F. 13, XXX—XXXI (1956).

JESSEN, KN.: Viking (Oslo) 157—186 (1956).

KIRJUŠINA, M. T.: In: SAKS, V. N., u. S. A. STRELKOV: s. i. Folg. 144—164 (1959). — KOKAWA, SH.: J. Inst. Polytechn. Osaka City Univ. D 10, 45—63 (1959). - KORENEVA, E. V.: Trudy geol. Inst.-a, Akad. Nauk S. S. S. R. 31, 42—63 (1960). — KORNILOV, B. A.: Trudy Inst.-a Geogr., Akad. Nauk S. S. S. R. 78; Materialy po geomorf. i paleogeogr. S. S. S. R. 22, 187—199 (1959). — KORŽUEV, S. S.: (1) Trudy Inst.-a Geogr., Akad. Nauk S. S. S. R. 78; Materialy po geomorf. i paleogeogr. S. S. S. R. 22, 74—123 (1959); (2) 22, 5—73 (1959); — (3) Geomorphologie des mittleren Lenatales und der benachbarten Gebiete. Akad. Nauk S. S. S. R., M., 149 S. (1959). — KURTH, G.: Naturwiss. Rundsch. (Stuttgart), Biol. Beil. 178—179 (1959).

LAMAKIN, V. V.: (1) Trudy geol. Inst.-a, Akad. Nauk S. S. S. R. 32, 45—78 (1959); — (2) Doklady Akad. Nauk S. S. S. R. 126, 1090—1093 (1959). — LAVRUŠIN, JU. A.: Trudy geol. Inst.-a, Akad. Nauk S. S. S. R. 32, 122—137 (1959). — LAZUKOV, G. I., u. N. S. SOKOLOVA: In: MARKOV, K. K., u. A. I. POPOV: s. i. Folg. 343—359 (1959). — LIVINGSTONE, D. A.: Am. J. Sci. 255, 254—260 (1957). — LÖVE, D.: Canad. J. Bot. 37, 547—585 (1959). — LORCH, J.: Bull. Res. Counc. of Israel 7/D, 85—89 (1959). — LÜDI, W.: Ber. Geobot. Inst. Rübel Zürich 108—136 (1956). — LVOV, P. L.: Botan. Žurn. 44, 1633—1638 (1959).

MAARLEVELD, G. E., u. TH. VAN DER HAMMEN: Geol. en Mijnbouw 21, 40 45 (1959). — MAKSIMOV, E. V.: Doklady Akad. Nauk S. S. S. R. 136, 175—178 (1961). MARKOV, K. K., u. A. I. POPOV: Das Eiszeitalter im europäischen Teil der UdSSR und in Sibirien. M., 560 S. (1959). — MARUAŠVILI, L. I.: Botan. Žurn. 44, 1737 bis 1741 (1959). — MATVEEVA, O. V.: (1) Izvestija Sibirskogo otdel. Akad. Nauk S. S. S. R., geolog. i geofizika 1, 72—83 (1958); — (2) Trudy Inst.-a geol. nauk, 141, geol. serija, Nr. 58, 70—79 (1953); — (3) Trudy Geol. Inst.-a, Akad. Nauk S. S. S. R. 31, 85—112 (1960). — MGELADZE, K. G.: Izvestija Vsesojuzn. geogr. obšč. 92, 433—436 (1960). — MIKI, SH.: J. Inst. Polytechn. Osaka Univ. D 9, 125—150 (1958). — MIRIMANJAN, CH. P.: Botan. Žurn. 44, 617—633 (1959). — MOAR, N. T.: (1) New Zealand J. Sci. 1, 449—465 (1958); (2) 1, 480—486 (1958); (3) 2, 35—40 (1959). — MORRISON, M. E. S.: Botan. Notiser 112, 185—204 (1959).

NIKOLSKAJA, V. V.: Materialy po fizičeskoj geografii juga Dal'nego Vostoka, Akad. Nauk S. S. S. R. Dal'nevost. Filial, Inst. Geogr., M., 63—106 (1958).

OBRUČEV, V. A.: Trudy Kom. po izuč. četvert. per. 14, 18—53 (1959). — OGDEN, J. G. III: (1) Amer. J. Sci. 257, 366—381 (1959); (2) 258, 341—353 (1960). POLKIN, JA. I., u. S. A. STRELKOV: In: SAKS, V. N., u. S. A. STRELKOV: s. i. Folg. 124—143 (1959). — POPOV, A. I.: (1) in: MARKOV, K. K., u. A. I. POPOV: s. i. Folg. 259—275 (1959); (2) s. i. Folg. 360—384 (1959). — PUMINOV, A. P.: In: SAKS, V. N., u. S. A. STRELKOV: s. i. Folg. 165—183 (1959).

RAVSKIJ, E. I.: Trudy geol. Inst.-a, Akad. Nauk S. S. S. R. 22, 179 S. (1959). — RAVSKIJ, E. I., u. M. N. ALEKSEEV: Meždunarodn. geol. kongr., XXI sessija, Doklady sovetsk. geol., 149—161, engl. Zus. (1960). — ROWLEY, J.: Proc. Minnesota Acad. Sci. 25/26, 40—50 (1957/58).

SAITO, Y., T. MIZUKAMI u. M. TSUKADA: Sci. Rep. Tôhoku Univ. Sendai, Japan, 2. ser., Sp. V. 4, 345—355 (1960). — SAKS, V. N., u. S. A. STRELKOV: Quartäre Sedimente der sowjetischen Arktis. Trudy naučno-issledovat. inst.-a geologii Arktiki Ministerstva geol. i ochrany nedr S. S. S. R. 91, M., 232 S. (1959). — SAMSONOV, S. K.: Doklady Akad. Nauk S. S. S. R. 125, 873—875 (1959). — SCHIEMANN, E.: (1) Mitt. Max Planck-Ges. 1, 15—22 (1956); — (2) Ber. dtsch. Bot. Ges. 69, 309—322 (1956); — (3) Berliner Bl. Vor- u. Frühgesch. 6, 100—124 (1957); — (4) Aus: STEN FLORIN: Vrakulturen (Stockholm) VII, 251—300 (1957?). SEITZ, H. J.: (1) Jb. d. Hist. Ver. Dillingen, LVII/LVIII (1955/56); — (2) Forsch. u. Fortschr. 31, 181—185 (1957). — SELIVANOV, E. I.: Doklady Akad. Nauk S. S. S. R. 127, 856—859 (1959). — SHIMADA, M.: Ecol. Rev. 14, 199—200 (1956). — SITTE-LÜRZER, E.: Archäol. Austriaca 75—90 (1958). — SITTLER, CL.: Bull. Serv. Cart. Gèol. Als. Lorr. Strasbourg 10/2, 151—152 (1957). — SMITH, A. G.: Proc. Roy. Irish Ac. Dublin 59, B/16, 329—343 (1958). — SOHMA, K.: Ecol. Rev. 14, 257—258 (1957). — SOKOLOV, V. N.: In: SAKS, V. N., u. S. A. STRELKOV: s. o., 61—80 (1959). — STRELKOV, S. A.: In: SAKS, V. N., u. S. A. STRELKOV: s. o., 184—199 (1959). SZAFER, WL.: (1) Acta Soc. Bot. Polon. 26, 105—128 (1957); — (2) Veröff. Geobot. Inst. Rübel Zürich 34, 132 (1958).

TEMPLETON, B. C.: Bull. South. Calif. Acad. Sci. 55, 123—130 (1956). — TERASMAË, J.: (1) Science 123, 801—802 (1956); (2) 126, 351—352 (1957); — (3) Bull. Geol. Survey Canada 46, 1—35 (1958); (4) 56, 1—22 (1960); (5) 56, 23—41 (1960). — TERASMAË, J., and O. L. HUGHES: (1) Bull. Geol. Survey Canada 62, 15 S. (1960); — (2) Science 131, 1444—1446 (1960). — TROELS-SMITH, J.: (1) Aarb. Nord. Oldkyndigked og Historie 91—145 (1959); — (2) Danm. Geol. Undersog. IV/4/4, 1—32 (1960). — TROFIMOV, JU. M.: Doklady Akad. Nauk S. S. S. R. 126, 849—852 (1959). — TSUKADA, M.: (1) J. Inst. Polytechn. Osaka City Univ. D/8, 203—216 (1957); (2) D/9, 235—249 (1958); — (3) Quatern. Res. (Japan) 1, 48—58 (1958).

VANGENGEJM, E. A.: Meždunarodn. geol. kongr., XXI sessija, Doklady sovetsk. geol., 162—172, engl. Zus. (1960). — VASKOVSKIJ, A. P.: In: MARKOV, K. K., u. A. I. POPOV: s. o., 510—545 (1959). — VEKUA, A. K.: Doklady Akad. Nauk S. S. S.R. 127, 408—410 (1959). — VERBICKAJA, N. P.: Meždunarodn. geol. kongr., XXI sessija, Doklady sovetsk. geol. 137—148, engl. Zus. (1960). — VILLARET V. ROCHOW, M.: Veröff. Geobot. Inst. Rübel Zürich für 1957., 96—113 (1958). — VOSKRESENSKIJ, S. S.: In: MARKOV, K. K., u. A. I. POPOV: 422—441 (1959).

WERNECK, H. L.: Angew. Botanik XXXIII/1, 19—33 (1959).

ZAGORSKAJA, N. G.: (1) in: SAKS, V. N., u. S. A. STRELKOV: s. o. 37—60 (1959);
(2) s. o. 200—211 (1959). — ZAKLINSKAJA, E. D.: (1) Voprosy biostratigrafii kontinental'nych tolšč. Trudy III Sessii vsesojuzn. paleontol. obšč., M., 200—207
(1959); — (2) in: MARKOV, K. K., u. A. I. POPOV: s. o. 276—300 (1959). — ZEMCOV,
A. A., u. S. B. ŠACKIJ: In: MARKOV, K. K., u. A. I. POPOV: s. o. 309—320 (1959). —
ZINDEREN-BAKKER, E. M. VAN: (1) Grana Palynolog. 1, 160—161 (1956); — (2)
Bloemfontein, S. A. 3—40 (1960). — ZOLLER, H.: Dtsch. Schweiz. Naturforsch.
Ges. 83/2, 45—156 (1960). — ZOLNIKOV, V. G.: Bjull. Kom. po izuč. četvert. per. 24,
104—109 (1960). — ŽUZE, A. P.: (1) Voprosy biostratigrafii kontinental'nych tolšč.
Trudy III Sessii vsesojuzn. paleontol. obšč., M., 226—242 (1959); — (2) in: MARKOV,
K. K., u. A. I. POPOV: s. o. 301—308 (1959). — ŽUZE, A. P., u. E. V. KORENEVA:
Izvestija Akad. Nauk S. S. S. R. Ser. geogr., 1959, Nr. 2, 12—24 (1959).

8. Ökologische Pflanzengeographie

Von HEINRICH WALTER, Stuttgart und HEINZ ELLENBERG, Zürich

Der Beitrag folgt in Band XXIV

9. Ökologie

Von Theodor Schmucker, Göttingen

Eine umfassende, auch für Studenten bestimmte Darstellung der Autökologie der Pflanzen legte Daubenmire vor. Bei der Fülle des vielgestaltigen Inhalts (Lit.-Verzeichnis mit 773 englischen Titeln) konnte manches nur kurz dargestellt werden. Sehr eingehend und vielseitig behandelte Gessner (1) den Stoffhaushalt der Wasserpflanzen und damit auch deren Ökologie.

Blütenbiologie

Victoria regia kommt nur in den „Weißwasserflüssen" vor, nicht in den „Schwarzflüssen" (sauer, sehr arm an Elektrolyten). Die Pflanzen entwickeln sich mit dem Anstieg des Wasserspiegels in der ersten Jahreshälfte und verschwinden schon im Juli von der Oberfläche, was wohl kaum durch inneren Rhythmus allein erklärt werden kann (vgl. das andersartige Verhalten in Gewächshäusern). In den zur Öffnung bereiten Blütenknospen tritt etwa um 16 Uhr eine Umstimmung ein, die nun bei Verdunkelung alsbald zur Öffnung führt. Wird künstlich Verdunkelung ausgeschaltet, so akkumuliert sich sozusagen die Entfaltungstendenz, und schließlich öffnen sich die Knospen auch im Licht [Gessner (2)]. Bei den *Orchideen* werden die postfloralen Erscheinungen nicht nur bei tropischen, sondern auch bei einheimischen Arten durch die Pollination eingeleitet, im Experiment auch durch Behandlung der Narbe mit Naphthyl-Essigsäure (Laibach).

Auf dem Gebiet der Bestäubungsökologie hat Schremmer die älteren Befunde von Kullenberg bestätigen können: Der Duft der *Ophrys*-Blüten ähnelt dem Geruch der Weibchen der Besucher (z. B. der Biene *Eucera*) und lockt daher vorwiegend Männchen an. Dagegen haben nach Daumann (2) entgegen früheren Angaben die glänzenden Scheinnektarien von *Parnassia* auch für die Nahanlockung keine Bedeutung. Nach Pascher erfolgt bei der *Liliacee Eucomis bicolor* (Kapland) die Fernanlockung der Besucher (Aasfliegen) durch den Geruch, die Nahorientierung durch die Färbung (Androeceum dunkelpurpur), im ganzen also ähnlich wie bei anderen Aasblüten (*Araceen* usw.). Die Blüten von *Paris* sind auf dem Wege von Insekten- zur Windblütigkeit schon ziemlich weit fortgeschritten [Daumann (1)].

Die mutativ entstandenen homostylen Formen von *Primula vulgaris* haben nur geringe Aussicht, in der Population vorwiegend erhalten zu werden; diese geht daher nicht zur Selbstfertilität und damit zur Inzucht über (Bodmer). Bei *Begonia cathayana* gibt es morphologisch Übergangsreihen von rein männlichen zu stark weiblichen zwittrigen Blüten. Die Narbe sondert einen Stoff aus, der Pollenschläuche chemotropisch anzieht, und zwar ist die Wirkung, konform mit der Gestaltung, bei stark weiblichen Blüten am stärksten, während deren Pollenschläuche am schwächsten reagieren (NOACK). Bei *Salvia stepposa* kommen neben den normalen halb so große Blüten mit verkürzten Staubfäden vor, die als weibliche Blüten wirken (PONOMAREV).

Über die Pollenkeimung (und Pollenaufbewahrung) haben JOHRI und VASIL einen zusammenfassenden Bericht vorgelegt. Nach TKACHENKO enthält die Narbenflüssigkeit von *Vitis* vor der Befruchtung einen Stoff, der die Pollenkeimung stimuliert. Gibberellin fördert das Längenwachstum von *Pisum*-Pollen stark, nicht aber die Keimungsgeschwindigkeit (BOSE).

Sowohl bei *Pinus* wie *Juniperus* vergeht zwischen Bestäubung und Vollendung des Embryos bzw. des Samens mehr als ein Jahr. CIAMPI macht darauf aufmerksam, daß bei *Pinus* die Befruchtung stark verzögert sei, der aber die Embryobildung sofort nachfolgt; während bei *Juniperus* gerade die der Befruchtung folgende Embryogenese ein sehr langsam verlaufender Vorgang ist. Bei *Larix* wird der Pollen nach BARNER und CHRISTIANSEN etwa sechs Wochen lang zwischen den schrumpfenden Lappen an der Spitze der Samenanlage festgehalten und erst dann durch den schrumpfenden Pollinationstropfen auf den Nucellusscheitel gebracht.

Junge Lärchen (7—8jährig) blühten reichlich, wenn sie im Vorjahr von starken Maifrösten betroffen worden waren, und zwar, gemessen an der Kürze des Jahrestriebes, um so stärker, je stärker die Schädigung war (WACHTER).

Bei sehr vielen Pflanzen sind die Organe der Blüte weit reicher an Bios-Vitaminen als die vegetativen Teile, besonders zu Zeiten des stärksten Stoffwechsels (DAGIS). In *Lupinus*-Blüten tritt von der Zeit der Makrosporenbildung an ein der Melibiose sehr ähnliches Glykosid auf, das nach der Bestäubung verschwindet (BOURDU).

Ausbreitung. Samenkeimung

Die auffallende Tatsache, daß in Beständen von *Epilobium angustifolium* zwar bis zu 10 000 Samen je m² auf den Boden gelangen, daß aber fast alle Sämlinge alsbald wieder absterben, beruht nach KARMANOWA nicht auf Wassermangel infolge Wurzelkonkurrenz, sondern auf anderen Ursachen, wahrscheinlich N-Mangel. Ähnlich ist es bei *Deschampsia*. Nach ESCHENBECHER trägt jeder Samen von *Epilobium hirsutum* 70—80 Samenhaare, die auch an tauben Samen entstehen und das Volumen der initialen Zelle um das 5000fache übertreffen. Im Zusammenhang damit erreichen die Zellkerne durch Endomitosen die 64fache Chromosomenzahl.

BOURNÉRIAS legte dar, wie in pflanzenfreiem Areal bei der Wiederbesiedlung zunächst zufallsbedingte Schwankungserscheinungen in der Zusammensetzung der Vegetationsdecke eintreten, die dann durch Selektion ausgeglichen bzw. mikroarealgemäß gestaltet werden. Die Toleranzgrenzen der einzelnen Arten werden durch Konkurrenz eingeengt; z. B. können kalkmeidende Arten zunächst auch auf kalkreichen Standorten vorkommen usw. Doch kann ein im ganzen einheitlicher Standort auch große Unterschiede aufweisen. In einem Fichten-Tannen-Plenterwald fand MAYER unter Fichten bzw. Tannen nicht nur deutliche Unterschiede der Bodenvegetation, sondern unter Fichten kamen vorwiegend Tannen auf und umgekehrt. Überhaupt findet Naturverjüngung in Nadelwäldern nur unter ganz bestimmten Verhältnissen statt, z. B. in natürlichen Beständen von *Abies cephalonica* dann, wenn in der Waldentwicklung das Stadium der Bodenbedeckung mit *Hypnum cupressiforme* eingetreten ist. Nur dann vertrocknen die Sämlinge im Spätsommer nicht (GRAIKIOTIS). In gewissen Beständen von *Pinus ponderosa* in Süddakota bleibt der Jungwuchs lange so dicht bzw. bedrängen sich die einzelnen Bäumchen gegenseitig so sehr, daß bei keinem auch nur annähernd normales Wachstum eintreten kann (MYERS und VAN DEUSEN). In Bosnien hat *Picea omorica* unter allen einheimischen Bäumen das weiteste ökologische Spektrum, besonders hinsichtlich des Ertragens von Extremen verschiedener Art, womit sie ausgezeichnet für Besiedelung auch von Neuland geeignet ist. Aber nur unter extremen Bedingungen entsteht reiner *Omorica*-Wald; sonst wird die Art allmählich verdrängt und ersetzt (ČOLIČ).

Die Samen von *Typha latifolia* (Lichtkeimer!) keimen optimal bei 30°; schon geringe Abweichungen bedingen deutliche Hemmung (SIFTON). Die optimale Temperatur für die Keimung bei *Cereus (Carnegiea) giganteus* beträgt 25° (Minimum 15°); auch hier fördert weißes Licht sehr stark (ALCORN und KURTZ). Bei *Fraxinus* wird der Keimverzug durch einen im Endosperm und Embryo vorhandenen Hemmstoff bedingt; seine Wirkung wird bei Frost durch Bildung eines Keimstimulators in den Kotyledonen beseitigt (VILLIERS und WAREING). Samen von *Juniperus osteosperma* keimen noch nach 45 Jahren in ziemlich hohem Prozentsatz. Überdauern im Boden für lange Zeit erscheint möglich (JOHNSEN).

Mycorrhiza

Im Gesichtskreis der Forstleute spielt das Mycorrhizaproblem noch längst nicht die Rolle, die ihm zukommt. Die Lektüre des in seiner Art ausgezeichneten Buches von LOBANOW könnte dem abhelfen. Die Verarbeitung von fast 300 russischen Arbeiten, sowohl Freiland- wie Experimentaluntersuchungen, neben ebenso vielen in anderen Sprachen, und die eingehende Behandlung meist weniger behandelter Teilprobleme machen das Buch auch sonst überaus wertvoll. Die kartothekartig angeordnete kurze Übersicht über den Inhalt von 108 Arbeiten, die BOULLARD (1) vorlegt, soll ebenfalls Forstleute usw. einführen und ist dazu gewiß geeignet.

GÄUMANN hat seine bahnbrechenden Arbeiten über die M. der mittel- und südeuropäischen Erdorchideen fortgesetzt. Zusammen mit HOHL wies er nach, daß der M.-Pilz Bildung von Abwehrstoffen im Knollengewebe nicht nur an der Befallstelle bewirkt, sondern von dieser ausstrahlend im ganzen Organ; die Gewebeimmunität wird zur Organimmunität. Er konnte zusammen mit NÜESCH und RIMPAU nachweisen, daß die Wurzelpilze aller untersuchten Arten Bildung von Abwehrstoffen (meist Orchinol) nicht nur im Knollengewebe der eigenen Art induzieren, sondern auch in dem von *Orchis militaris*. Keiner der 24 untersuchten saprophytischen bzw. halbparasitischen Bodenpilze vermag das; aber drei Bodenbakterien können es. Der wichtigste der Abwehrstoffe, das

Orchinol, hemmt alle M.- und Wurzelpilze, aber nur wenige Bodenbakterien. Das Verhältnis der M.-Pilze zum Partner ist also recht spezifisch, wohl herrührend von dem einstmals parasitischen Verhältnis. In der Wurzel wird der Pilz in milder Abwehrreaktion ausgenützt (Abgabe von Stoffen, wohl Wirkstoffen; schließlich freilich Verdauung); aus dem Knollengewebe wird er durch die Abwehrstoffe ferngehalten.

Welche Bedeutung der auch bei Kulturpflanzen häufigen endotrophen M. zukommt, ist nach Otto noch immer strittig. Beim Weizen, wo Wurzelverpilzungen häufig vorkommen, wobei die Ausbildung stark von den Bodenverhältnissen abhängig ist, fördern sie nach Khrusheva unter Umständen Wachstum und Ertrag erheblich. Nicolson (1) meint, für die bei Gräsern überhaupt häufige endotrophe M. (Innenrinde Arbuskeln, Außenrinde Vesikeln, verschieden stark entwickeltes Außenmycel) sei der Beweis für ihre Beteiligung an der Stoffaufnahme noch nicht erbracht. Immerhin könnte [Nicolson (2)] die Ausbildungshöhe der M. z. B. bei Dünengräsern deren Konkurrenzkraft beeinflussen. Mosse (2) findet bei der endotrophen M. von Apfelbäumen usw. gleichfalls ein freilich von den jeweiligen Bedingungen stark abhängiges Außenmycel (*Endogone* (?); deren Sporen brauchen nach [Mosse (1)] als Keimstimulus Ausscheidungen von Bodenorganismen). *Filices* enthalten nach Hepden in beiden Generationen häufig endotrophe M. vom vesicular-arbuskularen Typ; Übergang zum Parasitismus wurde beobachtet. M. gleichen Typus fördert aber nach Bayliss bei *Griselinia (Cornaceae)* das Wachstum sehr stark.

Die Förderung durch die ektotrophe M. steht längst außer Zweifel. Die hohe Bedeutung guter M.-Bildung für junge Forstpflanzen betonen wieder Boullard (2) für die Fichte und Zerling für die Lärche. Nach Levisohn kann aber der übliche Partner der Birke *(Boletus scaber)* zuweilen auch hemmend wirken, wofür neben der Pilzrasse auch Bodenverhältnisse (z. B. Anwesenheit eines pseudomycorrhizenbildenden Bodenpilzes) maßgebend sind. Umgekehrt kann *B. scaber* die Kiefer, die er gewöhnlich nicht bewohnt, fördern. Auch Lundeberg weist mit einer neuartigen Wasserkulturmethode nach, daß je nach den Umständen typische M.-Pilze schädigend wirken können. Merkwürdigerweise förderte in diesen Versuchen die Anwesenheit von *Psalliota*, ein Pilz, der auch hier keine M. bildete, das Wachtum von jungen Kiefern wesentlich. Bei *Pseudotsuga taxifolia* i. w. S. wies Linnemann (2) erhebliche Unterschiede bezüglich der Ausbildung der M. nach; die *glauca*-Formen bzw. Herkünfte waren allgemein schwach, die *viridis*-Formen stark verpilzt. Die *caesia*-Typen hielten die Mitte. Ferner tritt der grobe (dendroide) M.-Typ sowohl bei gutwüchsigen Provenienzen wie bei gutwüchsigen Varianten innerhalb einer schwachwüchsigen Provenienz stark zurück [Linnemann (1)]. Harley, der seine tiefgehenden Untersuchungen über den Mechanismus der Stoffaufnahme durch die M. mit mehreren Arbeiten fortsetzt, wies (mit Wilson) u. a. nach, daß bei der M. der Buche hohe Sauerstofftension die Aufnahme von K stark fördert, lockerer Boden daher schon diesbezüglich von Bedeutung sein könnte. Die Pilze der ektotrophen M. sind nach Moser sehr verschieden kälteempfindlich; die *Amanitaceen* sind es in hohem Grad, bei *Suillus variegatus* wechselt die Empfindlichkeit mit der Meereshöhe des Herkunftortes. Auf die fördernde Wirkung guter Belichtung der Wirtspflanzen auf deren M.-Ausbildung haben sowohl Shemakhanova wie Boullard (4) neuerdings hingewiesen; auf den Zusammenhang mit photoperiodischen Erscheinungen machte Boullard (3) aufmerksam.

Besonderes Interesse fordern einige Einzelbefunde. BJÖRKMAN konnte endgültig beweisen, daß *Monotropa* ein Epiparasit auf Baumwurzeln ist, d. h. Hyphen verbinden die chlorophyllose, völlig heterotrophe Pflanze mit den mykotrophen Baumwurzeln und treten am anderen Ende in die *Monotropa*-Pflanze ein; diese ernährt sich also auf Kosten des Baumes und nicht saprophytisch vom Bodenhumus. Ein Holosaprophyt ohne Chlorophyll mit sehr reduzierten Blättern ist nach BAKSHI hingegen die monotypische *Pirolacee Pterospora andromeda*, die auf Podsolboden in kühl-gemäßigten Wäldern Nordamerikas vorkommt; ein noch unbekannter Pilz hüllt die Wurzeln lückenlos ein. TRANQUILLINI fand, daß 5- bis 7jährige Zirben an der Baumgrenze (2000 m) nach Abzug der Atmung (38% der Bruttoassimilation) je Gramm Nadelgewicht 2,2 g Trockensubstanz erzeugen; aber nur 0,65 g konnten als Zuwachs festgestellt werden. Er vermutet, daß ein wesentlicher Teil des Fehlbetrages den Mycorrhizen zugute gekommen ist. Geradezu aufregend sind Befunde von PURNELL an *Proteaceen* Australiens. In großer Zahl stehen kugelige dichte Büschel dünner Wurzeln auf den Langwurzeln. Verpilzung soll nur im späteren Stadium vorhanden sein. Aber in sterilisiertem Boden entstehen diese Gebilde überhaupt nicht. Eine hochinteressante, noch ungeklärte Sache! McLENNAN hat die M. des Holosaprophyten *Gastrodia sesamoides* untersucht und ähnliche Verhältnisse wie bei den asiatischen Arten gefunden. Symbiontische Bakterien sind auch hier nicht zu finden. Nach ARNOLD hat die von *Fagus* arealmäßig so entfernte, verwandte Gattung *Nothofagus* auch ähnliche M.-Pilze.

Auf die schwere Schädigung der M.-Pilze im Boden bei Bodenbehandlung mit Biociden weisen PERSIDSKY und WILDE hin. Moderne Forstleute sollten dies zur Kenntnis nehmen.

Symbiosen (insbesondere Flechten)

Die einleitenden Vorgänge, die zur Knöllchenbildung bei *Leguminosen* führen, sind immer noch ungenügend bekannt und jedenfalls problematischer als es scheinen möchte. BÜRGIN-WOLFF ermittelte, daß auch unter günstigen Bedingungen der Prozentsatz infizierter Wurzelhaare sehr gering ist und daß die altbekannte „Schlauchbildung" auch in bakterienhaltigen Wurzelhaaren keineswegs die Regel ist. Nur jede zweite oder dritte Infektion führt zur Knöllchenbildung. Die Tatsache, daß die Hemmung der N-Assimilation durch H_2 bzw. CO bei *Leguminosen, Casuarina, Alnus* und *Myrica* ähnlich verläuft, ist für BOND ein Hinweis auf Ähnlichkeit der physiologischen Prozesse. Die bei *Leguminosen* der gemäßigten Zone wahrgenommene Herabsetzung der N-Assimilation durch Temperaturerhöhung findet sich bei Arten bzw. Stämmen aus den Tropen nicht (MES). Impfung mit geeigneten Stämmen hat sich z. B. im Kongogebiet bewährt (BONNIER). Die Wurzelknöllchen von *Ceanothus*-Arten *(Rhamnaceae)* sind nach Untersuchungen von FURMAN kurze, umgewandelte Seitenwurzeln; also jenen der Leguminosen nicht homolog. Die vergrößerten Zellen sind mit dichtem Hyphengeflecht erfüllt [*Streptomyces* (?); jedenfalls keine *Plasmodiophorale*, wie vielleicht bei *Alnus*]. An Hyphenspitzen finden sich häufig Vesikeln.

Zur Klärung des physiologischen Verhältnisses zwischen den Partnern in Flechten ist die Untersuchung der Partner in Reinkultur wesentlich. HENRIKSSON züchtete den Pilzpartner von *Collema* in Reinkultur. Es wurde bewiesen, daß die dabei vom Blaualgenpartner erzeugten Stoffe zum Wachstum des Pilzes hinreichen; aber dieser tötete jetzt nicht nur die *Cyanophyceen* aus *Collema* ab, sondern auch andere Blaualgen. Als AHMADJIAN und HENRIKSSON den Pilzpartner von *Collema* mit dem Algen-partner von *Physcia stellaris* gemischt kultivierten, war tödlicher Befall des letzteren unter starker Haustorienbildung auch dann zu verzeichnen, wenn der Nährboden für beide Partner vollauf hinreichend war. Aus beiden Ar-beiten ist wieder ersichtlich, wie fein das Zusammenleben im Algen-kollektiv abgestimmt ist. Den alten Befund, daß bei Flechten die assimi-latorische Leistung mit abnehmendem Wassergehalt zunächst stark an-steigt, konnte RIED (1) dahingehend erweitern, daß dieser Effekt konform mit der Lockerheit des Thallusbaues bei allen untersuchten Laub- und Strauchflechten abnimmt. Für die Atmung konnte Entsprechendes nicht gefunden werden.

Vulkanasche im Kongogebiet (19° Durchschnitt; 1200—2300 mm Nieder-schlag) bedeckt sich rasch mit einer Flechtenvegetation, während (abgesehen von Schluchten) nach fast einem halben Jahrhundert erst 15% der Fläche wenigstens *Pteridophyten* aufweisen (LEONARD). In hochariden Subtropengebieten Zentral-chiles mit langer Sommerdürre gibt es auf den Blattdornen der Stammsukkulenten (z. B. Säulenkakteen) eine z. T. üppig entfaltete, charakteristische Gesellschaft von Band- und Strauchflechten! (FOLLMANN.) Wenn in der Steinwüste der Städte Flech-ten meist so selten sind, so kommt dafür doch, neben der erhöhten Lufttrockenheit, der Gehalt der Luft an Abgasen in Betracht, was zuweilen bezweifelt wurde (MÄGDE-FRAU). DEGELIUS wies auf Birken selbst in Island noch gegen 100 Flechtenarten nach (davon ein Drittel obligate Epiphyten); in der subalpinen Region sind es ungefähr 200 Arten. Als Musterbeispiel für Vegetationszonierung führt RIED (2, 3) die Flechtengesellschaften auf Steinen usw. an Bachufern an. Die vier, durch ver-schiedene Arten deutlich charakterisierten Zonen, sind neben der Überflutungs-dauer durch mancherlei andere Standortfaktoren bedingt; für Feinheiten spielt die Konkurrenzkraft eine wichtige Rolle. Die ökologischen Eigenheiten der einzelnen Arten lassen sich durch ihr physiologisches Verhalten gut erklären. Die Möglichkeit der Assimilation im Zusammenhang mit der Hydratur ist für die Grenzen des Vor-kommens wichtiger als es Entquellungsschäden direkt sind.

Aus der ungeheuren Literatur über Antistoffe usw. hier nur zwei Beispiele. WELTZIEN fand, daß viele Stämme von 147 Bakterien-, Strahlpilz- und Pilzarten aus Böden die Keimung der Sporen des Bodenpilzes *Aspergillus fumigatus* hemmten; nur 11 hemmten nicht, 51 aber annähernd vollständig; der Rest war mehr oder minder neutral. Ein Giftstoff aus den Blättern von *Ailanthus*, der sowohl durch Regen wie bei der Verrottung in den Boden gerät, hemmt die Keimung vieler Baumarten, insbesondere der *Gymnospermen* (MERGEN).

Phanerogame Parasiten, Insektivoren

Ob die Keimung phanerogamer Parasiten nur bei Stimulation durch Wurzelausscheidungen des Wirtes erfolgen kann, ist bei manchen Arten noch immer strittig. Drei Jahre alte Samen von *Orobanche* haben sie jedenfalls nötig (RAÇOVITZA); ebenso Samen von *O. hederae* die Aus-scheidungen von Efeuwurzeln, die noch auf 1,5 cm wirksam und (im Gegensatz zu manchen anderen *Orobanchen* usw.) durch nichts ersetzbar sind (PRIVAT). Die Samenkeimung von *Striga asiatica* kann hingegen durch

Kinetin und ähnliche Stoffe stimuliert werden (WORSHAM, MORELAND u. KLINGMAN).

HARTIGAN meint, bei manchen der 60 in Australien besonders auf *Eucalyptus*-Arten vorkommenden *Loranthaceen* aus 13 Gattungen (die Familie zählt 700 Arten in 60 Gattungen) könnte man bezüglich der Blattform geradezu von Mimikry in bezug auf den Wirtsbaum sprechen. Keine einzige der zahlreichen *Eucalyptus*-Arten scheint nach ihm völlig immun zu sein; auch *Casuarina* wird stark befallen, kaum die (eingeführten) *Pinus*-Arten. Der Befall ist nicht selten so massenhaft, daß schwerer wirtschaftlicher Schaden entsteht. Bekämpfung durch Übersprühen mit 2,4-D-Präparaten u. dgl. sowie zuweilen Injektion von gewissen Giften zeitigte Erfolg. Nur ganz wenige *Loranthaceen* sind terrestrisch, so der Strauch *Atkinsonia ligustrina*, der in Australien auf *Acacia*, *Leptospermum* usw. parasitiert (MENZIES u. MCKEE). Nach HAWKSWORTH rückt der Befall von *Pinus* durch *Arceuthobium* auf herrschenden Stämmen doppelt so rasch fort als auf unterdrückten; nach unten gewöhnlich rascher als nach oben.

Überraschend ist die Entdeckung von DE LAUBENFELS, daß es auch unter den *Coniferen* einen (fakultativen?) Parasiten gibt. *Podocarpus ustus* (einzige Art der sect. *Microcarpus*) kommt als dunkelrot gefärbter Strauch mit fleischigen Schuppenblättern im Gebirgswald Neu-Kaledoniens auf der *Podacarpacee Dacrydium* vor. Die „Wurzeln" des Parasiten dringen in der Kambialgegend des Wirtes vor und werden umhüllt von einer Zone von Wirtsgewebe von ungeordnetem Bau und z. T. abnorm großen Zellen. Auch Schwellungen entstehen dabei.

Anhangsweise sei angemerkt, daß bei *Pinus resinosa* (ARMSON und VAN DEN DRIESSCHE) und *P. Strobus* (BORMANN und GRAHAM) Wurzelverwachsungen zwischen verschiedenen Bäumen häufig sind, im letzteren Fall schon in jungen Beständen und in solchem Ausmaß, daß mehrere Bäume geradezu eine organische Einheit bilden.

Unter den insektivoren Pilzen bildet *Arthrobotrys* nur in Nährlösungen, die auch *Nematoden* enthalten, die typischen Fangschlingen für diese. Eine derart wirksame morphogenetische Substanz („Nemin") konnte isoliert werden (PRAMER und STOLL).

Produktivität

Unter Hinweis auf die überaus interessanten Artikel in dem von RUHLAND herausgegebenen Handbuch der Pflanzenphysiologie sei hier nur auf zwei Arbeiten aufmerksam gemacht. BLISS hat die Jahresproduktion der oberirdischen Teile an Trockengewicht (g je m²) in der subarktischen Tundra bzw. im Hochgebirge (Rocky Mts.) bestimmt. Es ergeben sich (3) 60—190 (242) g in der Tundra, (11) 40—130 (214) g im Hochgebirge; je Tag der Vegetationszeit 0,5—3 g/m². In Pflanzengesellschaften der temperierten Zone kann man mit 1—10 g/m² rechnen. Das entspricht 0,02—0,05% der eingestrahlten Sonnenenergie bzw. 0,04—0,05%. WASSINK gibt an, daß von landwirtschaftlich genutzten Flächen 1—2% (im Maximum über 10%) ausgenutzt würden. Die Jahresproduktion der gesamten Erdoberfläche beträgt etwa $0{,}4 \cdot 10^{11}$ t bei einer mittleren Lichtausnutzung von 0,17%.

Tiere und Pflanzen

Sehr interessante, exakte Feststellungen hat KLOFT gemacht. *Aphiden* (Blattläuse) schädigen nicht nur durch Stoffentzug, sondern auch durch Beeinflussung der Wasseraufnahmen, der Transpiration, der

Assimilation und der Atmung durch Schockwirkungen, die vom Speichel ausgehen, der sowohl beim Einstechen wie beim Rückzug des Saugrüssels ausgeschieden wird (Wirkung freier Aminosäuren, deren bis zu 13 im Speichel gefunden wurden?). Im Stichbereich wird die Wasserpermeabilität erhöht, der osmotische Wert gesenkt; die Assimilationsleistung des Blattes wird beim Einstich wie beim Rückzug für einige Stunden stark gesenkt, die Atmungsintensität erst stark gesenkt, dann erheblich gesteigert. Die gleichen Erscheinungen werden speziell noch für *Picea* (KLOFT und EHRHARDT) beschrieben. Worauf die Immunität einzelner Pflanzenarten bzw. Individuen beruht, weiß man noch nicht.

Nach OLDIGES tritt Massenvermehrung forstlicher Schadinsekten besonders auf geringwertigen Standorten auf, wohl infolge des physiologischen Zustandes der Bäume. Düngung mit Mineralstoffen und Stickstoff kann tatsächlich erhebliche Abhilfe schaffen.

Verschiedenes

Die Artenzahl von Pflanzenvereinen ist eine ökologisch wichtige Eigenschaft. MEIJER fand im unberührten Bergwald von Tjibodas (Ostjava) 333 Arten höherer Pflanzen, darunter 78 Baumarten und 40 Sträucher. Die Hälfte der Baumarten war je ha nur einmal vertreten. Fast ein Drittel der Arten waren Epiphyten.

KARPOV zeigte, daß Charakterpflanzen des Eichenwaldes im heidelbeerreichen Fichtenwald der mittleren Taiga nicht wegen der Ungunst der klimatischen Verhältnisse fehlen, sondern wegen der Wurzelkonkurrenz der Fichte. Wurde diese ausgeschaltet, so gediehen jene gut. Nach STREBEL kommt für gute Wachstumsleistung in Fichtenbeständen ganz Bayerns unter den Mineralstoffen besonders hinreichendem N-Gehalt die größte Bedeutung zu. FERRI fand, daß im Rio-Negro-Gebiet inmitten üppiger Regenwälder trotz eines Jahresniederschlages von 4000 m stellenweise offene Wälder vom Caatinga-Charakter eingeschaltet sind. Die Bodenverhältnisse scheinen das zu bedingen.

Die größere Toleranz von *Pinus austriaca* gegen Dürre im Vergleich mit *P. silvestris* beruht mindestens z. T. auf geringerer Intensität der Transpiration (BEYSEL). Bei *Sarothamnus* geben die reduzierten Blätter immer noch mehr als das Doppelte an Wasserdampf ab als die Sprosse (Blätter in heißen Sommern frühzeitig abgeworfen). Im Gegensatz zu den sehr sparsamen Blüten ist die Dampfabgabe der grünen Hülsenoberfläche recht erheblich (LEYERER).

Nach ESKIN ist die Frosthärte anthocyanroter Blattvarianten tatsächlich größer als die grüner. Bei jungen Eichenblättern verläuft die Frostresistenz parallel mit dem Anthocyan-Gehalt. Die fördernde Wirkung nicht allzu großer Temperatur-Tagesschwankungen haben HELLMERS und SUNDAHL nun auch bei jungen Pseudotsugapflanzen gefunden.

Gewisse Pflanzen können unter „fürchterlichen" Verhältnissen recht gut wachsen. Die *Chlorococcale Cyanidium caldarium* lebt in heißen Quellen (bis **75°**) und hat ein Wachstumsoptimum bei $p_H = 2,4$. Ihre Chloroplasten enthalten neben Chlorophyll noch Phycocyanin (FUKUDA; ALLEN). Stämme von *Chlorella ellipsoidea* können zwischen p_H 2,0 und 10,0 gedeihen und wachsen noch bei $p_H = 2,5$ gut (KESSLER und KRAMER). (Die meisten Grünalgen leben in schwach sauren oder neutralen Gewässern.) Manche Actinomyceten können nach HIRSCH „oligocarbophil" leben, d. h. auf mineralischem Nährboden, im übrigen aber auf Kosten von Luftverunreinigungen.

Zum Schluß einige wenige Befunde über den Abbau. LYR fand bei vielen Pilzen Cellulase als „adaptives" Ferment; d. h. sie wird nur in Gegenwart von Cellulose im Substrat gefunden. Eine umfassende Darstellung über den Celluloseabbau durch Bakterien legte IMSCHENEZKI vor. Auch das Cutin (ein Polymerisat aus höheren Fettsäuren) kann entgegen früherer Meinung mikrobiell (durch *Penicillium*-Arten) abgebaut werden (HEINEN und LINSKENS). Bei der wenig beachteten, aber wichtigen „Moderfäule" wird durch Pilze (*Ascomyceten* und *Imperfekte*) nur die sekundäre Schicht der Zellwand abgebaut und daher weiterer Zerstörung durch Pilze, Termiten usw. der Weg gebahnt (kurze Zusammenstellung bei LIESE).

Literatur

AHMADJIAN, V., u. E. HENRIKSSON: Science 130, 1251 (1959). — ALCORN, ST., M. and E. B. KURTZ JR.: Amer. J. Bot. 46, 526—529 (1959). — ALLEN, M. B.: Arch. Mikrobiol. 32, 270— 77 (1959). — ARMSON, K. A., u. R. VAN DEN DRIESSCHE: Forest. Chron. 35, 232—241 (1959). — ARNOLD, B. C.: Trans. roy. Soc. N. Z. 87, 235—241 (1959).

BAKSHI, T. S.: Bot. Gaz. 120, 203—217 (1959). — BARNER, H., u. H. CHRISTIANSEN: Silvae Genetica 9, 1—11 (1960). — BAYLISS, G. T. S.: New Phytol. 58, 274—280 (1959). — BEYSEL, D.: Ber. dtsch. Bot. Ges. 73, 429—441 (1960). — BJÖRKMAN, ERIK: Physiol. plantarum (Kbh.) 13, 308—327 (1960). — BLISS, L. C.: Symposion in Stuttgart-Hohenheim 1960. — BODMER, W. F.: Phil. Trans. B. 242, 517—549 (1960). — BOND, G.: J. exp. Bot. 11, 91—97 (1960). — BONNIER, GH.: Ann. Inst. Pasteur (Paris) 98, 537—556 (1960). — BORMANN, F. H., and BEN F. GRAHAM JR.: Ecology 40, 677—691 (1959). — BOSE, N.: Nature (Lond.) 184, 1577 (1959). — BOULLARD, B.: (1) Bull. Soc. Linnéenne de Normandie 9, 72—92 (1958); — (2) Revue Soc. Forestière de Franche-Comté et des Provinces de l'Est. 1959, 3—12; — (3) Bull. Soc. Bot. de France 106, 131—134 (1959); — (4) Ann. biol. (Paris) Sér. 3, 64, 231—248 (1960). — BOURDU, R.: C. R. Acad. Sci. (Paris) 250, 1331—1333 (1960). — BOURNÉRIAS, M.: Bull. Soc. bot. Fr., Mém. 1959, 1—300. — BÜRGIN-WOLFF, A.: Ber. schweiz. bot. Ges. 69, 75—111 (1959).

CIAMPI, C.: Caryologia (Firenze) 11, 334—347 (1959). — ČOLIČ, D.: Arch. biol. Nauka (Beograd) 9, Nr. 1—4, 51—60 (1957).

DAGIS, J.: Fiziol. Rastenij 6, 421—428 (1959). — DAUBENMIRE, R. F.: Plants and environment. A textbook of plant autecology. 2. edit. New York: John Wiley & Sons. London: Chapman & Hall 1959. 422 S. — DAUMANN, E.: (1) Preslia (Praha) 31, 277—283 (1959); — (2) Biol. plant. (Praha) 2, 113—125 (1960). — DEGELIUS, G.: Acta horti gotoburgen. 22, 1—51 (1959). — DE LAUBENFELS, D. J.: Science 130, 97 (1959).

ESCHENBECHER, F.: Planta (Berl.) 54, 314—325 (1960). — ESKIN, B. I.: Dokl. Akad. Nauk S. S. S. R. 130, 1158—1160 (1960).

FERRI, M. G.: Bull. Res. Coun. Israel, D 8, 195—208 (1960). — FOLLMANN, G.: Ber. dtsch. Bot. Ges. 73, 449—462 (1960). — FUKUDA, I.: Bot. Mag. Tokyo 71, 79—86 (1958). — FURMAN, TH. E.: Amer. J. Bot. 46, 698—703 (1959).

GÄUMANN, E., u. H. R. HOHL: Phytopath. Z. 38, 93—104 (1960). — GÄUMANN, E. J. NÜESCH u. R. H. RIMPAU: Phytopath. Z. 38, 274—308 (1960). — GESSNER, F.: (1) Hydrobotanik. Bd. 2. Stoffhaushalt. Berlin: Deutsch. Verl. d Wiss. 1959. 701 S.; — (2) Planta (Berl.) 54, 453—465 (1960). — GRAIKIOTIS, P.: Vegetatio (Den Haag) IX, 322—338 (1960).

HARLEY, J. L., and J. M. WILSON: New Phytol. 58, 281—298 (1959). — HARTIGAN, D.: J. Forestry 58, 211—218 (1960). — HAWKSWORTH, F. G.: Research Notes. Rocky Mts. Forest and Range Experiment Station. Nr. 41 (1960). — HEINEN, W., u. H. F. LINSKENS: Naturwissenschaften 47, 18 (1960). — HELLMERS, H., and W. P. SUNDAHL: Nature (Lond.) 184, 1247—1248 (1959). — HENRIKSSON, E.: Svensk Bot. Tidskr. 52, 391—396 (1958). — HEPDEN, PAMELA M.: Trans. Brit. mycol. Soc. 43, 559—570 (1960). — HIRSCH, P.: Arch. Mikrobiol. 35, 391—414 (1960).

IMSCHENEZKI, A. A.: Mikrobiologie der Cellulose. Berlin: Akademie-Verl. 1959. 466 S.

JOHNSEN JR., TH. N.: Ecology 40, 487—488 (1959). — JOHRI, B. M., u. I. K. VASIL: Ergeb. Biol. 23, 1—13 (1960).

KARMANOVA, I. V.: Dokl. Akad. Nauk S. S. S. R. 127, 706—709 (1959). — KARPOV, V. G.: Dokl. Akad. Nauk S. S. S. R. 132, 711—714 (1960). — KESSLER, E., u. H. KRAMER: Arch. Mikrobiol. 37, 245—256 (1960). — KHRUSHEVA, E. P.: Izv. Akad. Nauk S. S. S. R. Ser. Biol., Nr. 2, 230—239 (1960). — KLOFT, W.: Z. ang. Entomologie 45, 337—381 (1960); 46, 42—70 (1960). — KLOFT, W., u. P. EHRHARDT: Phytopath. Z. 35, 401—410 (1959).

LAIBACH, F.: Beitr. Biol. Pflanzen 35, 239—251 (1960). — LEONARD, A.: Vegetatio (Den Haag) 8, 250—258 (1959). — LEVISOHN, IDA: New Phytol. 59, 42—47 (1960). — LEYERER, G.: Flora (Jena) 148, 361—377 (1960). — LIESE, W.: Naturw. Rundschau 1959, 419—425. — LINNEMANN, G.: (1) Allgem. Forstz. 14, 882—885 (1959); — (2) Allgem. Forst- u. Jagdz. 131, 41—47 (1960). — LOBANOW, N. W.: Mykotrophie d. Holzpflanzen. Berlin: Deutscher Verlag d. Wissenschaften 1960. 352 S. — LUNDEBERG, GÖRAN: Svensk bot. T. 54, 346—359 (1960). — LYR, H.: Arch. Mikrobiol. 34, 189—203 (1959).

MÄGDEFRAU, K.: Naturwiss. Rdsch. 13, 210—214 (1960).— MAYER, H.: Berichte Geobot. Inst. Rübel, Zürich 31, 19—42 (1960). — McLENNAN, E. I.: Aust. J. Bot. 7, 225—229 (1959). — MEIJER, W.: Acta bot. neerl. 8, 277—291 (1959). — MENZIES, B. P., and H. S. McKEE: Proc. Linnean Soc. Lond. 84, 118—127 (1959). — MERGEN, F.: Bot. Gaz. 121, 32—36 (1959). — MES, M. G.: Nature (Lond.) 184, 2032—2033 (1959). — MYERS, C. A., u. J. L. VAN DEUSEN: J. Forestry 58, 962—964 (1960). — MOSER, M.: Sydowia (Horn, N. Ö.) 12, 386—399 (1959). — MOSSE, B.: (1) Trans. Brit. mycol. Soc. 42, 273—286 (1959); (2) 42, 439—448 (1959).

NICOLSON, T. H.: (1) Trans. Brit. mycol. Soc. 42, 421—438 (1959); (2) 43, 132—145 (1960). — NOACK, R.: Z. Bot. 48, 463—487 (1960).

OLDIGES, H.: Z. angew. Entomologie 47, 57—60 (1960). — OTTO, G.: Zbl. Bakt., II Abt. 112, 109—115 (1959).

PASCHER, A.: Flora (Jena) 148, 153—178 (1959). — PERSIDSKY, D. J., and S. A. WILDE: J. Forestry 58, 522—524 (1960). — PONOMAREV, A. N.: Dokl. Akad. Nauk S. S. S. R. 127, 917—920 (1959). — PRAMER, D., and N. R. STOLL: Science 129, 966—967 (1959). — PRIVAT, G.: C. R. Acad. Sci. (Paris) 249, 156—158 (1959).— PURNELL, H. M.: Aust. J. Bot. 8, 38—50 (1960).

RACOVITZA, A.: J. Agric. trop. Bot. appl. 6, 111—114 (1959). — RIED, A.. (1) Biol. Zentr. 79, 129—151 (1960); — (2) Flora (Jena) 148, 612—638 (1960); — (3) Flora (Jena) 149, 345—385 (1960). — RUHLAND, W.: Handbuch d. Pflanzenphysiologie Bd. V2. Berlin-Göttingen-Heidelberg: Springer-Verlag 1960. XVI, 868 S.

SCHREMMER, F.: Österr. Botan. Z. 107, 6—17 (1960). — SHEMAKHANOVA, N. M.: Izv. Akad. Nauk S. S. S. R. Ser. Biol., Nr. 2, 240—255 (1960). — SIFTON, H. B.: Canad. J. Bot. 37, 719—739 (1959). — STREBEL, O.: Forstwiss. Cbl. 79, 17—42 (1960).

TKACHENKO, G. V.: Bot. Z. 44, 963—967 (1959). — TRANQUILLINI, W.: Planta (Berl.) 54, 130—151 (1959).

VILLIERS, T. A., and P. F. WAREING: Nature (Lond.) 185, 112—114 (1960).

WACHTER, H.: Silvae genet. (Frankfurt/M.) 8, 105—106 (1959). — WASSINK, E. C.: Plant Physiol. 34, 356—361 (1959). — WELTZIEN, H. C.: Naturwissenschaften 46, 456—457 (1959). — WORSHAM, A. D., D. E. MORELAND and G. C. KLINGMAN: Science 130, 1654—1656 (1959).

ZERLING, G. I.: Mikrobiologija (Mosk.) 29, 401—407 (1960).

C. Physiologie des Stoffwechsels

10. Physikalische und chemische Grundlagen der Lebensprozesse (Strahlenbiologie)

Bericht über die Jahre 1959 und 1960

Von WILHELM SIMONIS, Würzburg

Vorbemerkung: Von den verschiedenen Problemen der Strahlenbiologie sollen im vorliegenden Bericht vorwiegend Wirkungen von *ultraviolettem Licht, Erholungsvorgänge* nach UV-Strahlenschäden, *photodynamische* Effekte sowie Ergebnisse über die *Biolumineszenz* mitgeteilt werden. Über die Wirkungen ionisierender Strahlungen und die von sichtbarem Licht wird erst im kommenden Jahr berichtet.

Über die Strahlenbiologie ist eine Reihe von *Zusammenfassungen* erschienen, die Erwähnung verdienen: Zunächst sei das im Thieme-Verlag 1959 erschienene, von SCHINZ, HOLTHUSEN, LANGENDORFF, RAJEWSKY und SCHUBERT herausgegebene Werk über Strahlenbiologie und angrenzende Gebiete der Nuclearmedizin genannt, in dem von SOMMERMEYER über die Entwicklung und Situation der Treffertheorie, von HARM (2) zur Strahlengenetik der Bakteriophagen und von R. W. KAPLAN (1) über die Strahlengenetik der Mikroorganismen berichtet wird. Eine weitere Zusammenfassung über die Strahlenbiologie der Bakteriophagen liegt von STAHL vor. Über die biochemischen Gesichtspunkte der Strahlenwirkungen berichtete schon früher ERRERA im Zusammenhang. Die Ergebnisse eines Symposiums über "Comperative effects of radiation" der Akademie der Wissenschaften der USA sind von BURTON, KIRBY-SMITH und MAGEE (1960) herausgegeben worden. Ein weiteres Symposium über "Light and Life" des McCollum-Pratt Instituts (Herausgeber McELROY und B. GLASS) enthält eine Reihe wichtiger Zusammenfassungen zur Photobiologie. Probleme der Strahlenwirkung wurden ferner im Zusammenhang in dem Supplementband I des Radiation Research (1959) behandelt. Im Supplementband II (1960) wurden Fragen des Energietransports im lebenden Gewebe und in Modellsubstanzen dargestellt. Auf weitere Zusammenfassungen wird in den einzelnen Abschnitten hingewiesen.

I. Wirkungen von ultraviolettem Licht

1. Wirkungen von UV in vitro

a) Entstehung von Radikalen

Die im molekularen Bereich bei UV-Bestrahlung auftretenden primären Anregungsvorgänge und möglichen Energieübergänge wurden von KASHA in mehreren wichtigen größeren Zusammenfassungen auf quantentheoretischer Basis erörtert. [KASHA (1—3)]. Insbesondere wurde die Untersuchung des Auftretens von *Radikalen* nach Bestrahlung durch die nun für routinemäßiges Arbeiten entwickelten Methoden [magnetische Suszeptibilität, BRILL; Elektronenspinresonanz (ESR), HAUSSER, PAKE] weiter vorangetrieben (vgl. das Symposium über freie Radikale in biologischen Systemen von BLOIS u. Mitarb., GORDY und REXROAD, SMITH u. Mitarb., MÜLLER und ZIMMER). Aus den Untersuchungen von ALLEN und INGRAM geht hervor, daß nach UV-Bestrahlung bei *Aminosäuren*, einschließlich von Thyrosin, bei der Temperatur des flüssigen Sauerstoffs keine ESR-Signale auftraten, daß dagegen solche bei den untersuchten *Proteinen* vorhanden waren. Dies wird auf Elektronenleitung und Halbleitereigenschaften der durch UV angeregten Proteine zurückgeführt, wodurch an geeigneten Stellen ungepaarte Elektronen-Spins entstehen, die bei Aminosäuren fehlen. KIRBY-SMITH und RANDOLPH bestätigten das Vorhandensein von Radikalen in Proteinen nach UV, zeigten aber überdies, daß nach UV-Bestrahlung in *Nucleinsäuren* wesentlich größere ESR-Signale auftraten als in Proteinen. Bei Röntgenstrahlen lagen die Werte umgekehrt. Hierdurch wird die Erfahrung bei in vivo vorgenommenen Untersuchungen bestätigt, daß bei UV die NS-Absorption besonders wirkungsvoll ist (vgl. unten sowie WOLFF).

b) Wirkungen von UV auf Makromoleküle in vitro

Für die UV-Wirkung auf *Proteine* kommt entweder eine chemische Veränderung von Aminosäuren in Frage oder aber eine Zerstörung der Molekülstruktur. Hier gewinnt die von AUGENSTINE herrührende *"weak link"*-Hypothese steigende Bedeutung. Hiernach besteht die UV-Wirkung auf Proteine unter Beteiligung einer Energiewanderung vorwiegend in einer Zerstörung der die Polypeptidketten verbindenden Disulfidbrücken des Cystins (AUGENSTINE, AUGENSTINE u. Mitarb.). Hierfür spricht, daß bereits nach SETLOW und DOYLE das Wirkungsspektrum der Proteine mit höherem Cystingehalt bei der Cystinabsorption ein ausgesprochenes Maximum besitzt. Dies hat sich in neuen Untersuchungen bestätigt: Bei *geringem* Cystin-Gehalt, z. B. Desoxyribonuclease oder Gramicidin, folgt die Inaktivierung der Absorption eines Proteins, an dem die Absorption der verschiedenen Aminosäuren gleichmäßig beteiligt ist. Bei *hohem* Cystin-Gehalt entspricht das Wirkungsspektrum dagegen vorwiegend der Absorption von Cystin [AUGENSTINE u. Mitarb.; SETLOW (1), HUTCHINSON]. AUGENSTINE u. Mitarb. selbst fanden, daß ein Anwachsen der mit PCMB titrierbaren Gruppen (im wesentlichen also freigesetzte SH-Gruppen) nach UV mit dem Verlust der Enzymaktivität parallel geht. Zudem beweisen schließlich Ergebnisse von HUTCHINSON an Ribonuclease nach Bestrahlung mit Röntgenstrahlen, daß auch hier vorwiegend Disulfidbrücken zerstört wurden.

Über die in *Nucleinsäuren* auftretenden Primärschäden durch UV ist immer noch nicht sehr viel bekannt. Von den Bausteinen sind die Pyrimidine (Quantenausbeute des Abbaus von Uridin 2×10^{-2}; von Cytidin 8×10^{-3}; und von Thymidin $0{,}6 \times 10^{-3}$) wesentlich empfindlicher als die Purine [SETLOW (1); ERRERA; WIERZCHOWSKI und SHUGAR; besonders eingehend B. PULLMAN und A. PULLMAN]. Das RNS-Wirkungsspektrum sollte demnach dem Wirkungsspektrum von Uracil ähneln, während eine Einzelkette von DNS (z. B. der kleine Phage $\varphi/$X-174) wegen der größeren Strahlenempfindlichkeit der Pyrimidine offenbar entsprechend der Cytosin-Absorption inaktiviert wird [vgl. z. B. SETLOW (1)]. Die Inaktivierung für die aus einem Doppelstrang aufgebaute DNS, z. B. transformierendes Prinzip, folgt jedoch dem Absorptionsspektrum dieser sehr genau (ebenso getrocknete DNS; induzierte Unlöslichkeit). Demnach würden auch bei der doppelstrangigen DNS die einzelnen Basen nicht unabhängig voneinander geschädigt, sondern die absorbierte Energie könnte schließlich bis zur schwächsten Stelle, hier dem Cytosin, wandern. Vergleiche jedoch die noch fragliche Energiewanderung in Nucleinsäuren, s.unten S. 165. In einer anderen genaueren Studie an gelöster DNS kommen MOROSON und ALEXANDER zu der Annahme, daß der wesentliche Effekt des UV darin besteht, die mit den Pyrimidinen in Zusammenhang stehenden H-Bindungen des DNS-Moleküls zu zerstören.

Schließlich konnte SETLOW (2) zeigen, daß sich das Wirkungsspektrum der DNS mit einfachem Strang (Phage φ/X-174) in bezug auf die Lage der minimalen Aus beute (240 mμ) von dem der DNS mit Doppelstrang (Phage T$_2$, minimale Ausbeute bei 235 mμ) gesichert unterscheidet. Hiermit läßt sich vielleicht der physikalische Zustand der DNS in vivo zu verschiedenen Zeiten bestimmen (SETLOW und SETLOW).

2. Wirkungen von UV in vivo

a) Das Wirkungsspektrum der UV-Inaktivierung

Für die verschiedensten UV-Reaktionen *in vivo* ergab sich aus inzwischen recht zahlreichen Messungen fast immer ein Wirkungsspektrum, das einem *Nucleinsäure-Typ* zugeordnet werden kann. Dies gilt für die Inaktivierung von Bakterien und Phagen [HARM (2), ZELLE u. Mitarb.], für verschiedene Bakterien-Mutationen [ZELLE u. Mitarb., R. W. KAPLAN (1—2)], für Chromosomenbrüche (KIRBY-SMITH; KIRBY-SMITH und CRAIG; PLATT et al.), für die RNS-Synthese (HANAWALT und SETLOW) und ebenso für die Phagenproduktion (EPSTEIN). Auffallend ist aber, daß auch die induzierte Enzym-Synthese (HANAWALT und SETLOW, RAJEWSKY u. Mitarb.) und ebenso die Protein-Synthese (HANAWALT und SETLOW) dem NS-Typ folgt. Der *Protein-Typ* des Wirkungsspektrums ist viel seltener (z. B. Verlust von NS bei UV-Bestrahlung eines Teils eines Chromosoms, ZIRKLE und BLOOM in PLATT et al., AUGENSTINE u. Mitarb.) und die UV-Inaktivierung eines induzierbaren Enzyms nach bereits erfolgter Induktion RAJEWSKY u. Mitarb.). Wichtig ist, daß sich die UV-Wirkungsspektren in speziellen Fällen *ändern* können. So ist das Inaktivierungsspektrum der Lysindecarboxylase-Induktion von *Bacterium cadaveris* im ersten besonders UV-empfindlichen Teil der Induktion ein NS-Wirkungsspektrum, im späteren Verlauf der Induktion nach Erreichen der Endaktivität dagegen das eines cystinreichen Proteins (RAJEWSKY u. Mitarb.). Die Absorption des wirksamen UV findet im allgemeinen also vorwiegend in der NS statt. Es ist deshalb vor allem bei der Inaktivierung der Protein-Synthese oder der Inaktivierung von Mikroben von besonderem Interesse, ob auch die primäre Wirkung des UV in der NS (RNS oder DNS) selbst stattfindet oder ob eine Energiewanderung beteiligt ist.

b) Energietransport

Die absorbierte Strahlenergie kann vor der Strahlenwirkung im biologischen Medium entweder durch Diffusion von gebildeten Radikalen bzw. anderen „inaktivierenden Substanzen" oder aber durch elektronische Anregungs-Übertragung transportiert werden. Eine Wirkung von durch UV hervorgerufenen *diffusiblen* Strahlungsprodukten wurde erneut sogar nach Vorbestrahlung des Mediums bei 2537 Å bei *E. coli*, aber nicht bei Hefe festgestellt (SOMMERMEYER und MAGNUS). Eine Mutationsauslösung ist sonst bekanntlich besonders nach Vorbestrahlung im Bereich von 2000 Å möglich [Zusammenfassung z. B. R. W. KAPLAN (1), siehe auch Fortschr. Bot. **17**, 449; **19**, 188]. Hohe UV-Dosis bei der Vorbestrahlung führte zum fast vollständigen Abtöten. Die diffusiblen Strahlungsprodukte (vermutlich langlebige Radikale) haben aber selbst bei hoher Dosis eine sehr rasche Abklingzeit (etwa 12 Sekunden), so daß es nicht erstaunlich ist, wenn STUY (2) keinen Einfluß vorbehandelten Mediums auf Wachstum bzw. Überleben von *Hemophilus influencae* feststellen konnte. Die Menge der inaktivierenden Substanzen hing vom Peptongehalt des Agars ab, die Diffusionslänge betrug etwa 80 μ.

Die *Übertragung* eines biologisch aktiven Bestrahlungsproduktes sogar von *einer Zelle zur andern* wurde nach UV-Bestrahlung von lysogenen *E. coli*-Bakterien-Stämmen, die unter den Versuchsbedingungen keine Phagen bilden konnten, festgestellt (BOREK und RYAN). Hier wird ein Stoff gebildet, der während der Konjugation zu einer unbestrahlten Zelle übertragen werden kann, wo er die Effekte direkter Bestrahlung (Induktion der Phagenbildung) hervorruft. Das Produkt ist in der Kälte stabil, bei 37° C ebenso wie bei sichtbarem Licht dagegen instabil. Das Phänomen wird als *"Cross-Induction"* bezeichnet.

Abgesehen von der Diffusion wird eine Weitergabe der durch UV eingestrahlten elektromagnetischen Anregungsenergie im allgemeinen Fall durch die bereits auf FRANCK und TELLER zurückgehende Theorie der *Excitonenwanderung* (DAVYDOV; KASHA; MAGEE; LIPSKY und BURTON), im speziellen Fall der schwachen Kopplung bei Überlappung von Absorptions- und Emissionsspektrum durch lokalisierte *Resonanzübertragung* [FÖRSTER (1, 2); STRYER] erklärt. Für die nachgewiesene Wanderung der durch UV hervorgerufenen Anregungsenergie in *Proteinen* wird die Resonanzübertragung gegenwärtig für die wahrscheinlichste und experimentell am besten gesicherte Form der Energieübertragung gehalten (FÖRSTER, STRYER, AUGENSTINE u. Mitarb.), insbesondere seitdem neue Experimente über die Fluorescenzunterdrückung von an Myoglobine gebundenen Farbstoffen durch das nichtfluorescierende Hämin mit der Theorie der Resonanzübertragung sehr gut übereinstimmen (WEBER und TEALE). Ob demgegenüber eine Wanderung der Anregungsenergie in *Nucleinsäuren* erfolgt, steht sehr zur Diskussion (PLATT et al.). Einige Experimente sprechen neuerdings dafür. Nach LERMAN und TOLMACH soll auf Grund von nichtlinearen Inaktivierungskurven eines transformierenden Prinzips der Pneumokokken-DNS bei steigenden Dosen durch UV die Energiewanderung in der DNS durch Schädigung dieser stärker gehemmt werden, so daß die Strahlenenergie nicht mehr an die empfindlichen Stellen des transformierenden Prinzips gelangt. Diese Experimente können aber auch anders gedeutet werden (PLATT et al. sowie neue Ergebnisse von BEISER u. Mitarb., vgl. S. 166). Nach MARMUR und DOTY sowie MARMUR und BERNS soll auch der Nachweis, daß mit Ultraschall behandeltes transformierendes Prinzip trotz Auftretens von Stücken mit großem und kleinem Molekulargewicht gegenüber UV gleiche oder sogar verringerte Strahlempfindlichkeit zeigt, einen Hinweis auf einen Energietransfer bei der DNS zu der empfindlichen Stelle darstellen. Schließlich spricht das oben besprochene Wirkungsspektrum für die induzierte Unlöslichkeit der DNS, das der gesamten DNS-Absorption und nicht der des Cytosins folgt [SETLOW (1)], ebenfalls für eine Energieübertragung. Andererseits wurde bisher mit an Nucleinsäure gebundenen fluorescierenden Farbstoffen wegen fehlender Fluorescenzlöschung keine Energiewanderung in NS festgestellt (früher SHORE und PARDEE). Es ist ebenso gut möglich, daß Wasserstoffbrücken als schwache Stellen im DNS-Molekül ohne Energiewanderung unmittelbar getroffen werden (MOROSON und ALEXANDER, PLATT et al.). Auch spricht die geringe Quantenausbeute selbst bei Eintrefferkurven dagegen (AUGENSTINE u. Mitarb.).

c) Primärschäden durch UV

Wegen der in der lebenden Zelle stattfindenden starken und verschiedenartigen Beeinflussung der UV-Wirkung bis zur Expression der Schäden (siehe unten) ist die Schwierigkeit, in vivo die primäre(n) Schadensstelle(n) zu finden, recht groß (vgl. WOLFF). Kürzlich konnte nun STUY(2) zeigen, daß das an DNS gebundene *transformierende Prinzip* (Streptomycin bzw. Katomycinresistenz) bei Bestrahlung von *Hemophilus influencae*-Zellen innerhalb der Zellen ebenfalls inaktiviert wird, wie die anschließende Übertragung des transformierenden Prinzips erweist. Hier hat also UV sicher die DNS in den Zellen selbst inaktiviert. Für die Aufdeckung der Wirkungsweise von UV dürfte deshalb die in vitro mögliche Untersuchung der UV-Wirkung auf das transformierende Prinzip bei Bakterien von Bedeutung sein. Hier zeigen die Inaktivierungskurven von verschiedenen transformierbaren Markern von *Hemophilus influencae*, ebenso wie bereits zuvor für Röntgenstrahlen festgestellt werden konnte, einen komplexen Verlauf (ZAMENHOF u. Mitarb.): Es ergaben sich charakteristische Dosis-Effekt-Kurven mit zunächst steilem Abfall und mit bei höheren Dosen laufend verminderter Empfindlichkeit. Die verschiedenen transformierten Marker besaßen zudem unterschiedliche Inaktivierungskurven. Die Receptorstämme selbst verhielten sich dagegen gleich. Der Inaktivierungsverlauf wird also vom transformierenden Prinzip selbst bzw. von der gereinigten übertragenen DNS bestimmt. Nach LATARJET u. Mitarb. könnte die genannte Kurve als Summe aus zwei exponentiell verlaufenden Kurven verschiedener Winkel aufgefaßt werden. Es wären also zwei unterschiedliche inaktivierbare Vorgänge beteiligt. LERMAN und TOLMACH bestätigten das Vorhandensein der „multikomponent"-Kurven und die unterschiedliche Empfindlichkeit der Marker. Die transformierende Aktivität ist zudem viel strahlenempfindlicher gegen UV als die Fähigkeit, ^{32}P-markiertes DNS in die Bakterien einzulagern. RUPERT und GOODGAL versuchten eine empirische mathematische Analyse der komplexen Inaktivierungskurven durchzuführen. BEISER u. Mitarb. sowie ELLISON und BEISER konnten weiterführend durch Fraktionierung der transformierenden DNS (Streptomycin-Resistenz) dann in Übereinstimmung mit der Annahme von LATARJET feststellen, daß die verschiedenen Fraktionen *nicht homogen* sind. Es gelang, eine Fraktion zu finden, deren Inaktivierung einen rein exponentiellen Verlauf hatte und die die schwächer empfindliche Komponente darstellt. Die stärker empfindliche Komponente konnte noch nicht isoliert werden.

d) Die Nachbestrahlungsphase der UV-Wirkung

Physiologische Vorgänge. Die Feststellung, daß die UV-Inaktivierung dem NS-Absorptionsspektrum folgt, führte zur eingehenden Untersuchung der UV-Wirkung auf die Nucleinsäure-Synthese, deren Blockierung zuerst Kelner (Fortschr. Bot. **17**, 457) als den zentralen Angriffspunkt der UV-Strahlenwirkung ansah.

Die *DNS-Synthese* wird nach Iverson und Giese bzw. Suzuki und Ono durch UV blockiert, nach Nutter und Sinsheimer verzögert und nach Hanawalt und Setlow am empfindlichsten von allen untersuchten Stoffwechselprozessen gehemmt. Stuy (1) hatte jedoch schon früher trotz starkem Abfall der Überlebensrate weder eine Änderung des DNS-Gehaltes noch der DNS-Synthese nach UV-Bestrahlung feststellen können; eine zur Klärung dieser Diskrepanz unternommene weitere Untersuchung ergab dann [Stuy (2)], daß die DNS-Synthese lediglich unmittelbar nach UV-Bestrahlung gehemmt wird, daß aber etwa nach 40 min eine Wiederaufnahme der Synthese erfolgt, noch später kommt es dann zu einem ganz erheblichen Abfall. Stuy konnte insbesondere zeigen, daß nicht etwa nur die DNS-Synthese, sondern sicher auch die *Funktionsfähigkeit* eines Teils der DNS, festgestellt an dem Aktivitätsabfall des aus UV bestrahlten *Escherichia coli*-Zellen gewonnenen transformierenden Prinzips für Streptomycin-Resistenz, verringert wird und daß verschiedene transformierte Marker *unterschiedlich* vermindert werden.

Nach UV wird aber auch die *RNS-Synthese*, festgestellt bei *E. coli* durch ^{32}P-Einlagerung unmittelbar nach der Bestrahlung, deutlich, wenngleich *weniger* als die DNS-Synthese herabgesetzt (Hanawalt und Setlow, Suzuki und Ono). 10 min nach Bestrahlung ergab sich eine Hemmung, dagegen nach 90 min bereits wieder eine Erholung der RNS-Synthese (Kameyama und Suzuki).

Die *Proteinsynthese* (S^{35}-Einlagerung) wird durch eine Eintrefferkurve, auffälligerweise auch mit einem NS-Wirkungsspektrum, sogar noch empfindlicher als die RNS bei E. coli gehemmt (Hanawalt und Setlow). Bereits zuvor hatten Halvorson und Jackson festgestellt, daß bei der adaptiven Enzymbildung der Hefe die Hemmung des Einbaus von Aminosäuren nach UV-Bestrahlung dem Verlust der Enzym-Synthese-Fähigkeit parallel läuft (vgl. Rajewsky u. Mitarb. sowie Halvorson). Die Verhältnisse scheinen aber bei der Proteinsynthese nicht einfach zu liegen; denn Kameyama und Suzuki stellten demgegenüber fest, daß 10 min nach UV-Bestrahlung die S^{35}-Einlagerung in Protein *nicht* signifikant gehemmt wird, und Dirksen, Buchanan u. Mitarb., die die Wirkung einer UV-Bestrahlung von Bakteriophagen (T$_2$) auf die Synthese mehrerer für die Phagenvermehrung spezifischer Enzyme in der Wirtszelle untersuchten, erhielten nur bei stärkerer Bestrahlung zwischen 0—15 min einen Abfall, sonst aber einen deutlichen *Anstieg* über die Kontrollen.

Hier wurde die Hypothese der endgültigen Schädigung durch unkontrolliertes Wachstum (Deering und Setlow) diskutiert, das durch die geschädigte DNS zustande kommen könnte.

UV-Bestrahlung beeinflußt schließlich die komplexen *Beziehungen zwischen Protein- und NS-Synthese* stark. Schon Harold und Ziporin hatten gefunden, daß die *DNS-Synthese* nach UV *protein*bedürftig ist.

Dies wurde durch Draculić und Errera bestätigt, weil das die Proteinsynthese hemmende Chloramphenicol (CMP) unmittelbar nach der Bestrahlung zu *Escherichia coli B* gegeben auch die an sich nach 40 min wiedereinsetzende DNS-Synthese hemmt. Dies gilt ähnlich offenbar auch für die *RNS-Synthese* nach UV: Sofort zugesetztes CMP hemmt, nach 30 oder 60 min gegebenes CMP fördert dagegen die RNS-Synthese (Suzuki u. Mitarb.). In Ergänzung hierzu fanden Suzuki und Iwama, daß CMP, *sofort* nach UV geboten, die Zahl der überlebenden Bakterien herabsetzt, 30 min nach Bestrahlung jedoch *fördert*. Bestrahlt man diese nun nochmals mit gleicher Dosis, so *stimulierte* CMP bereits sofort nach Bestrahlung. Es wird daher die plausible Annahme gemacht, daß ein für die Erholung nötiges Protein gleich nach der ersten Bestrahlung synthetisiert wird und daß für dieses Protein, sobald es vorhanden ist, keine neue Synthese mehr erforderlich ist.

Abschließend ergibt sich die Frage, ob denn die Wirkung der UV-Strahlung wirklich primär auf einer DNS-Synthese-Hemmung beruht oder doch noch anders zu verstehen ist. Auffällig ist, daß teilweise noch kein Effekt auf die DNS- bzw. RNS-Synthese durch UV-Dosen festgestellt wurde, bei denen die Teilung der meisten *E. coli B*-Zellen bereits gehemmt wird (Hanawalt und Setlow). Auch Stuy findet eine Inaktivierung praktisch aller Zellen, obgleich die DNS-Bildung nur zu 50% gehemmt war. Stuy schlägt daher folgende Vorstellung vor: Zuerst wird in der Zelle die informationstragende DNS durch UV geschädigt. Deren Erholung benötigt Zeit. Dafür ist zunächst Protein-Synthese erforderlich (Suzuki u. Mitarb.). Inzwischen wachsen die Zellen und bilden in einer Periode, wo die DNS partiell noch nicht funktioniert, neue Zellsubstanzen aus. Die geschädigten Stellen der DNS liefern jedoch keine oder eine falsche Information für eine harmonische Entwicklung (vgl. Schädigung des transformierenden Prinzips). So können abweichende Enzyme oder Zellstrukturen gebildet werden. Hierdurch kommt es zu „unbalanciertem Wachstum", vgl. früher Cohen und Barner, Deering und Setlow, Harm, wodurch schließlich Teilungsunfähigkeit entsteht. Die Wiederaufnahme oder Beschleunigung der DNS-Synthese wäre demnach erst ein Sekundärprozeß.

Mutationsexpression nach UV. Für die Kenntnis der nach UV-Bestrahlung auftretenden Folgeprozesse ist die Untersuchung der Abhängigkeit der durch UV erzielten Mutationsrate von der Nachbehandlung wichtig geworden: zwei sich nicht ausschließende Hypothesen erscheinen möglich. Entweder tritt die Mutation im Gefolge der Bestrahlung sofort in der DNS selbst auf, die Zeit bis zur phänotypischen Expression ist dann zur Synthese eines veränderten Enzyms nötig, oder aber die Induktion der Mutation benötigt Zeit bis zur Festlegung im genetischen Substrat selbst [Haas und Doudney (2)].

Die nach UV erzielbare Mutationsrate hängt bei verschiedenen *E. coli*-Stämmen und Mutationen in starkem Ausmaß von unmittelbar nach Bestrahlung gebotenem Nährmedium ab. Aminosäuremangel, N-freies Substrat, vor allem das die Proteinsynthese verhindernde Chloramphenicol (CMP) verringern sie vielfach ebenso wie das die RNS-Synthese blockierende 6-Aza-Uracil [Dunkelreversion von UV-Mutationen, WITKIN; HAAS und DOUDNEY (1); DOUDNEY und HAAS (1—2); KAPLAN und GUNKEL]. Dies gilt allerdings nicht für alle *E. coli*-Stämme bzw. untersuchten Bakterien (KAUDEWITZ; WITKIN und THEIL). Offenbar ist aber wenigstens in bestimmten Fällen zur Mutationsexpression nach UV auch noch eine Protein- bzw. RNS-Synthese erforderlich.

Wird mit zunehmendem Intervall nach UV CMP geboten und anschließend zusammen mit Nährbrühe platiert, so verringert sich die Mutationsreversion immer mehr, es kommt zur Mutationsfixierung [DOUDNEY und HAAS (2—3); HAAS und DOUDNEY (2—3); LIEB (1, 2); WITKIN; WITKIN und THEIL]. Diese Mutationsfixierung tritt offenbar bei hierauf untersuchten *E. coli*-Stämmen früher als die Wiederaufnahme der Protein- und DNS-Synthese auf, nach DOUDNEY und HAAS (2) ist sie mit der wiederbeginnenden RNS-Synthese korreliert. LIEB (1, 2) nimmt dagegen an, daß die DNS-Synthese verzögert wird.

Diese Mutationsfixierung ist noch nicht der letzte Schritt der nach HAAS und DOUDNEY (2) mit der nach UV wiederbeginnenden DNS-Synthese korrelierten „Mutationsexpression". Es zeigte sich nämlich, daß beim Platieren von Tryptophan-prototrophen Mutanten von *E. coli* wp 2 auf Minimalnährböden, nicht jedoch bei Nährbrühe, durch spätere Zugabe von CMP ohne Veränderung des DNS-Gehaltes noch eine starke Reduktion der Mutationsfrequenz auftrat. Diese Ergebnisse sprechen nach HAAS und DOUDNEY (2—3), DOUDNEY und HAAS (3) sowie DOUDNEY (2) einerseits gegen die enge Kopplung der Mutationsexpression an die DNS-Synthese (LIEB) und zeigen andererseits, daß offenbar nach erfolgter DNS-Synthese noch eine weitere Proteinsynthese (Synthese eines geänderten Enzyms?) zur Expression der durch UV hervorgerufenen Mutation nötig ist.

Diese noch im Fluß befindlichen aussichtsreichen Untersuchungen zeigen deutlich, daß auf dem Weg vom UV-Primäreffekt bis zu seiner phänotypischen Expression die verschiedensten von außen her beeinflußbaren Stoffwechselvorgänge auftreten.

e) Die Wirkung der UV-Strahlung auf Teile der Zellen

Zunächst trifft die UV-Strahlung auf die *Zellmembran*, deren Durchlässigkeit schon durch relativ geringe UV-Bestrahlung erhöht wird. Es kommt dann zur Abgabe von Aminosäuren, von Phosphatestern und von Vitamin B (Zusammenfassung ROTHSTEIN). Auch ein vermehrtes Auswandern von K-Ionen und eine erhöhte Aufnahme von Na wurde bei Hefezellen festgestellt (BRUCE; SANDERS und GIESE). Trotzdem sind aber im Vergleich zur Hemmung der Kolonie-Bildung viel höhere UV-Dosen erforderlich, um meßbare Effekte und ein Austreten von organischen Verbindungen in das umgebende Medium zu veranlassen, wie SVIHLA u. Mitarb. bei Hefen *(Candida utilis)* zeigen konnten. Als wirksamen Faktor nimmt ROTHSTEIN die Schädigung eines SH-gruppenreichen Proteins als Proteinkonstituenten der Zellmembran an.

Von besonderem Interesse sind die Strahlenwirkungen bei entkernten Zellen auf das *Cytoplasma*. RICHTER (1—2) fand, daß bei kernlosen *Acetabularia*-Zellen nach UV-Bestrahlung ein *starker Abfall von RNS* stattfindet, der aber langsam abklingt und nach einigen Tagen einem langsamen Wiederanstieg Platz macht. Bei kernhaltigen ist der RNS-Abfall viel geringer und bleibt dann unverändert. Der durch UV zerstörte RNS-Anteil kann bei Anwesenheit des Zellkerns schnell wieder ersetzt werden. Auch nach früheren Untersuchungen von ERRERA war die Empfindlichkeit von *Acetabularia* ohne Kern gegenüber UV viel größer. ŠKREB und ŠKREB fanden bei entkernten Amöben eine stärkere O_2-Aufnahmehemmung als bei kernhaltigen Fragmenten. Besonders deutlich zeigen Untersuchungen von BRACHET und OLSZEWSKA die unterschiedliche UV-Wirkung auf Kern und Cytoplasma bei der Einlagerung von markiertem Adenin und Methionin in *Acetabularia* nach Bestrahlung der Rhizoide (Cytoplasma und Kern) gegenüber der Spitze (Cytoplasma allein). Die Bestrahlung des Rhizoids führte zur allgemeinen Reduktion der Einlagerung ohne den bei unbestrahlten Zellen vorhandenen Gradienten der Inkorporation von der Spitze zur Basis zu ändern. Bestrahlung der Spitze allein führte neben einer besonders auffälligen Hemmung der Hutbildung zu einer starken Herabsetzung der Adenin- und Methionin-Inkorporation an der Spitze, dagegen *nicht* im Rhizoid.

Weiterhin zeigte sich, daß die Zerstörung des *Nucleolus* durch einen Mikrostrahl von UV die *RNS-Synthese* im Cytoplasma und im Chromatin wesentlich beeinflußte, die Synthese von Kern- und Cytoplasma-Protein aber wenig veränderte (PERRY und ERRERA).

Ein recht gut untersuchtes Beispiel für spezielle UV-Wirkungen bieten die Untersuchungen von BEYER (1—2) an Suspensionen von Rattenleber-*Mitochondrien*. Durch UV wird, bei Succinat und Glutamat als Substrat, der O_2-Verbrauch und die oxydative Phosphorylierung gehemmt. Bei Glutamat als Substrat hatte Cytochrom c-Zugabe allein keine Wirkung, dagegen hob Vitamin K_1 die Wirkung teilweise, Vitamin K_1 und Cytochrom c zusammen den Effekt sogar weitgehend auf. Vorbestrahltes Vitamin K_1 war unwirksam. Gaben von 2,4-DNP und Dicumarin veränderten die Erholung der Oxydation durch Cytochrom c und Vitamin K fast nicht, die oxydative Phosphorylierung wurde jedoch vollständig blockiert. Dagegen hemmte Amytal den Erholungseffekt deutlich. Demnach scheint hier ein spezifischer, durch Vitamin K ersetzbarer Faktor der oxydativen Phosphorylierung, der in der Atmungskette zwischen DPN und Cytochrom b liegt, durch UV gehemmt zu werden. ANDERSON und DALLAM konnten bei Hydroxypyruvat als Substrat den Vitamin K-Effekt ebenfalls feststellen.

Die vorgenannten Untersuchungen zeigen die unterschiedliche UV-Wirkung auf die Zellorganelle und das Cytoplasma deutlich. Die Schädigungen sind keineswegs allein auf eine Inaktivierung des Zellkerns zurückführbar, sondern es sind auf bestimmte Zellbestandteile ganz spezifische Wirkungen nachzuweisen. Die Gesamtschädigung durch UV ist demnach durchaus komplex.

3. Erholungsvorgänge nach UV-Bestrahlung

a) Erholungsvorgänge im Dunkeln

Nach der UV-Bestrahlung treten in den bestrahlten Zellen und Geweben unter bestimmten Bedingungen Erholungsvorgänge auf. Das Ausmaß der Erholung war dabei z. B. bei *Escherichia coli* von der Art des nach Bestrahlung gebotenen Kulturmediums abhängig. Das Überleben der bestrahlten Zellen war dann am geringsten, wenn die nicht bestrahlten am schnellsten wuchsen (ALPER und GILLIES). In die gleiche Richtung weisen weitere Versuche von GILLIES und ALPER und von SUZUKI und IWAMA, nach denen das die Protein-Synthese hemmende CMP, einige Zeit (20 min bis eine Stunde) nach Bestrahlung geboten, die Überlebensrate fördert. Ähnlich wirkt Aza-Uracil. Auch DOUDNEY (1) fand, daß *N-freies* Nährmedium bei *E. coli*-Stämmen die Überlebensrate *fördert*, während Aminosäurenzugabe hemmend wirkte. Das Anwachsen der Überlebenden beruht hier nicht auf Zellteilungen; denn die Erholung betrug nach SUZUKI und IWAMA 2 Std nach Bestrahlung etwa das 100-fache an Überlebenden, obgleich in dieser Zeit nur etwa eine Teilung pro Stunde auftrat. Eine Erklärung könnte also auch hier darin bestehen, daß für eine solche Erholung nach Bestrahlung unbalanciertes Wachstum verhindert werden muß (vgl. oben S. 168). Zusätzlich zeigte nun allerdings OKAGAKI, daß sich verschiedene daraufhin geprüfte *E. coli*-Stämme gegenüber der CMP-Zugabe unterschiedlich verhalten. Bei einer Reihe von Stämmen verstärkte CMP noch die UV-Wirkung und führte zum vermehrten Absterben. OKAGAKI machte hierfür ein je nach der Gen-Konstitution der Bakterien konstitutives, induzierbares oder fehlendes Protein verantwortlich. Für die Erholung nach CMP-Gaben war aber auch hier das Nährmedium von großer Bedeutung (OKAGAKI und SIBATANI). In N-freiem Medium war eine erhebliche Erholung der Überlebenden auch bei CMP-Gaben sofort nach Bestrahlung möglich, zu einer Zeit, wo CMP die Wiederaufnahme der DNS-Synthese noch hemmt (vgl. oben S. 168). Die DNS-Synthese selbst wird deshalb für die hier untersuchte Höhe der Überlebensrate als unwichtig angesehen (OKAGAKI).

b) Erholungsvorgänge durch Belichtung

Seit dem letzten Bericht (vgl. Fortschr. Bot. **19**, 183) sind mehrere zusammenfassende Übersichten über die *Photoreaktivierung* (P.R.) erschienen [DUCHESNE und GARSON, besonders JAGGER (1—2)]. Außerdem liegen Zusammenfassungen von Teilgebieten vor [Bakteriophagen, HARM (2); Mikroorganismen, R. W. KAPLAN (1)]. Hier bahnt sich durch die Entdeckung der Photoreaktivierung von UV-bestrahlter DNS in vitro ein wesentlicher Fortschritt für das Verständnis der P.R. an [Zusammenfassung RUPERT (2)]. Weiterhin wurde die Umkehr von durch UV hervorgerufenen Mutationen mit Hilfe von Licht *(Photoreversion)* bei verschiedenen Mikroorganismen eingehender studiert.

Photoreaktivierung des transformierenden Prinzips. Schon früher wurde festgestellt, daß das aus Bakterien *(Hemophilus influencae)* extrahierbare transformierende Prinzip (DNS) für Streptomycinresistenz in vitro für sich *allein nicht* photoreaktivierbar ist (GOODGAL, RUPERT und HERRIOTT). Auch gereinigte DNS aus Pneumokokken mit Transformationsaktivität für Streptomycin, Penicillin, Sulfonamidresistenz sowie für Mannitvergärung erwies sich nicht als photoreaktivierbar (ELLISON und BEISER). Dies liegt, wie steigende Konzentrationen von durch UV inaktivierter und nicht inaktivierter DNS aus *Hemophilus* zeigen, nicht daran, daß die durch UV inaktivierte DNS von den Bakterienzellen nicht mehr aufgenommen wird (RUPERT, GOODGAL und HERRIOTT), sondern offenbar fehlt hier, genauso wie bei in vitro mit UV bestrahlten Phagen, die in vitro nicht, wohl aber innerhalb der Bakterienzellen photoreaktivierbar sind, ein zelleigenes System. Hierfür spricht auch die Temperaturabhängigkeit der P.R. (vgl. Fortschr. Bot. **19**, 184). Aus diesen Überlegungen gaben die Autoren zur UV-bestrahlten transformierenden DNS in vitro bei der anschließenden Lichteinwirkung noch Extrakte von *E. coli B* und konnten so in der Tat eine P.R. des transformierenden Prinzips für die Streptomycinresistenz erzielen. Der gereinigte Extrakt enthielt nach Zentrifugieren mit 1×10^5 g eine nicht dialysierbare hitzelabile Fraktion, also wohl ein relativ niedermolekulares Protein, und einen dialysierbaren hitzestabilen Faktor, der nach neuen Untersuchungen durch DPNH oder durch reduziertes Glutathion ersetzt werden kann [RUPERT (2)]. P.R. trat nur auf, wenn beide Komponenten anwesend waren. In weiteren Versuchen zeigte dann RUPERT (1—2), daß auch zellfreie Extrakte der Bäckerhefe die P.R. der transformierenden DNS aus *Hemophilus* in vitro ermöglichen. Das wirkende Agens der Hefe, hier ist nur *ein* Faktor erforderlich, ist für sich allein unwirksam, es kann ausgesalzen werden, es wird durch Trypsin und Chemotrypsin, die auf die transformierende DNS völlig einflußlos sind, ebenso inaktiviert wie durch kurzes Erhitzen auf 60° C. Der Faktor wird zudem bei der Reaktion nicht verbraucht. Extrakte von *Hemophilus* selbst sind *unwirksam*; UV-bestrahltes *Hemophilus influencae* ist aber auch nicht photoreaktivierbar. Alles deutet also darauf hin, daß hier ein für die P.R. erforderliches *Enzymsystem* vorliegt. Weiter wurde eine kompetitive Hemmung dieser P.R. in vitro beobachtet durch Zugabe von DNS, die keine Transformationseigenschaften besaß, aber zuvor mit UV bestrahlt worden war, und deren Hemmwirkung mit der Konzentration und der UV-Dosis ansteigt. Die Hemmwirkung verschwindet vollständig, wenn man zuvor Hefeextrakt auf die konkurrierende DNS im Licht einwirken läßt [RUPERT (1—2)]. Dies zeigt zusammen mit der Beobachtung, daß anscheinend der benutzte Hefeextrakt für die P. R. der durch UV inaktivierten transformierenden DNS später wieder zur Verfügung steht, noch klarer, daß hier ein *P.R.-Enzym* wirksam sein dürfte. Nach RUPERT (2) wird zwischen der mit UV bestrahlten transformierenden DNS und dem P.R.-Enzym vor der Belichtung ein Komplex gebildet, der nach der Belichtung wieder dissoziiert und zur Wiederherstellung des photoreaktivierbaren Anteils der DNS-Schäden führt. Im Vergleich zu diesen wichtigen Befunden bezüglich des transformierenden Prinzips ist bei extracellulären Phagen auch in Gegenwart von Bakterienextrakt bisher wohl noch keine Photoreaktivierung bekannt geworden [vgl. Zusammenfassung von HARM (2)].

Weitere Probleme der Photoreaktivierung

Kürzlich berichteten BOREK und RYAN, daß auch das nach UV bei lysogenen Stämmen von *E. coli* gebildete, von Zelle zu Zelle übertragbare, Induktion der Lyse hervorrufende Bestrahlungsprodukt (Cross-Induction, vgl. S. 165) durch Belichtung der UV-bestrahlten Zellen um 70% reduziert wird.

Im Zusammenhang mit der Erfahrung, daß ein zelleigenes System zur P. R. erforderlich ist, fanden BAWDEN und KLECZKOWSKI nunmehr auch beim Tabakmosiakvirus, das bisher nach UV-Bestrahlung in vitro in vivo auffälligerweise nicht photoreaktivierbar war, nach Inkubierung in Nicotiana glutinose dann eine P.R., wenn das TMV zuvor in vitro vor der UV-Bestrahlung vom Protein befreit worden war. Der besondere Protein-RNS-Komplex verhindert also offenbar beim TMV die spätere P. R. des Virus in vivo.

Es ist nunmehr recht gut gesichert, daß auch *nicht* kernhaltige Teile von Zellen, hier Amöben, die durch UV inaktiviert wurden, photoreaktivierbar sind (ŠKREB und ERRERA, vgl. auch PIERCE und GIESE). Auch bei dem durch UV mit einem NS-Wirkungsspektrum induzierten Cytochrommangel bei verschiedenen Hefestämmen handelt es sich um einen photoreaktivierbaren Effekt eines, wie genetische Untersuchungen zeigen, nicht chromosomalen Elements [PITTMANN u. Mitarb. (1)]. Es ließ sich weiter nachweisen, daß diese P.R. in manchen Stämmen bei bestimmter Gen-Kombination fehlt, obgleich die Zellen in bezug auf Überlebensfähigkeit photoreaktivierbar sind [PITTMAN u. Mitarb. (2)]. Auch vermögen ihre Extrakte noch transformierende DNS in vitro zu reaktivieren [RUPERT (2)]. Es gibt demnach offenbar *mehrere* voneinander *unabhängige* Photoreaktivierungsvorgänge. RUPERT bemerkt außerdem, daß die kompetitive Hemmung der P.R. von transformierender DNS durch die verschiedensten bestrahlten DNS-Sorten möglich ist, daß jedoch das P.R.-Enzym gegenüber RNS inaktiv ist, obwohl eine Photoreaktivierung von RNS (z. B. Pflanzenviren sowie von nicht im Kern lokalisierten Schäden) möglich sein dürfte. Es ist also wahrscheinlich, daß RUPERTs P.R.-Enzym nicht für alle Photoreaktivierungsvorgänge zuständig ist.

Der photochemische Grundvorgang und die chemischen Folgeprozesse der P.R. sind trotz der Entdeckung des P.R.-Enzyms noch weitgehend unbekannt. Es sind weder der Chromophor — wahrscheinlich gibt es mehrere —, noch die reaktivierbare Stelle noch die Natur der Reaktionen selbst bekannt [Diskussion bei JAGGER (2)]. Soweit das P.R.-Enzym beteiligt ist, dürfte die von NOVICK und SCILLARD (Fortschr. Bot. **14**, 239) vorgeschlagene Hypothese der Verringerung eines durch die UV-Bestrahlung entstandenen Zellgiftes durch die P.R. als unwahrscheinlich anzusehen sein. Auch der weitere Vorschlag, daß die P.R. einen Umgehungsweg der UV-Schäden erschließt, dürfte einerseits wegen der Möglichkeit wiederholter UV-Gaben und ihrer Photoreaktivierung und andererseits wegen der Rupertschen Ergebnisse nicht zutreffend sein. Nach RUPERT und nach JAGGER ist auch eine einfache direkte Umkehr der UV-Schädigung durch reaktivierendes Licht (das reaktivierende Photon wirkt direkt auf die geschädigte Stelle), vgl. etwa DUCHESNE und ROSEN, wegen der Beteiligung des P.R.-Enzyms und wegen der Umweltabhängigkeit der

P.R. wohl nicht gegeben, vielmehr kommt nur ein komplexer (direkter oder indirekter) Vorgang in Frage [JAGGER (2)]. Hier sind in nächster Zeit interessante Ergebnisse zu erhoffen.

Photo-Protection. Bereits 1956 beobachtete WEATHERWAX bei *E. coli B* (nicht jedoch bei *E. coli B/r*) nach *vorhergehender* Belichtung eine Verringerung der nach anschließender UV-Bestrahlung auftretenden Inaktivierung (vgl. auch MIKI). JAGGER (3) konnte durch genauere Untersuchung diese interessante *"Photo-Protection"* bei *E. coli B*, durch Vorbelichtung mit *hoher* Lichtenergie ähnlicher Wellenlänge wie bei der P.R. bestätigen. Das vor UV schützende Licht tötet selbst bereits etwa 20% der Bakterien. Der Effekt ist deutlich von der P.R. verschieden: Es ist bisher keine Temperaturabhängigkeit gefunden worden, auch tritt hier keine Dosis-Ratenabhängigkeit auf. Die "Photo-Protection" ist nicht proportional der UV-Dosis; denn bei niedrigen UV-Dosen ist der Schutz ebenso wie bei sehr hohen UV-Dosen relativ gering. Wie weit dieses System, bei dem der Photoreceptor und der Angriffspunkt einstweilen unbekannt sind, allgemein vorkommt, bleibt weiter zu untersuchen.

Die Mutationsreversion. Sichtbares Licht ist bekanntlich in der Lage, durch UV hervorgerufene Mutationen rückgängig zu machen *(Photo-Reversion)*. Diese bisher erst relativ wenig untersuchte Lichtwirkung [beginnend mit KELNER 1949, vgl. Fortschr. Bot. **14**, 237f. und **19**, 184, sowie JAGGER (1), KAPLAN (1)] wurde im Berichtsabschnitt nach verschiedenen Richtungen studiert. Eine Photoreversion ist inzwischen bei Phagenresistenzmutationen von Bakterien, bei Stoffwechselmutanten von *E. coli* sowie *Neurospora*, insbesondere auch bei Farbsektormutanten von *Serratia* bekannt geworden. Sie scheint grundsätzlich also offenbar bei allen UV-Mutanten von Mikroorganismen möglich zu sein. Bei *E. coli*-Stämmen (82/r und SD-4) ist der photoreversible Anteil für alle *UV-Wellenlängen* des dem NS-Typ folgenden Mutationswirkungsspektrums nach gleicher Dosis gleich, und zwar *höher* als bei der Photoreaktivierung. Das Verhältnis ist 0,82 : 0,54 (ZELLE u. Mitarb.). Im übrigen ist die Abhängigkeit der Mutationsreversion durch Licht von der UV-*Dosis* bei verschiedenen Objekten und Mutationen durchaus unterschiedlich [ZELLE u. Mitarb.; KAPLAN (2); KAPLAN und GUNKEL]. Bei steigenden UV-Dosen zeigte sich zunächst ein Anwachsen der Mutanten, die durch Licht revertiert werden, bei Erhöhung der Dosen fallen dann später die revertierten Mutanten aber wieder ab. In diesem Fall konnten GUNKEL bzw. KAPLAN und GUNKEL eine *Umkehr* der Lichtwirkung bestätigen; denn nun *erhöht* Licht die Mutationsrate bei *Serratia*. Es wird also durch Licht auch der die Mutation verringernde UV-Effekt revertiert! Die Mutationsreversion durch Licht kann nur für kurze Zeit nach UV durchgeführt werden. Bereits 20 min nach der UV-Bestrahlung findet ein deutliches Absinken statt [MATNEY u. Mitarb.; DOUDNEY und HAAS (2)]. Demnach treten zwischen der UV-Bestrahlung und der phänotypischen Expression der Mutanten noch Vorgänge auf, die langsam stabilisiert werden (vgl. Mutationsexpression nach UV, S. 168). Für die Erklärung der Mutationsreversion ist von Bedeutung, daß eine wiederholte UV-Bestrahlung und anschließende Belichtung bisher die gleichen Werte liefern. Dies erscheint als wesentlicher Hinweis dafür, daß durch die Belichtung keine Umgehung der UV-Schäden eintritt, sondern daß der aufgetretene Schaden selbst geheilt wird [KAPLAN (1—2), JAGGER (2)].

II. Photodynamische Effekte

Auf Grund der bisherigen Untersuchungen photodynamischer Systeme (vgl. Fortschr. Bot. **17**, 4, 5, 9 sowie die neue Zusammenfassung von SIMONS) wird angenommen, daß der Sensibilisator durch das Licht in einen angeregten Energiezustand (meist wird ein Triplet-Zustand vermutet) überführt wird, der mit O_2 reagiert und ein kurzlebiges Radikal (Biradikal) bildet, das mit dem Substrat auf mannigfaltige Weise reagiert und dieses z. B. oxydiert. Mit der ESR-Technik wurde nun in Modellsystemen (Hämatoporphyrin als Sensibilisator, Blutserum als Substrat) bei —20° C ein ESR-Signal beobachtet (SMITH u. Mitarb.), wobei Ascorbinsäure und Cystein, die nach FOWLS die photosensibilisierte Oxydation reduzieren, auch die ESR-Signale bei —20° C, nicht jedoch bei —196° C verringern. Diese Ergebnisse stützen also die Theorie des intermediären Auftretens von Radikalzuständen bei den photodynamischen Reaktionen.

Verschiedentlich wurden wiederum photodynamische Wirkungen in vivo untersucht (z. B. OGINSKY u. Mitarb.). BAUGH und CLARK haben bei grampositiven *Bakterien* Eintreffer-Effekte gefunden, bei gramnegativen jedoch nicht. Es gibt also mindestens *zwei verschiedene* durch Umwelt und genetische Faktoren beeinflußbare Faktoren der Schädigung. Besonders wird an Zelloberflächenphänomene gedacht. Ähnliches gilt offenbar für *Phagen* (YAMAMOTO): Manche Farbstoffe sind inaktiv, einige vermögen sogar die photodynamische Inaktivierung durch aktive Farbstoffe zu hemmen. Auch hier wird an eine Kombination des aktiven Farbstoffes mit der Phagenoberfläche gedacht. Bei verschiedenen Phagen (T_{2r} und T_3) zeigten sich nach HELPRIN und HIATT große Unterschiede in der Wirkung von Toluidinblau. Bei T_2 trat die Farbstoffschädigung merklich langsamer auf als bei T_3 (selektive Permeabilität der Phagenmembran?). Photodynamisch mit Benzpyren inaktivierte Zellen sind *chemisch reaktivierbar*, wie GEISSLER bei Hefe feststellte. Natriumacid reaktiviert hier offenbar durch Hemmung des Cytochrom-Systems. Möglicherweise handelt es sich um ähnliche Vorgänge — Ausschaltung ungeregelten Wachstums — wie bei der nach UV-Bestrahlung möglichen chemischen Reaktivierung (vgl. S. 171). Erneut wurde übrigens festgestellt (KIHLMANN), daß mit schwachen Acridinorange-Lösungen mit sichtbarem Licht bereits Chromosomenbrüche hervorgerufen werden können. Durch Acridinorange-Bindung an DNS werden sowohl n- als auch $2n$-Hefen im Licht sensibilisiert [FREIFELDER und URETZ (1—2)]. Manche Acridine können allerdings wegen ihrer großen Affinität zur DNS auch im Dunkeln schädigend wirken (vgl. bereits D'AMATO sowie WOLFF).

III. Bioluminescenz

In der vergangenen Berichtszeit (vgl. Fortschr. Bot. **19**, 187) wurden die Bioluminescenz-Erscheinungen weiterhin von verschiedensten Seiten studiert, ohne daß allerdings die grundlegenden Vorgänge bei der Lichtemission bereits verständlich geworden wären. Leider ist bisher selbst über die zur *Chemiluminescenz* bei Zimmertemperatur führenden chemischen Prozesse erst relativ wenig bekannt (Zusammenfassung bei WHITE). Bei der *Bioluminescenz* (Zusammenfassung MCELROY und SELIGER) sind neben den drei am besten bekannten, anhand von Extrakten untersuchten, aber recht unterschiedlichen Luminescenzsystemen von *Cypridina*, *Photinus* und Leuchtbakterien [vgl. das folgende Schema nach JOHNSON u. Mitarb. (2)], nunmehr weitere, ebenfalls in vitro, genauer studiert worden:

Schema einiger Bioluminescenzsysteme

1. *Bakterien (Achromobacter, Photobacterium)*

$$FMNH_2 \begin{cases} + \tfrac{1}{2}\,O_2 \to FMN + H_2O \\ + \tfrac{1}{2}\,O_2 + \text{B-Ase} + RCHO \to FMN + \text{B-Ase} + \\ \qquad\qquad \text{Produkte} + H_2O + hv \end{cases}$$

2. *Krebse (Cypridina)*

$$C\text{-}LH_2 \begin{cases} + \tfrac{1}{2}\,O_2 \to \text{C-L} + H_2O \\ + \tfrac{1}{2}\,O_2 + \text{C-Ase} \to \text{C-L} + \text{C-Ase} + H_2O + hv \end{cases}$$

3. *Feuerfliegen (Photinus)*

$$\text{F-LH}_2 + \text{F-Ase} + ATP + Mg^{++} + \tfrac{1}{2}\,O_2$$
$$\to \text{F-L} \cdot \text{F-Ase} \cdot AMP + P{\sim}P + Mg^{++} + H_2O + hv$$

Abkürzungen: B Bakterien-, C *Cypridina*-, F Feuerfliegen-, L Luciferin, Ase Luciferase, RCHO langkettiger aliphatischer Aldehyd, dazu die üblichen Symbole für Kofaktoren.

HASTINGS und SWEENEY sowie HASTINGS und BODE untersuchten die Reaktionskinetik der Luminescenz von zellfreien L und L-ase enthaltenden Extrakten photoautotropher *Dinoflagellaten (Gonyaulax)*. Hier rief die Zugabe von Ammoniumsulfat Luminescenz hervor. Verschiedene andere Salze förderten, Spuren von Zn, Cu und Fe hemmten dagegen die Lichtemmission, Albumin wirkte stabilisierend. Weitere Ko-Faktoren oder ATP waren hier nicht erforderlich. Auch bei Extrakten aus *Pilzen, Collybio velutipes* und *Armillaria mellea* gelang es nunmehr, eine Leuchtreaktion hervorzurufen (AIRTH und McELROY; AIRTH). Hier ist DPNH als Ko-Faktor sowie O_2 erforderlich. Ein Plasma-Albumin stabilisiert. Das Emissionsspektrum liegt bei 530 mμ. Ein Flavin scheint nicht beteiligt, $FMNH_2$ hemmt sogar (Unterschied gegenüber Bakterien), auch Aldehyde stimulieren nicht. Die Reaktion hat gewisse Ähnlichkeiten mit der *Cypridina*-Reaktion (s. Schema, 2). Schließlich untersuchte CORMIER das Leuchtsystem der *Octokoralle Renilla reniformis* in vitro: Hier war ATP erforderlich. SH-Gruppen hemmende Substanzen (z. B. PCMB) hemmten. Ein Zwischenprodukt reichert sich anaerob offenbar an; es könnte sich um ein Luciferylphosphat handeln. Bei der Lichtreaktion der aus *Bakterien (Photobacterium phosphoreum)* hergestellten Extrakte wurden die noch nicht genau lokalisierte steigernde Wirkung der langkettigen Aldehyde sowie einige in den Leuchtextrakten vorhandenen Enzyme weiter untersucht (TERPSTRA).

Demnach gibt es also offenbar recht verschiedene Typen der Bioluminescenz mit verschieden beteiligten „Luciferin"- und „Luciferase"-Sorten. Hiermit stimmt überein, daß es bisher erst selten möglich ist, aus *verschiedenen* Organismen stammendes „Luciferin" und „Luciferase" gemeinsam zu einer Leuchtreaktion zu benutzen. Eine solche gelang aber neuestens bei verschiedenen Pilzarten, *Amillaria mellea* als Substrat-Quelle und *Collybia velutipes* als Enzym-Quelle, aber auch zwischen *Cypridina* (Crustaceen) und *Apogon*, einem Fisch [JOHNSON, HANEDA und SIE (1); AIRTH].

Am weitesten sind die Untersuchungen über das Luciferin der Feuerfliege gediehen (McElroy und Seliger; Balfour und Samson; Seliger und McElroy). Für jedes oxydierte Luciferinmolekül wird ein Lichtquant emittiert. Absorptions-, Emissions- und Fluorescenzspektrum sowie die Abhängigkeit von Lösungsmitteln und die Reaktionskinetik sind genau untersucht. Die Struktur des Luciferins konnte von McCaptra und White (vgl. McElroy und Seliger) als ein über eine ungesättigte C-Brücke mit Thiazolin verbundenes Hydroxybenzothiazol wahrscheinlich gemacht werden. Auch für *Cypridina*-Luciferin, im Gegensatz zum Feuerfliegen-Luciferin S-frei!, liegen erste Versuche für die Strukturaufklärung vor (Hirata u. Mitarb.).

Literatur

Airth, R. L.: In Symposium on light and life. 262—273. Baltimore: J. Hopkins Press 1961. — Airth, R. L., and W. D. McElroy: J. Bacter. 77, 249—250 (1959). — Allen, B. T., and D. J. E. Ingram: In Free radicals in biological systems. 215—226. New York: Academic Press 1961. — Alper, T., and N. E. Gillies: J. gen. Microbiol. 18, 461—472 (1958). — D'Amato, F.: Caryologia 2, 229—297 (1950). — Anderson, W. W., and R. D. Dallam: J. biol. Chem. 234, 409—411 (1959). — Augenstine, L. G.: In Symposium on information theory in biology. 287—292. New York: Pergamon Press 1958. — Augenstine, L. G., I. G. Carter, D. R. Nelson and H. P. Yockey: Radiation Res. Suppl. 2, 19—48 (1960).

Balfour, W. M., and F. E. Samson: Arch. Biochem. Biophys. 84, 140—142 (1959). — Baugh, C. L., and J. B. Clark: J. gen. Physiol. 42, 917—922 (1959). — Bawden, F. C., and A. Kleczkowski: Nature 183, 503—504 (1959). — Beiser, S. M., H. B. Pahl, H. S. Rosenkranz and A. Bendich: Biochim. et. biophys. Acta 34, 497—502 (1959). — Beyer, R. E.: (1) J. biol. Chem. 234, 688—692 (1959); — (2) Arch. Biochem. Biophys. 79, 269—274 (1959). —Blois, M. S., H. W. Brown, R. M. Lemmon, R. O. Lindblom and M. Weissbluth: Free radicals in biological systems. New York: Academic Press 1961. — Borek, E., and A. Ryan: Biochim. et Biophys. Acta 41, 57—73 (1960). — Brachet, I., and M. J. Olszewska: Nature 187, 954—955 (1960). — Brill, I. A.: In Free radicals in biological systems. 53—74. New York: Academic Press 1961. — Bruce, A. K.: J. gen. Physiol. 41, 693—702 (1957/58). — Burton, M., J. S. Kirby-Smith and J. L. Magee: Comparative effects of radiation. New York: John Wiley & Sons 1960.

Cohen, S. S., and H. D. Barner: Proc. nat. Acad. Sci. (Wash.) 40, 885—893 (1954). — Cormier, M. J.: In Symposium on light and life. 274—293. J. Hopkins Press Baltimore: 1961.

Davydov, A. S.: The theory of molecular excitons. New York: McGraw Hill 1960. — Deering, R. A., and R. B. Setlow: Science 126, 397—398 (1957). — Dirksen, M. L., J. S. Wiberg, J. F. Koerner and J. M. Buchanan: Proc. nat. Acad. Sci. (Wash.) 46, 1425—1430 (1960). — Doudney, C. O.: (1) Nature 184, 189—190 (1959); — (2) J. Bacter. 79, 122—131 (1960). — Doudney, C. O., and F. L. Haas: (1) Proc. nat. Acad. Sci. (Wash.) 44, 390—401 (1958); — (2) Proc. nat. Acad. Sci. (Wash.) 45, 709—722 (1959); — (3) Biochim. et Biophys. Acta 40, 375—377 (1960). — Drakulić, M., and M. Errera: Biochim. et Biophys. Acta 31, 459—463 (1959). — Duchesne, J., and J. Garson: J. chem. Phys. 54, 789—791 (1957). — Duchesne, J., and B. Rosen: J. chem. Phys. 56, 76—78 (1959).

Ellison, O. A., and S. M. Beiser: Radiation Res. 12, 381—388 (1960). — Epstein, H. T.: Arch. Biochem. Biophys. 86, 286—293 (1960). — Errera, M.: Protoplasmatologia X, 3. Wien: Springer 1957.

Fowlks, W. L.: J. Invest. Dermatol. 32, 233—247 (1959). — Förster, Th.: (1) Radiation Res. Suppl. 2, 326—339 (1960); — (2) In Comparative effects of radiation. 300—341. New York: J. Wiley & Sons 1960. — Franck, J., and E. Teller: J. chem. Phys. 6, 861—872 (1938). — Freifelder, D., and R. B. Uretz: (1) Nature 186, 731 (1960); — (2) Nature 187, 953—954 (1960).

GEISSLER, E.: Naturwissenschaften **46**, 88 (1959). — GILLIES, N. E., and T. ALPER: Nature **183**, 237—238 (1959). — GOODGAL, S. H., C. S. RUPERT and R. M. HERRIOTT: In Symposium on chemical basis of heredity. 341—343. Baltimore: J. Hopkins Press 1957. — GORDY, W., and H. N. REXROAD: In Free radicals in biological systems. 263—277. Acad. Press New York: 1961. — GUNKEL, W.: Diss. Nat. Fakult. Frankfurt/Main 1958.

HAAS, F. L., and C. O. DOUDNEY: (1) Proc. nat. Acad. Sci. (Wash.) **43**, 871—883 (1957); — (2) Proc. nat. Acad. Sci. (Wash.) **45**, 1620—1624 (1959); — (3) Nature **185**, 637—638 (1960). — HANAWALT, P., and R. SETLOW: Biochim. et biophys. Acta **41**, 283—294 (1960). — HALVORSON, H. O.: Advances in Enzymol. **22**, 100—156 (1960). — HALVORSON, H. O., and L. JACKSON: J. gen. Microbiol. **14**, 26—37 (1956). — HARM, W.: (1) Naturwissenschaften **45**, 391—392 (1958); — (2) In Strahlenbiologie, Strahlentherapie, Nuklearmedizin und Krebsforschung. 67—95. Stuttgart: G. Thieme 1959; — (3) Z. Vererbungslehre **90**, 428—444 (1959). — HAROLD, F. M., and Z. Z. ZIPORIN: Biochim. et Biophys. Acta **29**, 439 (1958). — HASTINGS, J. W., and B. M. SWEENEY: J. Cellular Comp. Physiol. **49**, 209—226 (1957). — HASTINGS, J. W., and V. C. BODE: In Symposium on light and life. 294—312. Baltimore: J. Hopkins Press 1961. — HAUSSER, K. H.: Radiation Res. Suppl. **2**, 480—496 (1960). — HELPRIN, J. J., and C. W. HIATT: J. Bacter. **77**, 502—505 (1959). — HIRATA, Y., O. SHIMOMURA and S. EGUCHI: Tetrahedron letters **5**, 4—9 (1959). — HUTCHINSON, F.: Radiation Res. Suppl. **2**, 49—64 (1960).

IVERSON, R. M., and A. C. GIESE: Biochim. et biophys. Acta **25**, 62—68 (1957).

JAGGER, J.: (1) Bacter. Rev. **22**, 99—142 (1958); — (2) Radiation Res. Suppl. **2**, 75—90 (1960); — (3) Radiation Res. **13**, 521—539 (1960). — JOHNSON, F. H., Y. HANÉDA and H. C. SIE: (1) Science **132**, 422—423 (1960). — (2) In Symposium on light and life. 206—218. Baltimore: J. Hopkins Press 1961.

KAMEYAMA, T., and U. SUZUKI: Biochim. et Biophys. Acta **37**, 158—159 (1960). — KAPLAN, R. W.: (1) Strahlenbiologie, Strahlentherapie, Nuklearmedizin und Krebsforschung. 97—156. Stuttgart: G. Thieme 1959. — (2) Arch. Mikrobiol. **32**, 138—160 (1959). — KAPLAN, R. W., u. W. GUNKEL: Arch. Mikrobiol. **35**, 63—91 (1960). — KASHA, M.: (1) Radiation Res. Suppl. **2**, 243—275 (1960); — (2) In Comparative effects of radiation. 72—104. New York: J. Wiley & Sons 1960; — (3) In Symposium on light and life. 31—68. Baltimore: J. Hopkins Press 1961. — KAUDEWITZ, F.: Proc. X. Intern. Congr. Genetic **2**, 143 (1958). — KIHLMANN, B. A.: Exper. Cell Res. **17**, 590—593 (1959). — KIRBY-SMITH, I. S.: Radiation Res. Suppl. **2**, 668 (1960). — KIRBY-SMITH, I. S., and D. W. CRAIG: Genetics **42**, 176—187 (1957). — KIRBY-SMITH, I. S., and M. L. RANDOLPH: In Symposium on immediate and low level effects of radiation. Suppl. Intern. J. of. Radiation Biol. 1960.

LATARJET, R., H. EPHRUSSI-TAYLOR and N. REBEYROTTE: Radiation Res. Suppl. **1**, 417—430 (1959). — LERMAN, L. S., and L. J. TOLMACH: Biochim. et Biophys. Acta **33**, 371—387 (1959). — LIEB, M.: (1) Records Gene. Sci. Am. **28**, 83 (1959); — (2) Biochim. et Biophys. Acta **37**, 155—157 (1960). — LIPSKY, S., and M. BURTON: J. chem. Phys. **31**, 1221—1226 (1959).

MAGEE, J. L.: In Comparative effects of radiation. 130—150. New York: J. Wiley & Sons 1960. — MARMUR, J., and K. BERNS: In Comparative effects of radiation. 335. New York: J. Wiley & Sons 1960. — MARMUR, J., and P. DOTY: Nature **183**, 1427—1428 (1959). — MATNEY, TH. S., D. M. SHANKEL and O. WYSS: J. Bacter. **75**, 180—183 (1958). — McELROY, W. D., and B. GLASS: Symposium on light and life. Baltimore: J. Hopkins Press 1961. — McELROY, W. D., and H. H. SELIGER: In Symposium on light and life. 219—257. Baltimore: J. Hopkins Press 1961. — MIKI, K.: Japan J. Bacter. **11**, 803—812 (1956). — MOROSON, H., and P. ALEXANDER: Radiation Res. **14**, 29—49 (1961). — MÜLLER, A., and K. G. ZIMMER: In Free radicals in biological systems. 325—336. New York: Academic Press 1961.

NUTTER, R. L., and R. L. SINSHEIMER: Virology **7**, 276—290 (1959).

OGINSKY, E. L., G. S. GREEN, D. G. GRIFFITH and W. L. FOWLKS: J. Bacter. **78**, 821—833 (1959). — OKAGAKI, H.: J. Bacter. **79**, 277—291 (1960). — OKAGAKI, H., and A. SIBATANI: Nature **186**, 818—819 (1960).

PAKE, G. E.: In Free radicals in biological systems. 91—100. New York: Acad. Press 1961. — PERRY, R., and M. ERRERA: Vgl. Nature **186**, 196 (1960). —

PIERCE, S., and A. C. GIESE: J. Cellular Comp. Physiol. **49**, 303—317 (1957). — PITTMAN, D., B. RANGANATHAN and F. WILSON: Exper. Cell Res. **17**, 368—377 (1959). — PITTMAN, D., J. WEBB, A. ROSTANMANESH and L. COKER: Genetics **45**, 1023—1037 (1950). — PLATT, I. R., et al.: Radiation Res. Suppl. **2**, 639—672 (1960). — PULLMAN, B., and A. PULLMAN: In Comparative effects of radiation. 105—129. New York: J. Wiley & Sons 1960.

RAJEWSKY, B., H. BÜCKER and H. PAULY: Arch. Biochem. Biophys. **82**, 229 bis 236 (1959). — RICHTER, G.: (1) Z. Naturforsch. **14b**, 100—104 (1959); (2) Biochim. et Biophys. Acta **34**, 407—419 (1959). — ROTHSTEIN, A.: Radiation Res. Suppl. **1**, 357—371 (1959); — RUPERT, C. S.: (1) J. gen. Physiol. **43**, 573—595 (1960); — (2) In Comparative effects of radiation. 49—71. New York: J. Wiley & Sons 1960. — RUPERT, C. S., and S. H. GOODGAL: Nature **185**, 556—557 (1960). — RUPERT, C. S., S. H. GOODGAL and R. M. HERRIOTT: J. gen. Physiol. **41**, 451—471 (1958).

SANDERS, R. T., and A. C. GIESE: J. gen. Physiol. **42**, 589—607 (1959). — SELIGER, H. H., and W. D. McELROY: Arch. Biochem. Biophys. **88**, 136—141 (1960). — SETLOW, R.: (1) Radiation Res. Suppl. **2**, 276—289 (1960); — (2) Biochim. et Biophys. Acta **39**, 180 (1960). — SETLOW, R., and B. DOYLE: Biochim. et Biophys. Acta **24**, 27—41 (1957). — SETLOW, J. K., and R. B. SETLOW: Proc. nat. Acad. Sci. (Wash.) **46**, 791—798 (1960). — SHORE, V. G., and A. B. PARDEE: Arch. Biochem. Biophys. **62**, 355—368 (1956). — SIMONS, J. P.: Quart. Rev. (Lond.) **13**, 3—29 (1959). — ŠKREB, Y., and M. ERRERA: Exper. Cell Res. **12**, 649—656 (1957). — ŠKREB, Y., and N. ŠKREB: Biochim. et Biophys. Acta **39**, 540—541 (1960). — SMITH, D. E., L. SANTAMARIA and B. SMALLER: In Free radicals in biological systems. 305—310. New York: Academic Press 1961. — SOMMERMEYER, K.: In Strahlenbiologie, Strahlentherapie, Nuklearmedizin und Krebsforschung. 1—65. Stuttgart: G. Thieme 1959. — SOMMERMEYER, K., u. H. MAGNUS: Z. Naturforsch. **15b**, 770—778 (1960). — SVIHLA, G., F. SCHLENK and J. L. DAIUKO: Radiation Res. **13**, 879—891 (1960). — SUZUKI, K., and J. ONO: Nature **183**, 395—396 (1959). — SUZUKI, K., and Y. IWAMA: Nature **187**, 347—348 (1960). — SUZUKI, K., F. SAWADA and Y. IWAMA: Biochim. et Biophys. Acta **37**, 369—370 (1960). — SCHINZ, R. H., H. HOLTHUSEN, H. LANGENDORF, B. RAJEWSKY and G. SCHUBERT: Strahlenbiologie, Strahlentherapie, Nuklearmedizin und Krebsforschung. Ergebnisse 1952—1958. Stuttgart: G. Thieme, 1959. — STAHL, F. W.: In The Viruses, 2, 353—385. New York: Academic Press 1959. — STRYER, L.: Radiation Res. Suppl. **2**, 432—451 (1960). — STUY, J. H.: (1) J. Bacter. **76**, 668 (1958); — (2) J. Bacter. **78**, 49—58 (1959).   TERPSTRA, W.: Biochim. et Biophys. Acta **41**, 55—67 (1960).

WEATHERWAX, R. S.: J. Bacter. **72**, 124—125 (1956). — WEBER, G., and J. W. TEALE: Biochem. J. **67**, 15P—16P (1959). — WIERZCHOWSKI, K. L., and D. SHUGAR: Biochim. et Biophys. Acta **25**, 355—364 (1957). — WHITE, E. H.: In Symposium on light and life. 183—199. Baltimore: J. Hopkins Press 1961. — WITKIN, E. M.: Cold Spring Harb. Symp. Quant. Biol. **21**, 123—140 (1956). — WITKIN, E. M., and E. C. THEIL: Proc. nat. Acad. Sci. (Wash.) **46**, 226—231 (1960). — WOLFF, S.: Radiation Res. Suppl. **2**, 122—132 (1960).

YAMAMOTO, N.: J. Bacter. **75**, 443—448 (1958).

ZAMENHOF, S., G. LEIDY, S. GREER and E. J. HAHN: J. Bacter. **74**, 194—199 (1957). — ZELLE, M. R., I. E. OGG and A. HOLLAENDER: J. Bacter. **75**, 190—198 (1958).

11. Zellphysiologie und Protoplasmatik

Von Hans Joachim Bogen, Braunschweig

1. Cytoplasma

Eine gute Zusammenfassung unserer Kenntnisse über die (biochemische) Struktur von Proteinen haben Perlmann u. Diringer gegeben. Sie erweitern die auf Linderstrøm-Lang zurückgehende Unterteilung in primäre Strukturen (Aminosäuresequenz), sekundäre (Faltung der Polypeptidketten, Schraubenanordnungen) und tertiäre (räumliche Anordnung der Ketten im Proteinmolekül) noch um den Begriff der „quarternären" Struktur, für Komplexmoleküle, die aus mehreren, bereits gefalteten Einheiten bestehen. Die Aufklärung der Struktur von Ribonuclease, Lysozym, Papain, Pepsin, Hämoglobin und Kollagen ist weit vorgeschritten und vermag dem Zellphysiologen manche Besonderheiten der Aktivität von Enzymen verständlich zu machen — die Kluft zwischen diesen biochemischen Untersuchungen und den Befunden über die Ultrastruktur der „Plasmaproteine" und deren Physiologie ist unverändert tief und wird wohl in den nächsten Jahren nicht überbrückt werden können.

Um so mehr ist es zu begrüßen, daß von seiten der Elektronenmikroskopiker wertvolle Beiträge zur Plasmaphysiologie geliefert werden konnten. Neue Ergebnisse der „vergleichenden Strukturforschung" (vgl. vorjährigen Bericht) zeigen, daß die anatomisch wohl zu unterscheidenden und zunächst recht starr erscheinenden Komponenten des Cytoplasmas (Lamellen, Endoplasmatisches Reticulum, Granula, „Grundplasma" u. a.) bemerkenswert wandelbar sind. So können neue Oberflächenlamellen (mindestens dreischichtig) durch Fusion präexistenter Vesikel entstehen; umgekehrt können bei der Pinocytose Teile der Oberflächenmembran durch Einfaltung als Vacuolenhäute ins Binnenplasma gelangen (Stewart u. Stewart). Vielleicht werden sie auch *de novo* gebildet, wenn z. B. bei Amöben während der Bewegung fortlaufend am hinteren Zellpol Membransubstanz eingeschmolzen wird (Wohlfarth-Bottermann an *Hyalodiscus simplex n. sp.*).

Die Zusammenhänge zwischen äußerer Plasmamembran, ER und Kernmembran sind immer wieder aufgefunden worden (Buvat; Porter u. Machado; Whaley, Mollenhauer u. Leech; Lance-Nougarède; Fitz-James u. a.). Einige Autoren vertreten sogar die Auffassung, daß eine funktionale Beziehung (wenn nicht mehr) zwischen den Lamellen des ER und den Mitochondrien sowie den Proplastiden vorhanden sein muß (Whaley *et al.* an embryonalen Pflanzenzellen, Braun an Epithelzellen des Dünndarms).

Besondere Aufmerksamkeit hat WOHLFARTH-BOTTERMANN der Struktur des Hyaloplasmas (Ektoplasmas) gewidmet. Er weist bei Anwendung verschiedener Fixierungsmittel nach, daß dieses allgemein als strukturlos angesehene Element pleomorph ist, und zwar entweder elektronenoptisch strukturlos oder globulär (in einer mehr oder weniger homogenen Substanz) oder fädig (wobei die Fäden möglicherweise durch Aggregation der globulären Komponenten entstehen). Alle drei Erscheinungsformen können sogar in einer einzigen Zelle nebeneinander auftreten. So wiederholt sich im elektronenoptischen Bereich, was jahrelang Streitpunkt der Lichtmikroskopiker war: die unterschiedliche Struktur des Grundplasmas.

WOHLFARTH-BOTTERMANN deutet die Variabilität im Strukturaspekt als Ausdruck makromolekularer Transformation im Rahmen von Plasmasol $\rightleftarrows$ Plasmagel-Umwandlungen (vgl. auch vorjährigen Bericht). Als Arbeitshypothese erweist sich das als fruchtbar, zumal nun auch die physikalischen Faktoren wieder ins Gespräch kommen; ob die Erklärung hinreicht, wird die Zukunft lehren.

Auch die (RNS-haltigen) „Granula" (PALADEs Granula, Ribosomen, Meiosomen usw., vgl. SITTE 1958) sind wandelbar. Mit $KMnO_4$ können sie überhaupt nicht dargestellt werden; immerhin dürften ihnen vorgegebene Struktureigentümlichkeiten zugrunde liegen, so daß die mit anderen Fixierungsmitteln im Elektronenmikroskop sichtbar zu machenden Granula als „Äquivalentstrukturen" im Sinne WOHLFARTH-BOTTERMANNs aufgefaßt werden dürfen. Auch HANZON, HERMODSSON u. TOSCHI vertreten die Auffassung, daß diese Partikel Fixierungs- bzw. Präparationsartefakte sind, die bei Änderung des Zellmilieus (Homogenisieren, angsames Eindringen von OsO_4) schnell entstehen.

Recht interessant sind die Befunde WRISCHERs an Vegetationskegeln *(Helodea canadensis,* Wurzeln von *Sinapis alba)*: nach mehrstündigem Sauerstoffmangel tritt eine auffällige Verstärkung des ER auf: sowohl Zahl als auch Dicke und Kontrast der endoplasmatischen Lamellen werden vergrößert. Die Lamellen sind oft sphärisch gekrümmt, und die Lamellenpakete ergeben bei geeigneter Schnittrichtung konzentrisch angeordnete Ringe. Sie entsprechen recht gut den „Nebenkernen", die GAVAUDAN, POUSSEL u. GUYOT in den Zellen der Wurzelspitzen von *Hyacinthus orientalis* nach Anoxie gefunden haben. Wird anschließend erneut Sauerstoff zugeführt, so sollen die „Zisternenpakete" wieder verschwinden.

Plasmaströmung

In zwei zusammenfassenden Darstellungen weist KAMIYA darauf hin, daß der nach Zellorten verschiedenen Konzentration bzw. Nutzbarkeit des ATP bisher noch nicht genügend Aufmerksamkeit gewidmet worden sei. Ganz entsprechend führen HATANO u. TAKEUCHI das Fehlen einer Parallelität zwischen dem „durchschnittlichen" ATP-Gehalt des *Physarum*-Plasmodiums und der Größe der Strömungskraft auf intracelluläre ATP-Differenzen zurück. ABE berichtet, daß die Plasmaströmung

(*Nitella, Helodea* u. a.) durch das Sulfhydrylgruppen-Reagenz p-Chloromercuribenzoat (10^{-3} M) gehemmt wird, während ABE, NAKAJIMA u. KAMIYA zeigen, daß die Strömungskraft bei *Physarum* bei gehemmter Atmung ansteigt.

Die genannten Autoren stimmen insofern überein, als sie für die plasmatischen Strömungen actomyosinähnliche Proteine mit ATPase-Aktivität verantwortlich machen. NAKAJIMA hat das contractile Protein isoliert und die Veränderungen seiner Viscosität in Abhängigkeit von ATP, AMP sowie $MgCl_2$, $CaCl_2$ und Kalium-Ionen untersucht. So ergebnisreich und wichtig diese Untersuchungen sind, so schwer hält es, sie für die Erklärung der Vorgänge in der lebenden Zelle verantwortlich zu machen. Besondere Schwierigkeiten ergeben sich bei Amöben und Foramiferen. Die einfache Annahme, ein ektoplasmatischer Druckgradient bewirke die Strömung des Endoplasmas, reicht nicht aus. Hinzu kommt, daß keineswegs Einigkeit besteht in der Auffassung, bei der Pseudopodienbildung werde ektoplasmatisches („Membran"-) Material eingeschmolzen und wiederaufgebaut. GOLDACRE (Fortschr. Bot. **15**, 239) hatte das postuliert. WOHLFAHRTH-BOTTERMANN kommt zum gleichen Schluß nach seinen Untersuchungen über die Resorption membranumkleideter Vacuolen (nach Pinocytose) im Binnenplasma. GRIFFIN u. ALLEN hingegen nehmen an, daß die ektoplasmatische Membran an der Oberfläche erhalten bleibt und über die weiter innen liegenden granulären Ektoplasmaschichten hinweggleitet; hyalines Material soll durch einen schmalen Kanal ans hintere Ende in die endoplasmatische Zone transportiert werden.

Schließlich sind noch die mikrokinematischen Untersuchungen von POLUNINA u. SVESHNIKOV zu erwähnen (an Monocotylen); sie zeigen, daß vegetativer und Spermakern sich aktiv im Plasma des Pollenschlauchs bewegen, oft sogar gegen die Plasmaströmung. Es erweist sich erneut, wie hypothetisch alle Versuche zur Erklärung der Plasmaströmung noch immer sind.

2. Plastiden

Die von SISAKIAN u. Mitarb. schon lange betonte (Netto-) Synthese von Protein in Chloroplasten wird indirekt bestätigt durch den Nachweis eines Aminosäure-aktivierenden Enzyms, das sich aus der Chloroplastenfraktion von Spinatblättern abtrennen läßt. Das in isolierten Chloroplasten gebildete ATP kann zur Aktivierung verwendet werden; sie ist am stärksten für Tyrosin, dann folgen Methionin und Leucin (BOVÉ u. RAACKE). EYMÉ findet in den Leukoplasten von *Lathraea, Monotropa, Cytinus* und anderen Objekten fibrilläre Eiweißkörper (Kristalloide); auch können Vacuolen mit kolloidalem Inhalt auftreten.

3. Mitochondrien

BENDALL u. DE DUVE bestätigen die im vorjährigen Bericht referierten Befunde von ZEIGER u. LINNANE, daß in unbehandelten Mitochondrien (aus Rattenleber) nur 10% der nach Zerstörung (im Homogenisator oder durch wiederholtes Gefrieren und Auftauen) feststellbaren Aktivität der Glutaminsäuredehydrogenase, der sauren Phosphatase und der β-Hydroxybuttersäuredehydrogenase gemessen werden können. Die letztere sowie die Äpfelsäuredehydrogenase kommen in Mitochondrien offenbar nur in latenter Form vor. Daß ihre Aktivierung infolge Permeabilitätserhöhung der Mitochondrienmembran zustande kommt, ist wohl eine zu simple Deutung (vgl. vorjährigen Bericht). Ähnlich müssen auch die Resultate von SINGER u. LUSTY verstanden werden, wonach Phenazin-methosulfat als einziger Elektronen-Acceptor die volle Aktivität der Bernsteinsäuredehydrogenase registriert, aber nur bei zerstückelten Mitochondrien, nicht bei intakten.

AVERS u. KING sowie AVERS schließen aus Unterschieden in der Mitochondrienfärbung (Janusgrün), wie sie sich nach Behandlung mit Gomori-Reagenz (Phosphataseaktivität), Indophenolblau (Cytochromoxydaseaktivität) und Neotetrazoliumchlorid (Bernsteinsäuredehydrogenaseaktivität) ergeben, daß die Mitochondrien einer Zelle enzymatisch nicht gleich ausgestattet sind. MALAMED u. RECKNAGEL weisen auf den Widerspruch hin, daß sich Mitochondrien in Saccharoselösungen gemäß dem Boyle-van't-Hoffschen Gesetz verhalten, d. h. wie Osmometer (z. B. TEDESCHI u. HARRIS 1955), dabei aber für Saccharose permeabel sind (AMOORE 1958). Sie bestimmen das Gesamtvolumen der Mitochondrien und das für Saccharose zugängige Volumen durch Verdünnen mit ^{14}C-Saccharose und aus dem Wassergehalt. Es ergibt sich, daß nur etwa zwei Drittel des intramitochondrialen Raumes für Saccharose zugängig ist. Sie diskutieren zwei Erklärungsmöglichkeiten: entweder gibt es zwei Arten von Mitochondrien, von denen die eine Saccharose-permeable Membranen besitzt, die andere hingegen impermeable, oder aber jedes Mitochondrium besteht aus zwei Kammern. Die Zwei-Kammer-Hypothese sei vorzuziehen, da sie durch elektronenmikroskopische Untersuchungen von PALADE u. GAEBLER (1956) gestützt werde.

4. Mikrosomen

Die Ribonucleinsäure- bzw. Ribonucleoproteid-haltigen, durch Differentialzentrifugierung isolierbaren Granula, meist als Ribosomen (Meiosomen) bezeichnet, enthalten offenbar unvollständige Peptidketten des Proteins (der Proteine), das sie synthetisieren (BISHOP, LEAHY u. SCHWEET). Ihre RNS-Komponente dagegen wird möglicherweise bei einer gewissen Klasse von Ribonucleoproteinen durch ein einziges Molekül (MG etwa $1,7 \times 10^6$) dargestellt (CHENG).

Behandelt man sie mit Äthylendiamintetraessigsäure, so spalten sie sich in 2 Komponenten mit niedrigeren Sedimentationskonstanten auf (ABDUL-NOUR u. WEBSTER an Erbsenkeimlingen, vgl. auch ZILLIG, KRONE u. ALBERS). Die Spaltprodukte, die keine Aminosäure mehr zu incorporieren vermögen, können durch Mg-, Ca-, Mn- oder Co-Ionen wieder rekonstituiert werden. Gleichzeitig wird die Fähigkeit zur Aminosäureincorporierung wieder zurückgewonnen, mit Mn bzw. Ca zu 10 bzw. 50%, mit Mg oder Co nahezu vollständig. Nach LYTTLETON sind für Ribosomen aus Weizenkeimlingen neben Mg-Ionen noch zusätzlich Mn-Ionen erforderlich. Der Unterschied zu den oben zitierten Ergebnissen wird darauf zurückgeführt, daß hier embryonale Stadien Verwendung fanden.

5. Zellkern

Eine große Zahl von Untersuchungen befaßt sich mit der Natur der Kern-membran. Die für die Darstellung von Lamellen und Membranen so vorteilhafte $KMnO_4$-Fixierung führt einheitlich zu der Auffassung, daß auch bei Pflanzenzellen die Kernmembran mit dem ER anastomisiert und als Teil des ER aufzufassen ist (z. B. WHALEY, MOLLENHAUER u. LEECH (1, 2); MARINOS). Weniger klar ist die Struktur der Poren dieser Kernmembran und die davon sich ins Kerninnere fortsetzenden Kanälchen. Die Kanälchensubstanz soll durch die Membranporen ins Cytoplasma abgegeben werden (z. B. WATSON, ferner DUBRAUSZKY u. POHLMANN an tierischen Zellen, JOHANSEN u. FLINT an Makrosporenmutterzellen von *Lilium*).

6. Dictyosomen

Auch in der botanischen Literatur wird neuerlich häufig der sog. „Golgi-Apparat" genannt, ein elektronenmikroskopisch sichtbar zu machender Strukturbestandteil der Zelle. Er besteht in der Regel aus einem Stapel flacher, membranumgrenzter Zisternen, die ihrerseits von zahlreichen kleinen, mehr oder weniger kugeligen Vacuolen umgeben sind. Wahrscheinlich sind diese Abgliederungen der flachen Zisternen (Zusammenfassung bei WHALEY, MOLLENHAUER u. LEECH (1); ferner GENEVÈS, MANTON, WRISCHER u. a.]. Zuerst 1898 für Nervenzellen von Vertebraten beschrieben und mit der sog. Golgi-Technik dargestellt (Versilberung bzw. Osmierung), war seine Existenz lange Zeit umstritten. Die elektronenmikroskopische Technik hat positive Aussagen ermög-licht; gleichwohl werden heute unter Golgi-Apparat verschiedene Dinge verstanden.

BAKER schlägt z. B. eine Einteilung nach „Dalton-Komplex", „Blauen Kügelchen" (Dictyosomen) und klassischem Golgi-Apparat (netzförmige Strukturen) vor. Die in den oben angeführten Arbeiten als Golgi-Apparat beschriebenen Strukturen sind zweifellos Dictyosomen.

Ihre Herkunft ist zweifelhaft. Entwicklung aus Teilen des ER, aus Mitochondrien, aber auch Teilung und Persistenz bei der Mitose (und also Charakterisierung als Gebilde *sui generis*) werden diskutiert. Ihre Funktion scheint mit der Sekretproduktion in Zusammenhang zu stehen (z. B. SCHNEPF an *Drosophyllum*-Drüsen). WRISCHER (2) berichtet, daß bei der Behandlung von Sproß- und Wurzelspitzen mit verschiedenen Agen-tien (Röntgen- oder ultravioletten Strahlen, KCN, H_2O_2 und vielen anderen mehr) diese ursprünglich planen Dictyosomen sich halbkugelförmig bis becherförmig krümmen und dann, je nach Schnittrichtung, hufeisen- oder kreisförmig konzentrisch angeordnete Linien erkennen lassen. In reversibel geschädigten Zellen, z. B. durch KCN, lassen sich die Krüm-mungen wieder rückgängig machen.

7. Stoffaufnahme

E. MÜLLER (1) bezweifelt, daß die von PRELL (Fortschr. Bot. **19**, 200) beschriebene nichtosmotische Harnstoffaufnahme bei *Taraxacum* exi-stiert. Mit verbesserter Methode (Harnstoffnachweis im Homogenat manometrisch nach Spaltung mit Urease) zeigt er, daß der im Gewebe gefundene N nicht ausschließlich Harnstoff-N ist, sondern zum Teil zusätzlicher N, der — wenigstens in langdauernden Versuchen (20 bis 40 Std) — möglicherweise aus bakteriellem Abbau herrühren kann. Harnstoff selbst soll im Homogenat nur in einer der Außenlösung entsprechenden Konzentration wiederzufinden sein (wobei freilich zu berücksichtigen wäre, daß wohl nicht das gesamte Wasser des Homogenats als Lösungsmittel fungiert; dann würde sich aber dennoch eine Harnstoffspeicherung ergeben). In einer zweiten Mitteilung [MÜLLER (2)] befaßt sich der Autor mit der Wasseraufnahme. Hier bestätigt er die Befunde PRELLs insofern, als er gegenüber den azid-behandelten Kontrollen eine zusätzliche („aktive") Wasseraufnahme findet; sie wird durch eine gleichzeitig ablaufende Harnstoffaufnahme (aus 0,1 molarer Lösung) nicht beeinträchtigt. Sie ist als der primäre Vorgang aufzufassen, der eine entsprechende Harnstoffaufnahme nach sich zieht. Das „aktiv" aufgenommene Wasser steht demnach als Lösungsmittel zur Verfügung; es ist nicht metaosmotisch gebunden.

Es ist hier nicht möglich (und auch nicht Aufgabe des Ref.), eine Entscheidung zu fällen. Sehr wesentlich ist der Hinweis MÜLLERs, daß bereits die Vergleichbarkeit hinsichtlich der Methoden noch eingehender Prüfung und Klärung bedarf. Das dürfte sich auch auf die Bezugsgrößen und die Zeitintervalle (ob Speicherung nach 3 Std oder nach 40 Std), die Jahreszeit (MÜLLER hat seine Analysen im Mai durchgeführt, zu Zeiten höchster aktiver Wasseraufnahme, PRELL hingegen das ganze Jahr hindurch) u. a. m. erstrecken. Man darf den in Aussicht gestellten weiteren Mitteilungen des Verfassers gespannt entgegensehen.

NEUBER bringt in einer umfangreichen Veröffentlichung neue Beiträge zum Problem der nichtosmotischen Wasseraufnahme und der sog. metaosmotischen Wasserspeicherung; sie zeigt anhand plasmometrischer Versuche mit gestufter Plasmolyse an Einzelzellen, daß auch das metaosmotisch gebundene Wasser starken osmotischen Kräften zugängig ist.

Weitere Befunde über nichtosmotische Aufnahme anderer Anelektrolyte: nach TURNOWSKA-STARCK nehmen *Allium*-Epidermiszellen Saccharose über eine (Austausch-) Adsorption auf. Nach TAYLOR ist die Primärreaktion der Glucoseaufnahme bei *Scenedesmus* eine (aktive) Adsorption an ein Hexokinasesystem, die durch Diffusion nur wenig beeinträchtigt wird.

Ist hier der Aufnahmeprozeß ein Teil des Zellstoffwechsels, so sollten doch auch einfachere Möglichkeiten selektiver Aufnahme und Speicherung nicht unberücksichtigt bleiben: HARDY löst Histidin und Asparaginsäure in einem Puffer von p_H 8,6. In diese Lösung werden Cellophanverschlossene Röhren eingestellt, deren Inhalt auf verschiedene p_H-Werte zwischen 7 und 7,8 gepuffert ist. Nach 5 Std befindet sich die Asparaginsäure vollständig im Röhrchen mit p_H 7, sämtliches Histidin in dem mit p_H 7,2, während die übrigen Röhrchen und die Außenlösung aminosäurefrei bleiben bzw. geworden sind.

Permeasen

Diese „Transportasen" (vgl. vorjährigen Bericht) sind bisher noch nicht isoliert worden. Das Vorhandensein speziell der Galaktosidpermease ist aus genetischen Analysen zu schließen (PARDEE, JACOB u. MONOD). Ihre Eigenschaften können erfaßt werden in Versuchen mit einer Galaktosidase-losen Mutante von *Escherichia coli* (HORECKER, THOMAS u. MONOD). Dieser Stamm speichert Galaktose sehr schnell. Nach 5 bis 10 min ist eine hohe Binnenkonzentration erreicht, die je nach den Ernährungsbedingungen 10—30 min aufrecht erhalten wird und dann wieder abnimmt. Der aufgenommene Stoff liegt in den Zellen als freie, unveränderte Galaktose vor. Glucose als Energiequelle verhindert in hoher Konzentration die Galaktose-Aufnahme und bewirkt bei nachträglichem Zusetzen ein sofortiges und vollständiges Ausscheiden der Galaktose. Das Transportsystem ist sehr spezifisch, scheint aber in geringem Maße auch mit L-Arabinose und β-Methylgalaktosid zu arbeiten.

Anders geht KEPES vor; durch Verwendung der nicht umsetzbaren Schwefelverbindungen Methyl-thio-β-galaktosid und Galaktosylthio-β-galaktosid. Jedes hemmt die Aufnahme des anderen kompetitiv, d. h. die Zahl der Permeasezentren ist begrenzt. Der Energieverbrauch dieser aktiven Aufnahme wird zu 1 mol ATP pro 1 mol Galaktosid bestimmt. Die Permease wird durch p-Chloromercuribenzoat irreversibel gehemmt.

Pinocytose

Eine Reihe neuerer (bzw. die Bestätigung früherer) Befunde kann angeführt werden: BRANDT u. PAPPAS (elektronenmikroskopisch an Amöben), CHAPMAN-ANDRESEN u. HOLTZER (mikroskopisch an lebenden Amöben), ELBERS u. BLUEMINK (elektronenmikroskopisch an *Limnaea*), GUTTES u. GUTTES (mikroskopisch an *Physarum*), JENSEN u. McLAREN (mikroskopisch an Gersten- und Zwiebelwurzeln), WEILING (elektronenmikroskopisch an Tomate und Kürbis). Die einen zeigen die gleichmäßige Aufnahme von außen gebotener markierter Proteine ins Zellinnere, unabhängig vom Typ der Markierung oder der Proteinart, die anderen zeigen die bekannten (statischen!) Invaginationsbilder. Daß beide zusammengehören, ist zu vermuten, vorerst aber noch nicht zu beweisen. Einzig GUTTES u. GUTTES können an lebenden *Physarum*-Plasmodien Invagination und Kanalbildung beobachten, doch fehlt hier noch der Nachweis, daß dieser Prozeß tatsächlich der Stoffaufnahme dient und nicht etwa ganz andersartige Bedeutung hat.

Stoffabgabe

Auch bei der Stoffabgabe scheinen „aktive" Vorgänge maßgeblich beteiligt zu sein. HORECKER, THOMAS u. MONOD (2) zeigen, daß das Ausmaß der Galaktosidspeicherung in Galaktosidase-losen *E. coli*-Zellen (vgl. S. 185) bestimmt wird durch das Gleichgewicht zwischen Aufnahme (mittels Permease) und Abgabe. In Ruhezellen, die auf Succinat und Galaktose gewachsen sind, ist die Speicherung auf ein Fünftel der Succinat-freien Kontrolle herabgesetzt. Die Abnahme des Galaktosegehaltes beruht auf einer vermehrten Abgabe. Offen bleibt dabei, ob die Induktion dieses Ausscheidungsvorganges die Ausscheidungstätigkeit steigert oder das Ausscheidungssystem abändert.

Nach FRENZEL kommt der Diffusion bei der Ausscheidung von Aminosäuren und Amiden durch *Helianthus*-Wurzeln nur eine untergeordnete Rolle zu; sie dürfte durch den Stoffwechsel (in unbekannter Weise) gesteuert werden. LÜTTGE betrachtet die Sekretion in Nektarien als aktiven Vorgang, bei dem vermutlich Phosphorylierungs- und Dephosphorylierungsmechanismen beteiligt sind. Auffällig ist, daß z. B. der Nektar von *Abutilon* gegen die Zellen des Nektariums hypertonisch ist; gleichwohl ist das Drüsengewebe *in situ* nicht plasmolysiert. Wie FRANKE zeigen konnte, stimmen die von BANCHER, HÖLZL und KLIMA beobachteten sog. Antiklinaltröpfchen aus der Cuticula der inneren Zwiebelschuppenepidermis topographisch vollkommen überein mit den Ektodesmen; man darf daraus schließen, daß die letzteren Transportbahnen für die (oder einen Teil der) Stoffausscheidung darstellen.

8. Resistenz

Hitzeresistenz: Die HR einheimischer Pflanzen *(Erica tetralix, Asarum europaeum, Taxus baccata* und *Ilex aquifolium)* durchläuft während eines Jahres zwei Maxima, eins während der wärmsten und eins während der kältesten Jahreszeit (LANGE). Für die drei erstgenannten Pflanzen fällt der „Wintergipfel" der HR zusammen mit dem Maximum der Kälteresistenz; das spricht sehr für die Erhöhung einer „allgemeinen Resistenz". Der sommerliche Anstieg der HR hingegen vollzieht sich unabhängig von der Kälteresistenz; er wird als spezifische Resistenzadaptation gedeutet.

LANGE u. SCHWEMMLE untersuchten die HR von *Kalanchoe blossfeldiana*. Bei den stark succulenten Blättern blühender Pflanzen ist sie höher als bei den vegetativen, schwach succulenten. Dennoch sind Resistenzerhöhung und Succulenzsteigerung, zumindest während der ersten Induktionsphase, voneinander unabhängig: die HR ist bereits gesteigert, wenn sich die Erhöhung der Blattsucculenz noch kaum bemerkbar macht.

Ähnlich dürfen wohl die Befunde von HIGHKIN an Erbsen verstanden werden. Behandlung mit tiefen Temperaturen (zum Zwecke der Vernalisation) erhöht die HR auch bei nicht vernalisierbaren Varietäten, während bei vernalisierbaren Sorten eine anschließende Devernalisation die Blütenbildung verhindert, die Resistenzerhöhung hingegen nicht rückgängig macht: Induktion der Blütenbildung und Induktion der HR scheinen getrennte Vorgänge zu sein.

Bei der HR spielt, ebenso wie bei der Kälteresistenz, die Denaturierung der Eiweißkörper eine wesentliche, wenn auch zweifellos nicht die einzige Rolle. ALTMAN u. BENSON prüfen, gewissermaßen in Modellversuchen, die Denaturierung fester Partikel von Ovalbumin definierter Korngröße. Bei konstanter Feuchtigkeit verlief die Denaturierung als Reaktion 1. Ordnung. Ihre Halbwertszeit ist umgekehrt proportional der 12. Potenz des Wassergehaltes. Es läßt sich eine Aktivierungsenergie für die Denaturierung von 75 ± 10 kcal bestimmen. Dieser Betrag ist zu hoch, um mit der Lösung von Wasserstoffbrücken, zu niedrig, um mit dem Aufbrechen covalenter Bindungen erklärt zu werden. Verff. vermuten, daß ein — noch unbekannter — Vorgang mit starker Energieänderung beteiligt ist, die durch Solvatationsenergie teilweise kompensiert wird.

Kälteresistenz: SAKAI berichtet, daß Zweigstücke des Maulbeerbaumes bis auf $-196°$ C abgekühlt werden können, ohne abzusterben. Voraussetzung ist eine allmähliche Abkühlung und ein langsames Wiederauftauen. Die Abhärtung (im Labor) gegen extrem tiefe Temperaturen wird ermöglicht, indem den Zellen bei $-30°$ C von dem extracellulären Eis (bzw. „zu diesem hin") soviel Wasser entzogen wird, daß kein intracelluläres Eis mehr entstehen kann. (Über die Kontroverse um die „kritische" Temperatur von $-30°$ C vgl. PARKER u. SAKAI; SAKAI setzt voraus, daß die Zellen so lange bei $-30°$ C gehalten werden, bis alles bei dieser Temperatur ausfrierbareWasser den Zellen entzogen worden ist).

Auch TUMANOV u. KRASAVTSEV beobachten, daß sich bei langsamer Abkühlung das Eis immer außerhalb der Zelle bildet, unter starker Dehydratisierung und Verkleinerung des Protoplasten. Die Abhärtung ermöglicht nach ihrer Auffassung den Abfluß des gesamten bei der betreffenden Temperatur ausfrierbaren Wassers in die Intercellularräume. Als die bei der Härtung wirksamen Faktoren werden betrachtet: 1. die Dehydratisierung; sie führt zu einer Verkleinerung der Molekülabstände, 2. die niedere Temperatur, die die thermische Beweglichkeit der Moleküle herabsetzt. Beide wirken in Richtung einer hohen Resistenz gegen Dehydratisierung und mechanische Deformierung. Ob dabei auch die von den Verff. postulierte Neuordnung der submikroskopischen Plasmastruktur auftritt, kann wohl vorerst noch nicht entschieden werden.

Daß die Eiskeimbildung im Protoplasten nicht allein durch Wasserentzug, sondern gerade im Gegenteil (auch) durch verstärktes Wasserbindungsvermögen verhindert werden kann, zeigt LEVITT: Blattstücke bzw. Blattpulver von gehärteten Pflanzen enthalten etwa doppelt soviel „gebundenes" Wasser wie nicht gehärtete (das gebundene Wasser wird bestimmt als Gewichtsverlust bei $105°$ C nach vorheriger Trocknung bei $3°$ C über $Mg(ClO_4)_2$, bezogen auf 100 Gewichtseinheiten nach der ersten Trocknung.

Wenn man die **Salzresistenz** (bzw. Osmophilie) mit der „allgemeinen Resistenz" in Zusammenhang sehen will, ergeben sich neue Gesichtspunkte. Von 27 osmophilen Hefestämmen wachsen 19 in Gegenwart von 18% NaCl noch bei $+40°$ C, ohne NaCl hingegen nicht (Ausnahmen: *Pichia farinosa* und *Debaryomyces hansenii*). Gleiche Effekte haben äquimolare Mengen von NaBr, $NaNO_3$, KNO_3, KCl sowie Saccharose und Galaktose in Konzentrationen $> 30\%$. Zugleich ist die für die Hitzeabtötung erforderliche Zeit auf den 10fachen Betrag erhöht. Wirkungslos hingegen sind Vitamine, Spurenelemente, ferner Stoffe, die die Hitzedenaturierung von Proteinen inhibieren (Natriumcaprylat, Natriumdodecylsulfat, Kongorot) und Agar, Na-Alginate und ähnliche Substanzen (ONISHI). Verf. nimmt an, daß die Aufrechterhaltung der Halophilie bei höheren Temperaturen nicht durch die Stabilisierung von Enzymprotein (infolge Dehydratisierung durch NaCl) erreicht wird, sondern durch den Stoffwechsel und den Verbrauch an Substrat.

Literatur

ABDUL-NOUR, B., and G. C. WEBSTER: Exp. Cell Res. 20, 226—227 (1960). — ABE, Sh.: Kagaku 29, 361—362 (1959). — ABE, SH., H. NAKAJIMA and N. KAMIYA: Proc. Japan Akad. 35, 603—606 (1959). — ALTMAN, R. L., and S. W. BENSON: J. Amer. chem. Soc. 82, 3852—3857 (1960). — AMOORE, J. E.: Biochem. J. 70, 718 (1958). — AVERS, CH. J.: Amer. J. Bot. 48, 137—143 (1961). — AVERS, CH., and E. E. KING: Amer. J. Bot. 47, 220—225 (1960).

BAKER, J. R.: J. roy. micr. Soc. 77, 116—129 (1959). — BANCHER, E., J. HÖLZL u. H. KLIMA: Protoplasma 52, 247—270 (1960). — BENDALL, D. S, and C. DE DUVE: Biochem. J. 74, 444—450 (1960). — BISHOP, J., J. LEAHY and R. SCHWEET: Proc. Nat. Acad. Sci. (Wash.) 46, 1030—1038 (1960). — BOVÉ, J., and L. D. RAACKE: Arch. Biochem. 85, 521—531 (1959). — BRANDT, PH. W., and G. D. PAPPAS: J. biophys. biochem. Cytol. 8, 675—687 (1960). — BRAUN, H.: Exp. Cell Res. 20, 267—276 (1960). — BUVAT, R.: Ann. Sci. Nat. Bot. Série 11, 19, 121—161 (1959).

CHAPMAN-ANDRESEN, C., and H. HOLTZER: J. biophys. biochem. Cytol. 8, 288—291 (1960). — CHENG, P.-Y.: Biochim. biophys. Acta 37, 238—242 (1960). DUBRAUSZKY, V., u. G. POHLMANN: Naturwissenschaften 47, 523 (1960).

ELBERS, P. F., and J. B. BLUEMINK: Exp. Cell Res. 21, 619—622 (1960). — EYMÉ, J.: Botaniste 43, 59—84 (1960).

FITZ-JAMES, PH. C.: J. biophys. biochem. Cytol. 8, 504—528 (1960). — FRANKE, W.: Naturwissenschaften 48, 227 (1961). — FRENZEL, B.: Planta 55, 169—207 (1960).

GAVAUDAN, P., H. POUSSEL et M. GUYOT: C. R. Acad. Sci. (Paris) 250, 4029 (1960). — GENEVÈS, L.: C. R. Acad. Sci. (Paris) 248, 3470—3472 (1959). — GRIFFIN, J. L., and R. D. ALLEN: Exp. Cell Res. 20, 619—622 (1960). — GUTTES, E., and S. GUTTES: Exp. Cell Res. 20, 239—241 (1960).

HAGEDORN, H.: Ber. dtsch. Bot. Ges. 73, 211—222 (1960). — HANZON, V., L. H. HERMODSSON and G. TOSCHI: J. Ultrastruct. Res. 3, 216—227 (1959). — HARDY, S. M.: Nature (Lond.) 185, 245—246 (1960). — HATANO, S., and I. TAKEUCHI: Protoplasma 52, 169—183 (1960). — HIGHKIN, H. R.: Plant Physiol. 34, 643—644 (1959). — HORECKER, B. L., J. THOMAS and J. MONOD: J. biol. Chem. 235, 1580 bis 1585 u. 1586—1590 (1960).

JENSEN, W. A., and A. D. McLAREN: Exp. Cell Res. 19, 414—417 (1960). — JOHANSEN, D. A., and F. F. FLINT: Cytologia (Tokyo) 24, 19—28 (1959).

KAMIYA, N.: Ann. Rep. Sci. Works, Fac. Sci. Osaka Univ. 8, 13—41 (1960); — Ann. Rev. Plant Physiol. 11, 323—340 (1960). — KEPES, A.: Biochim. biophys. Acta (Amst.) 40, 70—84 (1960).

LANCE-NOUGARÈDE, A.: C. R. Acad. Sci. (Paris) 250, 3371—3373 (1960). — LANGE, O. L.: Planta 56, 666—683 (1961). — LANGE, O. L., u. B. SCHWEMMLE: Planta 55, 208—225 (1960). — LEVITT, J.: Plant Physiol. 34, 674—677 (1959). — LÜTTGE, W.: Planta 56, 189—212 (1961). — LYTTLETON, J. W.: Nature (Lond.) 187, 1026—1027 (1960).

MALAMED, S., and R. O. RECKNAGEL: J. biol. Chem. 234, 3027—3030 (1959). — MANTON, I.: J. biophys. biochem. Cytol. 8, 221—230 (1960). — MARINOS, N. G.: J. Ultrastruct. Res. 3, 328—333 (1960). — MÜLLER, E.: Flora 148, 529—548 (1960); 150, 372—388 (1961).

NAKAJIMA, H.: Protoplasma 52, 413—436 (1960). — NEUBER, E.: Z. Bot. 49, 110—149 (1961).

ONISHI, H.: Bull. agric. chem. Soc. Japan 23, 351—358 (1959).

PALADE, G. E., and O. H. GAEBLER: Enzymes 185. Acad. Press 1956. — PARDEE, A. B., F. JACOB and J. MONOD: J. molecul. Biol. 1, 165—178 (1959). — PARKER, J., and A. SAKAI: Nature (Lond.) 187, 1133—1134 (1960). — PERLMANN, G. E., and R. DIRINGER: Ann. Rev. Biochem. 29, 151—182 (1960). — POLUNINA, N. N., i A. I. SVESHNIKOV: Dokl. Akad. Nauk SSSR 127, 217—219 (1959). — PORTER, K. R., and R. D. MACHADO: J. biophys. biochem. Cytol. 7, 167—180 (1960).

Sakai, A.: Nature (Lond.) **185**, 393—394 (1960). — Schnepf, E.: Planta **54**, 641—674 (1960). — Singer, Th. P., and C. J. Lusty: Biochem. biophys. Res. Commun. **2**, 276—281 (1960). — Sitte, P.: Protoplasma **49**, 447—522 (1958). — Stewart, P. A., and B. T. Stewart: Exp. Cell Res. **23**, 471—478 (1961).

Taylor, F. J.: Proc. roy. Soc. (Lond.) B **151**, 400—418, 483—496 (1960). — Tedeschi, H., and D. L. Harris: Arch. Biochem. Biophys. **58**, 52 (1955). — Tumanov, I. I., i O. A. Krasavtsev: Fiziol. Rastenij **6**, 654—667 (1959). — Turnowska-Starck, Z.: Acta Soc. Botan. Polon. **28**, 409—424 (1959).

Watson, M. L.: J. biophys. biochem. Cytol. **6**, 147—156 (1959). — Weiling, F.: Naturwissenschaften **48**, 411 (1961). — Whaley, W. G., H. H. Mollenhauer and J. H. Leech: J. biophys. biochem. Cytol. **8**, 233—245 (1960); — Amer. J. Bot. **47**, 401—449 (1960). — Wohlfarth-Bottermann, K. E.: Verh. dtsch. Zoolog. Ges. Münster 1959; — Protoplasma **52**, 58—107 (1960); **53**, 259—290 (1961). — Wrischer, M.: Naturwissenschaften **47**, 521, 522 (1960).

Zillig, W., W. Krone u. M. Albers: Hoppe-Seylers Z. physiol. Chem. **317**, 131—143 (1959).

12. Wasserumsatz und Stoffbewegungen

Von Hubert Ziegler, Darmstadt

Mit 2 Abbildungen

Auf folgende Übersichten aus der Berichtszeit sei besonders hingewiesen: Slatyer (1) (Absorption of water by plants), Scott, Russell u. Barber (The relationship between salt uptake and the absorption of water by intact plants), Stocker (Physiological and morphological changes in plants due to water deficiency), Bollard (Transport in the xylem), Zimmermann (1) (Transport in the phloem), Kursanow (Der Transport organischer Stoffe in den Pflanzen), Arisz (Symplasmatischer Salztransport in Vallisneria-Blättern).

I. Der Wasserhaushalt der Zellen und Gewebe

1. Osmotische Zustandsgrößen

Im angelsächsischen Schrifttum war in Anlehnung an theoretische Betrachtungen Haldanes die Bezeichnung "diffusion pressure" (DP) für den osmotischen Wert und "diffusion pressure deficit" (DPD) für die Saugspannung üblich geworden (vgl. Fortschr. Bot. 12, 191). Wie Ray nun darlegt, widersprechen diese Begriffe in ihrer Anwendung durch die Pflanzenphysiologen aber nicht nur ihrer Bedeutung in der osmotischen Theorie von Haldane, sondern sie sind auch aus physikochemischen Gründen unhaltbar. Die Saugspannung (vom Verf. als water deficit bezeichnet) wird zwar als brauchbarer Terminus zur Bestimmung des osmotischen Gleichgewichtes und zur Festlegung der Wasserverschiebungs-Richtung im Ungleichgewicht betrachtet, jedoch darauf hingewiesen, daß das Strömungsausmaß nicht allgemein als dem Saugspannungsdefizit proportional angenommen werden darf; dies gilt auch für die Beziehung zwischen Transpirationsintensität und Saugspannung der Atmosphäre (vgl. dazu auch Seybold 1933).

Das im letzten Bericht angedeutete neuerwachte Interesse an Saugspannungsbestimmungen hat sich in der Berichtszeit noch verstärkt. Das auffallendste Ergebnis ist dabei die Feststellung mehrerer Autoren, daß bei verschiedenen, vor allem trockenresistenten, Arten bei angespannter Wasserversorgung die Saugspannung (S) den Betrag des osmotischen Wertes (O) der entsprechenden Gewebe ganz erheblich überschreiten kann, ohne daß die Zellen dadurch abgetötet werden. So hatte Tyurina für einige Wüstenpflanzen Saugspannungen von 100 atm über dem osmotischen Wert erhalten, ein Ergebnis, das zunächst noch skeptisch aufgenommen wurde (vgl. Fortschr. Bot. 20, 103); ähnlich war dies älteren Angaben von Chu ergangen.

Nachdem aber Renner bei einer Nachprüfung der Versuche von Chu im Schwammgewebe des Buxblattes Differenzen S-O von 40 atm und mehr gefunden hatte (briefliche Mitteilung vom 26. 3. 60), übernahm

KREEB (1) die Klarstellung dieses wichtigen Problems mit entsprechend sorgfältiger Methodik. Auch er fand in den Blättern abgeschnittener Buxzweige beim Austrocknen Saugspannungen von > 110 atm, etwa 65 atm über dem osmotischen Wert. Die Zellen waren in dieser Phase nachgewiesenermaßen nicht abgestorben. Im Gegensatz dazu überlebten Efeublätter eine Saugspannung über den osmotischen Wert (25 atm) nicht.

Zu prinzipiell ähnlichen Resultaten kam unabhängig auch SLATYER (2). Während in seinen Austrocknungsversuchen die Zunahme der Saugspannung bei Tomate und Liguster den Änderungen des osmotischen Wertes folgte, ging sie bei der trockenresistenteren *Acacia aneura* wesentlich darüber hinaus.

Die Deutung dieser Befunde ist nicht einheitlich. Während SLATYER die Wirkung quellungsfähiger Kolloide in Zellwänden und Vacuolen in Betracht zieht, den negativen Turgor, d. h. die negative Spannung der durch den Kohäsionszug des austrocknenden Protoplasten „schrumpfelnden" Zellwand, dagegen nur für Saugspannungen von 5—10 atm verantwortlich machen möchte (bei höheren Werten sollte die Adhäsion von Protoplast und Zellwand überwunden werden), halten die anderen Autoren diesen negativen Turgor für den ausschlaggebenden Faktor. Man wird der weiteren Entwicklung des Problems mit Interesse entgegensehen; wenn wir vorläufig den Ergebnissen von KREEB besonderes Gewicht beimessen, so nicht nur, weil seine Methodik offenbar am weitesten entwickelt war, sondern auch, weil sie aus dem Institute von WALTER stammen, der früheren Angaben von Saugspannungen über den Betrag des osmotischen Wertes sehr skeptisch gegenüberstand (vgl. z. B. 1930, S. 78).

Weitere Saugspannungsmessungen stammen von MOURAVIEFF, der bei 26 Arten der Trockenrasen bei Grasse eine gute Übereinstimmung mit den osmotischen Werten fand (allerdings war hier das Wassersättigungsdefizit der Pflanzen nie größer als 40%), von REHDER, der bei *Stachys silvatica* ein Ansteigen der Werte von den Blättern über das Rhizom zu den Wurzeln angibt, und von FILIPPOV, der feststellte, daß die Saugspannung von Baumwollblättern zwar auch von Temperatur und Luftfeuchtigkeit abhing, am engsten aber doch mit dem Wassergehalt des Bodens korreliert war.

Es fehlt auch nicht an Versuchen zur Verbesserung der Meßmethoden für die Saugspannung (CATSKY). Wie nötig gerade hier eine kritische Versuchsanstellung ist, zeigt erneut eine Arbeit von CARR u. GAFF, die an demselben Material mit der „Dampfmethode" (Gewichtsänderung der Proben im Dampfraum über Lösungen mit verschiedenem Dampfdruck) und mit der refraktometrischen Methode ganz verschiedene Ergebnisse erhielten. Die Autoren glauben hierfür das unterschiedliche Verhalten des Zellwandwassers in den beiden Versuchsanstellungen verantwortlich machen zu können. Es müssen hier aber noch andere Fehlerquellen in Betracht gezogen werden, z. B. die Aufnahme von Saccharose während des längeren Aufenthaltes der Gewebe in den entsprechenden Lösungen bei der Refraktometermethode (vgl. auch Fórtschr. Bot. 22, 167). Zumindest die Schlierenmethode (Fortschr. Bot. 20, 102) wäre vermutlich durch die Verwendung von Mannit anstelle von Saccharose nicht unwesentlich zu verbessern, dessen geringes Eindringungsvermögen THIMANN, LOOS u. SAMUEL mit radioaktivem Material erneut bestätigt haben.

2. Die Wasseraufnahme in die Zelle

Aus einer Gegenüberstellung der experimentell (mit DHO und THO) von verschiedenen Autoren ermittelten und der auf Grund der Annahme, daß es sich hierbei um einen Diffusionsvorgang handelte, errechneten Werte für die osmotische Wasserverschiebung ergibt sich, daß die ersten Zahlen um ein Vielfaches höher liegen. RAY nimmt deshalb an, daß die osmotische Wasserbewegung als eine Strömung durch die Poren der semipermeablen Membran, nicht — jedenfalls nicht nur — als Diffusion zu betrachten ist. (Vgl. dazu die ähnlichen Schlüsse bei HUBER u. HÖFLER 1930.)

Einen sehr schnellen Austausch des Gewebswassers mit DHO der Nährlösung zeigten auch abgeschnittene Sekundärwurzeln von *Vicia faba* in Versuchen von HÜBNER: In 10 min war das gesamte Wurzelwasser (aus Zellwand, Protoplasma und Vacuole) ausgetauscht (nach 60—80 sec die Hälfte); auch die Endodermis erwies sich dabei nicht als Diffusionshindernis. Es fällt vorläufig schwer, diesen raschen Wasseraustausch mit dem hohen Anteil an strukturgebundenem, nicht lösendem Wasser in den Zellen (vgl. GUILBOT u. LINDENBERG) in Einklang zu bringen.

HÜBNER benutzte das von ihm entwickelte Verfahren der massenspektrographischen Deuteriumbestimmung in sehr kleinen Wasserproben (etwa 5 mg) weiterhin zur Analyse der Wasserverteilung in *Vicia*-Pflanzen. Wurde den Wurzeln Wasser mit einem Deuteriumgehalt von 3—4 Atom-% zugeführt, so dauerte es unter den Versuchsbedingungen mehrere Stunden, bis Deuterium im Transpirationswasser nachweisbar war. In dieser Zeit waren etwa 25—30% des gesamten Wassers in der Pflanze verdunstet worden. Der Autor glaubt dieses zunächst überraschende Phänomen auf einen entsprechend schnellen Austausch des Gefäßwassers mit den umliegenden parenchymatischen Zellen zurückführen zu können. — Der Referent ist im Gegensatz zum Verf. nicht der Ansicht, daß die Verteilung von HDO in H_2O-haltigem Gewebe als Indiz für die Verschiebung von H_2O in demselben System angesehen werden kann. Zwar liegen die Diffusionsgeschwindigkeiten nur unbeträchtlich auseinander, doch ist der Austausch des Deuteriumatoms mit den Wasserstoffatomen der verschiedensten Stoffgruppen zu berücksichtigen. Wie BONHOEFFER schon 1934 (zwei Jahre nach Entdeckung des schweren Wasserstoffes) feststellte, werden z. B. alle H-Atome, die an O oder N gebunden sind, mit dem Deuterium von DHO oder D_2O leicht ausgetauscht, z. B. die Hydroxylgruppen der Cellulose, des Rohrzuckers und der Glucose und die an N gebundenen H-Atome des Eiweißes. Das HDO-Molekül wird also auf dem Wege von der aufnehmenden Wurzel zum transpirierenden Blatt mit einer Reihe von Verbindungen mit austauschfähigen H-Atomen in den zunächst völlig D-freien Gewebeteilen das Deuterium austauschen und erst nach einer gewissen Zeit (wenn der Austausch einen bestimmten Gleichgewichtszustand erreicht hat) als unverändertes Molekül im Blatt erscheinen. (Vermutlich würde bei Applikation von D_2O statt HDO derselben Konzentration das Deuterium wesentlich früher im Transpirationswasser auftauchen!)

3. Die Wasseraufnahme der Wurzel

Durch längere Photosynthesehemmung (durch CO_2-Entzug) in den Blättern läßt sich bei *Tradescantia fluminensis* in den — nährstoffarmen! — Wurzeln die Atmung drosseln und so die „aktive" Wasseraufnahme ausschalten (KÜSTER). Die Wasseraufnahme folgte nun eng dem Transpirationssog, war aber stärker gedämpft als die Transpiration, so daß sich die Wasserbilanz der Pflanzen verschlechterte. Für den Wasserhaushalt der untersuchten Art ist demnach die Möglichkeit zur aktiven Wasseraufnahme von wesentlicher Bedeutung.

Es ist noch in keinem Falle erwiesen (wenn auch mehrfach vermutet, vgl. neuerdings HÖHN u. VOLLENWEIDER), daß diese stoffwechselabhängige Wasseraufnahme durch die Wurzel auf einem nichtosmotischen Wege erfolgt, d. h. nicht durch die aktive Schaffung osmotischer Gefälle gesteuert wird. Wegen Einzelheiten dieser Vorgänge kann deshalb auf den Beitrag „Mineralstoffwechsel" verwiesen werden.

4. Die Wasseraufnahme von Samen

Die Wasseraufnahme durch keimende Erbsensamen erfolgt in den ersten Phasen durch reine Quellung, die nur bei tieferen Temperaturen (3° C) durch die dann geringere Durchlässigkeit der Samenschale gestört wird. In späteren Stadien tritt eine mit dem Stoffwechsel verknüpfte, cyanidempfindliche Komponente der Wasseraufnahme hinzu (KÜHNE u. KAUSCH).

5. Die Wasserabgabe

a) Methodisches. SIVADJIAN hat seine „hygrophotographische" Methode zur Bestimmung der Transpirationsintensität (Fortschr. Bot. **18**, 231; **21**, 237) weiter ausgebaut; sie zeichnet sich durch ihre Einfachheit aus. — KATO u. Mitarb. registrieren die absolute Feuchtigkeit eines Luftstromes von bekannter Geschwindigkeit beim Eintritt in eine und beim Austritt aus einer Transpirationskammer aus Kunststoff, in der sich die transpirierende Pflanze befindet; aus der Differenz läßt sich die Transpirationsintensität ermitteln. — Ein aussichtsreiches Verfahren, das die Messung des Dampfdruckdefizites sowohl der Intercellularenluft als auch der Blattoberfläche erlaubt, entwickelte MAYR; in Anlehnung an die Elektrolythygrometer der Radiosonden baute er Feuchtefühler aus Kupferelektroden mit einer Elektrolytauflage, deren Widerstand sich gesetzmäßig mit dem Feuchtegehalt änderte. — MEIDNER u. SPANNER beschreiben ein Porometer, das die stomatäre Leitfähigkeit aus der thermoelektrisch gemessenen Temperaturdifferenz zweier benachbarter Blattareale zu errechnen gestattet, wenn diese von Luftströmen gleicher Geschwindigkeit, aber unterschiedlichem Dampfdruck (75 und 85%) senkrecht getroffen werden. — Schließlich sei auf einen mehr spektakulären, für Demonstrationszwecke geeigneten Transpirationsnachweis hingewiesen, der auf der Rauchbildung und Entzündung kleiner Mengen eines Gemisches aus Aluminiumpulver (0,75 g) und Jod (1,13 g) in feuchter Atmosphäre beruht (VISWANATHAN u. AZMATULLAH).

Es ist zu hoffen, daß mit diesen vielfältigen, geistreichen Methoden auch entsprechend belangreiche Ergebnisse erhalten werden.

b) Meßergebnisse. ALLERUP konnte zeigen, daß die von ihm früher beobachtete Förderung der Transpiration junger Weizen- und Gerstenpflanzen nach dem Abschneiden auf einer entsprechenden Öffnungsreaktion der Stomata beruht, die offenbar durch die plötzliche Entspannung in der Wasserphase der Pflanze (hydropassiv) ausgelöst wird.

Bei einjährigen Nadeln von *Pinus silvestris* liegt die durchschnittliche Tagessumme der Transpiration (bezogen auf das Frischgewicht) um 21%, bei zweijährigen um 50% höher als bei *Pinus nigra* (BEYSEL), was als ökologischer Vorteil (im Sinne besserer Trockenheitsanpassung) der letzteren Art angesehen wird. Allgemein transpirieren einjährige Nadeln weniger als zwei- und dreijährige. Die Transpirationsintentität zeigt bei gutem Wasserzustand bei Fichte und Lärche wegen der empfindlichen photoaktiven Spaltöffnungsregulierung eine starke Abhängigkeit von der Lichtintensität (schwankt z. B. gesetzmäßig bei intermittierender Belichtung); bei angespanntem Wasserhaushalt tritt immer mehr die hydroaktive, lichtunabhängige Schließbewegung der Stomata in den Vordergrund (POLSTER u. FUCHS).

Interessanterweise ist der Wasserentzug bei der Samenreifung nur zum geringsten Teil einer normalen Verdunstung, zum größten Teil aber einer „biologischen" Wasserabgabe (aktiver Abscheidung in eine Atmosphäre höheren Dampfdrucks, passiver Abscheidung infolge Verringerung der Hydrophilie der Kolloide, dem Verbrauch im Stoffwechsel) zuzuschreiben (PROKOFYEV u. KHOLODOVA).

6. Physiologische und ökologische Auswirkungen der Hydraturverhältnisse

Die Versuche von ROSS über den Einfluß von Dürre-, Temperatur- und Schütteleffekten auf die Viscosität und Permeabilität des Plasmas, deren Ergebnisse eine starke Stütze für die Stockersche Theorie der Dürreresistenz darstellen, wurden ausführlich publiziert (vgl. auch Handb. der Pflanzen-Physiologie, Bd. III). — Unter den vielfältigen Wirkungen, die der verschiedene Quellungsgrad des Plasmas auf die Enzymaktivitäten und deren Wechselspiel ausübt, interessieren naturgemäß vor allem diejenigen, die mit der plasmatischen Resistenz oder mit der Hydraturabhängigkeit des Wachstums in Zusammenhang gebracht werden können. PRUSAKOVA fand z. B. in Weizenblättern bei guter Wasserversorgung eine wesentlich höhere Tryptophansynthese (aus infiltriertem Indol + Serin) als im trockeneren Zustand, auch einen höheren Spiegel des nativen Tryptophans (auch anderer Aminosäuren), der evtl. ursächlich mit dem verstärkten Wachstum in Verbindung stehen könnte. Nach ORDIN bewirkt in Avenakoleoptil-Zylindern zunehmender Turgor einen verstärkten Einbau von ^{14}C aus ^{14}C-Glucose in alle Zellwandfraktionen, einen Vorgang, der die Zellstreckung vielleicht sogar mitbewirkt, sicher aber fixieren hilft.

Wie bei anderen Objekten ist auch bei *Funaria* die Atmungsintensität von der Hydratur abhängig; am austrocknungsfähigsten sind an einem Moospflänzchen die Terminal- und Seitenknospen und die jungen Blätter (KERNBACH). Pollen zeigen sehr unterschiedliche Trocken- und Feuchtluftresistenz, wobei die artspezifischen Unterschiede vorläufig keine klaren Beziehungen zu den ökologischen Verhältnissen erkennen lassen (PRUZSINSZKY).

Einen eindeutigen Zusammenhang zwischen Entquellungs- und Submersionsresistenz und Standort zeigten dagegen die Krustenflechten der verschiedenen Bachuferzonen [RIED (1, 2, 3)]. Die Abhängigkeit des Gaswechsels vom Wassergehalt wurde gesetzmäßig vom Bau des Thallus bestimmt; bei allen terrestrischen Flechten war dabei bemerkenswerterweise die Stoffbilanz bei nicht maximal gequollenem Zustand am günstigsten.

Eine Methode zur Bestimmung der Trockenresistenz ist nach STOJANOV die Ermittlung des geringsten Feuchtigkeitsgehaltes im Boden, bei dem nach erneuter Wasserzufuhr die Pflanzen überleben.

Ein eindrucksvolles Beispiel für die bekannte Abhängigkeit der Frostresistenz vom Wassergehalt des Plasmas ist der Befund von TUMANOV u. Mitarb., wonach Birken- und *Ribes*zweige im Zustand der Winterruhe nach langsamer Abhärtung (die bis zur Lufttrockenheit führte) schließlich einen zweistündigen *(Ribes)*, ja zweitägigen *(Betula)* Aufenthalt in flüssigem Stickstoff (—253° C) ertrugen, ohne Schaden zu nehmen.

Wenn auch der osmotische Wert des Zellsaftes nicht die entscheidende Größe für die Richtung und das Ausmaß der Wasserbewegung in der Pflanze ist (s. o.), so bewährt er sich doch weiterhin als leicht bestimmbares (Refraktometermessungen) Maß für den Wasserzustand einer Pflanze und erlaubt unter bestimmten Voraussetzungen Aussagen über den zu erwartenden Ernteertrag [KREEB (2)] und die Notwendigkeit von Bewässerungsmaßnahmen (BELIK).

Eine Analyse der Wirkung von neun verschiedenen Welketoxinen auf die Wasserpermeabilität des Protoplasten von *Rhoeo discolor* führten GÄUMANN, KERN u. OBRIST durch. Nicht nur die Wirkungsschwellen (Diaporthin wirkt noch in einer Konzentration von 10^{-11} molar!), sondern auch die Arten der Einwirkung sind so verschieden, daß differente Angriffspunkte der einzelnen Toxine angenommen werden müssen.

II. Der Stofftransport

1. Anatomische Grundlagen

a) Xylem. Den anatomischen Anschluß sitzender und gestielter Seitenknospen von Laubbäumen an das Holz der Tragachsen untersuchte BRAUN (1). Bei den erstgenannten werden die Xylemstränge der Knospenblätter infolge des Dickenwachstums der Achsen zunächst meist zerrissen, wobei sie ihren Anschluß an das Holz verlieren. Zur Zeit des Triebes sind die Knospen deshalb ohne direkte Verbindung mit den Wasserleitungsbahnen des Stammes; sie werden durch die Rinde mit Wasser versorgt, deren Wassergehalt wieder durch eine radiale Wasserverschiebung aus dem Holz ergänzt wird. In abgeschnittenen Sproßachsen entleert sich dabei der Holzkörper von innen nach außen und von unten nach oben allmählich, während bei intakten Stämmen der Verlust durch den Wassernachschub von den Wurzeln und den unteren Stammteilen ausgeglichen wird [BRAUN (2)]. Der endgültige bzw. neue Anschluß der Knospen an den Holzkörper der Tragachse erfolgt erst sekundär, wenn sie bereits relativ weit ausgetrieben sind. Die gestielten Knospen sind im Gegensatz dazu wie Seitenäste zu jeder Zeit mit dem Holz des Stammes verbunden.

An Kohleabdrücken von Tüpfeln verschiedener Zellsorten des Holzes von *Eucalyptus regnans* fand CRONSHAW im Elektronenmikroskop nur bei den behöften Tüpfeln der Tracheiden (und auch hier selten) eine radiale Bündelung der Schließhautfibrillen; ein Torus war nie zu sehen.

Es wird vermutet, daß wegen des Fehlens von größeren Durchbrechungen auch in den Tüpfeln der Widerstand gegen eine Wasserverschiebung groß ist.

b) Phloem. In einer sehr sorgfältigen Studie untersuchte KOLLMANN (1, 2) licht- und elektronenoptisch das Phloem von *Passiflora coerulea* (vgl. Fortschr. Bot. **22**, 171). Die für das Verständnis des Assimilationstransportes wichtigsten Befunde sind der eindeutige Nachweis einer fädigen (oder röhrigen?) Struktur des Siebporenplasmas (Abb. 8), einer lamellaren oder fädigen Beschaffenheit des Siebröhrenplasmas und die erneute (den Bildern zu entnehmende) Feststellung, daß über ausdifferenzierten Siebplatten offenbar kein Tonoplast ausgebildet ist. (Die Semipermeabilität der Siebröhren wird offenbar allein durch das Plasmalemma gewährleistet, das sich übrigens auch in Permeabilitätsversuchen (mit gewöhnlichen Zellen) als schwerer permeabel — oder widerstandsfähiger? — gegenüber verdünnter NaOH-Lösung erwies als der Tonoplast (HAAPALA). — Die Plastiden liegen im wandständigen Plasma und sind sehr primitiv strukturiert, Mitochondrien sind in geringer Zahl vorhanden. Zu ganz ähnlichen Ergebnissen in allen erwähnten Punkten kommt HOHL bei elektronenoptischer Untersuchung des Phloems von *Datura stramonium*. Besonders eindrucksvoll sind die Bilder von der üppigen Ausstattung der Geleitzellen mit Mitochondrien, die sich hier etwa zehnfach mehr finden als selbst in Meristemzellen. Die vermutliche Bedeutung dieser strukturellen Sonderheiten der Siebröhren für die Mechanik des Stofftransportes wurde früher besprochen (Fortschr.

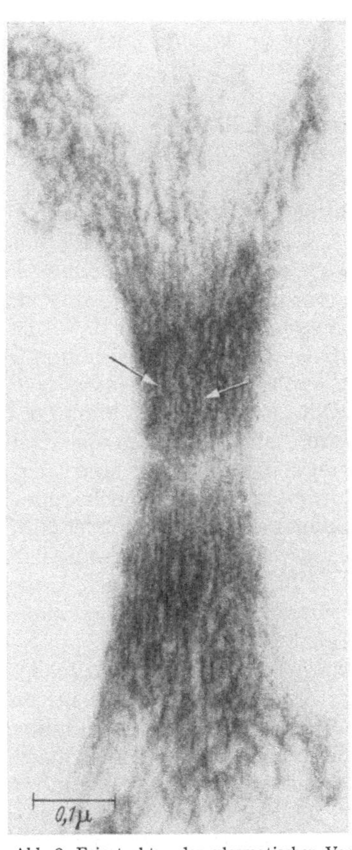

Abb. 8. Feinstruktur der plasmatischen Verbindungsbrücken in den Siebplatten von *Passiflora coerulea* (Siebelement-Querwände im Längsschnitt). Die Siebpore wird in der Längsrichtung vollständig von Plasmafäden durchzogen, die an manchen Stellen (Pfeile) „Röhren"- oder „Doppelmembran"-Struktur vermuten lassen. Vergr. el.-mikr. 15000:1, Endvergr. 120000:1. [Aus KOLLMANN (2)]

Bot. **22**, 171), als auf die ähnlichen Verhältnisse bei Heracleum hingewiesen wurde.

Daß diese Strukturen auf den elektronenoptischen Bildern, die HEPTON u. PRESTON von Siebplatten bzw. -feldern von *Pinus silvestris*, *Sorbus aucuparia*, *Vitis vinifera* und *Cucurbita pepo* erhielten, nicht zutage treten, dürfte an der offenbar nicht optimalen Fixierung und Auflösung liegen. Die Schlüsse dieser Autoren von der Osmophilie des Siebporenplasmas auf bestimmte physiologische Funktionen im Zusammenhang mit dem Stofftransport sind sehr schwach begründet. —

Der aus lichtoptischen Untersuchungen bekannte "Medianknoten" in den Siebplatten von *Pinus* erwies sich als Höhlung, in die Stränge des Siebzellenplasmas münden, um hier zu verschmelzen. (Vgl. die prinzipiell sehr ähnlichen Bilder von Plasmodesmen bei KRULL!)

Nicht einheitlich sind bisher die Angaben über das Vorhandensein oder Fehlen von Mitochondrien in reifen Siebröhren (vgl. Fortschr. Bot. **22**, 171). Auch bei den Objekten von KOLLMANN und von HOHL liegen sie nie im Plasma über den ausdifferenzierten Siebplatten, so daß man zunächst annehmen könnte, sie wären nur in jungen Siebröhren nachzuweisen. Da aber die Enzyme des Kalloseumsatzes offenbar in den Mitochondrien lokalisiert sind (vgl. Übersicht bei KESSLER), ist es doch wahrscheinlich, daß auch die reifen Siebröhren noch damit versehen sind, es sei denn, es könnten auch diese Umsetzungen von den Geleitzellen her gesteuert werden.

Die Geleitzellen selbst scheinen bemerkenswerterweise gelegentlich auch ihren Kern verlieren zu können, wie früher ESAU (1) bei *Beta vulgaris* und neuerdings GAERTNER bei *Mercurialis perennis* und *Mercurialis annua* nachwiesen. Es wird dies mit der erhöhten Stoffwechselleistung dieser Kerne in Verbindung gebracht, wie sie zur Versorgung zweier lebender Zellen notwendig ist, einer Beanspruchung, der sie auf die Dauer nicht gewachsen sein könnten. Dieses Phänomen des gelegentlichen Zellkernschwundes in den Geleitzellen verdiente eine systematische Bearbeitung! — GAERTNER fand weiterhin, daß die Siebröhrenglieder auch im kernlosen Zustand noch zum Streckungswachstum befähigt sind, daß andererseits aber die Siebplattenausbildung schon in einer Phase einsetzt, wenn die Siebröhrenglieder noch kernhaltig und plasmaerfüllt sind.

Übrigens haben nach Untersuchungen EVERTs — im Gegensatz zu früheren Angaben — auch die Siebröhren von *Pyrus* praktisch durchwegs Geleitzellen (69 von 70); unter den Angiospermen scheinen sie nur *Austrobaileya scandens* ganz zu fehlen (BAILEY u. SWAMY).

Aufschlußreich erscheint uns ein Befund von ESAU (2), wonach sich Virus-Einschlüsse des Vergilbungsvirus der Rüben nie in reifen, kernlosen Siebröhren finden (sowenig wie beim mosaikkranken Tabak). Möglicherweise kann sich hier das Virus (RNS!) nicht vermehren.

c) Markstrahlen. Die einzelnen Markstrahltracheiden müssen im Gegensatz zu den axial gestreckten Tracheiden über viele Jahre ihrer Wasserleitungsfunktion nachkommen; die Hoftüpfel dürfen dort deshalb nicht irreversibel verschlossen werden. Während bei *Pseudotsuga taxifolia* offenbar ein Torus vorhanden ist, dieser sich aber auch im 18. Jahrring noch in der funktionell aktiven Zwischenstellung befindet (FREY-WYSSLING u. BOSSHARD), ist bei *Pinus silvestris* gar kein Torus mehr ausgebildet, der den Verschluß herbeiführen könnte (MEIER).

2. Der Wasser- und Stofftransport im Xylem

Das Vorkommen von Wurzeldruck bei Gymnospermen wurde erneut bestätigt (bei *Pinus strobus*, *Picea glauca* und *Picea rubens*; WHITE u. Mitarb.). — Bei Sonnenblumen erwies sich die Erscheinung der diurnalen Blutungsperiodizität als eng verknüpft mit entsprechenden Schwankungen im Salzgehalt und im osmotischen Wert des Saftes, während die Wurzelatmung und die Nährsalzaufnahme aus dem Medium keine Rhythmen zeigten. Die autonome Blutungsperiodizität wird deshalb auf eine entsprechende Rhythmik der Salzabscheidung in das Xylem zurückgeführt (VAADIA). — Im Gegensatz zu den Aminosäuren (Fortschr. Bot. 22, 167; vgl. auch STOEV u. Mitarb. für *Vitis*) lassen die Ketosäuren im Blutungssaft von Tomatenpflanzen keine täglichen Konzentrationsschwankungen erkennen [VAN DIE (1)]. Bei Zufuhr von $KH^{14}CO_3$ zu den Wurzeln erschienen schon nach wenigen Minuten ^{14}C-markierte organische Verbindungen (vor allem Äpfelsäure) im Blutungssaft. Wurzeln in stickstofffreien Medien haben im Blutungssaft einen sehr geringen Aminosäurengehalt; da bei Gegenwart von Stickstoff die Aminosäurenabscheidung von einem Verschwinden der α-Ketoglutarsäure in den Wurzelzellen begleitet ist, wird angenommen, daß diese Verbindung direkt an der Synthese der Blutungssaft-Aminosäuren beteiligt ist [VAN DIE (2)].

Während in den Versuchen von VAN DIE nur ein geringer Teil der Aktivität des von den Wurzeln aufgenommenen $^{14}CO_3^{--}$ in den Aminosäuren erschien (etwa 15%), war die Hauptmenge des Isotops bei ähnlichen Versuchen von GARDNER u. LEAF mit *Alnus glutinosa* nach 4 Std. im Sproß im Citrullin (in den Blättern nur hier), geringe Mengen auch in der Glutaminsäure, zu finden. Der Befund unterstreicht die Rolle des Citrullins als N-Transportsubstanz bei der Erle.

Mit dem Transpirationsstrom verfrachtete Substanzen vermögen sich nur sehr langsam und beschränkt tangential auszubreiten; so erfolgte bei verschiedenen Obstbäumen der Transport von $^{32}PO_4^{---}$ aus einem Wurzelsektor überwiegend in den darüberliegenden Stammsektor (CHVOJKA u. BABICKY), und bei *Mentha piperita* fand sich nach Applikation der markierten Verbindung zu einem der vier, jeweils an den Kanten der abgeschnittenen Sprosse entstandenen Adventivwurzelbüschel das Isotop auch nach langer Versuchszeit (144 Std.) nur in den Hälften der benachbarten Blätter, die dem versorgten Leitbündel angrenzten [RINNE u. LANGSTON (1)]. — Bei den Gymnospermen sind die Verhältnisse wegen des oft schrägen Verlaufes der Tracheidenbahnen komplizierter (VITÉ u. RUDINSKY, HENDRICKSON u. VITÉ).

Der „Kleinkrieg" gegen die Kohäsionstheorie der Wasserleitung im Xylem hält an. So wollen LOOMIS u. Mitarb. die Saugspannungswerte zur Überwindung der Wasserkohäsion im Farnanulus von mehreren hundert auf 25—30 atm korrigiert wissen (wobei sie weder die alten noch die neuen Arbeiten von RENNER kennen); sie halten diese Größe auch für den wahrscheinlichen Grenzwert der Überwindung der Kohäsion im Xylem. — GREENIDGE erhielt eine Aufwärtswanderung von Farbstofflösungen in dekapitierten, völlig blattlosen Stämmen von Ulme und Eiche bis zur Spitze (Schnittfläche) mit einer Geschwindigkeit von immerhin etwa 50% 'der normalen (in intakten Stämmen), auch wenn die Schnittfläche mit Schellack abgedeckt war. Schließlich stellte LYBECK fest, daß das Wasser in den Stämmen verschiedener Bäume bei entsprechender Wintertemperatur regelmäßig gefriert und daß dabei die im

Xylemwasser enthaltenen Gase in Form von Blasen ausgeschieden werden müssen, die — vor allem bei sich entwickelnden Saugspannungen — die Kohäsion unterbrechen würden. Auf irgendeine Weise müssen diese Embolien wohl wieder beseitigt werden können, sei es durch aktive Wiederauffüllung der Bahnen mit Wasser oder durch Resorption der Gasblasen durch das lebende Gewebe; beide Prozesse müßten wohl Platz greifen, bevor der Transpirationssog im Frühjahr größere Werte annimmt und das Volumen der Gaskeime durch den Unterdruck in den Bahnen zu groß geworden ist.

Die (thermoelektrisch gemessene) Geschwindigkeit des Transpiratonsstromes wird von LADEFOGED als (relatives) Maß für den Wasserverbrauch von Bäumen eingesetzt; sie erreicht bei *Pelargonium* maximal 280 cm/h und liegt hier im Mittel bei 135 cm/h (PENOT) und beeinflußt in der Wurzel das Ausmaß des radialen Salztransportes (SMITH).

3. Der Parenchymtransport

^{14}C-Indolylessigsäure wird in isolierten Stengelstücken von *Pisum* zwar vorwiegend, aber nicht ausschließlich basipetal geleitet (WICKSON u. THIMANN). Stücke von Weizenkoleoptilen zeigen aber nur eine Steigerung des Längenwachstums, wenn sie in vertikaler Stellung mit ihrem apikalen, nicht wenn sie mit dem basalen Ende in Wuchsstofflösungen gebracht wurden (GUNNING). Da diese Förderung durch Zusatz von 2,3,5-Trijodbenzoesäure zur Versuchslösung verringert oder unterdrückt wurde, dieselbe Substanz jedoch das auxininduzierte Wachstum von flottierenden Gewebsstücken nicht beeinflußte, wird angenommen, daß die Wirkung auf einer Hemmung des IES-Transportes beruht (vgl. Fortschr. Bot. 22, 170). — Cumarin wandert im *Raphanus*-Hypokotyl in beiden Richtungen gleich gut (GANTZER).

4. Der Transport im Phloem

a) Die transportierten Stoffe. Das weitgehende Fehlen eines Calcium-Transportes im Phloem, das erneut mit ^{45}Ca festgestellt wurde [BACQ bei *Raphanus*, RINNE u. LANGSTON (2) bei *Mentha*], hat eine Reihe von interessanten Folgen: So sind nicht nur die Phloemparasiten (im Gegensatz zu den Transpirationsstromschmarotzern!), sondern auch die relativ schwach transpirierenden Früchte ganz auffallend Ca-arm [ANSIAUX (1, 2)]. Das Strontium verhält sich offenbar prinzipiell ähnlich: Reiskörner werden bei Zufuhr von ^{90}Sr über die Wurzeln der Pflanze kaum markiert, wohl aber bei Kopfdüngung mit dem Isotop; TENSHO u. Mitarb. nehmen deshalb an, daß der hohe ^{90}Sr-Gehalt der Reisfrüchte in Japan auf einer direkten Aufnahme des Isotops aus den Niederschlägen beruht.

Nachdem nun feststeht, daß auch das Bor höchstens in Spuren im Phloem wandert, muß die vielfach beobachtete fördernde Wirkung des Elements auf den Zuckertransport [neuerdings NEALES, TURNOWSKA-STARCK (1, 2)] indirekt sein; von DUGGER u. HUMPHREYS wird jetzt eine Beschleunigung der Saccharosesynthese angenommen.

Eine Reihe von anderen anorganischen Ionen wird aber im Phloem transportiert (vgl. RINNE u. LANGSTON (2)], wobei vor allem der hohe Gehalt an Kalium auffällt (PEEL u. WEATHERLEY).

Auch eine Vielzahl von organischen Verbindungen kann neben den Zuckern mit dem Assimilatstrom wandern, so organische Säuren (PEEL u. WEATHERLEY; KURSANOW, BROVCHENKO u. PARIISKAYA), Alkaloide (WARREN WILSON), Harnstoffderivate wie Allantoinsäure, Citrullin und Canavanin (ZIEGLER u. SCHNABEL) und vermutlich Wirkstoffe (WEAVER u. McCUNE).

b) Die Richtung des Transportes. Mehrere Arbeiten belegen wieder die Attraktionswirkung von wachsenden Organen auf den Assimilatstrom (BELIKOV, THAINE u. Mitarb.). LINCK u. SWANSON vermuten, daß hierbei nicht nur der Assimilatverbrauch, sondern auch die Wirkstoffabgabe dieser Gewebe eine Rolle spielt.

Zwei interessante Sonderfälle sind erwähnenswert: GABRIELSEN u. MADSEN fanden eine strenge Akkumulation von ^{32}P in solchen Bereichen eines mit dem Isotop gefütterten Blattes, wo sich die Conidien eines parasitischen Pilzes entwickelt hatten; REDISKE und SHEA ließen *Arceuthobium americanum* auf *Pinus contorta* $^{14}CO_2$ assimilieren und konnten die Wanderung der Mistel-Assimilate im Stamm des Wirtes feststellen und verfolgen.

Nach Entblätterung der einen Hälfte einer Esche mit gabelförmiger Krone steigen auf der blattlosen Stammseite die Mannit- und Saccharosekonzentrationen an (vermutlich infolge des Fehlens der hormonalen Steuerung der Entnahme dieser Substanzen aus den Leitbahnen); die Grenze des Konzentrationsunterschiedes auf beiden Seiten des noch ungeteilten Stammes verschiebt sich nach unten kaum ($< 1°$), d. h. der Tangentialtransport im Phloem ist außerordentlich gering [ZIMMERMANN (2)].

c) Der Mechanismus des Transportes. Die Klärung dieses vieldiskutierten und -bearbeiteten Problems wurde in der Berichtszeit entscheidend gefördert. BIDDULPH u. CORY gelang es zu zeigen, daß ^{14}C- und ^{32}P-markierte Verbindungen, die aus zwei übereinander inserierten Bohnenblättern gegeneinander in das dazwischenliegende Internodium wandern, in den älteren Teilen des Phloems in verschiedenen Leitbündeln (Abb. 9), in den jüngeren (vermutlich noch undifferenzierten) aber im selben Bündel transportiert werden, in beiden Fällen mit Geschwindigkeiten über 38 cm/h. Der Schluß der Autoren, daß hiermit der Nachweis zweier verschiedener Transportmechanismen im Phloem geführt sei, ist zwar naheliegend, aber nicht zwingend: Das Gegeneinanderwandern der Substanzen in den jungen Phloemteilen muß nicht unbedingt zur gleichen Zeit in derselben Siebröhrenbahn erfolgt sein (und nur dies würde eine Massenströmung ausschalten). Die Vermutung, daß es sich bei dem postulierten speziellen Transportmechanismus in den jungen Siebröhren um eine Verfrachtung durch die Plasmaströmung handeln könne, ist sicher abwegig.

Die besondere Bedeutung des Befundes von BIDDULPH u. CORY sehen wir vorläufig in der experimentellen Entkräftung eines häufigen Einwandes gegen die Massenströmungstheorie: das Gegeneinander- und gelegentliche Getrenntwandern verschiedener Stoffe in einem Phloemabschnitt [vgl. zuletzt Turner (1, 2)].

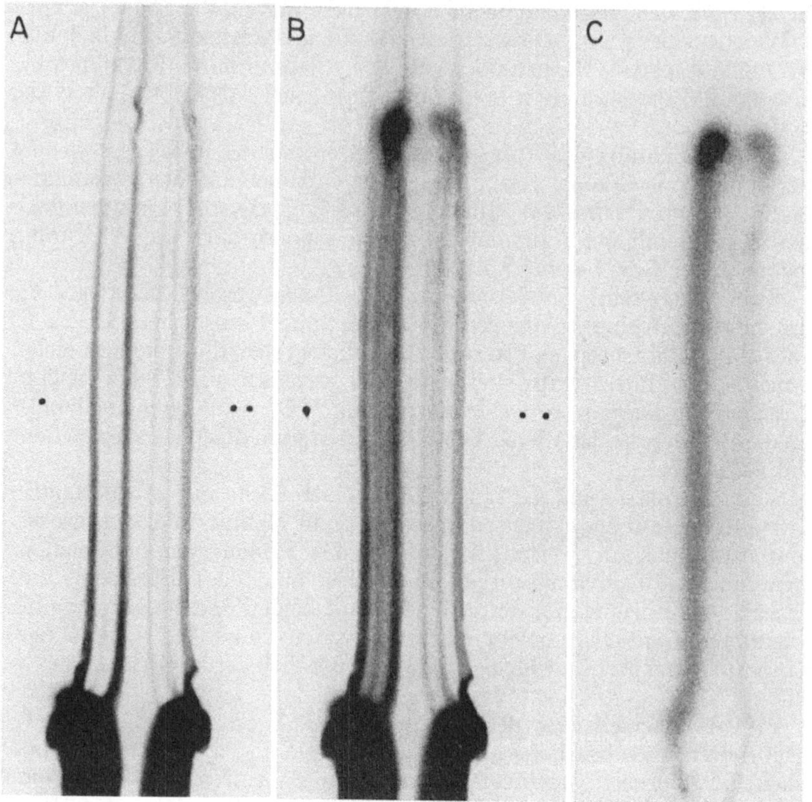

Abb. 9 A—C. Radioautographie eines Rindenschnittes aus einem Bohnensproß, welche die Lokalisierung von ^{14}C (A), ^{14}C $+$ ^{32}P (B) und ^{32}P (C) zeigt. Die ^{14}C-Verbindung wurde dem Sproß durch ein Blatt des unteren, das ^{32}P durch eines des oberen Nodiums zugeführt. A zeigt die Bahn des Aufwärtstransportes von ^{14}C,C (durch einen Filter) den Weg des abwärts wandernden ^{32}P. Bei einem Vergleich mit B wird klar, daß die gegeneinander wandernden Isotope verschiedene Phloembündel benützten. Vergr. 1,97fach. (Nach Biddulph u. Cory)

Ziegler u. Vieweg konnten durch eine entsprechende Verfeinerung der thermoelektrischen Methode an intaktem, vom Xylem getrenntem Phloem der Blattstiele von *Heracleum mantegazzianum* das Vorliegen einer Massenströmung erstmals direkt experimentell nachweisen. Die Geschwindigkeit liegt in der Größenordnung von 35—70 cm/h.

Auch die Befunde von Linder u. Mitchell, wonach α-Methoxyphenylessigsäure streng mit dem Assimilatstrom wandert, sind — wie die zahlreichen ähnlichen früheren Angaben — im Einklang mit der Massenströmung im Phloem.

Daß auch die Zellen des Phloems selbst durch die Wanderzucker versorgt werden und diese umbauen und veratmen, ist nicht verwunderlich. Die Menge der im Phloem veratmeten Saccharose ist dabei im

Verhältnis zur Gesamtmenge des Transportzuckers gering (etwa 0,3 bis 5%, CANNY; vgl. auch TURKINA), wenn auch bekanntlich die Atmungsintensität der Leitgewebe relativ hoch ist (vgl. zuletzt CANNY u. MARKUS). In bestimmten Fällen soll dabei die Assimilation der angrenzenden Rindengewebe den nötigen Sauerstoff liefern, wie sie andererseits das entstehende CO_2 verwerten können (KAZARYAN u. GABRIYELYAN). Daß eine Hemmung dieser Leitbündelatmung den Transport zum Stillstand bringt, wird erneut bestätigt (MASSINI).

5. Sonderfälle des Stofftransportes

Die alte Vermutung, daß die Mycelstränge von *Merulius lacrymans* die bevorzugten Stoffleitungsbahnen sind, konnte experimentell bestätigt werden: ^{32}P- und ^{14}C-markierte Verbindungen bewegen sich hier mit einer Geschwindigkeit von > 2 cm/h (WEIGL u. ZIEGLER). Dagegen ist die hartnäckig vorgetragene Anschauung, daß der Hausschwamm eine spezifische Fähigkeit zur Wasserbildung beim Substratabbau habe, irrig.

Eine Beteiligung der Milchröhren am Morphintransport im Mohn erschließt ZAITZEWA aus der Feststellung, daß das Morphin in Pflanzen mit degenerierten Milchröhren nicht in dem Umfang aus den Blättern in die Kapseln wandert wie in normalen. Zwingend ist dieser Schluß nicht.

III. Die Stoffabscheidung und -aufnahme

Eine eingehende Analyse verschiedener Nektarsorten durch LÜTTGE ergab eine große Zahl verschiedener Verbindungen im Sekret. Bemerkenswert ist der Nachweis von Uridindiphosphatglucose im Abutilon-Nektarium, da dieser Verbindung bei der Saccharosesynthese in der Drüse eine maßgebliche Bedeutung zukommen dürfte. — Auf gewisse Analogien zwischen den „gestaltlosen" Nektarien und passiven Hydathoden machen FREY-WYSSLING und HÄUSERMANN aufmerksam. Eingehende Studien widmet SPRECHER (1, 2) der Guttation der Pilze (vgl. Fortschr. Bot. 22, 169).

Weitere Indizien für die Beteiligung der Ektodesmen an der Stoffaufnahme durch die Blätter erbringt FRANKE (1, 2).

Herrn Professor Dr. B. HUBER danke ich für die freundliche Unterstützung bei der Literaturbeschaffung.

Literatur

ALLERUP, S.: Physiol. Plant. 13, 112—119 (1960). — ANSIAUX, J. R.: (1) Bull. Acad. roy. Belg. 64, 787—793 (1958); — (2) Ann. physiol. végét. Univ. Bruxelles 4, 53—88 (1959). — ARISZ, W. H.: Protoplasma 52, 309—343 (1960).

BACQ, C. M.: Bull. Soc. roy. Sci. Liège 28, 275—290 (1959). — BAILEY, I. W., and B. G. L. SWAMY: J. Arnold Arb. 30, 211—226 (1949). — BELIK, V. F.: Fiziol. Rastenii 7, 95—97 (1960) (russisch). — BELIKOV, I. F.: Dokl. Akad. Nauk S.S.S.R. 117, 904—905 (1957) (russisch). — BEYSEL, D.: Ber. dtsch. bot. Ges. 173, 429—441 (1960). — BIDDULPH, O., and R. CORY: Plant Physiol. 35, 689—695 (1960). — BOLLARD, E. G.: Ann. Rev. Plant Physiol. 11, 141—166 (1960). — BONHOEFFER, K. F.: Z. Elektrochem. 40, 469—474 (1934). — BRAUN, H. J.: (1) Ber. dtsch. bot. Ges. 73, 258—264 (1960). — (2) Z. Bot. 49, 96—109 (1961).

CANNY, M. J.: Ann. Bot. 24, 330—344 (1960). — CANNY, M. J., and K. MARKUS: Austral. J. biol. Sci. 13, 292—299 (1960). — CARR, D. J., and D. F. GAFF: Unesco Madrid Symposium Paper No. 28 (1959). — ČATSKY, J.: Biol. Plant. (Praha) 2, 76—78 (1960). — CHU, CHIEN-REN: Flora (Jena) 130, 384—437 (1935/36). — CHVOJKA, L., i A. BABICKY: Biol. Plant. (Praha) 2, 98—106 (1960) (russisch). — CRONSHAW, J.: Austral. J. Bot. 8, 51—57 (1960).

DIE, J. VAN: (1) Proc. kon. ned. Akad. Wet. C, 62, 505—517 (1959); (2) 63, 230—238 (1960). — DUGGER, W. M. jr., and T. E. HUMPHREYS: Plant Physiol. 35, 523—530 (1960).

Esau, K.: (1) Am. J. Bot. 21, 632—644 (1934); — (2) Virology 11, 317—328 (1960). — Evert, R. F.: Univ. Calif. Publ. Botany 32, 127—194 (1960).

Filippov, L. A.: Fiziol. Rastenii 6, 477—480 (1959) (russisch). — Franke, W.: (1) Planta 55, 390—423; (2) 55, 533—541 (1960). — Frey-Wyssling, A., u. H. H. Bosshard: Holzforschg. 13, 129—137 (1959). — Frey-Wyssling, A., u. E. Häusermann: Ber. schweiz. bot. Ges. 70, 150—162 (1960).

Gabrielsen, E. K., and A. Madsen: Physiol. Plant. 13, 595—596 (1960). — Gaertner, H.: Z. Bot. 48, 398—414 (1960). — Gäumann, E., H. Kern u. W. Obrist: Phytopath. Z. 36, 111—121 (1959). — Gantzer, E.: Planta (Berlin) 55, 235—253 (1960). — Gardner, I. C., and G. Leaf: Plant Physiol. 35, 948—950 (1960). — Greenidge, K. N. H.: Am. J. Bot. 47, 816—819 (1960). — Guilbot, A., and A. B. Lindenberg: Biochim. et Biophys. Acta 39, 389—397 (1960). — Gunning, B. E. S.: Nature (Lond.) 187, 428—429 (1960).

Haapala, E.: Physiol. Plant. 13, 358—365 (1960). — Haldane, J. S.: Biochem. J. 12, 464—498 (1918). — Hendrickson, W. H., and J. P. Vité: Contr. Boyce Thompson Inst. 20, 353—361 (1960). — Hepton, C. E. L., and R. D. Preston: J. exptl. Bot. 11, 381—394 (1960). — Höhn, K., and G. Vollenweider: Beitr. Biol. Pfl. 35, 41—53 (1959). — Hohl, H.-R.: Ber. schweiz. Bot. Ges. 70, 395—439 (1960). — Hübner, G.: Flora (Jena) 148, 549—594 (1960). — Huber, B., u. K. Höfler: Jb. wiss. Bot. 73, 351—511 (1930).

Kato, I., Y. Naito, R. Taniguchi and F. Kamota: Proc. Crop Sci. Soc. Japan 28, 286—288 (1960). — Kazaryan, V., and G. G. Gabriyelyan: Dokl. Akad. Nauk Arm. S.S.S.R. 24, 183—188 (1956) (russisch). — Kernbach, B.: Z. Bot. 48, 415—441 (1960). — Kessler, G.: Beih. Z. Schweiz. Forstver. 30, 177—183 (1960). — Kollmann, R.: (1) Planta (Berlin) 54, 611—640 (1960); (2) 55, 67—107 (1960). — Kreeb, K.: (1) Planta (Berlin) 55, 274—282 (1960); — (2) Beitr. Biol. Pfl. 36, 57—89 (1960). — Krull, R.: Planta (Berlin) 55, 598—629 (1960). — Kühne, L., u. W. Kausch: Naturwiss. (im Druck). — Küster, H.-J.: Z. Bot. 48, 488—535 (1960). — Kursanow, A. L.: Endeavour 20, 19—25 (1961). — Kursanow, A. L., M. I. Brovchenko and A. N. Pariiskaya: Fiziol. Rastenii (Transl.) 6, 544—552 (1960).

Ladefoged, K.: Physiol. Plant. 13, 648—658 (1960). — Linck, A. J., and C. A. Swanson: Plant and Soil 12, 57—68 (1960). — Linder, P. J., and J. W. Mitchell: Bot. Gaz. 121, 139—142 (1960). — Loomis, W. E., P. R. Santamaria and R. S. Gage: Plant Physiol. 35, 300—306 (1960). — Lüttge, U.: Planta 56, 189—212 (1961). — Lybeck, B. R.: Plant Physiol. 34, 482—486 (1959).

Massini, P.: 2nd U. N. Internat. Conf. on the peaceful uses of atomic energy, Geneva 1958. London: Pergamon Press 1959. — Mayr, F.: Diss. Univ. Innsbruck 1960. — Meidner, H., and D. C. Spanner: J. exptl. Bot. 10, 190—205 (1959). — Meier, H.: Beih. Z. Schweiz. Forstver. 30, 49—53 (1960). — Mouravieff, I.: Bull. Soc. bot. France 106, 306—309 (1959).

Neales, T. F.: J. exptl. Bot. 10, 426—436 (1959).

Ordin, L.: Plant Physiol. 35, 443—450 (1960).

Peel, A. J., and P. E. Weatherley: Nature (Lond.) 184, 1955/56 (1959). — Penot, M.: C. R. Acad. Sci. (Paris) 249, 450—452 (1959). — Polster, H., u. S. Fuchs: Biol. Zbl. 79, 465—480 (1960). — Prokofyev, A. A., and V. P. Kholodova: Fiziol. Rastenii (Transl.) 6, 196—201 (1959). — Prusakova, L. D.: Fiziol. Rastenii 7, 170—180 (1960) (russisch). — Pruzsinszky, S.: Sitz.ber. Österr. Akad. Wiss., Mathem.-naturw. Kl. I, 169, 43—100 (1960).

Ray, P. M.: Plant Physiol. 35, 783—795 (1960). — Rediske, J. H., and K. R. Shea: Plant Physiol. 35 (Suppl.), III (1960). — Rehder, H.: Ber. dtsch. bot. Ges. 73, 75—82 (1960). — Ried, A.: (1) Flora (Jena) 148, 612—638 (1960); (2) 149, 345—385 (1960); — (3) Biol. Zbl. 79, 129—151 (1960). — Rinne, R. W., and R. G. Langston: (1) Plant Physiol. 35, 216—219 (1960); — (2) 35, 210—215 (1960). — Ross, H.: Planta (Berlin) 56, 125—149 (1961).

Scott Russell, R., and D. A. Barber: Ann. Rev. Plant Physiol. 11, 127—140 (1960). — Seybold, A.: Planta (Berlin) 21, 353—367 (1933). — Sivadjian, J.: Bull. Soc. bot. France 106, 197—200 (1959). — Slatyer, R. O.: (1) Bot. Rev. 26, 332—392 (1960); — (2) Bull. Res. Counc. Israel, 8 D, 159—168 (1960). — Smith, R. C.: Am. J. Bot. 47, 724—729 (1960). — Sprecher, E.: (1) Ber. dtsch. bot. Ges. 73, 339—345 (1960). — (2) Arch. Mikrobiol. 38, 114—155 (1961). — Stocker, O.:

Arid Zone Research, Vol. 15, Unesco, Paris 1960. — STOEV, K. D., P. T. MAMAROV and I. B. BENCHEV: Fiziol. Rastenii (Transl.) 6, 424—430 (1959). — STOJANOV, Ž.: Biol. Plant. (Praha) 2, 79 —87(1960).

TENSHO, K., K. YEH and S. MITSUI: Soil and Plant Food 5, 1—9 (1959). — THAINE, R., S. L. OVENDEN and J. S. TURNER: Austral. J. biol. Sci. 12, 349—372 (1959). — THIMANN, K. V., G. M. LOOS and E. W. SAMUEL: Plant Physiol. 35, 848—853 (1960). — TUMANOV, I. I., O. A. KRASAVTSEV i N. N. KHVALIN: Dokl. Akad. Nauk S.S.S.R. 127, 1301—1303 (1959) (russisch). — TURKINA, M. V.: Fiziol. Rastenii (Transl.) 6, 710—719 (1960). — TURNER, E. R.: (1) Ann. Bot. 24, 382—386 (1960); (2) 24, 387—396 (1960). — TURNOWSKA-STARCK, Z.: (1) Acta Soc. bot. pol. 29, 219—247 (1960); (2) 29, 533—552 (1960).

VAADIA, Y.: Physiol. Plant. 13, 701—717 (1960). — VISWANATHAN, A., and S. AZMATULLAH: Collectanea Bot. (Barcinone) 5, 879—881 (1959). — VITÉ, J. P., and J. A. RUDINSKY: Contr. Boyce Thompson Inst. 20, 27—38 (1959).

WALTER, H.: Z. Bot. 23, 74—83 (1930). — WARREN WILSON, P. M.: New Phytol. 58, 326—329 (1959). — WEAVER, R. J., and S. B. McCUNE: Hilgardia (Berkeley, Calif.) 28, 421—456 (1959). — WEIGL, J., u. H. ZIEGLER: Arch. Mikrobiol. 37, 124—133 (1960). — WHITE, PH. R., E. SCHUKER, J. R. KERN and F. H. FULLER: Science (Lanc.) 128, 308—309 (1958). — WICKSON, M., and K. V. THIMANN: Physiol. Plant. 13, 539—554 (1960).

ZAITZEWA, A. A.: Bot. Ž. 44, 1567—1577 (1959) (russisch). — ZIEGLER, H., u. M. SCHNABEL: Flora (Jena) 150, 306—317 (1961). — ZIEGLER, H., u. G. H. VIEWEG: Planta (Berlin) 56, 402—408 (1961). — ZIMMERMANN, M. H.: (1) Ann. Rev. Plant Physiol. 11, 167—190 (1960); — (2) Beih. Z. Schweiz. Forstver. 30, 289—300 (1960).

13. Mineralstoffwechsel

Von Hans Burström, Lund (Schweden)

Mit 2 Abbildungen

A. Mechanismus der Ionenaufnahme

1. Allgemeine Prinzipien

· Es gibt zur Zeit eigentlich keine vollständig ausgearbeitete Theorie der Ionenaufnahme, sondern nur eine Anzahl Einzelprinzipien, die recht unabhängig voneinander bearbeitet werden, aber jedoch einander nicht unbedingt ausschließen. Die Literatur über diese allgemeinen Fragen ist während des Berichtsjahres stark angewachsen und muß hier deshalb einen relativ großen Raum in Anspruch nehmen.

Die wichtigsten Gesichtspunkte über die Salzaufnahme sind in drei Arbeiten von Arisz (2), Robertson und Epstein zusammengefaßt worden. Die von Arisz verdient hervorgehoben zu werden, weil er nicht nur seine spezielle Symplast-

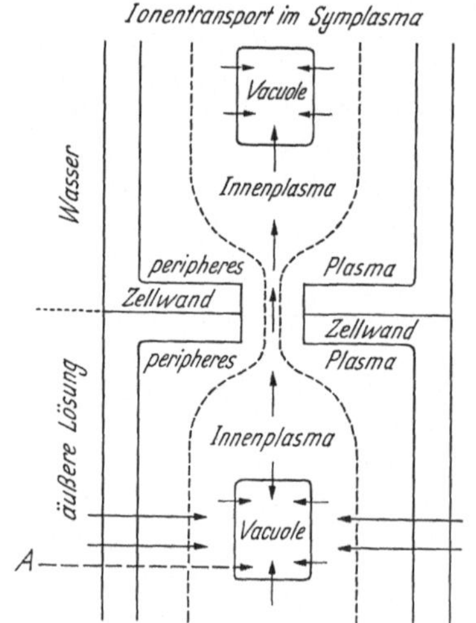

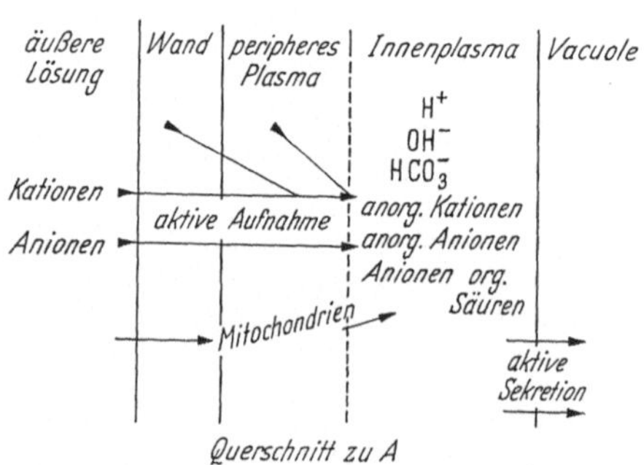

Abb. 10. Der Mechanismus der Salzaufnahme nach Arisz (2). Erkl. s. Text

theorie präzisiert, sondern seine Ergebnisse soweit möglich in Zusammenhang mit anderen Ansichten bringt.

Arisz gründet seine Theorie bekanntlich ganz auf Ergebnissen mit *Vallisneria*-Blättern, die sich in gewissen Hinsichten von anderen Objekten unterscheiden. Dies beeinträchtigt an und für sich keineswegs die generelle Bedeutung der Schlußfolgerungen. Die Theorie wird in Abb. 10 veranschaulicht. Nur wenige Bemerkungen sind dazu erforderlich. Ein freier Raum außerhalb des Plasmas kommt vor; er ist aber gering und ohne jegliche Bedeutung für den Ablauf des Salztransports. Die Aufnahme in das periphere Plasma stellt einen aktiven Prozeß dar. Das Innenplasma wirkt als ein "Pool", von dem die Salze entweder in die Vacuole seszerniert (was der aktiven Aufnahme anderer Theorien entspricht) oder aber im Symplast weitergeleitet werden. Der Pool ist somit der Erfolg einer aktiven Aufnahme, funktioniert aber als „der freie Raum" anderer Theorien. Der Austausch zwischen Symplast und Außenmedium ist gering oder fehlt, was durch Autoradiogramme veranschaulicht wird, und es kommt keine Rückdiffusion aus der Vacuole vor. Insbesondere soll bemerkt werden, daß ein reger Übertritt von Salzen zwischen Parenchym und Leitgewebe (vermutlich dem Phloem) stattfindet, ebenso wie umgekehrt, was so gedeutet wird, daß das Siebröhrenplasma zum symplastischen System gehört. Nichts ist mit Sicherheit über den Zustand der Ionen im Symplast bekannt, sie

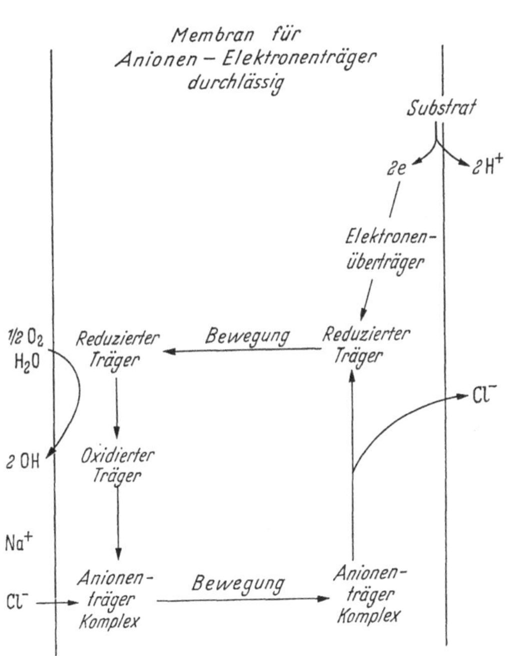

Abb. 11. Der Mechanismus der Salzspeicherung nach ROBERTSON. Erkl. s. Text

sind aber vermutlich nur schwach elektrostatisch gebunden. Als Mechanismus der symplastischen Ionenwanderung muß am ehesten eine Spreitung an Grenzflächen in Erwägung gezogen werden, hauptsächlich weil keiner der übrigen denkbaren Mechanismen in diesem Material wahrscheinlich ist.

ROBERTSON widmet seine Darstellung hauptsächlich der Energetik der Salzaufnahme und ihrer Anknüpfung an die Respiration (Abb. 11). Im Zentrum der Salzaufnahme entsteht eine Trennung von H^+ und e^- vermutlich nach der oxydativen Phosphorylierung (bzw. Photophosphorylierung bei der lichtstimulierten Aufnahme, z. B. in *Vallisneria*). Die Elektronen dienen als Anionenträger in kationenimpermeablen Membranen, vielleicht in den Mitochondrien. Die Kationen werden gegen H^+ ausgetauscht und wandern entlang der Potentialgradienten, die durch die Anionenaufnahme geschaffen werden (gemäß der ursprünglichen Theorie von LUNDEGÅRDH). ROBERTSON hebt hervor, daß die Lokalisation der Membrane umstritten ist. Es leuchtet jedoch ein, daß der Raum der Speicherung wenigstens die Vacuole, möglicherweise auch die Mitochondrien ausmacht.

Epstein hebt in seiner Übersicht insbesondere die passiven Momente der Aufnahme hervor. Sie fängt mit einer Aufnahme in den freien Raum an, welche in den Zellwänden bis zu einer Diffusionsbarriere lokalisiert werden kann. Der Transport in die Vacuole hinein wird durch Träger besorgt. Der Transport zum Xylem ist rein passiv und umgeht die aktiven Speicherungsmechanismen.

Auf diese Weise formuliert und unter Berücksichtigung des Umstandes, daß sie auf Ergebnisse mit weit verschiedenem Material gegründet sind, sind diese drei Ansichten recht gut vereinbar, sie stellen nur unterschiedliche Teile des Aufnahmemechanismus in den Vordergrund. Die Abwesenheit eines passiven Stroms bei *Vallisneria* im freien Raum und im Xylem könnte lediglich eine Folge seiner Morphologie und Lebensweise sein. Die wesentlichsten Probleme sind, ob ein Symplasttransport auch in anderen Objekten vorkommt, auch wenn er quantitativ weniger bedeutend wäre, und die Lokalisation der selektiven Membranen. Wenn eine solche Membran, wie Arisz annimmt, im Außenplasma lokalisiert ist, so kann das Plasma im freien Raum nicht eingehen. Ein besonderes Problem stellt die Natur der Träger dar. Tatsächlich dreht sich die Forschung mehr oder weniger bewußt um die Lokalisierung der selektiven Membranen.

Neue Stützen werden zugunsten der Annahme einer getrennten passiven und aktiven Aufnahme vorgebracht. Handley, Vidal und Overstreet haben gefunden, daß in Segmenten aus Maiswurzeln die nicht vacuolisierten Spitzen Na nur passiv aufnehmen, doch wird das Gleichgewicht erst nach 10 Std erreicht, was so gedeutet wird, daß das Plasma für eine passive Aufnahme zugänglich ist. Aktive Aufnahme tritt erst mit der Vacuolisierung der Zellen auf. Diese Ergebnisse sollten für das vorliegende Material eine selektive Sperre im Außenplasma ausschließen, ebenso wie vielleicht eine wesentliche, aktive Speicherung in den Mitochondrien. Meristematische Zellen sind aber wenig untersucht und unterscheiden sich von den vacuolisierten. Ebenso liegen höchst wahrscheinlich Unterschiede zwischen wachsenden Zellen (Wurzelspitzen) und ausgewachsenen (Blattmesophyll) vor. Marsch u. Michael bestätigen, daß gespeichertes Sulfat in Weizenpflanzen nur langsam im Metabolismus ausgenutzt wird, während gleichzeitig eine reversible, passive Aufnahme vor sich geht (vgl. auch Loughman).

Bei der Berechnung der relativen Aufnahmegeschwindigkeiten zweier Ionen hat die Pflanzenphysiologie von der Tierphysiologie den Ausdruck $M/M'_{Pflanze} : M/M'_{Medium}$ übernommen, in dem M und M' die Konzentrationen der Ionen bezeichnen. Middleton, Handley u. Overstreet nennen ihn "observed ratio", Cline u. Hungate "distribution factor". Beide Forschergruppen haben die Beziehung zwischen K und anderen Alkalikationen (Rb, Cs) untersucht; die Ergebnisse stimmen überein, und zwar ist der Ausdruck für das Verhältnis $M/K < 1$, d. h. daß K bevorzugt aufgenommen wird, was schon lange bekannt ist. Die Schwankungen des Quotienten sind aber von Interesse; er steigt mit steigender K-Zufuhr und für den Transport zum Sproß, wenn durch Mannitolzusatz die Wasseraufnahme vermindert wird (Middleton u. Mitarb.).

Dies bedeutet, daß die Selektivität der K-Aufnahme abnimmt. Diese Berechnungsweise scheint aber nicht ganz befriedigend zu sein. Erstens ist es nicht belanglos, ob eine Änderung der Aufnahme ein Ion oder beide trifft, zweitens scheint sie vorauszusetzen, daß Proportionalität zwischen Außenkonzentration und Aufnahme zu erwarten sei. Auch sind keine weitgehenden Schlußfolgerungen aus den Berechnungen gezogen worden.

Die Bedeutung der Wasserstoffionenkonzentration des Außenmediums stellt ein unerschöpfliches Problem mit wenig tatsächlichen Fortschritten dar. Mit steigendem p_H steigt bekanntlich die Kationenaufnahme, was von HURD durch Ermittlung der HCO_3^--Aufnahme erklärt wird. Ähnliches haben BHAN u. Mitarb. für K, Na, Ca, Sr und Mg gefunden, dagegen fehlt eine Beziehung zur aktiven Speicherung.

Wegen der theoretischen Bedeutung der HURDschen Ergebnisse ist eine genauere Erörterung berechtigt. In dem entscheidenden Versuch über die Bedeutung der HCO_3^--Konzentration für die Kationenaufnahme werden KHCO$_3$ p_H 7,6, KHCO$_3$ + H$_2$SO$_4$ p_H 6,2 und KCl verglichen. In den zwei ersten Fällen war die K-Aufnahme doppelt so groß wie bei KCl. Bei p_H 6,2 enthält die Lösung einen Überschuß an CO_2 + HCO_3^-, der jedoch kaum mehr als 10% der SO_4- oder Cl-Konzentrationen betragen kann (die quantitativen Angaben sind nicht ganz deutlich). Die Wirkung einer bereits geringen HCO_3^--Menge ist überraschend. Sie steht auch im Widerspruch mit der Angabe, daß Kation und HCO_3 in äquivalenten Mengen aufgenommen werden. Dies würde auch bedeuten, daß die Atmungs-CO_2 am CO_2-HCO_3^--Gleichgewicht nicht teilnimmt.

Die Aufnahme von HCO_3^- kann nach BEDRI, WALLACE u. RHOADES nicht mit derjenigen anderer Anionen verglichen werden, sondern bedeutet eine CO_2-Fixierung (vgl. Fortschritte Bot. **22**, 178). Dadurch wird auch eine äquivalente Aufnahme von HCO_3^- und Kation schwer verständlich.

Die Kontaktaufnahmemethode von JENNY (Fortschr. Bot. **22**, 181) wird von WALKER kritisiert. JENNYs Versuche und Schlußfolgerungen berühren nur Kationen. Er hat mit Substrat ohne mobile Anionen gearbeitet. WALKER hebt hervor, daß aus einer Salzlösung, z.B. mit Nitrat, Anionen gleich schnell oder schneller als Kationen aufgenommen werden. Dank der Ionenbilanz wird dann eine Kontaktaufnahme jedenfalls überflüssig. — Der Einwand ist wahrscheinlich berechtigt, JENNY hat jedoch dargetan, daß Kontaktaufnahme vorkommen kann; ob sie tatsächlich vorkommt, dürfte auf den aktuellen Konzentrationen diffusibler Ionen beruhen. Untersuchungen von MACDONALD, DE KOCK u. KNIGHT über die Salzspeicherung in Gewebescheiben verschiedener Arten sind in diesem Zusammenhang von Interesse. Scheiben aus *Beta* speichern ebensoviel Na aus Leitungswasser mit 0,0001 M Na wie aus einer Nährlösung, *Brassica* konzentriert K 12000fach. Die aktive Speicherung ist von der Außenkonzentration praktisch unabhängig. Dabei muß unbeschränktes Volumen angenommen werden. Dies könnte andererseits eine passive Aufnahme durch Diffusion oder Massenströmung nicht berühren.

Zwei Arbeiten behandeln die Salzaufnahme durch Blätter. FRANKE hat an *Helxine* gefunden, daß Ektodesmen dort vorhanden sind, wo eine

Salzausscheidung vorkommt. Er meint, daß auch die Aufnahme durch Ektodesmen vor sich geht. Magnesium wird schwierig durch Blätter aufgenommen, was nach ALLEN auf der Löslichkeit im Oberflächenfilm beruht; Chlorid und Nitrat werden viel leichter als Sulfat aufgenommen. Die Löslichkeit dürfte jedoch kaum die entscheidende Rolle spielen, wenn auch hier die Aufnahme durch Ektodesmen erfolgt.

Über höchst bemerkenswerte Ergebnisse mit einer Aufnahme hochmolekularer Stoffe berichten McLAREN u. Mitarb. Abgeschnittene Gerstenwurzeln nehmen die beiden makromolekularen Proteine Lysozym und Hämoglobin auf. Es wurde mittels C^{14} in dehydrierten Präparaten gezeigt, daß die Substanzen in angeblich unveränderter Form in Zellwänden, rings um den Nucleus und auch sonst im Plasma wiedergefunden werden. Wenn wirklich die Lokalisation durch C^{14} in den Präparaten unanfechtbar ist, so entsteht die Frage, wie die Proteine aufgenommen wurden und ins Plasma gelangt sind. Weder eine aktive Aufnahme noch eine Diffusion dürften in Frage kommen.

2. Die nicht metabolische Anfangsphase

Neue Bestimmungen der Größe des freien Raums sind ermittelt worden. Insbesondere die Arbeit von BERNSTEIN und NIEMAN mit Wurzeln von Gerste, Weizen, Mais, Erbse, Bohne und anderen Arten verdient erwähnt zu werden. Der freie Raum ist für Mannitol und Chlorid bestimmt. Er wurde für Oberflächenfilm durch eine geeignete Methode, auf dem Nichtpermeieren von Tusche beruhend, korrigiert. BERNSTEIN u. NIEMAN heben hervor, daß Trichoblaste in Mannitol nicht plasmolysieren, sie müssen deshalb dafür permeabel sein und im freien Raum einbegriffen werden. Dies ist wahrscheinlich die Ursache dafür, daß trotz der Korrektur bei Gräsern AFS auf 20—30% berechnet wurde. PETTERSSON hat für *Helianthus* mit LEVITTs Korrektur den freien Raum auf 9—11% bestimmt. Mit *Pisum* erhielten BERNSTEIN u. NIEMAN 14% bei Cl-Anwesenheit und nur 7% ohne diese. Dieses unerwartete Ergebnis wird auf Strukturänderungen der Zellwände zurückgeführt. Die Geschwindigkeit der Diffusion in den freien Raum hinein ist auch von Interesse. Sie fanden 78% des Gleichgewichtes nach 15 sec, was mit einer Diffusion bis an die Endodermis übereinstimmt. Sie meinen, daß der freie Raum sich nicht bis in die Stele hinein erstreckt. Die Zeit für 50%ige Sättigung wurde so niedrig wie 2 sec bei *Phaseolus, Hordeum, Triticum* und *Gossypium*, 12 sec bei *Pisum* und 25 sec bei den groben *Maiswurzeln* bestimmt.

Unter anderen Bestimmungen des freien Raums soll erwähnt werden, daß BIELISKY für Parenchym in Stämmen 10—20% ermittelt hat. KYLIN (4) hat mittels konventioneller Methoden den freien Raum in Moosen *(Thuidium, Plagiothecium)* und *Crassula*-Blättern zu 4—5% bestimmt. Diese Werte sind ebenso niedrig wie in *Vallisneria*, aber gut meßbar. ARISZ (1, 2) hat wiederum betont, daß in diesen Blättern der freie Raum vernachlässigt werden kann.

Außer diesen Blattbestimmungen ergeben die meisten Objekte Werte für AFS um 10—20%, was wahrscheinlich mehr ist, als was den Zellwänden dieser Organe entspricht; denn die Korrekturen für Oberflächenfilm sind vermutlich mit Fehlern behaftet. DAINTY u. HOPE haben besonders die Zellwandeigenschaften in *Chara* studiert. Austausch von Ca gegen Na kommt in der Wand vor. Für Mannitol ist 93% des Zellwandwassers als freier Raum zugänglich, für Jod nur 46%. Die Wand wird als ein capillares System veranschaulicht; weitere Poren, > 100 Å, machen den wirklichen freien Raum aus, engere Poren, < 100 Å, mit nichtdiffusiblen anionischen Wandladungen gestatten einen Kationenaustausch, aber keine Passage der Anionen. Falls dieses Bild verallgemeinert werden kann — was billig erscheint — müssen entweder die erwähnten Werte für AFS stark nach unten korrigiert werden oder aber die Symplasttheorie von ARISZ kann kaum allgemeingültig sein.

Andere Gesichtspunkte werden auf die passive Phase gelegt. HOPE u. WALKER haben die Einwirkung von Licht und Temperatur auf Natriuminflux und Efflux in *Chara* bestimmt. Dunkelheit vermindert beide bis auf 70% durch Wegfall eines photochemischen Prozesses. Die Permeation kann entweder metabolisch oder eine Diffusion gegen eine hohe Potentialbarriere sein. CHASSON nimmt an, daß die passive Aufnahme von Ca und Rb in Kartoffelscheiben durch DNP stimuliert wird. BANGE u. OVERSTREET haben in Gerstenwurzeln eine sauerstoffunempfindliche, wahrscheinlich passive Aufnahme bei hohen Außenkonzentrationen nachgewiesen. — Diese Beobachtungen können vorläufig kaum zusammengeordnet werden und bedürfen weiterer Aufklärung.

Unbedingt passiv ist das von BROWN, TIFFIN u. HOLMES studierte Aufnahmeprinzip, und zwar die Aufnahme des Eisens in Anwesenheit verschiedener chelatbildender Stoffe: Äthylendiamintetraessigsäure (EDTA), Diäthyltriaminpentaessigsäure, Cyclohexandiamintetraessigsäure und Äthylendiamindihydrophenylessigsäure. Sämtliche Stoffe setzen die Fe-Aufnahme verschiedener Pflanzen herab, nicht ganz regelmäßig, jedoch auf solche Weise, daß die Wurzeln als Chelatbildner (vgl. Abschn. B) aufgefaßt werden können, die mit den synthetischen Stoffen um Fe konkurrieren.

Passive Aufnahme in Verbindung mit Wasseraufnahme und Transpiration vgl. Abschn. 5.

3. Das Trägerprinzip

Schon betreffs der Grundfrage, inwieweit die Träger für gewisse Ionen oder Ionengruppen spezifisch sind, gehen die Meinungen auseinander. EPSTEIN schließt sich der Ansicht über wenig spezifische Träger an. In Gerstenwurzeln ist der Antagonismus zwischen Ca und Li auffallend, zwischen Ca und Rb nur schwach, was der Ähnlichkeit zwischen Ca und Li hinsichtlich der Ionengröße und Hydratation zugeschrieben wird. BANGE u. OVERSTREET haben mit demselben Material gemeinsame Bindungspunkte für K, Rb und Cs gefunden. Verwickeltere Verhältnisse liegen nach BLACK für die halophile *Atriplex vesicaria* vor. Er nimmt zwei Mechanismen für die K- und Na-Aufnahme an: eine K-Aufnahme unabhängig von Na und einen Na-Mechanismus bei niedriger Na-Zugabe

mit gegenseitigem K-Na-Antagonismus. Dies könnte auch im Zusammenhang mit dem Transport der Elemente in der Pflanze stehen (vgl. Abschnitt 5).

Gewisse Verschiedenheiten können vielleicht durch die Befunde von
SWENSON u. BURSTRÖM über die Aufnahme von K, Na, Mg und Ca durch
Weizen aus Lösungen mit äquimolaren Konzentrationen der Ionen erklärt werden. Die Elemente werden in erwähnter Reihenfolge mit großem Vorsprung für K aufgenommen. Eine Erhöhung der K-Konzen-
tration vermindert die Aufnahme von Na > Mg > Ca (vgl. HOWLAND
u. CALDWELL); Ca wird fast nicht beeinflußt. Wird K entfernt, so steigt
die Aufnahme von Na auf die vorherige Höhe des K an, und Na ent-
schleiert sich als ein ebenso starker Antagonist gegen die anderen Ionen
wie K. Die Spezifität der K-Aufnahme sollte demgemäß nur scheinbar
sein. Augenscheinlich werden alle Ionen in einem Punkt gebunden, der
Stoff links der Reihenfolge dominiert und regelt die Aufnahme der anderen, wobei Ca immer am wenigsten beeinflußt wird. — Der von JACOB-
SON u. Mitarb. beschriebene Antagonismus kann angeblich nicht auf der
Konkurrenz der Ionen um Bindungspunkte beruhen.

Die Lokalisierung der Träger in der Zelle ist sehr umstritten. Nach
SWENSON u. BURSTRÖM hemmen Herbizide unspezifisch die Aufnahme
der Kationen in der Reihenfolge K > Na > Mg > Ca, was so gedeutet
wird, daß die Träger in ein kolloidales System eingehen, das auch durch
Auxine beeinflußt wird. DAINTY, HOPE u. DENBY verlegen die Bindung
der Ionen in die Zellwand von *Chara*, deren saure Ladungen auf Uron-
säuren beruhen. Es ist natürlich gar nicht sicher, daß die von SWENSON
u. Mitarb. bzw. DAINTY u. Mitarb. studierten Ionenbindungen wirklich
mit denen an Trägern identisch sind. SUTCLIFFE hat dagegen ermittelt,
daß die Na- und Cl-Aufnahme von Gewebescheiben durch Chloramphenicol, einen spezifischen Hemmstoff der Proteinsynthese, vermindert
wird. Er meint, der Proteinstoffwechsel sei für die Ionenaufnahme unentbehrlich, eine Ansicht, die weniger scharf präzisiert schon früher angedeutet worden ist. Bei der Bindung des Proteins an RNS nimmt die
Kationenbindung ab; bei der Resynthese wird das Bindungsvermögen
wiederhergestellt, und die Proteine dienen als Ionenträger. Diese an-
sprechende Theorie verlegt die Ionenbindung an die Mikrosomen und nicht
an die Mitochondrien, was aus einer Verknüpfung mit der Respiration
folgen sollte (ROBERTSON).

Die Bindung von P stellt ein besonderes Problem dar, das mittels der
von FRIED u. NOGGLE (Fortschr. Bot. **21**, 252) angegebenen Methode
bearbeitet worden ist. NOGGLE u. FRIED haben sie wiederholt und LEGETT
u. HENDRICKS den Gedankengang weiterentwickelt. Sowohl die Methode
wie die Ergebnisse könnten von allgemeiner Bedeutung sein, falls sie
einer kritischen Prüfung standhalten. Die Methode enthält, daß die
graphische P-Aufnahme gegen den Quotienten Aufnahme : Außenkonzentration abgesetzt wird. Die erhaltene Kurve, annähernd hyperbolisch,
wird als zwei gerade Linien approximiert, welchen zwei Bindungsreaktionen entsprechen. Aus der Neigung der Geraden werden die Eigenschaften der Träger ermittelt. LEGGETT u. HENDRICKS finden drei Bin-

dungen, eine mit K_n 10^{-5}, eine andere mit K_n 10^{-3}, und bei niedrigen P-Gehalten eine mit K_n 10^{-6}. Die erste Reaktion soll durch die Bildung von ATP begrenzt sein, die zweite durch Hexokinase, und die dritte soll an oxydative Phosphorylierung unter Oxydation von Cytochrom b geknüpft sein. Nach den Ergebnissen von LOUGHMAN ist aber eine P-Aufnahme auch ohne Phosphorylierung möglich. Der Mechanismus von LEGGETT u. HENDRICKS sollte auch auf die Rb-Aufnahme verwendbar sein, weil in einem Versuch in Stickstoffatmosphäre die Aufnahme um 15% ansteigt.

Die experimentelle Unterlage ist augenfällig schwach. Die graphischen Auswertungen gründen sich auf grobe Annäherungen, und die geraden Linien sind äußerst zweifelhaft. Andere Deutungsmöglichkeiten sind nicht ausgeschlossen. Das Verhältnis zwischen Außenkonzentration und Aufnahme dürfte einem gemeinen „logarithmischen" Verlauf folgen, vermutlich ohne Diskontinuität. Jeder solchen Kurve könnten somit zwei oder drei verschiedene Bindungsreaktionen entsprechen, während die allgemeinen Deutungen entweder zwei entgegengesetzte Reaktionen oder eine exponentielle Bindungsreaktion, z. B. gemäß einer Adsorptionsisotherme, enthalten. Auch wenn die Ionenaufnahme konstant und vom Außengehalt unabhängig wäre, könnte mit dieser Methode eine Annäherung an zwei gerade Linien möglich sein. Jedenfalls könnte man für Kationen in Anlehnung an z. B. BROWN, TIFFIN u. HOLMES eine Chelatbildung erwägen. Der Gedankengang von NOGGLE, LEGGETT u. Mitarb. basiert auf der kategorischen Annahme, daß die Ionenaufnahme einfache enzymkinetische Formeln befriedigen muß.

4. Die aktive Speicherung

Die Trägerfunktion stellt die Unterlage für den aktiven Transport der Ionen quer durch das Plasma dar, aber die Polarität des Transportes oder die Speicherung in der Vacuole kann dadurch nicht erklärt werden. Nur das Atmungsschema von ROBERTSON kann in Anlehnung an LUNDEGÅRDH den polaren Transport erklären. Wie erwähnt, liegt der aktive Mechanismus nach ROBERTSON in den Mitochondrien, nach SUTCLIFFE wenigstens die Trägerfunktion in den Mikrosomen. AMOORE hat gezeigt, daß Rattenlebermitochondrien K speichern; er kann aber nicht entscheiden, ob dies metabolisch bewirkt wird. Ribonuclease ruft nach HANSON in Wurzeln Abgabe von Nucleotiden und Salzen hervor, was auf dem Zerfall von Mitochondrien oder Plasmamembranen beruhen kann. Die Wirkung der Salzatmung erblickt er in einer Stabilisierung dieser Gebilde. Solch eine Respiration dürfte wohl die für Speicherung notwendige selektive Permeabilität erklären können, ist aber für die eigentliche Speicherung unzureichend und kann somit nicht mit einer üblichen Salzatmung gleichgestellt werden. EPPLEY meint, daß die Salzatmung in *Porphyra* von derjenigen höherer Pflanzen verschieden ist. Die Grundatmung ist CN-unempfindlich; Alkalikationen stimulieren aber einen CN-empfindlichen Teil, was der ursprünglichen Anionenatmung ähnelt. EPPLEY deutet die Ergebnisse so, daß die DNP-empfindliche Grundatmung von oxydativer Phosphorylierung begrenzt wird; K erhöht die Phosphorylierung, so, daß sie nicht mehr begrenzend wirkt. Dieser Gesichtspunkt ist zweifelsohne von allgemeinem Interesse. Die Salzspeicherung wird für gewöhnlich als DNP-gehemmt gehalten, aber Ausnahmen sind bekannt (CHASSON).

Mehrere Arbeiten behandeln die aktive Aufnahme und in Zusammenhang damit die Assimilation des Sulfats. WEDDING und BLACK bedienen sich des Begriffs aktives S (nicht mit dem aktiv gespeicherten S zu verwechseln). Damit wird in Nucleosiden gebundenes S gemeint. Sie haben untersucht, inwieweit die aktive Speicherung in *Chlorella* in Zusammenhang mit der Bildung aktiven S steht; ein spezieller Speicherungsmechanismus wäre für S wie für P möglich. Eine gewisse Trennung der S-Fraktionen wird durch Licht hervorgerufen, wobei die Speicherung, aber nicht die Aktivierung steigt. Wahrscheinlich ist die Assimilation in Nucleosiden ohne besondere Bedeutung für die Speicherung. Dies stimmt mit den Ergebnissen von KYLIN (1, 2, 3) überein, nach denen die Speicherung trotz vernachläßbarer Assimilation stark sein kann. In Blättern findet er verschiedene Einwirkung von DNP, CN, Selenat und Acid auf die S-Aufnahme im Licht und Dunkeln (1). Bei Albina-Pflanzen liegt kein Unterschied vor. Er schließt daraus, daß die Speicherung in zwei Systemen vor sich gehen kann: in Mitochondrien und Plastiden (2). Die Energie wird entweder durch das Cytochromsystem oder durch photosynthetische bzw. respiratorische Phosphorylierung geliefert. Weil hier von keiner speziellen S-Funktion die Rede ist, können die Ergebnisse zur Erklärung der ab und zu beschriebenen Lichtempfindlichkeit der Salzaufnahme beitragen. Allerdings ist die Mitwirkung des Cytochromsystems nicht recht sicher begründet und das Material teilweise ungleich.

5. Transport und Verteilung der Ionen

Der passive Salztransport ist in früheren Bänden der Fortschritte der Botanik im Zusammenhang mit der passiven Aufnahme behandelt worden. Es empfiehlt sich aber jetzt, den gesamten Transport unter einer Rubrik zu erörtern.

Der passive Transport im Transpirationsstrom hat zu einem Streit geführt (Fortschr. Bot. **22**, 180), zu dem PETTERSSON einen Beitrag liefert. Er versucht gewisse Diskrepanzen durch verschiedene Begriffsbildung zu erklären. PETTERSSON hat berechnet, was HYLMÖ (Fortschr. Bot., l. c.) den Influxkoeffizienten nennt, nämlich das Verhältnis zwischen berechneter Konzentration der Lösung, die durch eine Transpirationserhöhung aufgenommen wird, und der Konzentration der Außenlösung. Sowohl Aufnahme in den freien Raum wie aktive Speicherung in der Wurzel und aktives Bluten sind abgezogen worden. (Der Ausdruck ist nicht glücklich gewählt, weil „Influx" von anderen Autoren andersartig gebraucht worden ist.) Jedenfalls ist bei konstanter Außenkonzentration und variierter Transpiration dieser Koeffizient konstant, was auf einen passiven Salzstrom neben dem aktiven Blutungsmechanismus hindeutet. Er ist von der aktiven Speicherung unabhängig. Der Koeffizient sinkt von 0,5 zu 0,1 mit steigender Außenkonzentration ab, was in Anlehnung an HYLMÖ und BROUWER (vgl. Fortschr. Bot. **21**, 249) mit einer Siebwirkung erklärt wird. Dieser Koeffizient ist aber mit dem "transpiration stream concentration factor"=TSCF) von RUSSEL nicht identisch, weil dieser auch den gesamten Blutungsmechanismus einschließt. PETTERSSON rechnet somit mit einer rein passiven Massenströmung bei der Transpiration, obwohl der Strom irgendwo in der Wurzel filtriert wird. BERN-STEIN und NIEMAN meinen, daß in der Endodermis der Strom vollstän-dig ultrafiltriert wird, so daß kein Salz passiv in die Stele gelangt; sie greifen also auf die klassische Auffassung der Rolle der Endodermis zurück. Besondere Beachtung verdienen die Versuche von SMITH über den lateralen Transport von P ohne Wasser in den Segmenten intakter Wurzeln mit einem gleichzeitigen Wasserstrom longitudinal durch das Segment. P wandert lateralwärts in die Stele hinein ohne begleitenden Wassertransport, und der P-Strom wird durch den longitudinalen Was-serstrom beschleunigt. Dies könnte als ein ausschließlich aktiver P-Transport gedeutet werden, und die Transpiration würde nur eine „akti-vierte Blutung" hervorrufen. SMITH hebt aber hervor, daß die Versuchs-anordnung einen passiven Lateralstrom bei unbehinderter Wasserauf-nahme nicht ausschließt. (Leider ist das Material nur als gerade Regres-sionslinien ohne Primärwerte wiedergegeben.)

Auch andere Arbeiten behandeln die vollständige oder selektive Salzsperre, die irgendwo vorhanden sein muß. SWENSON u. BURSTRÖM fanden bei gleichzeitiger Aufnahme von K, Na, Mg und Ca ein recht regel-mäßiges Verhältnis zwischen der Gesamtkonzentration der in die Wurzel und der aus der Wurzel in die Blätter fließenden Lösung (weder mit „Influxkoeffizienten" noch mit „TSCF" zu verwechseln), was auf eine oberflächlich in der Wurzel gelegene Sperre hindeutet. MIDDLETON u. Mitarb. fanden ebenso eine geringe Selektivität beim Transport aus der Wurzel in den Sproß. Diese Befunde lassen sich schwierig mit einem ausschließlich aktiv gesteuerten Transport in der Stele vereinen. Diese wichtige Frage ist noch unbeantwortet.

Über die Verteilung der Salze in der Pflanze liegt eine umfangreiche Literatur vor; unter den neueren Arbeiten kann die von MASON u. WHIT-FIELD über Verteilung und Transport der Hauptnährstoffe im Apfel-baum mit Ausblicken auf Speicherung, Mobilisierung und Exkretion zum Boden erwähnt werden. Von größter Bedeutung ist die Untersuchung von BIDDULPH und CORY über den Transport von C und P im Stamm von *Phaseolus*. Zwei Transportmuster werden nachgewiesen: eins in den inneren (älteren) Teilen der Phloemstränge; die Ströme gehen auf- und abwärts in verschiedenen Bündeln, was dem klassischen Druckstrom am meisten ähnelt. In jüngeren Phloemteilen gehen die Ströme in beiden Richtungen gleichzeitig und müssen aktiv sein. Es soll in diesem Zu-sammenhang daran erinnert werden, daß nach ARISZ die Siebröhren in den kontinuierlichen Symplast eingehen sollen. BIDDULPH u. CORY haben auch die Geschwindigkeiten der Ströme berechnet, aber alle solche Be-rechnungen mit radioaktivem Material sind von CANNY kritisch beurteilt worden und samt und sonders zu hoch — bisweilen unvernünftig viel zu hoch — befunden. BLACK meint, daß in *Atriplex vesicaria* in der Jugend die Aufnahme in die Blätter hinein dominiert, später nimmt die Auswanderung überhand. Dies dürfte recht allgemein der Fall sein, ob-wohl über die Bilanz zwischen diesen beiden Strömen, welche für die aktuelle Verteilung aller Ionen, die überhaupt aus den Blättern gelei-tet werden, entscheidend ist, noch wenig bekannt ist. Nach Versuchen von Scholz (2) mit geteilten Wurzelsystemen wird Bor nur aufwärts geleitet. Dasselbe hat man auch für Schwermetalle angenommen; Versuche mit radioaktivem Material haben aber zu einer Modifikation dieser Ansicht geführt. So fand Boken eine schnelle Erhöhung des Mn-Gehalts in Haferwurzeln nach einer Blattbespritzung.

Schwer zu deuten sind die Ergebnisse von Doney, Smith u. Wiebe über Bespritzung von *Phaseolus* und *Zea* mit Fe. Dieses wird zur Wurzel transportiert, die Auswanderung aus den Blättern steigt bei Erhöhung der HCO_3- oder P-Konzentration oder des pH in der Nährlösung, Fe wird aber im Stamm zurückgehalten, so daß die Mengen, die die Wurzel erreichen, unverändert bleiben.

B. Chelate und Chelatbildner

Chelatbildung ist häufig; man darf damit rechnen, daß zwei- bis mehrwertige Metalle in großem Ausmaß in der Pflanze in Chelaten vorliegen (Fortschr. Bot. **19**, 226). Die physiologische Wirkung von Substanzen mit starker Neigung zur Chelatbildung muß in ihrer Einwirkung auf den Schwermetallzustand betrachtet werden. Die Wirkung solcher Stoffe gehört zweifelsohne unter den Mineralstoffwechsel, auch wenn es unbekannt ist, was für Metalle die Stoffe binden. Ist dies bekannt, so wird die Literatur unter den betreffenden Elementen behandelt, andernfalls wird sie im vorliegenden Abschnitt erörtert. Außerdem wird die für den Mineralstoffwechsel wichtige Frage über die Aufnahme der chelatbildenden Stoffe für sich selbst behandelt.

Brown, Tiffin u. Mitarb. haben insbesondere die Wirkung von EDTA und gleichartigen Stoffen auf die Fe-Versorgung untersucht. Ein Teil ihrer Ergebnisse ist von großer prinzipieller Bedeutung. Brown, Tiffin u. Holmes haben, wie erwähnt, gezeigt, daß Wurzeln als Chelatbildner aufgefaßt werden können, welche mit äußerer EDTA (als Typus der Chelatbildner) um Fe konkurrieren. Die günstige Wirkung einer Nährlösung liegt darin, daß Fe in Lösung gehalten wird und nicht direkt in einer Förderung der Aufnahme, EDTA vermag deshalb auch die Wurzel des Fe (oder anderer Metalle) zu berauben, je nach der relativen Stärke der Komplexbindung mit EDTA bzw. nativen Chelatbildnern. EDTA kann als Phosphat in der Pflanze festgelegtes Fe nicht mobilisieren (Tiffin, Brown u. Holmes). Die Aufnahme von Fe und Chelatbildner aus Fe-Chelat ist von Tiffin, Brown u. Krauss durch Bestimmung des Fe und des Chelatbildungsvermögens der Nährlösung und in Wurzelexsudaten untersucht worden. Fe wird schneller als EDDHA aufgenommen, in Wurzelexsudat findet sich etwa 10mal mehr Fe als Säure. Fe-Chelat wird also nicht als Komplex aufgenommen, sondern durch Austausch des Metalles. Dies macht die Angabe von McLaren u. Mitarb. über schnelle Aufnahme makromolekulärer Stoffe noch zweifelhafter.

Hanson berichtet, daß EDTA ähnlich wie Ribonuclease angeblich auf Plasmamembranen einwirkt, was in Verbindung mit einer stabilisierenden Wirkung des Ca gebracht wird. Andererseits haben Carr u. Ng (Fortschr. Bot. **22**, 185) ermittelt, daß die Wirkung von EDTA auf das Streckungswachstum von Koleoptilen Aerobiose verlangt, was auf eine Beteiligung des chelierten Metalls im Metabolismus deutet.

Die Diskussion über die Wachstumswirkung der EDTA ist weitergeführt. Heath u. Clark haben ihr früher nur vorläufig erwähntes

(Fortschr. Bot. **19**, 228), aufsehenerregendes Material vollständig veröffentlicht. Es enthält das IES und drei Chelatbildner, und zwar EDTA, Diäthyldithiocarbamat (DIECA) und 8-Hydroxychinolin, die sowohl auf Koleoptilen wie auf Wurzeln übereinstimmende Wachstumswirkung ausüben. Sie sind aber auch Antagonisten in den remarkablen Konzentrationsverhältnissen 10^7 bis 10^5 : 1. Frühere Kritik wird widerlegt. HEATH und CLARK meinen, daß IES und Chelatbildner nicht dasselbe Metall binden können, weil ein Antagonismus durch einen Bruchteil desselben Stoffes ganz sinnlos wäre. Logischerweise muß man aber fordern, daß alle vier erwähnten Stoffe verschiedene Metalle binden, und also vier Metalle anscheinend dieselbe Wachstumswirkung voneinander unabhängig ausüben. Das ist jedoch sehr unwahrscheinlich. HEATH u. CLARK erörtern noch immer die Möglichkeit, daß IES Ca cheliert, was sowohl von CARR u. NG bestritten wird wie auch von BURSTRÖM, der Wachstumswirkung von EDTA bei einem Ca-Überschuß von 200 : 1 erhalten hat, und von CLELAND, der direkt gezeigt hat, daß Ca aus Zellwänden durch IES nicht freigemacht wird. Diese Möglichkeit dürfte jedoch ausgeschlossen sein. BURSTRÖM hat auch bestätigt, daß EDTA im Gegensatz zu IES vorwiegend die Zellteilungen hemmt, und daß ihre Wirkung im Licht verschwindet. Diesem wird durch Fe entgegengewirkt, was jedoch nicht beweist, daß EDTA die Fe-Versorgung reguliert. Zuletzt sollte erwähnt werden, daß nach OCHS u. POHL EDTA die Zuckeraufnahme in *Avena*-Koleoptilen hemmt, was durch IES aufgehoben wird. Dies scheint wiederum auf eine Beteiligung der IES an der Schwermetallversorgung hinzudeuten.

C. Bedeutung und Funktion der einzelnen Elemente

Nur solche Ergebnisse werden hier behandelt, die im vorigen Kapitel nicht erwähnt worden sind. Insbesondere hinsichtlich der S-, Fe- und Ca-Wirkungen wird auf die vorhergehenden Abschnitte hingewiesen.

In einer breit geplanten Untersuchung mit *Nicotiana* haben sowohl TSO, MCMURTREY u. SOROKIN die Einwirkung von N, K, Ca, Mg, S- und B-Mangel auf die Gehalte an Alkaloiden, Zuckern und organischen Säuren, wie auch TSO u. MCMURTREY an Aminosäuren, bestimmt. Aus den Ergebnissen dürften insbesondere die steigenden Gehalte an freien Aminosäuren bei Ca- und B-Mangel hervorgehoben werden. DERSCH berichtet, daß bei Mineralstoffmangel *Ankistrodesmus* Astaxanthin bildet unter Abnahme der primären Carotinoide.

Prinzipiell wichtig ist die Auseinandersetzung von LOWENSTEIN mit der Chelatbildung mit K in Nucleosidphosphorsäure. K stimuliert spezifisch die Transphosphorylierung mit ATP. Es ist in diesem Zusammenhang zu bemerken, daß in *Chlorella* und Chloroplasten K nach LATZKO auch die photosynthetische Phosphorylierung aktiviert. Rubidium übt fast dieselbe Wirkung aus. Die dominierende Rolle des Kaliums für den Salzzustand geht daraus hervor, daß nach TAMMES der Vacuolensaft des Embryosackes aus *Cocos* denselben K-Gehalt hat wie die Blätter, während der Gehalt von Ca, P und Mg nur 1/2 bis 1/6 ausmacht und Schwermetalle nicht nachweisbar waren. — Es wird wiederum bestätigt, daß Na

u. U. K ersetzen kann. SCHMIDT fand unverminderte Photosynthese in *Spinacia* und Tomate bei völligem Ersatz von K durch Na. In zwei Fällen wurde ermittelt, daß Halophyten unbedingt Na verlangen. Die Keimpflanzen von *Rhizophora mangle* entwickeln sich in Abwesenheit von Na nicht normal (STERN u. VOIGT), Meereswasser ist optimal. Für *Halogeton glomeratus* liegt nach WILLIAMS das Optimum bei 0,1-n NaCl.

In Mikrosomen ist Magnesium nach EDELMAN, T'SO u. VINOGRAD fast ganz an RNS gebunden, und es wird ihm die Rolle zugeschrieben, die Struktur der Gebilde aufrechtzuerhalten. GREENWOOD u. HALLSWORTH berichten, daß in *Trifolium* eine N-Fixierung Ca und Cu verlangt; mit Nitraternährung werden die normalen Mangelerscheinungen der Metalle erhalten, bei Symbiose nur N-Mangel. Maximale P-Aufnahme in *Pisum* fordert nach SAVIOJA u. MIETTINEN Anwesenheit des Ca. HASE, MIHARA u. TAMIYA haben gefunden, daß in *Chlorella* S-Mangel ein Aufhören der Zellteilungen herbeiführt; bei Zugabe von S bildet sich ein S-Peptid-Nucleotid, das während der Mitose zerfällt.

MAITRA u. ROY haben die Einwirkung von Schwermetallen auf die Bildung von Vitamin B_{12} in *Streptomyces* verfolgt. Eine Übersicht über die biochemische Rolle des Fe stammt von EVANS.

Von den anderen Arbeiten über Fe sollen nur wenige erwähnt werden. BROWN u. TIFFIN nehmen an, daß bei der Aufnahme von Fe und Fe^{3+}-EDTA Fe^{3+} an der Wurzeloberfläche zu Fe^{2+}, das weniger stabile Chelate bildet, reduziert wird. Die alte Streitfrage über die Fe-Mn-Bilanz kehrt in einer Arbeit von OERTLI u. JACOBSON wieder; sie finden Proportionalität zwischen dem Fe- und Chlorophyllgehalt unabhängig vom Mn in verschiedenen Pflanzen. Da nach BURSTRÖM die Lichtempfindlichkeit der Zellstreckung in Wurzeln mit ihrem Chlorophyllgehalt korreliert ist, könnte dies bedeuten, daß Fe bei der Zellstreckung wirksam ist. Eine interessante Fe-Wirkung beschreiben WELKIE u. MILLER in *Nicotiana*; Fe-Mangel verursacht eine Abgabe von Riboflavin, das bei Fe-Zusatz wieder aufgenommen wird. Mangan ist früher mit der Photosynthese in Verbindung gesetzt worden. HABERMANN findet, daß in isolierten Chloroplasten Mn den Sauerstoffwechsel erhöht, vermutlich durch Beschleunigung der Bildung von Peroxyden nach der Photolyse.

Kupferresistente Hefestämme bilden nach ASHIDA u. NAKAMURA H_2S; die Resistenz hängt mit der S-Zufuhr zusammen, aber beruht nicht lediglich auf der Fällung von CuS. Die Bindung von Cu an die Cytoplasmaoberfläche von *Fusarium*-Conidien wird von TRÄGER beschrieben. Es wurde oben erwähnt, daß für symbiotische N-Fixierung Cu und Ca erforderlich sind. Nach HALLSWORTH u. Mitarb. wird sie sowohl durch Cu wie Co stimuliert, in *Trifolium* z. B. durch 0,0003—0,06 mg Co pro l. Die Ergebnisse mit Co werden von AHMED u. EVANS (1, 2) für *Glycine* bestätigt; Co ist unbedingt in einer Konzentration von 0,1—1,0 μg pro l notwendig. Eine gute Übersicht über Zink, seine Mangelerscheinungen, Vorkommen und Diagnostizierung ist von CHAPMAN geschrieben worden. STEIN u. FISCHER berichten, daß α-Amylase neben Ca auch Zn enthält, das durch chelierende Stoffe entfernt werden kann. Die Bedeutung bleibt unbekannt.

Mehrere Arbeiten behandeln die umstrittene Wirkung des Bors. Eine früher bevorzugte Ansicht, daß Bor den Transport von Kohlenhydraten reguliert, wird von NEALES (1) widerlegt; isolierte Wurzeln in Saccharoselösungen zeigen trotz Aufnahme des Zuckers Bormangel auf. DUGGER

u. HUMPHRIES haben enzymchemisch die Einwirkung von Bor auf die Synthese von Saccharose aus Uridintriphosphat, Glucose-1-phosphat und Fructose in *Pisum* untersucht. Die Versuche führen zum Ergebnis, daß Bor die Saccharosesynthese hemmt; auch die Einwirkung auf die mit ATP gekoppelten Einzelreaktionen wird erörtert. SCOTT, der Borvergiftung in *Helianthus* studiert hat, findet sie mit Abnahme des Stärkegehalts verbunden. Er meint, daß Bor durch Komplexbildung mit Phosphorylase die Synthese hemmt. Im allgemeinen soll Bor übermäßige Polymerisierung von Zuckern verhindern. Es erscheint jedoch zweifelhaft, ob die Giftwirkung über die Nährwirkung des Bors Auskunft gibt. Seine Wirkung ist immer noch unvollständig bekannt. Im übrigen hat SCHOLZ (1) Mangelerscheinungen in *Vicia* beschrieben und NEALES (2) den B-Bedarf des Mais. Seine Unentbehrlichkeit für sowohl Anlegung als auch Wachstum und Differenzierung der Wurzeln wird von BUSSLER betont. MCILRATH u. Mitarb. haben mit negativem Erfolg die Einwirkung des Bors auf die Gehalte anderer Spurenelemente untersucht. — PETERS u. HALL haben aus *Dichapetalum toxicarium* als giftigem Bestandteil die eigentümliche ω-Fluoroleinsäure, die in nichttoxischen Arten fehlt, isoliert.

D. Ökologische Fragen

Die alte Frage nach dem Wesen der Kalkchlorose hat sich einer Lösung genähert, nachdem anerkannt worden ist, daß letzten Endes der Fe-Zustand dafür verantwortlich ist. Gewisse Erscheinungen können jedoch nicht so leicht damit in Übereinstimmung gebracht werden; auch ist die Kausalkette nicht in den Einzelheiten bekannt. Wichtige Beiträge stammen von WALLACE u. Mitarb. RHOADES u. WALLACE haben die CO_2-Fixierung und die Bildung organischer Säuren in *Phaseolus* bestimmt und stellen sich die Entstehung der Kalkchlorose folgendermaßen vor. $CaCO_3$ erhöht durch CO_2-Fixierung den Gehalt organischer Säuren. Es wird dargetan, daß Citronensäure, Äpfelsäure, Oxalsäure und Malonsäure vermehrt werden. CO_2 wird an Phosphoenolpyruvat zu Oxalessigsäure unter Freimachung von anorganischem P gebunden. Dieses fällt Fe und verursacht Chlorose. Eine aus der Literatur bekannte unvermeidliche Folgeerscheinung ist, daß der Gehalt an Oxalessigsäure, Malat und anderen Säuren bei Chlorose ansteigt. Oxalsäure fällt Ca als Oxalat, was einen hohen K : Ca-Quotient zur Folge hat; das ist auch ein Kennzeichen der Chlorose. Diese Theorie ist außerordentlich interessant, und eine weitere Entwicklung derselben wird erwartet. BEDRI, WALLACE u. RHOADES haben Brenztraubensäure, Fumarsäure, Bernsteinsäure, Malonsäure, Äpfelsäure und Citronensäure mit und ohne Fe, mit und ohne HCO_3-Zusatz aus *Glycine, Phaseolus, Poncirus, Persea* und *Hordeum* fraktioniert. Die CO_2-Fixierung der Arten nimmt derselben Reihenfolge nach ab und damit die Empfindlichkeit für Kalkchlorose. RORISON (1) hat bestätigt, was früher in der Literatur angedeutet worden ist, daß calcicole und calcifuge Pflanzen nur in einem kritischen Keimpflanzstadium gegen die Bodenreaktion empfindlich sind. Man könnte erwägen, ob dies nicht mit dem Übergang von heterotropher zu autotropher

Lebensweise übereinstimmt. Bradshaw u. Mitarb. haben die ökologisch verschiedenen *Cynosurus cristatus, Lolium pernenne, Agrostis tenuis* und *Nardus stricta* bei variiertem p_H und Ca-Gehalt aufgezogen und aus den allerdings unregelmäßigen Ergebnissen geschlossen, daß das p_H eine vom Ca unabhängige Wirkung ausübt. Dies beeinträchtigt keineswegs die obenerwähnte Erklärung der Kalkchlorose. Die calcicole *Scabiosa columbaria* stirbt in saurer Bodenlösung an angeblicher Al-Vergiftung ab und die calcifuge *Holcus mollis* in alkalischer an Fe-Mangel. Diese Beispiele dürften das ökologische p_H-Problem gut veranschaulichen.

Greenland u. Kowal haben umfangreiche Bestimmungen an N, P, K, Ca und Mg in Vegetation und Boden eines Regenwaldes in Ghana durchgeführt. Der große, gesamte Mineralnährstoffgehalt soll hervorgehoben werden, an N findet sich mehr, als aus der N-Fixierung zu erwarten wäre. — Ingestad u. Molin haben dargetan, daß die Bodensterilisierung nur wenig den Nährstoffzustand beeinflußt; Wachstumsbegünstigung von *Picea* muß auf andere Weise erklärt werden. — Der Mineralstoffgehalt der Atmosphäre wird in zwei Arbeiten behandelt. Ashby u. Mika berichten, daß S-Mangel in *Tilia*-Kulturen, in Chicago angelegt, wegen der Luftverunreinigungen nur in geschlossenen Kammern hervorgerufen werden kann. Obwohl dieser Faktor lokal stark variieren muß, verdient der Umstand beachtet zu werden. Pb^{210} und Po^{210} kommen nach Hill in der Vegetation in schwankenden Mengen vor, die in keinem Verhältnis zu den Bodengehalten wohl, aber zum Niederschlag stehen. Es wird angenommen, daß sie aus $Radon^{222}$ entstehen und durch die Blätter aufgenommen werden. — Gabrielsen u. Madsen haben mittels Autoradiogrammen dargetan, daß Pilzinfektion an Blättern durch die P-Aufnahme des Mycels lokalen P-Mangel hervorrufen kann.

Zahlreiche Arbeiten behandeln die Diagnostizierung von Mineralstoffmangel, aber nur wenige teilen neue Gesichtspunkte mit. In *Hevea* diagnostiziert van der Marel den P-Zustand durch Rindenanalysen, Ashby beschreibt Mangeldiagnosen an *Tilia* in Sandkultur, und Hammes u. Berger haben eine neue Methode zur Bestimmung des zugänglichen Boden-Mangans mittels Na_2EDTA-Auszug ausgearbeitet.

Literatur

Ahmed, S., and H. J. Evans: (1) Soil Sci. **90**, 205—210 (1960); — (2) Biochem. Biophys. Res. Commun. **1**, 271—275 (1959). — Allen, M.: J. Hort. Sci. **35**, 127 bis 135 (1960). — Amoore, J. E.: Biochem. J. **76**, 438—444 (1960). — Arisz, W. H.: (1) Bull. Res. Counc. Israel **8 D**, 247—252 (1960); — (2) Protoplasma **52**, 309—343 (1960). — Ashby, W. C.: Bot. Gaz. **121**, 22—28 (1959). — Ashby, W. C., and E. S. Mika: Bot. Gaz. **121**, 28—31 (1959). — Ashida, J., and H. Nakamura: Plant Cell Physiol. **1**, 63—70 (1960).

Bange, G. G. J., and R. Overstreet: Plant Physiol. **35**, 605—608 (1960). — Bedri, A. A., A. Wallace and W. A. Rhoads: Soil Sci. **89**, 257—263 (1960). — Bernstein, L., and R. H. Nieman: Plant Physiol. **35**, 589—598 (1960). — Bhan, K. L., R. C. Huffaker, A. A. Bedri, R. T. Mueller, R. A. Jeffreys, R. M. Carmack, M. I. Biely and A. Wallace: Soil Sci. **89**, 277—287 (1960). — Biddulph, O., and R. Cory: Plant Physiol. **35**, 689—695 (1960). — Bieleski, R. L.: Austr. J. Biol. Sci. **13**, 203—221 (1960). — Black, R. F.: Austr. J. Biol. Sci. **13**, 249—266 (1960). — Boken, E.: Physiol. Plant. **13**, 786—792 (1960). — Bradshaw, A. D., R. W. Lodge, D. Jowett and M. J. Chadwick: J. Ecol. **48**, 143—150 (1960). — Brown, J. C., and L. O. Tiffin: Soil Sci. **89**, 8—15 (1960). — Brown, J. C., L. O. Tiffin and R. S. Holmes: Plant Physiol. **35**, 878—886 (1960). — Burström, H.: Physiol. Plant. **13**, 597—615 (1960). — Bussler, W.: Z. Pflanzenern. Düng. Bodenk. **91**, 1—13 (1960).

Canny, M. J.: Biol. Rev. **35**, 507—532 (1960). — Carr, D. J., and E. K. Ng: Austr. J. Biol. Sci. **12**, 373—387 (1960). — Chapman, H. D.: Bull. Res. Counc., Israel **8 D**, 105—130 (1960). — Chasson, R. M.: Physiol. Plant. **13**, 124—132 (1960). — Cleland, R.: Plant Physiol. **35**, 581—584 (1960). — Cline, J. F., and F. P. Hungate: Plant Physiol. **35**, 826—829 (1960).

DAINTY, J., and A. B. HOPE: Austr. J. Biol. Sci. 12, 395—411 (1960). — DAINTY, J., A. B. HOPE and C. DENBY: Austr. J. Biol. Sci. 13, 267—276 (1960). — DERSCH, G.: Flora 149, 566—603 (1960). — DONEY, R. C., R. L. SMITH and H. H. WIEBE: Soil Sci. 89, 269—275 (1960). — DUGGER, W. M. jr., and T. E. HUMPHREYS: Plant Physiol. 35, 523—530 (1960).

EDELMAN, I. S., P. O. P. T'SO and J. VINOGRAD: Biochem. Biophys. Acta 43, 393—403 (1960). — EPPLEY, R. W.: Plant Physiol. 35, 637—644 (1960). — EPSTEIN, E.: (1) Am. J. Bot. 47, 393—399 (1960); — (2) Nature (Lond.) 185, 705—706 (1960). — EVANS, H. J.: Mineral nutrition of trees 89—110, Duke University 1960.

FRANKE, W.: Planta (Berlin) 55, 533—541 (1960).

GABRIELSEN, E. K., and A. MADSEN: Physiol. Plant. 13, 595—596 (1960). — GREENLAND, D. J., and J. M. L. KOWAL: Plant and Soil 12, 154—174 (1960). — GREENWOOD, E. A. N., and E. G. HALLSWORTH: Plant and Soil 12, 97—127 (1960).

HABERMANN, H. M.: Plant Physiol. 35, 307—312 (1960). — HALLSWORTH, E. G., S. B. WILSON and E. A. N. GREENWOOD: Nature (Lond.) 187, 79—80 (1960). — HAMMES, J. K., and K. C. BERGER: Soil Sci. 90, 239—244 (1960). — HANDLEY, R., R. D. VIDAL and R. OVERSTREET: Plant Physiol. 35, 907—912 (1960). — HANSON, J. B.: Plant Physiol. 35, 372—379 (1960). — HASE, E., S. MIHARA and H. TAMIYA: Plant and Cell Physiol. 1, 131—142 (1960). — HEATH, O. V. S., and J. E. CLARK: J. exp. Bot. 11, 167—187 (1960). — HILL, C. R.: Nature (Lond.) 187, 211—212 (1960). — HOPE, A. B., and N. A. WALKER: Austr. J. Biol. Sci. 13, 277—291 (1960). — HOVLAND, D., and A. C. CALDWELL: Soil Sci. 89, 92—96 (1960). — HURD, R. G.: J. exp. Bot. 10, 345—358 (1960).

INGESTAD, T., and N. MOLIN: Physiol. Plant. 13, 90—103 (1960).

JACOBSON, L., D. P. MOORE and R. J. HANNAPEL: Plant Physiol. 35, 352—358 (1960).

KYLIN, A.: (1) Bot. Not. (Lund.) 113, 49—81 (1960); — (2) Physiol. Plant. 13, 148—154 (1960); (3) 13, 366—379 (1960); (4) 13, 385—397 (1960).

LATZKO, E.: Agrochimica 3, 148—164 (1959). — LEGGETT, J. E., and S. B. HENDRICKS: Nature (Lond.) 188, 862—863 (1960). — LOUGHMAN, B. C.: Plant Physiol. 35, 418—424 (1960). — LOWENSTEIN, J. M.: Biochem. J. 75, 269—274 (1960).

MACDONALD, I. R., P. C. DEKOCK and A. H. KNIGHT: Physiol. Plant. 13, 76—89 (1960). — MCILRATH, W. J., J. A. DE BRUYN and J. SKOK: Soil Sci. 89, 117—121 (1960). — MCLAREN, A. D., W. A. JENSEN and L. JACOBSON: Plant Physiol. 35, 549—556 (1960). — MAITRA, P. K., and S. C. ROY: Biochem. J. 75, 483—487 (1960). — MAREL, H. W. VAN DER: Plant and Soil 12, 5—14 (1960). — MARSCHNER, H., u. G. MICHAEL: Z. Pflanzenern. Düng. Bodenk. 91, 29—44 (1960). — MASON, A. C., and A. B. WHITFIELD: J. Hort. Soc. 35, 34—55 (1960). — MIDDLETON, L. J., R. HANDLEY and R. OVERSTREET: Plant Physiol. 35, 913—918 (1960).

NEALES, T. F.: (1) J. exp. Bot. 10, 426—436 (1960). — (2) Austr. J. Biol. Sci. 13, 232—248 (1960). — NOGGLE, J. C., and M. FRIED: Soil Sci. Soc. Amer. Proc. 24, 33—36 (1960).

OCHS, G., u. R. POHL: Phyton (Argent.) 13, 77—87 (1960). — OERTLI, J. J., and L. JACOBSON: Plant Physiol. 35, 683—688 (1960).

PETERS, R., and R. J. HALL: Nature (Lond.) 187, 573—575 (1960). — PETTERSSON, S.: Physiol. Plant. 13, 133—147 (1960).

RHOADS, W. A., and A. WALLACE: Soil Sci. 89, 248—256 (1960). — ROBERTSON, R. N.: Biol. Rev. 35, 231—264 (1960). — RORISON, I. H.: (1) J. Ecol. 48, 585—600 (1960); (2) 48, 689—710 (1960).

SAVIOJA, T., and J. K. MIETTINEN: Suomen Kemistilehti 33, 78—80 (1960). — SCHMIDT, L.: Flora 148, 1—22 (1960). — SCHOLZ, G.: (1) Flora 148, 295—305 (1960); (2) 148, 484—488 (1960). — SCOTT, E. G.: Plant Physiol. 35, 653—661 (1960). — SMITH, R. C.: Amer. J. Bot. 47, 724—729 (1960). — STEIN, E. A., and E. H. FISCHER: Biochem. Biophys. Acta 39, 287—296 (1960). — STERN, W. L., and G. K. VOIGT: Bot. Gaz. 121, 36—39 (1959). — SUTCLIFFE, J. F.: Nature (Lond.) 188, 294—297 (1960). — SWENSON, G., and H. BURSTRÖM: Physiol. Plant. 13, 846—854 (1960).

TAMMES, P. M. L.: Acta Bot. Neerl. 8, 493—496 (1959). — TIFFIN, L. O., J. C. BROWN and R. S. HOLMES: Soil Sci. Soc. Amer. Proc. 24, 120—123 (1960). — TIFFIN, L. O., J. C. BROWN and R. W. KRAUSS: Plant Physiol. 35, 362—367 (1960). — TRÖGER, R.: Arch. Mikrobiol. 37, 134—150 (1960). — Tso, T. C., and J. E. McMURTREY, jr.: Plant Physiol. 35, 865—870 (1960). — Tso, T. C., J. E. McMURTREY jr., and T. SOROKIN: Plant Physiol. 35, 860—864 (1960).

VINES, H. M., and R. T. WEDDING: Plant Physiol. 35, 820—825 (1960).

WALKER, T. W.: Soil Sci. 89, 328—332 (1960). — WEDDING, R. T., and M. K. BLACK: Plant Physiol. 35, 72—80 (1960). — WELKIE, G. W., and G. W. MILLER: Plant Physiol. 35, 516—520 (1960). — WILLIAMS, M. C.: Plant Physiol. 35, 500—505 (1960).

14. Stoffwechsel organischer Verbindungen I (Photosynthese)

Von ANDRÉ PIRSON, Göttingen

Der Beitrag folgt in Band XXIV

15. Stoffwechsel organischer Verbindungen II

a) Kohlenhydrat- und Säurestoffwechsel

Von HANS REZNIK, Heidelberg

Der Beitrag folgt in Band XXIV

15. Stoffwechsel organischer Verbindungen II

b) Sekundäre Pflanzenstoffe

Einleitender Bericht

Von HANS-BOTHO SCHRÖTER, Halle a. d. Saale

Auswahl zusammenfassender Darstellungen zur Chemie und natürlichen Verbreitung, zur Physiologie und zum Stoffwechsel sekundärer Pflanzenstoffe:

W. KARRER: Konstitution und Vorkommen der organischen Pflanzenstoffe (exklusive Alkaloide) (1958). Handbuch der Pflanzenphysiologie Bd. 10: Der Stoffwechsel sekundärer Pflanzenstoffe (redigiert von PAECH und SCHWARZE, 1958). GILDEMEISTER und HOFFMANN (herausgegeben von W. TREIBS): Die ätherischen Öle (ab 1956). SIMONSEN und ROSS: Terpenes Vol. IV, V (1957). DE MAYO: Mono- and Sesquiterpenoids (1959); The higher Terpenoids (1959). Biosynthesis of Terpenes and Sterols (herausgegeben von WOLSTENHOLME und O'CONNOR, 1959). GOODWIN: The Biosynthesis and Function of the Carotenoid Pigments (1959). GROB: Die Biogenese der Carotinoide bei pflanzlichen Organismen (1960). LYNEN und HENNING: Über den biologischen Weg zum Naturkautschuk (1960). BOHLMANN und MANNHARDT: Acetylenverbindungen im Pflanzenreich (1957).

NEISH: Biosynthetic Pathways of Aromatic Compounds (1960). EHRENSVÄRD und GATENBECK: Die metabolische Herkunft polycyclischer Chinone (1960). REZNIK: Vergleichende Biochemie der Phenylpropane (1960). SCHUBERT und NORD: Lignification (1957). KREMERS: The Lignins (1959). FREUDENBERG und WEINGES: Catechine, andere Hydroxy-flavane und Hydroxy-flavene (1958). BÖHM: Flavonoide (1959, 1960). VENKATARAMAN: Flavones and Isoflavones (1959). BIRCH: The Biosynthesis of Flavonoids and Anthocyanins (1960). BENTLEY: The Natural Pigments (1960). BUTENANDT: Über neue Farbstoffe, ihre Biogenese und physiologische Bedeutung (1960). BROCKMANN: Die Actinomycine (1960). TAMM: Neuere Ergebnisse auf dem Gebiete der glykosidischen Herzgifte (1957). STOLL und JUCKER: Die Heteroside (1958). FIESER und FIESER: Steroids (1959). TCHEN: Metabolism of Sterols (1960).

Handbuch der Pflanzenphysiologie Bd. 8: Der Stickstoffumsatz (redigiert von MOTHES, 1958). MOTHES: Über neue Arbeiten zur Biosynthese der Alkaloide (1959). MANSKE: The Alkaloids Vol. VI, VII (1960). PAILER: Natürlich vorkommende Nitroverbindungen (1960).

Die mit diesem Bericht einsetzende gesonderte Darstellung des Stoffwechsels „sekundärer Pflanzenstoffe" erscheint bereits mit der Fülle des vorliegenden und sich rasch mehrenden experimentellen Materials gerechtfertigt. Nahezu alle Autoren, die sich mit dem Problem beschäftigen (in letzter Zeit z. B. SCHWARZE, REZNIK), stimmen indessen in der Auffassung überein, daß eine Grenze zwischen Primär-Metabolismus und Sekundär-Stoffwechsel in vielen Fällen nicht scharf zu ziehen ist. Der Terminus „Pflanzenstoffe" ist vertretbar, weil die zu behandelnden Verbindungen vorwiegend von pflanzlichen Organismen gebildet und in zuweilen beachtlichen Mengen akkumuliert werden. Diese Tatsache sollte jedoch nicht darüber hinwegtäuschen, daß auch Tiere zur Synthese bestimmter chemischer Strukturen befähigt sind, wie sie sich unter den „sekundären Pflanzenstoffen" finden.

In Anlehnung an PAECH sollen unter „sekundären Pflanzenstoffen" im wesentlichen die folgenden Gruppen von Naturstoffen verstanden werden:

1. die Terpenoide,
2. die stickstofffreien aromatischen Verbindungen,
3. die stickstoffhaltigen sekundären Pflanzenstoffe.

Die von PAECH einbezogenen niederen aliphatischen Säuren sowie die Fette und Lipoide werden jeweils an anderer Stelle dieser Berichte abgehandelt werden.

Die erst in jüngster Zeit erschienenen umfangreichen Zusammenfassungen gestatten es, in diesem als Vorbemerkung für eine regelmäßige Berichterstattung gedachten Artikel auf die Wiedergabe experimentell gewonnener Einzelheiten zu verzichten und statt dessen zu versuchen, einige allgemeine Aspekte und Entwicklungslinien für das Gebiet der sekundären Pflanzenstoffe darzustellen.

Registrierung. Es ist ein ernst zu nehmendes Problem, in welcher Weise künftig die lawinenartig anschwellende Literatur über sekundäre Pflanzenstoffe sinnvoll zu erfassen sei. Die Zahl der Referatenorgane und die der ständig erscheinenden Übersichtsberichte ist nach allgemeiner Ansicht ausreichend, es mangelt indessen für einige Gruppen sekundärer Pflanzenstoffe an möglichst lückenlosen tabellarischen Zusammenstellungen, aus denen man sich über chemische und physikalische Eigenschaften, natürliches Vorkommen, Versuche zur Biogenese usw. zuverlässig orientieren kann. Eine Ordnung für das experimentell gesicherte Material ergibt sich zwanglos aus den chemischen Strukturen, deren Anzahl verhältnismäßig klein ist. Die Schwierigkeit besteht darin, die von diesen Grundstrukturen durch oft geringfügige chemische Variationen sich herleitende Mannigfaltigkeit sekundärer Pflanzenstoffe in etwa derselben Geschwindigkeit zu registrieren, in der die Resultate mit Hilfe der modernen Analysen- und Versuchsmethodik in einer ständig wachsenden Zahl von Laboratorien gewonnen werden (vgl. dazu: Symposium on Biological Communications, 7. 10. 1960. Biol. Abstr., Ser. D, **36**, Heft 8, 1961).

Verbreitung. Das vorliegende Tatsachenmaterial über das Vorkommen sekundärer Pflanzenstoffe wird von einigen Autoren als ausreichend erachtet, besonders für höhere Pflanzen eine Klassifizierung nach chemischen Merkmalen vorzunehmen (zusammenfassende Betrachtungen: ERDTMAN; HEGNAUER; KORTE, BARKEMEYER und KORTE). Erschwert werden diese Versuche durch das unbestreitbare Vorhandensein chemischer Rassen in der Natur, die nach morphologischen, anatomischen und cytologischen Merkmalen nicht unterscheidbar sind. Die Problematik ist auf einem Symposium in Kopenhagen erörtert worden [Planta Medica **8**, 205—321 (1960)].

Die Vegetation einzelner geographischer Distrikte ist mit Hilfe analytischer Schnellmethoden systematisch auf das Vorkommen von Alkaloid- oder Glykosid-führenden Species getestet worden (Australien: WEBB. Sowjetunion: SOKOLOW. Borneo: ARTHUR. Nordamerika: RAFFAUF). Die Ausdehnung dieses Verfahrens dürfte über den zunächst angestrebten wirtschaftlichen Gewinn hinaus auch von außerordentlichem wissenschaftlichem Interesse sein.

Biogenese. Die Kenntnis der chemischen Struktur sekundärer Pflanzenstoffe hat von jeher zu Vorstellungen über die Synthese dieser Verbindungen in der lebenden Pflanze geführt. Beschäftigten sich die älteren heute noch als beweiskräftig angesehenen Arbeiten auf diesem Gebiet vorwiegend mit den physiologischen Voraussetzungen der natürlichen Synthese (Bildungsort, Synthese in Abhängigkeit von Umweltfaktoren, vom Entwicklungszustand der Versuchspflanzen usw.), so rücken in letzter Zeit immer stärker Fütterungsexperimente mit isotopenmarkierten Vorstufen in den Vordergrund. Die Gefahr bei der Deutung dieser Versuche liegt zweifellos darin, daß physiologische Gegebenheiten außer acht bleiben und ein lebender Organismus allzu leicht einer Glasapparatur gleichgesetzt wird, in der chemische Reaktionen ablaufen. In diesem Sinne sind zumindest Versuche mit negativem Ausgang mit Vorsicht aufzunehmen. In der Tat wissen wir wenig über das Vermögen einer lebenden pflanzlichen Zelle in verschiedenen Stadien ihrer Entwicklung zur Synthese sekundärer Pflanzenstoffe. Es ist darum auch nicht erstaunlich, daß die Frage nach der Beteiligung einzelner Zellorganellen in diesem Zusammenhang bisher nur selten gestellt worden ist. Fermente aus Geweben und Organen höherer Pflanzen lassen sich häufig nur unter großen Schwierigkeiten in nativem Zustand präparieren, die von HASSE und BERG inaugurierten und von MOTHES u. Mitarb. bestätigten Versuche zur Biosynthese des Anabasins aus Cadaverin in Gegenwart von Erbsenkeimlings-Extrakten sind daher als ein Schritt zur fermentativen Synthese sekundärer Pflanzenstoffe zu werten. Sofort zeigt sich jedoch ein neues Problem: Anabasin wird nach Zufuhr von Cadaverin von den Enzymen des an sich anabasin-freien Erbsenkeimlings in anderer Weise synthetisiert als das Anabasin in *Nicotiana glauca*, einer Species, die Anabasin als Hauptalkaloid enthält (vgl. dazu die zusammenfassende Darstellung von MOTHES). Es ergibt sich die bemerkenswerte Tatsache, daß ein und derselbe Naturstoff auf unterschiedlichen Wegen entstehen kann (entsprechende Resultate liegen z. B. auch für die Biosynthese der Nicotinsäure in verschiedenen Gruppen von Organismen vor). Die fermentative Synthese sekundärer Pflanzenstoffe wird künftig ebenso wie ihre Bildung in Gewebekulturen (Zusammenfassung: KLEIN) Gegenstand intensiver Forschung sein, die neben der Klärung von Reaktionsfolgen auch die Lösung bisher kaum bearbeiteter stereochemischer Probleme zum Ziel haben muß.

Abbau und Funktion in der Pflanze. Die heterogene Gruppe der sekundären Pflanzenstoffe enthält mit Sicherheit Verbindungen, die nach ihrer Synthese endgültig aus dem Stoffwechsel ausgeschieden werden und die unter Umständen leicht deutbare Funktionen im pflanzlichen Organismus übernehmen. Indessen erscheint eine Verallgemeinerung im Sinne einer „Exkretions"-, „Schlacken-" oder „Hobelspan-Theorie" doch sehr bedenklich. So lassen sich z. B. Versuche an alkaloid-bildenden Pflanzen oder an Mikroorganismen nicht anders als mit einem Abbau sekundärer Pflanzenstoffe zu solchen Produkten erklären, die wir üblicherweise dem Grundstoffwechsel zuordnen. Die diffizilen Probleme der gegenseitigen Umwandlung sekundärer Pflanzenstoffe *in vivo* — etwa durch Methylierung oder Entmethylierung, durch Hydrierung oder Dehydrierung, durch Hydroxylierung oder Abspaltung von OH-Gruppen — sollten in Zukunft mit Hilfe der Isotopen-Methodik ihrer Lösung näher zu bringen sein.

Im Laufe der Zeit ist große Mühe darauf verwendet worden, die Bedeutung zu erklären, welche die sekundären Pflanzenstoffe für die sie erzeugenden Organismen selbst besitzen. Es ist nicht zu leugnen, daß einige Deutungen für bestimmte Fälle zutreffen (mechanische Verfestigung, Abschreckung von Schädlingen, antibiotischer Effekt, Insekten-Anlockung usw.). Eine verallgemeinernde Theorie wie diejenige von FRAENKEL, basierend auf den Anschauungen älterer Autoren und dargeboten unter dem Titel "The Raison d'Être of Secondary Plant Substances" dürfte allerdings vielerorts auf Widerspruch stoßen.

Literatur

ARTHUR, H. R.: J. Pharmacy Pharmacol. **6**, 66—72 (1954).

BENTLEY, K. W.: The natural pigments. New York and London: Interscience Publ. 1960. — BIRCH, A. J.: XVII. Internationaler Kongreß für Reine und Angewandte Chemie, Bd. II, 73—84 (1960). — BOHLMANN, F., u. H. J. MANNHARDT: Fortschr. Chem. org. Naturstoffe **14**, 1—70 (1957). — BÖHM, K.: Arzneimittel-Forsch. **9**, 539, 647, 778 (1959); **10**, 54, 139, 188, 468, 547 (1960). — BROCKMANN, H.: Fortschr. Chem. org. Naturstoffe **18**, 1—54 (1960). — BUTENANDT, A.: XVII. Internationaler Kongreß für Reine und Angewandte Chemie, Bd. II, 11—31 (1960).

EHRENSVÄRD, G., u. S. GATENBECK: XVII. Internationaler Kongreß für Reine und Angewandte Chemie, Bd. II, 99—111 (1960). — ERDTMAN, H.: Perspectives in organic chemistry, 453—494. New York and London: Interscience Publ. 1956.

FIESER, L. F., and M. FIESER: Steroids. New York: Reinhold Publ. Corp. 1959. — FRAENKEL, G. S.: Science **129**, 1466—1470 (1959). — FREUDENBERG, K., u. K. WEINGES: Fortschr. Chem. org. Naturstoffe **16**, 1—25 (1958).

GILDEMEISTER, E., u. F. HOFFMANN: Die ätherischen Öle. 4. Aufl. (herausgegeben von W. TREIBS). Berlin: Akademie-Verlag 1956—1960. — GOODWIN, T. W.: Advances in Enzymol. **21**, 295—368 (1959). — GROB, E. C.: XVII. Internationaler Kongreß für Reine und Angewandte Chemie. Bd. II, 52—72 (1960).

HASSE, K., u. P. BERG: Biochem. Z. **331**, 349—355 (1959). — HEGNAUER, R.: Pharm. Acta Helv. **33**, 287—305 (1958).

KARRER, W.: Konstitution und Vorkommen der organischen Pflanzenstoffe (exclusive Alkaloide). Basel und Stuttgart: Birkhäuser-Verlag 1958. — KLEIN, R. M.: Econ. Botany **14**, 286—289 (1960). — KORTE, F., H. BARKEMEYER u. I. KORTE: Fortschr. Chem. org. Naturstoffe **17**, 124—175 (1959). — KREMERS, R. E.: Ann. Rev. Plant Physiol. **10**, 185—196 (1959).

LYNEN, F., u. U. HENNING: Angew. Chem. **72**, 820—829 (1960).

MANSKE, R. H. F.: The alkaloids. Vol. VI, Vol. VII. New York: Academic Press 1960. — MAYO, P. DE: Mono- and sesquiterpenoids. The higher terpenoids. New York and London: Interscience Publ. 1959. — MOTHES, K.: Pharmazie **14**, 121—132 u. 179—190 (1959). — MOTHES, K., H. R. SCHÜTTE, H. SIMON u. F. WEYGAND: Z. Naturforsch. **14**b, 49—51 (1959).

NEISH, A. C.: Ann. Rev. Plant Physiol. **11**, 55—80 (1960).

PAECH, K.: Biochemie und Physiologie der sekundären Pflanzenstoffe. Berlin-Göttingen-Heidelberg: Springer 1950. — PAILER, M.: Fortschr. Chem. org. Naturstoffe **18**, 55—82 (1960).

RAFFAUF, R. F.: Persönl. Mitt. — REZNIK, H.: Ergebn. Biol. 23, 14—46 (1960).
— RUHLAND, W., el al.: Handbuch der Pflanzenphysiologie, Bd. 8: Der Stick-
stoffumsatz (redigiert von K. MOTHES). Berlin-Göttingen-Heidelberg: Springer
1958. — RUHLAND, W., et al.: Handbuch der Pflanzenphysiologie, Bd. 10: Der
Stoffwechsel sekundärer Pflanzenstoffe (redigiert von K. PAECH und P. SCHWARZE).
Berlin-Göttingen-Heidelberg: Springer 1958.

SCHUBERT, W. J., and F. F. NORD: Advances in Enzymol. 18, 349—378 (1957).
— SIMONSEN, J., and W. C. J. ROSS: The terpenes. Vol. IV, Vol. V. Cambridge:
Cambridge Press 1957. — SOKOLOW, W. S.: Alkaloidpflanzen der UdSSR. Moskau
und Leningrad: 1952 (russ.). — STOLL, A., u. E. JUCKER: Handbuch der Pflanzenphysiologie 6, 534—779 (1958).

TAMM, C.: Fortschr. Chem. org. Naturstoffe 14, 71—140 (1957). — TCHEN, T. T.:
Metabolic pathways, Vol. 1 (2. Aufl.), 389—429 (1960).

VENKATARAMAN, K.: Fortschr. Chem. org. Naturstoffe 17, 1—69 (1959).

WEBB, L. J.: Commonwealth Sci. Res. Organ. Austral. Bull. 241, 5—56 (1949);
268, 5—99 (1952). — WOLSTENHOLME, G. E. W., and M. O'CONNOR: CIBA foundation
symposium on the biosynthesis of terpenes and sterols. London: Churchill Ltd.,
1959.

16. N-Stoffwechsel

Von ERICH KESSLER, Marburg a. d. Lahn, und HORST KATING, Bonn

Der Beitrag folgt in Band XXIV

17. Viren und Phagen
a) Phytopathogene Viren

Von Heinz-Günter Wittmann, Tübingen

Mit 1 Abbildung

I. Virusstruktur

a) Tabakmosaikvirus (TMV)

Protein. Die Ermittlung der Aminosäuresequenz der Protein-Untereinheit des Tabakmosaikvirus hat in dem Berichtsjahr sehr große Fortschritte gemacht. Es wurde bereits in dem letzten Jahr über die Isolierung aller und die Sequenz einiger der nach Trypsinbehandlung erhaltenen Peptide berichtet. Später veröffentlichte Gish die Sequenz eines tryptischen Pentadecapeptids. Die Reihenfolge der tryptischen Peptide innerhalb der Proteinkette wurde von Anderer, Uhlig, Weber und Schramm durch Isolierung der Brückenpeptide sowie von Wittmann (1) durch Vergleich der tryptischen Peptide im Protein mehrerer TMV-Stämme bestimmt. Die Kombination der Ergebnisse über die Sequenz der Aminosäuren innerhalb eines tryptischen Peptids mit denen über die Reihenfolge der tryptischen Peptide innerhalb der Proteinkette führte zu der vollständigen Ermittlung der Sequenz für das TMV-Protein (Anderer et al. sowie Tsugita et al.). Die in jahrelanger Arbeit von den Arbeitsgruppen in Tübingen und Berkeley erhaltenen Ergebnisse über die Aminosäuresequenz des TMV sind in der Abbildung zusammengefaßt. Sie zeigen noch Diskrepanzen an einigen Stellen, die in der Abbildung in Klammern gesetzt sind. Es ist zu erwarten, daß die Untersuchungen der nächsten Monate auch diese letzten Differenzen beseitigen werden. Die bisherigen Unterschiede in den Ergebnissen der beiden Arbeitsgruppen waren immer auf experimentelle Fehler und nie auf Unterschiede zwischen den in Berkeley und in Tübingen verwendeten Viruspräparaten zurückzuführen.

Die Analyse des Proteins einer spontan entstandenen TMV-Mutante, die bei 35° isoliert wurde, ergab den Austausch von Threonin gegen Isoleucin; die Eiweißzusammensetzung der Mutante war dieselbe, ganz gleich ob die Virusvermehrung bei 20° oder 35° vor sich ging [Aach (1, 2)]; ein Hinweis dafür, daß die TMV-Proteinzusammensetzung nicht durch Änderungen im Stoffwechsel der Wirtspflanze geändert wird. Man sollte vielmehr erwarten, daß Änderung des genetischen Materials des Virus, nämlich seiner RNS, auch Änderungen des Proteins zur Folge hat, weil letzteres als genau determiniertes Produkt einer Infektion mit einer spezifischen RNS gebildet wird. So ist die Frage von besonderer Bedeutung, ob und wie sich das TMV-Protein ändert, wenn die TMV-RNS z. B.

durch Nitritbehandlung in ihrer Sequenz geändert wird. Dieses Problem wird in Tübingen und Berkeley intensiv untersucht, da die Ergebnisse Schlüsse auf die Korrelation zwischen Nucleinsäure und Protein gestatten. TSUGITA und FRAENKEL-CONRAT fanden, daß das Protein einer nach Nitritbehandlung isolierten Mutante sich in 3 Aminosäuren von dem Ausgangsstamm unterschied. WITTMANN (2) spaltete das Protein von TMV-Mutanten mit Trypsin, isolierte die tryptischen Peptide und bestimmte deren quantitative Aminosäurezusammensetzung. Nach den bisher veröffentlichten Ergebnissen, die sich auf 26 spontane und nach Nitritbehandlung isolierte Mutanten stützen, ist zu schließen, daß nur ein gewisses Stück der gesamten TMV-RNS mit 6500 Nucleotiden für die Determination des TMV-Proteins nötig ist. Eine Änderung der Nucleotide in diesem Stück resultiert in einem oder mehreren Aminosäureaustauschen in der Proteinkette, während Änderungen der Nucleinsäure außerhalb des „Proteingens" zwar den Wirtsstoffwechsel beeinflussen, was sich in veränderten Symptomen manifestiert, jedoch keinen Einfluß auf die Proteinkomponente des Virus haben [WITTMANN (3)].

YCAS verglich die bisher veröffentlichten Zusammensetzungen der RNS und der Proteinkomponente von mehreren Pflanzenviren und zog daraus Schlüsse auf die Art der Korrelation zwischen RNS und Protein. SILVA und KNIGHT setzten ihren im letzten Bericht erwähnten qualitativen Vergleich der tryptischen Peptide des sog. I-Peptids von 5 TMV-Stämmen mit Hilfe eines zweidimensionalen Trennverfahrens fort; bei denselben Stämmen wurden von RAMACHANDRAN der Tryptophangehalt und die Tryptophylsequenzen bestimmt. Einer dieser Stämme war in jeder Hinsicht sehr stark von dem Ausgangsstamm unterschieden, ein anderer zeigte überhaupt keine feststellbaren Unterschiede, während die restlichen Stämme Unterschiede geringen Ausmaßes aufwiesen. Manche der tryptischen Peptide des von WITTMANN (4) untersuchten TMV-Stamms *dahlemense* wiesen gegenüber dem Normalstamm *vulgare* eine recht unterschiedliche Zusammensetzung auf; die Zahl der Aminosäuren war jedoch bei beiden Stämmen dieselbe. Während bei Mischung der sog. A-Proteine von *dahlemense* und *vulgare* diese unter geeigneten Bedingungen zu gemischten Stäbchen polymerisierten, war das bei den A-Proteinen des TMV-Stamms *Holmes rib grass*, der sich analytisch weit stärker als *dahlemense* von *vulgare* unterscheidet, nicht der Fall (SARKAR).

Nucleinsäure. Ausführliche Untersuchungen über die sekundäre Struktur der TMV-RNS wurden von BOETTGER (1, 2) mit physikalischen Methoden durchgeführt (Lichtstreuung, Sedimentation, Viscosität, optische Drehung, Spektrophotometrie). In m/10 Phosphatpuffer von p_H 6,8 liegt die RNS in einer teilweisen Helix-Konfiguration vor und verhält sich hydrodynamisch wie eine zufällig geknäuelte polymere Kette. Wird die RNS auf 80° C erhitzt und rasch abgekühlt bzw. 2 Tage bei 25° stehen gelassen, so ist die Kette kompakter; das Molekulargewicht bleibt erhalten. Mg^{++}-Ionen sind für die Stabilisierung der Helix-Struktur etwa 25000 mal wirksamer als Na^+. Aus dem Zusammenfallen der Änderung des Sedimentationskoeffizienten und des hypochromen Effekts bei

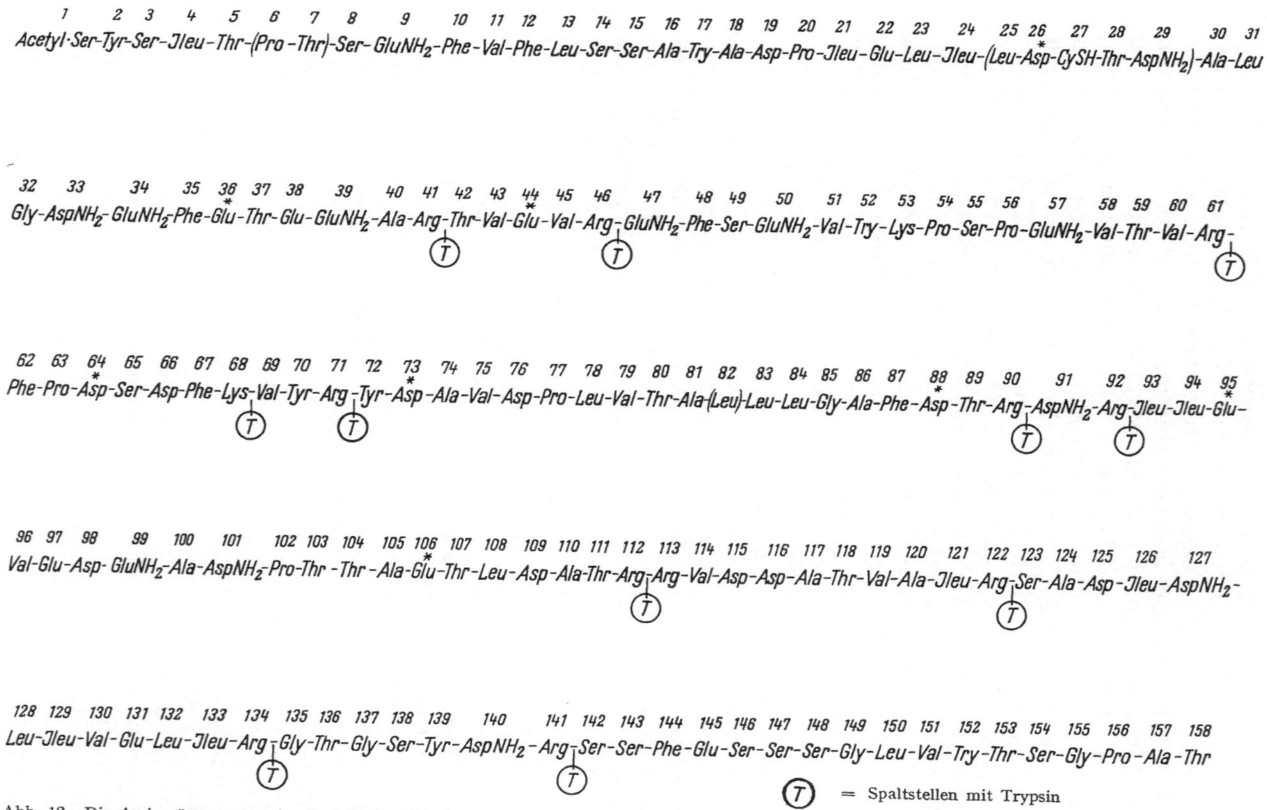

```
  1    2   3   4   5   6   7   8   9    10  11  12  13  14  15  16  17  18  19  20  21   22  23   24   25 26  27  28   29    30  31
Acetyl·Ser-Tyr-Ser-Jleu-Thr-(Pro-Thr)-Ser-GluNH₂-Phe-Val-Phe-Leu-Ser-Ser-Ala-Try-Ala-Asp-Pro-Jleu-Glu-Leu-Jleu-(Leu-Asp*-CySH-Thr-AspNH₂)-Ala-Leu

 32   33     34    35  36  37  38    39    40  41  42  43  44  45  46    47    48  49   50    51  52  53   54  55  56   57    58  59  60  61
Gly-AspNH₂-GluNH₂-Phe-Glu-Thr-Glu-GluNH₂-Ala-Arg-Thr-Val-Glu-Val-Arg-GluNH₂-Phe-Ser-GluNH₂-Val-Try-Lys-Pro-Ser-Pro-GluNH₂-Val-Thr-Val-Arg-
                        *                          ⓣ             ⓣ                                                                    ⓣ

 62  63  64  65  66  67  68  69  70  71  72   73   74  75  76  77  78  79  80  81  82  83  84  85  86  87   88   89  90    91    92  93  94  95
Phe-Pro-Asp-Ser-Asp-Phe-Lys-Val-Tyr-Arg-Tyr-Asp-Ala-Val-Asp-Pro-Leu-Val-Thr-Ala-(Leu)-Leu-Leu-Gly-Ala-Phe-Asp-Thr-Arg-AspNH₂-Arg-Jleu-Jleu-Glu-
             *                     ⓣ        *                                           *                      ⓣ          ⓣ          *

 96 97  98   99  100  101   102 103 104  105 106 107 108 109 110 111 112 113 114 115  116 117 118 119 120  121  122 123 124 125 126  127
Val-Glu-Asp-GluNH₂-Ala-AspNH₂-Pro-Thr-Thr-Ala-Glu-Thr-Leu-Asp-Ala-Thr-Arg-Arg-Val-Asp-Asp-Ala-Thr-Val-Ala-Jleu-Arg-Ser-Ala-Asp-Jleu-AspNH₂-
                                            *                       ⓣ                                          ⓣ

128 129 130 131 132  133  134 135 136 137 138 139   140    141 142 143 144 145 146 147 148 149 150 151 152 153 154 155 156 157 158
Leu-Jleu-Val-Glu-Leu-Jleu-Arg-Gly-Thr-Gly-Ser-Tyr-AspNH₂-Arg-Ser-Ser-Phe-Glu-Ser-Ser-Ser-Gly-Leu-Val-Try-Thr-Ser-Gly-Pro-Ala-Thr
                          ⓣ                              ⓣ
```

ⓣ = Spaltstellen mit Trypsin

Abb. 12. Die Aminosäuresequenz im Protein des Tabakmosaikvirus. In dieser Abbildung sind die von Anderer et al. sowie Tsugita et al. veröffentlichten Ergebnisse kombiniert. Die Stellen, an denen die von den Arbeitsgruppen in Tübingen und Berkeley veröffentlichten Sequenzen nicht übereinstimmen, sind in Klammern gesetzt

dem Übergang von der Helix-Struktur zur mehr gelockerten Struktur wird eher auf einen starken Wechsel in der gesamten räumlichen Anordnung der RNS-Kette als auf nur lokale Änderungen innerhalb der Kette geschlossen. Die Helix-Struktur ($S_{W,20} = 28$) ist bei 20° relativ stabil, während die Kette bei Erwärmung über 70° C bzw. bei einer Ionenstärke $< 0,001$ in die gestreckte Form übergeht. Das einheitliche Verhalten aller RNS-Partikel in allen Versuchen weist auf eine sehr ähnliche primäre Struktur der RNS-Moleküle hin. Mit den gleichen physikalischen Methoden untersuchte der russische Asbeitskreis um SPIRIN (SPIRIN, GAVRILOVA, BRESLER und MOSSEWITZKY) ebenfalls die TMV-RNS. Das Molekulargewicht der RNS beträgt danach 2×10^{-6}; bei 20° ist das Längen-Breiten-Verhältnis der Helix etwa 60—80. Das Lösen der RNS in 6molarem Harnstoff ändert ihre sekundäre und tertiäre Struktur nicht wesentlich, obgleich eine gewisse Auflockerung der Molekülgestalt eintritt. Durch Erwärmen wird die RNS-Kette gestreckt, das Molekulargewicht nicht geändert. — Ähnliche Untersuchungen über Reinigung und Eigenschaften der TMV-RNS wurden auch von einer japanischen Arbeitsgruppe (KAWADE, KITAMURA, MIURA, WATANABE, HIDAKA und HISUKI) ausgeführt.

Die Forschungen der letzten Jahre haben zu der Annahme geführt, daß die RNS in neutralem 0,1 m-Phosphatpuffer zu 40—60% als Helix vorliegt. Jede Kette besteht aus einer Anzahl unvollständiger, haarnadel-ähnlicher Helices, die durch ungefaltete Regionen verbunden sind. Jedoch war nicht klar, wie etwa die Hälfte der Basen in die Helices passen und außerdem, wie groß eine Helix-Region sein müßte, um die beobachtete thermische Stabilität aufzuweisen. Neue Resultate, die vor allem an synthetischen Polynucleotid-Analogen gewonnen wurden, haben einen großen Teil der Schwierigkeiten beseitigt und ein bestimmtes Bild von der sekundären Struktur der RNS gegeben; dies wird von FRESCO, ALBERTS und DOTY erläutert.

Unter bestimmten Bedingungen (Konzentration u. a.) tritt nach Zugabe von Pankreas-RNase eine Inaktivierung von TMV-Stäbchen auf, die unspezifischer Natur ist. Dies kann in Kontrollversuchen beim Austesten von RNS-Infektiosität stören; daher empfiehlt DIENER, statt Pankreas-RNase für solche Zwecke Schlangengiftphosphodiesterase zu verwenden. Sie bewirkt eine sehr rasche Inaktivierung von TMV-RNS, ohne zu einer nennenswerten unspezifischen Inaktivierung des Tabakmosaikvirus zu führen. Zur Bestimmung der terminalen Phosphatgruppen im TMV markierten GORDON, SINGER und FRAENKEL-CONRAT die TMV-RNS mit P^{32}, spalteten sie mit Phosphomonoesterase, die praktisch frei von Phosphodiesterase war, und errechneten, daß jedes intakte TMV-RNS-Molekül mit etwa 6500 Nucleotiden eine terminale Phosphatgruppe enthält. Zusätzliche Phosphatgruppen werden auf Kettenbrüche zurückgeführt. STAEHELIN fand in Bestätigung früherer Autoren, daß nach alkalischer Hydrolyse der TMV-RNS kein Nucleosiddiphosphat auftritt, der Abbau mit Schlangengiftphosphodiesterase ergibt Uridin- und Cytosin-3',5'-diphosphat. Die Purin- und Pyrimidinreste kommen in der TMV-RNS gehäuft und einzeln vor. REDDI (1) schließt nach Abbau der RNS

mit 2 verschiedenen RNasen, nach Auftrennung der Spaltprodukte
in einem zweidimensionalen Trennverfahren und quantitativer Bestimmung auf die Verteilung der Adenylsäurereste in der RNS-Kette.
(Pankreas-RNase spaltet die sekundären Phosphatester des Pyrimidin-
ribonucleosid-3'-phosphats, Taka-RNase die sekundären Phosphatester
des Guanosin-3'-phosphats.) Etwa 40% aller Adenylsäurereste kommen
in Gruppen (2 oder mehr), der Rest einzeln vor. Das längste bisher isolierte Polyadenylsäurestück hat 3 Adenylsäurereste; doch ist es nicht
ausgeschlossen, daß Stücke mit mehr als 3 Resten in Spuren vorhanden
sind. In einer anderen Arbeit berichtet REDDI (2), daß 27% aller Guanyl-
säurereste gehäuft (2 oder mehr) in der TMV-RNS vorkommen. Auf
Grund von Untersuchungen mit der RNase T_1 aus Takadiastase kommen
MIURA und EGAMI zu dem Ergebnis, daß sowohl in der TMV-RNS als
auch in der Hefe-RNS Gruppen von Guanylsäureresten (2 oder mehr)
in einem signifikant höheren Verhältnis vorkommen als einer zufälligen
Verteilung entspricht.

In Analogie zu dem bekannten „finger-print-Verfahren" zur Auf-
trennung von Peptiden entwickelten RUSHIZKY und KNIGHT (1,2) eine
Methode zur zweidimensionalen Trennung aller Produkte, die bei dem
Abbau der TMV-RNS mit Pankreas-RNase entstehen. Die in den 19
Flecken enthaltene Nucleotidmenge entsprach etwa 90% der eingesetz-
ten Substanz, die Einheitlichkeit der isolierten Substanzen wurde durch
Ionenaustausch- und Papierchromatographie geprüft sowie die Zusammensetzung der Oligonucleotide und die Art der Nucleotide bestimmt.
Diese Methode wurde von RUSHIZKY und KNIGHT (3) auch zum Vergleich
der Spaltprodukte benutzt, die nach Behandlung der Nucleinsäuren
dreier TMV-Stämme mit Pankreas-RNase auftraten. Zwischen 2 Stämmen waren qualitativ und quantitativ keine Unterschiede feststellbar,
dagegen recht erhebliche zwischen dem TMV-Normalstamm und dem
TMV-Stamm *Holmes rib grass*.

Die Wirkung von Hydroxylamin auf die Nucleinsäure wurde von
SCHUSTER untersucht; es reagiert nur mit den Pyrimidinbasen von RNS
und DNS, nicht dagegen mit den Purinen. Die Reaktion ist in der Weise
pH-abhängig, daß bei pH 6 vor allem das Cytosin reagiert, und zwar etwa
30mal schneller als das Uracil, bei pH 9 dagegen vor allem das Uracil,
und zwar mindestens 8mal rascher als das Cytosin. Bei der Reaktion
des Uracils wird der Ring gesprengt und die Base eliminiert, bei der des
Cytosins wird das Hydroxylamin nur an den Ring angelagert. SCHUSTER
und WITTMANN untersuchten die biologische Wirkung des Hydroxyl-
amins auf die TMV-RNS und konnten nachweisen, daß es sowohl bei
pH 6 als auch bei pH 9 mutagen wirkt.

SIEGEL bestätigte die von MUNDRY und GIERER 1958 gefundene
Entstehung von Mutationen nach Behandlung des TMV mit salpetriger
Säure. Er fand, daß der mittlere Durchmesser der auf Nicotiana glutinosa
erzeugten Lokalläsionen nach Infektion mit dem behandelten TMV signifikant kleiner ist als bei der unbehandelten Kontrolle. Nach Überimpfung
der Läsionen auf junge Tabakpflanzen wies bei der behandelten Probe
im Gegensatz zur Kontrolle ein hoher Prozentsatz der Pflanzen ein ver-

ändertes Symptombild auf. Alle untersuchten Mutanten zeigten im Vergleich zum Ausgangsstamm keine Unterschiede im isoelektrischen Punkt und in der serologischen Spezifität. Aus quantitativen Überlegungen wird geschlossen, daß jede der durch die salpetrige Säure bewirkten Desaminierungen einen feststellbaren biologischen Effekt hat: entweder führt die Desaminierung der Basen zur Letalität oder zur Mutation. Auf 1 mutagene Desaminierung kommen 2—3 letale Desaminierungen. MUNDRY (1) setzte seine Untersuchungen über die mutagene Wirkung der Nitritbehandlung von TMV-RNS fort und fand, daß im Gegensatz zu dem Mutationsschritt *Java*-systemisch zu *Java*-nekrotisch die „Rückmutation" nekrotisch zu systemisch nicht auftrat. Die Bestrahlung von TMV-Lösungen mit UV hatte weder in der einen noch in der anderen Mutationsrichtung einen feststellbaren Einfluß auf die Mutationsrate [MUNDRY (2)].

Bei einem Vergleich der UV-Inaktivierung von TMV-RNS mit der von nativem bzw. rekonstituiertem Virus kamen RUSHIZKY, KNIGHT und McLAREN zu dem Ergebnis, daß die Quantenausbeute für die RNS-Inaktivierung von der Wellenlänge zwischen $230-280$ mμ unabhängig ist, jedoch eine Abhängigkeit von der Konzentration besteht. Die Photoreaktivierung der bestrahlten RNS war bei allen Wellenlängen konstant; die Absorptions- und Wirkungsspektren der RNS, mit und ohne Photoreaktivierung, fallen zusammen. Es wurde kein Unterschied in der UV-Empfindlichkeit bei allen Wellenlängen zwischen nativem und rekonstituiertem Virus festgestellt. Es ist nicht auszuschließen, daß geringe Mengen an Protein für die Infektiosität der RNS notwendig sind. Weitere Untersuchungen über die photodynamische Inaktivierung von TMV-RNS wurden von CHESSIN durchgeführt. Wird TMV bei 0° C einer Röntgenbestrahlung unterworfen, anschließend die Restaktivität getestet und die Größe der extrahierten TMV-RNS in der analytischen Ultrazentrifuge gemessen, so kann eine einfache Korrelation zwischen dem Aktivitätsverlust und der Abnahme an intakten RNS-Strängen nachgewiesen werden. Erfolgt die Bestrahlung bei $-50°$, so tritt die biologische Inaktivierung wesentlich schneller ein als das Durchbrechen der RNS-Stränge (ENGLANDER, BUZZELL und LAUFFER). Die gleiche Arbeitsgruppe (WOHLHIETER, BUZZELL, LAUFFER) stellte fest, daß die indirekte Strahlungswirkung stark gemindert wird, wenn die RNS in konzentriertem, O_2-freiem und gefrorenem Zustand bestrahlt wird. Dabei ist die Dosis für die Inaktivierung auf 37% Aktivität $D_0 = 21 \cdot 10^5$ während sie für trockene RNS $D_0 = 4,2 \cdot 10^5$ und für RNS im Virus $D_0 = 4,0 \cdot 10^5$ beträgt. Die Bruchhäufigkeit der RNS aus bestrahltem Virus ist bei vergleichbarer Dosis ähnlich wie die von freier RNS nach Erhitzen.

Wird TMV-RNS durch UV bzw. verschiedene Chemikalien inaktiviert und mit Protein wieder zu Stäbchen rekonstituiert, so sind diese serologisch nicht von nativem TMV zu unterscheiden (FRAENKEL-CONRAT, STAEHELIN und CRAWFORD). Die Autoren diskutieren, diese Methode bei anderen Viren statt hitzeinaktivierter Präparate zur Vaccine-Herstellung zu verwenden. DUPONT-MAIRESSE und JEENER bestätigten den Befund von BAWDEN und PIRIE, daß das sog. lösliche Antigen, auch X-Protein genannt, eine geringe Menge an RNS enthält; diese RNS steht jedoch in ihrer Basenzusammensetzung der Blatt-RNS näher als der TMV-RNS und könnte bei der Homogenisierung an das Protein adsorbiert sein. — Neue Fällungsmittel für die TMV-RNS gaben AUBEL-SADRON, BECK, EBEL und SADRON an; sie verwendeten quaternäre Ammoniumsalze ab C_{12}, z. B. Trimethylhexadecylammoniumchlorid. Die Präcipitate sind in organischen Lösungsmitteln löslich, dabei hat das Lösen von TMV-RNS, die durch Cetyltrimethylammoniumbromid gefällt wurde, in Äthanol keinen Einfluß auf die Infektiosität; wird Äthanol durch Dimethylformamid ersetzt, so tritt ein schwacher Infektionsverlust auf.

Über die Frage, welche Struktur die Nucleinsäuren innerhalb der Nucleoproteidpartikel, insbesondere Viren, besitzen, diskutieren BONHOEFFER und SCHACHMAN auf Grund von spektrophotometrischen Untersuchungen. Die Nucleinsäuren aus TMV und dem TBSV (tomato bushy stunt virus) haben außerhalb der Proteinhülle fast dieselben physikalischen Eigenschaften, obgleich das eine Virus eine Stäbchenform, das andere eine Kugelgestalt hat. Wird TMV in salzhaltigen Lösungen denaturiert und die RNS freigesetzt, so nimmt die RNS-Extinktion um etwa 25% ab (hypochromer Effekt). Bei Erwärmung auf $> 70°$ C steigt die Extinktion auf den Wert, den die RNS innerhalb des Viruspartikels hat. Erfolgt die Denaturierung in salzfreiem Medium, so bleibt eine Extinktionsabnahme aus; sie tritt erst bei Zugabe von Salz ein. Der hypochrome Effekt kommt durch eine Basen-Basen-Wechselwirkung in der RNS zustande, wie sie bei der in salzhaltigen Lösungen vorliegenden partiellen Helix auftreten kann. Im nativen Stäbchen ist die RNS-Spirale von Proteineinheiten umgeben, welche die nötigen Basen-Wechselwirkungen verhindern. Im Gegensatz hierzu liegt die Nucleinsäure von anderen Viren (z. B. T 6 und Shope-Papilloma-Virus) innerhalb der Proteinhülle in einer ausgesprochen hypochromen Struktur vor. TBSV nimmt eine Mittelstellung zwischen T 6 und TMV ein.

Nucleoproteid. Im Gegensatz zu den früheren Untersuchungen von JARDETSKY, bei denen nach kernmagnetischen Resonanzmessungen etwa 20% des Wassers in einer 2%igen TMV-Lösung in einem dem Eis ähnlichen Zustand sein sollen, kommen DOUGLASS, FRISCH und ANDERSON zu dem Ergebnis, daß in einer 4%igen TMV-Lösung nicht mehr als 3% sich in diesem eisähnlichen Zustand befinden. Bei der Einwirkung von 6-molarem Harnstoff bei $0°$ C auf TMV wird das Virus in Protein ($S_{20,W}=2$) und RNS ($S_{20,W} = 30$) abgebaut. Dabei geht der Abbau der monomeren Stäbchen (300 mμ) schneller vor sich als der der Fragmente (150—200 mμ). Als Erklärung für diese unterschiedliche Stabilität kommt nach Ansicht der Autoren eine eventuelle Heterogenität der Proteinuntereinheiten nicht in Frage, vielmehr wird vermutet, daß die Bindungen zwischen RNS-Protein und Protein-Protein nicht auf der gesamten Länge des Stäbchens gleich stark sind. ISO, KAWADE und WATANABE untersuchten die Polydispersität von TMV in Lösungen unter verschiedenen Bedingungen durch Sedimentations-, Diffusions- und Viscositätsmessungen. Weitere physikochemische Untersuchungen am TMV, nämlich Einfluß der Temperatur auf die Relaxationserscheinungen der Doppelbrechung von TMV-Lösungen in bezug auf ein elektrisches Wechselfeld, wurden von PAWLITSCHEK ausgeführt. Es wurden die Kurven für die Phasenverschiebung der Doppelbrechung in Abhängigkeit von der Erwärmung bestimmt; diese ergaben zwei verschiedene Abschnitte, unterhalb und oberhalb von $50-52°$ C, dem Beginn der Proteindenaturierung. Die elektronenmikroskopischen Aufnahmen von hitzedenaturiertem Virus zeigen in Bestätigung anderer Autoren kugelförmige Teilchen. Die aus den elektronenmikroskopischen Messungen berechnete Rotationsdiffusionskonstante stimmt gut mit dem aus der Phasenverschiebung des Kerr-Effektes ermittelten Wert überein. SEARS diskutiert die bei dem Kristallwachstum vorliegenden Verhältnisse, vor allem die Schrauben-Dislokationstheorie, und wendet deren Erkenntnisse für eine Analyse der Aggregation der Proteinuntereinheiten zu den TMV-Stäbchen an. Der diskutierte Wachstumsmechanismus erklärt unter Besücksichtigung von Bindungsenergien und stabilen Konfigurationsstufen das Zustandekommen der stäbchenförmigen Virusgestalt. Außerdem versucht SEARS die gleichen Gesetzmäßigkeiten auf das Entstehen der Stäbchen bei der Biosynthese des TMV anzuwenden; er nähert sich dabei den bereits von COMMONER vertretenen Auffassungen.

Wird Anti-TMV-Serum mit X-Protein absorbiert, so reagiert es noch mit TMV; Anti-X-Protein-Serum, mit TMV absorbiert, ist jedoch nicht mehr gegen X-Protein wirksam (TAKAHASHI und GOLD). Das zu Stäbchen aggregierte X-Protein verhält sich serologisch genauso wie rekonstituiertes Virus oder TMV. Die mit dem X-Protein erhaltenen Ergebnisse entsprechen den früheren serologischen Untersuchungen von AACH mit dem sog. A-Protein. Die Wechselwirkung zwischen Pflanzenviren (TMV und bushy stunt) und den homologen Antiseren wurde von BRADISH und CRAWFORD untersucht. Dies Verfahren eignet sich besonders für kinetische Untersuchungen und für quantitative Titrationen von Virus und Antiserum. TMV und homologes Antiserum reagieren in einer Weise, die charakteristisch für reversible Reaktionen ist (RAPPAPORT). Die erhaltenen Antikörper-Virus-Kurven werden auf Grund der neuen Ergebnisse über die Struktur des TMV diskutiert.

b) Andere phytopathogene Viren

Keines der anderen Viren ist bisher in seiner Struktur annähernd so gut bekannt wie das TMV. Doch nimmt die Zahl der Arbeiten über die Struktur des Turnip yellow mosaic virus (TYMV) in den letzten Jahren immer mehr zu; es ergibt sich bereits ein gutes Bild über den Aufbau dieses Virus. Das TYMV gehört zu den sphärischen Viren, es besteht chemisch aus 36% RNS und 64% Protein, das Molekulargewicht beträgt $5{,}0 \cdot 10^6$ ($S_{20,W} = 54$). Die Größe einer chemischen Untereinheit, nach der C-terminalen Aminosäure Threonin berechnet, ist $21\,300 \pm 500$ (mit etwa 200 Aminosäuren) und einem Sedimentationskoeffizienten $S_{20,W} = 1{,}8$). Die Aminosäuresequenzanalyse steht zwar noch am Anfang, doch ist die Reihenfolge der 13 N-terminalen Aminosäuren bereits bestimmt (HARRIS und HINDLEY). Nach alkalischer Behandlung des Virus tritt die RNS aus der Proteinhülle (Molekulargewicht $3,5 \cdot 10^6$) aus. Den Untersuchungen von KAPER (1, 2) zufolge sind die durch alkalische Behandlung erhaltenen Proteinhüllen in ihren Sedimentations- und Diffusionskoeffizienten, UV-Absorptionskurven, elektrophoretischen Beweglichkeiten und im elektronenmikroskopischen Bild mit denjenigen Proteinhüllen identisch, die in der Pflanze neben dem fertigen Virus-Nucleoproteid entstehen. FINCH und KLUG kamen auf Grund von Röntgendiagrammen zu demselben Ergebnis. MATTHEWS isolierte aus infizierten Pflanzen außer Hüllen, die nur geringe Mengen an RNS besaßen, noch 4 Fraktionen mit ansteigendem RNS-Gehalt; es handelt sich dabei offenbar um Zwischenprodukte der Virussynthese. Nur die Fraktion mit maximalem RNS-Gehalt (36%) war infektiös. Nach elektronenmikroskopischen Aufnahmen hat das Virus einen Durchmesser von $28-30$ mμ, die Oberfläche ist nicht völlig rund, sondern zeigt 32 regelmäßige Protuberanzen (NIXON und GIBBS; HUXLEY und ZUBAY). Aus den Röntgendiagrammen wird geschlossen, daß die Proteinhülle aus Untereinheiten besteht, die in einem Polyeder mit 532 Symmetrieelementen angeordnet sind. Die Zahl dieser Untereinheiten ist jedoch noch nicht genau bekannt. Während nach den chemischen Untersuchungen etwa 160 chemisch identische Untereinheiten vorhanden sein sollten, weisen die Röntgendiagramme auf 180 oder (weniger wahrscheinlich) auf 120 Untereinheiten hin (KLUG und FINCH). Nach diesen Autoren können die 32 im Elektronenmikroskop sichtbaren Protuberanzen dadurch zustandekommen, daß die 180 chemischen Untereinheiten in 20 Gruppen zu 6 an Spitzen eines Dodecaeders und in 12 Gruppen zu 5 an denen eines Icosaeders angeordnet sind. Sehr interessant ist ein Ergebnis aus den Röntgendiagrammen, wonach die von der Proteinhülle umgebene RNS eine geordnete Struktur mit 12 geometrischen Untereinheiten hat; doch sind diese Erkenntnisse durchaus mit dem Vorhandensein eines RNS-Stranges vereinbar. In Analogie zum TMV versuchte REICHMANN, das Kartoffel-X-Virus zu den Untereinheiten abzubauen. Von den 5 angewendeten Methoden ergab nur der Viruszerfall in 30% Pyridin und in Guanidinhydrochlorid homogene Präparate. Das Molekulargewicht der Untereinheiten wurde zu 52000 ± 2000 errechnet; das Virusprotein besteht aus etwa 650 Untereinheiten. Damit ist auch hier das Prinzip bestätigt, wonach alle Pflanzenviren aus der RNS im Inneren des Virus und einer sich aus Untereinheiten zusammensetzenden Proteinhülle bestehen.

Es wird in immer stärkerem Maße versucht, die Viruscharakterisierung, die sich noch vor einigen Jahren meist auf die Beschreibung von Symptomen, Wirtsbereich, Hitzeinaktivierung und dergleichen beschränkte, in der letzten Zeit auch auf die Isolierung der Viruspartikel und auf ihre physikalischen und chemischen Eigenschaften (Virusgestalt, Sedimentationskoeffizient, Protein- und RNS-Gehalt) auszudehnen. Dadurch ist es zusammen mit serologischen Untersuchungen möglich geworden, wesentlich bessere Kriterien für eine systematische Einteilung der einzelnen Virusgruppen zu gewinnen. BERCKS wies darauf hin, daß serologische Beziehungen nicht nur, wie bisher allgemein angenommen, zwischen den Stämmen eines Virus bestehen, wobei alle Partikel gleiche

Längen haben, sondern auch zwischen solchen Viren, die sich in ihrer Länge unterscheiden, so z. B. zwischen dem Kartoffel-Y-Virus (730 mμ) und dem Gelbmosaikvirus der Bohne (750 mμ). Diese Untersuchungen haben eine besondere Bedeutung für die Klassifizierung von Viren. Einen Bericht über die von 1954—1959 geleistete Arbeit der Kommission für Nomenklaturfragen bei Viren gab ROLAND; die Mehrheit entschied sich für die Einführung lateinischer Bezeichnungen für die Viren, z. B. Nicotianavirus maculans für Tabakmosaikvirus.

Für die Isolierung der Viruspartikel, insbesondere der fadenförmigen, wird die von BRAKKE vor mehreren Jahren ausgearbeitete Dichtegradientenzentrifugationsmethode in den meisten Fällen angewendet. Mit dieser Methode isolierten HARRISON und NIXON (1) drei bodenübertragbare Viren; alle drei hatten angenähert Kugelgestalt (sog. Icosaeder) mit einem Durchmesser von 29—30 mμ. Dieselben Autoren (2) isolierten auch das Tabak-Rattle-Virus. Die Aufarbeitung ergab 2 Fraktionen. Die Partikel haben ungleiche Länge, unterscheiden sich sonst aber weder elektrophoretisch oder serologisch noch in ihren UV-Absorptionskurven; nur die langen Partikel sind infektiös. Die Feinstruktur der Stäbchen wurde elektronenmikroskopisch untersucht (NIXON und HARRISON). WETTER benutzte zur Reinigung einiger gestreckter Bohnen- und Kartoffelviren eine schrittweise Behandlung mit Äther und Tetrachlorkohlenstoff und anschließend die Dichtegradientenzentrifugation; er verwendete die gereinigten Viren zusammen mit Freundschem Adjuvans als Antigene zur Immunisierung und erhielt sehr hohe Antiserum-Titer. WETTER, PAUL, BRANDES und QUANTZ verglichen die Eigenschaften des Echten Ackerbohnenmosaikvirus und des broad bean mottle-virus. Beide Viren sind in der Namensliste des Review of Applied Mycology als Synonyme aufgeführt; doch bestehen in den serologischen Eigenschaften, dem Wirtsbereich, den UV-Spektren u. a. beträchtliche Unterschiede. Auch die Aminosäurezusammensetzung der Proteinkomponente beider Viren weist keinerlei Ähnlichkeit auf (WITTMANN und PAUL).

Neben den erwähnten erschienen im Berichtsjahr eine Reihe von Arbeiten über die Reinigung und Eigenschaften einer Anzahl verschiedener Viren: das Mosaikvirus des Weidelgrases hat einen Durchmesser von 25—28 mμ und ein Molekulargewicht von $3,6 \cdot 10^6$ (OHMANN-KREUTZBERG, PAWLITSCHEK und SCHMIDT). Das Blumenkohlmosaikvirus wurde von 2 Arbeitsgruppen gleichzeitig isoliert (PIRONE, POUND und SHEPHERD bzw. DAY und VENABLES); es wurde übereinstimmend ein Durchmesser von 50 mμ und ein Sedimentationskoeffizient von etwa S = 220 gemessen. BANCROFT und KAESBERG (1, 2) bestätigten die fadenförmigen Partikel (790 × 20 mμ) als Erreger des Gelbmosaiks der Bohnen und untersuchten die drei Partikel-Arten (S = 73, 89 und 99) des Luzernemosaikvirus; davon war nur die 99 S-Fraktion infektiös. Das Kleemosaik hat Stäbchenform (480 × 15 mμ), S = 112, IEP bei p$_H$ 4,5 und eine RNS-Basenzusammensetzung, die stark von der des TMV abweicht (FRY, GROGAN und LYTTLETON). Es reagiert serologisch mit dem von BANCROFT, TUITE und HISSONG untersuchten Kleemosaikvirus und hat auch die gleiche Größe. Nach Ansicht der letzteren Autoren ist die Beziehung zu den bereits früher von anderer Seite beschriebenen Kleemosaikvirus-Isolaten ungewiß. An südafrikanischen Cucurbitaceen (Kürbis, Wassermelonen) vorkommende Viren isolierte VAN REGENMORTEL (1, 2) u. a. mit der aufsteigenden Dichtegradienten-Zonenelektrophorese. Es handelt sich um flexible fadenförmige Teilchen, die beim Wassermelonenmosaik-Virus eine Länge von 700—800 mμ und eine Dicke von 13 mμ haben. Das von CORBETT gereinigte Cymbidiummosaikvirus ist gleichfalls ein flexibler Faden (480 × 18 mμ). Die von WILLISON, WEINTRAUB und TREMAINE unternommene Reinigung eines Kirschenvirus führte zur Isolierung von kugelförmigen Teilchen mit einem Durchmesser von 40 mμ. SHEPHERD und POUND isolierten das Kohlrübenmosaikvirus, sie kamen zu einer etwas anderen Größenbestimmung (680 × 18 mμ) als früher von BODE und BRANDES berichtet. Die geringe elektrophoretische Wanderungsgeschwindigkeit von Viren gegenüber den pflanzeneigenen Proteinen nutzte SPRAU zum Nachweis dieser Viren in Preßsäften und zu ihrer Isolierung durch Eluieren der Zonen aus; er diskutiert die Möglichkeit, diese Methode zur Virusdiagnose anzuwenden.

Zur Konservierung pflanzlicher Viren hat sich die Vakuum-Gefriertrocknungs-methode sehr bewährt. Hidaka und Tomaru tauchten mit dem Gurkenvirus infizierte Tabakblätter in Aceton-CO_2-Schnee und unterwarfen sie der Gefriertrocknung. Die Virusaktivität in den getrockneten Blättern blieb während der ganzen Versuchsdauer (über 1 Jahr) praktisch erhalten. Auch Hollings und Lelliott, die 39 Pflanzenviren gefriertrockneten, berichten über eine wesentlich verlängerte Aktivitätsdauer der Viren. Sie stellten fest, daß eine Reihe von fadenförmigen Viren eine stärkere Infektiositätseinbuße erlitten als die kugelförmigen.

II. Virus in der Pflanze

Infektion. Über die ersten Prozesse, die nach dem Eintritt des infizierenden Agens in die Zelle dort ablaufen, ist noch sehr wenig bekannt. Es sind auch im Berichtsjahr nur sehr wenige Arbeiten erschienen, aus denen Schlüsse über diese frühen Stadien gezogen werden könnten. Daß das Virusprotein einen entscheidenden Einfluß auf die Wirtsspezifität eines Virus hat, geht aus den Ergebnissen von Gordon und Smith hervor, wonach es mit isolierter TMV-RNS möglich ist, Rhoeo discolor zu infizieren, während keine Infektion dieser Pflanze erfolgt, wenn die RNS von dem TMV-Proteinmantel umgeben ist. Durch frühere Versuche ist bekannt, daß Lokalläsionen im Mittel einige Stunden früher erscheinen, wenn man freie RNS statt der Virusstäbchen für die Inokulation benutzt; dieser Befund weist darauf hin, daß der Beginn des Infektionsprozesses durch die Zeit, die für das Auspacken der RNS nötig ist, verzögert wird (einige Stunden). Wildman und Ford setzten diese Versuche mit 2 TMV-Stämmen fort. Es bestehen deutlich Stammesunterschiede für die Latenzperiode, d. h. die Zeit bis zum Sichtbarwerden der Nekrosen. Der Unterschied zwischen der Inokulation mit RNS bzw. Virus drückt sich auch darin aus, daß die durch RNS induzierten infektiösen Zentren einige Stunden früher gegen UV-Bestrahlung resistent werden als die durch Virus induzierten. Während die Infektiosität von RNS-Lösungen beim TMV nur etwa 1% der vergleichbaren Nucleoproteid-Präparate beträgt, ist nach den Ergebnissen von Kassanis beim Tabaknekrosevirus praktisch kein Infektionsunterschied zwischen beiden Lösungen vorhanden: die Zahl der durch freie RNS induzierten Läsionen ist gleich der Läsionszahl, die durch eine vergleichbare Menge intakter Virusteilchen hervorgerufen wird.

Infektiöse RNS-Präparate aus dem Tabak-Rattle-Virus erhielten Harrison und Nixon (3). Bei der Aufarbeitung dieses Virus bekommt man 2 Fraktionen (Teilchen mit 125 und 75 mμ Länge); nur die RNS aus den langen Teilchen ist infektiös. Die infektiöse RNS kann im Gegensatz zu dem Virus photoreaktiviert werden. — Während die RNS in den bisher besprochenen Versuchen durch Phenolextraktion aus gereinigtem Virusmaterial gewonnen wurde, homogenisierte Schlegel (1, 2) in Analogie zu Versuchen beim TMV infiziertes Blattmaterial in Phenol. Im Gegensatz zur Aufarbeitung in Pufferlösungen werden dabei alle Fermente, auch die RNase, denaturiert. Dadurch gelang die Infektiositätsübertragung bei einer Reihe von Viren; bei anderen hatte diese Methode allerdings keinen Erfolg. Beim Gurkenmosaikvirus war die Infektiosität in den Phenolextrakten etwa 7mal höher als in vergleichbaren Pufferextrakten. Es ist sehr wahrscheinlich, daß es sich bei dem infektiösen Material nicht nur um RNS handelt.

Virusbiosynthese. Die ersten fertigen Virusteilchen sind etwa 15 bis 25 Std nach der Infektion in den Zellen elektronenmikroskopisch nach-

zuweisen. Cytochemische und elektronenmikroskopische Ergebnisse von
ZECH führen zu dem Schluß, daß TMV-RNS (oder wenigstens RNS-reiches
Material) von Zelle zu Zelle wandert, ohne in die TMV-Stäbchen eingebaut
zu sein. In neueren Experimenten infizierte ZECH einzelne Blatthaare mit
TMV, schnitt sie 2—16 Std. später ab und ließ sie in Zuckerlösungen
plasmolysieren. Bestimmte Zellen wurden aufgeschnitten und der aus-
tretende Protoplast sofort in einem Tropfen phenolhaltigem Phosphat-
puffer homogenisiert. Ein Teil wurde für die Elektronenmikroskopie, ein
anderer für die Behandlung mit RNase verwendet. Die Bilder zeigen eine
Reihe von Zwischenstufen der TMV-Synthese: Zunächst (2—10 Std)
Fäden, die durch RNase abgebaut werden, dann kürzere Partikel, die an
Kernfragmente gebunden und auch noch RNase-empfindlich sind; ferner
Stränge mit der mittleren Länge der TMV-Partikel, umgeben von RNase-
resistentem Material, und schließlich (14 Std) Formen, die deutlich an
TMV-Stäbchen erinnern. Diese Ergebnisse werden dahingehend interpretiert, daß zunächst RNS-reiches Material in Form von Fäden gebildet
wird, die dann mit Protein umgeben werden. Mit dem Verlust an Wasser
werden die Strukturen steifer und fester, bis relativ kompakte Stäbchen
entstehen. Die TMV-RNS wird nach diesen Befunden zuerst und unabhängig von dem TMV-Protein synthetisiert.

WALD, ALTMANN und SVERAK markierten die während der TMV-
Biosynthese gebildeten Substanzen mit C_{14} und trennten die Nucleinsäuren zunächst in 2 Fraktionen, die pufferlöslichen und die pufferunlös-
lichen. Die letzteren wurden weiter in alkoholfällbare (hochmolekulare
RNS und DNS) und nicht-fällbare getrennt. Außerdem wurde die in dem
gebildeten Virus enthaltene RNS isoliert; allerdings konnte nicht zwischen Pflanzen-RNS und freier, nicht im Virus enthaltener RNS unterschieden werden. Die Markierungsversuche zeigten, daß nach TMV-
Infektion keine auffallende Änderung der spezifischen Radioaktivität
in der pufferlöslichen Pflanzen-RNS und in den alkoholfällbaren Nucleinsäuren eintrat; dagegen nahm die absolute und spezifische Aktivität in
der mit Alkohol nicht fällbaren Fraktion im Verlauf der TMV-Vermehrung
sehr stark zu. Über den Einbau in vitro von Radiophosphor in Tabakmosaikvirus bei Anwesenheit einer löslichen, stabilen Komponente aus
gesundem Tabakgewebe berichtet TOWNSLEY; er diskutiert die Möglichkeit eines partiellen Virusaufbaus in vitro. TAKAMURA, SHIMOMURA und
HIRAI bestimmten die Nucleinsäurekonzentration in gesunden Blättern
des Maulbeerbaums und stellten einen Anstieg mit zunehmender Inser-
tionshöhe fest; diese Abhängigkeit war jedoch nicht in viruskranken
Blättern vorhanden. Mit Hilfe der Gelelektrophorese ist es nach Angaben
von CORNUET und SPIRE möglich, freie infektiöse RNS aus TMV-infizierten Pflanzen zu isolieren. Vor einigen Jahren wurde von COCHRAN und
CHIDESTER eine Chromatographiemethode (Carboxymethylcellulose) zur
Isolierung freier TMV-RNS aus Pflanzen beschrieben. Die intenisven
Bemühungen einer australischen Arbeitsgruppe (WHITFELD, DAY, HELMS
und VENEBLES), diese Ergebnisse mit derselben Methode zu wiederholen,
verliefen immer negativ. Nach Ansicht dieser Autoren ist die angegebene
Methode völlig ungeeignet; wird nämlich isolierte TMV-RNS zusammen

mit gesunden Blättern homogenisiert, so bleibt sie an dem unlöslichen Rückstand adsorbiert und kann nicht mehr wiedergewonnen werden.

Den Einfluß des Lichts auf die TMV-Synthese analysierte GOODCHILD. Die Viruswanderung von Zelle zu Zelle ist im Dunkeln beschleunigt; die Virusmenge, die in Lokalläsionen gebildet wird, ist im Licht und in der Dunkelheit etwa gleich. Mit steigender Lichtintensität erscheinen mehr Läsionen zu einem früheren Zeitpunkt. In Dunkelheit werden weniger Läsionen gebildet als im Licht; der Zeitpunkt der Verdunklung ist dabei von wesentlicher Bedeutung. Es werden zwei durch die Dunkelheit bewirkte Depressionseffekte unterschieden: ein starker, der nur wenige Stunden nach der Infektion andauert und temperaturunabhängig ist, und ein schwacher, der über längere Zeit fortbesteht. Es ist ein näher untersuchter Zusammenhang zwischen der verminderten Virusproduktion in systemisch infizierten Blättern und der wirtseigenen cytoplasmatischen Fraktion vorhanden. Über die Abhängigkeit der synthetisierten Virusmenge von der spektralen Zusammensetzung des Lichtes berichten KRYLOR, SMIRNOVA und TORAKANOVA. Bei Anwendung gleicher Strahlungsenergien wird bei langwelligem Licht mehr Virus gebildet als bei kurzwelligem. Die Wirkung anderer Außenfaktoren auf die Virussynthese wird in einer Reihe von Arbeiten untersucht: Temperatureinfluß auf die Vermehrung von TMV in systemisch und nekrotisch reagierenden Pfeffersorten (POUND und SINGH), die Abhängigkeit der TMV-Vermehrung von der Mg-Ernährung der infizierten Pflanzen (SHEPHERD und POUND) und die Gibberellin-Anwendung bei TMV-infiziertem Tabak (GOLDIN und LAPIDUS). RECKENDORFER versuchte durch Infiltration von Fe in Abutilon-Blätter, die an der infektiösen Panaschüre erkrankt waren und Blattbezirke mit fast weißer Färbung aufwiesen, ein Wiederergrünen zu erreichen, allerdings ein Unterfangen ohne Erfolg.

Stoffwechsel. Im Gegensatz zu den relativ gut erforschten Stoffwechselprozessen, die in gesunden Zellen ablaufen, ist wenig über die Wirkung einer Virusinfektion auf die Stoffwechselfunktionen des Wirtes bekannt. Doch hat die Arbeit einzelner Arbeitsgruppen bereits manches interessante Ergebnis erbracht. In Systemen, bei denen die Virusinfektion zu der Bildung von Lokalläsionen führt, wie z. B. TMV auf Nicotiana glutinosa, erfolgt ein sofortiger und starker Anstieg der Polyphenoloxydase- und der Peroxydase-Aktivität (FARKAS, KIRALY und SOLYMOSY; FARKAS, SOLYMOSY und KIRALY), dagegen nicht so ausgeprägt bei systemisch verlaufenden Infektionen, bei denen dies erst in späteren Stadien und ohne Ansammlung von Quinonen eintritt. Bei lokalen Reaktionen nimmt die Menge an o-Dihydrophenolen, vor allem Chlorogensäure, ab, während sich toxische Quinone in den Nekrosen ansammeln. Das führt ferner zum Verbrauch von Ascorbinsäure; infiltriert man diese oder andere reduzierende Substanzen (Cystein, Glutathion), so unterbleibt z. B. auf TMV-infizierten Nic. glutinosa-Blättern trotz weitgehender Virusvermehrung die Nekrosenbildung. Offenbar werden die Phenole dadurch in ihrem reduzierten Zustand gehalten. Unter normalen Bedingungen (ohne künstliche Ascorbinsäure-Zugabe) sind die Dehydrogenasen in den Blattschichten um die Nekrosen herum sehr stark aktiviert, wahrscheinlich, um die Phenole reduziert zu halten. Bei hoher Temperatur (36° C) ist die Polyphenoloxydase-Aktivität gering, desgleichen die Tendenz zu nekrotischen Reaktionen: das TMV vermehrt sich dann auch auf Nic. glutinosa systemisch. Nach den Untersuchungen von HAMPTON und FULTON über die Beziehung zwischen der Polyphenol-Oxydase und der Inaktivierung zweier Obstbaumviren werden diese Viren in vitro durch o-Quinon leicht inaktiviert, während reduzierte

Polyphenole und Polyphenoloxydase-Inhibitoren, z. B. Diäthyldithiocarbamat, stabilisierend wirken. Entsprechende Wirkung wie in vitro haben diese Verbindungen auch dann, wenn sie auf virusinfizierte Blätter gespritzt werden.

Der Sauerstoffverbrauch von TMV-infizierten Nic. glutinosa-Blättern ist bei 20° C etwa 7—10 Std. vor dem Erscheinen der Nekrosen stark erhöht (WEINTRAUB, KEMP, RAGETLI). Ausgeschnittene Nekrosen zeigen im Vergleich zu gesunden Kontrollen eine deutlich gesteigerte Atmung. Die Autoren sind der Meinung, die Atmungssteigerung ist eher durch die bei der Virusvermehrung ablaufenden Prozesse als durch die zu Nekrosen führenden Vorgänge bedingt. Ein Anstieg der Atmungsintensität wird auch von YAMAGUCHI bei verschiedenen lokalnekrotisch reagierenden Wirt-Virus-Kombinationen gemessen; dabei sind die quantitativen Verhältnisse je nach Kombination und Infektionsstadium verschieden. Auch wenn das Gewebe im Inneren der Nekrose bereits abgestorben ist, bleibt die stark erhöhte Atmungsintensität gegenüber entsprechenden Kontrollen erhalten, ein Zeichen für die drastischen Stoffwechselumstellungen in den Zellschichten am Nekrosenrand. MERRETT untersuchte die Atmungsintensität von virusinfizierten Tomatenblättern und diskutiert vor allem die Bezugsgröße, die bei einem Vergleich der Atmung von gesunden und infizierten Geweben benutzt werden kann. Er weist nach, daß sowohl Frisch- als auch Trockengewicht — obgleich immer wieder verwendet — dafür ungeeignet sind, und bezieht seine Werte auf die Zahl der atmenden Zellen; dabei ergibt sich, daß die virusinfizierten Zellen bei seinem untersuchten Virus-Wirt-System weniger atmen als gesunde.

MARTIN setzte seine Untersuchungen über die Differenzen im Stoffwechsel zwischen gesunden und viruskranken Pflanzen fort; in kranken Pflanzen (Tabak, Kartoffel, Dahlie) ist der Gehalt an Chlorogensäure und anderen Phenolen stets höher als in gesunden Kontrollen; es werden genaue methodische Angaben über Extraktions- und Chromatographiemethoden gemacht. Ein sehr deutlicher Unterschied zwischen gesundem und infiziertem Tabak besteht in dem Vorkommen einer fluorescierenden Substanz, einem Glykosid des Scopoletins, in kranken Pflanzen. Die Anthocyanbildung in der virusinfizierten Kartoffelknolle ist deutlich gehemmt; derartige Pigmentierungsstörungen können nach Ansicht des Autors für die Diagnostik der Kartoffelviren (X, Y, A) ausgenutzt werden. Der Einfluß der TMV-Infektion auf die Hill-Reaktion und die photosynthetische Phosphorylierungsaktivität isolierter Chloroplasten aus infizierten Tabakblättern wurde von ZAITLIN und JAGENDORF analysiert. Erst ab etwa 1 Woche nach der Infektion nimmt die Aktivität der Chloroplasten ab und erreicht nach etwa 9 Tagen das Minimum (60% der Kontrolle). Es wird gezeigt, daß die Aktivitätsabnahme nur ein sekundärer Prozeß der Virusinfektion ist; unter bestimmten Bedingungen kann die Aktivitätsabnahme der Chloroplasten verhindert werden, obgleich die Virusvermehrung ungestört abläuft.

Aus Versuchen über den Gehalt mit dem Kartoffel X-Virus infizierter Tabakblätter an freien Aminosäuren kommt MICZYNSKI zu folgendem Ergebnis: Die qualitativen Unterschiede im Aminosäurespektrum zwischen infizierten und gesunden Blättern sind gering; dagegen ist die Konzentration der freien Aminosäuren sehr deutlich verschieden, bei einigen Aminosäuren stärker als bei anderen. Diese quantitativen Differenzen ändern sich im Infektionsverlauf. In den ersten Tagen bis zum Auftreten der Sekundärsymptome ist die Aminosäurekonzentration gegenüber einer nicht infizierten Kontrolle allgemein erhöht; danach tritt ein Konzentrationsabfall ein. Auffallend ist ein stetiger Anstieg des Gehalts an Asparaginsäure und Leucin und eine gleichzeitige Abnahme von Glutaminsäure, was der Autor auf eine Transaminierung zwischen diesen Aminosäuren zurückführt. In TMV-infizierten Blättern steigt die Decarboxylierung von Glutaminsäure etwa 1 Woche nach der Infektion auf das $1^1/_2$fache, nach 2 Wochen auf mehr als das Doppelte des Wertes in gesunden Blättern (GUBANSKI). Die Glutaminsäure-Alanin-Transaminase-Aktivität nimmt zwar am 2. Tag nach der Infektion stark zu, fällt jedoch am 3. Tag auf etwa 50% des Wertes in gesunden Blättern und bleibt niedrig, bis die Mosaiksymptome auftreten; später steigt sie wieder leicht an. GUBANSKI und KURSTAK diskutieren die beobachtete geringe Transaminierung in einer Periode sehr starker Aminosäure- und Proteinsynthese. Über den Einfluß der Infektion mit einigen Viren auf die Konzentration von organischen Säuren bei einer Reihe von Pflanzen berichtet VENE-KAMP.

Histologie. Bisher war es nicht eindeutig bekannt, ob die sog. intracellulären Stäbe in Tabakzellen als Folge einer Virusinfektion auftreten. WEHRMEYER konnte nun feststellen, daß sie regelmäßig nach Infektion mit dem TMV-Gelbstamm G 2 vorkommen, jedoch nie nach Infektion mit dem Normalstamm *vulgare* oder G 7 bzw. in nicht infizierten Kontrollpflanzen. Es handelt sich um intraplasmatische Gebilde, die aus einem Zentralfaden unterschiedlicher Dicke und einer in bezug auf die Längsrichtung der Stäbe optisch positiv doppelbrechenden Hülle bestehen und meist in dem Mesophyll und beiden Epidermen (einschließlich Haaren und Schließzellen) von Blattlamina und -stiel vorkommen. — Die Entwicklung der Einschlußkörper, die nach Infektion von Zuckerrüben mit dem Vergilbungsvirus auftreten, wurde von ESAU in Fortsetzung ihrer histologischen Arbeiten an virusinfizierten Pflanzen untersucht. Die erste erkennbare Veränderung gegenüber vergleichbaren Phloemparenchymzellen der Kontrolle besteht in einer Ansammlung von granulärem Material, worauf (etwa 1 Woche nach der Infektion) sich zunächst lose, dann mehr spindelförmige Fibrillen entwickeln. Zur gleichen Zeit oder meist etwas später treten gebänderte Einschlußkörper mit schwacher Doppelbrechung auf; manchmal kann man erkennen, daß diese aus kleinen Stäbchen bestehen, die so lang wie die Bänder breit sind und quer zur Längsachse des Bandes liegen. Es kommen Übergänge zwischen den fibrillären und den gebänderten Einschlußkörpern vor. In späteren Stadien sind auch außerhalb des Phloems Einschlußkörper zu finden.

Im vorigen Bericht wurden die elektronenmikroskopischen Untersuchungen SHALLAs erwähnt, wonach nur in solchen Tabakzellen, die kristalline Einschlußkörper aufweisen, auch TMV-Stäbchen zu finden sind. Dieses Ergebnis, das im Gegensatz zu dem anderer Autoren steht, wurde darauf zurückgeführt, daß das von den anderen Autoren für die Fixierung verwendete Osmiumtetroxyd die Einschlußkörper zerstört. GOLDIN weist darauf hin, daß er bereits in früheren Jahren mit seinen russischen Kollegen zu demselben Ergebnis wie später SHALLA gekommen war. Er empfiehlt zur Fixierung der Einschlußkörper eine 1—5%ige

Trichloressigsäurelösung, wodurch die Strukturen erhalten bleiben. Licht-
und elektronenmikroskopische Untersuchungen, die von HEROLD, BER-
GOLD und WEIBEL an kranken Maisblättern durchgeführt wurden, zeigen
in Epidermis und Mesophyll Mikrokristalle im Cytoplasma in der Nähe
des Zellkerns; diese bestehen aus stäbchenförmigen Partikeln, die von
2 Membranen und 2 Zonen verschiedener Dichte umgeben sind. Da diese
Teilchen in gesunden Pflanzen nicht vorkommen, wird angenommen, daß
es sich um das Agens einer Viruskrankheit des Mais handelt.

Störungen des Mitoseablaufs in einigen Solanaceen, die mit TMV oder anderen
Viren infiziert waren, beobachtete WILKONSON; sie können unterschiedliche Ausmaße annehmen und reichen von der Störung auf dem Stadium der frühen Anaphase
bis zur völligen Amitose. Es wird die Ansicht vertreten, daß das Virus in den sich
teilenden Zellen mit der Kern-DNS in Konkurrenz um die Nucleolus-RNS steht. —
Mikroskopische Untersuchungen von KÖHLER (1) an Nicotiana glutinosa-Pflanzen,
die mit einem Stamm des Kartoffel A-Virus ausgeführt wurden, ergaben nekrotische
Stellen vor allem im Xylemparenchym, im Mark und sekundär auch im Phloem,
nicht dagegen in der Epidermis und in den anschließenden Geweben. In späteren
Erkrankungsstadien ist das Phloem der Hauptwurzel nur noch ein schwarzbraun-
nekrotisierter Ring. — Bei Reben, die mit dem Blattrollvirus infiziert sind, wird nach
Angaben von OCHS Lignin und Zellulose zu Gumose abgebaut, das papierchromatographisch nachgewiesen werden kann. Diese Methode wird als geeignet für eine
schnelle Diagnose des Blattrollvirus der Reben beschrieben.

Interferenz. Die Hemmung zwischen 2 Stämmen des TMV (U 1 und
VM) auf Blättern von Nic. glutinosa wurde von WU und RAPPAPORT
analysiert. Wie bereits vielfach gefunden, nimmt die Zahl der von einem
Stamm (U 1) hervorgerufenen Nekrosen ab, wenn dieser nicht allein,
sondern im Gemisch mit einem anderen Stamm (VM) inoculiert wird.
Unterwirft man die mit U 1 infizierten Blätter einer UV-Bestrahlung,
so ergibt sich eine exponentielle Abnahme der Läsionen in Abhängigkeit
von der Dosis. Erfolgt die UV-Bestrahlung jedoch bei Blättern, die mit
U 1 + VM infiziert sind, so wird kein exponentieller Abfall beobachtet;
unter bestimmten Bedingungen tritt sogar ein Anstieg der absoluten
Läsionszahl ein. — Eine Abnahme von Zahl und Größe der Läsionen tritt
auch dann ein, wenn zunächst die eine Blatthälfte eines nekrotisch
reagierenden Tabaks und nach einigen Tagen die andere Blatthälfte mit
TMV infiziert wird (ROSS und BOZARTH). Dieselbe Beeinflussung ist auch
zwischen unteren infizierten und oberen nicht-infizierten Blättern (oder
umgekehrt) vorhanden; sie ist nicht virusspezifisch. Ihr Ausmaß hängt
von verschiedenen Faktoren ab (Zeit zwischen den Inoculationen, Temperatur, Konzentration des Inoculums u. a.). Ähnliche Beobachtungen
machte YARWOOD an Läsionen, die durch TMV-Inoculation von Bohnen
induziert wurden. Eine virusfreie Zone von etwa 2 mm um die Läsionen
herum ergibt bei einer zweiten Inoculation mit TMV keine Symptome,
jedoch nach Inoculation mit anderen nicht verwandten Viren (z. B.
Tabaknekrosevirus oder Luzernemosaikvirus). Während die Läsionen
auf Bohnen etwa 2 Tage nach der Infektion nicht mehr größer werden
und die erwähnte Zone aufweisen, ist eine solche Zone um die TMV-
Läsionen auf Nic. glutinosa, die ständig weiter an Fläche zunehmen, nicht
vorhanden. — Die durch das Kartoffel X-Virus verursachten Infektionsherde auf Blättern von Gomphrena globosa sind bei beginnendem

Verbleichen des Blattes von einem grünen Hof umgeben [Köhler (2)]. Während der Zentralbezirk des Herdes Virus enthält, ist kaum Virus in dem Hof nachzuweisen; er verdankt seine Entstehung einer von dem Infektionsherd ausgehenden Reizinduktion. Diese bewirkt, daß die Zellen des Hofes gegen die Faktoren, die das Ausbleichen der anderen Blattgewebe bewirken, unempfindlich werden. — Untersuchungen von Bald mit Mischinfektionen von U1 + U2 in verschiedenen Konzentrationen führten zu dem Ergebnis, daß U2 gegenüber U1 einen leichten Vorteil bei der Konkurrenz um die beschränkte Zahl von Vermehrungsorten im Blatt besitzt.

Es ist allgemein bekannt, daß die einzelnen Stämme eines Virus, z. B. des TMV, untereinander Interferenz zeigen; doch gibt es auch Fälle, in denen Interferenz zwischen verschiedenen Viren vorkommt. Nitzany und Cohen fanden, daß das Luzernemosaikvirus und das Gurkenmosaikvirus auf Chenopodium amaranticolor untereinander eine partielle Interferenz zeigen. Auf zwei anderen Wirten, Nicotiana glutinosa und Zinnia elegans, konnte keine Interferenzwirkung festgestellt werden; doch ist hier der Nachweis einer partiellen Interferenz aus methodischen Gründen sehr schwierig. Eine andere Art der Wechselwirkung zwischen zwei mischinfizierten Viren besteht nicht in einer Hemmung der Virusvermehrung, sondern im Gegenteil in der Stimulierung des einen Virus durch das andere. So vermehrt sich das Kartoffel X-Virus bei Anwesenheit des Kartoffel Y-Virus im gleichen Gewebe stärker als in allein mit dem X-Virus infizierten Kontrollen. Das Ausmaß dieser Wechselwirkung hängt von einer Anzahl von Faktoren ab, z. B. von dem verwendeten X-Virusstamm, von der Art des anderen Virus, davon, ob die Infektion latent, nekrotisch oder systemisch verläuft, von der Jahreszeit bzw. der Temperatur u. a. Stouffer und Ross sowie Stouffer setzten die Untersuchungen über den Einfluß einer Reihe dieser Faktoren auf die Wechselwirkung zwischen X- und Y-Virus fort und entwickelten eine Hypothese zur Erklärung der Stimulierung des einen Virus durch das andere.

Im Zusammenhang mit der Interferenz soll hier auf einige Arbeiten eingegangen werden, in denen die Hemmung der Virusvermehrung in meristematischen Geweben untersucht wurde. Es war bereits durch frühere Arbeiten bekannt, daß die Zellen in der Nähe des Vegetationspunktes im allgemeinen auch bei sonst starker Virusvermehrung virusfrei sind. Wird dieses meristematische Gewebe isoliert und in Gewebekultur weitergezogen, so entwickelt sich daraus eine Pflanze, die kein Virus enthält. Auf diese Weise ist z. B. bei einer Reihe von virus-infizierten Kartoffelsorten und anderen Pflanzen gesundes Ausgangsmaterial gewonnen worden. In dem Berichtsjahr veröffentlichte Nielsen eine Arbeit über die Erzeugung virusfreier Süßkartoffeln auf die beschriebene Art. Wu, Hildebrandt und Riker bestätigten bei Untersuchungen an Gewebekulturen den Befund anderer Autoren, daß in jungen meristematischen Geweben eine Virusinfektion wesentlich schlechter angeht und die Viruskonzentration wesentlich niedriger ist als in älteren Geweben. Sie sind der Ansicht, daß die für die Zellteilung notwendige Nucleoproteidsynthese in Konkurrenz mit der Virussynthese steht. Interessante Ergebnisse erhielten CROWLEY und HANSON bei Zusatz von Äthylendiaminotetraessigsäure (EDTA), das Ca^{++} und Mg^{++} bindet, zu TMV-infizierten Gewebekulturen. Während die meristematische Zone der Wurzeln ohne EDTA-Zusatz praktisch virusfrei bleibt, bewirkt die EDTA-Zugabe sogar eine stärkere Virusvermehrung in den meristematischen Zellen als in den älteren Wurzelteilen; ein ähnlicher Effekt läßt sich auch durch ein hohes K/Ca-Verhältnis erreichen. Worauf dies zurückzuführen ist, kann bisher nur vermutet werden. Die Autoren diskutieren folgende Möglichkeit: Das Ausmaß der Virussynthese ist von der Geschwindigkeit des Stoffumsatzes in den RNP-Partikeln abhängig. Die Bindung von Ca^{++} und Mg^{++} durch EDTA beeinflußt, wie man aus Versuchen an anderen Objekten weiß, den RNS-Stoffwechsel in den RNP-Partikeln und somit indirekt auch die Virussynthese.

Virushemmstoffe. Arbeiten über den Einfluß der verschiedensten Inhibitoren auf die Virusinfektion sind auch in dem Berichtsjahr unvermindert zahlreich erschienen; die Untersuchungen hatten manchmal das Ziel, nähere Einzelheiten über die Wirkung bestimmter Hemmstoffe, vor allem Purin- und Pyrimidinderivate, zu erbringen; außerdem wird immer noch intensiv nach Verbindungen gesucht, welche die Virusvermehrung hemmen, ohne den Wirtsstoffwechsel sehr zu stören, und die damit als Chemotherapeutika Verwendung finden können.

TMV, das aus infizierten und mit 8-Azaguanin behandelten Pflanzen (Physalis floridana) isoliert wurde, ergab 2 Fraktionen, eine infektiöse und eine nicht-infektiöse, die sich in ihrem Sedimentationsverhalten und ihrem Nucleinsäuregehalt unterscheiden (LINDNER et al.). Die Wirkungsweise von 8-Azaguanin kann am besten dadurch erklärt werden, daß es in unterschiedlicher Menge in die Virus-RNS-Stränge eingebaut wird. Geringer Einbau ergibt ein noch infektiöses Virus, ein stärkerer Einbau führt bereits zu nicht mehr infektiösem Material; sehr hohe Konzentrationen verhindern die Virusvermehrung völlig. Auch Thiouracil (TU) wird in die TMV-RNS eingebaut; seltsamerweise wird dadurch die Infektiosität des intakten Virus relativ stärker reduziert als die der isolierten RNS (FRANCKI). Über die Gründe dafür kann man nur Vermutungen anstellen. PORTER und WEINSTEIN untersuchten den Einfluß von Thiouracil und Gurkenmosaikvirus (einzeln und in Kombination) auf den Stoffwechsel von Tabakpflanzen; sie bestimmten Protein-N, alkohollösliches Amino- und Amid-N, RNS und DNS sowie einige organische Säuren und verfolgten deren Änderung bis zu 286 Std. nach der Infektion. Aus den Einzelergebnissen wird geschlossen, daß Thiouracil hemmend auf die Protein- und Nucleinsäuresynthese wirkt, jedoch nicht die Biosynthese der Aminosäuren beeinflußt.

Die übrigen Arbeiten (KURTZMANN et al.; SINHA; SOMMEREYNS; ULRYCHOVA-ZELINKOVA) über die Wirkung von Purin- und Pyrimidinderivaten auf TMV und andere Viren hatten vor allem das Ziel, geeignete Verbindungen als Chemotherapeutika zu finden. Dasselbe gilt für die Arbeiten mit Antibiotica [BOBYR (4, 5), HIRAI und SHIMOMURA], ferner für die mit Aminosäuren [BOBYR (3)] und N(-S-Aryldithiocarboxy)-Aminosäuren, deren Anwendung sogar patentiert ist (GAERTNER und RICHARDSON). Andere Chemikalien, deren Wirkung auf die TMV-Vermehrung geprüft wurde, sind verschiedene Alkaloide [BOBYR (1, 2)], Cumarine (KNYPL und GUBANSKI), Cortison (HIRTH und STOLKOWSKI) sowie Cadmium-Ionen (ULRYCHOVA-ZELINKOVA). Auch eine Reihe von Proteinen (POLAK; HAGBERG und CHELACK; HARE und LUCAS) sowie Preßsäfte verschiedener Pflanzen (KAHN et al; MOYCHO et al.; THUNG und NOORDAM; KÖHLER (3)] wurden auf ihre Virushemmwirkung hin geprüft. KRYLOR et al. untersuchten den Einfluß von Wuchsstoffen (Gibberellin, Heteroauxin, 2,4-D u. a.) auf die TMV-Vermehrung. Die Wirkung der einzelnen Wuchsstoffe ist je nach dem Alter der Blätter sehr verschieden. — Es würde den Rahmen dieses Berichts überschreiten, im Detail auf die hier nur stichwortartig angeführten Arbeiten über die Virushemmstoffe einzugehen. Die angegebene Literatur ermöglicht Interessenten, sich über nähere Einzelheiten zu informieren.

Literatur

Zusammenfassende Darstellungen

BRAKKE, M. K.: Density gradient centrifugation and its application to plant viruses. Advanc. Virol. Res. 7, 193—224 (1960).

CASPAR, D. L. D.: The structural stability of TMV. Trans. N. Y. Acad. Sci. Ser. 2, 22, 519—521 (1960).

DARLINGTON, C. D.: Origin and evolution of viruses. Trans. roy. trop. med. Hyg. 54, 90—96 (1960).

FRAENKEL-CONRAT, H., and B. SINGER: Infective nucleic acid from tobacco mosaic virus. Int. Union Biochem. Symp. Ser. 1, 303—306 (1959).

HITCHBORN, J. H., and A. D. THOMSON: Variation in plant viruses. Advanc. Virol. Res. 7, 163—192 (1960).

KLUG, A., and D. L. D. CASPAR: The structure of small viruses. Advanc. Virol. Res. 7, 224—320 (1960).— KNIGHT, C. A.: The protein of tobacco mosaic virus. Brookhaven Symp. in Biol. Nr. 13 "Protein Structure and Function" S. 232—243 (1960). — KOZLOFF, L. M.: Biochemistry of viruses. Ann. Rev. Biochem. 29, 475—502 (1960).

MAGDOFF, B. S.: The structure of small spherical viruses. Trans. N. Y. Acad. Sci. Ser. 2, 22, 522—527 (1960). — MELCHERS, G.: Die Bedeutung der Virusforschung für die allgemeine Biologie. Ber. dtsch. bot. Ges. Generalvers.heft (1961). — MELCHERS, G.: Warum interessiert den Biologen das TMV? Jahrb. d. MPG 85—113 (1960). — MUNDRY, K. W.: Die Erzeugung von Virusmutationen an einem phytopathogenen Virus als Modell. Bull. schweiz. Akad. med. Wiss. 16, 155—172 (1960).

PAUL, H. L.: Bedeutung und Technik der Reindarstellung von Pflanzenviren. Nachbl. dtsch. Pflanzenschutzdienst 12, 88—90 (1960). — POLLARD, MORRIS: Perspectives in virology. New York: John Wiley & Sons. 312 S 1959.

RICHTER, J., u. M. KLINKOWSKI: Tabakmosaikvirus (TMV)-Modellobjekt der pflanzlichen Virusforschung. Zbl. Bakt. II, 113, 700—765 (1960). — ROLAND, G.: Virologie et botanique. Bull. Soc. roy. bot. belg. 92, 103—109 (1960).

SCHOMBERG, J.: Concepto actual de la constitucion quimica y modo de accion de los virus de plantas. Agronomia (Lima) 26, 323—341 (1959). — SCHRAMM, G.: Bedeutung der Virusforschung für die Erkenntnis biologischer Vermehrungsvorgänge. Intern. Union Biochem. Symp. Ser. 1, 307—312 (1959). — SPIRIN, A. S.: Über die chemische Natur der Infektiosität der Viren. Usp. sovrem. Biol. 50, 261—276 (1960); — SPIRIN, A. S.: On macromolekular structure of native high polymer RNA in solution. J. mol. Biol. 2, 436—446 (1960).

WIEDEMANN, M.: Physiologische Chemie der Viren, in B. FLASCHENTRÄGER u. H. LEHNARTZ: Physiol. Chemie. Berlin-Göttingen-Heidelberg: Springer-Verlag 1959. — WITTMANN, H. G.: Studies on the nucleic acid-protein correlation in tobacco mosaic virus. Symp. on protein structure and functions. Internat. Congr. Biochem. Moskau (1961). — WOLFGANG, H.: Fortschritte der pflanzlichen Virusforschung. Naturw. Rundschau 12, 364—369 (1958).

Originalarbeiten

AACH, H. G.: (1) Z. Vererbungsl. 91, 312—316 (1960); — (2) Ber. dtsch. bot. Ges. 73, 101—106 (1960). — ALBERTSSON, P. A., and G. FRICK: Bioch. biophys.

Acta 37, 230—237 (1960). — ALTMANN, N., M. WALD u. L. SVERAK: Mh. Chem. 91, 436—444 (1960). — ANDERER, F. A., H. UHLIG, E. WEBER and G. SCHRAMM: Nature (Lond.) 186, 922—925 (1960). — AUBEL-SADRON. G., G. BECK, J. P. EBEL and C. SADRON: Bioch. Biophys. Acta 42, 542—543 (1960).

BALD, J. G.: Nature (Lond.) 188, 645—647 (1960). — BANCROFT, J. B., J. TUITE u. G. HISSONG: Phytopathology 50, 711—717 (1960). — BANCROFT, J. B., and P. KAESBERG: Bioch. biophys. Acta 39, 519—527 (1960). — Phytopathology 49, 713—715 (1959). — BAWDEN, F. C., and N. W. PIRIE: J. gen. Microbiol. 21, 438—456 (1959). — BERCKS, R.: Virology 12, 311—313 (1960). — BOBYR, A. D.: (1) Voprosy Virusologii 4, 363—366 (1959); — (2) Prob. Virology 4, 107—111 (1959); — (3) J. Microbiol. Kiew 21, 25—30 (1959); — (4) Microbiol. Zh. 21, 7—11 (1959); — (5) Akad. Nauk Ukrain. S.S.R. Dopowidi 12, 1359—1363 (1960). — BOEDTKER, H.: (1) J. mol. Biol. 2, 171—188 (1960). — (2) Fed. Proc. I 19, 316 (1960). — BONHOEF-FER, F., and H. K. SCHACHMAN: Bioch. biophys. Res. Commun. 2, 366—371 (1960). — BRADISH, C. J., and L. V. CRAWFORD: Virology 11, 48—78 (1960). — BROWN, W. D., M. MARTINEZ and H. S. OLCOTT: J. biol. Chem. 236, 92—95 (1961). — BUZZELL, A.: J. Amer. chem. Soc. 82, 1636—1641 (1960).

CHESSIN, M.: Science 132, 1840—1841 (1960). — COCHRAN, G. W., G. W. WELKIE and J. L. CHIDESTER: Nature (Lond.) 187, 1049—1050 (1960). — CORBETT, M. K.: Phytopathology 50, 346—351 (1960). — CORNUET, P., et D. SPIRE: C. R. Acad. Sci. (Paris) 251, 1843—1844 (1960). — CROWLEY, W. C., and J. B. HANSON: Virology 12, 603—606 (1960).

DAY, M. F., and D. G. VENABLES: Virology 11, 502—505 (1960). — DIENER, T. O.: Nature (Lond.) 189, 687—688 (1961). — DOUGLASS, D. C., H. L. FRISCH and E. W. ANDERSON: Biochem. biophys. Acta 44, 401—403 (1960). — DUPONT-MAIRESSE, N., and R. JEENER: Biochem. biophys. Acta 41, 373—374 (1960).

ENGLANDER, S. W., A. BUZZELL and M. A. LAUFFER: Biochem. biophys. Acta 40, 385—392 (1960). — ESAU, K.: Virology 11, 317—328 (1960).

FARKAS, G., F. SOLYMOSY and Z. KIRALY: Acta Biol. (Budapest) 3, 29 (1959). — FARKAS, G. L., Z. KIRALY and F. SOLYMOSY: Virology 12, 408—421 (1960). — FINCH, J. T., and A. KLUG: J. mol. Biol. 2, 434—435 (1960). — FRAENKEL-CONRAT, H., M. STAEHELIN and L. V. CRAWFORD: Proc. Soc. exp. Biol. (N. Y.) 102, 118—121 (1959). — FRANCKI, R. J. B.: Virology 10, 374—376 (1960). — FRESCO, J. R., B. M. ALBERTS and P. DOTY: Nature (Lond.) 188, 98—101 (1960). — FRY, P. R., R. G. GROGAN and J. W. LYTTLETON: Phytopathology 50, 175—177 (1960).

GAERTNER, V. R., and G. A. RICHARDSSON: US Pat. No. 2913370 (to Monsanto Chemical Co) (1959). — GISH, D. T.: J. Amer. chem. Soc. 82, 6329—6336 (1960). — GOLDIN, M. J.: Virology 10, 538—542 (1960). — GOLDIN, M. J., and N. G. LAPIDUS: Akad. Nauk. S.S.S.R. Jzv. Ser. Biol. 25, 129—131 (1959). — GOODCHILD, D. J.: Ph. D. thesis Univ. of Sydney Facult. of Agr. (1959). — GORDON, M. P., and C. SMITH: J. biol. Chem. 235, PC 28 (1960). — GORDON, M. P., B. SINGER and H. FRAENKEL-CONRAT: J. biol. Chem. 235, 1014—1018 (1960). — GUBANSKI, M., and R. KURSTAK: Experientia (Basel) 16, 407—408 (1960). — GUBANSKI, M. S.: Nature (Lond.) 186, 657—658 (1960).

HAGBERG, W. A. F., and W. S. CHELACK: Canad. J. Bot. 38, 111—116 (1960). — HAMPTON, R. E., and R. W. FULTON: Virology 13, 44—52 (1961). — HARE, W. W., and G. B. LUCAS: Phytopathology 50, 638 (1960). — HARRIS, J. J., and J. HINDLEY: J. mol. Biol. 3, 117—120 (1960). — HARRISON, B. D., and H. L. NIXON: (3) J. gen. Microbiol. 21, 591—599 (1959); — (1) Virology 12, 104—117 (1960); — (2) J. gen. Microbiol. 21, 569—581 (1959). — HEROLD, F., G. H. BERGOLD and J. WEIBEL: Virology 12, 335—347 (1960). — HIDAKA, Z., and K. TOMARU: Virology 12, 8—13 (1960). — HIRAI, T., and T. SHIMOMURA: Phytopathol. Z. 40, 35—44 (1960). — HIRTH, L., et J. STOLKOWSKI: Rev. intern. tabacs. 35, 81, 83, 85 (1960). — HIRTH, L., G. LEBEURIER, G. AUBEL-SADRON, G. BECK, J. P. EBEL and P. HORN: Nature (Lond.) 188, 689 (1960). — HOLLINGS, M., and R. A. LELLIOTT: Plant Pathol. 9, 63—66 (1960). — HUXLEY, H. E., and G. ZUBAY: J. mol. Biol. 2, 189—196 (1960).

ISO, K., Y. KAWADE and J. WATANABE: Chem. Soc. Japan. J. 81, 701—703 (1960).

KAHN, R. P., T. C. ALLEN and W. J. ZAUMEYER: Phytopathology 50, 847—851 (1960) — KAPER, J. M.: (1) Nature (Lond.) 186, 219—220 (1960); — (2) J. mol. Biol. 2, 425—433 (1960). — KASSANIS, B.: Virology 10, 353—369 (1960). — KASSANIS, B., and H. L. NIXON: Nature (Lond.) 187, 713—714 (1960). — KAWADE, Y., T. KITAMURA, K. MIURA, J. WATANABE, Z. HIDAKA and C. HIRUKU: Virus (Kyoto) 10, 29—33 (1960). — KIKUCHI, M., and A. YAMAGUCHI: Nature (Lond.) 187, 1048 (1960). — KLUG, A., and J. T. FINCH: J. mol. Biol. 2, 201—215 (1960). — KNYPL, J. S., and M. GUBANSKI: Naturwiss. 47, 308—309 (1960). — KÖHLER, E.: (2) Nachbl. dtsch. Pfl.schutzdienst 11, 187—188 (1959); — (1) Zbl. Bakt. II 113, 600—611 (1960); — (3) Phytopathol. Z. 39, 242—261 (1960). — KRYLOR, A. V., V. A. SMIRNOVA and G. A. TARAKANOVA: Fiziol. Rastenij. 7, 309—314 (1960). — Dokl. Akad. Nauk S.S.S.R. 133, 973—975 (1960). — KURTZMANN, R. H., A. C. HILDEBRANDT, R. H. BURRIS and A. J. RIKER: Virology 10, 432—448 (1960).

LESLIE, J.: Nature (Lond.) 189, 260—268 (1961). — LINDNER, R. C., P. C. CHEO, H. C. KIRKPATRICK and H. C. GORINDU: Phytopathology 50, 884—889 (1960).

MAGDOFF, B. S.: Nature (Lond.) 185, 673—674 (1960). — MARTIN, C.: Ann. Inst. nat. Rech. agron. 1, 59—82, 121—136 (1959). — MATTHEWS, R. E. F.: Virology 12, 521—539 (1960). — MERRETT, M. J.: Ann. Bot. N. S. 24, 223—231 (1960). — MICZYNSKI, K. A.: Ann. appl. Biol. 48, 739—741 (1960). — Acta biol. cracov. Ser. Bot. 2, 23—33 (1960). — MIURA, K. J., and F. EGAMI: Biochem. biophys. Acta 44, 378—379 (1960). — MOYCHO, W., M. GUBANSKI and T. KEDZIORA: Bull. Acad. pol. Sci. Ser. Sci. biol. 8, 209—212 (1960). — MUNDRY, K. W.: (1) Z. Vererbungsl. 91, 81—86 (1960); (2) 87—93 (1960).

NIELSEN, L. W.: Phytopathology 50, 840—841 (1960). — NITZANY, F. E., and S. COHEN: Virology 11, 771—773 (1960). — NIXON, H. L., and B. D. HARRISON: J. gen. Microbiol. 21, 582—590 (1959). — NIXON, H. L., and A. J. GIBBS: J. mol. Biol. 2, 197—200 (1960).

OCHS, G.: Bot. Gaz. 121, 198—200 (1960). — OHMANN-KREUTZBERG, G., W. PAWLITSCHEK u. H. B. SCHMIDT: Phytopathol. Z. 38, 13—17 (1960).

PAWLITSCHEK, W.: Z. Naturforsch. 15 b, 153—163 (1960). — PIROWE, T. P., G. S. POUND and R. J. SHEPHERD: Nature (Lond.) 186, 656—657 (1960). — POLAK, Z.: Biol. plant. (Praha) 2, 181—187 (1960). — PORTER, C. A., and L. H. WEINSTEIN Contr. Boyce-Thompson Inst. 20, 307—315 (1960). — POUND, G. S., and G. P. SINGH: Phytophathology 50, 803—807 (1960).

RAMACHANDRAN, L. K.: Biochem. biophys. Acta 41, 524—526 (1960). — RAPPAPORT, J.: J. Immunol. 82, 526—534 (1959). — RECKENDORFER, P.: Pfl.schutzberichte 24, 73—81 (1960). — REDDI, K. H.: (2) Nature (Lond.) 188, 60—61 (1960). — (1) Biochem. biophys. Acta 42, 365—366 (1960). — REGENMORTEL, M. H. V. VAN: So. Afr. J. Agr. Sci. 3, 243—258 (1960). — Virology 12, 127—130 (1960). — REICHMAN, M. E.: J. biol. Chem. 235, 2959—2963 (1960). — ROLAND, G.: Taxon. 8, 126—130 (1959). — Ross, A. F., and R. F. BOZARTH: Phytopathology 50, 652 (1960). — RUSHIZKY, G. W., C. A. KNIGHT and A. D. McLAREN: Virology 12, 32—47 (1960). — RUSHIZKY, G. W., and C. A. KNIGHT: (3) Nat. Acad. Sci. Proc. 46, 945—952 (1960); — (1) Virology 211, 36—249 (1960). — (2) Biochem. biophys. Res. Commun. 2, 66—70 (1960).

SARKAR, S.: Z. Naturforsch. 15 b, 778—786 (1960). — SCHLEGEL, D. E.: (1) Phytopathology 50, 156—158 (1960); — (2) Virology 11, 329—338 (1960). — SCHÖNIGER, G.: Phytopathol. Z. 38, 250—273 (1960). — SCHUSTER, H.: J. mol. Biol. 1961 (im Druck). — SCHUSTER, H., u. H. G. WITTMANN: In Vorbereitung. — SEARS, G. W.: Science 130, 1477—1478 (1959.) — SHEPHERD, R. J., and G. S. POUND: Phytopathology 50, 195—198 (1960). — SHIMOMURA, T., and T. HIRAI: Phytopathology 50, 344—346 (1960). — SIEGEL, A.: Virology 11, 156—157 (1960). — SILL, W. H., S. B. LAL and M. S. E. DEL ROSARIA: Phytopathology 50, 709—711 (1960). — SILVA, D. M., and C. A. KNIGHT: Virology 12, 589—595 (1960). — SINHA, R. C.: Ann. appl. Biol. 48, 749—755 (1960). — SOMMEREYNS, G.: Mededeel Landbouwhoogeschool Gent 24, 779—790 (1959). — SPIRIN, A. S., L. P. GAVRILOVA, S. E. BRESLER and M. J. MOSSEWITZKY: Biochimija (Moskau) 24, 938—947 (1959). — SPRAU, E.: Mededeel. Landbouwhoogeschool Gent 24, 791—800 (1959). — STAEHELIN, M.: Helv. physiol. pharmacol. Acta 18, 428—437 (1960). — STOUFFER, R. F.:

Ann Arbor Mich. Univ. Microfilms L. C. Card No. Mic. 59—6145; 43p (1959); — STOUFFER, R. F., and A. F. Ross: Phytopathology 51, 5—9 (1961).

TAKAHASHI, W. N., and A. H. GOLD: Virology 10, 449—458 (1960). — TAKAMURA, Y., T. SHIMOMURA and T. HIRAI: Phytopathol. Z. 38, 123—128 (1960). — TEPFER, S. S., and C. MEYER: Amer. J. Bot. 46, 496—509 (1959). — THOMSON, A. D.: Nature (Lond.) 187, 761—762 (1960). — THUNG, C. H., and B. NOORDAM: Mededeel. Landbouwhoogeschool Gent 24, 775—778 (1959). — TOWNSLEY, P. M.: Canad. J. Biochem. Physiol. 38, 459—466 (1960). — TSUGITA, A., D. T. GISH, J. YOUNG, H. FRAENKEL-CONRAT, C. A. KNIGHT and W. M. STANLEY: Proc. Nat. Acad. Sci. (Wash.) 46, 1463—1469 (1960). — TSUGITA, A., and H. FRAENKEL-CONRAT: Proc. Nat. Acad. Sci. (Wash.) 46, 636—642 (1960).

ULRYCHOVA-ZELINKOVA, M.: Biol. plant (Praha) 1, 135—141 (1959). — Biol. plant (Praha) 2, 240—243 (1960).

VENEKAMP, J. H.: Tijdschr. Plantenziekten 65, 177—187 (1959).

WALD, M., N. ALTMANN u. L. SVERAK: Mh. Chem. 91, 991—1000 (1960). — WEHRMEYER, W.: Naturwiss. 47, 236—237 (1960). — WEINTRAUB, M., W. G. KEMP and H. W. J. RAGETLI: Canad. J. Microbiol. 6, 407—415 (1960). — WETTER, C., H. L. PAUL, J. BRANDES u. L. QUANTZ: Z. Naturforsch. 15b, 444—447 (1960). — WETTER, C.: Arch. Mikrobiol. 37, 278—292 (1960). — WHITFELD, P. P., M. F. DAY, K. HELMS and D. G. VENABLES: Virology 11, 624—631 (1960). — WILDMAN, S. G., and C. V. FORD: Phytopathology 50, 677—680 (1960). — WILKONSON, J.: Ann. Botany (Lond.) 24, 517—521 (1960). — WILLISON, R. S., M. WEINTRAUB and J. H. TREMAINE: Canad. J. Bot. 37, 1157—1165 (1959). — WITTMANN, H. G.: (1) Virology 11, 505—508 (1960); (2) 12, 613—616 (1960); (3) Ber. dtsch. bot. Ges., Generalversammlungsheft 1961; — (4) Virology 12, 609—612 (1960). — WITTMANN, H. G., u. H. L. PAUL: Phytopathol. Z. 41, 74—78 (1961). — WOHLHIETER, J. A.: Diss. Abstr. 20, 4267 (1960). — WU, J. H., A. C. HILDEBRANDT and A. J. RIKER: Phytopathology 50, 587—594 (1960). — WU, J. H., and J. RAPPAPORT: Phytopathology 50, 659 (1960).

YAMAGUCHI, A.: Virology 10, 287—293 (1960). — YARWOOD, C. E.: Phytopathology 50, 741—744 (1960). — YCAS, M.: Nature (Lond.) 188, 209—212 (1960).

ZAITLIN, M., u. JAGENDORF A. T.: Virology 12, 477—486 (1960). — ZECH, H.: Virology 11, 499—502 (1960).

b) Bakteriophagen

Von Walter Harm, Köln

Im Laufe der vergangenen zwei Jahrzehnte sind die Bakteriophagen in steigendem Maße zu Modellobjekten geworden, nicht nur für die allgemeine Virusforschung, sondern vor allem auch für die molekulare Genetik. Die während der letzten Zeit erzielten Fortschritte lassen die Vermutung zu, daß diese Entwicklung in den nächsten Jahren weiter anhalten oder sich sogar noch verstärken wird. Angesichts der intensiven Forschungsarbeit, die in zahlreichen Laboratorien auf diesem Gebiete geleistet wird, ist es kaum möglich, in einem kurzen Bericht, der einen Zeitraum von zwei Jahren zu überblicken hat, alle Teilgebiete der Bakteriophagen-Forschung in etwa gleichmäßig zu berücksichtigen. Wenn im folgenden den genetischen Aspekten der überwiegende Platz eingeräumt wurde, so spiegelt dies weniger die Bevorzugung des vornehmlichsten Interessengebietes des Referenten wider als vor allem die Tatsache, daß die bedeutendsten Fortschritte der letzten Jahre auf genetischem Sektor liegen. In Anbetracht des zur Verfügung stehenden sehr begrenzten Raums wurden deshalb einige Teilgebiete, z. B. Struktur und Lebenszyklus des Phagen, Lysogenesis u. a. m., zurückgestellt und sollen im nächsten Jahr eingehender behandelt werden.

Phagen mit außergewöhnlichem Erbmaterial

In den letzten Jahren trat ein Phagentyp in den Vordergrund, der zwar schon seit langer Zeit (1935) bekannt ist, aber bislang relativ wenig beachtet wurde: ΦX 174. Er ist mit einem Durchmesser von 24—25 mμ (Hall, Maclean u. Tessman, 1959) ebenso wie der ihm offenbar sehr nahe verwandte S 13 einer der kleinsten bisher bekannten Phagentypen. Sein genetisches Material ist ein einziges DNS-Molekül mit einem Molekulargewicht von etwa $1,6 \times 10^6$, das im Gegensatz zu allen bisher bekannten DNS-Species durch das Vorhandensein von nur einer Polynucleotidkette ausgezeichnet ist (Sinsheimer, 1959). In biologisch-experimenteller Hinsicht zeigt diese 1 fädige DNS gegenüber der normalen, 2 fädigen, charakteristische Unterschiede: z. B. liegt die Letalitätswahrscheinlichkeit für den Zerfall eines eingebauten ^{32}P-Atoms bei 1 (gegenüber etwa 10^{-1} im Falle 2 fädiger DNS) (Tessman, 1959 a). Auch bezüglich der inaktivierenden Wirkung von UV-Strahlung ist die ΦX 174-DNS um ein Vielfaches empfindlicher, bezogen auf gleiche Anzahl von Nucleotiden. Genetische Rekombination findet auch bei dieser außergewöhnlichen DNS statt (Pfeifer, 1961); die geringen Rekombinationsraten (Größenordnung 10^{-3} bis 10^{-4}) sind angesichts der geringen Menge genetischen Materials durchaus verständlich.

Man darf hoffen, daß die weitere Erforschung der biologischen Eigenschaften der 1 fädigen DNS und der Vergleich mit der 2 fädigen Schlußfolgerungen bezüglich der Abgabe der genetischen Information an die Zelle zulassen wird. Da nach dem Watson-Crick-Modell der Informationsgehalt einer 2 fädigen DNS nicht größer sein kann als der eines ihrer Einzelfäden und da andrerseits — wie das Beispiel des Phagen ΦX 174 zeigt —

der Doppelfaden für die Informationsspeicherung keine Notwendigkeit darstellt, wäre es denkbar, daß der Doppelfaden entweder aus anderen Gründen für den Organismus vorteilhaft ist (z. B. wegen größerer Stabilität) oder daß er vielleicht für die Informations*abgabe* notwendig ist.

Ein weiterer Phage mit abnormem Erbmaterial wurde kürzlich von Loeb u. Zinder (1961) beschrieben: Es handelt sich um den Phagen f 2, der *Escherichia coli K 12* (und zwar nur Hfr und F$^+$-Stämme) infiziert. Statt DNS enthält dieser Phage RNS, die als Erbmaterial bisher nur von einer Reihe tierpathogener und pflanzenpathogener Viren, nicht aber von Phagen her bekannt war. Der Phage f 2 ist eher noch kleiner als ΦX 174 und S 13, und eine einzige f 2-infizierte Zelle kann bis zu etwa 10 000 neue f 2-Partikeln produzieren. Da quantitative genetische Untersuchungen bei Phagen wesentlich leichter durchzuführen sind als bei tier- oder pflanzenpathogenen Viren, besteht sicherlich die Möglichkeit, mit Hilfe dieses Phagen in näherer Zukunft die biologischen Eigenschaften des RNS-Erbmaterials eingehender zu charakterisieren als es bisher möglich war.

Infektion mit reiner Phagen-DNS

Während bisher die Aussage, daß die Nucleinsäure eines Phagen alleiniger Träger seiner genetischen Information ist, dadurch eingeschränkt wurde, daß sowohl bei der normalen Infektion als auch bei der Infektion von Bakterien-Protoplasten mit DNS-Präparationen von T 2 stets auch eine geringe Menge Phagen-Protein mit in die Zellen gelangte, scheint auf Grund neuester Befunde die Rolle der Nucleinsäure als alleiniger Träger der genetischen Information des Phagen — zumindest für ΦX 174 — erwiesen zu sein. Guthrie u. Sinsheimer (1960) konnten *Coli*-Protoplasten mit durch Dichtegradienten-Zentrifugierung hochgereinigter ΦX 174-DNS infizieren und sie damit zur Produktion normaler, vermehrungsfähiger ΦX-Phagen veranlassen. Auf diese Weise konnten auch solche Bakterien erfolgreich infiziert werden, die als intakte Zellen resistent gegen ΦX 174 waren. Dies steht in Einklang mit zahlreichen früheren Befunden, wonach bakterielle Resistenz gegen bestimmte Phagentypen ihre Ursache häufig in der Beschaffenheit der Zellwand hat. Ein ähnliches System besteht jetzt auch bei dem genetisch sehr eingehend untersuchten Phagen λ. Kaiser u. Hogness (1960) zeigten, daß mit Hilfe reiner DNS-Präparationen des Phagen λ dg (d. i. ein genotypisch defekter λ-Phage, der die Fähigkeit zur Galaktose-Vergärung transduziert) galaktose-negative K 12-Bakterien zu galaktose-positiven transformiert werden können, wobei offenbar das gesamte λ dg-Genom mit in die Zelle gelangt. Im Unterschied zu der üblichen Transformation mit Hilfe von *Pneumococcus*- oder *Haemophilus*-DNS ist bei diesem System die gleichzeitige Infektion mit einem nicht-defekten λ-Phagen ("helperphage") notwendig. Die Transformationswahrscheinlichkeit liegt unter diesen Bedingungen in der Größenordnung von 10^{-3} je Phagenäquivalent. Der Vorteil dieses Transformationssystems gegenüber denen mit *Pneumococcus*- oder *Hämophilus*-DNS besteht vor allem darin, daß hier das Gesamtgenom des Donors (oder zumindest der größte Teil davon) übertragen wird, während es bei der Bakterien-DNS nur ein geringer Bruchteil des Gesamtgenoms ist.

Mutationsauslösung

Das Studium von spezifischen Veränderungen an der Nucleinsäure der Phagen hat in den letzten Jahren das Verständnis des induzierten Mutationsvorgangs sehr erheblich gefördert. Salpetrige Säure (HNO_2), mit der bereits vorher an reiner Tabakmosaik-Virus-Nucleinsäure in starkem Maße Mutationen ausgelöst werden konnten (MUNDRY u. GIERER, 1958), erwies sich auch beim Phagen T 2 (VIELMETTER u. WIEDER, 1959) sowie den Phagen T 4 und ΦX 174 (TESSMAN, 1959b) als stark mutagen. Durch Veränderung des p_H-Wertes konnten VIELMETTER u. SCHUSTER (1960) zeigen, daß bei der T 2-DNS offenbar nur die Desaminierung von Adenin und 5-Hydroxymethyl-Cytosin Mutationen zur Folge haben kann, während sie bei Guanin offenbar nur zu Inaktivierungen führt. Dieses Ergebnis ist auch theoretisch sehr plausibel. Die Desaminierung verursacht folgende chemische Veränderungen:

Adenin (A) $\longrightarrow$ Hypoxanthin (H)

Cytosin (C) $\longrightarrow$ Uracil (U)

Guanin (G) $\longrightarrow$ Xanthin (X)

Thymin (T)   entfällt, da es keine Aminogruppen besitzt.

Aus sterischen Gründen ist normalerweise A mit T durch Wasserstoffbindungen gepaart und G mit C. H kann sich dagegen nicht mit T paaren, sondern nur mit C, und U kann sich nicht mit G paaren, sondern nur mit A. X dagegen paart sich ebenso wie G mit C. Das folgende Schema, das einer Arbeit von BAUTZ-FREESE u. FREESE (1961) entnommen ist, veranschaulicht, wie nach Desaminierung von Adenin bzw. Cytosin im Verlaufe der nächsten Replikationen durch Fehlpaarungen aus einem A—T-Paar ein G—C-Paar wird bzw. umgekehrt. Dagegen findet bei Guanin-Desaminierung im Verlauf der folgenden Replikationen keine Abänderung des ursprünglichen Zustandes statt. In dem Schema muß man sich für die geradzahligen T-Phagen jeweils C durch HMC (= 5-Hydroxymethyl-Cytosin) und U durch HMU (= 5-Hydroxymethyl-Uracil) ersetzt denken.

Dieses Schema steht auch mit den von TESSMAN (1959b) gewonnenen Ergebnissen bezüglich HNO_2-Mutabilität bei T 4 und ΦX 174 in Einklang, wonach bei ΦX 174 die Mutanten in reinen Klonen, bei T 4 dagegen vorwiegend in gemischten Klonen aus Mutanten und Nichtmutanten auftraten. Denkt man sich in dem obigen Schema statt des ursprünglichen Basenpaares nur die zu desaminierende Base allein, wie es beim extracellulären ΦX 174 der Fall ist, so muß ein reiner Klon entstehen, wobei A durch G oder C durch T ersetzt ist. Diese Versuche rechtfertigen mehr noch als bisher den Schluß, daß in ΦX 174 die genetische Information nur einmalig vorliegt, während sie in Phagen mit 2fädiger DNS mindestens doppelt vorhanden ist.

Mischklone aus Mutanten und Nichtmutanten beschrieben auch PRATT
u. STENT (1959) für T 4-Mutationen, die durch Einbau von 5-Brom-
Uracil anstelle von Thymin in die DNS erzeugt wurden. Herkömmlicher-
weise werden die bei Phagenkreuzungen entstehenden Individuen, die

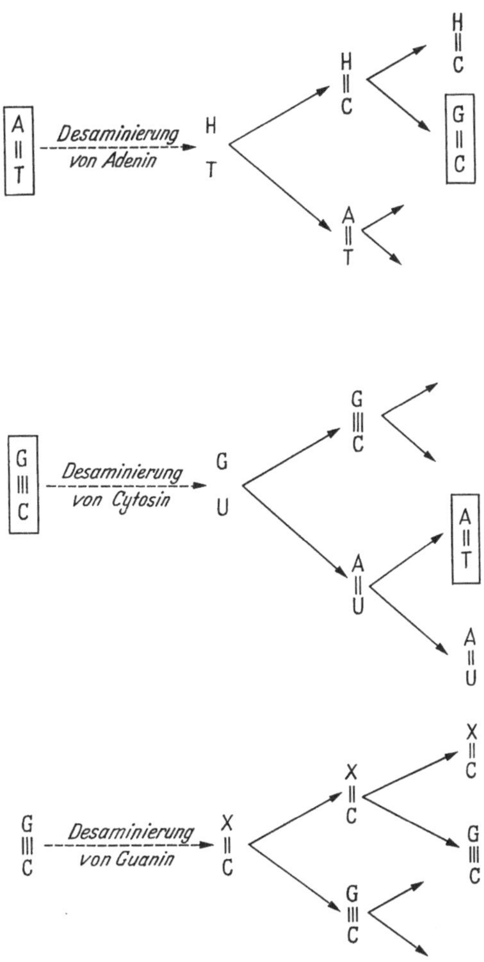

bei weiterer Vermehrung Nachkommen beider elterlichen Genotypen
erzeugen, als Heterozygoten bezeichnet. Insofern ist es berechtigt, auch
im obengenannten Falle von Heterozygotie zu sprechen, und zwar von
Mutations-Heterozygotie im Unterschied zu der bisher ausschließlich
bekannten *Rekombinations-Heterozygotie.*
Daß auch die Inaktivierung durch HNO_2 im wesentlichen auf Reaktionen mit der Nucleinsäure und nicht mit dem Protein beruht, ergibt
sich aus der näheren Analyse der Inaktivierungsvorgänge bezüglich der

Möglichkeiten der Multiplizitäts-Reaktivierung, Kreuzungs-Reaktivierung und der Inaktivierung einzelner Gen-Funktionen (HARM, 1960). Aus dem Vergleich des Ausmaßes dieser Effekte bei HNO_2 und UV-Inaktivierung läßt sich errechnen, daß mindestens fünf Sechstel der letalen Schäden in der Phagen-DNS stattfinden müssen.

Die durch HNO_2 im Endeffekt verursachten Vertauschungen von Basenpaaren $\genfrac{}{}{0pt}{}{A}{T} | \longleftrightarrow | \genfrac{}{}{0pt}{}{G}{C}$ („Transitionen") können auch auf anderem Wege, z. B. durch Einbau der Basenanaloga 2-Aminopurin, 2,6-Diaminopurin oder dem schon seit 1956 als Mutagen bekannten 5-Brom-Uracil, erreicht werden (FREESE, 1959a). Aus der Natur der Transitionen ergibt sich, daß die so ausgelösten Mutationen im Prinzip an jedem Nucleotidpaar stattfinden können und daß die durch eines der drei Mutagene ausgelösten Mutationen entweder durch das gleiche oder durch eines der anderen revertiert werden können. Dagegen werden durch diese Agentien nicht die durch Acriflavin ausgelösten sowie die meisten spontan aufgetretenen Mutationen revertiert. FREESE (1959b) deutet dies durch die Annahme, daß diese Mutationen „Transversionen" darstellen, d. h. Veränderungen, bei denen eine Purinbase durch eine Pyrimidinbase ersetzt ist und umgekehrt, wie es im folgenden Schema durch die Pfeile angedeutet ist:

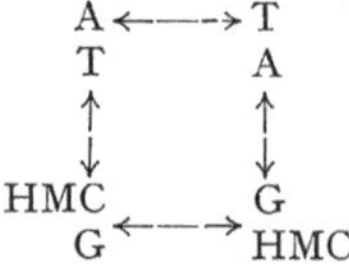

Als weitere DNS-spezifische mutagene Stoffe sind in neuerer Zeit Äthylmethansulfonat und Diäthylsulfat näher untersucht worden (LOVELESS, 1959; GREEN u. KRIEG, 1961) sowie Äthyläthansulfonat (BAUTZ u. FREESE, 1960) und Hydroxylamin (FREESE, BAUTZ-FREESE u. BAUTZ, 1961). Während mit UV-Strahlen bei Phagen bislang nur Mutationen ausgelöst werden konnten, wenn die Wirtsbakterien ebenfalls oder ausschließlich bestrahlt wurden, konnte KRIEG (1959) bei bestimmten *rII*-Mutanten von T 4 die Reversionsrate durch UV-Bestrahlung um einen Faktor über 100 steigern, wenn er multipel infizierte. Etwas Derartiges war bisher nur von T 1 berichtet worden, wo die Mutationssteigerung allerdings sehr geringfügig war. Ebenfalls durch UV sowie auch durch Röntgenstrahlung konnte bei dem Phagen $\varkappa$ von *Serratia marcescens* die Häufigkeit von Klarplaque-Mutationen wesentlich gesteigert werden (KAPLAN, WINKLER u. WOLF-ELLMAUER, 1960). Dabei zeigte sich, daß Nachbelichtung der UV-bestrahlten extracellulären Phagen mit Fluorescenzlampen die Mutantenrate erheblich reduzierte, während die Überlebendenrate nur unwesentlich angehoben wurde. Wenn dagegen die Belichtung nach Infektion erfolgte (wie üblicherweise bei der Photo-Reaktivierung), so war die Reduktion der Mutantenrate schwächer, aber der Anstieg der Überlebendenrate (= Photo-Reaktivierung) erheblich.

Sofern diese Befunde allgemeinere Gültigkeit besitzen, würden sie an-
deuten daß Photo-Reaktivierung und Photo-Reversion von UV-indu-
zierten Mutationen recht verschiedenartige Prozesse sind.

Neue Mutationstypen

Die Zahl der bei den Phagen bekannten mutablen Erbmerkmale war
lange Zeit recht gering, was die experimentellen Möglichkeiten sehr begrenzte. Mit zunehmender Verbesserung der Methoden und Erweiterung
der theoretischen Einsichten in den Lebenszyklus und die morphologische
Struktur der Phagen hat man eine Reihe weiterer bisher nicht bekannter
Mutationstypen aufgefunden. Ihre Bedeutung für die Forschung liegt
in den Möglichkeiten der Markierung bei kreuzungsgenetischen und gen-
physiologischen Experimenten sowie der Erforschung der Feinstruktur
des genetischen Materials. Sie tragen aber auch dazu bei, unser Bild
von der regionalen Aufgliederung des Phagengenoms in funktionelle
Einheiten zu vervollständigen.

Erstmalig wurden bei Phagen Mutationen entdeckt, die eine elektronenmikroskopisch erfaßbare morphologische Veränderung mit sich
bringen: EISENSTARK, MAALØE u. BIRCH-ANDERSEN (1960) fanden in
T 3-Lysaten (T 3 B) mit einer Häufigkeit von etwa 10^{-6} Wirtsbereich-
Mutanten (T 3 C), die sich von der Ausgangsform durch das Vorhanden-
sein eines langen biegsamen Schwanzes (etwa $2^{1}/_{2}$ Kopfdurchmesser)
unterscheiden und außerdem eine zusätzliche antigene Komponente ent-
halten. Da hier in einem einzigen Mutationsschritt eine recht komplexe
Veränderung mit erheblichem strukturellen Gewinn auftritt, liegt die
Annahme nahe, daß die genetische Information für die zusätzlichen
Charaktere bereits in der Ausgangsform vorhanden ist, jedoch durch
Mutation oder einen Suppressor dort nicht zur Ausprägung gelangt.
Reversionen zur kurzschwänzigen Ausgangsform treten nur extrem selten
auf (Wahrscheinlichkeit 10^{-11} oder weniger).

Andere mutative Veränderungen betreffen z. B. die Empfindlichkeit
gegen Acridin-Farbstoffe. EDGAR u. EPSTEIN (1961) beschreiben Mutanten *(ac)* von T 4, die bei Konzentrationen von 0,25 μg Acriflavin pro ml
Nährmedium von den Wirtszellen normal vermehrt werden, während die
mit Wildtyp-Phagen infizierten Zellen unter den gleichen Bedingungen
nur mit einer Häufigkeit von 10^{-5} bis 10^{-6} Nachkommen hervorbringen.
Bakterien, die mit *ac* und *ac*+ mischinfiziert werden, produzieren im
Acriflavinmedium nur in Ausnahmefällen Phagen, was Dominanz des
ac+-Allels bedeutet. Diese Tatsache ermöglicht es, selektiv die UV-
Inaktivierung (nicht — wie üblich — das Überleben!) der *ac*+-Gen-
funktion in mischinfizierten Komplexen zu erfassen und damit die Inak-
tivierungsfunktion im Bereich sehr geringer Inaktivierungsraten (z. B.
unterhalb 5%) zu studieren.

Außer den schon seit längerer Zeit bekannten *rII*-Mutationen wurde
bei dem Phagen T 4 neuerdings eine Reihe von weiteren Mutationen gefunden, die den Wirtsbereich dieses Phagen einschränken: Es handelt
sich um die sog. „amber"-Mutanten *(am)*, die nicht mehr in *E. coli B*

vermehrungsfähig sind, sondern nur noch in *E. coli C 600* und einigen verwandten Stämmen (CH. STEINBERG, persönl. Mitteilung). Die Mutationsorte liegen weit über das Genom verstreut. Ebenso wie bei den *rII*-Mutationen bietet sich auch hier die Möglichkeit, durch Kreuzungen verschiedener *am*-Mutanten eines Cistrons auf Grund des seleketiven Vorteils der Wildtyp-Rekombinanten die Feinstruktur solcher Cistren zu erforschen.

WEIGLE, MESELSON u. PAIGEN (1959) fanden durch Zentrifugierung im CsCl-Dichtegradienten, daß 10 geprüfte verschiedene λ dg-Stämme sich sämtlich vom λ-Ausgangsstamm und auch untereinander in ihrer Dichte unterschieden. Eine Untersuchung einer Reihe anderer λ-Mutanten verschiedener Herkunft ergab ebenfalls recht beträchtliche Unterschiede (KELLENBERGER, ZIZICHI u. WEIGLE, 1960), wobei alle Mutanten mit stark verringerter Dichte unfähig waren. stabile Lysogenisierung hervorzurufen. Bei Kreuzung dieser Mutanten mit dem Ausgangsstamm erwies sich die Dichte-Eigenschaft als monofaktoriell bedingt. Sofern die verringerte Dichte allein auf verringertem DNS-Gehalt beruhen würde (was bisher nicht erwiesen ist), würden diese Mutanten etwa 17% DNS weniger besitzen als der Wildtyp-Phage.

Kreuzungsgenetik

Nachdem man lange Zeit der Meinung war, daß bei T 2 und T 4 drei verschiedene genetische Kopplungsgruppen vorhanden seien, ist jetzt erwiesen, daß hier ebenso wie bei allen anderen untersuchten Phagen sämtliche bekannten Loci einer einzigen Kopplungsgruppe zugeordnet werden können (STREISINGER u. BRUCE, 1960). Die Kopplungsverhältnisse lassen sich jedoch schematisch nur durch eine ringförmige Anordnung der Marker beschreiben, wobei weite Regionen des Ringes keine der bisher bekannten Marker tragen. Für derartige Kopplungsverhältnisse gibt es verschiedenartige Deutungsmöglichkeiten; es braucht nicht notwendigerweise auf eine ringförmige Genomstruktur geschlossen zu werden (STREISINGER, EDGAR, HARRAR, persönl. Mitteilung). Jedenfalls macht das Vorliegen des genetischen Materials in einer einzigen Kopplungsgruppe die bisher nicht beantwortete Frage überflüssig, durch welchen Mechanismus im Falle mehrerer Kopplungsstrukturen die Mehrzahl der intracellulär heranreifenden Phagen mit einem vollständigen Gen-Satz ohne überflüssiges Genmaterial ausgestattet werden kann.

Mit diesen genetischen Befunden steht in Einklang, daß das DNS-Molekulargewicht der am meisten untersuchten Phagen T 2 und T 4 offensichtlich höher ist, als frühere experimentelle Bestimmungen ergeben hatten. Untersuchungen von HERSHEY u. BURGI (1960) zeigen, daß T 2-DNS bei der Präparation sehr leicht in kleinere Stücke zerbricht. Sie fanden bei unzerbrochener DNS ein einheitliches Molekulargewicht; nach THOMAS u. BERNS (1961) beträgt dieses $6{,}2 \times 10^7$, so daß je T 2-Phage 2 solcher Moleküle vorhanden wären.

Seit einer Reihe von Jahren ist bekannt, daß sich die DNS der eng verwandten Phagen T 2, T 4 und T 6 u. a. durch das Ausmaß der Gluco-

sylierung des 5-Hydroxymethyl-Cytosins (HMC) unterscheiden. Bei T 4
sind sämtliche HMC-Moleküle glucosyliert, bei T 2 nur etwa 80%. Während normalerweise die Nachkommenschaft aus T 2 × T 4 Kreuzungen
ungeachtet ihres Wirtsbereiches 100%ig glucosyliertes HMC besitzt,
zeigte sich, daß unter gewissen Bedingungen Glucosylierungsgrade auftreten können, die zwischen den für T 2 und T 4 charakteristischen Werten liegen und die konstant weiter vererbt werden (WEIGLE, STREISINGER, HERSHEY u. KIM, persönl. Mitteilung). Dabei ist der intermediäre
Zustand nicht durch Rekombination von Segmenten mit 80%-glucosylierter und 100%-glycosylierter DNS bedingt, sondern die intermediäre
Glucosylierung betrifft offenbar das ganze Genom gleichmäßig. Weiterhin
ließ sich zeigen, daß die unterschiedliche Glucosylierung selbst nicht der
Grund für die bekannte begrenzte Exclusion von T 2 durch T 4 bei
Simultan-Infektion ist, sondern daß hierfür besondere Gene vorhanden
sein müssen.

Inaktivierung und Reaktivierung

Hinsichtlich der Deutung der UV-Inaktivierung von Bakteriophagen
sind in der letzten Zeit ebenfalls gewisse Fortschritte erzielt worden. Zum
Beispiel ließ sich zeigen, daß die durch ein bestimmtes Phagen-Gen *(u)*
bedingte größere UV-Resistenz von T 4 gegenüber T 2 auf einem intracellulären Reaktivierungsvorgang beruht (HARM, 1959). Die Tatsache,
daß die durch das *u*-Gen reaktivierbaren Schäden ebenfalls photoreaktivierbar sind, erklärt das sehr unterschiedliche Ausmaß der Photo-Reaktivierbarkeit beider Phagen und einige andere strahlenbiologische
Unterschiede zwischen T 2 und T 4. Nach einer starken Mutageneinwirkung lassen sich aus einer T 4-Population Mutanten isolieren, die sich
hinsichtlich UV-Empfindlichkeit und Photo-Reaktivierbarkeit wie T 2
verhalten, obwohl sie dem Wirtsbereich nach typische T 4-Phagen sind
(HARM, unveröff.).

Weiterhin konnten STAHL u. Mitarb. (1961) wahrscheinlich machen,
daß die *u*-Gen-reaktivierbaren und photo-reaktivierbaren UV-Schäden
auf photochemischen Veränderungen des Thymins beruhen: Läßt man
in die Phagen-DNS anstelle von Thymin 5-Brom-Uracil einbauen, so
verschwinden die Unterschiede in der UV-Empfindlichkeit wie in der
Photo-Reaktivierbarkeit von T 2 und T 4 völlig. Phagen, bei denen das
Thymin nur teilweise ersetzt wird, verhalten sich intermediär. Zur Zeit
sind an mehreren Stellen Untersuchungen im Gange, ob die der Reaktivierung zugänglichen Letalschäden eventuell mit den bei UV-Bestrahlung der DNS entstehenden Thymin-Dimeren (BEUKERS u. BERENDS,
1960; WACKER, DELLWEG u. LODEMANN, 1961) identisch sind.

Bereits seit längerer Zeit ist bekannt, daß die 2-Komponenten-Überlebenskurven bei UV-Bestrahlung von T 1 (und wahrscheinlich auch T 3
und T 7) auf einer Reaktivierung eines Teils der Population durch die
infizierten Wirtszellen beruhen („Wirts-Reaktivierung"). ELLISON, FEINER u. HILL (1960) zeigten, daß die Wirts-Reaktivierung bei den genannten Phagen ausbleibt, wenn sie statt des B-Stammes von *E. coli* einen
extrem strahlensensiblen Mutantenstamm, B_s, infizieren.

Multiplizitäts-Reaktivierung, die bei vielen Phagen nach UV-Bestrahlung und unter gewissen Bedingungen auch nach Röntgenbestrahlung auftritt, konnte jetzt von SYMONDS u. RITCHIE (1961) auch für T 2-Phagen nachgewiesen werden, die durch Zerfall von eingebautem ^{32}P inaktiviert waren, sofern die Inaktivierung beim intracellulären Phagen stattfand. Damit wird die Vermutung stark gestützt, daß der Resistenzanstieg während der intracellulären DNS-Synthese („Luria-Latarjet-Effekt"), der auch bei ^{32}P-Inaktivierung beobachtet wird, auf Multiplizitäts-Reaktivierung beruht.

Synthese von phagenspezifischer RNS

Vor einigen Jahren hatten VOLKIN u. ASTRACHAN gefunden, daß nach Infektion einer Bakterienzelle mit T 2 oder T 7 eine RNS mit hoher Umsatzrate ("turn-over") gebildet wird („Volkin-Astrachan-RNS"), deren prozentuale Basenzusammensetzung der der normalen Bakterien-RNS unähnlich ist und der der Phagen-DNS gleicht (wobei Uracil anstelle von Thymin steht). Diese phagenspezifische RNS tritt sowohl in den Ribosomen als auch als lösliche RNS auf (NOMURA, HALL u. SPIEGELMAN, 1960). HALL u. SPIEGELMAN (1961) konnten weiterhin zeigen, daß die T 2-spezifische RNS sich mit durch Hitzedenaturierung einfädig gemachter T 2-DNS zu einem RNS-DNS-Hybridenmolekül „paaren" kann, was auf Komplementarität beider Moleküle in der Nucleotid-Sequenz hinweist. Dagegen trat keine Hybridbildung auf, wenn die T 2-spezifische RNS mit DNS anderer Herkunft vermischt wurde, selbst wenn diese dieselbe Bruttozusammensetzung besaß wie die T 2-DNS.

Man weiß seit längerer Zeit, daß der RNS eine wichtige Mittlerrolle zwischen der Abgabe der in der DNS enthaltenen Information und der Proteinsynthese zukommt. Das System Phagen-DNS, Volkin-Astrachan-RNS und Synthese phagenspezifischer Proteine erscheint besonders geeignet, nähere Einblicke in diese für die Phänogenetik grundlegenden Prozesse zu erhalten.

Literatur

BAUTZ, E., and E. FREESE: Proc. Natl. Acad. Sci. U.S. **46**, 1585—1594 (1960). — BAUTZ-FREESE, E., and E. FREESE: Virology **13**, 19—30 (1961). — BEUKERS, R., and W. BERENDS: Biochim. biophys. Acta **41**, 550—551 (1960).

EDGAR, R. S., and R. H. EPSTEIN: Virology (im Druck). — EISENSTARK, A., O. MAALØE and A. BIRCH-ANDERSEN: Bacteriol. Proc. G, 99 (1960). — ELLISON, S. A., R. R. FEINER and R. F. HILL: Virology **11**, 294—296 (1960).

FREESE, E.: (a) J. mol. Biol. **1**, 87—105 (1959); — (b) Proc. Natl. Acad. Sci. U.S. **45**, 622—633 (1959). — FREESE, E., E. BAUTZ-FREESE and E. BAUTZ: J. mol. Biol. **3**, 133—143 (1961).

GREEN, D. M., and D. R. KRIEG: Proc. Natl. Acad. Sci. U.S. **47**, 64—72 (1961). — GUTHRIE, G. D., and R. L. SINSHEIMER: J. mol. Biol. **2**, 297—305 (1961).

HALL, B. D., and S. SPIEGELMAN: Proc. Natl. Acad. Sci. U.S. **47**, 137—146 (1961). — HALL, C. E., E. C. MacLEAN and I. TESSMAN: J. mol. Biol. **1**, 192—194 (1959). — HARM, W.: Z. Vererbungslehre **90**, 428—444 (1959); **91**, 52—62 (1960).

KAISER, A. D., and D. S. HOGNESS: J. mol. Biol. **2**, 392—415 (1960). — KAPLAN, R. W., U. WINKLER and H. WOLF-ELLMAUER: Nature (Lond.) **186**, 330—331 (1960). — KELLENBERGER, G., M. L. ZIZICHI and J. WEIGLE: Nature (Lond.) **187**, 161—162 (1960). — KRIEG, D. R.: Virology **9**, 215—227 (1959).

LOEB, T., and N. D. ZINDER: Proc. Natl. Acad. Sci. U.S. **47**, 282—289 (1961). — LOVELESS, A.: Proc. Roy. Soc. B **150**, 497—508 (1959).

MUNDRY, K. W., u. A. GIERER: Z. Vererbungslehre **89**, 614—630 (1958).

NOMURA, M., B. D. HALL and S. SPIEGELMAN: J. mol. Biol. **2**, 306—326 (1960).

PFEIFER, D.: Nature (Lond.) **189**, 422—423 (1961). — PRATT, D., and G. S. STENT: Proc. Natl. Acad. Sci. U.S. **45**, 1507—1515 (1959).

SINSHEIMER, R. L.: J. mol. Biol. **1**, 43—53 (1959). — STAHL, F. W., J. M. CRASEMANN, L. OKUN, E. FOX and C. LAIRD: Virology **13**, 98—104 (1961). — STREISINGER, G., and V. BRUCE: Genetics **45**, 1289—1296 (1960). — SYMONDS, N., and D. A. RITCHIE: J. mol. Biol. **3**, 61—70 (1961).

TESSMAN, I.: (a) Virology **7**, 263—275 (1959); (b) **9**, 375—385 (1959). — THOMAS, C. A., jr., and K. I. BERNS: Im Druck.

VIELMETTER, W., u. C. M. WIEDER: Z. Naturforsch. **14b**, 312—317 (1959). — VIELMETTER, W., u. H. SCHUSTER: Z. Naturforsch. **15b**, 304—311 (1960).

WACKER, A., H. DELLWEG u. E. LODEMANN: Angew. Chemie **73**, 64—65 (1961). — WEIGLE, J., M. MESELSON and K. PAIGEN: J. mol. Biol. **1**, 379 (1959).

D. Physiologie der Organbildung

18. Vererbung

a) Genetik der Mikroorganismen

Von REINHARD W. KAPLAN, Frankfurt/Main

Der Beitrag folgt in Band XXIV

b) Genetik der höheren Pflanzen

Bericht über die Jahre 1959 und 1960

Von CORNELIA HARTE, Köln

A. Allgemeines

Die Entwicklung der Genetik der höheren Pflanzen im Berichtszeitraum ist durch drei Tendenzen gekennzeichnet. Einmal treten reine Genanalysen in den Hintergrund; sie dienen meist nur als Vorarbeiten für genphysiologische Untersuchungen, in denen die Wirkungskette zwischen Gen und Merkmal und die Wechselwirkung zwischen genetischer Konstitution und Umwelt interessieren. Zum anderen nimmt die mathematisch-theoretische Bearbeitung von Vererbungsproblemen, vor allem in der Vererbung quantitativer Merkmale und in der Populationsgenetik, einen immer breiteren Raum ein, und schließlich tritt in Verbindung mit diesen Gebieten bei der Untersuchung von Artbastarden und Populationen der Gesichtspunkt einer empirischen und experimentellen Betrachtung der Entwicklungstendenzen immer stärker hervor. Die Hauptgebiete lassen sich demnach charakterisieren als physiologische Genetik, mathematische Genetik und Evolutionsforschung.

Viele Hinweise auf langfristig geplante genetische Untersuchungen finden sich in den Arbeitsberichten, die von einzelnen Instituten herausgegeben werden, so vom National Institute of Genetics (Misima/Japan), vom John Innes Horticultural Institution (Großbritannien) und vom Institut für Kulturpflanzenforschung (Gatersleben) [STUBBE (3)]. Wie immer, ergeben Rückblicke noch lebender Forscher (SCHIEMANN) oder Nachrufe und Gedächtnisreden für verstorbene [für A. F. BLAKESLEE: DEMEREC; für E. BAUER: STUBBE (1)] einen Einblick in die geschichtliche Entwicklung der Genetik und den Einfluß, den einzelne bedeutende Persönlichkeiten dabei gehabt haben. Die Genetik einzelner Pflanzen erfährt eine monographische Bearbeitung: *Secale* mit besonderer Berücksichtigung der Artbastarde (JAIN) und *Solanum* (HOWARD). Die Gattung *Lactuca*, insbesondere die Arten *sativa* und *serriola*, findet eine ausführliche monographische Darstellung der Genetik verschiedener morphologischer und physiologischer Merkmale, einschließlich der Koppelungsuntersuchungen [LINDQUIST (2)]. Auf einige interessante Fragen geht MÜNTZING ein in einer Studie über die Ansichten, die DARWIN über die Variation unter dem Einfluß der Domestikation hatte, und die Deutung der Befunde im Lichte der heutigen Genetik. Das gleiche Thema wird von FRANKEL bearbeitet. In einem Vortrag gibt MATHER eine Übersicht über Probleme der modernen Genetik und die gegenseitigen Beziehungen zwischen theoretischer und angewandter Forschung. Eine Zusammenstellung von Grundbegriffen der Genetik wurde von HEILBRONN u. KOSSWIG verfaßt.

B. Genanalysen und Genwirkung qualitativer Merkmale

In einer ganzen Anzahl der im folgenden zitierten Arbeiten werden neue Serien multipler Allele beschrieben oder neue Allele bekannten Serien hinzugefügt. In Einzelfällen ergaben sich Hinweise darauf, daß es sich nicht um Allele, sondern um Pseudoallelie an Komplexloci handelt. Da aber nichts grundsätzlich Neues zu diesem Problem gefunden wurde, werden die Arbeiten nicht im einzelnen erwähnt.

1. Morphologische Merkmale

Da die meisten neu untersuchten morphologischen Merkmale quantitativer Natur sind, sind an dieser Stelle nur wenige Befunde zu erwähnen. In seiner letzten Arbeit faßt RENNER eine Reihe von Untersuchungen an *Oenothera* zusammen. Für *Oenothera Hookeri* werden zwei neue Mutanten beschrieben. Einige Kreuzungen mit *Oe. Hookeri* wurden nachuntersucht, wobei die Genkombinationen in verschiedenen Plasmen geprüft wurden. Insbesondere werden neue Befunde zur Genetik der *flavens · flavens*-Kombinationen gebracht.

Bei der Art *Gossypium anomalum* wurde die genetische Variabilität von Blattform, Behaarung und Blütenfärbung untersucht. Die Blattfärbung wird durch wenigstens ein Majorgen bedingt, das aber auf einem polygenen Hintergrund wirkt, während die Differenz der Blattform und der Behaarung durch Allele von jeweils einem Gen hervorgerufen werden (SAUNDERS). Die Gene für die Blattform in den amphidiploiden Arten erfahren eine gesonderte Bearbeitung mit Hilfe der Genübertragung aus diploiden Arten mit A- und D-Genomen. In beiden Genomen sind Gene für die Blattform vorhanden, deren Genetik und Wirkungsweise untersucht wurde. Durch Wechselwirkungen zwischen den Loci können gleichartige Phänotypen genetisch sehr verschiedenartig sein. Es ergibt sich ein Wirkungsmodell, das der epistatischen Genwirkung der quantitativen Genetik ähnelt [RHYNE (2)].

Bei *Lycopersicum* wurden weitere fünf monogen bedingte Mutanten gefunden, die im Sämlingsstadium eindeutig zu erkennen sind. Vier betreffen die Blattform, eine bedingt Anthocyanfreiheit in allen Organen. Die Kopplungsbeziehungen konnten für vier dieser Gene geklärt werden (RICK u. HARRISON). Sechs weitere neue Gene wurden von BURDICK beschrieben und den Koppelungsgruppen zugeordnet. Eine Analyse der Fruchtform bei *Capsicum* zeigte, daß diese in erster Linie von der Länge der Frucht abhängt, und eigene Gene für das Längen-Breiten-Verhältnis nicht vorhanden sind. Außerdem wurde eine Koppelung dieses Fruchtlängengens mit zwei Farbfaktoren festgestellt (PETERSON).

Bei Untersuchung der Folgegenerationen der Kreuzung Hederich × Radies ergab sich für die Knollenform eine polygene Vererbung, während die Aufspaltung nach der Knollenfarbe durch zwei Gene erklärt werden kann (KOBABE). Für das Gen K, das die Ausbildung der Flügel in der Blüte von *Pisum* verändert, wurde eine variable Manifestation festgestellt, die bedingt ist durch die Wechselwirkung mit dem übrigen Genotyp, ohne daß hierfür bestimmte Loci angewiesen werden konnten [LAMPRECHT (8)]. Außerdem wurde für *Pisum* eine neue Stipelmutante beschrieben [LAMPRECHT (15)]. Beim gleichen Objekt wurde aus Mutationsversuchen eine sehr große Anzahl von neuen Genen für blütenmorphologische Merkmale gefunden (GOTTSCHALK (2)).

Bei *Hordeum* wurde ein Gen für extremen Zwergwuchs gefunden (*min*) und der Koppelungsgruppe IV zugewiesen. Es bewirkt gleichzeitig die Störung der Zellwandbildung, als deren Folge mixoploide Zellen entstehen (TAKAHASHI, MOCHIZUKI u. HAYASHI). Bei *Saccharum* ist das Vorkommen einer vierten Spelze an der Blüte genetisch bedingt (KANDASAMI u. SUBBA RAO). In einer Analyse des genetischen Systems beim Reis konnten neue Befunde über die Vererbung der Anthocyanfärbung und einer Reihe morphologischer Merkmale gewonnen werden (HSIEH).

2. Physiologische Merkmale

a) Anthocyane. Die genetische Untersuchung qualitativer Merkmale wird fast immer im Zusammenhang mit einer Analyse der Wirkungsweise der beteiligten Gene durchgeführt, so daß beide Fragenkomplexe in der Darstellung kaum voneinander zu trennen sind. Zuerst sind hier Untersuchungen zu nennen, die sich mit der Biosynthese von Inhaltsstoffen und ihrer genetischen Steuerung befassen. Eine Übersicht über die bisherigen genetischen und physiologischen Kenntnisse der Anthocyanbildung bei höheren Pflanzen wird von ALSTON gegeben. Allgemein fällt auf, daß mehrfach Gene festgestellt wurden, die eine biochemische Pleiotropie zeigen und mehrere Veränderungen an den Farbstoffmolekülen gleichzeitig bewirken. Außerdem zeigt sich immer häufiger, daß den Wechselwirkungen zwischen verschiedenen Genen eine besondere Bedeutung zukommt.

Bei *Antirrhinum* wurde die Wechselwirkung zwischen verschiedenen Blütenfarbgenen näher untersucht. *Inc*, *Pal* und *Dil* wirken quantitativ auf die Blütenfärbung ein und verändern die Menge des gebildeten Anthocyans, ohne dessen chemische Konstitution zu beeinflussen. Dabei wirken die dominanten Allele dieser Loci additiv. *Inc* ist unvollständig, *Dil* vollständig dominant, unabhängig von der sonstigen genetischen Konstitution der Pflanzen. In *Eos*-Pflanzen, die Cyanidin bilden, ist *Pal* ebenfalls dominant, so daß sich aus der Kombination der Allele dieser drei Loci drei Farbschattierungen ergeben. In *Eos*-Pflanzen, die Pelargonidin enthalten, wird dagegen *Pal* intermediär, so daß vier Schattierungen zu unterscheiden sind [SAMPSON u. HUNTER (1, 2)]. Weitere biochemische Untersuchungen über die Inhaltsstoffe der Blüten verschiedener Farbmutanten von *Antirrhinum* wurden durch SCHMIDT u. BÖHME durchgeführt. Während in vielen Fällen eine Koppelung der Anthocyan-Flavon-Synthese vorliegt, konnte bei *Impatiens balsamina* festgestellt werden, daß die Allele der P-Serie die Anthocyanmenge in den Petalen variieren, ohne die Flavonolproduktion zu beeinflussen, während das Gen h die Menge an Kaempherol verändert, unabhängig von der Pelargonidinsynthese (HAGEN). Bei *Lochnera (Vinca) rosea* wird die Blütenfärbung durch ein System von 4 Genen bestimmt, wobei ein davon unabhängiges System von Modifikatoren die Verteilung in der Blüte beeinflußt, so daß 5 Hauptphänotypen auftreten. Die genetische Variabilität der Blütenfärbung wird hauptsächlich durch Differenzen in der Geschwindigkeit der Entwicklung der Verteilung der Farbstoffe und durch Copigmente bedingt und weniger durch Veränderungen der chemischen Konstitution der Farbstoffmoleküle (SIMMONDS). Bei *Petunia* wurden auf Grund einer Einteilung der Blüten nach ihrer Farbe neun Gene nachgewiesen und ihr Zusammenwirken untersucht (PARIS u. HANEY). Da hierbei subjektive Gesichtspunkte bei der Einteilung der Blüten nicht zu vermeiden sind, und andererseits nachgewiesen werden konnte, daß der gleiche Farbton durch das Zusammenwirken sehr verschiedenartiger Farbstoffe entstehen kann, wurde von MOSIG (2) ein anderer Weg eingeschlagen, indem die Pflanzen auf Grund ihres Farbstoffchromatogramms klassifiziert wurden. Hierbei ließen sich weitgehende Aufschlüsse über die Wirkung des Gensystems auf die Bildung von Anthocyanen, Anthoxanthinen und Pollenfarbstoffen gewinnen. Ebenfalls bei *Petunia* wurde für 2 Gene die chemische Struktur der Anthocyane in vier Phänotypenklassen bestimmt. Dabei bewirkt eines Oxydation, das andere Methylierung des Grundgerüstes der Anthocyanidine (BIANCHI). Die Dominanzverhältnisse und das Zusammenwirken der einzelnen Gene bei der Blütenfärbung werden auch an *Viola Wittrockiana* untersucht (ENDO). Die Untersuchung der Wirkung von vier Blütenfarbgenen bei *Matthiola incana* und ihrer Wechselwirkungen ergab besondere Aufschlüsse über die bisher nur selten berücksichtigten Fragen der Glykosidstruktur und der Veresterung der Anthocyane [SEYFFERT (4)]. Bei *Solanum phureja* wurde ein pleiotrop wirkendes Gen gefunden, das gleichzeitig Methylierung, Glykosidierung und Veresterung der Anthocyane kontrolliert (HARBORNE). Bei *Solanum melongena* unterscheiden sich zwei Varietäten in einem Gen, das pleiotrop wirkt und sowohl Glykosidierung wie Acylierung der Anthocyane bedingt (ABE u. GOTOH).

Bei Leguminosen liegen bisher viele Untersuchungen über die Genetik der Färbung der Samenschalen vor. Neue Befunde werden für *Pisum* [LAMPRECHT (1)] und *Phaseolus* gebracht [LAMPRECHT (14)]. Eine besonders ausführliche Bearbeitung erfahren die Farbgene von *Phaseolus vulgaris* durch FEENSTRA (1, 2). Es wird die Genetik einer Reihe von Farbmerkmalen neu untersucht. Dabei werden die bisher von verschiedenen Autoren verwendeten Gensymbole auf ihre Synonymie hin geordnet. An genetisch definierten reinen Linien wurden qualitative und z. T. auch quantitative Bestimmungen der Farbstoffe durchgeführt. Hieraus ergeben sich Einblicke in die Wirkungsweise der einzelnen Gene, ihre Wechselwirkung und allgemeine, neue Gesichtspunkte für die Biosynthese der Farbstoffe der Anthocyan- und Flavonol-Gruppe. Bei *Lotus corniculatus* ist die Ausbildung brauner Spitzen an den Petalen auf die Wirkung eines dominanten Gens mit tetrasomer Vererbung zurückzuführen (HART u. WILSIE). Beim Weizen ist die blaue Färbung des Endosperms durch zwei dominante Gene bedingt, deren Expressivität sehr umweltlabil ist (HURD).

b) Chlorophyll und Plastidenstruktur. Die Genetik der Chlorophylldefekte wurde ebenfalls an verschiedenen Pflanzen bearbeitet. In einem Sammelreferat gibt LAMPRECHT (12) eine Übersicht über die bisher bekannten Typen der Chlorophyllmutanten. Für *Lycopersicum* wird die Genetik und Entwicklungsgeschichte einer chlorophylldefizienten Mutante vom Typ *Alboterminalis* (gh) beschrieben (RICK, THOMPSON u. BRAUER). RÖBBELEN (1) befaßt sich mit der Entwicklung der submikroskopischen Chloroplastenstruktur an Farbmutanten von *Arabidopsis thalliana*. Es wird gezeigt, daß es Mutanten gibt, die die Entwicklung der Plastiden auf verschiedenen Stadien abstoppen, so daß die Ausdifferenzierung zu abnormen Plastidenstrukturen führt. Die entsprechenden dominanten Allele sind für die normale Durchführung der verschiedenen Entwicklungsschritte notwendig. In allen Fällen wurde ein enger Zusammenhang zwischen Plastidenstruktur und Farbstoffgehalt gefunden. Eine zweite Gruppe von Mutanten bedingt im Gegensatz dazu eine Degeneration der zunächst normal ausgebildeten Plastiden. Unter den Chlorophyllmutanten des Weizens lassen sich zwei Gruppen unterscheiden. Die einen zeigen dauernd den Mutantenphänotyp, während andere sich erholen und ergrünen können. In Kreuzungen tritt in den Doppeltrecessiven Epistasie der Gene der ersten Gruppe zutage (FYJII).

Bei *Helianthus annuus* wurden eine gelbe und eine weiße Mutante gefunden, die beide als Sämlinge bei schwacher Belichtung Chlorophyll bilden. Es fehlt ihnen jedoch die Fähigkeit, das Chlorophyll zu stabilisieren, so daß es durch stärkere Belichtung zerstört wird. Danach kann kein neuer Farbstoff mehr gebildet werden

(WALLACE u. HABERMANN). Bei der Mutante *chloronerva* von *Lycopersicum esculentum* (u. a. gestörte Chlorophyllausbildung in den Intercostalfeldern der Blätter) konnte durch Pfropfung mit normalen Pflanzen sowohl Sproß- wie Wurzelwachstum normalisiert werden. Derselbe Effekt wird erreicht durch Infiltration von Extrakten aus normal grünen Pflanzen. Der Mutante fehlt demnach ein Stoff, der zum normalen Wachstum nötig ist und sowohl vom Sproß wie von der Wurzel einer normalen grünen Pflanze geliefert werden kann (BÖHME u. SCHOLZ). Eine andere Mutante *gilva* (blaßgelb) ist ebenfalls letal, aber durch Pfropfung auf grüne Pflanzen zur Entwicklung zu bringen. Eine Besonderheit ist hier die Koppelung mit einem Letalfaktor, wodurch ein balanciertes System entsteht (GRÖBER).

c) Sonstige Inhaltsstoffe. Bei der Gerste ist die Oxydaseaktivität in den Spelzen, die für die Braunfärbung der Körner bei der Phenolreaktion verantwortlich ist, durch ein Gen bedingt [HÄNSEL (1)]. In inter- und intraspezifischen Kreuzungen zwischen *Citrulus colocynthis* und *vulgaris* zeigen die Bastarde für mehrere Eigenschaften Dominanz je eines Elters, im ganzen sind sie aber intermediär. Für den Bitterstoff Citbitol wurde eine monogene Vererbung auch in Artkreuzungen nachgewiesen (SHIMOTSUMA; SHIMOTSUMA u. OGAWA). In der japanischen Minze, *Mentha arvensis* var. *piperascens*, wird der Mentholgehalt durch zwei Gene bestimmt. Ein Basisgen entscheidet über die Alternative Carvon-Menthon, während ein zweites die Menge einer Reduktase steuert, durch die die Ketone zu den entsprechenden Alkoholen reduziert werden (MURRAY). Die Synthese von Maleinsäure in Äpfeln wird durch ein Gen bedingt, das in fast allen Sorten heterozygot vorhanden ist (NYBOM). Bastarde zwischen *Papaver orientale* und *somniferum* sind in morphologischer Hinsicht intermediär, wobei für jede einzelne Eigenschaft die Gene eines Elters dominant sind. Die Alkaloide Morphin und Codein aus *P. somniferum* und Isothebain aus *P. orientale* kommen in der F_1 vor, während das Orypavin aus *P. orientale* im Bastard fehlt (KAWATANI u. ASAHINA).

Die Untersuchung des Endosperms mit Stärkeelektrophorese und immunochemischen Methoden an einer Reihe von Maismutanten, die die Stärkesynthese verändern, ergab, daß unter dem Einfluß von Sh eine Hauptproteinkomponente entsteht, die in sh_1 völlig fehlt. Es liegt kein Hinweis dafür vor, daß mit sh_1 ein verändertes Protein synthetisiert wird, sondern es wird nur die Intensität eines anderen, auch im normalen Endospermmaterial vorhandenen Proteinbandes verstärkt (SCHWARTZ). Bei der Suche nach biochemischen Mutanten von höheren Pflanzen wurde bei *Arabidopsis thalliana* eine Letalmutante gefunden, die in den Zellen einen sehr niedrigen osmotischen Druck aufweist. Auf einem Medium mit erhöhtem osmotischem Wert kann eine normale Entwicklung zustande kommen [LANGRIDGE (1)]. Bei weiteren Untersuchungen wurde eine größere Anzahl von verschiedenen Standortrassen auf ihre Temperaturempfindlichkeit getestet. Es fanden sich fünf Rassen, die bei Temperaturen über 30° Wachstumsstörungen zeigten. Bei drei dieser Formen konnte die genetisch bedingte Störung durch Zufuhr jeweils eines zusätzlichen Nährstoffes ausgeglichen werden (LANGRIDGE u. GRIFFING). Ein anderes Beispiel für temperaturempfindliche Genwirkung wurde bei *Brassica oleracea* gefunden. Die genetisch bedingte Panaschierung prägt sich in den Heterozygoten bei niederer Temperatur aus, während bei hoher Temperatur das mutierte Allel recessiv ist. Die Homozygoten sind immer gescheckt, aber der Grad der Ausprägung variiert mit der Temperatur (MARTIN).

Bei der Mutante *lanceolate* von *Lycopersicum esculentum* ließen sich die letalen Homozygoten zur Entwicklung bringen, wenn sie mit einem Diffusat aus normalen Samen behandelt wurden. Derselbe Effekt trat auch nach Adeninbehandlung auf, während Wuchsstoffe unwirksam sind (MATHAN u. JENKINS).

d) Wuchsstoffe. In einer Reihe von Untersuchungen an verschiedenen Arten wird versucht, durch Einwirkung von Wuchsstoffen, insbesondere der Gibberellinsäure, das Wachstum der Mutanten zu normalisieren. Bei *Hordeum* kann durch Behandlung mit Trijodbenzoesäure das Wachstum der Normalform auf das der Mutante ER 503 reduziert werden, während die Mutante auf Behandlung mit Gibberellinsäure mit einer Förderung des Wachstums und einer Annäherung an die Stammform reagiert [HÄNSEL (2)]. Das Merkmal gefüllte Blüten bei *Impatiens balsamina* kann durch zwei Gene hervorgerufen werden. Während ca (*Camellia*-Typ) vollständige Penetranz zeigt, ist diese bei pt (Petaloidie) unvollständig und durch Umwelteinwirkungen zu verändern. Versuche mit Wuchsstoffen zeigen, daß in *Impatiens* ein aus drei Faktoren bestehendes Wuchsstoffsystem vorhanden ist, zu dem ein Hormon mit gibberellinsäure-ähnlicher Wirkung gehört, das für die Blütenfüllung verantwortlich ist (WEIJER). In anderen Fällen, so bei einer Zwergform von *Tephrosia* (IRWINE u. FREYRE) und zwei dominanten Mutanten beim Mais (*Corngrass* u. *Teopod*) kann durch Behandlung mit Gibberellinsäure ein fast normaler Habitus erzielt werden (NICKERSON). Bei zwei *Antirrhinum*-Mutanten, *densa* und Halbzwerg, ließen sich Pfropfversuche und Behandlungen mit Gibberellinsäure so deuten, daß in einem Fall (Halbzwerg) ein Wuchsstoff gehemmt wird, während bei *densa* vielleicht eine Wuchsstoffsynthese blockiert ist (BERGFELD).

e) Blühreaktion. In mehreren der genannten Arbeiten wird auch auf die Genetik der Blütenbildung eingegangen, wobei jedoch keine wesentlich neuen Ergebnisse hervortreten. Bei Lactuca wurde festgestellt, daß tagneutral recessiv ist gegenüber Langtagreaktion [LINDQUIST (2)]. Bei *Gossypium barbadense* ist die Kurztagsreaktion durch ein Gen bedingt (LEWIS u. RICHMOND). Bei *Pisum* ergab sich jedoch aus der Analyse eines faktoriellen Versuchs mit verschiedenen früh- und spätblühenden Formen und deren Bastarden, daß hier die genetische Grundlage von Photoperiodismus und Vernalisation getrennt werden kann. Die Untersuchungen führen zu einer neuen Formulierung der Zusammenhänge der Blühreaktion. Es wird ein Gen Sn angenommen, durch dessen Wirkung das zunächst gebildete Florigen durch einen Hemmstoff Colysanthin umgewandelt wird. Diese Reaktion ist durch Licht- und Temperatureinfluß rückgängig zu machen. Sowohl die Umwandlung des Colysanthins wie die Bildung des Florigens und die Herstellung und anderweitige Verwendung der entsprechenden Vorstufen werden durch ein polygenes System gesteuert. Es wird als möglich angesehen, daß dieses für *Pisum* entwickelte genetisch-physiologische System der Blühkontrolle nicht für alle Pflanzen zutrifft, sondern daß andere Arten sowohl genetisch wie chemisch andere Wege gehen (BARBER).

f) Wechselwirkungen. Während in mancher der erwähnten Untersuchungen u. a. auch Wechselwirkungen zwischen verschiedenen Genen sowie zwischen Gen und Umwelt gefunden wurden, waren einige Arbeiten hauptsächlich diesem Problem gewidmet. Bei der Tomate zeigt das Gen ls eine pleiotrope Beeinflussung verschiedener Merkmale. Durch Wechsel des genetischen Hintergrundes mit Hilfe verschiedener Kreuzungen wird jeder Teil des pleiotropen Wirkungsmusters verschiedenartig beeinflußt. In bezug auf die Blütenzahl je Inflorescenz besteht eine deutliche Wechselwirkung mit anderen Genen [WILLIAMS (2)]. Eine Umweltabhängigkeit der Dominanz in Heterozygoten wurde auch für die Vererbung der Brutkörperentwicklung bei Bryophyllum-Bastarden gefunden (RESENDE).

g) Inkompatibilität. *1. Genetische Systeme.* Die Frage, welche Anzahl von S-Allelen in einer Population gegebenen Umfangs bei einer gegebenen Mutationsrate im Gleichgewichtszustand vorhanden sein kann, wurde bereits früher von verschiedenen Autoren behandelt, aber jetzt von WRIGHT erneut aufgegriffen, wobei die verschiedenen Formeln kritisch miteinander verglichen werden. Bei *Abutilon hybridum* wurde ein gametophytisches Inkompatibilitätssystem gefunden, das dem Nicotiana-Typus entspricht. In dieser Bastard-Art sind jedoch modifizierende Gene vorhanden, die diese Reaktion stören können und zu unerwarteten Inkompatibilitätsreaktionen führen [PANDEY (2)]. In den kultivierten Varietäten der Süßkirschen sind bestimmte Kombinationen von S-Allelen viel häufiger, als es einer Zufallswirkung entspricht. Dies spricht dafür, daß diesen S-Allelen ein positiver Selektionswert zukommt in bezug auf die Kultureigenschaften, entweder durch interallele Wechselwirkungen oder ausgehend von größeren Chromosomenabschnitten, die diese S-Allele enthalten (WILLIAMS u. GALE). Ebenfalls als gametophytisch erwies sich das Inkompatibilitätssystem bei *Oenothera (Raimannia) heterophylla* [CLELAND (1)]. Die Arten *Solanum ehrenbergii* und *pinatisectum* zeigen, in Abweichung von den übrigen *Solanum*-Arten, ein digenes System, in dem sowohl getrennte Wirkung wie Epistasie der Allele beider Loci in bezug auf die Selbststerilitätsreaktion vorkommt [PANDEY (1)]. Die Populationen von *Brassica napus* ssp. *oleifera* stellen ein Gemisch dar, aus dem sich selbstfertile und selbststerile Linien isolieren lassen. Die genetischen Grundlagen sind im einzelnen nicht genauer analysiert [OLSSON (2)]. Eine Untersuchung der Kreuzungsunverträglichkeit bei sechs verschiedenen *Brassica*-Arten ließ es als möglich erscheinen, daß diese bei Artkreuzung auf dem gleichen Mechanismus beruht wie die Inkompatibilitätsreaktion innerhalb der Art, ohne daß jedoch im Augenblick eine endgültige Entscheidung hierüber möglich ist [RÖBBELEN (2)]. Die Selbststerilitätsreaktion bei einer anderen Crucifere, *Cardamine pratensis*, wurde von CHRIST untersucht. Bei *Chrysanthemum carinatum* wurde ein System von sporophytisch wirksamen S-Allelen gefunden, das dem allgemeinen Kompositentyp entspricht. Im Pollenschlauch zeigen die Allele Dominanz, während sie im Griffel unabhängig voneinander wirken (JAIN u. GUPTA). Die Untersuchungen zur Genetik heterostyler Primeln wurden von ERNST in umfangreichen Kreuzungsserien weitergeführt [ERNST (1, 2, 3)].

2. Selbstfertilität. Durch Auswertung des von N. HERIBERT-NILSSON hinterlassenen Materials über die Selbstfertilität von Inzuchtroggen konnte das für andere Rassen gefundene 2-Loci-System bestätigt werden. Darüber hinaus ergibt sich aber, daß sowohl durch Mutationen wie durch neue Rekombinationen innerhalb des Inkompatibilitätslocus neue Selbstfertilitätsallele entstehen (LUNDQUIST). Bei *Petunia hybrida* ist die Selbstfertilität nicht durch ein Allel der S-Serie, sondern durch ein recessives Allel an einem anderen Locus bedingt [MOSIG (1)].

3. Mutationen. Eine Übersicht über die bisher zur Frage der Mutabilität der S-Allele vorliegende Literatur wird von BREWBAKER gegeben. Nach Röntgenbestrahlung traten bei *Petunia inflata* selbstfertile Pflanzen auf, bei denen nur die Pollenreaktion verändert war, die Griffelreaktion jedoch dem Elterntyp entsprach. Es zeigt sich, daß hier cytologisch ein zentrisches Fragment vorhanden war, während genetisch jede dieser Pflanzen drei S-Allele enthalten mußte. Die Selbstfertilität ist hier, wie bei den Tetraploiden, durch die Konkurrenzwirkung verschiedener S-Allele im Pollenkorn bedingt. Frühere Untersuchungen anderer Autoren, bei denen aus der Tatsache, daß S-Mutanten gefunden werden, bei denen nur die Pollenreaktion verändert ist, auf einen Komplexlocus geschlossen wurde, sollten daher cytologisch nachgeprüft werden (BREWBAKER u. NATARAJAN). Mit dieser Erklärung der Mutanten der Pollenreaktion des S-Locus stimmt überein, daß bei *Petunia* die Mutationsrate in Heterozygoten sehr viel höher liegt als in Homozygoten (BREWBAKER u. SHAPIRO).

h) Resistenz. Die Methoden, die bei der Untersuchung der genetischen Grundlagen der Resistenz angewendet werden, und die Gültigkeit der Schlußfolgerungen in bezug auf die Feststellungen über die Anzahl der beteiligten Genloci und die Frage nach Polygenie oder multipler Allelie stellen sich im Licht der Überlegungen, die PERSON im Anschluß an die älteren Untersuchungen von FLOR anstellt, anders dar. Es liegt ein Zusammenwirken der genetischen Systeme von Wirt und Parasit vor, die nicht getrennt voneinander betrachtet werden können. Es spricht vieles dafür, daß jedem Resistenzgen auf seiten des Wirtes ein Virulenzgen auf seiten des Parasiten entspricht, und eine genaue Analyse des einen Partners dieses Systems ist nur bei gleichzeitiger Berücksichtigung des andern Partners möglich. Diese miteinander korrelierten Gensysteme von Wirt und Parasit ermöglichen zugleich eine Betrachtung der Populationsgenetik und der Evolution der Resistenz. Anhand eines theoretischen idealen Wirt-Parasit-Verhältnisses werden der Aufbau und die Evolution eines derartigen Gen-für-Gen-Systems gezeigt und die Methoden der Analyse ausgearbeitet. Diese werden dann auf vorliegende Daten sowohl für das System *Solanum tuberosum-Phythophtora infestans* wie *Linum usitatissimum-Melampsora lini* angewendet. Die neue Analysenmethode behandelt das Wirt-Parasit-System als Einheit und basiert nicht auf genetischen Spaltungszahlen, während andererseits die Schlußfolgerungen in einfachen genetischen Testen kontrolliert werden. Im Hinblick auf diese Betrachtungen erscheinen manche andere Untersuchungen über die Anzahl und Wirkung von Resistenzgenen in anderem Licht, so daß für viele solcher Systeme die Forderung nach einer erneuten Interpretation gerechtfertigt erscheint.

In verschiedenen Gerstensorten wurden jeweils mehrere dominante Resistenzgene gegen Mehltau *(Erysiphe graminis)* nachgewiesen, die z. T. sicher verschiedenen

Loci zugewiesen werden können (Mosemann u. Starling). Eine Zusammenstellung des bisher vorhandenen Gerstenmaterials, das mehltauresistent ist, und die Verbreitung von Resistenzgenen in Primitivsortimenten und aus Mutationsversuchen wird von Hoffmann u. Nover gegeben. Beim Mais sind die beiden Resistenzgene Rpp 1 und Rpp 2 gegen verschiedene Rassen von *Puccinia polysora* miteinander gekoppelt. Die Wirkung von Rpp 2 kann durch ein polygenes System bis zur völligen Aufhebung der Resistenz abgeschwächt werden (Storey u. Howland). Bei der Prüfung von verschiedenen Maissorten gegenüber mehreren Sorten von *Puccinia sorghi* zeigt sich, daß die Resistenz jeder Sorte auf der Wirkung eines dominanten Allels beruht. Es ließ sich jedoch nicht entscheiden, ob es sich hier um eine Serie multipler Allele oder um sehr eng gekoppelte Loci handelt (Russell u. Hooker). Die mangelnde Resistenz von Weizensorten aus Taiwan gegen Rostbefall ist durch zwei Gene bedingt, deren Resistenzallele aus amerikanischen Sorten eingekreuzt werden konnten (Lin u. Tseng).

Die Resistenz von Bohnen ("black cowpea") gegenüber dem Tabak-Ringfleckenvirus beruht auf einer Überempfindlichkeit, die monogen vererbt wird. Die Heterozygoten sind in der Ausprägung intermediär. Die Art der Vererbung ist identisch mit der Resistenz gegenüber dem Gurken-Mosaikvirus, beruht aber auf anderen Genen (de Zeeuw u. Ballard). In verschiedenen Herkünften von *Solanum stoloniferum* wurde die Reaktion gegenüber Y- und A-Viren untersucht. Dabei ist es unsicher, ob die verschiedenen Gene selbständig sind oder eine Allelenreihe darstellen [Ross (1)]. Bei *Solanum tuberosum* ist die aufgefundene Resistenz gegen das Y-Virus polygen bedingt, wobei die Resistenzallele zum großen Teil aus den Wildarten *S. demissum* und *andigenum* stammen [Ross (2)]. In der mexikanischen Art *Solanum bulbocastanum* kommen in Wildpopulationen Immunität, Resistenz und Anfälligkeit gegen *Phytophthora* nebeneinander vor, wobei dieselben Pflanzen sich gegen verschiedene Testrassen unterschiedlich verhalten können. Die Wildpopulationen stellen also ein Gemisch verschiedener genotypischer Kombinationen von Resistenzallelen dar (Graham, Niederhauser u. Servin). Die Reaktion von *Capsicum*-Arten gegen Infektion mit einem Stamm des Y-Virus der Kartoffel ist bedingt durch zwei komplementäre Gene, deren recessive Allele Resistenz bedingen. Ihre Loci sind nicht gekoppelt (Simmonds u. Harrison). In der Koppelungsgruppe *Eos-Inc* von *Antirrhinum* konnte ein Gen nachgewiesen werden, dessen dominantes Allel Resistenz gegen Rostbefall bewirkt (Sampson).

C. Mathematische Genetik

In den folgenden Abschnitten sind nicht nur die Untersuchungen zusammengestellt, die sich mit der Ableitung neuer Formeln und mathematischer Methoden zur Bearbeitung genetischer Fragen befassen, sondern auch Arbeiten, in denen diese auf ein empirisches Material angewendet werden. Die Begrenzung der einzelnen Gebiete ist nicht so scharf, wie es nach der Gliederung erscheint, denn in allen Fällen ist das Problem die Erfassung polygener Systeme unter verschiedenen Gesichtspunkten.

1. Koppelung und crossing-over

a) Theoretische Untersuchungen. Die Untersuchungen zur Frage der Koppelung und des crossing-over gruppieren sich um verschiedene Fragestellungen. In der ersten Gruppe von Untersuchungen interessiert die theoretische Frage der Behandlung von Rekombinationsdaten. Bodmer sowie Bodmer u. Parsons (1) untersuchten die Voraussetzungen und Möglichkeiten der χ^2-Analyse von Drei- und Mehrpunktversuchen. Die Methode basiert auf der Verwendung einer Serie von balancierten Kreuzungen, die entsteht, wenn alle möglichen Kombinationen von Koppelungs- und Abstoßungskreuzungen der getesteten Loci vorliegen. Die

Analyse der Beobachtungsdaten ermöglicht dabei die Auffindung von additiven Effekten, während durch die Verwendung der Logarithmen als Grundlage der Analyse die multiplikativen Effekte erfaßt werden.

Eine andersartige Fragestellung wird von HANSON aufgegriffen. Die Grundlage bilden die Berechnungen über die zu erwartende Verteilung der intakten Genblöcke in den Gameten einer heterozygoten F_1. Es zeigt sich, daß nach einer meiotischen Teilung die Länge der Segmente, ausgedrückt in Bruchteilen der Chromosomenlänge, noch bedeutend ist [HANSON (1)]. Es geht nicht um den Vorgang des crossing-over, sondern um die Folgen, wenn dann danach gefragt wird, wie die zu erwartende Länge intakter Segmente mit der ursprünglichen Allelenanordnung innerhalb der Koppelungsgruppe ist, wenn ein Locus über mehrere Generationen durch Kreuzung, Rückkreuzung oder Selbstung heterozygot gehalten wird. Die theoretische Behandlung geht von zwei verschiedenen Ansatzpunkten aus. Einmal wird angenommen, daß sich der Locus im Zentrum der Koppelungsgruppe befindet, wobei die kumulative Verteilung der Halblängen, d. h. der Länge des heterozygoten Chromosomenstückes vom Locus aus in einer Richtung gemessen, untersucht wird. Es ergibt sich dabei, daß auch nach 10 Generationen Inzucht die Länge dieser heterozygoten Chromosomenstücke noch beachtlich ist. Der andere Ansatz ist gegeben, wenn die Lage des Locus in der Koppelungsgruppe nicht definiert wird und allgemein die Länge der Stücke, die noch den ursprünglichen Genbestand enthalten, bestimmt wird, in Abhängigkeit von der Länge der Koppelungsgruppe und der Generationenzahl. In den ersten Generationen erfolgt eine starke Reduktion der Länge dieser Segmente. Später ist diese unabhängig von der Länge der gesamten Koppelungsgruppe und nur durch die Generationenzahl bestimmt [HANSON (2, 3)]. Die weitere Ausdehnung dieser Untersuchungen auf Populationen mit Zufallspaarung oder solche mit vorwiegender Selbstung zeigt, daß die Selbstung einer Erhaltung der ursprünglichen Genblöcke günstig ist, während erst nach mehreren Kreuzungsgenerationen die Genblöcke in einem Umfang, der von der Anzahl der in jeder Generation beteiligten Eltern abhängt, soweit aufgebrochen werden, daß durch anschließende Selbstung eine Selektion auf Neukombinationen der Elterngene aussichtsreich ist [HANSON (4)].

Auf Grund ähnlicher Überlegungen, aber mit einem anderen mathematischen Ansatz, untersuchen BINNET, CLARK und CLIFFORD eine hypothetische Population, die in zwei gekoppelten Loci heterozygot ist. Unter bestimmten Voraussetzungen kann dabei eine Selektion in Richtung auf Bevorzugung des Koppelungs- oder des Abstoßungsfalls zustande kommen, die zu einer signifikanten Korrelation der Merkmale in den Individuen der n-ten Generation führt.

b) Bestimmung von Koppelungsgruppen. Als nächstes wird eine Reihe von Arbeiten erwähnt, die sich mit der Feststellung von Genkoppelung und der Bestimmung der crossing-over-Werte befassen. Hierher gehören die Untersuchungen an *Pisum*, *Hordeum* und *Gossypium*.

Bei *Hordeum* ergab sich bisher die Schwierigkeit, daß fast alle bekannten Loci in der Gruppe VI Letalfaktoren betreffen, wodurch die Koppelungsuntersuchungen zur Lokalisation neuer Loci sehr erschwert sind. Es konnten jetzt zwei Gene für morphologische Merkmale, bei denen beide Homozygoten voll vital sind, in dieser Gruppe lokalisiert werden: *brittle rachis (bt)* und *albino lemma (al)* [TAKAHASHI und HAYASHI (1, 2)]. Die von anderen Autoren geforderte Zusammenfassung der ursprünglichen Koppelungsgruppen 3 und 7 konnte auf Grund von Koppelungsstudien zwischen den Genen Ac² und Yc bestätigt werden (HAUSS). Mit Hilfe einer Serie von Trisomen, in die eine Reihe von Testgenen eingekreuzt wurden, und Prüfung der Spaltung in der Nachkommenschaft konnten die Koppelungsgruppen den Trisomentypen zugeordnet werden, so daß zusammen mit den Ergebnissen aus Translokationslinien und der Lokalisation neuer Gene, die zur Aufstellung der fehlenden 7. Gruppe führten, alle 7 Koppelungsgruppen bestimmten Chromosomen zugeordnet werden können (TSUSHIYA, HAYASHI und TAKAHASHI).

Für Pisum wurden die Chromosomenkarten ergänzt und neu bearbeitet. Untersuchungen am Chromosom I machten es wahrscheinlich, daß die Koppelungsgruppen I und VII zu einem Chromosom gehören (LAMM). Für die Koppelungsgruppe 5 wurde durch neue Kreuzungen zusammen mit älteren Daten die Reihenfolge der Genloci bestimmt und die Anzahl der dieser Koppelungsgruppe zugewiesenen Gene erweitert [LAMPRECHT (7, 13)]. Auch den Koppelungsgruppen 1 [LAMPRECHT (4, 9)], 2 [LAMPRECHT (11)] und 3 [LAMPRECHT (2, 3, 5, 6, 10)] konnten neue Loci zugefügt und andere genauer lokalisiert werden. Dabei zeigte sich die z. T. schon früher bekannte starke Variabilität der crossing-over-Werte. Zusammen mit den Koppelungsuntersuchungen wird jeweils eine Zusammenfassung gegeben über die bisher bekannten Gene für einzelne Merkmale wie Blattform, Samenform und Testafarbe.

Bei *Gossypium* stellte sich die Frage, ob sich die crossing-over-Werte verändern, wenn der genetische Hintergrund verändert wird. Zu diesem Zweck wurden zunächst zwei Koppelungsgruppen von *Gossypium hirsutum* durch inter- und intraspezifische Kreuzungen in ein verändertes Genmilieu gebracht und die Koppelungswerte in der Nachkommenschaft untersucht. Es zeigte sich kein Einfluß. Die gefundenen Änderungen der crossing-over-Werte können als Zufallsschwankungen angesehen werden. Bei Übertragung von drei Koppelungsgruppen diploider Arten in *G. hirsutum* fand sich dagegen eine gesicherte Verminderung der crossing-over-Werte ([RHYNE (1)]. Um den hierdurch aufgeworfenen Fragen näherzutreten, wurden durch mehrfache Rückkreuzungen Teile von Koppelungsgruppen von *G. Raimondi* und *armourianum* in *G. hirsutum* übertragen. Es zeigte sich, daß in diesen Teilen der Koppelungsgruppen die crossing-over-Werte herabgesetzt, in den distal davon gelegenen Stücken dagegen erhöht waren. Als Erklärung hierfür wird eine Verlagerung der bevorzugten Stellen der Chiasmenbildung infolge von kleineren strukturellen Veränderungen der Chromosomen angenommen [RHYNE (3)].

c) Verschiedenes. Besondere theoretische Folgerungen ergeben sich, wenn man annimmt, daß crossing-over in Gruppen vorkommt, wobei sowohl die Gruppen je Chromosom wie die einzelnen Ereignisse je Gruppe einer Poisson-Verteilung folgen sollen. Formeln, die unter dieser Annahme die Beziehung zwischen Chiasmenhäufigkeit, Häufigkeit der Tetradentypen und des genetischen crossing-over beschreiben, werden von PAPAZIAN abgeleitet.

In manchen Fällen werden die Kreuzungen zwischen Arten oder nur entfernt verwandten Stämmen Pseudokoppelungen gefunden zwischen Genen, die sicher verschiedenen Koppelungsgruppen angehören. Diese lassen sich interpretieren unter der Annahme, daß zwischen den Centromeren einer Art oder eines Stammes eine Affinität besteht, die ein gemeinsames Manövrieren dieser Centromere in der Meiosis eines Bastards zur Folge hat. Daten von Gossypium und Lycopersicum lassen eine solche Deutung möglich erscheinen [WALLACE (1, 2)].

Bei der praktischen Durchführung von Koppelungsversuchen ergibt sich oft die Schwierigkeit, daß ein Merkmal eine unvollständige Penetranz zeigt. Die Berechnung der crossing-over-Werte wird dadurch wesentlich beeinflußt. Eine theoretische Ableitung der Formeln für die Schätzung der Austauschwerte unter Berücksichtigung der möglichen Fehlklassifikation führt zur Anwendung eines Korrekturfaktors, der es ermöglicht, den crossing-over-Wert genauer zu bestimmen und den Verlust an Informationskraft, der durch die Berechnung eines weiteren Parameters gegeben ist, abzuschätzen. Die Anwendung der Formel wird dann an einem praktischen Beispiel über Koppelung bei der Lima-Bohne *Vigna sinensis* gezeigt (ALLARD u. ALDER).

Bei der Tetradenanalyse bereitet die Feststellung der Interferenz theoretische Schwierigkeiten. Ein neues Modell wurde für die Berechnung von JOUSSEN u. KEMPER abgeleitet. Die Auswertung der Koppelungsuntersuchungen bei *Lycopersicum esculentum* zeigt, daß etwa 25% der bekannten Gene auf Chromosom 2 lokalisiert sind, während etwa 54% sich auf 3 weitere Chromosomen verteilen. Die möglichen Ursachen für diese Inhomogenität der Verteilung der Gene auf die zwölf Chromosomen und ihre Bedeutung für weitere genetische Untersuchungen an Tomaten werden von RICK (2) diskutiert.

2. Vererbung quantitativer Merkmale

a) Statistische Methoden. Die Genetik quantitativer Merkmale erfordert besondere statistische Methoden zu ihrer Untersuchung. Demzufolge findet dieses Gebiet ein besonders großes theoretisches Interesse. Die Probleme werden immer in der Weise in Angriff genommen, daß zunächst ein genetisches Modell konstruiert wird unter Definition der Voraussetzungen, unter denen es gültig sein soll, und dann die Analysenmethoden daran formuliert werden. Die Kompliziertheit des Problems bringt es mit sich, daß diese Modelle zunächst vereinfacht waren und dann durch immer weitere Ausgestaltung eine Annäherung an die im Experiment gegebene Situation angestrebt wird. Unter den Arbeiten, die sich von der Theorie her mit dem Problem befassen, sind zunächst einige zu nennen, deren Hauptgewicht auf der Ausarbeitung der genetischen Modelle liegt. LAGERVALL untersucht den Verwandtschaftsgrad zwischen zwei Individuen in Populationen mit verschiedenem Paarungsmodus. Unter Berücksichtigung der Dominanz wird die Wahrscheinlichkeit für eine Übereinstimmung in den Allelen eines Locus eines polygenen Systems durch den "coefficient of relationship" ausgedrückt. Das Problem der Aufteilung der genetischen Varianz für verschiedene genetische Modelle wird von COCKERHAM und mit einer anderen statistischen Methode von HAYMAN (4) bearbeitet. Die Aufteilung der genetischen Varianz und die Trennung der additiven von der Dominanzkomponente ergibt weitere Probleme. Wenn Epistasie vorliegt, kann die Trennung der übrigen Komponenten unmöglich werden [HAYMAN (3)]. Dieses Problem der nichtallelen Wechselwirkung und der durch Koppelung entstehenden Komplikationen läßt sich bearbeiten unter der Annahme, daß es sich um eine Reihe von Generationen handelt, die aus der Kreuzung von zwei diploiden reinen Linien entstanden sind [VAN DER VEEN (1) und R. M. JONES). Eine verteilungsfreie Methode für die Schätzung des Erblichkeitsanteils wurde von SCHWARTZ u. WEARDEN ausgearbeitet.

Besondere Probleme ergeben sich, wenn für die Schätzung der Heritabilität mit Hilfe der Regressionsmethoden und anderer genetischer Parameter eine optimale Versuchsplanung gesucht wird [LATTER u. ROBERTSON; ROBERTSON (1)]. Insbesondere geht es dabei um die Bestimmung von Anzahl der Familien und Größe der einzelnen Familien in den verschiedenen Generationen, die ein optimales Verhältnis zwischen aufgewendeter Arbeit und erhaltener Information gewährleistet. Die genetische Korrelation zwischen zwei quantitativen Merkmalen in verschiedenen Umwelten stellt besondere Ansprüche an die Auswertung, die von ROBERTSON (2) diskutiert wird. Für den Fall, daß beide Merkmale durch Pleiotropie der Gene zusammenhängen, ergibt sich die Möglichkeit einer Kombination der Auswertung der Varianzen und Covarianzen, die an einem Beispiel von Mais (Pflanzenhöhe und Ansatzhöhe der Kolben) demonstriert wird (MODE u. ROBINSON).

Neben diesen Arbeiten, denen gemeinsam ist, daß sie auf dem Vergleich verschiedener Generationen aufbauen, stehen andere, die die Methode der diallelen Kreuzung weiter variieren. HAYMAN (2) vergleicht zunächst den verschiedenartigen Ansatz, den einzelne Bearbeiter für dieses Problem gemacht haben und gibt dann eine Ausweitung der bisherigen Methoden für den Fall, daß von einer Zufallsstichprobe von Inzuchtlinien ausgegangen wird. Die Methode der diallelen Kreuzungen wurde von JINKS u. STEVENS weiter ausgearbeitet. Bisher war es eine Voraussetzung, daß die Gene unter den Eltern zufallsgemäß verteilt sein mußten. Mit der neuen Methode, die als Alternative zur früheren Auswertung anzusehen ist, gelingt es, Abweichungen von der Zufallsverteilung der Gene und Koppelung zwischen durch Wechselwirkung verbundenen Loci zu entdecken. Eine verbesserte Methode der Analyse von Genotyp-Umweltwirkungen wird von VAN DER VEEN (2) gebracht.

Quantitative Merkmale mit phänotypischer Variabilität sind zwar häufig durch polygene Systeme bedingt. Es ist aber auch damit zu rechnen, daß solche Eigenschaften monogen vererbt werden. Eine Methode, um derartige Fälle zu erkennen und zu analysieren, wird von WEBER (1—3) mit Hilfe der Diskriminanzanalyse ausgearbeitet. Es kann damit der Erbgang eines quantitativen Merkmals bei monohybrider oder dihybrider Spaltung erkannt werden, und es ist auch die Möglichkeit zur Untersuchung von Koppelungsbeziehungen gegeben. Auf dem Prinzip der Auswertung von Summenprozentkurven beruht die von KÖHLER (1) gegebene Methode der Genanalyse bei kontinuierlicher Variation, die jedoch nur anwendbar ist, wenn es sich um ungestörte Spaltungen von einem oder zwei Genen handelt.

b) Analyse von Gensystemen. Die Untersuchung der Genetik quantitativer Merkmale mit Hilfe von Systemen dialleler Kreuzungen oder der Variabilitätsuntersuchung verschiedener Nachkommenschaftsgenerationen wurde bei einer Reihe von Objekten mit Erfolg durchgeführt, so beim Mais für Frühreife, Erscheinen von Griffel und Pollenschläuchen (MOHAMED), bei *Sesamum* für Öl- und Proteingehalt des Samens (CULP); beim Zuckermais wurden die Frühreife und einige andere Eigenschaften mit Hilfe dialleler Kreuzungen untersucht (DANIEL u. VAROCZY). Die genetische Korrelation zwischen Standfestigkeit und anatomischen und morphologischen Merkmalen der Halme beim Hafer erwies sich als polygen bedingt (NORDEN u. FREY; FREY u. NORDEN). Als Untersuchungsmethode wurde hier die Nachkommenschaftsprüfung angewendet. Bei *Phaseolus aureus* wurde gefunden, daß das Samengewicht durch ein polygenes System bedingt ist, bei dem jeweils die Allele für kleine Samen dominant sind. Diese stellen wahrscheinlich den Wildtyp dar. In Kreuzungen zwischen Kultursorten mit mittleren und großen Samen tritt dagegen in der F_1 negative Heterosis auf, die zu erklären ist durch die Kombination verschiedener dominanter Allele für Kleinsamigkeit aus den beiden Eltern (SEN u. MURTY). Ein quantitativ spaltendes Merkmal, der Anthocyangehalt zweier Sorten von *Cyclamen*, ließ sich auf die Wirkung von zwei unvollständig dominanten Genen und polyploide Spaltung zurückführen (KESSLER).

Polygene Vererbung verschiedener Merkmale, darunter Photoperiodismus und Temperaturreaktion, wurde bei *Hordeum* [GOTOH (2, 3), TAKAHASHI u. YASUDA), *Triticum* [GOTOH (1), GOTOH u. OSANAI] und Mais [GOTOH (4)] festgestellt und im Zusammenhang mit der Populationsstruktur verschiedener Varietäten diskutiert. Die Genotypen zeigen meist eine deutliche Wechselwirkung mit der Umwelt, so daß bei entsprechender Wahl der Standorte die Selektion bestimmter Genkombinationen erleichtert wird. Mit einem vereinfachten statistischen Ansatz wird die Vererbung des Blühtermins, d. h. der photoperiodischen Reaktion, bei fünf Linien von *Cannabis sativa* untersucht. Die Methode erweist sich als brauchbar, wenn die Genzahl gering ist, wie hier mit drei Loci, und eine intermediäre additive Genwirkung vorliegt. Außerdem wirkt noch das Plasma auf die Blühreaktion ein [KÖHLER (2)]. Für *Cryptomeria* wurde die Erblichkeit verschiedener quantitativer Merkmale festgestellt und der Anteil der Heritabilität an der Gesamtvariabilität geschätzt (TODA; TODA, NAKAMURA u. SATOO).

Untersuchungen über die Vererbung des Längen-Breiten-Index der Stipeln und Blättchen bei *Pisum* mit Hilfe dialleler Kreuzungen zeigten, daß die bisher hierfür übliche statistische Methode nicht uneingeschränkt angewendet werden kann, weil die Voraussetzungen, die für die mathematische Ableitung der Formeln gemacht werden müssen, nicht in jedem Fall zutreffen (LICHTER). Versuche über die Vererbung mehrerer quantitativer Merkmale bei *Arabidopsis thalliana* zeigen, daß auch hier die Anwendung der von MATHER u. a. abgeleiteten Formeln für die Untersuchung quantitativ wirkender polygener Systeme mit Hilfe verschiedener Nachkommenschaftsgenerationen auf Schwierigkeiten stößt. Die Ursache ist darin zu sehen, daß den Formeln ein vereinfachtes genetisches Modell zugrunde liegt, das im vorliegenden Material nicht verwirklicht ist [SEYFFERT (3)].

Es ist eine bekannte Erscheinung, daß bei Selektion für ein quantitatives Merkmal andere Eigenschaften mit verändert werden. Beim Mais zeigt es sich, daß auf Frühreife selektionierte Linien eine Reaktion in den Merkmalen Pflanzengröße und Blattzahl zeigen. Die genauere Analyse ergibt, daß es sich nicht um eine pleiotrope Reaktion eines Gensystems handelt, sondern daß zwei unabhängige Systeme dieser Merkmale von der Selektion erfaßt wurden [HASKELL (1)]. Bei *Nicotiana rustica* fand BREESE ebenfalls eine korrelierte Selektionsreaktion. Wenn auf positive Heterostatmie (= genetisch bedingte unterschiedliche Griffel- und Antherenlänge, die im Gegensatz zur Heterostylie nicht mit Inkompatibilität verbunden ist) selektioniert wird, erfolgt gleichzeitig eine Veränderung in Richtung auf Protogynie. Durch einen oder beide Faktoren wird die Rate der Fremdbefruchtung begünstigt. Das Verhältnis von Fremdung zu Selbstung ist hier durch ein genetisches System kontrolliert, das im Gegensatz zu anderen Systemen ein hohes Maß an Plastizität besitzt und eine schnelle Anpassung der Population an veränderte Bedingungen gewährleistet.

Die Genetik quantitativer morphologischer Merkmale des Halmes (Ausbildung des Marks und Stengeldurchmesser) konnte beim

Weizen auf einem ganz anderen Weg mit Hilfe monosomer Linien geklärt werden [LARSON (1); LARSON u. MACDONALD (1, 2)]. Durch Hinzuziehen von weiteren Kreuzungen mit *Triticum durum* (4n) wurden zusätzliche Informationen über die Verteilung der Gene auf Genome und Chromosomen erhalten [LARSON (2)]. Eine Übersicht über die bisher zur Verfügung stehenden Methoden, die es gestatten, mit Hilfe von Monosomen die Genanalyse beim Weizen weiterzutreiben, wird von UNRAU gegeben. Bei der Genanalyse für *Triticum* wurde ein Vergleich zwischen der konventionellen Methode und der Monosomenanalyse für Letalwirkung in diallelen Kreuzungen durchgeführt. Die Letalität ist bedingt durch zwei dominante komplementäre Gene, die bestimmten Chromosomen zugewiesen werden konnten. Die Monosomenanalyse kann auf Grund dieser Erfahrungen mit Erfolg durchgeführt werden, wenn es sich um Merkmale handelt, die durch wenige Majorgene bedingt sind (TSUNEWAKI).

Für Reis wurde von CHANDRARATNA u. SAKAI eine mütterliche Vererbung des Korngewichtes festgestellt. Anhand der Daten wird ein genetisches Modell des Zusammenwirkens von Plasma und Genen für die Wirkungsweise diskutiert und versucht, die Anzahl der beteiligten Gene mit den üblichen Methoden der quantitativen Genetik zu bestimmen. Es wird aber dabei übersehen, daß das Korngewicht im wesentlichen durch das Endosperm bestimmt wird, das triploid ist und zwei Genome von der Mutterpflanze enthält, so daß auf jeden Fall reziproke Bastarde genetisch verschiedene Endosperme haben und ein Überwiegen mütterlicher Eigenschaften zu erwarten ist. Der Schluß auf plasmatische Vererbung dieser Eigenschaften ist somit nicht gerechtfertigt.

3. Heterosis

In einer historischen Zusammenfassung gibt D. F. JONES einen Überblick über die Entwicklung der Probleme der Heterosis und Homoeostase, besonders im Hinblick auf die Heterosiszüchtung beim Mais. Der heutige Stand dieses Problemkreises ergibt sich aus einer Untersuchung bei fünf Merkmalen am Mais über den Zusammenhang zwischen Heterozygotie und Homoeostase (ADAMS u. SHANK). Durch ein systematisch durchgeführtes Kreuzungsprogramm wurden Maispopulationen mit verschiedenen Graden von Heterozygotie hergestellt und ihre Variabilität durch Anbau in verschiedenen Jahren unter verschiedenen Umweltbedingungen geprüft. Es zeigt sich, daß eine lineare Beziehung besteht zwischen der Pufferung gegenüber Umwelteinflüssen, also dem Maß der Umweltvariabilität, und dem Grad der Heterozygotie. Dabei ist die durch die Umwelt hervorgerufene Variabilität um so größer, je geringer der Grad der Heterozygotie ist. Dieser ist an sich jedoch nicht der allein ausschlaggebende Faktor, da gesicherte Unterschiede sowohl zwischen Inzuchtpopulationen wie zwischen Bastarden gleichen Heterozygotiegrades bestehen. Zwischen Homoeostase und Heterozygotie besteht eine Beziehung von derselben Art wie zwischen Heterosis und Heterozygotie. Es erscheint durchaus möglich, daß bei einer Zerlegung der Erscheinung in einzelne Komponenten durch das Auffinden der zugrunde liegenden Prozesse beide auf denselben Anteil der Genwirkung zurückgeführt werden können.

Mit dem Problem, wie eine Heterosis zustande kommt, befassen sich mehrere Untersuchungen an verschiedenen Objekten. Sowohl für *Hordeum* (GRAFIUS) wie für *Lycopersicum* [WILLIAMS (1), WILLIAMS u. GILBERT] ergibt es sich, daß die Heterosis für den Ertrag durch die Kombination günstiger Eigenschaften der beiden Elternformen zustande kommt und durch einfache Dominanz zu erklären ist, ohne Zusatzhypothesen über intra- oder interallele Wechselwirkungen. Versuche mit Kreuzungen zwischen verschiedenen Linien beim Mais ergaben in bezug auf den Ertrag zunächst scheinbar Überdominanz. Die nähere Analyse zeigte aber, daß eine Überschätzung dieser Komponente vorlag, bedingt durch das Vorhandensein von gekoppelten, einfach dominanten Genen in der Abstoßungsphase (GARDNER u. LONGQUIST). Auf Grund von Daten, die aus einer Serie von wiederholten Kreuzungen von zwei Stämmen mit konvergenter Selektion nach mehrfachen Rückkreuzungen gewonnen wurden, kommen SPRAGUE, RUSSELL u. PENNY zu der Schlußfolgerung, daß für die Heterosis in bezug auf den Ertrag beim Mais die Kombination dominanter Allele genügt und die Annahme von Superdominanz nicht notwendig ist. Die Diskussion darüber, ob diese Kombination der Wirkungen von Genen aus beiden Eltern auf dem Niveau der primären Genwirkungen im Zellkern oder in der Zelle oder erst am Ende der Genwirkungskette bei der Ausbildung der phänotypischen Merkmale zustande kommt, und ob daher die Heterosis als genetisch [HAYMAN (1)] oder als somatisch [WILLIAMS (3)] zu bezeichnen sei, ist in Anbetracht der geringen Kenntnis der Genwirkung bei den in Frage kommenden morphologischen Merkmalen nur eine Frage der Definition und für die Lösung des Problems zur Zeit ohne Bedeutung.

Von einer anderen Seite wird die Frage der Heterosis von CHAO aufgegriffen. Unter Benutzung einer parazentrischen Inversion im langen Arm des Chromosoms 6 mit dem Allel Y wird versucht, die Heterosiswirkung auf mehrere quantitative Merkmale zu erfassen, die von bestimmten Regionen dieser Chromosomen ausgeht. Auch hier zeigt sich keine Überdominanz, wenn nicht der Ertrag als Ganzes, sondern seine einzelnen Komponenten betrachtet werden.

Eine entsprechende Untersuchung über die Variabilität von Elternsorten und F_1 bei *Lycopersicum*, einem normalen Selbstbefruchter, zeigt, daß hier die Variabilität in beiden Gruppen gleich groß ist. Eine besondere Pufferung der Bastarde gegenüber Außeneinflüssen ließ sich für die untersuchten Merkmale nicht feststellen. Dagegen ist es eindeutig, daß von den Eltern her nicht nur der Mittelwert, sondern auch die Variabilität genetisch bedingt werden. Die fehlende Homoeostase der Bastarde bei Selbstbefruchtern kann im Zusammenhang mit der im Laufe der Evolution erfolgten Selektion stehen, die hier Homozygote mit guter Pufferung gegen Umwelteinflüsse bevorteilt [WILLIAMS (4)].

Die Beobachtung von Superdominanz der Farbstoffbildung bei *Silene armeria* führt zu einer Diskussion darüber, ob hier echte Allelie oder Pseudoallelie vorliegt, und über die Frage einer selbständigen oder unselbständigen Wirkung der Allele eines Locus in den Heterozygoten [SEYFFERT (1)].

4. Populationsgenetik

a) Mathematische Bearbeitung. In steigendem Maße werden in der Populationsgenetik verschiedenartige Fragen mathematisch behandelt, indem durch die Konstruktion von Modellen die Erwartungswerte für die Populationsstruktur, die sich unter definierten Voraussetzungen ergeben, berechnet werden können. Jede Population besitzt eine bestimmte genetische Belastung, die die Eignung dieser Population herabdrückt in bezug auf die natürliche Selektion, die auf genotypische Differenzen wirkt. Diese genetische Belastung kann in verschiedener Weise entstehen. Die verschiedenen Arten der genetischen Belastung können genau definiert werden und die Basis einer allgemeinen Hypothese abgeben. In der

Evolution sollen die genetischen Parameter so wirken, daß die genetische Belastung zu einem Minimum wird. Unter Einbeziehung der Mutationsrate und der Selektion läßt sich dann ableiten, daß die genetische Information sich im Laufe der Evolution anreichern muß. Die mathematische Ableitung erfolgt mit der Nomenklatur der Informationstheorie (KIMURA).

Die wichtige Frage nach der Anzahl und Größe der Stichproben, die nötig sind, um den Zustand einer Population zu Beginn einer Untersuchung zu erfassen, wird mit zwei verschiedenen Methoden beantwortet (GRAYBILL u. KNEEBONE). Bei der Betrachtung der Stabilität eines Systems multipler Allele ergeben sich die allgemeinen Bedingungen, unter denen ein System von Allelen durch natürliche Selektion in einer großen Population mit Zufallspaarung im Gleichgewicht gehalten wird (MANDEL). Die allgemeine Theorie der Verteilung der Genhäufigkeiten für einen Locus in zweigeschlechtlichen, disomen Populationen unter Berücksichtigung von Mutation und phänotypischer Selektion im Fall der nicht zufallsgemäßen Paarung wurde früher für überlappende Generationen ausgearbeitet und wird jetzt weiter ausgebaut für nicht-überlappende Generationen (MORAN). Der Gleichgewichtszustand einer großen Population mit gemischter Verwandten- und Zufallspaarung, kombiniert mit Selektion gegen die Heterozygoten wird von PAGE u. HAYMAN bearbeitet. Die Bedeutung der nicht zufallsgemäßen Paarung durch Bevorzugung der Paarung zwischen gleichartigen Eltern für die Bedeutung der Entwicklung einer Population wird von O'DONALD theoretisch angegangen. Die Frage der Selektionswirkung für den Fall, daß die Selektionswerte der beiden Homozygoten und der dazwischenliegenden Heterozygoten eine geometrische Reihe bilden, wird von verschiedener Seite bearbeitet (LEWONTIN u. COCKERHAM; LI). Bei Populationen von Eukalyptus-Bastarden wurde eine enge Korrelation im Auftreten verschiedener Merkmale beobachtet. In einer theoretischen Studie wird der Frage nachgegangen, unter welchen Voraussetzungen zwei Loci bevorzugt in der Koppelungs- oder Abstoßungsphase erhalten werden. Bei bestimmter Lage der Selektionswirkung kann dies tatsächlich erreicht werden, so daß sogar bei Panmixie innerhalb der Population doch Genkoppelung dauernd zu Merkmalskorrelationen beitragen kann (BINNET, CLARK, CLIFFORD).

Es ist eine immer wieder auftauchende Frage, unter welchen Bedingungen ein neu entstandenes Allel sich in einer Population halten kann. Das Durchrechnen verschiedener Ansätze hierfür zeigt, daß im allgemeinen ein Selektionsvorteil der Heterozygoten gegeben sein muß, wenn das neue Allel in eine stabilisierte, polymorphe Population eindringen und zu einem neuen Gleichgewichtszustand führen soll. Bei einem gewissen Grad von Inzucht dagegen ist ein solcher Heterosiseffekt für das Durchsetzen eines neuen Allels nicht nötig. Außerdem werden noch tetrasome Populationen behandelt [BODMER u. PARSONS (2)]. Die Untersuchung des Verhaltens einer Population bei Vorliegen von Überdominanz zeigt, daß in diesem Fall unter bestimmten Voraussetzungen eine intensive Massenselektion zu ungünstigeren Ergebnissen führt als eine weniger streng wirkende Selektion [VAN DER VEEN (3)].

Die Struktur tetrasomer Populationen wird unter der Annahme der Panmixie und der Selbstbefruchtung mit Berücksichtigung der doppelten Reduktion von Seyffert (2, 5) bearbeitet. Für tetrasome Vererbung ergibt sich bei unterschiedlicher Vitalität der einzelnen Genotypen, daß mehr als ein Gleichgewichtszustand möglich ist (Parsons).

Der Inzuchtgrad in Samenplantagen, d. h. in Populationen von begrenztem Umfang, und die Auswirkung auf die Folgegenerationen wird von Stern untersucht. Ein Programm zur Berechnung des Inzuchtkoeffizienten zwischen beliebigen Familien aus großen Zuchtversuchen mit Hilfe elektronischer Rechenmaschinen wurde von Hoen u. Grandage aufgestellt.

b) Analyse einzelner Populationen. Die Möglichkeiten einer direkten Beobachtung evolutionärer Veränderungen liegen besonders günstig bei Pflanzen, die in fremde Gebiete neu eingeführt wurden. Derartige Untersuchungen wurden bisher aber kaum durchgeführt. An *Trifolium subterraneum*, einer in Australien eingeführten mediterranen Art, wurde daher ein Programm ausgearbeitet, um die Anpassungserscheinungen und Veränderungen der Populationsstruktur unter experimentellen Bedingungen zu prüfen (Morley u. Frankel).

Eine andere Frage, die an mehreren Objekten bearbeitet ist, ist die Genverteilung in natürlichen Populationen. Bei *Trifolium repens* wurde die Genfrequenz für die Gene *Ac* (Bildung von Lotaustralin) und *Li* (Bildung von Linamarase) in Populationen aus dem gesamten Verbreitungsgebiet untersucht. Es zeigte sich eine deutliche Abhängigkeit der Häufigkeit der dominanten Allele von der mittleren Wintertemperatur. Es spricht vieles dafür, daß der Selektionseinfluß nicht direkt am Bitterstoffgehalt angreift, sondern daß beide beteiligten Gene unabhängig voneinander einer Selektion unterworfen sind, bei der die Temperatur eine entscheidende Rolle spielt (Daday).

Bei *Lolium perenne* und der nahe verwandten einjährigen Art *Lolium rigidum* zeigen die verschiedenen Populationen in bezug auf die genetische Grundlage für Ein- und Mehrjährigkeit, Vernalisation und Photoperiodismus eine deutliche Anpassung an die klimatischen und Standortverhältnisse, die jedoch für jede Herkunft durch verschiedene Selektionsfaktoren zustande gekommen ist [Cooper (1)]. In zwei Populationen von *Lolium perenne* wurde sodann die Erblichkeit des Zeitpunktes des Ährenschiebens untersucht. Dieser hängt ab von den Ansprüchen an die Blühinduktion und von der Entwicklungsgeschwindigkeit. Es zeigt sich, daß diese Eigenschaft, entsprechend der komplexen physiologischen Grundlage, polygen bedingt ist. Es besteht ein hoher Grad an Erblichkeit. Trotzdem sind aber fast alle Pflanzen in der Ausgangspopulation heterozygot [Cooper (2)]. Die auf dieser Basis durchgeführten Selektionen für Früh- und Spätblüher mit Hilfe verschiedener Paarungssysteme zeigt, daß die einzelnen Individuen ein viel größeres Potential an genetischer Variabilität enthalten, als sich phänotypisch in der Ausgangspopulation ausprägt [Cooper (3)]. Parallel dazu wurde die Veränderung der Populationsstruktur in bezug auf einzelne Ährenmerkmale an verschiedenen Linien mit Inzucht und verschiedenen Kreuzungssystemen untersucht [Cooper (4)].

Die Untersuchung einer Anzahl von Populationen von *Agrostis tenuis* ergab eine sehr große kontinuierliche morphologische Variabilität, die keine Aufteilung in Standorttypen erlaubt. Trotz eines kontinuierlichen Verbreitungsgebietes und regelmäßiger Fremdung genügt eine Entfernung von 50 m, um Kreuzungen zu verhindern, so daß viele Subpopulationen entstehen, die bereits bei geringen Umweltdifferenzen verschiedenen Selektionsfaktoren ausgesetzt sind und dementsprechend viele physiologische Rassen entstehen ließen, die sehr eng an die jeweiligen Standortsbedingungen angepaßt sind. Die Empfindlichkeit für Infektion mit *Epichloe thyphina* wirkt dabei als positiver Selektionsfaktor in allen Fällen, in denen die vegetative Vermehrungsfähigkeit ausschlaggebend ist [BRADSHAW (1, 2 u. 3)].

Bei *Spergula arvensis* sind Unterschiede in der Struktur der Samenschale durch ein Gen mit intermediärer Ausprägung der Heterozygoten bedingt. Die Unterschiede in der Behaarung haben eine nicht so einfache genetische Grundlage. Aber es zeigt sich auch hier bei den Bastarden keine Dominanz. Für beide Merkmale bestehen deutliche Unterschiede in der Genhäufigkeit in verschiedenen Populationen, wobei gerichtete Veränderungen mit steigender geographischer Breite auf den britischen Inseln festzustellen sind. Das bevorzugte gemeinsame Auftreten bestimmter Behaarungs- und Samenschalentypen beruht nicht auf Koppelung oder Pleiotropie dieser Gene. Durch die Markierung der Pflanzen mit diesen genetischen Merkmalen konnte ebenfalls festgestellt werden, daß bei dieser vorwiegend durch Selbstung vermehrten Art doch regelmäßig Fremdbefruchtung vorkommt (NEW).

Bei den Untersuchungen zur Populationsgenetik sind weiter einige Arbeiten zu nennen, die sich mit dem Einfluß des Paarungsmodus auf die Zusammensetzung der Population befassen. Die übliche Methode ist dabei, daß durch recessive Allele markierte Pflanzen in einer genetisch abweichenden Population der Fremdbestäubung ausgesetzt werden, so daß in ihrer Nachkommenschaft der Grad der Fremdbefruchtung festgestellt werden kann. Für Mais ergab sich in einem Polycross-Versuch mit 10 derartig markierten Stämmen, daß bei freiem Abblühen keine Zufallbefruchtung stattfindet. Die Abweichungen sind auf eine Reihe von Ursachen zurückzuführen, u. a. Pflanzenhöhe, Blühtermin. Wenn eine Population in einem dieser Faktoren, z. B. Blühtermin, heterogen ist, zerfällt sie in mehrere Subpopulationen, zwischen denen nur in begrenztem Umfang ein Genaustausch stattfindet (GUTTIERRIEZ u. SPRAGUE).

Mit derselben Methode der Nachkommenschaftsprüfung aus künstlich gemischten Populationen wurde auch von anderer Seite eine Schätzung der Kreuzungshäufigkeit bei *Vicia* vorgenommen. Der Versuchsplan umfaßt verschiedene Linien, die jeweils durch mehrere Gene markiert sind, so daß eine breite Basis gegeben ist (HOLDEN u. BOND). In allen Versuchen liegen die Schätzungen für die Kreuzungshäufigkeit weit auseinander, aber wenn genügend Kontrollen vorhanden sind, zeigt es sich, daß sowohl Umweltbedingungen (Jahre, Pflanzweite) wie allgemeine genetische Differenzen zwischen den Linien und schließlich Differenzen zwischen den einzelnen Pflanzen einen Einfluß haben, so daß die Ergebnisse der verschiedenen Autoren nicht ohne weiteres vergleichbar sind. Es ist jedoch aus allen Versuchen deutlich, daß eine Mischung von Fremdung und Selbstung der normale Fortpflanzungsmodus ist, der durch den Blütenmechanismus aufrechterhalten wird. Mit Hilfe eines vereinfachten Ansatzes, nämlich einer als Sämling erkennbaren Mutante, wurden die Befruchtungsverhältnisse bei *Vicia faba* bearbeitet [GOTTSCHALK (1)]. Am gleichen Objekt wird die Frage der Selbstbefruchtung auch noch mit anderer Methode, nämlich mit diallelen Kreuzungen zwischen Pflanzen aus verschiedenen Inzuchtlinien angegangen. Es zeigt sich, daß zwar keine allgemeine Bevorzugung des Samenansatzes nach Fremdung im Vergleich zur Selbstung besteht, daß aber die einzelnen Elternpflanzen verschieden reagieren. Es wird versucht, die gefundene

Selbststerilität durch Wirkung von recessiven Letalgenen zu erklären, die sich in einer normalerweise durch Fremdbefruchtung fortpflanzenden Population anhäufen können (ROWLANDS).

Eine andere Frage, nämlich die nach der Wechselwirkung zwischen Genotyp und Umwelt, wird von PARSONS u. ALLARD aufgegriffen am Beispiel des Samengewichts von *Phaseolus lunatus*. In einer Reihe von spaltenden Populationen wurden die verschiedenen Genotypen über mehrere Jahre miteinander verglichen. Es zeigt sich, daß die Populationen auf die Umweltschwankungen sehr verschieden reagieren, aber innerhalb einer Population verhalten sich alle erkennbaren Genotypen (Farbmerkmale der Samenschale) in gleicher Weise. Unter optimalen Bedingungen (z. B. weiter Stand der Versuchspflanzen) sind solche Schwankungen nicht festzustellen. Es muß demnach ein polygenes System, das von den bekannten Farbgenen unabhängig ist, die Reaktion der Pflanzen auf kleinste Umweltdifferenzen steuern, wenn nicht optimale Bedingungen vorliegen.

Die Frage der Mutationen in polygenen Systemen ist bisher wenig bearbeitet, trotz ihrer theoretischen Bedeutung für die Mutationszüchtung. Am Beispiel mehrerer Merkmale beim Reis wird die Veränderung der Varianz in den Folgegenerationen nach Bestrahlung gezeigt und mit theoretischen Erwartungswerten verglichen. Es zeigt sich, daß im geprüften Material eine Bestrahlung mit mittleren Dosen und Beginn der Selektion in X_3 die besten Erfolgsaussichten verspricht, um die positiven Varianten aus der durch Mutation von Polygenen vergrößerten Variabilität zu fixieren (KAO, HU, CHANG u. OKA).

D. Evolution

1. Grundlagen der Evolutionsforschung

Da eine neue Zusammenstellung aller Gesichtspunkte der modernen Evolutionsforschung vorliegt, kann die Darstellung hier auf einige Punkte beschränkt werden [Cold Spr. Harb. Symp. on quant. Biol. 24, 1 (1959)]. Weitere Gesichtspunkte werden in einer Reihe von Sammelreferaten behandelt, so die Evolution in der Gattung *Oenothera* [CLELAND (2)] und die Bedeutung bestimmter Mutationen für die Evolution [STUBBE (2)].

Die Grundsätze der Evolution werden von EHRENDORFER (1—3) an den Gattungen von *Galium* und *Achillea*, von STEBBINS am Beispiel der Compositen *(Cichorieae)* und von LÖVE allgemein behandelt. Die Zusammenhänge zwischen Variabilität und natürlicher Selektion bearbeitet MORLEY. Die interessante Frage der Regulierung der Rekombination und der Entwicklung und Bedeutung der Artbarrieren wird von GRANT untersucht.

2. Bedeutung der Bastardschwärme

Die Analyse natürlicher Bastardpopulationen ergibt vielfach Einblick in den Vorgang der Introgression artfremder Gene, die eine der Ursachen der intraspezifischen Variabilität ist. Daneben werden auch Aufschlüsse über die Artdifferenzierung erhalten. In der Gattung *Baptisia (Leguminosae)* kommen Artbastarde häufig vor. Die Arten *B. viridis* und *laevicaulis* bilden Bastardschwärme, die morphologisch leicht zu erkennen sind. Die biochemische Untersuchung der Blüten einer Reihe von Pflanzen ergab, daß diese und andere Arten von *Baptisia* durch ihre Farbstoffmuster charakterisiert sind. Die Individuen einer Population sind aber relativ einheitlich. In den Bastardpopulationen unterscheiden sich dagegen die Pflanzen auch biochemisch sehr stark voneinander, wobei sie Eigenschaften beider Eltern vereinigen können. Außerdem treten neue Stoffe auf, die in keinem der Eltern gefunden wurden. Der Vergleich mit anderen Arten der Gattung zeigt, daß hier die biochemische und morphologische Differenzierung der Arten parallel gehen (TURNER u. ALSTON).

In Südamerika kommen spontane Kreuzungen zwischen kultivierten Tomaten und Wildformen vor, so daß eine Introgression von Genen vor allem aus *Lycopersicum pimpinellifolium* möglich ist. Ebenso zeigen die Wildpopulationen dieser Art eine Introgression von Tomatengenen, während ein Genaustausch mit drei anderen Arten, die im gleichen Gebiet vorkommen, nicht beobachtet wurde [RICK (1)]. Zwischen *Lycopersicum esculentum* und *Solanum pinnellii* sowie ihrer F_1 sind Kreuzungen nur in einer Richtung, mit *L. esculentum* als weiblichem Elter, möglich. In bezug auf morphologische Merkmale ist die F_1 z. T. intermediär, z. T. sind Eigenschaften der Eltern dominant. Die unerwartete genetische Affinität dieser beiden Arten läßt Zweifel an der Berechtigung der Abtrennung von *Lycopersicum* von der Gattung *Solanum* auftreten [RICK (3)]. Mit Hilfe verschiedener Maße können Populationen von *Viola canina, lactea* und *riviniana* eindeutig charakterisiert und ihre Bastardpopulationen erkannt werden, obwohl die Bastarde zwischen *lactea* und *riviniana* wenig fertil sind, ergeben die Maßdiagramme der verschiedenen Populationen doch viele Hinweise für eine Introgression zwischen beiden Arten, vor allem in Richtung auf *Viola lactea*. Es scheint, daß außer den Genen für morphologische Merkmale auch solche für physiologische Eigenschaften, die sich in Standortansprüchen äußern, übertragen werden (MOORE). Durch Untersuchung von Populationen verschiedener Arten von *Taraxacum* und Vergleich von künstlichen und spontanen Hybridenschwärmen wird eine Diskussion ermöglicht über den hybridogenen Ursprung von *Taraxacum obliquum* und die Evolution in der Gattung (FÜRNKRANZ).

In der Gattung *Elymus (Gramineae)* zeigt sich durch Vergleich künstlicher Bastarde mit natürlichen Formen, daß eine Artbastardierung weit verbreitet ist. Aus den Hybridschwärmen erfolgt eine Introgression von Genen in die Elternarten, wodurch eine sehr große Variabilität zustande kommt. Viele der benannten Varietäten der Arten *Elymus canadensis* und *virginicus* dürften auf diese Weise entstanden sein (BROWN u. PRATT).

Natürlich vorkommende Bastarde zwischen *Oryopsis hymenoides* und *Stipa speciosa* wurden früher als Art *Oryopsis bloomeri* beschrieben. Durch ihre Sterilität erfolgt keine Introgression fremder Gene in die Elternarten (JOHNSON). Durch Vergleich mit natürlichen Hybridenschwärmen läßt sich wahrscheinlich machen, daß *Hordeum agriocriton* nicht die Wildform der sechszeiligen Kulturgerste ist, sondern als Bastard zwischen *Hordeum vulgare* und der zweizeiligen Wildform *Hordeum spontaneum* entstanden ist (ZOHARY). In der Gattung *Dactylis* kommen zwischen diploiden und tetraploiden Formen in den Kontaktzonen häufige Bastardierungen vor. Die triploiden Hybriden können durch die Bildung unreduzierter Eizellen eine Brücke für die einseitige Genübertragung in Richtung von den Diploiden zu den Tetraploiden bilden (ZOHARY u. NUR).

3. Genetische Analyse der Artbarrieren

In der Gattung *Papaver* sind die fünf auf den Britischen Inseln vorkommenden Arten durch innere und äußere Kreuzungsbarrieren getrennt, so daß sie nebeneinander vorkommen, ohne daß durch Bastarde eine Introgression von Genen einer Art in die andere stattfindet. Als äußere Kreuzungsbarriere scheint eine genetische Differenz in den Duftstoffen zu dienen, wodurch die besuchenden Insekten eine auffallende Artkonstanz zeigen [McNAUGHTON und HARPER (1)]. Die einzigen Arten, zwischen denen natürliche Kreuzungsbestäubungen häufiger stattfinden, sind *Papaver dubium* und *lecoquii*. Bei den Bastarden fehlt jedoch die Samenruhe, so daß sie sofort nach der Reife auskeimen und die Pflanzen während des Winters eingehen. Da sie außerdem noch hochgradig pollensteril sind, sind die Möglichkeiten einer Genübertragung zwischen den Arten weitgehend eingeschränkt [McNAUGHTON u. HARPER (3)]. Die Samenruhe wird von der genetischen Konstitution des Embryos wie der extraembryonalen Gewebe bestimmt (HARPER u. McNAUGHTON). Zwischen den Arten *Papaver rhoeas* und *dubium* konnten künstliche Bastarde erhalten werden, die jedoch nur schwach lebensfähig sind, so daß sie, wenn sie zufällig natürlich auftreten sollten, keinen Ausgangspunkt für eine Genübertragung bilden können [McNAUGHTON u. HARPER (2)].

Bei *Pinus* beruht die Kreuzungssterilität darauf, daß die Pollenschläuche im artfremden Nucellus nicht funktionieren können. Parallel dazu wurden biochemische Differenzen in der Konzentration der Aminosäuren in den Samenanlagen gefunden. Die genetische Differenzierung der Art betrifft also nicht nur morphologische, sondern auch biochemische Merkmale (McWILLIAM). Andere Arten sind kreuzungsfertil, und die Bastarde zeigen eine intermediäre Ausbildung für viele Eigenschaften, vor allem der Nadeln, die genetisch streng festgelegt sind und eine geringe Umweltlabilität besitzen, so daß sie zur Bastarddiagnose herangezogen werden können [MERGEN (1, 2)]. In anderen Fällen überschneiden sich die Variationsbereiche der Elternarten so weit, daß für einzelne Nadelmerkmale eine Bastarddiagnose nicht möglich ist (SCHÜTT u. HATTEMER).

In der Gattung *Hordeum* besteht zwischen den Arten *vulgare* und *bulbosum* eine Kreuzungsbarriere durch Inkompatibilität zwischen Bastardendosperm und Mutterpflanze, die durch Embryokultur umgangen werden kann. Mit Hilfe der auf diese Weise gewonnenen Bastarde scheint eine künstliche Genübertragung zwischen den Arten möglich (DAVIES).

Die Art *Mimulus guttatus* zerfällt in viele getrennte Populationen, die durch mehr oder weniger stark wirkende, genetisch bedingte Sterilitätsbarrieren voneinander getrennt sind. Diese wirken auf verschiedenen Ebenen, so durch mangelnde Kreuzungsfertilität oder Teilsterilität der F_1. Ihre Entstehung ist vorbereitet durch eine auch innerhalb einiger Populationen wirkende geringere Fertilität der Kreuzungen gegenüber den Selbstungen. Die Kreuzungsbarrieren zeigen keine Beziehung zur morphologischen Differenzierung der Populationen. Die Isolierung der Populationen ist aber in keinem Fall vollständig, so daß doch in geringem Maße ein Genfluß zwischen ihnen möglich ist (VICKERY).

4. Künstliche Artbastarde

Soweit das Hauptgewicht auf der Untersuchung der Genspaltung in den Folgegenerationen liegt, wurden die Artbastarde bereits in Abschnitt B II berücksichtigt. In vielen Fällen wurde jedoch die Artkreuzung zur Klärung von Fragen der Evolution innerhalb der Gattungen und Familien herangezogen. Auf Grund der genetischen Befunde werden die Verwandtschaftsverhältnisse in der Gattung *Lactuca* diskutiert [LINDQUIST (1)]. Durch eine Analyse der Kreuzungsfähigkeit der erhaltenen F_1-Pflanzen und ihrer Nachkommen bei Artkreuzungen innerhalb der Gattung *Geum* wurde versucht, die genetischen Grundlagen der Artdifferenzen und die Evolutionslinien zu verfolgen (GAJEWSKI). Zur Klärung der Verwandtschaftsverhältnisse der 21 nordamerikanischen Arten der Gattung *Lobelia*, sect. *Lobelia*, wurden Kreuzungen hinzugezogen. Es zeigt sich, daß manche bisher als Bastarde beschriebenen Formen nicht mit den künstlichen Hybriden der angenommenen Eltern übereinstimmen, sondern aus der Kreuzung von andern Arten herstammen müssen. Innerhalb der Sektion lassen sich u. a. auf Grund der Bastardierungsergebnisse mehrere Entwicklungslinien aufzeigen, die zur Aufstellung eines Stammbaums der Sektion führten [Bowden (1—4)]. Auf Grund des Kreuzungsverhaltens werden die Formen *Helianthus giganteus* und *grosseserratus* als Arten innerhalb eines polymorphen Artenkomplexes aufgefaßt, zu dem auch *Helianthus maximiliani* gehört [Long (1)]. Die beiden letzten Arten bilden an wenigen Stellen auch natürliche Bastardpopulationen, von denen aus jedoch nur ein geringer Grad an Introgression in die Elternarten festzustellen ist [Long (2)]. Die triploide Art *Helianthus multiflorus* erwies sich durch Vergleich mit einer Reihe künstlicher Hybriden als Bastard zwischen *Helianthus annuus* und *decapetalus* (Heiser u. Smith).

Die Ergebnisse der Kreuzungen zwischen den beiden Formen *Lolium perenne* und *italicum* lassen sich am besten interpretieren durch die Annahme, daß in beiden balancierte, polygene Systeme bestehen, die durch die Kreuzung zerstört werden. Diese Störung in F_1 und F_2 ist jedoch nicht so tiefgreifend, daß sie eine völlige Trennung der Formen bewirken würde. Dasselbe gilt für *Lolium rigidum*. Alle drei Formen sind daher am besten als Unterarten zu betrachten (Naylor). Die Arten *Festuca pratensis* und *Lolium multiflorum* zeigen bei Kreuzung auf dem diploiden Niveau eine Dominanz der *Festuca*-Merkmale bei der Ausbildung der Inflorescenzen, während bei Kreuzung von tetraploiden Eltern die Inflorescenzform von *Lolium* dominiert (Hertzsch).

Bastarde zwischen den Arten *Picea Omorika* und *sitchensis* sind für einige Eigenschaften intermediär, für andere zeigen sie eine deutliche Heterosis [Langner (2)]. Die Art *Picea Omorika* weist eine sehr gleichförmige Ausbildung morphologischer Merkmale auf. Daß trotzdem in den kleinen Populationen keine völlige Homozygotie erreicht ist, zeigt sich an der Variabilität physiologischer Merkmale und der Inzuchtdepression nach Selbstung (Langner (1)].

Die Arten *Beta patellaris* und Zuckerrüben sind durch weitgehende Letalität der Sämlinge getrennt, nur wenige F_1-Pflanzen sind lebensfähig und ergeben eine stark aufspaltende F_2 (Filutowicz u. Kuzdowicz). Kreuzungen zwischen Kulturrüben und *Beta lomatogona* liefern lebensfähige Bastarde und eine Aufspaltung in der F_2, die auf Artdifferenzen in vielen Genen schließen läßt (Barocka). Durch Kreuzungen von *Brassica campestris* und *B. nigra* nach Polyploidisierung ergab sich als amphidiploider Bastard eine Form, die mit *Brassica juncea* weitgehend übereinstimmt [Olsson (1)]. In ähnlicher Weise wurde aus *B. campestris* und *oleracea* eine synthetische *Brassica napus* erhalten. Durch Verwendung verschiedener Subspecies als Elternformen ergaben sich Bastarde, die den natürlich vorkommenden Unterarten von *B. napus* entsprechen [Olsson (3)].

5. Genetische Analyse der Artdifferenzierung

In einer äußerst interessanten Studie über die sibirische Feldkultur und die Vorgeschichte der Besiedlung kommt Pissarev zu dem Schluß, daß die besonders früh reifenden sibirischen Sommerweizen *Triticum vulgare, var. feruginicum sibiricum* sich von sehr alten chinesischen Weizen ableiten, aber unter den verschiedenen Umwelteinflüssen sind weitgehend angepaßte Lokalpopulationen entstanden. Neue Untersuchungen zur Entstehung der hexaploiden Kulturweizen werden von Kuckuck (1, 2) zusammengefaßt. Die komplementär wirkenden SubVitalitätsfaktoren, die bei der Differenzierung innerhalb der Gattung *Triticum vulgare* aufgetreten sind, werden weiter untersucht (Schmalz).

Die Arten der Gattung *Vitis* unterscheiden sich in verschiedenen Inhaltsstoffen der Blätter, so im Flavonoid-Gehalt und der Aktivität der Polyphenol-Oxydase. Bei *Vitis cinerea* wurden phenolische Inhaltsstoffe, vermutlich Flavonoid-Glucoside, nachgewiesen, die in keiner der anderen Arten vorkommen. In Bastarden zeigte sich die erbliche Bedingtheit der Bildung dieser Stoffe (Henke). In der Gattung *Lathyrus* kommen in 19 untersuchten Arten nur drei verschiedene Anthocyanidine und zwei Flavonole vor. Die Anordnung der Arten nach ihrem Farbstoffgehalt zeigt keine Beziehung zu irgendeiner taxonomischen Gliederung. Die Genverteilung für die Blütenfärbung ist demnach unabhängig von der Artdifferenzierung (Pecket).

Die Untersuchung einer Reihe von Herkünften von *Rubus idaeus* zeigt eine auffallende Homozygotie der einzelnen Populationen. Maximal wurde eine Heterozygotie in vier Majorgenen gefunden [Haskell (4)]. Bei *Rubus*-Arten kann durch Fehlsteuerung der Meiosis mit Diplosporie trotz der apomiktischen Fortpflanzung eine Aufspaltung von heterozygot vorhandenen Genen zustande kommen. Dabei können aus einer „Art" Formen selektioniert werden, die anderen Unterarten entsprechen. Auf diesem Hintergrund zeigt sich, daß eine Diskussion über den Artbegriff bei Apomikten erforderlich ist [Haskell (2)]. Bei *Rubus laciniatus* kommt trotz vorwiegender Apogamie auch sexuelle Fortpflanzung vor, so daß eine Vergrößerung der Variabilität durch Kreuzung mit anderen Formen möglich ist [Haskell (3)].

E. Schluß

Die Untersuchungen zur Mutationsforschung und zur plasmatischen Vererbung sollen im nächsten Bericht berücksichtigt werden.

Literatur

Abe, Y., and K. Gotoh: Bot. Mag. (Tokyo) 72, 857—858 (1959). — Adams, N. W., and D. B. Shank: Genetics 44, 777—786 (1959). — Allard, R. W., and H. L. Alder: Heredity 15, 263—282 (1960). — Alston, R. E.: Genetica 30, 261—277 (1959).

Barber, H. N.: Heredity 13, 33—60 (1959). — Barocka, K. H.: Züchter 29, 193—203 (1959). — Bergfeld, R.: Z. Vererbungslehre 90, 476—482 (1959). — Bianchi, F.: Genen en Phaenen 5, 33—45 (1960). — Binet, F. E., A. M. Clark and H. T. Clifford: Genetics 44, 5—13 (1959). — Bodmer, W. F.: Heredity 13, 157—164 (1959). — Bodmer, W. F., and P. A. Parsons: (1) Heredity 13, 145—156 (1959); (2) 15, 283—299 (1960). — Böhme, H., u. G. Scholz: Kulturpflanze 8, 93—109 (1960). — Bowden, W. M.: (1) Bull. Torrey Bot. Club 86, 94—108 (1959); — (2) Canad. J. Genetics and Cytol. 1, 49—64 (1959); (3) 2, 11—27 (1960); (4) 2, 234—251 (1960); — Bradshaw, A. D.: (1) The New Phytologist 58, 208—227 (1959); (2) 58, 310—315 (1959); (3) 59, 92—103 (1960). — Breese, E. L.: Ann. Bot. 23, 331—344 (1959). — Brewbaker, J. L.: Jap. J. Agric. Hort. 35, 98—103 (1960). — Brewbaker, J. L., and A. T. Natarajan: Genetics 45, 699—704 (1960). — Brewbaker, J. L., and N. Shapiro: Nature 183, 1209—1210 (1959). — Brown, W. V., and G. A. Pratt: Amer. J. Bot. 47, 669—676 (1960). — Burdick, A. B.: Tomato Gen. Coop. Rep. 8, 9—11 (1958).

Chao, Ch. Y.: Genetics 44, 657—677 (1959). — Chandraratna, M. F., and K. Sakai: Heredity 14, 365—373 (1960). — Christ, B.: Z. Bot. 47, 88—112 (1959). — Cleland, R. E.: Z. Vererbungslehre 91, 303—311 (1960); — Proc. of the Indiana Acad. Sci. 69, 51—64 (1960). — Cockerham, C. C.: Genetics 44, 1141—1148 (1959). — Cold Spring Harb.: Symp. quant. Biol. 24, 1—311 (1959). — Cooper, J. P.: (1) Heredity 13, 317—340 (1959); (2) 13, 445—459 (1959); (3) 13, 461—479 (1959); (4) 14, 229—246 (1960). — Culp, T. W.: Genetics 44, 897—909 (1959).

DADAY, H.: Heredity **12**, 169—184 (1958). — DANIEL, L., u. E. VÁRÓCZY: Z. Pflanzenzücht. **42**, 223—241 (1959). — DAVIES, D. R.: The New Phytologist **59**, 9—14 (1960). — DEMEREC, M.: Genetics **44**, 1—4 (1959).

EHRENDORFER, F.: (1) Ber. dtsch. bot. Ges. **72**, (11)—(12) (1959). — (2) Naturwiss. Rundschau **12**, 335—342 (1959); — (3) Cold Spring Harb. Symp. quant. Biol. **24**, 141—152 (1959). — ENDO, T.: Jap. J. Genet. **34**, 116—124 (1959). — ERNST, A.: (1) Arch. Klaus-Stift. Vererbungsforsch. **33**, 103—251 (1958); — (2) Viertelj.schr. Naturforsch. Ges. Zürich **104**, 246—263 (1959); — (3) Arch. Klaus-Stift. Vererbungsforsch. **34**, 57—191 (1959).

FEENSTRA, W. J.: (1) Proc. Koninkl. Nederl. Akad. Wetensch. Amsterdam Proc. **62**, 119—130 (1959); — (2) Mededelingen Landb. hogeschool Wagening. **60**, 1—53 (1960). — FILUTOWICZ, A., u. A. KUŽDOWICZ: Züchter **29**, 179—183 (1959). — FRANKEL, O. H.: Austral. J. Sci. **22**, 27—32 (1959). — FREY, K. J., u. A. J. NORDEN: Agronomy J. **51**, 535—537 (1959). — FÜRNKRANZ, D.: Österr. bot. Z. **107**, 310—350 (1960). — FYJII, T.: Jap. J. Genet. **34**, 261—267 (1959).

GAJEWSKI, W.: Evolution **13**, 378—388 (1959). — GARDNER, C. O., and J. H. LONQUIST: Agronomy J. **51**, 524—528 (1959). — GOTOH, K.: (1) Jap. J. Genet. **32**, 1—7 (1957); (2) **32**, 75—82 (1957); — (3) Jap. J. Bot. **16**, 46—60 (1957); (4) **17**, 1—13 (1959). — GOTOH, K., and S.-I. OSANAI: Jap. J. Breeding **9**, 101—106 (1959). — GOTTSCHALK, W.: (1) Züchter **30**, 22—27 (1960); — (2) Naturwissenschaften **47**, 114—115 (1960). — GRAFIUS, J. E.: Agronomy J. **51**, 551—554 (1959). — GRAHAM, K. M., J. S. NIEDERHAUSER and L. SERVIN: Canad. J. Bot. **37**, 41—49 (1959). — GRANT, V.: Cold Spring Harb. Symp. quant. Biol. **23**, 337—363 (1958). — GRAYBILL, F. A., and W. R. KNEEBONE: Agronomy J. **51**, 4—6 (1959). — GRÖBER, K.: Kulturpflanze **8**, 33—89 (1960). — GUTIERREZ, M. G., and G. F. SPRAGUE: Genetics **44**, 1075—1082 (1959).

HÄNSEL, H.: (1) Bundesvers.anst. alpenländ. Landwirtschaft Gumpenstein (Österr.) 7—16 (1958); — (2) Ber. über 2. Kongr. Eucarpia (1959). — HAGEN, C. W.: Genetics **44**, 787—793 (1959). — HANSON, W. D.: (1) Genetics **44**, 197—209 (1959); (2) **44**, 833—837 (1959); (3) **44**, 839—846 (1959); (4) **44**, 857—868 (1959). — HARBORNE, J. B.: Biochem. J. **74**, 262—269 (1960). — HARPER, J. L., and J. H. McNAUGHTON: Heredity **15**, 315—320 (1960). — HART, R. H., and C. P. WILSIE: Agronomy J. **51**, 379—380 (1959). — HASKELL, G.: (1) Genetica **30**, 140—151 (1959); (2) **30**, 240—260 (1959); — (3) Heredity **14**, 101—113 (1960); — (4) Watsonia **4**, 238—255 (1960); — HAUS, T. E.: Heredity **49**, 179—180 (1958). — HAYMAN, B. J.: (1) Heredity **15**, 324—327 (1960); — (2) Genetics **45**, 155—172 (1960); — (3) Genetica **31**, 133—146 (1960); — (4) Biometrics **16**, 369—381 (1960). — HEILBRONN, A., u. C. KOSSWIG: Principia Genetica. Hamburg u. Berlin: P. Parey 1961. — HEISER, CH. B., and D. M. SMITH: Amer. J. Bot. **47**, 860—865 (1960). — HENKE, O.: Z. Pflanzenzüchtung **41**, 253—270 (1959). — HERTSCH, W.: Züchter **29**, 203—206 (1959). — HOEN, K., and A. H. E. GRANDAGE: Biometrics **16**, 292—296 (1960). — HOFFMANN, W., u. I. NOVER: Z. Pflanzenzüchtung **42**, 68—78 (1960). — HOLDEN, J. H. W., and D. A. BOND: Heredity **15**, 175—192 (1960). — HOWARD, H. W.: Bibliographia Genetica **19**, 87—216 (1960). — HSIEH, S.: Bot. Bull. Acad. Sinica **1**, 117—132 (1960). — HURD, E. A.: Canad. J. Plant Sci. **39**, 1—8 (1959).

IRVINE, J. E., and R. H. FREYRE: Nature **185**, 115 (1960).

JAIN, H. K., and S. B. GUPTA: Experientia **16**, 364—365 (1960). — JAIN, S. K.: Bibliographia Genetica **19**, 1—86 (1960). — JINKS, J. L., and J. M. STEVENS: Genetics **44**, 297—308 (1959). — *John Innes Horticultural Inst.*: (1) 50. Annual Rep. (1959); — (2) 51. Annual Rep. (1960). — JOHNSON, B. L.: Amer. J. Bot. **47**, 736—742 (1960). — JONES, D. F.: Amer. Naturalist **92**, 321—328 (1958). — JONES, R. M.: Heredity **15**, 153—159 (1960). — JOUSSEN, H., u. J. KEMPER: Z. Vererbungslehre **91**, 350—354 (1960).

KANDASAMI, P. A., and K. S. SUBBA RAO: Current Science **28**, 208—209 (1959). — KAO, K., CH. HU, W. CHANG and H. OKA: Bot. Bull. Acad. Sinica **1**, 101—108 (1960). — KAWATANI, T., and H. ASAHINA: Jap. J. Genetics **34**, 353—362 (1959). — KESSLER, G.: Z. Pflanzenzücht. **42**, 250—294 (1960). — KIMURA, M.: Jap. J. Genet. **35**, 7—34 (1960). — KOBABE, G.: Z. Pflanzenzücht. **42**, 1—10 (1959). — KÖHLER, D.: (1) Z. Pflanzenzücht. **41**, 65—71 (1959); (2) **42**, 339—355 (1960). — KUCKUCK, H.: (1) Bericht über 2. Kongr. Eucarpia (1960); — (2) Z. Pflanzenzücht. **41**, 205—226 (1959).

LAGERVALL, P. M.: Hereditas 46, 481—496 (1960). — LAMM, R.: Hereditas 46, 737—744 (1960). — LAMPRECHT, H.: (1) Agri. Hort. Genet. 17, 1—8 (1959); (2) 17, 9—14 (1959); (3) 17, 15—25 (1959); (4) 17, 26—36 (1959); (5) 17, 37—46 (1959); (6) 18, 1—22 (1960); (7) 18, 23—56 (1960); (8) 18, 57—61 (1960); (9) 18, 62—73 (1960); (10) 18, 74—85 (1960); (11) 18, 86—96 (1960); (12) 18, 135—168 (1960); (13) 18, 169—180 (1960); (14) 18, 205—208 (1960); (15) 18, 209—213 (1960). — LANGNER, W.: (1) Silvae Genetica 8, 84—93 (1959); (2) 8, 138—143 (1959). — LANGRIDGE, J.: Austr. J. Biol. Sci. 11, 457—470 (1958). — LANGRIDGE, J., and B. GRIFFING: Austr. J. Biol. Sci. 12, 117—135 (1959). — LARSON, R. I.: (1) Can. J. Botany 37, 135—156 (1959); (2) 37, 889—896 (1959). — LARSON, R. I., and M. D. MACDONALD: (1) Can. J. Botany 37, 365—378 (1959); (2) 37, 379—391 (1959). — LATTER, B. D. H., and A. ROBERTSON: Biometrics 16, 348—353 (1960). — LEWIS, C. F., and T. R. RICHMOND: Genetics 45, 79—85 (1960). — LEWONTIN, R. C., and C. C. COCKERHAM: Evolution 13, 561—564 (1959). — LI, C. C.: Evolution 13, 564—567 (1959). — LICHTER, R.: Z. Pflanzenzücht. 42, 103—146 (1960). — LIN, K., and CH. TSENG: Bot. Bull. Acad. Sinica 1, 157—163 (1960). — LINDQUIST, K.: (1) Hereditas 46, 319—350 (1960); (2) 46, 387—470 (1960). — LÖVE, A.: Evolution, Its Science and Doctrine. Toronto: T. W. M. Cameron 1960. — LONG, R. W.: (1) Amer. J. Botany 46, 687—692 (1959); — (2) Amer. J. Bot. 47, 729—735 (1960). — LUNDQUIST, A.: Hereditas 46, 1—19 (1960).

MANDEL, S. P. H.: Heredity 13, 289—302 (1959). — MARTIN, P. G.: Experientia 15, 34—35 (1959). — MATHAN, D. S., and J. A. JENKINS: Science 131, 36—37 (1960). — MATHER, K.: 5th Bateson-Lecture, John Innes Inst. Printed East Yorkshire Driffield 1960. — McNAUGHTON, I. H., and J. L. HARPER: (1) The New Phytologist 59, 15—26 (1960); (2) 59, 27—41 (1960); (3) 59, 129—137 (1960). — McWILLIAM, J. R.: Amer. J. Bot. 46, 425—433 (1959). — MERGEN, F.: (1) Silvae Genetica 7, 1—40 (1958); (2) 8, 105—132 (1959). — MODE, C. J., and H. F. ROBINSON: Biometrics 15, 518—537 (1959). — MOHAMED, A. H.: Genetics 44, 713—724 (1959). — MORAN, P. A. P.: Proc. Roy. Soc. (London) B, Biol. Sci. 149, 113—116 (1958). — MORLEY, F. H. W.: Cold Spring Harb. Symp. quant. Biol. 24, 47—55 (1959). — MORLEY, F. H. W., u. O. H. FRANKEL: Monographiae biologicae 8, 577—586 (1959). — MORRE, D. M.: Evolution 13, 318—332 (1959). — MOSEMAN, J. G., and T. M. STARLING: Phytopathology 48, 601—604 (1958). — MOSIG, G.: Z. Vererbungslehre 91, 158—163 (1960); 91, 164—181 (1960). — MÜNTZING, A.: Proc. Amer. Philos. Soc. 103, 190—220 (1959). — MURRAY, M. J.: Genetics 45, 925—929 (1960).

National Institute of Genetics: Annual Rep. Nr. 9 (1958). — NAYLOR, B.: Heredity 15, 219—233 (1960). — NEW, J. K.: Ann. Botany 23, 23—33 (1959). — NICKERSON, N. H.: Amer. J. Bot. 47, 809—815 (1960). — NORDEN, A. J., and K. J. FREY: Agronomy J. 51, 335—338 (1959). — NYBOM, N.: Hereditas 45, 332—350 (1959).

O'DONALD, P.: Heredity 15, 389—396 (1960). — OLSSON, G.: (1) Hereditas 46, 171—223 (1960); (2) 46, 241—252 (1960); (3) 46, 351—386 (1960).

PAGE, A. R., and B. I. HAYMAN: Heredity 14, 187—196 (1960). — PANDEY, K. K.: (1) Nature 185, 483—484 (1960); — (2) Amer. J. Bot. 47, 877—883 (1960). — PAPAZIAN, H. P.: Genetics 45, 1169—1175 (1960). — PARIS, C. D., and W. J. HANEY: Proc. Amer. Soc. Hort. Sci. 72, 462—472 (1958). — PARSONS, P. A.: Biometrics 15, 20—29 (1959). — PARSONS, P. A., and R. W. ALLARD: Heredity 14, 115—123 (1960). — PECKET, R. C.: The New Phytologist 59, 138—144 (1960). — PERSON, C.: Canad. J. Bot. 37, 1101—1130 (1959). — PETERSON, P. A.: Genetics 44, 407—419 (1959). — PISSAREV, V. E.: Z. Pflanzenzücht. 41, 227—252 (1959).

RENNER, O.: Z. Vererbungslehre 90, 132—147 (1959). — RESENDE, F.: Ber. dtsch. bot. Ges. 22, 3—10 (1959). — RHYNE, C. L.: (1) Genetics 43, 822—834 (1958); (2) 45, 63—78 (1960); (3) 45, 673—681 (1960). — RICK, CH. M.: (1) Economic Botany 12, 346—367 (1958); — (2) Proc. Nat. Acad. Sci. 45, 1515—1519 (1959); (3) 46, 78—82 (1960). — RICK, CH. M., and A. L. HARRISON: J. Hered. 50, 90—98 (1959). — RICK, CH. M., A. E. THOMPSON and O. BRAUER: Amer. J. Bot. 46, 1—11 (1959). — ROBERTSON, A.: (1) Biometrics 15, 219—226 (1959); (2) 15, 469—485 (1959). — RÖBBELEN, G.: (1) Z. Vererbungslehre 90, 503—506 (1959); — (2) Züchter 30, 300—312 (1960). — ROSS, H.: (1) Proc. 4. Conf. Potato Virus Dis. Braunschweig 40—49 (1960); — (2) Europ. Potato J. 3, 296—306 (1960). — ROWLANDS,

D. Y.: Heredity **15**, 161—173 (1960). — RUSSELL, W. A., and A. L. HOOKER: Agronomy J. **51**, 21—24 (1959).

SAMPSON, D. R.: Canad. J. Gen. Cytol. **2**, 216—219 (1960). — SAMPSON, D. R., and A. W. S. HUNTER: (1) Canad. J. Plant Sci. **39**, 329—341 (1959); — (2) Canad. J. Genetics Cytol. **1**, 173—181 (1959). — SAUNDERS, J. H.: Heredity **13**, 249—260 (1959). — SCHIEMANN, E.: Studium Berolinense. 845—856. Berlin: de Gruyter & Co. 1960. — SCHMALZ, H.: Züchter **29**, 207—217 (1959). — SCHMIDT, H., u. H. BÖHME: Biol. Zbl. **79**, 423—425 (1960). — SCHÜTT, P., u. H. HATTEMER: Silvae Genetica **8**, 93—99 (1959). — SCHWARTZ, D.: Genetics **45**, 1419—1427 (1960). — SCHWARTZ, L., and S. WEARDEN: Biometrics **15**, 227—235 (1959). — SEN, N. K., and A. S. N. MURTY: Genetics **45**, 1559—1562 (1960). — SEYFFERT, W.: (1) Z. Vererbungslehre **90**, 231—243 (1959); (2) **90**, 356—374 (1959); — (3) Z. Pflanzenzücht. **42**, 356—401 (1960); **44**, 4—29 (1960); — (5) Biometrische Z. **2**, 1—44 (1960). — SHIMOTSUMA, M.: Jap. J. Genet. **35**, 303—312 (1960). — SHIMOTSUMA, M., and Y. OGAWA: Jap. J. Genet. **35**, 143—152 (1960). — SIMMONDS, N. W.: Heredity **14**, 253—261 (1960). — SIMMONDS, N. W., and E. HARRISON: Genetics **44**, 1281—1289 (1959) — SPRAGUE, G. F., W. A. RUSSELL and L. M. PENNY: Genetics **44**, 341—346 (1959). — STEBBINS, G. L.: Cold Spring Harb. Symp. quant. Biol. **23**, 365—378 (1958). — STERN, K.: Silvae Genetica **8**, 37—42 (1959). — STOREY, H. H., and A. K. HOWLAND: Heredity **13**, 61—65 (1959). — STUBBE, H.: (1) Züchter **29**, 1—6 (1959); — (2) Cold Spring Harb. Symp. quant. Biol. **24**, 31—40 (1959); — (3)Kulturpflanze **8**, 5—32 (1960).

TAKAHASHI, R., u. J. HAYASHI: (1) Ber. Ohara Inst. landw. Biol. Okayma Univ. **11**, 132—140 (1959); — (2) Nogaku Kenkyu **46**, 113—119 (1959). — TAKAHASHI, R., A. MOCHIZUKI and J. HAYASHI: Nogaku Kenkyu **47**, 95—104 (1959). — TAKAHASHI, R., u. S. YASUDA: Ber. Ohara Inst. landw. Biol. Okayama Univ. **11**, 365—384 (1960). — TODA, R.: Silvae Genetica **7**, 87—93 (1958). — TODA, R., K. NAKAMURA: and T. SATOO: Silvae Genetica **8**, 43—49 (1959). — TSUCHIYA, T., J. HAGASHI and R. TAKAHASHI: Jap. J. Genet. **35**, 153—160 (1960). — TSUNEWAKI, K.: Jap. J. Genet. **35**, 71—75 (1960). — TURNER, B. L., and R. ALSTON: Amer. J. Bot. **46**, 678—686 (1959).

UNRAU, J.: Canad. J. Plant Sci. **38**, 415—418 (1958).

VAN DER VEEN, J. H.: Genetica **30**, 201—232 (1959); — Heredity **13**, 123—126 (1959); — Genen en Phaenen **5**, 49—52 (1960). — VICKERY, R. K.: Evolution **13**, 300—310 (1959).

WALLACE, M. E.: Heredity **14**, 263—274 (1960); **14**, 275—283 (1960). — WALLACE, R. H., and H. M. HABERMANN: Amer. J. Bot. **46**, 157—162 (1959). — WEBER, E.: Genetics **44**, 1131—1139 (1959); **45**, 449—466 (1960); **45**, 567—572 (1960). — WEYER, J.: Genetica **30**, 70—107 (1959). — WILLIAMS, W.: Nature (Lond.) **184**, 527 (1959); — Heredity **14**, 285—296 (1960); **15**, 327—328 (1960); — Genetics **45**, 1457—1465 (1960). — WILLIAMS, W., and J. S. GALE: Nature (Lond.) **185**, 944—945 (1960). — WILLIAMS, W., and N. GILBERT: Heredity **14**, 133—145 (1960). — WRIGHT, S.: Biometrics **16**, 61—85 (1960).

ZEEUW, D. J. DE, and C. BALLARD: Phytopathology **49**, 332—334 (1959). — ZOHARY, D.: Evolution **13**, 279—280 (1959). — ZOHARY, D., and U. NUR: Evolution **13**, 311—317 (1959).

19. Cytogenetik

Bericht über die Jahre 1957—1960

Von GERHARD RÖBBELEN, Göttingen

Aus vornehmlich methodischen Gründen befaßt sich die cytogenetische Forschung seit jeher fast ausschließlich mit dem Zellkern bzw. den Chromosomen. Die letztjährigen Publikationen aus diesem Arbeitsgebiet konnten unsere Kenntnisse zwar in einigen wichtigen Punkten erweitern, bewegten sich aber im wesentlichen in den im vorigen Bericht angedeuteten Richtungen. Einige zusammenfassende Abhandlungen, in denen viele der neureren cytogenetischen Ergebnisse ausführlicher dargestellt wurden, sind dem Literaturverzeichnis vorangestellt. Das folgende Referat soll sich darum auf die neueren (1957—1960) Bemühungen um die extrachromosomalen Erbträger beschränken, die im Vorjahre aus Platzgründen unberücksichtigt blieben.

3. Extrachromosomale Erbträger

Obgleich die Tatsache einer Plasmavererbung durch reziproke Kreuzung bei zahlreichen Objekten sicher bewiesen wurde [vgl. die Zusammenfassung von GUSTAFSSON u. VON WETTSTEIN, auch HAGEMANN (1)], ist über die zugehörigen cytologischen Vorgänge zur Zeit nicht viel mehr als um die Jahrhundertwende über die entsprechenden Grundlagen der Kernvererbung bekannt. Angesichts der Erfolge, die die cytogenetische Erforschung des Zellkerns mit sich brachte, ist es verwunderlich, daß sich im Falle der Plasmavererbung höherer Pflanzen bis heute nur eine sehr kleine Anzahl von (ausschließlich deutschen) Autoren mit der cytogenetischen Fragestellung befaßt, die im Kreuzungsversuch aufgefundenen, nicht „mendelnden", also extrachromosomalen Erbfaktoren näher zu analysieren und auf bestimmten Struktureinheiten des Cytoplasmas zu lokalisieren. Am häufigsten wurde dieses Problem bei den Plastiden angegangen, bei denen sich Erbversuch und cytologische Analyse methodisch noch am einfachsten kombinieren lassen. Demzufolge hatte RENNER schon 1934 gefordert, die Gesamtheit der in den Plastiden enthaltenen Erbeinheiten einer Zelle als „Plastom" vom „Plasmon" abzutrennen [Näheres über die auch im folgenden verwendete Nomenklatur vgl. bei MICHAELIS (2, 4)]. Theoretisch können als cytologische Einheiten des Plasmons jedoch sämtliche Plasmaorganelle, also auch Mitochondrien, Sphärosomen, „Mikrosomen" u. a. sowie die nicht-partikuläre cytoplasmatische Grundsubstanz in Frage kommen, sofern sie sich identisch reproduzieren können. In jedem Falle ist am plasmatischen Erbgang einer Eigenschaft — anders als bei der Kernvererbung — eine Vielzahl von homologen Erbeinheiten beteiligt. Gleichzeitig fehlt diesen Einheiten bei der Zellteilung ein fester Verteilungsmechanismus, so daß während der Ontogenese eines Individuums jede mitotische Zellteilung — nicht nur wie bei der Kernvererbung eine einzelne meiotische! — eine Umkombination der Erbträger in den Tochterzellen zur Folge haben kann. Hinzu kommt, daß Gestalt und Verhalten aller in Frage kommenden plasmatischen Erbträger in erster Linie aus ihren physiologischen Funktionen verständlich werden und ihre mikroskopisch sichtbaren oder physiko-chemisch meßbaren Veränderungen keine unmittelbaren genetischen Folgen zu haben brauchen. Der methodische Weg einer cytogenetischen Erforschung des Plasmons muß darum wesentlich anders als der sein, den man beim Zellkern anzuwenden gewohnt ist. Es ist das besondere Verdienst von MICHAELIS, in den letzten Jahren die Prinzipien einer cytogenetischen Bearbeitung des Plasmons erstmalig klar herausgestellt zu haben [vgl. die ausgezeichnete Zusammenfassung von MICHAELIS (6)].

Geht man von der Annahme aus, daß eine Änderung des Plasmons — ebenso wie die chromosomaler Faktoren — stets nur zufällig und bei einer einzelnen Erbeinheit auftritt, so hängt die phänotypische Manifestation des mutierten Erbträgers von den Wechselbeziehungen zu den übrigen homologen (und vielleicht auch zu den nicht-homologen) plasmonischen Einheiten der Zelle ab. Nur wenn sich die Mutation einer dieser zahlreichen Einheiten allein manifestieren und zu erkennbaren Abänderungen führen kann, läßt sie sich unmittelbar erfassen [so bei MICHAELIS (2)]. In allen anderen Fällen kann sie erst dann aufgefunden werden, wenn die mutierten Einheiten im Verlauf weiterer Zellteilungen in einer Zelle vermehrt und angereichert werden. Die Zeit bis zum Sichtbarwerden einer solchen Mutation wird insbesondere 1. von der relativen Vermehrungsgeschwindigkeit der mutierten im Vergleich zu den normalen Einheiten, 2. der Art ihrer Verteilung während der Zellteilung und 3. der Anzahl der homologen Erbelemente je Zelle bestimmt. Durch diese Umkombination und Entmischung genetisch verschiedener, homologer Einheiten des Plasmons entstehen während der Ontogenese eines Individuums innerhalb der einzelnen Zellteilungsfolgen typisch verschachtelte Muster aus Zellen mit normalen, mutierten bzw. beiden Arten von Erbträgern. Sofern diese an Stamm oder Blättern der Pflanze z. B. als Farbscheckung oder Formänderung äußerlich sichtbar sind, erlaubt ihre histogenetische Analyse — in gleicher Weise wie bei der Kernvererbung die Analyse von Spaltungszahlen in den Folgegenerationen — Rückschlüsse auf Zahl, Art und Verhalten der beteiligten plasmatischen Erbträger [MICHAELIS (1, 4, 8)].

Eine solche Analyse intraindividueller Zellmuster ist für den Nachweis einer Plasmavererbung mindestens ebenso beweiskräftig wie das Aufzeigen reziproker Differenzen nach Bastardierung. Überdies läßt sie sich auch in den nicht seltenen Fällen durchführen, in denen eine Kreuzung infolge einer frühen Elimination der mutierten Erbträger [STUBBE (1)] oder Sterilität der betreffenden Pflanzen (Lit. bei PANDEY u. BLAYDES) nicht möglich ist. Sie kann bzw. muß sogar in bestimmten Fällen den cytologischen Nachweis einer Plastomabänderung anhand von „Plastiden-Mischzellen" ergänzen oder ersetzen. Derartige Zellen, bei denen ohne vermittelnde Übergänge normale grüne Chloroplasten neben bleichen mutierten in gesetzmäßigen Zahlenverhältnissen vorkommen, wurden neuerdings bei mehreren Objekten überall dort sicher nachgewiesen, wo sie entsprechend dem Scheckungsbild der Pflanzen zu erwarten waren [so bei *Antirrhinum:* WILD; HAGEMANN (3), dort auch ältere Lit., *Epilobium:* MICHAELIS (1, 3, 8), *Lycopersicon:* DÖBEL oder *Oenothera,* hier sogar Zellen mit drei genetisch verschiedenen Plastidentypen: STUBBE (1, 2)]. Im Zusammenhang mit den Ergebnissen der Musteranalyse ist die Existenz eines Plastoms im Sinne von RENNER damit nach langem Zweifeln [vgl. noch VON WETTSTEIN (2)] wohl als hinreichend bewiesen anzusehen.

Heteroplastomatische „Mischzellen" kommen aber nur dann zustande, wenn der Phänotyp jeder Einzelplastide ausschließlich durch die in ihr lokalisierten Erbfaktoren bestimmt wird. Ist ihr Aussehen hingegen von Stoffen abhängig, die durch die ganze Zelle diffundieren können, so können ebenso heteroplastomatische Zellen einheitliche Plastiden [MICHAELIS (1, 2, 3)] wie homoplastomatische Zellen verschieden strukturierte Plastiden („Pseudomischzellen" mit verschiedenen Degenerationsstufen derselben Plastidensorte nebeneinander: DÖBEL) enthalten. Derartige stoffliche Einflüsse können sogar auf andere Zellen übergreifen, so daß bei Bastardschecken von *Oenothera (albicans · velans)* unter einem bestimmten Genom genetisch bleiche *lamarckiana*-Plastiden in allen den Zellen normal ergrünen können, die im Blatt von Gewebeschichten mit mutierten gelbgrünen *suaveolens*-Plastiden über- bzw. unterlagert werden. Besonders bemerkenswert ist, daß diese Wechselwirkung nur quer zur Blattfläche, aber niemals zwischen den in einer Schicht nebeneinanderliegenden Zellen zu beobachten war [STUBBE (2)]. Bei zwei albomaculaten Schecken von *Antirrhinum majus* waren „Mischzellen" nur in jungen Blättern zu finden, weil die anfänglich bleichen Plastiden später im einen Falle weitgehend normal wurden (WILD), im anderen bevorzugt degenerierten und zerfielen [HAGEMANN (3)]. Die genetische Natur einer Plastide ist also nur in bestimmten Fällen aus ihrem cytologischen Bild zu erschließen.

Obwohl sich Plastommutationen relativ häufig erst in einem späteren Stadium der Plastidenentwicklung und Differenzierung manifestieren [MICHAELIS (3); WILD], konnte die Vorstellung von VON WETTSTEIN (1, 2, 3; vgl. Fortschr. Bot. **20**, 254) nicht bestätigt werden, daß bestimmte Arten morphologischer bzw. funktioneller Änderungen der Plastiden eine Lokalisation der zugrunde liegenden Erbänderung erlauben. Denn es fand sich ebenso bei *Epilobium* eine Plastomschecke, bei der die Plastidenentwicklung im Stadium der noch fast ungefärbten Jungplastiden mit wenigen Grana blockiert war [MICHAELIS (3)], wie u. a. bei *Arabidopsis thaliana* [RÖBBELEN (1, 2)] ein genomabhängiger Zerfall anfänglich normal entwickelter Chloroplasten.

Seit längerem sind einige Linien von *Euglena gracilis* bekannt, denen die Fähigkeit, Chloroplasten auszubilden, irreversibel verloren geht, wenn sie bei einer Temperatur von 34—35° C [BRAWERMAN u. CHARGAFF (1, 3)], in Anwesenheit von Streptomycin (DE DEKEN-GRENSON u. MESSIN) oder nach einer UV-Bestrahlung (PRINGSHEIM) kultiviert werden. Werden Zellen aus solchen Kulturen vorzeitig wieder in normale Bedingungen zurückgesetzt, so ist je geringer ihre Teilungsrate, um so höher die Wahrscheinlichkeit, daß in ihnen erneut grüne Chloroplasten entstehen [BRAWERMAN u. CHARGAFF (4)]. Die Milieubedingungen beeinflussen hier offenbar ein besonders empfindliches plasmatisches Erbsystem, dessen Reduplikation vom Wachstum der Zelle als Ganzem unabhängig ist. Es bestimmt die Chloroplastenentwicklung, braucht jedoch nach Ansicht der letztgenannten Autoren nicht unbedingt in den Plastiden selber lokalisiert zu sein; denn die erbtragenden Partikel können sich schon zu Beginn der Erholungsphase erheblich vermehren, während eine Neubildung von Chloroplasten zur gleichen Zeit noch gehemmt zu sein scheint. — Nach Untersuchungen von JAMES u. SPENCER sind ähnliche Differenzen zwischen Zellteilungsrate und Vermehrungsfrequenz der extranucleären Erbpartikel offenbar auch für das Auftreten der bekannten plasmonisch bedingten „petit"-Kolonien von *Saccharomyces cerevisiae* verantwortlich zu machen.

Eine Analyse plasmonisch bedingter Zellmuster setzt voraus, daß es gelingt, an der Pflanze die gesamte Deszendenz veränderter Zellen bis zum Zeitpunkt der Mutation (bzw. Befruchtung) zurückzuverfolgen. Bei *Epilobium hirsutum* hat BARTELS (1, 2, 3) die dazu notwendigen entwicklungsgeschichtlichen Untersuchungen begonnen. Hier finden sich im Vegetationskegel vier subepidermale „Zentralzellen", von denen die gesamte Entwicklung ausgeht. Dementsprechend wurden beim gleichen Objekt apikale Sektorialchimären gefunden, deren Musterung sich an der Pflanze in typischer Weise in vier Quadranten aufteilt, im Falle einer Plastomänderung beispielsweise in einen weißen, einen gescheckten und zwei normal grüne, die aus einer homoplastidisch mutierten, einer ,,Plastiden-Mischzelle'' und zwei Zentralzellen mit normal grünen Plastiden entstanden sein müssen [MICHAELIS (3)]. (Da die Mustergrenzen in dieser Weise stets mit den Grenzen der abgeänderten Zelldeszendenzen zusammenfallen, sei auf den allgemeinen Nutzen dieser Methode, Zellteilungsfolgen mit Mutationen genetisch zu markieren, für die verschiedensten entwicklungsgeschichtlichen Untersuchungen besonders hingewiesen.) Zugleich erklärt sich aus den genannten Befunden die Tatsache, daß die bislang untersuchten 172 Schecken von *Epilobium* fast ausschließlich Sektorialchimären darstellen [MICHAELIS (8)], während sich Plastidenschecken von *Oenothera* im Verlauf ihrer Entwicklung regelmäßig zu Periklinalchimären umwandeln [SCHÖTZ (1); STUBBE (2)]. — Weiterhin wurde bei *Epilobium* die Zahl der Zellteilungsfolgen im Sproß zwischen Zygote und erster Ausbildung einer Geschlechtszelle bestimmt [insgesamt etwa 67 Teilungen, davon 7 im Embryo bis zur Anlage des Vegetationskegels und je 3 zwischen der Anlage von zwei aufeinanderfolgenden Blattwirteln: BARTELS (3)]. Angaben über die Entwicklungsgeschichte der Blätter von *Epilobium*, die für die Untersuchung der aufgezeigten Probleme von besonderem methodischen Wert sind, finden sich bei MICHAELIS (8), während SCHÖTZ (2) entsprechende Untersuchungen an den Keimblättern von *Oenothera* durchführte.

Erstmalig wurde bei *Epilobium* auch die Anzahl der Zellorganelle genauer ermittelt. Dabei ergab sich, daß sich Zellen und Organelle zwar in den Meristemen weitgehend koordiniert teilen, die absoluten Zahlen bei den Plastiden aber während der einzelnen Entwicklungsphasen gesetzmäßigen Schwankungen unterworfen sein können und schließlich bei der somatischen Differenzierung der Zellen gewebespezifisch in mannigfacher Weise abgewandelt werden [MICHAELIS (9)]. Unter demselben Blickwinkel bestimmten STEFFEN u. LANDMANN sowie RICHTER-LANDMANN (1, 2) die Zahl und Verteilung der Proplastiden und Mitochondrien bzw. Sphärosomen in Sperma- und Eizelle von *Impatiens glandulifera* im Verlauf der Befruchtung; über ihre aufschlußreichen Ergebnisse wurde bereits an anderer Stelle berichtet [Fortschr. Bot. **21**, 39; **22**, 10). Für die spermatogenen Zellen von *Fritillaria imperialis* und *Lilium candidum* konnten die Befunde dieser Autoren entgegen älteren Angaben von CHARDARD auch elektronenmikroskopisch im wesentlichen bestätigt werden (BOPP-HASSENKAMP). Der aus genetischen Beobachtungen in manchen Fällen zu fordernde Übertritt von Plastiden (z. B. bei der Entstehung der Bastardschecken von *Oenothera*) bzw. anderen plasmatischen Erbkomponenten (vgl. die Versuche über die Pollensterilität von *Streptocarpus*-Bastarden: OEHLKERS u. EBELL) durch den Pollenschlauch in die Zygote ist damit auch cytologisch hinreichend belegt.

Bei ausreichenden histogenetischen bzw. cytologischen Kenntnissen ist die Zuordnung von extrachromosomalen Erbfaktoren und erbtragenden Plasmastrukturen durch eine „intraindividuelle Musteranalyse" am leichtesten unter der Voraussetzung möglich, daß sich die mutierten Erbträger im Rhythmus der Zellteilungen und ebenso stark vermehren wie die normalen, daß sie in jeder Zellteilung ebenso (zufällig) wie diese verteilt und zwischen zwei Zellteilungen stets wieder vollständig durchmischt werden und daß sie das gleichmäßige, normale Wachstum des betreffenden Organs nicht beeinträchtigen (vgl. Fortschr. Bot. 20, 254). Methodisch geht man bei diesen Untersuchungen so vor, daß man versucht, 1. aus der Anordnung der mutierten Teildeszendenzen des Zellmusters den Ort der Mutation, 2. aus dem Scheckungsmuster die Wirkungsweise der mutierten Erbträger und 3. aus der Zellenzahl des Musters die Zahl der Zellteilungsfolgen zwischen der Mutation und dem erstmaligen Auftreten homoplasmonischer Zellen abzuschätzen [MICHAELIS (2)]. Aus diesen Werten kann man auf die durchschnittliche Zahl homologer Struktureinheiten zurückschließen, deren Entmischung beobachtet wurde. Für *Epilobium* ergab sich auf diese Weise, daß bestimmte Scheckungsmuster auf mutierten Plastiden, hingegen andere, bei denen die Entmischung langsamer vor sich geht, auf Mutation von Plasmaorganellen (Mitochondrien oder Sphärosomen?) beruhen müssen, die in größerer Zahl als die Plastiden in der Zelle vorkommen (MICHAELIS (4)].

Bei zufallsgemäßer Entmischung des Plasmons läuft die Umkombination in mehreren charakteristischen Phasen ab. Während der „Latenzphase" der Entmischung entstehen in der Zelldeszendenz der durch die Mutation (bzw. Befruchtung) heteroplasmonisch gewordenen Zelle neben homoplasmonisch normalen zahlreiche heteroplasmonische Teildeszendenzen. Erst wenn sich in diesen eine ausreichende Zahl von homoplasmonisch mutierten Zellen angereichert hat, wird die Mutation in Form zahlreicher kleinster, einander ähnlicher Flecke sichtbar. Mit fortschreitender Entmischung werden die Flecke größer, wobei neben groben stets auch ganz feine Flecken auftreten. Gegen Ende der Entmischungsphase werden die kleinen Flecken (Neuentmischungen aus heteroplasmonischen Zellen) immer seltener, bis schließlich nur noch die Größe der homoplasmonisch mutierten Areale zunimmt [MICHAELIS (3)].

In entsprechender Weise geben sich Abweichungen von diesem Normalfall durch typisch veränderte Zellmuster zu erkennen [MICHAELIS (8)]. Die Kenntnis der allgemeinen statistischen Gesetzmäßigkeiten ist daher insbesondere auch für die Zellmuster von Bedeutung, die durch (kleinere) plasmatische Erbträger gebildet werden, deren Verhalten nicht mikroskopisch verfolgt werden kann.

Als erstes Beispiel für modifizierte Entmischungsbedingungen seien Untersuchungen an der mütterlich vererbten Abänderung *irregulare* des Bastards *Epilobium hirsutum* × *E. parviflorum* genannt [MICHAELIS (3)]. Diese spaltet während der Ontogenese in gesetzmäßiger Weise eine Reihe weiterer Plasmontypen ab, so z. B. die Formen *diversivirescens* (S. 291), *rhytidiophyllum* (S. 296) u. a. Ein solches Verhalten ist bei der Plastidenvererbung unbekannt, so daß angenommen werden kann, daß das *irregulare*-Merkmal durch das extraplastidale Cytoplasma vererbt wird. Die Entmischungsmuster, die an solchen Blättern entstehen, ähneln aber weitgehend den Scheckungsmustern durch Plastidenentmischung, d. h. denen von relativ wenigen Zellpartikeln. Es ist daher denkbar, daß hier die Entmischungsvorgänge kleinerer Plasmapartikel dadurch behindert sind, daß während der Blattentwicklung mehrere Erbträger vorübergehend zu höheren Einheiten (gleichsam „Koppelungsgruppen") zusammengefaßt werden [MICHAELIS (8)].

Auf eine andere Weise kann das Grundmodell der Plasmon-, speziell der Plastidenentmischung bei Bastardschecken von *Oenothera* abgeändert sein. Aus der Zeit, die in den verschiedenen heteroplastomatischen Kombinationen vergeht, bis an einer Pflanze aus einer Albomaculatio eine Albosectoratio mit scharf begrenzten Sektoren entsteht, ermittelte SCHÖTZ (1), daß sich die verschiedenen Plastidentypen um so schneller (oft schon während der Anlage der ersten Laubblätter) auseinandersortieren, je unterschiedlicher ihre Vermehrungsfrequenz ist („Plastidenkonkurrenz"). Derart unterschiedliche Vermehrungsraten (in Abhängigkeit von der Anzuchttemperatur) wurden von OEHLKERS (vgl. bereits Fortschr. Bot. **20**, 233) auch im Falle des (extraplastidalen) Plasmons für die verschiedenen Erbträger der Blütenschlitzung und Geschlechtsvererbung bei *Streptocarpus* angenommen.

Bei Epilobium wurden schließlich Plasmonmutanten beschrieben, bei denen die plasmatischen Erbeinheiten bei bestimmten Zellteilungen offenbar weitgehend einseitig auf eine Tochterzelle verteilt werden. Plastomschecken, bei denen die mutierten Plastiden in den Blättern anscheinend bei allen periklinen Teilungen bevorzugt in die Außenzelle gelangen, entwickelten sich dadurch zu Periklinalchimären, die in der Regel bei *Epilobium* nicht vorkommen (S. 290). Aus dem gleichen Grunde ist zu vermuten, daß auch bei der Plasmonabänderung *diversivirescens* von Epilobium eine einseitige Verteilung (bzw. mangelhafte Durchmischung) der Erbeinheiten vorliegt [MICHAELIS (8)]. Bei Plastommutanten von *Arabidopsis thaliana* läßt sich an der Art der Scheckung eine durch ähnliche Vorgänge erhöhte Entmischungsgeschwindigkeit der Plastiden erkennen [RÖBBELEN (3)]. Ebenso entstehen charakteristische Veränderungen der Zellmuster immer dann, wenn die Plasmonmutation grundlegende Stoffwechselfunktionen der Zelle beeinträchtigt, so daß die Zellen mit den mutierten Erbträgern vorzeitig aufhören, sich zu teilen. Solche Wachstumsstörungen finden sich nicht selten bei der erwähnten Plasmonabänderung *irregulare* von *Epilobium* [MICHAELIS(5)].

Mit einer Lokalisation der Erbträger ist jedoch erst der Anfang einer genetischen Analyse gemacht. Die Frage nach dem Wesen des Plasmons (z. B. nach Reduplikation, Mutabilität oder Wirkungsweise seiner Erbeinheiten) ist damit noch kaum berührt. Da eine „faktorielle" Analyse des Plasmons nicht wie beim Zellkern durch Rekombinationsversuche möglich ist, kann man hier nur mit vergleichenden Untersuchungen an Mutanten weiterkommen.

STUBBE (4) machte auf die Vorzüge aufmerksam, die der Gattung *Oenothera* als Objekt für derartige Untersuchungen zukommen. Abgesehen von der Komplexheterozygotie, einer guten Kreuzbarkeit auch bei starker Genomverschiedenheit und der Tatsache, daß [anders als z. B. bei *Epilobium:* MICHAELIS (5)] hier auch Plastiden des Vaters vererbt werden, zeichnet sich *Oenothera* insbesondere dadurch aus, daß neben relativ häufigen spontanen „Defektmutationen" zahlreiche, im Verlauf der Artbildung entstandene „Differenzierungsmutationen" des Plastoms

[STUBBE (2)] vorkommen, die sich durch die bekannte Bastardscheckung zu erkennen geben. Die phänotypischen Wirkungen des Plastoms sind daher — vor allem durch die Arbeiten von RENNER u. Mitarb. [vgl. STUBBE (4)] — bei *Oenothera* relativ gut bekannt. Sie betreffen vornehmlich die Struktur und Funktion der Plastiden selber, wie z. B. ihre Ergrünungsfähigkeit oder Vermehrungsgeschwindigkeit (vgl. S. 292); auch die Keimfähigkeit des Pollens bzw. das Wachstum der Pollenschläuche [vgl. die Befunde von SCHWEMMLE (1, 2) und GRESS] sowie die Gestalt der Stärkekörner im Pollen — sämtlich plastomabhängige Merkmale — lassen sich als Folge von Veränderungen deuten, die primär die Plastiden betreffen [STUBBE (3)]. SCHÖTZ [(2, 3); SCHÖTZ u. REICHE] untersuchte in mehreren interessanten Studien Ablauf und Periodizität der Vorgänge, die bei verschiedenen Bastardschecken im Verlauf der Ontogenese zum Ausbleichen der mit dem Zellkern unverträglichen Plastiden führen. STUBBE (3, 4) analysierte an etwa 400 verschiedenen Genom-Plastom-Kombinationen das Zusammenwirken dieser beiden Erbsysteme. Auf Grund der relativen Teilungsfrequenz der Plastiden stellte er einen hypothetischen Stammbaum der Plastome von *Euoenothera* auf, der mit der von CLELAND geforderten phylogenetischen Reihenfolge der Genomdifferenzierung überraschend gut übereinstimmt. — Bei verschiedenen albomaculaten Linien von *Antirrhinum majus* fand WILD ein unterschiedliches Verhalten der erblich verschiedenen Plastiden in Teilreaktionen der Photosynthese.

Entsprechende Untersuchungen über das extraplastidale Plasmon liegen bislang nur bei *Streptocarpus* und *Epilobium* vor, wenn man von den zahlreichen Beispielen absieht, in denen eine plasmonisch bedingte Sterilität konstatiert wurde. Selbst in bezug auf dieses Merkmal kommt aber den Untersuchungen an *Streptocarpus* im vorliegenden Zusammenhang besondere Bedeutung zu, da hier durch umfangreiche Artbastardierungen die Beteiligung verschiedenartiger Plasmonpartikel wahrscheinlich gemacht werden konnte (OEHLKERS u. EBELL). Weitere Plasmonwirkungen bei *Streptocarpus* auf die Geschlechtsbestimmung und Blütenentwicklung wurden bereits erwähnt (S. 292). Auch bei *Epilobium* fanden sich Beispiele für eine Änderung der Dominanz und Manifestation bestimmter Gene wie auch für Wechselwirkungen hinsichtlich der Stabilität bzw. Mutabilität verschiedener genetischer Einheiten unter dem Einfluß eines fremden Genoms [MICHAELIS (5, 7)]. Die Untersuchungen an beiden Objekten sprechen also übereinstimmend dafür, daß die reziproken Unterschiede infolge plasmonischer Differenzen bei intra- wie interspezifischen Bastarden nicht allein durch das Plasmon, sondern vielmehr durch ein gestörtes Gleichgewicht zwischen Kern und Plasma ausgelöst werden. Kerngene und plasmatische Erbträger bilden ein Reaktionssystem, dessen Reaktionspartner normalerweise harmonisch aufeinander abgestimmt sind. Damit ist die Plasmavererbung der Kernvererbung als gleichwertig an die Seite gestellt; sie steht weder in der Mannigfaltigkeit ihrer phänotypischen Wirkungen noch in ihrer phylogenetischen Potenz [vgl. MICHAELIS (5)] dem Chromosomenmechanismus nach.

Allerdings sind Änderungen extrachromosomaler Erbträger bei den meisten Objekten (insbesondere wohl aus methodischen Gründen) relativ selten nachweisbar. So wurden spontane Plastommutationen bei den verschiedensten Pflanzen nur mit einer Häufigkeit von einigen Promille aufgefunden [Lit. bei MICHAELIS (3) oder MALY (1)]. Auch experimentell ließ sich die Mutabilität der Plastiden bislang nur durch Einführung eines geeigneten Kerngens drastisch erhöhen [Lit. bei MALY (1, 3)]. Alle älteren Versuche zur Auslösung von Plasmonmutationen durch energiereiche Strahlen oder mutagene Chemikalien [z. B. bei *Antirrhinum*-Eizellen oder Farnprothallien: MALY (1, 2)] waren erfolglos. Neuerdings jedoch gelang es MICHAELIS (3), bei *Epilobium* durch Behandlung von Samen mit P^{32} und S^{35} die Spontanrate plasmonischer Abänderungen von 0;08% auf 0,77% zu erhöhen. Ebenso konnte RÖBBELEN (3) nach Röntgenbestrahlung von *Arabidopsis*-Samen mit 0,46% eine gesicherte, bis zu 15fache Erhöhung der Anzahl spontaner Plasmon-

(zumeist Plastom-) abweicher erzielen. Sofern sich diese ersten Ergebnisse auch bei anderen Objekten reproduzieren lassen [wobei den erwähnten (S. 291) Besonderheiten der Plasmavererbung Rechnung zu tragen ist], müßte es möglich sein, durch Mutantenvergleich tieferen Einblick in die „faktorielle Konstitution" des Plasmons zu erhalten.

In Anlehnung an ältere Vorstellungen [u. a. MALY (3)] hat MENKE kürzlich ein **Modell der Plastommutation** entwickelt, das auf der Voraussetzung aufbaut, daß bislang eine Steigerung der Plastommutationsrate nur durch bestimmte Kerngene möglich war (vgl. jedoch den vorstehenden Absatz sowie die erwähnten methodischen Schwierigkeiten beim Nachweis von Plasmonmutationen) und kein Fall einer Rückmutation von spontanen Plastommutanten bekannt sei. [Ref. hält allerdings die Auffassung von MICHAELIS (2) für nicht ganz unbegründet, daß eine von diesem beobachtete spontane Grünfleckung inmitten des weißen Areals einer Plastomschecke von Epilobium als Folge einer solchen Rückmutation gedeutet werden kann; ebenso vgl. die Beschreibung solcher Rückmutationen durch IMAI.]

MENKE geht in seiner Hypothese vom Vorgang der „**pänotypischen Beeinflussung der Plastiden durch das Genom**" aus, den man sich wie folgt vorstellen kann: Die genetische Information für die normale Plastidenentwicklung ist primär in der DNS des Zellkerns lokalisiert; sie wird auf hochmolekulare RNS übertragen und wandert mit dieser in die Plastiden, um dort in Gemeinschaft mit anderen Komponenten die Synthese der Plastidenproteine (u. a. Fermente) zu ermöglichen. Auf diesem Wege kann eine strukturelle Veränderung der DNS durch eine Genmutation beispielsweise zur Blockierung eines Ferments führen, das an der Chlorophyllsynthese beteiligt ist. Gelangen die chlorophylldefekten Plastiden jedoch wieder unter das normale Genom zurück, so können sie erneut ergrünen, weil ihnen nun wieder normale RNS aus dem Zellkern zugeleitet wird.

Die **geninduzierte Plastommutation** wird nach der Vorstellung von MENKE in derselben Weise eingeleitet, wie diese reversible phänotypische Plastidenveränderung, nämlich dadurch, daß die Synthese eines bestimmten Strukturelements blockiert wird. Dadurch entstehen im Laufe der folgenden Teilungen Plastiden, die dieses Strukturelement nicht mehr enthalten. Handelt sich dabei um hochmolekulare Verbindungen, zu deren Synthese eine geringe Menge des Endprodukts als Starter notwendig ist (vgl. derartige Systeme z. B. bei der Synthese der DNS: KORNBERG), so ist die Produktion des betreffenden Strukturelements auch dann nicht wieder möglich, wenn die Plastiden unter das normale Genom zurückgelangen.

Als Stütze für seine Vorstellung, daß die Plastommutation durch **Verlust eines Strukturelements der Plastide mit Startereigenschaften** zustande kommt, führt MENKE die Befunde von STUBBE (3) an, nach denen bei *Oenothera* die phänotypischen Wirkungen von „Defektmutationen" nicht wie die von „Differenzierungsmutationen" des Plastoms (z. B. STINSON) durch die Genome anderer *Oenothera*-Arten kompensierbar sind. Auch die erwähnten Versuche mit *Euglena* (S. 289) lassen sich im Sinne der Hypothese von MENKE deuten.

So wenig die veränderten Erbeigenschaften, wie das Beispiel der Plastiden zeigt (S. 289), den mutierten Erbträger kennzeichnen, so wenig läßt sich aus rein morphologischen Untersuchungen über die **strukturelle bzw. substantielle Grundlage der Plasmavererbung** aussagen (vgl. BERNHARD). Die Diskussion zwischen STRUGGER und

HEITZ u. MALY (Fortschr. Bot. **15**, 2) über die morphologische Kontinuität der Plastidengrana, die nach den neueren lichtmikroskopischen [u. a. HAGEMANN (2)] und elektronenoptischen Befunden (vgl. Beitrag A 4 dieser Berichte) wohl negativ zu beantworten ist, war deshalb für die vorliegende genetische Fragestellung nicht entscheidend. Denn eine Persistenz der Grana hätte ebenso von Erbträgern abhängig sein können, die an ganz anderen Stellen, z. B. im Zellkern oder im Plasma lokalisiert sind. Andererseits können die Grana, auch wenn sie in jeder Plastide neu entstehen, zwar nicht als Ganzes Erbeinheiten darstellen, jedoch vielleicht aus Erbträgern aufgebaut sein bzw. solche enthalten. Nach dieser Vorstellung von MICHAELIS (3) ist die genetische Kontinuität eines Erbträgers nicht unbedingt an die morphologische, d. h. mikroskopisch sichtbare Persistenz einer Zellstruktur gebunden (vgl. die dementsprechenden Hinweise auf reversible Aggregationen beim *irregulare*-Komplex von *Epilobium*: S. 292).

Die Frage nach der **chemischen Natur des Plastoms** läßt sich bis heute noch nicht beantworten. Alle Bemühungen, in Analogie zu den Chromosomen auch in den Plastiden DNS als Erbträger nachzuweisen, führten fast ebenso häufig zu positiven (SPIEKERMANN; MOTHES, BÖTTGER u. WOLLGIEHN; STOCKING u. GIFFORD) wie zu negativen Befunden (STÄUBLI; LITTAU; MENKE), wobei Ref. aus methodischen Gründen letzteren größeres Gewicht beimessen möchte. Demgegenüber ist das Vorkommen von RNS mit verschiedenen Methoden wohl sicher genug bewiesen (vgl. LITTAU). Auch kann man aus Chloroplasten mehrere verschiedenartige Ribonucleinsäuren mit unterschiedlicher Nucleotidenanordnung isolieren [BRAWERMAN u. CHARGAFF (1, 2); MENKE] (was die Vorstellung stützen würde, daß jede Plastide mehrere Erbeinheiten enthält). Die Frage, ob die nachgewiesene RNS tatsächlich sowohl Starter als auch Träger der genetischen Information sein kann, läßt MENKE offen.

Auch für das extraplastidale Plasmon ist bislang noch keine substantielle Grundlage sicher erwiesen. Vielleicht ist es naheliegend, an **Mikrosomen als plasmonische Erbträger** zu denken. Denn der RNS-Gehalt dieser Partikel ist nach BONNER gerade so groß, daß in jedem nur die Information für die Synthese von einer Art von Protein oder höchstens von einigen wenigen enthalten sein kann. Es muß demnach im Cytoplasma einer Zelle trotz der morphologischen Einheitlichkeit viele funktionell unterschiedliche Arten von Mikrosomen geben. Allerdings liegen aus Isotopenversuchen Hinweise vor, daß sich die Mikrosomen im Cytoplasma nicht — wie aller Wahrscheinlichkeit nach die Plastiden (vgl. S. 289) — selbst reproduzieren können und daß ihre RNS und vermutlich auch ihr Protein im Zellkern entstehen. Unabhängig davon, ob sie deshalb als eigenständige, extrachromosomale Erbträger in Frage kommen können, wird die Möglichkeit diskutiert, daß (analog zur Plasmon-Umkombination) eine Entmischung der verschiedenen Mikrosomensorten in einer Zelle ein bestimmender **Faktor der Differenzierung** sein könnte (BONNER). Dieser Vorstellung entsprechen Beobachtungen von MICHAELIS u. BARTELS, nach denen bei *Epilobium* durch die Plasmonabänderung *rhytidiophyllum*, die zum *irregulare*-Komplex gehört (S. 291) die verschiedensten Differenzierungsanomalien zustande kommen, beispielsweise eine vollständige Umdetermination einzelner Palisadenzellschichten zu Epidermisgewebe mit typischen Stomata und Trichoblasten inmitten des Blattparenchyms.

Neben allen diesen Hinweisen auf die Beteiligung partikulärer Erbelemente bleibt schließlich die insbesondere bei Mikroorganismen mehrfach erörterte Möglichkeit bestehen, daß eine „Plasmavererbung" auch auf einer identischen Weitergabe von spezifischen Reaktionscyclen nach Art eines Fließgleichgewichts beruhen kann, deren substantielle Reaktionspartner weder durch identische Reduplikation vermehrt werden noch mutabel sind (vgl. CATCHESIDE oder KAPLAN in Fortschr. Bot. 22, 310 f.). Diese Fälle nichtpartikulärer „Erb"-systeme entziehen sich jedoch den heutigen cytogenetischen Methoden und gehören damit vollends dem Gebiet der Entwicklungsphysiologie an.

Literatur

Zusammenfassende Darstellungen

BRESLAVETS, L. P.: Plants and X-rays (engl. Übers. aus d. Russ.: A. H. SPARROW). Washington: Amer. Inst. Biol. Sci., 1960.

CHIARUGI, A.: Tavole cromosomiche delle pteridophyta. Caryologia (Firenze) 13, 27—150 (1960).

HOLLAENDER, A.: (Ed.) Radiation Protection and Recovery. Oxford: Pergamon Press 1960.

JAIN, S. K.: Cytogenetics of rye (*Secale* spp.). Bibliogr. Genet. 19, 1—86 (1960).

MITCHELL, J. S.: The Cell Nucleus. London: Butterworths 1960.

PANITZ, R.: Die cytologischen und genetischen Konsequenzen von Inversionen. Ergebn. Biol. 22, 137—211 (1960).

SHARMA, A. K., and A. SHARMA: Spontaneous and chemically induced chromosome breaks. Intern. Rev. Cytol. 10, 101—136 (1960). — SWANSON, C. P.: Cytologie und Cytogenetik (dtsch. Übers. aus d. Amer.: G. RÖBBELEN). Stuttgart: Fischer 1960. — Symposium on the Effects of Ionizing Radiation on Seeds and their Significance for Crop Improvement. Karlsruhe 8.—12. August 1960. — STUBBE, H. (Ed.): Chemische Mutagenese. Abh. dtsch. Akad. Wiss. Berlin, Kl. Med., Nr. 1, 1960.

Originalarbeiten

BARTELS, F.: (1) Flora (Jena) 149, 206—224 (1960); (2) 149, 225—242 (1960); (3) 150, 552—571 (1961). — BERNHARD, W.: Exp. Cell Res., Suppl. 6, 17—50 (1958). — BONNER, J.: Amer. J. Bot. 46, 58—62 (1959). — BOPP-HASSENKAMP, G.: Z. Naturforsch. 15b, 91—94 (1960). — BRAWERMAN, G., and E. CHARGAFF: (1) Biochim. biophys. Acta 31, 164—171 (1959); (2) 31, 172—177 (1959); (3) 31, 178—186 (1959); (4) 37, 221—229 (1960).

CATCHESIDE, D. G.: Nature (Lond.) 184, 1012—1015 (1959). — CHARDARD, R.: Rev. Cytol. 19, 223—235 (1958). — CLELAND, R. E.: Planta (Berl.) 51, 387—398 (1958).

DEKEN-GRENSON, M. DE, et S. MESSIN: Biochim. biophys. Acta 27, 145—155 (1958). — DÖBEL, P.: Kulturpflanze 7, 168—183 (1959).

GRESS, M.: Biol. Zbl. 78, 871—888 (1959). — GUSTAFSSON, Å., u. D. VON WETTSTEIN: In: Handb. d. Pflanzenzüchtung, 2. Aufl., Bd. 1, S. 648—655. Berlin: Parey 1958.

HAGEMANN, R.: (1) Plasmatische Vererbung. Wittenberg: Ziemsen-Verlag 1959; — (2) Biol. Zbl. 79, 393—411 (1960); — (3) Kulturpflanze 8, 168—184 (1960).

IMAI, Y.: Cytologia Fujii Festschr. 2, 934—947 (1937).

JAMES, A. P., and P. E. SPENCER: Genetics 43, 317—331 (1958).

KORNBERG, A.: Harvey Lect. 53, 83—102 (1959).

LITTAU, V. C.: Amer. J. Bot. 45, 45—53 (1958).

MALY, R.: (1) Z. Vererbungslehre 89, 692—696 (1958); (2) 89, 469—470 (1958); (3) 89, 397—421 (1958). — MENKE, W.: Z. Vererbungslehre 91, 152—157 (1960). —

MICHAELIS, P.: (1) Protoplasma (Wien) **48**, 403—418 (1957); — (2) Planta (Berl.) **50**, 60—106 (1957); (3) **51**, 600—634, 722—756 (1958); — (4) Proc. X. Intern. Congr. Genet., Bd. 1, S. 375—385, 1958; — (5) Biol. Zbl. **77**, 165—196 (1958); — (6) In: Handb. d. Pflanzenzüchtung, 2. Aufl., Bd. 1, S. 140—175. Berlin: Parey 1958; — (7) Exp. Cell Res., Suppl. **6**, 236—251 (1959); — (8) Flora (Jena) 1961 (im Druck); — (9) Manuskript 1961. — MICHAELIS, P., and F. BARTELS: Science **126**, 261—263 (1957). — MOTHES, K., J. BÖTTGER u. R. WOLLGIEHN: Naturwiss. **45**, 316 (1958).

OEHLKERS, F.: Z. Vererbungslehre **88**, 1—20 (1957). — OEHLKERS, F., u. U. EBELL: Z. Vererbungslehre **89**, 559—586 (1958).

PANDEY, K. K., and G. W. BLAYDES: Ohio J. Sci. **57**, 135—147 (1957). — PRINGSHEIM, E. G.: Rev. algolog. **4**, 41—56 (1958).

RENNER, O.: Ber. math.-phys. Kl. Sächs. Akad. Wiss. Leipzig, **86**, 214—266 (1934). — RICHTER-LANDMANN, W.: (1) Naturwiss. **45**, 554—555 (1958); — (2) Planta (Berl.) **53**, 162—177 (1959). — RÖBBELEN, G.: (1) Z. Vererbungslehre **88**, 189—252 (1957); (2) **90**, 503—506 (1959); (3) **92**, 1961 (im Druck).

SCHÖTZ, F.: (1) Planta (Berl.) **51**, 173—185 (1958); (2) **52**, 351—392 (1958); — (3) Photogr. u. Forsch. **8**, 65—72 (1959). — SCHÖTZ, F., u. G. A. REICHE: Z. Naturforsch. **12**b, 757—764 (1957). — SCHWEMMLE, J.: (1) Biol. Zbl. **76**, 443—453 (1957); (2) **76**, 529—549 (1957). — SPIEKERMANN, R.: Protoplasma (Wien) **48**, 303—324 (1957). — STÄUBLI, W.: Diss., TH Zürich 1957. — STEFFEN, K., u. W. LANDMANN: Planta (Berl.) **51**, 30—48 (1958). — STINSON, H. T.: Genetics **45**, 819—838 (1960). — STOCKING, C. R., and E. M. GIFFORD jr.: Res. comm. **1**, 159—164 (1959). — STUBBE, W.: (1) Ber. dtsch. bot. Ges. **70**, 221—226 (1957); — (2) Z. Vererbungslehre **89**, 189—203 (1958); (3) **90**, 288—298 (1959); — (4) Z. Bot. **48**, 191—218 (1960).

WETTSTEIN, D. VON: (1) Exp. Cell Res. **12**, 427—506 (1957). — (2) Hereditas (Lund) **43**, 303—317 (1957); — (3) In: D. RUDNICK (Ed.): Developmental Cytology. New York: Ronald Press 1959. — WILD, A.: Beitr. Biol. Pfl. **35**, 137—175 (1959).

20. Wachstum

Von Jakob Reinert, Berlin

Mit 1 Abbildung

1. Native Auxine und Hemmstoffe

Die Befunde über native Auxine bestätigen die schon aus den letzten Jahren bekannte Situation. Bei fast allen Wuchsstoffanalysen konnten β-Indolylessigsäure (IES) und verwandte Indolderivate nachgewiesen werden, daneben wurden auch Auxine festgestellt, deren Natur nicht eindeutig feststeht.

In Hinsicht auf die Unsicherheit über die Natur des Auxins von Maiskeimlingen (vgl. Fortschr. Bot. **22**, 347) ist es bemerkenswert, daß Turian und Hamilton jetzt über das Vorkommen der IES in Tumoren an Maispflanzen und auch in jungen, normalen Maisstengeln berichteten. In Apfeltrieben und im Fruchtfleisch von Äpfeln konnte von Bargen, ebenfalls im Gegensatz zu älteren Befunden, IES nachweisen. Guern fand in Mistelsamen und Sprossen außer der IES noch einen, allerdings nicht näher bestimmten Ester dieser Säure und Row in Ahornborke und Wucherungen die IES sowie zwei weitere unbekannte Auxine.

Die Resultate einer Untersuchung von Thurmann und Street über die Natur der extrahierbaren Auxine in vitro kultivierter Tomatenwurzeln unterscheiden sich stark von denjenigen anderer Autoren (vgl. Fortschr. Bot. **19**, 345). Sie ermittelten chromatographisch in der Äthylacetat-Fraktion von Methanolextrakten neben dem β-Inhibitor-Komplex zwei Zonen mit wachstumsfördernder Aktivität; eine davon hatte den gleichen R_f-Wert wie die IES, eine zweite enthielt mehrere aktive Substanzen, von denen jedoch keine dem Indolacetonitril (IAN) entsprach. Die wasserlösliche Fraktion der Methanolextrakte lieferte ebenfalls zwei wachstumsfördernde Zonen, von denen eine ziemlich sicher Tryptophan sein dürfte, während die zweite mit höherem R_f-Wert mehrere nicht identifizierte, ninhydrinpositive Substanzen enthielt. Bemerkenswert ist noch der Befund, daß diese wasserlöslichen Auxine bei erneuter Chromatographie nicht austauschbar (interconvertible) waren. Mehrere austauschbare Auxine, die keine Indolreaktion ergaben, sind dagegen von Lahiri und Audus in Äthanolextrakten der Wurzeln von Vicia faba festgestellt worden. In den ätherlöslichen Fraktionen fand sich eine Anzahl weiterer Auxine, davon war eines eindeutig ein Indolderivat. Lahiri und Audus beurteilen diese Resultate recht vorsichtig und schließen das Vorkommen der IES in ihren Extrakten nicht aus, für die Kontrolle des Wurzelwachstums billigen sie ihr aber nur eine untergeordnete Rolle zu.

In diesem Berichtsjahr sind erneut zwei Arbeiten erschienen, die beweisen, mit welcher Vorsicht die Resultate chromatographischer Untersuchungen beurteilt werden müssen; sie betreffen dieses Mal die neutralen Aux ne. LARSEN konnte zeigen, daß die beiden neutralen Auxine Indolacetonitril und Indolacetaldehyd in den am häufigsten benutzten Lösungsmitteln (aliphatischer Alkohol, Ammoniak, Wasser) fast den gleichen R_f-Wert aufweisen. Eine Unterscheidung zwischen den beiden Verbindungen ist deshalb nur dann möglich, wenn die relativ schnell und leicht zu erreichende Umsetzung des Aldehyds zu Säure bzw. seine Bindung an Dimidon oder Sulfite überprüft w rd. Auf Grund dieser Befunde werden chromatographische Resultate in Frage gestellt, bei denen die biologische Aktivität der IAN-Zone ohne weitere Überprüfung als Indicator für das Vorhandensein des Nitrils gewertet worden ist. NITSCH und NITSCH konnten nachweisen, daß bei der Chromatographie von Extrakt- und Kontrollstreifen im gleichen Gefäß synthetische Auxine der Kontroll- auf die Extraktstreifen übertragen werden können. Das gleiche wurde beobachtet, wenn Lösungsmittel zweimal benutzt wurden. Dieser Übertragungseffekt betrifft IAN und den Äthylester der IES; für die IES selbst wurde er nicht beobachtet.

Die Situation bei den natürlich vorkommenden Hemmstoffen ändert sich allmählich dahingehend, daß sich jetzt doch eine breitere Basis zur Beurteilung ihrer Natur und ihres Wirkungsmechanismus ergibt.

Aus verschiedenen Arbeiten über die beiden Hemmstoffe Cumarin und Scopoletin, die offenbar Komponenten des Inhibitor-Komplexes sind (vgl. Fortschr. Bot. 22, 349), ergeben sich einige Anhaltspunkte zu ihrem Wirkungsmechanismus. GANTZER kommt nach einer sehr eingehenden Untersuchung mit Segmenten aus Avenakoleoptilen zu dem Schluß, daß keine direkte Verbindung — z. B. durch Konkurrenz um Wirkungsorte im Plasma, Beeinflussung der Wuchsstoffaufnahme, Bildung eines Hemmstoffes aus Cumarin und Auxin, Umwandlung des Cumarins zur cis-Zimtsäure usw. — zwischen Cumarin- und Auxineffekten beim Wachstum besteht. Er sieht die bekannte, auch in seinen Versuchen beobachtete Wachstumsförderung durch niedrige Cumarinkonzentrationen und die Hemmung bei hoher Konzentration als unspezifische Effekte an, wie sie von Giften bekannt sind. NEUMANN vertritt nach Untersuchungen mit Segmenten aus Sprossen verschiedener Pflanzen einen ähnlichen Standpunkt, d. h. auch er hält eine direkte Verbindung zwischen Cumarin- und Auxinwirkung für ausgeschlossen. Das Cumarin betrachtet er jedoch als ein Auxin. Die wichtigsten Gründe für diesen Standpunkt sind die Beobachtungen, daß Cumarin auch das Wachstum auxinfreier Sproßsegmente fördert und daß nach Vorbehandlung mit Cumarin bei anschließender Übertragung in Lösungen mit optimaler Auxinkonzentration ein Zuwachs erreicht wird, der beträchtlich über dem maximalen Auxineffekt liegt. LIBBERT und LÜBKE fanden bei Versuchen mit Scopoletin Wechselwirkungen zwischen diesem, dem Cumarin verwandten Zimtsäurederivat und der IES im Sinne einer Hemmungsinduktion bzw. Verstärkung bei der Streckung von Triticumkoleoptil-Segmenten. Scopoletin förderte bei geringer Konzentration; bei Zusatz von IES (über 10^{-7} g/ml) ging diese Förderung in eine Hemmung über. Nach den Schlußfolgerungen, die aus diesen und einer Reihe von Ergebnissen früherer Arbeiten gezogen werden, läßt es sich aber nur sehr schwer entscheiden, ob die Wechselwirkungen zwischen Hemmstoff und Auxin im Sinne früherer Vorstellungen LIBBERTs als direkte oder aber als indirekte Beziehung zu verstehen sind.

2. Auxinstoffwechsel

FRANSSON kommt nach Untersuchungen mit Weizenwurzeln zu dem Schluß, daß die freie IES nicht die wuchsstoff-aktive Form für die Zellstreckung sein kann. Diese Hypothese beruht hauptsächlich auf dem Nachweis eines wasserlöslichen IES-Komplexes, bei dem das Auxin vermutlich an ein Peptid gebunden ist. Die physiologische Wirkung des Komplexes wurde bisher jedoch nur bei der Kressekeimung getestet, bei der er eine Hemmung verursacht. Diese Hemmung kann durch Zusatz eines Antiauxins (p-Chlorphenoxyisobuttersäure) aufgehoben und dann durch IES-Gaben wieder hergestellt werden. Nach der Kinetik des Vorganges handelt es sich um einen Austauschprozeß, bei dem sich entsprechend der Bindung von Auxin bzw. von Antiauxin die physiologische Aktivität des Komplexes ändert. Vorläufig bleibt — trotz der recht überzeugenden, theoretischen Beweisführung FRANSSONs — abzuwarten, ob die Beteiligung dieses IES-Komplexes auch für das Streckungswachstum nachgewiesen werden kann.

Ausgehend von sehr umstrittenen Arbeiten LEOPOLDs über die Bindung der IES an Coenzym A (vgl. Fortschr. Bot. **20**, 259), berichtet ZENK jetzt über die Bildung eines Auxin-Co-A-Thioesters in einem Reaktionsgemisch, das als wesentliche Komponenten Auxin, Co-A, Adenosintriphosphat (ATP) und — im Gegensatz zu demjenigen LEOPOLDs — auch noch Oktanoylthiokinase aus tierischen (Kalbsleber) Mitochondrien enthielt. Wesentliche Stützen für die Beweisführung ZENKs sind neben kinetischen Daten der mit großer Wahrscheinlichkeit geführte Beweis, daß Indolacetyl-ATP ein Präkursor des Esters der IES mit dem Coenzym A ist, und die Tatsache, daß nach Addition von Glykokoll-N-Acylase zum Normalgemisch Indolacetylglykokoll gebildet wird. Damit ist nicht nur eine wesentliche Ergänzung zu den bisherigen Befunden über den Auxinstoffwechsel (Konjugation mit Aminosäuren, β-Oxydation der Auxine), sondern auch eine Ausgangsposition zu Untersuchungen über die schon oft diskutierte Rolle von aktivierter IES bei der Zellstreckung gegeben.

ANDREAE u. VAN YSSELSTEIN (1, 2) haben ihre Arbeiten über den Auxinstoffwechsel in Erbsengeweben fortgesetzt. Obwohl sie bei den jetzigen Untersuchungen sowohl Erbsenepikotyle als auch Wurzeln verwendeten, konnten sie nach Zuführung hoher IES-Konzentrationen (bis zu 10^{-4} m) neben dem Abbau eines Teiles des zugeführten Auxins nur das Konjugationsprodukt der IES mit der Asparaginsäure (Indol-3-acetylasparaginsäure), aber keinen Komplex dieses Auxins mit Proteinen feststellen (vgl. Fortschr. Bot. **17**, 701). Da die Bindung der IES an die

Asparaginsäure wesentlich früher einsetzte als der Abbau des Auxins, wird dem Bindungsprozeß und dem damit verbundenen Entzug von freiem Auxin eine wichtigere physiologische Rolle zugeschrieben als dem enzymatischen Abbau. Sehr interessant sind noch einige Beobachtungen über die IES-Aufnahme der Erbsenwurzeln und Epikotyle. Während durch intakte Wurzeln die IES aus Gemischen mit Pufferlösungen schnell aufgenommen und an die Asparaginsäure gebunden wurde, waren abgetrennte Wurzeln erst dazu imstande, wenn die Versuchslösungen auch Rohrzucker und Calcium bzw. andere zweiwertige Ionen enthielten. Die IES-Aufnahme durch die Wurzeln erwies sich weiterhin als ein Cyanid-empfindlicher, aktiver Prozeß, durch den im Gewebe eine Auxinkonzentration erreicht werden kann, die etwa um das Zehnfache über derjenigen der Außenlösung liegt (1). In den Epikotylen der Erbsen waren die Verhältnisse anders, d. h. die IES-Aufnahme wurde weder durch Cyanid noch durch O_2-Entzug gehemmt, und die Endkonzentration im Gewebe entsprach derjenigen in der Außenlösung. Demnach dürften in diesem Falle nur physikalische Faktoren für den Aufnahmeprozeß bestimmend sein (2).

Auch von anderen Autoren liegen jetzt Befunde über Konjugationsprodukte zwischen verschiedenen Indolderivaten und Aminosäuren vor.

KLÄMBT hat die Indolacetylasparaginsäure als native Substanz, d. h. ohne Behandlung der Objekte mit hohen IES-Konzentrationen, in verschiedenen Samen (Gleditschia, Lupinus, Papaver) nachgewiesen. Zu berücksichtigen ist dabei, daß in Samen — wie es sich am Beispiel von Maiskörnern eindeutig gezeigt hat — offenbar eine besondere Art des Auxinstoffwechsels vorherrscht.

In Kartoffelscheiben (BENNET-CLARK und WHEELER) und in Weizenembryonen (KUTÁČEK, ROKOSOVA und RETOWSKY) konnte ebenfalls nach Fütterung mit hohen IES-Konzentrationen die Synthese der Indolacetylasparaginsäure beobachtet werden. In den Kartoffelscheiben lag noch ein weiteres, bis jetzt nicht identifiziertes Umsetzungsprodukt der IES vor. In den Weizenembryonen entstand nach Inkubation mit Tryptophan vermutlich das Malonyltryptophan (vgl. Fortschr. Bot. **20**, 258).

Schon seit einiger Zeit ist eine Reihe von Arbeiten einer tschechischen Gruppe über die Isolierung und die Bildung von Ascorbinogen, ein an Ascorbinsäure gebundenes Indolderivat aus Brassicaceen, erschienen. Mit verbesserten Methoden konnte diese ebenfalls zur Kategorie der gebundenen Auxine gehörende Verbindung in weitgehend gereinigter Form aus Savoy-Kohl isoliert werden (PROCHÁZKA und SEVERA). Die Vorstufe des Ascorbinogens ist nach KUTÁČEK, PROCHÁZKA und GRÜNBERGER das Tryptophan. Bei der Chromatographie von Extrakten aus Preßsäften junger Kohlpflanzen, die mit ^{14}C-markiertem Tryptophan versorgt wurden, fanden sie den größten Teil der Radioaktivität in der Zone des Ascorbinogens und geringere Aktivität in Zonen, die dem Indolylacetonitril, der Indolylbrenztraubensäure und der Indolylcarbonsäure entsprachen. BOSE und GUHA berichteten über den Nachweis des Ascorbinogens in Solanaceen, Cucurbitaceen und Myrtaceen.

3. Auxintransport

Die Situation auf diesem Gebiet ist dadurch gekennzeichnet, daß neuere Gesichtspunkte zum Mechanismus bzw. zur Wirkung von Inhibitoren des Auxintransportes teilweise ausgebaut werden konnten, z. T. aber auch in Frage gestellt werden.

BROWN und WETMORE fanden bei Versuchen mit Segmenten aus Langtrieben von Pinus taeda, daß endogenes Auxin sowohl in Luft als auch in reinem Stickstoff in gleicher Weise und in gleicher Menge basipetal transportiert wird. Im Gegensatz dazu wurde exogen zugeführte IES in weitgehend auxinfreien Pinussegmenten aber nur in Gegenwart von Sauerstoff (Luft) transportiert. Diese Befunde werden — im Gegensatz zu den Schlußfolgerungen, die GREGORY und HANCOCK nach ähnlichen Untersuchungen über den Transport von endogenem Auxin gezogen haben (vgl. Fortschr. Bot. 20, 260) — so gedeutet, daß nicht der Transport des Auxins, sondern seine Aufnahme sauerstoffabhängig ist.

Mit einem anderen Aspekt des Auxintransportes haben sich NIEDER-GANG-KAMIEN und LEOPOLD beschäftigt. Sie beobachteten bei Versuchen mit unterschiedlich chlorierten Phenoxyessigsäuren eine zunehmende Hemmung des Transportes von IES in Segmenten aus Helianthushypokotylen mit steigender Zahl der Chlor-Substituenten am Phenolring; am stärksten hemmten trichlorierte Säuren. Eine Beeinflussung der IES-Aufnahme dürfte bei diesen Versuchen dadurch ausgeschlossen worden sein, daß die IES bzw. die Phenoxysäuren an entgegengesetzten Enden der Segmente zugeführt wurden. Unter Berücksichtigung noch unveröffentlichter Resultate über zunehmende Adsorption von Phenoxysäuren an aktive Kohle mit steigender Zahl der Chlorsubstituenten am Ring wird die von diesen Säuren ausgelöste Hemmung des Auxin-Transportes mit der Verdrängung der IES von einer, für den Transport notwendigen, hypothetischen Zelleinheit erklärt.

Ausgehend von den Beobachtungen KUSEs über die Hemmung des IES-Transportes durch Trijodbenzoesäure ʼ(TIBA, vgl. Fortschr. Bot. 20, 260), stellte LIBBERT in etiolierten Erbsen eine Blockierung des basipetalen Transportes verschiedener Auxine [IES, α-4-Chlorphenoxyisobuttersäure, α-(1-Naphthylmethylsulfid)-propionsäure] und der acropetalen Leitung des extrahierbaren Korrelationshemmstoffes fest; auf die acropetale Leitung von Auxinen und anderen Substanzen im Transpirationsstrom hatte das Benzoesäurederivat jedoch keinen Einfluß. Bei diesen Versuchen war das Austreiben und das Wachstum von Achselknospen an dekapitierten Erbsen und an isolierten Segmenten der Hauptindicator für die Beurteilung der TIBA-Effekte.

VARDAR berichtete ebenfalls über eine ähnliche, aber sehr schwache Hemmung des Transportes von ^{14}C-markierter IES in Stielen von Ipomoea- und Helianthuskotyledonen durch TIBA. Die Radioaktivität lag, bei Zuführung der IES zum Keimblatt über einen TIBA-Ring, der um den Stiel eines Kotyledos gelegt wurde, um 20% höher als in den darunterliegenden Zonen. Da jedoch die Gesamtaktivität der mit TIBA behandelten Pflanzen wesentlich höher war als diejenige der Kontrollen, rechnet VARDAR nicht nur mit einer Blockierung des IES-Transportes durch den Hemmstoff, sondern auch mit einer Beeinflussung des Auxinstoffwechsels. Unter Berücksichtigung der Unsicherheiten, die bei Versuchen mit radioaktiver IES in Rechnung gestellt werden müssen, hält er aber eine Bestätigung und Erweiterung seiner Ergebnisse für notwendig, bevor definitive Schlüsse gezogen werden können.

WICKSON und THIMANN haben den Transport von ^{14}C-markierter IES in Segmenten aus Erbsensprossen verfolgt; dabei wurde stets nur ein relativ geringer Teil des zugeführten Auxins bis zum basalen Segmentende transportiert. In Segmenten aus der apikalen Region war die transportierte Fraktion höher als in älteren Segmenten. Neben dem polaren Transport der IES, der mit der klassischen Agarblock-Methode bestimmt wurde, konnte auch eine acropetale Leitung in den Segmenten und daran befindlichen Knospen beobachtet werden, wenn die Objekte in wäßrigen Auxinlösungen lagen.

4. Streckungswachstum

Der Schwerpunkt liegt hier schon seit einiger Zeit bei der Frage, wie es zu der für das Streckungswachstum notwendigen Veränderung der Wandeigenschaften kommt. Bis jetzt ist es nicht zu entscheiden, ob durch Auxin die Eigenschaften von starren bzw. plastischen Komponenten, die schon in der Wand vorliegen, verändert werden oder ob der Wuchsstoff erst über die gesteigerte Synthese und den Einbau von zusätzlichem Material in die Zellwände wirksam wird.

PRESTON und HEPTON bestätigten an Segmenten aus Avenakoleoptilen erneut die gesteigerte plastische und elastische Dehnbarkeit der Gewebe nach der Einwirkung von IES. Durch Abkühlung der Objekte auf Temperaturen um 0° C ließ sich die Wirkung des Auxins auf die Zellwand aufheben. An diese Ergebnisse, die offenbar als Ausgangsbasis für weitere Untersuchungen dienen sollen, werden theoretische Erörterungen geknüpft, nach denen die Streckung als ein komplexer Vorgang zu betrachten ist, an dem auch Stoffwechselprozesse (Synthese von Wandmaterial) beteiligt sind. Es wird weiterhin angenommen, daß Auxin die Bindung zwischen Protopektin- bzw. Hemicelluloseketten aufhebt, dadurch die Wand auflockert und die Einleitung der Zellstreckung ermöglicht.

Die Bedeutung der nicht-celluloseartigen Polysaccharide für den Mechanismus der Wandstreckung wird auch von anderer Seite nach quantitativen (biochemische Methoden) und qualitativen (cytochemische Methoden) Untersuchungen über die Zusammensetzung der Zellwände in den Wachstumszonen von Zwiebelwurzeln betont (JENSEN und ASHTON; JENSEN). Bei diesen Analysen stellte es sich heraus, daß während des radialen Wachstums der Zellen sämtliche Polysaccharide der Wand — vor allem aber die Pektine und Hemicellulosen — in stärkerem Maße zunahmen, als es auf Grund der Zunahme der Wandfläche erwartet werden konnte. Ein ähnliches Ansteigen der Polysaccharide wurde in der Streckungszone der Wurzel beobachtet, nur verhielt sich dann die Zunahme der Wandfläche direkt proportional zu derjenigen des gesamten Wandmaterials (JENSEN und ASHTON). Wenn den Zellen aus der Strekkungszone in aufeinanderfolgenden Extraktionen Wandmaterial entzogen wurde, so blieben sie unverändert, solange noch die Cellulose und die nichtcelluloseartigen Polysaccharide vorhanden waren. Erst Entzug der letzteren verursachte eine Verkürzung des Zelldurchmessers um 30%, ein Effekt, der nach JENSEN darauf hinweist, daß diese Wandfraktion — neben der Zellulose — die physikalischen Eigenschaften der Zellwände bestimmt. Die Gruppe um BONNER hat ihre Untersuchungen über die Beziehung zwischen Pektinstoffwechsel und Zellstreckung in Geweben von Avenakoleoptilen fortgesetzt. Entsprechend ihren Resultaten wird die Synthese der Wandpektine (wasserlösliche Fraktionen) durch Auxin gefördert. Der Einfluß dieser zusätzlichen Pektine auf die Eigenschaften der Wand (Plastizität und Elastizität) soll aber nur indirekt sein und auf der vermehrten Zahl der freien Carboxylgruppen und deren Bindungsfähigkeit für Kationen beruhen. Bindung von Calcium würde beispielsweise zu einer Verfestigung führen, während diejenige von Kalium den entgegengesetzten Effekt hätte (JANSEN, JANG, ALBERSHEIM u. BONNER; BONNER). Neben den Befunden über die Pektinsynthese wird diese Auffassung noch durch Ergebnisse über die Auxinwirkung auf die Pektinmethylesterase gestützt, nach denen die bisherigen Theorien über die Rolle dieses Enzyms im Stoffwechsel der Zellwand (vgl. Fortschr. Bot. 22, 353) mehr als unwahrscheinlich werden [JANSEN, JANG und BONNER (1, 2)].

Die Richtigkeit der „Calcium-Brücken"-Theorie BENNET-CLARKs (vgl. Fortschr. Bot. 22, 353), nach der Auxin — ähnlich wie Chelatbildner — das in Sprossen wachstumshemmende Calcium aus der Zellwand löst, diese auflockert und dadurch den Streckungsvorgang zumindest teilweise ermöglicht, wird von CLELAND (1) bezweifelt. Er stützt sich dabei auf Untersuchungen über die Bindung und den Austausch von radioaktivem Calcium ($^{45}CaCl_2$) in Segmenten aus Avenakoleoptilen und Maismesokotylen, bei denen sich kein signifikanter Unterschied zwischen sich streckenden, auxinbehandelten Objekten und auxinfreien Kontrollen ergab.

Auch die Beziehung zwischen der Förderung der Pektinmethylierung und derjenigen des Streckungswachstums durch Auxin ist nach CLELAND (2) komplizierter, als das bisher angenommen werden konnte. Er konnte zeigen, daß der Methioninantagonist Äthionin sofort die Pektinmethylierung und die Wachstumsförderung bei Koleoptilsegmenten aufhebt, wenn er Versuchslösungen mit Methionin und Auxin zugesetzt wird; gleichzeitig verlieren die Segmente auch ihre elastische Dehnbarkeit. Ihre Plastizität geht aber erst sehr viel später (3—6 Std) zurück. CLELAND vermutet deshalb eine direkte kausale Relation zwischen dem Methylierungsgrad der Wandpektine und der elastischen Dehnbarkeit der Wände; den zweiten Äthionineffekt (Reduktion der Plastizität) führt er dagegen auf eine Störung der Proteinsynthese und die dadurch verhinderte Bildung eines für die Auxinwirkung notwendigen Enzyms zurück.

In Hinsicht auf die Bedeutung, die der Förderung der Methylierung von Pektinen durch Auxine für die Streckung zugeschrieben wird, ist noch ein weiterer Befund CLELANDs (3) an Maisgeweben zu beachten. Segmente aus Maiskoleoptilen verhalten sich bei Versorgung mit ^{14}C-Methionin und Auxin genauso wie Avenakoleoptilen, d. h. es werden Methylgruppen des Methionins auf die heißwasserlösliche Fraktion der Zellwandpektine übertragen. Das gilt aber nicht für die gleiche Pektinfraktion sich streckender Mesokotylsegmente. Dieser Unterschied im Verhalten der Gewebe wird vorläufig damit erklärt, daß im Mesokotyl ein anderes Substrat die Methylgruppen für die Pektine liefert.

MASUDA (1, 2) hat eine Hypothese über die primäre Auxinwirkung bei der Streckung entwickelt, nach der Auxin durch Vermehrung der RNS in den Plasmagrenzflächen die Bindung des Calciums der Wandpektine an diese Nucleinsäure ermöglicht und damit eine Auflockerung der Wand bewirkt. Begründet wird diese These mit Beobachtungen über Wechselwirkungen zwischen Auxin, der Bindung des basischen Farbstoffes Pyronin B und dem Effekt von Ribonuclease beim Wachstum von Gewebe aus Avenakoleoptilen und früheren Ergebnissen MAHSUDAs über den Einfluß von Auxin auf die Zellpermeabilität und den Ionenaustausch verschiedener Objekte.

5. Gibberelline

Die stetige Zunahme der Befunde über das Vorkommen von gibberellinähnlichen Substanzen in höheren Pflanzen weist darauf hin, daß diese Wachstumsregulatoren — ähnlich wie die Auxine — in den meisten, wenn nicht in allen Cormophyten gebildet werden.

MURAKAMI fand in reifen Samen von 18 verschiedenen Arten (Compositen, Cucurbitaceen, Solanaceen u. a. m.) Gibberelline, deren Konzentration zwischen $0,3-90\ \gamma$ Gibberellin A_1 (G.A$_1$)-Äquivalenten pro 100 g Samengewicht lag. Die höchste Aktivität — zwischen $10-90\ \gamma$ Äquivalenten — wiesen mehrere Convolvulaceen auf, die niedrigste $(0,25\ \gamma$ G.A$_2$-Äquivalente) fand sich bei Samen von Lactuca sativa. Nur in Lycopersicon esculentum, Citrus natsudaidai und Raphanus sativus konnte keine Aktivität nachgewiesen werden. UGOLIK und NITSCH extrahierten Gibberelline aus unreifen Mirabellen und BLUMENTHAL-GOLDSCHMIDT und LANG aus reifen Salatsamen (Lactuca sativa). Das Gibberellin aus den Salatsamen dürfte auf Grund seines Verhaltens im Test mit Maismutanten mit dem Bohnenfaktor II bzw. mit dem Gibberellin A$_5$ identisch sein. Eine Ergänzung zu dem Nachweis von Gibberellinen in Leguminosensamen ergibt sich aus einem Befund CLODEs über die Ausscheidung dieser Substanzen aus keimenden Bohnensamen (Phaseolus vulgaris).

Über den Nachweis von gibberellinähnlichen Substanzen in Blättern und Vegetationspunkten liegen ebenfalls mehrere Veröffentlichungen vor; bei einigen dieser Arbeiten ergaben sich auch Hinweise dafür, daß sich der Gibberellinstoffwechsel während des Wachstums und der Entwicklung verändert. MARGARA und MOREL extrahierten aus Blättern und Sprossen von Beta vulgaris und zwei anderen Beta-Arten im Rosettenstadium, während des Schossens und des Blühens einen gibberellinähnlichen Faktor. LANG untersuchte Blätter und Vegetationspunkte von annuellen Hyoscyamus niger-Pflanzen, die unter Kurz- bzw. unter Langtagbedingungen gehalten wurden. Dabei fand er mehrere Gibberelline, die anscheinend nicht mit G. A_1, A_2 und A_3 identisch sind.

Das Verteilungsmuster und die Menge dieser Gibberelline war in vegetativen primordien- und blütentragenden Pflanzen verschieden. Ähnliche Beobachtungen über das Verteilungsmuster von Gibberellinen machten HARADA und NITSCH bei der Chromatographie von Extrakten aus Sproßspitzen von Langtags- (Rudbeckia spec., WENDEROTH), Kurztags- (Chrysanthemum morif. Ram. Sorte Shasta) und vernalisationsbedürftigen Pflanzen (Chrysanthemum morif. Ram. Sorte Shuokan) unter induktiven und nichtinduktiven Bedingungen.

WHEELER wies einen gibberellinähnlichen Regulator in Kotyledonen und Primärblättern von Buschbohnen (Canadian wonder) nach, der wahrscheinlich mit dem G. A_3 identisch ist. Der maximale Gehalt dieses als Blattwuchsstoff eingeordneten Gibberellins wurde in den Kotyledonen am vierten Tage nach der Keimung und in den Primärblättern nach dem siebten Tage festgestellt, wenn der Zuwachs der Blätter sein Maximum erreichte.

SUMIKI und seine Mitarbeiter (KITAMURA, TAKAHASHI, SETA, KAWARADA und SUMIKI) veröffentlichten jetzt die Strukturformeln für die Gibberelline A_1, A_2 und A_4 (s. Abb. 13). Ein grundsätzlicher Unterschied

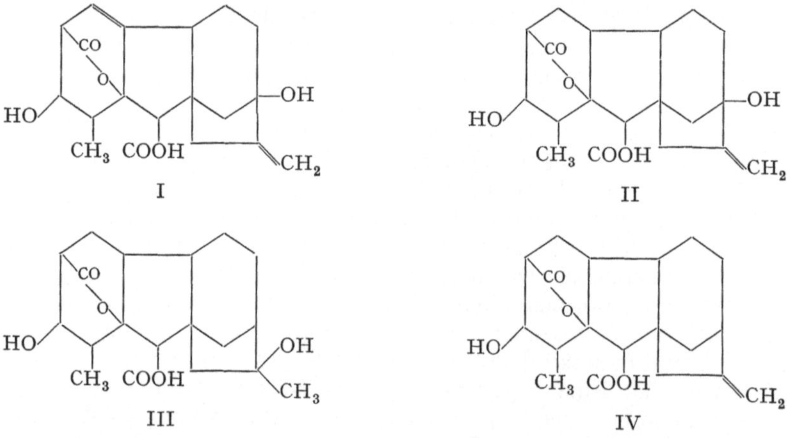

Abb. 13. Struktur der Gibberelline A_3 (I), A_1 (II), A_2 (III) und A_4 (IV). (Nach SUMIKI u. Mitarb.)

zu den letzten Ergebnissen der englischen Gruppe (vgl. Fortschr. Bot. **22**, 355) ergibt sich nur in Hinsicht auf die Position und Orientierung der Lactongruppe im Ring A, d. h. es steht nicht fest, ob es sich bei allen Gibberellinen entweder um einen γ- (BRIAN, GROVE und MACMILLAN) oder einen δ-Lactonring handelt (TAKAHASHI, SETA, KITAMURA und SUMIKI). Mit der Position des Lactonringes würde sich in den ungesättigten Ringen (G A_3 und G A_5) die Lage der Doppelbindung ändern, so daß für G. A_3 nach TAKAHASHI et al. die in Abb. 13 wiedergegebene Formel zutreffend wäre.

In einem neuen quantitativen, chemischen Test zur Bestimmung von G. A_3 in Papierchromatogrammen (PODOJIL und SEVČIK) ist die bekannte blaue Fluorescenz der Gibberellinsäure nach Behandlung mit starken Säuren herangezogen worden. In dem Verfahren, das Bestimmungen bis zu 5 γ G. A_3 mit einer Genauigkeit von 10—15% ermöglicht, wird die blau fluorescierende Fläche im Chromatogramm nach Besprühen mit 3% H_2SO_4 in Methanol gemessen und mit einer Standardkurve verglichen. Ein neuer, einfacher biologischer Test, der sich bis jetzt bei qualitativen Gibberellinbestimmungen in Extrakten und in Papierchromatogrammen bewährt hat, ist von FRANKLAND und WAREING entwickelt worden. Bei dieser Methode werden 2 Tage alte, bei 25° C aufgezogene Keimlinge von Lactuca sativa (Grand Rapids) verwendet. Indicator für den Nachweis der Gibberelline ist die Länge des Hypokotyls nach fünftägigem Wachstum (28° C, Leuchtstoffröhrenlicht). Das Hypokotylwachstum wird nicht durch Indolyl-, Naphthylessigsäure und Saccharose, wohl aber durch pflanzeneigene Hemmstoffe gestört. Mit Hilfe dieses Testes können Gibberelline im Bereich zwischen 0,1—100 mg/l nachgewiesen werden.

Förderungen der Zellteilung und der Zellstreckung durch Gibberelline sind in isolierten Tomaten- (BUTCHER und STREET) und Erbsenwurzeln (PECKETT) festgestellt worden. Bei den Tomatenwurzeln ergaben sich die Förderungen des Wachstums der Hauptwurzeln jedoch nur, wenn die Saccharosekonzentration des Nährmediums unter 1% und diejenige des Gibberellins unter 5 mg/l gehalten wurden. Seitenwurzeln reagierten anders; ihre Bildung und ihr Wachstum wurde auch bei höheren Saccharosekonzentrationen gefördert. Die Wachstumsförderungen bei den Erbsenwurzeln konnten nur bei einer sehr langsam wachsenden Varietät (Winter Maple) von zwei untersuchten beobachtet werden. Auch in diesem Falle mußte die Gibberellinkonzentration unter einem bestimmten Niveau (0,5 mg/l) gehalten werden. Höhere Gibberellinkonzentrationen verursachten — ähnlich wie bei den Tomatenwurzeln — Wachstumshemmungen. BURSTRÖM berichtet ebenfalls über Wachstumsförderungen durch G. A_3 (0,01—0,1 mg/l) bei Weizenwurzeln. Dieser Effekt auf das Wurzelwachstum konnte aber nur dann ermittelt werden, wenn das Wachstum der Wurzeln in Gegenwart von Eisen durch Licht gehemmt wurde. In ihrer Gesamtheit decken sich diese Befunde mit denjenigen aller bisherigen Untersuchungen, bei denen ebenfalls nur unter ganz bestimmten Bedingungen Förderungen des Wurzelwachstums festgestellt werden konnten.

Neben dem Synergismus zwischen Gibberellin und Auxin ist im letzten Jahre in zunehmendem Maße auch ein Antagonismus zwischen diesen beiden Hormongruppen festgestellt worden. Entscheidend dafür, ob Wachstumsförderung oder Hemmungen ausgelöst werden, ist offenbar das Mengenverhältnis Gibberellin/Auxin. So stellten z. B. CLOR, CURRIER und STOCKING, die mit Keimlingen von Phaseolus vulgaris und Gossypium hirsutum arbeiteten, bei Zuführung von Gibberellinsäure (bis zu

100 γ) eine Förderung des Sproßwachstums fest, die durch 2,4 D in Mengen unter 1 γ verstärkt werden konnte. Bei größeren 2,4 D-Mengen ergaben sich aber Wachstumshemmungen, die sich direkt proportional zur Dosis des Auxins verhielten. MAEDA berichtet über ähnliche Ergebnisse in einem Test mit Blattknoten abgeschnittener Reisblätter, bei dem der Winkel zwischen Blattfläche und Blattscheide durch Auxine gesteuert werden kann. Bei niedrigen Auxinkonzentrationen (0,01—5 mg/l) verstärkten Gibberelline (100 mg/l) den Auxineffekt, d. h. der Winkel wurde größer. Sobald aber die eben angegebenen Auxinkonzentrationen überschritten wurden, ergaben sich — bei gleichbleibendem Gibberellinspiegel — antagonistische Wirkungen und der Winkel wurde kleiner.

Ein ähnlicher Antagonismus zwischen Gibberellin und Auxin ist auch in Versuchen mit dekapitierten Erbsen beobachtet worden. Durch Injektion von G. A_3 (100 γ) wird das Streckungswachstum des Stengels der Erbsen beträchtlich gefördert; bei simultaner Einspritzung der gleichen Menge Naphthylessigsäure schlägt die Förderung aber in eine Hemmung um (CHOUARD u. LOURTIOUX). Bei der Bewertung dieses Befundes dürfte allerdings etwas Zurückhaltung angebracht sein. Die verwendete Auxinmenge ist derart hoch, daß sie auch an Sprossen eine Hemmung des Wachstums auslösen kann, die nichts mehr mit einer Verschiebung des Mengenverhältnisses zwischen Gibberellin und Auxin zu tun hat (Ref.).

Der Synergismus zwischen Gibberellin und Auxin ist bekanntlich damit erklärt worden, daß erstere über die Beeinflussung eines dritten Faktors eine Hemmung beseitigen, durch welche die optimale Wirkung des Auxins verhindert wird (vgl. Fortschr. Bot. 22, 356). Eine der Möglichkeiten, die in Zusammenhang mit dieser Arbeitshypothese diskutiert worden ist, wäre ein auxinsparender Effekt der Gibberelline.

Nach Ergebnissen von KÖGL und ELEMA mit Erbsengeweben kann dieser auxinsparende Mechanismus auf der durch Gibberellin gesteigerten Synthese von Inhibitoren (Polyhydroxyzimtsäuren) der IES-Oxydase beruhen. WATANABE und STUTZ vertreten die gleiche Auffassung auf Grund einer von ihnen festgestellten Korrelation zwischen dem Sproßwachstum und der Aktivität der IES-Oxydase in Lupinen, die längere Zeit (31 Tage) mit Gibberellinsäure (5 γ/Tag) behandelt wurden. Mit zunehmendem Wachstum des Sprosses sank die Aktivität der Oxydase. Da eine direkte Hemmung des Enzyms durch das Gibberellin experimentell ausgeschlossen werden konnte, wird auch in diesem Falle eine Förderung der Synthese von Inhibitoren der IES-Oxydase durch das Gibberellin angenommen, aus der dann erst die Wachstumsförderung resultiert. Nach FANG und seinen Mitarbeitern hat der auxinsparende Effekt des Gibberellins — zumindest in Wurzeln von Erbsen und Mais — eine andere Grundlage. Gibberellinsäure steigerte in den Wurzeln sogar in ganz geringem Maße den oxydativen Abbau ^{14}C-markierter IES, sie löste aber eine Hemmung der Bildung von Indolacetylasparaginsäure aus. Dadurch lag der Spiegel des freien Auxins in den mit Gibberellin versorgten Geweben um 15% höher als in den Kontrollen.

6. Kinine[1]

Neben dem Markparenchym aus Tabakstengeln hat sich auch Callusgewebe aus Kotyledonen als günstiges Testmaterial für Kinine erwiesen. Diese Gewebekulturen benötigen zum Wachstum außer Auxin auch noch Kinetin. In einem quantitativen Testverfahren mit diesem Material, das MILLER ausgearbeitet hat, verhielt sich im Bereich von $5000-6000\ \gamma/l$ die Frischgewichtszunahme der Kulturen proportional zum Logarithmus der Kinetinkonzentration. Die Empfindlichkeit des Testes ist — verglichen mit derjenigen anderer biologischer Testverfahren — relativ gering.

In Maisquellwasser (corn steep water) sind zwei neue Kinine nachgewiesen worden. Die beiden Faktoren ermöglichten die Kultur von Geweben aus Xanthium pensylv., nachdem sich Kinetin, Cocosnußmilch, Hefeextrakt und Auxin als ungeeignet erwiesen hatten. Die Aktivität der beiden Zellteilungsfaktoren konnte durch Kinetin und IES in ungewöhnlich hoher Konzentration (2×10^{-5} m bzw. 2×10^{-6} m) noch gesteigert werden (FOX und MILLER).

Von mehreren Seiten ist die Kinetinwirkung auf das Wachstum von Wurzeln untersucht worden, dabei konnten — in Übereinstimmung mit der vorliegenden Literatur — sowohl Hemmungen als auch Förderungen der Zellteilung und Streckung festgestellt werden. Insgesamt zeigen diese Resultate, daß Förderungen des Wurzelwachstums durch Kinetin offenbar von den Versuchsbedingungen und dem physiologischen Zustand der Objekte abhängig sind, Hemmungen dagegen ganz generell bei hohen Kinetinkonzentrationen eintreten. Das Wachstum isolierter, im Dunkeln gezogener Tomatenwurzeln wird z. B. in Nährmedien mit Rohrzuckerkonzentrationen über 3% durch Kinetin (10^{-9} g/ml) gefördert, bei niedrigeren Zuckerkonzentrationen dagegen gehemmt. Die Förderung betrifft dabei die Zellteilung und die Zellstreckung, während die Hemmung sich nur durch eine Reduktion der Zahl der Zellteilungen im Meristem bemerkbar macht (BUTCHER und STREET). Bei isolierten Weizenwurzeln löste Kinetin — allerdings bei höherer Konzentration (10^{-7} g/ml) — im Licht und im Dunkeln nur Wachstumshemmungen aus (BURSTRÖM).

Für Wurzeln intakter Pflanzen liegen ähnliche Ergebnisse vor. FRIES konnte das Wachstum der Seitenwurzeln von Lupinuskeimlingen durch Zugabe von Kinetin (10^{-7} m) bzw. Adenin (10^{-4} m) beträchtlich steigern. Dieser Effekt trat aber nur ein, wenn die Keimlinge im Dunkeln gehalten wurden. Außer dem Kinetin sind aber noch andere Substanzen an der Wachstumsförderung beteiligt, denn die positive Wirkung des Kinetins ließ sich durch Abtrennen der Kotyledonen verhindern. Wachstumshemmungen, die Kinetin und Thiokinetin in Konzentrationen über 10^{-10} m an Zwiebelwurzeln auslösten, die im Licht gehalten wurden (DEYSSON), sind auf Grund eben der erwähnten Ergebnisse verständlich, ohne daß es sich sagen ließe, welche exogenen bzw. endogenen Faktoren neben dem Kinetin bei der Auslösung der Hemmung wirksam werden.

---

[1] Vergleiche auch den Abschnitt „Entwicklungsphysiologie", S. 329.

Zur Frage der Wirkung von Kinetin und Rotlicht auf das Blattwachstum liefern POWELL und GRIFFITH einen Beitrag. Beide Faktoren fördern das Wachstum von Blattscheiben aus den Primärblättern etiolierter Bohnenkeimlinge, durch das Licht wurde aber nur die Zellteilung, durch Kinetin nur die Zellstreckung gefördert. Da bei der Kombination beider Faktoren auch ein additiver Effekt erreicht werden konnte, vertreten POWELL und GRIFFITH die Auffassung, daß Kinetin und Rotlicht unabhängig voneinander das Blattwachstum fördern. HUMPHRIES und WHEELER haben bei Verwendung des gleichen Objektes ebenfalls eine Förderung des Streckungswachstums der Blattzellen durch Kinetin nachgewiesen; außerdem stellten sie aber auch eine Zunahme der Zellteilungen in den Kinetin-behandelten Blattscheiben fest, die im Licht (Fluorescenzlampen) in eine Hemmung umschlug. Auch in diesen beiden Fällen dürften unterschiedliche Versuchsbedingungen dafür verantwortlich sein, daß teilweise gegensätzliche Ergebnisse ermittelt wurden.

Literatur

ALBERSHEIM, P., and J. BONNER: J. biol. Chem. **234**, 3105—3108 (1959). — ANDREAE, W. A., and M. W. H. VAN YSSELSTEIN: (1) Plant Physiol. **35**, 220—224 (1960); (2) **35**, 225—232 (1960).

BARGEN, G. VON: Planta (Berl.) **55**, 112—114 (1960). — BENNET-CLARK, T. A., and A. W. WHEELER: J. exp. Bot. **10**, 468—479 (1959). — BLUMENTHAL-GOLDSCHMIDT, S., and A. LANG: Nature (Lond.) **186**, 815—816 (1960). — BONNER, J.: Beih. Z. Schweiz. Forstv. **30**, 141—159 (1960). — BOSE, S., and B. C. GUHA: Sci. and Culture **25**, 387—388 (1959). — BRIAN, P. W., J. F. GROVE and J. MacMILLAN: Fortschr. Chem. organ. Naturstoffe **18**, 349—433 (1960). — BROWN, C. L., and R. H. WETMORE: Amer. J. Bot. **46**, 586—590 (1959). — BURSTRÖM, H.: Physiol. Plantarum (Copenh.) **13**, 597—615 (1960). — BUTCHER, D. N., and H. E. STREET: (1) J. exp. Bot. **11**, 206—216 (1960); — (2) Physiol. Plantarum (Copenh.) **13**, 468—481 (1960).

CHOUARD, P., et A. LOURTIOUX: Ann. Sci. Univ. Besançon **12**, 89—90 (1958). — CLELAND, R.: (1) Plant Physiol. **35**, 581—584 (1960); (2) **35**, 585—588 (1960); — (3) Nature (Lond.) **185**, 44 (1960). — CLODE, J. J.: Port. Acta biol. A, **6**, 75—76 (1959). CLOR, M. A., H. B. CURRIER and C. R. STOCKING: Bot. Gaz. **120**, 80—87 (1959).

DEYSSON, G.: C. R. Acad. Sci. (Paris) **248**, 1214—1216 (1959).

FANG, S. C., J. B. BOURKE, V. L. STEVENS and J. S. BUTTS: Plant Physiol. **35**, 251—255 (1960). — Fox, E. J., and C. O. MILLER: Plant Physiol. **34**, 577—579 (1959). — FRANKLAND, B., and P. F. WAREING: Nature (Lond.) **185**, 255—256 (1960). — FRANSSON, P.: Physiol. Plantarum (Copenh.) **13**, 398—428 (1960). — FRIES, N.: Physiol. Plantarum (Copenh.) **13**, 468—481 (1960).

GANTZER, E.: Planta (Berl.) **55**, 235—253 (1960). — GUERN, J.: Rev. gén. Bot. **66**, 489—529 (1959).

HARADA, H., and J. P. NITSCH: Plant Physiol. **34**, 409—415 (1959). — HUMPHRIES, E. C., and A. W. WHEELER: J. exp. Bot. **11**, 81—85 (1960).

JANSEN, E. F., R. JANG, P. ALBERSHEIM and J. BONNER: Plant Physiol. **35**, 87—97 (1960). — JANSEN, E. F., R. JANG and J. BONNER: (1) Plant Physiol. **35**, 567—574 (1960); — (2) Food Res. **25**, 64—72 (1960). — JENSEN, W. A.: Amer. J. Bot. **47**, 287—295 (1960). — JENSEN, W. A., and M. ASHTON: Plant Physiol. **35**, 313—323 (1960).

KITAMURA, H., N. TAKAHASHI, Y. SETA, A. KAWARADA and Y. SUMIKI: Bull. agric. chem. Soc. Jap. **23**, 344—346 (1959). — KLÄMBT, H. D.: Naturwiss. **47**, 398 (1960). — KÖGL, F., u. L. ELEMA: Naturwiss. **47**, 90 (1960). — KUTÁČEK, M., Z. PROCHÁZKA and D. GRÜNBERGER: Nature (Lond.) **187**, 61—62 (1960). — KUTÁČEK, M., K. ROKOSÓVA and R. RETOVSKY: Biol. Plant. (Praha) **1**, 54—62 (1959).

LAHIRI, A. N., and L. J. AUDUS: J. exp. Bot. 11, 341—350 (1960). — LANG, A.; Planta (Berl.) 54, 498—504 (1960). — LARSEN, P.: Fourth internatl. Conference on Plant Regulation, Yonkers/N.Y. 1959. — LIBBERT, E.: Planta (Berl.) 53, 612—627 (1959). — LIBBERT, E., u. H. LÜBKE: Flora 149, 97—105 (1960).

MAEDA, E.: Physiol. Plantarum (Copenh.) 13, 214—226 (1960). — MARGARA, J., et G. MOREL: C. R. Acad. Sci. (Paris) 250, 749—751 (1960). — MASUDA, Y.: (1) Physiol. Plantarum (Copenh.) 12, 324—335 (1959); (2) 13, 257—263 (1960). — MILLER, C. O.: Plant Physiol. 35, Suppl. XXVI (1960). — MURAKAMI, Y.: Bot. Mag. (Tokyo) 72, 438—442 (1959).

NEUMANN, J.: Physiol. Plantarum (Copenh.) 13, 328—341 (1960). — NIEDER-GANG-KAMIEN, E., and A. C. LEOPOLD: Physiol. Plantarum (Copenh.) 12, 776—785 (1959). — NITSCH, C., and J. P. NITSCH: Plant Physiol. 35, 450—454 (1960).

PECKETT, R. C.: Nature (Lond.) 185, 114—115 (1960). — PODOJIL, M., and V. SEVIČK: Folia microbiol. (Praha) 5, 192—197 (1960). — POWELL, R. D., and M. M. GRIFFITH: Plant Physiol. 35, 273—275 (1960). — PRESTON, R. D., and J. HEPTON: J. exp. Bot. 11, 13—27 (1960). — PROCHÁZKA, Z., and L. SEVERA: Coll. Czech. chem. Commun. 25, 1100—1103 (1960).

Row, V. V.: Contr. Boyce Thompson Inst. 20, 381—383 (1960).

TAKAHASHI, N., Y. SETA, H. KITAMURA and Y. SUMIKI: Bull. agric. chem. Soc. Jap. 23, 509—524 (1959). — THURMAN, D. A., and H. E. STREET: J. exp. Bot. 11, 188—197 (1960). — TURIAN, G., and R. H. HAMILTON: Biochim. biophys. Acta (Amst.) 41, 148—150 (1960).

UGOLIK, N., et J. P. NITSCH: Bull. Soc. bot. Fr. 106, 446—451 (1960).

VARDAR, Y.: Istanb. Univ. Fen Fak. Mec, Ser. B, 24, 133—145 (1959).

WATANABE, R., and R. E. STUTZ: Plant Physiol. 35, 359—361 (1960). — WHEE-LER, A. W.: J. exp. Bot. 11, 217—226 (1960). — WICKSON, M., and K. V. THI-MANN: Physiol. Plantarum (Copenh.) 13, 539—554 (1960).

ZENK, M. H.: Z. Naturf. 15, 436—441 (1960).

21 a. Entwicklungsphysiologie

(Chemische Regulation der Entwicklung und verwandte Aspekte)

Bericht über die Jahre 1957—1960

Von Anton Lang, Pasadena, Californien (USA)

Mit 6 Abbildungen

1. Einleitung

Der vorliegende Bericht, der die Zeitspanne 1957—1960 umfaßt, beschränkt sich auf solche Untersuchungen, die der chemischen Regulation der Pflanzenentwicklung und einigen nahe verwandten Problemen gelten. Die Beschränkung wurde deshalb gewählt, weil das Gebiet der chemischen Entwicklungsregulation dasjenige ist, wo die größte Anzahl interessanter und für die weitere Experimentalarbeit wichtiger Fortschritte erzielt werden konnte. Einer der interessantesten und wichtigsten unter diesen Fortschritten ist die Entdeckung, oder zum mindesten die Erkenntnis ihrer allgemeinen Bedeutung, von zwei neuen Typen von pflanzlichen Wachstumsregulatoren, einerseits den Gibberellinen, andererseits dem Kinetin und physiologisch ähnlichen Faktoren, den Kininen. Ohne daß durch diese Entwicklung die Bedeutung des klassischen Wuchsstoffs der Pflanzen, des Auxins, sowie der Auxinforschung im geringsten beeinträchtigt wäre, ist es klar geworden, daß Wachstum und Entwicklung von Pflanzen nicht im wesentlichen durch einen einzigen chemischen Schlüsselfaktor bestimmt werden, sondern durch mehrere chemische Faktoren, welche zwar in enger Wechselwirkung mit, aber doch grundsätzlich gleichberechtigt nebeneinander stehen. Eines bleibt allerdings für alle soweit bekannten chemischen Wachstumsregulatoren der Pflanzen, die „alten" wie die „neuen", durchaus charakteristisch. Ihre Wirkung ist nicht auf einen oder wenige, bestimmte Wachstums- und Entwicklungsprozesse beschränkt, sondern sie alle beeinflussen eine große Anzahl von oft anscheinend zusammenhanglosen Einzelprozessen, wie Zellteilung, Zellstreckung, Determinations- und Differenzierungsvorgänge. Die Entwicklung der Pflanze scheint zum mindesten zu einem großen Teil — die Existenz spezifischerer Regulatoren ist damit natürlich keineswegs ausgeschlossen — auf der Cooperation und Interaktion relativ unspezifischer Regulatoren zu beruhen. Skoog u. Mitarb. haben besonders nachdrücklich den Gedanken vorgetragen, daß es vor allem die *Proportion* verschiedener Regulatoren ist, welche den Entwicklungsgang eines Pflanzengewebes oder Organs bestimmt. Wir werden auf diese Frage noch zurückkommen.

Vor der Besprechung der entwicklungsphysiologischen Effekte der „neuen" Regulatoren werden wir eine Reihe von Arbeiten über die Bedeutung der Synthese von Nucleinsäuren bei Differenzierungsprozessen in Pflanzen behandeln, im Anschluß an jene Regulatoren verschiedene andere Untersuchungen über chemische Einflüsse in der Entwicklung von Pflanzen—höheren wie niederen —, welche alle das Eine gemeinsam haben, daß die *Gesamt*entwicklung betroffen ist. Zum Schluß sollen neue Fortschritte in der Kenntnis der Induktion bakterieller Tumoren bei Pflanzen zusammengefaßt werden. Alle anderen Probleme, darunter auch Fälle chemischer Einflüsse auf *einzelne* Entwicklungsprozesse, bleiben für die nächsten Berichte zurückgestellt. Natürlich ist diese Aufteilung des Stoffes nicht als Werturteil gedacht. Auch unter den zurückgestellten Untersuchungen befinden sich mehrere, die, zum mindesten potentiell, von größtem Interesse für die Entwicklungsphysiologie sind. Ein solches Beispiel ist die *in-vitro*-Darstellung des bekannten Hellrot-Dunkelrot-absorbierenden Pigmentes, das an der Regulation so vieler pflanzlicher Wachstums- und Entwicklungprozesse beteiligt ist (BUTLER, NORRIS, SIEGELMAN u. HENDRICKS). Da jedoch dies Pigment primär ein Element der Zellphysiologie ist und da seine Darstellung *in vitro*, jedenfalls im gegenwärtigen Stand, noch keine exakteren Vorstellungen über sein Verhalten und seine Funktion bei der Steuerung bestimmter Entwicklungsprozesse, wie etwa der photoperiodischen Reaktionen, ermöglicht, so brauchen wir uns mit diesen Untersuchungen noch nicht zu beschäftigen. Hingewiesen sei auch auf Untersuchungen über das Synthesevermögen entkernter *Acetabularia*-Pflanzen (Zusammenfassung bei HÄMMERLING, CLAUSS, KECK u. RICHTER), die, obwohl einstweilen hauptsächlich stoffwechselphysiologisch orientiert, Aufschlüsse über die chemischen Funktionen von Kern und Cytoplasma in der Entwicklung versprechen.

Bevor wir auf das eigentliche Thema eingehen, seien einige in der Berichtszeit erschienene Bücher und Sammelarbeiten aufgeführt, die sowohl die chemische Regulation als auch andere Probleme der Entwicklungsphysiologie der Pflanzen betreffen und aus denen der Leser sich über viele Fortschritte auf unserem Gesamtgebiet und seinen gegenwärtigen Stand orientieren kann:

Morphogenese der Pflanzen im allgemeinen: SINNOTT.

Biochemische Probleme der Entwicklung: „Biochemie der Morphogenese" (Hrsg. W. J. NICKERSON; Bd. VI der Veröff. 4. internat. Kongr. Bioch., Wien 1958), London usw.: Pergamon 1959.

Gibberelline: BRIAN a—c; BRIAN, GROVE u. MacMILLAN; PHINNEY u. WEST.

Photoperiodismus im allgemeinen einschließlich verwandter Fragen: «Colloque international sur le thermophotopériodisme» (Parma 1957), Union internat. Sci. biol., Sér. B, Nr. 34 (1959); "Photoperiodism and related phenomena in plants and animals" (Hrsg. R. B. WITHROW), Amer. Assoc. Adv. Sci. Publ. Nr. 55, Washington, D. C. 1959.

Blütenbildung: CHOUARD b (Vernalisation); WELLENSIEK u. DOORENBOS (Photoperiodismus).

Geschlechtsausprägung bei Blütenpflanzen: HESLOP-HARRISON a.

Tumoren bei Pflanzen: BRAUN u. STONIER.

Niedere Pflanzen: JAFFE (Thallophyten); CANTINO u. TURIAN (Phycomyceten); BONNER b, c *(Acrasiales).*

2. Die Bedeutung der Synthese von Nucleinsäuren für Differenzierungsvorgänge bei Pflanzen

In der Biochemie hat sich im Laufe der letzten Jahre die Auffassung entwickelt, daß die Proteinsynthese durch Ribonucleinsäuren (RNS) und die RNS-Synthese ihrerseits durch Desoxyribonucleinsäuren (DNS) — die Träger der genetischen Information der Organismen, der „spezifischen Struktur" im Sinne von KLEBS — kontrolliert wird, wobei jedem spezifischen Protein eine spezifische RNS, jeder spezifischen RNS eine solche DNS entsprechen dürfte. Es ist bereits bekannt, daß Entwicklung und Differenzierung der Organismen vom Auftreten „neuer" Proteine begleitet sind. Bei Pflanzen sind das beste Beispiel die Untersuchungen von R. BROWN u. Mitarb., nach denen die Zellentwicklung in der Wurzelspitze von Veränderungen und dem Auftreten bestimmter enzymatischer Aktivitäten begleitet ist (s. Fortschr. Bot. **19**, 360); einige andere Fälle sollen weiter unten erwähnt werden. Angesichts des Zusammenhanges zwischen Proteinsynthese und RNS ist zu erwarten, daß auch RNS-Synthese, speziell das Auftreten „neuer" Ribonucleinsäuren, bei Differenzierungsprozessen von großer Bedeutung ist. Obzwar noch fragmentarischer Natur, sind auch bei Pflanzen einige Beweise für die Richtigkeit dieser These vorhanden. Sie entstammen dreierlei verschiedenen Angriffen auf dies Problem: 1. Analysen der RNS-Zusammensetzung und RNS-Synthese in sich differenzierenden Pflanzenorganen; 2. Analysen der Wirkung von für NS-Synthese erforderlichen oder daran beteiligten Substanzen auf Differenzierungsprozesse; 3. Analysen der Wirkung von Inhibitoren der NS-Synthese auf Differenzierungsprozesse.

Analysen der Nucleinsäurezusammensetzung sich entwickelnder Pflanzenorgane, nämlich der wachsenden Wurzeln von *Pisum sativum*, werden von BROWN beschrieben. Er fand 1., daß der Gehalt an DNS von der Spitze zur Streckungszone hin leicht ansteigt; 2. daß Protein- und RNS-Gehalt beide stark ansteigen, ihr Verhältnis aber weitgehend konstant bleibt — ein Befund, welcher auf einen engen Zusammenhang zwischen der Synthese der beiden Stoffgruppen hindeutet; 3. daß in der Zusammensetzung der RNS eine regelmäßige Veränderung eintritt, indem sich das Verhältnis zwischen leicht und schwer extrahierbarer RNS mit zunehmender Entfernung von der Spitze zugunsten der letztgenannten verschiebt und, da diese RNS ein wesentlich höheres Purin-/Pyrimidinbasen-Verhältnis aufweist als die leicht extrahierbare, sich auch das soeben genannte Verhältnis zugunsten des Purinanteils ändert.

Das Vorhandensein spezifischer RNS (und spezifischen Proteins) in Regionen aktiver Differenzierung wurde auch bei *Acetabularia* festgestellt. WERZ (a, b) zeigte, daß alle solchen Regionen von kernhaltigen wie kernlosen *Acetabularia-mediterranea*-Pflanzen, wo Wachstum und Organbildung vor sich gehen, wo also Stiele, Haarwirtel oder Hüte angelegt werden, sowohl spezifische, durch ihre Reaktion mit dem Farbstoff Azocarmin-B charakterisierte Proteine als auch eine spezifische, hochpolymere RNS enthalten. Das Erscheinen dieser Stoffe, insbesondere der Proteine, kann den eigentlichen Entwicklungsprozessen eindeutig vorausgehen. Wenn die Pflanzen entkernt oder wenn Wachstum wie Organbildung durch Verdunkelung der Pflanzen gestoppt werden, nimmt der Gehalt an diesen Substanzen ab; in nicht-wachsenden und nicht-regenerierenden Regionen kernhaltiger Pflanzen fehlen dieselben ganz. Verteilung und Verhalten der spezifischen RNS und der spezifischen Proteine sind also der Verteilung und dem Verhalten der morphogenetischen Substanzen (Formbildungsstoffe) von *Acetabularia* sehr ähnlich; es gibt aber noch keinen zwingenden Grund, die RNS oder die Proteine mit diesen Substanzen tatsächlich zu identifizieren. — Die Befunde von WERZ werden durch gewisse Ergebnisse von BRACHET und OLSZEWSKA gestützt. Es zeigte sich, daß die Incorporation von markiertem Adenin und Methionin in das Cytoplasma in der Stielspitze, d. h. der Region des Wachstums und der Organbildung, am intensivsten ist, daß also diese Region durch besonders hohe Kapazität für RNS- und Proteinsynthese ausgezeichnet zu sein scheint. Daß die Proteinzunahme auch in kernlosen *Acetabularia*-Pflanzen der Wachstums- und Entwicklungsleistung weitestgehend parallel geht, hatten auch WERZ u. HÄMMERLING gezeigt.

Ein umfassendes Beispiel für die Wirkung von an der NS-Synthese beteiligten Substanzen auf einen Differenzierungsprozeß bringen Untersuchungen von PAULET u. NITSCH über Sproßregeneration an Scheiben aus den Blättern von *Cardamine pratensis*. Mit einer einzigen Ausnahme, dem Gibberellin (s. unten, S. 327), hatten alle Substanzen, welche diesen Prozeß förderten, irgendeine bekannte Beziehung zur NS-Synthese. Es handelte sich entweder um NS-Bausteine (Purin- und Pyrimidinbasen), oder Vorstufen oder Analoge derselben (Orotsäure, Glycin; Kinetin und ein Analoges, das 6-Succinylaminopurin), oder aber um Stoffe, die an der NS-Synthese beteiligt sind (Niacin, Folsäure). Andere Verbindungen, sogar nahe Analoge wie Alanin und andere Aminosäuren, waren ohne jede Wirkung. Eine Förderung gewisser Entwicklungsprozesse durch Purin- und Pyrimidinbasen sowie Kinetin beschreiben auch BUTENKO sowie ČAJLACHJAN u. BUTENKO und ČAJLACHJAN, BUTENKO u. LJUBARSKAJA bei *in vitro* kultivierten Sproßspitzen verschiedener Pflanzen. Unter anderem riefen diese Substanzen bei *Perilla* und *Soja* die Anlegung von Blütenknospen unter Langtagbedingungen hervor. Förderung der Blütenbildung durch NS-Vorstufen wurde auch bei mehreren anderen Pflanzen beobachtet (*Hyoscyamus niger:* SARKAR; *Vicia faba:* EVANS; Obstbäume: KESSLER, BAK u. COHEN).

Hemmung eines spezifischen Differenzierungsvorganges durch selektive Hemmung von Protein- und RNS-Synthese konnte in sehr schöner Weise bei einem Farngametophyten demonstriert werden. Der Gametophyt vieler Farne macht zunächst ein fädiges Stadium durch (zuweilen Protonema oder Chloronema genannt); das typische, zweidimensionale (flächige) Prothallium entsteht durch longitudinale Teilungen der apikalen oder subapikalen Zelle des fädigen Stadiums. HOTTA u. OSAWA konnten bei *Dryopteris erythrosora* mittels gewisser Aminosäureanalogen sowie 8-Azaguanin, eines Purinanalogen, den Übergang vom fädigen zum flächigen Wachstum verhindern und auch Rückkehr vom flächigen zum fädigen erzwingen. Chemische Analysen (HOTTA u. OSAWA; HOTTA, OSAWA u. SAKAKI) ergaben, daß dem Übergang zum fädigen Wachstum eine starke Protein- und RNS-Vermehrung im Gametophyten voraus- oder doch zum mindesten parallel geht. Durch die Inhibitoren wird auch diese biochemische „Entwicklung" verhindert oder gestoppt; Rückkehr vom flächigen zum fädigen Wuchs ist von einem scharfen Abfall des Protein- und RNS-Gehaltes begleitet. Darüber hinaus ist die Basenzusammensetzung der RNS des Azaguanin-induzierten, sekundären fädigen Stadiums derjenigen des primären sehr ähnlich, während diejenige des flächigen Stadiums deutliche Unterschiede aufweist:

Wuchsform	Adenylsäure	Guanylsäure	Cytidylsäure	Uridylsäure
Fädig primär	1	1,35	0,72	1,23
Flächig	1	1,29	1,05	0,92
Fädig sekundär (Aza- guanin-induziert) .	1	1,35	0,82	1,20

Der Übergang von der fädigen zur flächigen Form ist also offensichtlich mit der Synthese einer „neuen" RNS und, wahrscheinlich in deren Gefolge, von neuem Protein verknüpft; diese Synthesen können durch Azaguanin bzw. gewisse Aminosäurenanaloge selektiv gehemmt werden. Grundsätzlich ganz ähnliche Fälle sind auch bei Blütenpflanzen beschrieben worden. Bei *Streptocarpus wendlandii* konnte Blütenbildung durch Behandlung der Pflanzen mit dem Pyrimidinanalogen 2-Thiouracil — welches an Stelle von Uracil in RNS eingebaut wird, dieselbe jedoch funktionsunfähig macht — selektiv gehemmt werden (HESS a, b); ähnliche Effekte wurden auch bei *Vicia faba* und *Cannabis sativa* erzielt (EVANS bzw. HESLOP-HARRISON b).

Die vorstehenden Beispiele dürften genügen, um den engen Zusammenhang zwischen Differenzierungsvorgängen bei Pflanzen und der Synthese „neuer" Nucleinsäuren, insbesondere RNS, nachdrücklich vor Augen zu führen. Allerdings ist bei der Interpretation der kausalen Zusammenhänge noch Vorsicht geboten. Die Untersuchungen des 1. Typus, d. h. Analysen der NS-Zusammensetzung und -Synthese in sich differenzierenden Pflanzenteilen, lassen keine sichere Entscheidung darüber zu, ob das Auftreten der neuen NS (oder des neuen Proteins) oder aber der Entwicklungsprozeß selbst das primäre Ereignis ist. Selbst wenn die biochemische Änderung der morphologischen vorausgeht, ist ein einwandfreier Schluß nicht möglich, da die morphologischen Änderungen selbstverständlich von Veränderungen im Zellstoffwechsel eingeleitet werden und wir nicht wissen können, ob die Synthese neuer NS oder neuer Proteine wirklich die ersten dieser Stoffwechseländerungen sind. WERZ u. HÄMMERLING argumentieren z. B., daß die Proteinsynthese bei *Acetabularia* durch Wachstum und Entwicklung kontrolliert wird und nicht umgekehrt. Versuche über die Wirkung von an der NS-Synthese beteiligten Substanzen und Versuche mit Inhibitoren der NS-Synthese sind eindeutiger, besonders wenn es — wie bei den obengenannten Beispielen großenteils der Fall — gelingt, den gegebenen Entwicklungsprozeß selektiv, d. h. ohne Beeinflussung anderer Entwicklungs- oder Wachstumsprozesse, zu fördern oder zu hemmen. Jedoch darf auch hier noch nicht gefolgert werden, daß die Synthese der neuen NS (oder des neuen Proteins) das determinierende Ereignis ist, welches die neue Differenzierung in Gang setzt. Einstweilen ist es noch denkbar, daß die neue Synthese nur für die Realisation oder Manifestation eines anderen, des eigentlichen determinierenden Faktors notwendig ist. Der Übergang von der fädigen zur flächigen Form des Farngametophyten läßt sich durch viele andere Faktoren — Licht, Wuchsstoffe, physikalische und chemische Natur des Mediums — beeinflussen; es ist derzeit zum mindesten nicht erwiesen, daß sie alle über die Synthese einer neuen spezifischen RNS wirksam sind. — Über die Bedeutung von DNS bei der Induktion von bakteriellen Tumoren s. S. 340.

3. Die Gibberelline und ihre Wirkung in der Entwicklung der Pflanzen

Die Gibberelline wurden bekanntlich als Produkte bestimmter Rassen des Pilzes *Fusarium moniliforme* (sexuelles Stadium: *Gibberella fujikuroi*) entdeckt; aber in den letzten 4—5 Jahren hat es sich gezeigt, daß sie auch bei höheren Pflanzen weit, höchstwahrscheinlich ganz allgemein verbreitet sind und als *endogene* Wachstumsregulatoren fungieren dürften. Gegenwärtig sind mindestens 5 verschiedene Gibberelline chemisch bekannt, und es gibt zweifellos noch eine ganze Reihe weiterer, die chemisch noch nicht identifiziert sind. Die zuerst erkannte und allgemeinste Gibberellinwirkung besteht in einer Förderung des Sproßwachstums, an welcher eine Förderung der Zellstreckung in entscheidendem Maße beteiligt ist. Später wurden aber auch Wirkungen auf die Zellteilung sowie auf verschiedene Differenzierungsvorgänge entdeckt. Hierher gehören vor allem Wirkungen auf die Zellteilungsaktivität in Sprossen, auf die Blütenbildung und auf Ruhezustände, außerdem auf Fruchtentwicklung und einige andere Vorgänge.

a) Wirkung der Gibberelline auf die Zellteilungstätigkeit in der subapikalen Region von Sproßmeristemen

Gibberellinapplikation löst bei vielen Rosettenpflanzen Sproßstreckung und anschließend oft auch Blütenbildung aus, und zwar auch unter solchen Außenbedingungen, unter denen diese Vorgänge normalerweise überhaupt nicht oder nur mit mehr oder minder großer Verzögerung eintreten (s. unten). Eine cytologische Analyse ergab, daß dieser Effekt, jedenfalls in den früheren Stadien, auf einer starken Förderung der Zellteilungsaktivität beruht, während die Größe der Zellen zunächst nicht beeinflußt wird und gelegentlich sogar etwas reduziert sein kann. Die Wirkung auf die Zellteilung betrifft das eigentliche Spitzenmeristem (das Pro- oder Eumeristem mancher Autoren) gar nicht oder nur in geringem Ausmaße; sie erstreckt sich vor allem auf die darunterliegende, subapikale Region. Während normalerweise bei im Rosettenstadium befindlichen Pflanzen eine Zelle, welche eine bestimmte Strecke hinter das Spitzenmeristem geraten ist, mit der Teilungsaktivität aufhört, setzt sie dieselbe unter dem Einfluß von Gibberellin weiter fort und macht, wie berechnet werden konnte, noch mindestens 3 weitere Teilungen durch. Durch diese zusätzliche Teilungsaktivität entsteht eine subapikale meristematische Region, deren Ausdehnung mit fortschreitender Zeit zu-

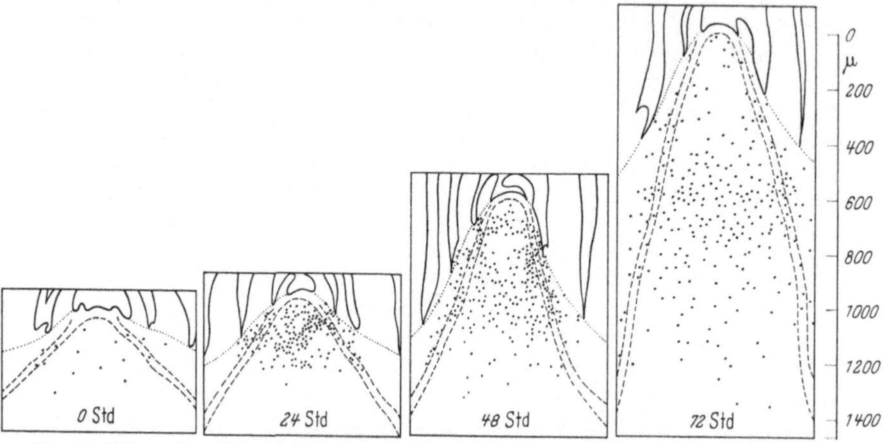

Abb. 14. Wirkung einer Gibberellinbehandlung auf die Zellteilungsaktivität in der subapikalen Region des Sproßspitzenmeristems von *Samolus parviflorus*. Jeder Punkt bedeutet eine mitotische Figur in einer zentralen Gewebescheibe von 64 μ Dicke. GestrichelteLinien = basale Grenze des eigentlichen Spitzenmeristems und Grenzen des prävascularen Gewebes; punktierte Linie = Ansatzlinie der Blätter. Nach SACHS, BRETZ u. LANG a, b

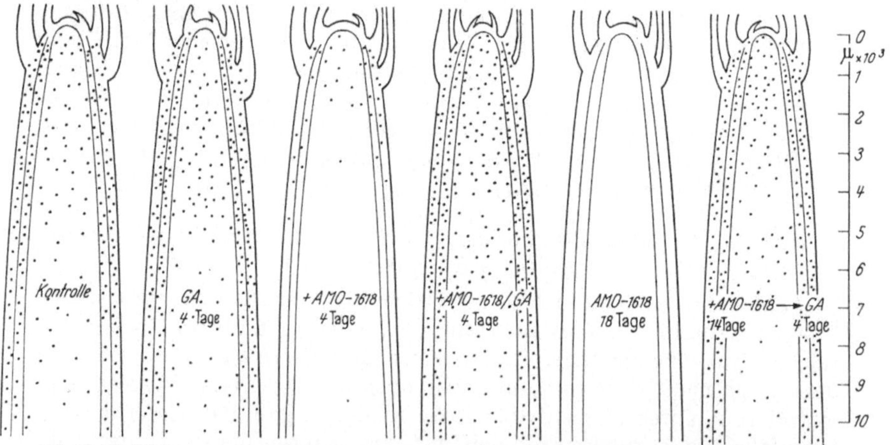

Abb. 15. Die Wirkung von Amo-1618 und von Gibberellin (GA) auf die Zellteilungsaktivität in der subapikalen Region des Sproßspitzenmeristems von *Chrysanthemum morifolium*. Jeder Punkt bedeutet eine mitotische Figur in einer zentralen Gewebescheibe von 60 μ Dicke. Die schwachen Linien geben die basale Grenze des eigentlichen Spitzenmeristems und die Grenzen des Leitgewebes an. Der Übersichtlichkeit halber sind die meisten Blattbasen in den Figuren fortgelassen. Nach SACHS, LANG, BRETZ u. ROACH

nimmt und auf den frühen Stadien genau der Streckung der Sproßachse entspricht (SACHS, BRETZ u. LANG a, b; LANG, SACHS u. BRETZ; siehe Abb. 14).

Bei Pflanzen mit gestreckter Sproßachse hat Gibberellin im allgemeinen keine direkte Wirkung auf die Zellteilungsaktivität. Wie aber bei

Chrysanthemum gezeigt werden konnte, kann die Teilungsaktivität in der subapikalen Region durch Behandlung mit [(4-Oxy-5-isopropyl-2-methylphenyl)trimethylammoniumchlorid]piperidincarboxylat („Amo-1618") in spezifischer Weise gehemmt werden, so daß die Pflanzen einen rosettenartigen Wuchshabitus annehmen; diese Hemmung und dieser „Zwergwuchs" können durch gleichzeitige oder nachträgliche Gibberellinapplikation quantitativ aufgehoben werden (SACHS, LANG, BRETZ u. ROACH; Abb. 15).

Diese Ergebnisse zeigen zweierlei. 1. Die subapikale meristematische Region spielt zum mindesten bei vielen Pflanzen, und zwar sowohl Rosetten- als auch caulescenten Pflanzen, eine spezifische Rolle in der Sproßentwicklung. Während, wie bekannt, das Spitzenmeristem der Sitz der Organisation des Sprosses ist, in welchem die Blattanlagen, die Blattstellung, die Gewebe und das Gewebemuster des Sprosses determiniert werden, und während es auch mittelbar alle Zellen, die den Sproß aufbauen, liefert, ist sein unmittelbarer Beitrag zum Aufbau des Stammes minimal; die Zellen, welche den erwachsenen Stamm aufbauen, werden offenbar durch die Teilungsaktivität der subapikalen Region produziert. Daß sich Zellteilungen im Sproß oft weit hinter den Apex erstrecken, war lange bekannt — seit HARTING 1845 —; die neuen Ergebnisse gestatten es aber, ihre Bedeutung in quantitativer Weise zu erfassen und zu erkennen, daß zwischen der apikalen und der subapikalen Region des Sproßspitzenmeristems eine ziemlich scharfe Arbeitsteilung bestehen kann, indem jene vornehmlich als Organisationszentrum, diese dagegen zur Vermehrung der — determinierten — Zellen dient. — 2. Es ist wahrscheinlich, daß Gibberelline eine spezifische Funktion in der Regulation der subapikalen Zellteilungsaktivität haben. Bei Rosettenpflanzen können sie dabei als limitierender Faktor auftreten; bei Pflanzen mit gestreckten Sprossen scheinen sie normalerweise in nicht-begrenzenden Mengen vorhanden zu sein. Von Interesse ist dabei noch der Umstand, daß sich diese Gibberellinwirkung auf alle Gewebe des jungen Stammes — Rinde, Procambium, präsumptives Mark — erstreckt. Dies beweist, daß die Gibberelline keine Rolle in der Gewebedifferenzierung des Sprosses haben, daß sie aber mit den für die Gewebedifferenzierung verantwortlichen Faktoren in harmonischer Weise zusammenarbeiten.

b) Gibberelline und Blütenbildung

Wie bereits angedeutet, beschränkt sich die Wirkung der Gibberelline bei Rosettenpflanzen oft nicht auf die Auslösung der Sproßstreckung, sondern ist vielfach von Blütenbildung gefolgt. Dies ist bei einer ganzen Anzahl sowohl von kältebedürftigen (winterannuellen und zweijährigen) als auch von Langtags-Rosettenpflanzen festgestellt worden; im Folgenden können wir nur einige charakteristische Beispiele aufzählen (s. auch Abb. 16 und 17):

a) Kältebedürftige Formen: *Arabidopsis thaliana* (winterannuelle Form), *Beta vulgaris* (Zuckerrübe), *Brassica oleracea* (Kopf- und Blätterkohl), *Br. napus*, *Br. rapa*, *Centaurium minus*, *Cichorium endivia* (winterannuelle Form), *Daucus carota*, *Digitalis purpurea*, *Hyoscyamus niger* (zweijährige Form), *Oenothera biennis*, *Petrosilenum crispum*, *Solidago virgaurea* (ČAJLACHJAN a; CARR, McCOMB u. OSBORNE; CHOUARD a; HARRINGTON, RAPPAPORT u. HOOD; LANG a, b; SARKAR; WITTWER u. BUKOVAC).

Abb. 16. Auslösung von Blütenbildung bei *Daucus carota* durch Gibberellin. Links keine Kältebehandlung, kein Gibberellin; rechts Kältebehandlung (kein Gibberellin); Mitte keine Kältebehandlung, 10 µg Gibberellin täglich. Aus LANG

    b) Langtagformen: *Anethum graveolens*, *Arabidopsis thaliana* (sommerannuelle Form), *Brassica juncea*, *Br. pekinensis*, *Cichorium endivia* (sommerannuelle Form), *Crepis leontodontoides, Cr. tectorum, Hyoscyamus niger* (annuelle Form), *Lactuca sativa, La(m)psana communis, Myosurus minimus, Nicotiana sylvestris, Raphanus sativus, Rudbeckia bicolor, R. hirta, Samolus parviflorus, Spinacia oleracea* (BÜNSOW u. HARDER a;

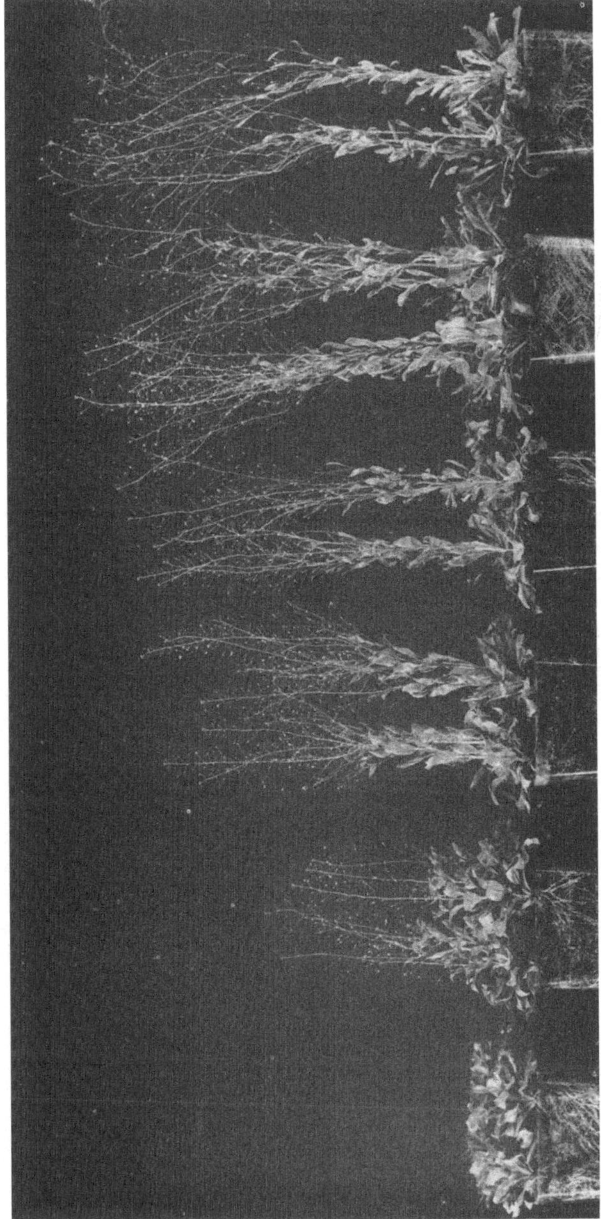

Abb. 17. Auslösung von Blütenbildung bei der Langtagpflanze *Samolus parviflorus* durch Gibberellin. Alle Exemplare in Kurztag. Links Kontrollen; nach rechts fortschreitend: Behandlung mit steigenden Gibberellinmengen (1, 2, 5, 10 und 20 μg täglich). Aus LANG b

Čajlachjan a; Chouard a; Lang b; Langridge; Lona; Lona u. Bocchi; Wittwer u. Bukovac).

Zur Auslösung der Blütenbildung sind im allgemeinen mehrere Applikationen erforderlich, und die notwendige Gibberellinmenge variiert innerhalb weitester Grenzen: von 0,15 µg (*Bryophyllum crenatum* in Kurztag: Penner; s. unten) bis zu 1 g und mehr (*Petrosilenum:* Lang b). Bei vielen kältebedürftigen Pflanzen ist die Behandlung nur dann wirksam, wenn die Temperatur nur wenig oberhalb der Höchstgrenze des thermoinduktiven Bereiches liegt; man kann in solchen Fällen sagen, daß die Behandlung diesen Temperaturbereich etwas nach oben erweitert. In denselben und einigen anderen Fällen kann für maximalen Effekt eine Kombination von Kälte- und Gibberellinbehandlung erforderlich sein (z. B. Gaskill; Weibel).

Bei einer Reihe von kälte- wie langtagbedürftigen Rosettenpflanzen ließ sich Blütenbildung durch Gibberellinbehandlung überhaupt nicht auslösen. In einigen Fällen kam es zum Schossen, aber nicht zur Anlegung von Blüten (z. B. *Lactuca scariola, Mimulus luteus*), in anderen blieben die Pflanzen sogar rosettig *(Geum urbanum, Reseda luteola)* (Chouard a; Lona; Lona u. Bocchi). In manchen Fällen beruht dies negative Ergebnis sicher auf unzureichender Behandlung oder auch darauf, daß die Wirkung schwach und vorübergehender Natur sein kann. So reagieren gewisse Pflanzen nur dann, wenn das Gibberellin durch Injektion verabreicht wird (Chouard); während bei Getreiden nach Gibberellinbehandlung zunächst im allgemeinen keine Blühförderung gefunden wurde, zeigte es sich bei Analyse relativ kurze Zeit nach Behandlung, daß die Versuchspflanzen hinsichtlich der Blühentwicklung einen deutlichen Vorsprung gegenüber den Kontrollen aufwiesen (James u. Lund). Schließlich ist es denkbar, daß manche negativen Ergebnisse auf Verwendung eines „falschen" Gibberellins beruhen. Von den bekannten Gibberellinen wirkt das Gibberellin A_3 (die Gibberellinsäure) bei den meisten untersuchten Pflanzen auf das Längenwachstum am stärksten; bei den Cucurbitaceen ist es aber das Gibberellin A_4 (Halevy u. Cathey), und ähnliche Art- oder Gruppenspezifitäten könnte es auch in der Wirkung auf Blütenbildung geben. Dennoch läßt sich gegenwärtig durchaus nicht behaupten, daß die blühauslösende und -fördernde Wirkung des Gibberellins bei kälte- und tageslängenbedürftigen Rosettenpflanzen völlig ubiquitärer Natur wäre. Es besteht aber keine Frage, daß die Gibberelline die ersten Substanzen sind, welche bei zahlreichen Pflanzen — und zwar bei Pflanzen, die ganz bestimmten physiologischen Typen angehören — Blütenbildung unter nicht-induktiven Temperatur- oder Tageslängenbedingungen auszulösen oder stark zu fördern vermögen.

Bei Kurztagpflanzen ist es in keinem einzigen Falle einwandfrei gelungen, durch Gibberellinbehandlung Blütenbildung unter ausgesprochenen Langtagbedingungen hervorzurufen (z. B. Čajlachjan a, b; Lang b; Lona). Bei Behandlung unter Kurztagbedingungen war die Blühreaktion in einigen Fällen mehr oder weniger verstärkt (z. B. *Xanthium, Pharbitis, Perilla:* Greulach u. Haesloop; Lincoln u. Hamner; Ogawa u. Imamura; Razumov), in anderen aber ausgesprochen gehemmt (*Kalan-*

choe blossfeldiana, Fragaria ananassa: HARDER u. BÜNSOW; THOMPSON u. GUTTRIDGE). Allerdings ist es ungewiß, ob dies gegensätzliche Verhalten grundsätzlicher Natur ist, da es offenbar von der Stärke der Induktionsbehandlung abhängen kann. Bei *Kalanchoe* war bei optimaler Kurztagsinduktion die Blühreaktion durch Gibberellinbehandlung verstärkt, bei suboptimaler aber gehemmt (SCHMALZ).

Am gegensätzlichen Verhalten von Lang- und Kurztagpflanzen besteht hingegen kein Zweifel. Aus diesem Grunde sind Versuche an Lang-Kurztagpflanzen von besonderem Interesse. Es zeigte sich, daß bei diesen Pflanzen (*Bryophyllum*-Arten: BÜNSOW u. HARDER b; HARDER u. BÜNSOW; PENNER) Gibberellinbehandlung den Langtagteil der Induktion ersetzen kann; den Kurztagteil ersetzt sie nicht, kann aber die Wirksamkeit der Kurztagbehandlung erhöhen.

Es ergibt sich somit ein recht einheitliches Bild: Gibberelline können, zum mindesten in vielen Fällen, Kälte- und Langtagswirkung, aber nicht die Wirkung von Kurztag „ersetzen". Da, wie kurz erwähnt, Gibberelline bei höheren Pflanzen allgemein verbreitet zu sein scheinen, erhebt sich die Frage, ob sie eine Bedeutung in der endogenen Regulation der Blütenbildung haben und worin diese Bedeutung besteht. Es ist mehrfach gelungen, Blütenbildung mit Hilfe von Präparaten auszulösen, welche Gibberelline von höheren Pflanzen enthielten; in einigen Fällen stammten diese Präparate aus denselben Pflanzen, welche auf diese Weise zur reproduktiven Entwicklung veranlaßt wurden (BÜNSOW, PENNER u. HARDER; ČAJLACHJAN u. LOŽNIKOVA; HARADA; HARADA u. NITSCH a; LANG, SANDOVAL u. BEDRI). In Pflanzen, die durch Kälte- oder Langtagbehandlung zur Blütenbildung induziert worden waren, konnten quantitative und auch qualitative Veränderungen im Gibberellingehalt festgestellt werden (HARADA u. NITSCH b; LANG c). Diese Ergebnisse zeigen, daß endogene Gibberelline die Fähigkeit haben, Blütenbildung hervorzurufen, und daß sie im Zusammenhang mit dem Übergang zur Blütenbildung Veränderungen in der Pflanze erfahren.

Dennoch ist es aus verschiedenen Gründen unwahrscheinlich, daß die Gibberelline in der Blütenbildung eine direkte Rolle spielen. Wir nehmen an, daß die Blütenbildung durch hormonartige Stoffe, sog. Blühhormone, ausgelöst wird. Aus Pfropfversuchen wissen wir, daß die Blühhormone der Lang- und Kurztagspflanzen identisch, die Blühhormone, deren Entstehung photoperiodisch, und diejenigen, deren Entstehung durch tiefe Temperaturen kontrolliert wird, dagegen nicht identisch sein dürften. Gibberelline können jedoch für Kälte- und Langtags-, aber nicht für Kurztagswirkung eintreten. Sie können also sicher nicht mit dem photoperiodisch kontrollierten Blühhormon, dem „Florigen" ČAJLACHJANs, identifiziert werden. Eine Identifizierung mit dem kältekontrollierten Hormon, MELCHERSs „Vernalin", ist eher denkbar, aus verschiedenen Gründen aber ebenfalls nicht wahrscheinlich. Es scheint eher, daß Gibberelline bei zahlreichen — aber nicht notwendigerweise bei sämtlichen — kälte- und langtagabhängigen Pflanzen einen Faktor darstellen, welcher die Produktion von Blühhormonen limitieren kann.

In diesem Zusammenhang ist eine andere Tatsache von Interesse. Wie wir sahen, löst appliziertes Gibberellin bei Kurztagpflanzen in Langtagbedingungen keine Blütenbildung aus. Kurztagpflanzen sind im Gegensatz zu den meisten kältebedürftigen und Langtagpflanzen keine Rosettenpflanzen. Bei jenen kältebedürftigen und Langtagpflanzen, die auch im vegetativen Zustande gestreckte Sprosse haben, ist Gibberellinbehandlung auf Blütenbildung ebenfalls ohne entscheidenden Einfluß (Arten von *Calamintha, Circaea* und *Urtica:* CHOUARD, LONA), und dasselbe gilt für solche Rosettenpflanzen, bei welchen sich die Primärachse niemals streckt und welche ihre Blüten an Seitensprossen tragen (*Geum urbanum, Plantago major:* CHOUARD; LANG unveröff.). Die Gibberelline scheinen demnach primär die Sproßstreckung und die Blütenbildung nur sekundär auszulösen. Bei Pflanzen, bei welchen die Sproßstreckung nicht blockiert ist, und ebenso bei solchen, bei denen sie wohl blockiert ist, durch Gibberellinzufuhr aber nicht enthemmt werden kann, ist Gibberellinbehandlung auf die Blühauslösung ohne qualitative Wirkung. Daß die primäre Gibberellinwirkung das Sproßwachstum betrifft, stimmt natürlich mit den schon besprochenen Befunden über den Einfluß von Gibberellinen auf die Zellteilungsaktivität in der subapikalen Region des Sproßspitzenmeristems überein und wird ferner gestützt durch die Tatsache, daß in den meisten — wenn auch nicht allen — Fällen die gibberellininduzierte Blütenanlegung bei Rosettenpflanzen der Sproßstreckung deutlich nachhinkt, während bei Einwirkung von Kälte oder Langtag beide Vorgänge fast gleichzeitig einsetzen.

c) Einfluß der Gibberelline auf Eintritt und Aufhebung von Ruhezuständen

Eine andere, weit verbreitete Wirkung applizierter Gibberelline ist einerseits die Auslösung von Keimung oder Wachstum bei ruhenden Samen bzw. Knospen, andererseits die Verhinderung des Eintrittes des Ruhezustandes bei diesen Organen. Was Samen anbetrifft, so wurde Überwindung von Ruhezuständen sowohl bei positiv photoblastischen (lichtbedürftigen) Formen gefunden, als auch bei solchen, die normalerweise entweder unter dem Einfluß tiefer Temperaturen (Stratifikation) oder auch spontan, im Laufe trockener Lagerung, nachreifen müssen. Beispiele für jene sind Salat (EVENARI, NEUMANN, BLUMENTHAL-GOLDSCHMIDT, MAYER u. POLJAKOFF-MAYER; KAHN; KAHN, GOSS u. SMITH), *Lactuca scariola* (LONA b) und *Arabidopsis thaliana* (KRIBBEN); in manchen Fällen war das Gibberellin in vollständiger Dunkelheit unwirksam, setzte aber den für Keimung notwendigen Lichtbedarf stark herab (*Kalanchoe blossfeldiana:* BÜNSOW u. v. BREDOW; *Begonia evansiana:* NAGAO, ESASHI, TANAKA, KUMAGAI u. FUKUMOTO). Unter kältebedürftigen Samen löste Gibberellin Keimung bei zahlreichen Unkräutern und Ruderalpflanzen sowie verschiedenen arktischen Formen aus, ebenso bei frisch geerntetem Getreide, Gräsern sowie verschiedenen Gemüseformen (z. B. CORNS; FISCHNICH, THIELEBEIN u. GRAHL; KALLIO u. PIIROINEN; KOSIKOVA; NAKAMURA, WATANABE u. ICHIHARA; RENARD; WIBERG u. KOLK); allerdings war es bei vielen anderen, darunter auch Arten derselben Gattungen oder Gattungen derselben Familien, unwirksam. Verhinderung der Ausbildung eines Ruhezustandes durch Gibberellinzufuhr während der Samenreife wurde bei *Avena fatua* erzielt (BLACK u. NAYLOR)[1].

Verhinderung oder Hinauszögerung des Eintrittes von Ruhezuständen einerseits, ihre Überwindung andererseits unter dem Einfluß von Gibberellinzufuhr bei Knospen wurde bei Kartoffeln (LAWRENCE, RAPPAPORT u. TIMM; RAPPAPORT, LAWRENCE u. TIMM) und bei einer ganzen Reihe von Holzpflanzen, darunter *Fagus sylvatica*, *Betula*-Arten, verschiedenen Ziergehölzen, *Citrus*-Arten und *Camellia japonica* gefunden, unter den letztgenannten in manchen Fällen beide Wirkungen, in anderen nur die eine oder die andere (BRIAN, PETTY u. RICHMOND a; COOPER u. PEYNADO; LOCKHART u. BONNER; LONA u. BORGHI; McVEY u. WITTWER; NITSCH u. NITSCH). Während der Eintritt der Ruhe bei Holzpflanzen ganz allgemein durch Kurztag induziert wird, kann ihre Beendigung, je nach Species, entweder Langtag oder Kälte erfordern. Gibberellin kann aber interessanterweise bei beiden Typen ruhebrechend wirken.

Die physiologische Bedeutung dieser Ergebnisse läßt sich noch nicht vollständig überblicken. Viele von ihnen werden durch einen Umstand beeinträchtigt, welcher bei Untersuchungen über Ruhezustände leider nur allzu üblich ist: es wurde nicht festgestellt, in welcher Art der Ruhe sich das untersuchte Material befand. Im allgemeinen scheint es, daß eindeutige, ruhebrechende Gibberellinwirkung in solchen Fällen gefunden wurde, wo sich das betreffende Organ nicht in absoluter („echter") Wachstumsruhe befand, sondern entweder in relativer (im Sinne von BORRISS 1940) oder sogar in rein aufgezwungener, d. h. wo es entweder noch zu einer gewissen, wenn auch beschränkten Wachstumsaktivität befähigt war oder aber ausschließlich durch für aktives Wachstum ungünstige Außenbedingungen in Ruhe gehalten wurde. Bei Samen, die sich offenbar in absoluter Ruhe befanden, wie gewissen Kern- und Steinobstsamen, konnte Gibberellinbehandlung zwar die Keimung fördern, aber die Sämlinge wiesen den bei diesen Pflanzen für Sämlinge aus nicht nachgereiften Embryonen typischen Zwerghabitus auf (FOGLE; MES). Auch bei augenscheinlich in absoluter Ruhe befindlichen Knospen scheint Gibberellinbehandlung allein nicht zur Auslösung des Wachstums auszureichen (*Prunus persica*, *Salix caprea*: DONOHO u. WALKER; WALKER u. DONOHO; MONTALDI u. RESNIK; u. a.). In beiden Fällen, also bei Samen wie bei Knospen, ließ sich aber normales Wachstum erzielen, wenn die Gibberellinbehandlung mit einer partiellen, d. h. für Befriedigung des Kältebedürfnisses allein nicht genügender Kältebehandlung

---

[1] Bei *nicht-ruhenden* Samen kann Gibberellin die Keimungsgeschwindigkeit fördern (also die Keimzeit abkürzen). Die Wirkung scheint aber sehr stark von der Pflanze und von Außenfaktoren abzuhängen. So fand VOLODIN, daß Gibberellin die Keimung mancher Hafer-Varietäten bei niedrigen Temperaturen förderte, bei höheren aber hemmte; bei anderen Varietäten war es auf den Prozeß ohne Einfluß oder hemmte ihn bei allen geprüften Temperaturen, wenn auch in verschiedenem Ausmaß.

kombiniert wurde; dabei war, wie wenigstens in einem Falle gezeigt wurde, um so mehr Gibberellin erforderlich, je kürzer die Kältezeit war (FOGLE; WALKER u. DONOHO; MONTALDI u. RESNIK).

Der soeben erwähnte Zwergwuchs von aus isolierten Embryonen nicht nachgereifter Kern- und Steinobstsamen (und anderen Rosaceen-Samen) aufgezogenen Sämlingen läßt sich seinerseits durch Gibberellinzufuhr mehr oder minder vollständig normalisieren; dabei war wenigstens in einem Teil der Fälle wiederholte Behandlung erforderlich (*Malus arnoldiana, Prunus* spp., *Rhodotypos tetrapetala* = *Rh. kerrioides:* BARTON; BLOEMMAERT u. HURTER; FLEMION; FOGLE; u. a.).

Die soeben zusammengefaßten Ergebnisse, vor allem diejenigen über Reziprozität zwischen Kälte- und Gibberellinbehandlung, lassen durchaus die Möglichkeit offen, daß Gibberelline bei der Überwindung von Ruhezuständen eine wichtige, physiologische Funktion ausüben. Jedoch könnte es scheinen, daß nicht so sehr die Produktion von Gibberellinen, als die Beseitigung eines gibberellinzerstörenden oder -inaktivierenden Systems, das bei in absoluter Ruhe befindlichen Organen besonders aktiv erscheint, der wesentliche Vorgang sei. In diesem Zusammenhange sind einige Ergebnisse von BULARD u. MONIN (a, b) an *Euonymus europaeus* von Interesse. Bei isolierten Embryonen dieser Art rief Gibberellin Wachstum hervor, aber nur, wenn die Radicula allein in das gibberellinhaltige Medium eintauchte. Waren die Embryonen invers eingepflanzt, mit der Hälfte der Cotyledonen im Medium und der Keimwurzel in der Atmosphäre, so war kaum eine Wachstumsaktivität zu beobachten. Da Gibberelline im allgemeinen in Pflanzengeweben sehr leicht und in beliebiger Richtung transportiert werden, spricht dies Ergebnis für die Existenz eines inaktivierenden Systems in den Cotyledonen. Es ist jedoch klar, daß die Frage nach den Beziehungen zwischen Gibberellinen und Ruhezuständen nur durch weitere experimentelle Arbeit, darunter Analysen des endogenen Gibberellingehaltes bei in die Ruhe und aus der Ruhe tretenden Pflanzenorganen, gelöst werden kann. Während im Falle der Blütenbildung zum mindesten einige Ansätze in dieser Richtung gemacht worden sind, ist das bei den Ruhezuständen noch nicht der Fall. Bekannt ist nur, daß Samen — unreife wie reife — Gibberelline enthalten, teilweise in beträchtlichen Mengen (z. B. BLUMENTHAL-GOLDSCHMIDT u. LANG; MURAKAMI; PHINNEY, WEST, RITZEL u. NEELY; RADLEY). In den Knospen von mit Gibberellin behandelten und dadurch unter Kurztagbedingungen am Wachstum erhaltenen *Rhus-typhina*-Pflanzen fanden NITSCH u. NITSCH einen stark erhöhten Auxingehalt; ein direkter, kausaler Zusammenhang ist damit jedoch noch nicht erwiesen.

Erschwert wird die umfassende und allgemeine Deutung der Gibberellinwirkung bei Ruhezuständen durch den überraschenden Befund, daß Gibberellinapplikation im Herbst zu einer *Verlängerung* des Ruhezustandes im Frühjahr führen kann. Dies wurde sowohl bei solchen Arten beobachtet, bei denen sie den Eintritt der Ruhe im Herbst hinausschiebt (z. B. *Acer pseudoplatanus, Betula verrucosa, Prunus avium* u. a.: BRIAN, PETTY u. RICHMOND b), als auch bei solchen, bei denen sie diese letztgenannte Wirkung nicht hat (*Vitis vinifera:* ALLEWELDT a, b; RIVES u.

PEUGET; WEAVER). Dieser Umstand sowie die Tatsache, daß zwischen den beiden Wirkungen keinerlei enge Korrelation besteht, zeigen, daß es sich nicht um eine einfache, zeitliche Verschiebung der Ruheperiode handelt, sondern einen spezifischeren Einfluß auf den Aktivitätszustand der Pflanze. Verlängerung der Ruhe nach Gibberellinbehandlung wurde auch bei den oberirdischen Knollen der *Begonia evansiana* beobachtet (NAGAO u. MITSUI); diese Wirkung ist somit nicht auf Holzpflanzen beschränkt.

d) Andere Gibberellinwirkungen auf die Entwicklung der Pflanze

(Geschlechtsausprägung; Fruchtentwicklung; Sproßknospen- und Wurzelbildung; Cambiumaktivität; Jugend- und Altersformen)

Bei der Gurke *(Cucumis sativus)* wurde gefunden, daß Applikation von Gibberellin die Entstehung der ersten weiblichen Blüte hinauszögert (zu einem höheren Knoten verschiebt) und bei gynözischen (genetisch rein oder überwiegend weiblichen) Linien die Entstehung von männlichen Blüten veranlaßt (GALUN; PETERSON u. AHNDER). Gibberellin verschiebt somit die Geschlechtsausprägung in Richtung auf das männliche Geschlecht, während Auxin, wie bekannt, sie auf das weibliche hin verschiebt. Wurden Gibberellin und Auxin gleichzeitig appliziert, so war die Geschlechtsausprägung intermediär.

Gibberellinapplikation kann ferner in der Entstehung parthenokarper Früchte resultieren. Dies wurde u. a. beobachtet bei Tomaten, *Prunus*-Arten (Pfirsich, Aprikose, Mandel, aber nicht Kirsche und Pflaume) und einigen wilden Formen von *Rosa* (CRANE, PRIMER u. CAMPBELL; JACKSON u. PROSSER; PROSSER u. JACKSON). Besonders auffällige Wirkungen auf das Fruchtwachstum wurden bei Reben *(Vitis vinifera)* gefunden, jedoch nur bei samenlosen Varietäten oder bei unbestäubten Blüten von samenhaltigen (KATARJAN, DRBOGLAV u. DAVYDOVA; MANANKOV; STEWART, HASLEY u. CHING; WEAVER u. MCCUNE a—c). Da es von anderen Arten bekannt war, daß sich entwickelnde Samen oft beträchtliche Mengen an endogenen Gibberellinen enthalten (s. oben; PHINNEY, WEST, RITZEL u. NEELY), so lag der Gedanke nahe, daß das normale Beerenwachstum bei *Vitis* durch von den wachsenden Samen abgegebene Gibberelline stimuliert wird. Überraschenderweise zeigten aber entsprechende Analysen keinerlei Gibberellingehalt in den sich entwickelnden Samenanlagen samenhaltiger Sorten, während in jungen Stadien von samenlosen Beeren die Anwesenheit von Gibberellinen nachgewiesen werden konnte (COOMBE). Allerdings können solche negativen Ergebnisse auf der Anwesenheit von Hemmstoffen beruhen, so daß die ganze Frage zwar zweifellos noch offen ist, die Beteiligung endogener Gibberelline am Fruchtwachstum aber noch keineswegs ausgeschlossen werden muß.

An Scheiben aus den Blättern von *Cardamine pratensis* förderte Gibberellin die Neuanlegung von Sproßknospen, beim Protonema des Mooses *Pellia* diejenige der „Knospen", d. h. der Moospflänzchen selbst (PAULET u. NITSCH bzw. MITRA u. ALLSOPP a, b). Bei Blattscheiben von *Begonia rex* hemmte es dagegen sowohl Sproß- wie Wurzelbildung (SCHRAUDOLF u. REINERT).

Wurzelbildung an Sproßstecklingen wird durch Gibberellin ebenfalls gehemmt (BRIAN, HEMMING u. RADLEY; ČAJLACHJAN u. NEKRASOVA; GUNDERSEN; KATO). Da bei Behandlung ganzer Pflanzen mit Gibberellin oft das Wurzelwachstum beeinträchtigt ist, offenbar als korrelative Folge des verstärkten Sproßwachstums, wurde auch für den Effekt auf Wurzelbildung zuerst eine solche Erklärung herangezogen. Spätere Versuche (BRIAN, HEMMING u. LOWE) zeigten aber, daß die Wurzelbildung auch dann gehemmt werden kann, wenn keine Wirkung auf das Sproßwachstum vorhanden ist; es scheint sich also um einen direkten Einfluß auf die Wurzelanlegung zu handeln, vielleicht eine Hemmung der dafür erforderlichen Zellteilungen.

Bei verschiedenen Bäumen *(Acer, Fraxinus, Populus)* förderte Gibberellinapplikation, besonders gemeinsam mit Indolylessigsäure gegeben, die Cambiumaktivität; dabei schien das Gibberellin insbesondere die Zellteilung, das Auxin die Xylemdifferenzierung zu beeinflussen (WAREING).

Schließlich läßt sich der Übergang zwischen Jugend- und Altersformen durch Gibberellinbehandlung beeinflussen. Jedoch ist dieser Effekt bei verschiedenen Objekten verschieden und kann von anderen Faktoren abhängig sein; er ist daher vermutlich indirekter Natur. Beim Efeu *(Hedera helix)* rief Gibberellinapplikation Rückkehr von der Alterszur Jugendform hervor (ROBBINS a, b). Bei steril kultivierter *Marsilea drummondii* beschleunigte sie dagegen die Bildung des 1. adulten Blattes, jedoch nur bei relativ niedrigem Zuckergehalt im Medium. Erhöhung der Zuckerkonzentration war wesentlich effektiver, d. h. führte zu wesentlich früherem Erscheinen des 1. adulten Blattes, als Gibberellin und hob die Wirksamkeit des letztgenannten vollständig auf (ALLSOPP).

e) Schlußbemerkungen

Die Übersicht in den vorstehenden Abschnitten zeigt, daß Gibberellinapplikation eine große Zahl der verschiedenartigsten und bemerkenswertesten Effekte auf die Entwicklung von Pflanzen ausübt. Darunter befinden sich Effekte auf Prozesse, die einer chemischen Regulation bisher so gut wie unzugänglich waren, und andere, bei denen man die ausschließliche regulatorische Funktion dem Auxin zugeschrieben hatte. Es ist klar, daß sich damit viele neue Fragen ergeben und viele alte, vielleicht schon als gelöst angesehene Fragen einer Nachprüfung unterzogen werden müssen. Wir müssen uns allerdings vor Augen halten, daß der allergrößte Teil der bisherigen Untersuchungen über die entwicklungsphysiologischen Effekte der Gibberelline auf der *Applikation* dieser Substanzen basiert, daß wir uns also noch weitgehend in der pharmakologischen und nicht schon in der physiologischen Phase der Arbeit befinden. Wir wissen zwar — wie schon wiederholt gesagt —, daß Gibberelline endogene Produkte der höheren Pflanzen sind. Der celluläre Wirkungsmechanismus der Gibberelline bei den verschiedenen Entwicklungseffekten und die Frage der Funktion der endogenen Gibberelline in der Entwicklung der Pflanzen sind aber noch völlig offen. Manche Autoren haben schon hochgradig spezifische Vorstellungen entwickelt, zum Beispiel, daß das photomorphogenetische Hellrot-Dunkel-rot-Reaktionssystem die Synthese von Gibberellinen reguliert, oder daß die Gibberelline ihre Wirkung durch Schutz der Auxine vor Zerstörung durch die Auxinoxydase oder andere Systeme ausüben. Man muß sich jedoch vergegenwärtigen, daß es sich hierbei um Spekulationen handelt und daß mindestens ebenso viele Argumente gegen diese Hypothesen angeführt werden können wie zu ihren Gunsten. Man muß sich auch im klaren darüber sein, daß Wirksamkeit eines Wuchsstoffes auf einen bestimmten Prozeß einerseits, die Existenz dieses Wuchsstoffes im Organismus andererseits noch nicht beweisen, daß dieser Wuchsstoff an der natürlichen Regulation dieses Prozesses beteiligt ist. In mehreren Fällen der Gibberellinwirkung ist solche Beteiligung jedoch angesichts des schon vorhandenen Tatsachenmaterials zum mindesten wahrscheinlich, wenn sie teilweise auch recht indirekter Natur sein mag. Daran, daß die Gibberelline ein mächtiges neues Werkzeug sind, um neue Einsichten in die Physiologie pflanzlicher Entwicklungsvorgänge zu gewinnen, besteht kein Zweifel, und das für die Gibberelline Gesagte — sowohl das Positive als auch das Einschränkende — gilt auch für die zweite „neue" Gruppe von Wuchsstoffen, die Kinine und ihren Prototyp, das Kinetin.

4. Kinetin und die Kinine und ihre Wirkungen auf die Entwicklung von Pflanzen[1]

a) Einfluß von Kinetin und Auxin auf Sproß- und Wurzelbildung

Das Kinetin wurde entdeckt auf Grund seiner Fähigkeit, bei gleichzeitiger Anwesenheit von Auxin Zellteilung in isoliertem Markgewebe aus Tabaksprossen auszulösen (s. Fortschr. Bot. **17**, 745 und **18**, 302). Es zeigte sich aber bald, daß es eine ganze Reihe anderer Wirkungen hat und in dieser Beziehung, d. h. der Vielfalt seiner Effekte, den Auxinen und Gibberellinen ähnelt. Besonders bemerkenswert ist sein Einfluß auf Sproß- und Wurzelbildung bei *in vitro* kultiviertem Tabakmarkgewebe, welchen es gemeinsam mit Auxin ausübt (SKOOG u. MILLER). Wird solches Gewebe, nachdem es sich unter der Wirkung von Kinetin und Auxin zu einem Callusgewebe entwickelt hatte, auf Medien übertragen, welche 2 mg/l Auxin (Indolylessigsäure), aber verschiedene Mengen von Kinetin enthalten, so bildet es bei 0,02 mg/l Kinetin Wurzeln; bei 0,2 mg/l wächst es weiter als undifferenzierter Callus; bei 0,5—1 mg/l bildet es eine große Anzahl von Sproßknospen (s. Abb. 18). Bei anderen Auxinspiegeln im Medium muß man, um einen bestimmten Wachstums- oder Entwicklungsmodus zu erhalten, den Kinetinspiegel entsprechend variieren; im allgemeinen resultieren niedrige Kinetin/Auxin-Proportionen in Wurzelbildung, mittlere in undifferenziertem Wachstum und höhere in Sproßbildung. Auf Grund dieser Ergebnisse entwickelten SKOOG u. MILLER die schon in der Einleitung erwähnte Hypothese, daß Wachstum und Entwicklung pflanzlicher Gewebe und Organe ganz allgemein nicht so sehr durch spezifische Hormone, als durch das Verhältnis von relativ wirkungsunspezifischen Regulatoren bestimmt werden.

---

[1] Vgl. auch den Abschnitt „Wachstum", speziell S. 309 f.

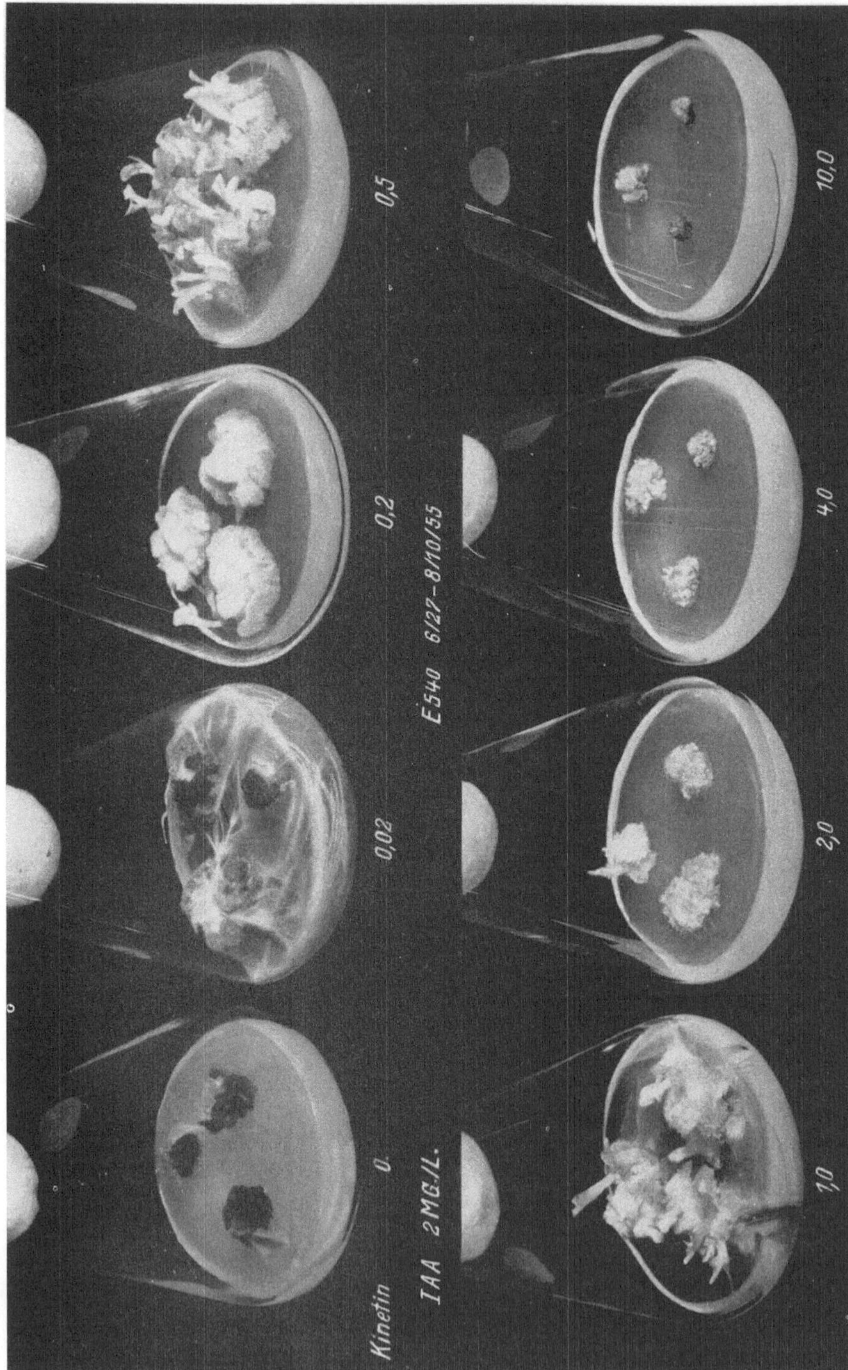

Abb. 18. Die Wirkung von Kinetin und Auxin auf die Entwicklung von Tabakmarkgewebe *in vitro*. Alle Kulturen mit 2 mg/l β-Indolylessigsäure; Kinetinkonzentrationen (in mg/l) unter den einzelnen Kulturen. Aus Skoog u. Miller, Symp. Soc. exp. Biol. **11**, 118 (1957)

Im Gegensatz zu den Gibberellinen, die von Anfang an als Produkte von Pflanzen — zuerst allerdings nur von niederen Pflanzen — bekannt waren, ist das Kinetin eine synthetische Verbindung, und sein Vorkommen in Pflanzen ist bisher nicht erwiesen worden. Substanzen mit ähnlichen physiologischen Wirkungen — sog. Kinine — sind aber in Pflanzen mehrfach gefunden worden, neuerdings z. B. in jungen Äpfeln und in Tomaten (GOLDACRE u. BOTTOMLEY bzw. NITSCH), so daß kaum ein Zweifel daran bestehen kann, daß Kinine, genauso wie die Gibberelline, als endogene Wachstumsregulatoren der Pflanzen anzusehen sind. SKOOG und MILLERs Hypothese stößt also in dieser Hinsicht auf keine prinzipiellen Schwierigkeiten und ist auch angesichts der bisher weitestgehend vergeblichen Suche nach wirkungsspezifischen organbildenden Stoffen bei Pflanzen, zum mindesten Stoffen für die Bildung der vegetativen Organe, sehr attraktiv. Man muß sich jedoch vergegenwärtigen, daß sie bisher auf einer recht engen faktischen Basis ruht:

1. Förderung von Sproßknospenbildung durch Kinetin wurde außer beim Tabakmarkgewebe bisher gefunden bei einigen Wurzeln (*Isatis tinctoria, Convolvulus arvensis:* DANCKWARDT-LILLIESTRÖM bzw. TORREY) und bei Blattstücken von *Cardamine pratensis* (PAULET u. NITSCH; s. auch oben); auch die Förderung der Bildung von „Knospen" (den jungen Moospflänzchen) am Protonema von Moosen kann in diesem Zusammenhange vielleicht genannt werden (GORTON u. EAKIN und GORTON, SKINNER u. EAKIN bei *Tortella*; MITRA u. ALISOPP a, b bei *Pellia*), obgleich es sich dabei zum mindesten in manchen Fällen nur um eine zeitliche Beschleunigung, nicht um eine Erhöhung der Knospenzahl, zu handeln scheint. Bei Blattstücken von *Begonia* hob Kinetin zwar die Polarität der Regeneration auf, hatte aber keinen Einfluß auf die Sproßbildung (SCHRAUDOLF u. REINERT); doch wurde bei demselben Material die Sproßregeneration durch Adenin — das im allgemeinen ähnlich wirkt wie Kinetin, wenn auch nur in sehr viel höheren Konzentrationen — gefördert, die Wurzelregeneration gehemmt, während Auxine die gegenteilige Wirkung hatten (WIRTH). In mehreren anderen Fällen erwies sich das Kinetin aber auf Wachstum und Organbildung von Geweben oder Organstücken als ohne jede Wirkung.

2. In fast allen Fällen, in denen eine fördernde Wirkung des Kinetins auf Sproßregeneration beobachtet wurde, ist das Gewebe auch zu spontaner Sproßbildung fähig, wenn auch oft in weit schwächerem Maße. Es ist also nicht ganz sicher, ob das Kinetin, oder ein geeignetes Kinetin/-Auxin-Verhältnis, die Sproßbildung tatsächlich determiniert oder nur die Wirkung determinierender Faktoren verstärkt.

3. Während beim Tabakmarkgewebe die Proportionalitätsidee im großen ganzen gut begründet ist, gibt es einige andere Fälle, in denen sie überhaupt nicht zuzutreffen scheint. Bei Gewebe aus *Cyclamen*-Knollen wird der Charakter der Regeneration ausschließlich durch den Auxinspiegel im Medium bestimmt — bei Konzentrationen von 0,1—0,3 mg/l α-Naphthylessigsäure und darunter Sproßbildung, bei 0,5 mg/l und darüber Wurzelbildung —, während Zusätze von Adenin (die Wirkung von Kinetin wurde leider nicht geprüft) nur die Zahl der angelegten Organe beeinflussen (MAYER; STICHEL). Es bedarf also zweifellos weiterer

Untersuchungen, bevor wir uns eine präzisere Vorstellung von der Reichweite der Skoog-Millerschen Hypothese machen können.

b) Andere Kinetinwirkungen

(Wachstum von Seitenknospen; Keimung von Samen und Ruheknospen)

An Stücken aus dem Sproß etiolierter Erbsensämlinge fördert Kinetin das Austreiben der Seitenknospen, während Auxin (IES) diesem Vorgang in bekannter Weise entgegenwirkt. Es ist dies ein Fall, in welchem wiederum das Verhältnis der beiden Regulatoren wesentlich ist; die hemmende Wirkung einer erhöhten Auxinkonzentration kann durch entsprechende Erhöhung der Kinetinkonzentration aufgehoben werden (Wickson u. Thimann). Es ist also denkbar, daß das Verhalten der Seitenknospen und die apikale Dominanz zum mindesten bei gewissen Pflanzen durch das Auxin/Kinin-Verhältnis bestimmt werden.

Kinetin fördert die Keimung gewisser positiv photoblastischer Samen, insbesondere Salat. Aber während Gibberellin wenigstens bei einigen solchen Samen Keimung in vollständiger Dunkelheit auszulösen vermag, ist dies bei Kinetin offenbar nicht der Fall; es ist nur wirksam, wenn die Samen während oder auch nach der Kinetinbehandlung etwas Licht erhalten, „ersetzt" also die Lichtwirkung nicht, reduziert aber den Lichtbedarf der Samen (Miller a, b; Weiss). Kinetinbehandlung führte auch zum Austreiben ruhender Winterknospen von *Hydrocharis* und *Utricularia* (Kurz u. Kummerow bzw. Kurz); jedoch hatten aus kinetinbehandelten Knospen entstandene *Hydrocharis*-Pflanzen ein abnormes, gestauchtes Aussehen, so daß die Aufhebung des Ruhezustandes anscheinend unvollständig war.

c) Zur Frage des Wirkungsmechanismus des Kinetins

Der celluläre Wirkungsmechanismus des Kinetins ist noch durchaus unbekannt. Wie aber schon erwähnt, wirkt Kinetin in manchen Fällen ähnlich wie die Purin- und Pyrimidinbasen der Nucleinsäuren und andere an der NS-Synthese beteiligte Verbindungen (s. S. 315 f). Da es selber ein Derivat der DNS darstellt, liegt der Gedanke nahe, daß es in irgendeiner Beziehung zum NS-Stoffwechsel steht. Diese Auffassung wird durch einige weitere Befunde gestützt. Im Tabakmarkgewebe ist die erste faßbare Kinetinwirkung eine Vermehrung der DNS (Patau, Das u. Skoog). Bei abgeschnittenen Blättern wirkt Kinetin dem Protein- und Chlorophyllverlust entgegen und kann sogar eine Nettosynthese an diesen Substanzen bewirken (Mothes, Engelbrecht u. Kulajewa; Richmond u. Lang). Da es selber sicher nicht als Proteinbaustein fungieren kann, Proteinsynthese aber, wie schon früher erwähnt, durch RNS gesteuert wird, so scheint es zum mindesten denkbar, daß Kinetin auch in diesem Falle in irgendeiner Weise in die NS-Synthese eingreift. Bei *Allium-cepa*-Wurzeln fand Olszewska, daß Kinetin die Incorporation von Adenin in RNS, besonders in Nucleolus, fördert. Es ist allerdings nicht bekannt, ob dies auf erhöhter Synthese oder auf beschleunigtem Umsatz (turn-over) beruht, und in jedem Falle ist nicht gesagt, daß dies die einzige oder auch nur die wichtigste Kinetinwirkung in der Zelle ist.

5. Andere chemische Beeinflussungen der Gesamtentwicklung höherer Pflanzen

Eine eigenartige Entwicklungsänderung bei einer höheren Pflanze unter dem Einfluß einer bestimmten chemischen Verbindung beobachtete WARIS (a, b; s. Abb. 19). Wurden *Oenanthe-aquatica*-Pflanzen in steriler Kultur in einem Medium mit 1 % Saccharose und 0,1—0,4 % Glycin kultiviert, so entwickelten sie sich nur langsam und stellten ihr Wachstum

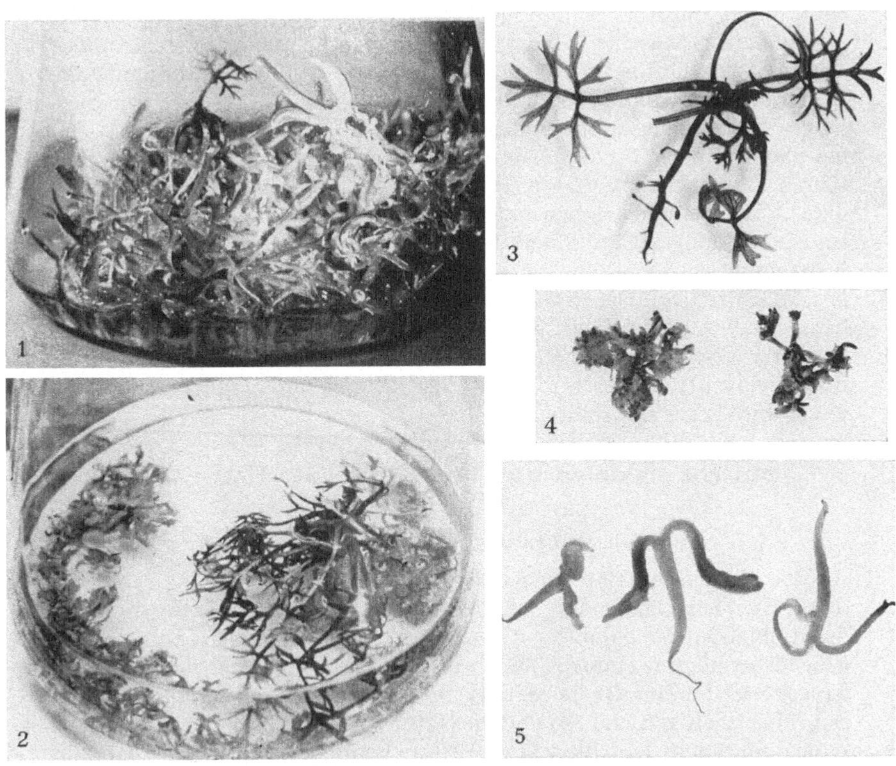

Abb. 19 *1—5*. Durch Glycin im Medium hervorgerufene „Neomorphen" von *Oenanthe aquatica* (aus WARIS b). *1* 10 Monate alte Kultur mit 0,1% Glycin: zahlreiche Neomorphen; in der Mitte der ursprüngliche Sämling. *2* Neomorphen und ursprünglicher Sämling in 0,4% Glycin. *3* Ursprünglicher Sämling aus der Kultur mit 0,1% Glycin. *4* Thallusartig entwickelte Neomorphen aus der in *2* abgebildeten Kultur. *5* Keimlingsartige Neomorphen aus derselben Kultur. (*1* und *2* etwa zwei Drittel natürlicher Größe, *3* etwa natürliche Größe, *4* etwa drei Viertel natürlicher Größe, *5* $2^1/_4$ natürlicher Größe)

nach 3—4 Monaten gänzlich ein. An ihren Wurzeln bildeten sich aber kleine Zellhaufen, welche sich loslösten und zu Pflänzchen mit bandförmigen Blättern entwickelten. Diese „Neomorphen" — welche kleinen *Vallisneria*-Pflanzen ähneln — wachsen in dem gleichen Medium kräftig und vermehren sich aus Auswüchsen, die sich auf der Epidermis der Blätter bilden und sich von diesen loslösen. Auch auf Medien mit gewissen anderen Aminosäuren, besonders L(+)-Arginin und -Alanin, können sich die Neomorphen unter Beibehaltung ihres charakteristischen Habitus vermehren. Nach Übertragung auf ein glycinfreies Medium behalten sie ihren Habitus zunächst ebenfalls unverändert bei; aber nach mehreren Monaten werden gewöhnlich einige normale *Oenanthe*-Sprosse ausgebildet. Die chemische Zusammensetzung der Neomorphen weicht von derjenigen normaler *Oenanthe*-Pflanzen erheblich ab; sie enthalten wesentlich mehr freie Aminosäuren und weniger freie Zucker als diese und führen außerdem eine neue, bei höheren Pflanzen bisher unbekannte Aminosäure und ein neues Peptid (MIETTINEN u. WARIS). Diese Befunde sprechen dafür, daß die neomorphe Veränderung auf einem kompetitiven Antagonismus zwischen Glycin und einer oder mehreren anderen Aminosäuren basiert, auf Grund dessen das Glycin gewisse enzymatische Reaktionen blockiert und dadurch die Bildung von für die normale Entwicklung wesentlichen Verbindungen verhindert. Gewisse, charakteristische morphologische Veränderungen unter dem Einfluß bestimmter Aminosäuren wurden auch bei Erbsen gefunden (VIRTANEN u. LINKOLA). In allen diesen Fällen handelt es sich augenscheinlich um Hemmungen des normalen Entwicklungsablaufes, und der Ausdruck „Neomorphen", welcher die Entstehung neuer morphologischer Merkmale impliziert, erscheint nicht besonders treffend. Die Erscheinung selber ist aber von großem Interesse, besonders wenn es gelingt, die Entwicklungsänderung durch Zufuhr bestimmter Verbindungen rückgängig zu machen und dadurch Aufschlüsse über die Kontrolle der normalen Entwicklung durch spezifische Stoffwechselprodukte zu erhalten.

6. Chemische Faktoren und Prozesse in der Entwicklung der *Acrasiales*

a) Eigenschaften und Funktionen des Acrasins

Wie in Fortschr. Bot. **17** (S. 748) berichtet, war es SHAFFER gelungen, den ersten, entscheidenden Schritt zur Isolation des an der Aggregation der cellulären Schleimpilze *(Acrasiales)* zu Pseudoplasmodien maßgebend beteiligten Prinzips, des „Acrasins", zu tun. Dies war der Ausgangspunkt für eine Reihe weiterer, interessanter Untersuchungen, einerseits über die Eigenschaften und die Natur des Acrasins, andererseits über seine Funktion in der Entwicklung dieser Organismen. Außerdem konnten wichtige Ergebnisse über Veränderungen der Oberflächeneigenschaften der Myxamöben beim Übergang zur reproduktiven Entwicklung gewonnen werden. Die meisten dieser Untersuchungen sind SHAFFER selbst zu verdanken; Übersichtsbericht s. SHAFFER (c).

In den ursprünglichen Isolationsversuchen hatte sich das Acrasin als hochgradig labil erwiesen; nach 5 min bei Raumtemperatur war die Aktivität der Lösungen (Waschwasser von aggregierenden Kulturen) schon deutlich reduziert, nach 20 min war sie verschwunden. Eine wesentliche Voraussetzung für weitere Arbeit war es also, die Substanz zu stabilisieren. Dies konnte auf verschiedene Weise erreicht werden: 1. Wurden Acrasinlösungen gefroren, so ließ sich ihre Aktivität lange Zeit hindurch erhalten (SHAFFER a, b). 2. Wurde die acrasinproduzierende Kultur auf der einen Seite einer Dialysiermembran gehalten, das Acrasin-Wasser aber auf der anderen gesammelt, so war die Aktivität auch bei Raumtemperatur stabil (SHAFFER b). 3. Wurden die Kulturen mit Methanol extrahiert, der Extrakt in Vakuum und Kälte getrocknet und der Rückstand dann in Wasser gelöst, so wurden ebenfalls stabile Präparate erhalten (SHAFFER a, b). 4. Wurden die Kulturen mit verdünnter Salzsäure (pH 3,5) extrahiert, so war das Acrasin ebenfalls stabil (SUSSMAN, LEE u. KERR). Wäßrige Extrakte aggregierender Kulturen inaktivierten Acrasinpräparate; diese Wirkung wurde durch Kochen zerstört; das aktive Material ließ sich mit Ammoniumsulfat fällen. Alle diese Befunde sprechen dafür, daß normalerweise das Acrasin durch einen hochmolekularen Stoff, höchstwahrscheinlich ein Enzym, das ebenfalls von den Kulturen abgegeben wird, zerstört wird. Wie SHAFFER (b, c) ausführt, dürfte diese Acrasinzerstörung eine wichtige Rolle im Aggregationsprozeß spielen, indem sie zu einem steileren Acrasingradienten und einer Reduktion der absoluten Acrasinkonzentration führt. Besonders der 2. Effekt dürfte von großer Bedeutung sein. Die Acrasinproduktion in einer aggregierenden Kultur hat „infektiösen" Charakter (s. unten); infolgedessen würde ohne einen regulierenden Mechanismus die Acrasinkonzentration in der Kultur bald ein solches absolutes Niveau erreichen, daß der relativ geringe Konzentrationsgradient sich demgegenüber nicht mehr durchsetzen könnte.

Bei der Suche nach Chemikalien mit Acrasinaktivität fanden WRIGHT u. ANDERSON (a), daß eine Reihe von Steroiden solche Aktivität in bemerkenswertem Maße besaßen, und HEFTMANN, WRIGHT u. LIDDEL konnten aus Kulturen von *Dictyostelium discoideum* Δ^{22}-Stigmasten-3βol extrahieren und zeigen, daß diese Substanz Acrasinwirkung besitzt, allerdings keine besonders starke. Es ist daher keineswegs sicher, daß sie mit Acrasin identisch ist; es könnte sich um einen Synergisten, ein Teilstück eines konjugierten Systems, einen Aktivator der Acrasinsynthese und auch nur um einen Nachschlüssel handeln, der mit dem genuinen Acrasin wenig oder nichts zu tun hat. Kompliziert wird die Frage nach der chemischen Natur des Acrasins durch Befunde von SUSSMAN, LEE u. KERR sowie SUSSMAN, wonach sich das Acrasin in 3 verschiedene Komponenten fraktionieren läßt, welche nur gemeinsam aktiv sind. Ferner ist daran zu erinnern, daß es gewisse Speciesspezifitäten der Acrasine zu geben scheint. So produziert *Polysphondylium violaceum* zunächst ein Acrasin, das nur auf *Polyspondylium*- und nicht auf *Dictyostelium-mucoroides*-Zellen wirkt, auf einem späteren Entwicklungsstadium aber daneben ein 2. Acrasin, welches *Dictyostelium*-Amöben anzulocken vermag (s. Fortschr. Bot. **17**, *l. c.*).

Bei Untersuchungen über die Wirkungsweise des Acrasins konnte SHAFFER (b—d) vor allem die Entstehungsweise der Acrasingradienten, welche für die Aggregation der Myxamöben von entscheidender Bedeutung sind, aufklären. SHAFFER prüfte zunächst die Stärke der Acrasinproduktion, indem er die Wirkung verschiedener Regionen (der Zentren und verschiedener Abschnitte der Aggregationsströme) in Aggregation befindlicher Kulturen auf aggregationsbereite Zellen vergleichend untersuchte. Wenn es einen einzigen, großen Gradienten in der Kultur gäbe, so sollte das Zentrum die höchste, zentrumsnahe Abschnitte der Ströme eine geringere und zentrumsferne die geringste Intensität der Acrasinproduktion aufweisen. Das war aber nicht der Fall; die Acrasinproduktion aller Regionen war weitgehend gleich. SHAFFER nimmt an, daß eine gegebene Zelle Acrasin nicht kontinuierlich produziert, sondern in Schüben oder Stößen („Puffs"), in relativ kurzen Zeitintervallen. Jeder Schub resultiert in einem kleinen, lokalen Acrasingradienten, welcher die benachbarten Myxamöben auf den Punkt der höchsten Acrasinkonzentration ausrichtet.

Darüber hinaus konnte SHAFFER aber die wichtige Entdeckung machen, daß die Anwesenheit von Acrasin bei solchen Zellen, welche zuvor selber kein Acrasin produziert hatten, Acrasinproduktion induziert. Betrachtet man eine in Aggregation befindliche Kultur als Ganze, so kann man — wie schon angedeutet — sagen, daß die Acrasinproduktion infektiösen Charakter hat. SHAFFER glaubt, daß dies in Verbindung mit der schubweisen Natur der Acrasinproduktion durch die Einzelzellen in einer Folge von kleinen, sich immer weiter nach auswärts, vom Zentrum weg ausbreitenden Auxingradienten resultiert, deren jeder die Zellen erst auf das Zentrum zu orientiert und dann zur Eigenproduktion von Acrasin induziert. Obwohl diese Auffassung im einzelnen noch hypothetischen Charakter trägt, wird sie durch ältere, bei Zeitlupenaufnahmen von aggregierenden Kulturen gemachte Beobachtungen gestützt. Solche Aufnahmen zeigten, daß die Amöben aufs Zentrum zu nicht mit konstanter Geschwindigkeit wandern, sondern in Wellen rascher Bewegung, welche im Zentrum beginnen und sich nach außen fortsetzen (ARNDT 1937, BONNER 1944), d. h. in einer Weise, wie sie beim Auftreten sukzessiver, radial vom Zentrum nach außen wandernder, lokaler Gradienten eines Chemotaktikums zu erwarten ist. Da das primäre Zentrum seine führende Stellung während der Aggregation beibehält, muß außerdem angenommen werden, daß seine Acrasinschübe schneller aufeinander folgen als bei den weiter außerhalb befindlichen Zellen; das Zentrum wäre also nicht bloß der Initiator, sondern auch der permanente Schrittmacher der Acrasingradientenbildung und damit der Aggregation.

Was die Oberflächeneigenschaften der Myxamöben anbetrifft, so konnte SHAFFER (c—f) zeigen, daß die letztgenannten beim Einsetzen des reproduktiven Stadiums *klebrig* werden. Diese Veränderung ist für die Bildung des Pseudoplasmodiums zweifellos von größter Bedeutung; eine genaue Beobachtung zeigt, daß die Myxamöben in den Strömen und im Pseudoplasmodium eng aneinander haften. Die Veränderung der Oberflächeneigenschaften tritt ein noch bevor die Zellen einen Strom bilden oder miteinander in Kontakt treten. SHAFFER zeigte dies, indem er die Acrasinquelle (ein Aggregationszentrum) von den darauf zuwandernden Zellen dauernd entfernte. Diese Zellen nahmen nach einer gewissen Zeit ein verändertes Aussehen an und schlossen sich zu einem kompakten, klebrigen, acrasinproduzierenden Strom zusammen, welcher keinen Konnex mit dem ständig fortbewegten Zentrum hatte. Myxamöben verschiedener Species haften ebenfalls aneinander, jedoch niemals so stark wie Myxamöben derselben Species. Dies deutet auf eine gewisse Speciesspezifität der für die Oberflächenklebrigkeit verantwortlichen Substanz. GREGG (a) fand allerdings mittels serologischer Vergleiche Speciesunterschiede bei vegetativen Myxamöben, aber nicht mehr bei im Aggregationsstadium befindlichen; danach schiene das Auftreten der Klebrigkeit in diesem Stadium eine allgemeine, nicht speciesspezifische Veränderung der Oberflächeneigenschaften der Zellen zu sein. GREGG u. TRYGSTAD wiesen außerdem serologische Unterschiede in den Oberflächeneigenschaften verschiedener aggregationsunfähiger Mutanten nach; dies könnte ein Faktor für das Unvermögen zur Aggregation sein. GREGG (b) zeigte schließlich, daß die reifen Sporen neue, in den früheren Stadien nicht vorhandene Oberflächenantigene besitzen. Die Bedeutung von Oberflächeneigenschaften für die Entwicklung der *Acrasiales* geht auch aus Versuchen DE HAANs hervor, wonach das chelierende Agens Äthylendiamintetraacetat ein Auseinanderfallen der Pseudoplasmodien von *Dictyostelium discoideum* hervorruft. Dies beruht nicht auf irreversibler Schädigung der Zellen; nach Entfernung des Agens können dieselben zu einem neuen Pseudoplasmodium aggregieren.

Mit den vorstehend zusammengefaßten Befunden ist die Aggregation unzweifelhaft dasjenige Stadium in der Gesamtentwicklung der *Acrasiales*, über dessen Physiologie wir weitaus am besten unterrichtet sind.

b) Biochemische Prozesse und histochemische Veränderungen während der Entwicklung der Acrasiales

Während, wie schon bekannt war (s. Fortschr. Bot. **17**, 753), anaerobe Bedingungen für die Entwicklung der *Acrasiales* unerläßlich sind, zeigt sich, daß vegetatives Wachstum auch in Abwesenheit von Sauerstoff stattfinden kann (WRIGHT u. ANDERSON a). In Übereinstimmung mit dem aeroben Charakter der Entwicklung und in Bestätigung und Erweiterung früherer Befunde wird gezeigt, daß Substanzen, welche die aerobe Atmung blockieren oder die oxydative Phosphorylierung entkuppeln, die Entwicklung der *Acrasiales* hemmen, während Inhibitoren der Glykolyse darauf ohne wesentlichen Einfluß sind (TAKEUCHI u. TAZAWA). Veränderungen in der Aktivität von Atmungsenzymen (Cytochromoxydase, Succindehydrogenase) lassen sich nicht erst bei der Aggregation beobachten, sondern schon vorher, unmittelbar nach Nahrungsentzug — dem Faktor, der die Aggregation induziert und damit den ganzen Entwicklungsgang einleitet; sie sind von Veränderungen der Mitochondrienstruktur begleitet, wie sie auch in sich entwickelnden Seeigeleiern gefunden wurden (TAKEUCHI).

Es war auch schon vermutet (Fortschr. Bot. **17**, *l. c.*), daß während der Entwicklung der Organismen Proteine als trophisches Material fungieren. Dies wird bestätigt und insbesondere gezeigt, daß sie das Ausgangsmaterial der für die Stielbildung erforderlichen Kohlenhydratsynthese darstellen. Im Laufe der Entwicklung nimmt der Gehalt an freien Aminosäuren und Proteinen ab, der Gehalt an Glucose sowie die Aktivität von Enzymen der Kohlenhydratsynthese zu (WRIGHT u. ANDERSON a, b). Der endogene Aminosäuren- und Proteingehalt wird durch Zufuhr exogener Aminosäuren (^{35}S-Methionin) nicht beeinflußt, obgleich ein Austausch stattfinden kann (WRIGHT u. ANDERSON c). Glutaminsäure wurde in besonders großen Mengen gefunden; es erscheint möglich, daß sie durch Desaminierung in den KREBS-Cyclus eintritt und so ein Bindeglied zwischen dem Protein oder zum mindesten den freien Aminosäuren und dem Kohlenhydrat darstellt (KRIVANEK u. KRIVANEK b).

Mittels Vitalfärbung war gezeigt worden (s. Fortschr. Bot. **15**, 436 und Abb. 23), daß sich die präsumptiven Stiel- und Sporenzellen im Pseudoplasmodium von *Dictyostelium* schon frühzeitig histochemisch unterscheiden lassen. Jetzt wird darüber hinaus gefunden, daß die präsumptiven Sporenzellen durch den Besitz zahlreicherer und größerer Grana eines Polysaccharids von Nicht-Stärke-Charakter, die präsumptiven Stielzellen dagegen durch höhere Aktivität alkalischer Phosphatase charakterisiert sind (BONNER, CHIQUOINE u. KOLDERIE; KRIVANEK); auch im Gehalt an gewissen anderen Substanzen lassen sich Unterschiede nachweisen (KRIVANEK u. KRIVANEK a). Wird das Psuedoplasmodium quer durchschnitten, so daß es zu einer Umdifferenzierung der Zellen kommt, so verschwinden auch die histochemischen Unterschiede; bei *Polysphondylium* traten die Unterschiede im Polysaccharidgehalt wesentlich später in Erscheinung als bei *Dictyostelium*, vermutlich im Zusammenhang damit, daß bei diesem Organismus zahlreiche kleine Teilfruchtkörper gebildet werden, und zwar in einem späten Stadium der Entwicklung, so daß frühzeitige Differenzierung der Zellen eine Entdifferenzierung erforderlich machen würde (BONNER *et al.*). Im Laufe der Ausscheidung des Cellulosestieles von *Dictyostelium* zeigen diejenigen Zellen, welche an diesem Vorgange gerade beteiligt sind, eine Anhäufung des Polysaccharidmaterials in ihren inneren (d. h. zum sich bildenden Stiel hin orientierten) Enden, und es ist ganz offenkundig, daß sie den Stiel sezernieren; später, wenn sie in das Innere des Stieles getreten sind, zeigen sie eine intensive Cellulosereaktion, während das Nicht-Stärke-Polysaccharid praktisch verschwunden ist. In den Sporen bleibt dies Polysaccharid dagegen in beträchtlichen Mengen erhalten (BONNER *et al.*). Es ist also eindeutig, daß das Polysaccharid als Cellulosevorstufe fungiert; nach KRIVANEK dürfte auch die alkalische Phosphatase — deren Gesamtaktivität, abgesehen von der unterschiedlichen Verteilung zwischen präsumptiven Stiel- und Sporenzellen, im Laufe der Entwicklung ansteigt — zur Cellulosebildung in Beziehung stehen.

Auf elektronenmikroskopische Untersuchungen, die vor allem Aufschlüsse über die Struktur des Stieles und der Sporenwand sowie die Natur der Cellulose des Stieles gebracht haben, kann hier nur hingewiesen werden (GEZELIUS; GEZELIUS u. RÅNBY; MERCER u. SHAFFER; MÜHLETHALER).

c) Wirkungen verschiedener Stoffwechselprodukte auf die Entwicklung

Adenin und Guanin hemmten die Aggregation, während Histidin sie bemerkenswerterweise bei solchen Zelldichten ermöglichte, die normalerweise für den Vorgang noch zu gering sind (BRADLEY, SUSSMAN u. ENNIS); Zellextrakte von gewissen Stämmen wirkten ähnlich wie Histidin (ENNIS u. SUSSMAN). Die Bedeutung dieser Effekte ist einstweilen noch unklar, doch könnten sie bei weiterer Analyse vielleicht Aufschlüsse über die an der Aggregation beteiligten Stoffwechselprozesse geben.

7. Biochemie der Entwicklung von *Blastocladiella* und Dermatophyten

Die in Fortschr. Bot. 17, 721 ff. und 19, 357 ff. referierten Untersuchungen über die biochemischen Grundlagen der Entwicklung bei *Blastocladiella emersonii* und bei dimorphen Dermatophyten sind in der Berichtszeit fortgesetzt worden. Die Ergebnisse stützen und erweitern die früher entwickelten Vorstellungen, bringen aber keine prinzipiell neuen Erkenntnisse, so daß wir uns kurz fassen können[1]. Bei *Blastocladiella* erwies sich die Herstellung synchroner Massenkulturen als wichtiger methodischer Fortschritt; solche Kulturen ermöglichen genaue, kontinuierliche Untersuchungen biochemischer Veränderungen im Laufe des Entwicklungsganges. Folgende Ergebnisse konnten hauptsächlich mit dieser Methode gewonnen werden:

1. Die Existenz einer Isocitritase, die für die Carboxylierung der Isocitronensäure zu Bernsteinsäure und einem C_2-Körper im S.K.I.-Cyclus erforderlich ist, wird in zellfreien Präparaten direkt nachgewiesen; als Reaktionsprodukte werden Bernsteinsäure und Glyoxalsäure identifiziert, so daß die Identität des C_2-Körpers mit Glyoxalsäure gesichert erscheint[2] (MCCURDY u. CANTINO).

---

[1] JAFFE hat die früheren Untersuchungen von CANTINO u. Mitarb. einer scharfen Kritik unterzogen, wobei er allerdings gewisse experimentelle Resultate dieser Autoren nicht, oder nicht genügend, berücksichtigt hat.

[2] Ursprünglich war vermutet worden, daß Oxalsäure der C_2-Körper sei; Oxalsäure könnte leicht aus Glyoxalsäure entstehen.

2. Ferner wird die Existenz einer Glycin-Alanin-Transaminase (McCurdy u. Cantino), einer Glutamin-Fructose-6-phosphat-Transaminase (Glucosaminsynthetase) und einer Glucose-6-phosphatdehydrogenase (Lovett u. Cantino a, b) demonstriert; es wird angenommen, daß die Transaminase die Glyoxalsäure durch Transaminierung mit Alanin in Glycin überführt; die Gleichgewichtslage des Enzyms ist so, daß diese Reaktion einen starken Zug auf den S.K.I.-Cyclus ausüben dürfte (McCurdy u. Cantino).

3. Bei Kultur in Anwesenheit von Bicarbonat, d. h. bei Entwicklung zu Dauersporangienpflanzen, werden folgende biochemischen Veränderungen im Vergleich zur Entwicklung der dünnwandigen Pflanzen gefunden: Zunahme der Aktivität der vorstehend genannten Enzyme sowie der Isocitronensäuredehydrogenase bei gleichzeitiger Abnahme zum mindesten der spezifischen Aktivität der α-Ketoglutarsäuredehydrogenase; scharfe Abnahme der O_2-Absorption und der Fähigkeit zum Glucoseverbrauch sowie zeitweilige Abnahme der Milchsäurebildung; Synthese von Melanin, Carotin, Chitin und Fett (Cantino u. Lovett; Lovett u. Cantino a—c; McCurdy u. Cantino). Diese Veränderungen treten entweder hauptsächlich dann in Erscheinung, wenn die Entwicklung zu Dauersporangienpflanzen irreversibel determiniert ist, oder sie lassen sich bis zu diesem Zeitpunkt, aber nicht mehr danach, durch Entzug des Bicarbonats rückgängig machen. Die Veränderungen in den Enzymaktivitäten und der Atmung stehen in Übereinstimmung mit der postulierten, unter dem Einfluß von Bicarbonat erfolgenden Umschaltung des Atmungsstoffwechsels vom Citronensäure- (Krebs-) zum S.K.I.-Cyclus.

Licht erhöht die Wachstumsgeschwindigkeit und die Generationsdauer der dünnwandigen Pflanzen und setzt ihre CO_2-Fixierung herauf; es fördert auch die Entwicklung der Dauersporangienpflanzen (bei Anwesenheit von Bicarbonat) sowie die DNS-Synthese und die Kernteilungsgeschwindigkeit (Cantino a, b; Cantino u. Horenstein a, b; Turian u. Cantino). Da dieser Lichteffekt nur bei Anwesenheit von CO_2 oder Bicarbonat vorhanden ist und da er durch Zusatz von Succinat und Glyoxalat und, wenigstens was die Förderung der DNS-Synthese und der Kernteilungsaktivität anbelangt, durch Thymin oder Thymidin (aber nicht durch Uracil) ersetzt werden kann, wird angenommen daß er einerseits mit dem S.K.I.-Cyclus, andererseits mit der postulierten Glycinbildung aus Glyoxalsäure in Beziehung steht (Glycin ist eine Vorstufe in der Nucleinsäuresynthese). Wirksam ist kurzwelliges Licht, aber Versuche zum Nachweis eines absorbierenden Pigmentes waren bisher ohne Erfolg.

Bei einer normalerweise nur als M-Form wachsenden Mutante von *Candida albicans* konnten Falcone u. Nickerson (a) durch Kultur auf schwefelarmem Medium Zellteilung und Umwandlung in die Y-Form hervorrufen; es wird angenommen, daß die geringen Mengen der Proteindisulfidreduktase, die in der Mutante vorhanden sind, ausreichen, um die geringe Zahl von S—S-Bindungen im Zellwandprotein schwefelarm gezogener Zellen zu SH-Gruppen zu reduzieren. Das Atmungssystem von *Candida* erweist sich als sehr ungewöhnlich: Cytochromoxydase fehlt vollständig, und die Atmung wird durch hohe Cyanid-, Acid- und Kohlenmonoxydkonzentrationen stimuliert. Zwischen der Y- und M-Form ließen sich aber keinerlei tiefgreifende Unterschiede feststellen; der Unterschied scheint nicht im Atmungssystem selbst zu liegen, sondern im Regulationsmechanismus: bei der Normalform wird der Wasserstoff strikt zur Reduktion von S—S-Bindungen und Sauerstoff dirigiert, bei der Mutante ist das nicht der Fall, so daß der Wasserstoff auch zur Reduktion von exogenen Acceptoren verwendet werden kann (Ward u. Nickerson). Falcone u. Nickerson (b) untersuchten mittels Filmaufnahmen die Veränderungen in der Zellwand, wie sie unter dem Einfluß der Disulfidreduktase vor sich gehen; doch da es sich dabei nicht mehr um direkte entwicklungsphysiologische Probleme handelt, muß dieser Hinweis genügen.

8. Biochemische Aspekte der Induktion von Bakterientumoren bei Pflanzen

Bei der Induktion von Wurzelhals-(crown-gall-) Tumoren bei Pflanzen durch *Agrobacterium tumefaciens* spielt das von den Bakterien produzierte

„Tumor-induzierende Prinzip" (T-iP) die entscheidende (wenn auch nicht die ausschließliche) Rolle; da im Wirtsgewebc nach Infektion eine starke Zunahme an DNS festzustellen ist, wurde vermutet, daß das T-iP eine DNS sei. Mehrere Autoren (BENDER u. BRUCKER b; KLEIN u. KNUPP; MANIGAULT, COMANDON u. SLIZEWICZ; MANIGAULT u. STOLL a, b) glaubten, das T-iP in Form zellfreier Präparate isoliert, und einige, auch seine DNS-Natur demonstriert zu haben. Diese Untersuchungen wurden aber von BRAUN u. STONIER kritisiert, und eine von KLEIN u. BRAUN gemeinsam durchgeführte Nachuntersuchung ergab, daß an der Bakterienfreiheit zum mindesten einiger der genannten Präparate Zweifel bestehen; mit einwandfrei bakterienfreien Präparaten konnte zwar die Bildung gewisser Wucherungen, aber keiner genuinen, autonomen Tumoren erreicht werden. BENDER u. BRUCKER (a) konnten in Transplantationsversuchen Tumorinduktion durch Bakterienfilter hindurch erzielen, und BOPP gibt an, daß die Tumorbildung durch 5-Bromuracil unterdrückt wird, jedoch nur bei Einwirkung während der primären Transformationsperiode, während die Wundheilungsreaktion der Wirtspflanze, das Wachstum der Bakterien und das Wachstum der transformierten Tumoren nicht beeinträchtigt würden. 5-Bromuracil ist ein Antagonist, der an Stelle von Thymin in DNS incorporiert werden und dieselbe dadurch funktionsuntüchtig machen kann, der also analog wirkt wie 2-Thiouracil im Falle der RNS (s. oben, S. 316); der letztgenannte Antagonist hemmte wohl das Tumorwachstum, aber nicht spezifisch die Tumortransformation. Nach diesen Ergebnissen scheint Tumorinduktion durch zellfreie Systeme möglich zu sein, und es scheint, daß eine DNS an dem Prozeß beteiligt ist. Die Existenz, Isolierung und Natur des spezifischen T-iP sind aber noch ungelöste Probleme[1].

Hingegen konnten ungemein interessante und auch für die allgemeine Entwicklungsphysiologie wichtige Einblicke in die Veränderungen der stoffwechselphysiologischen Eigenschaften, welche ein Gewebe bei seiner Transformation zum Tumorgewebe erfährt, gewonnen werden.

BRAUN (a—d) infizierte *Vinca*-Pflanzen mit *Agrobacterium*, tötete aber den Erreger nach verschiedenen Einwirkungszeiten durch Erhitzen der Pflanzen ab (s. Fortschr. Bot. **12**, 368). Auf diese Weise lassen sich Tumoren verschiedenen Transformationsgrades gewinnen, die, wenn sie *in vitro* auf einem relativ einfachen Medium (Basalmedium nach PH. R. WHITE) kultiviert werden, charakteristische Unterschiede der Wachstumsgeschwindigkeit aufweisen. Es zeigte sich nun, daß durch spezifische Zusätze zum Medium die Wachstumsgeschwindigkeit aller dieser Tumoren und auch die von Normalgewebe, welches auf dem Basalmedium überhaupt kein Wachstum aufweist, auf diejenige des vollständig transformierten Tumors gebracht werden kann; dabei sind die Ansprüche um so größer, je schlechter das Wachstum auf dem Basalmedium ist[2]:

---

[1] *Anmerkung bei der Korrektur:* In einer vor kurzem erschienenen Mitteilung stellen J. LIPETZ u. T. STONIER [Nature (Lond.) **190**, 929 (1961)] BOPPs Resultate in Frage.

[2] S. auch Fortschr. Bot. **21**, 398 und Abb. 28.

Grad der Transformation	Wachstumsgeschwindigkeit auf Basalmedium	Zur Heraufsetzung der Wachstumsgeschwindigkeit auf diejenige vollständig transformierten Tumorgewebes erforderliche Zusätze
Vollständig	Optimal	Keine
Unvollständig, relativ stark	Langsamer	Glutamin Inosit Auxin (α-Naphthylessigsäure)
Unvollständig, relativ schwach	Noch langsamer	Glutamin, Asparagin Inosit Cytidyl- und Guanylsäure Auxin
Normalgewebe	Null	Glutamin, Asparagin Inosit Cytidyl- und Guanylsäure Auxin Kinetin

Ähnliche Versuche wurden auch von KLEIN (a, b) vorgenommen, nur daß dieser Autor die Tumorbildung in den verschiedenen Phasen der primären Transformationsperiode — der Umstimmungs-, Induktions- und Promotionsphase; s. Fortschr. Bot. **18**, 308/309 — unterbrach und auf diese Weise langsam wachsende Tumoren erhielt, die dann durch Zufuhr bestimmter Verbindungen zu maximalem Wachstum gebracht werden konnten. Die Natur der wirksamen Zusätze hing ab von der Phase, in welcher die Transformation unterbrochen worden war, und teilweise auch von der Natur des Eingriffes, welcher zur Unterbrechung der Transformation angewendet wurde:

Phase der Transformationsperiode	Zur Unterbrechung der Transformation angewendete Behandlung	Zur Herstellung maximalen Wachstums erforderliche Zusätze
Umstimmung ..	Kälte Antimetabolite Mangel umstimmender Agentien	KREBS-Cyclus-Säuren Aminosäuren Purine
Induktion	Bakterien verschiedener Virulenz Temperaturhemmung der T-iP-Synthese Abnorme Bedingungen für das Wachstum der Bakterien	Mevalonsäure Gibberelline Kinine
Promotion	Attenuierte Bakterien Kältebehandlung Ultraviolettes Licht	} Auxine

Alle diese Befunde beweisen folgendes: Die Transformation der normalen zu einer Tumorzelle schließt eine graduelle und geregelte Aktivierung bestimmter Stoffwechselsysteme ein. So werden in der Umstimmungsphase Systeme aktiviert, welche für die Energieproduktion, die Proteinsynthese und die Nucleinsäuresynthese erforderlich sind, in der

Induktionsphase außerdem Systeme für Isoprenoidsynthese und für die Synthese von Zellwachstums- und Zellteilungsfaktoren, usw. *Vice versa* ist zu folgern, daß bei der Gewebedifferenzierung im Laufe der normalen Entwicklung diese Systeme, vermutlich gleichermaßen graduell und in geregelter Weise, inaktiviert werden. Allerdings ist zu betonen, daß die Aktivierung der Stoffwechselsysteme zwar ein wesentliches Merkmal der Tumorisation, aber nicht ihr ausschließliches Wesen darstellt; umgekehrt folgt daraus wieder, daß die Inaktivierung dieser Systeme ein wesentliches Merkmal, aber nicht das ausschließliche Wesen der normalen Zelldifferenzierung sein dürfte.

Gewisse — sog. attenuierte — Bakterienstämme können allein keine Tumoren induzieren, wohl aber, wenn die Inoculation mit Auxinzufuhr verbunden wird. Daraus ist geschlossen worden, daß Auxin ein unentbehrlicher Faktor der Tumortransformation ist; das Wesen der Promotionsphase von LINK u. KLEIN (Fortschr. Bot. **18**, *l. c.*) besteht in dieser Auxinwirkung. BRAUN u. STONIER lehnen diese Auffassung allerdings ab; sie glauben, daß Umstimmung und Induktion die einzigen für Tumorinduktion erforderlichen Phasen sind. Wenn dies richtig ist, so bedeutet das, daß das T-iP attenuierter Bakterien von demjenigen virulenter Stämme verschieden ist und nur in Synergismus mit Auxin wirksam wird. Die Auxinbildung durch *Agrobacterium* wurde von KAPER u. VELDSTRA neu untersucht. In Bestätigung älterer Befunde wurde festgestellt, daß die Bakterien, jedenfalls bei Anwesenheit von Tryptophan, IES produzieren und daneben β-Indolylmilchsäure und β-Indolylbrenztraubensäure sowie Tryptophal. LIPETZ findet, daß die Aktivität der IES-Oxydase in mit *Agrobacterium* inokuliertem Gewebe reduziert ist; das so „geschützte" Auxin könnte an der Promotion des Tumors — wenn es eine solche gibt — beteiligt sein.

Literatur

ALLEWELDT, G.: (a) Vitis (Landau) **2**, 23 (1959); — (b) Naturwiss. **46**, 434 (1959). — ALLSOPP, A.: Nature (Lond.) **184**, 1575 (1959). — ARNDT, A.: Wilhelm Roux' Arch. Entw. mech. Org. **136**, 681 (1937).

BARTON, L. V.: Contr. Boyce Thompson Inst. **18**, 311 (1956). — BENDER, E., u. W. BRUCKER: Z. Bot. (a) **46**, 121 (1958); (b) **47**, 258 (1959). — BLACK, M., and J. M. NAYLOR: Nature (Lond.) **184**, 468 (1959). — BLOEMMAERT, K. L. J., and N. HURTER: S. Afr. J. Agric. Sci. **2**, 409 (1959). — BLUMENTHAL-GOLDSCHMIDT, S., and A. LANG: Nature (Lond.) **186**, 815 (1960). — BONNER, J. T.: (a) Amer. J. Bot. **31**, 175 (1944); — (b) Quart. Rev. Biol. **32**, 232 (1957); — The cellular and slime molds. Princeton, N. J.: Univ. Press 1959. — BONNER, J. T., A. D. CHIQUOINE and M. Q. KOLDERIE: J. exp. Zool. **130**, 133 (1955). — BOPP, M.: Planta (Berl.) **54**, 221 (1960). — BORRISS, H.: Jb. wiss. Bot. **89**, 255 (1940). — BRADLEY, S. G., M. SUSSMAN and H. L. ENNIS: J. Protozool. **3**, 33 (1956). — BRAUN, A. C.: (a) Cancer Res. **16**, 53 (1956); — (b) Symp. Soc. exp. Biol. **11**, 132; — (c) J. nat. Canc. Inst. **19**, 753 (1957); — (d) Proc. nat. Acad. Sci. (Wash.) **44**, 344 (1958). — BRAUN, A. C., and T. STONIER: Morphology and physiology of plant tumors. Protoplasmatologia X 5a. Wien: Springer 1958. — BRIAN, P. W.: (a) Symp. Soc. exp. Biol. **11**, 166 (1957); — (b) Biol. Revs. **34**, 37 (1959); — (c) J. Linn. Soc. (Bot.) **56**, 237 (1959). — BRIAN, P. W., J. P. GROVE u. J. MACMILLAN: Fortschr. Chem. org. Naturst. **18**, 350 (1960). — BRIAN, P. W., H. G. HEMMING and D. LOWE: Ann. Bot. N. S. **24**, 407 (1960). — BRIAN, P. W., H. G. HEMMING and M. RADLEY: Physiol. Plant. (Cph.) **8**, 899 (1955). — BRIAN, P. W., J. H. P. PETTY and P. T. RICHMOND: Nature (Lond.) (a) **183**, 58; (b) **184**, 69 (1959). — BROWN, R., in: Veröff. 4. internat. Kongr. Biochem. (Wien 1958), VI, Biochemie der Morphogenese (Hrsg. W. J. NICKERSON), S. 77. London usw.: Pergamon 1959. — BÜNSOW, R., u. K. v. BREDOW: Biol. Zbl. **77**, 132 (1958). — BÜNSOW, R., u. R. HARDER: Naturwiss. **43**, 479 (1956). — BÜNSOW, R., J. PENNER u. R. HARDER: Naturwiss. **45**, 46 (1958). — BULARD, C., et J. MONIN: C. R. Acad. Sci. (Paris) **250**, (a) 1903, (b) 4197 (1960). — BUTENKO, R. G.: Fiziol.

Rast. **7**, 715 (1960). — Butler, W. L., K. H. Norris, H. W. Siegelman and S. B. Hendricks: Proc. Nat. Acad. Sci. (Wash.) **45**, 1703 (1959).

Čajlachjan, M. Ch.: (a) Bot. Ž. **43**, 927 (1958); — (b) Dokl. Akad. Nauk SSSR **117**, 1077 (1957). — Čajlachjan, M. Ch., and R. G. Butenko: Dokl. Akad. Nauk SSSR **129**, 224 (1959). — Cajlachjan, M. Ch., R. G. Butenko and I. I. Lju barskaja: Fiziol. Rast. **8**, 101 (1961). — Čajlachjan, M. Ch., and V. N. Ložnikova: Dokl. Akad. Nauk SSSR **128**, 1309 (1959). — Čajlachjan, M. Ch., and T. V. Nekrasova: Dokl. Akad. Nauk SSSR **119**, 826 (1958). — Cantino, E. C.: (a) Atti 2° Congr. internat. Fotobiol. (Turin), S. 453 (1957); — (b) Develop. Biol. **1**, 396 (1959). — Cantino, E. C., and E. A. Horenstein: Mycologia (a) **48**, 777 (1956); (b) **49**, 892 (1957); — (c) Physiol. Plant. (Cph.) **12**, 251 (1959). — Cantino, E. C., J. Lovett and E. A. Horenstein: Amer. J. Bot. **44**, 498 (1957). — Cantino, E. C., and G. Turian: Ann. Rev. Microbiol. **13**, 97 (1959). — Carr, D. J., A. J. McComb u. L. D. Osborne: Naturwiss. **44**, 428 (1957). — Chouard, P.: (a) Mém. Soc. bot. France **1956/57**, 51 (1958); — (b) Ann. Rev. Plant Physiol. **11**, 191 (1960). — Coombe, B. G.: Plant Physiol. **35**, 241 (1960). — Cooper. W. C., and A. Peynado: Proc. Amer. Soc. hort. Sci. **72**, 284 (1958). — Corns, W. G.: Canad. J. Plant Sci. **40**, 47 (1960). — Crane, J. C., P. E. Primer and R. C. Campbell: Proc. Amer. Soc. hort. Sci. **75**, 129 (1960).

Danckwardt-Lillieström, K.: Physiol. Plant. (Cph.) **10**, 794 (1957). — DeHaan, R. L.: J. Embryol. and exp. Morph. **7**, 335 (1959). — Donoho, C. W., and D. R. Walker: Science **126**, 1178 (1957).

Ennis, H. L., and M. Sussman: J. Gen. Microbiol. **18**, 433 (1958). — Evans, L. T.: Ann. Bot. N. S. **23**, 521 (1959).

Falcone, G., and W. J. Nickerson: (a) Giorn. Microbiol. **4**, 105 (1957); — (b) In: Veröff. 4. internat. Kongr. Biochem. (Wien 1958), VI, Biochemie der Morphogenese (Hrsg. W. J. Nickerson), S. 65. London usw.: Pergamon 1959. — Fischnich, O., M. Thielebein u. A. Grahl: Naturwiss. **44**, 652 (1957). — Flemion, F.: Contr. Boyce Thompson Inst. **20**, 57 (1959). — Fogle, H. W.: Proc. Amer. Soc. hort. Sci. **72**, 129 (1958).

Galun, E.: Phyton (Vicente López, Argent.) **13**, 1 (1959). — Gaskill, J. O.: J. Amer. Soc. Sugar Beet Technol. **9**, 521 (1957). — Gezelius, K.: Exp. Cell Res. **18**, 425 (1959). — Gezelius, K., and B. G. Rånby: Exp. Cell Res. **12**, 265 (1957). — Goldacre, P. L., and W. Bottomley: Nature (Lond.) **184**, 555 (1959). — Gorton, B. S., and R. E. Eakin: Bot. Gaz. **119**, 31 (1957). — Gorton, B. S., C. S. Skinner and R. E. Eakin: Arch. Biochem. Biophys. **66**, 493 (1957). — Gregg, J. H.: (a) J. gen. Physiol. **39**, 813 (1956); — (b) Biol. Bull. **118**, 70 (1960). — Gregg, J. H., and C. W. Trygstad: Exp. Cell Res. **15**, 358 (1958). — Greulach, V. A., and J. G. Haesloop: Science **127**, 646 (1958). — Gundersen, K.: Acta Horti gotoburg. **22**, 87 (1958).

Hämmerling, J., H. Clauss, K. Keck and G. Richter: Exp. Cell Res., Suppl. Nr. 6, 210 (1959). — Halevy, A. H., and H. M. Cathey: Bot. Gaz. **122**, 63 (1960). — Harada, H.: Ann. Physiol. végét. **2**, 249 (1960). — Harada, H., et J. P. Nitsch: (a) Bull. Soc. bot. France **106**, 451 (1959); — (b) Plant Physiol. **34**, 409 (1959). — Harder, R., u. R. Bünsow: Planta (Berl.) **51**, 201 (1958). — Harrington, J. F., L. Rappaport and K. J. Hood: Science **125**, 601 (1957). — Harting, M. G.: Ann. Sci. nat., Bot., Sér. III **4**, 210 (1845). — Heftmann, E., B. E. Wright and G. V. Liddel: J. Amer. Chem. Soc. **81**, 6525 (1959). — Heslop-Harrison, J.: (a) Biol. Revs. **32**, 38 (1957); — (b) Science **132**, 1943 (1960). — Hess, D.: Planta (Berl.) (a) **54**, 74 (1959); (b) **56**, 229 (1961). — Hotta, Y., and S. Osawa: Exp. Cell Res. **15**, 85 (1958). — Hotta, Y., S. Osawa and T. Sakaki: Develop. Biol. **1**, 65 (1959).

Jackson, G. A. D., u. M. V. Prosser: Naturwiss. **46**, 407 (1959). — Jaffe, L. F.: Ann. Rev. Plant Physiol. **9**, 359 (1958). — James, N. I., and S. Lund: Agron. J. **52**, 508 (1960).

Kahn, A.: Plant Physiol. **35**, 333 (1960). — Kahn, A., J. A. Goss and D. E. Smith: Science **125**, 645 (1957). — Kallio, P., and P. Piiroinen: Nature (Lond.) **183**, 1830 (1959). — Kaper, J. M., and H. Veldstra: Biochem. biophys. Acta **30**, 410 (1958). — Katarjan, T. G., M. A. Drboglav and M. V. Davydova: Fiziol. Rast. **7**, 345 (1960). — Kato, J.: Physiol. Plant. (Cph.) **11**, 10 (1958). — Kessler, B., R. Bak and A. Cohen: Plant Physiol. **34**, 605 (1959). — Klein, R. M.:

Proc. Nat. Acad. Sci. (Wash.) (a) **43**, 956 (1957); (b) **44**, 350 (1958). — KLEIN, R. M., and A. C. BRAUN: Science **131**, 1612 (1960). — KLEIN, R. M., and J. L. KNUPP JR.: Proc. Nat. Acad. Sci. (Wash.) **43**, 199 (1957). — KOSIKOVA, P. G.: Dokl. Akad. Nauk SSSR **130**, 922 (1960). — KRIBBON, F. J.: Naturwiss. **44**, 313 (1957). — KRIVANEK, J. O.: J. exp. Zool. **133**, 459 (1956). — KRIVANEK, J. O., and R. C. KRIVANEK: (a) J. exp. Zool. **137**, 68 (1958); — (b) Biol. Bull. **116**, 265 (1959). — KURZ, L.: Beitr. Biol. Pfl. **35**, 227 (1959). — KURZ, L., u. J. KUMMEROW: Naturwiss. **44**, 121 (1957).

LANG, A.: (a) Naturwiss. **43**, 284 (1956); — (b) Proc. Nat. Acad. Sci. (Wash.) **43**, 709 (1957); — (c) Planta (Berl.) **54**, 498 (1960). — LANG, A., R. M. SACHS et C. BRETZ: Bull. Soc. franç. Physiol. végét. **5**, 1 (1959). — LANG, A., J. A. SANDOVAL and A. BEDRI: Proc. Nat. Acad. Sci. (Wash.) **43**, 960 ((957). — LANGRIDGE, J.: Nature (Lond.) **180**, 36 (1957). — LINCOLN, R. G., and K. C. HAMMER: Plant Physiol. **33**, 101 (1958). — LIPETZ, J.: Nature (Lond.) **184**, 1076 (1959). — LIPPERT, L. F., L. RAPPAPORT and H. TIMM: Plant Physiol. **33**, 132 (1958). — LOCKHART, J. A., and J. BONNER: Plant Physiol. **32**, 492 (1957). — LONA, F.: (a) Nuovo Giorn. bot. ital. **63**, 61 (1956); — (b) Ateneo parmense **27**, 641 (1956). — LONA, F., e A. BOCCHI: Nuovo Giorn. bot. ital. N. S. **63**, 469 (1956). — LONA, F., e. R. BORGHI: Ateneo parmense **28**, 116 (1957). — LOVETT, J. S., and E. C. CANTINO: Amer. J. Bot. **47**, (a) 499, (b) 550 (1960); — (c) J. gen. Microbiol. **24**, 87 (1961).

McCURDY, H. D., JR., and E. C. CANTINO: Plant Physiol. **35**, 463 (1960). — McVEY, G. R., and S. H. WITTWER: Quart. Bull. Michigan Agric. Exp. Stat. **40**, 679 (1958). — MANIGAULT, P., A. COMANDON et P. SLIZEWICZ: Ann. Inst. Pasteur **91**, 114 (1956). — MANIGAULT, P., et C. STOLL: (a) Experientia (Basel) **14**, 409; — (b) Ann. Inst. Pasteur **95**, 793 (1958). — MANANKOV, M. K.: Fiziol. Rast. **7**, 350 (1960). — MAYER, L.: Planta (Berl.) **47**, 401 (1956). — MERCER, E. H., and B. M. SHAFFER: J. Biophys. and biochem. Cytol. **7**, 353 (1960). — MES, M.: Nature (Lond.) **184**, 2034 (1959). — MIETTINEN, J. K., and H. WARIS: Physiol. Plant. (Cph.) **11**, 193 (1958). — MILLER, C. O.: Plant Physiol. (a) **31**, 318 (1956); (b) **33**, 115 (1958). — MITRA, G. C., and A. ALLSOPP: (a) Phytomorphology **9**, 64 (1959); — (b) Nature (Lond.) **183**, 974 (1959). — MONTALDI, E. R., y M. E. RESNIK: Rev. Investig. agric. (Buenos Aires) **14**, 421 (1960). — MOTHES, L., L. ENGELBRECHT u. O. KULAJEWA: Flora (Jena) **147**, 445 (1959). — MÜHLETHALER, K.: Amer. J. Bot. **43**, 673 (1956). — MURAKAMI, Y.: Bot. Mag. (Tokyo) **72**, 438 (1959).

NAGAO, M., Y. ESASHI, T. TANAKA, T. KUMAGAI and S. FUKUMOTO: Plant and Cell Physiol. **1**, 39 (1959). — NAGAO, M., and E. MISTUI: Sci. Rep. Tôhoku Univ., Ser. IV (Biol.) **25**, 199 (1959). — NAKAMURA, S., S. WATANABE u. J. ICHIHARA: Mitt. internat. Vereingg. Samenkontr. **25**, 433 (1960). — NITSCH, J. P.: Bull. Soc. bot. France **107**, 263 (1960). — NITSCH, J. P., and C. NITSCH, in: Photoperiodism and related phenomena in plants and animals (Hrsg. R. B. WITHROW; Amer. Assoc. Adv. Sci. Publ. Nr. 55), S. 225. Washington, D. C. 1959.

OGAWA, Y., and S. IMAMURA: Proc. Jap. Acad. **34**, 629 (1958). — OLSZEWSKA, M. J.: Exp. Cell. Res. **16**, 193 (1959). — OLSZEWSKA, M. J., and J. BRACHET: Exp. Cell Res. **22**, 370 (1961).

PATAU, K., N. K. DAS and F. SKOOG: Physiol. Plant. (Cph.) **10**, 949 (1957). — PAULET, P., et J. P. NITSCH: Bull. Soc. bot. France **106**, 426 (1959). — PENNER, J.: Planta (Berl.) **55**, 542 (1960). — PETERSON, C. E., and L. D. AHNDER: Science **131**, 1673 (1960). — PHINNEY, B. O., and C. A. WEST: Ann. Rev. Plant Physiol. **11**, 411 (1960). — PHINNEY, B. O., C. A. WEST, M. RITZEL and P. M. NEELY: Proc. Nat, Acad. Sci. **43**, 398 (1957). — PROSSER, M. V., and G. A. D. JACKSON: Nature (Lond.) **104**, 108 (1959).

RADLEY, M.: Ann. Bot. N. S. **22**, 297 (1958). — RAPPAPORT, L., L. F. LIPPERT and H. TIMM: Amer. Potato J. **34**, 254 (1957). — RAZUMOV, V. I.: Fiziol. Rast. **7**, 354 (1960). — RAZUMOV, V. I., R. S. LIMAR' and K. W. TAN: Bot. Ž. **45**, 1732 (1960). — RENARD, H. A.: Ann. Physiol. végét. **2**, 99 (1960). — RICHMOND, A. E., and A. LANG: Science **125**, 650 (1957). — RIVES, M., et R. PEUGOT: C. R. Acad. Sci. (Paris) **248**, 3600 (1959). — ROBBINS, W. J.: Amer. J. Bot. (a) **44**, 743 (1957); (b) **47**, 485 (1960).

SACHS, R. M., C. F. BRETZ and A. LANG: (a) Amer. J. Bot. **46**, 376 (1959); — (b) Exp. Cell Res. **18**, 240 (1959). — SACHS, R. M., A. LANG, C. F. BRETZ and J.

ROACH: Amer. J. Bot. **47**, 260 (1960). — SARKAR, S.: Biol. Zbl. **77**, 1 (1958). — SCHMALZ, H.: Naturwiss. **47**, 20 (1960). — SCHRAUDOLF, H., and J. REINERT: Nature (Lond.) **184**, 465 (1959). — SHAFFER, B. M.: (a) Science **123**, 1172 (1956); — (b) J. exp. Biol. **33**, 645 (1956); — (c) Amer. Naturalist **91**, 19 (1957); — Quart. J. microscop. Sci. N. S. **98**, (d) 377, (e) 393 (1957); (f) **99**, 103 (1958). — SINNOTT, W. E.: Plant morphogenesis. New York: McGraw-Hill 1960. — SKOOG, F., and C. O. MILLER: Symp. Soc. exp. Biol. **11**, 118 (1957). — STEWART, W. S., D. HALSEY and F. T. CHING: Proc. Amer. Soc. hort. Sci. **72**, 165 (1958). — STICHEL, E.: Planta (Berl.) **53**, 283 (1959). — STRONG, F. M.: Topics in microbial chemistry. New York, Wiley; London, Chapman & Hall 1958. — SUSSMAN, M., in: A symposium on the chemical basis of development (Hrsg. W. D. MCELROY u. B. GLASS), S. 264. Baltimore: Johns Hopkins Press 1958. — SUSSMAN, M., F. LEE and N. S. KERR: Science **123**, 1171 (1956).

TAKEUCHI, I.: Develop. Biol. **2**, 343 (1960). — TAKEUCHI, I., and M. TAZAWA: Cytologia **20**, 157 (1955). — THOMPSON, P. A., and C. G. GUTTRIDGE: Nature (Lond.) **184**, 72 (1959). — TORREY, J. G.: Plant Physiol. **33**, 258 (1958). — TURIAN, G., and E. C. CANTINO: J. gen. Microbiol. **21**, 721 (1960).

VIRTANEN, A. J., and H. LINKOLA: Suom. Kemistil. B **30**, 220 (1957). — VOLODIN, V. I.: Bot. Ž. **45**, 1787 (1960).

WALKER, D. R., and C. W. DONOHO: Proc. amer. Soc. hort. Sci. **74**, 87 (1959). — WARD, J. M., and W. J. NICKERSON: J. gen. Physiol. **41**, 703 (1959). — WAREING, P. F.: Nature (Lond.) **181**, 1744 (1958). — WARIS, H.: (a) Suom. Kemistil. B **30**, 121 (1957); — (b) Physiol. Plant. (Cph.) **12**, 753 (1959). — WEAVER, R. J.: Nature (Lond.) **183**, 1198 (1959). — WEAVER, R. J., and S. B. MCCUNE: Hilgardia (Berkeley, Calif.) **28**, (a) 297, (b) 625, (c) **29**, 247 (1959). — WEIBEL, R. O.: Agron. J. **52**, 122 (1960). — WEISS, J.: C. R. Acad. Sci. (Paris) **251**, 125 (1960). — WELLENSIEK, S. J., and J. DOORENBOS: Ann. Rev. Plant Physiol. **10**, 147 (1959). — WERZ, G.: Planta (Berl.) (a) **52**, 528 (1959); (b) **55**, 22 (1960). — WERZ, G., u. J. HÄMMERLING: Planta (Berl.) **53**, 145 (1959). — WIBERG, H., u. H. KOLK: Mitt. internat. Vereingg. Samenkontr. **25**, 440 (1960). — WICKSON, M., and K. V. THIMANN: Physiol. Plant. (Cph.) **11**, 62 (1958). — WIRTH, K.: Planta (Berl.) **54**, 265 (1960). — WITTWER, S. H., and M. J. BUKOVAC: Science **126**, 30 (1957). — WRIGHT, B. E., and M. L. ANDERSON, (a) in: A symposium on the chemical basis of development (Hrsg. W. D. MCELROY u. B. GLASS), S. 296. Baltimore: Johns Hopkins Press 1958; — Biochem. biophys. Acta (Amst.) **43**, (6) 62, (c) 67 (1960).

21 b. Physiologie der Fortpflanzung und Sexualität

Von Hansferdinand Linskens, Nijmegen (Holland)

Mit 1 Abbildung

Allgemeines

Im Berichtszeitraum erschienen zusammenfassende Darstellungen über die diplogenotypische Geschlechtsbestimmung (Wiese), die Geschlechtskontrolle bei den Pilzen (Raper) und über die Induktion des reproduktiven Wachstums (Lang). Kalmus und Smith diskutieren das Entstehen und die Zweckmäßigkeit des numerischen Geschlechtsverhältnisses 1 : 1.

Der Begriff des Generationswechsels ist in den letzten Jahren vor allem von russischen Botanikern überprüft worden (Poljanski, Lewin). Betrachtet man die Generationen nur noch als Phasen oder Etappen ontogenetischer Entwicklung, so werden damit natürlich die Unterschiede zwischen Entwicklungszyklus und Ontogenese, zwischen Generation und Entwicklungsabschnitt, aufgehoben. Begriffe wie Sporophyt und Gametophyt sind dann bei den Samenpflanzen absurd. Es scheint uns jedoch vorläufig keine Notwendigkeit vorzuliegen, diese Termen einer evolutionistisch eingestellten Morphologie zu verwerfen; sie bezeichnen miteinander vergleichbare, homologe Gebilde und sind zumindest auch didaktisch wertvoll.

Auf die weiteren Untersuchungen des Sexualzyklus der *Protozoen* bei *Cryptocerus* von Cleveland u. Mitarb. (Cleveland, Burke u. Karlson; Cleveland u. Burke; vgl. Fortschr. Bot. **22**, 361) sei wenigstens kurz verwiesen. Die wirksame Konzentration des Ecdysons, das bei Applikation in den Wirtskörper im Parasiten Gametogenese induziert, variiert in den verschiedenen Parasitengattungen.

Eine Untersuchung des Sexualdimorphismus im Interphase-Kern scheint für pflanzliche Objekte noch nicht durchgeführt zu sein (Barr; Lenox, Serr u. Ferguson-Smith; Zusammenfassung vgl. Hienz).

Fortpflanzungsphysiologie der Algen

Bei *Ulva* weist Föyn (1, 3) geschlechtskontrollierte Vererbung nach. Die Gameten sind stark positiv phototaktisch [Föyn (2)]. Eine Zusammenstellung der in der Literatur beschriebenen Befunde über die Anziehung der männlichen Gameten durch die Eizellen bei *Fucus* gibt Sosa-Bourbouil. Spermatozoiden und Oogonien sind hinsichtlich stofflicher Zusammensetzung und enzymatischer Aktivität deutlich differenziert: die Oogonien zeichnen sich durch hohen Lipoid- und RNS-Gehalt sowie geringere Phosphatase- und Nuclease-Aktivität gegenüber den männlichen Sexualzellen aus. Als Zeichen für die Veränderung der Konsistenz der Eimembran im Anschluß an die Befruchtung kann die Ausstoßung nuclearer Körperchen angesehen werden (Nakazawa).

Die Ausschüttung der Tetrasporen bei Rotalgen *(Nitophyllum)* erfolgt tagesperiodisch, ist jedoch nicht endogen gesteuert. Dabei wirkt das Licht aber nicht auf den Abgabemechanismus, sondern auf den Bildungsvorgang; Blaulicht ist am wirksamsten (Sagromsky). Doch scheint auch eine genügend lange Dunkelperiode von Bedeutung zu sein, die bei *Monostroma* durch Licht von Wellenlängen > 500 mμ ersetzt werden kann. Zwei unterschwellige Dunkelperioden können sich nur dann in gewissem Ausmaße zu einer wirksamen Dunkelperiode addieren, wenn die zwischengeschaltete Lichtperiode nicht zu lang ist (SHIHIRA).

Auch bei *Enteromorpha* ist die Ausstoßung der Gameten lichtabhängig (LERSTEN u. VOTH). Doch scheint der Prozeß durch einen spezifischen Faktor eine gewisse Zeit gehemmt werden zu können (KATAYAMA; LEFEVRE, JACOB u. NISBETH; LERSTEN u. VOTH). Für die *Ulvaceen* kann eine überlagernde endogene Komponente nicht ausgeschlossen werden. Doch spielt auch die Polarität des Thallus für die Entlassung beweglicher Stadien eine Rolle (BURROWS).

Sexualstoffe der Mucorineen

Die Analyse der zygotropischen Reaktion von *Mucor* ist durch PLEM-PEL in eindrucksvoller Weise weitergeführt worden. So ergibt sich zur Zeit folgendes Bild (Abb. 20): Während der Anzucht der Mycelien im

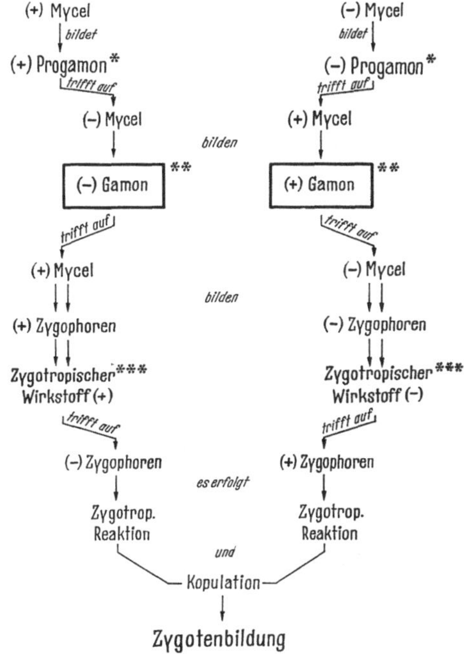

Abb. 20. Schema der Sexualreaktion bei *Mucor mucedo* (nach PLEMPEL 1960). Von den beteiligten Wirkstoffen sind * im biologischen Test nachgewiesen, ** in kristalliner Form isoliert, *** gasförmige Wuchsstoffe und in biologischen Tests nachgewiesen

Durchlüftungsverfahren werden die Sexualstadien der Progamon- und Gamon-Bildung durchlaufen. Die Produktion der zygotropisch wirksamen Stoffe erfolgt erst gleichzeitig mit oder im Anschluß an die Zygophorenbildung. Bei *Phycomyces* fallen zygogene und zygotrope Reaktion zeitlich zusammen. Die Darstellung der Gamone in chromatographisch reiner Form als kristalline Benzoesäure-Ester ist gelungen [PLEMPEL (2), PLEMPEL u. BRAUNITZER]. Die Übertragungstechnik des zygotropischen Wirkstoffes auf den Sexualpartner wurde geklärt: Bei *Phycomyces* scheint Substratinduktion vorzuliegen, bei *Mucor* erfolgt eine Steuerung der Zygophoren durch gasförmige Wirkstoffe (vgl. Fortschr. Bot. **18**, 334). Die Luftinduktion führt zu einer Wachstumskrümmung, die durch ungleiche Konzentration auf der Vorder- bzw. Rückseite der Zygophoren zustande kommt. Neben den Progamonen und Gamonen ist daher im Schema der Sexualreaktion bei *Mucor* ein drittes Wirkstoffpaar einzusetzen (vgl. Abb. 20), das gasförmig, organ- und geschlechtsspezifisch ist (PLEMPEL u. DAWID).

Auch bei *Rhizopus sexualis* kann eine flüchtige Komponente (Methylamin?) für die Induktion der Zygophoren verantwortlich gemacht werden. HEPDEN und FOLKES suchen einen Zusammenhang zwischen der Verfügbarkeit methylierender Verbindungen und der Synthese von Thymin bzw. DNS; es kann nämlich gezeigt werden, daß bei niedrigen Temperaturen (10° C) wohl die Induktion, nicht aber die Reifung der Zygosporen gehemmt wird. Die Induktion ist aber gekoppelt an eine Umsteuerung des NS-Stoffwechsels: Zum Zeitpunkt der Zygophorendifferenzierung tritt in den Hyphenspitzen eine Akkumulation von RNS auf, die bei der Reife zugunsten der DNS verschwindet. Die DNS-Synthese geht also auf Kosten des RNS-Pools vor sich.

Die Induktion der Sexualorgane bei *Achlya* ist für verschiedene Arten unterschiedlich temperaturabhängig, für heterothallische Stämme meist an höhere Temperatur gebunden (BARKSDALE).

Fruchtkörperbildung der Pilze

Für *Neurospora* werden weitere Daten veröffentlicht, die für eine enge Beziehung zwischen der Melanin-Bildung und der Entwicklung der Protoperithezien (BARBESGAARD u. WAGNER) sprechen. In diesem Sinne lassen sich auch die Ergebnisse von KUWANA (1, 2) deuten (vgl. Fortschr. Bot. **22**, 362). Für den Basidiomyceten *Psilocybe* hat URAYAMA in einer umfangreichen Untersuchung die Anwesenheit eines Hemmstoffes für die Fruchtkörperbildung wahrscheinlich gemacht, dessen Entstehen an das Vorhandensein reichlicher Stickstoff- und Kohlenstoff-Quellen gebunden ist. Der Hemmstoff für die Fruchtkörperbildung wird durch Bakterien abgebaut, wobei vor allem an die Entstehung von Anti-Hemmstoffen gedacht wird. Das Fruchtkörper-auslösende Prinzip kann extrahiert und gereinigt werden. Es kann mit keiner der physiologisch bekannten Stoffgruppen identifiziert werden und besitzt ein MG unter 10000. Der weiteren Analyse kann man mit Spannung entgegensehen. Der Befund vermag frühere Ergebnisse über die Mitwirkung symbiontischer oder saprophytischer Bakterien bei der Fruchtkörperbildung zu erklären. Auch manche technische Tricks, welche in der Praxis zur Auslösung der Fruchtkörperbildung führen [z. B. Bedecken mit Kleie (TERAKAWA)], dürften sich also durch Begünstigung einer induzierenden Bakterienflora deuten lassen. Eine Untersuchungsreihe hat ASCHAN-ÅBERG der Physiologie der Fruchtkörperbildung von *Collybia* gewidmet. Wenn auch die günstigsten Lichtverhältnisse (blauer Teil des Spektrums), die optimale Wachstumstemperatur ($+10-15°$ C) und die Ernährungsbedingungen näher beschrieben werden können, so sind die spezifischen Bedingungen für die Fruchtkörperinduktion noch nicht näher zu umschreiben [ASCHAN-ÅBERG (1—3)]. Das Wachstum der Fruchtkörper wird durch Wuchsstoffe unbekannter Natur gesteuert (HAGIMOTO u. KONISHI; GRUEN).

Sporenbildung der Pilze

Die Induktion der Sporulation ist ein intensiv bearbeitetes Problem. Für *Aspergillus nidulans* hat ACHA ein definiertes, selektives Medium gefunden, das zur Ascosporenbildung anregt, ohne zur Conidiosporenbildung zu führen. Bei *Penicillium* hat MORTON auf einem Medium mit Mg, K und PO_4 Sporulation induzieren können; die für die Sporeninduktion notwendige hohe Glucose-Konzentration kann auch ersetzt werden durch nichtassimilierbare Zucker, wie Sorbose und D-Arabinose. Als wirkungsvollster Stimulus erwies sich aber der Übergang von submerser Kultur zum Luftmycel. Die Natur des Sporulationsprinzips wird in einer reversiblen physikalischen Änderung der cellulären Oberflächeneigenschaften gefunden. Bei der Luftmycelbildung können nämlich oberflächenaktive Komponenten nachgewiesen werden, die innerhalb von 30 sec entstehen. Wahrscheinlich ist das oberflächenaktive Prinzip, das bei plötzlicher Bildung einer Luft-Wasser-Grenzfläche entsteht, von Proteinnatur (MORTON). Möglicherweise ist die Wirksamkeit von polypeptidischen Antibiotica auf die Sporenbildung von Bakterien ähnlich zu erklären (BERNLOHR u. NOVELLI).

Die Bildung sexueller Stadien von *Aphanomyces* ist nur unter eng begrenzten Ernährungsbedingungen möglich: Ein bestimmtes C/N-Verhältnis ist wichtig, Vitamine sind nicht essentiell [PAPAVIZAS und DAVEY (1, 2)]. Da im Mycel keine Spezialisierung der vegetativen Kerne stattfindet, kann an jedem Punkt der Hyphe Conidienbildung stattfinden [ZALOKAR (1, 2)].

Sporenwand. Die primären Bausteine der Sporenwand von *Allomyces* sind niedermolekulare Chitin-Mikrofibrillen (ARONSON u. PRESTON). Asexuelle Sporen, Mikroconidien und globuläre Conidien besitzen einen unterschiedlichen chemischen Aufbau der Sporenoberfläche; außerdem werden ionisierbare Oberflächenladungen spezifischer Natur wahrscheinlich gemacht (DOUGLAS, COLLINS u. PARKINSON). Die Sporenwand von *B. subtilis* besteht aus Strukturproteinen, während die Wand der vegetativen Zellen aus Peptiden und Aminozucker-Komplexen besteht (SALTON u. MARSHALL).

Antheridienbildung der Farne

Die Arbeitsgruppe des Rockefeller-Instituts machte weitere Fortschritte bei der Suche nach spezifischen Induktoren für die Geschlechtsorgane der Farne (NÄF; PRIGLE, NÄF u. BRAUN). Inzwischen konnten nämlich 3 in ihrem chemischen Verhalten verschiedene Substanzen isoliert werden: 1. ein *Pteridium*-Faktor (früher auch A-Faktor genannt), mit einem breiten Wirkungsspektrum in insgesamt 8 Untergruppen der

Polypodiaceen. Er ist noch in einer Verdünnung von 1 : 10000000000 gegenüber *Onoclea sensibilis* wirksam; 2. ein *Anemia*-Faktor, der die Antheridienbildung von *A. phyllitidis* kontrolliert; 3. der *Lygodium*-Faktor, der bei zahlreichen Species innerhalb der *Polypodiaceen* wirksam ist und von *L. japonicum* in das Medium sekretiert wird. Auch die Sequenz der Sexualorgan-Bildung wird in gemischten Populationen durch diese spezifischen Induktoren kontrolliert.

Interessante Aspekte bieten sicherlich auch in Zukunft die Pläne von BELL u. Mitarb. [BELL (1—3); JAYASEKERA u. BELL], denen es gelang, den formativen Effekt des Gametophyten durch Befruchtung von isolierten Archegonien auszuschalten. Für die Entwicklung der Zygote ist nicht nur ein polarer Wuchsstoffstrom vom akipalen Meristem des herzförmigen Gametophyten her von Bedeutung, sondern vor allem auch der mechanische Druck in der Archegonium-Kammer, der wichtiger ist als das Gravitationsfeld.

Durch hohe Zuckerkonzentration im Medium (2,5% Glucose) kann in normalen Gametophyten Apogamie induziert werden (WHITTIER u. STEEVES).

Geschlechtsspezifischer Stoffwechsel

Unterschiede im vegetativen Stoffwechsel von *Populus tremuloides* fand BOURDEAU: die Atmung von Blättern weiblicher Pflanzen ist signifikant um 37% höher, Photosyntheserate und Chlorophyllgehalt sind niedriger als bei männlichen Pflanzen. Für geschlechtsspezifische Proteinzustände sprechen erste serologische Analysen (LINSKENS).

Abwerfen von Blütenorganen

Entfernen der Blätter führt zu reduzierter Anzahl von Blüten, welche die Anthese erreichen, sowie zur Abstoßung der Blüten. Applikation von IES wirkt abwurfverzögernd. Exstirpation der Ovarien führt zu raschem Blütenabwurf. Offensichtlich ist der Blütenfall nicht allein durch IES zu verhindern, so daß die Mitwirkung anderer Faktoren zu vermuten ist (YAGER). Die Blüte von *Pelargonium* reagiert auf das Wachstum der Pollenschläuche im Griffel durch vorzeitigen Abwurf der Corolle (PHILIPPI).

Pollenphysiologie

Eine Literaturübersicht wurde von JOHRI und VASIL gegeben.

Pollenentwicklung. In der Anthere kann während der Pollenentwicklung eine Änderung der Zusammensetzung der löslichen Proteine verfolgt werden: 3 Fraktionen zeigen quantitative Unterschiede, die mit den synchronisierten Teilungen in den Mikrosporen korrelieren (NASATIR, BRYAN u. RODENBERG). In einigen *Hordeum*-Mutanten kann Chromatin-Extrusion und Cytomixis (Transfer von Kernmaterial von einer Zelle in die Nachbarzelle) für die Pollenmutterzellen nachgewiesen werden [KAMRA (2)]. Auch treten zwei- und mehrkernige Pollenmutterzellen auf, die wahrscheinlich durch Ausfall der prämeiotischen Mitose zustande kommen [KAMRA (1)]. Der Nucleinsäure-Stoffwechsel in den Mikrosporocyten scheint durch die wechselnde Aktivität von Nucleasen sehr komplex (BAL u. KAUFMANN). Für die Tetradensegregation dürfte wahrscheinlich auch ein plasmatischer Gradient verantwortlich sein [SMITH-WHITE (1)]. Dieser muß jedoch bereits in der Pollenmutterzelle bestehen [SMITH-WHITE (2)]. Bei der Musterbildung für den Pollenabort ist die Univalent-Verteilung in der Meiose mitbeteiligt (MARTIN u. PEACOCK). Die basischen Proteine der Nucleolen werden bei der Pollenmitose ungleich verteilt (MARTIN). Offensichtlich enthält das Kernmaterial auch Calcium, wie STEFFENSEN und BERGERON durch Autoradiographie von Pollenschläuchen nachweisen konnten. Der reife Pollen von *Mais* ist mit größeren Mengen von Öl-, Palmitin-, Stearin-, Linol- und Linolen-Säuren versehen (BARR, BALL u. SELL). Unregelmäßigkeiten bei der Pollenmeiose kommen auch in der freien Natur vor; sie sind dann durch abnorme Milieubedingungen wie Temperaturextreme oder Standortwechsel bedingt [MALIKI (2), MALIKI u. TANDON (1, 2)].

Trockenresistenz. Die Trockenresistenzschwellen und die Feuchtigkeitsresistenz von Pollen zahlreicher Species hat PRUZSINSKY untersucht. Pollen von Pflanzen verschiedener Standorte unterscheiden sich nicht grundsätzlich in ihrer Trockenresistenz; ein Zusammenhang mit ökologischen Faktoren scheint daher nicht zu bestehen. Die Keimfähigkeit läßt sich jedoch bei Lagerung um 0° C und bei relativer Feuchtigkeit von 10—50% länger erhalten (WORSLEY).

Pollenkeimung. VASIL (2) berichtet von erfolgreichen Bemühungen zur Pollenkeimung von *Gramineen*, die jedoch bereits früher gelang (WIEHE). In der Mikropylenflüssigkeit von *Pinus* keimt der Pollen nicht, er schwillt lediglich an und speichert Stärke aus dem Zucker des Mediums [MCWILLIAM (2)]. Der Bestäubungstropfen der *Gymnospermen* dient also keinesfalls als „Inkompatibilitätssieb", sondern lediglich als Transportmedium (vgl. Fortschr. Bot. **22**, 365).

Pollenschlauchwachstum. Zahlreiche Arbeiten befassen sich wieder mit der Wirkung von Kobalt (YAMADA), Borsäure [VASIL (1), DANIEL u. VÁROCZY], Gibberellinsäure (CHING u. CHING; BOSE), Kinetin [GORSKA-BRYLASS (1, 2)], Antibiotica (SEN), Wasserstoffperoxyd (WORSLEY) und Infrarot-Licht (SEN u. DATTA) auf Keimung und Schlauchwachstum. Wichtig erscheint lediglich, daß Gibberellinsäure die Teilungsfrequenz des generativen Kernes erhöht, Kinetin die Wachstumsgeschwindigkeit und definitive Länge der Schläuche vergrößert. Die Inversion von Saccharose bei in vitro-Kultur von Pollenschläuchen wird auch von TUPÝ gefunden (vgl. Fortschr. Bot. **21**, 338—339). Es scheint, daß der wachsende Pollenschlauch bei der exogenen Substrataufnahme in erster Linie auf Saccharose angewiesen ist.

Narbenphysiologie

Bis zu einem gewissen Grade läßt sich der Erfolg von Pollenkeimung unter Zusatz von Borsäure durch einen Zusatz von Narbenschleim oder Narbenextrakten zu einem borfreien Medium ersetzen (GLENK). So ist es denn auch nicht verwunderlich, daß das klebrige, nach der Anthese ausgeschiedene Narbensekret den gleichen Borgehalt besitzt wie das Narbengewebe (GLENK u. WAGNER). Die Dauer der Ausscheidung von Substanzen aus der Narbe ist von dem Zeitpunkt der Befruchtung abhängig: 13—15 Std nach der Befruchtung wird die Narbenschleimproduktion eingestellt, bei unbefruchteten Narben geht die Sekretion bis zu 48 Std lang vor sich. Die Dauer der Ausscheidung kann daher als Indicator für erfolgreiche Befruchtungan gesehen werden (TKACHENKO). Die Qualität des Narbenexsudates wird durch die Antheren gesteuert; letztere können durch IES, NES und die saure Fraktion eines ätherischen Narbenextraktes ersetzt werden (SHUEL). Der Narbenschleim enthält neben Pilz- bzw. Bakterienhemmstoffen (JUNG u. PLEMPEL) auch pollenkeimungsstimulierende Substanzen (TKACHENKO).

Physiologie des weiblichen Gametophyten der Blütenpflanzen

Die Kultur isolierter Samenanlagen gelang nun auch bei *Orchideen* [PUDDUBNAYA-ARNOLDI (1)]. Die Embryosack-Produktion ist zwar genetisch determiniert, jedoch sehr stark durch Umweltfaktoren, gelegentlich auch durch meiotische Unregelmäßigkeiten, bestimmt [POVILAITIS u. BOYES (1, 2)]. Die Reifung der Samenanlagen erfolgt bei *Orchideen* erst nach der Bestäubung; fällt diese aus, so degenerieren die Samenanlagen, ohne sich voll entwickelt zu haben (MAGLI).

Die zentrale Vacuole des Embryosackes ist von den Physiologen „entdeckt" worden: Bei *Pinus* handelt es sich um Proteid-Vacuolen, die neben Eiweiß auch RNS und Polysaccharide enthalten; kurz vor der Befruchtung erreichen sie hinsichtlich Anzahl und Auffüllung ihren Höhepunkt (TAKAO). Damit verbunden ist die Änderung des osmotischen Wertes [RYCZKOWSKI (1, 3)], der Viscosität, Oberflächenspannung und des spezifischen Gewichtes [RYCZKOWSKI (2, 4)], die im Zusammenhang mit Speicherung und Verschiebungen von Wasser, Zuckern und Aminosäuren stehen. Außerdem sind bei *Pinus* Lipide nachgewiesen. Die Bedeutung der zentralen Vacuole scheint vor allem in der Nährstoffversorgung der reifenden Eizelle und der frühen Entwicklungsstadien des Proembryos zu liegen (TAKAO).

Befruchtungsphysiologie der Blütenpflanzen

GERASSIMOVA-NAVASHINA gibt eine zusammenfassende Darstellung ihrer Auffassung über die Physiologie des Befruchtungsaktes. Dabei wird die Hypothese, wonach die durch den Spermakern eingebrachte DNS die Eizelle stimuliert (Fortschr. Bot. 21, 41; VAZART) abgelehnt. Vielmehr soll der Befruchtungsprozeß eine Konsequenz der spezifischen Eigenschaften sein, welche die Sexualzellen durch Meiose und die folgenden Stadien der Organogenese erhalten haben.

Der Befruchtungsvorgang bei Blütenpflanzen kann nach Abtrennung der Samenanlagen in 10%iger Zuckerlösung untersucht werden. Infolge der Transparenz der Integumente von *Orchideen*-Embryosäcken lassen sich alle Stadien der Befruchtung und der Embryoentwicklung *in vitro* verfolgen. Nach der Auffassung von PODDUBNAYA-ARNOLDI (2, 3) spielen auch in der haploiden Generation die Plastiden eine große Rolle für die Enzym-, Eiweiß-, Fett- und die Kohlenhydrat-Synthese. Damit hängt sicherlich auch zusammen, daß es für eine erfolgreiche Befruchtung wesentlich ist, daß beide Plasmen eine einheitliche Organell-Verteilung, nämlich 1 : 4, besitzen (RICHTER-LANDMANN). Der hohe Fettgehalt zur Zeit der Befruchtung der Embryosäcke wird als zweckdienliches Lösungsmittel für die Carotine interpretiert.

Die Bedeutung der Synergiden wird, abweichend von bisherigen Auffassungen, hauptsächlich darin gesehen, daß sie die Sperma-Kerne in den Raum zwischen Eizelle und Zentralzelle lotsen und auf diese Weise den normalen Ablauf der doppelten Befruchtung sicherstellen. Das Erreichen dieses polarisierten Plasmafeldes ist eine Vorbedingung für den Eintritt der Mutualreaktion zwischen den beiden weiblichen Kernen (GERASSIMOVA-NAVASHINA u. KORBOVA). Die Spitze des Pollenschlauches weist eine auffällige Wandverdickung auf, die als verstärkter Schutz für die empfindliche Spitze beim Durchwachsen des Makrosporangiums und des Embryosackes gedeutet wird [PODDUBNAYA-ARNOLDI (2)]. Hinweise darauf, daß für das gerichtete Wachstum des Schlauches auf die Mikropyle hin auch elektrostatische Ladungsunterschiede eine Rolle spielen, konnten nicht gefunden werden [MCWILLIAM (1)].

Durch Mikrofilmaufnahmen mit dem Zeitraffer-Verfahren kann eindeutig bewiesen werden, daß der Transport der generativen und der Sperma-Zelle nicht passiv durch Plasma-Strömung, sondern selbständig und aktiv erfolgt, wobei sogar Hindernisse, wie starker Plasmagegenstrom und Verengung des Lumens der Pollenschläuche, überwunden werden. Während des Teilungsprozesses der generativen Zelle wird angehalten, wobei das Pollenschlauchplasma mit alter Geschwindigkeit weiterströmt (POLUNINA u. SVESHNIKOV).

Wenn auch die Entwicklungsprozesse *in vitro* nicht in allen Punkten mit denjenigen *in vivo* übereinstimmen (so werden z. B. die Zellen des Embryos im künstlichen Medium ansehnlich größer), so dürfte die Direktbeobachtung der Befruchtung doch neue Impulse für die Physiologie der Angiospermen-Embryogenese geben.

Mittels Tracer-Methodik kann erneut nachgewiesen werden (vgl. auch Fortschr. Bot. **18**, 341), daß bei einer normalen Befruchtung die Substanz mehrerer Pollenkörner in die Zygote eingeht. Auch soll die Vitalität der Nachkommenschaft proportional der einverleibten Pollenschlauchanzahl (errechnet aus der Menge des in die Samenanlagen eingedrungenen radioaktiven Phosphors) sein (GÖRING). Offensichtlich geht auch während des Pollenschlauchwachstums durch den Griffel Material in das Leitgewebe über (DA-CZJUN); ob aktiv oder durch reine Diffusion, bleibt ungeklärt.

Physiologie der Inkompatibilität

Eine geistreiche Hypothese zur Erklärung der Evolution der Inkompatibilitätssysteme gab PANDEY (2). Darin wird die Entstehung einer kritischen Menge verfügbarer Metaboliten in der Mikrosporenmutterzelle als physiologischer Grundprozeß angesehen. Die qualitativ verschiedenen physiologischen Mechanismen der Inkompatibilität werden durch den S-Gen-Komplex ausgelöst, während der Zeitpunkt der Aktualisierung der Kettenreaktion und das Ausmaß derselben durch plasmatische Konstituenten kontrolliert werden sollen. PANDEYs Vorstellung ähnelt der von SAMPSON aufgestellten Theorie, wonach jedes S-Allel die Produktion einer spezifischen Substanz steuert, die jedoch allein wirksam wird, wenn sie einen bestimmten Schwellenwert überschreitet; so ergäbe sich zugleich eine Erklärungsmöglichkeit für die unabhängige Wirksamkeit bei den hinsichtlich der S-Allele heterozygoten Pflanzen. SAMPSON nimmt weiterhin an, daß sich sporophytisch und gametophytisch determinierte Systeme dadurch unterscheiden, daß die S-Allele nur in bestimmten Organ-Bereichen wirken können: sporophytisch determinierte Species haben eng begrenzte Hemmzonen, vor allem für die Pollenkeimung, während gametophytisch determinierte Arten Hemmung des Schlauchwachstums in größeren Bezirken des Griffels aufweisen können. Für die Evolution der Inkompatibilitätssysteme ist es von Interesse, daß in der Gattung *Solanum* sowohl gametophytische 1- als auch 2-Locus-Systeme vorkommen [PANDEY (5, 6)].

Die Selbststerilität der *Cruciferen* wird auf breiter Basis untersucht: Neben *Raphanus* (PUTRAMENT) erfreuen sich vor allem *Brassica*-Arten großen Interesses [LANDOVSKY, OLSSEN (1, 2); RÖBBELEN]. Das Verhalten der Pollenschläuche bei Selbstbestäubung und bei interspezifischer Kreuzbestäubung ist gleichartig. Eine bestimmte Mindestmenge an Pollen auf der Narbe ist für den normalen Befruchtungsablauf notwendig. Auch die Wachstumsgeschwindigkeit wird von der Intensität der Bestäubung beeinflußt: bei spärlicher Belegung der Narbe benötigen die Pollenschläuche zuweilen die doppelte Zeit. Meist besteht die Unverträglichkeit in der Unfähigkeit, die Narbencuticula zu durchbrechen und in das subepidermale Narbengewebe einzudringen (RÖBBELEN). Nachdem ein Enzymsystem gefunden werden konnte, das in der Lage ist, Cutin abzubauen (HEINEN u. LINSKENS; HEINEN), dürften sich Ansätze zu einer kausalen Klärung der sich auf der Narbenoberfläche abspielenden Inkompatibilitätsreaktion ergeben, welche auch die Beseitigung der Hemmung durch gute Wassersättigung der die Narben umgebenden Luft einschließen.

Für zahlreiche weitere Species kann die physiologisch-cytologische Basis der Inkompatibilität näher beschrieben werden. Bei *Petunia* kann Kompatibilität zustande kommen durch Gene, die das Ablaufen der Inkompatibilitätsreaktion verhindern (MOSIG). Auch bei *Coffea*-Arten tritt Selbst-Inkompatibilität auf, die sich in Hemmung der Pollenkeimung äußert (MEDINA u. CONAGIN; DVREUX, VALLAEYS, POCHET u. GILLES). Bei *Abutilon* liegt gametophytische Hemmung in der Narbe oder im oberen Viertel des Griffels vor [PANDEY (3)].

Die Selbst-Inkompatibilität bei *Theobroma cacao* bietet noch stets zahlreiche ungeklärte Probleme. Nach BENNETT und COPE ist das Nichtzustandekommen der Fusion von Polkernen und Spermakern auf eine spezifische, an die Oberfläche des männlichen Kerns adsorbierte Schutzsubstanz von Proteinnatur zurückzuführen, die nur bei dominanter S-Allelenausrüstung vorkommt. Die Durchbrechung solcher an den Grenzflächen lokalisierten Schichten bei Mischbestäubungen wäre dann als Überwindung der Inkompatibilitätsschranke (GLENDINNING) zu deuten. Hingegen versucht PANDEY (4) das phylogenetisch junge Inkompatibilitätssystem von Kakao durch prämeiotisch entstehende Vorstufen von spezifischen Inkompatibilitätsstoffen zu erklären, die erst im Pollenschlauch bzw. im Embryosack umgewandelt oder aktiviert werden.

Interspezifische Inkompatibilität. In der Gattung *Corchorus* ist neben verlangsamtem Pollenschlauchwachstum vor allem die Hybridensterblichkeit (nach STEBBINS) die Hauptbarriere für erfolgreiche Artkreuzungen. Bei *Pinus* ist das Eindringen der Pollenschläuche in das Nucellusgewebe Voraussetzung für eine vollständige Entwicklung der Samenanlagen. Inkompatibilität bei Artkreuzungen beruht daher in erster Linie auf der Unfähigkeit der Schläuche, das Ovar mit dem Cofaktor zu versehen, der Wuchsstoffcharakter hat und die volle Entwicklung des weiblichen Gametophyten sicherstellt [MCWILLIAM (3)].

Überwindung der Inkompatibilität

Die Pseudo-Kompatibilität läßt sich in 3 Kategorien einteilen [PANDEY (1)]: 1. durch innere und äußere Milieubedingungen zustande kommend, 2. unter experimentellen Bedingungen durch mechanische Störung, Amputation der Narbe und Änderung der Temperaturverhältnisse erzeugt und 3. auf genetischer Basis durch mutierte S-Allele oder Modifikator-Gene beruhend. So kann ebenfalls Selbstfertilität durch Verteilung überzähliger zentrischer Fragmente zum normalen Genom zustande kommen (BREWBAKER u. NATARAJAN).

Durch Röntgenbestrahlung des Pollens kann bei *Nicotiana* und *Brassica* eine Verbesserung des Pollenschlauchwachstums erzielt werden (SWAMINATHAN u. MURTY; DAVIES u. WALL). Offensichtlich kann interspezifische Kreuzungs-Inkompatibilität entweder durch Stimulierung des Schlauchwachstums oder durch Änderung der biochemischen Zustände bei somatoplasmatischer Sterilität aufgehoben werden. Durch ionisierende Strahlung kann bei *Petunia* die Selbst-Inkompatibilität zumindest teilweise überwunden werden, wenn das Griffelgewebe v o r der Passage der Schläuche behandelt wurde. Dabei dürfte in erster Linie eine Störung des intracellulären Immunitätsmechanismus eine Rolle spielen (LINSKENS, SCHRAUWEN u. VAN DEN DONK).

Literatur

ACHA, I. G., and J. R. VILLANUEBA: Nature (Lond.) 189, 328 (1961). — ARONSON, J. M., and R. D. PRESTON: Nature (Lond.) 186, 95—96 (1960). — ASCHAN-ÅBERG, K.: (1) Physiol. Plant. 11, 312—328 (1958); — (2) 13, 276—279 (1960); — (3) Svensk Bot. Tidskr. 54, 329—341 (1960).

BAL, A. K., and B. P. KAUFMANN: Nucleus 2, 51—62 (1959). — BARBESGAARD, P. O., and S. WAGNER: Hereditas (Lund) 45, 564—572 (1959). — BARKSDALE, A. W.: Amer. J. Bot. 47, 14—23 (1960). — BARR, M. L.: (1) Science 130, 679—685 (1959); — (2) Amer. J. Hum. Genet. 12, 118—127 (1960). — BARR, C. R., C. D. BALL and H. M. SELL: J. Amer. Oil Chem. Soc. 36, 303—304 (1959). — BELL, P. R.: (1) Nature

(Lond.) **184**, 1664 (1959); — (2) J. Linnean Soc. (Lond.) Bot. **56**, 188—203 (1959); — (3) Proc. Roy. Soc. (Lond.) **153**, 421—432 (1960). — BENNETT, M. C., and F. W. COPE: Nature (Lond.) **183**, 1540 (1959). — BERNLOHR, R. W., and G. D. NOVELLI: Nature (Lond.) **184**, 1256—1257 (1959). — BOSE, N.: Nature (Lond.) **184**, 1577 (1959). — BOURDEAU, P. F.: Forest Sci. **4**, 331—334 (1958). — BREWBAKER, J. L., and A. T. NATARAJAN: Genetics **45**, 699—704 (1960). — BURROWS, E. M.: J. Linnean Soc. (Lond.) **56**, 204—206 (1959).

CHING, K. K., and T. M. CHING: Forest Sci. **5**, 74—80 (1959). — CLEVELAND, L. R., and A. W. BURKE jr.: J. Protozool. **7**, 240—245 (1960). — CLEVELAND, L. R., A. W. BURKE jr. and P. KARLSON: J. Protozool. **7**, 229—239 (1960).

DA-CZJUN, L.: Vest. selsk. Nauki SSSR **4**, 120—125 (1959). — DANIEL, L., and E. VÁROCZY: Növénytermelés **6**, 309—330 (1957). — DAVIES, D. R., and E. T. WALL: Z. Vererbungsl. **91**, 45—51 (1960). — DEVREUX, M., G. VALLAEYS, P. POCHET et A. GILLES: Publ. Inst. nat. agron. Congo Belge, Ser. Sci. **87**, 44 (1959). — DOUGLAS, H. W., A. E. COLLINS and D. PARKINSON: Biochim. biophys. Acta **33**, 535—538 (1959).

FÖYN, B.: (1) Arch. Protistenk. **102**, 473—480 (1958); (2) **104**, 237—253 (1959); — (3) Biol. Bull. **118**, 407—411 (1960).

GERASSIMOVA-NAVASHINA, H.: Nucleus **3**, 111—120 (1960). — GERASSIMOVA-NAVASHINA, H. N., and S. N. KOROBOVA: Bull. Moskau. obšč. isp. prirodi otd. biol. **64**, 69—76 (1959). — GLENDINNING, D. R.: Nature (Lond.) **187**, 170 (1960). — GLENK, H. O.: Flora **148**, 378—433 (1960). — GLENK, H. O., u. W. WAGNER: Ber. dtsch. bot. Ges. **78**, 463—470 (1961). — GÖRING, H.: Naturwissenschaften **47**, 142 (1960). — GORSKA-BRYLASS, A.: (1) Bull. Soc. Sci. et des Lett. de Lodz, Cl. III, **10**, 1—7 (1959); — (2) Acta Soc. Bot. Polon. **29**, 263—274 (1960). — GRUEN, H. E.: Ann. Rev. Plant Physiol. **10**, 405—440 (1959).

HAGIMOTA, H., and M. KONISHI: Bot. Mag. (Tokyo) **72**, 359—366 (1959). — HEINEN, W.: Acta Bot. Neerl. **9**, 167—190 (1960). — HEINEN, W., u. H. F. LINSKENS: Naturwissenschaften **47**, 18 (1960). — HEPDEN, P. M., and B. P. FOLKES: Nature (Lond.) **185**, 254—255 (1960). — HIENZ, H. A.: Die zellkernmorphologische Geschlechtserkennung. Einzeldarstellungen aus Theorie und Klinik der Medizin. Bd. 10. Heidelberg 1959.

JAYASEKERA, R. D. E., and P. R. BELL: Planta **54**, 1—14 (1959). — JOHRI, B. M., and I. K. VASIL: Erg. Biol. **23**, 1—13 (1960). — JUNG, J., u. M. PLEMPEL: Phytopathol. Z. **38**, 245—249 (1960).

KALMUS, H., and C. A. B. SMITH: Nature (Lond.) **186**, 1004—1006 (1960). — KAMRA, O. P.: (1) Hereditas (Lund) **46**, 536—542 (1960); (2) **46**, 592—600 (1960). — KATAYAMA, T.: Bull. Jap. Soc. Sci. Fish. **22**, 248—250 (1956). — KUWANA, H.: (1) Ann. Rep. Sci. Works Fac. Sci. Osaka Univ. **4**, 117—131 (1956); — (2) Bot. Mag. (Tokyo) **71**, 269—274 (1958).

LANDOVSKY, F.: Scofník vysoké školny zemědělské v Praze, Ročnik 1957. — LANG, A.: Proc. 4th Intern. Congr. Biochem. (Wien) **6**, 126—140 (1959). — LeFEVRE, M., H. JACOB et M. NISBET: Proc. int. Assoc. Limnology **11**, 244—249 (1951). — LENNOX, B., D. M. SERR and M. A. GERGUSON-SMITH: In: Sex differentiation and Development. Mem. Soc. Endocrinology **7**, 123—133 (1960). — LERSTEN, N. R., and P. D. VOTH: Bot. Gaz. **122**, 33—45 (1960). — LEWIN, G. G.: Bot. Z. (russ.) **44**, 943—953 (1959); deutsch in: Sowjetwiss., Naturwiss. Beitr. H. **5**, 523—535 (1960). — LINSKENS, H. F.: Z. Bot. **48**, 126—135 (1960). — LINSKENS, H. F., J. A. M. SCHRAUWEN u. M. VAN DEN DONK: Naturwissenschaften **47**, 547 (1960).

McWILLIAM, J. R.: (1) Silvae Genet. (Frankfurt a. M.) **8**, 59—61 (1959); — (2) Forest Sci. **6**, 27—39 (1960); — (3) Amer. J. Bot. **46**, 425—433 (1959). — MAGLI, G.: Nuov. Giorn. Bot. Ital. Ns **65**, 401—416 (1958). — MALIK, C. P.: (1) J. Sci. Industr. Res. **C19**, 176—179 (1960); — (2) Nature (Lond.) **187**, 805—806 (1960). — MALIK, C. P., and S. L. TANDON: (1) Ind. J. Horticult. **16**, 39—41 (1960); — (2) Caryologia **13**, 516—522 (1960). — MARTIN, P. G.: Heredity **14**, 125—132 (1960). — MARTIN, P. G., and W. J. PEACOCK: Proc. Linnean Soc. of New South Wales **84**, 271—277 (1959). — MEDINA, D. M., e C. H. T. MENDES CONAGIN: Bragantia (São Paulo) **18**, 283—293 (1959). — MORTON, A. G.: Proc. Roy. Soc. (Lond.) **B 153**, 548—569 (1961). — MOSIG, G.: Z. Vererbungsl. **91**, 158—163 (1960).

Näf, U.: Proc. Soc. exp. Biol. Med. 105, 82—86 (1960). — Nakazawa, S.: Bot. Mag. (Tokyo) 71, 343—346 (1958). — Nasatir, M., A. M. Bryan and S. D. Rodenberg: Science 132, 897—898 (1960).

Olsson, G.: (1) Kungl. Lantbruksakad. Tidskr. 92, 394—402 (1953); — (2) Hereditas (Lund) 46, 241—252 (1960).

Pandey, K. K.: (1) Lloydia 22, 222—234 (1959); — (2) Evolution (Lanc. Pa.) 14, 98—115 (1960); (3) — Amer. J. Bot. 47, 877—883 (1960); — (4) Amer. Nat. 94, 379—381 (1960); — (5) Phyton (Argent.) 14, 13—19 (1960); — (6) Nature (Lond.) 185, 483—484 (1960). — Papavizas, G. C., and C. B. Davey: (1) Am. J. Bot. 47, 758—765 (1960); — (2) 47, 884—889 (1960). — Patel, G. I., and R. M. Data: Euphytica 9, 89—110 (1960). — Philippi, G.: Z. Pflanzenzücht. 44, 380—402 (1961). — Plempel, M.: (1) Planta 55, 254—258 (1960); — (2) Naturwissenschaften 47, 472 (1960); — Plempel, M., u. G. Braunitzer: Z. Naturforsch. 15 b im Druck (1961). — Plempel, M., u. W. Dawid: Planta 56, 438—446 (1961). — Poddubnaya-Arnoldi, V. A.: (1) Dokl. Akad. Nauk S. S. S. R. 125, 223—226 (1959); — (2) Amer. Naturalist 93, 161—169 (1959); — (3) Phytomorphology 10, 185—198 (1960). — Poljanski, W. I.: Bot. Z. (russ.) 5, 101 (1958). — Polunina, N. A., and A. I. Sveshnikov: Dokl. Akad. Nauk S.S.S.R. 127, 217—219 (1959). — Povilaitis, B., and J. W. Boyes: (1) Canad. J. Plant Sci. 39, 364—374 (1959); (2) Canad. J. Bot. 38, 507—532 (1960). — Pringle, R. B., U. Näf and A. C. Braun: Nature (Lond.) 186, 1066—1067 (1960). — Pruzsinsky, S.: Sitzungsber. Österr. Akad. Wiss., math.-naturwiss. Kl. Abt. I, 169, 43—100 (1960). — Putrament, A.: Acta Soc. Bot. Polon. 29, 289—313 (1960).

Raper, J. R.: Amer. J. Bot. 47, 794—808 (1960). — Richter-Landmann, W.: Planta 53, 162—177 (1959). — Röbbelen, G.: Züchter 30, 300—312 (1960). — Ryczowski, M.: (1) Bull. l'Acad. Polon. Sci. Cl. II, 8, 143—148 (1960); (2) 8, 149—154 (1960); — (3) Planta 55, 343—356 (1960); (4) 55, 357—364 (1960).

Sagromsky, H.: Naturwissenschaften 47, 141 (1960). — Salton, M. R. J., and N. Marshall: J. gen. Microbiol. 21, 415—420 (1959). — Sampson, D. R.: Amer. Naturalist 94, 283—292 (1960). — Sen, S. K.: Indian Agricult. 4, 59—62 (1960). — Sen, S. K., and R. M. Datta: Österr. Bot. Z. 107, 80—83 (1960). — Shihira, I.: Bot. Mag. (Tokyo) 71, 378—385 (1958). — Shuel, R. W.: Plant Physiol. 36, 265 bis 271 (1961). — Smith-White, S.: (1) Proc. Linnean Soc. of New South Wales 84, 259—270 (1959); (2) 84, 8—35 (1959). — Sosa-Bourdouil, C.: Ann. Biol. (Paris), Ser. 3, 34, 501—511 (1958). — Steffensen, D., and J. A. Bergeron: J. biophys. biochem. Cytol. 6, 339—342 (1959). — Swaminathan, M. S., and B. R. Murty: Z. Vererbungsl. 90, 393—399 (1959).

Takao, A.: Bot. Mag. (Tokyo) 72, 853—854 (1959). — Terakawa, H.: Sci. Papers Coll. gen. Educ. Univ. Tokyo 10, 65—71 (1960). — Tkachenko, G. V.: Bot. Z. (russ.) 44, 963—967 (1959). — Tupý, J.: Biol. Plant. (Praha) 2, 169—180 (1960).

Urayama, T.: Mem. Fac. Lib. Arts & Educ. Miyazaki Univ. 9, 393—462 (1960).

Vasil, I. K.: (1) Am. J. Bot. 47, 239—247 (1960); — (2) Nature (Lond.) 188, 1135 (1960).

Whittier, D. P., and T. A. Steeves: Canad. J. Bot. 38, 925—930 (1960). — Wiehe, P. O.: Nature (Lond.) 189, 4761 (1961). — Wiese, L.: Fortschr. Zool. 12, 295—335 (1960). — Worsley, R. G. F.: Silvae genet. (Frankfurt a. M.) 8, 143—148 (1959).

Yager, R. B.: Bot. Gaz. 121, 244—249 (1960). — Yamada, Y.: Bot. Mag. (Tokyo) 71, 319—325 (1958).

Zalokar, M.: (1) Am. J. Bot. 46, 555—559 (1959); (2) 46, 602—610 (1959).

22. Bewegungen

Von WOLFGANG HAUPT, Tübingen

Mit 4 Abbildungen

I. Freie Ortsbewegung

a) Bewegungsmechanismen

Die Auffassung, daß die Geißelbewegungen letzten Endes auf dem gleichen Prinzip beruhen wie die Muskelkontraktionen, ist nun schon recht gut begründet. BROKAW (1961) konnte an isolierten Geißeln des Flagellaten *Polytoma uvella* durch Zugabe von ATP oder ADP reguläre Bewegung erzielen; die Geißeln bewegten sich unter der Wirkung des Geißelschlages durchs Medium. Allerdings wird nur etwa 1/6 der Geschwindigkeit erreicht, die sich bei intakten Geißeln am Organismus findet. Frequenz und Amplitude sind in entgegengesetztem Sinne von der ATP-Konzentration abhängig. Gleichzeitig wird im biochemischen Versuch die ATPase-Wirkung der Geißel sowie ihr Gehalt an Adenylsäure-Kinase nachgewiesen. Bemerkenswert ist nun, daß andere Nucleosid-Triphosphate ebenfalls von den Geißeln dephosphoryliert werden, ohne jedoch dabei eine Bewegung induzieren zu können (ITP, UTP, GTP), und daß die entsprechenden Diphosphate überhaupt nicht dephosphoryliert werden können. Die Adenylensäure-Kinase der Geißeln ist also in ihrer Wirkung ebenso wie diejenige der Muskeln (Myokinase) auf die Adenosin-Komponente spezialisiert. Eine Berechnung zeigt, daß etwa 1,5% der normalen Zellatmung ausreichen, um die für normale Geißelbewegung notwendige ATP-Menge zu liefern.

Eine Kontraktion von Protein-Fibrillen als Bewegungsmechanismus könnte nach einer neuen Hypothese auch für die Fälle angenommen werden, die bisher einem ganz anderen Bewegungstyp zugeordnet wurden. JAROSCH (1959) will alle Gleitbewegungen auf gemeinsamer Grundlage erklären, u. a. Oscillatorien, Diatomeen, Euglenen, Spirochäten; Ausnahme: Desmidiaceen. An die Stelle der Stemmwirkung abgeschiedener Schleime oder ähnlicher Mechanismen setzt JAROSCH die Verschiebung von Proteinfibrillen parallel zur Zellachse (parallel zur Bewegungsrichtung), ganz analog den anzunehmenden Verhältnissen bei der Plasmaströmung. Dabei würden den im festen Ectoplasma von *Chara* verankerten Fibrillen vergleichbare Strukturen an der Zelloberfläche (z. B. in der Raphe von Diatomeen) entsprechen, dem beweglichen Endoplasma von *Chara* dagegen die als „Bewegungssubstanz" abgegebene Gallerte oder Schleimsubstanz (Diatomeen, *Oscillatoria*), die nach der bisherigen Auffassung infolge Reibung oder Stemmwirkung zur Fortbewegung führt; diese Bewegungssubstanz müßte eine feste mechanische Verbindung mit dem Substrat eingehen, um als Widerlager für die Bewegung dienen zu können. Für eine solche Funktion dürfte eine wesentlich geringere Substanzmenge erforderlich sein als für eine Stemmwirkung. Diese relativ einfache, wenn auch im Augenblick noch wenig fundierte Hypothese dürfte zu neuen interessanten experimentellen Fragestellungen anregen.

b) Phototaxis[1]

Das Absorptionsspektrum des Stigmas von *Euglena* wurde mit verfeinerten Methoden erneut aufgenommen (STROTHER und WOLKEN), die früheren Befunde (Fortschr. Bot. **20**, 283) konnten im wesentlichen bestätigt werden. Der Vergleich phototaktischer und photokinetischer Wirkungsgipfel mit den Absorptionsmaxima kann jedoch über eine reine Parallelisierung nicht hinausgehen.

Die Abhängigkeit des phototopotaktischen *Reaktionssinnes* vom Licht konnte HALLDAL an *Platymonas* weitgehend analysieren, wenn er durch Wahl eines geeigneten Verhältnisses der Mg-, Ca- und K-Ionen-Konzentrationen die Reaktionsfähigkeit so ausbalancierte, daß gerade die Grenze zwischen positiver und negativer Phototaxis erreicht war (vgl. Fortschr. Bot. **22**, 372). Nun genügt schon eine 5minütige Bestrahlung mit monochromatischem Licht (21 000 erg/cm²sec), um die Reaktionsfähigkeit ganz nach der positiven oder negativen Seite hin zu verschieben. Welcher Art diese Reaktionsverschiebung ist, hängt allein von der Wellenlänge ab: Blaues und rotes Licht induzieren positive, gelbes Licht negative Phototaxis (die Phototaxis selbst, der Test auf die Wirkung der induzierenden Bestrahlung, wurde stets durch das gleiche blaugrüne Licht niederer Intensität ausgelöst). Die Wirkungsspektren für diese Umstimmungen sind in Abb. 21 angegeben. Die Umstimmung kann mit den gleichen Organismen viele Male hintereinander vorgenommen werden, nur allmählich tritt eine gewisse Ermüdung ein. Die

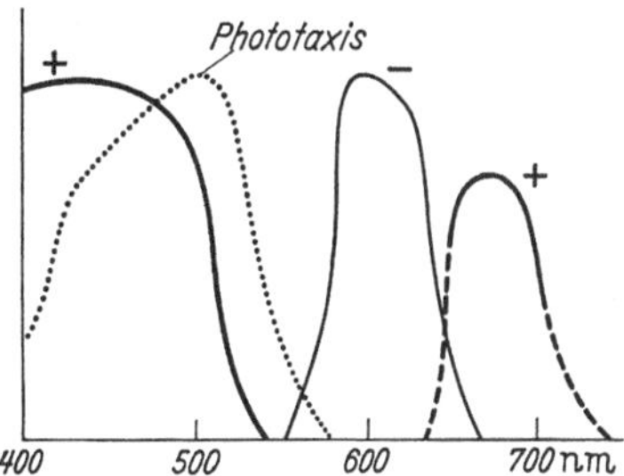

Abb. 21. Wirkungsspektren für die phototaktischen Umstimmungen bei *Platymonas*. Induktion positiver (+) bzw. negativer (—) Phototaxis; zum Vergleich Wirkungsspektrum der Phototaxis selbst (punktierte Kurve). Abszisse: Wellenlänge; Ordinate: relative Wirksamkeit. Nach HALLDAL (1960)

Effekte lassen sich nicht leicht verstehen; die „Positivierung" könnte über Chlorophyll gehen, vielleicht gleichzeitig auch über das Photoreceptor-Pigment der Phototaxis (Wirkungsmaximum der Phototaxis bei 495 nm, vgl. Abb. 21), während die „Negativierung" dann auf Absorption in einem noch unbekannten Pigment beruhen müßte. Denkbar wäre es nach HALLDAL jedoch auch, daß die gesamten Reaktionen über ein reversibles Pigment laufen, das dem Phytochrom vergleichbar wäre.

Bei *Euglena* wurde die Abhängigkeit der phototaktischen *Empfindlichkeit* (positiv phobische Reaktion) von der Vorbelichtung untersucht (THIELE). Die Ergebnisse lassen noch keine vereinheitlichende Deutung zu. Während Weißlicht die Empfindlichkeit herabsetzt im Vergleich zu Dunkelheit (20—25 min Verdunkelung erhöhen die Empfindlichkeit optimal), wirken blaues sowie — etwas weniger stark — grünes und rotes Licht gerade sensibilisierend. Daraus wird auf eine desensibili-

---

[1] Vgl. hierzu auch das Sammelreferat von BENDIX (1960a).

sierende Wirkung des nicht untersuchten gelben Bereiches geschlossen. Die Versuche konnten allerdings nur mit breiten Spektralbereichen durchgeführt werden, auch fehlen quantitative Abstufungen der Intensität.

BENDIX (1960b) führt mit *Micrasterias* ein neues Objekt in die Phototaxis-Forschung ein. Das vorläufige Wirkungsspektrum der im schwachen Licht auftretenden positiven Reaktion (topische Phototaxis) hat zwei ausgeprägte Maxima im Rot (645 und 690 nm) und ein viel kleineres im Blau. Der Bereich zwischen 500 und 600 nm wurde noch kaum untersucht; für die negative Reaktion in höheren Intensitäten fehlt die Abgrenzung der wirksamen Spektralbereiche noch völlig. Die Organismen stellen sich mit der longitudinalen Achse parallel, mit der transversalen quer zum Licht; doch scheint eine gerichtete Bewegung auch ohne diese Orientierung der Zellachse möglich zu sein. Auch für diese Orientierung gibt es noch kein Wirkungsspektrum.

Neben der normalen Phototaxis (gewissermaßen einer „Orthophototaxis") beobachtete BENDIX noch eine Bewegung senkrecht zum Licht, sofern die Organismen mit einem Spektrum bestrahlt wurden: sie bewegten sich dann auf den kürzerwelligen Teil des Spektrums zu bis etwa 570 nm. Ausgelöst wird diese „Diaphototaxis" durch Rot und nahes Infrarot (Maximum etwa 695—725 nm). Ref. hält es nicht für ausgeschlossen, daß hier das Rotlicht so stark phototaktisch sensibilisierend wirkt, daß die in den benachbarten Spektralbereichen liegenden Zellen als sekundäre Lichtquellen orientierend auf die in Frage kommenden Organismen wirken; damit wäre die schwer verständliche Annahme einer Diaphototaxis zu umgehen.

c) Musterbildung

In verschiedenen Flagellatenkulturen ordnen sich die Organismen nahe der Oberfläche zu charakteristischen netzförmigen Mustern an. Nach THIELE ist bei *Euglena* die „Maschenweite" des Netzes abhängig von der Dichte der Kultur, die Bildung der Muster wird auf negative Geotaxis zurückgeführt, die eindeutig nachgewiesen werden konnte. Die Euglenen stehen unter den gewählten Bedingungen senkrecht im Wasser, Vorderende aufwärts. Dies führt außerhalb der Ansammlungen zu einer Aufwärtsbewegung; innerhalb der Ansammlungen reißt jedoch die durch den Geißelschlag erzeugte Strömung die Zellen mit abwärts, der Geißelschlag kann nur die Abwärtsbewegung verlangsamen (womit eben die dichte Ansammlung an dieser Stelle im dynamischen Gleichgewicht erhalten bleibt). Das bedingt dann wieder waagerechte Strömungen in Richtung zu den Ansammlungszentren an der Oberfläche des Mediums und in umgekehrter Richtung am Grunde. Auf diese Weise kann zwar die Konstanz der Muster über lange Zeiträume befriedigend erklärt werden, nicht jedoch die Entstehung der ersten Ansammlungszentren innerhalb kürzester Zeit (durch Schütteln zerstörte Muster bilden sich innerhalb weniger Minuten neu!) sowie die von den jeweiligen Bedingungen abhängige konstante Maschenweite der „Netze".

d) Chemotaxis

Die Arbeiten von MOEWUS, die seinerzeit zu aufsehenerregenden Ergebnissen geführt hatten, wurden nun auch im Hinblick auf die Chemotaxis einer Kritik unterzogen. Die chemotaktische Reaktionsfähigkeit von *Chlamydomonas eugametos* ist allgemein recht gering; nur ganz unspezifische Substanzen wie Nitrat und Fleischextrakt wirken chemotaktisch (HAGEN-SEYFFERTH, 1959).

II. Plasmabewegungen

a) Typische Plasmaströmung

STEWART und STEWART hatten bezweifelt, daß die Plasmaströmung der Myxomyceten-Plasmodien auf der Kontraktion fibrillärer Strukturen beruhen kann, weil derartige Strukturen nicht aufgefunden werden konnten (Fortschr. Bot. **22**, 378f.). Nun gelang NAKAJIMA die Extraktion contractilen Proteins aus *Physarum*. Dieses Protein ist als ATPase wirksam; ATP-Zusatz bewirkt Viscositätserniedrigung mit nachfolgender Wiederherstellung des Ausgangswertes, während Pyrophosphat nur zu Viscositätserniedrigung führt. Verf. schließt daraus, daß die zweite Phase, die Viscositätserhöhung, der eigentliche enzymatische und energiebedürftige Vorgang ist. Diese ATPase verhält sich grundsätzlich ebenso wie das Myosin B des Muskels, nur scheint das Verhältnis Actin : Myosin gegenüber dem Muskelmyosin B zugunsten der Myosinkomponente verschoben zu sein.

Die bereits referierte Auffassung, wonach nur das im Grundplasma entstehende (also aus der Glykolyse stammende) ATP für die Plasmaströmung verwertbar ist, erhält durch Versuche von HATANO und TAKEUCHI eine weitere Stütze. Der ATP-Gehalt von *Physarum* wurde bei verschiedenartiger Hemmung des Stoffwechsels verglichen mit der gleichzeitig entwickelten „bewegenden Kraft".

Einige Beobachtungen von KISHIMOTO und AKABORI sprechen dafür, daß das gleiche ATP-ATPase-System auch für die Rotationsströmung von *Nitella* von Bedeutung ist. Wie wir uns diesen Mechanismus im einzelnen vorzustellen haben, darüber entwickelt JAROSCH (1960) auf Grund seiner Untersuchungen an Characeen-Internodialzellen eine Hypothese. Bemerkenswert ist zunächst seine Beobachtung, daß zwischen dem ruhenden Ectoplasma (Schicht I) und dem rotierenden Endoplasma (Schicht III) sich noch eine sehr dünne Plasmaschicht (II) befindet, die sich weniger schnell als Schicht III bewegt. Die Bewegungsimpulse werden offenbar an beiden Grenzflächen erzeugt (I/II und II/III). Diese Bewegungsimpulse sollen durch Transversalwellen zustande kommen, die streng unipolar über die Plasmafibrillen laufen. Daß Schicht I und II Fibrillen enthalten, läßt sich nachweisen. Auch die Transversalwellen können unter günstigen Bedingungen beobachtet werden, meist jedoch nur an Fibrillenbündeln, in denen sich die Wellen der Einzelfibrillen summieren; es handelt sich um Wellen, die sich nicht in einer Ebene fortpflanzen, sondern schraubig um die Fibrillen herumlaufen. Eine feste Frequenz kann nicht angegeben werden, vielmehr überlagern sich im Fibrillenbündel offenbar viele verschiedene Wellenbewegungen der Einzelfibrillen, die auf ein „polyrhythmisches System" schließen lassen, wie es KAMIYA (1959) für die rhythmisch wechselnde „bewegende Kraft" von *Physarum* annimmt. Die streng unipolare Richtung der Wellenfortpflanzung wird mit der Kontraktion der Geißelfibrillen verglichen; der wesentliche Unterschied besteht darin, daß die Geißelfibrillen fest miteinander verbunden sind, während die Plasmafibrillen gegeneinander verschiebbar sind. Der wichtige Versuch, das bewegende System durch

ATP zu beeinflussen, schlug fehl; möglicherweise ist ATP stets in optimaler Konzentration vorhanden.

b) Plastidenbewegung

Daß die Plastiden sich innerhalb des Cytoplasmas mehr oder weniger selbständig bewegen können, wurde u. a. wieder durch die früher zitierten Beobachtungen von JAROSCH nahegelegt (Fortschr. Bot. **20**, 287). In die gleiche Richtung deuten einige neuere Befunde. So gibt MOURA-VIEFF (1960a) für die Epidermiszellen von *Aponogeton* an, daß bei längerer Bestrahlung mit blauem Licht die Chloroplasten in Parastrophe gehen (sie legen sich also den Antiklinen an), während Mitochondrien, Sphärosomen und andere kleinere plasmatische Einschlüsse sich deutlich an den inneren Periklinen ansammeln. In den noch zu besprechenden Arbeiten von GEITLER wird mehrfach betont, daß bei *Coleochaete* und verwandten Algen die Rotation des Chloroplasten um die Polaritätsachse der Zelle streng auf den Chloroplasten beschränkt ist, evtl. noch auf eine sehr dünne Cytoplasmaschicht; selbst sehr nahe benachbarte plasmatische Einschlüsse bewegen sich höchstens stark verlangsamt, werden also sicher passiv mitgeschleppt — das gilt auch für den Zellkern.

Nach ZURZYCKI haften die Chloroplasten von *Lemna* sehr fest an der Ectoplasmaschicht, sind also nur schwer zentrifugierbar, sofern sie sich im „phototaktischen Gleichgewicht" befinden, d. h. sofern sie diejenige Orientierung eingenommen haben, die der jeweiligen Lichtbedingung entspricht. Werden jedoch Zellen aus Schwachlichtbedingungen (Chloroplasten in Epistrophe) mit starkem Licht bestrahlt und zentrifugiert, *bevor* eine Verlagerung der Chloroplasten eingetreten ist, so zeigt sich eine starke Lockerung der Chloroplasten im Gefüge des Plasmas. Licht (insbesondere blaues Licht) würde also eine Lockerung der Haftstellen hervorrufen, und erst in Parastrophe, an den wenig beleuchteten antiklinen Wänden, würden die Chloroplasten wieder von geringeren Lichtintensitäten getroffen — auch bei Fortdauer der starken Einstrahlung — und könnten daher dort erneut festere Verbindung mit dem Ectoplasma eingehen.

Einen ähnlichen Einfluß blauen Lichtes auf die Haftfähigkeit des Plasmas gibt MOURAVIEFF (1960b) an. Ob allerdings damit das gesamte Problem der Chloroplasten-„Phototaxis" bzw. ihres Mechanismus gelöst werden kann, erscheint doch fraglich, besonders im Hinblick auf die früher betonte Verschiedenheit der Wirkungsspektren für positive und negative „Phototaxis" bei ein und demselben Objekt. Immerhin zeigen die Untersuchungen von ZURZYCKI eindeutig, daß durch Zentrifugierung der Chloroplasten nicht *die* Viscosität des Plasmas gemessen wird, sondern nur die Viscosität und/oder die Elastizität eng begrenzter Plasmabereiche: der Kontaktstellen zwischen Cytoplasma und Plastiden.

Die „Phototaxis" der Plastiden ist nach allgemeiner Auffassung auf die Chloroplasten beschränkt; MOURAVIEFF (1960a) fand jedoch in Epidermiszellen von *Aponogeton* eindeutig Parastrophebewegung bei den Plastiden, die höchstens Spuren von Chlorophyll enthalten («ils ne montrent pas de fluorescence bien visible»).

Die Reizaufnahmevorgänge (Primärvorgänge) der Chloroplasten-„Phototaxis" wurden an *Mougeotia* weiter analysiert (HAUPT). Die Untersuchungen mit polarisiertem Licht führten zu der Auffassung, daß die Photoreceptor-Moleküle — d. h. das Hellrot-Dunkelrot-Pigment =

Phytochrom — oberflächenparallel in der wandständigen Cytoplasmaschicht orientiert sind. Eine solche Orientierung hat interessante Konsequenzen, wenn die *Mougeotia*-Zelle aus verschiedenen Richtungen oder mit verschiedener Orientierung der Polarisationsebene gleichzeitig bzw. kurz hintereinander bestrahlt wird: Jede „falsche" Strahlung — sei es aus der falschen Richtung, sei es mit falsch orientierter Schwingungsebene — hemmt die Induktion der Schwachlichtbewegung, die allein durch quer zum Faden schwingendes Licht ausgelöst werden kann, das auf die Kante des Chloroplasten eingestrahlt wird.

Grundsätzlich gleiche Gesetzmäßigkeiten wie für *Mougeotia* gelten auch für den Einzeller *Mesotaenium*, wie nach der Morphologie der Zelle zu erwarten war. Bemerkenswert ist hier jedoch, daß eine einmalige Induktion nicht ausreicht, um die volle Orientierungsbewegung ablaufen zu lassen; vielmehr muß die induzierende Bestrahlung mehrfach wiederholt werden, etwa alle 5 min, über eine Stunde verteilt. Für die einzelne Belichtung genügen dann Sekundenbruchteile. Offenbar geht bei *Mesotaenium* die durch einseitige Belichtung erzeugte Polarisierung schneller verloren als bei *Mougeotia* (HAUPT und THIELE 1961).

Im Gegensatz zu diesen *induzierten* Orientierungsbewegungen beschreibt GEITLER (1960a—d) *autonome* Chloroplastenbewegungen bei *Choleochaete*-Arten, *Chaetotheke* und *Chaetosphaeridium*. Es handelt sich stets um Rotation des einzigen Chloroplasten in bestimmten, morphologisch oder entwicklungsgeschichtlich definierten Zellen: Haarzellen, jungen Sporangien oder Oogonien sowie jungen, aus Zoosporen entstandenen Keimlingen; normale vegetative Zellen zeigen keine Bewegung. Die Rotation ist um die Polaritätsachse der Zelle zentriert; diese Polaritätsachse manifestiert sich durch die Haarbasis oder die Öffnungspapille des Sporangiums. Die Rotation kann aperiodisch verlaufen (Haarzellen der Coleochaeten), wobei der Rotationssinn in allen Haarzellen bei allen Arten der gleiche ist, oder es kann sich um intermittierende Rotation mit mehr oder weniger regelmäßigem Wechsel der Rotationsrichtung handeln (Oscillation). In seltenen Fällen konnte die aperiodische Rotation durch leichte Schädigung der Zelle in Oscillation übergeführt werden; sonst wird Oscillation nur in den übrigen angeführten Zelltypen gefunden. Die Größenordnung der Geschwindigkeit beträgt 1—30 min pro Umlauf, ist aber starken Schwankungen unterworfen, selbst innerhalb eines Individuums.

Hinweise für autonome Chloroplastenbewegungen fanden auch HAUPT und THIELE bei *Mesotaenium*. Allerdings handelt es sich hier um einen wesentlich langsameren Vorgang; Chloroplasten, die durch einseitige Belichtung orientiert wurden, verteilen sich in anschließender Dunkelheit im Laufe der nächsten Stunden statistisch.

c) Bewegung sonstiger Zellorganelle

Die im vorigen Bericht (Fortschr. Bot. **22**, 374f.) erwähnten Kernbewegungen von Basidiomyceten werden von GIRBARDT weiter analysiert. Die Stelle, an der der Nucleolus mit der Kernmembran verbunden ist und die offenbar durch eine stabile Kernpolarität festgelegt wird, geht bei Bewegungen stets voran und scheint die Rolle eines Bewegungszentrums zu spielen. Man wird zumindest der vorsichtigen Formulierung des Autors zustimmen dürfen, daß „der Kern aktiv an den ihn bewegenden Prozessen beteiligt" ist.

Fraglich bleibt, in welcher Beziehung zur allgemeinen Plasmaströmung die wurmförmige Bewegung der fadenförmigen Strukturen steht, die TORIYAMA in Blattstielzellen von *Mimosa* beobachtete. Dagegen dürfte die von MOURAVIEFF (1960a) angegebene „phototaktische" Verlagerung der Mitochondrien und sonstigen Plasmaeinschlüsse (s. o.) eine allgemeine Verlagerung des Plasmas kennzeichnen, die der Autor „phototaktische Polarisation des Protoplasmas" nennt!

III. Phototropismus höherer Pflanzen[1]

Über den Reaktionsmechanismus der phototropischen Krümmungen von etiolierten Gramineen-Koleoptilen kommen BRIGGS und POHL unabhängig voneinander zu bemerkenswert übereinstimmenden Ergebnissen und Auffassungen. Zunächst untersucht BRIGGS (1960a) die quantitativen Beziehungen zwischen Lichtmenge und Reaktionsgröße bei Mais mit Weißlicht. Wird bei kurzer Belichtungszeit die Lichtmenge hauptsächlich durch Veränderung der Intensität gesteigert, so ergibt sich ein sehr ähnliches Reaktionsbild wie es von *Avena* her bekannt ist; lediglich im Bereich der 1. negativen Krümmung treten bei Mais keine wirklich negativen Werte auf (Abb. 22, Kurve a). Bis zum Maximum der 1. positiven Krümmung gilt das Reizmengengesetz (RMG) praktisch unbegrenzt, oberhalb dieses Maximums jedoch nicht mehr. Mit zunehmender Lichtmenge gibt es einen immer größeren Intensitäts-Zeit-Bereich, in dem die Reaktion mehr eine Funktion der Belichtungszeit ist (Abb. 23), aber oberhalb einer bestimmten (für jede Lichtmenge charakteristischen) Belichtungszeit bzw. unterhalb einer bestimmten Intensität bleibt

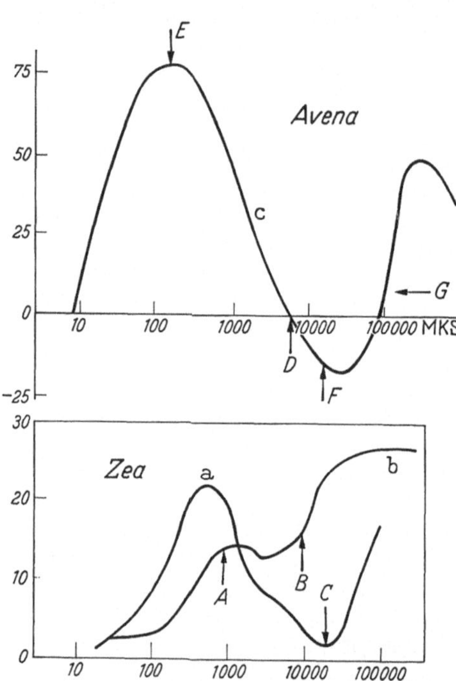

Abb. 22. Die phototropische Reaktion auf verschiedene Lichtmengen (Weißlicht). a) *Zea mays*, kurze Belichtungszeiten (< 5 min); zweigipflige Kurve. b) *Zea mays*, Belichtungszeiten bei jeder Lichtmenge so gewählt, daß die Belichtung im Bereich der Gültigkeit des Reizmengengesetzes liegt; treppenförmige Kurve. c) *Avena sativa*, kurze Belichtungszeiten; Ausschnitt aus der klassischen Kurve mit 1. und 2. positiver und 1. negativer Krümmung. Abszisse: Lichtmenge; Ordinate: Krümmungswinkel (nach oben positiv). A, B ... G s. Text. Nach BRIGGS (1960a)

die Reaktion noch eine Funktion der Lichtmenge. Gleiche Gesetzmäßigkeiten wurden stichprobenweise auch für monochromatisches blaues

---

[1] „Phototropismus der Pilze" folgt in Band XXIV.

Licht gefunden. *Avena* weicht davon nur insofern ab, als hier oberhalb des Maximums der 1. positiven Krümmung überhaupt kein Intensitäts-Zeit-Bereich mehr gefunden wird, in dem das RMG noch gültig ist; die kritischen Intensitäten liegen hier offenbar noch niedriger als bei Mais.

Wird nun die Reaktionskurve in Abhängigkeit von der Lichtmenge erneut aufgenommen, jedoch die Lichtmengen aus $i \cdot t$ so zusammengesetzt, daß sie sich in jedem Falle im Bereich der Gültigkeit des RMG halten, so verschwindet das Minimum zwischen 1. und 2. positiver Krümmung fast völlig, die Kurve wird treppenförmig (Abb. 22, Kurve b). Offenbar ist das Reaktionssystem, das zur 1. positiven Krümmung führt, bei A (Abb. 22) saturiert, und bei B kommt ein neues System ins Spiel. Wird die photochemische Anregung des ersten Systems durch besonders hohe Intensitäten vorgenommen, so wird dieses in einer zweiten Anregungsstufe inaktiviert, bevor es wirksam werden kann. Daß diese Auffassung zutrifft, zeigen Versuche mit doppelter Belichtung: Zunächst entsprechend C in Abb. 22 zur Inaktivierung des ganzen Systems und anschließend entsprechend A. Diese zweite Belichtung wird nur wirksam, wenn nach der ersten eine gewisse Zeit vergangen ist; volle Empfindlichkeit ist etwa nach 20 min wiederhergestellt. Versuche mit intermittierender Beleuchtung zeigen ferner, daß für die Inaktivierung des Systems eine gewisse Mindestzeit erforderlich ist: Wird eine zweiminütige Belichtung, die zur völligen Inaktivierung führt, aufgeteilt

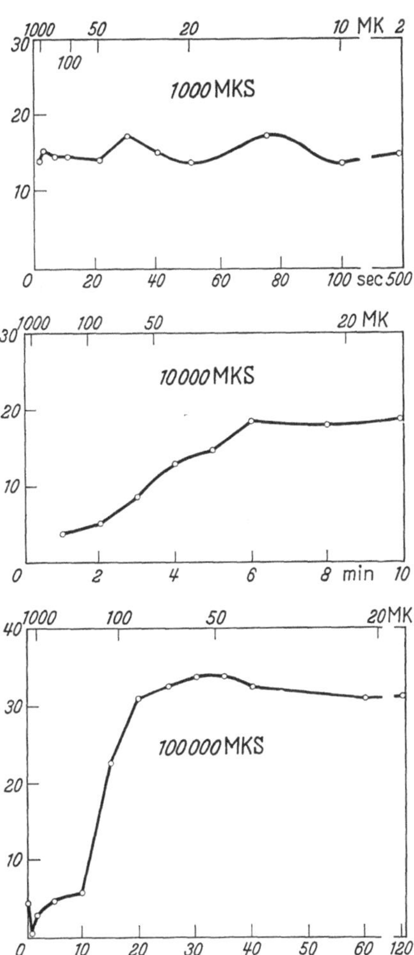

Abb. 23. Die phototropische Reaktion von *Zea mays* bei konstanten Lichtmengen (Weißlicht, 10^3, 10^4 und 10^5 MKS) in Abhängigkeit von der Zusammensetzung dieser Lichtmengen aus Intensität mal Zeit. Abszisse: Belichtungszeit (unten) bzw. Beleuchtungsstärke (oben); Ordinate: Krümmungswinkel. Nach BRIGGS (1960a)

auf Lichtperioden von 1/256 sec mit dazwischengeschalteten Dunkelperioden von der 7fachen Dauer, so tritt bei gleicher Gesamtbelichtung keine derartige Inaktivierung mehr ein.

Während BRIGGS die Ungültigkeit des RMG so feststellt, daß bei konstanter Lichtmenge verschiedener Zusammensetzung unterschiedliche Reaktionsgrößen auftreten, findet POHL (1960a) für den Bereich der 2. positiven Krümmung, daß gleiche Reaktionen mit steigender Intensität einen höheren Lichtmengenbedarf haben (Versuche mit monochromatischem Licht, 436 nm, an *Avena*). Das Ergebnis ist das gleiche, nur die Parameter sind verschieden. POHL führt Doppelbelichtungen an *Avena* durch: Vorbelichtung im 1. Indifferenzbereich (D in Abb. 22, Inaktivierung des Systems nach BRIGGS) läßt eine anschließende Induktion der 1. positiven Krümmung (E) nur zur Wirkung kommen, wenn die Dunkelpause mindestens 10 min beträgt (volle Regeneration des Systems wird auch hier nach etwa 20 min gefunden!), bis zu 5 min Pause dagegen addieren sich beide Belichtungen zu einer negativen Krümmung (F).

Daß die zweite positive Krümmung von einem anderen System gesteuert wird als die 1. positive und die 1. negative, geht aus Doppelbelichtungen POHLs hervor, in denen die Induktion einer schwachen 2. positiven Krümmung (G) durch nachfolgende Induktion einer 1. negativen Krümmung (F) nicht nur nicht ausgelöscht wird, sondern bei geeigneter Wahl der Dunkelpause sogar erheblich verstärkt werden kann.

Dekapitierte *Avena*-Koleoptilen, die nach 12—15 Std ihre physiologische Spitze regeneriert haben, sind im Bereich der 1. positiven Krümmung unempfindlicher; sie benötigen höhere Energien und bleiben im Ausmaß der Krümmung stets hinter den Kontrollen zurück. Im Bereich der 1. negativen Krümmung geht die Reaktion höchstens auf Null zurück, negative Krümmungen treten bei Dekapitierten niemals auf. Bei der 2. positiven Krümmung konnte dagegen keinerlei Unterschied mehr gefunden werden zwischen Dekapitierten mit physiologischer Spitze und Kontrollen. Eine phototropische Induktion dekapitierter Koleoptilen *ohne* regenerierte physiologische Spitze (d. h. kurz nach der Dekapitation) führt in Übereinstimmung mit v. GUTTENBERG (Fortschr. Bot. 22, 379) zur Krümmung, wenn anschließend die Stümpfe symmetrisch mit Auxin versehen werden; das gilt jedoch nur für die 2. positive Krümmung, im Bereich der 1. positiven und 1. negativen Krümmung treten keine Reaktionen auf (POHL, 1960a).

Jede phototropische Krümmung führt die Koleoptilspitze in geotropische Reizlage. Gegen die dadurch induzierten rückläufigen Prozesse ist die 2. positive Krümmung viel empfindlicher als die 1. positive und 1. negative Krümmung, wie Klinostatenversuche ergaben (POHL 1960b).

Es fällt schwer, trotz aller Gegenargumente sich jetzt noch der Auffassung der beiden Autoren zu verschließen, daß die 1. positive Krümmung durch Auxin-Querverschiebung (bzw. Verschiebung eines precursors) in der massiven Koleoptilspitze zustande kommt. Damit würde noch eine weitere Beobachtung von BRIGGS (1960b) übereinstimmen: Bei Mais kann eine 1. positive Krümmung nur ausgelöst werden, wenn die Koleoptilen eine gewisse Vorbelichtung mit Rotlicht erhalten haben. Die Empfindlichkeitssteigerung durch Rotlicht geht einem Auxinverlust (bis auf etwa 50% der Kontrolle) parallel und ebenso der Verlust der

Empfindlichkeit im Dunkeln einem Wiederanstieg des Auxinspiegels. Auxinbestimmungen ergaben, daß einseitige Belichtung unabhängig von der vorhandenen Auxinkonzentration immer die Querverschiebung der gleichen Absolutmenge Auxin bewirkt; unter diesen Umständen kann eine Krümmung nur zustande kommen, wenn die endogene Auxinkonzentration unteroptimal ist, nämlich nach Rotlicht-Vorbehandlung. Damit erhalten die Befunde von BLAAUW-JANSEN an *Avena* eine Bestätigung (Fortschr. Bot. **22**, 381 f.). SOROKIN und THIMANN versuchen, diese Rotlichtwirkungen mit der Umwandlung von Proplastiden in Chloroplasten in Zusammenhang zu bringen, doch dürften sie dann wohl nicht reversibel sein.

Die negative Krümmung wäre nach BRIGGS so zu verstehen, daß auf der Lichtseite das Pigmentsystem inaktiviert würde, während auf der Schattenseite die (stark geschwächte) Belichtung gerade ausreicht, um zu einer Aktivierung des Systems zu führen. Das Resultat müßte auch hier eine Querverschiebung sein. Den endgültigen Beweis für die Querverschiebung hätten wir allerdings erst von einer unmittelbaren Demonstration zu erwarten, die den Versuchen von BRAUNER und APPEL (s. u.) beim Geotropismus entspricht.

Die zweite positive Krümmung wäre nach BRIGGS eine kombinierte Spitzen- und Basis-Reaktion, vielleicht zu verstehen als Änderung der „Auxinempfindlichkeit" (vgl. den Cofaktor von BRAUNER, Fortschr. Bot. **21**, 356, oder die Querpolarisierung von v. GUTTENBERG, Fortschr. Bot. **22**, 380). Entsprechend kommt, im Gegensatz zur 1. positiven Krümmung, die 2. positive Krümmung auch noch zustande, wenn Licht- und Schattenflanke der Spitze mechanisch-physikalisch voneinander getrennt werden durch Einschieben eines Glasplättchens, wenngleich in verringertem Ausmaße.

Interessanterweise entspricht die Differenz zwischen so behandelten Maiskoleoptilen und den Kontrollen im Krümmungsgrad (2. positive Krümmung 10,4° gegenüber 27,5°) gerade dem Maximum der 1. positiven Krümmung (17,4°) in unbehandelten Kontrollpflanzen, also

Spitzen- und Basisreaktion (Kontr., 2. +) 27,5°;
Basisreaktion (Spitzenreaktion mechanisch ausgeschaltet, 2. +) 10,4°;
Spitzenreaktion (Kontr., 1. +) 17,4°.

So kompliziert diese Verhältnisse bei Koleoptilen erscheinen, sind sie doch noch einfach gegenüber Reaktionen anderer Organe. ZINSMEISTER befaßt sich mit dem Phototropismus der Blütenstiele von *Cyclamen*, die präfloral positiv, postfloral negativ reagieren. Die klassische Auffassung, daß es sich bei solchen Umstimmungen um Auswirkungen einer Änderung des endogenen Auxinspiegels handelt, läßt sich hier nicht bestätigen; die Fruchtstiele enthalten zwar mehr Auxin als die jungen Blütenstiele, aber letztere können durch exogene Auxinzufuhr in keinem Konzentrationsbereich zu negativem Phototropismus umgestimmt werden. Unterschiede im Auxingehalt zwischen Licht- und Schattenflanke sind nicht zu finden, Photolyse von IES wird auch aus anderen Gründen ausgeschlossen. Möglicherweise beginnt die positiv phototropische Krümmung mit einer Turgorerhöhung, die erst nachträglich durch Wachstum

stabilisiert wird. Zwar sind die Saugkräfte auf Licht- und Schattenflanke nicht verschieden, wohl aber ist die Wasserpermeabilität auf letzterer höher. Bemerkenswert ist in diesem Zusammenhang, daß im Gegensatz zu Koleoptilen die Reaktion viele Stunden benötigt.

Eine *endogene Umstimmung* des Phototropismus mit zunehmendem Alter teilt
auch BRONCHART (1959) für *Carinta renaris* mit; die junge Pflanze wächst diaphoto-
trop entlang dem Boden (in Dunkelheit orthogeotrop aufrecht), die ältere Pflanze
dringt negativ phototrop in den Boden ein, um unter der Oberfläche diageotrop
weiter zu wachsen (in Dunkelheit waagerecht über der Erde). Ref. hält als Alter-
nativerklärung eine Umstimmung des Geotropismus durch Licht ohne Zuhilfe-
nahme eines Phototropismus für mindestens ebenso wahrscheinlich (negativer →
Dia-Geotropismus bei jungen, Dia- → positiver Geotropismus bei älteren Pflanzen).
Die Aufnahme des Lichtreizes erfolgt allein über die Sproßspitze.

Eine *Umstimmung* des Phototropismus ist auch *von außen her* möglich. SPECHT gelingt es, durch Eintauchen verschiedener Dikotylen-
keimlinge in Paraffinöl eine Inversion durchzuführen, entsprechend früheren Befunde von ZIEGLER, 1950 (Planta **38**, 474). Diese Wirkung tritt jedoch nur ein, wenn die Intercellularen mit dem Öl infiltriert werden. Mit
der bekannten Inversion des Phototropismus bei *Phycomyces* hat diese Beobachtung nichts zu tun; der grundsätzliche Unterschied besteht darin,
daß bei *Phycomyces* und anderen vergleichbaren Objekten die Licht-
wachstumsreaktion (LWR) unbeeinflußt bleibt, jedoch die Absorptionsverhältnisse umgekehrt werden (Sammellinse → Zerstreuungslinse), während bei den höheren Pflanzen zugleich mit dem Phototropismus auch die
LWR eine Umkehr erfährt, die Absorptionsverhältnisse sich jedoch naturgemäß nicht wesentlich ändern können. Diese Paraffinölwirkung ist auf
Sprosse beschränkt und kann in keinem Falle für den Geotropismus nachgewiesen werden. Eine widerspruchsfreie Kausalerklärung steht noch aus.

Für phototropische Wachstumsbewegungen sind *per definitionem*
Lichteinflüsse auf das Wachstum Vorbedingung. Die umgekehrte Folge-
rung ist jedoch nicht erlaubt: nicht jede Belichtung, die das Wachstum
beeinflußt, wirkt auch phototropisch, wenn sie nur einseitig geboten wird.
Das konnten MOHR und PETERS überzeugend für *Sinapis*-Keimlinge
nachweisen. Die stark wachstumshemmende Rotlichtwirkung kann niemals zu phototropischen Krümmungen führen, obwohl ein starker Ab-
sorptionsgradient zwischen Licht- und Schattenseite vorhanden ist und
obwohl in Energiebereichen gearbeitet wird, in denen die Reaktion nicht
saturiert ist. Eine zwanglose hypothetische Erklärung sehen die Autoren
darin, daß Rotlicht die endogene Gibberellin-Konzentration herabsetzt
und daß — im Gegensatz zu den streng polar wandernden Auxinen —
unterschiedliche Gibberellin-Konzentrationen sich schnell genug über
den ganzen Querschnitt des Sprosses ausgleichen.

IV. Geotropismus

Die Bedeutung der „Statolithenstärke" für die geotropische Reizaufnahme ist immer noch umstritten. AUDUS versucht auf völlig neuem
Wege die Frage einer Klärung näher zu bringen; er fand, daß sich *Lepidium*-Wurzeln aus einem starken *inhomogenen* magnetischen Feld heraus
krümmen (Magnetotropismus) und daß die Statolithenstärke in den

Kalyptrazellen sich in entsprechender Richtung verlagert. Eine Überschlagsrechnung, in der die diamagnetischen Eigenschaften von Plasma und Stärkekorn allerdings nur grob geschätzt werden können, zeigt jedoch, daß die auf die Stärkekörner wirkende Kraft beim Geotropismus etwa 100 mal so groß ist wie beim Magnetotropismus. Der Autor fordert weitere extensive und intensive Untersuchungen.

Bemerkenswert ist, daß gleichzeitig und unabhängig davon auch russische Autoren einen Magnetotropismus beschreiben. Nach KRYLOV und TARAKANOVA orientieren sich Keimwurzeln im *homogenen* Magnetfeld nach dem Südpol und wachsen in dieser Orientierung schneller als in der umgekehrten. Voraussetzung soll allerdings sein, daß das Magnetfeld bereits während der Quellung einwirkte. Selbst das Magnetfeld der Erde soll einen entsprechenden Effekt ausüben.

ARSLAN und BENNET-CLARK finden in Grasknoten gerade in den reaktionsfähigen Bereichen eine starke Anhäufung von Statolithenstärke. Auch SOROKIN und THIMANN stellen sich auf den Standpunkt der Statolithentheorie; sie finden in etiolierten *Avena*-Koleoptilen zwei Sorten von Plastiden: die stärkereichen Leukoplasten, die sich bei geotropischer Reizung verlagern, und die stärkearmen Proplastiden, denen sie eine Bedeutung beim Phototropismus zuschreiben (s. o.). Einer solchen Vereinheitlichung von Geotropismus und Phototropismus kommt vorläufig nicht mehr als die Bedeutung einer interessanten Arbeitshypothese zu.

v. BISMARCK dagegen, der bei *Sphagnum* ebenfalls verlagerungsfähige Stärkekörner findet, lehnt die Statolithentheorie ab, weil der Geotropismus nicht beeinflußt wird, wenn durch geeignete Umweltbedingungen die Statolithenstärke völlig zum Verschwinden gebracht wird. Sollte man vielleicht annehmen, daß die Verlagerung der Stärkekörner nur der sichtbare Ausdruck einer plasmatischen Verlagerung in den betreffenden Zellen ist?

Gegen den Geoelektrischen Effekt als *Primär*reaktion der geotropischen Perzeption wendet sich HERTZ, der ein Meßverfahren ohne Berührung des fraglichen Pflanzenorgans ausgearbeitet hat. Nach seinen Messungen an *Avena*-Koleoptilen setzt der Spannungsanstieg erst 15 min nach Beginn der geotropischen Reizung ein.

Die nächste Frage ist die, ob eine Querverschiebung von Auxin als Wirkung des (noch ungeklärten) geotropischen Perzeptionsvorganges stattfindet, oder ob wir nach einer anderen Erklärung suchen müssen. REISENER und SIMON haben in Erweiterung früherer Versuche in *Avena*-Koleoptilen auch dann keine Querverschiebung von radioaktiver IES finden können, wenn sie durch die zugeführte Auxinmenge den endogenen Auxinspiegel nur unwesentlich erhöhten und außerdem die Versuchszeiten so kurz wie möglich wählten. Wenn trotzdem — im Hinblick auf die gegensätzlich interpretierten Ergebnisse anderer Autoren (s. u.) — nach einem schwachen Punkt in der Deutung dieser Experimente gesucht werden soll, so könnte evtl. auf die Beobachtungen von PILET hingewiesen werden: Während in Wurzeln nach einseitiger UV-Bestrahlung das *endogene* Auxin einseitig inaktiviert (oder quer verschoben) wird, treten in der Radioaktivität keine Unterschiede auf, wenn zuvor markierte IES zugeführt wurde.

Mit einer maßgeblichen Rolle des Auxintransportes beim Geotropismus rechnen dagegen DE BOOIS et al., wobei sie sich auch auf Versuche von MORGAN und SÖDING (1958) zu dieser Frage stützen können. Vergleichende Messungen des Wachstums und Geotropismus dekapitierter *Avena*-Koleoptilen in Auxinlösung unter dem Einfluß von Phthalsäuremono-α-naphthylamid (PNA) lassen sich am besten interpretieren mit der Annahme, daß PNA sowohl den normalen polaren Auxintransport als auch die (angenommene) geisch induzierte Auxin-Querverschiebung hemmt. Allerdings wurde bei der Dekapitation die gesamte massive Spitze entfernt, die nach Ansicht der meisten Autoren praktisch allein für einen Quertransport in Frage käme. Interessant wären hier entsprechende *phototropische* Versuche im Bereich der 1. und 2. positiven Krümmung.

GILLESPIE und BRIGGS (1959) wiederholen die klassischen Versuche von DOLK, aus den beiden Flanken geotropisch gereizter Koleoptilen getrennt Auxin abzufangen. Dabei ist nicht nur die Auxinmenge der Unterseite größer als die der Oberseite, sondern die Summe aus Ober- und Unterseite entspricht exakt der Gesamtmenge Auxin aus ungereizten Kontrollen. Ist dies schon ein starkes Argument für die Querverschiebung von Auxin oder mindestens einer Auxinvorstufe, so gelingt BRAUNER und APPEL erstmalig ein unmittelbarer Nachweis dieser Querverschiebung. In der Versuchsanordnung entsprechend Abb. 24 konnte Auxin nur im Agarblock nachgewiesen werden, wenn die Koleoptile waagerecht gelegt war (B), nicht aber bei senkrechter Stellung (A). In Anbetracht der außerordentlichen Tragweite dieses Versuchsergebnisses wäre dringend die noch fehlende Kontrolle (C) zu fordern. In Übereinstimmung damit steht das Ergebnis des von den Autoren auf den Geotropismus angewendeten klassischen Versuchs von BOYSEN-JENSEN: Ein Einschnitt in die Koleoptilspitze und mechanische Trennung der beiden Hälften durch ein Glimmerplättchen setzt die Reaktionsfähigkeit stärker herab, wenn der Einschnitt quer zur Angriffsrichtung der Schwerkraft orientiert wird, wenn also der „Diffusionsweg" blockiert wird, als bei umgekehrter Orientierung. Erstaunlicherweise wird damit jedoch der Geotropismus nicht *völlig* ausgeschaltet. Das läßt sich nach BRAUNER und APPEL nur so erklären, daß außerdem die Schwerkraft zu einer Querpolarisierung der mehr basalen Abschnitte führt, was sich etwa in einer Änderung der Auxinempfindlichkeit äußern könnte. Dieser zweite Vorgang würde der geotropischen Perzeption bei *Helianthus* entsprechen, die nicht an die Gegenwart von Auxin gebunden ist (Fortschr. Bot. **21**, 354f.). Wir hätten so für Koleoptilen ganz ähnliche Verhältnisse wie beim Phototropismus vorliegen: zwei in gleicher Richtung wirkende Reaktionen, die unabhängig voneinander ablaufen und von denen eine an die Spitze gebunden ist (Auxin-Querverschiebung? 1. positive Krümmung), die andere jedoch auch im übrigen Organ ablaufen kann (Auxin-Empfindlichkeit? 2. positive Krümmung). Nur lassen sich beide Primärwirkungen

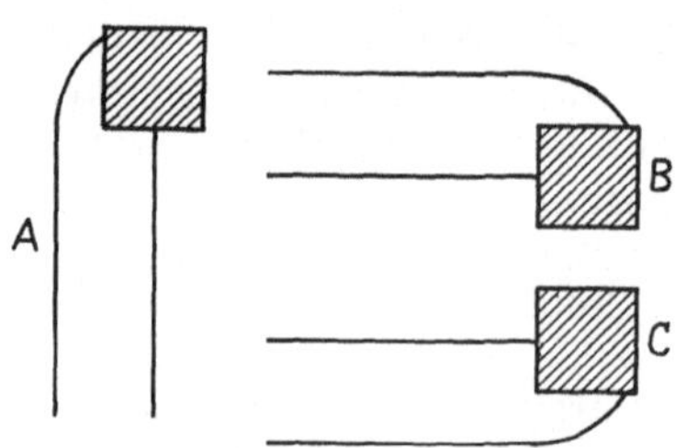

Abb. 24. Schema der Versuchsanordnung zum Nachweis der Auxinquerverschiebung in der Koleoptilspitze. In den ausgeschnittenen Teil der Spitze ist ein Agarblock (schraffiert) eingesetzt. A, B, C = verschiedene Lage des Versuchsansatzes zur Richtung der Schwerkraft (s. Text). Nach BRAUNER und APPEL (1960)

beim Geotropismus nicht so leicht voneinander trennen wie beim Phototropismus. Damit ließe sich aber zugleich auch erklären, warum in vielen Fällen die verschiedenen Autoren trotz sorgfältigster Versuchsanstellung zu entgegengesetzten Folgerungen kommen müssen.

Eine wichtige Aufgabe besteht nun darin, die Allgemeingültigkeit dieser neu gewonnenen Auffassungen zu prüfen, insbesondere auch im Zusammenhang mit den wohl noch komplizierteren Verhältnissen bei Wurzeln (vgl. Fortschr. Bot. 20, 291 f.). Es erscheint nämlich in Anbetracht der Erfahrungen beim Phototropismus fast sicher, daß wir mit diesen Hypothesen — wenn sie sich bestätigen sollten — noch nicht alle Fälle geotropischer Reaktionsmechanismen erfaßt haben. So mißt ANKER dem *Längstransport* des Auxins eine bedeutende Rolle zu, der bei geischer Reizung an der jeweiligen Oberseite gehemmt werden soll; wiederholt abwechselnde Reizung von entgegengesetzten Flanken führt nämlich zu einer Wachstumshemmung, die an dekapitierten *Avena*-Koleoptilen auch nicht durch Auxinkonzentrationen ausgeglichen werden kann, die unter diesen Bedingungen für das Wachstum optimal sind. Erst noch höhere IES-Konzentrationen, die bereits im Laufe der Versuchszeit seitlich durch die Cuticula eindringen und nicht ausschließlich von der Schnittfläche her zur Wachstumszone geleitet werden müssen, können diese Hemmwirkung kompensieren.

Andererseits scheint die geotropische Krümmung der Grasknoten weitgehend autonom zu erfolgen; Perzeptions- und Reaktionszone fallen zusammen, und das Vorhandensein der angrenzenden Teile (Blattspreite, Blattscheide, Internodium) ist nur von untergeordneter Bedeutung. Dieser Perzeptions- und Reaktionsort kann im untersten Teil der Blattscheide liegen. Die Reaktion besteht in erster Linie in einer Erhöhung des osmotischen Wertes und erhöhter Wasseraufnahme auf der Unterseite, die Zellwände (und offenbar auch deren submikroskopische Strukturen) werden ziehharmonikaartig aufgefaltet und die Vergrößerung wohl erst nachträglich fixiert. Das geotropisch induzierte Extrawachstum kann durch IES-Behandlung aufrechter Kontrollen nur etwa zur Hälfte imitiert werden. IES wurde in den Knoten überhaupt nicht gefunden, dafür aber zwei andere, noch nicht näher identifizierte Wuchsstoffe, von denen einer überraschenderweise nach Reizung auf der *Oberseite* zunimmt (ARSLAN und BENNET-CLARK).

Von diesen Verhältnissen bei *Bromus* und *Triticum* weicht *Oryza* insofern ab, als hier Perzeption und Reaktion auf einen schmalen Bereich zwischen Blattscheide und Blattspreite beschränkt sind und die Reaktion in einem Abwinkeln der Blätter vom Sproß besteht. Diese Reaktion wird interessanterweise durch *jede* geotropische Reizlage ausgelöst, gleichgültig, in welcher Richtung; auch Inverslage induziert das Abspreizen. Wir müßten diesen Fall also streng genommen als *Geonastie* bezeichnen. Zufuhr von Auxin verstärkt die Reaktion (MAEDA).

Den meisten dieser Versuche und Interpretationen liegt ausdrücklich oder stillschweigend die Voraussetzung zugrunde, daß Auxine die wesentlichen Faktoren für das Zustandekommen geotropischer Krümmungen sind. SCHÖLDÉEN und BUR-

STRÖM fanden jedoch den interessanten Fall, daß die Wurzeln einer *Pisum*-Mutante, die völlig unfähig zu geotropischen Reaktionen ist, auf einseitige IES-Applikation praktisch wie die normale Kontrolle reagieren. Sofern nicht der genetische Block zwischen geotropischer Reizaufnahme und IES-Wirkung liegt, könnte das darauf deuten, daß hier Auxin und Geotropismus nichts miteinander zu tun haben (vgl. dazu auch die Auffassungen von AUDUS und BROWNBRIDGE sowie RUFELT 1957, Fortschr. Bot. **20**, 291). UMRATH hält eine Beteiligung der Erregungssubstanz beim Geotropismus für möglich; die Hinweise, die er für verstärktes Auftreten dieses Hemmstoffes an der Oberseite geisch gereizter Organe fand, beschränken sich leider vorerst auf den Spezialfall von *Mimosa*, so daß eine Verallgemeinerung gewagt erscheint. Immerhin wäre es durchaus denkbar, daß in den verschiedenen untersuchten Fällen die verschiedensten Substanzen limitierend wirken und so zur Ursache für tropistische Krümmungen werden können; STREET weist nachdrücklich darauf hin, daß Wachstumserscheinungen nicht so sehr unter dem Aspekt einzelner Wirkstoff-Konzentrationen gesehen werden dürfen, sondern vielmehr in einem gut ausbalancierten Zusammenspiel vieler Substanzen.

Jeder Eingriff in dieses Zusammenspiel bedeutet eine Störung, und eine sorgfältige Analyse solcher Einflüsse kann letztlich zu einem tieferen Verständnis der Vorgänge führen. So können auch die Arbeiten, die den Einfluß bestimmter Substanzen auf geotropische Reaktionen untersuchen, einen Beitrag zur Klärung der Grundprobleme leisten. RUFELT (1959) findet keinen Einfluß von Cumarin auf den normalen positiven Geotropismus der Wurzel und schließt daraus, daß für diese Reaktion nicht die erste (cumarinempfindliche) Phase der Zellstreckung verantwortlich ist, sondern die zweite (cumarinunempfindliche) Streckungsphase. Bei den später auftretenden negativen Reaktionen liegen die Verhältnisse teilweise komplizierter und müssen wohl noch weiter analysiert werden. SCHRANK untersucht den Einfluß von Trichlorbenzoesäure (TCB) auf Wachstum, Geotropismus und Phototropismus von *Avena*-Koleoptilen. Da das Wachstum in niederen TCB-Konzentrationen gefördert, in höheren gehemmt wird, der Phototropismus (wohl 1. positive Krümmung) in allen Konzentrationen unbeeinflußt bleibt, der Geotropismus jedoch stark gehemmt wird, schließt der Verf., daß TCB die geotropische Perzeption selbst und nicht einen der Folgeprozesse beeinflußt. Diese Hemmung des Geotropismus bleibt auch in niederer Temperatur erhalten, wenn das Wachstum durch TCB nicht mehr beeinflußt wird.

V. Circumnutation und andere autonome Bewegungen

Die in den letzten Jahren erarbeiteten Gesetzmäßigkeiten über die Circumnutation der Ranken (vor Erfassen einer Stütze) faßt TRONCHET (1958) zusammen: Während eines vollen Umlaufes beschreibt die Spitze eine Ellipse. An den Schnittpunkten mit der großen Achse ist regelmäßig die Lineargeschwindigkeit sowie die Höhe der Spitze am geringsten, die Krümmung der Ranke am größten, während im Bereich der kleinen Achse gerade die entgegengesetzten Extreme erreicht werden. Die Lage der Ellipse im Raum kann über viele Nutationscyclen hinweg außerordentlich stabil sein, oder aber sich gesetzmäßig in einer Richtung drehen. Außenfaktoren berühren diese Gesetzmäßigkeiten nicht, sondern beeinflussen lediglich die Absolutwerte wie etwa die mittlere Geschwindigkeit und damit die Periodenlänge, die mittlere Höhe oder das Ausmaß der Krümmung. BAILLAUD (1958) stellt für die windenden Sprosse eine Hypothese auf, die sich auf rhythmische Schwankungen von Auxinoxydasen bezieht. Unabhängig davon, welche Bedeutung man dieser Hypothese beilegt, interessiert besonders die Frage nach der Natur der zweifellos vorhandenen rhythmischen Vorgänge. Sie sind — auch abgesehen von der viel kürzeren Periodenlänge — offenbar grundsätzlich verschieden von endodiurnalen Schwankungen, da diese „Nutations-

rhythmik" eine starke Temperaturabhängigkeit zeigt (TRONCHET 1959;
vgl. auch Fortschr. Bot. **18**, 363).

Autonome Bewegungen mit kurzfristigen Rhythmen beschreiben TRONCHET et al.
(1960a) auch für *Phaseolus*-Blätter, sofern in konstanten Licht- und Temperaturbedingungen die Tagesrhythmik ausgeschaltet ist. Die Primärblätter heben und
senken sich und pendeln dabei mit kleiner Amplitude in derWaagerechten, so daß
eine elliptische Bewegung resultiert. Außerdem tordiert sich das Blatt rhythmisch
um die Mittelrippe. Die Perioden sind für alle drei Bewegungskomponenten exakt
gleich und liegen in der Größenordnung einer Stunde.

Beachtung verdient die Angabe von MIÈGE (1958), daß dekapitierte *Dioscorea*-
Sprosse noch stundenlang mit normaler Periode weiter kreisen. In dieser Gattung
gibt es nicht nur rechts- und linkswindende Arten, sondern neben der Mehrzahl,
bei denen Nutation und Torsion gleichgerichtet laufen, auch eine Art, bei der diese
beiden Bewegungserscheinungen entgegengesetzte Richtung haben.

Auslösung von Circumnutation durch Gibberellin bei Pflanzen, die normalerweise nicht winden (vgl. Fortschr. Bot. **22**, 389), beschreiben auch TRONCHET et al.
(1960b).

VI. Tagesperiodische Bewegungen

Die Mechanik der „Schlafbewegungen" greift ZIMMERMANN (1958)
am klassischen Objekt *Phaseolus multiflorus* wieder auf. Aus Deplasmo-
lyse-Versuchen wird geschlossen, daß die Dehnungsfähigkeit der Zellwände in Gelenk-Ober- und -Unterseite gegenläufig rhythmisch schwankt
und daß von diesen Schwankungen hauptsächlich die längs zum Organ
verlaufenden Zellwände betroffen werden.

Die unter konstanten Bedingungen ablaufende endogene Tagesrhythmik, die sich in der Blattbewegung manifestiert, ist bei *Phaseolus* nicht
nur weitgehend temperaturunabhängig, sondern auch durch chemische
Einwirkungen schwer zu modifizieren (KELLER). Bemerkenswert ist, daß
einige Stoffwechselgifte auf die verschiedenen Bewegungsphasen in entgegengesetztem Sinne einwirken — beschleunigend oder verzögernd —,
so wie es auch von der Temperatur bekannt ist (Fortschr. Bot. **20**, 300).
Ob dabei wirklich die „innere Uhr" beeinflußt wird oder nur der Bewegungsmechanismus, muß Verf. noch offen lassen.

Die Temperaturunabhängigkeit der endogenen Tagesrhythmik konnte
nun auch für die Blütenblattbewegung von *Kalanchoë* nachgewiesen
werden; wie bei *Phaseolus* wird hier eine anfangs vorhandene stärkere
Temperaturabhängigkeit durch Kompensationsprozesse in den folgenden
Tagen ausgeglichen, so daß insgesamt ein Q_{10} von weniger als 1,1 resultiert (OLTMANNS).

Die vielfach diskutierte Ansicht, daß die Induktion tagesperiodischer Bewegungen durch einen einmaligen Reiz (Dauerdunkel → Dauerlicht oder umgekehrt)
lediglich in einer Synchronisierung von rhythmischen Vorgängen besteht, die bereits
in den Einzelzellen ablaufen, lehnt WASSERMANN (1959) ab. Pflanzen, die unter
konstanten Bedingungen (Dauerlicht) aufwachsen, zeigen keine Schwankungen
der Kerngröße; diese werden vielmehr erst durch Licht-Dunkel-Cyclen induziert,
um dann auch im Dauerlicht rhythmisch weiter zu laufen. WASSERMANN extra-
poliert dieses Ergebnis auf die tagesperiodischen Blattbewegungen.

Die Induktion der rhythmischen Blattbewegung durch einmalige
Reize charakterisiert WASSERMANN an *Phaseolus* näher. Übergang von
Dauerlicht zu Dauerdunkel allein kann noch keine Bewegung auslösen;
dazu ist noch eine darauffolgende Wiederbelichtung nötig, so wie ja der

Übergang Dunkel → Licht allein auch die Bewegung auslöst. Die Dunkelphase darf jedoch eine bestimmte Dauer nicht unterschreiten; die Schwelle wurde zu etwa 9 Std ermittelt. Eine Dunkelzeit von 12 Std vor der Wiederbelichtung kann ersetzt werden durch zwei 6stündige Dunkelperioden, die bis zu 6 Std voneinander durch Licht getrennt sein dürfen. Zeitgeber für die folgende Bewegung ist dann das Ende der zweiten Dunkelperiode. Statt Dauerlicht kann auf die Dunkelperiode auch eine zeitlich begrenzte Belichtung folgen, die jedoch einige Stunden dauern muß, und zwar um so länger, je kürzer die Dunkelperiode war. In gleicher Weise kann in Dauerlicht die rhythmische Bewegung durch mehrstündige Abkühlung auf 5° induziert werden, wobei die Wiedererwärmung als Zeitgeber wirkt.

Wenn hier in den Versuchen mit Dunkelphasen die Wiederbelichtung als Zeitgeber bezeichnet wurde, so ist doch auch ein gewisser Einfluß der Dauer der Dunkelheit auf die Phasenlage in den folgenden Dauerlichtbedingungen bemerkbar. Dies ist in erhöhtem Maße der Fall bei *Bauhinia monandra* [HOLDSWORTH (1959a, b)]. Die Bewegung zeichnet sich dadurch aus, daß die endogene Komponente recht schwach ausgebildet ist, so daß die Bewegungen in Dauerlicht bereits in der zweiten 24 Std-Periode unregelmäßig werden. Solange die Tagesrhythmik noch nachweisbar ist, wirkt der Beginn des Dauerlichtes sowie der Beginn der vorhergehenden Dunkelphase als Zeitgeber für die abendliche Senkungsbewegung; diese kann außerdem beeinflußt werden durch einige Stunden Störlicht während der Dunkelphase oder einige Stunden „Stördunkel" während der Lichtphase. Eine Phasenverschiebung ist also durch Änderung der exogenen Licht-Dunkel-Bedingungen hier sehr leicht möglich, und HOLDSWORTH (1960) versucht, hierfür auch die wirksamen Spektralbereiche abzugrenzen. Eine solche Umregulierung der rhythmischen Bewegung durch Licht zur „falschen" Zeit gelingt nur durch Rotlicht (> 600 nm), nicht durch blaues, grünes oder infrarotes Licht (> 725 nm).

LÖRCHER fand unter ähnlichen Bedingungen bei *Phaseolus* Hellrot (HR) und Dunkelrot (DR) in gleicher Richtung wirksam (Fortschr. Bot. **21**, 358); hierzu stehen die Befunde von HOLDSWORTH bis jetzt nicht im Widerspruch, da sein „Rot" aus HR + DR bestand, sein „Infrarot" jedoch im Bereich des DR (730 nm) wohl kaum schon genügend Strahlung lieferte in Anbetracht dessen, daß bereits die Wirkung von „Rot" = HR + DR stark unteroptimal und gerade noch deutlich erkennbar war. — Die Blatthebung am Morgen ist für die Untersuchungen wenig geeignet, da sie stark überlagert ist von einer gleichgerichteten unmittelbar photonastischen Bewegung — ein weiterer Beweis für die relativ größere Bedeutung der exogenen Faktoren bei dieser Pflanze.

ENGELMANN und OLTMANNS studieren im Zusammenhang mit photoperiodischen Untersuchungen die Induktion der Blütenblattbewegung bei *Kalanchoë*. Diese Induktion ist möglich sowohl durch den Übergang Dauerlicht → Dauerdunkel als auch umgekehrt. In beiden Fällen wirkt der einmalige Übergang als Zeitgeber für die Phasenlage, und im rhythmischen Licht-Dunkel-Wechsel fallen die Zeitgeberfunktionen beider Übergänge optimal zusammen, wenn 10 Std Licht mit 14 Std Dunkel wechseln (ENGELMANN). Bei Temperaturen von 10° und niedriger kann eine einzige mehrstündige Belichtung zwar keine Bewegung mehr auslösen, da diese in der Kälte offenbar überhaupt unmöglich ist. Aber trotzdem wird hierdurch die Rhythmik induziert; denn nach Wiedererwärmung, selbst noch 9 Tage nach erfolgter Induktion, beginnt die periodische Blattbewegung (die mit Sicherheit nicht durch die einmalige Temperaturerhöhung ausgelöst wurde, s. u.). Die Induktion war also gewissermaßen „eingefroren" (OLTMANNS), so wie es bei phototropischer oder geotropischer Induktion möglich ist.

Die Stabilität der endogenen Rhythmik zeigt sich darin, daß HR- oder DR-Bestrahlungen von nur einigen Minuten Dauer, wie sie ENGELMANN während der Dunkelphase verwendet, auf die Rhythmik der Bewegung ohne Einfluß sind. Wird ein solches Störlicht dagegen auf 2 Std ausgedehnt, so wird hierdurch die Rhythmik neu reguliert (OLTMANNS).

Daß auch *Temperaturschwankungen* einen regulierenden Einfluß auf rhythmische Bewegungen ausüben können, ist bekannt. OLTMANNS analysiert diesen Faktor sorgfältig an den Blütenblättern von Kalanchoë. Ein einmaliger Temperaturwechsel kann die Rhythmik noch nicht auslösen, möglicherweise aber in besonderen Fällen regulieren. Ein tagesrhythmischer Temperaturwechsel reguliert eine bereits vorhandene rhythmische Bewegung in Dauerdunkel so, daß im allgemeinen die Blütenöffnung in die Phase mit höherer Temperatur fällt; unter Dauerlichtbedingungen kann darüber hinaus durch rhythmische Temperaturwechsel auch eine Bewegung neu induziert werden, die dann in konstanten Licht- und Temperaturbedingungen endogen weiterläuft. Hierzu genügt bereits ein mehrtägiger Wechsel zwischen 20 und 21°, also eine Schwankungsbreite von nur 1°, die Bewegungsamplitude ist in diesem Falle allerdings nicht sehr groß. Wird ein Licht-Dunkel-Wechsel mit einem Temperaturwechsel kombiniert (beides tagesperiodisch), so kann die regulierende Wirkung der Temperatur größer sein als die des Lichtes.

Ein unterschiedliches Zusammenwirken exogener und endogener Faktoren läßt sich auch für *einmalige* Öffnungsbewegungen von Blütenblättern nachweisen, d. h. für die zum Aufblühen führende Epinastie. Einerseits unterliegt nach RAU und ZEHENDER der Zeitpunkt des Aufblühens bei *Selenicereus* — normalerweise abends — fast völlig der endogenen Rhythmik, die bereits Tage vorher induziert wurde und noch nach 15 Tagen Dauerlicht oder mindestens 4 Tagen Dauerdunkel bemerkbar ist. Eine Umstimmung dieser Rhythmik erfordert mindestens drei inverse Licht-Dunkel-Cyclen; Änderungen der Licht-Dunkel-Verhältnisse in den letzten 24 Std vor dem Aufblühen sind ohne Erfolg. Ebenfalls eindeutig endogen festgelegt ist der 10—14 Std. nach dem Aufblühen erfolgende Blütenschluß (Hyponastie, Abblüh-Vorgang).

Ganz ähnlich liegen nach ARNOLD (1959) die Verhältnisse bei *Oenothera*. Bei dieser Pflanze ist bemerkenswert, mit welcher Präzision die Rhythmik umgestimmt werden kann, wenn sie inversen Licht-Dunkel-Cyclen unterworfen wird: An den ersten beiden Tagen blühen alle Knospen noch zu der früher induzierten normalen Zeit auf (also abends), vom 3. Tag an jedoch gemäß dem neuen Cyclus morgens. Übergänge gibt es nicht, jede Knospe erhält offenbar letztmalig 3 Tage vor dem Aufblühen einen Impuls, der die Rhythmik steuert, wofür streng alternativ der alte oder der neue Licht-Dunkel-Wechsel verantwortlich ist. Wie in anderen Fällen (s. o.), ist auch hier für die Steuerung der Rhythmik nicht allein der Wechsel Dunkel → Licht verantwortlich, sondern die Dauer der Licht- und der Dunkelperiode wirkt modifizierend — sofern die Cyclenlänge insgesamt 24 Std beträgt. 12- oder 48stündige Cyclen (6:6 bzw. 24:24 Std Licht:Dunkel) lassen sich der Pflanze nicht aufprägen; die vorher induzierte Rhythmik (12:12 Std) bleibt unter diesen Bedingungen etwa 6 Tage erhalten, wenn auch die Präzision der Blütenöffnungszeiten erheblich geringer, d. h. deren zeitliche Streuung erheblich größer wird.

Sowohl bei *Selenicereus* als auch bei *Oenothera* greift die regulierende Lichtwirkung ausschließlich an der Blütenknospe selbst an. So ist es möglich, durch experimentelle Vorbehandlung zwei benachbarte Blüten phasenverschoben gegeneinander zum Blühen zu bringen *(Selenicereus)*.

Auf der anderen Seite gibt es Pflanzen, bei denen das Aufblühen überwiegend exogen gesteuert wird, wie etwa bei *Bulbine semibarbata* (ROTH) oder *Victoria regia* (GESSNER). Im letztgenannten Fall öffnet die Blüte sich bei Sonnenuntergang und kann durch künstliche Belichtung bis etwa 18 Std am Aufblühen gehindert werden. Im Gewächshaus eilt oft die lichtabgewandte Seite der Knospe in der Bewegung voraus. Die auch hier nicht ganz fehlende endogene Komponente äußert sich darin, daß eine Verdunkelung nicht früher als 10 Std nach dem letzten Lichtbeginn — also unter den Bedingungen des natürlichen Standortes gegen 16 Uhr — die Bewegung induzieren kann und daß beim Fehlen dieser Verdunkelung schließlich am folgenden Tag die Blütenöffnung völlig autonom erfolgt. Bemerkenswert ist auch die Geschwindigkeit des Vorgangs: die gesamte Öffnungsbewegung dauert in den Tropen 30 min, im Gewächshaus 60—90 min. — Bei der nahe verwandten *V. cruziana* dürfte wieder die endogene Komponente im Vordergrund stehen (GESSNER).

VII. Spaltöffnungsbewegungen

Die Mechanik der Stomatabewegung kann wohl nur dann voll verstanden werden, wenn auch Näheres über Bau und Funktion der Nebenzellen bekannt ist. Diese Nebenzellen unterscheiden sich bei *Aponogeton distachyus* cytologisch und zellphysiologisch erheblich von den normalen Epidermiszellen; MOURAVIEFF (1959) beobachtete bei Verwendung von 0,7 mol Rohrzucker stets Krampfplasmolyse in den Nebenzellen, gleichgültig, ob die normalen Epidermiszellen — als Folge entsprechender Vorbehandlung — Konkav- oder Konvex-Plasmolyse zeigten. Die innere perikline Zellwand ist ein ausgesprochen negativer Plasmolyseort, eine Außen-Innen-Polarität macht sich auch in der Verteilung der Inhaltsbestandteile in den Nebenzellen bemerkbar.

Eine wesentliche Rolle spielt die Nebenzelle auf jeden Fall bei den *hydropassiven* Bewegungen, d. h. Öffnung der Stomata infolge Turgorverlust des umgebenden Gewebes. Diesen Bewegungstyp fand z. B. ALLERUP als Folge plötzlicher Unterbrechung des Wassernachschubs: Werden bei *Hordeum* die Leitbündel durchgetrennt, so reagieren die Stomata nach wenigen Minuten mit einer Erweiterung der Spalte und lassen die Transpiration ansteigen. Wenig später folgt allerdings *hydro-aktives* Schließen nebst Transpirationsabnahme. Die Spaltenweite wurde hier direkt gemessen, die Transpiration mit dem Corona-Hygrometer bestimmt.

Mit der *hydroaktiven* Bewegung befaßt sich STÅLFELT (1959) und lehnt auf Grund seiner Versuche die Hypothese ab, die durch folgende Reaktionskette gekennzeichnet werden kann: Wasserdefizit → erschwerte

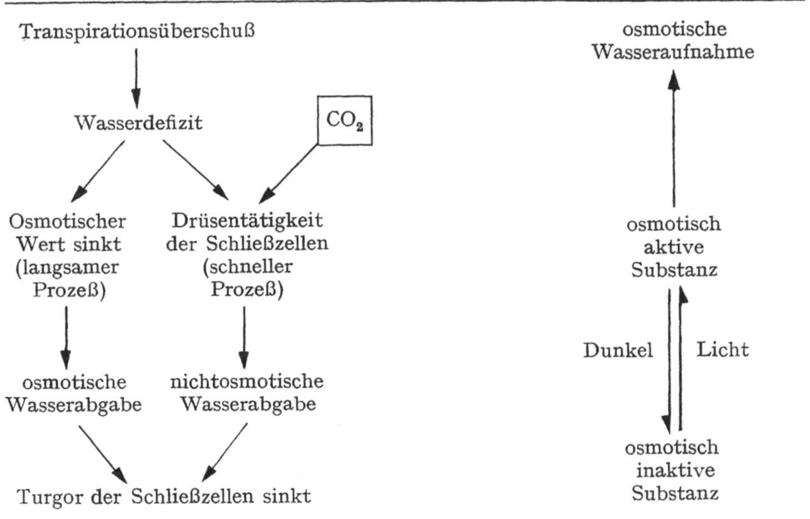

Photosynthese (oder Stimulation der Atmung) → Erhöhung des CO_2-Spiegels → chemonastischer Spaltenschluß. Ein bestimmtes Wasserdefizit führt nämlich zur Schließbewegung, gleichgültig, ob ein Gasaustausch mit der Umgebung möglich ist oder nicht, und hydroaktiv geschlossene Spalten öffnen sich nicht (im Licht!) bei CO_2-Entzug. Der CO_2-Gehalt beeinflußt lediglich Ausmaß und Geschwindigkeit der hydroaktiven Schließbewegung. Die Befunde lassen sich mit dem früher von STÅLFELT (1957) gegebenen Schema deuten unter der Annahme, daß erhöhte CO_2-Konzentration direkt oder indirekt die „Drüsenfunktion" beschleunigt und erleichtert. Eine Grundvoraussetzung für dieses Schema ist jedoch die Gültigkeit der Williamsschen Hypothese, daß nämlich der Spaltenschluß der aktive Vorgang, die Spaltenöffnung dagegen rein osmotisch zu verstehen ist. Daß diese Hypothese noch umstritten ist, wurde bereits früher betont (Fortschr. Bot. **20**, 300 f.) und gilt auch heute noch.

Bei diesem noch nicht aufgeklärten hochkomplizierten Zusammenspiel vieler Faktoren kann aus mehr ökologisch orientierten Versuchen kaum ein endgültiges Ergebnis erwartet werden; der Wert solcher Untersuchungen liegt vielmehr darin, das Augenmerk auf bisher vernachlässigte Faktoren zu richten. So findet VOGEL (1959) Hinweise darauf, daß *Temperaturdifferenzen* zwischen Blatt und Luft von nur 1° bereits erheblich die Reaktion der Stomata beeinflussen können. HAFEZ untersucht die Wirkung bewegter und unbewegter Luft auf die Spaltöffnungsweite und kommt zu dem bemerkenswerten Ergebnis, daß dieser Faktor bei verschiedenen Pflanzen qualitativ verschieden wirken kann. Möglicherweise wird in einem Falle der Feuchtigkeitsfaktor, im anderen Falle der Temperaturfaktor durch die Luftbewegung stärker verändert.

Häufig wird die Stomatabewegung nur indirekt aus der durch sie beeinflußten Transpirationsgröße ermittelt. Das kann möglicherweise zu Fehlern führen, wenn die Beobachtungen von VOGEL der Kritik standhalten: In Abhängigkeit von den eingestrahlten Spektralbereichen konnte — unter sonst konstanten Bedingungen — eine größere Spaltenweite, mikroskopisch gemessen, korreliert sein mit verringerter Transpiration. VOGEL denkt an eine unmittelbare Wirkung kurzwelliger Strahlung auf plasmatische Faktoren, die die Transpiration unabhängig von der Spaltöffnungsweite beeinflussen.

VIII. Schleuderbewegungen

Das Ausschleudern des Pollinariums von *Catasetum* bei Berührung der „Antennen" ist nicht, wie seit DARWIN allgemein angenommen wird, ein Reizvorgang, sondern wird vielmehr durch rein mechanische Zerrung der basalen Gewebepartien ausgelöst, die bereits durch leichte Verbiegungen der Antennenspitze infolge der Hebelwirkung hervorgerufen wird. KNOLL (1959) konnte dies nachweisen, indem er den mittleren Abschnitt der Antenne mit Gips festlegte. Nun konnte die Berührung nicht mehr mechanisch auf die Basis übertragen werden, die Reaktion blieb aus; ein echter „Reiz", der sich durch Erregungsleitung fortpflanzt, hätte unter diesen Umständen die Basis erreichen müssen.

Die Ascosporen von *Sordaria* können *einzeln hintereinander* abgeschossen werden (Gesamtdauer 0,05 msec!) oder zu beliebig *vielen zusammen* bis zum Extremfall, daß alle 8 Sporen als gemeinsames Geschoß den Ascus verlassen. Bei Auftrennung in Gruppen kann die Sporenkette an jeder beliebigen Stelle mit gleicher Wahrscheinlichkeit aufbrechen. Je mehr Sporen ein Geschoß enthält, desto weiter fliegt es — horizontal bis etwa 10 cm. Verlassen mehrere Sporen gemeinsam den Ascus, so ändern sie in Sekundenbruchteilen ihre gegenseitige Lage unter dem Einfluß der Oberflächenspannung des sie umgebenden Schleimes: an die Stelle der ursprünglichen linearen Anordnung im Ascus tritt eine abgerundete Gruppe. Die Anfangsgeschwindigkeit einer abgeschossenen Spore liegt zwischen 3,7 und 10,8 m/sec (INGOLD und HADLAND 1959).

Vergleichsweise beträgt die Anfangsgeschwindigkeit bei der Ausschleuderung der Samen von *Arceuthobium vaginatum* etwa 14 m/sec mit einer kinetischen Energie von etwa 2000 erg und einer horizontalen Schußweite bis zu 12 m (HAWKSWORTH 1959). Es handelt sich um einen Explosionsmechanismus, vergleichbar dem der Spritzgurke.

Der Abschuß von Pilzsporen kann rhythmischen Schwankungen unterliegen. Diese können einmal fast ausschließlich exogener Natur sein wie der Tagesrhythmus von *Sphaerobolus* (FRIEDERICHSEN und ENGEL; vgl. auch *Sordaria*, Fortschr. Bot. **21**, 359). Andererseits aber sind die kurzfristig rhythmischen Schwankungen des Sporenabschusses von *Trametes gibbosa*, einem Basidiomyceten, rein endogen bedingt; die

Periode dieser Rhythmik beträgt 30—90 min. Dabei scheinen rhythmische Abschußwellen über das Hymenium zu ziehen, so daß nicht nur zeitliche Schwankungen an einem Ort, sondern auch räumliche Schwankungen zu einem gegebenen Zeitpunkt beobachtet werden (GAY et al.).

Die endogene Rhythmik des Sporenabschusses von *Pilobolus* kann durch einen einzigen Lichtblitz von $^1/_{2000}$ sec umreguliert werden (BRUCE, WEIGHT und PITTENDRICH).

Mit der bekannten Öffnungsbewegung des Farnsporangiums befaßt sich RENNER (1959) noch einmal, um einige unentschiedene Fragen zu klären. Das Zurückspringen infolge Überwindung des Kohäsionszuges ist nicht an das Eindringen von Luft gebunden; die Sporangien springen gleich gut in trockener Atmosphäre, die durch eine konzentrierte Lösung erzeugt wird, wie in dieser Lösung selbst, sofern die Bogenzellen für diese Lösung nicht permeabel sind (Beispiel: Glycerin). In diesem letztgenannten Fall dringt beim Springen keine Luft in die Zelle ein. Im reifen, reaktionsfähigen Sporangium sind die Bogenzellen noch plasmolysierbar; sie sterben erst während des Öffnungsvorganges ab, vermutlich infolge der starken mechanischen Beanspruchung bei der Deformation. Für den Beginn der Öffnung, das Auftreten des ersten Risses im Anulus, ist der anatomische Bau der beiden Stomiumzellen von ausschlaggebender Bedeutung.

Literatur

ALLERUP, S.: Physiol. Plant. (Copenh.) **13**, 112—119 1960). — ANKER, L.: Acta Bot. Neerl. **9**, 411—415 (1960). — ARNOLD, C. G.: Planta (Berl.) **53**, 198—211 (1959). — ARSLAN, N., and T. A. BENNET-CLARK: J. exp. Bot. **11**, 1—12 (1960). — AUDUS, L. J.: Nature (Lond.) **185**, 132—134 (1960).

BAILLAUD, L.: Ann. Sci. Univ. Besançon Sér. 2 Bot. **12**, 81—88 (1958). — BENDIX, S. W.: Bot. Rev. **26**, 146—208 (1960a). — Comp. Biochem. of Photoreactive Systems (ed. ALLEN), Academic Press, p. 107—127 (1960b). — BISMARCK, R. VON: Flora (Jena) **148**, 23—83 (1959). — BOOIS, H DE, H P. BOTTELIER and D. I. ZANDEE: Proc. Kon. Ned. Acad. Wet. C **63**, 375—382 (1960). — BRAUNER, L., u. E. APPEL: Planta (Berl.) **55**, 226—234 (1960). — BRIGGS, W. R.: Plant Physiol. **35**, 951—962 (1960a); **35** Suppl. XXXI (1960b). — BROKAW, C. J.: Exp. Cell Res. **22**, 151—162 (1961). — BRONCHART, R.: Bull. Soc. Roy. Sci. Liège 28ᵉ année, 78—81 (1959). — BRUCE, V. G., F. WEIGHT and C. S. PITTENDRICH: Science **131**, 728—730 (1960).

ENGELMANN, W.: Planta (Berl.) **55**, 496—511 (1960).

FRIEDERICHSEN, J., u. H. ENGEL: Planta (Berl.) **55**, 313—326 (1960).

GAY, J. L., S. A. HUTCHINSON and J. TAGGART: Ann. Bot. **23**, 297—306 (1959). — GEITLER, L.: Österr. bot. Z. **107**, 45—79 (1960a). — Planta (Berl.) **55**, 115—142 (1960b);—Österr. bot. Z. **107**, 265—274 (1960c); **107**, 409—424 (1960d). — GESSNER, F.: Planta (Berl.) **54**, 453—465 (1960). — GILLESPIE, B., and W. R. BRIGGS: Proceed. IX. Internat. Bot. Congr. Montreal, Vol. II, 133—134 (1959). — GIRBARDT, M.: Planta (Berl.) **55**, 365—380 (1960).

HAFEZ, M. G. A.: Plant Physiol. **35**, 651—653 (1960). — HAGEN-SEYFFERTH, M.: Planta (Berl.) **53**, 376—401 (1959). — HALLDAL, P.: Physiol. Plant. (Copenh.) **13**, 726—735 (1960). — HATANO, S., and J. TAKEUCHI: Protoplasma (Wien) **52**, 169—183 (1960). — HAUPT, W.: Planta (Berl.) **55**, 465—479 (1960). — HAUPT, W., u. R. THIELE: Planta (Berl.) **56**, 388—401 (1961). — HAWKSWORTH, F. G.: Science **130**, 504 (1959). — HERTZ, C. H.: Nature (Lond.) **187**, 320—321 (1960). — HOLDSWORTH, M.: J. exp. Bot. **10**, 104—108 (1959a). — New Phytol. **58**, 29—45 (1959b); — J. exp. Bot. **11**, 40—44 (1960).

INGOLD, C. T., and S. A. HADLAND: New Phytol. **58**, 46—57 (1959).

JAROSCH, R.: Protoplasma (Wien) **50**, 277—289 (1959); — Phyton (Arg.) **15**, 43—66 (1960).

KAMIYA, N.: Protoplasmic streaming. In: Protoplasmatologia, Bd. VIII, 3a. Wien: Springer 1959. — KELLER, S.: Z. Bot. **48**, 32—57 (1960). — KISHIMOTO, V., and H. AKABORI: J. Gen. Physiol. **42**, 1167—1183 (1959). — KNOLL, F.: Ber. dtsch. bot. Ges. **71**, 337—348 (1959). — KRYLOV, A. V., and G. A. TARAKANOVA: Fiziol. Rastenij. **7**, 191—197 (1960).

MAEDA, E.: Physiol. Plant. (Copenh.) **13**, 204—213, 214—226 (1960). — MIÈGE, J.: Ann. Sci. Univ. Besançon Sér. 2 Bot. **12**, 63—70 (1958). — MOHR, H., u. E. PETERS: Planta (Berl.) **55**, 637—646 (1960). — MORGAN, D. G., u. H. SÖDING: Planta (Berl.) **52**, 235—249 (1958). — MOURAVIEFF, J.: Bull. Soc. bot. Fr. **106**, 301—305 (1959); — C. R. Acad. Sci. (Paris) **250**, 1104—1105 (1960a). — Ann. Univ. Lyon Sci. Nat. C XI—XII, 83—102 (1960b).

NAKAJIMA, H.: Protoplasma (Wien) **52**, 413—436 (1960).

OLTMANNS, O.: Planta (Berl.) **54**, 233—264 (1960).

PILET, P. E.: Experientia (Basel) **16**, 111 (1960). — POHL, R.: Phyton (Arg.) **15**, 145—157 (1960a); — Ber. dtsch. bot. Ges. **73**, 481—486 (1960b).

RAU, W., u. C. ZEHENDER: Phyton (Arg.) **10**, 27—34 (1958). — REISENER, H. J., u. H. SIMON: Z. Bot. **48**, 66—70 (1960). — RENNER, O.: Z. Naturf. **14**b, 404—410 (1959). — ROTH, J.: Phyton (Arg.) **13**, 65—76 (1959). — RUFELT, H.: Svensk Bot. Tidskr. **53**, 312—318 (1959).

SCHÖLDÉEN, C., and H. BURSTRÖM: Physiol. Plant. (Copenh.) **13**, 381—388 (1960). — SCHRANK, A. R.: Plant Physiol. **35**, 735—741 (1960). — SOROKIN, H. P., and K. V. THIMANN: Nature (Lond.) **187**, 1038—1039 (1960). — SPECHT, J.: Flora **149**, 106—161 (1960). — STÅLFELT, M. G.: Physiol. Plant. (Copenh.) **10**, 752—773 (1957); **12**, 691—705 (1959). — STREET, H. E.: Nature (Lond.) **188**, 272—274 (1960). — STROTHER, G. K., and J. J. WOLKEN: Nature (Lond.) **188**, 601—602 (1960).

THIELE, R.: Arch. Mikrobiol. **37**, 379—398 (1960). — TORIYAMA, H.: Nature (Lond.) **187**, 709—710 (1960). — TRONCHET, A.: Ann. Sci. Univ. Besançon, Sér. 2, Bot. **12**, 71—80 (1958); **14**, 81—86 (1959). — TRONCHET, A., J. TRONCHET et M. DUPARCHY: C. R. Acad. Sci. (Paris) **250**, 389—391 (1960a). — TRONCHET, A., J. TRONCHET et J.-P. PERNEY: C. R. Acad. Sci. (Paris) **250**, 576—578 (1960b).

UMRATH, K.: Ber. dtsch. bot. Ges. **73**, 380—385 (1960).

VOGEL, R.: Gartenbauwissenschaft **24**, 488—527 (1959).

WASSERMANN, L.: Planta (Berl.) **53**, 647—669 (1959).

ZIMMERMANN, W.: Ber. dtsch. bot. Ges. **71**, Suppl. (14)—(15) (1958). — ZINSMEISTER, H. D.: Planta (Berl.) **55**, 647—668 (1960). — ZURZYCKI, I.: Acta Soc. Bot. Polon. **29**, 385—393 (1960).

E. Ausgewählte Kapitel der angewandten Botanik

23a. Allgemeine Pflanzenpathologie*

Von Roland Rohringer, Winnipeg, Manitoba

Allgemeines. Die pathologische Physiologie der Mykosen nimmt auch in diesem Berichtsjahre einen großen Raum in der Literatur ein. Eine Reihe von wichtigeren, älteren Arbeiten, insbesondere aus Japan und den osteuropäischen Ländern, sind für die Berichterstattung erst jetzt zugänglich geworden.

In einem Übersichtsreferat behandelt Barnett die Probleme der pflanzlichen Resistenz, wobei jedoch kaum auf die Literatur des nichtenglischen Sprachkreises eingegangen wird. Die beiden letzten Bände des Lehrbuches "Plant Pathology, an Advanced Treatise" von Horsfall u. Dimond enthalten wiederum zahlreiche wesentliche Beiträge (McNew: "Nature, Origin, and Evolution of Parasitism"; Cochrane: "Spore Germination"; Dickinson: "The Mechanical Ability to Breach the Host Barriers"; Wood: "The Chemical Ability to Breach the Host Barriers"; Ludwig: "Toxins"; Johnson: "Genetics of Pathogenicity"). Zusammenfassende Darstellungen über die Rolle der Antibiotica in der Pflanzenpathologie geben die Artikel von Menon, Goldberg und Pramer.

Weitere axenisch wirkende Substanzen des Benzoxazolinon-Typs, welche das Wachstum von *Fusarium nivale* hemmen, konnten aus Weizen, Roggen und Mais isoliert werden (Wahlroos u. Virtanen). Der Ca-Gehalt von Gewebepartien des Gerstenblattes wird für deren unterschiedliche Resistenz gegen Befall mit *Erysiphe graminis hordei* verantwortlich gemacht [Hirata (1)].

Die Abwehrreaktion, welche im Knollengewebe von *Orchis militaris* nach Infektion mit *Rhizoctonia repens* anläuft, wurde weiter untersucht (Gäumann u. Hohl): die Synthese des Orchinols und anderer Abwehrstoffe beginnt nach einer Induktionszeit von etwa 36 Std. und erreicht ihren Höhepunkt am 8. Tage nach der Infektion; die Orchinolkonzentration im Zellsaft beträgt hierbei mindestens $0,5 \times 10^{-2}$ M (rund 1% der Trockensubstanz!) und überschreitet die Hemmungsschwelle der meisten in Betracht kommenden Mikroorganismen; die Gewebe in der Nähe des Infektionsherdes stellen daher offenbar ihren gesamten Stoffwechsel auf Infektabwehr um; das Konzentrationsgefälle des Abwehrstoffes erstreckt sich, vom Focus ausgehend, über das ganze Wirts-

---

* Contribution No. 85 from the Canada Department of Agriculture, Research Station, Winnipeg, Manitoba.

gewebe. Alle bisher geprüften mittel- und südeuropäischen, erdbewohnenden Orchideen sind zu chemischen, antiinfektionellen Abwehrreaktionen gegenüber ihren Mykorrhizenpilzen befähigt, wobei in der Mehrzahl der Fälle Orchinol als Abwehrstoff gebildet wird; die Synthese der Abwehrstoffe kann bei *Orchis militaris* von allen bisher geprüften Mykorrhizenpilzen und von einigen bodenbewohnenden Bakterien ausgelöst werden, während „unspezifische", willkürlich ausgewählte saprophytische oder halbparasitische Pilze des Erdbodens hierzu nicht imstande sind; das Wirkungsspektrum des Orchinols ist wenig spezifisch, umfaßt jedoch in der Regel nicht die bodenbewohnenden Bakterien (GÄUMANN, NÜESCH u. RIMPAU). Nach Orchinol konnte ein weiterer pflanzlicher Abwehrstoff chemisch näher charakterisiert werden: eines der von MÜLLER beschriebenen Phytoalexine, welches *Pisum sativum* nach Infektion mit *Sclerotinia fructicola* produziert, wurde in kristalliner Form erhalten (CRUICKSHANK u. PERRIN); die physikalischen und chemischen Eigenschaften dieser Substanz („Pisatin") deuten auf die Summenformel $C_{17}H_{14-16}O_6$; es ist kein phenolischer Körper; seine Hemmungsschwelle für *S. fructicola* liegt bei $2,8 \times 10^{-4}$ M; die Produktion von Pisatin kann von einer Anzahl verschiedener Saprophyten und Biotrophen in *P. sativum* ausgelöst werden; das Wirkungsspektrum des Abwehrstoffes ist ebenfalls unspezifisch; die von *Phaseolus vulgaris* und *Capsicum frutescens* unter ähnlichen Bedingungen gebildeten Phytoalexine sind jedoch nicht mit Pisatin identisch (Wirtsspezifität!). Die Bildung von Phytoalexinen, welche chemisch noch nicht näher charakterisiert sind, wird hervorgerufen durch *Piricularia oryzae* in Reispflanzen [UEHARA (1)], durch *Fusarium* sp. in Hülsen der Sojabohne [UEHARA (2, 4)] und durch *Ascochyta pisi* in Hülsen von *P. sativum* [UEHARA (3)]. Daß *P. oryzae* in Blättern resistenter Reissorten eine höhere Phytoalexinproduktion hervorruft als auf solchen geringerer Resistenz, mag für den pathologischen Prozeß bedeutungsvoll sein [UEHARA (1)]. Auf Grund histologischer Untersuchungen vermutet TOMIYAMA, daß die gesteigerte Stoffwechselaktivität im Cytoplasma *Phytophthora*-infizierter Kartoffelgewebe die Ursache sei für die Einleitung des hypersensitiven Zelltodes und für die Produktion abnormaler Stoffwechselprodukte. Ähnlich wurde bereits von JEROME u. MÜLLER für die Phytoalexinproduktion anderer Reaktionspartner formuliert. Ein weiterer Fall aktiver Infektabwehr ist vor kurzem bekannt geworden: nach Infektion von Äpfeln und Apfelblättern mit *Venturia inaequalis* und *Podosphaera leucotricha* steigt die Konzentration einer fluorescierenden phenolischen Substanz im Gewebe an, wobei die Konzentration pro Wirtszelle in resistenten Geweben vermutlich höher ist als in solchen anfälliger Wirte; die Substanz ist wahrscheinlich ein Glykosid des Flavonoid-Typs, wird von mechanisch verwundetem Wirtsgewebe oder vom Pilz *in vitro* nicht gebildet und wird als spezifisches, antiinfektionelles Reaktionsprodukt des Wirtsgewebes angesprochen (BARNES; BARNES u. WILLIAMS); es besitzt daher Eigenschaften eines Phytoalexins, und weitere Untersuchungen über seine Bildungsweise dürften, im Hinblick auf die physiologische Spezialisierung von *V. inaequalis*, von großem Interesse sein. Leider ist es in keinem der bisher untersuchten Fälle von „Phytoalexin"-Bildung gelungen, ein pilzbürtiges, die Synthese des Abwehrstoffes im Wirt auslösendes Prinzip nachzuweisen oder zu fassen.

Biotrophe Parasiten
(Uredineen, Erysiphaceen, Peronosporaceen u. ä.)

1. Physiologie und Biochemie des Wirt-Parasit-Komplexes

Befall von Kartoffelgeweben mit *Synchytrium endobioticum* führt zu vermindertem Ascorbinsäuregehalt und zu einer selektiven Anreicherung von S^{35} in den Neoplasmen (LIPSITS). Die Randzonen der letzteren reichern darüber hinaus P^{32} an und besitzen überhöhten P-Gehalt (PIDOPLICHKO). In den Tumoren findet sich erwartungsgemäß eine hohe Konzentration von Wuchsstoffen. Extrakte aus diesen Tumoren stimulieren die Atmung gesunder Kartoffelblätter und induzieren Zellstreckung und Zellteilung in etiolierten Sprossen pilzresistenter Kartoffelsorten, während anfälliges Gewebe diese Reaktion nicht zeigt (GRECHUSHNIKOV u. YAKOVLEVA). Die schon früher erkannte Aktivitätserhöhung der Polyphenoloxydase resistent reagierender Gewebe scheint zu einer Anhäufung von Kaffeesäure zu führen, welche als eine der stofflichen Ursachen der Infektabwehr angesehen wird (PIDOPLICHKO).

Der Infektionsvorgang von *Puccinia graminis* auf Weizen wurde unter streng kontrollierter Infektionsdichte usw. näher untersucht (PETERSEN); einzelne chlorotische Flecken auf infizierten Blättern werden unter Umständen durch mehrere benachbarte Primärinfekte hervorgerufen. Der Infektionserfolg von *Peronospora destructor* auf Zwiebeln wird durch die Sporendichte modifiziert; Extrakte aus resistenten bzw. anfälligen Wirtsgeweben stimulieren das Keimschlauchwachstum in gleicher Weise (BERRY). WARTENBERG gibt eine übersichtliche Zusammenstellung der bisherigen histologischen Untersuchungen bei *Erysiphe*-Befall und berichtet über eigene Versuche über den Infektionsvorgang von *Podosphaera leucotricha* an Apfelblättern; die Lage der Wirtskerne bleibt nach Haustorienbesatz der Zelle unverändert, der angreifende Parasit wird offenbar durch normergische plasmatische Reaktionen der Wirtszelle desorganisiert und stirbt, bevor in letzterer eine maligne Wirkung des Parasitenangriffs oder gar eine Nekrose zu sehen ist. BURROWS berichtet über eine interessante Anwendung der Blatt-„Sandwich"-Technik: aus rostinfizierten Weizenblättern („Donor") wächst der Parasit in ein aufgelegtes Blatt einer anderen Weizenpflanze („Acceptor"), wenn an der Auflagestelle beiderseitig vorher die Epidermis entfernt wurde; resistent und anfällig reagierende „Transplantations"-Partner können nach Belieben kombiniert werden; wächst der Pilz von einem anfälligen Donor in einen resistenten Acceptor, so kommt es in letzterem trotzdem zu einer resistenten Reaktion; da P^{32} im Pilzmycel ungehindert vom Donor zum Acceptor transportiert wird, schließt der Autor auf ausreichende Nährstoffversorgung des Parasiten im resistent reagierenden Transplantationspartner und gibt einer auf Hemmstoffen beruhenden

Resistenzgrundlage den Vorzug über eine auf der Nährstoffversorgung des Parasiten beruhenden.

Die parasitogene Beeinflussung des oxydativen Stoffwechsels wird von Rubin (2) diskutiert. Kaul u. Shaw untersuchten Redox-Potentiale anaerob erhaltener Extrakte rostiger, resistent- und anfällig reagierender Weizenblätter: das Redox-Potential steigt in beiden Fällen während der Inkubationszeit, bleibt in der resistenten Reaktion irreversibel erhöht, fällt jedoch in anfälligem Gewebe zur Zeit der Sporulation des Pilzes wieder auf den Normalspiegel; der resistenzerhöhende Einfluß hohen Sauerstoffpartialdruckes der Atmosphäre wird durch einen Anstieg des Redox-Potentials im Gewebe erklärt, der steuernde Einfluß des Lichtes auf photosynthetisch beeinflußte Redox-Vorgänge zurückgeführt. Infektion mit *P. graminis tritici* ruft im Weizenblatt Schwankungen der Konzentration organischer Säuren hervor, die mit dem Entwicklungsstadium des Pilzes korreliert sind; ähnliches gilt für Bohnenblätter nach Infektion mit *Uromyces phaseoli* (Krupka u. Daly).

Die von den verschiedensten Autoren (s. auch Gabrielsen u. Madsen) beobachtete Anhäufung radioaktiv markierter Substanzen am Infektionsherd wird von Wang auf die Geometrie des autoradiographischen Nachweisverfahrens und andere methodische Unzulänglichkeiten zurückgeführt, wobei jedoch die Strahlungscharakteristiken der verwendeten Isotope unberücksichtigt bleiben und durch Verwendung des Frischgewichtes der Pflanzen als Bezugsgröße unter Umständen neuerliche Artefakte erhalten werden. Das Cytoplasma von Rosthaustorien, besonders aber die Nucleoli in benachbarten Hyphen, enthalten erhebliche Mengen von RNS und Feulgen-positive Substanz, die jedoch vorerst nicht mit Sicherheit als DNS angesprochen werden kann (Person); die Nucleoli der Kerne von Wirtszellen, welche mit älteren Haustorien besetzt sind, sind von einem weniger färbbaren Hof umgeben, was im allgemeinen als Zeichen erhöhter Synthesetätigkeit angesehen wird. Der RNS-Gehalt infizierter Weizenblätter nimmt in der resistenten Reaktion progressiv ab, ist jedoch im anfälligen Gewebe am 7. bis 9. Tage nach der Infektion verdoppelt; letzteres wird auf den steigenden RNS-Gehalt pilzlicher Strukturen zurückgeführt, während die Abnahme im resistent reagierenden Gewebe der Degeneration der Chloroplasten zugeschrieben wird; der Basengehalt von RNS aus rostigen Blättern unterscheidet sich nur unwesentlich von dem der RNS aus gesundem Gewebe (Quick).

Der die Rostreaktion erhaltende Einfluß des Benzimidazols auf abgetrennten Blättern bestätigt sich auch mit zahlreichen Rassen von *Puccinia coronata* (Björkman). Mit Hilfe dieser Methode ließ sich die Einwirkung von Stoffwechselprodukten, Antimetaboliten und Fermentgiften auf die Rostentwicklung verfolgen (Samborski u. Forsyth): zahlreiche der untersuchten Substanzen hemmen die Rostentwicklung, darunter besonders Thymin, Azathymin, Oxythiamin, eine Reihe von Aminosäure-Antimetaboliten in geringer und einige natürliche Aminosäuren in höherer Konzentration, desgleichen verschiedene Zucker und alle geprüften Zuckeralkohole; die Hemmwirkung einiger Antimetabolite kann durch gleichzeitige Zufuhr der entsprechenden normalen Stoffwechselprodukte unterdrückt oder verhindert werden.

Die Entwicklung von *Peronospora parasitica* wird auf *Brassica oleracea* durch Vakuuminfiltration der Blätter mit (Thio-)Semicarbacid, Äthylurethan und Fluoracetat gehemmt oder unterbunden, wobei der Einfluß des letzteren durch Umweltbedingungen, insbesondere Licht, gesteuert wird; die Carbazide erhöhen den Gehalt an Ketosäuren, hemmen das Alanin/Ketoglutarsäure-Transaminasesystem durch Abbindung von Pyridoxalphosphat; Fluoracetat hemmt die Entwicklung des Pilzes vermutlich durch seinen störenden Eingriff in den Tricarbonsäurecyclus, während die Wirkungsweise der anderen Inhibitoren unklar ist; durch Infektion einer Reihe von Kohlarten mit *P. parasitica* und *Erysiphe*, nicht jedoch bei Infektion mit *Botrytis*, werden im Wirtsgewebe zwei neue, bisher nicht identifizierte Ketosäuren gefunden; die Aktivitäten der Äpfelsäuredehydrogenase und der Ascorbinsäureoxydase sind postinfektionell vermindert, wobei ersteres wohl zum Teil für den infektionsbedingten Anstieg der Äpfelsäure verantwortlich ist, während der Aktivitätsänderung der letzteren, im Gegensatz zum Weizen/Rost-Komplex (Fortschr. Bot. **21**, 368), keine wesentliche Rolle für den Infektionsverlauf zugeschrieben wird (HEITEFUSS u. FUCHS; NIELSEN).

Der überoptimale Auxingehalt in Stengeln von *Euphorbia cyperissias* nach Infektion mit *Uromyces pisi* entsteht durch verringerten Abbau (Hemmung der Indolessigsäureoxydase durch einen „Antiauxinoxydasefaktor" des Pilzes) als auch durch gesteigerte Auxinproduktion in späteren Krankheitsstadien (PILET). Die morphologischen Veränderungen in Sonnenblumen nach Infektion mit *Plasmopara halstedii* sind von einer Steigerung der Katalase- und Peroxydaseaktivität begleitet (BELEVA).

2. Keimungsphysiologie, Kulturversuche und Therapie

Umwelteinflüsse und das Vorhandensein eines rötlichen Pigments in den Keimschläuchen wurden im Zusammenhang mit Keimung und Keimfähigkeit zweier Sporenformen von *Coleosporium solidaginis* untersucht (FERGUS). Uredosporen einzelner Rassen von *Puccinia graminis* unterscheiden sich nicht in der Aminosäurezusammensetzung ihrer Eiweiße, wohl aber in der Mengenverteilung der löslichen Aminosäuren (McKILLICAN). C^{14} wird, aus verfütterter markierter Saccharose, von keimenden Uredosporen in mindestens 11 Aminosäuren eingebaut (KASTING, McGINNIS u. BROADFOOT). Radioaktiv markiertes Leucin erscheint relativ schnell im Eiweiß der Uredosporen des Bohnenrostes, während Konidien von *Aspergillus niger* und Chlamydosporen von *Ustilago maydis* hierzu eine Anlaufzeit von mehreren Stunden benötigen; dieses Verhältnis kehrt sich jedoch um, wenn Natriumacetat-2-C^{14} als Eiweißvorstufe verfüttert wird; die Verfasser werfen die Frage auf, ob diese beschränkte Fähigkeit der Proteinsynthese von *Uromyces phaseoli* mit der biotrophen Lebensweise des Parasiten ursächlich zusammenhängt (STAPLES u. BURCHFIELD). Keimende Uredosporen von *Puccinia graminis* und Mycel vom *Melampsora lini* scheiden Indolessigsäureoxydase aus (OAKS u. SHAW); die Wuchsstoffverteilung in infizierten Weizenblättern wird jedoch offenbar durch das Hinzutreten konkurrierender Oxydasen bestimmt.

NOZZOLILLO u. CRAIGIE kultivierten *Puccinia helianthi* auf Gewebekulturen des Wirtes; nach Infektion mit Basidiosporen durchlief der Pilz hierbei seinen gesamten Entwicklungsgang bis zur Teleutosporenbildung, wobei der Parasit jedoch in keinem Falle ins wirtsfreie Kulturmedium hinauswuchs. GÖTTGENS berichtet über die erste saprophytische Kultur von *Exobasidium azaleae* auf gut definierten, vollsynthetischen Nährlösungen (ein einfacher Zucker, eine Aminosäure als N-Quelle und 2 Mineralsalze); der Pilz kann bei regelmäßigem Abimpfen auf neue Nährlösung unverändert über drei Jahre in Kultur gehalten werden, bildet Sproßsporen und fadenförmiges Mycel, jedoch keine Basidien; Rückinfizierung des natürlichen Wirtes gelingt selbst mit Material, welches bereits 24 Monate nach 24 Passagen in Kultur gehalten wurde; der Pilz bildet in Kultur Wirkstoffe, von welchen Mesoinosit und Biotin offenbar zur Gallenbildung im Wirt beitragen. Verschiedene Pilzstämme, die vom gleichen Wirt isoliert wurden, unterscheiden sich nur unwesentlich in ihrer Fähigkeit, C-Quellen auszunutzen und Vitamin B_1 zu synthetisieren; größere Unterschiede in dieser Hinsicht ergeben sich jedoch bei Kulturen des Pilzes, welche von verschiedenen Wirten gewonnen wurden (SUNDSTRÖM).

Lithiumchlorid besitzt therapeutische Wirkung für Mehltauinfizierte Gerste, wobei der Tod des Pilzes offenbar durch Permeabilitätsänderungen und Verlust pilzlicher Inhaltsstoffe herbeigeführt wird [HIRATA (2)]. Therapeutische Erfolge an rostigen Pflanzen wurden erzielt mit Nickelsalzen (*Puccinia menthae*; MOLNÁR, FARKAS u. KIRÁLY), Nickelsalzen und Zink-Äthylen-bis-dithiocarbamat (Schwarz- und Braunrost des Weizens; FORSYTH u. PETURSON), Sydnonen (Weizen- und Bohnenrost; DAVIS, BECKER u. ROGERS), mit Antibiotica (*Uromyces appendiculatus*; BALDACCI u. BETTO) und mit einer bisher nicht identifizierten, antibiotisch wirksamen Substanz (Getreideroste; DAVIS, CHAIET, ROTHROCK, DEAK, HALMOS u. GARBER).

Phytophthora

In stoffwechselphysiologisch aktiven Zellen hypersensitiv reagierender Kartoffelgewebe tritt der Tod früher ein als in inaktiven Zellen (TOMIYAMA); diese Beobachtung wird im Zusammenhang mit der Phytoalexinproduktion diskutiert, wobei an eine gesteigerte Produktion des Abwehrstoffes in stoffwechselaktiveren Zellen gedacht wird; Vitalfärbung zeigt ferner, daß der Tod intracellulärer Hyphen bei der Überempfindlichkeitsreaktion erst nach dem Tod der betroffenen Wirtszellen erfolgt. YAMAMOTO, YASUMORI, TATSUYAMA u. OKADA bestätigen frühere Befunde, nach welchen sich kaum qualitative Änderungen ergeben im Atmungsstoffwechsel resistent bzw. anfällig reagierenden Knollengewebes und nach welchen am Infektionsherd die Aktivität der Phenoloxydase erhöht ist und Polyphenole, besonders in resistentem Gewebe, angereichert sind. Daß Chlorogensäure am Zustandekommen der resistenten Reaktion nur mittelbar beteiligt ist, scheint sich zu bestätigen, da sie das Wachstum des Pilzes *in vitro* nicht hemmt (SOKOLOVA, SAVELEVA u. SOLOVEVA) und da keine Korrelation beobachtet wurde zwischen Chlorogensäuregehalt und Resistenzgrad des Gewebes (SWINIARSKI, MIERZWA u. SWISZCZEWSKA). Erneut wird über Anreicherung großer Mengen von Scopolin in infizierten Kartoffelknollen (HUGHES u. SWAIN) und von Tanninen und Polyphenolen in infizierten Kohlblättern [RUBIN (2)] berichtet und postinfektionell entstehende Oxydationsprodukte als Resistenzursache angesprochen [RUBIN (1); SOKOLOVA, SAVELEVA u. SOLOVEVA]. Über die entscheidende Rolle der Polyphenoloxydasen bei diesen Prozessen [RUBIN (1)] und über infektbedingte Änderungen der Dehydrogenaseaktivität [RUBIN (2)] wird erneut rückschauend und zusammenfassend berichtet.

Der bisher strittige Zusammenhang zwischen Peroxydaseaktivität und Resistenz des Kartoffellaubes gegen Befall mit *Phytophthora infestans* (vgl. frühere Beiträge u.: SWINIARSKI, MIERZWA u. SWISZCZEWSKA) konnte durch genetische Analyse des Pflanzenmaterials aufgeklärt werden: eine positive Korrelation wird nur bei solchen Pflanzen gefunden, deren Feldresistenz durch „rr"-Gene bestimmt wird, während Sorten, deren Resistenz auf R_1-Genen beruht, wechselnde Peroxydaseaktivität aufweisen (KEDAR).

Bereits früher erkannte Zusammenhänge zwischen Krankheitsverlauf und Stickstoffhaushalt des Wirtes wurden wiederholt festgestellt: Überdüngung mit anorganischem N erhöht die *Phytophthora*-Resistenz des Kartoffellaubes, vermutlich durch Änderung der ernährungsphysiologischen Grundlage des Parasiten (LOWINGS u. ACHA); Abnahme des N-Gehaltes ausdifferenzierter Blätter geht einer Resistenzabnahme parallel (SWINIARSKI, MIERZWA u. SWISZCZEWSKA).

Welkekrankheiten

Untersuchungen mit dem Ziel, Fusarienarten bzw. *formae speciales* von *Fusarium oxysporum* serologisch voneinander zu unterscheiden, verliefen nur teilweise erfolgreich: immunochemische "cross reactions" herrschen vor und nur zwei von mehreren geprüften Pilzstämmen ließen sich auf diese Weise differenzieren (TEMPEL).

Das Schicksal radioaktiv markierter Fusarinsäure wurde in Pilzkulturen und Tomatenpflanzen verfolgt; während Homogenate aus letzteren den Welkestoff unverändert lassen, wird in intakten Tomatensprossen 10% der verfütterten Menge gespalten und veratmet, wobei Butylpyridin nebst zwei weiteren, nicht identifizierten Substanzen, als Zwischenprodukt auftritt; von Fusarinsäure-bildenden Pilzen wird der Welkestoff schneller abgebaut als von Pilzen, die das Toxin nicht bilden; Schwermetallgaben können auch hier entgiftend wirken, woraus geschlossen wird, daß Fusarinsäure ebenfalls in den Eisenstoffwechsel eingreift (BRAUN). Ein ursprünglich aus Hefe isolierter Fusarinsäure-Antagonist wird auch von *F. lycopersici* und *Colletotrichum fuscum* in Kultur produziert und kann den Welkestoff in Tomatenpflanzen entgiften (KALYANASUNDARAM). Kulturfiltrate von *Penicillium chrysogenum* hemmen *F. oxy-*

sporum in vivo und unterdrücken die von Letzterem in Tomaten hervorgerufenen Welkesymptome (YOUSSEF). Die Atmungsänderung durch welkeauslösende Substanzen kann durch die Lage der Stickstoffernährung modifiziert werden (SCHEFFER).

CORDEN u. EDGINGTON berichten erneut über den Zusammenhang zwischen Wuchsstoffbehandlung, Ca-Ernährung und Welkeresistenz von Tomatenpflanzen; offenbar führt Wuchsstoffbehandlung zur Demethylierung der Pektinsubstanzen, welche, je nach Verfügbarkeit, durch ± Ca vernetzt werden und bei hohem Ca-Gehalt für die pektolytischen Enzyme des Pilzes weniger angreifbar sind. Neuerdings wird auch der cellulytischen Aktivität des Pilzes eine Rolle im Krankheitsprozeß zugeschrieben: *F. oxysporum f. lycopersici* bildet Cellulase adaptiv in Tomatenstengeln und auf cellulosehaltigen Medien, nicht jedoch auf Substraten, die Glucose als einzige C-Quelle enthalten; gereinigte Präparate des Enzyms sind in der Lage, junge Tomatensprosse innerhalb von 20 Std. vollständig zu welken (HUSAIN u. DIMOND). Cellulase wird, neben pektolytischen Enzymen und Fusarinsäure, auch von *F. oxysporum f. lini* in Kultur produziert; Fusarinsäure entsteht postinfektionell in pilzanfälligen, jedoch nicht in pilzresistenten Wirtsgeweben; letztere sind, ähnlich wie Tomatenpflanzen, toxinanfällig [TRIONE (1)]. Der Gehalt an Blausäure, welche in Flachsgeweben in glykosidischer Bindung („Linamarin") vorliegt, ist nicht mit der Resistenz der Wirtspflanzen gegen *F. oxysporum f. lini* korreliert und schwankt mit Umweltsbedingungen und dem Alter der Pflanzen [TRIONE (2)].

PETERSON kommt auf Grund histologischer Untersuchungen zu dem Schluß, daß die Resistenz von Kohlpflanzen gegenüber *F. oxysporum f. conglutinans* auf die Gefäßbündel des Wirtes beschränkt ist, jedoch nicht durch morphologische Strukturen hervorgerufen wird. Hinweise über die wahrscheinlich nur unwesentliche Beteiligung von Fusarinsäure und pektolytischer Enzyme bei der Symptomauslösung konnten bestätigt werden [HEITEFUSS, STAHMANN u. WALKER (1)]. Dagegen löst der Angriff des Parasiten erhebliche Veränderungen im Atmungsstoffwechsel der Wirtspflanze aus, wobei in frühen Krankheitsstadien die Aktivität der Ascorbinsäureoxydase resistent reagierenden Gewebes 2,5 mal größer ist als in anfällig reagierendem; Fortschreiten der Erkrankung verursacht ein Absinken der Aktivität des Enzyms in der resistenten Reaktion, während in anfälligen Pflanzen ein weiterer Anstieg erfolgt; die Ascorbinsäurekonzentration folgt den Aktivitätsänderungen des Enzyms sinngemäß; die Peroxydaseaktivität ist in infizierten Sprossen verschiedener Resistenz während der ersten Phasen des Krankheitsprozesses wenig verändert, steigt jedoch später in anfälligen Pflanzen an [HEITEFUSS, STAHMANN u. WALKER (2)]. In der anfälligen Kohlsorte können nach Infektion mit immunochemischen Methoden drei Antigene (Eiweiße) gefaßt werden, welche im nichtinfizierten Gewebe oder bei der resistenten Reaktion nicht auftreten; da die neu hinzutretenden Eiweiße in *in vitro*-Kulturen des Pilzes nicht nachgewiesen wurden, entstehen erstere entweder postinfektionell durch Synthese des Pilzes oder als Reaktionsprodukt des infizierten Wirtsgewebes; es ist unwahrscheinlich, daß es sich hierbei um Abbauprodukte ursprünglich vorhandenen Eiweißes handelt (HEITEFUSS, BUCHANAN-DAVIDSON, STAHMANN u. WALKER).

Kulturfiltrate von *F. oxysporum f. niveum* enthalten Depolymerase, Cellulase, Fusarinsäure und „Phytonivein", welche bei der Wassermelonenwelke als symptomauslösend angesehen werden [NISHIMURA (1)]. Die infektbedingte Verbräunung des Xylems der Wirtspflanze ist von einer Erhöhung des Phenolspiegels und einem Anstieg der Polyphenoloxydaseaktivität begleitet [NISHIMURA (3)]. Die Artenkreise von *F. oxysporum* und *F. moniliforme* können als einzige der von SNYDER und HANSEN benannten 8 *Fusarium*-Arten Fusarinsäure bilden; sie unterscheiden sich hierin ebenfalls von Stämmen der verwandten *Nectria* und *Epicoccum* und von anderen welkeerzeugenden Pilzen *(Cephalosporium, Verticillium)* [NISHIMURA (2)].

Die Atmungsintensität des Wurzel- und Stengelgewebes von Baumwollpflanzen steigt nach Infektion mit *F. vasinfectum* in anfällig reagierenden Geweben zu höheren Werten als in resistenten Wirten und fällt in letzteren während späterer Krankheitsstadien wieder auf Normalwerte ab (LAKSHMANAN). Die Infektion von *Phaseolus vulgaris* durch *F. solani f. phaseoli* wird durch Glucose im Infektionstropfen begünstigt, durch stickstoffhaltige Verbindungen behindert (TOUSSON, NASH u. SNYDER). *Valsa leucostoma*, ein Welkeerreger der Steinobstbäume, produziert *in vitro* Phenoloxydase, Peroxydase und permeabilitätserhöhende Toxine, welche für die postinfektionellen Veränderungen der Redox-Systeme des Wirtes und für die parasitogen gesteigerte Atmung verantwortlich gemacht werden [TSAKADZE (1, 2)].

Weitere Krankheitsprozesse

Befall von Reispflanzen mit *Cochliobolus miyabeanus* führt zu einer Anreicherung von Stärke im Umkreis des Infektionsherdes, wobei Umweltfaktoren modifizierend eingreifen (AKAI, TANAKA u. NOGUCHI). Die Bräunung infizierter Blätter wird auf die Aktivität der Polyphenoloxydase des Pilzes zurückgeführt; die hierbei entstehenden Oxydationsprodukte sind für *C. miyabeanus* toxisch; dieser „Selbstvergiftung" des Pilzes auf phenolhaltigen Substraten (auch hier wird Chlorogensäure genannt!) wirken reduzierende Substanzen entgegen (Ascorbinsäure usw.), die vermutlich beim Zustandekommen der anfälligen Reaktion mitwirken [OKU (3, 4)]. Hohe Dehydrogenaseaktivität findet sich in den Infektionsstrukturen des Parasiten und im Wirtsgewebe an der Peripherie der Blattflecken (NOZU). In Kulturen des Pilzes konnten verschiedene Transaminasesysteme [OKU (2)], eine aktive D-Aminosäureoxydase [OKU (1)], cellulytische und pektolytische Enzyme [ASADA (1, 2)] nachgewiesen werden, wobei letztere vermutlich beim Aufschließen des Wirtsgewebes durch den Parasiten von Bedeutung sind. Reichliche Stickstoffdüngung führt zu stärkerem Befall der Wirtspflanze, physiologisch junge Gewebe sind widerstandsfähiger gegen *C. miyabeanus*, aber anfälliger gegen Befall mit *Piricularia oryzae* (SATO, SAKAMOTO, KUDO u. OMATSUZAWA). Die Produktion von pilzhemmenden Phenolkörpern scheint nach Infektion mit *P. oryzae* durch „Piricularin", das Toxin des Erregers, ausgelöst zu werden (vgl. Fortschr. Bot. **21**, 379) und nicht auf der Mitwirkung von pilzlichen Phenoloxydasen zu beruhen, da letztere in Kulturfiltraten des Erregers nur in geringer Menge nachgewiesen werden konnten [OKU (3)]. Verschiedene Fermentsysteme des Pilzes werden durch Antipiriculin A (= Antimycin A) und durch andere Inhibitoren nachhaltig beeinflußt [HARADA, KUMABE, KAGAWA u. SATO (1, 2, 3)].

Infektion der unteren Hälfte abgetrennter Weizenblätter mit *Helminthosporium sativum* erzeugt im nichtinfizierten, apikalen Teil chlorotische Verfärbungen; das infizierte Gewebe reichert stickstoffhaltige Verbindungen an (SIMMONDS). Chemischer Abbau des von *H. victoriae* produzierten „Victorins" führt u. a. zu einer basischen Komponente („Victoxinin"), die für die Wirtspflanze weit weniger toxisch ist und in Kulturfiltraten schwach- oder nichtpathogener Stämme in großer Menge gefunden wird (PRINGLE u. BRAUN); ob es sich hierbei um eine biochemische Vorstufe des Victorins handelt, ist unbekannt.

Gibberella saubinettii verursacht einen Anstieg der Atmungsintensität in den Geweben der Kartoffelknolle, welche dem Infektionsherd benachbart, aber vom Parasiten in ihrer Struktur noch nicht verändert sind; der respiratorische Quotient bleibt in solchen Gewebspartien konstant, qualitative Unterschiede im Atmungsstoffwechsel (faßbar durch Malonathemmung) treten erst bei alten Infektionen auf; im parasitogen beeinflußten Gewebe nehmen Gesamt-P und anorganischer P ab, während die Konzentration organischer Phosphorverbindungen ansteigt; diese Ergebnisse und Experimente über den P^{32}-Einbau in verschiedene Phosphatfraktionen machen eine Entkopplung der Atmung von der Phosphorylierung unwahrscheinlich (VERLEUR).

Der Angriff von *Botrytis cinerea* auf Kohlpflanzen wurde in seinen physiologischen Aspekten näher untersucht: resistente Pflanzen zeichnen sich aus durch erhöhten Aminosäurespiegel und eine hohe Aktivität von Aminosäureoxydasen, welche nach Infektion, besonders im Umkreis des Focus, weiterhin dramatisch ansteigt; dieser Aktivitätsanstieg wird als eine der Resistenzursachen angesehen [RUBIN u. IVANOVA (1, 2)]. Die parasitogen bedingte Atmungssteigerung ist von einer Aktivitätsminderung der Ascorbinsäure- und Cytochromoxydase begleitet; Infektion oder Infiltration der Pflanzen mit Toxinpräparaten des Pilzes führt zu vermehrter Peroxydaseaktivität und zu einer Änderung im Protein- und Aminosäuregehalt des Wirtsgewebes [RUBIN (2)].

Ein von *Claviceps purpurea* ausgeschiedener Hemmfaktor verhindert offenbar weitere Stärkesynthese in den befallenen Getreidekörnern (CAMPBELL). Die Fruchtkörperbildung aus Sclerotien des Pilzes ist von charakteristischen qualitativen und quantitativen Atmungsänderungen begleitet (GARAY).

Bei Stämmen von *Colletotrichum phomoides, C. lagenarium* und *Glomerella cingulata* wurde eine gewisse Beziehung beobachtet zwischen cellulytischer bzw. pektolytischer Aktivität der Erreger und ihrer Pathogenität gegenüber Tomatenfrüchten (SCHMITTHENNER). Ähnliches gilt für *Cladosporium cucumerinum*: infizierte Gurkenpflanzen enthalten große Mengen von Cellulase; die Resistenz des Wirtsgewebes kann durch

Einwirkung hoher Luftfeuchtigkeit gebrochen werden (STRIDER). Toxine von *Cladosporium fulvum* werden für die von diesem Pilz auf Tomaten hervorgerufenen Welkesymptome verantwortlich gemacht und führen im Wirt zu ähnlichen Aktivitätsänderungen der Polyphenoloxydase, wie sie nach Infektion beobachtet werden (DVORETSKAYA, PYRINA u. FEOKTIS-TOVA). Kartoffelknollen enthalten nach Infektion mit *Oospora pustulans* weniger Stärke, Eiweiß und Ascorbinsäure, aber eine erhöhte Konzentration von Monosacchariden (GOMOLYAKO). Die Resistenz von Kürbisgewebe gegen *Pythium ultimum* kann durch Narkotica gebrochen werden (TAKAHASHI u. OISHI), was auf die Beteiligung plasmatischer Abwehr im resistent reagierenden Gewebe hinweist. Nachdem bereits früher erkannt wurde, daß *Ustilago zeae* Indolessigsäure *in vitro* produziert, fanden TURIAN u. HAMILTON stark erhöhte Konzentrationen des Wuchsstoffes in Gewebehypertrophien der Maispflanze, welche durch Befall mit diesem Organismus hervorgerufen werden.

Literatur

AKAI, S., H. TANAKA and K. NOGUCHI: Ann. phytopath. Soc. Japan 23, 111—116 (1958). — ASADA, Y.: (1) Forsch. Pflanzenkr. (Kyoto) 6, 109—113 (1959); (2) 6, 114—116 (1959).

BALDACCI, E., e E. BETTO: Agricoltura ital. 58 (N. S. 13), 289—301 (1958). — BARNES, E. H.: Diss. Abstr. 20, 2509—2510 (1960). — BARNES, E. H., and E. B. WILLIAMS: Phytopathology 50, 844—846 (1960). — BARNETT, H. L.: Ann. Rev. Microbiol. 13, 191—210 (1959). — BELEVA, L. S.: Nauch. Trud. Agron. Fac. (Sofia) 6, 329—337 (1959). — BERRY, S. Z.: Phytopathology 49, 486—496 (1959). — BJÖRK-MAN, I.: Botaniska Notiser 113, 82—86 (1960). — BRAUN, R.: Phytopath. Z. 39, 197—241 (1960). — BURROWS, V. D.: Nature (Lond.) 188, 957—958 (1960).

CAMPBELL, W. P.: Phytopathology 49, 451—452 (1959). — CORDEN, M. E., and L. V. EDGINGTON: Phytopathology 50, 625—626 (1960). — CRUICKSHANK, I. A. M., and D. R. PERRIN: Nature (Lond.) 187, 799—800 (1960).

DAVIS, D., H. J. BECKER and E. F. ROGERS: Phytopathology 49, 821—823 (1959). — DAVIS, D., L. CHAIET, J. W. ROTHROCK, J. DEAK, S. HALMOS and J. D. GARBER: Phytopathology 50, 841—843 (1960). — DVORETSKAYA, E. I., I. G. PYRINA and O. I. FEOKTISTOVA: Biokhim. Plod. Ovoschch. 1959, 165—194 (1959).

FERGUS, C. L.: Mycologia 51, 44—48 (1959). — FORSYTH, F. R., and B. PETUR-SON: Plant Disease Reptr. 44, 208—211 (1960).

GABRIELSEN, E. K., and A. MADSEN: Physiol. Plantarum 13, 595—596 (1960). — GARAY, A. S.: Physiol. Plantarum 11, 48—55 (1958). — GÄUMANN, E., u. H. R. HOHL: Phytopath. Z. 38, 93—104 (1960). — GÄUMANN, E., J. NÜESCH u. R. H. RIMPAU: Phytopath. Z. 38, 274—308 (1960). — GOLDBERG, H. S.: Antibiotics, their chemistry and non-medical uses. Princeton, N. J.: D. Van Nostrand Co. 1959. - GOMOLYAKO, L. G.: Biochim. Plod. Ovoschch. 1959, 159—164 (1959). — GÖTTGENS, E.: Phytopath. Z. 38, 394—426 (1960). — GRECHUSHNIKOV, A. I., and N. N. YAKOVLEVA: Biochim. Plod. Ovoschch. 1959, 147—158 (1959).

HARADA, Y., K. KUMABE, T. KAGAWA and T. SATO: (1) Ann. phytopath. Soc. Japan 24, 247—254 (1959); (2) 24, 255—264 (1959); (3) 24, 265—272 (1959). — HEITEFUSS, R., D. J. BUCHANAN-DAVIDSON, M. A. STAHMANN and J. C. WALKER: Phytopathology 50, 198—205 (1960). — HEITEFUSS, R., u. W. H. FUCHS: Phytopath. Z. 37, 348—378 (1960). — HEITEFUSS, R., M. A. STAHMANN and J. C. WALKER: (1) Phytopathology 50, 367—370 (1960); (2) 50, 370—375 (1960). — HIRATA, K.: (1) Ann. phytopath. Soc. Japan 23, 139—144 (1958); — (2) Bull. Fac. Agric. (Niigata Univ.), No. 11 (1959). — HORSFALL, J. G., and A. E. DIMOND: Plan Pathology, an Advanced Treatise, Vol. 2 and 3. New York-London: Acad. Press 1960. — HUGHES, J. C., and T. SWAIN: Phytopathology 50, 398—400 (1960). — HUSAIN, A., and A. E. DIMOND: Phytopathology 50, 329—331 (1960).

JEROME, S. M. R., and K. O. MÜLLER: Austral. J. Biol. Sci. 2, 301—314 (1958). KALYANASUNDARAM, R.: Phytopath. Z. 38, 217—244 (1960). — KASTING, R., A. J. McGINNIS and W. C. BROADFOOT: Nature (Lond.) 184, 1943 (1959). — KAUL, R., and M. SHAW: Can. J. Bot. 38, 399—407 (1960). — KEDAR, N.: Amer. Potato J. 36, 315—324 (1959). — KRUPKA, L. R., and J. M. DALY: Phytopathology 50, 643 (1960).

LAKSHMANAN, M.: Phytopath. Z. 36, 406—418 (1959). — LIPSITS, D. V.: Biochemistry (Leningrad) 23, 592—600 (1958). — LOWINGS, P. H., and I. G. ACHA: Trans. Brit. mycol. Soc. 42, 491—501 (1959).

McKILLICAN, M. E.: Can. J. Chem. 38, 244—247 (1960). — MENON, S. K.: Bull. Hindust. Antib. 1, 107—110 (1959). — MOLNÁR, G., G. FARKAS and Z. KIRÁLY: Növenytermeles 9, 175—180 (1960). — MÜLLER, K. O.: Austral. J. Biol. Sci. 2, 275—300 (1958).

NIELSEN, J.: Phytopath. Z. 40, 117—142 (1960). — NISHIMURA, S.: (1) Ann. phytopath. Soc. Japan 23, 176—180 (1958); (2) 23, 210—214 (1958); (3) 24, 139—144 (1959). — NOZU, M.: Ann. phytopath. Soc. Japan 24, 114—118 (1959). — NOZZO-LILLO, C., and J. H. CRAIGIE: Can. J. Bot. 38, 227—233 (1960).

OAKS, A., and M. SHAW: Can. J. Bot. 38, 761—767 (1960). — OKU, H.: (1) Forsch. Pflanzenkr. (Kyoto) 6, 104—108 (1959); (2) 6, 126—131 (1959); — (3) Ann. phytopath. Soc. Japan 23, 169—175 (1958); — (4) Phytopath. Z. 38, 342—354 (1960).

PERSON, C. O.: Can. J. Genet. Cytol. 2, 103—104 (1960). — PETERSEN, L. J.: Phytopathology 49, 607—614 (1959). — PETERSON, J. L.: Diss. Abstr. 20, 2483 bis 2484 (1960). — PIDOPLICHKO, N. M.: Potato Wart. Kiev: Ukrainian Acad. Sci., 1959. — PILET, P.-E.: Phytopath. Z. 40, 75—90 (1960). — PRAMER, D.: in UMBREIT, W. W. (ed.): Advances in Applied Microbiology, Vol. 1. New York-London: Acad. Press 1959. — PRINGLE, R. B., and A. C. BRAUN: Phytopathology 50, 324 bis 325 (1960).

QUICK, W. A.: M. A. Thesis, Univ. Saskatchewan, Saskatoon, Sask. (1960). RUBIN, B. A.: (1) Agrobiology (Moskau) 1959, 894—907 (1959); — (2) 19. Monographie des Timirjazev Institutes. Moskau: Acad. Sci. USSR, 1960. — RUBIN, B. A., and T. M. IVANOVA: (1) Biochemistry (Leningrad) 23, 540—546 (1958); — (2) Biochim. Plod. Ovoschch. 1959, 113—132 (1959).

SAMBORSKI, D. J., and F. R. FORSYTH: Can. J. Bot. 38, 467—476 (1960). — SATO, K., M. SAKAMOTO, S. KUDO and T. OMATSUZAWA: Rep. Inst. agric. Res. Tôhoku Univ. 10, 15—29 (1959). — SCHEFFER, R. P.: Phytopathology 50, 192—195 (1960). — SCHMITTHENNER, A. F.: Diss. Abstr. 20, 2515—2516 (1960). — SIMMONDS, P. M.: Can. J. Plant Sci. 40, 139—145 (1960). — SOKOLOVA, V. E., O. N. SAVELEVA and G. A. SOLOVEVA: C. R. Acad. Sci. U. S. S. R. 131, 968—971 (1960). — STAPLES, R. C., and H. P. BURCHFIELD: Phytopathology 50, 656 (1960). — STRIDER, D. L.: Diss. Abstr. 20, 2484—2485 (1960). — SUNDSTRÖM, K. R.: Phytopath. Z. 40, 213—217 (1960). — SWINIARSKI, E., Z. MIERZWA and J. SWISZCZEWSKA: Hod. Rósl. Aklim. Nasien. 3, 393—403 (1959).

TAKAHASHI, M., and C. OISHI: Ann. phytopath. Soc. Japan 23, 131—134 (1958). — TEMPEL, A.: Meded. Landbogesch. Wageningen 59, 1—60 (1959). — TOMIYAMA, K.: Phytopath. Z. 39, 134—148 (1960). — TOUSSON, T. A., S. M. NASH and W. C. SNYDER: Phytopathology 49, 552 (1959). — TRIONE, E. J.: (1) Phytopathology 50, 480—482 (1960); (2) 50, 482—486 (1960). — TSAKADZE, T. A.: (1) Soobschch. Akad. Nauk Gruz. SSR 21, 195—200 (1958). — (2) Bull. cent. bot. Gdn. (Moskau) 1959, 75—77 (1959). — TURIAN, G., and R. H. HAMILTON: Biochim. Biophys. Acta 41, 148—150 (1960).

UEHARA, K.: (1) Ann. phytopath. Soc. Japan 23, 127—130 (1958); (2) 23, 225—229 (1958); (3) 23, 230—234 (1958); (4) 24, 224—228 (1959).

VERLEUR, J. D.: Ph. D. Thesis, Free Univ. Amsterdam (1960).

WAHLROOS, Ö., and A. I. VIRTANEN: Acta chem. scand. 13, 1725—1726 (1959). — WANG, D.: Can. J. Bot. 38, 635—642 (1960). — WARTENBERG, H.: Phytopath. Z. 39, 16—64 (1960).

YAMAMOTO, M., H. YASUMORI, K. TATSUYAMA and T. OKADA: Forsch. Pflanzenkr. (Kyoto) 6, 117—125 (1959). — YOUSSEF, Y. A.: Phytopath. Z. 40, 218—220 (1960).

23b. Virosen[1]

Von Erich Köhler, Braunschweig

Vorbemerkungen: Angesichts der steigenden Flut von Veröffentlichungen auf dem Virussektor wächst das Bedürfnis nach Übersichten über bestimmte Teilgebiete. Wenn auch leider oft notgedrungen skizzenhaft, sind sie doch immer weniger zu entbehren. Übersichten wie auch Zusammenfassungen allgemeiner Art sind unter Angabe ihrer Titel im Literaturverzeichnis (S. 404) unter I vorangestellt.

Als Abkürzungen werden im Text für Tabakmosaikvirus TMV, für Nucleinsäure NS und für Ribosenucleinsäure RNS gebraucht.

1. Morphologie der Viren

Bisher unterschied man drei morphologische Typen pflanzenpathogener Viren, nämlich solche 1. mit langgestreckten, 2. mit kleinen ± sphärischen und 3. mit großen rundlichen Partikeln. Unlängst isolierten Herold, Bergold u. Weibel aus dem Cytoplasma kranker Maispflanzen in Venezuela einen völlig neuartigen Typ. Die sehr einheitlich geformten Partikeln sind 242 mμ lang und 48 mμ breit. Sie sind von zwei Membranen umschlossen, ihr Querschnitt zeigt im Innern zwei Zonen unterschiedlicher Dichte und einen kompakten Innenteil (Zentralstrang), dessen Durchmesser 10 mμ beträgt. Čech, Králík u. Blattný entdeckten in kranken Pflanzen von *Picea excelsa* ein stabförmiges Virus mit stark abweichenden Formverhältnissen. Die starren Stäbchen haben eine Durchschnittslänge von etwa 625 mμ, ihre außergewöhnliche Dicke beträgt etwa 49 mμ. Im Querschnitt sind diese Stäbchen angeblich hexagonal.

Von einigen herkömmlichen Typen wurden mit sehr starken Vergrößerungen (400000fach) höchst eindrucksvolle Bilder gewonnen. Dazu gehört das von Harrison u. Nixon und Nixon u. Harrison untersuchte Tabak-rattle-Virus (Mauchevirus), das kurze (73—77 mμ) und lange (179—192 mμ) Stäbchen bildet, von denen stets beide angetroffen werden. Die kleinen Stäbchen enthalten keine RNS und sind auch nicht infektiös [Harrison u. Nixon (1959b)]. Ebensolche elektronenmikroskopische Aufnahmen von den Stäbchen des TMV wurden von Nixon u. Woods veröffentlicht, an den durchsichtig präparierten Partikeln tritt insbesondere der zentrale Hohlkanal klar hervor. Horne et al. untersuchten das fadenförmige Virus des Rüben-Yellows (Vergilbungsvirus) genauer und bildeten es ab. Nach Björling u. Ossiannilson unterscheiden sich die Partikeln des eigentlichen Beet yellows net-Virus (Rübengelbnetz) ganz eindeutig von den viel längeren des Beet yellows (Vergilbungskrankheit). Es sind kurze Stäbchen von etwa 300 mμ Länge

---

[1] Vgl. auch den Abschnitt „Phytopathogene Viren", S. 228.

und 32 mμ Breite; sie scheinen nur in sehr geringer Menge im Pflanzensaft enthalten zu sein. STEERE gibt in einer vorläufigen Mitteilung bekannt, daß sich die kleinen „sphärischen" Viren elektronenmikroskopisch nicht weniger gut unterscheiden ließen als die langgestreckten. Nach KASSANIS u. NIXON (1960) kommen beim Rothamsted-Stamm des Tabaknecrosis-Virus zwei Partikelgrößen (sphärisch, 17 mμ und 30 mμ) vor. Sie lassen sich auch serologisch unterscheiden. Die kleinen sind nur bei Gegenwart der großen vermehrungsfähig. Es scheint sich um zwei verschiedene Viren zu handeln, von denen das kleinere zu seiner Vermehrung vom größeren abhängig ist. Als das kleinste von allen bisher bekannten Viren wird von BOCKSTHALER u. KAESBERG (1961) ein Mosaikvirus von *Bromus (Gramineae)* beschrieben. Seine Partikeln sind sphärisch, ihr Molekulargewicht beträgt 4,6 Mill., die Sedimentationskonstante $S = 86{,}2$. Nach FUKUSHI et al. sind die Partikeln des Virus der bekannten Stunt-Krankheit von *Oryza sativa* kreisrund bei einem Durchmesser von 40 bis 60 mμ. Ihr dichter Innenteil ist von einer relativ durchsichtigen Außenzone umgeben. Sie konnten in großen Mengen sowohl in der Reispflanze wie auch im Vektorinsekt, der Zykade *Nephotettix cincticeps*, in situ abgebildet werden. Übereinstimmungen mit gewissen tierpathogenen Viren scheinen hier vorzuliegen. DAY u. VENABLES isolierten aus Blumenkohl ein großes sphärisches Virus mit einem Durchmesser von etwa 50 mμ und einer Sedimentationskonstante $S = 214$. Offenbar dasselbe Virus studierten PIRONE, POUND u. SHEPHERD, die bei ihm einen hohen Nucleinsäure-Anteil (34%) und einen Wert für $S = 222$ feststellten.

2. Pathologische Histologie

Nach den Befunden von KATH. ESAU (1960a und b) enthalten Zuckerrüben *(Beta vulgaris)* und Neuseeländer Spinat *(Tetragonia expansa)*, wenn sie mit dem Virus der Vergilbungskrankheit (Yellows) infiziert sind, charakteristische, mit dem Lichtmikroskop nachweisbare Zelleinschlüsse, die sich als granulär-alveoläre Körperchen oder als Fibrillen oder als parallele, oft spiralig angeordnete Bänder präsentieren. Die Gebilde sind kugelig, eiförmig, spindelförmig oder auch stark in die Länge gestreckt. Sie finden sich einzeln oder zu mehreren, vielfach auch massenhaft in einer Zelle und sind fast regelmäßig im Phloem (Parenchym und Geleitzellen) anzutreffen, kommen aber auch in verschiedenen Grundgeweben außerhalb des Phloems und in der Epidermis vor. Sie fehlen in den reifen, kernlos gewordenen Siebelementen. Ein weiteres charakteristisches Erkrankungssymptom ist das Absterben von Geleitzellen, Parenchymzellen und Siebelementen. Die Nekrose des Phloems gehört dem Typ der Obliteration an (anders als beim Curly top und Aster yellows). Mit den inneren gehen äußere Symptome im Mesophyll und Adernparenchym Hand in Hand, nämlich Hypertrophie, Hypoplasie, Verfall der Chloroplasten und Necrosis. Offensichtlich wird zuerst das Phloem angegriffen, die Tatsache aber, daß auch außerhalb des Phloems Einschlüsse zu finden sind, spricht gegen eine strikte Lokalisierung dieses Virus auf das Phloem. Besonders die zweitgenannte Arbeit enthält interessante Einzelheiten

bezüglich Umwandlung und Genese der verschiedenen Einschlußkörper-
Formen u. a. m.

Wie bekannt, ruft das Tabakmosaikvirus an eingeriebenen Blättern
von *Nicotiana glutinosa* und *Datura stramonium* nekrotische Infektionsherde hervor. An Dünnschnitten konnte SHALLA im noch lebenden Um-
gebungsgewebe solcher nekrotischen Herde elektronenmikroskopisch
keine Virusstäbchen nachweisen, obwohl eine Virusvermehrung in diesem
Gewebe angenommen werden muß. Dies führt ihn zu dem Schluß, daß
die Vermehrung des Virus in Form kleinerer, elektronenmikroskopisch
nicht faßbarer Vorstufen erfolgen müsse, die auch die Plasmodesmen
leichter passieren würden als die fertigen Virusstäbchen. Nach seiner
Auffassung stammen alle in den Zellen angetroffenen TMV-Stäbchen aus
zerfallenen Einschlußkörpern (X-bodies). Beim Streifenmosaikvirus der
Gerste fand er keine Einschlußkörper, hier bilden sich die Partikeln direkt
im pathologisch veränderten Cytoplasma. — Übrigens fand MATSUI
fertige TMV-Stäbchen im Tabak schon 3 Tage post inf., noch bevor
X-bodies vorhanden waren.

WILKINSON beschrieb Anomalien bei Mitosen verschiedener Solanace-
enwirte nach Infektionen mit dem TM- und dem Aspermy-Virus. Er führt
sie auf die Beanspruchung der Kern-RNS für die Virussynthese zurück.
Bei der Diagnostik der Virosen der Weinrebe spielen die intracellulären
Stäbchen, die offenbar als spezifisches Symptom anzusprechen sind, eine
wichtige Rolle (u. a. VUITTENEZ 1957). Auch an TMV-infiziertem Tabak
fand WEHRMEYER solche Stäbe, die übrigens schon früher BÄRNER (1937)
bei dieser Pflanze wie auch bei *Cucumis* nach andersartigen Virusinfek-
tionen nachgewiesen hatte.

3. Infektion

Unsere Vorstellungen über die beim Infektionsbeginn sich abspielenden Vorgänge wurden durch vielfache Untersuchungen an mechanisch
geimpften Blättern einer weiteren Klärung zugeführt. Es kann nunmehr
als gesichert gelten, daß die in die Zelle eines geeigneten Wirtes gelangte
Viruspartikel sich nicht als solche vermehrt, sondern daß sich die — für
sich selbst vermehrungsfähige und also infektiöse — Nucleinsäure zunächst vom Protein trennt („sie wirft die schützende Proteinhülle ab").
Dieser Vorgang erfordert einige Zeit; danach erst ist die Neubildung von
Virus möglich. Augenscheinlich setzt zuerst die Synthese der RNS ein,
der dann etwas später die des Proteins folgt. Schließlich kommt es dann
zur Synthese der fertigen Partikel. Diese für das TMV entwickelten Vorstellungen gelten offenbar auch für andere Virusarten. Das lehren z. B.
die Untersuchungen von KASSANIS (1960b) am Tabak-Necrosisvirus, welches zum Unterschied zum TMV keine stabförmigen, sondern kleine
sphärische Partikeln besitzt. Sie lehren außerdem, daß die „latente
Phase" in ihrer Dauer außer von der Zeit, welche die Proteinabstoßung
beansprucht, noch von anderen Faktoren abhängig sein muß. Sehr bemerkenswert ist außerdem der dort mitgeteilte Befund, daß die Virus-
RNS etwa dieselbe hohe Infektiosität aufweist wie das intakte Virus,
wenn beide in Phosphatpuffer (pH 7) verimpft werden. SCHLEGEL erhielt

beim Gurkenmosaikvirus eine 1,5—5,6 fach verstärkte Infektiosität, wenn die virushaltigen Blätter in einem Phenol-Pyrophosphatgemisch homogenisiert wurden. YARWOOD (1960 c) verglich verschiedene Pflanzenteile hinsichtlich ihrer Anfälligkeit gegenüber differenten Virusarten. Unter anderem ergaben sich bemerkenswerte Unterschiede zwischen Stengel, Hypocotyl, Blättern und Wurzeln, oft am gleichen Wirt.

In diesem Zusammenhang verdient der folgende Befund von GORDON u. SMITH hervorgehoben zu werden: *Rhoeo discolor* erweist sich bei Impfung mit intakten TMV-Stäbchen als unanfällig für dieses Virus. Beimpft man die Blätter aber mit der vom Protein künstlich befreiten RNS, so zeigt sich, daß bis zum 3. Tage schon eine beträchtliche Virusvermehrung stattgefunden hat, die sich in den folgenden Tagen fortsetzt. Elektronenoptisch lassen sich zahlreiche Stäbchen neuer Synthese nachweisen, die von normalen TMV-Stäbchen nicht zu unterscheiden sind. (Sollte das Plasma von *Rhoeo* einen Stoff enthalten, der zwar das Abstreifen des Proteinmantels hemmt, nicht aber die Synthese des Virus? Auch die Wirkung mancher Hemmstoffe könnte vielleicht mit einer solchen Annahme erklärt werden. Ref.)

Daß die latente Phase verkürzt ist, wenn anstelle des unveränderten Vollvirus die reine RNS verimpft wird, zeigen auch die Versuche von WILDMAN u. FORD mit zwei Stämmen (U_1 und U_2) des TMV an *Nicotiana glutinosa*. Bei Verimpfung der RNS erschienen die charakteristischen nekrotischen Infektionsherde 1—3 Std früher als bei Verimpfung des ganzen Virus. Im übrigen verhielten sich die beiden Stämme verschieden: 50% der Herde waren bei U_2 nach 38,2 Std und bei U_1 nach 43,8 Std (Temp. 20°) erschienen. Derselbe Zeitunterschied ergab sich bei Verimpfung der entsprechenden Nucleinsäuren.

Über Infektionshemmung durch „*Hemmstoffe*" der verschiedensten Art wurden weitere Erfahrungen gewonnen. Die Wirkung des Antibioticums Cytovirin wurde von WITTMANN (1958), BERGMANN (1958) und SIMONS (1960) studiert; der Stoff verursacht eine gewisse Hemmung der Virusvermehrung. Eine ähnliche Wirkung hat das Cumarin (KNYPL u. GUBANSKI). Auch das Trichothecin setzt bei einigen Viren die Infektionshäufigkeit herab (BRADLEY u. MACKINNON, 1958). Nach Befunden von KURTZMANN, HILDEBRAND et al. hemmt das 6-Methylpurin die Vermehrung des TMV, ohne die Entwicklung der Pflanze zu beeinträchtigen. Mit Coffein wurde eine Stimulation der Virusvermehrung beobachtet. Zwei oder mehr unbekannte Hemmstoffe sind in der Reispflanze enthalten (KAHN, ALLEN u. ZAUMEYER). STAEHELIN beobachtete Hemmung der RNS-Synthese durch 5-Fluoruracil, das in die RNS eingebaut wird. Nach SHIMOMURA u. HIRAI wirkt auch das 2,4,6-Triamin-5-phenylazopyrimidin hemmend auf die Virusvermehrung. Die Hemmung wird durch Thymin, Uracil oder Cytosin nicht aufgehoben. Eine unterschiedliche Wirkung auf die TMV-Vermehrung wurde von HIRAI u. SHIMOMURA bei den Antibioticis Mitomycin C und Naramycin festgestellt. Eine große Zahl von chemischen Verbindungen, die als Hemmstoffe wirken, machten LINDNER et al. ausfindig. Über Hemmung durch Molke berichten HEYBORG u. CHEAK.

Wieweit der eine oder andere dieser Befunde sich in praktisch-therapeutischer Hinsicht vielleicht noch ausweiten läßt, steht dahin.

Die Wirkung verschiedener Pflanzensäfte und einiger chemischer Verbindungen (u. a. Acridinfarbstoffe) auf die Infektion wurde von KÖHLER (1960b) an Verdünnungsreihen quantitativ geprüft. Nach dem Verlauf der Regressionslinien lassen sich mindestens zwei gut charakterisierte Wirkungstypen unterscheiden. In mehreren Versuchen wurde eine Infektionsförderung (Augmenterwirkung) beobachtet. Ein Stoff, der bei hoher Konzentration hemmt, kann bei niedriger Konzentration als „Augmenter" wirken. THUNG u. NOORDAM gelangten zur Aufstellung von drei möglichen Hypothesen über das Zusammenspiel zwischen Virus und Hemmstoff in der Pflanze; 1. Receptorentheorie: Der Hemmstoff besetzt Plätze in der Zelle, die vom Virus einzunehmen sind, wenn dessen Vermehrung möglich sein soll. Die Enthemmung, die gewisse im Lehm vorhandene Mineralien herbeiführen, soll nur mit dieser Annahme vereinbar sein; 2. die Theorie, daß der Hemmstoff die Virusnucleinsäure nach Abstoßung des Proteinmantels reversibel bindet und inaktiviert, so daß die Virusvermehrung unterbleibt; 3. die Theorie, daß der Hemmstoff die für die Virusvermehrung erforderliche Enzymtätigkeit aufhebt.

4. Pathologische Physiologie

PORTER (I. 1959) gab eine Übersicht über die Biochemie, BAWDEN (I. 1959) über die Physiologie der pflanzlichen Virusinfektion. Einige der inzwischen erschienenen Arbeiten werden im folgenden vermerkt.

YARWOOD (1959) machte die Beobachtung, daß Pflanzen von *Cleome spinosa (Capparidaceae)*, die mit dem Tabak-Necrosisvirus infiziert waren, größer wurden und ein höheres Gewicht erreichten als gesunde. VAN KOOT und VAN DORST berichteten von einer Verschiebung des Geschlechtsverhältnisses bei virusinfizierten Gurken. Das *Cucumis*virus 1 steigerte in besonderem Maße die Bildung von männlichen, aber nur schwach die von weiblichen Blüten, besonders in der Jugendentwicklung der Pflanzen. Beim *Cucumis*virus 2 oder 2a war die Wirkung gerade umgekehrt. Zudem besteht ein Einfluß auf die Rankenbildung, die mit einer Zunahme weiblicher Blüten Hand in Hand geht. Es wird vermutet, daß die Viren den Auxinspiegel in verschiedenem Sinne beeinflussen.

Bei gewissen Wirtvirus-Kombinationen treten Welkerscheinungen auf. Solche beschrieb VALENTA (1959) bei vom Parastolbur- oder vom Metastolburvirus befallenen Tomaten und Kartoffeln; auch für das eigentliche Stolbur sind sie charakteristisch. An *Nicotiana glutinosa*-Pflanzen ruft das Kartoffel A-Virus (Stamm „Magna") ebenfalls auffällige Welkeerscheinungen hervor (KÖHLER 1960a); diese sind aber nicht etwa durch ein unter dem Einfluß der Infektion entstehendes Toxin verursacht, sondern beruhen auf einer mechanischen Behinderung des Wassernachschubs durch Zellinhaltsstoffe, die aus dem nekrotisierten Gewebe in die Gefäße übertreten.

SCHUSTER (1960) fand, daß Infektionen mit dem Kartoffel X-Virus den Alkaloidgehalt bei *Hyoscyamus niger* zunächst beträchtlich über die Norm ansteigen lassen, daß aber später ein allmählicher Abfall eintritt, bis schließlich die Norm sogar unterschritten wird. Eine Erklärung für dieses Verhalten konnte noch nicht gefunden werden. REPPEL fand den Scopoletingehalt in Knollen und Laub virusinfizierter Kartoffeln erhöht. Die Schwankungen sind in Abhängigkeit von den verschiedensten Faktoren recht erheblich. BOSER verglich bei Kartoffeln die Atmungsintensität und die P/O-Quotienten von Schnittpräparaten aus Knolle, Blatt und Keim gesunder sekundärinfizierter Pflanzen (X-, Y- und Blattrollvirus). Die genannten Stoffwechselfunktionen erwiesen sich normal, abgesehen von jungen Dunkelkeimen, bei denen zunächst starke Abweichungen festgestellt wurden, die sich aber mit zunehmendem Alter normalisierten.

Nach Untersuchungen von FOLLMANN über den Wasseraustausch bei Epidermiszellen virusinfizierter Pflanzen waren gesicherte Differenzen gegenüber der Norm nur bei Pflanzen nachweisbar, die deutlich ausgeprägte Krankheitssymptome aufwiesen. Die Differenzen betrafen einen Anstieg der Zellsaftkonzentration sowie der Wasseraufnahme-Rate gegenüber gesund; augenscheinlich werden die der aktiven Wasseraufnahme dienenden Stoffwechselenergien in andere Bahnen geleitet, wie vom Verfasser näher ausgeführt wird; die virusinfizierte Pflanze ist bezüglich des Wasseraustauschs benachteiligt. VENEKAMP stellte in sich entwickelnden virusinfizierten Pflanzen einen über die Norm erhöhten Gehalt an Oxalsäure, Äpfelsäure und Citronensäure fest. Schon eine Woche nach der Infektion und schon vor dem Erscheinen der Symptome ließ sich diese Verschiebung beim TMV-infizierten Tabak wie auch bei einigen anderen Wirtviruskombinationen nachweisen.

Die Infektionsherde, die an Blättern von *Nicotiana glutinosa* entstehen, wenn man sie durch Einreiben mit dem TMV impft, treten von Anfang an als nekrotische, sich allmählich vergrößernde Flecke in Erscheinung. Nach herkömmlicher Auffassung handelt es sich um eine Überempfindlichkeitsreaktion auf das sich entwickelnde Virus. Nach Untersuchungen von FARKAS, KIRÁLY u. SOLMOSY läßt sich die Nekrosenbildung durch Infiltration der Blätter mit Ascorbinsäure unterdrücken, ohne daß die Virusvermehrung in den Herden aufhört. Dieses Ergebnis stimmt mit der von den Autoren entwickelten Vorstellung überein, daß die Nekrosenbildung die Folge einer von ihnen festgestellten Anhäufung von toxischen Chinonen ist, deren Entstehung durch eine erhöhte Polyphenoloxydasen-Aktivität bedingt ist. Diese gesteigerte Aktivität ist das Primäre, der Zusammenbruch der Zellen erst die Folge von ihr. YAMAGUCHI u. HIRAI (1959) und HIRAI u. SHIMOMURA (1960) stellten bei verschiedenen Objekten eine verstärkte Atmung in den Herden fest. Diese Verstärkung geht aber nicht der ansteigenden Virusvermehrung parallel; beim TMV setzt sie erst ein, wenn die Nekrosenbildung beginnt. WEINTRAUB, KEMP u. RAGETLI fanden hingegen, daß der Atmungsanstieg bei 22° 7—10 Std, bei 32° sogar 8—15 Std vor dem Erscheinen der Nekrosen beginnt. Künstliche mechanische Verletzungen hatten keinen ähnlichen Atmungsanstieg zur Folge. Sie schließen, daß der Atmungsanstieg mit der Virusaktivität in Zusammenhang steht und nicht mit dem Nekrotisierungsprozeß. — Zum Unterschied von früheren Beobachtungen an anderen

Objekten, daß virusbedingte Stauchesymptome mit Gibberellinen unterdrückbar sind, zeigte sich beim Stunting-Virus der Bohne bei dieser Pflanze kein solcher Effekt (YERKES).

Wie CROWLEY u. HANSON fanden, ist das TMV im Wurzelmeristem vermehrungsfähig, wenn die Wurzeln aus der Nährlösung, in der die Aufzucht erfolgt, zugesetztes Äthylendiamintetraacetat aufnehmen können. Das Verhalten wird mit der Annahme erklärt, daß die RNS der Mikrosomen durch die Behandlung für die Virusvermehrung freigemacht wird. Aus photoperiodischen Versuchen von POUND u. GARCES-OREJUELA mit dem Turnip-Mosaikvirus geht hervor, daß eine Periodizität, die das Wachstum der Pflanze fördert, in entsprechendem Maße auch die Virusvermehrung in ihr begünstigt.

BERGMANN u. MELCHERS kultivierten lockere Gewebestücke von Wundkallus virusfreier Tabakpflanzen in Nährlösungen, die in verschiedener Weise bewegt und geschüttelt wurden. Den Kulturen wurde TMV zugesetzt, um Infektionen zu erzielen. Nur ein Teil der so behandelten Stücke erwies sich später als infiziert, vermutlich weil nur an diesen die für die Infektion erforderlichen Verwundungen zustande gekommen waren. YARWOOD (1960a) untersuchte die Frage, ob aus infizierten Wurzeln Virus austritt. Bei zwei von sechs geprüften Viren war dies der Fall (TMV und Tabak-Necrosisvirus); das ausgetretene Virus wurde aber nicht von gesunden Wurzeln aufgenommen. Bei Versuchen von COCHRAN u. THUNG an *Nicotiana glutinosa* und White Burley-Tabak wurde eine nicht unbeträchtliche Zunahme von aktivem Virus in den geimpften Blättern schon im Laufe der ersten 2 Std post inf. festgestellt. Die Zunahme kann nicht auf Vermehrung beruhen; drei mögliche Deutungen werden erörtert. MATTHEWS u. LYTTLETON versuchten am Virus des Turnip yellow-Mosaik die Frage zu klären, warum dieses und ebenso andere kleine Viren mit sphärischen Partikeln ihre Infektiosität in der Pflanze verlieren, wenn man letztere auf über 36° bzw. 33° erwärmt. Ihre Ergebnisse lassen den Schluß zu, daß der Verlust nicht darauf zurückzuführen ist, daß die Virus-RNS das Protein abstreift. Das nicht mehr infektiöse Virus aus hitzebehandelten Pflanzen erwies sich in physikalischer, chemischer und serologischer Hinsicht nicht nachweisbar verschieden vom Normalvirus. Die Frage nach der Natur der am Virus eingetretenen Veränderung bleibt deshalb noch offen. TAKAMURA, SHIMOMURA u. HIRAI stellten an präparierten Blattsäften von Maulbeeren, die vom Dwarf disease-Virus befallen waren, mit Hilfe der Ultraviolettabsorption fest, daß die Gipfelblätter der kranken Bäume weniger NS enthalten als die der gesunden; jedoch ist der NS-Gehalt bei den Blättern der kranken Bäume weitgehend ausgeglichen, während die gesunden Bäume in ihren Gipfelblättern besonders viel NS enthalten. Ähnliches wurde auch schon bei krautigen Pflanzen beobachtet.

BEEMSTER (1957) verfolgte an verschiedenen Virusarten den Übertritt aus dem geimpften Blatt in den Stengel bei *Physalis floridana*. Er fand, daß jedes Virus sein spezifisches Zeitintervall des Übertritts besitzt. Bei Gemischverimpfung bleibt das spezifische Verhalten der einzelnen Viren unverändert, nur beim Blattrollvirus bewirkte gleichzeitige Infektion mit dem X-Virus bei diesem eine Verzögerung des Übertritts. ELBERTZ-HAGEN untersuchte an mit dem TMV oder dem Kartoffel-X direkt infizierten Blättern des Samsuntabaks die Wirkung der Infektion in viertägigen Intervallen in stofflicher Hinsicht. Er stellte ein gegenüber gesunden Blättern erhöhtes Trockengewicht, eine Steigerung des Gehalts an Gesamt- und löslichem Stickstoff, an NS und Eiweiß fest. Auch die Atmungsintensität und anfangs auch die Photosyntheseleistung waren verstärkt.

5. Virusinterferenzen

Während vollständige Abwehr (Prämunität) nach wie vor auf einen besonders hohen Grad von Verwandtschaft der interferierenden Viren schließen läßt, erlaubt ihr Fehlen augenscheinlich kein Urteil über den Verwandtschaftsgrad. Insofern hat der Wert des Prämunitätstestes als Mittel der Klassifizierung eine beträchtliche Einschränkung erfahren. Dies zeigte sich besonders augenfällig beim Formenkreis des Kartoffel-Y-Virus (u. a. KLINKOWSKI u. SCHMELZER, 1957; AUBERT, 1960).

Aus neueren Untersuchungen scheint überdies mit einiger Sicherheit hervorzugehen, daß bei der Interferenz nah verwandter Viren in der Wirtspflanze Zwischenstufen zwischen vollständiger gegenseitiger Abwehr und vollständiger Indifferenz vorkommen. Es ist augenscheinlich nicht möglich, die beobachteten Zwischenstufen einfach als Folge unvollständiger Durchdringung des Wirtes durch das erstinfizierte Virus zu deuten.

Daß es eine relative Prämunität gibt, kam wohl erstmalig in den Arbeiten von HARRISON (1958a und 1958b) über die Verhältnisse im Verwandtschaftskreis des *Beta*-Ringspot-Virus mit aller Deutlichkeit zum Ausdruck. Aber auch schon die Erfahrungen von BERCKS u. GEHRING (1936) am Kartoffel-Bukett und -Pseudoaucuba deuteten in dieselbe Richtung. Danach scheinen die bisherigen Vorstellungen, daß die Prämunität lediglich als Konkurrenzerscheinung zwischen den sich begegnenden Partnern aufzufassen sei, nicht mehr zu genügen. Sind also etwa Induktionen im Spiel, die unter den Begriff der erworbenen Immunität fallen? Neuere Befunde scheinen diese Annahme zu stützen.

Da ist zunächst der Befund von LOEBENSTEIN zu erwähnen, wonach Blätter von *Nicotiana glutinosa*, die man mit dem Protein des TMV vorbehandelt, eine Abwehrfähigkeit gegen das Vollvirus erwerben sollen. Ferner fand THOMSON, daß die Entstehung und Entwicklung von nekrotischen Primärherden, die manche Viren auf geeigneten Wirten hervorrufen, in verschiedenem Grade gehemmt sein kann, wenn man das Virus im Gemisch mit dem Saft von Pflanzen verimpft, die mit einem anderen Virus oder Virusstamm infiziert sind. Er schließt daraus, daß im Saft infizierter Pflanzen, abgesehen von den infektiösen Viruspartikeln selbst, ein infektionshemmender Faktor enthalten ist, der den gesunden Pflanzen fehlt. Jedoch ist dieser Faktor offenbar nicht spezifisch.

YARWOOD (1960b) konnte zeigen, daß im Umkreis der vom TMV verursachten Läsionen an eingeriebenen Blättern der Pinto-Bohne eine 2 mm breite, von aktivem Virus freie Zone entsteht, in der eine zweite Verimpfung keine Läsionen hervorrufen kann. Ähnliches hatten früher

GILPATRICK u. WEINTRAUB (1952) beim Nelken-Mosaikvirus beobachtet. Merkwürdig ist aber, daß diese Erscheinung an *Nicotiana glutinosa*, wo das TMV ja noch viel größere nekrotische Herde entstehen läßt, und auch bei anderen Kombinationen nicht beobachtet wird. (Könnte die Abwehr bei der Pinto-Bohne vielleicht dadurch zustande kommen, daß in der 2 mm-Zone zwar kein fertiges, durch Abimpfung nachweisbares Virus vorhanden ist, wohl aber bereits Virusnucleinsäure[1], mit der das superinfizierte Virus in Konkurrenz zu treten hätte? Ref.).

Die Untersuchungen über die beim Zusammentreffen der Kartoffelviren X und Y im Tabak zu beobachtende transgredierende Vermehrung des X-Virus (Fortschr. Bot. **18**, 374) wurden fortgesetzt: Es zeigte sich, daß die Erscheinung in hohem Grade temperaturabhängig ist (STOUFFER u. ROSS 1961). Die bis zum Jahre 1958 erschienene neuere Literatur über Virusinterferenz wurde von ROCHOW (I 1959) unter besonderer Berücksichtigung der zwischen artverschiedenen Viren zu beobachtenden Wechselwirkungen zusammengefaßt.

6. Bodenübertragung

Wir müssen uns beim Übertragungsthema darauf beschränken, die Verhältnisse bei den bodenübertragbaren Viren zu erörtern, deren Kenntnis in der jüngsten Zeit ganz außerordentlich gefördert wurde. Wie so oft erwiesen sich hier Untersuchungen als besonders fruchtbar, die an einem wirtschaftlich bedeutungslosen Objekt, das sich dann als methodisch besonders geeignet erweisen sollte, aufgenommen wurden, nämlich an *Arabis (Cruciferae)*. Ein bei dieser Pflanze vorgefundenes Mosaikvirus erwies sich als bodenübertragbar. Es stellte sich heraus, daß es mit Viren verwandt oder identisch ist, die eine Reihe wichtiger Kulturpflanzen schwer schädigen. Die weitere Analyse führte schließlich dazu, daß die Ätiologie bis dahin rätselhafter Krankheiten, darunter der Reisigkrankheit der Weinrebe, einer endgültigen Klärung zugeführt werden konnte. Die Reihe der neuen Entdeckungen ist vornehmlich an die Namen zweier britischer Forscher, CADMAN und HARRISON, gebunden. Wir entnehmen einem kürzlich erschienen Sammelbericht von HARRISON (I. 1960) die folgenden Angaben. Als bodenübertragbar werden dort solche Viren definiert, die sich unter natürlichen Bedingungen im Boden ausbreiten, wobei die Ausbreitung jedoch nicht einfach durch den Kontakt zwischen Teilen infizierter und gesunder Pflanzen zustande kommt. Es werden von HARRISON hauptsächlich acht Gruppen (A bis G) von bodenübertragbaren Viren unterschieden. Wir führen die wichtigeren Angehörigen dieser Gruppen nachstehend auf.

A Tabakmosaik.

B Tabaknecrosis.

C Mosaikkrankheiten an verschiedenen Gramineen, u. a. Weizen, Gerste und Zuckerrohr.

D Japanische Stunt-Krankheit des Tabaks.

E Mauche (Rattle) des Tabaks; Kartoffel-Stengelbunt.

---

[1] Die Virus-RNS verliert im Preßsaft augenblicklich ihre Infektiosität.

F Viren der Weinrebe, u. a. Reisigkrankheit, Ronzet, Fanleaf.

G Arabismosaik, Erdbeermosaik, Himbeer-Yellow-Dwarf; Tomaten-Schwarzring, Tabak-Ringspot, Rüben-Ringspot, Kartoffelbukett, Kartoffel-Pseudoaucuba, Rosette der Süßkirsche.

Eine serologische Verwandtschaft zwischen Vertretern der Gruppen F und G wurde von CADMAN, DIAS u. HARRISON (1960) festgestellt. Auch gelang ihnen mit entsprechend vorbehandeltem Saft kranker Weinreben die mechanische Übertragung zu verschiedenen krautigen Pflanzen, wie *Chenopodium amaranticolor, Nicotiana tabacum, N. clevelandii, Cucumis sativus* und *Phaseolus vulgaris.* Die Partikeln der Weinreben-Viren sind durchweg sphärisch bei einem Durchmesser von etwa 30 mμ, diejenigen der G-Gruppe haben zum Teil dieselbe Größe. Andere sind allerdings wesentlich kleiner (Tabak-Ringspot etwa 22 mμ), was voraussichtlich eine Unterteilung der Gruppe G erforderlich macht (vgl. auch CADMAN 1960).

Die Übertragbarkeit durch epiphytische Nematoden wird bei den Viren der Gruppe G vermutet, bei denen der Gruppen E und F ist sie sichergestellt. Dies gilt insbesondere für das nordamerikanische Fanleaf-Virus, das mit der europäischen Reisigkrankheit sehr nah verwandt, wenn nicht identisch ist. Als sein Vektor ist der Nematode *Xiphinema index* Thorne u. Allen nachgewiesen (HEWITT, RASKI u. GOHEEN 1958; RASKI u. HEWITT 1959). Eine andere Art derselben Gattung, *Xiphonema diversicaudatum* Micol., überträgt das Arabismosaik zur Erdbeere und zur Erbse; wieder eine andere Art, vermutlich *X. americanum* Cobb., überträgt das Yellow bud-Mosaik des Pfirsichs. Vermutlich gehören aber nicht alle Nematoden-Vektoren zur Gattung *Xiphinema.* Die Artbestimmung des Vektors des Mauchevirus steht noch aus (SOL, VAN HEUVEN u. SEINHORST).

Zur Bekämpfung scheint, besonders bei den Himbeeren, aber auch bei anderen Wirten, der Immunanbau aussichtsreich zu sein. Auch kennt man eine Reihe von Chemikalien, die die Infektiosität der Böden aufheben können, jedoch fehlt es augenscheinlich noch an hinreichenden praktischen Erfahrungen. Das Tetramethylthiuramdisulfid wird als wirksam zur Bekämpfung gegen Vertreter der Gruppe G genannt, da es die Nematoden im Boden tötet.

7. Virosen an Kartoffel und Tabak

Der neue hochkontagiöse Typ des Kartoffel Y-Virus, der sich bei uns im Kartoffel- und Tabakbau so folgenschwer auswirkte, wurde nach einem zusammenfassenden Bericht von SILBERSCHMIDT von ihm zwar in Kartoffelproben aus Peru und Bolivien vorgefunden, war aber in Brasilien ursprünglich nicht heimisch und ist in dieses Land offenbar erst mit Saatkartoffeln aus Europa eingeschleppt worden. Nach Angaben von SCHWARZ verursacht das Virus wie eine Reihe anderer Virusarten an *Stellaria media (Caryophyllaceae)* systemische Infektionen, jedoch augenscheinlich ohne differentialdiagnotisch verwertbare Symptome zu liefern. Als Überträger des Virus zwischen Tabak und Kartoffeln können nach VÖLK (1959) folgende Blattlausarten fungieren: *Myzus persicae,*

Doralis rhamni, D. frangulae, D. fabae, Macrosiphon solanifolii; gelegentlich auch die Laubheuschrecke *Tettigonia viridissima*. Über den Übertragungsmechanismus beim letztgenannten Insekt liegen genauere Studien von SCHMUTTERER vor. In einer weiteren Arbeit wurde die Ausbreitung des Virus im Freiland von VÖLK untersucht. Über seine Erfahrungen beim serologischen Nachweis berichtete R. BARTELS (1959), über solche mit dem Testpflanzenverfahren BODE, wobei auch Ergebnisse von Untersuchungen auf Sortenresistenz bei Kartoffeln und Tabak mitgeteilt sind.

BERCKS konnte eine entfernte serologische Verwandtschaft zwischen dem Y-Virus, dem Rübenmosaikvirus und dem Virus des Gelben Bohnenmosaiks nachweisen. Die Partikeln dieser Viren sind drahtförmig und gehören den einander ähnlichen, von BRANDES u. WETTER (Fortschr. Bot. 22, 406) aufgestellten systematischen Gruppen 10 und 11 an, werden aber als eigene „Spezies" aufgefaßt. Zu der genannten Gruppe 10 gehören auch Viren, die als Ätzmosaik (etchmosaic)-Gruppe zusammengefaßt wurden (SCHMELZER u. KLINKOWSKI 1959). In einer neueren Arbeit untersuchten SCHMELZER, BARTELS u. KLINKOWSKI die zwischen Angehörigen dieser Gruppe bestehenden oder fehlenden Interferenzeffekte; die von BAWDEN u. KASSANIS (1941, 1945) angetroffene Unterdrückung des Y-Virus durch das starke Tabak-etch-Virus konnten sie nicht bestätigen.

Ein neuartiger histologischer Nachweis des herkömmlichen Y-Virus in Kartoffelknollen wurde von BATENBURG u. GOETTSCH mitgeteilt. An Knollenlängsschnitten von etwa 1 mm Dicke, die man gegen das Licht hält, lassen sich hell durchscheinende Flecke von unregelmäßiger Form beobachten, wenn die Knollen mit dem herkömmlichen Y- oder dem stippel-streak-Virus, das mit dem C-Virus (Y-Variante) identisch sein soll, infiziert waren. Auch das A- und das Neue Y-Virus scheinen solche Flecken hervorzurufen, in denen der Stärkegehalt vermindert ist.

Die zum Nachweis verschiedener Mosaikviren von MARTIN u. QUEMENER vorgeschlagene Methode ist nach Erfahrungen von WENZL an Dunkelkeimen der Sorte Bintje auf das Y-Virus anwendbar, weniger gut jedoch bei anderen Sorten. Nach NIENHAUS ist die Testpflanzenmethode zum Nachweis der Viren Y, X und A auch bei direkter Übertragung von der Kartoffelknolle geeignet.

Die Praxis der Züchtung auf Infektionsresistenz und extreme Resistenz (Immunität) der Kartoffel gegen das Y-Virus wurde von H. ROSS in einem ausführlichen Referat dargestellt. In Versuchen mit *Myzus persicae*, wobei *Solanum demissum* als Wirtspflanze diente, gelang WETTER u. VÖLK die Übertragung verschiedener Isolate des M-Virus (= K-Virus), nicht jedoch die des aus der Sorte King Edward stammenden Paracrinkle- und des S-Virus. Die Verfasser begründen ihre Auffassung, warum das Paracrinkle-Virus dennoch als eine Variante des M-Virus aufzufassen ist. Die Viren S, M und das von Nelken stammende "carnation latent" werden als miteinander verwandte, aber doch selbständige Viren aufgefaßt. KASSANIS (1960a) kam bei seinen Untersuchungen am Paracrinkle-Virus (PV) zu folgendem Ergebnis: Die meisten Pflanzen der Sorte „Kind Edward" enthalten sowohl das PV-wie auch das S-Virus. Vom PV gibt es mehrere differente Stämme, von denen einzelne vom M-Virus nicht unterscheidbar sind; die einzelnen PV-Stämme unterscheiden sich hinsichtlich ihrer Übertragbarkeit durch *Myzus persicae*. Die Auffassung von WETTER und VÖLK, daß das PV dem M-Virus zugehörig sei, erhält dadurch eine weitere Stütze.

Nach Befunden von HOLMES ist das Kartoffel X-Virus auf *Citrus* übertragbar. BENSON u. HOOKER wiesen für dasselbe Virus nach, daß es mittels Seitenpfropfung in Pflanzen immuner Kartoffelsorten, wie USDA-Klon 41956, Saco und Tawa überleiten läßt, aus deren Stengeln, Knollen und Wurzeln, nicht jedoch Blättern es dann reisoliert werden kann. Das Virus war immer nur in geringer Menge vorhanden. In keinem Fall ließ sich Virus aus Knollen von Pflanzen wiedergewinnen, deren Blätter durch Einreiben geimpft worden waren. Die Tatsache, daß in Knollen, die das Virus enthielten, leichte Nekrosen auftraten, läßt auf das Bestehen einer Überempfindlichkeit schließen. Offenbar ist auch nach dieser Untersuchung noch kein Beweis dafür erbracht, daß sich das Virus in den immunen Sorten vermehrt (vgl. hierzu CLINCH 1944, KÖHLER 1957).

RØNSEN (Norwegen) fand bei Ertragsfeststellungen an der Sorte „Åspotet" in 7 Jahren keine großen Unterschiede zwischen X-infizierter und X-freier Saat. Die Differenz betrug im Mittel 2,5%. Bei „Saga" und „Kerrs Pink" war sie größer (4% bzw. 5,9%); nur die letztgenannte Differenz ist statistisch gesichert.

Die „Fadenkeimigkeit" der Kartoffelknollen kann durch folgende Viren veranlaßt sein: Aster yellows (nach LIPPERT), Stolbur (WENZL) und Blattroll (WENZL). Augenscheinlich ist aber das Auftreten der Abnormität an bestimmte Virusstämme und noch andere Voraussetzungen gebunden. KOLLMER u. LARSON erweiterten die Kenntnis vom F-Virus der Kartoffel (Aucubabunt) durch eigene Beiträge über Sortenresistenz, Virusdifferenzierung u. a. m. Angaben über andere Virosen müssen zurückgestellt werden.

Literatur

I

BAWDEN, F. C.: The establishment and development of infection. Plant pathology. Problems and Progress. p. 503—510. Madison (USA) 1959; — Physiology of virus diseases. Ann. Rev. Plant Physiology (USA) **10**, 239—256 (1959). — BLACK, L. M.: Biological cycles of plant viruses in insect vectors. The Viruses, Vol. 2. p. 157—185. New York u. London 1959. — BROADBENT, L.: Insect vector behavior and the spread of plant viruses in the field. Plant Pathology. Problems and Progress. p. 539—547. Madison (USA) 1959. — BROADBENT, L., and C. MARTINI: The spread of plant virus infection. Adv. Virus Res. **6**, 94—135 (1959).

HARRISON, B. D.: The Biology of soil-borne Plant Viruses. Adv. Virus Res. **7**, 132—161 (1960).

KLINKOWSKI, M.: Virosen und Pflanzenquarantäne. Nachr.bl. dtsch. Pflanzenschutzdienst (Berlin) N. F. **13**, 41—45 (1959); — Die wirtschaftliche Bedeutung pflanzlicher Virosen. Angew. Bot. **34**, 165—178 (1960).

MARAMOROSCH, K.: Viruses that infect and multiply in both plants and insects. Trans. N. Y. Acad. Sci., Ser. II, **20**, 383—393 (1958).

PORTER, C. A.: Biochemistry of plant virus infection. Adv. Virus Res. **6**, 75—91 (1959).

Richter, J., u. M. Klinkowski: Das Tabakmosaikvirus (TMV) — Modellobjekt der pflanzlichen Virusforschung. Zbl. Bakt. (II. Abt.) 113, 700—765 (1960). — Rochow, W. F.: The interaction of viruses in the host. Plant Pathology. Problems and Progress. p. 512—523. Madison (USA) (1959).

Siegel, A., and S. G. Wildman: Some aspects on the structure and behavior of tobacco mosaic virus. Ann. Rev. Plant Physiology 11, 277—298 (1960). — Smith, K. M.: Plant Viruses. 3. Edit., 209 S. London 1960.

Wildman, S. G.: The process of infection and virus synthesis with tobacco mosaic virus and other plant viruses. The Viruses, Vol. 2, 1—31. New York u. London 1959.

II

Aubert, O.: Z. Pflanzenkr. 35, 428—432 (1959).

Bärner, J.: Angew. Bot. 19. 553—561 (1937). — Bartels, R.: Mitt. Biol. Bundesanst. 97, 61—63 (1959). — Batenburg, L., u. H. B. Goettsch: Europ. Potato J. 3, 229—235 (1960). — Beemster, A. B. R.: Verh. IV. Intern. Pflanzenschutz-Kongr. Hamburg 1957 (ersch. 1959). — Benson, A. P., and W. J. Hooker: Phytopathology 50, 231—234 (1960). — Bercks, R., u. F. Gehring: Phytopath. Z. 28, 57—69 (1956). — Bergmann, L.: Phytopath. Z. 34, 209—220 (1958). — Bergmann, L., u. G. Melchers: Z. Naturforsch. 14 b, 73—76 (1959). — Björling, K., and F. Ossiannilsson: Ann. Kgl. Lantbrukshögsk. 24, 77—87 (1958). — Bode, O.: Mitt. Biol. Bundesanst. 97, 52—60 (1959). — Boser, H.: Phytopath. Z. 37, 164—169 (1959). — Bradley, R. H. E., and J. P. Mac Kinnon: Canad. J. Microbiol. 4, 555—556 (1958).

Cadman, C. H.: Intern. Congr. Microbiol. (Abs.) 7, 255—256 (1958); — Virology 11, 653—664 (1960). — Cadman, C. H., H. F. Dias and B. D. Harrison: Nature 187, 577—579 (1960). — Cadman, C. H., and B. D. Harrison: Virology 10, 1—20 (1960). — Čech, M., O. Králík and C. Blattný: Phytopathology 51, 183—185 (1961). — Cochran, G. W., and T. H. Thung: Proc. 2nd intern. sci. Tobacco Congr. 102—104. Brüssel 1958. — Crowley, N. C., and J. B. Hanson: Virology 12, 604—606 (1960).

Day, M. F., and D. G. Venables: Virology 11, 502—505 (1960).

Elbertzhagen, H.: Phytopath. Z. 34, 66—81 (1958). — Esau, Kath.: Virology 10, 73—85 (1960 a); 11, 317—328 (1960 b).

Farkas, G. L., Z. Király and F. Solymosy: Nature 184, 706—707 (1959); — Virology 12, 408—421 (1960). — Follmann, G.: Ber. dtsch. bot. Ges. 72, 398—408 (1959). — Fukushi, T., E. Shikata, I. Kimura and M. Nemoto: Proc. Japan. Acad. 36, 352—357; 482—484 (1960).

Gordon, M. P., and C. Smith: J. biol. Chem. 235, PC 28 (1960).

Hansen, H. P.: Am. Potato J. 37, 95—101 (1960). — Harrison, B. D.: Ann. appl. Biol. 45, 462—472 (1957); — J. gen. Microbiol. 18, 450—460 (1958 a); — Ann. appl. Biol. 46, 571—584 (1958 b). — Harrison, B. D., and C. H. Cadman: Nature 148, 1624—1626 (1959). — Harrison, B. D., and H. L. Nixon: J. gen. Microbiol. 21, 569—581 (1959 a); 21, 591—599 (1959 b). — Herold, F., G. H. Bergold and J. Weibel: Virology 12, 335—347 (1960). — Hagborg, W. A. F. and W. S. Chelack: Canad. J. Bot. 38, 111—116 (1960). — Hewitt, W. B., D. J. Rastz and A. C. Goheen: Phytopathology 48, 586—595 (1958). — Hirai, T., and T. Shimomura: Phytopath. Z. 40, 35—44 (1960). — Holmes, F. O.: Phytopathology 49, 729—731 (1959). — Horne, R. W., G. E. Russell and A. R. Trim: J. molec. Biol. (Gr. Br.) 1, 234—236 (1959).

Kahn, R. P., T. C. Allen jr. and W. J. Zaumeyer: Phytopathology 50, 847—851 (1960). — Kassanis, B., and H. L. Nixon: Nature 187, 713—714 (1960). — Kassanis, B.: Nature 188, 688 (1960 a); — Virology 10, 353—369 (1960 b). — Klinkowski, M., u. K. Schmelzer: Phytopath. Z. 28, 285—306 (1957). — Knypl, J. S., and M. Gubanski: Naturwissenschaften 47, 308 (1960). — Köhler, E.: Züchter 27, 177—179 (1957); — Zbl. Bakt. (II. Abt.) 113, 600—611 (1960 a); — Phytopath. Z. 39, 242—261 (1960 b). — Kollmer, G. F., and R. H. Larson: Univ. Wisconsin Res. Bull. 223, 1—38 (1960). — Koot, J. van, en H. J. M. van Dorst: Tijdschr. Plantenziekten 64, 432—439 (1959). — Kurtzman, R. H., A. C. Hildenbrand, R. H. Burris and A. J. Riker: Virology 10, 432—448 (1960).

LINDNER, R. C., H. C. KIRKPATRICK and T. E. WEEKS: Phytopathology **49**, 802—807 (1959). — LIPPERT, L. F.: Am. Potato J. **37**, 298—305 (1960). — LOEBENSTEIN, G.: Nature **185**, 122—123 (1960).

MACKINNON, J. P., and J. MUNRO: Am. Potato J. **36**, 410—413 (1959). — MARAMOROSCH, K.: Proc. IV. intern. Congr. Crop Plant Protect. Hamburg Vol. I, 271—272 (1957). — MATSUI, C.: Virology **9**, 306—313 (1959). — MATTHEWS, R. E. P., and J. W. LYTTLETON: Virology **9**, 332—342 (1959). — MERRETT, M. J.: Ann. Botany **24**, 223—231 (1960).

NIENHAUS, F.: Naturwissenschaften **47**, 164 (1960). — NIXON, H. L., and B. D. HARRISON: J. gen. Microbiol. **21**, 582—590 (1959). — NIXON, H. L., and R. D. WOODS: Virology **10**, 157—159 (1960).

PIRONE, T. P., G. S. PAUND and R. J. SHEPHERD: Nature (Lond.) **186**, 656—657 (1960). — POUND, G. S., and C. GARCES-OREJUELA: Phytopathology **49**, 16—17 (1959).

REPPEL, L.: Planta med. (Stuttg.) **7**, 206—218 (1959). — RØNSEN, K.: Forsk og Forsøk i Landbr. (Oslo) **9**, 643—657 (1958). — Ross, H.: Europ. Potato J. **3**, 296—306 (1960).

SCHLEGEL, D. E.: Virology **11**, 329—338 (1960). — SCHMELZER, K., R. BARTELS u. M. KLINKOWSKI: Phytopath. Z. **40**, 52—74 (1960). — SCHMELZER, K., u. M. KLINKOWSKI: Züchter **29**, 229—237 (1959). — SCHUSTER, G.: Ber. dtsch. bot. Ges. **73**, 319—325 (1960). — SCHWARZ, R.: Z. Pflanzenkr. **66**, 86—89 (1959). — SHALLA, T. A.: Virology **7**, 193—219 (1959). — SHIMOMURA, T., and T. HIRAI: Phytopathology **50**, 344—346 (1960). — SILBERSCHMIDT, K. M.: Am. Potato J. **37**, 151—159 (1960). — SIMONS, J. N.: Phytopathology **50**, 109—111 (1960). — SOL, H. H., J. C. VAN HEUVEN and J. W. SEINHORST: Tijdschr. Planteziekten **66**, 228—231 (1960). — SOLYMOSY, F., G. L. FARKAS and Z. KIRÁLY: Nature **184**, 706—707 (1959). — STEERE, R. L.: Abstr. in Phytopathology **50**, 656 (1960). — STAEHELIN, M.: Helv. physiol. pharm. Acta **18**, C53—C54 (1960). — STOUFFER, R. F., and A. F. Ross: Phytopathology **51**, 5—9 (1961).

TAKAMURA, Y., T. SHIMOMURA and T. HIRAI: Phytopath. Z. **38**, 123—128 (1960). — THOMSON, A. D.: Nature **187**, 761—762 (1960). — THUNG, T. H., en D. NOORDAM: Mededel. Landbouwhoogesch. Gent **24**, 775—778 (1959).

VALENTA, V.: Phytopath. Z. **35**, 271—276 (1959); — Acta virolog. Tschécosl. **3**, 65—72 (1959). — VENEKAMP, J. H.: Tijdschr. Planteziekten **65**, 177—178 (1959). — VÖLK, J.: Mitt. Biol. Bundesanst. H. **97**, 69—71 (1959); — Zbl. Bakt. (II. Abt.) **113**, 687—699 (1960). — VUITTENEZ, A.: Compt. rend. Acad. agr. France **43**, 185—192 (1957).

WEHRMEYER, W.: Naturwissenschaften **47**, 236—237 (1960). — WEINTRAUB, M., W. G. KEMP and H. W. J. RAGETLI: Canad. J. Microbiol. **6**, 407—415 (1960). — WENZL, H.: Pflanzenschutz-Ber. **22**, 81—82 (1959). — **24**, 169—180. WENZL, H., u. G. GLAESER: Pflanzenschutz-Ber. **22**, 1—30 (1959). — WETTER, C., u. J. VÖLK: Europ. Potato J. **3**, 158—163 (1960). — WILDMAN, S. G., and C. V. FORD: Phytopathology **50**, 677—679 (1960). — WILKINSON, J.: Ann. Botany., N. S. **24**, 516—521 (1960). — WITTMANN, H. G.: Phytopath. Z. **34**, 221—227 (1958). — WU, J.-H., A. C. HILDEBRANDT and A. Y. RIKER: Phytopathology **50**, 587—594 (1960).

YARWOOD, C. E.: Plant Dis. Reporter **43**, 390—393 (1959); — Phytopathology **50**, 111—114 (1960a); **50**, 741—744 (1960b); — Virology **12**, 245—257 (1960c). — YAMAGUCHI, A.: Virology **10**, 287—293 (1960). — YAMAGUCHI, A., and T. HIRAI: Phytopathology **49**, 447—449 (1959). — YERKES, W. D.: Phytopathology **50**, 525—527 (1960).

23c. Bakteriosen

Von Carl Stapp, Braunschweig

Allgemeines

Obwohl bisher Angaben über Kokken und sporenbildende Bakterien als Pflanzenkrankheitserreger einer exakten Nachprüfung nicht standhielten, finden sich selbst in der neueren Literatur immer wieder derartige gegensätzliche Behauptungen. So berichtet z. B. Benben (1959) u. a. über *Micrococcus populi*, der sich in Polen an Pappelsämlingen und -bäumen als pathogen erwiesen haben soll, und J. F. Malcolmson von dem aus kranken Kartoffeln in Schottland isolierten *Bacillus subtilis*, der bei Infektionsversuchen im Gewächshaus sich auch für Tomatenpflanzen pathogen gezeigt habe. Da der Bacillus in Form und Größe sehr an *Corynebacterium sepedonicum* erinnere, sind Zweifel an der Richtigkeit der Diagnostizierung wohl berechtigt.

Auf eine interessante Parasitenkette bei Weizen machen Klement und Király (1959) aufmerksam. Weizen wird von dem Rostpilz *Puccinia graminis* befallen, der Pilz seinerseits durch ein Bacterium, *Xanthomonas uredovorus*, und letzteres schließlich durch einen Phagen parasitiert, der sich als streng spezifisch erwies. Verff. diskutieren die mögliche Bedeutung dieser Parasitenkette im Hinblick auf das Auftreten und Abebben von Epidemien in der Natur.

Manche Krankheiten sind auch komplexer Art, so z. B. die Blumenkohlkrankheit der Erdbeere, *Fragaria vesca*, wie einwandfreie Untersuchungen von Pitcher und Crosse (1958) bestätigten. Nur im Zusammenwirken von *Corynebacterium fascians* mit Nematoden *(Aphelenchoides ritzema-bosi)* traten die charakteristischen Symptome auf.

70 verschiedene phytopathogene Bakterienarten bzw. -varietäten, fünf unterschiedlichen Genera angehörend, wurden von Lovrekovich und Klement auf ihr Verhalten gegenüber Triphenyltetrazoliumchlorid (TTC) geprüft. Die Vertreter der Gattungen *Agrobacterium, Corynebacterium* und *Xanthomonas* erwiesen sich sehr sensibel gegen TTC, diejenigen von *Erwinia* und *Pseudomonas* als ziemlich hoch tolerant. Es wird vermutet, daß die Kenntnis dieser unterschiedlichen Empfindlichkeit bei der Klassifizierung und Identifizierung phytopathogener Bakterien eine Rolle spielen könnte.

Zu weiterer Orientierung sei auf den zusammenfassenden Bericht von M. P. Starr, "Bacteria as plant pathogens" (1959), verwiesen sowie auf Mushin, Naylor and Lahovary, "Studies on plant pathogenic bacteria" I und II (1959) und Burkholder (1959) über aktuelle Fragen der Nomenklatur und Taxonomie phytopathogener Bakterien.

Spezielles

Das *crown-gall-Problem* findet in den letzten Jahren einen ständig größer werdenden Kreis von Bearbeitern und Interessenten. Im Vordergrund steht dabei noch immer das bisher nicht genau charakterisierte „tumorinduzierende Prinzip" (= TIP); vgl. hierzu BRAUN und PRINGLE 1959.

Befunde von BOPP sprechen erneut dafür, daß der DNS bei der Synthese des TIP eine überragende Bedeutung zukommen dürfte. BOPP ging bei seinen Untersuchungen von der Erwägung aus, daß, sofern spezifische Nucleinsäuren, vor allem DNS, bei der Tumorinduktion in irgendeinem Stadium in Tätigkeit treten, es möglich sein müsse, durch Substanzen, die die Synthese solcher Nucleinsäuren hemmen, die Entstehung von Tumoren zu unterdrücken. Nun ist bekannt, daß Bromuracil als Antagonist des Thymins in die DNS und Thiouracil als Antagonist von Uracil in die RNS eingebaut werden können (siehe auch MANIL und FOURNEAU 1955). Bei Versuchen an *Kalanchoë daigremontiana*, die jedoch noch weiter gesichert werden müssen, ergab sich, daß das Bromuracil innerhalb der Zeit, in der das TIP gebildet wird, seine spezifische Wirksamkeit entfaltet, d. h. also, dessen Entstehung unterdrückt, während das Thiouracil nicht direkt in diese Transformierungsvorgänge eingreift, sondern erst während des Tumorwachstums wirksam wird.

THOMAS und KLEIN (1959) war es angeblich gelungen, mit gereinigtem sterilem TIP und anschließender Stimulierung mit Auxin an Scheiben von Möhrenphloëm in 20—80% echte Tumoren an der Oberfläche der Scheiben zu erzielen; BRAUN und STONIER (1958) waren bei Nachprüfung jedoch zu einem negativen Ergebnis gekommen. Zur Aufklärung der Divergenzen haben KLEIN und BRAUN gemeinsam entsprechende Versuche durchgeführt (nachahmenswert!). Dabei stellte sich heraus, daß das Filtrat nach THOMAS und KLEIN noch eine geringe Anzahl von virulenten Bakterien enthielt, während ein nach noch verfeinerter Methode gewonnenes Filtrat steril war. Mit letzterem wurden dann Kalanchoë, Tomate, Daturapflanzen sowie Phloëmgewebe von Möhren geimpft. Wenn an 3 aufeinanderfolgenden Tagen solche sterilen Präparationen in Wunden von *Kalanchoë* eingebracht wurden, erfolgte keinerlei Reaktion. Bei Tomate und *Datura* traten 48—72 Std später an den Impfstellen lokale Schwellungen auf, die sich jedoch nicht weiterentwickelten. Auch an den Möhrenscheiben traten schwache Überwallungen auf, die aber in keinem Falle die Größe und Kräftigkeit erreichten wie die durch virulente Bakterien daran hervorgerufenen Tumoren.

Es kann sich also bei den Präparationen von THOMAS und KLEIN nicht um das tumorinduzierende Prinzip gehandelt haben, da die volle Autonomie der pflanzlichen Zellen dadurch nicht erreicht werden konnte. Inzwischen wurde von MANIGAULT und STOLL zugegeben, daß die steril induzierten Wucherungen nach Applikation z. B. von Protein-DNS-Gemischen aus *Agrobacterium tumefaciens* nicht echten bakteriellen Tumoren gleichgestellt werden können, weil die ersteren bereits nach wenigen Wochen nekrotisieren.

H. KELBITSCH konnte eine Beobachtung machen, die, falls sie sich bestätigen sollte, große Beachtung verdient. Wenn nämlich *Cuscuta gronovii*, die knapp neben einem Primärtumor z. B. an *Pelargonium zonale* parasitierte und dort bereits einen Sekundärtumor hervorgerufen hatte, zu gesunden Pflanzen weitergeleitet und zur Haustorienbildung gebracht wurde, so entstand an diesen zweiten Wirten ebenfalls eine tumorähnliche Geschwulst. Es wird dabei angenommen, daß nur TIP durch die *Cuscuta* wandert und zwischen dieser Übertragungsart und der bekannten Virusübertragung daher eine große Ähnlichkeit bestehe — was für die Virushypothese der crown-gall-Bildung spreche[1].

Nicht bestätigt werden konnten auch frühere Angaben über das spontane Vorkommen oder die experimentelle Erzeugung von Tumoren an Algen.

Infektionsversuche von R. KÜNZENBACH und BRUCKER an 44 Algenarten führten nicht zu Geschwülsten, die den crown-galls höherer Pflanzen vergleichbar waren. Ob allerdings die Beobachtungen über die Teratombildung an verschiedenen Pflanzen, von denen die gleichen Autoren in einer Arbeit berichten, ausreichen, um die Frage zu klären, inwieweit die Braunschen Teratome nicht den Organoiden aus langsam oder nicht wachsenden Tumoren entsprechen, das sei dahingestellt. Sie berechtigen jedoch noch nicht ohne weiteres zu der Schlußfolgerung, daß der Ausdruck „Teratome", den BRAUN für die von ihm beschriebenen Gebilde angewandt hat, „nicht zutreffend" sei.

HARHASH und BRUCKER sind der weiteren Frage nachgegangen, wie der Phosphor-Stoffwechsel von Callus- und Tumorgewebe bei Möhren in vitro sowie der von Stengelgewebe und entsprechendem Tumorgewebe von Tomate in vivo verläuft. Sie benutzten dazu radioaktiven Phosphor (^{32}P), den sie in 7 verschiedenen Fraktionen boten, nachdem die jeweiligen Gewebe bzw. Pflanzen einer kurzen P-Hungerperiode ausgesetzt waren: Die P-Aufnahme von gesunden Tomatenstengeln und Karottenscheiben erwies sich innerhalb der ersten 24 Std deutlich größer als in den vergleichbaren Tumorgeweben. Vom 3.—10. Tage blieb der P-Gehalt bei den ersteren konstant oder erhöhte sich nur unwesentlich. Die Tumorgewebe dagegen zeigten einen weiteren beachtlichen Anstieg der meisten Phosphorfraktionen. Daraus wird gefolgert, daß die P-Aufnahme im gesunden Pflanzengewebe zwar schneller verläuft, das P-Speicherungsvermögen jedoch im Tumorgewebe erheblich größer ist.

In Fortsetzung seiner früheren Versuche mit ^{32}P-markierten crown-gall-Bakterien hat STONIER nachweisen können, daß diese Mikroorganismen, wenn sie unter starker Variation der Kulturbedingungen in nichtradioaktiven Medien gezogen wurden, große Mengen ihres ^{32}P freisetzten, und zwar anscheinend aus den verschiedensten Verbindungen.

Die jeweilige Menge ^{32}P, zu bestimmter Zeit in dem überstehenden Medium vorhanden, ist abhängig von 3 Faktorenkomplexen: 1. der Zeit der Probenahme nach der Beimpfung, 2. dem physiologischen Zustand der Bakterien in dem markierten Inoculum und 3. den kulturellen Bedingungen, unter denen die markierten Bakterien gewachsen sind, insonderheit der Zusammensetzung der nicht radioaktiven Medien.

---

[1] Es scheint eine exakte Nachprüfung in diesem Falle dringend geboten, wobei besonders darauf zu achten sein dürfte, ob nicht doch Bakterien durch die *Cuscuta* in den zweiten Wirt einwanderten oder in anderer Weise für die Tumorentstehung am neuen Wirt verantwortlich zu machen sind.

Die Freisetzung des ^{32}P, so wird angenommen, sei das Resultat der Lyse von Bakterien, vielleicht bedingt durch Bakteriophagen. Im Gegensatz zu dem markierten Phosphor in den Bakterien wurde von markiertem Schwefel (^{35}S) nur sehr wenig ausgeschieden, was besagt, daß der bakterielle Schwefel in diesem System chemisch völlig abweichend ist von dem bakteriellen Phosphor. Es wurden auch keine Anzeichen dafür gefunden, daß die crown-gall-Erreger, wenn sie in Auszügen wuchsen, die aus vorher verwundeten Pflanzenstengeln gewonnen waren, eine spezifische Desoxyribonucleinsäure, die als TIP wirke, freigaben. Ebensowenig war eine Korrelation zwischen ^{32}P-Freisetzung und tumorinduzierender Fähigkeit erkennbar, noch war irgendein Anstieg in freigesetztem ^{32}P festzustellen, wenn pathogene markierte Bakterien in den oben angegebenen Pflanzenstengelextrakten gewachsen waren.

Hinsichtlich der Aufklärung der Lysogenität der Bakterien wurden die Untersuchungen von STONIER fortgesetzt; dabei gelang es, zwei antibakterielle Agentien zu finden, von denen das eine sehr schnell und das andere langsam durch Agar diffundierte. Nur das erstere fand vorläufig Beachtung, das aus 2 Stämmen von *A. tumefaciens* gewonnen werden konnte. Es inhibierte das Wachstum von 12 anderen Stämmen von *A. tumefaciens* und je eines Stammes von *A. radiobacter* sowie *Bac. subtilis*. Durch Zusatz einer von mehreren Aminosäuren oder Peptiden, besonders von Alanylalanin, ließ sich die inhibierende Wirkung des Agens aufheben, dessen Aktivität in Agar weder durch Trypsin noch durch Ribonuclease oder Desoxyribonuclease zerstört wurde. Wäßrige Auszüge aus dem Agar ließen sich konzentrieren. Solche rohen Konzentrate waren weder durch kurzes Kochen, Einfrieren noch Hindurchleiten von Luft in ihrer Aktivität merklich zu beeinflussen. Das inhibierende Agens darin hat den Namen Agrobacteriocin I erhalten. Gleichzeitig ließ sich in dem rohen Extrakt aber auch noch ein stimulierendes Agens nachweisen, das auf die Entwicklung einer Reihe von Bakterienarten, darunter auch *A. tumefaciens*, fördernd wirkte und die Auswertung erschwerte. Jedenfalls hatten Versuche, das TIP der Bakterien mit dem beschriebenen Agens zu korrelieren, keinen Erfolg.

LIPETZ (1959) konnte wahrscheinlich machen, daß die zur vollkommenen Tumorinduktion notwendige Indolylessigsäure (IES) nicht das Produkt der pathogenen Bakterien ist, sondern das der infizierten Gewebe, deren IES-zerstörendes System gehemmt ist, während die Avirulenz von *A. tumefaciens* zumindest teilweise auf ihre Unfähigkeit, diese Hemmung der IES-oxydase einzuleiten, zurückzuführen sein dürfte.

Bei Tumorgewebe von *Scorzonera*, das durch Röntgenbestrahlung in seiner Vermehrung gehemmt war, gelang es nach JONARD nicht, diese Blockierung mittels Indolylessigsäure zu beheben, dagegen hatte eine Behandlung mit verdünntem Hefeextrakt einen gewissen Erfolg. Ob dabei das Vitamin B$_1$ als Stimulans bzw. als Enthemmungsfaktor angesehen werden kann, steht noch offen.

TAMAOKI, HILDEBRANDT u. Mitarb. haben unter Verwendung der Sauerstoff-Elektrode vergleichende Untersuchungen an Mitochondrien aus normalen und crown-gall-Gewebe-Kulturen der Tomaten angestellt. Mitochondrien aus crown-gall-Gewebe-Kulturen oxydierten reduziertes Diphosphopyridinnucleotid (DPNH), Glutamat, Succinat, Citrat, Malat und α-ketoglutarat langsamer, aber Ascorbinsäure schneller als Mitochondrien aus Normalgewebekulturen. Auch die phosphorylierende Kraft der crown-gall-Mitochondrien war geringer. Wurde diesen aber ein Phosphat-Acceptor wie Adenosindiphosphat oder ein Glucose-hexokinase-Adenosintriphosphat-Gemisch zugesetzt, so stiegen die Oxydations-raten der am Krebscyclus beteiligten Säuren an, nicht aber die von DPNH und Ascorbinsäure. Mitochondrien beider Gewebekulturen enthalten anscheinend eine Ascorbinsäure-Oxydase; sie reagieren auch beide auf Cofaktoren wie Diphosphopyridinnucleotid oder Cytochrom C und auf Inhibitoren wie Cyanid oder Antimycin A ähnlich. Aus allen diesen Ergebnissen wird geschlossen, daß Mitochondrien aus Normal- und Tumorgewebekulturen in ihrer oxydativen und phosphorylierenden Aktivität sich eher in geringer quantitativer als qualitativer Hinsicht unterscheiden.

An Ultradünnschnitten von 48 Std alten *A. tumefaciens*-Zellen wollen RUBIO-HUERTOS und DESJARDINS elektronenmikroskopisch zentral Hohlräume festgestellt haben (was jedoch recht zweifelhaft erscheint). Deshalb sind sie der Meinung, daß diese zentralen Stellen oder Zonen geringer elektronischer Dichte ein Vacuolen-system darstellen und wahrscheinlich nicht der Sitz der Bakterienkerne oder der Kernäquivalente sein können.

Stamm B 6 von *A. tumefaciens* trägt nach BEARDSLEY einen induzier-baren Prophagen in sich. Die Wahrscheinlichkeit der spontanen Lyse war unter den gegebenen Versuchsbedingungen je Bacterium und je Generation 10^{-3}. Die Länge der postirradialen Latenzperiode von ultra-violett-induzierter Phagenproduktion erwies sich nicht vollständig ab-hängig von der bakteriellen Generationszeit. Sie betrug sowohl in einem definierten Medium als auch in Nährbrühe 180 min. Das entspricht 0,5 bzw. 2 Generationen.

Daß Stämme von *A. tumefaciens* in der Lage sein sollen, u. a. an den Wurzeln von Luzerne Knöllchen hervorzurufen, die denen vergleichbar seien, die durch *Rhizobium* an der Leguminose gebildet werden, darüber berichtet BONNIER (1959); es dürfte sich dabei aber doch wohl nur um eine äußere Ähnlichkeit handeln, im histologischen Aufbau ist sie be-stimmt nicht vorhanden. Ob die Annahme von GORLENKO und CHU-MAEVSKAYA zutreffend ist, *A. tumefaciens* sei aus Bodenbakterien ent-standen, die dem Genus *Rhizobium* zugehören, und die Evolution dieser Gruppe gehe weiter in Richtung symbiotischer Verwandtschaft, das dürfte sich — zumindest vorläufig — noch nicht entscheiden lassen. Dem Ref. schiene es naheliegender, eine Beziehung zwischen *A. radiobacter* und *A. tumefaciens* zu suchen.

Zu dem schon bekannten sehr großen Wirtspflanzenkreis von *A. tume-faciens* kommen nach ARK und THOMPSON als neu hinzu: *Artemisia vulgaris* und *Helianthus tuberosus*; für die letztere Pflanze dürfte das aber nicht mehr zutreffen (siehe u. a. MANIGAULT, SALMON und ROUS-SEAU 1959).

Ernsteste Beachtung verdient zur Zeit der Feuerbrand (fire blight) der Kernobstgehölze, Erreger: *Erwinia amylovora* (Burrill) Winslow et al. Diese außerordentlich gefürchtete Bakteriose, jahrzehntelang auf Nordamerika beschränkt, ist 1957 nach England eingeschleppt worden. Wie und woher, ist unbekannt. Trotz energischer Gegenmaßnahmen konnte ihre Ausbreitung nicht verhindert werden. Bis 1960 waren dort, meist in Birnenplantagen, schon 32 verschiedene Krankheitsherde festgestellt und mehrere Tausend befallene Obstbäume vernichtet worden. Inzwischen hat der Erreger auch auf eine Reihe von Ziergehölzen und -sträuchern in der weiteren Umgebung Londons übergegriffen (CROSSE, BENNETT und GARRETT 1958, 1959 u. 1960; CROSSE 1959; LELLIOTT 1959, Anonym I). Da kaum noch damit zu rechnen ist, daß die Krankheit in England wieder vollständig ausgelöscht werden kann, besteht nunmehr die große Gefahr der Verschleppung auch auf das europäische Festland (STAPP).

Über diagnostische Schnellmethoden zur Erkennung des Erregers (BILLING, CROSSE und GARRETT), über seine Lebensdauer (REINHARDT und POWELL), über typische, atypische Kolonie- sowie Intermediärformen (BILLING), über sein physiologisches Verhalten z. B. bei der Zersetzung von Glucose (SUTTON und STARR 1959, 1960) liegen neue Untersuchungen vor; desgleichen über Erweiterung des Wirtspflanzenkreises (BILLING et al. 1959) und über Anfälligkeit bzw. Resistenz bei den verschiedenen Birnen- und Apfelsorten (LELLIOTT 1959, Anonym II, LAMB).

Literatur

Anonym I: Europ. Plant Protect. Organisation (EPPO) Paris. Report Serv. 31. 10. 1960. — *Anonym II:* Annual Report, East Malling Res. Stat., 1959 (1960). — ARK, P. A., and J. P. THOMPSON: Plant Dis. Reptr. **44**, 102—103 (1960).

BEARDSLEY, R. E.: J. Bact. **80**, 180—187 (1960). — BENBEN, K.: Las polski 33, 11—14 (1959). — BILLING, EVE: Nature **186**, 819—820 (1960). — BILLING, EVE, J. T. FLETCHER, H. H. GLASSCOCK, ELISA J. JONES and R. A. LELLIOTT: Plant Path. **8**, 152 (1959). — BILLING, EVE, J. E. CROSSE and CONSTANCE M. E. GARRETT: Plant Path. **9**, 19—25 (1960). — BONNIER, C.: C. R. Soc. Biol. (Paris) **103**, 1883—1885 (1959). — BOPP, M.: Planta **54**, 221—232 (1960). — BRAUN, A. C., and R. B. PRINGLE: In: HOLTON, C. S., et al. Plant Pathology. Problems and progress 1908—1958, 88—99. Madison 1959. — BRAUN, A. C., and T. STONIER: Protoplasmatologia **10**, (5a) 93 pp. (1958). — BURKHOLDER, W. H.: In: Omagiu lui T. SAVULESCU 119—127 (1959).

CROSSE, J. E.: Commonwealth Phytopath. News **5**, 4—5 (1959). — CROSSE, J. E., MARGERY BENNETT and CONSTANCE M. E. GARRETT: Nature **182**, 1530 (1958); — Ann. Rept. East Malling Res. Stat. 1958, 4 pp. (1959); — Ann. Appl. Biol. **48**, 541—558 (1960).

GORLENKO, M. V., and Mme M. A. CHUMAEVSKAYA: (Nauch Dokl. vyssh. Shkol.) Biol. Sci. 1959 (3), 135—136 (1959).

HARHASH, A. W., u. W. BRUCKER: Acta Biol. et Med. Germ. **4**, 343—357 (1960).

JONARD, R.: C. R. Acad. Sci. (Paris) **251**, 588—590 (1960).

KELBITSCH, HELGA: Protoplasma **52**, 437—445 (1960). — KLEIN, R. M., and A. C. BRAUN: Science **131**, 1612 (1960). — KLEMENT, Z., and Z. KIRÁLY: Növénytermelés 8, 141—144 (1959). — KÜNZENBACH, RAGNA, u. W. BRUCKER: Ber. dtsch. bo.t Ges. **73**, 8—18 (1960); — Arch. Geschwulstforsch. **17**, 16—22 (1960).

Lamb, R. C.: Proc. Am. Soc. hort. Sci. **75**, 85—88 (1960). — Lelliott, R. A.: Agriculture (Lond.) **65**, 564—568 (1959). — Lipetz, J.: Nature **184**, 1076—1077 (1959). — Lovrekovich, L., and Z. Klement: Phytopath. Z. **39**, 129—133 (1960).

Malcolmson, J. F.: Rept. Scot. Res. Pl. Breed. 1960, 24—28 (1960). — Manigault, P., J. Salmon et M. Rousseau: Bull. Microscop. appl. Sér. 2, **9**, 10—19 (1959). — Manigault, P., u. C. Stoll: Phytopath. Z. **38**, 1—12 (1960). — Manil, P., et J. Fourneau: Bull. Inst. Agron. Gembloux **23**, 55—65 (1955). — Mushin, Rose, Jill Naylor and N. Lahovary: Austr. J. Biol. Sci. **12**, 223—232, 233—246 (1959).

Pitcher, R. S., and J. E. Crosse: Nematologica 3, 244—256 (1958).

Reinhardt, J. F., and D. Powell: Phytopathology **50**, 685—686 (1960). — Rubio-Huertos, M., and P. R. Desjardins: Nature **187**, 1043—1044 (1960).

Stapp, C.: Nachr.bl. dtsch. Pflanzenschutzdienst (Braunschweig) **12**, 33—37 (1960). — Starr, M. P.: Ann. Rev. Microbiol. **13**, 211—238 (1959). — Stonier, T.: J. Bact. **79**, 880—888 (1960); **79**, 889—898 (1960). — Sutton, D. D., and M. P. Starr: J. Bact. **78**, 427—431 (1959); **80**, 104—110 (1960).

Tamaoki, T., A. C. Hildebrandt, R. H. Burris, A. J. Riker and B. Hagihara: Plant Physiology **35**, 942—947 (1960). — Thomas, A. J., and R. M. Klein: Nature **183**, 113—114 (1959).

23 d. Mykosen

α) Mykosen, verursacht durch Archimyceten und Phycomyceten

Von Johannes Ullrich, Braunschweig

Mit 1 Abbildung

I. Archimyceten

Synchytrium endobioticum

Die Europäische Pflanzenschutzorganisation berichtet jährlich über Vorkommen und Ausbreitung des Kartoffelkrebses in Europa und dem Mittelmeerraum. Im Herbst 1959 befaßte sich eine besondere Arbeitsgruppe mit der physiologischen Spezialisierung des Erregers (EPPO). Außerhalb Europas wurde eine in ihrem Verhalten von der Rasse 1 abweichende Krebsherkunft bisher nur in Neufundland entdeckt. Im Jahresbericht des kanadischen Landwirtschaftsministeriums für 1958/59 werden Kartoffelsorten angegeben, die in Neufundland resistent sind. Hieraus kann jedoch noch nicht auf die Zugehörigkeit des neufundländischen Stammes zu einer der bekannten *Synchytrium*rassen geschlossen werden. In Europa ist das Vorkommen neuer Rassen außerhalb Deutschlands nach wie vor ungeklärt. Vor einigen Jahren wurde die Sorte Virginia, die als resistent gegenüber der Rasse 1 galt, in Jugoslawien befallen. Janežič schloß daraus auf das Vorkommen einer neuen Krebsrasse. Wie Ullrich (1) jedoch nachweisen konnte, ist Virginia zwar eine Sorte mittlerer Resistenz, sie besitzt aber einen hohen Reaktionsgrad. Daher vermag sie unter günstigen äußeren Bedingungen im Feldanbau nach Befall mit der Rasse 1 Krebswucherungen zu bilden. Der Reaktionsgrad einer Sorte ist somit unabhängig von ihrem Infektionsgrad. Bei hochanfälligen Sorten ist der Kartoffelkeim 14 Tage nach der Inoculation dicht mit voll entwickelten Synchytrien besetzt. Meist reagieren derartige Sorten auf die Infektion mit einer starken Gallbildung. Bei einigen Sorten ist diese Gallbildung jedoch gering oder fehlt ganz (s. Abb. 25). In gleicher Weise können weniger anfällige Sorten einen unterschiedlichen Reaktionsgrad besitzen. Um die Resistenz einer Sorte zu beurteilen, ist es daher unerläßlich, ihren Infektionsgrad zu bestimmen. Nur Sorten mit geringem oder fehlendem Infektionsgrad sollten als resistent bezeichnet werden [Ullrich (2)].

Mit der Keimung der Dauersporen von *S. endobioticum* befaßt sich Vladimirskaya. Einige Sporen keimen bereits kurz nach ihrer Entstehung, der größte Teil nach der Überwinterung im zweiten Jahre, der

Rest sporadisch in den folgenden Jahren. ČERVENKA u. Mitarb. bestätigen die bekannte Tatsache, daß Dauersporen eine mehrjährige Lagerung in trocknem Boden unbeschadet überdauern.

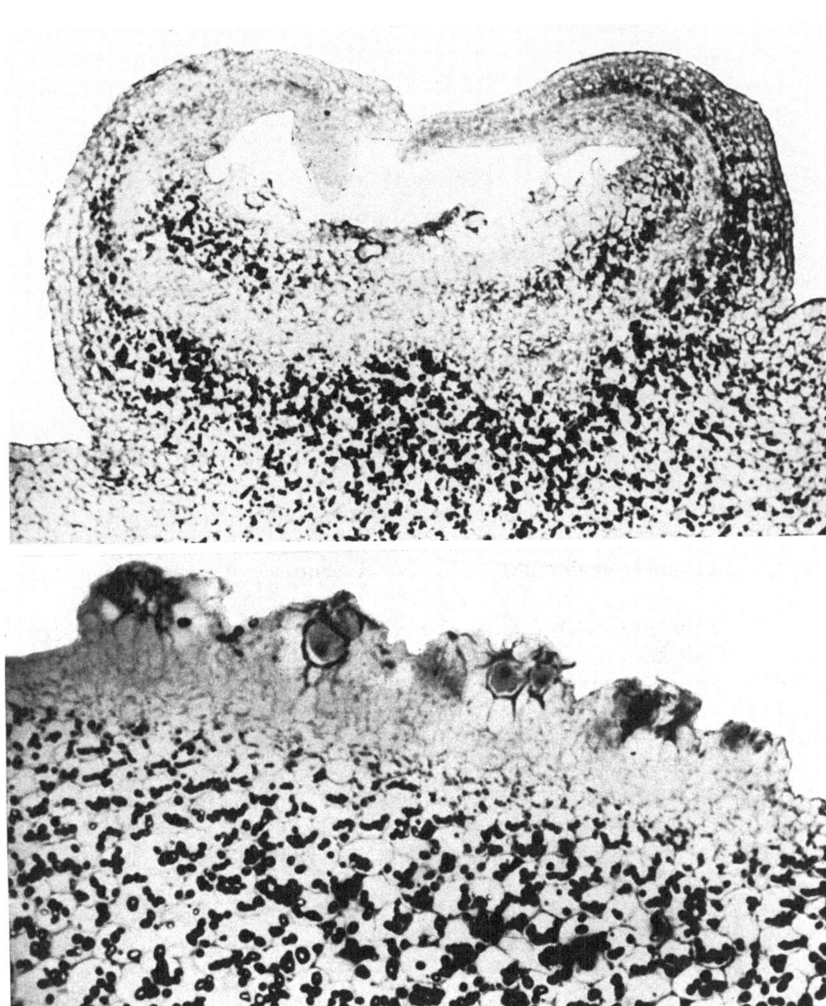

Abb. 25. Oben: Gallbildung bei der Kartoffelsorte Deodara nach Infektion mit *S. endobioticum*, Rasse 1. Unten: Fehlende Gallbildung bei der Kartoffelsorte Susanna nach Infektion mit *S. endobioticum*, Rasse 2. (Nach ULLRICH)

Es ist bekanntlich schwierig, bei der Kartoffel die Krebsresistenz mit der Frühreife zu koppeln. Über die Züchtung zweier resistenter Frühsorten in Rußland berichtet ZADINA. Die neue Sorte Yara reift sogar früher als die anfällige Sorte Erstling. Weiterhin bemüht man sich in der Resistenzzüchtung neue Resistenzträger aufzuspüren. YAKOVLEVA berichtete über die Resistenz verschiedener Wildarten der Gattung *Solanum*. ROTHACKER u. MÜLLER konnten ein neues Genreservoir für die Resistenz gegenüber der Rasse 2 erschließen. Von kultivierten südamerikanischen Sorten und Herkünften der ssp. *andigenum-tuberosum* waren 25% der Genotypen resistent. Ob es jedoch richtig ist, hieraus auf eine weite Verbreitung der Rasse 2 in Südamerika zu schließen, wie es die Autoren tun, muß bezweifelt werden. Bei der Tomate scheinen gegenüber *S. endobioticum* resistente Typen völlig zu fehlen (GEGERMAN, HILLE).

II. Phycomyceten
1. Überwinterung

Die Oosporen der Peronosporaceen keimen meist schwer. Vielleicht muß ihre meist dicke und widerstandsfähige Membran erst mikrobiell aufgeschlossen werden. Daher besagen Laboratoriumsversuche nur wenig über die Keimungsrate in der freien Natur. Oosporen werden meist in großer Zahl gebildet, beim Rebenmehltau wurden über 200 auf einem Quadratmillimeter Blattfläche gezählt. Selbst wenn von diesen Sporen nur sehr wenige keimen und auf diesem Wege nur selten eine Infektionsquelle entsteht, ist die Ausbreitung einer Krankheit in epidemischen Ausmaßen nicht überraschend. Ist erst einmal eine Primärinfektion zustande gekommen, so werden in relativ kurzen Zeitabständen massenhaft Conidiosporen gebildet und durch Luftströmungen überaus rasch über weite Strecken transportiert. Von der Kartoffelkrautfäule wissen wir, daß sich der Erreger von sehr wenigen Infektionsquellen ausgehend, überaus rasch ausbreitet, obwohl die Conidien nur bei einer relativen Luftfeuchtigkeit über 95% lebensfähig bleiben. Wie mangelhaft noch unsere Kenntnisse über den Umfang der Oosporenbildung sind, zeigt eine Untersuchung von MCMEEKIN. Bei *Peronospora parasitica* wurden bisher Oosporen nur selten beobachtet. Die Autorin fand jedoch bei Erhebungen in Ithaca innerhalb der chlorotischen und nekrotischen Gewebepartien der Blätter verschiedener Kohlvarietäten im Sommer und Herbst Tausende von Oosporen, niemals allerdings in grünen Blattpartien.

Durch eine entsprechende Variation des Keimmediums können bei Oosporen der Oomyceten auch höhere Keimungsraten erzielt werden (SCHAREN, VANTERPOOL). Nach den Untersuchungen von SCHAREN keimten 2—40% der in Pflanzenrückständen eingebetteten Oosporen von *Aphanomyces euteiches* in Pferdedunginfusionen und Extrakten aus Böden, auf denen der Wirt *(Pisum sativum)* angebaut worden war. Überraschend ist die Angabe von JUROWA, daß im Gebiet von Leningrad Oosporen von *Phytophthora infestans* im Frühjahr in Kartoffelkrautrückständen und in der Schale von verrotteten Kartoffelknollen gefunden wurden. Bei Tomatensamen, die aus im Winter im Boden verfaulenden Früchten freiwerden, soll die Schale einschließlich der Haare ebenfalls massenhaft Oosporen enthalten. Diese Beobachtung würde voraussetzen, daß auf unserem Kontinent beide Kompatibilitätstypen des Pilzes auftreten. Über „imperfekte Oosporen" bei *P. infestans* berichten HORI und YOSHIDA.

Peronospora tabacina dürfte besonders in den auf dem Felde belassenen Rückständen von Tabakpflanzen überwintern. MANDRYK konnte zeigen, daß das Mycel des Pilzes von den Tabakblättern aus auch in die Stengel eindringt und hier dann den Winter überdauern kann. *P. destructor* überwintert in Holland in systemisch infizierten Saatzwiebeln (VAN DOORN), *Bremia lactucae* überdauert hier ungünstige Perioden als Mycel in der Salatpflanze oder als Conidie (VERHOEFF). Bei beiden Pilzen konnte im Gegensatz zu älteren Angaben, eine Saatgutinfektion nicht nachgewiesen werden.

2. Epidemiologie

Ein ganz besonderes Interesse hat der Seuchenzug von *Peronospora tabacina*, dem sog. „Blauschimmel" des Tabaks, erregt. Er ähnelt der Ausbreitung des Rebenmehltaus in Europa vor über 80 Jahren und des Hopfenmehltaues in den zwanziger Jahren. Während *P. tabacina* in Amerika in der Tabakanzucht auftritt, gefährdet der Pilz in Europa wie in Australien (HILL) den Feldanbau. 1959 erreichte er von England aus, wohin er zu Versuchszwecken importiert worden war, den Kontinent und wurde in Holland und Deutschland beobachtet. 1960 drang er bis nach Frankreich, Italien, Jugoslawien und Rumänien vor (KRÖBER u. BODE, KLINKOWSKI u. SCHMIEDEKNECHT, KREXNER). Neu eingeschleppt wurde *P. tabacina* auch in Kuba, eventuell durch Ausbreitung der Conidien vom amerikanischen Festland aus (LASAGA).

Über langjährige epidemiologische und bestandsklimatische Untersuchungen bei der Kartoffelkrautfäule *(Phytophthora infestans)* berichten HIRST u. STEDMAN (1, 2). Während der Kartoffelbestand aufwächst und sich schließt, entsteht für den Pilz eine zunehmend günstige mikroklimatische Situation. Daraus ergeben sich für eine Prognose der Krankheit auf meteorologischer Grundlage erhebliche Schwierigkeiten. Die Epidemie nimmt fast immer ihren Ausgang von kranken Trieben, die aus befallenen Pflanzknollen aufwachsen, wie das früher schon VAN DER ZAAG nachgewiesen hatte (s. Fortschr. Bot. 21, 406). Daneben können aber Erstinfektionen auch auf andere Weise entstehen. Offenbar ist der Pilz in der Lage, von kranken Knollen ausgehend, den Boden zu passieren und in Blätter einzudringen, die dem Boden aufliegen. Voraussetzung hierfür ist eine ausreichende Feuchtigkeit.

Im amerikanischen Tabakanbau erreichte der Seuchenzug von *P. parasitica* var. *nicotianae* 1959 bisher ungewohnte Ausmaße (GAINES). Während bei zweigliedriger Fruchtfolge die Verluste stark zunehmen, scheint die viergliedrige Fruchtfolge eine aussichtsreiche Gegenmaßnahme zu sein (MATTHEWS u. Mitarb.).

3. Spezialisierung und Resistenz

WARK u. Mitarb. konnten zeigen, daß die australischen Herkünfte von *Peronospora tabacina* in ihrer Pathogenität und Reproduktionskapazität differieren. Die Resistenzzüchtung ist schwierig und beruht hauptsächlich auf Einkreuzung von *Nicotiana debneyi* (BOLSUNOV). Nach GRÜNZEL kann *P. viticola* auf *Ampelopsis brevipedunculata* und *A. heterophylla* übertragen werden, *Vitis*arten sind reinfizierbar. Sechs Einsporlinien und fünf Herkunftspopulationen aus Mitteleuropa ließen sich mit einem Testsortiment von 60 Arten und Formen der Gattung *Vitis* nicht differenzieren. Im Gegensatz hierzu hält Boubals eine Spezialisierung für erwiesen.

Turner (1, 2, 3) untersuchte in Ghana 179 afrikanische Einsammlungen von *Phytophthora palmivora*. Er konnte zwei geographische Stammgruppen, die westliche Ghana-Gruppe (G-Typ) und die östliche Nigeria-Gruppe (N-Typ), herausstellen. Beide Typen unterscheiden sich im Befallsbild auf den *Cacao*früchten und in den Sporangienabmessungen. In 900 Kreuzungstesten zeigte sich, daß bei Kombinationen innerhalb des G-Typs keine Oosporen gebildet wurden, während innerhalb des N-Typs in allen Kombinationen Oosporen auftraten. Der N-Typ dürfte daher mit der sog. "rubber"-Gruppe der *P. palmivora*-Stämme identisch sein.

Die Resistenzzüchtung hat weitere Fortschritte zu verzeichnen. Thomas u. Mitarb. berichten über die erfolgreiche Züchtung von gegenüber *P. drechsleri* resistenten Typen der in den USA zunehmend angebauten Ölpflanze *Carthamus tinctorius*. Mit der Züchtung gegenüber *P. infestans* feldresistenter Typen aus *Solanum tuberosum*, *S. andigenum* und *S. phureja* befaßten sich Guzman u. Mitarb. Eine eingehende Studie widmete Umaerus dem Problem der Feldresistenz gegenüber *P. infestans*. Nach Lockwood scheint auch die Züchtung von Erbsenstämmen, die gegenüber *Aphanomyces euteiches* resistent sind, aussichtsreich zu sein.

4. Wirtskreise und Verbreitung

Nienhaus konnte nach Durchsicht von 279 Literaturangaben und gestützt auf eigene Untersuchungen 157 Wirtspflanzen für *Phytophthora cactorum* zusammenstellen. In 23 Ländern der gemäßigten Zone werden vorwiegend Rosaceen befallen. Schwinn untersuchte eine Stengelfäule bei *Pelargonium*-Arten, bisher unbekannte Wirte für diesen Pilz. Neu ist die Kragenfäule des Apfels in Argentinien (Feldman u. Pontis). In Britisch-Columbien ist die Kragenfäule seit 1957 bei der Birne bekannt. Der Erreger verursacht bei diesem Wirt nach McIntosh auch eine Wurzelfäule.

Dale und Templeton fanden in Arkansas *Sclerophthora macrospora* erstmalig auf Roggen. Über *Aphanomyces raphanae* wurde bisher aus Neuseeland nicht berichtet. Dieser Pilz ist dort nach Wenham jedoch im Rettichanbau sehr verbreitet. Über eine Wurzelfäule, von *Phytophthora parasitica* bei *Fuchsia* hervorgerufen, berichten Patil u. Young. Bei höheren Temperaturen brechen die Wirtspflanzen schnell zusammen. *P. cinnamomi* ist der Erreger einer Wurzelfäule der Birne in Oregon (Cameron). Interessant ist die Feststellung von Zentmyer, daß Avocado-Wurzeln *(Persea)* offenbar einen auf die Zoosporen dieses Pilzes chemotaktisch wirksamen Stoff ausscheiden. Gleiches trifft für Citruswurzeln und *P. citrophthora* zu. *P. cryptogaea*, bisher nur im Luzerneanbau Kaliforniens als Wurzelerreger bekannt, ist nach Bushong und Gerdemann auch in Illinois verbreitet und ruft teilweise erhebliche Schäden hervor. In Argentinien trat dieser Erreger erstmalig in Kulturen von *Callistephus chinensis* auf (Pontis u. Feldman). In Italien richtet *P. infestans* starke Schäden an Petunien an (Bonifacio u. Mitarb.). Der von Kaufmann und Gerdemann als *P. sojae* beschriebene Erreger einer Wurzel- und Stengelfäule der Sojabohne (s. Fortschr. Bot. **21**, 401) ist taxonomisch korrekt als *P. megasperma* Drechsler var. *sojae* nov. var. zu bezeichnen (HILDEBRAND). Er ist spezifisch für *Glycine hispida*, während der Erreger einer entsprechenden Krankheit bei *Melilotus alba* zu *P. cactorum* zu stellen wäre. Andererseits haben aber JONES und JOHNSON festgestellt, daß *P. megasperma* var. *sojae* auch mehrere *Lupinus*-Arten befällt.

Literatur

BOLSUNOV, I.: Coresta Bull. d'Inform. 1, 9—11 (1960). — BONIFACIO, A., e R. MAGHERINI: Riv. ortoflorofrutticolt. ital. 84, 169—173 (1959). — BOUBALS, D.: Ann. Inst. nat. Rech. agron. Sér. B, 9, 5—233 (1959). — BUSHONG, J. W., and J. W. GERDEMANN: Plant Dis. Rep. 43, 1178—1183 (1959).

CAMERON, H. R.: Phytopathology 50, 630 (1960). — ČERVENKA, J., J. NOHEJL i J. ŠIMEK: Ann. Acad. tchécosl. Agric. 1959, 395—400 (1959).

DALE, J. L., and G. E. TEMPLETON: Plant Dis. Rep. 44, 206—207 (1960). — DOORN, A. M. VAN: Tidschr. Plantenziekten 65, 196—255 (1959).

EPPO: Report of the working party on potato wart disease races. Paris: 15 S. 1960.

FELDMAN, J. M., and R. E. PONTIS: FAO Plant Prot. Bull. 7, 117—119 (1960).

GAINES, J. G.: Plant Dis. Rep. 44, 155—158 (1960). — GEGERMAN, E. A.: Rak kartofelja (Kiev) 154—167 (1959). — GRÜNZEL, H.: Phytopath. Z. 39, 149—194 (1960). — GUZMAN, J., H. D. THURSTON and L. E. HEIDRICK: Pythopathology 50, 637 (1960).

HILDEBRAND, A.: Canad. J. Bot. 37, 927—958 (1959). — HILL, A. V.: J. Aust. Inst. agric. Sci. 25, 55—58 (1959). — HILLE, M.: Nachr.-Bl. dtsch. Pflanzenschutzdienst (Braunschweig) 12, 12—14 (1960). — HIRST, J. M., and O. J. STEDMAN: (1) Ann. appl. Biol. 48, 471—488 (1960); (2) 48, 489—517 (1960). — HORI, M., and M. YOSHIDA: Ann. phytopath. Soc. Japan 24, 87—92 (1959).

JAKOVLEVA, V. I.: Rak kartofelja (Kiev) 108—117 (1959). — JANEŽIČ, F.: CSAZV, Rostlinna vyroba 5, 91—96 (1959). — JONES, J. P., and H. W. JOHNSON: Phytopathology 50, 641 (1960). — JUROWA, N. F.: Zaščita rastenij (Moskau) 5, 29—31 (1960).

KLINKOWSKI, M., u. M. SCHMIEDEKNECHT: Nachr.-Bl. dtsch. Pflanzenschutzdienst (Berlin) 14, 61—74 (1960). — KREXNER, R.: Pflanzenarzt 13, 103—104 (1960). — KRÖBER, H., u. O. BODE: Nachr.-Bl. dtsch. Pflanzenschutzdienst (Braunschweig) 12, 17-22 (1960).

LASAGA, V.: FAO Plant Prot. Bull. 6, 103 (1958). — LOCKWOOD, J. L.: Phytopathology 50, 621—624 (1960).

MANDRYK, M.: Aust. J. agric. Res. 11, 16—26 (1960). — MATTHEWS, E. M., W. KROONTJE and R. G. HENDERSON: Agron. J. 51, 513—514 (1959). — McINTOSH, D. L.: Plant Dis. Rep. 44, 262—264 (1960). — McMEEKIN, D.: Phytopathology 50, 93—97 (1960).

NIENHAUS, F.: Phytopath. Z. 38, 33—68 (1960).

PATIL, S. S., and R. A. YOUNG: Phytopathology 50, 85—86 (1960). — PONTIS, R. E., and J. M. FELDMAN: Rev. argent. Agron. 26, 17—22 (1959).

ROTHACKER, D., u. W. A. MÜLLER: Züchter 30, 340—343 (1960).

SCHAREN, A. L.: Phytopathology 50, 274—277 (1960). — SCHWINN, F. J.: Nachr.-Bl. dtsch. Pflanzenschutzdienst (Braunschweig) 12, 168—170 (1960).

THOMAS, C. A., D. D. RUBIS and D. S. BLACK: Phytopathology 50, 129—130 (1960). — TURNER, P. R.: (1) Transact. Brit. Myc. Soc. 43, 665—672 (1960); — (2) Plant Dis. Rep. 44, 221 (1960); — (3) FAO Plant Prot. Bull. 8, 53—54 (1960).

ULLRICH, J.: (1) Phytopath. Z. 37, 217—235 (1960); — (2) Züchter 30, 350—351 (1960). — UMAERUS, V.: Sver. Utsädesför. Tidskr. 70, 59—89 (1960).

VANTERPOOL, T. C.: Canad. J. Bot. 37, 169—172 (1959). — VERHOEFF, K.: Tidschr. Planteziekten 66, 133—203 (1960). — VLADIMIRSKAYA, N. N.: Bot. Zhur. (Moskau) 45, 97—104 (1960).

WARK, D. C., A. V. HILL, M. MANDRYK and I. A. M. CRUICKSHANK: Nature (Lond.) 187, 710—711 (1960). — WENHAM, H. T.: New Zealand J. agric. Res. 3, 179—184 (1960).

ZADINA, I.: Rev. appl. Myc. 40, 61 (1961). — ZENTMYER, A.: Phytopathology 50, 360 (1960).

β) Mykosen, verursacht durch Ascomyceten und Fungi imperfecti

Von Emil Müller, Zürich

Übertragung von Krankheiten durch Pilzsporen

Zahlreiche durch Ascomyceten oder Fungi imperfecti verursachten Pflanzenkrankheiten werden durch Sporen ihrer Erreger (Ascosporen, Conidien, Chlamydosporen) verbreitet. Häufig erfolgt die Infektion durch Ascomyceten zu Beginn der Vegetationsperiode ausschließlich oder vorwiegend mit Ascosporen, so bei *Venturia inaequalis* (Cooke) Wint., dem Erreger des Apfelschorfes. Während der parasitischen Phase des Pilzes auf Apfelblättern bilden sich nur Conidien. Bei Pilzen ohne asexuelle Reproduktion kann die Bildung von Hauptfruchtformen auch während der parasitischen Phase erfolgen, so bei *Mycosphaerella brassicola* (Fr.) Lindau, einen Blattfleckenerreger an Kohlgewächsen (Quak). [Die für diesen Pilz früher festgestellten Conidien sind nach Snyder und Quak wahrscheinlich Spermatien.]

Manchmal spielen die Ascosporen für die Verbreitung allerdings eine nur untergeordnete Rolle, z. B. bei *Cryptodiaporthe populea* (Sacc.) Butin [*Dothichiza populea* Sacc. et Br.], dem Erreger des Pappelrindenbrandes [Gremmen (2)] oder bei *Venturia saliciperda* Nüesch [*Pollaccia saliciperda* (All. et v. Tub.) v. Arx], dem Erreger des Weidenschorfes (Nüesch). Bei einer großen Zahl von Fungi imperfecti werden überhaupt keine Ascosporen gebildet.

a) Die Bildung von Sporen

In Klimaten mit mehr oder weniger ausgeprägter saisonaler Vegetationsruhe entwickeln sich die Ascusfrüchte oft während des saprophytischen Wachstums der Pilze auf abgefallenen Pflanzenteilen. Die Bildung der Fruchtkörper ist dabei von äußeren Bedingungen wie Temperatur, Feuchtigkeit, Licht, Ernährung abhängig [vgl. Hawker, Lilly u. Barnett (2), Cochrane, ebenfalls Fortschr. Bot. 20, 271; 21, 343]. Häufig ist der Entwicklungsrhythmus des Parasiten auf den der Wirtspflanzen abgestimmt. Bei *Venturia inaequalis* sind die Ascosporen mehrheitlich unmittelbar vor oder während der Hauptblütezeit des Apfelbaumes reif (Stojanović). Ähnlich verhält sich auch *Venturia pirina* Aderh. Nach Borecki ist in Polen die Hauptmasse ihrer Ascosporen reif, sobald die Summe der durchschnittlichen Tagestemperaturen ab 1. Februar 147—155° C erreicht hat. Dieser Wert stimmt ziemlich genau mit der für die Birnblüte notwendigen Temperatursumme überein. Obschon bei

Polystigma rubrum (Pers.) DC, dem Erreger der Rotfleckigkeit von *Prunus*-Arten, die Reifezeit von Jahr zu Jahr erheblich variiert, ist sie doch stets vor Ende der Zwetschgenblüte im wesentlichen abgeschlossen [STOJANOVIĆ u. KOSTIĆ (1)].

Der Einfluß äußerer Bedingungen auf den Zeitpunkt des Ascosporenfluges ist am besten bei *Venturia inaequalis* untersucht. Die bekannten Daten erlauben eine relativ sichere Prognose für den optimalen zeitlichen Einsatz von Bekämpfungsmaßnahmen (MILLS u. LAPLANTE, GUILLIAMS u. SOENEN, MEJINEKE).

Nach WILSON (1) ist die Perithecienbildung von *Venturia inaequalis* bei 13° C optimal, doch kann sie auch bei ziemlich niederen, knapp über dem Nullpunkt liegenden Temperaturen erfolgen (WINKELMANN u. HOLZ; JAHN; SAVULESCU, BONTEA, HULEA, BECERESCU, MARIN, SUTA u. PIERSICA). Ähnlich verhalten sich *Venturia macularis* (Fr.) Müller et v. Arx [*Pollaccia radiosa* (Lib.) Bald. et Cif.], der Pappelschorf [GREMMEN (1)] und die auf *Salix* parasitierenden *Venturia*-Arten (NÜESCH). Bei einer durch *Sclerotinia libertiana* Fuck. hervorgerufenen Nadelkrankheit von *Cryptomeria japonica* D. Don. fand KOBAYASHI (1) als optimale Temperatur für die Apothecienbildung 15° C, für das Wachstum des Pilzes aber 25° C. Praktisch wirkte sich dies so aus, daß unter den betreffenden klimatischen Bedingungen zwei Bildungsperioden für Apothecien, eine im Mai bis anfangs Juni, die andere im Oktober bis anfangs November, resultierten. *Mycosphaerella brassicola* bildet nach QUAK während der ganzen Vegetationszeit Perithecien. Damit stimmt auch der die Perithecienbildung ermöglichende weite Temperaturbereich von 8—20° C überein (NELSON u. POUND).

Bei *Venturia inaequalis* kann aus den Temperaturverhältnissen während der Bildungszeit der Perithecien allein noch nicht auf deren Reifezeit geschlossen werden (SAVULESCU u. Mitarb.). In Jahren mit gleichartigem Temperaturverlauf kann diese je nach der Menge der zur Verfügung stehenden Feuchtigkeit erheblich variieren. Dieser Befund bestätigt ältere Ergebnisse [z. B. von JAHN, WILSON (1, 2)]. Für die *Salix* bewohnenden *Venturia*-Arten wies NÜESCH nach, daß den Temperaturen in der praktischen Auswirkung eine geringere Bedeutung für die Perithecienbildung zukommt als der Feuchtigkeit. Er erhielt bei diesen Pilzen regelmäßig reife Perithecien auf Agarblöcklein, die auf Filterpapier ausgelegt waren, sofern die Feuchtigkeit konstant hoch gehalten wurde. Bei *Phaeocryptopus gaeumanni* (Rohde) Petr., dem Erreger der Schweizer Douglasienschütte, fand DURRIEUX eine direkte Beziehung zwischen der Regenbefeuchtung während der Perithecienbildung und der Intensität des Befalles in der darauf folgenden Vegetationsperiode. Ähnliche Zusammenhänge stellten HSIA, HSIAO u. GAO bei *Gibberella zeae* (Schw.) Petch [= *Gibberella saubinetii* (Mont.) Sacc.] fest. *Mycosphaerella brassicola* benötigt für die Perithecienreifung eine beinahe oder ganz wassergesättigte Atmosphäre während mindestens vier Tagen (NELSON u. POUND). Diese Anforderung bedingt, daß diese Krankheit fast nur in feuchten, küstennahen Gebieten von Nordamerika auftritt.

Bei *Sclerotinia trifoliorum* Eriks. (Kleekrebs) fand IKEGANI einen Einfluß des Lichtes auf die Reifung der Apothecien. Apothecienanlagen die 40 Tage im Dunkeln gehalten wurden, blieben unreif, während solche, die bei Tageslicht gehalten wurden, innerhalb dieser Zeit reife Ascosporen bildeten. Ein Einfluß des Lichtes machte sich aber erst bei einer Intensität von über 100 Lux geltend, und erst bei 1000—1400 Lux reiften alle exponierten Apothecien aus. Bei filtriertem Licht hatte nur einfarbig rotes einen negativen Einfluß auf die Reifungsvorgänge innerhalb der Apothecien. Bei *Venturia chlorospora* fand NÜESCH, daß die Perithecienbildung bei Tageslicht rascher einsetzte als bei völliger Dunkelheit.

Naheliegend ist auch die Annahme, daß die Ernährung die Fruchtkörperbildung zu beeinflussen vermag. Bei verschiedenen Pilzen erfolgt in Reinkultur eine Perithecienbildung nur bei Anwesenheit von pflanzlichem Material, so bei *Cochliobolus sativus* (Ito et Kurib.) Drechsler (*Helminthosporium sativum* P. K. et B.) (TINLINE u. DICKSON) oder bei *Griphosphaeria nivalis* (Schaffnit) Müller et v. Arx [*Fusarium nivale* (Fr.) Ces.], dem Schneeschimmel von Gramineen (SCHAFFNIT, MÜLLER). Nach BAUMEISTER erfolgen Wachstum und Reifung der Fruchtkörper von *Venturia inaequalis* um so schneller, je weniger Fruchtkörper pro Flächeneinheit vorhanden sind. Bei Anlage von sehr vielen Fruchtkörpern wird im Laufe der Entwicklung stets ein Teil eliminiert. Beide Erscheinungen lassen sich mit Nährstoffkonkurrenz erklären.

In Kulturversuchen fanden z. B. BARNETT u. LILLY, LILLY u. BARNETT (1), ROBBINS u. MA bei *Ceratocystis fimbriata* Ell. et. Halst., *Ceratocystis pluriannulata* (Hedgc.) Moreau und *Chaetomium convolutum* Chivers einen Einfluß von Vitaminen aus dem B-Komplex auf die Perithecienbildung. Die Zuckerernährung war z. B. bei *Sordaria fimicola* (Rob.) Ces. et de Not. wirksam (BRETZLOFF), während BUSTON u. Mitarb., BUSTON u. RICKARD bei *Chaetomium globosum* Kunze einen Einfluß der Phosphaternährung, BASU bei verschiedenen *Chaetomium*-Arten einen solchen der Calcium-Ernährung feststellten. Ebenso kann sich die Stickstoffernährung auf die Bildung von Sexualstadien auswirken [WESTERGAARD u. MITCHELL, DAS GUBTA u. NANDI, CAMPBELL (1) bei *Neurospora crassa* Shear et Dodge, *Penicillium vermiculatum* Dangeard und verschiedenen *Ceratocystis*-Arten]. Bei *Ceratocystis fimbriata* fand CAMPBELL (2) bei wenig Stickstoff eine gute, bei viel keine Perithecienbildung. Außerdem stellte er gleichzeitig einen günstigen Einfluß des Calciums fest.

Die Entwicklung der Hauptfruchtform kann stofflich auch verzögert oder verhindert werden. ROSS vermochte in künstlicher Kultur, deren übrige Bedingungen an sich günstig für die Perithecienbildung von *Venturia inaequalis* waren, durch geringe Konzentrationen von NO^{-3} mit oder ohne Zugabe von Zn oder Co die Fruchtkörperentwicklung mehr oder weniger zu verhindern. Nucleinsäuren und Maleinsäurehydrazid unterdrückten die Reifung der Ascosporen in schon angelegten Perithecien.

Eine Auswirkung auf die Perithecienbildung fanden STOJANOVIĆ u. KOSTIĆ (2) bei einem Befall der Stromata von *Polystigma rubrum* durch einen als *Gloeosporium polystigmicola* beschriebenen Pilz. Die Zahl der nachher gebildeten Perithecien war so gering, daß die Krankheit im darauffolgenden Jahr merklich spärlicher auftrat. Nach TRIBE tötete in einem Versuch *Coniothyrium minitans* Campbell 85—99% der Sklerotien von *Sclerotinia trifoliorum* ab.

Ähnlich wie bei der sexuellen beeinflussen äußere Einflüsse auch die asexuelle Reproduktion. Für experimentelle Arbeiten ist es oft erforderlich, die Conidienproduktion anzuregen oder über längere Zeitspannen zu erhalten. Manchmal helfen dabei Substrate, die den natürlichen Bedingungen für die Pilzentwicklung angepaßt sind. So konnte LUKENS die Conidienproduktion von *Helminthosporium vagans* Drechsler und von *Alternaria solani* (E. et M.) Sorauer auf Filterpapier wesentlich erhöhen. ZOBRIST u. BOHNEN beschrieben ein Verfahren mit einjährigen Apfelzweigen, um die Kulturen von *Venturia inaequalis* zu einer Massenproduktion einheitlicher Conidien zu veranlassen. LOPRIENO u. BUGIANI fanden, daß *Deuterophoma tracheiphila* Petri, Erreger einer Gefäßkrankheit von *Citrus*-Arten, auf Sägemehl von Citronenholz das Conidienbildungsvermögen beibehielt, auf den üblichen Nährböden dagegen bald verlor.

Die Conidienbildung von *Guignardia bidwellii* (Ellis) Viala et Ravaz, des Schwarzbrenners des Weinstockes, ist nach CALTRIDER temperaturabhängig. Bei 25° C ist sie optimal, bei 30° C werden viel mehr nicht keimfähige Spermatien und Pyknosklerotien gebildet.

Bei Dunkelheit unterbleibt die Conidienproduktion oft oder ist sehr spärlich, so bei *Ascochyta pisi* Lib. [LEACH (2)], bei *Macrophomina phaseoli* (Maubl.) Ashby (ASHWORTH), bei *Botryosphaeria ribis* Gross. et Dugg. (FULKERSON), bei *Botryosphaeria corticis* (Demaree et Wilcox) v. Arx et Müller (TAYLOR). Bei *Macrophomina phaseoli* waren sowohl wechselnde Temperaturen wie auch Wechsel von Tag und Nacht günstiger auf die Conidienproduktion als konstante Temperaturen und konstantes Licht. Wurden Kulturen von *Ascochyta pisi* zunächst in Dunkelheit gehalten und darnach dem Licht ausgesetzt, bildeten sich in den Untersuchungen von LEACH (2) nur an den jüngsten Hyphenpartien Pyknidien; auf älteren Mycelpartien wirkte der Lichtreiz nicht mehr.

Über den Einfluß der Ernährung auf die Conidienbildung liegen zahlreiche Beobachtungen vor [zusammengestellt z. B. bei LILLY u. BARNETT (2), HAWKER und COCHRANE, vgl. auch Fortschr. Bot. 21, 343]. Bei *Guignardia bidwellii* beobachtete CALTRIDER, daß mit fortschreitender Reife der befallenen Beeren die Conidienproduktion zugunsten der Bildung von Spermatien und Pyknosklerotien unterdrückt wurde. Wurden Preßsäfte von reifenden Beeren zu den Agarnährböden gegeben, so ließ sich ein direkter Zusammenhang zwischen dem Reifezustand der verwendeten Beeren und dem Anteil der gebildeten normal keimfähigen Conidien feststellen. Je reifer die Beeren waren, um so geringer war der Anteil der Conidien und um so größer der der Spermatien. Ähnlich verhielt sich in den Untersuchungen von PINE der als *Phomopsis viticola* Sacc. bestimmte Welkeparasit des Weinstockes. Je mehr Kohlenhydrate in den Nährböden geboten wurden, desto größer wurde der Anteil nicht keimfähiger Betaconidien im Vergleich zur gesamten Sporenproduktion.

In Kulturen von *Dothidella ulei* P. Henn., [= *Microcylus ulei* (P. Henn.) v. Arx], dem Erreger einer Blattfleckenkrankheit von *Hevea brasiliensis*, war nach BLAZQUEZ u. OWEN eine Kombination von Riboflavin mit Glutamin, Leucin, Arginin oder Glycin am besten für die Conidienproduktion.

Hexachloro-2-propanol und 2-(Trichloropropyl)-benzothiazol unterdrücken nach HORSFALL u. RICH (1, 2) die Conidienproduktion verschiedener imperfekter Pilze in Reinkultur.

b) Abgabe der Sporen

Neben der von der Erregerseite aus betrachtet rein passiven Sporenabgabe durch Wind, Regentropfen (GÄUMANN), wie sie bei den meisten imperfekten Pilzen stattfindet, erfolgt die Entleerung vieler Ascomyceten aktiv, indem die Ascosporen aus den Fruchtkörpern geschleudert werden. Der Mechanismus des Ausschleuderns ist bei den Ascomyceten nicht einheitlich; einige der möglichen Fälle sind bei GÄUMANN und INGOLD zusammengestellt.

Die Ascomycetensystematik basiert neuerdings viel stärker auf der mit dem Mechanismus der Sporenentleerung zusammenhängenden Ascusmorphologie [vgl. z. B. LUTTRELL (1), VON ARX u. MÜLLER; CHADEFAUD, ebenso Fortschr. Bot. 16, 99 und 17, 213].

Das Ausschleudern wird vor allem durch die Feuchtigkeitsverhältnisse, zum Teil auch durch Temperatur und Licht gesteuert (INGOLD).

Bei *Venturia inaequalis* beobachteten MILLER u. WAGGONER (2) bei genügend großer Feuchtigkeit zwei Maxima in der Zahl der ausgeschleuderten Ascosporen, und zwar nach 4 Std und nach 9—13 Std. Bei sonnigem Wetter vermag auch Tau das Ausschleudern auszulösen (MOORE). Die in der Zeiteinheit maximale Zahl ausgeschleuderter Ascosporen tritt in diesem Falle um die Mittagszeit auf. Nach HIRST, STOREY, WARD u. WILCOX kommt aber nur dem Ascosporenflug bei Regenwetter eine Bedeutung für die Infektion zu.

Ausführlich wurde der Mechanismus der Sporenausschleuderung durch LUTTRELL (2) bei *Gaeumannomyces graminis* (Sacc.) v. Arx et Oliv. [*Ophiobolus graminis* Sacc.] geschildert. Der Autor beobachtete ein ähnliches Verhalten wie bei *Endothia parasitica* (Murr.) And. (GÄUMANN). GREGORY u. STEDMAN konnten an regenlosen Tagen nie Ascosporens von *Gaeumannomyces graminis* in der Luft feststellen. Bei genügender Feuchtigkeit — mindestens $^1/_4$ mm Regen — waren aber schon nach 4 Std Ascosporen in der Luft nachzuweisen, nach weiteren 4 Std nahm ihre Zahl wieder ab. Bei *Eutypa armeniaca* Hansf. et Carter fand CARTER in Australien die Auslösung der Ascosporenejakulation erst bei einer Regenmenge von 1 mm.

Nach ELLIOT schleudert *Leptosphaerulina trifolii* (Rostr.) Petr. [= *Pseudoplea briosiana* v. Höhn.] die Ascosporen bei Temperaturen zwischen 4 und 37° C aus; das Optimum liegt bei 30° C. *Guignardia cryptomeriae* Sawada, Erreger einer Schrotschußkrankheit von *Cryptomeria japonica* D. Don. entleert die Asci ebenfalls innerhalb eines weiten Temperaturbereiches [KOBAYASHI (2)].

Auch das Licht hat nach BAUMEISTER einen Einfluß auf das Sporenausschleudern bei *Venturia inaequalis*. Belichtete Perithecien tragende

Blätter ergaben bei gleichen Feuchtigkeitsverhältnissen eine fünf bis sechs Mal höhere Zahl von Ascosporen gegenüber unbelichteten. Die saprophytischen Pilze *Daldinia concentrica* (Bolt.) Ces. et de Not. und *Sordaria fimicola* (Rob.) Ces. et de Not. zeigten in den Untersuchungen von INGOLD u. COX und INGOLD u. DRING eine von der Belichtung abhängige Periodizität in der Ausschleuderung ihrer Ascosporen.

c) Verbreitung durch den Wind (Anemochorie)

Durch das Ausschleudern werden die Ascosporen aus den unbewegten bodennahen Luftschichten heraus in die bewegte Luft gebracht. Über die damit zusammenhängenden Probleme berichteten zusammenhängend GÄUMANN und SCHRÖDTER. Zahlreiche Arbeiten behandeln Probleme, die mit dem Sporengehalt der Luft in bestimmten Regionen zusammenhängen, so die von GREGORY u. HIRST, BARKAI-GOLAN, SREERAMULA, VLODAVETS, PADY u. KAPICE. Andere Autoren befaßten sich mit der Windverbreitung einzelner Krankheiten, so ZUMMO u. PLAKIDAS mit einer *Sclerotinia*-Krankheit der *Camellia*, NEILL u. ARMSTRONG mit *Gleotinia (Phialea) temulenta* (Prill. et. Delacr.) Wilson, Noble et Gray, die taube Samen am Raygras hervorruft, MILLER u. WAGGONER (1) mit der durch *Botrytis cinerea* Pers. verursachten Erdbeerfäule. MATHIESEN fand in der Luft der Bretterlager in Stockholm vermehrt Ascosporen von *Ceratocystis*-Arten, die Blaufäulen an geschnittenem Holz verursachen können.

Sporen des Luzernewelke-Erregers, *Verticillium albo-atrum* Reinke, wurden in der Luft über Feldern mit erkrankten Pflanzen relativ häufig, über Feldern mit gesunden Pflanzen nie festgestellt (DAVIES u. ISAAC). Ähnlich verhielt es sich mit den Conidien von *Phoma herbarum* var. *medicaginis* West., einem Anthraknose-Erreger der Luzerne (RENFRO).

Bei *Lophodermium pinicola* Tehon, einem der wichtigsten Schüttepilze von *Pinus*-Arten, stellte RACK an den ausgeschleuderten Ascosporen zunächst eine gleichwertige elektrische Ladung wie am Substrat fest. Dies verhindert, daß die Ascosporen gleich nach dem Ausschleudern wieder zum Haften kommen. Erst später, wenn die Sporen vom Wind erfaßt eine größere Höhe gewonnen haben, erfolgt die Umladung, die nun zu einer Hafttendenz gegenüber den *Pinus*nadeln führt.

d) Verbreitung mit dem Saatgut

Neben der Windverbreitung spielt wahrscheinlich die Verbreitung mit dem Saatgut die größte Rolle. Meist haften die Sporen der parasitischen Pilze an den Samen und Früchten ihrer Wirte, seltener bilden sie in diesen ein Mycel. Saatgutübertragung fanden z. B. PULSIFER und SY u. LO bei *Colletotrichum hibisci* Poll., OROZCO-SARRIA u. CARDONA-ALVAREZ bei *Isariopsis griseola* Sacc. (Erreger der eckigen Blattflecken an Bohnen), GAROLEA bei einer *Fusarium*-Welke der Eierpflanze und KOTTHOFF bei *Alternaria porri* fa. *dauci* Kühn, dem Erreger des Möhrenblattbrandes. Die Bedeutung dieser Verbreitungsart läßt sich aus dem Bericht von WENHAM ermessen. Auf Pflanzen von *Phlox drummodii* Hook., deren Saatgut aus Europa stammte, beobachtete dieser Autor die vorher in Neuseeland unbekannte *Septoria drummodii* Ell. et Everh.

Die Lebensdauer der Pilze auf Samen ist verschieden. Pilzliches Mycel überlebt im allgemeinen recht lange Zeit. So stellte LEACH (1) bei *Sclerotinia sclerotiorum* (Lib.) de By. eine Lebensdauer des Mycels in Kleesamen bis zu zwei Jahren fest. Die Conidien von *Marssonina panattoniana* (Berl.) Magn., dem Erreger der Salatanthraknose, verloren dagegen ihre Lebensfähigkeit auf Samen schon nach 9 Tagen (COUCH u. GROGAN). Die Möglichkeiten der Saatgutübertragung werden auch durch die Verminderung der Keimfähigkeit infizierter Samen begrenzt. Eine solche stellte z. B. VENDRIG bei mit *Cochliobolus sativus* infiziertem Saatgut von Gerste und Weizen fest.

e) Verbreitung durch Tiere (Zoochorie)

Die Verbreitung durch Insekten ist besonders bei *Ceratocystis-(Ophiostoma-)*Arten schon lange bekannt (zusammengestellt bei GÄUMANN). Ziemlich viele Arbeiten befassen sich denn auch mit Problemen, die mit der Übertragung von *Ceratocystis*-Arten zusammenhängen. Die wichtigsten Überträger sind Borkenkäfer, doch können nach CURL auch Springschwänze (*Collembola*) in Frage kommen (vgl. auch CAMPANA u. CARTER; SCHUDER; GRISWOLD; JEWELL). Die Lebensdauer der Sporen auf oder in Insekten kann ähnlich wie auf dem Saatgut erheblich variieren. CURL fand, daß künstlich mit Conidien von *Ceratocystis (Endoconidiophora) fagacearum* (Bretz) Hunt versehene Springschwänze nach 16 Std keine Infektionen mehr verursachten. Es ließ sich allerdings nicht feststellen, ob die haftenden Conidien abgefallen waren oder ihre Keimfähigkeit verloren hatten. Demgegenüber wiesen STAMBAUGH u. FERGUS an überwinterten Borkenkäfern beim gleichen Pilz keimfähige Conidien bis 94 Tage, keimfähige Ascosporen bis 151 Tage nach.

Noch nicht sicher ist die Übertragung der *Verticillium*-Welke der Eierfrucht. BURTON u. DE ZEEUW mußten auf Grund ihrer Versuche die Saatgutübertragung ausschließen, nach COX ist sie aber dennoch wahrscheinlich. Hingegen fanden MOUNTAIN u. McKEEN einen direkten Zusammenhang zwischen der Zahl der im Boden befindlichen Individuen von *Pratylenchus penetrans* (Nematoden) und der Heftigkeit des Befalles mit *Verticillium*. Die Bekämpfung der Nematoden verminderte auch die Krankheit durchschlagend. Auf Grund dieser Versuche nahmen die Autoren eine Übertragung durch die Nematoden an.

SCHAFFNER untersuchte die Möglichkeit einer Übertragung von Pilzsporen durch Warmblüter. Er fütterte Meerschweinchen mit Ascosporen bestimmter *Sordaria*-Arten und konnte diese dann später auf dem Kot der Tiere anhand ihrer Fruktifikationen wieder nachweisen.

Literatur

ARX, J. A. v., u. E. MÜLLER: Beitr. Krypt. fl. Schweiz 11 (1), 1—434 (1954). — ASHWORTH, L. S. jr.: Phytopathology 49, 533 (1959).

BARKAI-GOLAN, R.: Bull. Res. Counc. Israel, Sect. D 6, 247—258 (1958). — BARNETT, H. L., and V. G. LILLY: Mycologia 39, 699—708 (1947). — BASU, S. N.:

J. Gen. Microbiol. **5**, 231—238 (1951). — BAUMEISTER, G.: Mitt. Biol. Bundesanst. Berlin-Dahlem **80**, 98—101 (1954). — BLAZAUEZ, C. H., and J. H. OWEN: Phytopathology **47**, 727—732 (1957). — BORECKI, Z.: Acta agrobot. **6**, 59—116 (1957). — BRETZLOFF, C. W. jr.: Am. J. Bot. **41**, 58—67 (1954). — BURTON, C. L., u. D. D. DeZEEUW: Plant. Dis. Reptr. **42**, 427—436 (1958). — BUSTON, H. W., A. JABBAR u. D. E. ETHERIDGE: J. Gen. Microbiol. **8**, 302—306 (1954). — BUSTON, H. W., and B. RICKARD: J. Gen. Microbiol. **15**, 194—197 (1956).

CAMPANA, R. J., and J. C. CARTER: Plant. Dis. Reptr. **39**, 261—265 (1955). — CAMPBELL, R. N.: (1) Am. J. Bot. **45**, 263—270 (1958); — (2) Phytopathology **50**, 631 (1960). — CALTRIDER, P. G.: Phytopathology **50**, 630 (1960). — CARTER, M. V.: Austr. J. Bot. **5**, 21—35 (1957). — CHADEFAUD, M., ap. CHADEFAUD, M., et L. EMBERGER: Traité de Botanique Systématique, tome 1, 1—1018. Paris 1960. — COCHRANE, V. W.: Physiology of fungi. 524 S. New York 1958. — COUCH, H. P., and R. G. GROGAN: Phytopathology **45**, 375—380 (1955). — Cox, R. S : Plant. Dis. Reptr. **40**, 583 (1956). — CURL, E. A.: Plant. Dis. Reptr. **40**, 455—458 (1956).

DAS GUPTA, A., and P. N. NANDA: Nature (Lond.) **179**, 429—430 (1957). — DAVIES, R. R., and J. ISAAC: Nature (Lond.) **181**, 649 (1958). — DURRIEUX, G.: C. R. Acad. Sci. (Paris) **244**, 2183—2185 (1957).

ELLIOT, A. M.: Phytopathology **49**, 538 (1959).

FULKERSON, J. F.: Diss. Abstr. **17**, 475 (1957).

GÄUMANN, E.: Pflanzliche Infektionslehre. 2. Aufl. 681 S. Basel 1951. — GAROLFA, F.: Nuovo G. Bot. Ital. N. S. **62**, 545—546 (1956). — GREGORY, P. H., and J. M. HIRST: J. Gen. Microbiol. **17**, 135—152 (1957). — GREGORY, P. H., and O. J. STEDMAN: Transact. Brit. Mycol. Soc. **41**, 449—456 (1958). — GREMMEN, J.: (1) Tidschr. Plantenziekten **62**, 236—242 (1956); — (2) Korte Meded. Sticht. Bosbouwproefst. „De Dorschkamp" **36**, 251—260 (1958). — GRISWOLD, C. L.: J. econ. Ent. **49**, 560—561 (1956). — GUILLIAMS, C. u. A. SOENEN: Höfchen-Briefe **8**, 115—151 (1955).

HAWKER, L. E.: Physiology of fungi. 360 S. London 1950. — HIRST, J. M., I. F. STOREY, W. G. WARD and H. J. WILCOX: Plant. Path. **4**, 91—96 (1955). — HORSFALL, J. G., and S. RICH: (1) Phytopathology **49**, 541 (1959); (2) **50**, 640 (1960). — HSIA, Y. T., C. P. HSIAO and O. X. GAO: Acta phytopath. sinica **2**, 187—202 (1956).

IKEGAMI, H.: Ann. Phytopath. Soc. Japan **24**, 273—280 (1959). — INGOLD, C. T.: Dispersal in Fungi. 197 S. Oxford 1953. — INGOLD, C. T., and V. J. COX: Ann. Bot. new ser. **19**, 201—209 (1955). — INGOLD, C. T., and V. J. DRING: Ann. Bot. new ser. **21**, 465—477 (1957).

JAHN, E.: Angew. Bot. **25**, 55 (1943). — JEWELL, F. F.: Phytopathology **46**, 244—257 (1956).

KOBAYASHI, T.: (1) Bull. For. Exp. Sta. Meguro **96**, 1—16 (1957); (2) **96**, 17—36 (1957). — KOTTHOFF, P.: Gesunde Pflanze **8**, 106—109 (1956).

LEACH, C. M.: (1) Phytopathology **48**, 388—389 (1958); (2) **49**, 543 (1959). — LILLY, V. G., and H. L. BARNETT: (1) Mycologia **41**, 186—196 (1949); — (2) Physiology of the fungi. 464 S. New York 1951. — LOPRIENO, N., and A. BUGIANI: Phytopath. Z. **32**, 341—351 (1958). — LUKENS, R. J.: Phytopathology **50**, 867—868 (1960). — LUTTRELL, E. S.: (1) Univ. Missouri Stud. **24** (3), 1—120 (1951); — (2) Phytopathology **47**, 242 (1957).

MATHIESEN, K. A.: Svensk Bot. Tidskr. **49**, 437—459 (1955). — MEIJNEKE, C. A. R.: Netherl. J. agric. Sci. **5**, 263—270 (1957). — MILLER, P. M., and P. E. WAGGONER: (1) Phytopathology **47**, 24—25 (1957); (2) **48**, 416—419 (1958). — MILLS, W. D., and LA PLANTE: Ext. Bull. Cornell agric. Exp. Stat. **711**, 1—160 (1951). — MOORE, M. H.: Plant. Pathology **7**, 4—5 (1958). — MOUNTAIN, W. B., and C. D. McKEEN: Phytopathology **50**, 647 (1960). — MÜLLER, E.: Phytopath. Z. **19**, 403—616 (1952).

NELSON, M. R., and G. S. POUND: Phytopathology **49**, 633—640 (1959). — NÜESCH, J.: Phytopath. Z. **39**, 329—360 (1960).

OROZCO-SARRIA, S. A., and C. CARDONA-ALVAREZ: Phytopathology **49**, 159 (1959).

PADY, S. M., and L. KAPICE: Canad. J. Bot. **34**, 1—15 (1956). — PINE, T. S.: Phytopathology **48**, 192—196 (1948). — PULSIFER, H. G.: Iowa St. Coll. J. Sci. **31**, 504—506 (1957).

QUAK, F.: Meded. Dir. Tuinb. **20**, 317—320 (1957).

RACK, K.: Phytopath. Z. **35**, 439—444 (1959). — RENFRO, B. L.: Phytopathology **49**, 548 (1959). — ROBBINS, W. J., and R. MA: Am. J. Bot. **29**, 835—843 (1942). — ROSS, R. G.: Proc. Canad. phytopath. Soc. **26**, 14 (1959).

SĂVULESCU, A., V. BONTEA, A. HULEA, D. BECERESCU, A. MARIN, V. SUTA and E. PIERSICĂ: Phytopath. Z. **26**, 333—376 (1956). — SCHAFFNER, W.: Verhandl. Schweiz. Naturf. Ges. **140**, 112 (1960). — SCHAFFNIT, E.: Landwirtsch. Jahrb. **43**, 521—638 (1912). — SCHRÖDTER, H.: Nachr.-Bl. dtsch. Pflanzenschutzdienst Berlin, N. F. **8**, 166—172 (1954). — SCHUDER, D. L.: Proc. Ind. Acad. Sci. **64**, 116—120 (1954). — SNYDER, W. C.: Phytopathology **36**, 481—484 (1946). — SREERAMULU, T.: J. Indian Bot. Soc. **37**, 220—228 (1958). — STAMBAUGH, W. J., and C. L. FERGUS: Plant. Dis. Reptr. **40** ,919—922 (1956). — STOJANOVIĆ, D.: Zasht. Bilja (Plant. Prot.) Beograd **45**, 3—12 (1958). — STOJANOVIĆ, D., and B. KOSTIĆ: (1) Zasht Bilja (Plant. Prot.) Beograd **37**, 21—27 (1956); (2) **37**, 91—92 (1956). — SY, C. M., and Y. W. LO: Acta phytopath. sinica **4**, 25—55 (1958).

TAYLOR, J.: Diss. Abstr. **17**, 2371—2372 (1958). — TINLINE, R. D., and J. G. DICKSON: Mycologia **50**, 697—706 (1958). — TRIBE, H. T.: Trans. Brit. Mycol. Soc. **40**, 489—499 (1957).

VENDRIG, J. G.: Tidschr. Plantenziekten **62**, 30 (1956). — VLODAVETS, V. V.: Nature (Moskau) **45**, 95—97 (1956).

WENHAM, H. T.: N. Z. J. agric. Res. **1**, 456—488 (1958). — WESTERGAARD, M., and H. K. MITCHELL: Am. J. Bot. **34**, 573—577 (1947). — WILSON, E. E.: (1) Phytopathology **18**, 145—146 (1928); (2) **18**, 375—418 (1928). — WINKELMANN, A., u. W. HOLZ: Zbl. Bakt. Abt. 2, **92**, 47 (1935).

ZOBRIST, L., u. K. BOHNEN: Phytopath. Z. **31**, 367—370 (1958). — ZUMMO, N., and A. G. PLAKIDAS: Phytopathology **51**, 69 (1961).

γ) Mykosen, verursacht durch Basidiomyceten

Von Kurt Hassebrauk, Braunschweig

Hymenomycetes

Savile stellt das von ihm auf Somerset in der Arktis gefundene *Exobasidium warmingii*, das sich befriedigend weder bei *Exobasidium* noch bei *Kordyana* einordnen läßt, zu einer neuen Gattung *Arcticomyces*.

Sundström hat sich bemüht, fünf schwedische Arten der taxonomisch so schwierigen Gattung *Exobasidium* vor allem physiologisch zu differenzieren. Er fand auch eindeutige Unterschiede, u. a. hinsichtlich der Ernährungsansprüche auf synthetischen Medien, die aber zur Artcharakterisierung nicht ausreichen, da sie bereits bei verschiedenen Herkünften ein und derselben Species auftreten können. — In einer sehr schönen Arbeit liefert de Weille einen Überblick über die Biologie und vor allem Epidemiologie von *E. vexans*, das sich in den Nachkriegsjahren zu einem gefürchteten Krankheitserreger der Teekulturen Ceylons und Indonesiens entwickelt hat. Von der Erkenntnis ausgehend, daß die tägliche Sonnenscheindauer für *E. vexans* der wichtigste epidemiologische Faktor ist, hat de Weille ein neues Warnsystem entwickelt, mit dem sich zuverlässiger arbeiten läßt als mit früheren Systemen. — Göttgens hat *E. azaleae* auf verschiedenen Nährmedien kultiviert. Inwieweit die in den Kulturflüssigkeiten nachweisbaren Wirkstoffe an der Gallenbildung des Pilzes beteiligt sind, muß einstweilen noch dahingestellt bleiben.

Herzog u. Wartenberg konnten neues Beweismaterial für ihre schon 1958 vorgetragene Anschauung vorlegen, daß die saprophytische Entwicklung von *Rhizoctonia solani* im Boden durch fungistatisch wirkende andere Mikroorganismen gehemmt wird. In gleichem Sinne legen Davey u. Papavizas die Ergebnisse ihrer Untersuchungen aus. Bodenzusätze organischen Materials in frischem oder getrocknetem Zustande sowie Stickstoffgaben wirkten günstig auf die Mikroorganismen der Rhizosphäre und nach Ansicht der Autoren auf diesem Wege hemmend auf *R. solani*. Die Verhältnisse liegen aber vielleicht doch nicht immer so einfach. Denn Sims beobachtete bei Kultur mehrerer Einsporlinien von *Pellicularia filamentosa* auf sterilen Nährböden gleichfalls eine Pathogenitätsschwächung nach Zugabe einiger Wuchsstoffe (Biotin, Thiamin, Inositol), eigenartigerweise aber nur bei einer Linie.

Daß sich einzelne Linien auch sehr unterschiedlich gegenüber Fungiciden (Pentachlornitrobenzol, Captan und Dichlone) verhalten können, stellte Sinclair an fünf von Baumwolle gewonnenen *R. solani*-Isolierungen fest. — Zur Beizung von Kartoffeln gegen *Rhizoctonia* haben sich nach GRAHAM unter mehreren organischen Hg-Verbindungen Metoxy-äthyl-Hg-chlorid und Äthoxy-äthyl-Hg-chlorid am besten bewährt, wobei wesentliche phytotoxische Schäden nicht aufzutreten schienen.

Uredinales

Ein bemerkenswerter Beitrag zur Flora des Hohen Nordens liegt von SAVILE vor. Er sammelte auf Somerset unter dem 72.—74. Breitengrade u. a. 28 verschiedene Pilzarten, darunter 7 Uredineen- und 4 Ustilagineenspezies.

JØRSTAD hat eine Rostpilzflora Norwegens veröffentlicht. — Die bisher in Japan und auf den Ryukyu-Inseln gefundenen rund 750 Uredineenarten sind von HIRATSUKA zusammengestellt. — DOMASHOVA zählt die 126 Uredineenspecies auf, die im Gebiet von Terskei-Ala-tau in Kirgisistan gefunden sind. — BOEDIJN verdanken wir eine Beschreibung der bisher in Indonesien bekannt gewordenen 155 Uredineenarten und CUMMINS einen Beitrag zur Rostpilzflora der Tropen mit 38 neuen Species. — Biologisch und taxonomisch wertvolle Angaben finden sich auch in einem kleineren Bericht von REIMERS u. SCHOLZ über Rost- und Brandpilze aus dem Gardasee-Gebiet.

Als neue Gattungen werden *Diphragmium* (BOEDIJN), *Ceropsora* (BAKSHI u. SINGH) und *Porotenus* (VIÉGAS) beschrieben. Unter den neu beschriebenen Arten sei nur *Sphaerophragmium sorghi* hervorgehoben, das in Brasilien in einer Pflanzung von *Sorgum halepense* 60% aller Rispen befallen hatte. Bisher ist nur der Dikaryont bekannt (BATISTA u. BEZERRA).

GÄUMANN u. POELT gelang es, die Zugehörigkeit des *Aecidium aposeridis* zu einer *Puccinia* nachzuweisen, die in der Dikaryophase nur auf eine bestimmte Rasse von *Poa nemoralis* übergeht. Diese *P. aposeridis* n. sp. repräsentiert unter den Gräserrosten einen ganz neuen Formenkreis.

Die Teleutosporen von *P. menthae* sind sehr variabel. An amerikanischem und europäischem Material hat BAXTER auf Grund morphologischer Unterschiede die drei Varietäten *cordillerensis* (auf *Monardella*), *rugosa* (auf *Bystropogon mollis*) und *levis* (auf *Satureja odora*) neben der var. *menthae* (auf *Mentha*) aufgestellt.

MANNERS sah sich veranlaßt, die auf *Dactylis glomerata* auftretende Gelbrostform wegen ihrer morphologischen und physiologischen Besonderheiten als eigene Varietät *P. striiformis* var. *dactylidis* zu bezeichnen. Wenn wir auch auf Grund unserer heutigen Kenntnisse beim Gelbrost die Aufgliederung in Varietäten (formae speciales ERIKSSONs) ablehnen, ist in diesem Falle das Vorgehen von MANNERS zweifellos berechtigt.

Betreffs der systematischen Gliederung und der Wirtswahl der auf kultivierten Steinobstarten auftretenden *Tranzschelia*-Arten bestand seit Jahrzehnten Unklarheit. Eine sorgfältige Untersuchung BLUMERs hat diese Unsicherheit, wenigstens für Mitteleuropa, behoben. Es treten hier zwei Arten auf: *T. pruni-spinosae* mit Äcidien auf *Anemone ranunculoides* und *T. discolor* mit Äcidien auf *A. coronaria*, *A. fulgens*, *A. blanda* und möglicherweise noch anderen *Anemone*-Arten. Neben diesem Unterschied hinsichtlich der Äcidienwirte bestehen auch noch konstante morphologische und symptomatische Verschiedenheiten.

Nachdem es BROWN schon 1932 gelungen war, die Möglichkeit der Dikaryotisierung bei Rostpilzen durch Kernübertritt aus dikaryotischen in haploide Mycelien autöcischer Arten nachzuweisen, kann es nicht überraschen, wenn es COTTER sowie GARRETT u. WILCOXSON gelang, bei *Puccinia graminis* die Dikaryotisierung durch Übertragung von Uredo- oder Äcidiosporen auf Pyknidien herbeizuführen. Als begrenzender Faktor ist hierbei offenbar das stark herabgesetzte Keimvermögen dieser Sporen im Pyknidiennektar anzusehen. Die stärkste Äcidienbildung erzielte COTTER, wenn Sporen auf Pyknidien der gleichen Schwarzrostvarietät gebracht wurden. In begrenztem Umfange ließen sich aber auch die vars. *tritici* und *secalis* miteinander bastardieren.

McGINNIS stellte bei *P. graminis* und *P. helianthi* zwischen normalen Pyknosporen überraschenderweise auch große 2kernige fest, und VISHVESHWARA u. NAG RAJ fanden bei *Hemileia vastatrix* 2kernige Basidiosporen viel häufiger als 1kernige. Solche 2kernigen Basidiosporen sind schon von DE BARY beobachtet und später mehrfach beschrieben worden. Es ist aber bis heute nichts darüber bekannt, wie sie sich weiter entwickeln, insbesondere, ob sie möglicherweise zur Entstehung abnormer 2kerniger Pyknosporen führen können. — Über ein relativ häufiges Auftreten 3-, 4-, 5- und sogar 6zelliger Teleutosporen in einer Brünner Herkunft von *P. graminis* berichtet BENADA.

YARWOOD berechnete die Zahl der Uredosporen, die bei *Uromyces phaseoli* pro Sorus oder pro cm^2 Blattfläche gebildet werden können. Ein Sorus produziert je nach der Infektionsdichte in 14 Tagen 200—40000 Sporen. Die Gesamtmenge der pro cm^2 Blattfläche gebildeten Sporen ist bei einem weiten Spielraum der Befallsdichte während der Lebensdauer des Blattes auf etwa 1 000 000 zu schätzen.

Bei einigen Rostarten, u. a. auch bei *Cronartium ribicola*, ist neben der normalen Keimung der Basidiosporen auch eine „indirekte" Keimung durch sekundäre Sporidienbildung bekannt. Die Funktion dieser sekundären Sporidien ist umstritten. BEGA stellte fest, daß bei *C. ribicola* auf bestimmten Substraten Folgesporidien bis zu sechs Generationen gebildet werden können, z. B. bei p_H 7,0—9,0 oder auf Nadeln von nichtkongenialen Coniferen. Dagegen bestand zwischen Sporidienkeimung auf 5nadeligen Kiefernarten und deren relativer Rostanfälligkeit keine Beziehung.

LA GRANDE HOBBS bestätigte für *P. coronata* die schon bei anderen Getreiderostarten gewonnene Erfahrung, daß sich die während der Fruktifikationszeit herrschenden Umweltverhältnisse auf das spätere Keimverhalten der Uredosporen stark auswirken.

E. SCHOLZ glaubt experimentell Anhaltspunkte dafür gewonnen zu haben, daß sich *C. ribicola* auf Stroben mit Äcidiosporen weiterverbreiten könne, wie dies für *C. flaccidum* bekannt ist. Gegen seine Befunde lassen sich aber schwerwiegende Bedenken geltend machen.

P. asparagi hat für die Keimung und Infektion einen optimalen Temperaturbereich von 10—15°. Für die Fruktifikation des Haplonten wie Dikaryonten sind aber Temperaturen von 25—30° am günstigsten (BERAHA, LINN u. ANDERSON).

In Versuchen mit *P. graminis* stellte MOHAMED (1) fest, daß Weizenkeimpflanzen, die vor dem Beimpfen bei 29,5° angezogen waren, später höhere Infektionstypen und stärkeren Pustelausbruch zeigten als Pflanzen, die sich bei 21° entwickelt hatten. Nach WAHL kann die Resistenz gegen *P. graminis avenae* aber auf diese Weise nicht vermindert werden; höhere Temperaturen wirken sich auf den Befall erst nach dem Beimpfen aus. Es genügt allerdings schon eine relativ kurzfristige Einwirkung solcher Temperaturen während der Inkubationszeit, um z. B. die Resistenz bei Hafersorten mit Hajira-Resistenzgenen zu brechen. — Der Einfluß wechselnder Tag-Nacht-Temperatur auf die Pathogenese von *U. phaseoli* wurde von SCHEIN untersucht. 15° und 32° wirkten stark begrenzend.

NOZZOLILLO u. CRAIGIE kultivierten mit *P. helianthi* infizierte Kotyledonen, Hypokotyl- und Stengelabschnitte von *Helianthus annuus* auf Nährböden mit Cocosmilchzusatz. Der Rost entwickelte sich auf dem Wirtsgewebe gut und bildete reichlich Äcidio-, Uredo- und Teleutosporen. Er wuchs aber niemals auf das Substrat hinaus. Eigenartigerweise gelang es auch nie, gesundes Gewebe in der Kultur frisch zu infizieren.

Auf die in erster Linie der lokalen Resistenzzüchtung dienenden Untersuchungen über die physiologische Spezialisierung wirtschaftlich wichtiger Rostarten kann nicht näher eingegangen werden. Hervorzuheben ist nur eine nach Jahren zum erstenmal wieder erschienene kritische Darstellung der Spezialisierungsverhältnisse bei *P. striiformis*, die sich nicht nur auf Westeuropa, sondern auch noch auf die Randgebiete erstreckt (FUCHS). — Eine Übersicht über die Weizenschwarzrostrassen in der ganzen Welt wurde von STAKMAN u. HAMILTON herausgegeben. — Der Versuch BJÖRKMANs, die Identifizierung der Getreiderostrassen an abgeschnittenen, mit Benzimidazol versorgten Blättern vorzunehmen, brachte erwartungsgemäß keine befriedigenden Ergebnisse.

Unter den Untersuchungen über die Entstehungsmöglichkeit neuer physiologischer Rassen verdienen zwei Arbeiten von FLOR erwähnt zu werden, die an der genetisch von allen Rostpilzen bisher am besten bekannten *Melampsora lini* durchgeführt sind. FLOR (1) analysierte die Rassen, die nach der Weiterkultur einer Kreuzungs- und Selbstungsnachkommenschaft bekannter Elternrassen mittels geeigneter Wirtssorten herausselektiert werden konnten, auf ihre mutmaßliche Entstehungsweise. In der anderen Arbeit berichtet FLOR (2) über den Erbgang zweier strahleninduzierter Pathogenitätsvarianten von *M. lini*. — Mutanten mit neuen Pathogenitätseigenschaften erhielten ROWELL, LOEGERING u. POWERS durch Röntgenbestrahlung auch bei *P. graminis tritici*.

ROANE, STAKMAN, LOEGERING, STEWART u. WATSON prüften in mehrjährigen Untersuchungen die Bedeutung von Berberitzen für die Zusammensetzung des Rassenspektrums von *P. graminis tritici*. Die auf Weizenschlägen in der Nachbarschaft von Berberitzen in vier Jahren isolierten 42 Rassen traten in sehr unterschiedlicher Häufigkeit auf und wiesen überdies eine verschiedenartige "survival ability" auf, die beim Anbau anfälliger Sorten durch die Fähigkeit bestimmt wird, sich in Rassengemischen unter den verschiedensten meteorologischen Bedingungen zu behaupten.

Für die Entstehung der schweren Gelbrostepidemien, die den holländischen Weizenbau in den 50er Jahren heimgesucht haben, wird von ZADOKS die Feuchtigkeit des einem Epidemiejahr vorangehenden Sommers aus einleuchtenden Gründen als wesentlicher Faktor verantwortlich gemacht. ZADOKS' Ausführungen enthalten wertvolle Betrachtungen und Untersuchungsbefunde zur Epidemiologie von *P. striiformis*. Er führt den bisher vernachlässigten Begriff der „Sporulationszeit" ein, d. h. der Zeit, während der ein infiziertes Blatt die Sporulation des Pilzes ermöglicht.

In etwas anderem Sinne hatten die reichen Niederschläge 1957—1959 den Baumwollrost *(P. stakmanii)* in Neu-Mexiko äußerst begünstigt. Die als Hauptwirte dienenden *Bouteloua*-Arten hatten sich infolge der guten Feuchtigkeitsverhältnisse so stark entwickelt, daß das Rostpotential ungewöhnlich vergrößert wurde (SMITH).

ASAI führte Untersuchungen zur Epidemiologie des Schwarzrostes im oberen Mississippitale mit Hilfe neuartiger Sporenfallen durch. Die Sporenproduktion war am größten zur Zeit der Milchreife; bei südlichen Winden trifft der Rost dann im Norden auf Weizen früherer Entwicklungsstadien und wirkt sich infolgedessen interregional viel verheerender aus als in benachbarten Gebieten. — Die umfassenden epidemiologischen Schwarzrostuntersuchungen von GUYOT u. MASSENOT aus den Jahren 1957—1958 erstrecken sich auf Frankreich und NW-Afrika. Sie offenbarten wieder die Bedeutung zahlreicher Wildgräser als Nebenwirte für auf Getreide übergehende Schwarzrostrassen. — Gewächshausversuche von MOHAMED (2) ließen erkennen, daß Uredosporen von *P. graminis tritici* auf trockenen Blättern bei 30—32° bis zum 11. Tage infektionstüchtig bleiben können.

Eine auffallende Toleranz für tiefe Temperaturen zeigten Uredosporen von *P. helianthi* in Konservierungsversuchen von SACKSTON. Es drängt sich der Gedanke auf, ob nicht die schnelle kosmopolitische Ausbreitung dieses Rostes z. T. wenigstens durch diese Eigenschaft begünstigt worden ist.

RAYNER und NUTMAN, ROBERTS u. BOCK konnten nachweisen, daß entgegen der vorherrschenden Ansicht die Uredosporen von *Hemileia vastatrix* durch Wind kaum verbreitet werden Für die epidemische Ausbreitung ist vielmehr Spritzwasser in erster Linie verantwortlich zu machen. Die chemische Bekämpfung hat also am besten unmittelbar vor den "long rains" einzusetzen.

Die Eignung zahlreicher *Juniperus*-Arten, -Varietäten und -Formen als Wirte für *Gymnosporangium juniperi-viriginianae* und *G. globosum* wurde von HIMELICK u. NEELY geprüft.

1959 wurde in Wisconsin zum erstenmal *P. polysora* auf Mais beobachtet (PAVGI u. FLANGAS). — In Minnesota fand sich *Cronartium coleosporioides* auf *Pinus banksiana* und damit zum erstenmal in den USA östlich der Rocky Mountains (ANDERSON). — In Minnesota wurde als weiterer bemerkenswerter Fund *P. coronata* var. *secalis* auf der Gerstensorte Traill verzeichnet (LUTEY u. COVEY). — VIENNOT-BOURGIN u. COURTILLOT stellten zum erstenmal *U. magnusii* auf kultivierter Luzerne fest. — Mehrere neue Rostfunde werden aus Kenya berichtet: *P. pelargonii zonalis* auf *Pelargonium zonale*, *P. penniseti* auf ihrem Wechselwirt *Solanum melongena* und — wirtschaftlich am bedenklichsten — *P. hordei* auf Gerste (Kenya Dept. Agric.).

Über mehr oder weniger erfolgreiche Versuche zur direkten Bekämpfung von wirtschaftlich wichtigen Rostpilzen mit organischen Fungiciden, Antibioticis und vor allem mit verschiedenen Nickelsalzen wurde ungewöhnlich oft berichtet; wesentlich neue Gesichtspunkte haben sich dabei nicht ergeben. Ein neues Antibioticum (P-9), das sich als sehr wirksam gegen Getreideroste und einige Mehltauarten erwies, wurde aus *Streptomyces* sp. in den USA entwickelt (DAVIS et al.).

Als Hyperparasiten auf Äcidien verschiedener Rostpilze wurden in Indien zum erstenmal *Cercospora aecidiicola*, *C. riveae* und *C. cladosporioides* beobachtet (RAO u. SALAM).

Ustilaginales

LINDEBERG hat die 143 in Schweden gefundenen Brandpilzarten zusammengestellt.

Nach AL-SOHAILY u. MANKIN (3) keimen Brandsporen von *Sphacelotheca reiliana* im Erdboden mit verzweigten Hyphen aus, bilden aber keine Sporidien. Möglicherweise ist das ein Grund dafür, daß bei dieser Brandart die Spezialisierung so gering ist. — Die Keimung der Brandsporen von *Ustilago scitaminea* ist auf Knospenextrakten der Wirtspflanze (*Saccharum officinarum*) ungleich stärker als auf Wasser (PRAKASAM u. SARMA).

KENDRICK gelang es, bei *Tilletia caries* eine Einsporlinie zu finden, die zwar haploid war, sich aber sexuell und pathogen wie ein Dikaryont verhielt. Damit ist neben *U. maydis* und *Sphacelotheca* spp. zum erstenmal bei *T. caries* Solopathogenität festgestellt worden. — KENDRICK u. HOLTON (2) isolierten fünf Einsporkulturen von *T. contraversa*, die auf Nährböden Sporidien bildeten. Diese Sporidien konnten mit Sporidien von *T. caries* kopulieren und erwiesen sich dabei bisexuell.

MALIK u. BATTS (1, 2) verfolgten den Infektionsprozeß und die weitere Entwicklung von *U. nuda* auf Gerste bis zur Brandsporenbildung, die durch Hyphensegmentierung zustande kommt.

In den letzten Jahren ist überaus eifrig daran gearbeitet worden, Methoden zum Nachweis von Flugbrandmycel in Embryonen von Getreidekaryopsen zu entwickeln. MORTON hat diese Methoden kombiniert und etwas modifiziert (1); da aber die Untersuchung an Embryonen nicht erkennen läßt, ob das Mycel noch lebt, hat er ein weiteres Verfahren ausgearbeitet, das Mycel schnell in Sämlingen nachzuweisen (2). — JOHNSON beschreibt eingehend fünf verschiedene, zum Teil recht bemerkenswerte Methoden, um Weizen auf Besatz mit Sporen von *Tilletia* spp. zu untersuchen. Alle Methoden werden kritisch im Hinblick auf Schnelligkeit, Zuverlässigkeit und Kosten gegeneinander abgewogen.

KENDRICK u. HOLTON (1) konnten die überraschende Feststellung machen, daß Brandsporen von *T. caries* und *T. foetida*, die bei Zimmertemperatur aufbewahrt waren, nach 18 und zum Teil sogar noch nach 22 Jahren mehr oder weniger gut keimten. Im Boden nimmt aber die Keimfähigkeit schnell ab und ist in unserem Klima nach wenigen Wochen erloschen (KÜHNEL). Sporen von *T. contraversa* hingegen führten in Versuchen von BÖNING vereinzelt noch zu Infektionen, nachdem sie acht Jahre im Boden gelegen hatten.

H. SCHOLZ berichtet über einen Fund des seltenen und in Mitteleuropa bisher überhaupt noch nie beobachteten *Melanopsichium pennsylvanicum* auf *Polygonum aviculare* in Berlin. — In Israel ist zum erstenmal *Tolyposrium ehrenbergii* aufgetreten (MINZ u. PALTI).

Untersuchungen über physiologische Spezialisierung sind an *Sphacelotheca reiliana* [AL-SOHAILY u. MANKIN (1, 2)], *S. sorghi* (DASGUPTA u. NARAIN), *Ustilago avenae* (LUKE, MOREY u. HADDEN), *U. nuda hordei* (NIEMANN) und *T. contraversa* (SCHUHMANN, WAGNER) durchgeführt. Ob man bei *T. contraversa* schon von dem Nachweis physiologischer Rassen sprechen kann, scheint zweifelhaft; denn es konnten bisher immer nur graduelle Aggressivitätsunterschiede gefunden werden.

Literatur

AL-SOHAILY, I. A., and C. J. MANKIN: (1) Plant Dis. Rep. **44**, 113—114 (1960); — (2) und (3) Phytopathology **50**, 627 (1960). — ANDERSON, N. A.: Forest Sci. **6**, 40—41 (1960). — ASAI, G. N.: Phytopathology **50**, 535—541 (1960).

BAKSHI, B. K., and S. SINGH: Can. J. Bot. **38**, 259—262 (1960). — BATISTA, A. C., and J. L. BEZERRA: Nova Hedwigia **2**, 345—348 (1960). — BAXTER, J. W.: Lloydia **22**, 242—248 (1959). — BEGA, R. V.: Phytopathology **50**, 61—69 (1960). — BENADA, J.: Ceska Mykol. **14**, 145—147 (1960). — BERAHA, L., M. B. LINN u. H. W. ANDERSON: Plant Dis. Rep. **44**, 82—86 (1960). — BJÖRKMAN, I.: Bot. Notiser **113**, 82—86 (1960). — BLUMER, S.: Phytopath. Z. **38**, 356—383 (1960). — BOEDIJN, K. B.: Nova Hedwigia **1**, 463—496 (1960). — BÖNING, K.: Prakt. Bl. Pflanzenb. u. -schutz **55**, 62—64 (1960).

COTTER, R. U.: Phytopathology **50**, 567—568 (1960). — CUMMINS, G. B.: Bull. Torrey bot. Club **87**, 31—45 (1960).

DAVEY, C. B., and G. C. PAPAVIZAS: Phytopathology **50**, 522—525 (1960). — DASGUPTA, S. N., and A. NARAIN: Curr. Sci. **29**, 226—227 (1960). — DAVIS, D., L. CHAIET, J. W. ROTHROCK, J. DEAK, S. HALMOS and J. D. GARBER: Phytopathology **50**, 841—843 (1960). — DE WEILLE, G. A.: J. Agric. Sci. **8**, 182—210 (1960). — DOMASHOVA, A. A.: Bot. Zh. S.S.S.R. **44**, 74—79 (1959).

FLOR, H. H.: (1) Phytopathology **50**, 223—226 (1960); (2) **50**, 603—605 (1960). — FUCHS, E.: Nachr.-Bl. dtsch. Pflanzenschutzd. (Braunschweig) **12**, 49—63 (1960).

GÄUMANN, E., u. J. POELT: Phytopath. Z. **37**, 343—347 (1960). — GARRETT, W. N., and R. D. WILCOXSON: Phytopathology **50**, 636 (1960). — GÖTTGENS, E.: Phytopath. Z. **38**, 394—426 (1960). — GRAHAM, D. C.: European Potato J. **3**, 80—89 (1960). — GUYOT, L., et M. MASSENOT: Ann. Epiphyties **11**, 153—181 (1960).

HERZOG, W., u. H. WARTENBERG: Ber. dtsch. bot. Ges. **73**, 346—348 (1960). — HIMELICK, E. B., and D. NEELY: Plant Dis. Rep. **44**, 109—112 (1960). — HIRATSUKA, N.: Sci. Bull., Div. Agric., Home Econ., Engin., Univ. Ryukyus No. 7, 191—314 (1960).

JØRSTAD, I.: (1) Nytt Mag. Bot. **8**, 103—146 (1960); (2) Årb. Univ. Bergen, mat.-naturv. Ser. Nr. 11 (1960). — JOHNSON, R. M.: Cereal Chem. **37**, 289—308 (1960).

KENDRICK, E. L.: Phytopathology **50**, 641 (1960). — KENDRICK, E. L., and C. S. HOLTON: Phytophathology **50**, 51—54 (1960); (2) **50**, 641 (1960). — *Kenya Dept. Agric.*, Ann. Rep. 1958. Vol. II (1960). — KÜHNEL, W.: Nachr.-Bl. dtsch. Pflanzenschutzd. (Berlin) N. F. **14**, 21—26 (1960).

La Grande Hobbs, E.: Phytopathology **50**, 639 (1960). — Lindeberg, B.: Symb. bot. Upsaliens. **16**, 1—175 (1959). — Luke, H. H., S. J. Hadden and D. D. Morey: Phytophathology **50**, 576 (1960). — Luke, H. H., D. D. Morey and S. J. Hadden: Phytopathology **50**, 209—212 (1960). — Lutey, R. W., and R. P. Covey: Plant Dis. Rep. **43**, 1287 (1959).

Malik, M. M. S., and C. C. V. Batts: (1) Trans. Brit. mycol. Soc. **43**, 117—125 (1960); (2) **43**, 126—131 (1960). — Manners, J. G.: Trans. Brit. mycol. Soc. **43**, 65—68 (1960). — McGinnis, R. C.: Can. J. Plant Sci. **40**, 202 (1960). — Minz, G., and J. Palti: Plant Dis. Rep. **44**, 147—148 (1960). — Mohamed, H. A.: (1) Phytopathology **50**, 339—340 (1960); (2) **50**, 400—401 (1960). — Morton, D. J.: (1) Phytopathology **50**, 270—272 (1960); (2) **50**, 647 (1960).

Niemann, E.: Prakt. Bl. Pflanzenb. u. -schutz **55**, 37—44 (1960). — Nozzolillo, C., and J. H. Craigie: Can. J. Bot. **38**, 227—233 (1960). — Nutman, F. J., F. M. Roberts and K. R. Bock: Trans. Brit. mycol. Soc. **43**, 509—515 (1960).

Papavizas, G. C., and C. B. Davey: Phytopathology **50**, 516—522 (1960). — Pavgi, M. S., and A. L. Flangas: Plant Dis. Rep. **43**, 1239—1240 (1959). — Prakasam, P., and M. N. Sarma: Sci. and Cult. **25**, 644—645 (1960).

Rao, P. N., and M. A. Salam: Sci. and Cult. **25**, 601—603 (1960). — Rayner, R. W.: Kenya Coffee **25**, 85—86 (1960). — Reimers, H., u. H. Scholz: Willdenowia **2**, 151—162 (1960). — Roane, C. W., E. C. Stakman, W. Q. Loegering, D. M. Stewart and W. M. Watson: Phytopathology **50**, 40—44 (1960). — Rowell, J. B., W. Q. Loegering and H. R. Powers jr.: Phytopathology **50**, 653 (1960).

Sackston, W. E.: Can. J. Bot. **38**, 883—889 (1960). — Savile, D. B. O.: Can. J. Bot. **37**, 959—1002 (1959). — Schein, R. D.: Phytopathology **50**, 653 (1960). — Scholz, E.: Züchter **30**, 61—72 (1960). — Scholz, H.: Willdenowia **2**, 163—165 (1959). — Schuhmann, G.: Prakt. Bl. Pflanzenb. u. -schutz **55**, 56—59 (1960). — Sims, A. C. jr.: Phytopathology **50**, 282—286 (1960). — Sinclair, J. B.: Plant Dis. Rep. **44**, 474—477 (1960). — Smith, T. E.: Plant Dis. Rep. **44**, 77—79 (1960). — Stakman, E. C., and L. M. Hamilton: World distribution of wheat stem rust races. U.S. Dept. Agric. 1956 (1960). — Sundström, K. R.: Phytopath. Z. **40**, 213—217 (1960).

Viégas, A. P.: Bragantia **19**, XCV—XCIX (1960). — Viennot-Bourgin, G., et M. Courtillot: Compt. rend. Acad. Agric. France **46**, 182—185 (1960). — Vishveshwara, S., and T. R. Nag Raj: Indian Coffee **24**, 118—119 (1960).

Wagner, F.: Prakt. Bl. Pflanzenb. u. -schutz **55**, 60—61 (1960). — Wahl, I.: Can. J. Sci. **40**, 447—451 (1960).

Yarwood, C. E.: Phytopathology **50**, 659 (1960).

Zadoks, J. C.: Landbouwk. Tijdschr. **72**, 897—903 (1960).

23 e. Nichtparasitäre Pflanzenkrankheiten

Von ADOLF KLOKE, Berlin-Dahlem

Vorbemerkung

Seit der Herausgabe von Band I „Nichtparasitäre Pflanzenkrankheiten" im Handbuch der Pflanzenkrankheiten (SORAUER) im Jahre 1933/34 fehlt eine vollständige, zusammenfassende Darstellung der nichtparasitären Pflanzenkrankheiten. Einzeldarstellungen dieses Fachgebietes sind aus der Sicht des jeweiligen Autors in Arbeiten folgender Disziplinen zu finden: Pflanzenpathologie, Pflanzenphysiologie, Pflanzenernährung, Ackerbau, Gartenbau, Agrikulturchemie und Bodenkunde. Dabei fehlt häufig der Begriff „nichtparasitäre Pflanzenkrankheiten". Es ist hier nicht möglich, die Literatur der letzten 3 Jahrzehnte, die dieses Stoffgebiet streift oder in Ausschnitten bringt, aufzuführen, so daß allgemein auf die Standardwerke der genannten Forschungsgebiete verwiesen werden muß.

In Zukunft sollen die Arbeiten über nichtparasitäre Pflanzenkrankheiten an dieser Stelle in folgender Gliederung referiert werden:

Nichtparasitäre Pflanzenkrankheiten als Folge von:

A. Klimafaktoren,

B. bodenphysikalischen Faktoren,

C. bodenchemischen Faktoren,

D. landwirtschaftlichen Maßnahmen,

E. Immissionen,

F. verschiedenen Ursachen.

A. Klimafaktoren

Auf Grund einer Auswertung von meteorologischen Daten aus den Jahren 1890–1959 kommt DAMMANN zu dem Schluß, daß es in Deutschland trockener geworden ist. Zwar haben weder die Sommer- noch die Winterniederschläge nachgelassen, es ist aber wärmer geworden, was eine größere Wasserverdunstung zur Folge hat. Diese Beobachtung sagt aber noch nicht, „daß sich die Tendenz einer zunehmenden Sommertrockenheit weiterhin fortsetzt oder noch verstärkt". Während das trockene Jahr 1959 die obige Feststellung bestätigt, wird sie durch das nasse Jahr 1960 widerlegt. Beide Jahre lieferten Schäden und Ertragsausfälle durch Trockenheit [Anonym (1); AUFHAMMER; V. GIERKE; MEYER-BAHLBURG; NIENABER; NIESCHLAG; NOLTE; SCHMITT; SCULTETUS und STORZ] bzw. Nässe [Anonym (2)]. Die genannten Arbeiten bringen neben einer Beschreibung der beobachteten Schäden Empfehlungen, wie durch organische Düngung, wasserschonende Bodenbearbeitung und Düngung Dürreschäden gemildert werden können. — Um beim Getreide die Lagergefahr in nassen Jahren zu mindern, wird eine geteilte Stickstoffdüngung empfohlen.

In frostgefährdeten Kulturen sind Beheizung und Beregnung erprobte Maßnahmen, um vornehmlich Frühjahrsfrostschäden zu verhindern. Das von ZISLAVSKY geprüfte Verfahren mit offen abbrennendem Öl in „Riess-Heiztöpfen" erhöhte zwar in Frostnächten die Temperatur um 4—5° C zwischen den Kulturen, befriedigte aber nicht, da die Brenndauer in diesen Töpfen (1 Std) zu kurz war. 6—8 Std werden für erforderlich gehalten. — Eine andere Möglichkeit, Frostschäden zu verhindern, besteht in der Erhöhung des Zuckergehaltes von wachsenden Pflanzen, was aber in der Praxis nicht durchführbar ist. In Laboruntersuchungen zeigte SAKAI, daß durch Verdoppelung des Zuckergehaltes in Maulbeerblättern bei einer 24 stündigen Einwirkung von —10° C keine Frostschäden eintraten; bei —15° C ging die Überlebensrate jedoch auf 80% zurück.

B. Bodenphysikalische Faktoren

Grundlage für die natürliche Pflanzenentwicklung ist der Boden, der sich aus dem jeweiligen Ausgangsmaterial entwickelt hat. Die Beschaffenheit des Bodens steht daher in enger Beziehung zu seiner Genetik, die in der bodenkundlichen Literatur für die verschiedenen Bodentypen niedergelegt ist. Ernährungsstörungen und mangelnde Pflanzenentwicklung hängen in starkem Maße von der genetisch bedingten Bodenbeschaffenheit, der Bodenstruktur und den bodenchemischen Verhältnissen ab. Für den Weinbau auf den Moselterrassen weist GÄRTEL (1) auf diese Zusammenhänge hin. — Im Boden wird der Wurzeltiefgang vor allem durch Ausbildung von Schichten in und unter der Ackerkrume gehemmt. In einem Versuch entzog KÖHNLEIN (1) auf fruchtbaren, bindigen Böden den Pflanzen den Zugang zum Unterboden, die darauf mit geringeren Erträgen antworteten. — Ebenso bewirkte ein Kalkhorizont in etwa 1 m Tiefe eine Wachstumsverminderung, da die Wurzeln nicht in die kalkhaltige Zone eindringen konnten. GRAS ermittelte eine signifikante Korrelation zwischen Stammdurchmesser bei verschiedenen Apfelsorten und der Tiefe des Kalkhorizontes.

Nicht nur undurchdringliche Schichten im Boden mindern die Pflanzenentwicklung, sondern auch allgemeine dichte Lagerungen des Bodens. Mit sinkendem Luftvolumen nahm die Keimgeschwindigkeit von Tomatensamen ab (FLOCKER, VOMOCIL u. HOWARD), während die Keimfähigkeit zunächst einen geringen Anstieg aufwies, um dann sehr stark abzusinken. Die Blütenbildung wurde mit zunehmender Verdichtung verzögert und die Zeit des stärksten Wachstums trat später ein. Bei einem Luftvolumen von etwa 30% war das Wachstum optimal, während bei Werten < 10% starke Depressionen auftraten. Durch diese Verdichtung wird die P_2O_5-Aufnahme nicht verändert (FLOCKER, LINGLE u. VOMOCIL).

Um den Bodenverdichtungen entgegenzutreten, ist der Aufbau von wasserstabilen Bodenkrümeln erforderlich, was mit Hilfe von Kalk möglich ist. Die stabilisierende Wirkung des Kalkes hängt aber stark von dem Gehalt des Bodens an organischer Substanz ab. Sie liegt zu einem beträchtlichen Anteil in der Ermöglichung und Förderung der Verklebung von Bodenpartikeln durch organische Substanzen, da der Kalk die Grenzflächeneigenschaften der Bodenpartikel verbessert. Hierin liegt nach HARTGE (1) auch die Ursache für die wiederholt gemachte Feststellung, daß der Kalk allein kaum einen Effekt auf die Stabilität der Struktur hat, im Zusammenwirken mit geeigneten organischen Substanzen jedoch die Stabilität der Bodenkrümel verbessert. Die Kalkung konnte vor allem die jahreszeitlichen Schwankungen in der Strukturstabilität verringern [HARTGE (2)]. — Die Phosphatdüngung dagegen verbesserte im makroskopischen Bereich die Stabilität der Krümel nicht (SCHAFFER). — Eine Verarmung des Bodens an Kalk führt zum Zerfall der Bodenaggregate und zur Wanderung der Tonanteile der Krume in tiefere Schichten, wo sie sich ablagern und zu Bodenverdichtungen im Unterboden beitragen [KÖHNLEIN (2) und BLUME u. SCHLICHTING].

Die in den Boden eindringenden Niederschläge werden vom Boden um so stärker festgehalten, je höher der Tonanteil ist. Auf einem Sandboden lagen die Sickerwassermengen im Mittel bei 93%, auf humosem Boden bei 70% und auf Löß bei 53% der Niederschläge der Monate Oktober bis März in den Jahren 1947—1959 (SCHUBACH). Demnach findet im Winter im Sandboden praktisch keine Feuchtebevorratung statt. In den Sommermonaten der genannten Jahre versickerten auf Sandboden 55%, auf humosem Sand 26% und auf Löß 7% der Niederschläge. Die geringeren Sickerverluste sind auf eine im Sommer verstärkte Evaporation von Wasser zurückzuführen. — Die Beziehungen zwischen Wasservorrat im Boden und Pflanzenertrag stellte VISSER mit Hilfe des pF-Wertes, des Logarithmus der Wassersäule in cm, die mit den jeweiligen Mengen an Bodenwasser im Gleichgewicht steht, dar. Je höher der pF-Wert ist (um so höher ist auch die Haftfestigkeit des Bodenwassers) und je tiefer der Grundwasserspiegel liegt, desto geringer ist der Pflanzenertrag. — Mit der Bedeutung des Grundwassers, der Wasserkapazität des Bodens und der Haftfestigkeit des Wassers im Boden befassen sich auch die Arbeiten von RUSSELL; TRÉNEL und TSCHERNOUCHOW u. NUSHDIN.

C. Bodenchemische Faktoren

1. Organische Substanz im Boden

Für den Aufbau einer optimalen Bodenstruktur ist eine stetige Ergänzung der organischen Substanz des Bodens erforderlich. Die steigende Mechanisierung und der Arbeitskraftmangel in der Landwirtschaft hat im letzten Jahrzehnt dazu geführt, daß in immer noch steigendem Umfange dem Boden statt Stallmist Stroh zugeführt wird. Das Problem der Strohdüngung wurde in den letzten Jahren in vielen Arbeiten diskutiert. Die unterschiedlichen Beobachtungen über die Wirkung einer

Strohdüngung — von starker Ertragsdepression bis zur Ertragssteigerung — erklären sich zum Teil in der Bildung von instabilen organischen Verbindungen, die Hemmstoffcharakter haben. Diese noch unbekannten Stoffe unterliegen im Boden einer Umwandlung oder einem Abbau, so daß die Hemmwirkung wieder verschwindet (KLOKE und FLAIG, SAALBACH u. SCHOBINGER). Bei den entstehenden Verbindungen handelt es sich wahrscheinlich um Phenole, deren Aufnahme durch die Pflanze erwiesen ist [Anonym (3) und WINTER, PEUSS u. SCHÖNBECK]. — Solche organischen Verbindungen, die sich im Boden wahrscheinlich auch bei Fruchtfolgefehlern anreichern, dürften in manchen Fällen die Ursache für das Auftreten von Bodenmüdigkeiten sein. So vermuten BÖRNER, MARTIN, CLAUSS u. RADEMACHER, daß die Selbstunverträglichkeit des Leins auf Stoffe zurückzuführen ist, die von der Wurzel des Leins ausgeschieden werden. Wurden die Versuche mit Roggen auf dieselbe Weise durchgeführt, so war die Hemmung wesentlich geringer, was mit den praktischen Erfahrungen übereinstimmt.

2. Mineralstoffe

Magnesiummangel an Apfelbäumen beschreiben GREENHAM u. WHITE; KEMPER und DE HAAS. Die ersten Symptome treten an den älteren Blättern der Langtriebe in der Nähe der Mittelrippe oder mehr am Rande (sortenbedingt) als Intercostalnekrosen auf. Bei Gehalten unter 0,15% Mg in der Trockensubstanz der Blätter werden die Nekrosen bei allen Sorten beobachtet. Ein Überangebot an K verstärkt im allgemeinen die Mg-Mangelsymptome. — Diese Feststellung wurde auch für Kartoffeln von SLUIJSMANS gemacht, der annimmt, daß 100 kg K_2O/ha auf die Mg-Aufnahme so wirken, als wäre der MgO-Gehalt des Bodens um 1 mg herabgesetzt. — Der MgO-Entzug wird für Kartoffeln von WERNER mit 30—35 kg/ha und Jahr angenommen. Bei einer Auswaschung von 20 bis 30 kg/ha und Jahr ist eine jährliche Mg-Düngung von 40—50 kg/ha erforderlich. Bei Kartoffeln vor der Blüte auftretender Mg-Mangel drückt den Ertrag und den Stärkegehalt; nach der Blüte auftretender Mangel hat nur einen unbedeutenden Rückgang im Ertrag und Stärkegehalt zur Folge. Allgemein wird nach SELKE durch salpeterhaltige N-Dünger der Mg-Mangel verstärkt. Mg-Mangel bei Buschbohnen wird von DÖRING und bei Reben von GÄRTEL (1) beschrieben. Auch bei diesen Pflanzen beginnen die Nekrosen zwischen den grün bleibenden Blattnerven und breiten sich langsam bis zu den Blatträndern aus.

Auf Manganmangel im Boden reagiert nach COÏC u. COPPENET am stärksten Hafer, dann folgen > Weizen > Gerste > Roggen. Neben einer Beschreibung der Symptome wird darauf hingewiesen, daß durch Kalküberdüngung saurer Böden Manganmangel induziert wird. In sauren Bereichen ist Mn dagegen stärker verfügbar, so daß es bei hohen Mn-Gehalten im Boden auf sauren Böden zu einer Manganvergiftung kommen kann (ESCHENHAGEN). Die so geschädigten Rüben enthielten die 9fache und die Blätter sogar die 50fache Menge an Mn gegenüber gesunden Rüben.

Durch Überschuß an Zink und Blei sowie Kupfer und Arsen in
Teilen der Flußniederungen der Oker und der Innerste wird der Pflanzenwuchs fast vollkommen unterdrückt. Bei Pappelanpflanzungen im Bett
der Innerste im Jahr 1944 betrugen die Ausfälle nach 14 Jahren etwa
70%, wie Knickmann berichtet.

Zinkmangelschäden an Mandarinen konnte Dikshit durch Spritzungen mit einem Zn- und Fe-haltigen Fungicid zum größten Teil beseitigen. Da Fe-, Mn- und Cu-Salzspritzungen ohne Erfolg blieben, werden
die Chlorosen als Zinkmangel angesehen.

Chlorosen an Obstbäumen sind vor allem auf Eisenmangel, insbesondere bei hohem p_H des Bodens, zurückzuführen (Schumacher).
Auch Brown, Holmes u. Tiffin konnten bei Sojabohnen nach Umsetzen
auf eine Ca-haltige Nährlösung Fe-Mangel hervorrufen. Aus dieser Arbeit
und auch aus der von Brown u. Tiffin ist ferner zu entnehmen, daß
auch ein Überschuß an P Eisenchlorose hervorrufen kann, während das
Bicarbonation die Chlorose nicht direkt begünstigt, wohl aber indirekt
durch Erhöhung des Ca- und P-Angebotes (Brown und Brown, Lunt,
Holmes u. Tiffin). — In Versuchen (Brown u. Tiffin und Brown,
Holmes u. Tiffin) wie auch in der Praxis (Möhring) sind mit Fe-
Chelaten zur Behebung von Eisenchlorosen gute Erfahrungen gemacht
worden. — Bei Tomaten verschwand mit steigender Fe-Gabe Chlorose
und Braunfleckigkeit der Blätter, verbunden mit einer Zunahme des
Fe-Gehaltes und einem Rückgang der Gehalte an Mn, P, Na, Ca und Mg
(Twyman).

Anhand von Düngungsversuchen weisen Scharrer u. Schaumlöffel
und Hagin auf die Bedeutung des Kupfers für Getreide hin. Die Erstgenannten zeigen, „daß das Cu-Ion in Abhängigkeit von der zunehmenden Sorptionskapazität der Bodenkolloide bei abnehmender Bodenacidi-
tät vermehrt gebunden wird". Die Verfügbarkeit ist bei p_H 6 am niedrigsten und steigt sowohl zum sauren als auch zum neutralen Bereich an.
Zu hohe Cu-Gaben führen nach Hagin zu hellen Chlorosen, die in rötlich-
braune Nekrosen übergehen. Diese Erscheinung wird auf relativen
Eisenmangel zurückgeführt, die durch Eisengaben beseitigt werden
kann. — Ein Fall von Weißährigkeit bei Schafschwingel wurde von
Mühle als Cu-Mangel erkannt. — Die Behandlung von Weinreben mit
Cu-haltigen Pflanzenschutzmitteln führt im Laufe der Jahre, besonders
in sauren Böden, zu einer erheblichen Anreicherung des verfügbaren Cu,
so daß an den Reben Cu-Schäden auftreten (Delas, Delmas, Rives
u. Baudel). Solche Schäden werden auch von Gärtel (2)beschrieben,
Das Cu wird vornehmlich in den humusreichen oberen 20 cm des Bodens
festgehalten. Geht das Wurzelwachstum tiefer, sind die Schädigungen
geringer oder verschwinden ganz. Bei hoher Cu-Aufnahme vergilben die
Blattspreiten völlig und zeigen in den Intercostalfeldern Nekrosen.

In einem Übersichtsreferat weist Kretzdorn anhand von Borunter-
suchungen an Böden auf die Bedeutung der Bordüngung von Zuckerrüben, Kohlrüben, Luzerne und Tabak hin (siehe auch Lehr und Henkens). Bei Hafer und Sonnenblumen wurden keine nennenswerten Er-
tragssteigerungen erreicht. — Bussler, der in seinen Versuchen Sonnen-

blumen als Testpflanzen auf Bor verwendet, untersuchte die Abhängigkeit der Wurzelbildung bei Sonnenblumen vom Borgehalt der Nährlösung. Bormangelwurzeln sind kurz, dick und stummelförmig, während borernährte Wurzeln lang, dünn und fädig aussehen. Bormangelsymptome beschreiben GÄRTEL (1) für Wein (an den Blättern helle Flecke zwischen den Hauptnerven, langsam vergilbend und größer werdend bis schließlich die Intercostalfelder ausbleichen, wobei die Blattadern und deren feinere Verästelungen einen schmalen grünen Saum behalten), SMITH für Grevillien *(Grevillea robusta)* (u. a. Platzen der Rinde und Gummifluß) und DÉMÉTRIADÈS, GALAVAS u. HOLÉVAS für Oliven (von der Blattspitze aus am Rande bis zur Blattbasis fortschreitende Chlorose, zunächst schwach gelb, später goldig werdend).

In einer Übersicht über neue Ergebnisse über Molybdänmangel an landwirtschaftlichen Kulturpflanzen zeigt BRANDENBURG, daß dem Molybdänmangel nicht nur bei Blumenkohl, sondern auch bei Roggen, Hafer, Rüben, Spinat, Kreuzblütlern, Leguminosen und Klee eine Bedeutung zukommt. Die Symptome werden eingehend beschrieben. Die Verbreitung des Mo-Mangels wurde vornehmlich auf Böden mit Ablagerungen von Raseneisenstein und auf kultiviertem Hochmoor ohne Sandbeimischung festgestellt. Bisher schrieb man die beobachteten Symptome irrtümlich dem niedrigen p_H-Wert dieser Böden zu. Jedoch dürften nicht alle „Säureschäden" nunmehr als Mo-Mangel angesprochen werden! Mit 4 kg Natriummmolybdat/ha lassen sich die Schäden beheben. Über Düngungsversuche mit Na-Molybdat gegen die nichtparasitäre Herzlosigkeit bei Blumenkohl berichten auch NOLL·u. GOTTSCHLING und REEKER.

Literatur

Anonym (1): AID-Kurznachrichten 8, 46, 3 (1959); — (2) Mitt. dtsch. Landw.-Ges., Frankfurt/M. 75, 43, 1293—1300 (1960); 75, 44, 1317—1319 (1960); — (3) Org. Landbau 6, 102 (1960). — AUFHAMMER, G.: Mitt. dtsch. Landw.-Ges., Frankfurt/M. 74, 1303—1305 (1959).

BLUME, H. P., u. E. SCHLICHTING: Z. Pflanzenernähr., Düng., Bodenk. 85, 227—244 (1959). — BÖRNER, H., P. MARTIN, H. CLAUSS u. B. RADEMACHER: Z. Pfl. krankh. 66 691—703 (1959). — BRANDENBURG, E.: Ergebnisse landw. Forschung H. III, 107—133 (1960). — BROWN, J. C.: Soil Sci. 89, 246—247 (1960). — BROWN, J. C., R. S. HOLMES and L. O. TIFFIN: Proc. Soil Sci. Soc. Amer. 23, 231—234 (1959). — BROWN, J. C., O. R. LUNT, R. S. HOLMES and L. O. TIFFIN: Soil Sci. 88, 260—266 (1959). — BROWN, J. C., and L. O. TIFFIN: Soil Sci. 89, 8—15 (1960). — BUSSLER, W.: Z. Pflanzenernähr., Düng., Bodenk. 91, 1—14 (1960).

Coïc, Y., et M. COPPENET: Ann. agron., Paris, 9, Suppl. II, 111—138 (1958).

DAMMANN, W.: Naturwissenschaften 47, 529—532 (1960). — DELAS, J., J. DELMAS, M. RIVES et C. BAUDEL: Compt. rend. Acad. Agric. France 45, 651—654 (1959). — DÉMÉTRIADÈS, S. D., N. A. GAVALAS et C. D. HOLÉVAS: Rapport présenté á la 4e Réunion F. A. O. sur la lutte contre les parasites de l'olive (1960). — DIKSHIT, N. N.: Curr. Sci., Bangalore 28, 207—208 (1959). — DÖRING, R.: Gesunde Pflanzen 11, 19 (1959).

ESCHENHAGEN, M.: Bauernbl. Schlesw.-Holst. H. 18, 1239 (1960).

FLAIG, W., E. SAALBACH u. U. SCHOBINGER: Z. Pflanzenernähr., Düng., Bodenk. 88, 232—236 (1960). — FLOCKER, W. J., J. C. LINGLE and J. A. VOMOCIL: Soil Sci. 88, 247—250 (1959). — FLOCKER, W. J., J. A. VOMOCIL and F. D. HOWARD: Proc. Soil Sci. Soc. Amer. 23, 188—191 (1959).

Gärtel, W.: (1) Weinberg u. Keller 6, 56—70 (1959); (2) 431—440 (1959). — Gierke, K. v.: Landbau-Forsch., Völkenrode, H. 2, 35 (1960). — Gras, M.: Compt. rend. Acad. Agric. France 46, 57—59 (1960). — Greenham, D. w. p., and G. C. White: J. hortic. Sci. (Lond.) 34, 238—247 (1959).

Haas, P. G. de: Congr. mondiale speriment. agr. Rom 1183—1188 (1959). — Hagin, M.: Z. Pflanzenernähr., Düng., Bodenk. 90, 37—50 (1960). — Hartge, K.: (1) Z. Pflanzenernähr., Düng., Bodenk. 85, 214—227 (1959); — (2) Landw. Forsch., Darmstadt, 12. Sonderh., 37—40 (1959).

Kemper, A.: Ergebnisse landw. Forsch. an der Justus Liebig-Universität Gießen, H. II, 38 (1959) (Diss.). — Kloke, A.: Habilitationsschrift Göttingen (1960). — Knickmann, E.: Z. Pflanzenernähr., Düng., Bodenk. 84, 255—258 (1959). — Köhnlein, J.: (1) Landw. Forsch., Darmstadt, 14. Sonderh., 61—71 (1960); — (2) Z. Pflanzenernähr., Düng., Bodenk. 89, 49—55 (1960). — Kretzdorn, H.: Festschrift 100 Jahre Staatl. landw. Versuchs- u. Forschungsanst. Augustenberg, 94—103 (Sept. 1959).

Lehr, J. J., and Ch. H. Henkens: World Congr. Agric. Res. Rome 1—11 (1959).

Meyer-Bahlburg, W.: Dtsch. landw. Presse 41, 417 (1960). — Möhring, H. K.: Gartenwelt 19, 384 (1960). — Mühle, E.: Nachr.bl. dtsch. Pflanzenschutzdienst (Berlin) 14, 136—137 (1960).

Nienaber, H.: Org. Landbau 1, 5—6 (1960). — Nieschlag, F.: Landwirtschaftsbl. Weser-Ems 3, 90 (1960). — Noll, J., u. W. Gottschling: Nachr.bl. dtsch. Pflanzenschutzdienst (Berlin) 13, 169—172 (1959). — Nolte, H.-W.: Nachr.bl. dtsch. Pflanzenschutzdienst (Berlin) 14, 190—193 (1960).

Reeker, R.: Torfnachrichten 5/6 (1960). — Russell, M. B.: Soil Sci. 88, 179—183 (1959).

Sakai, A.: Nature (Lond.) 185, 698 (1960). — Schaffer, G.: Vortrag, Ref.: Kurz u. Bündig 13, 147 (1960). — Scharrer, K., u. E. Schaumlöffel: Z. Pflanzenernähr., Düng., Bodenk. 89, 1—17 (1960). — Schmitt, L.: Dtsch. landw. Presse 46, 467 (1960). — Schubach, K.: Mitt. dtsch. Landw.-Ges., Frankfurt/M. 75, 38, 1156 (1960). — Schumacher, R.: Schweiz. Z. Obst-, Weinbau 68, 238—239 (1959). — Scultetus, H. R.: Mitt. dtsch. Landw.-Ges., Frankfurt/M. 75, 14, 413—414 (1960). — Selke, W.: Dtsch. Landw. 9, 450 (1960). — Sluijsmans, C. M. J.: Kali (Nederl. Kali Imp. Maatschappij Amsterd.) 39, 331—335 (1959). — Smith, A. N.: Nature (Lond.) 186, 987 (1960). — Sorauer, P.: Handbuch der Pflanzenkrankheiten, Bd. I (1933/34). — Storz, H.: Württ. Wochenbl. Landw. 2, 52 (1960).

Trénel, M.: Z. Pflanzenernähr., Düng., Bodenk. 89, 170—180 (1960). — Tschernouchow, A. A., u. A. W. Nushdin: Bodenkunde (russ.), H. 4, 98—100 (1959). — Twyman, E. S.: Plant and Soil 10, 375—388 (1959).

Visser, W. C.: J. Sci. Food Agric. (Lond.) 10, 1—11 (1959).

Werner, W.: Vortrag, Ref.: Kurz u. Bündig 14, 6 (1961). — Winter, A. G., H. Peuss u. F. Schönbeck: Naturwissenschaften 46, 536—537 (1959).

Zislavsky, W.: Pflanzenschutzberichte (Wien) 24, 33—72 (1960).

23 f. Pflanzenschutz

Von Hermann Fischer, Kiel

Technik im Pflanzenschutz

Automatische Geräte zur Ausbringung von Fungiciden gewinnen, bedingt durch die Arbeitsmarktlage, mehr und mehr an Bedeutung. Dabei haben im Obstbau die Sprühgeräte in wirtschaftlicher Hinsicht gewisse Vorteile (Mauch): die Stundenleistung eines Spritzgerätes bewegt sich bei 0,1—0,8 ha, die eines Sprühgerätes bei 1—1,6 ha bei 4—5facher Brühekonzentration. Die Gerätekosten sind niedriger, und durch die größere Gleichmäßigkeit der Brüheverteilung kann eine gewisse Mitteleinsparung erreicht werden. Geräte mit hoher Luftmengenleistung haben den Vorzug. Auch im Weinbau erwiesen sich das Sprüh- und das Spritzverfahren als gleichwertig (Stellwaag-Kittler u. Goeldner), zu geringe Brühemengen bedingen jedoch *Oidium*-Gefahr. Diese Einschränkung gilt entsprechend auch im Obst- und Feldbau für alle automatischen Sprüh- und Spritzgeräte. Hinsichtlich der Tröpfchengröße darf nach Fischer ebenfalls ein gewisses Maß nicht unterschritten werden.

Hahnemann schlägt vor, zur Verbesserung der Haftfähigkeit von Staub- und Sprühniederschlägen vor die Ausstoßdüse ein Hochspannungsfeld zu schalten und damit die Teilchen elektrostatisch aufzuladen. Die wirksamste Aufladung erzielt er durch Stoßionisation bzw. Spitzenentladung. — Während in den letzten Jahren die Ausbringung gewisser Insekticide in Form von Kaltnebeln einen unbestreitbaren Fortschritt gebracht hat, kann man das gleiche von Fungiciden nicht berichten. Der Versuch von Behlen, der über gute Ergebnisse gegen den Obstschorf *(Venturia inaequalis)* berichtete, hat bisher kein Echo in der obstbaulichen Praxis gefunden.

Der Einsatz von Flugzeugen — zuerst erprobt gegen tierische Forstschädlinge — ist in folgerichtiger Entwicklung auch zuerst für die Bekämpfung einer forstlich bedeutsamen pilzlichen Krankheit, der Kiefernschütte *(Lophodermium pinastri)*, von Bedeutung geworden. Man erzielt neben guter Wirkung eine erhebliche Kostensenkung gegenüber dem Einsatz von Erdgeräten (Menzel). Doch auch im Feldbau gewann das Flugzeug zur Bekämpfung von Pilzkrankheiten Beachtung. In den Niederlanden wurden während der letzten drei Jahre 40% aller Flugeinsätze auf pflanzenschutzlichem Gebiet gegen *Phytophthora infestans* geflogen (Kerssen), in Großbritannien sind 1958 40000 ha Kartoffeln von der Luft aus behandelt worden (Amsden). Die Kosten überschritten zwar hierbei nach den britischen Erfahrungen erheblich die von Bodenbehandlungen, die Vorteile sollen aber die höheren Ausgaben kompensieren.

Nach LARGE ist die Phytophthorabekämpfung vom Flugzeug aus ebenso wirksam wie die durch Bodengeräte. Eine deutsche Flugzeugfirma hat von insgesamt 356671 l Spritzbrühe 39,1% auf dem fungiciden Sektor ausgebracht (BAUER), und zwar zur Bekämpfung der Kiefernschütte *(Lophodermium pinastri)*, der Krautfäule *(Phytophthora infestans)*, der Blattfleckenkrankheit an Rüben *(Cercospora beticola)* sowie im Weinbau gegen *Plasmopara viticola* und *Oidium tuckeri*.

Warndienst

Trotz intensiver Anstrengungen der Meteorologen und Phytopathologen zur Ausarbeitung brauchbarer Unterlagen für einen Warndienst zur Erleichterung der Krautfäulebekämpfung *(Phytophthora infestans)*, über die u. a. BOURKE berichtete, ist bisher keine praktisch befriedigende Lösung dieser Aufgabe gelungen. ULLRICH hat bereits darauf hingewiesen, daß es sich bei der Prognose um ein äußerst vielseitiges Gebiet handelt, und dem Auftreten von Krankheiten äußerst komplizierte Abläufe zugrunde liegen. Nach GRÜMMER gibt keine der vorgeschlagenen Methoden zur Bestimmung kritischer Tage verläßliche Unterlagen. HIEBEL zieht den Schluß aus mehrjährigen Beobachtungen, daß an eine Herausgabe von *Phytophthora*-Warndienstmeldungen ausschließlich auf Grund von Witterungsbeobachtungen vorläufig nicht gedacht werden könne; nach langjährigen Beobachtungen seien die Temperatur-, Niederschlags- und Luftfeuchtigkeitswerte hinsichtlich der Infektionen nicht auf einen Nenner zu bringen. Von GUNTZ werden daher Sporenfallen vorgeschlagen, um das Auftreten der Entwicklungscyclen verfolgen zu können, HIEBEL hält Beobachtungen an Testparzellen anfälliger Sorten in disponierten Lagen für zuverlässiger als meteorologische Daten. Anscheinend sind weitere Untersuchungen über die Biologie des Pilzes erforderlich.

Wenn der Warndienst beim Obstschorf *(Venturia inaequalis)* bessere und praktisch gewichtige Erfolge erzielen konnte (BOHR, FISCHER, LEMBCKE), so beruht das hauptsächlich auf genauer Kenntnis der Vorgänge bei der Sporenkeimung: man kennt deren Abhängigkeit von der Benetzungszeit (Stundenzahl anhaltender Blattfeuchte) und der mittleren Temperatur in diesem Zeitraum (MILLS). Es ist ferner möglich, in der Zeit der Sporenkeimung bis zum Beginn der Mycelbildung sog. kurative Spritzungen vorzunehmen, durch die der Pilz an der Weiterentwicklung gehemmt wird. Zur Feststellung des kritischen Termins werden in den Obstanlagen Blattfeuchtemesser sowie Temperaturschreiber aufgestellt. Die therapeutische Behandlung ermöglicht die Einsparung unnötiger Spritzungen zugunsten wichtigerer sowie Herabsetzung der Spritzmittelkonzentration, da eine Depotwirkung wie bei prophylaktischen Spritzungen nicht mehr benötigt wird (FISCHER).

Strahlentherapie

Praktisch verwertbare Ergebnisse dieses interessanten Arbeitsgebietes liegen auch zu dem diesjährigen Bericht kaum vor. FRIEDMAN u. CAPONIS erhielten durch UV-Bestrahlung avirulente Stämme von *Pseudomonas marginalis*, die die Fähigkeit verloren hatten, pektolytische Enzyme zu synthetisieren. Aus einem Sporodochium stammende Conidien von *Colletotrichum lagenarium* zeigten nach UV-Bestrahlung einheitliche Überlebenskurven (MASAGO), Conodien unterschiedlicher Herkunft ergaben dagegen wechselnde Kurven, die den Resistenzunterschieden der Conidien in den jeweiligen Entwicklungsstadien entsprachen. Bei Untersuchung der letalen Dosen von Co^{60}-γ-Strahlen zu verschiedenen phytopathogenen Pilzen beobachtete KLAJIĆ ebenfalls altersbedingte Resistenz. SCHWINGHAMER bestrahlte Uredosporen von *Melampsora lini* mit UV-, X- und γ-Strahlen sowie schnellen Neutronen. An dem Genort, der Avirulenz gegenüber der Flachssorte „Dakota" bestimmt, wurden induzierte Mutationen festgestellt. Unterhalb der sättigenden Strahlendosis erwies sich die Mutationshäufigkeit proportional der Dosis bei UV-Strahlen, annähernd proportional bei schnellen Neutronen, proportional dem Quadrat der Dosis bei X- und γ-Strahlen.

Während LURE u. TER-SIMONJAN nach Bestrahlung verseuchten Bodens mit γ-Strahlen aus Co^{60} herniefreie Kohlpflanzen *(Plasmodiophora brassicae)* heranziehen konnten, ferner LIPSITS, KHIZHNYAK u. SAZONIK auf gleiche Weise beachtliche Erfolge gegen Kartoffelkrebs *(Synchytrium endobioticum)* erzielten — es wird bereits die Entwicklung eines praktischen Bestrahlungsgerätes zur Eliminierung von Befallsherden angekündigt —, konnten CERVENKA, NOHEJL u. SIMEK selbst mit Maximalgaben die Infektionsfähigkeit von Sporen des zuletzt genannten Erregers nicht herabsetzen. Der dänischen Atom-Energie-Kommission war es nach HELLMERS nicht möglich, mit den erforderlichen hohen Dosen von Co^{60}-γ-Strahlen pilzliche Krankheitserreger an Nelken abzutöten, ohne letztere zu schädigen. BERAHA, SMITH u. WRIGHT machen darauf aufmerksam, daß die Empfindlichkeit phytopathogener Pilze gegenüber γ-Strahlen in Kulturen und im Wirt durchaus nicht gleich sei; der Methodik müsse also in Zukunft besondere Beachtung geschenkt werden. Die gleichen Autoren konnten gegen *Pythium debaryanum* in Kartoffeln keine Wirkung ohne Schädigung der Knollen erreichen.

Von COOPER u. GREGORY mit X-Strahlen behandelte Erdnuß-Samen erbrachten Nachkommen mit veränderter — verminderter oder gestiegener — Resistenz gegenüber *Mycosphaerella arachidicola* und *M. berkeleyii*, die auch bei den folgenden Generationen erhalten blieb.

Fungicide

Zur Frage der systemischen Wirkung von Fungiciden hat SIJPESTEIN eine umfassende Übersicht gegeben. Er stellt fest, daß die Entwicklung systemischer Fungicide hinter der von Insekticiden und Herbiciden mit dieser Eigenschaft hinterherzuhinken scheine; das Stadium praktischer Brauchbarkeit sei noch nicht erreicht. Unter experimentellen Bedingungen sind jedoch einige Verbindungen bekannt, die eine gewisse systemische Aktivität gegen Pilze entfalten. Derartige Stoffe — die im Idealfall die ganze Pflanze durchdringen und eindringende sowohl als bereits vorhandene Pilze unschädlich machen müßten — brauchen nicht notwendigerweise Fungicide oder deren Derivate zu sein: es ist bekannt, daß gewisse, in vitro gegenüber Pilzen inaktive Verbindungen Pflanzen einen beträchtlichen Schutz gegen pilzliche Pathogene verleihen können.

Aufnahme- und Transportfähigkeit können oft durch Anfügung bestimmter chemischer Gruppen an das Fungicid gefördert werden. So haben die Acetat-, Oxym- und Semicarbazonverbindungen des Actidion im Gegensatz zu diesem eine systemische Wirkung gegen *Coccomyces hiemalis* an Kirschen. Anscheinend werden die systemisch aktiven — aber in vitro nicht fungiciden — Verbindungen nach dem Transport in die neu gebildeten Blätter dort zu dem fungiciden Actidion zurückgebildet.

Andere Stoffe verstärken auf dem Wege über den Stoffwechsel die Abwehrkäfte der Wirtspflanze. Das baktericide — nicht fungicide — Streptomycin hemmt in Kartoffeln die Phytophthora-Entwicklung, anscheinend als Folge einer stimulierenden Wirkung auf die Polyphenoloxydase-Tätigkeit des Wirtes.

Die Bekämpfung pflanzenpathogener Bodenpilze hat seit der Anwendung der sog. Biocide neue Fortschritte erfahren. Diese Stoffe sind außer gegen Pilze auch gegen tierische Bodenschädlinge, z. B. Nematoden, wirksam und haben oft auch noch herbicide Eigenschaften. BESTAGNO berichtet über erfolgreiche Bekämpfung eines Nelkensterbens, verursacht durch *Fusarium-*, *Verticillium-*, *Alternaria-* und *Pleospora*-Arten, mit Hilfe von Natrium-N-methyl-dithiocarbamat (Vapam), mit dem PICKETT *Fusarium solani f. phaseoli* an Bohnen zufriedenstellend vernichtete. Die fungicide Wirkung des Mittels ist nach WELVAERT abhängig von Bodenart und Humusgehalt, insbesondere von den Feuchtigkeitsverhältnissen des Bodens. Ebenso ist die fungicide Wirkung des in letzter Zeit auch in Europa mehr untersuchten Methylbromids abhängig von den Feuchtigkeitsverhältnissen, weniger von der Temperatur. Nach Versuchen von MUNNECKE, LUDWIG u. SAMPSON an *Alternaria solani* kann die durch die Feuchtigkeit bedingte Sporenquellung eine Rolle spielen. Chlorpikrin bewährte sich in Kalifornien gegen *Verticillium alboatrum*, *Rhizoctonia solani*, *Pythium ultimatum* sowie *Phytophthora fragarae* (LEMBRIGHT).

Selbstverständlich ist die Frage der Einwirkung derartiger Biocide auf die allgemeine Bodenflora von erheblicher Bedeutung. Nach Anwendung von Methylbromid (AN.) und Allylalkohol (DOMSCH) scheint im behandelten Boden der Gesamt-Bakteriengehalt erheblich anzuwachsen, während sich bei Vapam eine deutliche Verminderung ergab (DOMSCH), die u. a. die Nitrifikation von zugefügtem Ammoniumsulfat für wenigstens 8 Wochen unterband (AN.). Actinomyceten werden durch Vapam insgesamt gefördert, Grünalgen durch Allylalkohol stark, durch Vapam schwach reduziert (DOMSCH). Für Baumschulen und Forstkämpen ist die Frage der Einwirkung auf Mycorrhiza-Pilze bedeutungsvoll. Nach PERSIDSKY u. WILDE töteten höhere Dosen von Allylalkohol diese gänzlich ab, geringere schwächten sie erheblich; durch Bodenbearbeitung und Humuszuführung konnte aber meistens eine schnelle Gesundung der behandelten Böden erzielt werden. Das nach Behandlung mit Allylalkohol (AN.) und anderen Bodenfungiciden (MARTIN, PRATT, ENO, NEWMAN u. DOWING) beobachtete Ansteigen der *Trichoderma*-Populationen scheint einen antagonistischen Effekt auszuüben, auf welchen zum Teil eine pathogenvermindernde Wirkung der Behandlung zurückgeht. Ist diese zu schwach, können später pathogene Arten verstärkt auftreten.

Viricide

Wenn auch weiterhin über gewisse Erfolge bei der Inaktivierung pflanzenpathogener Viren durch Wärmebehandlung berichtet wird, so von NYLAND und von ELLENBERGER gegen verschiedene Steinobstviren, von HOLMES gegen das Rosen-Mosaikvirus, von BRIERLY u. LORENTZ gegen Mosaikviren an Chrysanthemum, so gilt wegen der in der Praxis oft schwer durchzuführenden Methodik und der Gefährdung der Pflanzen durch Überhitzung das Hauptinteresse dem Einsatz chemischer Präparate. Über einen wesentlichen Fortschritt auf diesem Gebiet ist aber leider noch nicht zu berichten. Thiouracil und Cytovirin werden weiter bearbeitet. Neue Versuche von PORTER u. WEINSTEIN bestätigen, daß ersteres in den Protein- und Nucleinsäurehaushalt eingreift, ohne die Bildung von Aminosäuren wesentlich zu beeinflussen. SIMONS vermochte durch Besprühen der Blätter von *Capsicum annuum* mit Cytovirin die Infektion mit Kartoffel X-Virus zu vermindern; allerdings war der Schutzeffekt bei Blattlausübertragung erheblich geringer als bei künstlicher Infektion durch Einreibung. 2,4,6-triamino-5-phenylazopyrimidin verhindert nach SHIMONURA u. HIRAI die Vermehrung von Tabak-Mosaikvirus in Blattkulturen. Die Aufklärung des Wirkungsmechanismus von Guaninen analog 8-Azaguanin bereitet Schwierigkeiten. LINDNER, CHEO, KIRKPATRICK u. GOVINDU nehmen an, daß die Wirtspflanzen je nach Art und an den verschiedenen Reaktionsstellen unterschiedliche Mengen des Wirkstoffes speichern. Dadurch entstehen auch Viren mit geringerem oder höherem Guaningehalt, der die Infektiosität beeinflußt bzw. gänzlich unterbindet. Die systemische Ausbreitung des Guanins bleibt ungeklärt. Zur Wirkungsweise viricider Antibiotica teilen HIRAI u. SHIMOMURA mit, daß Mitomycin die TMV-Vermehrung im Blattgewebe bei einer Konzentration gehemmt habe, die im nicht infizierten Blatt die RNS-, aber nicht die DNS-Synthese hemmte. Naramycin (ein Actidion-Analogen) stimulierte dagegen die RNS-Synthese. Es sei daher auf einen unterschiedlichen Wirkungsmechanismus der Antibiotica zu schließen. JONES, JACOBSON u. KAHN fanden im Reisextrakt Hemmstoffe, die die Infektion von *Phaseolus vulgaris* mit TMV verhinderten, wahrscheinlich Proteine mit hohem Molekulargewicht. Den gleichen Erfolg gegen TMV an Tabakblättern erzielte BOBYR mit Molke aus Kuhmilch!

Literatur

AMSDEN, R. C.: Agric. Chem. 14, 59, 85, 97 (1959). — Anonym: Rep. Hawaiian Sug. Exp. Sta. 1958, 20—27 (1958).

BAUER, S.: Ges. Pflanzen 13, 29—35, 65—77 (1961). — BEHLEN, W.: Hochdruck-Nebel, insektizid, fungizid. Berlin: M. Lichtwitz 1958. — BERAHA, L., G. B. RAMSEY, M. A. SMITH and W. R. WRIGHT: Amer. Potato J. 36, 333—338 (1959). — BERAHA, L., M. A. SMITH and W. R. WRIGHT: Phytopathology 50, 474, 476 (1960). — BESTAGNO, G.: Notiz. Malatt. Piante 49—50, 188—193 (1959). — BOBYR, A. D.: J. Microbiol. Kiev **22**, 47—51 (1960). — Bohr, K.: Ges. Pflanzen **13**, 87—96 (1961). — Bourke, P. M. A.: Verhandl. IV. Intern. Pflanzensch.-Kongreß Hamburg 1957. Bd. I, 169—174. Braunschweig 1959. — Brierly, P., and P. Lorentz: Phytopathology **50**, 404—408 (1960).

Cervenka, J., J. Nohejl u. J. Simek: Sborn. čsl. akad. zeměděl. věd. rostl. výr. **5**, 395—400 (1959). — Cooper, W. E., and W. C. Gregory: Agron. J. **52**, 1—4 (1960).

Domsch, K. H.: Z. Pflanzenkr. **66**, 1—15 (1959).

Ellenberger, C. E.: Rep. E. Malling Res. Sta. **1959**, 99—101 (1960).

Fischer, H.: Verhandl. IV. Intern. Pflanzensch.-Kongreß Hamburg 1957. Bd. I, 199—203. Braunschweig 1959; — Ges. Pflanzen **12**, 276—279 (1960). Friedman, B. A., and M. J. Caponis: Phytopathology **49**, 227—229 (1959).

Grümmer, G.: Wiss. Z. Ernst-Moritz-Arndt-Univ. **7**, 41—53 (1957—1958). — Guntz, M.: Phytiatr.-Phytopharm. **8**, 55—63 (1959).

Hahnemann, H. W.: VDI-Z. **101**, 46 (1959). — Hellmers, E.: Horticultura **13**, 201—204 (1959). — Hiebel, K.: Pflanzenschutz **11**, 119—121 (1959). — Hirai, T., u. T. Shimomura: Phytopath. Z. **40**, 35—44 (1960). — Holmes, F. O.: Abs. in Phytopathology **50**, 240 (1960).

Jones, W. A., M. Jacobson and R. P. Kahn: Nature (Lond.) **184**, 1146 (1959).

Kerssen, M. C.: Agric. Aviation **1**, 35—38 (1959). — Kljajič, R.: Arh. poljopr. Nauk **13**, 96—103 (1960).

Large, E. C.: Agriculture (Lond.) **65**, 603—608 (1959). — Lembcke, G.: Nachr.bl. dtsch. Pflanzenschutzdienst Berlin N. F. **13**, 127—134 (1959). — Lembright, H. W.: Abs. in Phytopathology **49**, 113 (1959). — Lindner, R. C., P. C. Cheo, H. C. Kirkpatrick and H. C. Govindu: Phytopathology **50**, 884—889 (1960). — Lipsits, D. V., P. A. Khizhnyak u. K. V. Sazonik: Zashch. Rast. Moskau **4**, 47—48 (1959). — Lure, L. S., u. L. G. Ter-Simonjan: Verhandl. Lenin-Akad. Landw. Wiss. **24**, 28—29 (1959).

Martin, J. P., P. F. Pratt, C. V. Eno, A. S. Newman and C. R. Dowing: J. Agr. Food Chem. **6**, 344—353 (1958). — Masago, H.: Forsch. Pflanzenkr. Kyoto **6**, 136—138 (1959). — Mauch, A.: Mitt. OVA **14**, 18—25 (1959). — Menzel, K.: Allg. Forstz. **14**, 467—468 (1959). — Mills, W. D., and A. A. Laplante: Cornell Extension Bull. **711**, 21—27 (1951). — Munnecke, D. E., F. A. Ludwig and R. E. Sampson: Canad. J. Bot. **37**, 51—58 (1959).

Nyland, G.: Phytopathology **50**, 380—382 (1960).

Persidsky, D. J., and S. A. Wilde: J. For. **58**, 552—554 (1960). — Pickett, L. C.: Publ. Univ. Wyoming **23**, 111 (1959). — Porter, C. A., and L. H. Weinstein: Contr. Boyce Thompson Inst. **20**, 307—315 (1960).

Schwinghamer, E. A.: Phytopathology **49**, 260—269 (1959). — Shimomura, T., and T. Hirai: Phytopathology **50**, 344—346 (1960). — Sijpesteijn, A. K.: Tijdschr. Plantenziekten **67**, 11—20 (1961). — Simons, J. N.: Phytopathology **50**, 109—111 (1960). — Stellwaag-Kittler, F., u. H. Goeldner: Dtsch. Weinbau **15**, 248—251 (1960).

Ullrich, J.: Mitt. Biol. BdAnst. Berlin **97**, 149—156 (1959).

Welvaert, W.: Verh. Rijksst. PlZiekt. Gent 1959.

24. Holzkrankheiten und Holzschutz

Von HERBERT ZYCHA, Hann.Münden

1. Holzzerstörung durch Basidiomyceten

Im Hinblick auf einen weitgehend praktisch ausgerichteten speziellen Interessentenkreis bemühte sich FERGUS, die in Nordamerika am häufigsten vorkommenden holzzerstörenden Basidiomyceten (85 Arten) übersichtlich und mit zahlreichen Bildern so zu beschreiben, daß eine Bestimmung gefundener Fruchtkörper an Hand beigegebener Schlüssel auch einem weniger Geübten möglich ist. Während hier keine näheren Angaben über Wuchsbedingungen und Holzzerstörung gemacht werden, ist die Neuauflage der kleinen Schrift "Dry rot in wood" von FINDLAY und SAVORY, in welcher auch Bekämpfungsmaßnahmen besprochen werden, auch in dieser Richtung auf den Holzschutz ausgerichtet. DEMIK-HOVSKA zeigte, daß in der Ukraine in Gebäuden die gleichen Pilze wie in Mitteleuropa von Bedeutung sind.

Nach wie vor bemüht man sich, die relative Pilzresistenz der verschiedenen Holzarten und die relative Fähigkeit zur Holzzerstörung bei den einzelnen Pilzarten zu ermitteln. DILLER und KOCH infizierten Holzproben (etwa $5 \times 5 \times 20$ cm) verschiedener Baumarten mit *Merulius lacrimans* bzw. *Poria incrassata* und ließen die Pilze, zugedeckt mit einer Polyäthylenfolie und mit Laub, 2 Jahre wachsen, um dann die Gewichtsverluste zu bestimmen. Von den 23 geprüften nordamerikanischen Laub- und Nadelholzarten erwies sich, wie zu erwarten, das Kernholz von *Juniperus virginiana* und *Sequoia sempervirens* als besonders dauerhaft. Das Kernholz von *Thuja plicata*, *Taxodium distichum* und *Chamaecyparis thyoides* wurde zwar im ersten Jahr kaum, im zweiten Jahr aber doch erheblich angegriffen. *P. incrassata* hat fast alle Holzarten etwas weniger angegriffen als *Merulius*. Eine Beziehung zwischen Gewichtsverlust und spezifischem Gewicht der Holzarten wurde nicht gefunden. JACQUIOT und LAPETITE prüften das Holz in Frankreich gewachsener Bäume nach der französischen Standardmethode (gedarrte Holzproben, $3 \times 1 \times 0,5$ cm) im Reagenzglas mit *Merulius* und fanden, daß das Kernholz von *Thuja plicata*, *Pinus cembra* und *P. strobus* gar nicht, das von *Pinus laricio*, *Sequoia gigantea*, *S. sempervirens* und *Taxus baccata* schwach angegriffen wird. Die höchsten Gewichtsverluste zeigten *Pinus excelsa*, *P. pinaster*, *Pseudotsuga taxifolia* und *Taxodium distichum*. *Lenzites saepiaria* ergab ähnliche Resultate, ebenso *Polyporus abietinus*, welcher jedoch das Holz von *P. strobus* erheblich angreifen konnte. ÜNLIGIL stellte fest, daß sowohl bei der Prüfung nach dem Kolleschalen-Verfahren als auch nach dem Erde-Klötzchen-Verfahren von türkischen Holzarten *Cedrus libani* besonders widerstandsfähig gegenüber *Coniophora cerebella* und *Lentinus lepideus* ist, während *Abies Nordmanniana*,

A. cilicica und *Picea orientalis* zwar etwas unterschiedlich, aber doch fast in gleicher Weise wie deutsches Kiefernsplintholz angegriffen werden.

Zum Problem der Pilzwiderstandsfähigkeit verschiedener Holzzonen eines Stammes konnte RUDMAN neue Ergebnisse beitragen. Er fand, daß sowohl der Gehalt an Extraktstoffen als auch der Grad der Vermorschbarkeit durch *Coniophora cerebella* darauf hinweisen, daß bei *Eucalyptus maculata* die inneren und äußeren Splintpartien gleich zu bewerten sind und es somit keine echte Übergangszone zum Kernholz gibt. An Kernholz von *Tectona grandis* konnten RUDMAN und DA COSTA zeigen, daß die Vermorschbarkeit *(Con. cerebella, Pol. versicolor)* vom Mark nach der Rinde zu zunimmt, wenn man zuvor die Inhaltsstoffe mit Äther und Methanol extrahiert. Daß auch eine spezifisch fördernde Wirkung von Holzinhaltsstoffen nicht übersehen werden darf, ist erneut festgestellt worden. FRIES wies eine stimulierende Wirkung von Pelargonsäure-Aldehyd (Nonanal) auf das Wachstum holzzerstörender Pilze nach.

Von Pilzen angegriffenes Kiefernholz weist auch im stehenden Stamm einen erhöhten Wassergehalt auf [ÖHLMANN (1)]. In solchen Fällen dürfte aber die Änderung der Hygroskopizität des Holzes von ausschlaggebender Bedeutung sein und nicht etwa die Produktion von Atmungswasser. Bedeutsam sind die Befunde von WEIGEL und ZIEGLER, welche nachweisen konnten, daß *Merulius lacrimans* nicht anders atmet als etwa *Coniophora cerebella* oder *Pol. vaporarius*. Mit dieser Arbeit ist eine Bresche in die alte, aber immer noch von vielen aufrechterhaltene Theorie von der Bedeutung der Wasserproduktion für die Gefährlichkeit des Hausschwammes *(Merulius)* geschlagen.

Auf die Frage der Enzymbildung der holzzerstörenden Pilze kann nicht eingegangen werden. Es sei hier nur auf CHIARAPPA verwiesen und auf die abschließenden Arbeiten von LYR (1, 2), der eine besonders starke Enzymbildung bei *Fomes marginatus* (vor allem Cellulase) und bei *Coniophora cerebella* (vor allem Pektinase) feststellte.

Wird Eschenholz mehrere Stunden bei 100—105° C gedarrt, so wird es im Versuch von *Polyporus versicolor* weniger angegriffen als Holz, welches 20 min bei etwa 120° im Dampf erhitzt wurde (SABADOŠ-ŠARIĆ). Von *Trametes pini* angegriffenes Kiefernholz wird nach ÖHLMANN (1) von *Merulius lacrimans, Coniophora cerebella* und *Poria vaporaria* stärker angegriffen als gesundes Holz. *Trametes pini* baut im Kiefernholz zuerst nur Lignin, später aber auch gleichzeitig Cellulose ab [ÖHLMANN (2)], wobei die Druckfestigkeit relativ lange erhalten bleibt. Nach LUTHARDT kann durch verschiedene holzangreifende Pilze manchen Holzarten (z. B. Buche) eine Struktur verliehen werden, welche sie für gewisse technische Zwecke besonders geeignet macht („Myko-Holz").

In der Praxis sucht man seit langem nach einer einfachen Reaktion, um den Beginn einer Holzfäule nachzuweisen. COWLING und SACHS haben gezeigt, daß auf einer frischen Schnittfläche die von Braunfäulepilzen angegriffenen Stellen (für die Zellstoffgewinnung bedeutsam) nach Behandlung mit 1%iger Osmiumsäurelösung in weniger als 5 min eine schwärzliche Verfärbung zeigen, während bei gesundem oder weißfaulem Holz eine solche Färbung erst nach 20—120 min eintritt.

2. Andere holzbewohnende Mikroorganismen

Das interessante und immer noch neue Gebiet der Moderfäule ist weiter erforscht und geklärt worden. DUNCAN (1, 2) hat eingehende Untersuchungen durchgeführt. Sie isolierte über 100 Arten von Ascomyceten und Imperfecten und berichtet eingehend über Wuchsbedingungen, Holzzerstörung und Giftresistenz. Wenn die Moderfäulepilze das Holz auch wesentlich langsamer angreifen als die bekannten Basidiomyceten, so kann doch sowohl Laubholz als auch Nadelholz erheblich geschädigt werden, wenn der Wassergehalt optimal ist. Bemerkenswert erscheint, daß viele Arten wärmeliebend sind und im Gegensatz zu den klassischen Holzzerstörern selbst bei einem p_H-Wert von 8—9 noch zu wachsen vermögen. Auch die Empfindlichkeit gegenüber Holzschutzmitteln ist sehr spezifisch und relativ gering. Dabei können allerdings die bisher üblichen Methoden zur Prüfung der fungiciden Wirksamkeit von Holzschutzmitteln nicht angewandt werden, da hierbei das Holz nicht genügend feucht gehalten werden kann. Von Bedeutung ist das Auftreten von Moderfäule u. a. bei Schwellen aus Laub- und Nadelholz. Bei imprägnierten Schwellen konnte nach vieljähriger Gebrauchsdauer ein Eindringen der Moderfäule bis in eine Tiefe zwischen 5 und 20 mm festgestellt werden (LIESE).

Moderfäule tritt auch an untergetauchtem Holz, selbst in Meerwasser, auf, doch konnte OLIVER auch bei den anfälligsten Nadelhölzern nie ein tieferes Eindringen als etwa 4 mm beobachten. Während die Moderfäulepilze stets in den Membranen wachsen, findet man die verwandten Bläuepilze meist in den Zellulumina. WILSON konnte im Holz von *Quercus alba* beobachten, daß das Mycel des Bläuepilzes *Ceratocystis (= Ophiostoma) piceae* nie in den Gefäßen, sondern nur im Holzparenchym wächst und radial nur in den kleinen Markstrahlen. Ist Eichenholz von dem Welkepilz *Ceratocystis fagacearum* befallen, so wird durch diesen das Holz weder in seinen Festigkeitseigenschaften noch in seiner Resistenz gegenüber holzzerstörenden Basidiomyceten beeinträchtigt (BRANDT).

Die Pilzflora, welche sich an in Meerwasser untergetauchtem Holz ansiedelt, wurde von SIEPMANN und JOHNSON sowie von KOHLMEYER näher untersucht. Erstere konnten an zuvor sterilisierten untergetauchten Proben von Kiefern-, Fichten- und Ahornholz in North Carolina (USA) nach 2—4 Monaten 30 Pilzarten feststellen. Viele von den zumeist zu den *Fungi imperfecti* gehörenden Arten sind auch als „terrestrische" Formen bekannt, so daß diese offenbar über ein breiteres Substratspektrum verfügen als meist angenommen wird. An der Westküste der USA fand KOHLMEYER an Holz (einschließlich Rinde) 37 Pilzarten, zumeist Ascomyceten, darunter einige neue Arten. Seine instruktiven Beschreibungen und Zeichnungen sind eine wertvolle Grundlage für die weiteren Forschungen über den Einfluß solcher Pilze auf das Holz.

An Holz von *Pinus palustris* und *Tilia americana* im kühlen Meerwasser der nordwestlichen Küste Nordamerikas fanden MEYERS und REYNOLDS (1, 2) eine reiche, aber doch spezifische Pilzflora, deren Fähigkeit zum Celluloseangriff festgestellt wurde.

3. Stamm- und Lagerfäulen

Mechanische Verwundungen bilden die häufigste Eingangspforte für Pilze bei lebenden Bäumen. Wunden am Stammfuß von *Pinus monticola* können aber auch durch eine lokale Abtötung des Cambiums durch aufsteigendes Mycel von *Armillaria mellea* entstehen, wenn das Vordringen des Pilzes durch überwallendes Callusgewebe verhindert wird (MOLNAR und McMINN). Die Zerstörung des Holzes durch Pilze an Wundstellen der Stämme war in Brit.-Columbien bei *Picea glauca* im Gegensatz zu *Abies lasiocarpa* sehr vom Standort abhängig (PARKER und JOHNSON). Dabei zeigte sich auch, daß an der Fichte vor allem *Stereum sanguinolentum* auftritt, an der Tanne neben dieser Art auch *St. chaillettii*. Eine größere Zahl von Hymenomyceten beobachteten THOMAS, ETHERIDGE und PAUL als Fäuleerreger in stehenden Stämmen von *Populus tremuloides* und *P. balsamifera* (23- bis 158 jähr.) in Alberta (Kanada). An *P. tremuloides* fanden sie vor allem *Fomes igniarius* neben *Corticium polygonium* und *Radulum casearium*, an *P. balsamifera* vor allem *Pholiota destruens*, einen Pilz, der an Aspe überhaupt nicht gefunden wurde. An der gleichen Aspenart wurden in Colorado (USA) (DAVIDSON, HINDS und HAWKSWORTH) an lebenden Stämmen *C. polygonium* als häufigster Pilz und *Fomes igniarius* als energischster Holzzerstörer gefunden. BASHAM, welcher sich vor allem mit der Schätzung des Fäuleanteils an stehenden Aspen befaßt, fand in Ontario (Kanada) ebenfalls *Fomes igniarius* als bedeutendsten Stammfäuleerreger neben *Radulum casearium*, während anderen Pilzen, wie *Pholiota spectabilis* und *Armillaria mellea* eine geringere Bedeutung zukommt.

Die Zerstörung des Holzes stehender Stämme hängt vorwiegend von der Möglichkeit des Eindringens der Pilze ab. So können Holzwespen *(Siriciden)*, welche geschwächte Bäume von *Abies balsamea* befallen, zu einer beschleunigten Pilzinfektion führen (STILLWELL). In ähnlicher Weise kann auch bei *Fagus silvatica* ein Insektenbefall nach einer Schwächung durch Trocknis das Auftreten von Weißfäule im stehenden Stamm beschleunigen (ZYCHA).

Untersucht man die Besiedelung von Kiefernstümpfen in England (East Anglia), so stellt man gewisse Sukzessionsgruppen von Pilzen fest (MEREDITH). Innerhalb solcher Gruppen kommt meist der Pilz zur Entwicklung, welcher zuerst anfliegt und sich ausbreitet, wobei natürlich das Wetter eine große Rolle spielt. *Fomes annosus, Peniophora gigantea* und *Stereum sanguinolentum* sind die bedeutsamsten Arten der ersten 2—3 Jahre. Dann erst folgen *Agaricineen* und weitere *Polyporeen*.

In großer Menge im Freien gestapelte Kiefernspäne erreichen im Sommer in Schweden so hohe Temperaturen (bis 60° C), daß holzzerstörende Pilze — wie im Experiment nachgewiesen — schon aus diesem Grund dort nicht zu wachsen vermögen (BJÖRKMAN).

4. Holzschutz

Ein frühzeitiger Holzschutz ist insbesondere bei Laubholz von großer Bedeutung. In Japan wurden ausgedehnte Untersuchungen an *Fagus crenata* durchgeführt, welche man unmittelbar nach dem Fällen mit einer Pentachlorphenol-Emulsion oder anderen Schutzmitteln spritzte (anonym).

Aufgeschnittenes Buchensplintholz *(F. silvatica)* nimmt im Anstrich- oder Tauchverfahren weniger Schutzmittellösung auf als Fichte oder gar Kiefer. Von ölartigen Schutzmitteln dringt dabei mehr ein als von wäßrigen Lösungen (BAVENDAMM und SEEHANN). Erhitzt man Fichten- oder Kiefernholz 8 Std auf Temperaturen bis zu 150° C, so nimmt beim Kurztauchen das über 100° C erhitzte Holz weniger an wassergelöstem oder ölartigem Schutzmittel auf als das weniger erhitzte, doch mildert sich dieser Effekt nach einigen Wochen Lagerung (WILLEITNER).

ZENKER beschreibt ein neues Prüfverfahren, das gestattet, schon nach wenigen Wochen Pilzeinwirkung die Veränderung der statischen Biegefestigkeit an kleinen Holzproben ($15 \times 10 \times 4$ mm) zu ermitteln.

Literatur

Anonym: Bull. For. Exp. Stat. Meguro **120**, 1—109 (1960).

BASHAM, J. T.: Canad. Dept. Agric. Ottawa (Ontario), Nr. 1060, 25 S. (1960). — BAVENDAMM, W., u. G. SEEHANN: Holzforsch. u. Holzverwert. **12**, 50—54 (1959). — BJÖRKMAN, E.: Svensk Skogsv. Fören. Tidskr. **57**, 347—356 (1959). — BRANDT, W. H.: Abstr. of thesis, in Dissert. Abstr. **20**, 2510. R. R. S. (1960).

CHIARAPPA, L.: Phytopathology **49**, 578—583 (1959). — COWLING, E. B., and I. B. SACHS: For. Prod. J. **10**, 594—596 (1960).

DAVIDSON, R. W., T. E. HINDS and F. G. HAWKSWORTH: Sta. Pap. Rocky Mt. For. Range Exp. Sta. No. 45, 14 S. (1959). — DEMIKHOVSKA, A. A.: J. Microbiol. (Kiev) **21**, 19—24 (1959). — DILLER, J. D., and J. E. KOCH: For. Prod. J. **9**, 298 bis 302 (1959). — DUNCAN, C. G.: (1) U. S. For. Prod. Lab. Madison No. 2173, 28 S. (1960); — (2) Proc. Amer. Wood-Preserv. Assoc. **56**, 27—35 (1960).

FERGUS, CH. L.: Illustrated genera of wood decay fungi. Minneapolis Minn. 132 S. (1960). — FINDLAY, W. P. K., and J. G. SAVORY: Bull. For. Prod. Res. (Lond.) 36 S. (1960). — FRIES, N.: Nature (Lond.) **187**, 166—167 (1960).

JACQUIOT, C., et M. D. LAPETITE: Rev. Path. Végét. Entom. Agr. France **39**, 19—33 (1960).

KOHLMEYER, J.: Nova Hedwigia **2**, 293—343 (1960).

LIESE, W.: Holzforsch. u. Holzverwertg. (Wien) **12**, 61—64 (1959/1960). — LUTHARDT, W.: Was ist Myko-Holz? Selbstverlag W. Luthardt Steinach: 24 S. 1959. — LYR, H.: (1) Arch. Mikrobiol. **34**, 418—433 (1959); (2) **35**, 258—278 (1960).

MEREDITH, D. S.: Ann. Bot. (Lond.), N. S. **24**, 63—78 (1960). — MEYERS, S. P., and E. S. REYNOLDS: (1) Canad. J. Microbiol. **5**, 493—503 (1959); — (2) Canad. J. Bot. **38**, 217—226 (1960). — MOLNAR, A. C., and R. G. McMINN: For. Chron. **36**, 51—60 (1960).

ÖHLMANN, J.: (1) Arch. Forstwes. **8**, 270—284 (1959); — (2) **8**, 361—371 (1959). OLIVER, A. C.: Res. Timb. Developm. Ass. Lond. No. B/RR/1, 14 S. (1959).

PARKER, A. K., and A. L. S. JOHNSON: For. Chron. **36**, 30—45 (1960).

RUDMAN, P.: Div. For. Prod. CSIRO, Melbourne, 6 S. (1959). — RUDMAN, P., and E. W. B. DA COSTA: J. Inst. Wood Sci. No. 3, 33—42 (1959).

SABADOŠ, and A. ŠARIĆ: Drvna Ind. **11**, 77—78 (1960). — SIEPMANN, R., and T. W. JOHNSON jr.: J.Mitchell Sci. Soc. **76**, 150—154 (1960). — STILLWELL, M. A.: For. Sci. **6**, 225—231 (1960).

THOMAS, G. P., D. E. ETHERIDGE and G. PAUL: Canad. J. Bot. **38**, 459—466 (1960).

ÜNLIGIL, H.: Untersuchungen über die Pilzresistenz ungeschützter und geschützter Hölzer. Diss. Göttingen (1960).

WEIGL, J., u. H. ZIEGLER: Arch. Mikrobiol. **37**, 124—133 (1960). — WILLEITNER, H.: Holz Roh- u. Werkstoff **18**, 250—260 (1960). — WILSON, CH. L.: Mycologia **51**, 311—317 (1959).

ZENKER, R.: Arch. Forstwes. **9**, 172 (1960). — ZYCHA, H.: Holz-Zbl. (Stuttgart) **86**, 2061—2063 (1960).

25. Antibiotica

Von Hans Zähner, Zürich

Antibiotica-Biogenese

Die Lactonteile der *Makrolid-Antibiotica* (Übersicht bei Hütter u. Mitarb.) sind aus in 1,2-Stellung verknüpften Acetat- und/oder Propionat-Einheiten aufgebaut. Nach den Untersuchungen von Corcoran u. Mitarb. (1, 2) und Grisebach u. Mitarb. (1, 2) sind am Aufbau des Erythromycin-Aglykons 7 Propionat- und eine Acetat-Einheit beteiligt. Die Vermutung von Birch, Djerassi, Dutcher und Smith (zitiert nach Abraham u. Newton), daß das Erythromycin-Aglykon aus Acetat mit nachfolgender Methylierung aufgebaut werde, ist durch diese Versuche widerlegt worden. Das Methymycin-Aglykon ist aus 5-Propionat- und einer Acetat-Einheit zusammengesetzt (Birch u. Mitarb.) (Formel 1).

Formel I. a) Methymycin, b) biogenetische Einheiten des Methymycin-Aglykons

Konstitutionell und biogenetisch stehen die Makrolid-Antibiotica mit den *Polyen-Antibiotica* und den *Pyrromycinone* enthaltenden Antibiotica in naher Beziehung. Die *Polyen-Antibiotica* (Übersicht bei Vining) enthalten, soweit bekannt, ebenfalls einen großen Lactonring und teilweise Aminozucker, die den Zuckern aus den Makrolid-Antibiotica nahestehen.

Formel II. ε-Pyrromycinon

Die Biogenese des ε-Pyrromycinons wurde durch OLLIS u. Mitarb. (1) untersucht. Bei der Fermentation in Gegenwart von carboxyl-markierter Essigsäure fanden sie die Radioaktivität an den mit * bezeichneten Stellen im ε-Pyrromycinon (Formel II), bei Fermentation in Gegenwart von carboxyl-markierter Propionsäure nur an der mit O bezeichneten Stelle. Das ε-Pyrromycinon [auch als Rutilantinon bezeichnet (BROCKMANN u. Mitarb. 1)] ist Bestandteil der Cinerubine A und B (ETTLINGER u.Mitarb.), der Pyrromycine und der Rutilantine (OLLIS u. Mitarb. 2, 3). Auf dem gleichen Wege entstehen sehr wahrscheinlich auch die mit dem ε-Pyrromycinon verwandten Aglykone ζ und η-Pyrromycinon [BROCKMANN u. Mitarb. (2, 3, 4)] und das Aklavinon (GORDON u. Mitarb.).

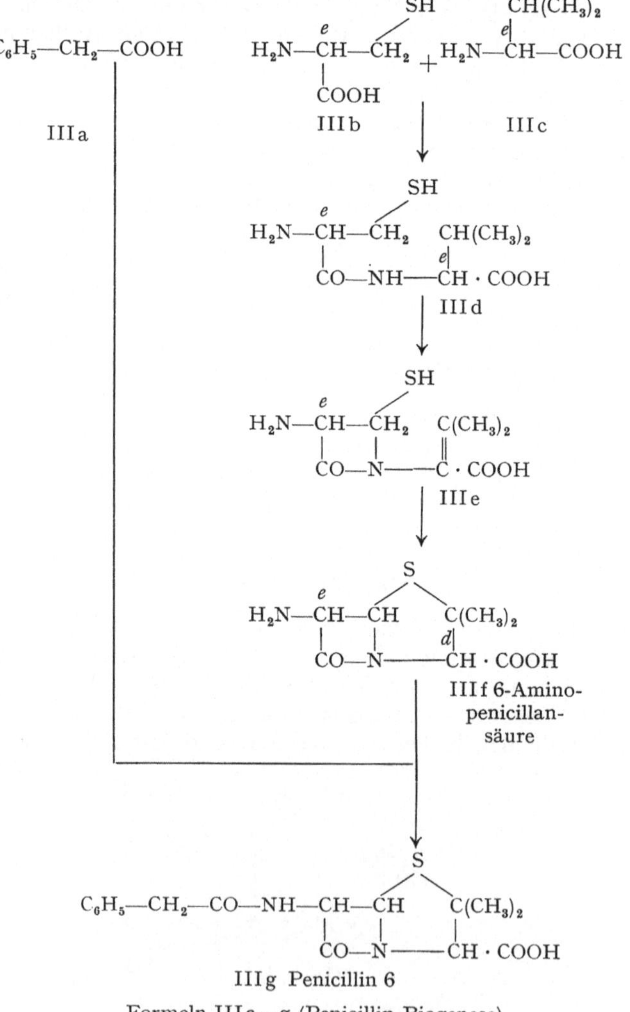

Formeln IIIa—g (Penicillin-Biogenese)

Die *Biogenese* der *Penicilline* steht heute in großen Zügen fest (ABRA-HAM, DEMAIN), sie ist in den Formeln IIIa—g dargestellt. Als Ausgangsprodukte sind L-Cystein (IIIb), L-Valin (IIIc) und je nach dem gebildeten Penicillin eine organische Säure, als Vorstufe der Seitenkette, anzusehen. Im Falle des Penicillins G handelt es sich um die Phenylessigsäure (IIIa). Eine Schwierigkeit in der Erklärung der Biogenese liegt darin, daß der aus dem L-Valin stammende Teil im Penicillin-Molekül D-Konfiguration aufweist. Durch die Annahme einer Dehydrierung der Zwischenstufe IIId mit nachfolgender Hydrierung der Verbindung IIIe zur 6-Aminopenicillansäure (IIIf) ist der Konfigurationswechsel erklärbar.

Die Einführung der Seitenkette (im Falle des Penicillins G der Phenylessigsäure) erfolgt erst auf der Stufe der 6-Aminopenicillansäure (IIIf) (BATCHELOR u. Mitarb., ROLINSON u. Mitarb.). Durch die Isolierung der 6-Aminopenicillansäure aus Fermentationsbrühen (BATCHELOR u. Mitarb. ROLINSON) oder nach enzymatischer Spaltung von Penicillinen (CLARIDGE u. Mitarb., HANG u. Mitarb., KAUFMANN und BAUER) steht diese Verbindung als Ausgangsmaterial für neue Penicillinderivate zur Verfügung. Bereits liegen auch die ersten Berichte über semisynthetische Penicilline vor (ING).

Wirkungsweise von Antibiotica

Die Wirkungsweise eines Antibioticums aufzuklären wird einfacher, wenn es gelingt Substanzen zu finden, welche die Wirkung kompetitiv aufheben, ohne das Antibioticum selbst zu zerstören oder eine Verbindung mit ihm einzugehen. Für die Purin-Antibiotica und für die Sideromycine konnten derartige Antagonisten gefunden werden. Die *Purin-Antibiotica* [Puromycin (FRYTH u. Mitarb.), Nucleocidin (WALLER u. Mitarb.), Angustmycin A und C (Psicofuranin = Angustmycin C) [YÜNTSEN, VAVRA u. Mitarb. (1), SOKOLSKI u. Mitarb. (1), EBLE u. Mitarb.], Toyokamycin (OHKUMA), Tubercidin (SUZUKI u. MARUMA), Nebularin (LÖFGREN u. LÜNING, ISONO u. SUZUKI)] bestehen alle aus einer Purinbase oder einem Derivat einer solchen und einem Zucker. Für Angustmycin C (resp. Psicofuranin) konnten TANAKA u. Mitarb. und HANKA zeigen, daß die Wirkung dieses Antibioticums kompetitiv durch verschiedene Purine aufgehoben wird. Guanin hat die beste Wirkung, Guanosin und Adenosin haben eine deutliche schwächere aber doch gute Wirkung. Die Purine enthaltenden Nucleotide und Nucleoside sind nach HANKA nur noch schwache Antagonisten des Angustmycins C, doch könnte dies durch unterschiedliche Aufnahme dieser Stoffe durch die Zellen bedingt sein. Die Purin-Antibiotica sind als „natürliche" Antimetaboliten des Purinstoffwechsels zu betrachten. Wie die synthetisch hergestellten Antimetaboliten des Purinstoffwechsels (2,6-Diaminopurin, 8-Azaguanin, 6-Mercaptopurin, Thioguanin, 6-Chlorpurin, 6-Methylmercaptopurin usw.) besitzen auch die Purin-Antibiotica eine beträchtliche Antitumor-Wirkung.

Die *Sideromycine* sind hochwirksame, eisenhaltige Antibiotica, die gekreuzte Resistenz mit Grisein aufweisen und deren Wirkung gegen grampositive Bakterien durch Sideramine kompetitiv aufgehoben wird [BICKEL u. Mitarb. (1)]. BICKEL u. Mitarb. (1) haben die eisenhaltigen

Naturstoffe mit der für Eisenkomplexe typischen Absorption bei 420 bis 440 mμ unter dem Begriff Siderochrome zusammengefaßt. In der folgenden Übersicht sind die bekannten Siderochrome, nach ihrer Wirkung gruppiert, aufgeführt:

Siderochrome

Sideramine	*Sideromycine*
(Wachstumsfaktoren)	(Antibiotica)
Ferrioxamine A, B, C, D₁, D₂, E, F	Grisein [REYNOLDS u. Mitarb. (1, 2)]
[BICKEL u. Mitarb. (1—4),	Albomycin (GAUSE)
ZÄHNER u. Mitarb.]	Ferrimycine [BICKEL u. Mitarb. (1,5)]
Ferrichrome [NEILANDS,	Antibioticum 1787 (THRUM)
EMERY u. NEILANDS (1, 2)]	Antibiotica LA 5352 und LA 5937
Coprogen (PIDACKS u. Mitarb.)	(SENSI u. TIMBAL)
Terregens-Faktor (BURTON u.	Antibioticum 22765 [(BICKEL u.
Mitarb.)	Mitarb. (1)]

Die Sideromycine wirken als kompetitive Antagonisten der Sideramine [BICKEL u. Mitarb. (1), ZÄHNER u. Mitarb.]. Die Sideramine waren teilweise, ohne zu einer einheitlichen Gruppe zusammengefaßt zu sein, schon längere Zeit als Wuchsstoffe für bestimmte Bakterien (NEILANDS, DEMAIN u. HENDLIN, HENDLIN u. DEMAIN) und für coprophile Pilze (HESSELTINE u. Mitarb.) bekannt. Über die Rolle der Sideramine im mikrobiellen Stoffwechsel liegen erst Hypothesen vor (ZÄHNER u. Mitarb.).

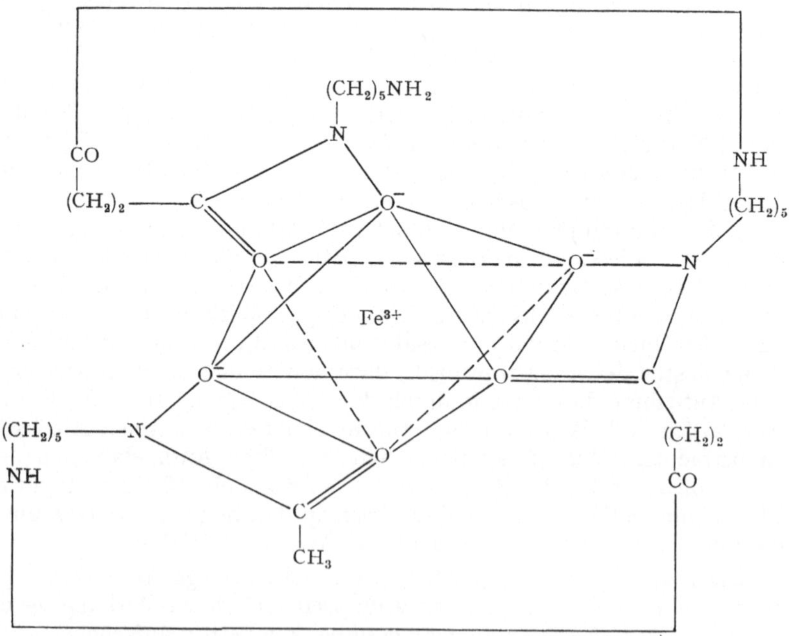

Formel IV (mögliche Konfiguration von Ferrioxamin B)

Bickel u. Mitarb. (4) ist es gelungen, die Konstitution des Ferrioxamins B, der Hauptkomponente der Ferrioxamine aufzuklären. Eine der möglichen Konfigurationen ist in der Formel IV dargestellt. Auch die anderen Siderochrome stellen, soweit bekannt, Hydroxamsäure-Komplexe des Eisens dar [Emery u. Neilands (1, 2), Bickel u. Mitarb. (1)], doch sind die Konstitutionsformeln der übrigen Siderochrome noch nicht abgeklärt.

Neue Antibiotica

In der Tab. 1 sind die neu beschriebenen Antibiotica zusammengestellt. Die Liste schließt an die Darstellung von Zähner in Fortschritte der Botanik Bd. **22**, 1960 an. Nicht aufgenommen wurden schlecht charakterisierte Antibiotica und Stoffe, die bereits früher teils unter anderen Namen und teils von anderen Autoren beschrieben wurden.

Literatur

Abraham, E. P.: Endeavour **18**, 212—220 (1959). — Abraham, E. P., and G. G. F. Newton: Proc. IV. intern. Congr. Biochemistry, Wien, **5**, 42—60 (1959). — Anzai, K., K. Isono, K. Okuma and S. Suzuki: J. Antibiotics Ser. A **13**, 125 (1960). — Anzai, K., and S. Suzuki: J. Antibiotics Ser. A **13**, 133 (1960). — Arcamone, F., C. Bertazzoli, M. Ghione e T. Scotti: G. Microbiol. **7**, 251—272 (1959).

Bachmann, E., u. H. Zähner: Arch. Mikrobiol. **38**, 326—338 (1961). — Batchelor, F. R., F. P. Doyle, J. H. C. Nayler and G. N. Rolinson: Nature (Lond.) **183**, 257—258 (1959). — Bhate, D. S., R. K. Hulyalkar and S. K. Menon: Experientia (Basel) **16**, 504 (1960). — Bickel, H., R. Bosshardt, E. Gäumann, P. Reusser, E. Vischer, W. Voser, A. Wettstein u. H. Zähner (3): Helv. Chim. Acta **43**, 2118—2128 (1960). — Bickel, H., B. Fechtig, G. E. Hall, W. Keller-Schierlein, V. Prelog u. E. Vischer (2): Helv. Chim. Acta **43**, 901—904 (1960). — Bickel, H., E. Gäumann, W. Keller-Schierlein, V. Prelog, E. Vischer, A. Wettstein u. H. Zähner (1): Experientia (Basel) **16**, 129—133 (1960). — Bickel, E. Gäumann, G. Nussberger, P. Reusser, E. Vischer, W. Voser, A. Wettstein u. H. Zähner (5): Helv. Chim. Acta **43**, 2105—2118 (1960). — Bickel, H., G. E. Hall, W. Keller-Schierlein, V. Prelog, E. Vischer u. A. Wettstein (4): Helv. Chim. Acta **43**, 2129—2138 (1960). — Birch, A. J., E. Pride, R. W. Richards, P. J. Thomson, J. D. Dutcher, D. Perlman and C. Djerassi: Chem. and Industry **1960**, 1245—1246. — Brazhnikova, M. G., M. K. Kudinova, M. F. Lavrova and T. A. Yopenskaya: Antibiotiki **5** (4), 6 (1960). — Brockmann, H., H. Brockmann jr., J. J. Gordon, W. Keller-Schierlein, W. Lenk, W. D. Ollis, V. Prelog and I. O. Sutherland (1): Tetrahedron Letters **1960** Nr. 8, 25. — Brockmann, H., u. H. Brockmann jr. (3): Naturwiss. **47**, 135 (1960). — Brockmann, H., u. W. Lenk (2): Chem. Ber. **92**, 1880—1903 (1959); (4) Naturwiss. **47**, 135 (1960). — Brown, R., and E. L. Hazen (1): Abstr. Comm. Sympos. Antibiotics Prag 1959, 4; — (2) Antibiotics and Chemother. **10**, 702—708 (1960). — Burton, M. O., F. J. Sowden and A. G. Lochhead: Can. J. Biochem. Physiol. **32**, 400—406 (1954).

Canevazzi, G., and T. Scotti: G. Microbiol. **7**, 242—250 (1959). — Ceriotti, G.: D. Pat. 1090380 (1960). — Chochlov, A. S., and G. S. Libermann: Abstr. Comm. Sympos. Antibiotics Prag 1959, 154—155. — Claridge, C. A., A. Gourevitch and J. Lein: Nature (Lond.) **187**, 237 (1960). — Corcoran, J. W., T. Kaneda and J. C. Butte (1): Fed. Proc. **19**, 227 (1960); — (2) J. Biol. Chem. **235**, PC 29 (1960).

Darken, M. A., A. L. Jensen and P. Shu: Antibiotics Ann. 1959/60, 199—204. — DeBoer, C., A. Dietz, J. S. Evans and R. M. Michaels: Antibiotics Ann. 1959/60, 220—226. — Demain, A. L.: Advances appl. Microbiol **1**, 23—48 (1959). — Demain, A. L., and D. Hendlin: J. gen. Microbiol. **21**, 72 (1959).

Tabelle 1. *Neue Antibiotica.* (Die Liste wurde am 31. 12. 1960 abgeschlossen)

Name	gebildet durch	aktiv gegen	chemische Charakterisierung	Literatur
Acitamycin	*Streptomyces* sp.	Pilze		SOEDA u. FUJITA
Albofungin	*Streptomyces albus*-Gruppe	Pilze		CHOCHLOV u. LIBERMAN
Amidinomycin	*Streptomyces* sp.	sporenbildende Bakterien	N-(2'-amidinoäthyl)-3-amino-cyclopentan-carboxamid	NAKAMURA u. Mitarb.
Amminosidin	*Streptomyces chresto-myceticus*	grampos., gramneg. Bak-terien Mycobakterien	Oligosaccharid Base $C_{23}H_{45}N_5O_{14}$	CANEVAZZI u. SCOTTI, ARCAMONE u. Mitarb.
Antibioticum CE 58	*Fungi imperfecti*	Viren, grampos. Bakterien	lipophil, amphother, Smp. 134° $C_{22}H_{22}O_7$	STARON u. FAIVRE-AMIOT
Antibioticum 2814 P	*Streptomyces* sp.	Pilze	Pentaen	THRUM u. DSCHANG DCHO
Antibioticum 2814 H	*Streptomyces* sp.	Pilze	Heptaen	THRUM u. DSCHANG DCHO
Antibioticum 22765	*Streptomyces aureofaciens*	grampos. Bakterien	Sideromycin	BICKEL u. Mitarb. (1)
Antibioticum aus *Bacillus subtilis*	*Bacillus subtilis*	Pilze	Polypeptid	LÜCK
Arsimycin	*Streptomyces arsitiensis*	grampos., gramneg. Bakterien	Polypeptid	CERIOTTI
Aspartocin	*Streptomyces griseus* var. *spiralis* *Streptomyces violaceus*	grampos. Bakterien	Polypeptid mit Fettsäure-komponente	SHAY u. Mitarb., DARKEN u. Mitarb. KIRSCH u. Mitarb., REDIN u. McCOY
Ayamycin $A_1 A_2 A_3$	*Streptomyces* sp.	Tumor, grampos. Bakterien	A_2 Smp. 202—204° $C_{28}H_{38}O_{10}$	SATO
Bovinocidin	*Streptomyces* sp.	Mycobakterien	β-Nitropropionsäure (als Naturstoff bereits längere Zeit bekannt)	ANZAI u. SUZUKI
iso-Butyropyrrothin	*Streptomyces pimprina*	grampos., gramnegative Bakterien	Isobuttersäurederivat des Thiolutins	BHATE u. Mitarb.
Capacidin = A 5913	*Streptomyces* sp.	Pilze	Pentaen	BROWN u. HAZEN (1,2)
Carcinomycin	*Streptomyces carcino-mycinus*	Tumor	Polypeptid	HOSOTANI u. SOEDA
Cephalomycin	*Streptomyces* sp.	Virus	hydrophile Base	MATSUMAE; ONUMA

Closeomycin	*Streptomyces arabicus*	grampos., gramneg. Bakterien, Mycobakterien, Pilze	Smp. 325° (Zersetzung)	Shibata u. Mitarb.
Diazomycin A, B	*Streptomyces ambofaciens*	Tumor	hydrophile Säuren	Rao u. Mitarb.
Eurotin	*Streptomyces griseus*	Pilze		Hosoya u. Mitarb.
Ferrimycine $A_1 A_2$ B	*Streptomyces griseoflavus*	grampos. Bakterien	Sideromycin	Bickel u. Mitarb. (1, 5)
	Streptomyces lavendulae			Bachmann u. Zähner
	Streptomyces galilaeus			Zähner u. Mitarb.
Fervenulin	*Streptomyces fervens*	Tumor, grampos, gramneg Bakterien, Protozoen	$C_7H_7N_5O_2$	DeBoer u. Mitarb., Eble u. Mitarb. (2)
Folimycin	*Streptomyces neyagawaensis*	Pilze		Yamamoto u. Mitarb.
Grubilin	*Streptomyces* sp.	Pilze	Heptaen	Uri u. Mitarb.
„HON"	*Streptomyces akiyoshiensis*	Mycobakterien	L-δ-Hydroxy-γ-oxonorvalin	Tatsuoka u. Mitarb.
Isocycloheximid	*Streptomyces griseus*	Pilze	isomer zu Cycloheximid (Actidion)	Lemin u. Ford
Lankacidin	*Streptomyces violaceoniger*	grampos. Bakterien	lipophil, neutral, Smp. 165 bis 168° $C_{49}H_{66}O_{16}N_2$	Gäumann u. Mitarb.
Lankamycin	*Streptomyces violaceoniger*	grampos. Bakterien	neutrales, N-freies Makrolid Doppel-Smp. 147—150° und 181—182°	Gäumann u. Mitarb.
Marinamycin	*Streptomyces mariensis*	Tumor	hydrophil	Soeda
Minomycin	*Streptomyces* sp.	Tumor, grampos. Bakt.	Smp. 155—161° (Zersetzung)	Nishimura u. Mitarb.
Monomycin	*Actinomyces circulatus*	grampos., gramnegative Bakterien	enthält 2-Deoxystreptamin (Neomycin-Kanamycin-Gruppe)	Brazhnikova u. Mitarb., Gause u. Mitarb.
Niddamycin = F 3463	*Streptomyces djakartensis*	grampos. Bakterien	Makrolid	Lindner u. Mitarb.
Niromycine A, B	*Streptomyces albus*	Virus, Pilze	B Smp. 47—67° verwandt A Smp. 98—105° mit Actidion	Osato u. Mitarb. (1, 2)
PA 155 A	*Streptomyces albus*	grampos. Bakterien	$C_{14}H_{15}N_3O_2$ (enthält Indolkern)	Rao, Marsh u. Mitarb. (1)
PA 155 B	*Streptomyces albus*	grampos. Bakterien		Marsh u. Mitarb. (1); Rao
PA 163	*Streptomyces flocculus*	Tumor, grampos. Bakterien, Protozoen	lipophile Säure, Smp. 268 bis 270°	Marsh u. Mitarb. (2)
Phaeocystin	*Phaeocystis Pouchetii*	grampos., gramneg. Bakterien, Mycobakterien		Sieburth

Tabelle 1 (Fortsetzung)

Name	gebildet durch	aktiv gegen	chemische Charakterisierung	Literatur
Polymycin	Actinomyces sp.	grampos., gramneg. Bakterien, Viren, Tumor	Strephtohricin-Gruppe	Solovieva u. Mitarb.
Questiomycin A	Streptomyces sp.	grampos. Bakterien Mycobakterien	$C_{12}H_8N_2O_2$ Smp. 241—244°	Anzai u. Mitarb.
Streptonigrin	Streptomyces flocculus	grampos. Bakterien, Mycobakterien, Tumor	lipophile Säure, Smp. 275° (Zersetzung)	Rao u. Cullen
Streptozotocin	Streptomyces achromogenes	grampos., gramnegative Bakterien	$C_{14}H_{27}O_{12}N_5$, Smp. 115—125° (Zersetzung)	Herr u. Mitarb., Sokolski u. Mitarb. (2), Lewis u. Mitarb., Vavra u. Mitarb. (2), Hanka u. Sokolski
Tylosin	Streptomyces violaceoniger	grampos. Bakterien	Makrolid	Hamill u. Haney, Hütter u. Mitarb.
Unamycin A	Streptomyces fungicidicus	Pilze	Tetraen	Matsuoka u. Umezawa
Unamycin B	Streptomyces fungicidicus	Pilze	ähnlich Toyokamycin	Matsuoka u. Umezawa

EBLE, T. E., H. HOEKSEMA, G. A. BOYACK and G. M. SAVAGE (1): Antibiotics and Chemother. 9, 419—420 (1959). — EBLE, T. E., E. C. OLSON, C. M. LARGE and J. W. SHELL (2): Antibiotics Ann. 1959/60, 227—229. — EMERY, T., and J. B. NEILANDS (1): Nature (Lond.) 184, 1632 (1959); — (2) J. Amer. Chem. Soc. 82, 3658 (1960). — ETTLINGER, L., E. GÄUMANN, R. HÜTTER, W. KELLER-SCHIERLEIN, F. KRADOLFER, L. NEIPP, V. PRELOG, P. REUSSER u. H. ZÄHNER: Chem. Ber. 92, 1867—1879 (1959).

FRYTH, P. W., C. W. WALLER, B. L. HUTCHINGS and J. H. WILLIAMS: J. Amer. Chem. Soc. 80, 2736 (1958).

GÄUMANN, E., R. HÜTTER, W. KELLER-SCHIERLEIN, L. NEIPP, V. PRELOG u. H. ZÄHNER: Helv. Chim. Acta 43, 601—606 (1960). — GAUSE, G. F.: Brit. med. J. 1955 II, 1177. — GAUSE, G. F., T. P. PREOBRAZHENSKAYA, L. P. IVANITSKAYA and W. K. KOVALONEKOVA: Antibiotiki 5 (4), 3 (1960). — GORDON, J. J., L. M. JACKMAN, W. D. OLLIS and I. O. SUTHERLAND: Tetrahedron Letters 1960, Nr. 8, 28. — GRISEBACH, H., H. ACHENBACH u. U. C. GRISEBACH: Naturwiss. 47, 206 (1960). — GRISEBACH, H., H. ACHENBACH u. W. HOFHEINZ: Z. Naturforsch. 15b, 560—568 (1960).

HAMILL, R. L., and M. E. HANEY: Chem. Eng. News 37, 37 (1959). — HANKA, L. J.: J. Bact. 80, 30—36 (1960). — HANKA, L. J., and W. T. SOKOLSKI: Antibiotics Ann. 1959/60, 255—261. — HENDLIN, D., and A. L. DEMAIN: Nature (Lond.) 184, Suppl. 24, 1894 (1959). — HERR, R. R., T. E. EBLE, M. E. BERGY and H. K. JAHNKE: Antibiotics Ann. 1959/60, 236—240. — HESSELTINE, C. W., A. R. WHITEHILL, C. PIDACKS, M. T. HAGEN, N. BOHONOS, B. L. HUTCHINGS and J. H. WILLIAMS: Mycologia 45, 7—19 (1953). — HOSOIANI, S., and M. SOEDA: Japan Pat. 6893, 1959. — HOSOYA, S., M. SOEDA, K. OKADA and H. FUJITA: Toho Igakkai Zasshi 6, 283 (1959), zit. nach Chem. Abstr. 54, 16537 (1960). — HUANG, H. T., A. R. ENGLISH, T. A. SETO, G. M. SHULL and B. A. SOBIN: J. Amer.

Chem. Soc. **82**, 3790 (1960). — HÜTTER, R., W. KELLER-SCHIERLEIN u. H. ZÄHNER: Arch. Mikrobiol. **39**, 158—194 (1961).

ING, H. R.: Proc. chem. Soc. **1961**, 6—8. — ISONO, K., and S. SUZUKI: J. Antibiotics Ser. **A 13**, 270—272 (1960).

KAUFMANN, W., u. K. BAUER: Naturwiss. **47**, 474 (1960). — KIRSCH, E. J., A. C. DORNBUSH and E. J. BACKUS: Antibiotics Ann. **1959/60**, 205—212.

LEMIN, A. J., and J. H. FORD: J. org. Chem. **25**, 344 (1960). — LEWIS, CH., and A. R. BARBIERS: Antibiotics Ann. **1959/60**, 247—254. — LINDNER, F., G. HUBER u. K. WALLHÄUSER: D. Pat. 1 077 381 10. 3. 1960. — LÖFGREN, N., and B. LÜNING: Acta chem. Scand. **7**, 225 (1953). — LÜCK, S.: Kühn Archiv **74**, 19—120 (1960).

MARSH, W. S., A. L. GARRETSON and E. M. WESSEL (1): Antibiotics and Chemother. **10**, 316 (1960). — MARSH, W. S., A. L. GARRETSON and K. V. RAO (2): D. Pat. 1 089 928 (1960). — MATSUMAE, A.: J. Antibiotics Ser. **A 13**, 143 (1960). — MATSUOKA, M., and H. UMEZAWA: J. Antibiotics Ser. **A 13**, 114 (1960).

NAKAMURA, S., K. KARASAWA, N. TANAKA, H. YONEHARA and H. UMEZAWA: J. Antibiotics Ser. **A 13**, 362—365 (1960). — NEILANDS, J. B.: Bact. Rev. **21**, 101 (1957). — NISHIMURA, H., K. SASAKI, M. MAYAMA, N. SHIMAOKA, K. TAWARA, S. OKAMOTO and K. NAKAJIMA: J. Antibiotics Ser. **A 13**, 327—334 (1960).

OHKUMA, K.: J. Antibiotics Ser. **A 13**, 361 (1960). — OLLIS, W. D., I. O. SUTHERLAND, R. C. CODNER, J. J. GORDON and G. A. MILLER (1).: Proc. Chem. Soc. **1960**, 347. — OLLIS, W. D., I. O. SUTHERLAND and J. J. GORDON (2): Tetrahedron Letters **1959**, No. **16**, 17—23. — OLLIS, W. D., I. O. SUTHERLAND and P. L. VEAL (3): Proc. Chem. Soc. **1960**, 349. — ONUMA, M.: J. Antibiotics Ser. **A 13**, 273—286 (1960). — OSATO, T., Y. MORIKUBO and H. UMEZAWA: J. Antibiotics Ser. **A 13**, 110 (1960). — OSATO, T., Y. MORIKUBO, S. YAMAZAKI, T. HIKIJI, K. YANO, M. KANO, T. OSONO and H. UMEZAWA: J. Antibiotics Ser. **A 13**, 97 (1960).

PIDACKS, C., A. R. WHITEHILL, L. PRUESS, C. W. HESSELTINE, B. L. HUTCHINGS, N. BOHONOS and J. H. WILLIAMS: J. Amer. Chem. Soc. **75**, 6064 (1953).

RAO, K. V.: Antibiotics and Chemother. **10**, 312 (1960). — RAO, K. V., S. C. BROOKS, M. KUGELMAN and A. A. ROMANO: Antibiotics Ann. **1959/60**, 943—949. — RAO, K. V., and W. P. CULLEN: Antibiotics Ann. **1959/60**, 950—953. — REDIN, G. S., and M. E. McCOY: Antibiotics Ann. **1959/60**, 213—219. — ROLINSON, G. N.: Vortrag 1st internatl. Fermentation Symposium Rom, 9.—14. 5. 1960. — ROLINSON, G. N., F. R. BATCHELOR, D. BUTTERWORTH, J. CAMERON-WOOD, M. COLE, G. C. EUSTACE, M. V. HART, M. RICHARDS and E. B. CHAIN: Nature (Lond.) **187**, 236—237 (1960).

SATO, K.: J. Antibiotics Ser. **A 13**, 321—326 (1960). — SENSI, P., and M. T. TIMBAL: Antibiotics and Chemother. **9**, 160—166 (1959). — SHAY, A. J., J. ADAM, J. H. MARTIN, W. K. HAUSMANN, P. SHU and N. BOHONOS: Antibiotics Ann. **1959/60**, 194—198. — SHIBATA, M., K. FUJII, S. FUJII, K. TANABE, K. OKI, K. OGATA, S. IGRASHI, K. YAMAMOTO, K. NAKAZAWA, A. MIYAKE, M. INOUE and A. OIABORI: Japan. Pat. 3798, 16. 4. 1960. — SIEBURTH, J. M.: Bact. Proc. **60**, A 28 (1960). — SOEDA, M.: J. Antibiotics Ser. **12**, 300 (1959), japanisch. — SOEDA, M., and H. FUITA: J. Antibiotics Ser. **12**, 293—294 (1959), japanisch. — SOKOLSKI, W. T., N. J. EILERS and T. E. EBLE (1): Antibiotics and Chemother. **9**, 436—438 (1959). — SOKOLSKI, W. T., J. J. VAVRA and L. J. HANKA: Antibiotics Ann. **1959/60**, 241—246. — SOLOVIEVA, N. K., I. D. DELOVA, K. I. GERMANOVA, A. M. SAVELIEVA, A. S. KHOKLOV, S. M. MAMIOFE, Z. T. SINITSYNA, M. A. PETROVA, V. A. KOROLEVA, S. M. NAVASHIN, I. P. FOMINA, I. S. BUYANIVSKAYA, O. S. VASILENKO, S. A. EFREMOVA, E. K. BEREZINA, R. A. WEISS, V. S. DIMITRIEVA, S. M. SEMENOV and A. N. SHNEERSON: Antibiotiki **5** (6), 5 (1960). — STARON, T., and A. FAIVRE-AMIOT: Compt. rend. **250**, 1580 (1960). — SUZUKI, S., and S. MARUMO: J. Antibiotics Ser. **A 13**, 360 (1960).

TANAKA, N., N. MIYAIRI and H. UMEZAWA: J. Antibiotics Ser. **A 13**, 265 (1960). — TATSUOKA, S., K. KANAZAWA, T. ARAKI, K. NAKAZAWA, A. MIYAKE, H. HITOMI, J. UEYANAGI, M. SHIBATA, F. JIRAYAWA, K. TSUCHIYA, H. IWASAKI and T. YAMAGUCHI: D. Pat. 1 092 165 (1960). — THRUM, H.: Naturwiss. **44**, 561—562 (1957). — THRUM, H., u. I. DSCHANG DCHO: Naturwiss. **47**, 474 (1960).

URI, J., I. SZILAGVI and I. BÉKÉSI: Abstr. Comm. Symposium Antibiotics Prag 1959, 46—47.

VAVRA, J. J., A. DIETZ, B. W. CHRUCHILL, P. SIMINOFF and H. J. KOPSELL: Antibiotics and Chemother. 9, 427—431 (1959). — VAVRA, J. J., C. DEBOER, A. DIETZ, L. J. HANKA and W. T. SOKOLSKI: Antibiotics Ann. 1959/60, 230—235. — VINING, L. C.: Hindustan Antibiotics 3, 37—54 (1960).

WALLER, C. W., J. B. PATRICK, W. FULMOR and W. E. MEYER: J. Amer. Chem. Soc. 79, 1011 (1957).

YAMAMOTO, H., K. NAKAZAWA, S. HORII and A. MITAKE: Nippon Nogei-Kagaku Kaishi 34, 268 (1960), zit. nach Bull. Agr. Chem. Soc. Japan 24A, 32 (1960). — YÜNTSEN, H.: J. Antibiotics Ser. A11, 79 (1958).

ZÄHNER, H., R. HÜTTER u. E. BACHMANN: Arch. Mikrobiol. 36, 325—349 (1960).

26. Hydrobiologie, Limnologie, Abwasser und Gewässerschutz

Von OTTO JAAG, Zürich

A. Hydrobiologie, Limnologie und Ozeanologie

1. Gesamtdarstellungen

Über die fortschreitende Entwicklung der Limnologie, als der Lehre vom Gesamthaushalt der Binnengewässer, aus der allgemeinen Hydrobiologie heraus vermittelt die großangelegte Selbstbiographie des vielseitigen und richtungweisenden Forschers A. THIENEMANN ein ebenso eindrückliches wie anschauliches Bild.

Mit dem Büchlein „Ruderfußkrebse" hat KIEFER als erfahrener Fachmann die Sammlung „Einführung in die Kleinlebewelt" in wertvoller Weise bereichert. Obwohl sich die Schriften dieser ständig wachsenden Reihe nur als eine Anleitung für Liebhaberbiologen ausgeben, wird dieses Bestimmungswerk in die hydrobiologischen Bibliotheken Eingang finden. Eine wissenschaftliche Studie der Fischfauna der Hawaii-Inseln mit vorzüglichen Bestimmungsschlüsseln und Diagnosen, sowie einem Kapitel über Ökologie und Endemismen veröffentlichten GOSLINE und BROCK.

In drei Bänden sind die Ergebnisse der „Dänischen Tiefsee-Expedition rund um die Welt" zusammengestellt worden (1957—1959). Zweck der „Galathea-Reise" war vor allem das Studium der marinen Bodenfauna. Neben systematischen Arbeiten enthält das Werk wichtige Beiträge über die primäre organische Produktion, über Tiefsee-Bakterien und die bathymetrischen Verhältnisse des Philippinen-Grabens. Der dritte Band stellt eine umfangreiche Monographie von *Neopelina galatheae* dar, ein für die allgemeine Zoologie bedeutsames, neuentdecktes Tier, das mit dem Formenkreis der Anneliden und Arthropoden gemeinsame Züge aufweist.

In den letzten zehn Jahren sind in der Erforschung des Golfstroms erfreuliche Fortschritte erzielt worden. Die Geschichte seiner Bearbeitung, ein reichliches Beobachtungsmaterial und moderne Theorien über seine Probleme vermittelt STOMMEL in klaren Darstellungen.

Die stets zunehmende Bedeutung der Probleme um die Verunreinigung der Gewässer und die Abwasserreinigung im Zusammenhang mit der unaufhörlich anwachsenden Bevölkerungsdichte und der fortschreitenden Industrialisierung findet ihren Ausdruck in der umfangreichen neueren Fachliteratur auf dem Gebiet der angewandten Hydrobiologie. Auf reichlicher Erfahrung aufbauend gibt HYNES in "The Biology of Polluted Waters" einen kritischen Überblick über die derzeitigen Kenntnisse auf dem Gebiet des immer noch in Erweiterung, Abänderung und Vertiefung befindlichen und vielfach revidierten Saprobiensystems als Mittel zur Beurteilung des Belastungsgrades von Fließgewässern. Der Verfasser verfehlt nicht, auf den auch heute noch eher provisorischen Charakter dieses Systems aufmerksam zu machen, in dem er auf die Vielfalt der ineinandergreifenden Mechanismen und Abhängikeiten der Wasserorganismen von den ökologischen Gegebenheiten ihres Wuchsortes hinweist.

Inzwischen sind auch die fünfte und sechste Lieferung von LIEBMANNs „Handbuch der Frischwasser- und Abwasser-Biologie des Trinkwassers, Badewassers, Frischwassers, Vorfluters und Abwassers" erschienen. Besonders berücksichtigt werden darin pathogene Keime und Zooparasiten. Von besonderem Interesse ist der Teil über die Toxikologie des Abwassers von LIEBMANN und STAMMER, in welchem unter anderem Oxydationsmittel, organische Gifte, Pflanzen- und Schädlingsbekämpfungsmittel, sowie Detergentien, die heute ein dringendes Problem in der Abwasserforschung darstellen, behandelt werden. In dritter erweiterter Auflage erschien „Industrie-Abwässer" von MEINCK, STOOFF und KOHLSCHÜTTER, eine Anleitung für Wassertechniker und Hydrobiologen, reich illustriert, mit Typenbildern der Saprobienstufen versehen und einer Beschreibung der gewerblichen Abwässer sowie der verschiedenen Verfahren der Abwasserreinigung. Der sechste Band der Münchner Beiträge zur Abwasser-, Fischerei- und Flußbiologie (1959) umfaßt in Form von Vorträgen des Münchner Abwasser-Herbstkurses Arbeiten über die Bewertung der Wasserqualität. Im speziellen behandelt das Werk Fragen über die Wirkung von Glaubersalz auf Wasserorganismen, Giftstoffe in Abwässern, den Begriff der Einwohnerzahl und des Einwohnergleichwertes, die biologische Wassergütekartierung und die Bedeutung radioaktiver Substanzen in Abwässern und Vorflutern. In neuerer Zeit brachte gerade die Atomkernforschung und -technik auf dem Gebiet der Wassertechnologie zahlreiche neue Probleme. In einem Symposium des "Committee D-19 on Industrial Water" in Boston, wurde eingehend über Methoden der Analyse radioaktiver Stoffe in Industrieabwässern und über die mögliche Kontrolle derselben diskutiert. Die Vorträge sind in einem kleinen Buch "Radioactivity in industrial water and industrial waste water" (1958) zusammengestellt.

2. Das Plankton

Probleme von Aufbau, Umbau und Abbau der organischen Substanz im Wasser beschäftigen heute die Planktonforschung in hohem Maße. Dies kam anläßlich des XIV. Internationalen Limnologenkongresses in Österreich sowohl in Kurzreferaten als auch in zusammenfassenden Vorträgen von RODHE (Primärproduktion) und EDMONDSON (Sekundärproduktion und Abbau) zum Ausdruck. In Schweden wird über Zusammenhänge zwischen Primär- und Sekundärproduktion gearbeitet. Als erster derartiger Beitrag erschien vorläufig eine Veröffentlichung von NAUWERCK, der eine Methode für die Bestimmung der Filtrierrate von herbivoren Zooplanktern ausarbeitete, indem er auf die C_{14}-Methode der Photosynthesemessung aufbaute. Mit Hilfe der dabei erzielten Ergebnisse dürfte der tägliche Verlust an Algenmassen durch Tierfraß genauer bestimmt werden können. In Versuchen mit Copepoden (CANOVER), die nach Shapiro den Stoffkreislauf im Wasser in hohem Maße beeinflussen können, ergab sich die Beziehung zwischen Respiration und Körperlänge (Trockengewicht) der Test-Tiere; der jahreszeitliche Verlauf ist unabhängig von der Wassertemperatur, und Respirationsvergleiche zwischen Copepoden gleicher Art aus verschiedenen Gebieten stimmen in ihren Resultaten überein (Raymont). Obwohl die Bestimmung einerseits der Chlorophyllkonzentration, anderseits der C_{14}-Assimilation gebräuchliche Methoden für die Messung der Primärproduktion darstellen, ist ihre Beziehung zueinander noch nie schlüssig geprüft worden. Um Klarheit in diesem Problem zu erhalten, führten Steele und Baird an verschiedenen Probenahmestellen C_{14}- und Chlorophyllbestimmungen, verbunden mit Messungen des organischen Kohlenstoffs, durch. Im allgemeinen bestand Proportionalität zwischen C_{14}-Aufnahme und Chlorophyllkonzentration. In größeren Tiefen jedoch nahm die Chlorophyllkonzentration im Verhältnis zur C_{14}-Aufnahme zu, was vermutlich mit der Dunkeladaptation der Algen zusammenhängt, eine Erscheinung, die auch schon andere Forscher beobachteten (Nielsen und Hansen, Rhyther und Mengel). Neue Probleme bringt die Abklärung der C_{14}-: Chlorophyll-Verhältnisse im derzeitigen Ablauf, denn wohl ergeben sich an verschiedenen Probenahmestellen ähnliche Variationen, jedoch zu verschiedenen Jahreszeiten. Überdies stimmen die Verhältnisse des Gehalts von Chlorophyll : Kohlenstoff für die verschiedenen Stellen nicht überein, was die Autoren zu der Auffassung führte, daß die Chlorophyllkonzentration eigentlich keine zuverlässige Methode zur Messung der organischen Substanz sei. Ähnliche Ergebnisse liefern auch Wrights Untersuchungen, die zeigen, daß sich die Chlorophyllkonzentration umgekehrt proportional zum Zellvolumen/l verhält, und daß die Photosynthese zur Chlorophyllkonzentration nur bis zu einem bestimmten Grade proportional zunimmt, eine Beobachtung, die der Verfasser mit einer Abnahme des CO_2-Gehaltes bei stark wachsenden Algenpopulationen begründet. Auf Grund vergleichender Laboratoriums- und Feldexperimente über den Ablauf der Photosynthese vertritt Talling — nach eingehender Diskussion seiner Ergebnisse mit denen zahlreicher anderer Forscher — die Meinung, daß für eine erfolgreiche Weiterentwicklung des Studiums der Photosynthese Laboratoriums- und Feldversuche nötig sind, die nur während kurzer Belichtungszeit, dafür aber unter klar definierten Bedingungen durchgeführt werden.

Golterman beobachtete in Untersuchungen über die Abbauvorgänge bei den Versuchsalgen *Scenedesmus quadricauda* und *Stephanodiscus Hantzschii* die Mobilisation und Mineralisation von Phosphor, Stickstoff, Silicium und Eisen. Neue Ergebnisse über den postmortalen Abbau stickstoffhaltiger Substanzen im Süßwasser und die Art und Zahl der daran beteiligten Mikroorganismen untersuchten Boton et al. Besonderes Interesse wird in den letzten Jahren extracellulären und Abbaustoffen von Algen, die als Wasserblüten auftreten und Massensterben bei Fischen verursachen, geschenkt (Collier, Guillard und Wangersky, Davidson, Gates und Wilson).

Erwähnt seien an dieser Stelle noch einige Arbeiten, die Probleme über das jahreszeitliche Auftreten von Zooplanktern (Elgmork),

Copepoden- und Cladocerenzyklen (LINDSTROEM; STROMENGER-KLE-KOWSKA), Schwarmbildung (BERZINS, TONOLLI) und Vertikalwande-rungen (SCHROEDER, SIEBECK) zur Sprache bringen.

In allen Ländern, auffallend aber in solchen, die in starker wirtschaft-licher Entwicklung begriffen sind, nimmt der Bau von Talsperren rasch zu. Diese Stauhaltungen dienen hauptsächlich als Energiespeicher, Trinkwasserreservoire, ferner fischereiwirtschaftlichen Zwecken. Die Er-forschung ihrer Wasser ist zu einer weitgehend selbständigen Richtung in der Limnologie geworden. Eine Zusammenstellung ausgedehnter Einzel-untersuchungen und deren Zusammenfassungen findet sich in der tsche-chischen Arbeit über den Stausee Pastivny (SLADECEK et al.). Da das Plankton wegen der geringen Größe der Organismen, deren schnelle Ver-mehrung und Populationenfolge auf seinem Lebensraum rasch reagiert und damit kurzfristige Veränderungen im Wasser anzeigt, wird ihm bei Talsperrenuntersuchungen erhebliche Bedeutung beigemessen (SCHRÄ-DER). Massenentfaltungen und Wasserblütenbildungen wird dabei beson-dere Aufmerksamkeit geschenkt, denn sie sollen möglichst vermieden werden, einerseits wegen möglicher Geschmacksveränderungen des Trinkwassers, anderseits wegen oft beobachteter Schäden durch biolo-gische und chemische Veränderungen des Speicherwassers (SCHRÄDER, STEPANEK et al., LUND).

3. Die biologische Beurteilung der Gewässergüte

Im Rahmen der Gewässerüberwachung erlangt die biologische Analyse eine immer größere Bedeutung. Dementsprechend hat sich in neuerer Zeit das Interesse in vermehrtem Maße der Überprüfung und ver-tieften Erforschung der Ökologie einzelner Saprobiestufen und ganzer saprober Organismengesellschaften, ferner den Fragen der Bewertung und Darstellung der Ergebnisse zugewandt.

Angesichts der großen Bedeutung der heterotrophen schleimbilden-den Organismen wie *Sphaerotilus, Cladothrix, Leptomitus, Mucor* usw. be-handelten in den letzten Jahren zahlreiche ökologische Arbeiten die Nähr-stoff-, pH- und Temperaturansprüche dieser Organismen. Dabei ist es auf-fallend, wie weitgehend die erzielten Ergebnisse namentlich in bezug auf die ökologischen Ansprüche von *Sphaerotilus* auseinandergehen, worüber HARRISON und HEUKELEKIAN zusammenfassend berichten. Über *Sphaero-tilus, Cladothrix, Leptomitus* und *Mucor* sei auf die Zusammenstellung des Research Committee of Water Pollution verwiesen.

Nach ökologischen Untersuchungen von SCHWOERBEL sowie von DITTMAR sind die meisten Fließwasser-Hydracarinen zuverlässige und empfindliche Indikatoren reinen Wassers; sie verdienen deshalb in Zu-kunft bei Fließwasser-Analysen in vermehrtem Maße berücksichtigt zu werden. In Laboratoriumsversuchen und Freilandbeobachtungen ermit-telten BICK, sowie BICK und SCHOLTYSEK die Ansprüche mehrerer wich-tiger Ciliaten und Planktonorganismen in bezug auf verschiedene chemi-sche Umweltfaktoren; in Milieu-Spektren sind die Ergebnisse dieser Arbeiten zusammengefaßt.

Faktoren, welche neben der organischen Verunreinigung für die Verbreitung eines Organismus in hohem Maße mitbestimmend sein können, insbesondere Strömung, Temperatur und p_H-Wert, wurden in ihrer Wirkung auf die ökologische Spannweite zahlreicher Leitformen des Saprobiensystems, vor allem für Diatomeen, durch HORNUNG eingehend untersucht. Dabei zeigte es sich, daß eine von den örtlich wechselnden Gegebenheiten unabhängige sichere Beurteilung der Gewässerbelastung nur durch eine gleichzeitig qualitative und quantitative Analyse der Biocönose erreicht werden kann. SRAMEK-HUSEK vertieften die Studien über die 4 Hauptstufen der Saprobie nach KOLKWITZ-MARSSON durch eingehende Analysen der dazugehörigen Ciliaten-Gemeinschaften. Nach FJERDINGSTAD dagegen läßt sich der Belastungsgrad eines Gewässers durch die alleinige Aufnahme von benthischen pflanzlichen Mikroorganismen genauer beurteilen. Deshalb schlägt er für organische Abwässer ein synökologisches System vor, in dem 9 verschiedene Zonen unterschieden werden, die durch ganz bestimmte typische Algen-Bakteriengemeinschaften charakterisiert sind.

Über den indikatorischen Wert des Planktons für die Beurteilung des Zustandes stehender Gewässer sind die Ansichten geteilt. Während SCHRÄDER für zahlreiche Plankter der Saale-Talsperre nach der Methode von PANTLE sogar eine Feineinstufung im Saprobiensystem vornimmt und zur Erfassung des Saprobiegrades besonders die tierischen Gesellschaften als geeignete Indicatoren empfiehlt, führten die Untersuchungen von CASPERS und SCHULZ gerade zum gegenteiligen Ergebnis. Mit diesen Autoren sind wir der Auffassung, die biologische Beurteilung eines stehenden Gewässers von einiger Ausdehnung lasse sich weit besser erfassen durch die Bewertung des Trophiegrades und des Sauerstoffhaushaltes als durch Spitzfindigkeiten in der Anwendung der Kolkwitz-Marssonschen Saprobien an Gewässern, für die das System ursprünglich gar nicht aufgestellt wurde.

Neben die ökologischen Verfahren der Gewässeranalyse stellen BRINGMANN und KÜHN ein physiologisches System der Beurteilung der Wassergüte. Es beruht auf der Bestimmung des Biomasse-Titers unter standardisierten Laboratoriumsbedingungen und gibt je nach der Wahl der Testorganismen Auskunft über den Grad der Saprobie bzw. der Trophie-Stufe, aus deren Verhältnis sich nach der Ansicht der Autoren der Grad der erfolgten Selbstreinigung ermitteln läßt.

Im Bestreben, für ökologische Befunde eine größere Objektivität, eine genauere Aussage und zudem eine klarere Form der Darstellung zu erreichen, hat BEER, ähnlich wie schon KNÖPP, PANTLE und BUCK, sowie BUCK auf mathematisch-graphischem Wege eine Bewertungsmethode entwickelt. Das Verfahren basiert ebenfalls auf dem Saprobiensystem von KOLKWITZ und MARSSON und liefert nach Untersuchungen von TÜMPLING fast identische Werte mit dem Verfahren von PANTLE. Während bereits eine ganze Reihe von Fachleuten (KOTHE, TÜMPLING, SCHRÄDER, ALBRECHT und TESCH, BAUCH; Schlitzer-Konvention, s. KNÖPP) bei der Auswertung biologischer Untersuchungen eines dieser mathematisch-statistischen Verfahren scheinbar mit Erfolg anwenden, fehlt es nicht an

Stimmen (CASPERS und SCHULZ, LIEBMANN), welche sämtliche mathematischen Verfahren prinzipiell ablehnen mit der Begründung, „daß durch diese Methoden eine Exaktheit vorgetäuscht werde, die ansatzmäßig nicht gegeben sei".

Bei der Darstellung biologischer Gütelängsschnitte von Fließgewässern hat TÜMPLING, ausgehend von der Methode Pantle, den Versuch unternommen, aus dem Saprobieverlauf eines Gewässers den Trophieverlauf abzuleiten und zudem für den Saprobiegrad jeder Stelle den Einfluß des Oberlaufs und der unmittelbaren Oberlieger getrennt zu erfassen. Schließlich haben für die laufende Überwachung von Seen BEAK, DECOURVAL und COOKE eine statistisch-graphische Methode ausgearbeitet, die es erlaubt, auf einfache und rasche Weise festzustellen, ob eine statistisch gesicherte Veränderung des Verunreinigungsgrades stattgefunden hat oder nicht.

B. Abwasserreinigung und Gewässerschutz

1. Detergentien

Grenzflächenaktive Stoffe (Detergentien, Tenside), wie sie in jüngster Zeit in Haushalt und Industrie als Wasch-, Spül- und Netzmittel in stets zunehmenden Mengen verwendet werden, bereiten in der Gewässerreinhaltung immer ernstere Schwierigkeiten. Chemiker und Biologen haben sich deshalb in gleicher Weise mit diesen Problemen zu befassen. Die Untersuchung erstreckt sich einerseits auf die Methodik ihrer Analyse, anderseits auf die Feststellung ihrer verschiedenartigen Wirkungen auf den Betrieb von Abwasserreinigungsanlagen und den Vorfluter, einschließlich deren Organismengesellschaften, schließlich auf die Möglichkeiten ihres Abbaues und ihrer Elimination aus dem Wasser. Auf Grund ihrer chemischen Natur sind 3 Typen von Detergentien zu unterscheiden: Anionaktive *(AD)*, kationaktive *(KD)* und nichtionogene *(ND)* Detergentien. In Lösung und Mischung ist ihre waschaktive Substanz *(WAS)* maßgebend.

Die Entwicklung auf dem Gesamtgebiet ist durch die Weiterführung der Koordinationsbestrebungen gekennzeichnet (Comité Suisse de la Détergence, CSD, 1959, Hauptausschuß „Detergentien und Wasser", Deutschland, 1960). Zugleich erfolgte eine Intensivierung des Gedankenaustausches auf internationaler Ebene (Internat. Kongreß für grenzflächenaktive Stoffe, Köln 1960; Conference on Water Pollution Problems in Europe, Genf, 1961). Die Resultate der Forschungsarbeiten und die Versuchsprogramme sind in den Fortschrittsberichten und Bulletins dieser und anderer Institutionen, sowie in Literaturübersichten niedergelegt. Von Interesse ist in diesem Zusammenhang ferner ein Produkte- und Typenverzeichnis der amerikanischen Detergentien (Chem. Engng. News 37, 47—58, 1959).

a) Analysenmethoden. Die von SALLEE u. Mitarb. ausgearbeitete Infrarotmethode für die Absolutmessung von Detergentien in Oberflächenwasser wurde von FOOTE für Abwasser umgearbeitet und von WEBSTER und HALLIDAY unter Benützung der Arbeiten von FAIRING und SHORT und LONGWELL und MANIECE zu einer colorimetrischen Bestimmung umgestaltet (Hedley-Verfahren). Alle genannten Bestimmungs-Verfahren reichern zuerst die Detergentien an, z. T. als Methylheptyl-aminkomplex und bestimmen den Gehalt des Konzentrates an Alkylbenzolsulfonaten *(ABS)*. Die Infrarotmethode liefert in einem 2- bis 3-tägigen Analysengang genaue Werte, eignet sich aber wegen des Zeitaufwandes nur als Standardvergleichs-Methode.

Unter den Bestimmungsverfahren, welche auf dem Prinzip der Komplexbildung mit Farbstoffen basieren, erlangte die Methode von LONGWELL und MANIECE Allgemeinbedeutung und ist als Standardmethode in Deutschland und in der Schweiz eingeführt worden. Die AD werden als Methylenblaukomplex mit Chloroform aus alkalischer Lösung extrahiert, der Extrakt sauer ausgewaschen und colorimetriert. Nach Angaben von KOHOUT und FISCHER lassen sich in Oberflächenwasser Mengen bis zu 0,1 mg/l, in Abwasser Mengen unter 1 mg für Kontrollzwecke noch genügend genau erfassen. Im häuslichen Abwasser werden im Mittel 90% der vorhandenen AD erfaßt.

SWEENEY benützte radioaktiv markierte ABS für den Nachweis der Abbaugeschwindigkeit in Abwasser und Belebtschlamm. Nach Äther-Salzsäure-Extraktion wird das ABS an Kohle adsorbiert und die Radioaktivität gemessen.

WICKBOLD berichtet über eine weitere Modifikation der Methylenblaumethode nach JONES, sowie über die Anwendung von Ionenaustauschern zur Trennung von WAS-Gemischen. TRUESDALE entwickelte eine Routine-Testmethode zur Prüfung der Schaumbildungstendenz bei konstanter Luftzufuhr und konstantem Luftdruck.

b) Wirkung der Detergentien auf die Sauerstoffaufnahme im Wasser. ECKENFELDER gibt eine allgemeine, theoretisch unterbaute vergleichende Darstellung der Sauerstoffaufnahme in Belüftungsbecken der gebräuchlichen Systeme mit Belüftung durch Diffusoren, Turbobelüfter, rotierende Bürsten. Es werden Übergangskoeffizienten für Reinwasser, häusliches Abwasser und mehrere Industrieabwässer ermittelt.

Nach BURGESS und WOOD benötigt Wasser mit 3 mg WAS/l 20%, mit 7 mg WAS/l 50% Mehrzeit für die Wiederaufladung mit Sauerstoff von 0 mg/l bis zur Sättigung, was einer Reduktion der Sauerstoffaufnahme um 33% entspricht. Untersuchungen an druckbelüfteten Belebtschlamm-anlagen von O'CONNOR ergaben bei steigenden WAS-Gehalten ein Minimum des Koeffizienten der Sauerstoff-Wiederaufladung, dem bei weiter zunehmenden Gehalten ein Anstieg folgte. Zur Erklärung wird die nachgewiesene Anreicherung der Detergentien in den Grenzflächen nach Überschreiten der kritischen Micellenkonzentration (CMC) herangezogen. Zum gleichen Resultat gelangten MANCY, MCKEOWN und OKUN. KOHOUT fand jedoch in Laborversuchen mit 4 waschaktiven Stoffen der verschiedenen Typen bei Gehalten zwischen 0 und 100 mg/l nach zweistündiger Belüftung nur eine um maximal 8,3% verminderte Sauerstoffaufnahme, während Gehalte von 0,2 mg/l, entsprechend den Werten in vielen Flüssen, keine Wirkung ausübten.

DOWNING und SCRAGG fanden, ebenfalls in druckbelüfteten Anlagen, daß ein WAS-Gehalt von 10 mg/l die Leistung um 30—50% vermindert;

die Wiederherstellung der Ausgangslage erforderte die dreifache Luftmenge. Bei Ersatz des ursprünglichen Luftverteilersystems durch ein poröses Verteileraggregat sank der Sauerstoffaufnahme-Koeffizient um 54%, erreichte jedoch bei längerer Belüftung wieder 90% des Anfangswertes. Bei längerer Versuchsdauer konnte auch in Abwesenheit von Detergentien ein ähnlicher Verlauf des Koeffizienten beobachtet werden.

LYNCH und SAWYER bestimmten die Einwirkung von anionaktiven und nichtionogenen Detergentien auf druckbelüftete Belüftungsanlagen und stellten Beziehungen zwischen der Konstitution, dem Verzweigungsgrad der C-Ketten, der Kettenlänge, der Oberflächenaktivität und der Sauerstoffaufnahme auf. Stärker verzweigte, ebenso wie längere Ketten hemmen die Sauerstoffaufnahme stärker; bei Gegenwart von Härtebildnern sollen Tetradecyl- und Dodecylbenzolsulfonate Fällungen ergeben; auch gelöste Salze beeinflussen die Sauerstoffaufnahme im Sinn einer Verminderung.

c) **Wirkung auf die Schaumbildung.** Durch Laborversuche wies TRUESDALE nach, daß die Schaumbildung unter gleichbleibenden Bedingungen von der Detergentienkonzentration abhängt und von der für die Ausbildung eines monomolekularen Grenzflächenfilms erforderlichen Detergentienmenge bestimmt wird. Filterabläufe schäumen bei 0,5 bis 1,0 mg AD/l, Leitungswasser bei Gehalten über 2 mg AD/l. Zu demselben Ergebnis kamen auch BURGESS und WOOD in Untersuchungen mit Belebtschlamm. Sie konnten ferner nachweisen, daß die Menge an freien, nicht an Feststoffe adsorbierten Detergentien die Intensität und Quantität der Schaumentwicklung bestimmt, während alle übrigen Faktoren, wie Schlammkonzentration, BSB_5, usw. erst in zweiter Linie wirksam sind; der p_H-Wert und die Temperatur beeinflussen die Schaumbeständigkeit, nicht aber die Existenzdauer der Schaumblasen. Die Schaumbeständigkeit wird nach SAWYER undFOWKES auch gesteigert,wenn nichtionogene Detergentien zu Lösungen von anionaktiven zugesetzt werden. Die Wirkung ist abhängig von der Konstitution und nimmt in der Reihenfolge: Alkylsulfonate mit verzweigter C-Kette — sekundäre Alkylsulfate — primäre Alkylsulfate entsprechend der ansteigenden Oberflächenaktivität oberhalb der kritischen Micellbildungskonzentration zu. Über das Schaumverhalten von Detergentien berichtet ferner SPOHN. Die Schaumbildung ist nach Beobachtungen von CREMER an englischen Flüssen der ausschäumenden WAS-Menge direkt proportional. Schaumbildung in Flüssen wurde bei 0,6 (STUEWER) und 0,8 mg WAS/l (KLOTTER) und darüber beobachtet. Rohwasser schäumt nach SPARGO bei Gehalten von 4,6—30 mg WAS/l. Mit zunehmender Nitrifizierung nimmt die Neigung zum Schäumen ab.

d) **Biologische Wirkungen.** Eine zusammenfassende Darstellung der biologischen Wirkungen findet sich bei LIEBMANN. Danach ertragen Bakterien und die niedere Fauna Konzentrationen von AD bis zu 100 mg/l und darüber ohne Schädigung. Wenige Zehntel Milligramm von KD wirken aber bereits wachstumshemmend.

Die Schädlichkeitsgrenzen werden für Fische (10-Tage-Test für anionaktive Detergentien je nach Fischart und Waschmittel mit 2,5 bis

25 mg/l, für nichtionogene Detergentien mit 1—10 mg/l und für kationaktive Detergentien mit 0,3—2,5 mg/l angegeben. Die entsprechenden letalen Konzentrationen für 5—8 cm große Fische betragen: 7—10 mg AD, 2,9—3,8 mg ND, 1,7—5 mg KD. Der 2. Fortschrittsbericht 1959 des Standing Technical Committee on Synthetic Detergents gibt als letale Konzentration (50% Todesrate) für ABS für Fische 12 mg/l für 12 Std und 3 mg/l für 50 Std Testdauer an. DENZER findet für 15 cm lange Regenbogenforellen bei 60 min Testdauer Störungs-Schwellenwerte zwischen 50 und 180 mg/l und Todes-Schwellenwerte zwischen 1100 und 2600 mg/l. Bei einem Waschmittel vom Seifetyp betrugen die korrespondierenden Werte 1 und 600 mg/l.

HERBERT u. Mitarb. fanden bei Versuchen an Regenbogenforellen eine 50%ige Todesrate innerhalb von 12 Wochen bei einer Konzentration von 3 mg WAS/l. Bei einem bis an die Lebensgrenze gesenkten Sauerstoffgehalt tritt erhöhte Anfälligkeit ein. WAS-Rückstände aus biologischen Kläranlage-Abläufen wirken jedoch weniger toxisch.

Nach LECLERC wird bei 60 mg/l ABS die proteolytische Flora gehemmt, die nitrifizierende im Wachstum verzögert. 150 mg/l verzögern das Wachstum der aeroben Flora und sistieren die Entfaltung der Grünalgen. Ein nichtionisches Präparat hemmte die Selbstreinigung der Gewässer nicht. Andere Versuche mit proteolytischen Bakterien aus Abwasser mit Alkylsulfat (85% WAS) zeigten bei 500—2000 mg/l keinerlei Wirkung. Kationaktive Substanzen waren stark wirksam, nichtionogene wirkten stimulierend.

Nach BOLLE und KELLENBERGER beeinträchtigt ein Gehalt von 2000 mg Laurylsulfat im Liter das Wachstum von Coli-Bakterien nicht.

Nach HUDDLESTON und ALLRED werden geradlinige TPS-Produkte (Tetrapropylbenzolsulfonate) im Warburg-Apparat bei optimalen Konzentrationen von 30 mg/l zu 20—30%, ABS-Produkte mit a-Olefinbindungen zu 90% abgebaut.

TUSING u. Mitarb. fanden bei zweijährigen Fütterungsversuchen mit Ratten, daß 0,1 und 0,5% ABS im Futter und 0,05% im Wasser ohne Schädigung vertragen wurden.

HAVERMANN und MENKE führten Fütterungsversuche mit S^{34}-markiertem Na-Dodecylsulfat und Na-Dodecylbenzolsulfonat an Schweinen durch. Innerhalb von 8 Tagen wurden von den Versuchstieren 99,5% wieder ausgeschieden, davon 85—90% im Harn. Dodecylsulfat wird im Körper rascher gespalten als Dodecylbenzolsulfonat. MERGENTHALER ermittelte die vom Menschen jährlich bei Verwendung von detergentienhaltigen Geschirrspülmitteln aufgenommene Menge. Sie beträgt unter 0,1 g. Nach REPLOH traten bei einer vorübergehenden Detergentienwelle im Trinkwasser der Stadt Essen keine nachteiligen Folgen bei der betroffenen Bevölkerung auf.

e) Wirkungen im Abwasser, in Kläranlagen und im Vorfluter sowie in Trinkwasser; Abhilfe-Maßnahmen. SHEETS und MALANEY untersuchten die Wirkung von 11 AD- und 2 KD-Präparaten auf die Abbaufähigkeit von Abwasser anhand der COD-Werte. KLUST und MANN wiesen in Laborversuchen die Hemmwirkungen von 13 und 17,5 mg TPS/l auf den Celluloseabbau in Wasser nach. Die Abbauzeit wird im letzteren Fall auf das Doppelte verlängert.

SAWYER fand im Vorfluter Halbwertszeiten für den Abbau biologisch „harter" Detergentien (Alkylbenzolsulfonate, Alkylphenoxypolyäthylenglykole) von 15 Tagen. Bei der Abwasseraufbereitung verursachen alle biologisch „weichen" Detergentien (Alkylsulfate-Ester und -Amine) keine Schwierigkeiten. Fette lassen sich in Gegenwart von Detergentien aber nicht restlos entfernen. „Harte" Detergentien gelangen in die Vorfluter; sie sind weitgehend für das Schäumen in den Kläranlagen verantwortlich. In den Vorklärbecken werden mit zunehmenden D-Gehalten im Zufluß weniger als 10% abgeschieden. Nach SPARGO gelangen bei 4,6—30 mg/l 5% in den Absetzbecken zur Abscheidung, 50% werden in Tropfkörpern abgebaut. Bei weitergehender Nitrifizierung konnten in einer Belebtschlammanlage 66—100% abgebaut werden. Mit zunehmender Nitrifizierung geht auch die Schaumbildung zurück. Zu ähnlichen Ergebnissen gelangten MCGAUHEY und KLEIN bei Belüftungsversuchen an einstufigen Belebtschlammanlagen. In zweistufigen Anlagen konnten dagegen 70 bis 75%, in dreistufigen 80—90% des zugeführten Alkylbenzolsulfonats abgebaut werden. Durch Belüften des nicht geklärten Abwassers in Gegenwart von 8wertigem Alkohol konnten 83—92% der Detergentien ausgeschäumt werden. Den gleichen Wirkungsgrad von Entschäumungsanlagen erreichen u. a. auch JUSTICE sowie KLOTTER und KUHN. Letztere berichten über eine Versuchsanlage in Pforzheim (21 500 Einwohner), die bei 12000—13000 DM Anlagekosten und mit einem Energiebedarf von 31,5 kWh pro 14stündigem Arbeitstag bis zu 90% der Detergentien aus dem Abwasser entfernt und gleichzeitig den BSB_5-Bedarf um 25% herabsetzt.

In Abbauversuchen in Tropfkörper-Anlagen konnten MEINCK und BRINGMANN nachstehende Resultate erreichen:

Einfluß auf die Anlagen:		ungestört	Ablauf trüb	Anlage arbeitet haupts. üb. Bakterien
Zufuhr	mg WAS/l	10—52	60—175	250
Abbaurate	%	48—50	45— 37	

In Faulschlammversuchen wirkten Gehalte zwischen 12 und 25 mg/l bei nicht eingearbeitetem Schlamm stimulierend. 50—100 mg/l hemmten den Abbau etwas, 200—500 mg/l unterbanden den regulären Faulprozeß. Bei eingearbeitetem Faulschlamm unterblieb die stimulierende Wirkung, während Hemmung und Störungen erst bei höheren Gehalten auftraten. Insgesamt sollen sich 70—90% des TPS im Faulprozeß abbauen lassen. DAWSON erzielte in Versuchstropfkörper-Anlagen mit einer obersten, 30 cm starken Körnungsschicht von $^1/_2$—1" Korngröße bei einem Abwasser mit 9 mg WAS/l, 105 mg $KMnO_4$-Verbrauch und 32 mg N/l (als Ammoniak) praktisch vollständige Reinigung bei einem von normal 0,4 m³/m³ auf 0,53 m³/m³ erhöhten Durchsatz. MANN und HERBERT konnten bei 7 verschiedenen Handelspräparaten in Laborversuchen an Tropfkörper-Anlagen nach 10wöchiger Einarbeitung 53—72%, in Belebtschlamm-Anlagen nach 7wöchiger Einarbeitung 72—92% abbauen. Die Konzentrationen im Zufluß betrugen zwischen 2,7 und 40 mg/l. McKinney u. Mitarb. konnten im Laborversuch ein Abwasser mit 10 mg WAS/l bei optimaler Sauerstoffzufuhr mit hochaktivem Belebtschlamm mit einem Trockengehalt von 6000 mg pro Liter mit 80%iger Wirkung reinigen.

Über das unterschiedliche Verhalten von Detergentien in hartem und weichem Nutzwasser berichtet Aultmann. Das Benetzungsvermögen von Detergentien ist in hartem Wasser vermindert, auch wenn im allgemeinen die Ca- und Mg-Salze nicht ausfallen. Im Gegensatz zu Seife läßt sich der Detergentienbedarf für hartes Wasser nicht durch das Ausbleiben der Schaumbildung kontrollieren. Bei Verwendung von enthärtetem Wasser würde der Detergentienverbrauch auf $^2/_3$ bis $^1/_2$ der für hartes bis mittelhartes Wasser benötigten Menge gesenkt werden können. Flynn, Andreoli und Guerrera untersuchten 186 Brunnen in einer amerikanischen Siedlung mit Hauskläranlagen. Der Abstand der Brunnen von den Klärgruben betrug 9—24 m. 60 Brunnen lieferten detergentienhaltiges Wasser mit Gehalten zwischen 0,1 und 1,4 mg/l.

Bei Versuchen zur Eliminierung von Detergentien aus Trinkwasser fand Cohen, daß Chlorieren kleine Mengen nicht beseitigt. Chemische Coagulation entfernt maximal 5—10%, Langsamfiltration 40% der Gesamtmenge. Schnellfiltration ist unwirksam. Bei Adsorption an Aktivkohle werden 1,6 mg WAS/l durch 120 mg Kohle bis auf 0,01 mg, durch 60 mg Kohle bis auf 0,1 mg entfernt. Nach House reduzieren 40 mg Aktivkohle den Detergentiengehalt von 0,2 mg/l auf 0,02 mg, 95 mg A-Kohle 2 mg WAS/l auf 0,2 mg. Über Filtration von Trinkwasser mit A-Kohle berichten ferner Lieber und Edeline und van Achter. Eine zusammenfassende Darstellung der Einwirkung von Detergentien auf Trinkwasserreinigungs-Anlagen findet sich bei Vaughn, Falkenthal und Schmidt. Über eine Behinderung der Eisensulfatflockung berichten ferner Cohen u. Mitarb., über Versuche mit biologisch leicht abbaubaren, sog. „weichen" Detergentien Burnop und Bunker. Produkte mit schwach verzweigten Kohlenstoffketten konnten in zwei Stunden bis auf einen Restgehalt von 18% der Ausgangsmenge abgebaut werden, gegenüber einem Restgehalt von 70% bei TPS-Produkten. Truesdale, Jones und Vandyke konnten nach mehrwöchiger Einarbeitung einer Laboranlage 93% eines „weichen" ABS-Produktes bei Ausgangsgehalten von 13 mg/l abbauen. ABS-Produkte des üblichen Typs wurden unter gleichen Bedingungen zu 68% abgebaut. Das neue Detergens neigte weniger zu Schaumbildung, und der Sauerstoffgehalt im Ablauf war höher. Über den biologischen Abbau von ABS-Produkten mit unverzweigten C-Ketten und von Zuckerestern berichten ferner Isaac und Jenkins. In Deutschland wurden in Großversuchen mit „weichen" Detergentien Abbauraten von 80% erzielt (1960). Gute Erfolge bezüglich der Schaumverminderung in Kläranlagen und Vorflutern wurden auch in einem $1^1/_2$ Jahre dauernden Großversuch in den englischen Städten Lito und Harpender durch Belieferung des Handels zu 70% mit „weichen" Detergentien erzielt (N. N., 1960).

2. Verarbeitung und Verwertung von Stadt-Müll und Abwasser-Klärschlamm

a) Aufbereitungs-Technik. Die Notwendigkeit, feste Abfälle aus Wohnsiedlungen, Gewerbe und Industrie sowie den in Abwasserreinigungs-Anlagen anfallenden Klärschlamm hygienisch einwandfrei und unter Wahrung der Belange des Gewässer- und Landschaftsschutzes zu beseitigen, hat in den letzten Jahren zu einer erfreulichen Zusammenarbeit zwischen Technik und Wissenschaft geführt. Sowohl auf dem Gebiet der Müll-Verbrennung (PETERS) als auch auf demjenigen der Müll-Kompostierung (BRAUN und KELLER) sind nicht nur verfahrenstechnische Fortschritte, sondern auch qualitative Verbesserungen der Endprodukte erzielt worden.

Einige Verfahren in der Müllverbrennungs-Technik verwenden neuerdings vorzerkleinerten Müll (an Stelle des unzerkleinerten Rohmülls bei den bisherigen Systemen), um dadurch Bau und Betrieb der Öfen einfacher zu gestalten. Ein neues Verfahren sieht sogar vor, mit Hilfe von Zusatzbrennstoffen den Müll und den Schlamm bei so hohen Temperaturen (1600—1800°C) zu verbrennen, daß dabei nicht nur eine glasartige Schlacke entsteht, die für verschiedene Zwecke verwendet werden kann, sondern daß auch dem Müll beigegebene Rohphosphate in lösliche, als Dünger verkäufliche Phosphate umgewandelt werden (TRIEBEL und NOWACK).

In der Technik der Kompostierung ist die Tendenz unverkennbar, Anlageteile verschiedener Systeme zu kombinieren, um dadurch gewisse, den einzelnen Verfahren anhaftende Nachteile zu eliminieren (BRAUN). So sind in der Schweiz bereits Anlagen im Bau begriffen, welche eine Kombination von Müllzerkleinerung mittels Hammermühlen, geschlossenen und belüfteten Gärzellen zur Vorverrottung des Mülls sowie Verbrennungsöfen zur Vernichtung von Kompostrückständen, Abfallölen und Tierkadavern darstellen. Ein neuerschienenes Taschenbuch (AKA) bietet dem projektierenden Ingenieur die zur Planung von Müll-Kompostierungsanlagen notwendigen Unterlagen.

Bei jeder Müll- und Klärschlammbeseitigung müssen die hygienischen Forderungen an oberster Stelle stehen. Müll, allein, stellt seuchenhygienisch keinen gefährlichen Stoff dar, hingegen muß beim Klärschlamm mit human- und tierpathogenen Keimen gerechnet werden (KNOLL). Es ist zu begrüßen, daß seit einigen Jahren verschiedene Hygiene-Institute und Institute für landwirtschaftliche Mikrobiologie (GLATHE) grundlegende Forschungen in dieser Richtung durchführen (AKA). War man bis heute der Ansicht, daß nur infolge der im verrottenden Müllklärschlamm-Material auftretenden, langdauernden Temperaturen von 60—70°C eine Vernichtung pathogener Keime und der Wurmeier gewährleistet sei, haben KNOLL u. Mitarb. gezeigt, daß bei einer einwandfrei geführten Kompostierung die antagonistische Wirkung der Rotteorganismen und von ihnen ausgeschiedene antibiotische Stoffe (die eindeutig nachgewiesen werden konnten) maßgeblich an der Hygienisierung der Abfallstoffe beteiligt sind. Von hygienischer Seite liegen also gegen die Kompostierung von Müll und Klärschlamm heute keinerlei Bedenken mehr vor.

b) Bewertung von Müll- und Müllklärschlamm-Komposten. SAPPOK untersuchte während zwei Jahren die Schwankungen der wichtigsten Kennwerte (Wassergehalt, Nährstoffe, gesamte und wirksame organische Substanz, Asche, Kalkgehalt, p_H-Wert) im Müllklärschlamm-Kompost von Duisburg-Huckingen. Der Gehalt an Nährstoffen, vor allem an N sowie an organischer Substanz, ist im Winter nur etwa halb so groß wie im Sommer, dagegen ist der Gehalt an Asche und Kalk bedeutend höher. Von Voss und KICK wurden in Gefäßversuchen mit zwei aufeinander-folgenden Kulturen in einer Vegetationsperiode die Pflanzenverfügbar-keit der Nährstoffe N, P und K sowie die Wirkung von Ca, Na, B und der organischen Substanz (Humuswirkung) festzustellen versucht. Von den durch den Kompost zugeführten Pflanzennährstoffen N, P und K wurden im ersten Anwendungsjahr etwa 5—20% durch die Versuchspflanzen auf-genommen. Der Gehalt der Pflanzen an Ca, Na und B war durchwegs höher als bei Mineraldüngung; abgesehen von B bei Bohnen wirkten diese Stoffe nicht schädlich. Die Konzentration an wasserlöslichen Salzen kann in gewissen Komposten für empfindliche Pflanzen zu hoch sein (Ertrags-steigerung durch vorherige Wasserextraktion). Die Anwendung von Kom-post bewirkte eine eindeutige Erhöhung des Humusgehaltes, des Poren-volumens und der Wasserkapazität des Bodens, jedoch war dieser Effekt nicht immer von einer Ertragssteigerung begleitet. Nach ARENT kommen in Müll- und Müllklärschlamm-Komposten von Heidelberg, Baden-Baden und Duisburg zum Teil erhebliche Mengen der Spurenelemente Kupfer, Germanium, Zink und Blei vor (129—215 mg Cu, 2,5—4,5 mg Ge, 1306 bis 2106 mg Zn und 520—1806 mg Pb pro kg Trockensubstanz, löslich in starker Mineralsäure). Diese Spurenelemente sind im Kompost durch Pflanzen viel weniger aufnehmbar als in Form von Salzen oder Metall-staub; daher konnten trotz der relativ hohen Mengen keine Pflanzen-schädigungen festgestellt werden. Die Bestimmung der gesamten und durch Pflanzen aufnehmbaren Mengen von Bor und Mangan in verschie-denen Komposten (KELLER und HALTER) zeigt, daß Pflanzenschädigun-gen durch diese beiden Spurenelemente auch bei Anwendung großer Kom-postmengen kaum wahrscheinlich sind; eine Ausnahme bildet lediglich Wintermüll-Kompost mit sehr viel Braunkohlenasche, die an sich an Bor reich ist (Voss).

WIERSUM hat Methoden entwickelt, um mit Hilfe von Wurzel-kulturen den Einfluß der organischen Substanz in Böden und Komposten auf das Wurzelwachstum festzustellen. Die Beurteilung des Reifegrades von Müll- und Müllklärschlamm-Komposten nach den bisher üblichen Kriterien ist vielfach fragwürdig. Als geeignete Methoden haben sich jedoch die Kontrolle der Temperaturentwicklung, der Sauerstoffauf-nahme und der Kohlensäureproduktion sowie des Celluloseabbaues erwiesen (SCHULZE, KELLER). Die Internationale Arbeitsgemeinschaft für Müllforschung (IAM) an der Eidg. Technischen Hochschule, Zürich, hat 1960 eine Sammlung von Analysenmethoden für Müll- und Müllklärschlamm-Komposte herausgegeben, die als Diskussions-basis für eine internationale Vereinheitlichung der Analysenmethodik dienen soll.

c) Anwendung von Müll- und Müllklärschlamm-Komposten. Die gesamte organische Substanz im Müll und Klärschlamm aller Städte mit über 10—20000 Einwohnern umfaßt in Westeuropa nach Neveux und Kick weniger als 10% der den landwirtschaftlich genutzten Böden zugeführten organischen Stoffmengen (Ernterückstände und Stallmist). Daraus geht hervor, daß die Anwendung der kompostierten Siedlungsabfälle nicht die gesamte landwirtschaftliche Humusversorgung sicherstellen kann, daß diese aber bei gezielter Anwendung in Betrieben mit ausgesprochenem Humusmangel (Garten- und Weinbau, Baumschulen, viehlose Landwirtschaft) durchaus eine wichtige Aufgabe zu erfüllen vermögen.

Nach holländischen Untersuchungen (Kortleven) gibt es für jeden Boden in bezug auf das Pflanzenwachstum einen optimalen Humusgehalt, der je nach Bodenart zwischen 2 und 17% schwankt und meist wesentlich höher liegt als der effektive Humusgehalt. Die Erhöhung des Humusgehaltes um 1% bedeutet im Durchschnitt eine Ertragssteigerung von 5%, wobei diese Steigerung um so größer und die hierzu notwendige Menge an organischer Substanz um so kleiner wird, je größer der Unterschied zwischen effektivem und optimalem Humusgehalt ist.

In semi-ariden subtropischen Gebieten wurden nach Livshutz mit Müllkompost sehr beachtliche Erfolge erzielt. Die Steigerung des Pflanzenertrages betrug im Durchschnitt 15—20%, obwohl vorher mit Mineraldüngern ausreichend gedüngt wurde. Es konnten ferner etwa 10% Wasser und 25% Mineraldünger eingespart werden. In Citrusplantagen verschwanden gewisse Chlorose-Erscheinungen und sowohl Geschmack wie Qualität der Früchte wurden verbessert. In einem dreijährigen Feldversuch in Norddeutschland mit aufbereitetem Frischmüll und Reifkompost wurde festgestellt (Sauerlandt), daß sowohl die Mineralstoffaufnahme wie der Ertrag der drei Versuchspflanzen Zuckerrüben, Hafer und Roggen höher waren als mit reiner Mineraldüngung. Der ausgereifte Kompost zeigte in diesem Versuch eine länger dauernde Nachwirkung als der Frischmüll. Anderseits zeigt es sich immer mehr, daß in der Landwirtschaft das Ausbringen von Frischmüll im Herbst meist günstiger ist als die Verwendung von Reifkompost im Frühjahr, daß also die Verrottung im Boden selbst günstiger ist als diejenige in Kompostmieten (Angaben des Institutes für Bodenfruchtbarkeit, Groningen, und des Institutes für Humuswirtschaft, Braunschweig-Völkenrode).

Die amerikanischen Erfahrungen über die Kompostierung und landwirtschaftliche Anwendung verschiedener Abfälle (Müll, Klärschlamm, Hühnermist, Industrieabfälle usw.) werden in der neu erschienenen Zeitschrift "Compost Science" (1960/61) besprochen.

Literatur

AkA Arbeitsgemeinschaft für kommunale Abfallwirtschaft: Sammlung, Aufbereitung und Verwertung von Siedlungsabfällen; Taschenbuch, AkA, Baden-Baden 1960. — Albrecht, M. L., u. F. W. Tesch: Z. Fischerei **VIII**. N. F., 116—164 (1959). — *Anonymus*: Handelsmarken, Gehalte, wirksame Bestandteile, Preise der in USA erhältlichen Waschmittel, mit Produzentenverzeichnis. Chem. Engng.

News 37, 47—58 (1959).** — Arent, H.: Vegetationsversuche zur Wirkung von Blei, Germanium, Kupfer und Zink in Müll- und Müllklärschlamm-Komposten. Diss. Universität Bonn. 1960. — Aultmann, W. W.: J. A. W. W. A. 52, 1353—1362 (1960).

Bauch, G.: Z. Fischerei VII. N. F., 161—438 (1958). — Beak, T. W., C. de Courval and N. E. Cooke: Sewage and Ind. Wastes 31, 1383—1394 (1959). — Beer, W. O.: Wasserwirtsch.-Wassertechn. 8, 195—199 (1958). — Berzins, B.: Inst. Freshwater Res. Drottningholm 39, 5—22 (1958). — Bick, H.: Arch. Hydrobiol. 56, 378—394 (1960). —Bick, H., u. E. Scholtyseck: Arch. Hydrobiol. 57, 196—216 (1960). — Bolle, A., u. E. Kellenberger: Schweiz. Z. allg. Path. 21, 714—740 (1958). — Boton, E. A., J. J. Miller u. H. Kleerekoper: Arch. Hydrobiol. 56, 334—354 (1960). — Braun, R.: Aufbereitungs-Technik 1, 153—163 (1960). — Braun, R., u. P. Keller: Plan H. 5, 162—171 (1959). — Bringsmann, G., u. R. Kühn: Gesundh.-Ing. 81, 49—52 (1960); — 79, H. 11 (1958); — 77, H. 23/24 (1956). —Bemelen, C. van, J. Beeckmann: Etude des Détergents. Monographie-Serie: Eaux Résiduaires, Ed. Cebedoc (1960). — Buck, H.: Biologische Flußüberwachung 1953 —1958 (Baden-Württemberg). Regierungspräsidium Nordwürttemberg, Stuttgart, 7—26 (1959). — Burgess, S. G., and L. B. Wood: Proc. Inst. Sew. Purif., 258—270 (1959). — Burnop, V. C. E., and H. J. Bunker: CEBEDEAU No. 50, 262—268 (1960).

Caspers, H., u. H. Schulz: Int. Rev. ges. Hydrobiol. 45, 535—565 (1960). — Cohen, J. M.: Soap Chem. Specialties 35, 54—56, 119 (1959). — Cohen, J. M., G. A. Bourke and R. L. Woodward: J. AWWA 51, 1255—1267 (1959). — Collier, A.: Limnol. Oceanogr. 3, 33—39 (1958). — Compost Science, Rodale Press, Emmaus/Pa (1960/61). — Conover, R. J.: Limnol. Oceanogr. 4, 259—268 (1959). — Coughlin, F. J.: Rev. Soap. Assoc. Res. Activities, J. Am. Oil Chem. Soc. JAOCS 35, 567 (1958). — Cremer: 2nd Progress Report of the Standing Technical Committee on Synthetic Detergents, 9. 3. 1959. Her Majesty's Stationary Office, London 1959.

Davidson, F. F.: J. AWWA 51, 1277—1287 (1959). — Dawson, L.: Proc. Inst. Sew. Purif. 24—60 (1960). — Denzer, H. W.: 16. Ber. d. Landesanstalt f. Fischerei, Albaum/Westf., VC 6—4113/11, 1958. — Dittmar, H.: Arch. Hydrobiol. Suppl. 22, 295—300 (1955). — Downing, A. L., and L. J. Scragg: Water and Waste Treatm. 7, 102—107 (1958).

Eckenfelder: Sew. Ind. Wastes 31, 60 (1959). — Edeline, F., and R. van Achter: CEBEDOC Bull. No. 41, 241—246 (1958). — Elgmork, K.: Folia Limnol. Scand. 11, 1—196 (1959).

Fairing, J. D., and F. R. Short: Anal. Chem. 28, 1827 (1956). — Fischer, W. K.: Die Methoden zur Bestimmung geringer Mengen anionischer grenzflächenaktiver Stoffe in Wasser und Abwasser. Henkel & Cie GmbH, Düsseldorf 1960. — Fjerdingstad, E.: Nordisk Hyg. Tidskr. 41, 149—196 (1960). — Flynn, J. M., A. Andreoli and A. A. Guerrera: J. AWWA 50, 1551 (1958). — Foote, J. K.: Vortrag Am. Chem. Soc. Meeting 9, 1959.

Galathea-Report: Scientific Results of the Danish Deep-Sea Expedition Round the World 1950—1952. Issued by the Galethea Committee; executive editors: A. F. Bruun, Sv. Greve, R. Spärck, Copenhagen. Vol. I. 1957—1959, Vol. II. 1956, Vol. III. 1959. — Gates, J. A., and W. B. Wilson: Limnol. Oceanogr. 5, 171—174 (1960). — Glathe, H.: Informationsbl. No. 7, 9—11 der IAM, Zürich 1959. — Golterman, H. L.: Acta Bot. Neerlandica 9, 1—58 (1960). — Gosline, W. A., u. V. E. Brock: Handbook of Hawaiian Fisheries, 372 pp., Honolulu 1960. — Guillard, R. R. L., and P. J. Wangersky: Limnol. Oceanogr. 3, 449—454 (1958).

Harrison, M. E., and H. Heukelekian: Sewage and Ind. Wastes 30, 1278 (1958). — Hauptausschuß „Detergentien und Wasser". Sitzungsprotokolle 1960. — Havermann, H., u. K. H. Menke: Dtsch. Apothekerztg. 99, 237 (1959). — Heinz, H. J., and W. K. Fischer: Die grenzflächenaktiven Substanzen in Wasser und Abwasser, Literatursammlung. Henckel & Cie GmbH, Düsseldorf 1960. — Herbert, D. W. M., G. H. J. Elkins, H. T. Mann and J. Hemens: Water and Waste Treatm. 6, 394—397 (1957). — Hornung, H.: Arch. Hydrobiol. 55, 52—126 (1959). — House, R.: (1) Vortrag 33. Jahrestagung AWWA 1959; — (2) Detergents in Water

---

** Anonymus: Water and Wastes Treatm. 9, 16 (1960).

and Sewage. Rev. Soap Assoc. Res. Program 1959. 33. Jahrestagung AWWA, Rocky Mountain Section, Moran/Wyom. — HUDDLESTONE, R. L., and R. C. ALLRED: Cont. Oil Cy. Res. Rept. **74**, 59—523 (1959). — HYNES, H. B. N.: (1) Proc. Linnean Soc. Lond. **170**, 165 (1959); — (2) The Biology of Polluted Waters, 202 pp. Liverpool University Press 1960.

Internat. Arbeitsgemeinsch. Müllforschung, IAM: Methoden zur Untersuchung von Müll- und Müllklärschlamm-Kompost. EAWAG Zürich 1960. — *Internat. Kongreß* grenzflächenaktive Stoffe, Köln 1960, ref. in GWF **101**, 501—502 (1960). — ISAAC, P. C. G., and D. JENKINS: Third Biol. Waste Treatm. Conference, N. Y. City, April 20.—22. 1960.

JUSTICE, J. D.: (1) Research on the effects of detergents in sewage systems. A Progress report. JAOCS **35**, 505—508 (1958); — (2) Review of 1959 Am. Assoc. Soap and Glycerine producers research investigations. Vortrag an der Jahrestagung der AASGP Januar 1960 New York.

KELLER, P.: Informationsblatt No. 10, 6—17, der IAM, Zürich 1960. — KELLER, P., u. R. HALTER: Informationsbl. No. 8, 8—12, der IAM, Zürich 1960. — KICK, H.: Agrilulturchem. Inst. Univ. Bonn, mündl. Mitt. (1959, 1960). — KICK, H., N. Voss u. B. SAPPOK: Landw. Forsch. **12**, 97—110 (1959). — KIEFER, F.: Ruderfußkrebse (Copepoden), Samml.: Einführung in die Kleinlebewelt, 97 S. Stuttgart 1959. — KLOTTER, H. E.: Int. Kongr. grenzflächenaktive Stoffe. Köln 1960. — KLOTTER, H. E., u. W. KUHN: Städtehygiene **9**, 235—240 (1958). — KLUST, G., u. H. MANN: Arch. Fischereiwiss. **9**, 229—243 (1958). — KNÖPP, H.: (1) Dtsch. Gewässerkundl. Mitt. **4**, 112—113 (1960); — (2) Arch. Hydrobiol. Suppl. **22**, 363—368 (1955). — KNOLL, K. H.: Informationsblatt No. 7, 12—13 der IAM, Zürich 1959. — KOHOUT, F.: Dtsch. Gewässerkundl. Mitt. **3**, 25 (1959). — KORTLEVEN, J.: Informationsblatt No. 7, 17—18 der IAM, Zürich 1959. — KOTHÉ, P.: Arch. Hydrobiol., Suppl. **26**, 1 (1961). — KRAUSE, H., R.: (1) Arch. Hydrobiol., Suppl. **24**, 297—337 (1959); — (2) Suppl. **25**, 67—82 (1959).

LECLERC, E.: Sitzungsber. des Untersuchungsausschusses „Abwasser" in der Assoc. Int. Savonnerie et Détergence (AIS) 20. 10. 1958 Amsterdam. — LIEBER, M.: Water and Sewage Works **107**, 299—301 (1960. — LIEBMANN, H.: (1) Münch. Beitr. Abwasser-, Fischerei-Flußbiol. **6**, 134—156 (1959); — (2) Die Bewertung der Wasserqualität. **6** (1959); — (3) Handb. d. Frischwasser- u. Abwasser-Biologie des Trinkwassers, Badewassers, Fischwassers, Vorfluters und Abwassers, 2., 5. u. 6. Lief. München 1960; — (4) Handb. für Frischwasser- u. Abwasserbiologie, II. Bd., 1. Aufl. München 1960. — LINDSTROEM, T.: Rept. Inst. Freshwater Res., Drottningholm **39**, 99—145 (1958). — LIVSHUTZ, A.: Informationsbl. No. 7, 18—19, IAM, Zürich 1959. — LONGWELL, J., and W. D. MANIECE: Analyst **80**, 167 (1955). — LUND, I. W. G.: J. Inst. Water Engin. **13**, 527—549 (1959). — LYNCH, W. O., and N. SAWYER: J. Wat. Poll. Control Fed. **32**, 25 (1960).

MANCY, K. H., J. J. McKEOWN and D. A. OKUN: 3rd Biological Waste Treatm. Conference, N. Y. City, April 20.—22. 1960. — MANN, H., and D. W. M. HERBERT: Water Sanitary Engng. **6**, 206—209 (1957). — McGAUHEY, P. H., and ST. A. KLEIN: Sewage and Ind. Wastes **31**, 877 (1959). — McKINNEY, R. E., u. E. J. DONOVAN: Sewage and Ind. Wastes **31**, 690—696 (1959). — McKINNEY, R. E., u. J. M. SYMONS: Sewage and Ind. Wastes **31**, 549 (1959). — McKINNEY, R. E., J. M. SYMONS and M. V. SHIFRIN: Sewage and Ind. Wastes **30**, 287—295 (1958). — MEINCK, F., H. STOOFF u. H. KOHLSCHÜTTER: Industrie-Abwässer, 3. verb. u. erw. Aufl. von Nr. 6 d. Schr.reihe d. Ver. f. Wasser-, Boden- u. Lufthygiene, 560 S. Berlin-Dahlem 1960. — MEINCK, F., u. G. BRINGMANN: Bundesgesundheitsamt Berlin-Dahlem, BA 330, 21. 10. 1959. — MERGENTHALER, E.: Dtsch. med. Wschr. **84**, 278 (1959). — *Ministry* of Housing and Local Government: Progress Report of the Standing Technical Committee on Synthetic Detergents. Her Majesty's Stationary Office, London 1958; — 2nd Progress Report of the Standing Techn. Comm. on Synth. Det. (9. 3. 1959) London 1959. — Moss, H. V.: American Research on detergents in water and sewage treatment. Water and Wastes Treatm. **7**, 253—255 (1959).

NAUWERCK, A.: Arch. Hydrobiol., Suppl. **25**, 83—101 (1959). — NEVEUX, M.: Informationsbl. No. 7, 19—20, der IAM, Zürich 1959.

O'CONNOR, D. J.: 3rd Biological Waste Treatment Conference N. Y. City, April 20.—22. 1960.

PANTLE, R.: GWF **96**, 604 (1955). — PANTLE, R., u. H. BUCK: Wasserwirtschaft **46**, 206—209 (1956). — PETERS, W.: Aufbereitungs-Techn. **1**, 329—339 (1960). RAYMONT, J. E. G.: Limnol. Oceanogr. **4**, 479—491 (1959). — REPLOH, H.: Vortrag Int. Kong. f. grenzflächenaktive Stoffe, Köln 1960. — *Research Committee* Water Pollution: Sewage and Ind. Wastes **31**, 782—784 (1959). — RYTHER, J. H., and D. W. MENZEL: Limnol. Oceanogr. **4**, 492 (1959).

SALLEE, E. M., J. D. FAIRING, R. W. HESS, R. HOUSE, P. M. MAXWELL, F. W. MELPOLDER, F. M. MIDDLETON, J. ROSS, W. C. WOELFEL and P. J. WEAVER: Analyt. Chem. **28**, 1822 (1956). — SAPPOK, B.: Untersuchungen über den landbaulichen Wert der Müll- und Müllklärschlamm-Komposte des Dano-Kompostwerkes Duisburg-Huckingen. Diss. Univ. Bonn 1960. — SAUERLANDT, W.: Informationsbl. No. 7, 13—15 der IAM, Zürich 1959. — SAWYER, C. N.: Sewage and Ind. Wastes **30**, 757—775 (1958). — SAWYER, W. M., and F. M. FOWKES: J. Phys. Chem. **62**, 159—166 (1958). — SCHRÄDER, TH.: Int. Rev. ges. Hydrobiol. **44**, 485—619 (1959). — SCHROEDER, R.: Arch. Hydrobiol., Suppl. **25**, 1—43 (1959). — SCHULZE, K. L.: Compost Science **1**, 36—40, Emmaus/Pa. (1960). — SCHWOERBEL, J.: Arch. Hydrobiol., Suppl. **24**, 385—546 (1959). — SHAPIRO, J.: Limnol. Oceanogr. **5**, 216—227 (1960). — SHEETS, W. D., and G. W. MALANEY: Engng. Bull. Purdue Univ. **41**, 185—196 (1959). — SIEBECK, O.: (1) Int. Rev. ges. Hydrobiol. **45**, 125—132 (1960). (2) Int. Rev. ges. Hydrobiol. **45**, 381—454 (1960). — Sitzungsprotokolle des CSD 1959 u. ff. — SLACK, J. G.: Analyst **84**, 113 (1959). — SLADECEK, V., L. FIALA and A. SLÁDEČKOVÁ: Sci. Pap. Inst. Chem., Techn. Fuel and Water **3**, 431—598 (1959).— SOUTHGATE, B. A.: Report of the director of water pollution research for 1958. Water Poll. Res. 1958. 109 pp. Her Majesty's Stationary Office, London 1959. — SPARGO, P. E.: J. Proc. Inst. Sew. Purif. 1959, 236—242. — SPOHN, A.: GWF **101**, 501—502 (1960). — ŠRÁMEK-HUŠEK, R.: Verh. intern. Ver. Limnol. **13**, 636—645 (1958). — STEELE, J. H., and I. E. BAIRD: Limnol. Oceanogr. **6**, 68—78 (1961). — STEEMAN-NIELSEN, E., u. V. K. HANSEN: Physiol. Plant. **12**, 353—370 (1959). — STEPANEK, M., J. CHALUPA, E. CERVENKOVA and M. VOTAVOVA: Sci. Pap. Inst. Chem. Technol., Fa. Techn. Fuel and Water **2**, 313—375 (1958). — STOMMEL, H.: The Gulf Stream: A Physical and Dynamical Description. 202 pp. Univ. of California Press and Cambridge Univ. Press 1958. — STROMENGER-KLEKOWSKA, Z.: Int. Rev. ges. Hydrobiol. **45**, 215—276 (1960). — STUEWER, U.: Städtehygiene **10**, 85—91 (1959). — SWEENEY, W. H.: Calif. Res. Corp., Richmond, Calif., CH-68A/-File 400, 20, Sept. 1959. — *Symposium* on radioactivity in industrial water and industrial waste water, ASTM Special Technical Publication, No. 235 (1958).

TALLING, J. F.: Limnol. Oceanogr. **5**, 62—77 (1960). — THIENEMANN, A.: Erinnerungen und Tagebuchblätter eines Biologen. 499 S. Stuttgart 1959. — TONOLLI, V.: Mem. Ist. Ital. Idrobiol. **10**, 125—152 (1958). — TRIEBEL, W., u. R. NOWACK: Herstellung von Schmelzphosphat-Dünger bei hygienischer Aufbereitung und Vernichtung von Stadtmüll. Forsch.ber. d. Kultusministeriums d. Landes Nordrhein-Westfalen, Nr. 858 (1960). — TRUESDALE, G. A., K. JONES and K. G. VANDYKE: Water and Wastes Treatm. **8**, 441—444 (1959). — TÜMPLING, W.: Int. Rev. ges. Hydrobiol. **45**, 513—534 (1960). — TUSING, T. W., O. E. PAYNTER and D. L. OPDYKE: Toxicol. appl. Pharmacol. **2**, 464—473 (1960).

VAUGHN, J. C., R. F. FALKENTHAL and R. W. SCHMIDT: J. AWWA **48**, 30 (1956). — VIEHL, K.: Detergentien im Abwasser und Oberflächenwasser. Literaturber. Wasser, Luft, Boden **7**, 137 (1958). — VOSS, N.: Untersuchungen über Ertragsleistung, Mineralstoff- und Humuswirkung von Müll- und Müllklärschlamm-Komposten. Diss. Univ. Bonn 1958.

WEBSTER, H. L., and J. HALLIDAY: Analyst **84**, 552 (1959). — WICKBOLD, R.: (1) V. G. B. **65**, 106—107 (1960); — (2) Seifen-Oele-Fette-Wachse **86**, 79—82 (1960). — WIERSUM, L. K.: Informationsbl. Nr. 7, 15—16, IAM, Zürich 1959 — WRIGHT, I. C.: (1) Limnol. Oceanogr. **4**, 235—245 (1959). — (2) Limnol. Oceanogr., 356—361 (1960).

27. Pharmakognosie

Von OTTO MORITZ, Kiel

Allgemeine Informationsquellen

MÜLLER-DIETZ und RINTELEN (1960) legten die erste Lieferung ihres
Berichts über Arzneipflanzen in der Sowjet-Union vor. Der Bericht enthält in alphabetischer Reihenfolge (*Abies* bis *Atropa*) Artikel über einzelne Arzneipflanzen nach neueren sowjetischen Arbeiten. Die Reihe wird
also eine wesentliche Ergänzung unserer mitteleuropäischen Werke über
Arzneipflanzenkunde darstellen (s. Bericht des Vorjahres), zumal damit
sonst nur schwer zugängliche Literatur erfaßt wird. Für die einzelnen
Arzneipflanzen werden Angaben über botanische und volkstümliche Be-
nennung, Vorkommen, Inhaltsstoffe, Pharmakologie, Anwendung und
Präparate gemacht.

Die "Experimental Pharmacognosy" von TYLER und SCHWARTING
(1958) erschien in neuer Auflage. Es handelt sich um eine Praktikums-
anleitung, bei der außer der mikroskopischen Methodik mikrochemische
und biochemische Methoden auch für diagnostische Zwecke berücksichtigt werden.

Präparative Pharmakognosie

wird im Sinne dieser Berichte jenes Teilgebiet der Pharmakognosie
genannt, das sich mit biologischen Methoden zur Herstellung und Gewinnung von Arzneistoffen beschäftigt. Aus diesem Bezirk sollen diesmal
Arbeiten berücksichtigt werden, die man dem Gebiet der pharmazeutischen Mikrobiologie zuordnen kann. Da sich hier recht beachtliche Ent-
wicklungen vollziehen, sei zunächst auf einige Werke der allgemeinen
Methodenkunde der angewandten Mikrobiologie hingewiesen: Die besonderen Anforderungen, welche die Massenkultur von anspruchsvollen (z. B.
pathogenen) Mikroben stellt, werden von ACHORN u. a. (1959) behandelt. Verschiedene Kapitel, die pharmazeutisch besonders interessant
sind, enthält das Buch über "Industrial Microbiology" von PRESCOTT und
DUNN (1959). Hingewiesen sei ferner auf die Einführung von SMITH
(1960). Die besonderen Einrichtungen für Typen der kontinuierlichen
Produktion werden von ELSWORTH u. a. (1959) abgehandelt. Das Handbuch „Die Hefen" von REIFF, KAUTZMANN, LÜERS und LINDEMANN
(1960), dessen erster Band noch zu erwähnen sein wird, wird in seinen
weiteren Bänden zweifellos wichtige technologische Daten über die Pro-
duktionsbiologie dieser Mikrobenklasse enthalten. Bei allen technisch benutzten mikrobiologischen Prozessen besteht die Tendenz, ursprünglich
benutzte Verfahren der Oberflächenkultur durch Submersverfahren und
chargenmäßig aufgeteilte Produktion durch kontinuierliche Verfahren zu

ersetzen, wo das möglich ist. Vom Ingenieurstandpunkt werden mikrobiologische Prozesse in dem Buche von STEEL (1958) besprochen. Wenngleich die betreffenden Verfahren zunächst nur potentielles Interesse für die Heilmittelproduktion haben, sei erwähnt, daß für die Kultur von Pflanzengewebe (TULECKE und NICKELL, 1959) und sogar von Säugetierzellen (ZIEGLER u. a., 1958) Submerstankverfahren zur Anwendung kommen können. Zur pharmazeutischen Mikrobiologie gehört selbstverständlich auch die Kunde von Veränderungen der Heildrogen unter Mikrobeneinfluß (s. dazu PINES, 1957).

Bei den einzelnen Prozessen der Heilstoffproduktion mit mikrobiologischen Methoden vermag man mehrere, nicht streng unterscheidbare Gruppen von Verfahren aufzustellen: Das Ziel kann die Produktion der Mikrobensubstanz sein, die als solche Verwendung findet (Hefe als Nähr- und Heilmittel, Bakterien oder Viren als Vaccine); oder bestimmte normale Stoffwechselprodukte, die sich entweder in der Mikrobensubstanz oder im Nährmedium finden, sollen gesondert gewonnen und verwendet werden (Mutterkornalkaloide, Dextrane, Toxine, Antibiotica, Vitamine); oder es werden Substrate geboten, die für die Mikroben mehr oder weniger akzessorisch sind, während ihre Umwandlungsprodukte praktisch interessieren (steroidale Hormone). Endlich kann die Produktion parasitisches oder saprophytisches Wachstum der Mikroben zugrunde legen, wobei u. U. die pathogene Einwirkung auf den Wirt von Bedeutung sein kann. Wir legen aber im folgenden speziellere Produktionsziele der weiteren Einteilung zugrunde, wobei das Gebiet der Antibioticaproduktion (vgl. den entsprechenden Bericht in diesem Band) ausgelassen wird. Auch die Produktion von Enzympräparaten bleibt diesmal unberücksichtigt.

Mutterkornalkaloide haben in neuerer Zeit (s. Vorbericht 1960) neue therapeutische Bedeutungen erhalten. Dementsprechend stieg der Bedarf und *Claviceps purpurea* TUL,. wurde aus einem Getreideschädling, dessen Sklerotien nebenbei für pharmazeutische Verwendung gesammelt wurden, zu einer Kulturpflanze, deren Ertragsbedingungen nach künstlicher Infektion von Roggenbeständen untersucht werden (OORT, 1952; FREUDENBERG-ROSENDAHL, 1953; BÉKÉSY, 1956; GOLENIA u. a., 1958). Die Bedingungen der Entstehung des geeigneten Infektionsmaterials (Conidien in Submerskultur) werden ermittelt (GLÁZ, 1957a) und dabei funden, daß konzentrierte Zuckerlösungen (Honigtau!) ihre Resistenz gegen Hitzeeinwirkung erhöhen (GLÁZ, 1957 b). Ihre Infektionstüchtigkeit wird mit Hilfe von Vitalfärbungsmethoden (Neutralrot) geprüft (MILOVIDOV, 1956). Die Massenproduktion und Alkaloidproduktion auf verschiedenen Wirtspflanzen sind Gegenstand weiterer Veröffentlichungen (BLAZEK und BOESWART, 1953 a und b; JONES und TYLER, 1955; SILBER und BISCHOFF, 1955; BREJCHE und KYBAL, 1956; MEINICKE, 1956; HECHT und HECHT, 1956; CAMPBELL, 1957; TYLER, 1958; SHONE u. a., 1959). Auf die besondere Eignung von tetraploidem Roggen für Mutterkorngewinnung wies (DEUFEL, 1952 a und b, 1954) hin (leicht infizierbar, größere Sklerotien, geringfügig erhöhter Wirkstoffgehalt). Auch der Einfluß von Düngungsfaktoren auf Masse und Qualität des Ertrags wurde untersucht (GRÖGER, 1958). Daß die erbliche Variabilität des

Gesamtgehalts an Wirkstoffen und ihrer Verteilung auf die verschiedenen Fraktionen erheblich ist, ist schon seit STOLL (1942) bekannt. Dazu vergleiche man noch die Angaben von FUCHS (1952), SCHULZE (1953), SILBER und BISCHOFF (1954), KYBAL und BREJCHA (1955), PÖHM (1957), TABER und VINING (1960), KYBAL und STARY (1960), MOTHES (1960). Damit ist die Möglichkeit und Notwendigkeit einer selektiven Qualitätszüchtung am Mutterkorn gegeben (GRÖGER, 1956, KYBAL u. a. 1956). Wichtig ist demnach die Möglichkeit, einzelne Sklerotien oder gar Teile von ihnen der Wertbestimmung unterwerfen zu können (SILBER und SCHULZE, 1953; HECHT, 1955; RUMPEL, 1955). Die Koppelung von Färbungseigenschaften mit dem Wirkstoffgehalt ist sowohl behauptet (BLAZEK u. a., 1953) wie (Untersuchungen in Kultur auf künstlichem Medium) geleugnet worden (SIM und YOUNGKEN, 1955; TABER und VINING, 1958). Es könnte nach Untersuchungen an verschiedenen Entwicklungsstadien (RAMSTAD und GJERSTAD, 1955) scheinen, als wenn nur das Sklerotienstadium zu nennenswerter Wirkstoffproduktion befähigt wäre. Bezüglich der Bedingungen, verschiedene Entwicklungsstadien planmäßig zu erzielen, vergleiche man noch GONZÁLEZ GÓMEZ u. a. (1954). Selbstverständlich ist es auch denkbar, daß Bedingungen, die in der Natur die Sklerotienbildung ermöglichen, parallel dazu auch die Wirkstoffproduktion begünstigen. Immerhin steht außer Zweifel, daß Lysergsäurederivate in künstlichen saprophytischen Submerskulturen gefunden wurden (Arbeiten über saprophytische Kultur: PAUL u. a., 1954; TYLER und SCHWARTING, 1954; SIM und YOUNGKEN, 1954; BERMAN und YOUNGKEN, 1954; GJERSTAD und RAMSTAD, 1954; GLÁZ, 1955; KAISER und THIELMANN, 1956; KYBAL u. STARÝ, 1956, RASSBACH u. a., 1956; GRUMBACH und STOLL, 1957; TABER und VINING, 1957; VINING und TABER, 1959; GRÖGER, 1959; TABER und VINING, 1959; GRÖGER, 1960; TABER und VINING, 1960; ARCAMONE, 1960). Über Analysenmethoden, die sich für Untersuchung von saprophytischen Kulturen eignen, berichten VINING und TABER, 1959. Dafür, daß mehr oder weniger spezifische Stoffe des Wirtes von Einfluß auf die Stoffproduktion in Submerskulturen sind, sprechen die Befunde von BERMAN und YOUNGKEN, nach denen Homogenate von Roggenähren zu Beginn des Fruchtens besonders günstige Nährmedien ergeben. Ob es sich dabei um Spurenelemente handelt, wie KAISER und THIELMANN vermuten, muß dahingestellt bleiben. Die Beobachtungen von GLÁZ (1955) weisen nochmals auf Zusammenhänge zwischen sklerotialem Wuchs und der Wirkstoffbildung hin. Bewußt wurden hier Arbeiten ausgelassen, deren Hauptgegenstand die Frage des Entstehungsweges der Wirkstoffe ist (vgl. dazu die Artikel über Stickstoffumsatz in diesen Berichten).

Daß Vitamine mikrobieller Herkunft (Darmbakterienflora) für die Deckung des menschlichen Bedarfs an diesen essentiellen Ergänzungsnährstoffen eine wichtige Rolle spielen, ist bekannt (vgl. z. B. STEPP, KÜHNAU, SCHRÖDER 1952—1957, SEBRELL u. HARRIS 1954). Abgesehen von den Kulturhefen (vgl. REIFF u. a. l.c.) als Lieferanten des Vitamin-B-Komplexes werden mikrobiologisch-technische Prozesse vor allem für die Herstellung der Vitamine B_2 (Riboflavin) und B_{12} (Cobalamine) eingesetzt (ältere Literatur bei VOGEL und KNOBLAUCH 1955—1957). Mit der Riboflavinproduktion und ihren Bedingungen befassen sich neuere Arbeiten von MITRA 1955 (Mineralstofferfordernisse), KRAMLI und SZABÓ 1956 (*Eremothecium ashbyi*, Schüttelkulturen, Redoxverhältnisse), KAPRALEK 1957 (*Eremothecium ashbyi*, Abhängigkeit von Wuchsphasen, Katalaseaktivität), GOODWIN 1959 (allgemeine Übersicht), TSUKIHARA u. a. 1960 (*Eremothecium ashbyi*, Schüttelkulturen und 200 Liter-Tank, Abhängigkeit der Produktion von Wuchsstadien des Mycels, Höchstausbeute 194 mg Riboflavinadeninnucleotid je Liter Ansatz).

Daß Cobalamine ausschließlich Produkte von Mikroorganismen zu sein scheinen, wobei Pansen-, Faulschlamm- und Bodenmikroben die wichtigsten Produzenten sind, daß ferner die Rückstände der Antibioticaproduktion mit Hilfe verschiedener Actinomyceten gute Quellen für Gewinnung von Cobalamin sind, ist bekannt. Über Cobalaminproduktion aus derartigen Quellen berichten z. B. MAITRA u. a. 1955 *(Streptomyces olivaceus)*, KAMIKUBO und TAKATA 1957 (Anaerobe Weitervergärung von Brennereischlempen), KAMIKUBO 1957 (aktivierter Faulschlamm). Propionsäurebildner als Produzenten von Cobalaminen wurden von JANICKI und PAWELKIEWICZ 1955, MAKAREWICH u. a. 1958, NERONOVA und IERUSALIMSK 1959, NEUJAHR u. a. 1960 untersucht.

Eine neue Entwicklung wird möglicherweise durch Studien über Carotinoidproduktion durch Mikroorganismen eingeleitet. Darüber berichten ANDERSON u. a. 1958 (verschiedene *Choanephoraceae*, Schüttelkolbenmethode, Erhöhung der Ausbeute durch Vereinigung von Plus- und Minusstämmen, ferner durch Zusatz von fetten Ölen, β-Ionen, Detergentien), CIEGLER u. a. 1959 a und b, KRZEMINSKI und QUACKENBUSH 1960. Die Erhöhung der Ausbeute durch Vereinigung von Plus- und Minusstämmen, durch Zusatz von Detergentien wird mehrfach bestätigt. Zygosporenbildung ist aber für den Effekt nicht Vorbedingung. Ob diese Art der Produktion von Provitaminen A praktische Bedeutung erlangt, bleibt abzuwarten. Immerhin werden Erwägungen über die wirtschaftliche Bedeutung angestellt (SU 1959).

Bei der technischen Darstellung des Vitamin C werden mikrobiologische Prozesse seit längerer Zeit für die Überführung von Sorbit in Sorbose ausgenutzt *(Acetobacter suboxydans)*. YAMAZAKI (1953) entwickelte ein Verfahren, bei dem außer *Acetobacter suboxydans* noch *Pseudomonas fluorescens* für die Überführung von L-Idono-1,4-lakton in das 3-keto-L-Gulono-1,4-lakton eingesetzt wird. Die Frage der biologischen Kontrolle der Mikrobeneinsaat für die Sorbitdehydrierung behandeln SHTERNBERG und ZHURUBITSA 1960, die katalytische Reduktion des 5-keto-D-Gluconats zu 11-L-Idonat MIKI u. a. 1960.

Die Einschaltung gärungstechnischer Phasen in die Herstellung der Ascorbinsäure gehört streng genommen bereits in die Gruppe der Prozesse, bei denen bestimmte begrenzte Reaktionsschritte an einem der Mikrobenkultur zugefügten Substrat, das gewünschte Ergebnis erbringen. Die auffälligste Entwicklung dieser Art stellt der Einsatz mikrobiologischer Verfahren in der Fabrikation von tierischen Steroidhormonen (Sexogene, Corticosteroide) dar. Heute dürfte bereits ein Großteil, wahrscheinlich der überwiegende Teil der verwendeten Präparate, von

Steroidhormonen pflanzlichen Ursprungs sein. Diese Entwicklung vollzog sich in zwei Phasen. MARKER u. a. (1942) fanden als erste die Möglichkeit, ein pflanzliches Sapogenin (Diosgenin aus *Dioscorea*-Arten) durch chemische Prozesse in Progesteron überzuführen. (Berichte über die Suche nach geeigneten pflanzlichen Rohstoffquellen: CORELL u. a. 1955, WALL u. a. 1957). Vom Progesteron führen zwar komplizierte und verlustreiche chemische Operationen zu den weiteren Hormonsubstanzen, u. a. auch zu Corticosteroiden. Insbesondere die Einführung von sauerstoffhaltigen funktionellen Gruppen in die Ringe C und D des Steroidgerüstes bereitet erhebliche Schwierigkeiten, zumal, wenn die stereochemisch richtige Hydroxylierung an den C-Atomen 11 und 17, die für die Gruppe der Glucocorticoide (z. B. Cortison) charakteristisch ist, angestrebt wird. Zwar gibt es pflanzliche Steroidkörper, die im Ringe C hydroxyliert sind (Hekogenin aus *Agave*-Arten am C-Atom 12, Sarmentogenin aus *Strophanthus*-Arten sogar am C-Atom 11). Jedoch ist ihre Ausnutzung von geringer Bedeutung, seit es gelang, in verhältnismäßig wenigen Reaktionsschritten und mit ungewöhnlich hoher Ausbeute zu den gewünschten Stoffen zu gelangen, wenn mikrobiologische Umwandlungen des Progesterons ausgenutzt werden. Über die Fülle der möglichen Umsetzungen liegt eine große Anzahl von Übersichtsreferaten aus den Jahren 1954—1957 vor (HANC und RIEDL-TUMOVÁ 1954, FRIED u. a. 1955, PETERSON 1955, 1956, EPPSTEIN u. a. 1956, STANLEY und HICKEY 1954, WETTSTEIN 1955, VISCHER und WETTSTEIN 1957, TALALAY 1957), ferner eine Übersicht aus jüngster Zeit (STOUDT 1960). Daher muß hier ein sehr summarischer Hinweis auf das bisher Erreichte genügen. Das Hauptinteresse konzentrierte sich auf sterisch eindeutig definierte Hydroxylierungen an bestimmten C-Atomen des Steroidgerüstes. Es hat sich aber gezeigt, daß bei ausreichender Variation der verwendeten Mikroben und der Reaktionsbedingungen, abgesehen von den Atomen C-4, C-8, C-16, alle theoretisch hydroxylierbaren Atome des Ringsystems hydroxyliert werden können, wobei die mikrobiellen Fermente Luftsauerstoff aktivieren. Auch Epoxydationen finden statt.

Dehydrierung und Hydrierung werden sowohl an funktionellen Gruppen wie an Ring-C-Atomen durchgeführt. Dehydrierung am Ring A bis zur Aromatisierung, die also den Übergang von einem Androgen zu einem Oestrogen vermitteln kann, läßt sich beispielsweise mit *Nocardia*- und *Pseudomonas*-Arten durchführen.

Zum Abbau der Seitenkette des Progesterons und der Corticosteroide, der einen Übergang zu der Gruppe der Androgene bedeutet, sind ebenfalls viele Organismen befähigt. Praktische Bedeutung haben z. B. *Penicillium* und *Gliocladium*-Arten. Diesen Hinweisen sei zur Verdeutlichung ein Schema (s. Seite 487) praktisch besonders bedeutsamer Reaktionen angefügt.

Das Gebiet der Steroidumwandlung durch Mikroorganismen bietet ein typisches Beispiel für die Intensivierung und Breitenentwicklung eines Problemkreises, in dem ein mächtiger praktischer Anwendungsreiz wirksam wird. Dieser war gegeben durch die auffallenden symptomatischen Besserungen allergischer Zustände, vor allem sog. rheumatischer

Erkrankungen, unter der Wirkung von Glucocorticoiden (Typus Cortison). Die Nebennierenrinde ist zwar ein sehr aktiver und fähiger Produzent derartiger Stoffe, aber ein ausgesprochen schlechter Rohstoff für die Gewinnung dieser Hormone, da sie stets nur sehr geringe Vorräte an ihnen enthält. Der Bedarf an den hocherwünschten Stoffen konnte also

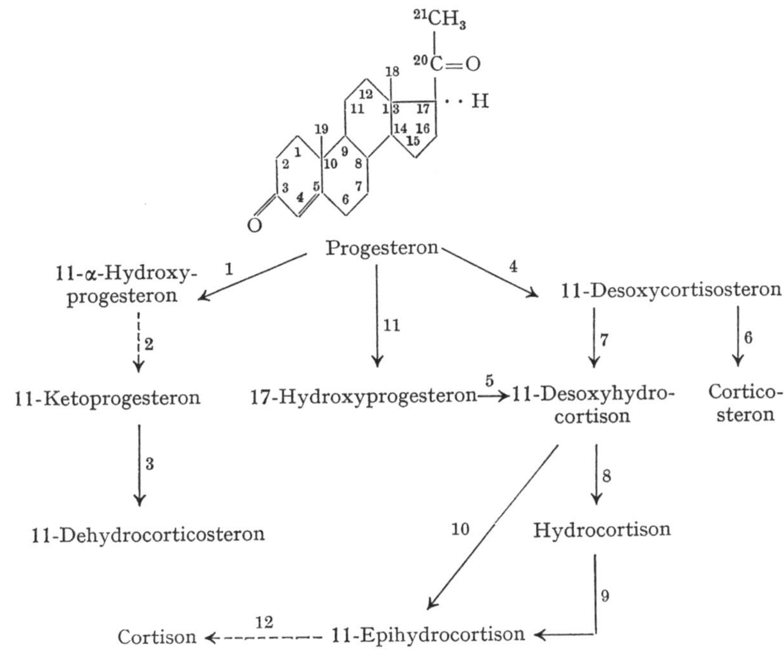

Übergänge Nr.	Reaktion	Benutzte Organismen	Mögliche Ausbeute
1, 10	11-α-Hydroxylierung	Rhizopus nigricans	bis 100% (1), 70% (10)
3, 4, 5	21-Hydroxylierung	Ophiobolus herpotrichus	50—60%
6, 8	11-α-Hydroxylierung	Cunninghamella blakesleana	45% (6), 70% (8)
7, 11	17-α-Hydroxylierung	Trichothecium roseum	30%
9	Epimerisierung	Aspergillus niger	70%
2, 12	Chem. Dehydrierung mit Cr_2O_3		—

aus tierischer Drüsensubstanz nur zum geringen Teil und zu sehr hohen Preisen gedeckt werden. Hier haben die Arbeiten über die pflanzlichen Steroidsapogenine als Rohstoffe für die Darstellung des Progesterons und die Anwendung von Mikroben zur Umwandlung des Progesterons (das ja selber eine teure Mangelware war). in weitere Hormonpräparate einen gründlichen Wandel bewirkt. Beide Arbeitsrichtungen sind keineswegs abgeschlossen. Die Suche nach geeigneten pflanzlichen Rohstoffen betrifft vor allem die Untersuchung bisher nicht in dieser Richtung ausgenutzter

Florengebiete (Amazonasgebiet: ALTMAN 1955; Indien: GEDEON und KINCL 1953, BARUA u. a. 1953—1957, CHAKRAVARTI u. a. 1959—1960; Philippinen: ANZALDO u. a. 1956, 1958; China: WU 1960). Durchweg gehören die hauptsächlich bearbeiteten Rohstofflieferanten Ursprungs- und Anbaugebieten tropischen oder subtropischen Charakters an. LAPIN hat *Ruscus aculeatus* als eine mediterrane Pflanze untersucht, SANDER (1956) untersuchte in dieser Hinsicht den Tomatidingehalt von *Lycopersicon esculentum* und fand eine erhebliche Anreicherung an Tomatin in entblüteten Tomatenpflanzen. Er dehnte seine Untersuchungen dann später (1958) auf andere *Lycopersicon*-Arten aus und untersuchte die Beeinflußbarkeit des Tomatingehaltes durch photoperiodische und thermoperiodische Einflüsse.

Angeschlossen sei noch die Erwähnung folgender Arbeiten: KENNARD und MORRIS 1956 (Kulturbedingungen und Anbauverfahren für *Dioscorea floribunda*), WILLAMAN 1956 (Statistik gemeinsamen Vorkommens von ungesättigten Sterinen und Sapogeninen bei *Agave, Dioscorea* und *Yucca)*, MORRIS u. a. 1958 (Wertbestimmungsmethoden), CHAKRAVARTI u. a. 1960 (Gewinnung von Diosgenin durch Einwirkung von Fermenten auf die entsprechenden Glykoside). Daneben spielt weiterhin die Gewinnung von Ergosterin aus Hefe eine Rolle. GAL'TSOVA u. a. 1959 bearbeiteten erneut die Beeinflussung der Ergosterinausbeute bei Hefe durch Darbietung verschiedener Glucosekonzentrationen, RAJAGUPALAN und SARMA (1958) den Einfluß von Sulfanilamid.

Das Studium der mikrobiellen Umsetzungen, die sich an Steroidsubstanzen vollziehen, hat über rein praktisch verwertbare Stoffe und Reaktionen hinaus eine Fülle neuer Einsichten vermittelt. Probleme der Abhängigkeit der Umwandlungstypen von Species und Rasse der Mikroben, von der Art des gebotenen Substrates und den technischen Bedingungen seiner Darbietung sind aufgetaucht. Die Möglichkeit der Rückwirkung von Substraten und Produkten auf die Mikroorganismen ist in Betracht zu ziehen (LESTER u. a. 1958, CONNER 1959, WEAVER u. a. 1960, CASAS-CAMPILLO u. a. 1960). Ausweitungen auf andere Organismenklassen (LÜDEMANN 1960: Algen) und auf verwandte Stoffklassen (NAWA u. a. 1959, TITUS u. a. 1960: Cardenolide) beginnen durchgeführt zu werden. Mit dem Problem der Spaltung oder Knüpfung von Glykosid- und Esterbindungen beschäftigten sich NAGASAWA und KOSHIMURA (1954), MC GUIRE u. a. (1960) und ZETSCHE (1961). In der letztgenannten Arbeit (Objekt: *Curvularia*-Stämme) treten physiologische Probleme vergleichsweise stark in den Vordergrund. (Konstitutive oder adaptive Fermentsysteme? Energieausnutzung? Entgiftungsfunktionen? Intra- und extracelluläre Umwandlungen? Vergleiche dazu noch TAIALAY). Das Problem, inwieweit die Fähigkeit zu Steroidumwandlungen evtl. auch parasitäre Wirkungen begünstigt, scheint dagegen noch nicht bearbeitet zu sein.

Das vom wissenschaftlichen Standpunkt mehr oder weniger zufällig stark bearbeitete Gebiet der Steroidumwandlungen stellt nur einen Teilabschnitt des allgemeinen Themas der Einwirkung von Mikroorganismen auf einigermaßen akzessorisch erscheinende Substrate dar. Es gibt dafür aus älterer Zeit (NEUBERG und HIRSCH 1921: L-1-Phenyl-2-ketopropanol-1 aus Benzaldehyd und Acetaldehyd in Hefeansätzen zur Weiterverarbeitung auf L-Ephedrin) ebenso Beispiele, wie aus jüngster Zeit: SHAW u. a. 1959 a und b zeigten, daß Mycelien und Acetontrockenpräparate aus *Caldariomyces fumago* zur Durchführung von Chlorierungen verwendbar sind (β-Ketoadipinsäure zu δ-Chlorlävulinsäure). Halogenierungen organischer Substanzen finden ja bekanntlich bei Entstehung von Chloramphenikol, Chlortetracyclin und bei der Jodidoxydation in Algen und in der Schilddrüse statt. Über Hydroxylierungen an Alkaloiden der Yohimbingruppe (Indolalkaloide) berichten GODTFREDSEN u. a. (1958). Das Problem der Akklimatisation von Mikroorganismen an die Oxydation organischer Chemikalien (evtl. Selektion!) behandelten MILIS und STACK (1955).

Therapeutische und wirtschaftliche Wünschbarkeit rückten begreiflicherweise das Gebiet der mikrobiellen Steroidumwandlungen stark in den Vordergrund des Interesses. Die hier erzielten bedeutenden Erfolge legen den Gedanken nahe, daß bei Bedarf auch auf die speziellen chemischen Fähigkeiten der Organismen zurückgegriffen werden kann, welche Gegenstand der Mikrobiologie der Industrieabwässer, des Faulschlamms, der Holzzerstörung oder der Petroleummikrobiologie (BAKER und WESTON 1956, VOROB'YEVA 1957, ANDREYEVSKIY 1958, GINZBURG KARAGICHEWA 1958, KESTER und FOSTER 1960) sind. In diesem Zusammenhang sei daran erinnert, daß der vermutlich erste Nachweis der Angreifbarkeit von Steroiden durch Mikroorganismen (SÖHNGEN 1913), mit Mycobakterien erhalten wurde, die Paraffine auszunutzen imstande waren.

Mikrobenkulturen zur Gewinnung von V a c c i n e n stellen besondere Anforderungen (vgl. diesbezüglich ACHORN u. a. 1959). Über die Herstellung von *Brucella*vaccinen im Schüttelkolben berichtet VAN DRIMMELEN (1956 a und b) über Tuberkulinproduktion auf Glutamat- oder Asparaginatmedien BAISDEN (1958). Die Methoden der Züchtung von Pockenvirus sind in dem Buche von HERRLICH (1960) in einigen Abschnitten referiert. Die Mitteilungen der Behringwerke (1959) enthalten Literaturberichte über die Herstellung von Polyomyelitisvaccine. Wegen der hier vermittelten Einblicke in die Chemie der immunologischen Spezifität sei auf die Arbeiten über die pyrogenen Lipopolysaccharidkomplexe gramnegativer Bakterien besonders hingewiesen. Sie wurden kürzlich von WESTPHAL und LÜDERITZ (1960) zusammenfassend dargestellt.

Mikrobielle P o l y s a c c h a r i d e sind, wie z. B. das Dextran von *Leuconostoc mesenteroides*, wichtig als verwendbare Plasmaersatzmittel. Über den Einfluß von Kulturfaktoren auf Dextranausbeute und -eigenschaften arbeitete SPENDLOVE 1958, CHARLES und FARRELL (1957) über Enzyme von *Penicillium lilacinum* für den partiellen Dextranabbau. Für dextranähnliche Polysaccharide des *Bacillus polymyxa* vergleiche MISAKI u. a. (1958 a und b). *Xanthomonas*-Polysaccharide bearbeiteten LILLY u. a. (1958), das Pullulan von *Pullularia pullulans* BENDER u. a. (1959). Hier sei noch eine verwandte Arbeit über die Bildung der polyglucosidischen Schleime von *Oscillatoria* angeführt: FREDRICK (1957). Die Isolation eines Bifidus-Faktors aus Kulturen von *Aspergillus terreus* gelang POPE u. a. (1957).

Möglicherweise sind Arbeiten über die Erzeugung von Polyalkoholen (z. B. Arabit) durch osmophile Hefen von pharmazeutischem Interesse (SPENCER u. a. 1957, ONISHI 1960).

Arbeiten, bei denen über parasitische Reizwirkungen zur Verbesserung der Ausbeute an Harzexkreten nach Art der Verwendung von *Fusarium lateritium* bei der Terpentingewinnung (HEPTING 1947) berichtet wurde, sind dem Referenten aus der Zwischenzeit nicht bekannt geworden. Doch sei die Verwendung von verschiedenen Schimmelpilzen zur Maceration von *Eucommia*-Blättern (guttaperchahaltig) erwähnt (RABOTNOVA u. a. 1960).

Literatur

ACHORN, G. B. jr., E. R. BOKESCH, R. W. DAPPER, R. W. LEBHERZ, jr., S. N. METCALFE, jr., R. J. RAWSON, J. R. E. SMITH and J. L. SCHWAB: J. Biochem. Microbiol. Technol. Eng. 1, 27—36 (1959). — ALTMAN, R. F. A.: Boll. Técn. Inst. Agron Norte 31, 67—78 (1956). — ANDERSON, R. F., M. ARNOLD, G. E. N. NELSON and A. CIEGLER: J. Agr. Food. Chem. 6, 543—545 (1958). — ANDREYEVSKIY, I. L.: Priroda 10, 90—91 (1958). — ANZALDO, F. E., J. MARANÓN and S. F. Ancheta: Philippine J. Sci. 85, 305—314 (1956). — ANZALDO, F. E., J. MARANÓN and S. F. ANCHETA: Philippine J. Sci. 87, 191—195 (1958). — ARCAMONE, F. et al.: Nature 187, 238—239 (1960).

BAISDEN, L. A., H. W. JOHNSON, A. B. LARSEN and A. H. GROTH: Am. J. Vet. Res. 19, 985—989 (1958). — BAKER, R. A., and R. F. WESTON: Sewage and Ind. Wastes 28, 58—69 (1956). — BARUA, A. K., D. CHAKRAVARTI and R. N. CHAKRAVARTI: Indian Med. Gaz. 88, 422—428 (1953). — BARUA, A. K., D. CHAKRAVARTI and R. N. CHAKRAVARTI: J. Indian Chem. Soc. 33, 798—803 (1956). — Behringwerke: Mitteilungen 36, 119 (1959). — BÉKÉSY, N.: Pharmazie 11, 339—350 (1956). — BENDER, H., J. LEHMANN and K. WALLENFELS: Biochim. et Biophys. Acta 36, 309—316 (1959). — BERMAN, M. L., and H. W. YOUNGKEN, jr.: J. Am. Pharm. Assoc. Sci. Ed. 43, 200—204 (1954). — BLAZEK, Z., J. BOESWART, P. HORAK u. J. KYBAL: Pharmazie 8, 592—595 (1953). — BLAZEK, Z., u. J. BOESWART: Pharmazie 8, 851—853 (1953); 8, 1051—1053 (1953). — BREJCHA, V., and J. KYBAL: Preslia 28, 161—168 (1956).

CAMPBELL, W. P.: Canadian J. Bot. 35, 315—321 (1957). — CASAS-CAMPILLO, C., J. RUIZ-HERRERA and I. BALANDRANO: Bact. Proc. 60, 33 (1960). — CHAKRAVARTI, R. N., D. CHAKRAVARTI and M. N. MITRA: Bull. Calcutta Sch. Trop. Med. 5, 1—2 (1957). — CHAKRAVARTI, R. N., M. N. MITRA and D. CHAKRAVARTI: Bull. Calcutta Sch. Trop. Med. 7, 5 (1959); 7, 5—6 (1959); 8, 58—59 (1960). — CHAKRAVARTI, R. N., and S. N. DASH: Bull. Calcutta Sch. Trop. Med. 8, 59 (1960). — CHARLES, A. F., and L. N. FARRELL: Canadian J. Microbiol. 3, 239—247 (1957). — CIEGLER, A., M. ARNOLD and R. F. ANDERSON: Appl. Microbiol. 7, 94—98 (1959); 7, 98—101 (1959). — CONNER, R. L.: J. gen. Microbiol. 21, 180—185 (1959). — CORRELL, D. S., B. G. SCHUBERT, H. S. GENTRY and W. O. HAWLEY: Econ. Bot. 9, 307—375 (1955).

DEUFEL, J.: Naturwissenschaften 39, 432 (1952); 39, 432—433 (1952); Ber. Pharm. u. dtsch. pharm. Ges. 287, 329—332 (1954). — DRIMMELEN, C. G. VAN: Onderstepoort J. Vet. Res. 27, 205—214 (1956); 27, 215—225 (1956).

ELSWORTH, R., R. C. TELLING and D. N. EAST: J. Appl. Bact. 22, 138—152 (1959).

FREDRICK, J. F.: Physiol. Plantarum 10, 844—857 (1957). — FREUDENBERG-ROSENDAHL, G.: Pharmazie 8, 416—421 (1953). — FUCHS, L.: Sci. Pharmaceut. 20, 1—5 (1952).

GAL'TSOVA, R. D., A. T. NOVICHKOVA u. I. P. VAKINA: Microbiologiia 28, 471 bis 475 (1959). — GEDEON, J., u. F. A. KINCL: Arch. Pharmazie u. Ber. dtsch. pharm. Ges. 286, 317—319 (1953). — GLÁZ, E. T.: Magyar Tudományos Akad. Biol. Oszt. Közl. 6, 65—81 (1955); Acta Microbiol. Acad. Sci. Hungaricae 2, 315—325 (1955); Acta Pharm. Hungaria 25, 1—16 (1955). — GINZBURG-KARAGICHEVA,

T. L.: Priroda 1958 (3), 26—31 (1958). — GJERSTAD, G., u. E. RAMSTAD: J. Am. Pharm. Assoc. Sci. Ed. 44, 736—740 (1955). — GODTFREDSEN, W. O., G. KORBSBY, H. LORCK u. S. VANGEDAL: Experientia 14, 88—89 (1958). — GOLENIA, A., E. PAWELCZYK u. H. SPEICHERT: Biul. Inst. Róslin leczniczych 4, 204—218 (1958). — GONZÁLEZ GÓMEZ, C., F. D. CELAYETA u. A. VÖCHTING: Farmacognosia 14, 93—114 (1954). — GOODWIN, T. W.: Progr. Indust. Microbiol. 1, 137—177 (1959). — GRÖGER, D.: Kulturpflanze 1, 226—238 (1956); 6, 243—257 (1958); Pharmazie 15, 715—718 (1960). — GRUMBACH, A., u. CH. STOLL: Schweiz. Z. allg. Pathol. Bakt. 20, 145—149 (1957).

HANČ, O., u. E. RIEDL-TUMOVÁ: Pharmazie 9, 877—890 (1954). — HECHT, M., u. W. HECHT: Sci. Pharm. 22, 23—31 (1954). — HECHT, M.: Sci. Pharm. 23, 73—78 (1955). — HEPTING, G. K.: Science 105, 209 (1947). — HERRLICH, A., u. A. MAYR: Die Pocken. Stuttgart: Thieme 1960.

JANICKE, J., i J. PAWELKIEWICZ: Bull. Acad. Polonaise Sci. Cl. II. 3, 5—6 (1955). — JONES, D. D., and V. E. TYLER, jr.: J. Am. Pharm. Assoc. Sci. Ed. 44, 480—483 (1955).

KAISER, H., u. E. THIELMANN: Arch. Pharm. u. Ber. dtsch. pharm. Ges. 289, 378—387 (1956). — KAMIKUBO, T.: J. Vitaminol. 3, 172—176 (1957). — KAMIKUBO, T., u. R. TAKATA: J. Vitaminol. 3, 172—176 (1957). — KAMIKUBO, T., u. R. TAKATA: J. Vitaminol. 3, 177—182 (1957). — KAPRÁLEK, F.: Preslia 29, 113—124 (1957). — KENNARD, W. C., and M. P. MORRIS: Agron. J. 48, 485—487 (1956). — KESTER, A. S., and J. W. FOSTER: Bact. Proc. 60, 168 (1960). — KRÁMLI, A., és A. SZABÓ: Acta Biol. Acad. Sci. Hungaricae 6, 197—202 (1956). — KRZEMINSKI, L. F., u. F. W. QUACKENBUSH: Arch. Biochim. Biophys. 88, 64—67 (1960). — KYBAL, J., u. V. BREJCHA: Pharmazie 10, 752—855 (1955). — KYBAL, J., P. HORAK, V. BREJCHA u. ST. KURDNÁC: Abhdlg. d. dtsch. Akad. d. Wiss. Nr. 7, 236—142 (1956). — KYBAL, J., u. F. STARÝ: Planta Medica 6, 404—409 (1958); Naturwissenschaften 47, 17 (1960).

LAPIN, H.: Bull. Soc. Chim. France 11/12, 1501—1504 (1957). — LESTER, G., D. STONE and O. HECHTER: Arch. Biochim. Biophys. 75, 196—214 (1958). — LILLY, V. G., H. A. WILSON and J. G. LEACH: Appl. Microbiol. 6, 105—108 (1958). — LUEDEMANN, G., W. CHARNEY, M. GENTLES, H. MARSHALL, H. L. HERZOG and A. WOYIESJES: Bact. Proc. 60, 34—35 (1960).

MAITRA, P. K., S. GANGULY and S. C. ROY: Ann. Biochem. a. Exptl. Med. 15, 211—214 (1955). — MAKAREVICH, V. G., T. P. VERKHOVTSEVA u. T. N. LAZNIKOVA: Microbiologica 27, 19—26 (1958). — MARKER, R. E., H. M. CROOKS, E. M. JONES and A. C. SHABICA: J. Am. Chem. Soc. 64, 1276 (1942). — MC GUIRE, J. S., E. S. MAXWELL and G. M. TOMKINS: Biochim. Biophys. Acta 45, 392—393 (1960). — MEINICKE, R.: Flora 143, 395—427 (1956). — MIKI, T., T. HASEGAWA and Y. SAHASHI: J. Vitaminol. 6, 205—210 (1960). — MILIS, E. J., and V. T. STACK: Sewage Ind. Wastes 27, 1061—1064 (1955). — MILOVIDOV, P.: Folia Biol. 2, 375—378 (1956). — MISAKI, A., and S. TERAMOTO: J. Fermentation Technol. 36, 176—180 (1958). — MISAKI, A., Y. YAGI, H. ISHIKAWA and S. TERAMOTO: J. Fermentation Technol. 36, 44—49 (1958). — MITRA, K. K.: J. Sci. Ind. Res. 14 C, 21—23 (1955). — MORRIS, M. P., B. A. ROARK and B. CANCEL: J. Agr. Food Chem. 6, 856—858 (1958). — MOTHES, K.: Manske-Holmes: Alcaloides VI, 5 (1960). — MÜLLER-DIETZ, M., u. W. RINTELEN: Arzneipflanzen in der Sowjet-Union. 1. Lief. Abiès-Atropa, 112 S. Berlin: Osteuropa-Institut 1960.

NAGASAWA, K., and E. KOSHIMURA: Bull. Natl. Hyg. Lab. 72, 37—39 (1954). — NAWA, H., M. UCHIBAYASHI, T. KAMIYA, T. YAMANO, H. ARAI and M. ABE: Nature 184, 469—470 (1959). — NERONOVA, N. M., and N. D. IERUSALIMSK: Microbiologiia 28, 603—609 (1959). — NEUBERG, C., u. J. HIRSCH: Biochem. Z. 115, 282 (1921). — NEUJAHR, H. Y., W. G. KURZ u. G. ROSSI-RICCI: Arkiv Kemi 15, 363—374 (1960).

ONISHI, H.: Bull. Agric. Chem. Soc. Japan 24, 131—140 (1960). — OORT, A. J. P.: Mededel. Directeur Tuinbouw 15, 743—757 (1952).

PAUL, A. G., W. J. KELLEHER and A. E. SCHWARTING: J. Am. Pharm. Assoc. Sci. Ed. 43, 205—207 (1954). — PETERSON, D. H.: Record Chem. Progr. 16, 211 (1955). — PINES, A. I.: Aptechn. Delo 6, 32—36 (1957). — PÖHM, M.: Naturwissenschaften 44, 620 (1957). — POPE, S., R. M. TOMARELLI and P. GYÖRGY: Arch. Biochem. Biophys. 68, 362—366 (1957). — PRESCOTT, S. C., and C. G. DUNN:

Industrial Microbiol. 3. ed. VIII, 945 S. New York: Mc Graw-Hill Book Company 1960.

RABOTNOVA, I. L., M. B. KUPLET-SKAYA u. V. M. KUZNETSOVA: Microbiologiia **29**, 95—97 (1960). — RAJAGOPALAN, K. V., and P. S. SARMA: Biochem. J. **69**, 53—56 (1958). — RAMSTAD, E., and G. GJERSTAD: J. Am. Pharm. Assoc. Sci. Ed. **44**, 741—742 (1955). — RASSBACH, H., K. G. BÜCHEL u. H. ROCHELMEYER: Arzneimittelforsch. **6**, 690—691 (1956). — RUMPEL, W.: Pharmazie **10**, 204—206 (1955).

SANDER, H.: Arch. Pharm. u. Ber. dtsch. pharm. Ges. **289**, 308—312 (1956); Planta **52**, 447—466 (1958). — SCHULZE, T.: Pharmazie **8**, 412—416 (1953). — SEBRELL, W. H., jr., and R. S. HARRIS: The Vitamins. New York: Academy Press 1954. — SHAW, P. D., J. R. BECKWITH and L. P. HAGER: J. Biol. Chem. **234**, 2560—2564 (1959). — SHAW, P. D., and L. P. HAGER: J. Biol. Chem. **234**, 2565 to 2569 (1959). — SHONE, D. K., J. R. PHILIP and G. J. CHRISTIE: Veterin. Rec. **71**, 129—132 (1959). — SHTERNBERG, M. G., i S. I. ZHURUBITSA: Microbiologiya **29**, 108—109 (1960). — SILBER, A., u. T. SCHULZE: Pharmazie **8**, 675—679 (1953). — SILBER, A., u. W. BISCHOFF: Pharmazie **9**, 46—61 (1954); Arch. Pharm. Ber. dtsch. Pharm. Ges. **288**, 124—129 (1955). — SIM, S. K., and H. W. YOUNGKEN: J. Am. Pharm. Assoc. Sci. Ed. **43**, 429—432 (1954). — SMITH, G.: An Introduction of Industrial Mycology, 5th ed XVI, 399 S. London: Edward Arnold 1960. — SÖHNGEN, N.: Zentr. Bakteriol. Parasitenk. **37**, 595 (1913). — SPENCER, J. F. T., J. M. ROXBURGH and H. R. SALLANS: J. Agric. Food Chem. **5**, 64—67 (1957). — SPENDLOVE, J. C.: Dissert. Abst. **18**, 1586—1588 (1958). — STEEL, R.: Biochemical Engineering. Unit. Processes in Fermentation. 328 S. New York: Macmillan Co. 1958. — STEPP, W., J. KÜHNAU u. H. SCHROEDER: Die Vitamine und ihre klinische Anwendung, 2. Bd. Stuttgart: Ferdinand Enke 1952—1957. — STOLL, A.: Mitt. Naturf. Ges., Bern **1942**, 53. — STOUDT, T. H.: Advances Appl. Microbiol. **2**, 183 bis 222 (1960). — SU, K.-C.: Rept. Taiwan Sugar Expt. Sta. **20**, 91—100 (1959).

TABER, W. A., and L. C. VINING: Canadian J. Microbiol. **3**, 55—60 (1957); **4**, 611—626 (1958); Bact. Proc. **60**, 39 (1960); Canadian J. Microbiol. **6**, 355—365 (1960). — TALALAY, P.: Physiol. Rev. **37**, 362—389 (1957). — TITUS, E., A. W. MURRAY and H. E. SPIEGEL: J. Biol. Chem. **235**, 3399—3403 (1960). — TSUKIHARA, K., K. MINOURA and M. IZUMIYA: J. Vitaminol. **6**, 68—76 (1960). — TULECKE, W., and L. G. NICKELL: Science **130**, 863—864 (1959). — J. Am. Pharm. Assoc. Sci. Ed. **43**, 207—211 (1954). — TYLER, V. E., jr.: J. Am. Pharm. Assoc. Sci. Ed. **47**, 574—576 (1958). — TYLER, V. E., jr., and A. E. SCHWARTING: Experimental Pharmacognosy, Rev. Ed. III, 81 S. Minneapolis 15: Burgess Publishing Co. 1958.

VINING, L. C., and W. A. TABER: Canadian J. Microbiol. **5**, 441—451 (1959). — VISCHER, E., u. A. WETTSTEIN: Angew. Chem. **69**, 456—462 (1957). — VOGEL, H., u. H. KNOBLAUCH: Chemie und Technik der Vitamine. Stuttgart 1955—1957. — VOROB'YEVA, G. I.: Dokl. Acad. Nauk S.S.S.R. **112**, 763—765 (1957).

WALL, M. E., C. S. FENSKE, H. E. KENNEY, J. J. WILLAMAN, D. S. CORELL, B. G. SCHUBERT and H. S. GENTRY: J. Am. Pharm. Assoc. Sci. Ed. **46**, 653—684 (1957). — WEAVER, E. A., H. E. KENNEY and M. E. WALL: Appl. Microbiol. **8**, 345—348 (1960). — WESTPHAL, O., u. O. LÜDERITZ: Angew. Chemie **72**, 881—889 (1960). — WILLAMAN, J. J.: Arch. Biochem. Biophys. **62**, 238—240 (1956). — WU, C. H.: Acta Pharm. Sinica **8**, 66—69 (1960).

YAMAZAKI, M.: J. Fermentation Technol. **31**, 126—130 (1953).

ZETSCHE, K.: Arch. Mikrobiol. **38**, 237—271 (1961). — ZIEGLER, D. W., E. V. DAVIS, W. J. THOMAS and W. F. MC LIMANS: Appl. Microbiol. **6 c**, 305—310 (1958).

28. Angewandte Pflanzenphysiologie

Von Sigmund Rehm, Pretoria (Südafrika)

Vorbemerkung

Das Gebiet der angewandten Pflanzenphysiologie ist sehr weit, auch wenn wir es auf die höheren Pflanzen beschränken. Es schließt ein: Pflanzenernährung, Wasserhaushalt, Anwendung von Wuchsstoffen, Photo- und Thermoperiodismus, Lagerung und Behandlung von Pflanzgut, Lagerung und Reifung von Früchten, und Toxikologie — oder mit anderen Begriffen ausgedrückt, einen erheblichen Teil von Land- und Forstwirtschaft und Gartenbau. Da es unmöglich ist, jährlich über Fortschritte auf all diesen Gebieten zu berichten, soll jeweils ein Kapitel ausgewählt werden. Dieses Vorgehen ist um so mehr gerechtfertigt, als man oft erst nach Jahren der praktischen Erprobung sagen kann, was wirklich einen Fortschritt bedeutet hat. Wissenschaftlicher und praktischer Fortschritt gehen dabei keineswegs immer Hand in Hand; die Entdeckung der Gibberelline hat wenig praktische Anwendung gefunden, andererseits führt bei der Entwicklung der Herbizide heute noch die empirische Methode.

Chemische Unkrautbekämpfung

1. Einleitung

Noch nie hat sich ein Gebiet der angewandten Botanik so stürmisch entwickelt wie die chemische Unkrautbekämpfung. Den Anstoß gab die Entdeckung von 2,4-D und MCPA während des letzten Krieges. In dem Zeitraum von 1945—1950 stieg die Zahl der jährlichen Publikationen über Unkrautbekämpfung auf rund 2500 (Salter); sie hat sich seither etwa auf derselben Höhe gehalten. In den USA steht die Produktion der Herbizide heute wertmäßig an zweiter Stelle (26%) hinter Insectiziden (53%) und vor Fungiziden und Bodensterilisationsmitteln (21%) (Shepard, Mahan u. Graham). Das plötzliche und allseitige Erwachen des Interesses an chemischer Unkrautbekämpfung erklärt sich einmal aus den unvergleichlich günstigen Eigenschaften von 2,4-D (gute Selektivität, geringe Kosten, anwendbar in sehr kleinem Volumen, Gebrauch bei großflächig angebauten Feldfrüchten), ferner aus der allgemeinen Rationalisierung der Landwirtschaft, den überall steigenden Arbeitslöhnen, dem Vordringen des Ackerbaus in Grenzgebiete, wo gute Unkrautbekämpfung entscheidend wichtig ist (Trockengebiete) oder wo sie ein schwieriges, mit mechanischen Mitteln kaum zu lösendes Problem ist (Tropen), und endlich aus dem Interesse, das Herbizide für die Kriegführung haben.

2. Literatur

Die Literatur über chemische Unkrautbekämpfung ist weit verstreut in landwirtschaftlichen, botanischen und chemischen Zeitschriften, in den Proceedings der regionalen Weed Conferences der USA und in technischen Berichten der chemischen Industrie. Die Schwierigkeit der Literaturerfassung führte 1952 zur Herausgabe der "Weed Abstracts" durch den British Weed Control Council und zur Veröffentlichung einer

Bibliographie in jeder Ausgabe von "Weeds" (seit 1953). Diese Zeitschrift der Weed Society of America soll von März 1961 an ein europäisches Gegenstück bekommen, "Weed Research", herausgegeben vom European Weed Research Council. Ein wesentlicher Teil der wissenschaftlichen Arbeiten über Herbizide wird nicht oder verspätet und unvollständig publiziert, da die Führung auf diesem Gebiet bei der chemischen Industrie liegt, die nur begrenzte Teile ihrer Forschung zur Publikation freigibt. Diese Politik ist verständlich, wenn man weiß, daß es in Amerika 1 bis 1,5 Millionen Dollar allein für die Forschung kostet, ein neues Pflanzenschutzmittel zu entwickeln (ANONYM). Die überwiegende Zahl der Publikationen über Herbizide ist rein praktischer Art, doch nehmen physiologische Arbeiten unter ihnen einen beachtlichen Raum ein; von den 1748 Titeln, die die Bibliographie in "Weeds" 1960 anführt, werden 266 als "Physiological Investigations" klassifiziert.

Vier Übersichten über den Stand der physiologischen Forschung auf unserem Gebiet erschienen bisher in "Annual Review of Plant Physiology" [NORMAN, MINARIK u. WEINTRAUB; BLACKMAN, TEMPLEMAN u. HALLIDAY; CRAFTS (1); WOODFORD, HOLLY u. McCREADY]. Einen sehr lesenswerten Bericht über toxikologische Arbeiten im zellphysiologischen Bereich gab CURRIER.

3. Herbizide

Jede Berichterstattung über Herbizide wird erschwert durch die Vielfalt der heute gebrauchten Verbindungen, die nicht nach einem allgemeinen Prinzip zu ordnen sind. Abgesehen von den alten (und heute noch viel gebrauchten) Unkrautmitteln, wie Natriumchlorat, Borax oder Arsenverbindungen, sind in den letzten 15 Jahren rund 80 organische Verbindungen auf den Markt gekommen. Das nächstliegende Ordnungsprinzip ist die chemische Klassifikation (substituierte Phenoxyfettsäuren, substituierte Fettsäuren, Phenylharnstoffe, Carbamate, Acetamide, Triazine, Dinitrophenole usw., vgl. WOODFORD, HOLLY u. McCREADY); doch gibt es etwa 20 chemisch isoliert stehende Herbizide, für deren Einordnung auf diesem Wege nichts gewonnen wird. Die meisten Einteilungen legen die Anwendung zugrunde (selektiv/nicht-selektiv; Kontaktherbizid/systemisches Herbizid; Blattaufnahme/Wurzelaufnahme usw., vgl. ROBBINS, CRAFTS u. RAYNOR). Diese Einteilungsprinzipien überschneiden sich aber vielfach, und vor allem sind viele Herbizide unter mehreren Rubriken zu klassifizieren (z. B.: 2,4-D wird selektiv und nicht-selektiv gebraucht, kann durch Blätter oder Wurzeln aufgenommen werden, tötet bevorzugt Dikotyle, aber auch Gräser auf dem Keimpflanzenstadium). Aus diesem inhärenten Grund bleibt der Versuch zur übersichtlichen Klassifizierung der Herbizide unbefriedigend und lückenhaft, auch wenn mehrere Einteilungsprinzipien gleichzeitig benutzt werden (am weitesten getrieben von BERAN u. NEUBURER). In diesem Referat wird keine Vollständigkeit angestrebt, und nur ein kleiner Teil der Mittel wird beispielhaft genannt. Für die angeführten Herbizide werden Abkürzungen oder Handelsnamen gebraucht, deren Bedeutung die folgende Tabelle erläutert.

Tabelle

Bezeichnung	chemische Verbindung
ATA	3-Amino-1,2,4-triazol
Atrazin	2-Chlor-4-*iso*-propylamino-6-äthylamino-1,3,5-triazin
CDAA	2-Chlor-NN-diallylacetamid
CIPC	*iso*-Propyl-N-(3-chlorphenyl)-carbamat
2,4-D	2,4-Dichlor-phenoxyessigsäure
2,4-DB	4-(2,4-Dichlorphenoxy)-buttersäure
Dalapon	2,2-Dichlorpropionsäure
IPC	*iso*-Propyl-N-phenylcarbamat
MCPA	2-Methyl,4-chlorphenoxyessigsäure
MCPB	4-(2-Methyl,4-chlorphenoxy)-buttersäure
MH	Maleinsäurehydrazid
Monuron	N-(4-Chlorphenyl)-N′N′-dimethylharnstoff
NaPCP	Natriumpentachlorphenat
Propazin	2-Chlor-4,6-bis(*iso*-propylamino)-1,3,5-triazin
SES	2,4-Dichlorphenoxy-äthylsulfat
Simazin	2-Chlor-4,6-bis(äthylamino)-1,3,5-triazin

4. Physiologie

Mehrere physiologische Vorgänge beeinflussen die Wirkungsweise eines Herbizides: Aufnahme, Transport, chemische Veränderungen am Herbizidmolekül in der Pflanze, der eigentliche Tötungsprozeß und Umsetzungen durch Mikroorganismen im Boden. Physiologisch am reizvollsten und praktisch oft von der größten Bedeutung ist das Problem, worauf die selektive Wirkung eines Unkrautmittels beruht; jeder der genannten Vorgänge kann Ursache der Selektivität sein.

a) Aufnahme. Viele Herbizide werden dem Boden zugefügt und von dort durch die Wurzeln aufgenommen. Offenbar bieten die Wurzeln keinerlei Widerstand gegen das Eindringen irgendwelcher Unkrautmittel [CRAFTS u. YAMAGUCHI (2)]. Auch in die Wurzeln resistenter Pflanzen dringt das Herbizid ungehindert ein [z. B. Simazin in Mais (DAVIS, FUNDERBURK u. SANSING)]. Mir ist kein Fall bekannt, daß die Resistenz einer Art durch das Nichteindringen des Mittels in die Wurzeln bedingt ist. In der Praxis spielt freilich unterschiedliche Wurzelaufnahme eine große Rolle, doch beruht sie immer auf verschieden tiefer Bewurzelung [Vorauflaufbehandlung; Gebrauch von CIPC in tiefwurzelndem Reis gegen *Echinochloa* (BAKER)].

Die Aufnahme oder Nichtaufnahme durch oberirdische Pflanzenteile, in erster Linie durch die Blätter, ist in vielen Fällen von entscheidender Bedeutung für die Wirkung bzw. Selektivität der Mittel. Einige Herbizide werden praktisch nicht durch die Blätter aufgenommen, wie IPC, Monuron oder Simazin (FOY u. CASTELFRANCO). Die Schwerlöslichkeit in Wasser scheint hierfür in erster Linie entscheidend zu sein (GYSIN). Aufnehmbare Mittel müssen zunächst an den Blättern haften. Das Haften wäßriger Lösungen hängt einmal von der Beschaffenheit der Blattoberfläche (Struktur der Cuticula, Wachslagen, Behaarung) ab. Wachstumsbedingungen (Sonne/Schatten, trocken/feucht) und Alter können die Oberflächenstrukturen erheblich verändern und haben dadurch einen entsprechenden Einfluß auf die Haftfähigkeit und Wirkung von Unkrautmitteln (SCHIEFERSTEIN u. LOOMIS; WESTWOOD, BATJER u. BILLINGSLEY). Noch wichtiger sind meist die physikalischen Eigenschaften der Lösungen. Starke Emulgiermittel setzen die Haftfähigkeit herab, inverse Emulsionen (Wasser in Öl) erhöhen sie sehr (VAN VALKENBERG u. KELLY). Die beigefügten Benetzungsmittel können die Selektivität eines Mittels entscheidend bestimmen. In der Literatur findet man wenig hierüber, weil die Hersteller diese Seite gewöhnlich als Fabrikationsgeheimnis behandeln. Zu beachten ist, daß Benetzungsmittel nicht nur durch Herabsetzung der Oberflächenspannung wirken, sondern in manchen Fällen auch durch chemische Reaktion mit dem Herbizid (FREED u. MONTGOMERY).

Dem Eindringen der Herbizide in das Blatt waren von Anfang an viele Untersuchungen gewidmet (NORMAN, MINARIK u. WEINTRAUB; CURRIER u. DYBING). Die Spaltöffnungen sind Eingangspforten nur für Öle und für wäßrige Lösungen mit stark erniedrigter Oberflächenspannung. Die meisten Herbizide wandern durch die Cuticula, wobei wahrscheinlich Haarbasen und die Zonen über Blattadern und antiklinen Epidermiswänden bevorzugte Stellen für das Eindringen sind (DYBING u. CURRIER). Wegen der Lipoidnatur der Cuticula dringen apolare Verbindungen schneller ein als Ionen. Die fettlöslichen Ester von 2,4-D dringen so schnell ins Blatt, daß ihr Gebrauch weitgehend unabhängig von der Witterung (Regen) ist. Die Aufnahme von ionisierbaren Verbindungen wird durch Beifügen von Stoffen, die die Ionisation zurückdrängen (Veränderung des p_H, Beifügung von stark dissoziierten Salzen), gefördert. Doch permeieren auch dissoziierte Verbindungen die Cuticula [Salze von 2,4-D (ORGELL u. WEINTRAUB)]. So lange das Lösungsmittel noch nicht verdunstet ist, findet die Aufnahme von Herbiziden schnell statt. Hohe Luftfeuchtigkeit und niedere Temperatur fördern daher die Aufnahme, trockne Luft und hohe Temperatur setzen sie herab (ZÜKEL; PALLAS). Auch nach dem Eintrocknen werden jedoch die Stoffe noch langsam absorbiert (WESTWOOD, BATJER u. BILLINGSLEY).

b) Transport. Die Translozierbarkeit ist eines der wichtigsten Charakteristika der Herbizide. Alle Versuche zur Klassifizierung unterscheiden zwischen Kontaktmitteln und systemischen Mitteln. Studien über Translokation nehmen einen großen Raum in der physiologischen Literatur ein; WOODFORD, HOLLY u. McCREADY geben eine Übersicht über Methoden und Ergebnisse.

Der erste Schritt des Transports ist immer die Passage durch Blatt- oder Wurzelparenchym. Öle durchdringen das gesamte Blattparenchym schnell durch capillare Ausbreitung an den Oberflächen (ROHRBAUGH). Wasserlösliche Stoffe bewegen sich offenbar leicht in den Interstitien der Zellwände, da auch schwere Zellgifte (z. B. NaPCP) über erhebliche Abstände ins Blattparenchym vordringen. Der Parenchymtransport der auxinähnlichen Herbizide geschieht in erster Linie durch das Plasma, da er deutlich polar ist (WOODFORD, HOLLY u. McCREADY), und da chemische Veränderungen beim Durchtritt durch das Blattparenchym zu den Leitbahnen beobachtet sind [CRAFTS (3)].

Für den Ferntransport in der Pflanze werden Xylem oder Phloem benutzt. Welche Gewebe dem Transport dienen, wird vor allem aus der Richtung der Bewegung erschlossen [CRAFTS (3)]. Radioautogramme geben oft keine klare Entscheidung wegen des seitlichen Austauschs zwischen Xylem und Phloem (RADWAN, STOCKING u. CURRIER). HULL gibt eine tabellarische Zusammenstellung aller bis 1958 veröffentlichten Resultate. Der Transport im Xylem bietet keine besonderen Probleme; alles, was durch die Wurzeln oder Blätter in die Gefäße gelangt, wandert mit dem Transpirationsstrom. Für den Phloemtransport scheint allgemein zu gelten, daß die Herbizide mit den Assimilaten zu den Orten des Verbrauchs oder der Speicherung von Kohlehydraten wandern [JAWORSKI, FANG u. FREED; CRAFTS (2); CRAFTS u. YAMAGUCHI (1)]. Überraschend ist, was alles in den Siebröhren wandern kann, nicht nur die Wuchsstoffverwandten, sondern auch MH, ATA und Dalapon (CURRIER, DAY u. CRAFTS; SANTELMAN u. WILLARD; CLOR u. CRAFTS; LEONARD). Beim Phloemtransport von Herbiziden muß beachtet werden, daß die Moleküle durch lebendes Gewebe passieren und dabei chemisch verändert werden können. Über Veränderungen am 2,4-D-Molekül in der Pflanze existiert eine große Literatur (Zusammenstellung bei SHAW, HILTON, MORELAND u. JANSEN). Die Spaltung von 2,4-D-Estern im Blatt vor dem Transport wurde durch CRAFTS (3) elegant demonstriert.

Der Phloemtransport ist besonders wichtig, wo es gilt, die unterirdischen Organe mehrjähriger Unkräuter zu töten. Hohe Konzentrationen der Unkrautmittel können so toxisch sein, daß das Transportgewebe seinen Dienst versagt. Niedrige Konzentrationen oder weniger aktive Formen des Herbizids (z. B. 2,4-D-Ester mit langkettigen Alkoholen) sind für solche Aufgaben wirksamer.

Bei 2,4-D wurde verschiedentlich untersucht, ob die selektiven Eigenschaften durch unterschiedlichen Transport bedingt sind. Die Resultate geben kein einheitliches Bild, sind aber überwiegend negativ. WEINTRAUB, REINHART u. SCHERFF berichten von geringerem Transport aus den Blättern resistenter Arten und Varietäten. WILLIAMS dagegen fand schnellere Translokation in resistenten Arten. Das Argument, daß das interkalare Meristem an der Blattbasis der Monokotylen den Transport von 2,4-D hindere und die Ursache der Resistenz der Monokotylen sein könne (GALLUP u. GUSTAVSON), trifft nicht zu, da manche Monokotyle (z. B. *Allium cepa, Cyperus rotundus*) ebenso empfindlich gegen 2,4-D sind wie die meisten Dikotylen, und weil die Wanderung von 2,4-D aus den Blättern von Gramineen und anderen Monokotylen wohl bekannt ist [Radioautogramme bei CRAFTS (3) und CRAFTS u. YAMAGUCHI (1)].

c) Chemische Veränderungen von Herbiziden in der Pflanze. Schon im vorigen Abschnitt wurde auf die Möglichkeit solcher Änderungen im Zusammenhang mit der Stoffleitung hingewiesen. Für die toxische Wirkung spielen sie in manchen Fällen die entscheidende Rolle. Eine Zusammenstellung mit zahlreichen Literaturhinweisen geben SHAW, HILTON, MORELAND u. JANSEN.

Manche Herbizide werden in resistenten Pflanzen entgiftet. Das bekannteste Beispiel für diese Möglichkeit ist die Degradation von Simazin und Atrazin in Mais. Das erste Stoffwechselprodukt ist 2-Hydroxy-simazin (ROTH). 2-Methoxy-triazine sind für Mais aber giftig (RICHARDS; GYSIN); offenbar kann das Entgiftungssystem der Pflanze (Polyphenol-fraktion) nur das Chloratom, nicht aber die Methoxygruppe durch die Hydroxylgruppe verdrängen. ATA wird in vielen Pflanzen chemisch verändert; die Synthese von Additionsverbindungen mit Aminosäuren [MASSINI; CARTER u. NAYLOR (1)] und Zuckern (GENTILE u. FREDRICK) ist bewiesen. Ein weiteres Herbizid, das in resistenten Pflanzen schnell abgebaut wird, ist CDAA (WANGERIN). Adsorption von MCPA an metabolisch inaktiven Orten in resistenten Arten wird von BRIAN (1, 2) als mögliche Form der Entgiftung beschrieben. Zahlreiche Unter-suchungen beschäftigen sich mit dem Metabolismus von 2,4-D; kein klarer Zusammenhang der Umsetzungen mit der Resistenz verschiedener Arten konnte bisher festgestellt werden.

Der entgegengesetzte Vorgang, d. h. die Aktivierung von Herbiziden im Stoffwechsel der Pflanze, ist von mehreren Stoffen bekannt. Chlorat übt seine toxische Wirkung erst nach Reduktion in der Pflanze zu Chlorit und Hypochlorit aus (ÅBERG). Ein wesentlicher Fortschritt in der Selektivität der Phenoxyfettsäuren wurde durch die Einführung der Buttersäureverbindungen (2,4-DB und MCPB) erzielt; diese selbst sind kaum phytotoxisch, werden aber in manchen Pflanzen durch β-Oxydation zu den entsprechenden Essigsäureverbindungen abgebaut. Es ist ein glücklicher Zufall, daß vielen Leguminosen diese β-Oxydase fehlt, während die meisten Unkräuter sie besitzen, so daß die Phenoxybutter-säuren ideale Herbizide für Luzerne, Klee und Erbsen sind [WAIN (1, 2)]. IPC wird in der Pflanze oxydiert zu iso-Propyl-N-hydroxyphenyl-carbamat, und es ist möglich, daß das die toxische Form des Herbizids ist (BASKAKOV u. ZEMSKAYA). Auch ATA wird schnell in der Pflanze umgesetzt; einer der neugebildeten Stoffe ("compound 1") mag bei der herbiziden Wirkung eine entscheidende Rolle spielen [CARTER u. NAYLOR (2)].

d) Mechanismus der toxischen Wirkung. Dieses Gebiet sollte den Schlüssel zur Rationalisierung der Herbizidforschung liefern. Die Zahl der ihm gewidmeten Untersuchungen ist entsprechend groß; "yet we still do not understand the exact manner in which any herbicide exerts its toxic effect" (WOODFORD, HOLLY u. MCCREADY).

Am einfachsten zu verstehen ist die Wirkung der herbiziden Öle, die durch Auflösung der Lipoide die Struktur der äußeren Plasmahaut zer-stören (VAN OVERBEEK u. BLONDEAU). Völlig ungeklärt ist hier jedoch die Resistenz einiger Arten (Umbelliferen, manche Gräser, Coniferen, Flachs). Dinitrophenole und Arsenverbindungen sind Atmungshemm-stoffe und giftig für alle Organismen; wie weit ihre Eigenschaft als Herbizide mit bekannten Funktionen zusammenhängt und wie der Tötungsprozeß bei der höheren Pflanze abläuft, ist kaum untersucht (BLACKMAN, TEMPLEMAN u. HALLIDAY).

Substituierte Phenylharnstoffe (Monuron), Triazine (Simazin) und Triazole (ATA) hemmen alle die Photosynthese (Hill-Reaktion) und Chlorophyllbildung. Ihre herbizide Wirkung ist im Licht sehr viel stärker als im Schatten oder Dunkeln. Bei Simazin und Monuron ist es möglich, daß die Hemmung der Photosynthese die Hauptwirkung ist, da Zufuhr von Glucose die Giftwirkung aufhebt (MORELAND, GENTNER, HILTON u. HILL; GENTNER u. HILTON). Wahrscheinlich ist es aber nicht nur der Mangel an Energiematerial, der den Tod verursacht, sondern auch die Bildung toxischer Stoffe und Fehlleitungen im Stoffwechsel nach Unterbrechung der Hill-Reaktion [SWEETSER u. TODD; CRAFTS (4)]. Ungeklärt ist noch der physiologische Mechanismus mancher anderer beobachteter Wirkungen [ATA als Entlaubungsmittel (LEINWEBER u. HALL)] und der große Einfluß, den geringe chemische Änderungen im Molekül der Triazine auf ihre selektiven Eigenschaften haben: *Sorghum*, Karotten, Sellerie und Fenchel sind resistent gegen Propazin und werden durch Simazin getötet; wilde *Daucus carota* aber wird durch Propazin getötet, nicht durch Simazin; *Convolvulus arvensis* ist resistent gegen Simazin, nicht gegen Propazin (GYSIN).

Trotz einer Unzahl von Arbeiten, die sich mit den physiologischen Wirkungen von 2,4-D und anderen Auxinverwandten beschäftigen, weiß man noch nicht, worauf eigentlich ihre toxische Wirkung beruht. Es ist sogar unsicher, ob ihre Wuchsstoffeigenschaften etwas mit ihrer Toxicität zu tun haben. Auch die Möglichkeit, daß diese Verbindungen nicht selbst giftig sind, sondern die Bildung giftiger Stoffe auslösen, muß ins Auge gefaßt werden (VAN OVERBEEK, BLONDEAU u. HORNE; KEY u. HANSON). Für weitere Literaturhinweise sei auf WOODFORD, HOLLY u. MCCREADY, ferner WAIN (2) und SHAW, HILTON, MORELAND u. JANSEN verwiesen. Ungenügend geklärt ist auch bei diesen Mitteln die Physiologie der Selektivität; Untersuchungen an naheverwandten Formen, wie etwa den 2,4-D-resistenten und -empfindlichen Rassen von *Daucus carota* (WHITE-HEAD u. SWITZER) könnten entscheidende Einsichten hierüber vermitteln.

HILTON, ARD, JANSEN u. GENTNER fanden starke Hemmung der Pantothenatsynthese durch Dalapon und andere chlorierte Fettsäuren. Da Zufuhr von Pantothensäure Gerstenpflanzen gegen die Wirkung von Dalapon schützte, ist es wahrscheinlich, daß damit der Schlüssel für die toxische Wirkung dieser vielgebrauchten Herbizide gefunden ist.

e) Umwandlung von Herbiziden durch Boden-Mikroorganismen. Abgesehen von den früher genannten zusammenfassenden Darstellungen wird dieses Gebiet besonders durch NEWMAN u. DOWNING und SHEETS u. DANIELSON besprochen. Herbizide in den Mengen, wie sie bei selektiver Anwendung in den Boden kommen, haben kaum einen Einfluß auf die Zusammensetzung und den Stoffwechsel der Bodenbakterien und -pilze (MAGEE u. COLMER; LENHARD). Die Zahl der 2,4-D-zersetzenden Bakterien nimmt bei wiederholter Zugabe von 2,4-D zu (AUDUS).

Die meisten Herbizide verlieren ihre Wirkung im Boden auf dem Weg über die mehr oder weniger schnelle Zersetzung durch Mikroorganismen, hauptsächlich Bakterien. Langsamer Abbau ist erwünscht, wenn die behandelte Fläche lange Zeit frei von allem Pflanzenwuchs bleiben soll. Für diesen Zweck geeignete Herbizide (Phenylharnstoffe, Triazine) sind deshalb — auch in geringen Dosen — nur mit Vorsicht auf Kulturland zu gebrauchen (CRAFTS u. DREVER). Die Mehrzahl der organischen Unkrautmittel wird so schnell zersetzt, daß keinerlei Gefahr einer Nachwirkung auf die folgende Frucht oder gar einer Akkumulation im Boden bei wiederholtem Gebrauch besteht.

In zwei Fällen bilden Bodenbakterien ein wichtiges Glied für die Wirksamkeit von Herbiziden. SES hat keine Wirkung auf höhere Pflanzen, aber es wird durch Bakterien zu 2,4-Dichlorphenoxy-äthanol hydrolysiert, und dieses wird oxydiert zu 2,4-D, das dann durch die Wurzeln von Unkrautkeimlingen aufgenommen wird (CARROLL). In heißen Ländern, wo die Bodenoberfläche durch Hitze und Trockenheit praktisch steril ist, bleibt SES wirkungslos. 2,4-DB kann nicht nur durch die β-Oxydase der höheren Pflanze, sondern auch durch Bodenbakterien zu 2,4-D abgebaut werden (WEBLEY, DUFF u. FARMER; WHITESIDE u. ALEXANDER) und kann dadurch seine selektiven Eigenschaften z. T. verlieren.

Literatur

ÅBERG, B.: Kungl. Lantbruks-Högsk. Ann. **15**, 37—107 (1948). — Anonym: Agric. Chem. **16** (1), 33, 76—77 (1961). — AUDUS, L. J.: Plant Growth Substances. London: L. Hill 1959.

BAKER, J.: Weeds **8**, 39—47 (1960). — BASKAKOV, Y. A., u. V. A. ZEMSKAYA: Fiziol. Rastenij **6**, 63—68 (1959). — BERAN, F., u. J. NEURURER: Z. Pflanzenkr. **66**, 520—534 (1959). — BLACKMAN, G. E., W. G. TEMPLEMAN and D. J. HALLIDAY: Ann. Rev. Plant Physiol. **2**, 199—230 (1951). — BRIAN, R. C.: (1) Plant Physiol. **33**, 431—439 (1958); (2) **35**, 773—782 (1960).

CARROLL, R. B.: Contrib. Boyce Thompson Inst. **16**, 409—417 (1952). — CARTER, M. C., and A. W. NAYLOR: (1) Plant Physiol. **34** (Suppl.), VI (1959); — (2) Bot. Gaz. **122**, 138—143 (1960). — CLOR, M. A., and A. S. CRAFTS: Plant Physiol. **32** (Suppl.), XLIII (1957). — CRAFTS, A. S.: (1) Ann. Rev. Plant Physiol. **4**, 253 bis 282 (1953); — (2) Hilgardia **26**, 287—334 (1956); — (3) Weeds **8**, 19—25 (1960); — (4) Weeds **8**, 535—540 (1960). — CRAFTS, A. S., and H. DREVER: Weeds **8**, 12—18 (1960). — CRAFTS, A. S., and S. YAMAGUCHI: (1) Hilgardia **27**, 421—454 (1958); — (2) Amer. J. Bot. **47**, 248—255 (1960). — CURRIER, H. B.: Handb. Pfl. Physiol. **2**, 792—825 (1956). — CURRIER, H. B., B. E. DAY and A. S. CRAFTS: Bot. Gaz. **112**, 272—280 (1951). — CURRIER, H. B., and C. D. DYBING: Weeds **7**, 195—213 (1959).

DAVIS, D. E., H. H. FUNDERBURK JR. and N. G. SANSING: Weeds **7**, 300—309 (1959). — DYBING, C. D., and H. B. CURRIER: Plant Physiol. **35** (Suppl.), XXX bis XXXI (1960).

FOY, C. L., and P. CASTELFRANCO: Plant Physiol. **35** (Suppl.), XXVIII (1960). — FREED, V. H., and M. MONTGOMERY: Weeds **6**, 386—389 (1958).

GALLUP, A. H., and F. G. GUSTAVSON: Plant Physiol. **27**, 603—612 (1952). — GENTILE, A. C., and J. F. FREDRICK: Physiol. Plant. (Copenh.) **12**, 862—867 (1959). — GENTNER, W. A., and J. L. HILTON: Weeds **8**, 413—417 (1960). — GYSIN, H.: Weeds **8**, 541—555 (1960).

HILTON, H. L., J. S. ARD, L. L. JANSEN and W. A. GENTNER: Weeds **7**, 381—396 (1959). — HULL, H. M.: Weeds **8**, 214—231 (1960).

JAWORSKI, E. G., S. C. FANG and V. H. FREED: Plant Physiol. **30**, 272—275 (1955).

KEY, J. L., and J. B. HANSON: Plant Physiol. **34** (Suppl.), XVII (1959).

LEINWEBER, C. L., and W. C. HALL: Bot. Gaz. **121**, 9—16 (1959). — LENHARD, G.: S. Afr. J. agric. Sci. **2**, 487—497 (1959). — LEONARD, O. A.: Hilgardia **28**, 115—160 (1958).

MAGEE, L. A., and A. R. COLMER: Weeds **4**, 124—130 (1956). — MASSINI, P.: Biochim. biophys. Acta **36**, 548—549 (1959). — MORELAND, D. E., W. A. GENTNER, J. L. HILTON and K. L. HILL: Plant Physiol. **34**, 432—435 (1959).

NEWMAN, A. S., and C. R. DOWNING: J. agric. Food Chem. 6, 352—353 (1958). — NORMAN, A. G., C. E. MINARIK and R. L. WEINTRAUB: Ann. Rev. Plant Physiol. 1, 141—168 (1950).

ORGELL, W. N., and R. L. WEINTRAUB: Plant Physiol. 31 (Suppl.), XXI (1956). — OVERBEEK, J. VAN, and R. BLONDEAU: Weeds 3, 55—65 (1954). — OVERBEEK, J. VAN, R. BLONDEAU and V. HORNE: Plant Physiol. 26, 687—696 (1951).

PALLAS JR., J. E.: Plant Physiol. 35, 575—580 (1960).

RADWAN, M. A., C. R. STOCKING and H. B. CURRIER: Weeds 8, 657—665 (1960). — RICHARDS, R. F.: Proc. Southern Weed Control Conf. 13, 228—232 (1960). — ROBBINS, W. W., A. S. CRAFTS and R. N. RAYNOR: Weed Control. New York: McGraw-Hill 1952. — ROHRBAUGH, P. W.: Plant Physiol. 9, 699—730 (1934). — ROTH, W.: C. R. Acad. Sci. (Paris) 245, 942—944 (1957).

SALTER, R. M.: Agric. Chem. 6 (5), 48 (1951). — SANTELMANN, P. W., and C. J. WILLARD: Proc. Northeastern Weed Control Conf. 9, 21—29 (1955). — SCHIEFERSTEIN, R. H., and W. E. LOOMIS: Plant Physiol. 31, 240—247 (1956). — SHAW, W. C., J. L. HILTON, D. E. MORELAND and L. L. JANSEN: Nature and Fate of Chemicals applied to Soils, Plants and Animals, U. S. D. A., 119—133 (1960). — SHEETS, T. J., and L. L. DANIELSON: Nature and Fate of Chemicals applied to Soils, Plants and Animals, U. S. D. A., 170—181 (1960). — SHEPARD, H. H., J. N. MAHAN and CH. A. GRAHAM: The Pesticide Situation for 1959—1960, U. S. D. A. (1960). — SWEETSER, PH. B., and CH. W. TODD: Plant Physiol. 35 (Suppl.), X (1960).

VALKENBERG, J. W. VAN, and J. A. KELLY: Agric. Chem. 14 (5), 38—40, 105 (1959).

WAIN, R. L.: (1) J. agric. Food Chem. 3, 128—130 (1955); — (2) Adv. Pest Control Res. 2, 263—305 (1958). — WANGERIN, R. R.: Farm Chem. 118, 47—49 (1955). — WEBLEY, D. M., R. B. DUFF and V. C. FARMER: Nature (Lond.), 179, 1130—1131 (1957). — WEINTRAUB, R. L., J. H. REINHART and R. A. SCHERFF: Radioactive Isotopes in Agriculture, U. S. A. E. C., 203—208 (1956). — WESTWOOD, M. N., L. P. BATJER and H. D. BILLINGLEY: Proc. Amer. Soc. hort. Sci. 76, 30—40 (1960). — WHITEHEAD, C. W., and C. M. SWITZER: Res. Rep. nat. Weed Com., Eastern Sect., Canada, 132—133 (1958). — WHITESIDE, JEAN S., and M. ALEXANDER: Weeds 8, 204—213 (1960). — WILLIAMS, M. C.: Diss. Abstr. 16, 1771 (1956). — WOODFORD, E. K., K. HOLLY and C. C. MCCREADY: Ann. Rev. Plant Physiol. 9, 311—358 (1958).

ZUKEL, J. W.: Agric. Chem. 9 (10), 46—47, 113, 115 (1954).

29. Angewandte Mikrobiologie

Die Verwendung induzierter Mutanten in der industriellen Mikrobiologie

Von Helmut Böhme, Gatersleben

Bereits kurz nach der Entdeckung der Möglichkeit einer Auslösung von Mutationen durch ionisierende Strahlen (Nadson u. Filippov 1925, 1928; Muller 1927) wurden die ersten Versuche unternommen, mit Hilfe mutagener Behandlungen den Genotyp von Kulturpflanzen zu verändern und auf diesem Wege Sorten mit neuen, verbesserten Eigenschaften zu züchten (Delone 1928; Stubbe 1929; Sapegin 1930; Nilsson-Ehle 1939). Über die ersten Erfolge auf diesem Gebiet ist in den letzten Jahren mehrfach zusammenfassend berichtet worden (Gustafsson 1951; Stubbe 1959). Während bei den landwirtschaftlich genutzten höheren Pflanzen erst einige wenige auf induzierte Mutanten zurückgehende Sorten im Anbau sind, ist der durch die Mutationszüchtung an industriell verwendeten Mikroorganismen in den letzten 20 Jahren geschaffene Nutzen um ein Vielfaches höher. Von den zahlreichen Faktoren, die zu dieser günstigen Entwicklung bei der Selektion von Mikroorganismen im Vergleich zu den Arbeiten mit höheren Pflanzen beigetragen haben (Generationsdauer u. a.), sei hier nur einer erwähnt. Mutationen, die in einem Merkmal zu einer wesentlichen Verbesserung der Eigenschaften einer Sorte führen, ohne dabei andere Merkmale in negativer Richtung zu beeinflussen oder zu einer Senkung der Vitalität zu führen, sind infolge der ausbalancierten Anpassung der Kulturpflanzen an die jeweiligen Anbaubedingungen relativ selten. Der Pflanzenzüchter ist im wesentlichen auf diese Gruppe von Mutationen angewiesen, oder er muß eine langjährige Einkreuzungsarbeit auf sich nehmen. Bei der Selektion von Mikroorganismen können jedoch auch solche Mutationen von großem Wert sein, die unter den Standardbedingungen der Ausgangsrasse unterlegen sind, bei Gewährung besonderer Wachstumsbedingungen jedoch zu einer wesentlichen Ertragssteigerung gegenüber dem Ausgangstyp führen. So ist es erklärlich, daß heute in vielen Zweigen der industriellen Mikrobiologie induzierte Mutanten verwendet werden.

Auf dem hier zur Verfügung stehenden Raum kann kein geschlossener Überblick über die Mutationszüchtung bei industriell genutzten Mikroben gegeben werden; an Stelle dessen soll versucht werden unter Berücksichtigung der in den letzten Jahren erschienenen Arbeiten 1. die Bedeutung der induzierten Mutanten für die industrielle Mikrobiologie an einigen Beispielen zu zeigen, 2. eine Reihe von Methoden der Mutationsauslösung, die sich bisher bewährt haben, zu besprechen und schließlich 3. auf einige Probleme hinzuweisen, deren Lösung zu wirkungsvolleren Verfahren der Mutationszüchtung führen würde.

Der Überblick über den Stand der Forschungen auf diesem Gebiet wird durch die Tatsache erschwert, daß die Ergebnisse teilweise nur in der Patentliteratur dokumentiert sind, während in manchen Fällen unter Berücksichtigung kommerzieller Erwägungen auf eine Publikation überhaupt verzichtet wird. Patentliteratur wurde mit wenigen Ausnahmen bei der Zusammenstellung dieses Berichtes nicht berücksichtigt.

A. Mutationstypen

Der Einsatz von Mutanten kann zunächst zu einer quantitativen Leistungssteigerung während der Fermentation führen. Die Geschichte der Penicillinproduktion ist hierfür ein anschauliches Beispiel (HOLLAENDER 1945; RAPER 1952; BACKUS u. STAUFFER 1955). Der 1943 von RAPER u. ALEXANDER isolierte Stamm NRRL 1951 von *Penicillium chrysogenum* lieferte in Submers-Kultur eine Ausbeute von etwa 100 IE/ml. Durch mehrfache Einzelsporen-Isolierungen wurde eine Variante (NRRL 1951-B 25) gefunden, die bis zu 250 IE/ml Penicillin ergab. Eine weitere Steigerung der Ausbeute konnte durch Selektion spontaner Varianten nicht erreicht werden, sie war erst nach Erhöhung der Variabilität durch mutagene Behandlung möglich. Die erste durch Röntgenbestrahlung (DEMEREC 1945) des Stammes NRRL 1951-B 25 induzierte Mutante (X-1612) führte bereits zu einer Ausbeute von 500 IE/ml. BACKUS, STAUFFER u. JOHNSON (1946) bestrahlten diesen Stamm mit ultraviolettem Licht und isolierten die Mutante Wis-Q-176, mit der mehr als 900 IE/ml produziert werden konnten. Mutagene Behandlungen mit Stickstoff-Lost (Methyl-bis-β-chloräthylamin) führten sodann in einzelnen Schritten zur Entstehung von Mutanten mit Ausbeuten von über 3000 IE/ml, die heute in vielen Penicillin-Produktionsstätten verwendet werden. Ein ähnliches Bild der schrittweisen Induktion von Mutationen mit Hilfe mutagener Strahlenarten sowie anderer Mutagene und anschließender Selektion von Stämmen mit hoher Ergiebigkeit vermittelt die Betrachtung der Entwicklungsgeschichte der heute in der UdSSR verwendeten Penicillin-Produktionsstämme (ALIKHANIAN 1958).

Eine direkte Erhöhung der Leistungsfähigkeit durch die Induktion von Mutationen wurde auch bei dem Streptomycin-Produzenten *Streptomyces griseus* (WAKSMAN u. HARRIS 1949; DULANEY, RUGER u. HLAVAC 1949; SAVAGE 1949; PITTENGER u. MCCOY 1953; ALIKHANIAN 1957) sowie bei vielen der heute in der Produktion verwendeten Antibiotica-Bildner erzielt. Für die Produktion von Citronensäure stehen Mutanten von *Aspergillus niger* (GARDNER, JAMES u. RUBBO 1956; IMSCHENEZKI, SOLNZEVA u. KURANOVA 1960) zur Verfügung. LOOCKWOOD, RAPER, MOYER u. COGHILL (1945) induzierten Mutationen bei *Aspergillus tereus*, die dem Ausgangsstamm in der Itaconsäure-Bildung leicht überlegen waren. Schließlich berichtete ALIKHANIAN (1958) über Mutanten von *Streptomyces olivaceus* mit erhöhter Aktivität (Vitamin B$_{12}$).

Die Einführung von induzierten Mutanten als Produktionsstämme in der industriellen Mikrobiologie hat nicht nur eine quantitative Leistungssteigerung zur Folge. Durch die mutative Veränderung einzelner Eigenschaften kann die Qualität des Fermentationsproduktes entscheidend verbessert werden, die Synthese im Ausgangsstamm nicht gebildeter Verbindungen kann induziert werden, und schließlich können Mutanten von bisher in der Industrie nicht verwendeten Organismen zur Eröffnung neuer Produktionsverfahren führen. Nur einige Beispiele können hier erwähnt werden. Die bis 1947 in der Penicillinproduktion verwendeten *P. chrysogenum*-Stämme bildeten ein gelbes Pigment, das auch dem fertigen Präparat eine gelbliche Farbe verlieh. Um ein weißes Produkt in den Handel zu bringen, mußte der Farbstoff nach der Herstellung des Penicillins extrahiert werden, wobei stets Verluste auftreten. Durch UV-Bestrahlung des bereits erwähnten Stammes Wis-Q-176 gelang es, eine farblose Mutante (BL 3-D 10) zu isolieren (BACKUS u. STAUFFER 1955), die die Nachbehandlung des Präparates unnötig machte. Alle weiteren amerikanischen Penicillin-Produktionsstämme, die auch in vielen anderen Ländern verwendet werden, leiten sich von dieser pigmentfreien Mutante ab. — Durch Verwendung einer induzierten Mutante von *Streptomyces aureofaciens* gelang es, ein neues Antibioticum der Tetracyclin-Gruppe, 7-chlor-6-Desmethyltetracyclin, herzustellen (McCORMICK, SJOLLAENDER, HIRSCH, JENSEN u. DOERSCHUK 1957). Schließlich kann in diesem Zusammenhang noch ein Beispiel aus der Selektion von Streptomycin-Produktionsstämmen angeführt werden. *Streptomyces griseus* bildet unter bestimmten Bedingungen bis zu 50% der Gesamt-Streptomycinausbeute Streptomycin B (Mannosidostreptomycin), das infolge seiner geringeren Aktivität die Wertigkeit des Endproduktes herabdrückt. DULANEY (zit. n. ALIKHANIAN 1958) gelang es nach Röntgen-Bestrahlung, eine Mutante zu isolieren, die an Stelle der 50% nur noch 2—4% Streptomycin B bildet; mit dieser Mutante konnte so auf indirektem Wege eine wesentliche Produktivitätssteigerung erzielt werden.

Interessante Anwendungsmöglichkeiten induzierter Bakterien-Mutanten ergaben sich in jüngster Zeit bei der Entwicklung von Verfahren zur mikrobiologischen Herstellung von Aminosäuren. Der Vorteil dieser Herstellungsweise gegenüber der chemischen Synthese besteht vor allem darin, daß die biologisch hergestellten Aminosäuren ausschließlich in der l-Form vorliegen. Lysin-Mangelmutanten von *Escherichia coli* wurden in zwei verschiedenen Verfahren von CASIDA (1956) sowie von KITA u. HUANG (1958) zur fermentativen Herstellung von Lysin verwendet. Die *lys⁻*-Mutante reichert unter entsprechenden Kulturbedingungen zunächst Diaminopimelinsäure (DAP) an, die dann in einem zweiten Fermentationsschritt durch DAP-Decarboxylase entweder aus Zellen von *Aerobacter aerogenes* (CASIDA) oder unter anaeroben Bedingungen aus den Zellen der gleichen *lys⁻*-Mutante von *E. coli* (KITA u. HUANG) in Lysin überführt wird. Ein wesentlich ergiebigeres Verfahren entwickelten KINOSHITA, NAKAYAMA u. KITARA (1958). Durch UV-Licht und γ-Strahlen induzierten die Autoren Mangelmutanten von *Micrococcus glutamicus*; zwei biotin- und homoserin-bedürftige Mutanten bilden bis zu 20 gl-Lysin pro 1000 ml Fermentationsmedium. Induzierte Arginin-Mangelmutanten des gleichen Organismus werden in einem anderen Verfahren zur Herstellung von l-Ornithin eingesetzt (KINOSHITA 1959). Besonders die letzten Beispiele zeigen anschaulich die Bedeutung induzierter Mutanten als Produktionsstämme für neue Fermentationsverfahren, die mit dem nicht-mutierten Ausgangsstamm nicht durchgeführt werden können.

B. Methoden der Mutationsauslösung

In der Mutationszüchtung werden die gleichen mutagenen Agentien verwendet, die auch in der theoretischen Mutationsforschung bei Mikro-organismen angewendet werden. Es sind dies von den biologisch wirk-samen Strahlenarten Röntgen-, γ- und UV-Strahlen sowie von den mutagenen Chemikalien in erster Linie die alkylierenden Verbindungen Stickstoff-Lost und Äthylenimin. Im Mittelpunkt der Untersuchungen der Anwendungsmöglichkeiten der Mutationsauslösung zur Erzeugung verbesserter Produktionsstämme stehen zwei Probleme; zunächst ist es wichtig zu wissen, ob sich die verschiedenen Mutagene in ihrer Wirksam-keit — gemessen an der Häufigkeit der induzierten positiven Mutanten — unterscheiden. Die zweite Frage bezieht sich auf die Auswahl der Anwen-dungsmethoden, mit denen der größtmögliche Effekt erzielt werden kann.

Es ist mehrfach versucht worden, verschiedene Mutagene in ihrer Wirksamkeit bei der Induktion von Mutanten mit höherer Aktivität zu vergleichen. Die Selektion der *Penicillium chrysogenum*-Stämme (Wiscon-sin-Linie) wurde nach der Isolierung der pigmentfreien Mutante BL 3-D 10 über etwa 10 Generationen parallel in drei verschiedenen Varianten durchgeführt. In einer Versuchsreihe wurden in jeder Generation die aktiv-sten Stämme ausgelesen und vermehrt. In der zweiten Variante wurde in jeder Generation eine UV-Bestrahlung vorgenommen und die aktivsten Stämme unter den Überlebenden vermehrt; schließlich erfolgte in der dritten Versuchsreihe in jeder Generation eine mutagene Behandlung mit Stickstoff-Lost mit anschließender Selektion (BACKUS u. STAUFFER 1955). Obwohl die aktivsten Mutanten aus der Stickstoff-Lost-Behand-lung hervorgingen, läßt die unterschiedliche Anzahl der in jeder Genera-tion in den Versuchsvarianten geprüften Überlebenden sowie die gerin-gere Anzahl der Generation in der Stickstoff-Lost-Serie keine exakte Schlußfolgerung zu. Angaben von ALIKHANIAN et al. (1958) lassen erken-nen, daß bei *Streptomyces erythreus* mit Äthylenimin eine etwas größere Anzahl von Mutanten induziert werden kann als bei Verwendung von UV- oder Röntgenstrahlen. Bei einem Vergleich der mutagenen Wirksam-keit von Röntgen- und γ-Strahlen fanden die gleichen Autoren bei *Streptomyces griseus* eine leichte Überlegenheit der γ-Strahlen.

Berücksichtigt man die relative Spezifität in der Wirkung der mutage-nen Agentien (s. u. a. KAUDEWITZ 1958; WESTERGAARD 1960), so sind Unterschiede im Spektrum der induzierten Mutanten und damit auch in der Häufigkeit des Auftretens aktiverer Stämme bei Anwendung ver-schiedener Mutagene theoretisch zu erwarten. Die Leistungsfähigkeit in der Bildung eines bestimmten Stoffwechselproduktes ist wohl in allen Fällen eine polygen bedingte Eigenschaft (für die Penicillin-Bildung s. z. B. CAGLIOTI u. SERMONTI 1956). Der ausschließlichen Anwendung ein und desselben mutagenen Agens im Laufe der Selektionsarbeit ist daher die Kombination verschiedener Mutagene vorzuziehen. Hierdurch wird die Wahrscheinlichkeit der Induktion von Mutationen an einer möglichst großen Anzahl von Loci erhöht; hinzu kommt, daß bei der Kombination bestimmter Mutagene ein synergistischer Effekt beobachtet wird, d. h. daß die Anzahl der induzierten Mutationen nach kombinierter Behandlung größer ist als die Summe der durch die beiden Mutagene allein induzierten Veränderungen (SWANSON 1952). So wurde eine wesentliche Erhöhung der Anzahl von Mutationen, die die Antibiotica-Bildung quantitativ beeinflussen, durch Kombination von Äthylenimin und UV-Strahlen bei *Streptomyces aureofaciens* (Aureomycin-Bildner) und *Streptomyces griseus* (Streptomycin-Bildner) erzielt (ALIKHANIAN 1958).

Einige Arbeiten wurden in den letzten Jahren zur Ermittlung der zweckmäßigsten Methoden bei der Anwendung mutagener Agentien durchgeführt. Es ist bekannt, daß die Anzahl induzierter Mutationen bei Einwirkung ionisierender und nicht-ionisierender Strahlenarten mit zunehmender Dosis ansteigt, einem Maximum zustrebt und schließlich bei weiterer Erhöhung der Dosis wieder absinkt. Bei Anwendung von UV-Strahlen kann unter Berücksichtigung der Photoreversion die Applikation hoher Dosen ohne Absinken der Mutantenhäufigkeit erreicht werden. Durch Nachbehandlung mit sichtbarem Licht kann der letale und mutagene Effekt von UV-Strahlen partiell rückgängig gemacht werden (KELNER 1949). PITTENGER u. McCoy (1953) bestrahlten Sporen von *Streptomyces griseus* mehrfach hintereinander mit UV, wobei nach jeder UV-Bestrahlung eine maximale Photoreaktivierung durch sichtbares Licht eingeschaltet wurde. Auf diesem Wege wurde eine Akkumulation nicht-revertierbarer Mutationen erreicht, die zu einer hohen Ausbeute an Mutanten führte. Dieses Verfahren wurde später von EROKHINA u. ALIKHANIAN (1956) ebenfalls bei *Streptomyces griseus* mit Erfolg angewandt. Besonders bei Stämmen mit einer hohen UV-Sensibilität lassen sich mit dieser Methode Mutationen in genügender Anzahl induzieren.

Die für die Mutationsauslösung optimale Dosis unterscheidet sich bei den verschiedenen Objekten. Auch innerhalb einer Art werden zwischen verschiedenen Mutantenstämmen unterschiedliche Sensibilitätsgrade gegenüber der mutagenen Wirkung beobachtet. In den ersten Mutationsversuchen mit UV an *Penicillium chrysogenum* wurden zunächst hohe Bestrahlungsdosen mit einer Abtötung von mehr als 99% angewandt. Später wurde die Dosis herabgesetzt und, gemessen an der Häufigkeit morphologischer Mutanten, erwies sich eine Dosis mit 25% Überlebenden als optimal (BACKUS u. STAUFFER 1955). Die Schwierigkeit der Ermittlung der günstigsten Dosis liegt darin, daß das Maximum für die Auslösung morphologischer Mutationen nicht mit dem für die Induktion von Mutationen, die sich in einer Änderung der physiologischen Leistungsfähigkeit manifestieren, übereinzustimmen braucht. So zeigten ALIKHANIAN u. KLEPIKOVA (1957) in Versuchen mit dem Albomycin-Produzenten *Streptomyces olivaceus*, daß sich selbst die optimalen Dosen für die Entstehung von Plus- bzw. Minusvarianten (in bezug auf die Höhe der Antibiotica-Bildung) sowohl bei Anwendung von UV- und Röntgenstrahlen als auch bei der Mutationsauslösung mit Äthylenimin unterscheiden: mit niedrigeren Dosen wurden relativ mehr positive Mutationen, bei höheren Dosen mehr negative Mutationen induziert. Bei Anwendung von γ-Strahlen wurde ein derartiger Unterschied nicht beobachtet.

Zusammenfassend läßt sich sagen, daß die Möglichkeit der Induktion für die mikrobiologischen Produktionsverfahren wertvoller Mutationen durch eine Reihe mutagener Agentien klar bewiesen ist. Die günstigsten Anwendungsmethoden müssen jedoch für jedes neue Vorhaben empirisch ermittelt werden. Auch unter Berücksichtigung der oben angeführten Ergebnisse lassen sich bisher noch keine allgemeinen Regeln hierfür ableiten.

C. Möglichkeiten zur Entwicklung wirksamerer Induktions- und Selektionsmethoden

Je höher das Leistungsniveau eines Produktionsstammes ist, um so schwieriger wird es, auch nach mutagener Behandlung Mutanten mit noch größerer Leistungsfähigkeit zu finden. Das bedingt, daß die Anzahl der auf ihre Leistung zu testenden, die mutagene Behandlung überlebenden Stämme immer größer wird; hierdurch steigt der für die Selektionsarbeit notwendige technische Aufwand sehr stark an. In der Antibiotica-Produktion muß z. B. jeder zu prüfende Stamm mit mehreren Wiederholungen einem einige Tage dauernden Labor-Fermentationsverfahren unterzogen werden, um seine mögliche Überlegenheit über den Ausgangsstamm zu ermitteln. Es ist daher bereits mehrfach versucht worden, Korrelationen zwischen leicht zu identifizierenden Merkmalen und der physiologischen Leistungsfähigkeit eines Stammes zu finden, um auf dieser Basis neue Vorselektionsmethoden aufbauen zu können. Als Beispiel seien hier nur die Beziehungen zwischen Antibioticum-Bildungsvermögen und Resistenz gegen das produzierte Antibioticum (DULANEY 1953) oder die Frage nach einer Korrelation zwischen Koloniemorphologie und physiologischer Aktivität (IMSCHENEZKI 1951; BACKUS u. STAUFFER 1955; ALIKHANIAN 1958) angeführt. In keinem Fall haben sich für ein Selektionsverfahren geeignete Korrelationen finden lassen.

Durch Schnellmethoden, mit denen die relative physiologische Aktivität der mutagen behandelten Stämme gemessen wird, konnten einige Erfolge im Sinne einer Vorselektion erzielt werden. Bei *Streptomyces griseus* testeten PITTENGER und McCOY (1953) bereits die aus den UV-bestrahlten Sporen gewachsenen Kolonien, indem sie diese nach Erreichung einer bestimmten Größe auf neue Agar-Platten umsetzten und mit einer den Testkeim *(Bacillus subtilis)* enthaltenden Agar-Schicht übergossen. Durch Ausmessung der Hemmhöfe konnten extreme Abweichungen vom Ausgangstyp erkannt werden, obwohl hierbei zu beachten ist, daß die Intensität der Antibiotica-Produktion bei Wachstum auf Agar nicht der bei Wachstum in Submers-Kultur zu entsprechen braucht. GWATKIN u. GOTTLIEB (1956) verwendeten eine ähnliche Methode bei der Untersuchung Röntgen-bestrahlter Stämme von *Streptomyces venezuelae*.

Die aus den bestrahlten Sporen gewachsenen Kolonien wurden unmittelbar mit einer Suspension des Testkeimes (ebenfalls *B. subtilis*) besprüht, und nach einiger weiterer Bebrütung wurden die Hemmzonen bewertet. Ansätze zur Entwicklung ähnlicher Methoden sind auch auf anderen Gebieten der mikrobiologischen Produktion unternommen worden. So können die Kolonien von *Aspergillus niger* auf mit flüssigem Nährmedium und einem Indicator getränkten Fließpapier kultiviert werden, wobei die Intensität der Säurebildung (Citronensäure) der Einzelkolonie recht gut beurteilt werden kann (JAMES, RUBBO u. GARDNER 1956). Die Entwicklung von Vorselektionsmethoden in der hier angedeuteten Richtung ist eine der Voraussetzungen für eine Verbesserung des Nutzeffektes der Mutationszüchtung bei industriell genutzten Mikroorganismen.

Neben der Auslösung von Mutationen und der direkten Verwendung der induzierten Mutanten als Produktionsstämme besteht die Möglichkeit einer Kombination verschiedener Mutationen in einem Genotyp. In den letzten Jahren sind auch bei einer Reihe solcher Mikroben-Arten, bei denen bisher keine sexuelle Vermehrung bekannt ist, Vorgänge beschrieben worden, die zu einer Rekombination des Erbgutes führen. Diese Erscheinung der Parasexualität (Übersicht bei PONTECORVO 1956) wurde zunächst bei *Aspergillus nidulans* entdeckt (PONTECORVO u. ROPER 1952) und ist dann näher u. a. bei *Aspergillus niger* (PONTECORVO 1953) und *Penicillium chrysogenum* (PONTECORVO u. SERMONTI 1954; SERMONTI 1956) untersucht worden. Im Laufe des parasexuellen Cyclus, der aus der Fusion zweier haploider Kerne in einem Heterokaryon, dem Eintreten mitotischer Crossing over-Prozesse während der Vermehrung der diploiden Kerne und gelegentlicher Haploidisierungen besteht, kann es zu Neukombinationen der Erbanlagen kommen. Als parasexuell können auch die Gen-Austauschvorgänge bezeichnet werden, die bei *Streptomyces coelicolor* (SERMONTI u. SPADA-SERMONTI 1956; SZYBALSKI u. BRAENDLE 1956), *Streptomyces fradiae* (HOPWOOD 1957; BRAENDLE u. SZYBALSKI 1957). *Streptomyces rimosus* (ALIKHANIAN u. MINDLIN 1957) und *Streptomyces aureofaciens* (JÁRAI 1961) gefunden wurden. Schließlich seien als weitere mögliche Formen der Übertragung genetischen Materials von einem Stamm auf einen genotypisch verschiedenen Stamm die der Transduktion ähnlichen Erscheinungen erwähnt, die bei der Infektion verschiedener *Streptomyces*-Arten durch Actinophagen auftreten (RAUTENSTEIN 1958; ALIKHANIAN u. ILJINA 1959). Neben anderen Eigenschaften konnte mit Hilfe von Actinophagen auch die Fähigkeit zur Streptomycin-Bildung auf einen inaktiven Stamm übertragen werden.

Die Aufklärung der den eben genannten Erscheinungen zugrunde liegenden Mechanismen und die Anwendung dieser Rekombinationsverfahren stellt eine weitere Möglichkeit zur Erhöhung der Wirksamkeit der Mutationszüchtung industriell genutzter Mikroorganismen dar. Auf diesem Wege wird es möglich sein, verschiedene induzierte Mutationen in einem Genotyp zu kombinieren und so weitere Leistungssteigerungen durch Transgressions-Effekte, Komplementär-Wirkungen u. ä. zu erhalten.

Literatur

ALIKHANIAN, S. I.: Antibiotiki Nr. 5, 31 (1957); — Bull. Mosk. Obsch. Isp. Prirody **LXIII**, 79—96 (1958). — ALIKHANIAN, S. I., et al.: Proc. Sec. Int. Conf. Peacef. Uses of Atom. Energy **22**, 350—370 (1958). — ALIKHANIAN, S. I., i S. Z. MINDLIN: Nature (Lond.) **180**, 4596 (1957). — ALIKHANIAN, S. I., i T. S. ILJINA: J. Obsch. Biol. **XX**, 269—275 (1959).

BACKUS, M. P., J. F. STAUFFER and M. J. JOHNSON: Amer. Chem. Soc. J. **68**, 152—153 (1946). — BACKUS, M. P., and J. F. STAUFFER: Mycologia **47**, 429—463 (1955). — BRAENDLE, D. H., and W. SZYBALSKI: Bacteriol. Proc. **1957**, 52.

CAGLIOTI, M. P., and G. SERMONTI: J. gen. Microbiol. **14**, 38—46 (1956). — CASIDA, L. E.: U.S. Patent 2, 771, 396 (1956).

DELONE, L. N.: Trudy Nauchn. Inst. Selektsii 4, 2—16 (1928). — DEMEREC, M.: Carnegie Inst. Wash. Year Book **44** (1945). — DULANEY, E. L.: Mutagenic effect of β-Chlorethylamines and related compounds. Appl. Microbiol. **7**, 202—205 (1959). — DULANEY, E. L., M. RUGER and C. HLAVAC: Mycologia **41**, 388—397 (1949).

GARDNER, J. F., L. V. JAMES and S. D. RUBBO: J. gen. Microbiol. **14**, 228—237 (1956). — GUSTAFSSON, Å.: Cold Spring Harb. Symp. **XVI**, 263—281 (1951).

HOLLAENDER, A.: Ann. Missouri Botan. Garden **32**, 165—178 (1945). — HOPWOOD, D. A.: J. gen. Microbiol. **16**, 11—111 (1957).

IMSCHENEZKI, A. A., L. I. SOLNZEWA i N. F. KURANOWA: Mikrobiologija **XXIX**, 351—357 (1960).

JAMES, L. V., S. D. RUBBO and J. F. GARDNER: J. gen. Microbiol. **14**, 223—227 (1956). — JÁRAI, M.: Acta Microbiol. Hung. 8, 73—79 (1961).

KAUDEWITZ, F.: Naturwissenschaften **45**, 529—532 (1958). — KELNER, A.: Proc. Natl. Acad. Sci., U.S. **35**, 73—79 (1949). — KINOSHITA, S.: Adv. Appl. Microbiol. **1**, 201—214 (1959). — KINOSHITA, S., K. NAKAYAMA and S. KITADA: J. gen. Appl. Microbiol. (Tokyo) **4**, 128—129 (1958). — KITA, D. A., and H. T. HUANG: U.S. Patent 2, 841, 532 (1958).

LOCKWOOD, L. B., K. B. RAPER, A. J. MEYER and R. D. COGHILL: Am. J. Bot. **32**, 214 (1945).

McCORMICK, J. R. D., N. O. SJOLANDER, U. HIRSCH, E. JENSEN and A. P. DOERSCHUK: J. Am. Chem. Soc. **79**, 4561—4563 (1957). — MULLER, H. J.: Science **66**, 84—87 (1927).

NADSON, G. A., et G. S. FILIPPOV: Compt. rend. soc. biol. **93**, 473—475 (1925). — NADSON, G. A., i. G. S. FILIPPOV: Zhur. Russ. Bot. Obshestva 13, 221—239 (1928). — NILSSON-EHLE, H.: Nova Acta Leopoldina 6, 569—570 (1939).

PONTECORVO, G.: Ann. Rev. Microbiol. **10**, 393—400 (1956); — Nature (Lond.) **170**, 204 (1953). — PONTECORVO, G., and J. A. ROPER: J. gen. Microbiol. **6**, VII (1952). — PONTECORVO, G., and G. SERMONTI: J. gen. Microbiol. **11**, 94—104 (1954).

RAPER, K. B.: Mycologia **44**, 1—59 (1952). — RAUTENSTEIN, J. I.: Trudy Inst. Mikrobiol. **5**, 282—306 (1958).

SAPEGIN, A. A.: Züchter 2, 257—259 (1930). — SAVAGE, G. M.: J. Bacteriol. **57**, 429—441 (1949). — SERMONTI, G.: J. gen. Microbiol. **15**, 599—608 (1956). — SERMONTI, G., and I. SPADA-SERMONTI: J. gen. Microbiol. **15**, 609—616 (1956). — SWANSON, C. P.: J. Cellul. Comp. Physiol. **39**, 27—38 (1952). — SZYBALSKI, W., and D. H. BRAENDLE: Bacteriol. Proc. **1956**, 48. - STAHMANN, M. A., and J. F. STAUFFER: Science **106**, 35—36 (1947). — STUBBE, H.: Züchter 1, 6—11 (1929); — STUBBE, H.: Sitzber. deut. Akad. Wiss. Kl. Medizin Nr. 1 (1959).

WAKSMAN, S. A., and D. A. HARRIS: Proc. Soc. Exp. d. Biol. Med. **71**, 232—235 (1949). — WESTERGAARD, M.: In H. STUBBE (ed) (1960); Abh. dtsch. Akad. Wiss. Kl. Medizin 1, 30—44 (1960).

Sachverzeichnis

Die *kursiv* gedruckten Seitenzahlen weisen auf die Hauptbehandlung
des betreffenden Stichwortes hin